Java 11官方参考手册

(第11版)

[美] 赫伯特·希尔特(Herbert Schildt)　　著

孙鸿飞　　译

清华大学出版社

北　京

北京市版权局著作权合同登记号　图字：01-2019-1501

Herbert Schildt

Java: The Complete Reference, Eleventh Edition

EISBN：978-1-260-44023-2

Copyright © 2019 by McGraw-Hill Education.

All Rights reserved. No part of this publication may be reproduced or transmitted in any form or by any means, electronic or mechanical, including without limitation photocopying, recording, taping, or any database, information or retrieval system, without the prior written permission of the publisher.

This authorized Chinese translation edition is jointly published by McGraw-Hill Education and Tsinghua University Press Limited. This edition is authorized for sale in the People's Republic of China only, excluding Hong Kong, Macao SAR and Taiwan.

Translation copyright © 2019 by McGraw-Hill Education and Tsinghua University Press Limited.

版权所有。未经出版人事先书面许可，对本出版物的任何部分不得以任何方式或途径复制或传播，包括但不限于复印、录制、录音，或通过任何数据库、信息或可检索的系统。

本授权中文简体字翻译版由麦格劳-希尔(亚洲)教育出版公司和清华大学出版社有限公司合作出版。此版本仅限在中华人民共和国境内(不包括中国香港、澳门特别行政区和台湾地区)销售。

版权©2019 由麦格劳-希尔(亚洲)教育出版公司与清华大学出版社有限公司所有。

本书封面贴有 McGraw-Hill Education 公司防伪标签，无标签者不得销售。
版权所有，侵权必究。侵权举报电话：010-62782989　13701121933

图书在版编目(CIP)数据

Java 11 官方参考手册：第 11 版 /（美）赫伯特·希尔特(Herbert Schildt) 著；孙鸿飞 译. —北京：清华大学出版社，2020.1
书名原文：Java: The Complete Reference, Eleventh Edition
ISBN 978-7-302-54785-3

Ⅰ.①J… Ⅱ.①赫… ②孙… Ⅲ.①JAVA 语言—程序设计 Ⅳ.①TP312.8

中国版本图书馆 CIP 数据核字(2020)第 001920 号

责任编辑：王　军
装帧设计：孔祥峰
责任校对：成凤进
责任印制：刘海龙

出版发行：清华大学出版社
　　　网　　址：http://www.tup.com.cn，http://www.wqbook.com
　　　地　　址：北京清华大学学研大厦 A 座　　　邮　　编：100084
　　　社 总 机：010-62770175　　　邮　　购：010-62786544
　　　投稿与读者服务：010-62776969，c-service@tup.tsinghua.edu.cn
　　　质 量 反 馈：010-62772015，zhiliang@tup.tsinghua.edu.cn

印 装 者：三河市铭诚印务有限公司
经　　销：全国新华书店
开　　本：190mm×260mm　　　印　　张：60.5　　　字　　数：1789 千字
版　　次：2020 年 3 月第 1 版　　　印　　次：2020 年 3 月第 1 次印刷
定　　价：198.00 元

产品编号：082785–01

译 者 序

Java 是当今最流行的编程技术，是 Sun 公司推出的 Java 程序设计语言和 Java 平台(即 Java SE、Java EE、Java ME)的总称。它不仅吸收了 C++语言的各种优点，还摒弃了 C++中难以理解的多继承、指针等概念，因此 Java 语言具有功能强大和简单易用两个特征。Java 语言作为静态面向对象编程语言的代表，极好地实现了面向对象理论，允许程序员以优雅的思维方式进行复杂的编程。

Java 具有简单性、面向对象、分布式、健壮性、安全性、平台独立、可移植性、多线程、动态性等特点。Java 可以编写桌面应用程序、Web 应用程序、分布式系统和嵌入式系统应用程序等。这些程序广泛应用于个人 PC、数据中心、游戏控制台、科学超级计算机、移动电话和互联网。

Java 深刻展示了程序编写的精髓，加上其简明严谨的结构及简洁的语法为其将来的发展及维护提供了保障。由于提供了网络应用的支持和多媒体的存取，因此 Java 会推动 Internet 和企业网络的 Web 的应用。另外，为了保持 Java 的增长和推进 Java 社区的参与，Sun 公司在 Java One 开发者大会上宣布开放 Java 核心源代码，以鼓励更多的人参与到 Java 社团活动中。来自 Java 社团和 IBM 等全球技术合作伙伴两方面的支持，使 Java 技术在创新和社会进步上继续发挥强有力的重要作用；并且随着其程序编写难度的降低，使得更多专业人员将精力投入到 Java 语言的编写与框架结构的设计中。

2018 年 9 月 25 日，Java 11(18.9 LTS)正式发布，支持期限至 2026 年 9 月。JDK 11 更新了五大特性：

(1) **变量类型推断**。通过定义局部变量 var，自动根据右边的表达式推断变量类型。在开发流程中提供了一定的便捷性。

(2) **扩展字符串特性功能方法**。在处理字符串的问题上会更加方便、规范。

(3) **扩展集合特性功能方法**。集合(List/ Set/ Map)都添加了 of 和 copyOf 方法，成为不可变集合。之所以是不可变集合，是因为使用 of 和 copyOf 创建的集合不能进行增、删、改、排序等操作，不然系统会抛出异常。

(4) **更加简洁的编译和运行**。只需要一个命令，全部搞定。

(5) **HTTP Client API**。其实 HTTP Client API 早在 Java 9 的时候就引入了，在 Java 10 中不断优化更新，最终在 Java 11 中正式发布。该 API 用来在 Java 程序中作为客户端请求 HTTP 服务,Java 中服务端 HTTP 的支持由 servlet 实现。HTTP Client API 对大多数场景提供简单易用的阻塞模型，通过异步机制支持事件通知，完整支持 HTTP 协议的特性，支持建立 WebSocket 握手，支持 HTTP/2(包括协议升级和服务端推送)，支持 HTTPS/TLS。和现有的其他实现类库相比，性能相当或有提升，内存占用少。

Java 并不是最容易入手的开发语言，根据这个特性，本教程精心编排，优先讲解 Java 语言的基础知识，再讲解 Java 的各种库，最后介绍 Java 的 GUI 编程和应用，以求用最易懂的方式、最精简的语句、最充实的内容向读者介绍 Java。这些丰富的内容包含了 Java 语言基础语法以及高级特性，适合各个层次的 Java 程序员阅读，也是高等院校讲授面向对象程序设计语言以及 Java 语言的绝佳教材和参考书。

在这里要感谢清华大学出版社的编辑们,他们为本书的出版投入了巨大的热情并付出了很多心血。没有他们的帮助和鼓励,本书不可能顺利付梓。

对于这本经典之作,译者本着"诚惶诚恐"的态度,在翻译过程中力求"信、达、雅",但是鉴于译者水平有限,错误和失误在所难免,如有任何意见和建议,请不吝指正。

译　者

作者简介

Herbert Schildt 是一位畅销书作家,在近 30 年的时间里,他撰写了大量关于编程的图书。Herbert 是 Java 语言领域的权威专家。他撰写的编程书籍在世界范围内销售了数百万册,并且已经被翻译成所有主要的非英语语言。他撰写了大量 Java 方面的书籍,包括《Java 9 编程参考官方大全(第 10 版)》、*Herb Schildt's Java Programming Cookbook*、*Introducing JavaFX 8 Programming* 和 *Swing: A Beginner's Guide*,还撰写了许多关于 C、C++和 C#的图书。尽管对计算机的所有方面都感兴趣,但是他主要关注计算机语言。Herbert 获得了美国伊利诺伊大学的学士和硕士学位。他的个人网站是 www.HerbSchildt.com。

技术编辑简介

Danny Coward 博士在所有版本的 Java 平台上都工作过。他将 Java servlet 的定义引入 Java EE 平台的第一个版本及后续版本,将 Web 服务引入 Java ME 平台,并且主持 Java SE 7 的战略和规划设计。他开发了 JavaFX 技术,并且最近还设计了 Java WebSocket API,这是 Java EE 7 标准程度最大的新增内容。他的从业经历丰富,包括从事 Java 编码,与业界专家一起设计 API,担任 Java 社区进程执行委员会(Java Community Process Executive Committee)的成员,他对 Java 技术的多个方面有着独特见解。另外,他还是图书 *Java WebSocket Programming* 和 *Java EE: The Big Picture* 的作者。最近,他还应用 Java 方面的知识解决了机器人科学领域中的一些问题。Danny 博士从英国牛津大学获得了数学学士、硕士和博士学位。

前　言

　　Java 是当今世界最重要，也是使用最广泛的计算机语言之一。而且，在多年之前它就已经拥有这一荣誉。与其他一些计算机语言随着时间的流逝影响也逐渐减弱不同，Java 随着时间的推移反而变得更加强大。从首次发布开始，Java 就跃到了 Internet 编程的前沿。后续的每一个版本都进一步巩固了这一地位。如今，Java 依然是开发 Web 应用的最佳选择。Java 是一门功能强大且通用的编程语言，适合于多种目的的开发。简言之，在现实世界中，很多应用都是使用 Java 开发的，掌握 Java 语言非常重要。

　　Java 成功的一个关键原因在于它的敏捷性。自从最初的 Java 1.0 版发布以来，Java 不断地进行完善以适应编程环境和开发人员编程方式的变化。最重要的是，Java 不仅是在跟随潮流，更是在帮助创造潮流。Java 能够适应计算机世界快速变化的能力，是它一直成功并且仍将成功的关键因素。

　　《Java 官方参考手册》自从 1996 年首次出版以来，已经经历了数次改版，每次改版都反映了 Java 的不断演化进程。《Java 11 官方参考手册(第 11 版)》已经针对 Java SE 11(JDK 11)进行了升级。因此，本书的这个版本包含了大量的新材料、更新和更改。特别令人感兴趣的是讨论自本书上一版以来添加到 Java 中的两个关键特性。第一个是局部变量类型推断，因为它简化了某些类型的局部变量声明。为了支持局部变量类型推断，在语言中添加了上下文敏感的保留类型名称 var。第二个关键的 Java 新特性是从 JDK 10 开始，对版本号进行重新处理，以反映预期更快的发布周期。如第 1 章所述，Java 特性现在预计每六个月发布一次。这一点很重要，因为现在可以用比过去更快的速度向 Java 添加新特性。

　　虽然在本书的前一版中已经介绍了，但是最近添加的两个 Java 特性仍然对 Java 程序员产生了很大影响。第一个新增特性是模块(module)，通过该特性可以指定应用程序中代码间的关系和依赖性。JDK 9 增加的模块代表对 Java 语言最具深远意义的更改之一，例如它添加了 10 个与上下文相关的关键字。模块还对 Java API 库产生了巨大影响，因为包现在组织到模块中。另外，为了支持模块，新增了一些工具，对现有的工具也进行了更新，还定义了新的文件格式。由于模块是一个非常重要的新特性，因此本书的第 16 章专门对其进行了讲解。

　　第二个新增的特性是 JShell，该工具提供了一个交互式环境，开发人员不需要编写完整的程序就可以方便地在其中体验代码片段。不管是初学者还是有经验的编程人员都将发现该工具非常有用。本书的附录 B 对该工具进行了介绍。

一本适合所有编程人员的书

　　本书面向所有开发人员，不管是初学者还是有经验的编程人员。初学者将从本书中发现每个主题的详细讨论，以及许多特别有帮助的例子。而对 Java 更高级特性和库的深入讨论，将会吸引有经验的编程人员。无论是对于初学者还是有经验的编程人员，本书都提供了持久的资源和方便实用的参考。

本书内容

本书是对 Java 语言的全面指导，描述了它的语法、关键字以及基本的编程原则，还介绍了 Java API 库的重要部分。本书分为 4 部分，每部分关注 Java 开发环境的不同方面。

第 I 部分是对 Java 语言的深入阐述。该部分从基础知识开始讲解，包括数据类型、运算符、控制语句以及类等。然后介绍继承、包、接口、异常处理以及多线程，还介绍注解、枚举、自动装箱、泛型、I/O 以及 lambda 表达式等内容。该部分最后一章阐述了模块。

第 II 部分介绍 Java 的标准 API 库的关键内容。该部分的主题包括字符串、I/O、网络、标准实用工具、集合框架、AWT、事件处理、图像、并发编程(包括 Fork/Join 框架)、正则表达式和流库。

第Ⅲ部分用三章内容介绍 Swing。

第 IV 部分包含两章，这两章展示了 Java 的实际应用。该部分首先介绍 Java Bean，然后介绍 servlet。

致　谢

在此我要特别感谢 Patrick Naughton，Joe O'Neil 和 Danny Coward。

Patrick Naughton 是 Java 语言的创立者之一，他还参与编写了本书的第 1 版。本书第 21、23 和 27 章的大部分材料最初都是由 Patrick 提供的。他的洞察力、专业知识和活力都对本书的成功付梓贡献极大。

在准备本书的第 2 版和第 3 版的过程中，Joe O'Neil 提供了原始素材，这些素材呈现在本书的第 30、32、34 和 35 章中。Joe 对我的数本书都有帮助，并且他提供的帮助一直都是最高质量的。

Danny Coward 是本书第 11 版的技术编辑。Danny 对我的数本书都有贡献，他的忠告、洞察力和建议都有巨大价值，对此表示感谢。

如何进一步学习

《Java 11 官方参考手册(第 11 版)》为读者开启了 Herbert Schildt Java 编程图书系列的大门。下面是其他一些你可能感兴趣的图书：

Herb Schildt's Java Programming Cookbook

Java：A Beginner's Guide

Introducing JavaFX 8 Programming

Swing: A Beginner's Guide

The Art of Java

目　　录

第Ⅰ部分　Java 语言

第1章　Java 的历史和演变 3
1.1　Java 的家世 3
1.1.1　现代编程语言的诞生：C 语言 3
1.1.2　C++：下一个阶段 4
1.1.3　Java 出现的时机已经成熟 5
1.2　Java 的诞生 5
1.3　Java 改变 Internet 的方式 6
1.3.1　Java applet 6
1.3.2　安全性 7
1.3.3　可移植性 7
1.4　Java 的魔力：字节码 7
1.5　超越 applet 8
1.6　更快的发布周期 8
1.7　servlet：服务器端的 Java 9
1.8　Java 的关键特性 9
1.8.1　简单性 9
1.8.2　面向对象 10
1.8.3　健壮性 10
1.8.4　多线程 10
1.8.5　体系结构中立 10
1.8.6　解释执行和高性能 10
1.8.7　分布式 11
1.8.8　动态性 11
1.9　Java 的演变历程 11
1.10　文化革新 14

第2章　Java 综述 15
2.1　面向对象编程 15
2.1.1　两种范式 15
2.1.2　抽象 15
2.1.3　OOP 三原则 16
2.2　第一个简单程序 19
2.2.1　输入程序 19
2.2.2　编译程序 20
2.2.3　深入分析第一个示例程序 20
2.3　第二个简短程序 22
2.4　两种控制语句 23
2.4.1　if 语句 23
2.4.2　for 循环 24
2.5　使用代码块 25
2.6　词汇问题 27
2.6.1　空白符 27
2.6.2　标识符 27
2.6.3　字面值 27
2.6.4　注释 27
2.6.5　分隔符 27
2.6.6　Java 关键字 28
2.7　Java 类库 29

第3章　数据类型、变量和数组 30
3.1　Java 是强类型化的语言 30
3.2　基本类型 30
3.3　整型 31
3.3.1　byte 31
3.3.2　short 31

3.3.3	int	31
3.3.4	long	32

3.4 浮点型 32
   3.4.1 float 32
   3.4.2 double 33

3.5 字符型 33

3.6 布尔型 34

3.7 深入分析字面值 35
   3.7.1 整型字面值 35
   3.7.2 浮点型字面值 36
   3.7.3 布尔型字面值 36
   3.7.4 字符型字面值 36
   3.7.5 字符串字面值 37

3.8 变量 37
   3.8.1 变量的声明 37
   3.8.2 动态初始化 38
   3.8.3 变量的作用域和生存期 38

3.9 类型转换和强制类型转换 40
   3.9.1 Java 的自动类型转换 40
   3.9.2 强制转换不兼容的类型 41

3.10 表达式中的自动类型提升 42

3.11 数组 43
   3.11.1 一维数组 43
   3.11.2 多维数组 45
   3.11.3 另一种数组声明语法 48

3.12 局部变量的类型推断 49

3.13 关于字符串的一些说明 51

第 4 章 运算符 52

4.1 算术运算符 52
   4.1.1 基本算术运算符 52
   4.1.2 求模运算符 53
   4.1.3 算术与赋值复合运算符 54
   4.1.4 自增与自减运算符 55

4.2 位运算符 56
   4.2.1 位逻辑运算符 57
   4.2.2 左移 59
   4.2.3 右移 60
   4.2.4 无符号右移 61
   4.2.5 位运算符与赋值的组合 62

4.3 关系运算符 63

4.4 布尔逻辑运算符 64

4.5 赋值运算符 65

4.6 "?" 运算符 66

4.7 运算符的优先级 66

4.8 使用圆括号 67

第 5 章 控制语句 68

5.1 Java 的选择语句 68
   5.1.1 if 语句 68
   5.1.2 switch 语句 70

5.2 迭代语句 74
   5.2.1 while 语句 75
   5.2.2 do-while 语句 76
   5.2.3 for 语句 78
   5.2.4 for 循环的 for-each 版本 81
   5.2.5 for 循环中的局部变量类型推断 85
   5.2.6 嵌套的循环 86

5.3 跳转语句 86
   5.3.1 使用 break 语句 87
   5.3.2 使用 continue 语句 90
   5.3.3 return 语句 91

第 6 章 类 92

6.1 类的基础知识 92
   6.1.1 类的一般形式 92
   6.1.2 一个简单的类 93

6.2 声明对象 95

6.3 为对象引用变量赋值 96

6.4 方法 97
   6.4.1 为 Box 类添加方法 97
   6.4.2 返回值 99
   6.4.3 添加带参数的方法 100

6.5 构造函数 102

6.6 this 关键字 104

6.7 垃圾回收 105

6.8 堆栈类 105

第 7 章 方法和类的深入分析 108

7.1 重载方法 108

7.2 将对象用作参数 112

7.3 实参传递的深入分析 114

7.4 返回对象 116

7.5 递归 116

7.6 访问控制 118

7.7	理解 static	121
7.8	final 介绍	123
7.9	重新审视数组	123
7.10	嵌套类和内部类	125
7.11	String 类	127
7.12	使用命令行参数	129
7.13	varargs：可变长度实参	129
	7.13.1 重载 varargs 方法	132
	7.13.2 varargs 方法与模糊性	133

第 8 章 继承 136

8.1	继承的基础知识	136
	8.1.1 成员访问与继承	137
	8.1.2 一个更实际的例子	138
	8.1.3 超类变量可以引用子类对象	140
8.2	使用 super 关键字	141
	8.2.1 使用 super 调用超类的构造函数	141
	8.2.2 super 的另一种用法	144
8.3	创建多级继承层次	145
8.4	构造函数的执行时机	148
8.5	方法重写	149
8.6	动态方法调度	151
	8.6.1 重写方法的目的	152
	8.6.2 应用方法重写	152
8.7	使用抽象类	154
8.8	在继承中使用 final 关键字	156
	8.8.1 使用 final 关键字阻止重写	156
	8.8.2 使用 final 关键字阻止继承	156
8.9	局部变量类型推断和继承	157
8.10	Object 类	158

第 9 章 包和接口 160

9.1	包	160
	9.1.1 定义包	160
	9.1.2 包查找与 CLASSPATH	161
	9.1.3 一个简短的包示例	161
9.2	包和成员访问	162
9.3	导入包	166
9.4	接口	167
	9.4.1 定义接口	168
	9.4.2 实现接口	168
	9.4.3 嵌套接口	170
	9.4.4 应用接口	171

	9.4.5 接口中的变量	174
	9.4.6 接口可以扩展	176
9.5	默认接口方法	176
	9.5.1 默认方法基础知识	177
	9.5.2 一个更实用的例子	178
	9.5.3 多级继承的问题	179
9.6	在接口中使用静态方法	179
9.7	私有接口方法	180
9.8	关于包和接口的最后说明	181

第 10 章 异常处理 182

10.1	异常处理的基础知识	182
10.2	异常类型	183
10.3	未捕获的异常	183
10.4	使用 try 和 catch	184
10.5	多条 catch 子句	186
10.6	嵌套的 try 语句	187
10.7	throw	189
10.8	throws	190
10.9	finally	191
10.10	Java 的内置异常	192
10.11	创建自己的异常子类	193
10.12	链式异常	195
10.13	其他三个异常特性	196
10.14	使用异常	197

第 11 章 多线程编程 198

11.1	Java 线程模型	198
	11.1.1 线程优先级	199
	11.1.2 同步	200
	11.1.3 消息传递	200
	11.1.4 Thread 类和 Runnable 接口	200
11.2	主线程	201
11.3	创建线程	202
	11.3.1 实现 Runnable 接口	202
	11.3.2 扩展 Thread 类	204
	11.3.3 选择一种创建方式	205
11.4	创建多个线程	205
11.5	使用 isAlive()和 join()方法	206
11.6	线程优先级	209
11.7	同步	209
	11.7.1 使用同步方法	209
	11.7.2 synchronized 语句	211

11.8	线程间通信	213
11.9	挂起、恢复与停止线程	218
11.10	获取线程的状态	221
11.11	使用工厂方法创建和启动线程	222
11.12	使用多线程	222

第 12 章 枚举、自动装箱与注解 223

12.1	枚举	223
12.1.1	枚举的基础知识	223
12.1.2	values()和 valueOf()方法	225
12.1.3	Java 枚举是类类型	226
12.1.4	枚举继承自 Enum 类	228
12.1.5	另一个枚举示例	229
12.2	类型封装器	231
12.2.1	Character 封装器	231
12.2.2	Boolean 封装器	231
12.2.3	数值类型封装器	232
12.3	自动装箱	233
12.3.1	自动装箱与方法	233
12.3.2	表达式中发生的自动装箱/拆箱	234
12.3.3	布尔型和字符型数值的自动装箱/拆箱	236
12.3.4	自动装箱/拆箱有助于防止错误	236
12.3.5	一些警告	237
12.4	注解	237
12.4.1	注解的基础知识	237
12.4.2	指定保留策略	238
12.4.3	在运行时使用反射获取注解	238
12.4.4	AnnotatedElement 接口	243
12.4.5	使用默认值	243
12.4.6	标记注解	244
12.4.7	单成员注解	245
12.4.8	内置注解	246
12.5	类型注解	248
12.6	重复注解	252
12.7	一些限制	253

第 13 章 I/O、带资源的 try 语句以及其他主题 254

13.1	I/O 的基础知识	254
13.1.1	流	254
13.1.2	字节流和字符流	255
13.1.3	预定义流	256
13.2	读取控制台输入	257
13.2.1	读取字符	257
13.2.2	读取字符串	258
13.3	向控制台写输出	259
13.4	PrintWriter 类	260
13.5	读/写文件	260
13.6	自动关闭文件	266
13.7	transient 和 volatile 修饰符	268
13.8	使用 instanceof 运算符	269
13.9	strictfp	271
13.10	本地方法	271
13.11	使用 assert	271
13.12	静态导入	274
13.13	通过 this()调用重载的构造函数	276
13.14	紧凑 API 配置文件	277

第 14 章 泛型 278

14.1	什么是泛型	278
14.2	一个简单的泛型示例	279
14.2.1	泛型只使用引用类型	282
14.2.2	基于不同类型参数的泛型类型是不同的	282
14.2.3	泛型提升类型安全性的原理	282
14.3	带两个类型参数的泛型类	284
14.4	泛型类的一般形式	285
14.5	有界类型	285
14.6	使用通配符参数	288
14.7	创建泛型方法	294
14.8	泛型接口	296
14.9	原始类型与遗留代码	298
14.10	泛型类层次	300
14.10.1	使用泛型超类	300
14.10.2	泛型子类	302
14.10.3	泛型层次中的运行时类型比较	303
14.10.4	强制转换	305
14.10.5	重写泛型类的方法	306
14.11	泛型的类型推断	307
14.12	局部变量类型推断和泛型	308
14.13	擦除	308
14.14	模糊性错误	310
14.15	使用泛型的一些限制	311
14.15.1	不能实例化类型参数	311

14.15.2	对静态成员的一些限制	311
14.15.3	对泛型数组的一些限制	311
14.15.4	对泛型异常的限制	312

第 15 章 lambda 表达式 — 313
- 15.1 lambda 表达式简介 — 313
  - 15.1.1 lambda 表达式的基础知识 — 314
  - 15.1.2 函数式接口 — 314
  - 15.1.3 几个 lambda 表达式示例 — 315
- 15.2 块 lambda 表达式 — 318
- 15.3 泛型函数式接口 — 319
- 15.4 作为参数传递 lambda 表达式 — 321
- 15.5 lambda 表达式与异常 — 323
- 15.6 lambda 表达式和变量捕获 — 324
- 15.7 方法引用 — 325
  - 15.7.1 静态方法的方法引用 — 325
  - 15.7.2 实例方法的方法引用 — 326
  - 15.7.3 泛型中的方法引用 — 329
- 15.8 构造函数引用 — 332
- 15.9 预定义的函数式接口 — 336

第 16 章 模块 — 337
- 16.1 模块基础知识 — 337
  - 16.1.1 简单的模块示例 — 338
  - 16.1.2 编译并运行第一个模块示例 — 341
  - 16.1.3 requires 和 exports — 342
- 16.2 java.base 和平台模块 — 342
- 16.3 旧代码和未命名的模块 — 343
- 16.4 导出到特定的模块 — 343
- 16.5 使用 requires transitive — 344
- 16.6 使用服务 — 348
  - 16.6.1 服务和服务提供程序的基础知识 — 348
  - 16.6.2 基于服务的关键字 — 348
  - 16.6.3 基于模块的服务示例 — 349
- 16.7 模块图 — 354
- 16.8 三个特殊的模块特性 — 355
  - 16.8.1 open 模块 — 355
  - 16.8.2 opens 语句 — 355
  - 16.8.3 requires static — 355
- 16.9 jlink 工具和模块 JAR 文件介绍 — 356
  - 16.9.1 链接 exploded directory 中的文件 — 356
  - 16.9.2 链接模块化的 JAR 文件 — 356
  - 16.9.3 JMOD 文件 — 357
- 16.10 层与自动模块简述 — 357
- 16.11 小结 — 357

第 II 部分 Java 库

第 17 章 字符串处理 — 361
- 17.1 String 类的构造函数 — 361
- 17.2 字符串的长度 — 363
- 17.3 特殊的字符串操作 — 363
  - 17.3.1 字符串字面值 — 363
  - 17.3.2 字符串连接 — 364
  - 17.3.3 字符串和其他数据类型的连接 — 364
  - 17.3.4 字符串转换和 toString() 方法 — 365
- 17.4 提取字符 — 366
  - 17.4.1 charAt() — 366
  - 17.4.2 getChars() — 366
  - 17.4.3 getBytes() — 367
  - 17.4.4 toCharArray() — 367
- 17.5 比较字符串 — 367
  - 17.5.1 equals() 和 equalsIgnoreCase() — 367
  - 17.5.2 regionMatches() — 368
  - 17.5.3 startsWith() 和 endsWith() — 368
  - 17.5.4 equals() 与 == — 369
  - 17.5.5 compareTo() — 369
- 17.6 查找字符串 — 370
- 17.7 修改字符串 — 372
  - 17.7.1 substring() — 372
  - 17.7.2 concat() — 373
  - 17.7.3 replace() — 373
  - 17.7.4 trim() 和 strip() — 373
- 17.8 使用 valueOf() 转换数据 — 374
- 17.9 改变字符串中字符的大小写 — 375
- 17.10 连接字符串 — 375
- 17.11 其他 String 方法 — 376
- 17.12 StringBuffer 类 — 377
  - 17.12.1 StringBuffer 类的构造函数 — 377
  - 17.12.2 length() 与 capacity() — 377
  - 17.12.3 ensureCapacity() — 378
  - 17.12.4 setLength() — 378
  - 17.12.5 charAt() 与 setCharAt() — 378
  - 17.12.6 getChars() — 379
  - 17.12.7 append() — 379
  - 17.12.8 insert() — 380

17.12.9	reverse()	380
17.12.10	delete()与deleteCharAt()	380
17.12.11	replace()	381
17.12.12	substring()	381
17.12.13	其他 StringBuffer 方法	382

17.13 StringBuilder 类 ············· 382

第 18 章 探究 java.lang ············· 383

- 18.1 基本类型封装器 ············· 384
  - 18.1.1 Number ············· 384
  - 18.1.2 Double 与 Float ············· 384
  - 18.1.3 理解 isInfinite()与 isNaN() ············· 387
  - 18.1.4 Byte、Short、Integer 和 Long ············· 387
  - 18.1.5 Character ············· 395
  - 18.1.6 对 Unicode 代码点的附加支持 ············· 397
  - 18.1.7 Boolean ············· 398
- 18.2 Void 类 ············· 399
- 18.3 Process 类 ············· 399
- 18.4 Runtime 类 ············· 400
  - 18.4.1 内存管理 ············· 401
  - 18.4.2 执行其他程序 ············· 402
- 18.5 Runtime.Version ············· 403
- 18.6 ProcessBuilder 类 ············· 404
- 18.7 System 类 ············· 406
  - 18.7.1 使用 currentTimeMillis()计时程序的执行 ············· 407
  - 18.7.2 使用 arraycopy()方法 ············· 408
  - 18.7.3 环境属性 ············· 408
- 18.8 System.Logger 和 System.LoggerFinder ············· 409
- 18.9 Object 类 ············· 409
- 18.10 使用 clone()方法和 Cloneable 接口 ············· 410
- 18.11 Class 类 ············· 411
- 18.12 ClassLoader 类 ············· 414
- 18.13 Math 类 ············· 414
  - 18.13.1 三角函数 ············· 414
  - 18.13.2 指数函数 ············· 415
  - 18.13.3 舍入函数 ············· 415
  - 18.13.4 其他数学方法 ············· 417
- 18.14 StrictMath 类 ············· 418
- 18.15 Compiler 类 ············· 418
- 18.16 Thread 类、ThreadGroup 类和 Runnable 接口 ············· 418
  - 18.16.1 Runnable 接口 ············· 419
  - 18.16.2 Thread 类 ············· 419
  - 18.16.3 ThreadGroup 类 ············· 421
- 18.17 ThreadLocal 和 InheritableThreadLocal 类 ············· 424
- 18.18 Package 类 ············· 424
- 18.19 Module 类 ············· 426
- 18.20 ModuleLayer 类 ············· 426
- 18.21 RuntimePermission 类 ············· 426
- 18.22 Throwable 类 ············· 426
- 18.23 SecurityManager 类 ············· 426
- 18.24 StackTraceElement 类 ············· 427
- 18.25 StackWalker 类和 StackWalker.StackFrame 接口 ············· 427
- 18.26 Enum 类 ············· 427
- 18.27 ClassValue 类 ············· 428
- 18.28 CharSequence 接口 ············· 428
- 18.29 Comparable 接口 ············· 429
- 18.30 Appendable 接口 ············· 429
- 18.31 Iterable 接口 ············· 429
- 18.32 Readable 接口 ············· 430
- 18.33 AutoCloseable 接口 ············· 430
- 18.34 Thread.UncaughtExceptionHandler 接口 ············· 430
- 18.35 java.lang 子包 ············· 430
  - 18.35.1 java.lang.annotation ············· 431
  - 18.35.2 java.lang.instrument ············· 431
  - 18.35.3 java.lang.invoke ············· 431
  - 18.35.4 java.lang.management ············· 431
  - 18.35.5 java.lang.module ············· 431
  - 18.35.6 java.lang.ref ············· 431
  - 18.35.7 java.lang.reflect ············· 431

第 19 章 java.util 第 1 部分：集合框架 ············· 432

- 19.1 集合概述 ············· 433
- 19.2 集合接口 ············· 434
  - 19.2.1 Collection 接口 ············· 434
  - 19.2.2 List 接口 ············· 436
  - 19.2.3 Set 接口 ············· 437
  - 19.2.4 SortedSet 接口 ············· 438
  - 19.2.5 NavigableSet 接口 ············· 439
  - 19.2.6 Queue 接口 ············· 439

目 录 **XIII**

	19.2.7 Deque 接口	440
19.3	集合类	441
	19.3.1 ArrayList 类	442
	19.3.2 LinkedList 类	445
	19.3.3 HashSet 类	446
	19.3.4 LinkedHashSet 类	447
	19.3.5 TreeSet 类	447
	19.3.6 PriorityQueue 类	448
	19.3.7 ArrayDeque 类	449
	19.3.8 EnumSet 类	450
19.4	通过迭代器访问集合	451
	19.4.1 使用迭代器	452
	19.4.2 使用 for-each 循环替代迭代器	453
19.5	Spliterator	454
19.6	在集合中存储用户定义的类	456
19.7	RandomAccess 接口	457
19.8	使用映射	458
	19.8.1 映射接口	458
	19.8.2 映射类	462
19.9	比较器	467
19.10	集合算法	474
19.11	Arrays 类	479
19.12	遗留的类和接口	483
	19.12.1 Enumeration 接口	484
	19.12.2 Vector 类	484
	19.12.3 Stack 类	487
	19.12.4 Dictionary 类	489
	19.12.5 Hashtable 类	489
	19.12.6 Properties 类	492
	19.12.7 使用 store()和 load()方法	495
19.13	集合小结	497

第 20 章 java.util 第 2 部分：更多实用工具类⋯498

20.1	StringTokenizer 类	498
20.2	BitSet 类	499
20.3	Optional、OptionalDouble、OptionalInt 和 OptionalLong	502
20.4	Date 类	504
20.5	Calendar 类	505
20.6	GregorianCalendar 类	508
20.7	TimeZone 类	509
20.8	SimpleTimeZone 类	510

20.9	Locale 类	511
20.10	Random 类	512
20.11	Timer 和 TimerTask 类	514
20.12	Currency 类	516
20.13	Formatter 类	516
	20.13.1 Formatter 类的构造函数	517
	20.13.2 Formatter 类的方法	517
	20.13.3 格式化的基础知识	518
	20.13.4 格式化字符串和字符	519
	20.13.5 格式化数字	519
	20.13.6 格式化时间和日期	520
	20.13.7 %n 和%%说明符	522
	20.13.8 指定最小字段宽度	523
	20.13.9 指定精度	524
	20.13.10 使用格式标志	525
	20.13.11 对齐输出	525
	20.13.12 空格、+、0 以及(标志	526
	20.13.13 逗号标志	527
	20.13.14 #标志	527
	20.13.15 大写选项	527
	20.13.16 使用参数索引	527
	20.13.17 关闭 Formatter 对象	528
	20.13.18 printf()方法	529
20.14	Scanner 类	529
	20.14.1 Scanner 类的构造函数	529
	20.14.2 扫描的基础知识	530
	20.14.3 一些 Scanner 示例	532
	20.14.4 设置定界符	535
	20.14.5 其他 Scanner 特性	537
20.15	ResourceBundle、ListResourceBundle 和 PropertyResourceBundle 类	538
20.16	其他实用工具类和接口	541
20.17	java.util 子包	542
	20.17.1 java.util.concurrent、java.util.concurrent.atomic 和 java.util.concurrent.locks	542
	20.17.2 java.util.function	542
	20.17.3 java.util.jar	545
	20.17.4 java.util.logging	545
	20.17.5 java.util.prefs	545
	20.17.6 java.util.regex	545
	20.17.7 java.util.spi	545

20.17.8	java.util.stream	545
20.17.9	java.util.zip	545

第 21 章 输入/输出：探究 java.io ·············546

- 21.1 I/O 类和接口 ·············546
- 21.2 File 类 ·············547
  - 21.2.1 目录 ·············549
  - 21.2.2 使用 FilenameFilter 接口 ·············550
  - 21.2.3 listFiles()方法 ·············551
  - 21.2.4 创建目录 ·············552
- 21.3 AutoCloseable、Closeable 和 Flushable 接口 ·············552
- 21.4 I/O 异常 ·············552
- 21.5 关闭流的两种方式 ·············553
- 21.6 流类 ·············554
- 21.7 字节流 ·············554
  - 21.7.1 InputStream 类 ·············554
  - 21.7.2 OutputStream 类 ·············555
  - 21.7.3 FileInputStream 类 ·············555
  - 21.7.4 FileOutputStream 类 ·············557
  - 21.7.5 ByteArrayInputStream 类 ·············559
  - 21.7.6 ByteArrayOutputStream 类 ·············560
  - 21.7.7 过滤的字节流 ·············562
  - 21.7.8 缓冲的字节流 ·············562
  - 21.7.9 SequenceInputStream 类 ·············565
  - 21.7.10 PrintStream 类 ·············566
  - 21.7.11 DataOutputStream 类和 DataInputStream 类 ·············568
  - 21.7.12 RandomAccessFile 类 ·············570
- 21.8 字符流 ·············571
  - 21.8.1 Reader 类 ·············571
  - 21.8.2 Writer 类 ·············572
  - 21.8.3 FileReader 类 ·············572
  - 21.8.4 FileWriter 类 ·············573
  - 21.8.5 CharArrayReader 类 ·············574
  - 21.8.6 CharArrayWriter 类 ·············575
  - 21.8.7 BufferedReader 类 ·············576
  - 21.8.8 BufferedWriter 类 ·············577
  - 21.8.9 PushbackReader 类 ·············578
  - 21.8.10 PrintWriter 类 ·············579
- 21.9 Console 类 ·············580
- 21.10 串行化 ·············581
  - 21.10.1 Serializable 接口 ·············581
  - 21.10.2 Externalizable 接口 ·············581
  - 21.10.3 ObjectOutput 接口 ·············582
  - 21.10.4 ObjectOutputStream 类 ·············582
  - 21.10.5 ObjectInput 接口 ·············583
  - 21.10.6 ObjectInputStream 类 ·············583
  - 21.10.7 串行化示例 ·············584
- 21.11 流的优点 ·············586

第 22 章 探究 NIO ·············587

- 22.1 NIO 类 ·············587
- 22.2 NIO 的基础知识 ·············587
  - 22.2.1 缓冲区 ·············588
  - 22.2.2 通道 ·············589
  - 22.2.3 字符集和选择器 ·············590
- 22.3 NIO.2 对 NIO 的增强 ·············590
  - 22.3.1 Path 接口 ·············590
  - 22.3.2 Files 类 ·············591
  - 22.3.3 Paths 类 ·············593
  - 22.3.4 文件属性接口 ·············594
  - 22.3.5 FileSystem、FileSystems 和 FileStore 类 ·············595
- 22.4 使用 NIO 系统 ·············595
  - 22.4.1 为基于通道的 I/O 使用 NIO ·············596
  - 22.4.2 为基于流的 I/O 使用 NIO ·············603
  - 22.4.3 为路径和文件系统操作使用 NIO ·············605

第 23 章 联网 ·············613

- 23.1 联网的基础知识 ·············613
- 23.2 java.net 联网类和接口 ·············614
- 23.3 InetAddress 类 ·············615
  - 23.3.1 工厂方法 ·············615
  - 23.3.2 实例方法 ·············616
- 23.4 Inet4Address 类和 Inet6Address 类 ·············616
- 23.5 TCP/IP 客户端套接字 ·············616
- 23.6 URL 类 ·············619
- 23.7 URLConnection 类 ·············620
- 23.8 HttpURLConnection 类 ·············622
- 23.9 URI 类 ·············624
- 23.10 cookie ·············624
- 23.11 TCP/IP 服务器套接字 ·············624
- 23.12 数据报 ·············624
  - 23.12.1 DatagramSocket 类 ·············625

	23.12.2 DatagramPacket 类	625
	23.12.3 数据报示例	626
23.13	java.net.http 包	627
	23.13.1 三个关键元素	628
	23.13.2 一个简单的 HTTP Client 示例	630
	23.13.3 有关 java.net.http 的进一步探讨	631

第 24 章 事件处理 632

24.1	两种事件处理机制	632
24.2	委托事件模型	632
	24.2.1 事件	633
	24.2.2 事件源	633
	24.2.3 事件监听器	633
24.3	事件类	634
	24.3.1 ActionEvent 类	635
	24.3.2 AdjustmentEvent 类	635
	24.3.3 ComponentEvent 类	636
	24.3.4 ContainerEvent 类	637
	24.3.5 FocusEvent 类	637
	24.3.6 InputEvent 类	638
	24.3.7 ItemEvent 类	638
24.4	KeyEvent 类	639
	24.4.1 MouseEvent 类	640
	24.4.2 MouseWheelEvent 类	641
	24.4.3 TextEvent 类	641
	24.4.4 WindowEvent 类	642
24.5	事件源	643
24.6	事件监听器接口	643
	24.6.1 ActionListener 接口	643
	24.6.2 AdjustmentListener 接口	644
	24.6.3 ComponentListener 接口	644
	24.6.4 ContainerListener 接口	644
	24.6.5 FocusListener 接口	644
	24.6.6 ItemListener 接口	644
	24.6.7 KeyListener 接口	644
	24.6.8 MouseListener 接口	645
	24.6.9 MouseMotionListener 接口	645
	24.6.10 MouseWheelListener 接口	645
	24.6.11 TextListener 接口	645
	24.6.12 WindowFocusListener 接口	645
	24.6.13 WindowListener 接口	645
24.7	使用委托事件模型	646

	24.7.1 一些重要的 AWT GUI 概念	646
	24.7.2 处理鼠标事件	647
	24.7.3 处理键盘事件	649
24.8	适配器类	652
24.9	内部类	654

第 25 章 AWT 介绍：使用窗口、图形和文本 658

25.1	AWT 类	658
25.2	窗口基本元素	660
	25.2.1 Component 类	660
	25.2.2 Container 类	661
	25.2.3 Panel 类	661
	25.2.4 Window 类	661
	25.2.5 Frame 类	661
	25.2.6 Canvas 类	661
25.3	使用框架窗口	661
	25.3.1 设置窗口的尺寸	661
	25.3.2 隐藏和显示窗口	662
	25.3.3 设置窗口的标题	662
	25.3.4 关闭框架窗口	662
	25.3.5 paint()方法	662
	25.3.6 显示字符串	663
	25.3.7 设置前景色和背景色	663
	25.3.8 请求重画	663
	25.3.9 创建基于框架的应用程序	664
25.4	使用图形	665
	25.4.1 绘制直线	665
	25.4.2 绘制矩形	665
	25.4.3 绘制椭圆和圆	665
	25.4.4 绘制弧形	666
	25.4.5 绘制多边形	666
	25.4.6 演示绘制方法	666
	25.4.7 改变图形的大小	668
25.5	使用颜色	669
	25.5.1 Color 类的方法	669
	25.5.2 设置当前图形的颜色	670
	25.5.3 一个演示颜色的程序	670
25.6	设置绘图模式	671
25.7	使用字体	673
	25.7.1 确定可用字体	674
	25.7.2 创建和选择字体	675
	25.7.3 获取字体信息	677

25.8	使用 FontMetrics 管理文本输出 …… 678	28.1.1	java.util.concurrent 包 ………… 747
		28.1.2	java.util.concurrent.atomic 包 …… 748
第 26 章	使用AWT控件、布局管理器和菜单 …… 681	28.1.3	java.util.concurrent.locks 包 …… 748
26.1	AWT 控件的基础知识 ………… 681	28.2	使用同步对象 ………………… 748
	26.1.1 添加和移除控件 ………… 682		28.2.1 Semaphore 类 …………… 748
	26.1.2 响应控件 ……………… 682		28.2.2 CountDownLatch 类 ……… 753
	26.1.3 HeadlessException 异常 …… 682		28.2.3 CyclicBarrier 类 ………… 754
26.2	使用标签 …………………… 682		28.2.4 Exchanger 类 …………… 756
26.3	使用命令按钮 ……………… 684		28.2.5 Phaser 类 ……………… 758
26.4	使用复选框 ………………… 687	28.3	使用执行器 ………………… 764
26.5	使用复选框组 ……………… 689		28.3.1 一个简单的执行器示例 …… 765
26.6	使用下拉列表 ……………… 691		28.3.2 使用 Callable 和 Future 接口 …… 767
26.7	使用列表框 ………………… 693	28.4	TimeUnit 枚举 ……………… 769
26.8	管理滚动条 ………………… 696	28.5	并发集合 …………………… 770
26.9	使用 TextField ……………… 699	28.6	锁 ………………………… 771
26.10	使用 TextArea ……………… 701	28.7	原子操作 …………………… 773
26.11	理解布局管理器 …………… 703	28.8	通过 Fork/Join 框架进行并行编程 …… 774
	26.11.1 FlowLayout 布局管理器 … 703		28.8.1 主要的 Fork/Join 类 ……… 774
	26.11.2 BorderLayout 布局管理器 … 704		28.8.2 分而治之的策略 ………… 777
	26.11.3 使用 Insets …………… 705		28.8.3 一个简单的 Fork/Join 示例 … 777
	26.11.4 GridLayout 布局管理器 … 707		28.8.4 理解并行级别带来的影响 … 780
	26.11.5 CardLayout 布局管理器 … 708		28.8.5 一个使用 RecursiveTask<V> 的例子 …………… 782
	26.11.6 GridBagLayout 布局管理器 … 711		28.8.6 异步执行任务 …………… 784
26.12	菜单栏和菜单 ……………… 715		28.8.7 取消任务 ……………… 785
26.13	对话框 …………………… 719		28.8.8 确定任务的完成状态 …… 785
26.14	关于重写 paint()方法 ……… 723		28.8.9 重新启动任务 …………… 785
			28.8.10 深入研究 ……………… 785
第 27 章	图像 …………………… 724		28.8.11 关于 Fork/Join 框架的一些提示 …… 786
27.1	文件格式 …………………… 724	28.9	并发实用工具与 Java 传统方式的比较 …………………… 787
27.2	图像基础知识：创建、加载与显示 …… 724		
	27.2.1 创建 Image 对象 ………… 725	第 29 章	流 API ………………… 788
	27.2.2 加载图像 ……………… 725	29.1	流的基础知识 ……………… 788
	27.2.3 显示图像 ……………… 725		29.1.1 流接口 ………………… 788
27.3	双缓冲 …………………… 726		29.1.2 如何获得流 …………… 790
27.4	ImageProducer 接口 ………… 729		29.1.3 一个简单的流示例 ……… 791
27.5	ImageConsumer 接口 ………… 731	29.2	缩减操作 …………………… 793
27.6	ImageFilter 类 ……………… 733	29.3	使用并行流 ………………… 795
	27.6.1 CropImageFilter 类 ……… 733	29.4	映射 ……………………… 797
	27.6.2 RGBImageFilter 类 ……… 735	29.5	收集 ……………………… 800
27.7	其他图像类 ………………… 745	29.6	迭代器和流 ………………… 803
第 28 章	并发实用工具 …………… 746		
28.1	并发 API 包 ………………… 747		

	29.6.1	对流使用迭代器	804
	29.6.2	使用 Spliterator	805
29.7	流 API 中更多值得探究的地方		807

第 30 章 正则表达式和其他包 ················ 808

30.1	正则表达式处理		808
	30.1.1	Pattern 类	808
	30.1.2	Matcher 类	809
	30.1.3	正则表达式的语法	809
	30.1.4	演示模式匹配	810
	30.1.5	模式匹配的两个选项	814
	30.1.6	探究正则表达式	815
30.2	反射		815
30.3	远程方法调用		818
30.4	使用 java.text 格式化日期和时间		821
	30.4.1	DateFormat 类	821
	30.4.2	SimpleDateFormat 类	823
30.5	java.time 的时间和日期 API		824
	30.5.1	时间和日期的基础知识	825
	30.5.2	格式化日期和时间	826
	30.5.3	解析日期和时间字符串	828
	30.5.4	探究 java.time 包的其他方面	829

第 Ⅲ 部分 使用 Swing 进行 GUI 编程

第 31 章 Swing 简介 ·································· 833

31.1	Swing 的起源		833
31.2	Swing 的构建以 AWT 为基础		834
31.3	两个关键的 Swing 特性		834
	31.3.1	Swing 组件是轻量级的	834
	31.3.2	Swing 支持可插入外观	834
31.4	MVC 连接		834
31.5	组件与容器		835
	31.5.1	组件	835
	31.5.2	容器	836
	31.5.3	顶级容器窗格	836
31.6	Swing 包		836
31.7	一个简单的 Swing 应用程序		837
31.8	事件处理		840
31.9	在 Swing 中绘图		843
	31.9.1	绘图的基础知识	843
	31.9.2	计算可绘制区域	844
	31.9.3	一个绘图示例	844

第 32 章 探索 Swing ································ 847

32.1	JLabel 与 ImageIcon		847
32.2	JTextField		849
32.3	Swing 按钮		850
	32.3.1	JButton	851
	32.3.2	JToggleButton	853
	32.3.3	复选框	854
	32.3.4	单选按钮	856
32.4	JTabbedPane		858
32.5	JScrollPane		860
32.6	JList		862
32.7	JComboBox		864
32.8	树		866
32.9	JTable		869

第 33 章 Swing 菜单简介 ······················ 872

33.1	菜单的基础知识		872
33.2	JMenuBar、JMenu 和 JMenuItem 概述		873
	33.2.1	JMenuBar	873
	33.2.2	JMenu	874
	33.2.3	JMenuItem	875
33.3	创建主菜单		875
33.4	向菜单项添加助记符和加速键		879
33.5	向菜单项添加图片和工具提示		881
33.6	使用 JRadioButtonMenuItem 和 JCheckBoxMenuItem		881
33.7	创建弹出菜单		883
33.8	创建工具栏		886
33.9	使用动作		888
33.10	完整演示 MenuDemo 程序		892
33.11	继续探究 Swing		898

第 Ⅳ 部分 应用 Java

第 34 章 Java Bean ································ 901

34.1	Java Bean 是什么		901
34.2	Java Bean 的优势		901
34.3	内省		902
	34.3.1	属性的设计模式	902
	34.3.2	事件的设计模式	903
	34.3.3	方法与设计模式	903
	34.3.4	使用 BeanInfo 接口	903

34.4	绑定属性与约束属性	904
34.5	持久性	904
34.6	定制器	904
34.7	Java Bean API	905
	34.7.1 Introspector 类	906
	34.7.2 PropertyDescriptor 类	906
	34.7.3 EventSetDescriptor 类	906
	34.7.4 MethodDescriptor 类	906
34.8	一个 Bean 示例	906

第 35 章 servlet — 910

35.1	背景	910
35.2	servlet 的生命周期	910
35.3	servlet 开发选项	911
35.4	使用 Tomcat	911
35.5	一个简单的 servlet	912
	35.5.1 创建和编译 servlet 源代码	913
	35.5.2 启动 Tomcat	913
	35.5.3 启动 Web 浏览器并请求 servlet	913
35.6	Servlet API	914
35.7	javax.servlet 包	914
	35.7.1 Servlet 接口	914
	35.7.2 ServletConfig 接口	915
	35.7.3 ServletContext 接口	915
	35.7.4 ServletRequest 接口	916
	35.7.5 ServletResponse 接口	916
	35.7.6 GenericServlet 类	916
	35.7.7 ServletInputStream 类	917
	35.7.8 ServletOutputStream 类	917
	35.7.9 servlet 异常类	917
35.8	读取 servlet 参数	917
35.9	javax.servlet.http 包	918
	35.9.1 HttpServletRequest 接口	919
	35.9.2 HttpServletResponse 接口	920
	35.9.3 HttpSession 接口	920
	35.9.4 Cookie 类	921
	35.9.5 HttpServlet 类	922
35.10	处理 HTTP 请求和响应	923
	35.10.1 处理 HTTP GET 请求	923
	35.10.2 处理 HTTP POST 请求	924
35.11	使用 cookie	925
35.12	会话跟踪	927

第 V 部分 附录

附录 A 使用 Java 的文档注释 — 931

附录 B JShell 简介 — 938

附录 C 在一个步骤中编译和运行简单的单文件程序 — 946

第 I 部分　Java 语言

第 1 章
Java 的历史和演变

第 2 章
Java 综述

第 3 章
数据类型、变量和数组

第 4 章
运算符

第 5 章
控制语句

第 6 章
类

第 7 章
方法和类的深入分析

第 8 章
继承

第 9 章
包和接口

第 10 章
异常处理

第 11 章
多线程编程

第 12 章
枚举、自动装箱与注解

第 13 章
I/O、带资源的 try 语句以及其他主题

第 14 章
泛型

第 15 章
lambda 表达式

第 16 章
模块

第 1 章 Java 的历史和演变

为完全理解 Java，必须理解创建它的原因，促使其成型的驱动力以及它所继承的思想。与以前所有成功的计算机语言一样，Java 也是一个混合物，是由大量继承自其他编程语言特性的最优元素，以及 Java 为完成自身特殊使命所需的创新性概念组成的。尽管本书其他各章将描述实际使用 Java 的相关内容，包括它的语法、关键库以及应用程序，但是本章将介绍 Java 出现的背景，创建 Java 的原因，是什么因素使 Java 如此重要以及多年来 Java 的演变过程。

尽管 Java 已经变得与 Internet 的在线环境密不可分，但是 Java 首先并且首要的仍然是一门语言，记住这一点很重要。计算机语言的创新与发展取决于以下两个基本原因：

- 适应环境和用途的变化
- 实现编程艺术的完善与提高

在后面将会看到，Java 的发展就是由这两个因素驱动的，而且这两个因素的驱动程度几乎相同。

1.1 Java 的家世

Java 与 C++相关，C++是 C 的直接后代。Java 的大量特性就是从这两门语言继承而来的。Java 继承了 C 的语法。Java 的许多面向对象特性则受 C++的影响。实际上，Java 的一些特性来自它的前辈，或受其影响。而且，Java 的创建基于过去几十年来计算机编程语言的改良和发展。由于这些原因，本节将回顾促使 Java 问世的一系列事件和驱动力。你将看到，语言设计的每次革新，都是为了解决之前语言不能解决的基本问题，Java 也不例外。

1.1.1 现代编程语言的诞生：C 语言

C 语言的诞生震惊了计算机界。不应当低估它的影响，因为它从根本上改变了编程的方式和思路。C 语言的创建是人们对结构化、高效率，"在创建系统程序时能够取代汇编代码"的高级语言需求的直接结果。我们知道，当设计一门计算机语言时，经常需要进行取舍，例如，需要权衡下面这些因素：

- 易用性与功能
- 安全性与效率
- 稳定性与可扩展性

在 C 语言以前，程序员通常需要在品质不同的各种计算机语言之间进行选择。例如，尽管可以使用 FORTRAN 为科学计算应用编写出相当高效的程序，但它不适用于编写系统代码。再比如，尽管 BASIC 易于学习，但它的功能不是很强大，并且由于缺少结构化设计，让人怀疑是否可以将其应用于大型程序。汇编语言可以生成非常高效的代码，但是它不易于学习，使用效率低，而且，调试汇编代码相当困难。

另一个复杂的问题是，早期的计算机语言，例如 BASIC、COBOL 以及 FORTRAN，没有遵循结构化设计原则。反而，它们依赖于 GOTO 作为程序控制的主要手段。因此，使用这些语言更容易编写出"意大利面条式的代码"——大量混乱的跳转语句和条件分支语句，使程序实际上很难理解。而类似 Pascal 的语言虽然是结构化的，但是它们不是针对高效率而设计的，并且没有提供使它们能够应用于大范围编程领域所需的特性(特别是，在确定标准 Pascal 语言时，实际上并没有考虑将它用于系统级代码)。

因此，在 C 语言出现以前，没有哪种语言能够解决这些矛盾。但是对这样一种语言的需要是迫切的。到了 20 世纪 70 年代早期，计算机革命开始出现，并且对软件的需求快速增长，超出了程序员的能力。为了创建出更好的计算机语言，学术界付出了大量努力。但是，促使 C 语言诞生的第二个因素，也许是最重要的因素已经出现。计算机硬件终于变得非常普遍，达到了发生变化的临界状态。计算机不再被锁起来，程序员第一次可以真正地随意使用他们的计算机，从而随意地进行尝试。程序员还可以开始创建他们自己的工具。在 C 语言诞生前夕，计算机语言向前飞跃发展的基础已经形成。

C 语言是由 Dennis Ritchie 在运行 UNIX 操作系统的 DEC PDP-11 机器上发明并首次实现的，它是老式 BCPL 语言不断发展的结果，BCPL 语言是由 Martin Richards 开发的。BCPL 语言对 Ken Thompson 发明的 B 语言产生了影响，B 语言导致了在 20 世纪 70 年代对 C 语言的开发。多年来，由 UNIX 操作系统提供的标准成为 C 语言事实上的标准，并且在 Brian Kernighan 和 Dennis Ritchie 编写的 *The C Programming Language* (Prentice-Hall, 1978)一书中得到了描述。1989 年 12 月，当美国国家标准学会(American National Standards Institute，ANSI)制定的 C 语言标准被采纳后，C 语言被正式标准化。

C 语言的诞生被许多人认为是现代计算机语言时代开始的标志，它成功地综合了早期计算机语言曾经非常麻烦的矛盾特性，成为功能强大、高效率、结构化的语言，并且相对容易学习。C 语言还有一个几乎是在无形中生成的特性：它是程序员的语言。在 C 语言诞生之前，计算机语言通常要么是作为学术实验而设计的，要么是由官方委员会设计的。而 C 语言不同，它是由真正从事编程工作的程序员设计、实现和开发的，反映了程序员进行实际编程工作的方法。C 语言的特性经过实际使用该语言的人们不断提炼、测试、思考、再思考，成为广大程序员最喜欢使用的语言。确实，C 语言迅速吸引了许多狂热的追随者。于是，C 语言被程序员广泛采用并被迅速接纳。总之，C 语言是由程序员设计并使用的一种语言。如后面所述，Java 继承了这一传统。

1.1.2 C++：下一个阶段

从 20 世纪 70 年代末到 80 年代早期，C 语言成为主要的计算机编程语言，今天仍然被广泛使用。既然 C 语言是一种成功、有用的语言，为什么还需要其他语言？答案是复杂性(complexity)。纵观程序开发的历史，正是程序复杂性的不断增加驱动了管理复杂性的更好方式的需要。C++是对这一需求的响应。为了更好地理解为何管理程序的复杂性成为创建 C++的基础，分析下面的内容。

自从发明计算机以来，编程方式发生了很大变化。例如，计算机刚出现时，编程是通过面板用手工打孔的方法输入二进制机器指令实现的。如果程序只有几百行指令，这种方法可以工作。随着程序的增长，引入了汇编语言，通过使用机器指令的符号化表示，程序员可以编写更大、更复杂的程序。随着程序的不断增长，出现了高级语言，为程序员提供了处理复杂性的更多工具。

当然，第一种广泛使用的高级语言是 FORTRAN。虽然 FORTRAN 迈出了令人印象深刻的第一步，但是它很难开发出条理清晰且易于理解的程序。20 世纪 60 年代诞生了结构化编程(structured programming)。这种编程方法被 C 这类语言采用。通过使用结构化编程语言，程序员第一次能够比较容易地编写出相对复杂的程序。但是，即使使用结构化编程方法，一旦项目达到一定的规模，它的复杂性就会超出程序员能够处理的范围。到了 20 世纪 80 年代早期，许多项目超出了结构化方法的极限。为了解决这一问题，发明了一种新的编程方法，称为面向对象编程(Object-Oriented Programming，OOP)。面向对象编程将在本书后面详细讨论，但是在此先给出它的简短定义：OOP 是一种编程方法论，通过使用继承、封装和多态来帮助组织复杂的程序。

通过分析可以看出，尽管 C 语言是世界上最伟大的编程语言之一，但是它处理复杂性的能力也是有限的。一旦程序规模超过特定的临界点，就会变得非常复杂，以至于难以从整体上把握。虽然根据程序的自身特征以及程序员的不同，发生这种情况的准确界限会有所不同，但总是存在这样一个门槛，一旦超过这个门槛，程序就变得难以管理。C++添加了能够突破这一界限的特征，允许程序员理解并管理更大的程序。

C++语言是由 Bjarne Stroustrup 于 1979 年发明的，当时他在位于美国新泽西州 Murray Hill 的 Bell 实验室工作。Stroustrup 最初将这种新语言称为"带类的 C"。但是，在 1983 年他将名称改为 C++。C++通过添加面向对象的特征对 C 语言进行了扩展。因为 C++构建于 C 语言的基础之上，所以它包含了 C 语言的全部特征、特性以及优点。这是 C++作为一种语言能够成功的关键原因。发明 C++语言不是试图创建一种全新的编程语言，相反，它是对已经取得极大成功的 C 语言的改进。

1.1.3 Java 出现的时机已经成熟

到了 20 世纪 80 年代末 90 年代初，使用面向对象编程的 C++语言占据了主导地位。确实，程序员好像一度找到了完美的语言。因为 C++既支持面向对象编程模式，又具有 C 语言的高效率以及风格优点，它确实是一种可以用于创建各种程序的语言。然而，就像过去一样，推动计算机语言向前演变的力量又一次在酝酿。在短短几年中，万维网(World Wide Web)和 Internet 达到了临界规模。这一事件又将促成编程的另一场革命。

1.2 Java 的诞生

Java 是由 James Gosling、Patrick Naughton、Chris Warth、Ed Frank 和 Mike Sheridan 于 1991 年在 Sun 公司构想出来的。开发第一个版本花费了 18 个月。这种语言最初称为 Oak，在 1995 年被命名为 Java。从 1992 年秋 Oak 最初实现到 1995 年春 Java 语言的公开发布，许多人对 Java 的设计和改进做出了贡献。Bill Joy、Arthur van Hoff、Jonathan Payne、Frank Yellin 和 Tim Lindholm 是主要贡献者，他们的奉献使 Java 的最初原型逐渐成熟。

有些让人惊奇的是，Java 的最初推动力不是 Internet！相反，主要动机是对平台独立(即体系结构中立)语言的需要，这种语言可用于开发能够嵌入到各种消费类电子设备(如微波炉、遥控器)的软件。可以想象，许多不同类型的 CPU 被用作控制器。使用 C 和 C++语言(以及大部分其他语言)的麻烦是，它们被设计为针对特定的目标进行编译。尽管能够为各种类型的 CPU 编译 C++程序，但是这需要一个以该 CPU 为目标的完整 C++编译器。问题是创建编译器很昂贵、耗时，所以需要一种更容易、性价比更高的解决方案。在寻找这种方案的尝试过程中，Gosling 和其他人一起开始开发一种可移植的、平台独立的语言，使用这种语言可以生成在不同环境下运行于各种 CPU 之上的代码。他们的努力最终导致了 Java 的诞生。

在 Java 的细节被开发出来的同时，第二个并且最终也更加重要的因素出现了，它在 Java 的未来中扮演了关键的角色。第二个动力当然是万维网。假如 Web 的形成和 Java 的出现不在同一时间，那么 Java 虽然仍会有用，但可能只是一种用于为消费类电子产品编写代码的没有名气的语言。然而，随着万维网的出现，Java 被推到计算机语言设计的最前沿，因为 Web 也需要可移植的程序。

大部分程序员在职业生涯的早期就知道，可移植程序既让人向往又让人逃避。尽管人们对创建高效、可移植(平台独立的)程序的探索，几乎和编程自身的历史一样久远，但它总是让位于其他更为紧迫的问题。此外，因为在那时计算机界已经被 Intel、Macintosh 和 UNIX 这三个竞争阵营垄断，大多数程序员都在其中的某个领域内工作，所以对可移植性编码的迫切需求降低了。但是，随着 Internet 和 Web 的出现，古老的可移植性问题又出现了。毕竟，Internet 是由各种各样的、分布式的系统构成的，这些系统使用各种类型的计算机、操作系统和 CPU。尽管许多类型的平台都依附于 Internet，但是用户仍然希望它们能够运行相同的程序。曾经是一个令人烦恼但优先级较低的问题，已经变成必须解决的问题。

在为嵌入式控制器编写代码时经常遇到的可移植性问题，在尝试为 Internet 编写代码的过程中也出现了。直至 1993 年，这个问题对于 Java 设计小组的成员而言已经变得很明显了。实际上，最初针对解决小范围问题而设计的 Java，也可以应用于更大范围的 Internet。这一认识导致 Java 的关注点由消费类电子产品转移到 Internet 编程。因此，虽然对体系结构中立的编程语言的需求提供了最初的思想火花，但最终是 Internet 成就了 Java 的成功。

如前所述，Java 从 C 和 C++继承了许多特性，这是有意而为之的。Java 设计人员清楚，使用与 C 语言类似的语法以及模仿 C++的面向对象特性，可以使 Java 语言对于众多经验丰富的 C/C++程序员更具吸引力。除了表面类似外，Java 还借鉴了帮助 C 和 C++成功的其他一些特性。首先，Java 的设计、测试和不断改进是由真正从事编程工作的人员完成的。它是扎根于设计人员的需求和经验的一种语言，因此 Java 是程序员的语言。其次，Java 结构紧凑，并且逻辑上协调一致。最后，除了 Internet 环境强加的那些约束外，Java 为程序员提供了完全的控制权。如果程序编写得好，程序本身就能反映出来。如果程序编写得不好，程序本身也能反映出来。换句话说，Java 不是一种用于培训的语言，而是针对专业程序员的语言。

因为 Java 与 C++之间的相似性，有人可能会简单地将 Java 看成 "Internet 版的 C++"。但是，这么认为是一个很大的错误。Java 无论是在实践上还是在理论上都与 C++有着很大区别。虽然 Java 深受 C++的影响，但它不是 C++的增强版。例如，Java 与 C++既不向上兼容，也不向下兼容。当然，与 C++之间的相似性还是很明显的。并且，C++程序员会感觉 Java 很熟悉。另外一点：设计 Java 的目的不是取代 C++。Java 是为了解决特定的一系列问题而设计的。Java 和 C++将会长期共存。

如本章开头所述，计算机语言的发展取决于两个因素：适应环境的变化以及实现编程艺术的提高。促使 Java 发展的环境变化是对平台独立程序的需求，Internet 上的分布式系统天生就需要平台独立的程序。同时，Java 也体现了编程方式的变化。例如，Java 增强并改进了 C++使用的面向对象编程，增加了对多线程的支持，提供了简化 Internet 访问的库。总之，并不是 Java 的某个单一特征，而是整体上作为一种语言，才使它如此非凡。Java 是对新出现的高度分布计算领域需求的完美响应。Java 对于 Internet 编程的意义，就如同 C 语言对系统编程一样：它们都是改变世界的革命性力量。

Java 与 C#的关系

在计算机语言开发领域，人们会继续感受到 Java 的影响和力量。许多创新性的特征、结构以及概念，已经成为所有新语言的基准组成部分。Java 是如此成功，以至于不可忽视。

Java 影响力的最重要例子可能是 C#。C#是由 Microsoft 创建的用于支持.NET Framework 的语言，C#与 Java 密切相关。例如，两者共享相同的语法，都支持分布式编程，都利用相同的对象模型。当然，Java 和 C#之间也有一些区别，但总的来看这两种语言很相似。从 Java 到 C#的这种 "异花授粉"，正是对 Java 影响力最强有力的证明：Java 重新定义了我们思考和使用计算机语言的方式。

1.3 Java 改变 Internet 的方式

Internet 将 Java 推到了编程的最前沿，反过来，Java 也对 Internet 生成了深远影响。一般来说，除了简化 Web 编程，Java 还创立了一种新的网络程序类型，称为 applet，这种程序类型改变了在线考虑内容的方式。Java 还解决了一些与 Internet 相关的棘手问题：可移植性和安全性。下面进一步分析这些内容。

1.3.1 Java applet

在创建 Java 时，其中一个最令人兴奋的特性就是 applet。applet 是一种特殊类型的 Java 程序，是为了能够在 Internet 上传送而设计的，可以在兼容 Java 的 Web 浏览器中自动运行。如果用户单击包含 applet 的链接，就会自动下载 applet，并在浏览器中运行。applet 一般是小的程序，它们通常用于显示服务器提供的数据，处理用户输入或者提供在本地执行(而不是在服务器上执行)的简单功能，例如贷款计算器。本质上，利用 applet 可以将某些功能从服务器移到客户端。

applet 的创建非常重要，因为它扩展了可以在网络空间(cyberspace)中自由流动的对象的范畴。一般而言，在服务器和客户端之间传输的对象有两大类：被动的信息，以及动态、主动的程序。例如，当阅读电子邮件时，是在查看被动的数据。甚至当下载一个程序时，在执行该程序之前，它的代码也只是被动的数据。与之相对应，applet 是动态的、自我执行的程序。虽然这类程序是客户端计算机上的活动代码，然而它们是由服务器启动的。

在 Java 出现的早期，applet 是 Java 编程的关键部分。它们展示了 Java 的强大功能与优势，为 Web 页面添加了令人兴奋的维度，使程序员可以使用 Java 语言尽可能地完成更多任务。虽然现在 applet 还在使用，但随着时间的推移，它们已经变得不再那么重要。正如后面所述，从 JDK 9 开始，applet 将不再使用，JDK 11 不再支持 applet。

1.3.2 安全性

虽然动态的、联网的程序很令人喜欢，但在安全性和可移植性方面也可能出现严重的问题。显然，在客户端计算机上自动下载并执行的程序必须要防止受到任何损害。这些程序必须能够在各种不同的环境和操作系统中运行。正如所见，Java 以一种高效且优雅的方式解决了这些问题。下面进一步介绍安全性。

你可能知道，每次下载一个"正常的"程序时，都有一定的风险，因为下载的代码可能包含病毒、特洛伊木马或其他有害代码。问题的核心是恶意代码能够导致损害，因为它已经获得对系统资源的未授权访问。例如，病毒程序可以通过搜索计算机本地文件系统的内容来收集私人信息，如信用卡号码、银行账户余额和密码等。为使 Java 能够在客户端计算机上安全地下载并执行程序，需要阻止程序进行这样的攻击。

Java 通过将应用程序限制在 Java 执行环境中，不允许访问计算机的其他部分来实现这种保护(稍后会看到实现这种保护的原理)。下载程序并能确保不会造成危害的能力，被认为是 Java 最重要的一个创新。

1.3.3 可移植性

可移植性是 Internet 的一个主要方面，因为有许多不同类型的计算机和操作系统被连接到 Internet。要使 Java 程序真正运行于连接到 Internet 的任何计算机上，需要用某种方法使 Java 程序能够在不同的系统中执行。换言之，必须有一种机制允许同一个应用程序在不同类型的 CPU、操作系统和浏览器环境中下载并执行。为不同的计算机开发不同版本的应用程序是不切实际的。同一代码必须能够在所有计算机上工作。所以，需要某种方式能够生成可移植的可执行代码。很快将会看到，这个有助于提高安全性的机制也可以用于帮助实现可移植性。

1.4 Java 的魔力：字节码

允许 Java 解决刚才描述的安全性和可移植性问题的关键是，Java 编译器的输出不是可执行代码，而是字节码(bytecode)。字节码是高度优化的指令集合，这些指令由 Java 虚拟机(Java Virtual Machine，JVM)执行，JVM 是 Java 运行时系统的一部分。本质上，原始的 JVM 被设计为字节码解释器。这可能有点令人吃惊，因为出于性能方面的考虑，许多现代语言被设计为将源代码编译成可执行代码。然而，Java 程序是由 JVM 执行的这一事实，有助于解决与基于 Web 的程序相关的主要问题。下面分析其中的原因。

将 Java 程序翻译成字节码，可以使其更容易地在各种环境中运行，因为只需要针对每种平台实现 JVM 即可。对于给定的系统只要存在 JRE，所有 Java 程序就可以在该系统中运行。请记住，尽管对于不同的平台，JVM 的细节可能有所不同，但是它们都能理解相同的 Java 字节码。如果 Java 程序被编译成本机代码，就必须为相同的程序针对连接到 Internet 的不同类型的 CPU 提供不同版本，这当然是不可行的。因此，通过 JVM 执行字节码是创建真正可移植程序最容易的方法。

Java 程序由 JVM 执行的这一事实，还有助于提供安全性。因为 JVM 控制程序的执行，所以能够创建一个受限的执行环境，称为沙盒(sandbox)，其中包含的程序可以防止对计算机的未授权访问。安全性也通过 Java 语言具有的一些特定限制得到了增强。

一般而言，如果将程序编译成中间形式，然后由虚拟机解释执行，相对于直接编译成可执行代码，执行速度要慢一些。然而对于 Java 而言，这两种方式之间的区别不是特别大。因为字节码已经被高度优化，使用字节码能够使 JVM 执行程序的速度，比你可能认为的速度快得多。

尽管 Java 被设计成一种解释语言，但是为了提高性能，完全可将字节码编译为本机代码。为此，在 Java 最初发布不久就引入了 HotSpot 技术。HotSpot 为字节码提供了即时(Just-In-Time，JIT)编译器。如果 JVM 包含 JIT 编译器，就可以根据要求一部分一部分地将选择的字节码实时编译为可执行代码。不是将整个 Java 程序一次性地全部编译为可执行代码，理解这一点很重要。事实是，JIT 编译器在执行期间根据需要编译代码。此外，不是编译所有字节码序列，而是只编译那些能从编译中受益的字节码，剩余代码仍然只是进行解释。尽管如此，这种即时编译方法仍然可以显著提高性能。当对字节码应用动态编译时，仍然可以获得可移植性和安全性，因为 JVM 仍然控制着执行环境。

最后要说明一点，从 JDK 9 开始，选中的 Java 环境也包含一个提前(ahead-of-time)编译器，它可以先把字节码编译为本机代码，再由 JVM 执行，而不是由 JVM 就地编译执行。因为提前编译具有高度专业化的特性，所以本书不进一步讨论它。

1.5 超越 applet

在撰写本文时，距离 Java 的最初版本已经过去了二十多年。这些年来发生了许多变化。在 Java 诞生的时候，互联网是一个令人兴奋的创新；Web 浏览器正在迅速发展和完善；智能手机的现代形式还没有发明出来；计算机的普及还需要几年的时间。可以预料，Java 也发生了变化，Java 的使用方式也发生了变化。也许没有什么比 applet 更能说明 Java 正在进行的演化。

如前所述，在 Java 的早期阶段，applet 是 Java 编程的一个关键部分。它不仅给网页添加了令人激动的方面，而且是 Java 的高度可视化部分。由于 applet 依赖于 Java 浏览器插件，因此，applet 的运行必须要得到浏览器的支持。最近，对 Java 浏览器插件的支持程度在逐渐减弱。简言之，如果没有浏览器的支持，applet 就是不可行的。因此，从 JDK 9 开始，不再推荐使用 Java 对 applet 的支持功能。在 Java 语言中，"不再推荐使用(deprecated)"意味着某个功能仍然可用，但已被标记为"废弃"。因此新代码中应该不再使用这类特性。随着 JDK 11 的发布，由于对 applet 的支持被删除，逐步淘汰也就完成了。

值得注意的是，在 Java 创建几年后，Java 中添加了一个 applet 的替代品，称为 Java Web Start，支持从 Web 页面动态下载应用程序。它是一种部署机制，对于不适合 applet 的大型 Java 应用程序尤其有用。applet 和 Web Start 应用程序的区别在于，Web Start 应用程序是独立运行的，而不是在浏览器中运行的。因此，它看起来很像一个"正常"的应用程序。但是，它要求主机系统上有一个支持 Web Start 的独立 JRE。从 JDK 11 开始，Java Web Start 支持就被删除了。

由于现代版本的 Java 既不支持 applet，也不支持 Java Web Start，那么应该使用什么机制来部署 Java 应用程序？在撰写本文时，部分答案是使用 JDK 9 添加的 jlink 工具。它可以创建一个完整的运行时映像，其中包括对程序的所有必要支持，包括 JRE。虽然对部署策略的详细讨论超出了本书的范围，但是你需要密切关注它。

1.6 更快的发布周期

最近在 Java 中发生了另一个重大变化，但它不涉及对语言或运行时环境的更改。相反，它与 Java 版本的发布计划方式有关。过去，主要的 Java 版本通常相隔两年或更长时间。然而，在 JDK 9 发布之后，主要 Java 版本之间的时间间隔缩短了。今天，预计主要的发行版将严格根据基于时间的计划表发布，发行版预期的时间间隔只有 6 个月。

每 6 个月发布的版本(现在称为功能版本)都包含在发布时已经准备好的功能。这种增加的发布节奏使 Java 程序员能够及时获得新的特性和增强。此外，它允许 Java 快速响应不断变化的编程环境的需求。简单地说，更快的发布计划对于 Java 程序员来说是一个非常积极的开发策略。

目前，功能版计划在每年的 3 月和 9 月发布。因此，JDK 10 于 2018 年 3 月发布，也就是 JDK 9 发布 6 个月之后。下一个版本(JDK 11)是在 2018 年 9 月发布的。同样，预计每 6 个月将发布一个新特性。最新的发布时间表信息可以查阅 Java 文档。

在撰写本文时，已经出现了许多新的 Java 特性。由于更快的发布进度，很有可能在未来几年内将其中几个添加到 Java 中。可以查看每 6 个月发布的版本提供的详细信息和发布说明。对于 Java 程序员来说，这真是一个激动人心的时刻！

1.7 servlet：服务器端的 Java

客户端代码只是客户端/服务器这个整体的一半。Java 对于服务器端也是很有用的，在 Java 最初发布不久这个问题就变得很明显了，于是出现了 servlet。servlet 是在服务器上执行的小程序。

servlet 用于动态地创建发送到客户端的内容。例如，在线商店可以使用 servlet 在数据库中查找某件商品的价格，然后使用价格信息动态生成发送到浏览器的 Web 页面。尽管通过 CGI(Common Gateway Interface，公共网关接口)这类机制也可以获取动态生成的内容，但是 servlet 提供了一些优点，包括性能的提高。

因为 servlet(以及所有 Java 程序)被编译成字节码，并且由 JVM 执行，所以它们具有高度的可移植性。因此，相同的 servlet 可用于各种不同的服务器环境中。唯一的要求是：服务器支持 JVM 和 servlet 容器。今天，服务器端代码通常构成了 Java 的主要用途。

1.8 Java 的关键特性

如果不介绍 Java 的关键特性，对 Java 历史的讨论就不是完整的。尽管促使 Java 必然诞生的基本动力是可移植性和安全性，但是在 Java 语言最终成型的过程中，其他因素也扮演了重要角色。Java 团队对设计 Java 时的关键考虑因素进行了总结，如下面的关键特性列表所示：

- 简单性
- 安全性
- 可移植性
- 面向对象
- 健壮性
- 多线程
- 体系结构中立
- 解释执行
- 高性能
- 分布式
- 动态性

在这些关键特性中，安全性和可移植性已经在前面介绍过了，下面分析其他各个特性的含义。

1.8.1 简单性

Java 的设计目标之一是让专业程序员能够高效地学习和使用。如果具有一定的编程经验，就会发现掌握 Java 并不难。如果你已经理解了面向对象编程的基本概念，学习 Java 会更容易。最好的情况是，你是一位有经验的

C++程序员，只需要非常少的努力就可以迁移到 Java。因为 Java 继承了 C/C++的语法以及许多面向对象特性，大部分程序员学习 Java 都不困难。

1.8.2 面向对象

尽管受到其前辈的影响，但是 Java 并没有被设计成兼容其他语言的源代码，这使得 Java 团队可以自由地从头开始设计。这样设计的结果是：对象采用清晰、可用、实用的方法。通过大量借鉴过去几十年中的诸多对象软件环境，Java 设法在纯进化论者的"任何事物都是对象"模式和实用主义者的"够用就好"模式之间找到了平衡。Java 中的对象模型既简单又易于扩展，而基本类型（例如整型）仍然是高性能的非对象类型。

1.8.3 健壮性

Web 的多平台环境对程序有特别的要求，因为程序必须在各种系统中可靠地执行。因此，在设计 Java 时，使其具备创建健壮程序的能力被提到了高优先级的地位。为了获得可靠性，Java 在一些关键领域进行了限制，从而迫使程序员在程序开发中及早发现错误。同时，使程序员不必再担心会引起编程错误的许多最常见问题。因为 Java 是强类型化的语言，它在编译时检查代码。当然不管怎样，在运行时也检查代码。许多难以跟踪的 bug，在运行时通常难以再现，这种情况在 Java 中几乎不可能生成。因为使编写好的程序在不同的运行条件下以可预见的方式运行是 Java 的关键特性之一。

为了更好地理解 Java 是多么健壮，可以分析程序失败的两个主要原因：内存管理错误和未处理的异常（即运行时错误）。在传统的编程环境中，内存管理是一件困难、乏味的工作。例如，在 C/C++中，程序员必须经常手动分配和释放所有动态内存。有时这会导致问题，因为程序员可能会忘记释放以前分配的内存，或者更糟糕的是，试图释放程序其他部分仍然在使用的内存。Java 通过自动管理内存的分配和释放，可以从根本上消除这些问题（事实上，释放内存完全是自动的，因为 Java 为不再使用的对象提供了垃圾回收功能）。传统环境中的异常情况通常是由"除 0"或"没有找到文件"这类错误引起的，并且必须使用既笨拙又难以理解的结构对它们进行管理。Java 通过提供面向对象的异常处理功能在这方面提供了帮助。在编写良好的 Java 程序中，所有运行时错误都能够并且应当由程序进行管理。

1.8.4 多线程

Java 的设计目标之一是满足对创建交互式、网络化程序的现实需求。为实现这一目标，Java 支持多线程编程，允许编写同步执行许多工作的程序。Java 运行时系统为多线程同步提供了优美且完善的解决方案，能够创建运行平稳的交互式系统。Java 提供了易用的多线程方法，使得只需要考虑程序的特定行为，而不需要考虑多任务子系统。

1.8.5 体系结构中立

对于 Java 设计人员来说，核心问题是程序代码的持久性和可移植性。在创建 Java 时，程序员面临的一个主要问题是，即使是在同一台机器上也不能保证今天编写的程序到了明天仍然能够运行。操作系统升级、处理器升级以及核心系统资源的变化，都可能导致程序出现故障。Java 设计人员对 Java 语言做出了一些艰难的决策，Java 虚拟机就是试图用于解决这个问题的。其目标是"编写一次，无论何时、何地都永远运行"。在很大程度上，这个目标已经实现了。

1.8.6 解释执行和高性能

如前所述，Java 通过将源代码编译成被称为 Java 字节码的中间表示形式，可以创建跨平台的程序。这种代码可在所有实现了 Java 虚拟机的系统中运行。以前大部分对跨平台解决方案的尝试对性能的影响太大。前面解释过，

Java 字节码经过了仔细设计，通过使用即时编译器，可以很容易地将字节码直接转换为高性能的本机代码。Java 运行时系统提供了这个特性，并且没有丢失平台独立的代码的优点。

1.8.7 分布式

Java 是针对 Internet 的分布式环境而设计的，因为它能处理 TCP/IP 协议。实际上，使用 URL 访问资源与访问文件没有多大区别。Java 还支持远程方法调用(Remote Method Invocation，RMI)。这个特性允许程序通过网络调用方法。

1.8.8 动态性

Java 程序本身带有大量的运行时类型信息，这些信息可用于在运行时验证和解决对象访问问题。这允许以安全、方便的方式动态地链接代码。对于那些可以在运行的系统中动态更新小段字节码的 Java 环境的健壮性来说，这一特性也是很关键的。

1.9 Java 的演变历程

Java 的最初发布不亚于一场革命，但是它并不标志着 Java 快速革新时代的结束。与其他大多数软件系统经常进行微小的增量式改进不同，Java 持续以飞快的步伐向前发展。在 Java 1.0 发布不久，Java 的设计人员就已经创建了 Java 1.1。Java 1.1 新增的特性比在次要版本中修订增加的内容更重要、更丰富。Java 1.1 添加了许多新的库元素，改进了事件处理方式，并且重新配置了 Java 1.0 版本中库的许多特性。它还建议不再使用(放弃)最初由 Java 1.0 定义的一些特性。因此，Java 1.1 既添加了新特性，也去掉了最初版本中的一些特性。

继 Java 1.1 以后，Java 的下一个主要发布版本是 Java 2，此处的 2 表示"第二代"。Java 2 的创建是一个分水岭，它标志着 Java "新时代"的开始。首次发布 Java 2 时使用的版本号是 1.2，这看起来可能有些奇怪。因为 1.2 最初指的是 Java 库的内部版本号，但是之后被推广至表示整个发布版本。通过 Java 2，Sun 公司将 Java 产品重新包装成 J2SE(Java 2 Platform Standard Edition，Java 2 平台标准版)，并且版本号也开始用于这个产品。

Java 2 添加了大量新特性，例如 Swing 和集合框架，并且改进了 Java 虚拟机和各种编程工具。Java 2 也建议不再使用某些特性。最重要的影响是 Thread 类，建议不再使用该类的 suspend()、resume()和 stop()方法。

J2SE 1.3 是对 Java 2 原始版本的第一次重要升级。这次升级主要是更新 Java 的现有功能以及"限制"开发环境。一般来说，为版本 1.2 和 1.3 编写的程序的源代码是兼容的。尽管版本 1.3 包含的变化比以前三次重要升级更小，但这次升级仍然是十分重要的。

J2SE 1.4 的发布进一步增强了 Java。这个发布版本包含了一些重要的升级、改进和新增功能。例如，添加了新的关键字 assert、链式异常(chained exception)以及基于通道的 I/O 子系统。该版本还对集合框架和联网类(networking class)进行了修改。此外，从头到尾还有大量小的改动。尽管引入了很多新特性，但版本 1.4 与以前的版本保持了几乎百分之百的源代码兼容。

J2SE 1.4 之后的下一个发布版本是 J2SE 5，该版本也是革命性的。它与先前的大多数 Java 升级不同，因为那些升级提供了重要的、有规律的改进，而 J2SE 5 从根本上扩展了 Java 语言的应用领域、功能和范围。为了领会 J2SE 5 对 Java 修改的重要性，考虑下面列出的 J2SE 5 的主要新特性：

- 泛型
- 注解(annotation)
- 自动装箱和自动拆箱
- 枚举
- 增强的 for-each 风格的 for 循环

- 可变长度参数(varargs)
- 静态导入
- 格式化的 I/O
- 并发实用工具

上述新特性不是细枝末节的改动或增量式的升级，列表中的每一项都表示对 Java 语言的重大弥补。某些新特性，比如泛型、增强的 for 循环以及可变长度参数，引入了新的语法元素。其他新特性，比如自动装箱和自动拆箱，改变了 Java 语言的语义。注解为编程增加了一个全新的维度。所有这些新增特性的影响都超出了它们的直接效果。它们极大地改变了 Java 本身的每一个特性。

这些新增特性的重要性反映在版本号 5 的使用上。正常情况下，Java 的下一个版本号应为 1.5。然而，这些新增特性实在是太重要了，以至于从 1.4 转向 1.5 不足以看出变化的重要性。因此，Sun 公司选择将版本号增至 5，以强调一个重要事件正在发生。因此，该版本被命名为 J2SE 5，同时开发人员的工具包也称为 JDK 5。不过，为保持一致性，Sun 公司决定使用 1.5 作为内部版本号，它也称为开发版本号。J2SE 5 中的 5 被称为产品版本号。

Java 的下一个发布版本称为 Java SE 6。Sun 公司再次决定改变 Java 平台的名称。首先，注意 "2" 已经被去掉了。因此，平台现在被命名为 Java SE，官方产品名称是 "Java Platform, Standard Edition 6"。Java 开发工具包称为 JDK 6。与 J2SE 5 中的 5 一样，Java SE 6 中的 6 是产品版本号，而内部的开发版本号是 1.6。

Java SE 6 建立在 J2SE 5 的基础之上，进行了一些增量式改进。Java SE 6 没有为 Java 语言添加真正重要的新特性，但它确实增强了 API 库，添加了几个新的包，并且对运行时进行了改进。随着几次升级，在漫长的生命周期中 Java SE 6 还进行了几次更新。总之，Java SE 6 进一步巩固了 J2SE 5 的发展成果。

Java 的下一个发布版本是 Java SE 7，Java 开发工具包也随之被称为 JDK 7，并且内部版本号为 1.7。Java SE 7 是自从 Sun Microsystems 被 Oracle 公司收购之后发布的第一个重要版本。Java SE 7 包含许多新特性，包括为 Java 语言增加的重要特性和 API 库，并且对 Java 运行时系统进行了升级，升级的内容包括对非 Java 语言的支持。不过对 Java 开发人员来说，他们最感兴趣的还是为语言和 API 增加的特性。

新增的语言特性是作为 Project Coin 的一部分开发的。Project Coin 的目的是识别大量将被合并到 JDK 7 中对 Java 语言的小改动。尽管这些新特性被集中描述为 "小的" 修改，但就它们对代码的影响而言，这些修改产生的影响却相当大。实际上，对于许多开发人员，这些修改可能是 Java SE 7 中最重要的新特性。下面是 JDK 7 中新增语言特性的列表：

- String 现在能够控制 switch 语句。
- 二进制整型字面值。
- 数值字面值中的下画线。
- 扩展的 try 语句，称为带资源的 try(try-with-resources)语句，这种 try 语句支持自动资源管理(例如，当流(stream)不再需要时，现在能够自动关闭它们)。
- 构造泛型实例时的类型推断(借助菱形运算符 "<>")。
- 对异常处理进行了增强，单个 catch 子句能够捕获两个或更多个异常(multi-catch)，并且对重新抛出的异常提供了更好的类型检查。
- 对与某些方法(参数的长度可变)类型关联的编译器警告进行了改进，尽管语法没有发生变化，并且对警告具有更大的控制权。

可以看出，尽管 Project Coin 特性被认为是对语言小的修改，但是它们带来的好处却很大。特别地，带资源的 try 语句对编写基于流的代码的方式产生了深远影响。此外，使用 String 控制 switch 语句的能力是大家盼望已久的改进，在许多情况下这一改进将会简化代码。

Java SE 7 为 Java API 库新增了一些内容。其中最重要的两个方面是对 NIO 框架进行了增强并且增加了 Fork/Join 框架。NIO(最初表示新 I/O(New I/O))是在 1.4 版本中被添加到 Java 中的。然而，Java SE 7 对 NIO 的增强从根本上扩展了它的功能。这一修改非常重要，以至于经常使用术语 NIO.2。

Fork/Join 框架对并行编程(parallel programming)提供了重要支持。并行编程通常是指有效使用具有多个处理器(包括多核系统)的计算机的技术。多核环境提供的优点是可在相当大的程度上提高程序的性能。Fork/Join 框架通过以下两个方面对多核编程提供支持：

- 简化同时执行的任务的创建和使用。
- 自动使用多个处理器。

所以，使用 Fork/Join 框架可以很容易地创建可伸缩的应用程序，它们能够自动利用执行环境中的可用处理器。当然，并不是所有的算法都可以并行执行，但如果算法确实可以并行执行，执行速度就可以得到相当大的提升。

Java 的下一个发布版本是 Java SE 8，对应的 Java 开发工具包称为 JDK 8，内部版本号为 1.8。JDK 8 是 Java 语言的重要升级，包含了一个影响深远的新语言特性：lambda 表达式。lambda 表达式产生的影响十分深刻，改变了设计编程解决方案和编写 Java 代码的方式。第 15 章将详细介绍，lambda 表达式为 Java 添加了函数式编程特性。在这个过程中，lambda 表达式可以简化并减少创建特定结构(如某些类型的匿名类)所需的源代码量。引入 lambda 表达式的结果是在 Java 语言中引入一个新的运算符(->)和一个新的语法元素。

lambda 表达式的引入对 Java 库也产生了广泛的影响，Java 库中有一些新功能就是为了使用 lambda 表达式而添加的。其中最重要的是新的流 API，包含在 java.util.stream 包中。流 API 支持对数据执行管道操作，并针对 lambda 表达式做了优化。另一个重要的新包是 java.util.function，它定义了许多函数式接口，为 lambda 表达式提供了额外的支持。在整个 API 库中，还可以找到许多与 lambda 表达式相关的新功能。

lambda 引出的另一个功能对接口产生了影响。从 JDK 8 开始，可以为接口指定的方法定义默认实现。如果没有为默认方法创建实现，就使用接口定义的默认实现。这种特性允许接口随着时间的推移优雅地演化，因为在向接口添加新方法时，不会破坏现有代码。在默认实现更合适时，这也有助于简化接口的实现。JDK 8 中的其他新特性包括新的时间和日期 API、类型注解，以及在对数组进行排序时使用并行处理等。

Java 的下一个版本是 Java SE 9，对应的开发工具包是 JDK 9，内部的开发版本号也是 9。JDK 9 表示这是对 Java 语言的一次重大升级，合并了对 Java 语言及其库的重大改进。与 JDK 5 和 JDK 8 一样，JDK 9 也从根本上影响着 Java 语言及其 API 库。

JDK 9 的主要新特性是模块，它允许指定构成应用程序的代码之间的关系和依赖。模块还给 Java 的访问控制特性添加了另一种方式。模块的引入导致 Java 中添加了一个新的语法元素和几个新关键字。还给 JDK 添加了一个 jlink 工具，该工具可以使程序员为仅包含所需模块的应用程序创建运行时图像(run-time image)。另外，还创建了一种新的文件类型 JMOD。模块还对 API 库有深远影响，因为从 JDK 9 开始，库包现在被组织为模块。

虽然模块是对 Java 的一个主要改进，但它们在概念上非常简单、直接。因为完全支持模块之前的旧代码，所以可将模块集成到开发流程中。不必为了处理模块而立即修改以前存在的代码。简言之，模块潜在地增加了 Java 的功能，但并没有改变 Java 的本质。

除了模块之外，JDK 9 还包括几个新功能。其中一个特别有趣的是 JShell，它是一个支持交互式程序体验和学习的工具(JShell 简介见附录 B)。另一个有趣的升级是支持私有接口方法。包含它们进一步增强了 JDK 8 对接口中默认方法的支持。JDK 9 给 javadoc 工具添加了搜索功能，还添加了一个新的标记@index 来支持它。与以前的版本一样，JDK 9 包含对 Java API 库的许多更新和改进。

作为一般规则，在任何 Java 版本中，都有最受人瞩目的新功能。但 JDK 9 废弃了 Java 以前版本中的 applet。从 JDK 9 开始，不再推荐 applet 在新项目中使用。如 1.5 节所述，因为 applet 需要浏览器支持(和其他因素)，JDK 9 废弃了整个 applet API。

Java 的下一个版本是 Java SE 10 (JDK 10)。如前所述，从 JDK 10 开始，预计 Java 发行版将严格按照基于时间的计划进行，主要发行版之间的时间间隔仅为 6 个月。因此，JDK 10 于 2018 年 3 月发布，也就是 JDK 9 发布 6 个月之后。JDK 10 增加的主要新语言特性是支持局部变量类型推断。使用局部变量类型推断，现在可以从初始化器的类型推断局部变量的类型，而不是显式指定它。为了支持这个新功能，将上下文敏感标识符 var 作为保留类型名添加到 Java 中。类型推断可以简化代码，因为当可以从初始化器推断变量的类型时，不必冗余地指定变量的类型。在难以识别类型或无法显式指定类型的情况下，它还可以简化声明。局部变量类型推断已经成为当代编程环境的一个常见部分。它包含在 Java 中，帮助 Java 跟上语言设计不断发展的趋势。除了许多其他更改外，JDK 10 还重新定义了 Java 版本字符串，更改了版本号的含义，以便更好地与基于时间的新发布计划保持一致。

在撰写本文时，Java 的最新版本是 Java SE 11 (JDK 11)。它于 2018 年 9 月发布，比 JDK 10 晚了 6 个月。JDK 11 中主要的新语言特性是支持在 lambda 表达式中使用 var。除了对 API 进行一些调整和更新之外，JDK 11 还添加了一个新的网络 API，这将引起很多开发人员的兴趣。它称为 HTTP 客户机 API，打包在 java.net.http 中，并为 HTTP 客户机提供增强的、更新的、改进的网络支持。此外，还向 Java 启动程序添加了另一种执行模式，允许直接执行简单的单文件程序。JDK 11 还删除了一些特性。也许由于其历史意义，人们最感兴趣的是取消对 applet 的支持。回顾一下，applet 最初是由 JDK 9 废弃的。随着 JDK 11 的发布，applet 支持已经被移除。JDK 11 还删除了对另一种与部署相关的技术 Java Web Start 的支持。随着执行环境的不断发展，applet 和 Java Web Start 都在迅速失去关注。JDK 11 中的另一个关键更改是 JavaFX 不再包含在 JDK 中。相反，这个 GUI 框架已经成为一个独立的开源项目。因为这些特性不再是 JDK 的一部分，所以在本书中不讨论它们。

关于 Java 演化的另一点是：从 2006 年开始，Java 的开源进程就开始了。今天，JDK 的开源实现是可用的。开源进一步增强了 Java 开发的动态性。归根到底，JDK 11 延续了 Java 语言不断革新的传统，确保 Java 在编程世界中永远是人们所期待的充满活力且灵活的语言。

本书的内容已经针对 JDK 11 进行了更新，自始至终都描述了许多新的 Java 特性、更新和添加。然而，如前所述，Java 编程的历史是以动态变化为标志的。后续每个 Java 发行版都会添加新特性。简单地说，Java 的发展还在继续！

1.10 文化革新

从一开始，Java 就位于文化革新的中心位置。它的首次发布重新定义了 Internet 编程。Java 虚拟机(JVM)和字节码改变了我们对安全性和可移植性的思考方式。可移植性的代码使 Web 充满活力。Java 标准制定组织(Java Community Process, JCP)重新定义了编程语言吸收新思想的方式。Java 世界从来都不是长时间停滞不前的，JDK 11 是 Java 不断前进的动态历史中最新发布的版本。

第 2 章　Java 综述

与所有其他计算机语言一样，Java 的各种元素不是孤立存在的。相反，它们是作为一个整体协同工作，共同构成 Java 语言。但是，这种内在关联使得在不涉及其他方面的情况下，难以描述 Java 的某个方面。通常对某个特性的讨论需要具备另外一些特性的预备知识。因此，本章首先快速综述 Java 的一些主要特性。本章介绍的内容使你能够编写并理解简单的 Java 程序。在此讨论的大多数主题，将在本书第 I 部分的其他章节中进一步详细解释。

2.1　面向对象编程

面向对象编程(Object-Oriented Programming，OOP)在 Java 中处于核心地位。实际上，所有 Java 程序至少在某种程度上都是面向对象的。OOP 与 Java 是如此密不可分，以至于在开始编写甚至是最简单的 Java 程序之前，最好先理解 OOP 的基本原则。因此，本章首先讨论 OOP 的理论方面。

2.1.1　两种范式

所有计算机程序都包含两种元素：代码和数据。而且从概念上讲，程序可以围绕代码或数据进行组织。也就是说，某些程序是围绕"正在发生什么"进行编写的，其他一些程序则是围绕"将影响谁"进行编写的。这是控制程序如何构造的两种范式。第一种方式被称为面向过程模型(process-oriented model)，这种方式将程序描述为一系列线性步骤(即代码)，面向过程模型可以被认为是代码作用于数据。例如，C 这类过程化语言采用这种模型是相当成功的。但是，如第 1 章所述，随着程序规模和复杂性的不断增长，这种方式带来的问题会逐渐显现出来。

为了管理日益增长的复杂性，发明了第二种方式，称为面向对象编程(object-oriented programming)，面向对象编程围绕数据(即对象)以及一套为数据精心定义的接口来组织程序，面向对象编程的特点是数据控制对代码的访问。如后面所述，通过将数据作为控制实体，可以得到组织结构方面的诸多好处。

2.1.2　抽象

面向对象编程的本质元素之一是抽象(abstraction)。人们通过抽象管理复杂性。例如，人们不会将一辆汽车想象成一系列相互独立的部分，而是将它想象成一个定义良好的、具有自己独特行为的对象。通过这种抽象，人们可以驾驶汽车到杂货店买货，而不会因为汽车零部件的复杂性而不知所措。人们可以忽略引擎、传动以及刹车系统的工作细节。相反，可以自由地作为一个整体使用这个对象。

使用层次化分类是管理抽象的一种强有力方式。这种方式允许对复杂系统的语义进行分层，将它们分解为多个更易于管理的部分。从外部看，汽车是单个对象。而从内部看，汽车是由几个子系统构成的：驾驶系统、制动系统、音响系统、安全带、加热系统、移动电话等。如果继续细分，每个子系统是由更多特定的单元组成的。例如，音响系统是由收音机、CD 播放器和/或 MP3 播放器组成的。关键的一点是，通过层次化抽象来管理汽车或所有其他复杂系统的复杂性。

复杂系统的层次化抽象也可以应用于计算机程序。来自传统面向过程程序的数据，通过抽象可以转换成程序的组件对象。程序中的一系列处理步骤可以变成这些对象之间的消息集合。因此，每个对象描述了自己的独特行为。可以将这些对象当作响应消息的具体实体，消息告诉对象做什么事情。这就是面向对象编程的本质。

面向对象的概念形成了 Java 的核心，就同它们形成了人类理解事物的基础一样。理解这些概念是如何被迁移到程序中的，这一点很重要。你将看到，对于创建在项目生命周期中不可避免地要发生变化的程序来说，面向对象编程是一种强大且自然的范式，所有较大的软件项目都要经历如下生命周期：概念提出、成长和衰老。例如，如果具有定义良好的对象，并且这些对象的接口清晰可靠，那么可以优雅地废除或替换旧系统的某些部分，而不必担心发生问题。

2.1.3 OOP 三原则

所有面向对象编程语言都提供了用于帮助实现面向对象模型的机制，这些机制是封装(encapsulation)、继承(inheritance)和多态(polymorphism)。现在介绍这些概念。

1. 封装

封装是将代码及其操作的数据绑定到一起的一种机制，并且保证代码和数据既不会受到外部干扰，也不会被误用。理解封装的一种方法是将它想象成一个保护性的包装盒，可以阻止在盒子外部定义的代码随意访问内部的代码和数据。对盒子内代码和数据的访问是通过精心定义的接口严格控制的。为了将封装与现实世界相联系，考虑汽车上的自动传动装置，其中封装了引擎的数百位信息，例如当前的加速度、路面的坡度以及目前的挡位等。用户只有一个方法可以影响这个复杂的封装：换挡。例如，不能通过使用转弯信号或雨刷器来影响传动。因此，挡位是定义良好的(实际上也是唯一的)传动系统接口。此外，在传动系统内部发生的操作不会影响到外部对象。例如，挡位不会开启前灯！因为自动传动装置被封装了起来，所以任何一家汽车制造商都可以选择他们喜欢的方式实现它。但是，从驾驶员的角度看，它们的作用是相同的。相同的思想可以应用于编程。封装代码的优点是每个人都知道如何访问，因此可以随意访问而不必考虑实现细节，也不必担心会带来意外的负面影响。

在 Java 中，封装的基础是类。尽管在本章之后会非常详细地分析类，但是下面的简要讨论对于目前是有帮助的。类(class)定义了一组对象共享的结构和行为(数据和代码)。给定类的每个对象都包含该类定义的结构和行为，就像它们是从同一个类的模子中铸造出来的一样。因此，有时将对象称作类的实例(instance of class)。因此，类是一种逻辑结构，而对象是物理实体。

当创建类时，需要指定构成类的代码和数据。笼统地讲，这些元素称为类的成员(member)。特别地，类定义的数据被称为成员变量(member variable)或实例变量(instance variable)。操作数据的代码称为成员方法(member method)，或简称为方法(Java 程序员所说的方法，实际上就是 C/C++程序员所说的函数，如果你熟悉 C/C++的话，了解这一点是有帮助的)。在正确编写的 Java 程序中，方法定义了使用成员变量的方式。这意味着类的行为和接口是由操作实例数据的方法定义的。

既然类的目的是封装复杂性，那么在类的内部就存在隐藏实现复杂性的机制。类中的每个方法或变量可以被标识为私有的或公有的。类的公有(public)接口表示类的外部用户需要知道或可以知道的所有内容。私有(private)方法和数据只能由类的成员代码访问，所有不是类成员的其他代码都不能访问私有的方法或变量。因为只能通过类的公有方法访问类的私有成员，所以可以确保不会发生不正确的行为。当然，这意味着必须仔细地设计公有接口，不要过多地公开类的内部工作情况(见图 2-1)。

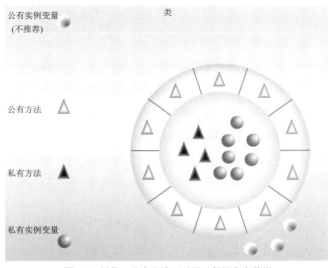

图 2-1 封装：公有方法可以用于保护私有数据

2. 继承

继承是一个对象获得另一个对象的属性的过程。继承很重要，因为它支持层次化分类的概念。在前面提到过，通过层次化分类(即从上向下)，大多数内容都将可管理。例如，金毛猎犬是狗类的一部分，狗又是哺乳动物类的一部分，哺乳动物又是更大的动物类的一部分。如果不使用层次化分类，每个对象都将需要显式定义自身的所有特征。而通过使用继承，对象只需要定义自己在所属类中独有的那些属性，可以从父类继承通用的属性。因此，继承机制使得对象成为更一般情况的特殊实例成为可能。下面进一步分析这个过程。

大多数人很自然地将世界看成是由各种以层次化方式相互关联的对象(例如动物、哺乳动物和狗)构成的。如果希望以抽象的方式描述动物，那么会说它们具有某些属性，例如体型、智力、骨骼系统的类型等。动物还具有特定的行为，它们需要进食、呼吸以及睡觉。对属性和行为的这一描述就是动物类的定义。

如果希望描述更具体的动物类，例如哺乳动物，那么它们会有更特殊的属性，比如牙齿类型、乳腺类型等。这就是所谓的动物类的子类(subclass)，而动物类被称为哺乳动物类的超类(superclass)。

既然哺乳动物只不过是其定义更为具体的动物，它们当然可以从动物类继承所有属性。深度继承的子类会继承整个类层次(class hierarchy)中每个祖先的所有属性。

继承还与封装相互作用。如果一个给定的类封装了某些属性，那么它的任何子类除了具有这些属性之外，还会添加自己特有的属性(见图 2-2)。这是一个关键概念，它使面向对象程序的复杂性呈线性增长而非几何级增长。新的子类继承所有祖先的所有属性，它不会与系统中的大部分其他代码进行不可预料的交互。

3. 多态

多态(来自希腊语，表示"多种形态")是一种允许将一个接口用于一类通用动作的特性。具体使用哪个动作与应用场合有关。考虑堆栈(一种后进先出的数据结构)，可能有一个程序需要三种类型的堆栈，一种用于整数值，另一种用于浮点值，第三种用于字符。尽管存储的数据不同，但是实现每种堆栈的算法是相同的。如果使用非面向对象的语言，需要创建三套不同的堆栈例程，每套例程使用不同的名称。但是，由于 Java 支持多态，因此使用该语言可以指定一套通用的堆栈例程，所有这些例程共享相同的名称。

更一般的情况是，多态的概念经常被表达为"一个接口，多种方法"。这意味着可为一组相关的动作设计一个通用接口。多态允许使用相同的接口指定通用类动作(general class of action)，从而有助于降低复杂性。选择应用于每种情形的特定动作(即方法)是编译器的任务，程序员不需要手动进行选择，只需要记住并使用通用接口即可。

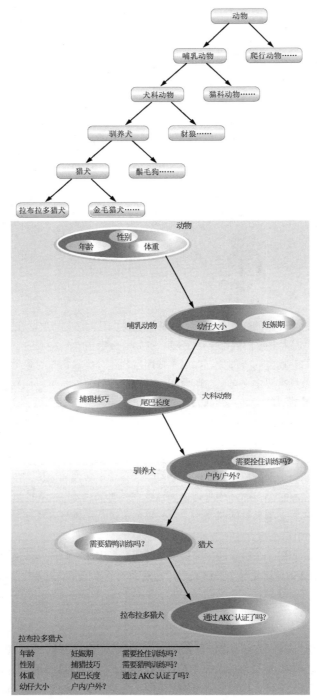

图 2-2 拉布拉多猎犬继承了由其所有超类封装的属性

再次以狗作为类比，狗的嗅觉是多态的。如果狗闻到猫的气味，就会吠叫并且追着猫跑；如果狗闻到了食物的气味，就会分泌唾液并跑向盛着食物的碗。这两种情况下，是相同的嗅觉在工作，区别是闻到的气味，也就是作用于狗鼻子的数据的类型！当将多态应用于 Java 程序中的方法时，也可以采用相同的通用概念来实现。

4. 多态、封装与继承协同工作

如果应用得当,由多态、封装和继承联合组成的编程环境与面向过程模型环境相比,能支持开发更健壮、扩展性更好的程序。精心设计的类层次结构是重用代码的基础,在这个过程中,需要投入时间和精力进行开发和测试。通过封装可以随着时间来迁移实现代码,而不会破坏那些依赖于类的公有接口的代码。通过多态可以创建清晰、易懂、可读和灵活的代码。

对于前面两个真实的例子,汽车更全面地演示了面向对象设计的功能。狗的例子对于思考继承则很有趣,但是汽车更像程序。依靠继承,所有驾驶员能够驾驶不同类型的车辆(子类)。不管是校车、奔驰、保时捷,还是家用货车,驾驶员大体上都能找到并操作方向盘、制动闸和油门踏板。经过一段时间的磨合,大部分人甚至能够知道手动挡与自动挡之间的差别,因为他们从根本上理解了手动挡与自动挡的共同超类——传动。

人们总是与已经封装好的汽车特性进行交互。刹车和油门踏板隐藏了不可思议的复杂性,但接口非常简单,使用脚就可以操作它们。而引擎的实现、制动踏板的样式以及轮胎的大小,对于如何与踏板的类定义进行交互则没有影响。

汽车制造商为基本相同的车辆提供多种选项的能力,清晰地反映了最后一个特性——多态。例如,刹车系统有正锁和反锁之分,方向盘有带助力和不带助力之分,引擎有4缸、6缸或8缸之分。不管采用哪种方式,仍然是通过踩下刹车踏板停车,转动方向盘改变方向,踩下油门踏板开动车辆。相同的接口可以用于控制大量不同的实现。

可以看出,正是通过应用封装、继承和多态,将各个独立的部分变换成所谓的汽车对象。对于计算机程序也一样。通过应用面向对象原则,可将复杂系统的各个部分组合到一起,构成健壮、可维护的整体。

在本节开头提到过,每个 Java 程序都是面向对象的。或者更准确地说,每个 Java 程序都涉及封装、继承和多态。尽管在本章剩余部分以及后续几章显示的简单示例程序,可能看起来不能展示所有这些特性,但是它们仍然具有这些特性。你将会看到,Java 提供的大部分特性都是内置类库的一部分,这些类库大量使用了封装、继承和多态。

2.2 第一个简单程序

前面已经讨论了 Java 背后的面向对象基础,现在看一些实际的 Java 程序。首先从编译和运行下面的简短程序开始。你将会看到,这个程序的功能比你想象的要多一些。

```
/*
  This is a simple Java program.
  Call this file "Example.java".
*/
class Example {
  // Your program begins with a call to main().
  public static void main(String args[]) {
    System.out.println("This is a simple Java program.");
  }
}
```

> **注意:**
> 在下面的描述中使用标准的 Java SE 开发工具包(JDK),该工具包是由 Oracle 公司提供的(开源版本也是可用的)。如果使用的是集成开发环境(Integrated Development Environment, IDE),可能需要遵循不同的过程以编译和执行 Java 程序。对于这种情况,具体细节请参阅 IDE 的说明文档。

2.2.1 输入程序

对于大多数计算机语言来说,包含程序源代码的文件的名称是任意的。然而在 Java 中并非如此。关于 Java,

你必须首先知道，Java 源文件的名称非常重要。对于这个例子，源文件的名称应当是 Example.java。下面分析其中的原因。

在 Java 中，源文件的正式称谓是编译单元(compilation unit)，是包含一个或多个类定义(以及其他内容)的文本文件(现在，我们将使用仅包含一个类的源文件)。Java 编译器要求源文件使用.java 作为文件扩展名。

通过前面的程序可以看出，由程序定义的类的名称也是 Example。这并非巧合。在 Java 中，所有代码必须位于类中。按照约定，主类的名称应当与包含程序的文件的名称相匹配，另外应当确保文件名的大小写与类名相匹配，因为 Java 是区分大小写的。文件名与类名相匹配的约定现在看起来也许有些专断。然而，这个约定使得维护和组织程序更加容易。而且，如后面所述，在某些情况下，这是必须遵守的。

2.2.2 编译程序

为了编译 Example 程序，执行编译器 javac，在命令行上指定源文件的名称，如下所示：

```
C:\>javac Example.java
```

javac 编译器会创建一个名为 Example.class 的文件，该文件包含程序的字节码版本。前面讨论过，Java 字节码是程序的中间表示形式，其中包含了 Java 虚拟机将要执行的指令。因此，javac 的输出不是可以直接执行的代码。

为实际运行程序，必须使用名为 java 的 Java 应用程序加载器。为此，传递类名 Example 作为命令行参数，如下所示：

```
C:\>java Example
```

程序运行时，会显示如下输出：

```
This is a simple Java program.
```

编译过 Java 源代码后，每个单独的类都放到它自己的输出文件中，输出文件以类名加上扩展名.class 作为名称。这就是为什么将 Java 源代码文件的名称指定为它所包含的类名的原因——源代码文件与.class 文件同名。当像刚才显示的那样执行 java 时，实际上指定的是希望执行的类的名称，这会自动搜索包含该名称且扩展名为.class 的文件。如果找到了文件，就会执行在指定类中包含的代码。

> **注意：**
> 从 JDK 11 开始，Java 提供了一种方法，可以直接从源文件运行某些类型的简单程序，而不必显式地调用 javac。附录 C 中描述了这种技术，它在某些情况下是有用的。出于本书的目的，假定你正在使用刚才描述的正常编译过程。

2.2.3 深入分析第一个示例程序

尽管 Example.java 相当短，但是它包含了几个所有 Java 程序都具有的关键特性。下面详细分析该程序的每一个部分。

程序以下面几行代码开始：

```
/*
   This is a simple Java program.
   Call this file "Example.java".
*/
```

这是注释(comment)。与大多数其他编程语言一样，Java 也允许在程序的源代码文件中输入注释。编译器会忽略注释的内容。注释只是向阅读源代码的人描述或解释程序的操作。在这个例子中，注释对程序进行了说明，并提醒源程序的名称应当为 Example.java。当然，在真实的应用程序中，注释通常用来解释程序中某些部分的工作方式或特定功能是什么。

Java 支持三种风格的注释。程序顶部显示的这种风格称为多行注释(multiline comment)。这种注释类型必须以"/*"开头,并以"*/"结束。编译器会忽略这两个注释符号之间的所有内容。顾名思义,多行注释可能有若干行。

程序中的下一行代码如下:

```
class Example {
```

这行代码使用了关键字 class,这表示正在定义一个新类。Example 是一个标识符,表示类的名称。整个类定义(包括类的所有成员)都位于开花括号"{"和闭花括号"}"之间。现在,不必太担心类的细节,只需要注意在 Java 中,所有程序活动都是在类的内部发生的。这也是所有 Java 程序都是(至少有一点是)面向对象的一个原因。

程序中的下一行是单行注释(single-line comment),如下所示:

```
// Your program begins with a call to main().
```

这是 Java 支持的第二种注释类型。单行注释以"//"开头,并在行的末尾结束。作为一般规则,程序员会为更长的注释使用多行注释,为简要的逐行描述使用单行注释。第三种类型的注释是文档注释(documentation comment),将在本章的 2.6.4 节讨论。

下一行代码如下所示:

```
public static void main(String args[ ]) {
```

该行开始了 main()方法的定义。正如前面的注释所解释的,这是程序开始执行的一行。所有 Java 应用程序都是通过调用 main()方法开始执行的。现在还不能给出该行中每一部分的含义,因为这涉及对 Java 封装方式的详细理解。但是,既然本书第 I 部分中的大多数示例都将用到这行代码,所以在此对每一部分进行简要介绍。

关键字 public 是访问修饰符,用于控制类成员的可见性。如果某个类成员的前面有 public,就可以在声明该成员的类的外部访问它(与 public 相对应的是 private,它阻止类外部的代码访问这种类成员)。在这个例子中,必须将 main()方法声明为 public,因为当程序启动时,必须从声明 main()方法的类的外部调用它。关键字 static 表示不必先实例化类的特定实例就可以调用 main()方法。这是必然需要的,因为 Java 虚拟机要在创建任何对象之前调用 main()方法。关键字 void 只是告诉编译器 main()方法不返回值。稍后将会看到,方法也可以返回值。如果所有这些内容看起来有点困惑,不必担心。所有这些概念还将在后续章节中详细讨论。

前面介绍过,main()是当 Java 程序开始时调用的方法。请牢记,Java 是区分大小写的。因此 Main 与 main 是不同的。Java 编译器能够编译不包含 main()方法的类,理解这一点很重要。但是 Java 无法运行这些类。因此,如果键入的是 Main 而不是 main,虽然编译器仍然会编译程序,但是 Java 会报告错误,因为找不到 main()方法。

需要传递给方法的所有信息,都是通过在方法名后面的括号中指定的变量接收的。这些变量称为参数(parameter)。即使方法不需要参数,也仍然需要提供空的括号。在 main()方法中仅有一个参数,虽然这个参数有些复杂。String args[ ]声明了一个名为 args 的参数,该参数是 String 类的实例数组(数组是类似对象的集合)。String 类型的对象存储字符串。在本示例中,args 接收当执行程序时传递的所有命令行参数。该程序没有使用此信息,但是在本书后面显示的其他程序会使用。

该行的最后一个字符是"{",它表示 main()方法体的开始。构成方法的所有代码都位于 main()方法的开花括号和闭花括号之间。

另外注意一点:main()方法只不过是程序开始执行的地方。复杂的程序可能有几十个类,但这些类中只有一个类需要具有 main()方法,以提供程序的开始点。此外,对于某些类型的程序,根本不需要 main()方法。但本书中的大部分程序都需要 main()方法。

下一行代码如下(注意这行代码位于 main()方法的内部):

```
System.out.println("This is a simple Java program.");
```

这行代码输出字符串"This is a simple Java program."。在屏幕上，输出字符串的后面带有一个换行符。输出实际上是通过内置的 println()方法完成的。在这个例子中，println()方法显示传递给它的字符串。将会看到，println()方法也可以用于显示其他类型的信息。该行以 System.out 开始。虽然现在对其进行详细解释太复杂，但简单来讲，System 是一个预定义类，提供了访问系统的功能，out 是连接到控制台的输出流。

可以看出，在大多数真实的 Java 程序中很少使用控制台输出(以及输入)。因为大部分现代计算环境在本质上都是图形化的，控制台 I/O 主要用于简单的实用程序、演示程序以及服务器端程序。在本书的后面，将学习使用 Java 生成输出的其他方法。但是目前将继续使用控制台 I/O 方法。

注意，println()语句以分号结束。Java 中的大多数语句都是以分号结束的。可以看到，分号是 Java 语法的一个重要组成部分。

程序中的第一个 "}" 结束 main()方法，而最后一个 "}" 结束 Example 类的定义。

2.3 第二个简短程序

对于编程语言来说，可能没有其他任何概念比"变量"更为基础了。你可能知道，变量是具有名称的内存位置，程序可以为其赋值。在程序执行期间，变量的值可能会改变。下面的程序演示了如何声明变量，以及如何为变量赋值。该程序还演示了控制台输出的一些新内容。正如程序顶部的注释所述，该文件应当命名为 Example2.java。

```
/*
   Here is another short example.
   Call this file "Example2.java".
*/

class Example2 {
  public static void main(String args []) {
    int num; // this declares a variable called num

    num = 100; // this assigns num the value 100

    System.out.println("This is num: " + num);

    num = num * 2;

    System.out.print("The value of num * 2 is ");
    System.out.println(num);
  }
}
```

当运行这个程序时，会看到如下所示的输出：

```
This is num: 100
The value of num * 2 is 200
```

下面详细分析这个输出是如何生成的。在该程序中，第一个新行如下所示：

```
int num; // this declares a variable called num
```

该行声明了整型变量 num。与其他大部分语言类似，Java 在使用变量之前需要先对其进行声明。

下面是变量声明的一般形式：

type var-name;

其中，*type* 指定了将要声明的变量的类型，*var-name* 是变量的名称。如果希望声明多个指定类型的变量，可以使用由逗号分隔的变量名列表。Java 定义了一些数据类型，包括整型、字符型以及浮点型。关键字 int 用于指定整数类型。

在程序中，下面这行代码：

```
num = 100; // this assigns num the value 100
```

将数值 100 赋给 num。在 Java 中，赋值运算符是单个等号。

下一行代码先输出字符串"This is num:"，然后输出 num 的值：

```
System.out.println("This is num: " + num);
```

在这条语句中，加号导致 num 的值被附加到它前面的字符串上，然后输出结果字符串(实际上，首先是将 num 从整型转换成与之等价的字符串，然后与前面的字符串进行连接。本书后面将详细解释这个过程)。这种方法可以被泛化。在 println()语句中，使用"+"运算符可将任意多个字符串连接在一起。

下一行代码将变量 num 乘以 2，然后将结果重新赋值给变量 num。与其他大多数语言一样，Java 使用"*"运算符表示乘法。执行了这行代码之后，变量 num 将包含值 200。

该程序中接下来的两行代码如下：

```
System.out.print ("The value of num * 2 is ");
System.out.println (num);
```

在这两行代码中有一些新的内容。首先，使用内置的 print()方法显示字符串"The value of num * 2 is"。在这个字符串的后面没有换行符。这意味着当生成下一个输出时，将在同一行中继续输出。除了在每次调用之后没有输出换行符之外，print()方法与 println()相同。现在观察对 println()方法的调用，注意只使用了 num 自身。print()和 println()方法都能用于输出所有 Java 内置类型的值。

2.4 两种控制语句

尽管第 5 章还将详细分析控制语句，但是在此简要介绍两种控制语句，以便能够在第 3 章和第 4 章的示例程序中使用它们。它们还有助于演示 Java 的一个重要方面：代码块。

2.4.1 if 语句

Java 中的 if 语句与其他所有语言中的 if 语句的工作方式类似。它根据条件的真假来决定程序的执行流。if 语句最简单的形式如下所示：

```
if(condition) statement;
```

其中，*condition* 是布尔表达式(布尔表达式是计算为 true 或 false 的表达式)。如果 *condition* 为 true，就执行该语句。如果 *condition* 为 false，就绕过该语句。下面是一个例子：

```
if(num < 100) System.out.println("num is less than 100");
```

在这个例子中，如果 num 包含的值小于 100，那么条件表达式为 true，因而会执行 println()语句。如果 num 包含的值大于等于 100，将绕过 println()语句。

在第 4 章将会看到，Java 定义了完整的可用于条件表达式的关系运算符，表 2-1 列举了其中几个。

表 2-1 Java 中的一些关系运算符

运 算 符	含 义
<	小于
>	大于
==	等于

注意，用于相等性测试的关系运算符是双等号。

下面的程序演示了 if 语句的用法：

```
/*
  Demonstrate the if.

  Call this file "IfSample.java".
*/
class IfSample {
  public static void main(String args[]) {
    int x, y;

    x = 10;
    y = 20;

    if(x < y) System.out.println("x is less than y");

    x = x * 2;
    if(x == y) System.out.println("x now equal to y");

    x = x * 2;
    if(x > y) System.out.println("x now greater than y");

    // this won't display anything
    if(x == y) System.out.println("you won't see this");
  }
}
```

这个程序的输出如下所示：

```
x is less than y
x now equal to y
x now greater than y
```

在这个程序中需要注意的另外一点是，下面这行代码：

```
int x, y;
```

通过使用由逗号分隔的列表，声明了两个变量 x 和 y。

2.4.2　for 循环

对于几乎所有编程语言来说，循环语句都是重要的组成部分，因为通过它们可以重复执行某一任务。在第 5 章将会看到，Java 提供了各种强大的循环结构，其中最通用的可能是 for 循环。形式最简单的 for 循环如下所示：

for(*initialization; condition; iteration*) *statement;*

在最通用的形式中，for 循环的 *initialization* 部分将循环控制变量设置为一个初始值。*condition* 是用于测试循环控制变量的布尔表达式。如果测试的输出为 true，就执行 *statement*，继续迭代 for 循环。如果输出为 false，就终止循环。表达式 *iteration* 决定了每次循环迭代时如何改变迭代循环控制变量。下面的简短程序演示了 for 循环的用法：

```
/*
  Demonstrate the for loop.

  Call this file "ForTest.java".
*/
```

```
class ForTest {
  public static void main(String args[]) {
    int x;

    for(x = 0; x<10; x = x+1)
      System.out.println("This is x: " + x);
  }
}
```

这个程序的输出如下所示：

```
This is x: 0
This is x: 1
This is x: 2
This is x: 3
This is x: 4
This is x: 5
This is x: 6
This is x: 7
This is x: 8
This is x: 9
```

在这个例子中，x 是循环控制变量，它在 for 循环的初始化部分被初始化为 0。在每次迭代(包括第一次)开始时，都会执行条件测试 x < 10。如果这个测试的输出为 true，就执行 println()语句，然后执行循环的迭代部分，将 x 加 1。这个过程一直持续，直到条件测试为 false 为止。

有趣的一点是，在专业编写的 Java 程序中，几乎不会看到像上面示例程序中那样编写的迭代部分，即很少会看到如下所示的语句：

```
x = x + 1;
```

原因是 Java 提供了特殊的自增运算符，可使执行这种操作的效率更高。自增运算符是++，即两个相连的加号。自增运算符将操作数加 1。通过使用自增运算符，可将前面的语句改写成如下形式：

```
x++;
```

因此，通常按如下方式编写前面程序中的 for 语句：

```
for(x = 0; x<10; x++)
```

你可能希望尝试一下。你将会看到，循环仍然像原来那样正确运行。

Java 还提供了自减运算符，用--表示。这个运算符将操作数减 1。

2.5 使用代码块

Java 允许将两条或多条语句分组到代码块(code block)中。代码块是通过开花括号和闭花括号之间的封装语句定义的。代码块一旦创建，它就变成一个逻辑单元，可以用于能够使用单条语句的任何地方。例如，可将代码块作为 Java 的 if 和 for 语句的目标。分析下面的 if 语句：

```
if(x < y) { // begin a block
  x = y;
  y = 0;
} // end of block
```

在此，如果 x 小于 y，将执行代码块中的两条语句。因此，代码块中的两条语句形成了一个逻辑单元，不能只执行一条语句而不执行另一条语句。这里的关键点是，无论何时，当需要在逻辑上链接两条或更多条语句时，就可以通过创建一个代码块来实现。

下面分析另一个例子。下面的程序使用代码块作为 for 循环的目标：

```java
/*
 Demonstrate a block of code.

 Call this file "BlockTest.java"
*/
class BlockTest {
  public static void main(String args[]) {
    int x, y;

    y = 20;

    // the target of this loop is a block
    for(x = 0; x<10; x++) {
      System.out.println("This is x: " + x);
      System.out.println("This is y: " + y);
      y = y - 2;
    }
  }
}
```

由这个程序生成的输出如下所示：

```
This is x: 0
This is y: 20
This is x: 1
This is y: 18
This is x: 2
This is y: 16
This is x: 3
This is y: 14
This is x: 4
This is y: 12
This is x: 5
This is y: 10
This is x: 6
This is y: 8
This is x: 7
This is y: 6
This is x: 8
This is y: 4
This is x: 9
This is y: 2
```

在这个例子中，for 循环的目标是代码块，而不仅仅是一条语句。因此，每次迭代循环时，代码块中的 3 条语句都会执行。上面程序的输出当然可以验证这一事实。

在本书的后面将会看到，代码块还具有其他属性和用途。然而，它们存在的主要原因是创建逻辑上不可分割的代码单元。

2.6 词汇问题

前面已经介绍了几个简短的 Java 程序,现在需要进一步正式描述 Java 的基本元素。Java 程序是由空白符、标识符、字面值、注释、运算符、分隔符以及关键字组合而成的。其中运算符将在下一章进行描述,下面描述其他内容。

2.6.1 空白符

Java 是一种格式自由的语言,这意味着不需要遵循特定的缩进规则。例如,可将 Example 示例程序的所有代码写在一行上,也可以使用你喜欢的任何独特方式键入代码,只要在每个(未被运算符或分隔符限定的)标记之间至少有一个空白符即可。在 Java 中,空白符可以是空格、制表符、换行符或换页符。

2.6.2 标识符

标识符用于命名事物,例如类、变量以及方法。标识符可以是由大写和小写字母、数字、下画线、美元符号(此处的美元符号不是用于表示美元)等字符组成的任意字符序列。它们不能以数字开头,以防止与数值字面值产生混淆。再强调一次,Java 是区分大小写的,所以 VALUE 与 Value 是不同的标识符。下面是一些合法的标识符:

AvgTemp	count	a4	$test	this_is_ok

下面是一些无效的标识符:

2count	high-temp	Not/ok

> **注意:**
> 从 JDK 9 开始,不能使用下画线作为标识符。

2.6.3 字面值

在 Java 中,常量的值是通过使用表示常量的字面值(literal)创建的。例如,下面是一些字面值:

100	98.6	'X'	"This is a test"

从左向右,第一个字面值标识了一个整数,第二个是浮点数值,第三个是字符常量,最后一个是字符串。在可以使用某种类型的值的任何地方,都可使用对应类型的字面值。

2.6.4 注释

前面提到过,Java 定义了三种类型的注释。前面已经介绍了其中的两种:单行注释和多行注释。第三种被称为文档注释,这种类型的注释用于生成说明程序的 HTML 文件。文档注释以/**开头,并以*/结束。有关文档注释的内容将在附录 A 中解释。

2.6.5 分隔符

在 Java 中,有一些字符用作分隔符。最常用的分隔符是分号。如前所述,分号用于结束语句。表 2-2 显示了 Java 中的分隔符。

表 2-2　Java 中的分隔符

符号	名称	用途
()	圆括号	在定义和调用方法时用于包含参数列表，也可用于在表达式中定义优先级，在控制语句中包含表达式以及包围强制类型转换
{}	花括号	用于包含自动初始化数组的值，也可用于定义代码块、类、方法以及局部作用域
[]	方括号	用于声明数组类型，也可在解引用数组值时使用
;	分号	结束语句
,	逗号	在变量声明中分隔连续的标识符，也可用于 for 循环中，将圆括号中的语句链接到一起
.	句点	用于将包的名称与子包以及类的名称隔开，也可用于将变量或方法与引用变量隔开
::	冒号	用于创建方法或构造函数引用
…	省略号	表示数量可变的参数
@	&符号	开始一个注解

2.6.6　Java 关键字

在 Java 语言中，目前定义了 61 个关键字(见表 2-3)。这些关键字与运算符和分隔符的语法一起形成了 Java 语言的基础。一般情况下，这些关键字不能用作标识符，即它们不能用作变量、类或方法的名称。但 JDK 9 中为了支持模块所新增的上下文敏感的关键字是个例外(详见第 16 章的相关内容)。另外，从 JDK 9 开始，下画线被认为是关键字，目的在于防止在程序中将其用作变量名、类名等。

Java 保留了 const 和 goto 关键字，但没有使用。在 Java 早期，保留了其他一些关键字，以备后用。但是目前，Java 规范只定义了表 2-3 所示的关键字。

表 2-3　Java 关键字

abstract	assert	boolean	break	byte	case
catch	char	class	const	continue	default
do	double	else	enum	exports	extends
final	finally	float	for	goto	if
implements	import	instanceof	int	interface	long
module	native	new	open	opens	package
private	protected	provides	public	requires	return
short	static	strictfp	super	switch	synchronized
this	throw	throws	to	transient	transitive
try	uses	void	volatile	while	with
_					

除了上述关键字，Java 还保留了下面这些关键字：true、false 和 null。这些关键字是由 Java 定义的值，不能将它们用作变量名、类名等。从 JDK 10 开始，var 这个单词就被添加为上下文敏感的保留类型名。有关 var 的更多细节，请参见第 3 章。

2.7 Java 类库

本章显示的示例程序利用了 Java 的两个内置方法：println()和 print()。前面提到过，可通过 System.out 使用这些方法。System 是 Java 预定义的类，被自动包含到程序中。从更大的角度看，Java 环境依赖于一些内置类库，这些类库包含许多内置方法，为诸如 I/O、字符串处理、联网以及图形绘制等提供支持。标准类还提供对图形用户界面(Graphical User Interface，GUI)的支持。因此，完整的 Java 是由 Java 语言自身和标准类共同构成的。在后面将会看到，类库为 Java 提供了许多功能。实际上，学习 Java 的部分工作就是学习标准 Java 类的使用。本书的整个第 I 部分，就是在根据需要描述标准库中类和方法的各种元素。本书第 II 部分将详细描述一些类库。

第 3 章 数据类型、变量和数组

本章分析 Java 中最基本的 3 个元素：数据类型、变量与数组。与所有现代编程语言一样，Java 支持多种类型的数据。可以使用这些类型声明变量并创建数组。如本章所述，Java 对这些元素的支持是清晰、高效并且内聚的。

3.1 Java 是强类型化的语言

Java 是一种强类型化的语言，在开始时指出这一点是很重要的。实际上，Java 的安全性和健壮性正是部分来自这一事实。强类型化意味着什么呢？首先，每个变量都有类型，每个表达式也都有类型，每种类型都是严格定义的。其次，所有赋值，不管是显式的还是在方法调用中通过参数传递的，都要进行类型兼容性检查。在有些语言中，则不对存在冲突的类型进行自动强制转换。Java 编译器检查所有表达式和参数，以确保类型是兼容的。任何类型不匹配都是错误，在编译器完成类的编译之前必须更正这些错误。

3.2 基本类型

Java 定义了 8 种基本数据类型：byte、short、int、long、char、float、double 和 boolean。基本类型通常也称为简单类型，在本书中这两个术语都会使用。这些类型可以分成以下 4 组：

- **整型**　这一组包括 byte、short、int 和 long，它们用于表示有符号整数。
- **浮点型**　这一组包括 float 和 double，它们表示带小数位的数字。
- **字符型**　这一组包括 char，表示字符集中的符号，比如字母和数字。
- **布尔型**　这一组包括 boolean，是一种用于表示 true/false 值的特殊类型。

可以直接使用这些类型，也可以使用它们构造数组以及自定义类型。因此，它们形成了可以创建的其他所有类型的基础。

基本类型表示单个值——而不是复杂对象。尽管 Java 在其他方面是完全面向对象的，但是基本类型不是面向对象。它们与大多数其他非面向对象语言中的简单类型类似。这样设计的原因是效率。将基本类型设计成对象会极大地降低性能。

基本类型被定义为具有明确的范围和数学行为。C 和 C++这类语言允许整数的大小随着执行环境的要求而变化。然而，Java 与之不同。因为 Java 需要具备可移植性，所有数据类型都具有严格定义的范围。例如，无论在哪种特定平台上，int 总是 32 位的，因而可以编写出不经修改就能确保在任何体系结构的计算机上都能运行的程序。虽然严格指定整数的范围在某些环境中可能会造成一些性能损失，但为了实现可移植性，这么做是必要的。

下面依次分析每种数据类型。

3.3 整型

Java 定义了 4 种整数类型：byte、short、int 和 long。所有这些类型都是有符号的、正的或负的整数。Java 不支持无符号的、只是正值的整数。许多其他计算机语言同时支持有符号和无符号整数，然而，Java 的设计者觉得无符号整数不是必需的。特别是，他们觉得"无符号"概念通常用于指定"高阶位"(high-order bit)的行为，高阶位用于定义整型值的符号。在第 4 章将会看到，Java 通过添加特殊的"无符号右移"运算符，以稍微不同的方式管理高阶位的含义。因此，Java 并不需要无符号整数类型。

不应将整数类型的宽度看成整数消耗的存储量，而应当理解成定义这种类型的变量和表达式的行为。Java 运行时环境可以自由使用它们希望的、任何大小的空间，只要类型的行为符合声明它们时的约定即可。这些整数类型的宽度和范围相差很大，如表 3-1 所示。

表 3-1 整数类型的宽度和范围

名 称	宽 度	范 围
long	64	−9 223 372 036 854 775 808～9 223 372 036 854 775 807
int	32	−2 147 483 648～2 147 483 647
short	16	−32 768～32 767
byte	8	−128～127

接下来看一看每种整数类型。

3.3.1 byte

byte 是最小的整数类型。它是有符号的 8 位类型，范围为−128～127。当操作来自网络或文件的数据流时，byte 类型的变量特别有用。当处理与 Java 的其他内置类型不直接兼容的原始二进制数据时，byte 类型的变量也很有用。

字节变量是通过关键字 byte 声明的。例如，下面声明了两个 byte 变量 b 和 c：

```
byte b, c;
```

3.3.2 short

short 是有符号的 16 位类型。它的范围为−32 768～32 767。它可能是最不常用的 Java 类型。下面是声明 short 变量的一些例子：

```
short s;
short t;
```

3.3.3 int

int 是最常用的整数类型。它是有符号的 32 位类型，范围为−2 147 483 648～2 147 483 647。除了其他用途外，int 类型变量通常用于控制循环和索引数组。当不需要更大范围的 int 类型数值时，你可能认为使用范围更小的 byte 和 short 类型效率更高，然而事实并非如此。原因是如果在表达式中使用 byte 和 short 值，当对表达式求值时它们会被提升(promote)为 int 类型(有关类型提升的内容将在本章后面描述)。所以，当需要使用整数时，int 通常是最佳选择。

3.3.4 long

long 是有符号的 64 位类型，当 int 类型不足以容纳期望数值时，long 类型是有用的。long 类型的范围相当大，这使得当需要很大的整数时它非常有用。例如，下面的程序计算光在指定的天数传播的距离(以英里为单位)：

```java
// Compute distance light travels using long variables.
class Light {
  public static void main(String args[]) {
    int lightspeed;
    long days;
    long seconds;
    long distance;

    // approximate speed of light in miles per second
    lightspeed = 186000;

    days = 1000; // specify number of days here

    seconds = days * 24 * 60 * 60; // convert to seconds

    distance = lightspeed * seconds; // compute distance

    System.out.print("In " + days);
    System.out.print(" days light will travel about ");
    System.out.println(distance + " miles.");
  }
}
```

这个程序生成的输出如下所示：

```
In 1000 days light will travel about 16070400000000 miles.
```

显然，int 变量无法保存这么大的结果。

3.4 浮点型

浮点数也称为实数(real number)，当计算需要小数精度的表达式时使用。例如，求平方根这类计算以及正弦和余弦这类超越数(transcendental)，保存结果就需要使用浮点类型。Java 实现了 IEEE-754 标准集的浮点类型和运算符。有两种浮点类型——float 和 double，它们分别表示单精度和双精度浮点数。它们的宽度和范围如表 3-2 所示。

表 3-2 浮点型的宽度和范围

名　称	宽度(位)	大　致　范　围
double	64	4.9e–324～1.8e+308
float	32	1.4e–045～3.4e+038

下面详细解释每种浮点类型。

3.4.1 float

float 类型表示使用 32 位存储的单精度(single-precision)数值。在某些处理器上，单精度运算速度更快，并且占用的空间是双精度的一半，但是当数值非常大或非常小时会变得不精确。如果需要小数部分，并且精度要求不是很高，float 类型的变量是很有用的。例如，表示美元和美分时可以使用 float 类型。

下面是声明 float 变量的一个例子：

```
float hightemp, lowtemp;
```

3.4.2 double

双精度使用 double 关键字表示，并使用 64 位存储数值。在针对高速数学运算进行了优化的某些现代处理器上，实际上双精度数值的运算速度更快。所有超越数学函数，如 sin()、cos() 和 sqrt()，都返回双精度值。如果需要在很多次迭代运算中保持精度，或操作非常大的数值，double 类型是最佳选择。

下面的简短程序使用 double 变量计算圆的面积：

```
// Compute the area of a circle.
class Area {
  public static void main(String args[]) {
    double pi, r, a;

    r = 10.8; // radius of circle
    pi = 3.1416; // pi, approximately
    a = pi * r * r; // compute area

   System.out.println("Area of circle is " + a);
  }
}
```

3.5 字符型

在 Java 中，用于存储字符的数据类型是 char。要理解的一个关键点是，Java 使用 Unicode 表示字符。Unicode 定义了一个完全国际化的字符集，能表示全部人类语言中的所有字符。Unicode 是数十种字符集的统一体，比如拉丁字符集、希腊字符集、阿拉伯字符集、斯拉夫语字符集、希伯来语字符集、日文字符集、韩文字符集等。创建 Java 时，Unicode 需要 16 位宽。因此，在 Java 中 char 是 16 位类型。char 的范围为 0～65 536。没有负的 char 值。ASCII 标准字符集的范围仍然是 0～127；而扩展的 8 位字符集 ISO-Latin-1，其范围是 0～255。既然 Java 的设计初衷是允许程序员编写在世界范围内均可使用的程序，那么使用 Unicode 表示字符是合理的。当然，对于英语、德语、西班牙语或法语这类语言，使用 Unicode 在一定程度上会降低效率，因为可以很容易地使用 8 位来表示这类语言的字符。但这是为在全球获得可移植性而必须付出的代价。

> **注意：**
> 在 http://www.unicode.org 上可以找到有关 Unicode 的更多信息。

下面是演示 char 变量用法的一个程序：

```
// Demonstrate char data type.
class CharDemo {
  public static void main(String args[]) {
    char ch1, ch2;

    ch1 = 88; // code for X
    ch2 = 'Y';

    System.out.print("ch1 and ch2: ");
    System.out.println(ch1 + " " + ch2);
  }
}
```

这个程序显示如下所示的输出：

```
ch1 and ch2: X Y
```

注意，ch1 被赋值为 88，该值是与字母 X 对应的 ASCII(以及 Unicode)值。前面提到过，ASCII 字符集占用 Unicode 字符集中的前 127 个值。因此，在其他语言中对字符使用的所有"旧式技巧"，在 Java 中仍然适用。

尽管 char 被设计成容纳 Unicode 字符，但它也可以用作整数类型，可以对 char 类型的变量执行算术运算。例如，可将两个字符相加到一起，或者增加字符变量的值。分析下面的程序：

```java
// char variables behave like integers.
class CharDemo2 {
  public static void main(String args[]) {
    char ch1;

    ch1 = 'X';
    System.out.println("ch1 contains " + ch1);

    ch1++; // increment ch1
    System.out.println("ch1 is now " + ch1);
  }
}
```

这个程序生成的输出如下所示：

```
ch1 contains X
ch1 is now Y
```

在该程序中，首先将 X 赋给 ch1，然后递增 ch1 的值。现在 ch1 中包含的结果 Y，是 ASCII(以及 Unicode)序列中的下一个字符。

> **注意：**
> 在 Java 的正式规范中，char 被当作整数类型，这意味着它和 int、short、long 以及 byte 位于同一分类中。然而，因为 char 类型的主要用途是表示 Unicode 字符，所以通常考虑将 char 放到单独的分类中。

3.6 布尔型

Java 有一种称为 boolean 的基本类型，用于表示逻辑值。它只能是两个可能的值之一：true 或 false。所有关系运算符(例如 a<b)都返回这种类型的值。对于 if 和 for 这类控制语句的条件表达式，也需要 boolean 类型。

下面的程序演示了 boolean 类型：

```java
// Demonstrate boolean values.
class BoolTest {
  public static void main(String args[]) {
    boolean b;

    b = false;
    System.out.println("b is " + b);
    b = true;
    System.out.println("b is " + b);

    // a boolean value can control the if statement
    if(b) System.out.println("This is executed.");

    b = false;
```

```
    if(b) System.out.println("This is not executed.");

    // outcome of a relational operator is a boolean value
    System.out.println("10 > 9 is " + (10 > 9));
  }
}
```

这个程序生成的输出如下所示：

```
b is false
b is true
This is executed.
10 > 9 is true
```

关于这个程序有三个有趣的地方需要注意。首先可以看出，当通过 println() 方法输出 boolean 值时，显示的是 true 或 false。其次，对于控制语句 if 来说，boolean 变量的值本身是足够的。不需要像下面这样编写 if 语句：

```
if(b == true) ...
```

最后，关系运算符(例如<)的输出是 boolean 值。这就是为什么表达式 10>9 显示 true 的原因。此外，10>9 周围的圆括号是必需的，因为运算符+比>具有更高的优先级。

3.7 深入分析字面值

在第 2 章已经简要提及了字面值。本章前面已经正式描述了内置类型，接下来深入分析字面值。

3.7.1 整型字面值

在典型的程序中，整型可能是最常用的类型。所有整数值都是整型字面值，例如 1、2、3 和 42。这些都是十进制数字，表示它们是以 10 为基数描述的。在整型字面值中，还可使用另外两种进制——八进制(以 8 为基数)和十六进制(以 16 为基数)。在 Java 中，八进制数值以 0 开头。常规的十进制数字不以 0 开头。因此，对于看似有效的值 09，编译器会生成一个错误，因为 9 超出了八进制数字 0~7 的范围。程序员针对数字更常使用的是十六进制，以便整齐地匹配以 8 为模的字的尺寸，如 8 位、16 位、32 位和 64 位。以 0x 或 0X 开头来标识十六进制常量。十六进制数字的范围是 0~15，因此分别用 A~F(或 a~f)替代数字 10~15。

整型字面值用于创建 int 类型数值，在 Java 中是 32 位的整数。既然 Java 是强类型化的，你可能会好奇 Java 如何将整型字面值赋给其他整数类型，如 byte 或 long，而不会导致类型不匹配错误。幸运的是这种情况很容易处理。当将字面值赋给 byte 或 short 变量时，如果字面值位于目标类型的范围之内，就不会生成错误。整型字面值总可赋给 long 变量。然而，为了标识 long 字面值，需要显式地告诉编译器字面值是 long 类型的。可以通过为字面值附加一个大写或小写的 L 来显式地标识其类型为 long，例如 0x7fffffffffffffffL 或 9223372036854775807L 是最大的 long 类型的字面值。也可将整数赋给 char，只要在 char 类型的范围之内即可。

可以使用二进制指定整型字面值。为此，使用 0b 或 0B 作为数值的前缀。例如，下面这行代码使用二进制字面值指定十进制值 10：

```
int x = 0b1010;
```

除其他用途外，二进制字面值简化了用作位掩码的数值的输入。对于这种情况，十进制(或十六进制)表示的数值不能很直观地表达出与其用途相关的含义，而二进制字面值却可以。

在整型字面值中还可以嵌入一个或多个下画线。嵌入下画线可以使阅读很大的整数变得更加容易。当编译字面值时，会丢弃下画线。例如，下面这行代码：

```
int x = 123_456_789;
```

为 x 提供的值是 123 456 789，下画线将被忽略。下画线只能用于分隔数字，不能位于字面值的开头和结尾。然而，在两个数字之间使用多个下画线是允许的。例如，下面这行代码是合法的：

```
int x = 123___456___789;
```

当编码电话号码、消费者 ID 号、零件编码等事物时，在整型字面值中使用下画线特别有用。当指定二进制字面值时，下画线对于提供视觉分组也是有用的。例如，二进制数值经常以 4 位进行视觉分组，如下所示：

```
int x = 0b1101_0101_0001_1010;
```

3.7.2 浮点型字面值

浮点数表示具有小数部分的十进制数值。可使用标准记数法或科学记数法表示浮点数。标准记数法(standard notation)由前面的整数部分、其后的小数点以及小数点后面的小数部分构成。例如，2.0、3.14159 以及 0.6667 都表示有效的标准记数法浮点数。科学记数法(scientific notation)使用一个由标准记数法表示的浮点数加上一个后缀表示，其中的后缀指定为 10 的幂，它与前面的浮点数是相乘的关系。指数部分用 E(或 e)后面跟上一个十进制数表示，该十进制数可以是正数，也可以是负数，例如 6.022E23、314159E-05 以及 2e+100。

在 Java 中，浮点型字面值默认是双精度的。为指定浮点型字面值，必须为常量附加一个 F 或 f。也可以通过附加 D 或 d 来显式地指定 double 字面值。当然，这样做是多余的。默认的 double 类型使用 64 位存储，而更小的 float 类型只需要 32 位。

Java 也支持十六进制浮点型字面量，但是很少使用。它们必须使用与科学记数法类似的形式来表示，不过使用的是 P 或 p，而不是 E 或 e。例如，0x12.2P2 是一个有效的浮点型字面值。P 后面的数值称为二进制指数，表示 2 的幂，并且和前面的数字相乘。所以，0x12.2P2 代表 72.5。

在浮点型字面值中可以嵌入一个或多个下画线。该特性和用于整型字面值时的工作方式相同，刚才已经介绍过。这一特性的目的是使阅读很大的浮点型字面值更加容易。当编译字面值时，会丢弃下画线。例如，下面这行代码：

```
double num = 9_423_497_862.0;
```

将变量 num 赋值为 9 423 497 862.0，下画线会被忽略。与整型字面值一样，下画线只能用于分隔数字。它们不能位于字面值的开头或结尾。然而，在两个数字之间使用多个下画线是允许的。在小数部分中也可以使用下画线，例如：

```
double num = 9_423_497.1_0_9;
```

这是合法的。在此，小数部分是.109。

3.7.3 布尔型字面值

布尔型字面值很简单。布尔型只有两个逻辑值——true 和 false。true 和 false 不能转换成任何数字表示形式。在 Java 中，字面值 true 不等于 1，字面值 false 也不等于 0。在 Java 中，只能将布尔型字面值赋给以布尔型声明的变量，或用于使用布尔运算符的表达式中。

3.7.4 字符型字面值

Java 中的字符被索引到 Unicode 字符集，它们是可以转换成整数的 16 位值，并且可以使用整型运算符进行操作，例如加和减运算符。字符型字面值使用位于一对单引号中的字符来表示。所有可见的 ASCII 字符都可以直接输入单引号中，如'a'、'z'以及'@'。对于那些不能直接输入的字符，可以使用转义字符序列输入需要的字符，例如'\"'表示单引号、'\n'表示换行符。还有一种以八进制或十六进制直接输入字符值的机制。对于八进制表示法，使用反斜杠后跟三位数字表示，例如'\141'是字母'a'。对于十六进制，先输入\u，然后是 4 位的十六进制数。例如'\u0061'表示 ISO-Latin-1 字符'a'，因为第一个字节为 0；'\ua432'是一个 Japanese Katakana 字符。表 3-3 显示了字符转义序列。

表 3-3　字符转义序列

转 义 序 列	描　　述
\ddd	八进制字符(ddd)
\uxxxx	十六进制 Unicode 字符(xxxx)
\'	单引号
\"	双引号
\\	反斜杠
\r	回车符
\n	新行符(也称为换行符)
\f	换页符
\t	制表符
\b	退格符

3.7.5　字符串字面值

在 Java 中，指定字符串字面值的方法与其他大多数语言相同——使用位于一对双引号中的字符序列。下面是字符串字面值的几个例子：

```
"Hello World"
"two\nlines"
" \"This is in quotes\""
```

为字符型字面值定义的转义序列和八进制/十六进制表示法，在字符串字面值中同样适用。关于 Java 字符串需要重点指出的是，它们的开头和结尾必须位于同一行中。与其他某些语言不同，在 Java 中没有续行的转义序列。

> **注意：**
> 你可能知道，在其他某些语言中，字符串是作为字符数组实现的。然而，在 Java 中并非如此。在 Java 中，字符串实际上是对象类型。在本书的后面将会看到，因为 Java 将字符串作为对象实现，所以提供了广泛的、功能强大且易于使用的字符串处理功能。

3.8　变量

在 Java 程序中，变量是基本存储单元。变量是通过联合标识符、类型以及可选的初始化器来定义的。此外，所有变量都有作用域，作用域定义了变量的可见性和生存期。下面分析这些元素。

3.8.1　变量的声明

在 Java 中，所有变量在使用之前必须先声明。声明变量的基本形式如下所示：

type identifier [= *value*][, *identifier* [= *value*] ...];

其中，*type* 是 Java 的原子类型或是类或接口的名称。*identifier* 是变量名。可以通过指定一个等号和一个值来初始化变量。请牢记，初始化表达式的结果类型必须与为变量指定的类型相同(或兼容)。为了声明指定类型的多个变量，需要使用以逗号分隔的列表。

下面是声明各种类型变量的一些例子，注意有些变量声明包含初始化部分：

```
int a, b, c;              // declares three ints, a, b, and c.
int d = 3, e, f = 5;      // declares three more ints, initializing
                          // d and f.
byte z = 22;              // initializes z.
double pi = 3.14159;      // declares an approximation of pi.
char x = 'x';             // the variable x has the value 'x'.
```

在此选择的标识符与用来指定变量类型的名称没有任何内在联系。Java 允许将任何形式正确的标识符声明为任何类型。

3.8.2 动态初始化

尽管前面的例子只使用常量作为初始化器，但是在声明变量时，Java 也允许使用任何在声明变量时有效的表达式动态地初始化变量。

例如，下面的简短程序根据直角三角形的两条直角边来计算斜边的长度：

```
// Demonstrate dynamic initialization.
class DynInit {
  public static void main(String args[]) {
    double a = 3.0, b = 4.0;

    // c is dynamically initialized
    double c = Math.sqrt(a * a + b * b);

    System.out.println("Hypotenuse is " + c);
  }
}
```

在此，声明了三个局部变量：a、b 和 c。其中的前两个变量 a 和 b，使用常量进行初始化，而 c 被动态初始化为斜边的长度(使用勾股定理)。该程序使用了另一个内置的 Java 方法 sqrt()，该方法是 Math 类的成员，用于计算参数的平方根。在此的关键点是，初始化表达式可以使用任何在初始化时有效的元素，包括方法调用、其他变量或字面值。

3.8.3 变量的作用域和生存期

到目前为止，使用的所有变量都在 main()方法的开始处声明。然而，Java 允许在任何代码块中声明变量。正如第 2 章所述，代码块以开花括号开始并以闭花括号结束。代码块定义了作用域。因此，每当开始一个新的代码块时，就创建了一个新的作用域。作用域决定了对象对程序其他部分的可见性，也决定了这些对象的生存期。

许多其他计算机语言定义了两种通用的作用域类别：全局作用域和局部作用域。然而，这些传统的作用域不能很好地适应 Java 中严格的、面向对象的模型。虽然可以创建属于全局作用域的变量，但这只是例外，而不是规则。在 Java 中，两种主要的作用域分别由类和方法定义。尽管这种分类有些人为因素，但是，由于类作用域具有的一些独特属性和特性，不能应用于由方法定义的作用域，因此这种分类方法有一定的道理。由于存在这种差别，对类作用域(以及在其中声明的变量)的讨论将推迟到第 6 章，那时会介绍类的相关内容。现在，只分析由方法定义以及在方法中定义的作用域。

由方法定义的作用域从方法的开花括号开始。然而，如果方法具有参数，它们也会被包含到方法的作用域中。方法的作用域用其闭花括号结束，这个代码块称为方法体。

作为通用规则，在作用域中声明的变量，对于在作用域之外定义的代码是不可见的(即不可访问)。因此，当在某个作用域中声明变量时，就局部化了该变量，并保护它免受未授权的访问和/或修改。实际上，作用域规则为封装提供了基础。在代码块中声明的变量称为局部变量。

作用域是可以嵌套的。例如，每当创建一个代码块时，就创建了一个新的、嵌套的作用域。当遇到这种情况时，外层的作用域包围了内层作用域。这意味着在外层作用域中声明的对象对于内层作用域中的代码是可见的。然而，反过来就不是这样了，在内层作用域中声明的对象，在内层作用域之外是不可见的。

为了理解嵌套作用域的影响，分析下面的程序：

```java
// Demonstrate block scope.
class Scope {
  public static void main(String args[]) {
    int x; // known to all code within main

    x = 10;
    if(x == 10) { // start new scope
      int y = 20; // known only to this block

      // x and y both known here.
      System.out.println("x and y: " + x + " " + y);
      x = y * 2;
    }
    // y = 100; // Error! y not known here

    // x is still known here.
    System.out.println("x is " + x);
  }
}
```

正如注释指出的，变量 x 是在 main()作用域的开始处声明的，因此 main()方法中的所有后续代码都可以访问变量 x。变量 y 是在 if 代码块中声明的，由于代码块定义了作用域，因此只有对于 if 代码块中的代码 y 才是可见的。这就是为什么在 if 代码块之外，将 y=100;这行代码注释掉的原因。如果删除前面的注释符号，就会发生编译时错误，因为在 if 代码块之外 y 不是可见的。在 if 代码块的内部可以使用 x，因为代码块(即嵌套的作用域)中的代码可以访问在外部作用域中声明的变量。

在代码块中，可在任意位置声明变量，但只有在声明之后变量才是有效的。因此，如果在方法的开头定义变量，那么变量对于该方法的所有代码都是可见的。相反，如果在代码块的末尾声明变量，那么变量是无用的，因为没有代码能够访问该变量。例如，下面的代码片段是无效的，因为 count 在声明之前不能使用：

```java
// This fragment is wrong!
count = 100; // oops! cannot use count before it is declared!
int count;
```

下面是另一个要记住的重点：在进入变量的作用域时创建变量，在离开它们的作用域时销毁变量。这意味着一旦离开作用域，变量就不会再保持原来的值。所以，对于在方法中声明的变量来说，在两次调用该方法之间，变量不会保持它们的值。此外，对于在代码块中声明的变量来说，在离开代码块时会丢失它们的值。因此，变量的生存期被限制在其作用域之内。

如果变量的声明中包含初始化器，那么每当进入声明变量的代码块时都会重新初始化变量。例如，分析下面的程序：

```java
// Demonstrate lifetime of a variable.
class LifeTime {
  public static void main(String args[]) {
    int x;
```

```
      for(x = 0; x < 3; x++) {
        int y = -1; // y is initialized each time block is entered
        System.out.println("y is: " + y); // this always prints -1
        y = 100;
        System.out.println("y is now: " + y);
      }
    }
  }
```

这个程序生成的输出如下所示：

```
y is: -1
y is now: 100
y is: -1
y is now: 100
y is: -1
y is now: 100
```

可以看出，每次进入内部的 for 循环时，y 都被重新初始化为-1。尽管随后 y 被赋值为 100，但是这个值丢失了。

最后一点：尽管可嵌套代码块，但是在内层代码块中不能声明与外层代码块同名的变量。例如，下面的程序是非法的：

```
// This program will not compile
class ScopeErr {
  public static void main(String args[]) {
    int bar = 1;
    {              // creates a new scope
      int bar = 2; // Compile-time error - bar already defined!
    }
  }
}
```

3.9 类型转换和强制类型转换

如果你已经具备了编程经验，就会知道将某种类型的值赋给另一种类型的变量是很常见的。如果这两种类型是兼容的，那么 Java 会自动进行类型转换。例如，总可将 int 类型的值赋给 long 类型的变量。然而，并不是所有类型都是兼容的，因此也不是所有类型转换默认都是允许的。例如，没有定义从 double 类型到 byte 类型的自动转换。幸运的是，在两种不兼容的类型之间，仍然可以进行转换。为此，必须使用强制类型转换(cast)，在不兼容的类型之间执行显式转换。下面分析自动类型转换和强制类型转换这两种情况。

3.9.1 Java 的自动类型转换

当将某种类型的数据赋给另一种变量时，如果满足如下两个条件，就会发生自动类型转换：
- 两种类型是兼容的。
- 目标类型大于源类型。

当满足这两个条件时，会发生扩宽转换(widening conversion)。例如，要保存所有有效的 byte 值，int 类型总是足够的，所以不需要显式的强制转换语句。

对于扩宽转换，数值类型(包括整型和浮点型)是相互兼容的。然而，不存在从数值类型到 char 或 boolean 类型的自动转换。此外，char 和 boolean 相互之间也不是兼容的。

在前面提到过，当将字面整数常量保存到 byte、short、long 或 char 类型的变量中时，Java 也会执行自动类型转换。

3.9.2 强制转换不兼容的类型

尽管自动类型转换很有帮助，但它们不能完全满足所有需要。例如，如果希望将 int 类型的值赋给 byte 变量，会发生什么情况呢？不会自动执行转换，因为 byte 比 int 小。这种转换有时被称为缩小转换(narrowing conversion)，因为是显式地使数值变得更小以适应目标类型。

为实现两种不兼容类型之间的转换，必须使用强制类型转换。强制类型转换只是一种显式类型转换，它的一般形式如下所示：

```
(target-type) value
```

其中，*target-type* 指定了期望将特定值转换成哪种类型。例如，下面的代码片段将 int 类型的值强制转换为 byte 类型。如果整数的值超出了 byte 类型的范围，结果将以 byte 类型的范围为模(用整数除以 byte 范围后的余数)减少。

```
int a;
byte b;
// …
b = (byte) a;
```

当将浮点值赋给整数类型时会发生另一种不同类型的转换：截尾(truncation)。我们知道，整数没有小数部分。因此，当将浮点值赋给整数类型时，小数部分会丢失。例如，如果将数值 1.23 赋给一个整数，结果值为 1，0.23 将被截去。当然，如果整数部分的数值太大，以至于无法保存到目标整数类型中，数值将以目标类型的范围为模减少。

下面的程序演示了一些需要进行强制类型转换的转换：

```
// Demonstrate casts.
class Conversion {
  public static void main(String args[]) {
    byte b;
    int i = 257;
    double d = 323.142;

    System.out.println("\nConversion of int to byte.");
    b = (byte) i;
    System.out.println("i and b " + i + " " + b);

    System.out.println("\nConversion of double to int.");
    i = (int) d;
    System.out.println("d and i " + d + " " + i);

    System.out.println("\nConversion of double to byte.");
    b = (byte) d;
    System.out.println("d and b " + d + " " + b);
  }
}
```

这个程序生成的输出如下所示：

```
Conversion of int to byte.
i and b 257 1

Conversion of double to int.
d and i 323.142 323
```

```
Conversion of double to byte.
d and b 323.142 67
```

下面对每个转换进行分析。当数值 257 被强制转换为 byte 变量时,结果是 257 除以 256(byte 类型的范围)的余数,也就是 1。当将 d 转换成 int 类型时,小数部分丢失了。当将 d 转换成 byte 类型时,小数部分也丢失了,并且除以 256 取余,结果为 67。

3.10 表达式中的自动类型提升

除了赋值外,在表达式中也可能发生某些类型转换。为分析其中的原因,考虑下面的情况。在表达式中,中间值要求的精度有时会超出操作数的范围。例如,检查下面的表达式:

```
byte a = 40;
byte b = 50;
byte c = 100;
int d = a * b / c;
```

中间部分 a*b 的结果很容易超出 byte 操作数的范围。为解决这类问题,当对表达式求值时,Java 自动将每个 byte、short 或 char 操作数提升为 int 类型。这意味着使用 int 类型而不是 byte 类型执行子表达式 a*b。因此,虽然 a 和 b 都被指定为 byte 类型,但中间表达式(50*40)的结果 2000 是合法的。

尽管自动类型提升很有用,但它们会导致难以理解的编译时错误。例如,下面的代码看起来是正确的,但会导致问题:

```
byte b = 50;
b = b * 2; // Error! Cannot assign an int to a byte!
```

上面的代码试图将 50*2——一个完全有效的 byte 值——保存在一个 byte 变量中。但当计算表达式的值时,操作数被自动提升为 int 类型,所以结果也被提升为 int 类型。因此,现在表达式的结果是 int 类型,如果不使用强制类型转换,就不能将结果赋给那个 byte 变量。尽管对于这个特定情况来说,所赋予的值仍然满足目标类型,但是仍然需要执行强制类型转换。

如果能理解溢出生成的后果,就应当使用显式的强制类型转换,如下所示:

```
byte b = 50;
b = (byte)(b * 2);
```

这样就可以得到正确的值 100。

类型提升规则

Java 定义了几个应用于表达式的类型提升规则,如下所述。首先,如前所述,所有 byte、short 和 char 类型的值都被提升为 int 类型。然后,如果有一个操作数是 long 类型,就将整个表达式提升为 long 类型;如果有一个操作数是 float 类型,就将整个表达式提升为 float 类型;如果任何一个操作数为 double 类型,结果都将为 double 类型。

下面的程序演示了为使第二个参数与每个二元运算符相匹配,如何提升表达式中的每个值:

```
class Promote {
  public static void main(String args[]) {
    byte b = 42;
    char c = 'a';
    short s = 1024;
    int i = 50000;
    float f = 5.67f;
```

```
    double d = 0.1234;
    double result = (f * b) + (i / c) - (d * s);
    System.out.println((f * b) + " + " + (i / c) + " - " + (d * s));
    System.out.println("result = " + result);
  }
}
```

下面进一步分析程序中下面这行代码中的类型提升：

```
double result = (f * b) + (i / c) - (d * s);
```

在第一个子表达式 f*b 中，b 被提升为 float 类型，并且该子表达式的结果也是 float 类型。接下来在子表达式 i/c 中，c 被提升为 int 类型，并且结果也是 int 类型。然后在 d*s 中，s 的值被提升为 double 类型，并且该子表达式的类型也为 double 类型。最后考虑三个中间值的类型——float、int 和 double。float 加上 int 的结果是 float。之后，作为结果的 float 减去最后的 double，会被提升为 double，这就是表达式最终结果的类型。

3.11 数组

数组(array)是以通用名称引用的一组类型相同的变量。可以创建任意类型的数组，并且数组可以是一维或多维的。数组中的特定元素通过索引进行访问。数组为分组相关信息提供了一种便利方法。

3.11.1 一维数组

一维数组(one-dimensional array)本质上是一连串类型相同的变量。为创建数组，首先必须创建期望类型的数组变量。声明一维数组的一般形式如下所示：

type var-name[];

其中，*type* 声明了数组的元素类型(也称为基本类型)。元素类型决定构成数组的每个元素的类型。因此，数组的元素类型决定了数组可以包含什么类型的数据。例如，下面的语句声明了一个名为 month_days 的数组，该数组的类型是"int 数组"：

```
int month_days[];
```

尽管这个声明确立了 month_days 是数组变量的事实，但是这个数组实际上并不存在。为将 month_days 链接到一个实际的整型数组，必须使用 new 分配一个数组，并将其赋给 month_days。new 是一个用于分配内存的特殊运算符。

在后面的章节中会更详细地分析 new 运算符，但是现在需要使用它为数组分配内存。将 new 运算符用于一维数组的一般形式如下所示：

array-var = new *type* [*size*];

其中，*type* 指定了将要分配的数据的类型，*size* 指定了数组中元素的数量。*array-var* 是链接到数组的数组变量，即为了使用 new 分配一个数组，必须指定要分配元素的类型和数量。通过 new 分配的数组，其元素会被自动初始化为 0(对于数值类型)、false(对于布尔类型)或 null(对于引用类型，引用类型将在后续章节中描述)。下面这个例子分配了一个具有 12 个元素的整数数组，并将该数组链接到 month_days：

```
month_days = new int[12];
```

执行完这条语句后，month_days 将指向包含有 12 个整数的数组。此外，数组中的所有元素都被初始化为 0。

下面回顾一下：创建一个数组需要两个步骤。首先，必须声明一个期望数组类型的变量。其次，必须使用 new 分配容纳该数组的内存，并将其赋给数组变量。因此，在 Java 中所有数组都是动态分配的。如果不熟悉动态分配的概念，不要着急，本书后面会对其进行详细描述。

一旦分配了数组，就可以通过在方括号中指定索引的方法来访问数组中的特定元素。所有数组索引都是从 0 开始的。例如，下面这条语句将数值 28 赋给 month_days 的第 2 个元素：

```
month_days[1] = 28;
```

下面这条语句显示在索引 3 处保存的值：

```
System.out.println(month_days[3]);
```

下面的程序将所有这些内容组合到一起，创建了一个包含一年中每个月份天数的数组：

```java
// Demonstrate a one-dimensional array.
class Array {
  public static void main(String args[]) {
    int month_days[];
    month_days = new int[12];
    month_days[0] = 31;
    month_days[1] = 28;
    month_days[2] = 31;
    month_days[3] = 30;
    month_days[4] = 31;
    month_days[5] = 30;
    month_days[6] = 31;
    month_days[7] = 31;
    month_days[8] = 30;
    month_days[9] = 31;
    month_days[10] = 30;
    month_days[11] = 31;
    System.out.println("April has " + month_days[3] + " days.");
  }
}
```

当运行这个程序时，会打印出 4 月份的天数。前面提到过，Java 数组的索引从 0 开始，所以 4 月份的天数是 month_days[3]或 30。

可将数组变量的声明和数组本身的分配组合起来，如下所示：

```
int month_days[] = new int[12];
```

在专业编写的 Java 程序中，通常采用的就是这种方式。

当声明数组时，可以对其初始化，这一过程与初始化简单类型的过程相同。数组初始化器(array initializer)是一个位于花括号中由逗号分隔的表达式列表。应该用逗号分隔数组元素的值。Java 会自动创建足够大的数组，以容纳在数组初始化器中指定的元素的数量。这时不需要使用 new 运算符。例如，为了保存每个月份的天数，下面的代码创建了一个已初始化的整数数组：

```java
// An improved version of the previous program.
class AutoArray {
  public static void main(String args[]) {

    int month_days[] = { 31, 28, 31, 30, 31, 30, 31, 31, 30, 31,
                         30, 31 };
    System.out.println("April has " + month_days[3] + " days.");
  }
}
```

当运行这个程序时，看到的输出与程序前面版本生成的输出相同。

Java 会进行严格检查，以确保不会意外地试图保存或引用数组范围之外的值。Java 运行时系统会进行检查，以保证所有数组索引都在正确的范围内。例如，运行时系统会检查 month_days 的每个索引值，以确保它们在 0

到 11 之间。如果试图访问数组范围之外(索引为负数或大于数组长度)的元素，就会导致运行时错误。

下面是使用一维数组的另一个例子，该例计算一组数字的平均值。

```
// Average an array of values.
class Average {
  public static void main(String args[]) {
    double nums[] = {10.1, 11.2, 12.3, 13.4, 14.5};
    double result = 0;
    int i;

    for(i=0; i<5; i++)
      result = result + nums[i];
    System.out.println("Average is " + result / 5);
  }
}
```

3.11.2 多维数组

在 Java 中，多维数组(multidimensional array)实际上是数组的数组。为了声明多维数组变量，需要使用另一组方括号指定每个额外的索引。例如，下面声明了一个名为 twoD 的二维数组：

```
int twoD[][] = new int[4][5];
```

这条语句分配了一个 4×5 的数组，并将其赋给 twoD。在内部，这个矩阵是作为 int 数组的数组实现的。从概念上讲，这个数组看起来如图 3-1 所示。

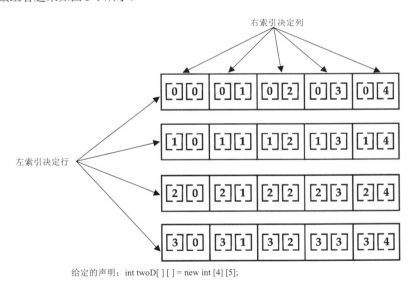

给定的声明：int twoD[ ] [ ] = new int [4] [5];

图 3-1 4×5 二维数组的概念视图

下面的程序按照从左向右，从上向下的顺序列出数组中的每个元素，然后显示这些元素的值：

```
// Demonstrate a two-dimensional array.
class TwoDArray {
  public static void main(String args[]) {
    int twoD[][]= new int[4][5];
    int i, j, k = 0;

    for(i=0; i<4; i++)
```

```
      for(j=0; j<5; j++) {
        twoD[i][j] = k;
        k++;
      }

    for(i=0; i<4; i++) {
      for(j=0; j<5; j++)
        System.out.print(twoD[i][j] + " ");
      System.out.println();
    }
  }
}
```

这个程序生成的输出如下所示：

```
0  1  2  3  4
5  6  7  8  9
10 11 12 13 14
15 16 17 18 19
```

当为多维数组分配内存时，只需要为第一维(最左边的维)分配内存。可以单独为余下的维分配内存。例如，下面的代码在声明 twoD 时为它的第一维分配内存，然后单独分配第二维：

```
int twoD[][] = new int[4][];
twoD[0] = new int[5];
twoD[1] = new int[5];
twoD[2] = new int[5];
twoD[3] = new int[5];
```

虽然对于这种情况单独分配第二维没有好处，但是这对于其他情况可能有好处。例如，当单独分配维数时，不必为每一维分配相同数量的元素。如前所述，既然多维数组实际上是数组的数组，那么可以控制每个数组的长度。例如，下面的程序创建了一个二维数组，其中第二维的长度是不同的：

```
// Manually allocate differing size second dimensions.
class TwoDAgain {
  public static void main(String args[]) {
    int twoD[][] = new int[4][];
    twoD[0] = new int[1];
    twoD[1] = new int[2];
    twoD[2] = new int[3];
    twoD[3] = new int[4];

    int i, j, k = 0;

    for(i=0; i<4; i++)
      for(j=0; j<i+1; j++) {
        twoD[i][j] = k;
        k++;
      }

    for(i=0; i<4; i++) {
      for(j=0; j<i+1; j++)
        System.out.print(twoD[i][j] + " ");
      System.out.println();
    }
  }
}
```

这个程序生成的输出如下所示：

0
1 2
3 4 5
6 7 8 9

这个程序创建的数组如图 3-2 所示。

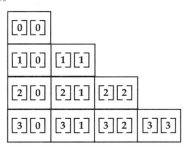

图 3-2　创建的数组

使用不一致或不规则的多维数组对于许多程序可能不合适，因为这和人们遇到多维数组时所期望的情况不同。然而，在某些情况下却可以高效使用不规则数组。例如，如果需要一个非常大的二维稀疏数组(即只使用其中的部分元素)，那么不规则数组可能是完美的解决方案。

可以初始化多维数组。为此，只需要在一连串花括号中包含每一维的初始化器。下面的程序创建了一个矩阵，其中的每个元素包含各自列索引和行索引的乘积。还应注意，在数组初始化器中也可使用表达式以及字面值。

```
// Initialize a two-dimensional array.
class Matrix {
  public static void main(String args[]) {
    double m[][] = {
      { 0*0, 1*0, 2*0, 3*0 },
      { 0*1, 1*1, 2*1, 3*1 },
      { 0*2, 1*2, 2*2, 3*2 },
      { 0*3, 1*3, 2*3, 3*3 }
    };
    int i, j;

    for(i=0; i<4; i++) {
      for(j=0; j<4; j++)
        System.out.print(m[i][j] + " ");
      System.out.println();
    }
  }
}
```

当运行这个程序时，会得到如下所示的输出：

```
0.0  0.0  0.0  0.0
0.0  1.0  2.0  3.0
0.0  2.0  4.0  6.0
0.0  3.0  6.0  9.0
```

可以看出，数组中的每一行都被初始化为初始化列表中指定的值。

下面再看一个使用多维数组的例子。下面的程序创建了一个 3×4×5 的三维数组，然后将每个元素设置为各自索引的乘积，最后显示这些乘积。

```java
// Demonstrate a three-dimensional array.
class ThreeDMatrix {
  public static void main(String args[]) {
    int threeD[][][] = new int[3][4][5];
    int i, j, k;

    for(i=0; i<3; i++)
      for(j=0; j<4; j++)
        for(k=0; k<5; k++)
          threeD[i][j][k] = i * j * k;

    for(i=0; i<3; i++) {
      for(j=0; j<4; j++) {
        for(k=0; k<5; k++)
          System.out.print(threeD[i][j][k] + " ");
        System.out.println();
      }
      System.out.println();
    }
  }
}
```

这个程序生成的输出如下所示：

```
0 0 0 0 0
0 0 0 0 0
0 0 0 0 0
0 0 0 0 0

0 0 0 0 0
0 1 2 3 4
0 2 4 6 8
0 3 6 9 12

0 0 0 0 0
0 2 4 6 8
0 4 8 12 16
0 6 12 18 24
```

3.11.3 另一种数组声明语法

还有一种用于声明数组的形式：

type[] *var-name*;

其中，方括号位于类型限定符之后，而不是位于数组变量名的后面。例如，下面两个声明是等价的：

```java
int a1[] = new int[3];
int[] a2 = new int[3];
```

下面的声明也是等价的：

```java
char twod1[][] = new char[3][4];
char[][] twod2 = new char[3][4];
```

当同时声明多个数组时，以下这种形式可以提供便利，例如：

```java
int[] nums, nums2, nums3; // create three arrays
```

这可以创建 3 个 int 类型的数组变量，上述语句和下面的声明语句是等价的：

```
int nums[], nums2[], nums3[]; // create three arrays
```

当将数组指定为方法的返回类型时，这种数组声明方法也是有用的。在本书中，这两种形式都将使用。

3.12 局部变量的类型推断

最近，Java 语言中添加了一个令人兴奋的新特性，称为局部变量类型推断。首先，必须在使用 Java 中的所有变量之前声明它们。其次，变量可在声明时使用值初始化。此外，初始化变量时，初始化器的类型必须与声明的变量类型相同(或可转换为声明的类型)。因此，原则上不需要为初始化的变量指定显式类型，因为它可以由初始化器的类型推断。当然，在过去，不支持这种推断，而且所有变量都需要显式声明的类型，无论是否初始化。今天，这种情况已经改变。

从 JDK 10 开始，现在可以让编译器根据初始化器的类型推断局部变量的类型，从而不再需要显式指定类型。局部变量类型推断提供了许多优点。例如，当可以从初始化器推断变量的类型时，就不需要指定变量的类型，从而简化了代码。它可以在类型名非常长(如某些类名)的情况下简化声明。当类型难以识别或无法表示时，它也会很有帮助(第 24 章讨论了匿名类的类型，这是一个不能表示类型的例子)。此外，局部变量类型推断已经成为当代编程环境的一个常见部分。它包含在 Java 中，帮助 Java 跟上语言设计中不断发展的趋势。为了支持本地变量类型推断，将上下文敏感的标识符 var 作为保留类型名添加到 Java 中。

要使用局部变量类型推断，必须以 var 作为类型名声明变量，并且必须包含一个初始化器。例如，在过去，可以声明一个名为 avg 的局部 double 变量，它的初始值为 10.0，如下所示：

```
double avg = 10.0;
```

使用类型推断，这个声明现在也可以这样写：

```
var avg = 10.0;
```

在这两个语句中，avg 的类型都是 double。在第一个语句中，显式指定了它的类型。在第二个语句中，它的类型被推断为 double，因为初始化器 10.0 的类型是 double。

如前所述，var 添加为上下文敏感的标识符。当它在局部变量声明的上下文中用作类型名时，它告诉编译器，使用类型推断功能，根据初始化器的类型确定要声明的变量的类型。因此，在局部变量声明中，var 是实际推断出的类型的占位符。然而，当在大多数其他地方使用 var 时，它只是一个用户定义的标识符，没有特殊含义。例如，以下声明仍然有效：

```
int var = 1; // In this case, var is simply a user-defined identifier.
```

在本例中，类型显式指定为 int，var 是声明的变量的名称。尽管 var 是上下文敏感的标识符，但是在一些地方使用 var 是非法的。例如，它不能用作类的名称。

下面的程序将前面的讨论付诸实践：

```
// A simple demonstration of local variable type inference.
class VarDemo {
  public static void main(String args[]) {

    // Use type inference to determine the type of the
    // variable named avg. In this case, double is inferred.
    var avg = 10.0;
    System.out.println("Value of avg: " + avg);

    // In the following context, var is not a predefined identifier.
```

```java
        // It is simply a user-defined variable name.
        int var = 1;
        System.out.println("Value of var: " + var);

        // Interestingly, in the following sequence, var is used
        // as both the type of the declaration and as a variable name
        // in the initializer.
        var k = -var;
        System.out.println("Value of k: " + k);
    }
}
```

下面是输出:

```
Value of avg: 10.0
Value of var: 1
Value of k: -1
```

前面的例子使用 var 只声明简单的变量，你也可以使用 var 声明数组。例如:

```
var myArray = new int[10]; // This is valid.
```

注意，var 和 myArray 都没有括号。相反，myArray 的类型推断为 int[]。此外，不能在 var 声明的左侧使用括号。因此，这两项声明都是无效的:

```
var[] myArray = new int[10]; // Wrong
var myArray[] = new int[10]; // Wrong
```

在第一行中，尝试将 var 括起来。在第二行中，尝试将 myArray 括起来。这两种情况下，括号的使用都是错误的，因为类型是从初始化器的类型推断出来的。

需要强调的是，只有在初始化变量时，var 才可以用来声明变量。例如，下面的语句是不正确的:

```
var counter; // Wrong! Initializer required.
```

另外，请记住 var 只能用于声明局部变量。例如，在声明实例变量、参数或返回类型时不能使用它。

尽管前面的讨论和示例介绍了局部变量类型推断的基础知识，但还没有讨论它的全部功能。如第 7 章所述，局部变量类型推断在缩短涉及长类名的声明时特别有效。它还可以用于泛型类型(参见第 14 章)、try-with-resources 语句(参见第 13 章)和 for 循环(参见第 5 章)。

var 的一些限制

除了前面提到的那些限制外，var 的使用还受到其他一些限制。每次只能声明一个变量；变量不能使用 null 作为初始化器；初始化器表达式不能使用当前声明的变量。

虽然可使用 var 声明数组类型，但不能将 var 与数组初始化器一起使用。例如，下面的代码是有效的:

```
var myArray = new int[10]; // This is valid.
```

但下面的代码是无效的:

```
var myArray = { 1, 2, 3 }; // Wrong
```

如前所述，var 不能用作类的名称。它也不能用作其他引用类型的名称，包括接口、枚举或注释，或者作为泛型类型参数的名称，所有这些都将在本书后面描述。这里还有两个限制，它们与后面几章描述的 Java 特性有关，但出于完整性的考虑在这里提到。局部变量类型推断不能用于声明 catch 语句捕获的异常类型。同样，lambda 表达式和方法引用都不能用作初始化器。

> **注意：**
> 在撰写本文时，局部变量类型推断是非常新的，本书的许多读者使用的 Java 环境可能不支持它。因此，为了让所有读者能编译并运行尽可能多的代码示例，本书其余部分的大多数程序将不会使用局部变量类型推断。使用完整的声明语法还可以使创建的变量类型一目了然，这对于示例代码非常重要。当然，接下来，你应该考虑在自己的代码中适当地使用局部变量类型推断。

3.13 关于字符串的一些说明

注意，在前面对数据类型和数组的讨论中，没有提到字符串或字符串数据类型。这不是因为 Java 不支持这种类型，事实上 Java 支持字符串类型。Java 支持的字符串类型称为 String，它不是基本类型，也不是简单的字符数组，相反，String 定义了一个对象。全面描述 String 需要理解一些面向对象特性。为此，有关 String 的讨论将放在本书的后面，在描述完对象后，再进行探讨。但既然在示例程序中要使用简单的字符串，那么下面的简要介绍就是必要的。

String 类型用于声明字符串变量，也可以声明字符串数组。可将带引号的字符串常量赋给 String 变量，也可将 String 类型的变量赋给其他 String 类型的变量，甚至可使用 String 类型的对象作为 println()方法的参数。例如，考虑下面的代码片段：

```
String str = "this is a test";
System.out.println(str);
```

在此，str 是 String 类型的对象，它设置为字符串"this is a test"。这个字符串由 println()语句显示。

在后面将会看到，String 对象具有许多特殊的特征，这使得它们非常强大而且易于使用。不过在接下来的几章中，将只会以最简单的形式使用它们。

第 4 章 运 算 符

Java 提供了丰富的运算符环境。可将大部分 Java 运算符划分为 4 组：算术运算符、位运算符、关系运算符以及逻辑运算符。Java 还定义了一些用于处理某些特定情况的附加运算符。本章将介绍除类型比较运算符 instanceof 和箭头运算符->之外的所有 Java 运算符，instanceof 运算符将在第 13 章讨论。

4.1 算术运算符

算术运算符用于数学表达式，使用方法与在代数中的使用方法相同。表 4-1 列出了算术运算符。

表 4-1 算术运算符

运 算 符	结 果
+	加法(也是一元加号)
−	减法(也是一元减号)
*	乘法
/	除法
%	求模
++	自增
+=	加并赋值
−=	减并赋值
*=	乘并赋值
/=	除并赋值
%=	求模并赋值
−−	自减

算术运算符的操作数必须是数值类型。不能为 boolean 类型使用算术运算符，但可为 char 类型使用算术运算符，因为在 Java 中，char 类型在本质上是 int 类型的子集。

4.1.1 基本算术运算符

基本算术运算符——加、减、乘和除，对于所有数值类型来说，行为和期望的一样。一元减号运算符对其唯一的操作数进行求反，一元加号运算符简单地返回其操作数的值。请记住，当将除法运算符用于整数类型时，结果不会包含小数部分。

下面的简单示例程序演示了算术运算符，该例还演示了浮点数除法和整数除法之间的区别：

```java
// Demonstrate the basic arithmetic operators.
class BasicMath {
  public static void main(String args[]) {
    // arithmetic using integers
    System.out.println("Integer Arithmetic");
    int a = 1 + 1;
    int b = a * 3;
    int c = b / 4;
    int d = c - a;
    int e = -d;
    System.out.println("a = " + a);
    System.out.println("b = " + b);
    System.out.println("c = " + c);
    System.out.println("d = " + d);
    System.out.println("e = " + e);

    // arithmetic using doubles
    System.out.println("\nFloating Point Arithmetic");
    double da = 1 + 1;
    double db = da * 3;
    double dc = db / 4;
    double dd = dc - a;
    double de = -dd;
    System.out.println("da = " + da);
    System.out.println("db = " + db);
    System.out.println("dc = " + dc);
    System.out.println("dd = " + dd);
    System.out.println("de = " + de);
  }
}
```

当运行该程序时，会看到如下所示的输出：

```
Integer Arithmetic
a = 2
b = 6
c = 1
d = -1
e = 1

Floating Point Arithmetic
da = 2.0
db = 6.0
dc = 1.5
dd = -0.5
de = 0.5
```

4.1.2　求模运算符

求模运算符%可以返回除法操作的余数，既可以用于浮点数，也可以用于整数。下面的示例程序演示了%运算符的用法：

```java
// Demonstrate the % operator.
```

```
class Modulus {
  public static void main(String args[]) {
    int x = 42;
    double y = 42.25;

    System.out.println("x mod 10 = " + x % 10);
    System.out.println("y mod 10 = " + y % 10);
  }
}
```

当运行这个程序时，会看到如下所示的输出：

```
x mod 10 = 2
y mod 10 = 2.25
```

4.1.3 算术与赋值复合运算符

Java 提供了可用于将算术运算和赋值组合到一起的特殊运算符。你可能知道，类似下面的语句在编程中非常普遍：

```
a = a + 4;
```

在 Java 中，可以重写这行语句，如下所示：

```
a += 4;
```

该版本使用+=复合赋值运算符。这两条语句执行相同的动作：都将 a 的值增加 4。

下面是另外一个例子，

```
a = a % 2;
```

这行代码可表示为：

```
a %= 2;
```

对于这种情况，%=得到 a/2 的余数，并将结果存回变量 a 中。

对于所有的二元算术运算，都有相应的复合赋值运算符。因此，以下形式的所有语句：

var = var op expression;

都可改写为如下形式：

var op= expression;

复合赋值运算符具有两个优点。首先是便于输入，因为它们是与长格式等价的"简化版"。其次，有时它们比等价的长格式版本的效率更高。所以，在专业的 Java 程序中，会经常看到复合赋值运算符。

下面的示例程序演示了几个复合赋值操作：

```
// Demonstrate several assignment operators.
class OpEquals {
  public static void main(String args[]) {
    int a = 1;
    int b = 2;
    int c = 3;

    a += 5;
    b *= 4;
    c += a * b;
    c %= 6;
    System.out.println("a = " + a);
```

```
    System.out.println("b = " + b);
    System.out.println("c = " + c);
  }
}
```

该程序的输出如下所示:

```
a = 6
b = 8
c = 3
```

4.1.4 自增与自减运算符

++和--是 Java 的自增和自减运算符。在第 2 章就遇到过这两个运算符,在此将详细讨论它们。在后面会看到,它们有一些特殊属性,使得它们非常有趣。首先准确地考查一下自增和自减运算符的行为。

自增运算符将操作数加 1,自减运算符将操作数减 1。例如,下面这条语句:

```
x = x + 1;
```

可使用自增运算符改写为如下形式:

```
x++;
```

类似地,下面这条语句:

```
x = x - 1;
```

与下面的语句是等价的:

```
x--;
```

这些运算符比较独特,它们既可以显示为后缀形式,紧随在操作数的后面;也可以显示为前缀形式,位于操作数之前。在前面的例子中,采用哪种形式并没有区别。但是,当自增和/或自减运算符是更大表达式的一部分时,两者之间会出现微妙的、同时也是有价值的差别。对于前缀形式,操作数先自增或自减,然后表达式使用自增或自减之后的值;对于后缀形式,表达式先使用操作数原来的值,然后修改操作数。例如:

```
x = 42;
y = ++x;
```

在此,正如所期望的,y 被设置为 43,因为在将 x 赋值给 y 之前就发生了自增操作。因此,代码行 y=++x;等价于下面这两条语句:

```
x = x + 1;
y = x;
```

但是,如果将上面的代码写为如下形式:

```
x = 42;
y = x++;
```

那么会在执行自增运算符之前,先将 x 赋值给 y,所以 y 的值为 42。当然,对于这两种情况,x 都被设置为 43。在此,代码行 y=x++;等价于下面这两条语句:

```
y = x;
x = x + 1;
```

下面的程序演示了自增运算符的用法:

```
// Demonstrate ++.
class IncDec {
```

```java
public static void main(String args[]) {
    int a = 1;
    int b = 2;
    int c;
    int d;
    c = ++b;
    d = a++;
    c++;
    System.out.println("a = " + a);
    System.out.println("b = " + b);
    System.out.println("c = " + c);
    System.out.println("d = " + d);
  }
}
```

以下是该程序的输出：

```
a = 2
b = 3
c = 4
d = 1
```

4.2 位运算符

Java 定义了几个位运算符，它们可用于整数类型——long、int、short、char 以及 byte。这些运算符对操作数的单个位进行操作，表 4-2 对位运算符进行了总结。

表 4-2 位运算符

运 算 符	结 果
~	按位一元取反
&	按位与
|	按位或
^	按位异或
>>	右移
>>>	右移零填充
<<	左移
&=	按位与并赋值
|=	按位或并赋值
^=	按位异或并赋值
>>=	右移并赋值
>>>=	右移零填充并赋值
<<=	左移并赋值

由于位运算符是对整数中的位进行操作，因此理解这类操作会对数值造成什么影响是很重要的。特别是，掌握 Java 存储整数值的方式以及如何表示负数是有用的。因此，在介绍位运算符之前，要先简要回顾一下这两个主题。

在 Java 中，所有整数类型都由宽度可变的二进制数字表示。例如，byte 型数值 42 的二进制形式是 00101010，其中每个位置表示 2 的幂，从最右边的 2^0 开始。向左的下一个位置为 2^1，即 2；接下来是 2^2，即 4；然后是 8、

16、32等。所以42在位置1、3、5(从右边开始计数,最右边的位计数为0)被设置1;因此,42是$2^1+2^3+2^5$的和,即2+8+32。

所有整数类型(char类型除外)都是有符号整数,这意味着它们既可以表示正数,也可以表示负数。Java使用所谓的"2的补码"进行编码,这意味着负数的表示方法为:首先反转数值中的所有位(1变为0,0变为1),然后将结果加1。例如,-42的表示方法为:通过反转42中的所有位(00101010),得到11010101,然后加1,结果为11010110,即-42。为了解码负数,首先反转所有位,然后加1。例如,反转-42(11010110),得到00101001,即41,所以再加上1就得到42。

如果分析"零交叉"(zero crossing)问题,就不难理解Java(以及其他大多数计算机语言)使用2的补码表示负数的原因。假定对于byte型数值,0表示为00000000。如果使用1的补码,简单地反转所有位,得到11111111,这会创建-0。但问题是,在整数数学中,-0是无效的。使用2的补码代表负数可解决这个问题。如果使用2的补码,1被加到补码上,得到100000000,这样就在左边新增一位,超出了byte类型的表示范围,从而得到了所期望的行为,即-0和0相同,并且-1被编码为11111111。尽管在前面的例子中使用的是byte数值,但是相同的基本原则适用于Java中的所有整数类型。

因为Java使用2的补码存储负数,并且因为Java中的所有整数都是有符号数值,所以应用位运算符时很可能生成意外结果。例如,不管是有意的还是无意的,将高阶位改为1,都会导致结果值被解释为负数。为避免生成不愉快的结果,只需要记住高阶位决定了整数的符号,而不管高阶位是如何设置的。

4.2.1 位逻辑运算符

位逻辑运算符包括&、|、^和~。表4-3显示了各种位逻辑运算的结果。在后续的讨论中,请牢记位逻辑运算符是针对操作数中的每个位进行操作的。

表4-3 位逻辑运算的结果

A	B	A | B	A & B	A ^ B	~A
0	0	0	0	0	1
1	0	1	0	1	0
0	1	1	0	1	1
1	1	1	1	0	0

1. 按位取反

也称为"位求补"(bitwise complement)。一元非运算符"~"可以反转操作数中的所有位。例如数字42,位模式如下:

```
00101010
```

进行"非"运算之后,变为:

```
11010101
```

2. 按位与

对于按位与运算符"&",如果两个操作数都是1,结果为1;只要其中任何一个操作数为0,结果就为0。下面是一个例子:

```
  00101010    42
& 00001111    15
  --------
  00001010    10
```

3. 按位或

按位或运算符"|"的运算规则为：只要两个操作数中有一个为1，结果就为1。示例如下所示：

```
  00101010    42
| 00001111    15
  --------
  00101111    47
```

4. 按位异或

按位异或运算符"^"的运算规则为：如果只有一个操作数为1，那么结果为1，否则结果为0。下面的例子显示了"^"运算的效果。这个例子还演示了按位异或运算的一个有用特性。请注意，只要第二个操作数中的某位为1，就会反转42的位模式中的对应位；只要第二个操作数中的某位为0，第一个操作数中的对应位就保持不变。当执行某些类型的位操作时，将发现该属性很有用。

```
  00101010    42
^ 00001111    15
  --------
  00100101    47
```

5. 使用位逻辑运算符

下面的程序演示了位逻辑运算符的用法：

```java
// Demonstrate the bitwise logical operators.
class BitLogic {
  public static void main(String args[]) {
    String binary[] = {
      "0000", "0001", "0010", "0011", "0100", "0101", "0110", "0111",
      "1000", "1001", "1010", "1011", "1100", "1101", "1110", "1111"
    };
    int a = 3; // 0 + 2 + 1 or 0011 in binary
    int b = 6; // 4 + 2 + 0 or 0110 in binary
    int c = a | b;
    int d = a & b;
    int e = a ^ b;
    int f = (~a & b)|(a & ~b);
    int g = ~a & 0x0f;

    System.out.println("        a = " + binary[a]);
    System.out.println("        b = " + binary[b]);
    System.out.println("      a|b = " + binary[c]);
    System.out.println("      a&b = " + binary[d]);
    System.out.println("      a^b = " + binary[e]);
    System.out.println("~a&b|a&~b = " + binary[f]);
    System.out.println("       ~a = " + binary[g]);
  }
}
```

在这个例子中，a 和 b 的位模式包含了两个二进制位的所有 4 种可能：0-0、0-1、1-0 以及 1-1。根据 c 和 d 中的结果，可以看出"|"和"&"对每一位的操作方式。e 和 f 被赋值为相同的值，并演示了"^"运算的工作原理。字符串数组 binary 中保存了介于 0 到 15 的数字的二进制表示形式。在这个例子中，为显示每个结果的二进制表示形式，对数组进行了索引。二进制数值 n 的字符串表示恰好存储在 binary[n] 中。将~a 和 0x0f(二进制 00001111)进行按位与运算，以减小其值，使其小于 16，从而可以使用 binary 数组输出结果。下面是该程序的输出：

```
         a = 0011
         b = 0110
       a|b = 0111
       a&b = 0010
       a^b = 0101
 ~a&b|a&~b = 0101
        ~a = 1100
```

4.2.2 左移

左移运算符 "<<" 可将数值中的所有位向左移动指定的次数，它的一般形式为：

value << *num*

其中，*num* 指定了将 value 中的值左移的位数，即 "<<" 将指定值中的所有位向左移动由 *num* 指定的位数。对于每次左移，高阶位被移出(并丢失)，右边的位用 0 补充。这意味着左移 int 型操作数时，如果某些位超出位位置(bit position)31，这些位将丢失。如果操作数为 long 型，那么超出位位置 63 的位会丢失。

当左移 byte 和 short 型数值时，Java 的自动类型提升会导致意外的结果。我们知道，当对表达式进行求值时，byte 和 short 型数值会被提升为 int 型。而且，这种表达式的结果也是 int 型。这意味着对 byte 和 short 型数值进行左移操作的结果为 int 型，并且移动的位不会丢失，除非它们超过位位置 31。此外，当将负的 byte 和 short 型数值提升为 int 型时，会进行符号扩展。因此，高阶位将使用 1 填充。所以，对 byte 和 short 型数值进行左移操作，必须抛弃 int 型结果的高阶字节。例如，如果左移 byte 型数值，会先将该数值提升为 int 型，然后左移。这意味着如果想要的结果是移位后的 byte 型数值，就必须丢弃结果的前三个字节。完成这个任务最容易的方法是，简单地将结果强制转换为 byte 类型。下面的程序演示了这一概念：

```java
// Left shifting a byte value.
class ByteShift {
  public static void main(String args[]) {
    byte a = 64, b;
    int i;

    i = a << 2;
    b = (byte) (a << 2);

    System.out.println("Original value of a: " + a);
    System.out.println("i and b: " + i + " " + b);
  }
}
```

该程序生成的输出如下所示：

```
Original value of a: 64
i and b: 256 0
```

由于为了进行求值，a 被提升为 int 型，因此对值 64(0l00 0000)左移两次，使得 i 包含值 256(1 0000 0000)。但是，b 中的值包含 0，因为移位后，现在低字节为 0。只有一位被移出了。

因为每次左移相当于将原始值乘以 2，所以程序员经常利用这个事实作为乘以 2 的高效替代方法。但是需要小心。如果将二进制 1 移进高阶位(第 31 位或第 63 位)，结果会变为负数。下面的程序演示了这一点：

```java
// Left shifting as a quick way to multiply by 2.
class MultByTwo {
  public static void main(String args[]) {
    int i;
    int num = 0xFFFFFFE;
```

```
    for(i=0; i<4; i++) {
      num = num << 1;
      System.out.println(num);
    }
  }
}
```

该程序生成的输出如下所示：

```
536870908
1073741816
2147483632
-32
```

初始值是经过精心挑选的，从而左移 4 位后，结果为-32。可以看出，当将二进制 1 移进位 31 时，结果被解释为负数。

4.2.3 右移

右移运算符 ">>" 可将数值中的所有位向右移动指定的次数，它的一般形式为：

value >> *num*

其中，*num* 指定了将 *value* 中的数值向右移动的位数，即 ">>" 将指定值中的所有位向右移动由 *num* 指定的位数。

下面的代码段将数值 32 向右移动两位，结果是 a 设置为 8：

```
int a = 32;
a = a >> 2; // a now contains 8
```

如果数值中的有些位被"移出"，这些位会丢失。例如，下面的代码段将 35 右移两位，从而导致两个低阶位丢失，结果是再次将 a 设置为 8：

```
int a = 35;
a = a >> 2; // a contains 8
```

用二进制形式分析同一操作，可以更清晰地看出操作过程：

```
00100011    35
>> 2
00001000    8
```

每次右移一个值，相当于将该值除以 2，并丢弃所有余数。可以利用这一特性，实现高性能的整数除以 2 操作。

当进行右移操作时，右移后的顶部(最左边)位使用右移前顶部位的值填充。这称为符号扩展(sign extension)，当对负数进行右移操作时，该特性可保留负数的符号。例如，-8>>1 的结果是-4，用二进制表示为：

```
11111000    -8
>> 1
11111100    -4
```

有趣的是，如果对-1 进行右移，结果总是-1，因为符号扩展使得高阶位总是 1。

对数值进行右移操作时，有时可能不希望得到符号扩展后的值。例如，下面的程序将一个 byte 数值反转为它的十六进制字符串表示形式。请注意，右移后的值通过和 0x0f 进行按位与操作进行了位屏蔽，以丢弃符号扩展位，从而使得结果可以作为十六进制字符数组的索引。

```
// Masking sign extension.
```

```
class HexByte {
  static public void main(String args[]) {
    char hex[] = {
      '0', '1', '2', '3', '4', '5', '6', '7',
      '8', '9', 'a', 'b', 'c', 'd', 'e', 'f'
    };

    byte b = (byte) 0xf1;

    System.out.println("b = 0x" + hex[(b >> 4) & 0x0f] + hex[b & 0x0f]);
  }
}
```

下面是这个程序的输出：

```
b = 0xf1
```

4.2.4 无符号右移

如前所述，每次移位时，">>"运算符自动使用原来的内容填充高阶位。这个特性可保持数值的符号。但有时这并不是期望的效果。例如，如果对那些表示非数值的内容进行移位操作，可能不希望发生符号扩展。当操作基于像素的值和图形时，这种情况非常普遍。对于这些情形，不管高阶位的初始值是什么，通常希望将 0 移进高阶位。这就是所谓的无符号右移。为完成无符号右移，需要使用 Java 的无符号右移运算符">>>"，该运算符总将 0 移进高阶位。

下面的代码段演示了">>>"的用法。其中，a 设置为-1，这会将所有的 32 位设置为二进制 1。然后将该值右移 24 位，并使用 0 填充高端的 24 位，而忽略常规的符号扩展。该操作将 a 设置为 255。

```
int a = -1;
a = a >>> 24;
```

下面是同一操作的二进制表示形式，以进一步演示这个操作的具体过程：

```
11111111 11111111 11111111 11111111    -1 作为 int 型数值的二进制表示
>>>24
00000000 00000000 00000000 11111111    255 作为 int 型数值的二进制表示
```

">>>"运算符可能不像你期望的那么有用，因为只有对 32 位和 64 位数值它才有意义。请记住，表达式中更小的数值会自动提升为 int 型。这意味着会发生符号扩展，并且移位操作是针对 32 位进行的，而不是针对 8 位或 16 位进行操作。也就是说，对 byte 数值进行无符号右移时，可能希望从第 7 位开始就填充 0。但情况并非如此，因为实际上是对 32 位的数值进行移位。下面的程序演示了这种效果：

```
// Unsigned shifting a byte value.
class ByteUShift {
  static public void main(String args[]) {
    char hex[] = {
      '0', '1', '2', '3', '4', '5', '6', '7',
      '8', '9', 'a', 'b', 'c', 'd', 'e', 'f'
    };
    byte b = (byte) 0xf1;
    byte c = (byte) (b >> 4);
    byte d = (byte) (b >>> 4);
    byte e = (byte) ((b & 0xff) >> 4);

    System.out.println("              b = 0x"
      + hex[(b >> 4) & 0x0f] + hex[b & 0x0f]);
```

```
    System.out.println("         b >> 4  = 0x"
      + hex[(c >> 4) & 0x0f] + hex[c & 0x0f]);
    System.out.println("         b >>> 4 = 0x"
      + hex[(d >> 4) & 0x0f] + hex[d & 0x0f]);
    System.out.println("(b & 0xff) >> 4 = 0x"
      + hex[(e >> 4) & 0x0f] + hex[e & 0x0f]);
  }
}
```

下面给出的程序输出显示，当对 byte 型数值进行操作时，">>>" 运算符没有任何效果。出于演示的目的，变量 b 设置为任意的 byte 型负值。然后，将 b 右移 4 次后的 byte 型结果赋给变量 c，由于发生了符号扩展，该值为 0xff。然后，将 b 无符号右移 4 次后的 byte 型结果赋给变量 d，你可能认为该值为 0x0f，但实际上是 0xff，因为在移位之前，在将 b 提升为 int 型时，发生了所期望的符号扩展。最后一个表达式，将 e 设置为 b 与 0xff 进行按位与操作后再右移 4 位得到的 byte 值，该操作会得到所期望的值 0x0f。请注意，没有为 d 应用无符号右移运算符，因为执行按位与操作后，已经知道了符号位的状态。

```
         b = 0xf1
    b >> 4  = 0xff
    b >>> 4 = 0xff
(b & 0xff) >> 4 = 0x0f
```

4.2.5 位运算符与赋值的组合

所有二元位运算符都具有与算术运算符类似的复合形式，这些运算符将赋值运算和位运算组合到一起。例如，下面的两行语句是等价的，都是将 a 的值右移 4 位：

```
a = a >> 4;
a >>= 4;
```

类似地，下面这两行语句也是等价的，都是将 a 设置为位表达式 a | b：

```
a = a | b;
a |= b;
```

下面的程序创建了几个整型变量，然后使用复合位运算符对这些变量执行操作：

```
class OpBitEquals {
  public static void main(String args[]) {
    int a = 1;
    int b = 2;
    int c = 3;

    a |= 4;
    b >>= 1;
    c <<= 1;
    a ^= c;
    System.out.println("a = " + a);
    System.out.println("b = " + b);
    System.out.println("c = " + c);
  }
}
```

该程序的输出如下所示:

```
a = 3
b = 1
c = 6
```

4.3 关系运算符

关系运算符(relational operator)用来判定一个操作数与另一个操作数之间的关系。特别是,它们可判定相等和排序关系。表 4-4 中列出了关系运算符。

表4-4 关系运算符

运 算 符	结　　果
==	等于
!=	不等于
>	大于
<	小于
>=	大于等于
<=	小于等于

关系运算的结果为布尔值。关系运算符最常用于 if 语句和各种循环语句的控制表达式中。

Java 中的任何类型,包括整数、浮点数、字符以及布尔值,都可以使用相等性测试运算符"=="和不等性测试运算符"!="进行比较。需要注意,在 Java 中,"相等"是用两个等号表示的,而不是一个等号(请记住:单个等号是赋值运算符)。只有数值类型才能使用排序运算符进行比较,即只有整型、浮点型以及字符型操作数,才可以进行比较以判定相互之间的大小。

首先,关系运算符生成的结果是布尔值。例如,下面的代码段是完全合法的:

```
int a = 4;
int b = 1;
boolean c = a < b;
```

在此,a < b 的结果(false)存储在 c 中。

如果具有 C/C++背景,请注意下面的代码。在 C/C++中,下面类型的语句非常普遍:

```
int done;
//...
if(!done)...    // Valid in C/C++
if(done)...     // but not in Java.
```

而在 Java 中,这些语句必须编写为如下形式:

```
if(done == 0)... // This is Java-style.
if(done != 0)...
```

这是因为 Java 定义 true 和 false 的方式与 C/C++不同。在 C/C++中,true 是任何非零值,false 是 0;而在 Java 中,true 和 false 不是数值,它们与是否为 0 没有任何关系。所以,为了测试零或非零,必须显式地使用一个或多个关系运算符。

4.4 布尔逻辑运算符

表 4-5 中显示的布尔逻辑运算符只能操作布尔型操作数，所有二元逻辑运算符都可以组合两个布尔值，得到的结果值为布尔类型。

表 4-5 布尔逻辑运算符

运算符	结 果
&	逻辑与
|	逻辑或
^	逻辑异或
||	短路或
&&	短路与
!	逻辑一元非
&=	逻辑与并赋值
|=	逻辑或并赋值
^=	逻辑异或并赋值
==	等于
!=	不等于
?:	三元 if-then-else

布尔逻辑运算符"&""\|"以及"^"，都对布尔值进行操作，操作方式与它们操作整数中位的方式相同。逻辑非运算符"!"反转布尔状态：!true==false 并且!false==true。表 4-6 中显示了各种布尔逻辑运算符操作的结果。

表 4-6 布尔逻辑运算符操作的结果

A	B	A|B	A&B	A^B	!A
false	false	false	false	false	true
true	false	true	false	true	false
false	true	true	false	true	true
true	true	true	true	false	false

下面的程序和前面显示的 BitLogic 示例程序几乎相同，但该程序是对布尔型逻辑值进行操作，而不是对二进制位进行操作：

```java
// Demonstrate the boolean logical operators.
class BoolLogic {
  public static void main(String args[]) {
    boolean a = true;
    boolean b = false;
    boolean c = a | b;
    boolean d = a & b;
    boolean e = a ^ b;
    boolean f = (!a & b) | (a & !b);
    boolean g = !a;
    System.out.println("      a = " + a);
    System.out.println("      b = " + b);
    System.out.println("    a|b = " + c);
```

```
        System.out.println("      a&b = " + d);
        System.out.println("      a^b = " + e);
        System.out.println("!a&b|a&!b = " + f);
        System.out.println("       !a = " + g);
    }
}
```

运行这个程序，可以发现应用于布尔值的逻辑规则和应用于二进制位的逻辑规则相同。从输出结果可以看出，Java 中布尔值的字符串表示形式为字面值 true 或 false 之一：

```
        a = true
        b = false
      a|b = true
      a&b = false
      a^b = true
!a&b|a&!b = true
       !a = false
```

短路逻辑运算符

Java 提供了其他许多计算机语言没有提供的两个有趣的布尔运算符。它们是布尔与运算符和布尔或运算符的辅助版本，通常称为"短路"(short-circuit)逻辑运算符。从前面的表 4-5 中可以看出，如果 A 为 true，不管 B 的值是什么，逻辑或的结果都是 true。类似地，如果 A 为 false，不管 B 的值是什么，逻辑与的结果都为 false。如果使用"||"和"&&"形式，而不是这些运算符的"|"和"&"形式，并且假如单独根据左操作数就能确定表达式的结果，Java 就不会再计算右操作数的值。为得到正确的功能，当右操作数取决于左操作数的值时，这个特性非常有用。例如，下面的代码段显示了如何利用短路逻辑运算，确保在对表达式求值之前除数是合法的：

```
if (denom != 0 && num / denom > 10)
```

因为在此使用的是逻辑与的短路形式(&&)，所以不存在由于变量 denom 为 0 而引起运行时异常的风险。如果这行代码使用逻辑与的单个&符号形式进行编写，那么两边的操作数都会进行求值，这样当 denom 为 0 时，就会引起运行时异常。

对于布尔逻辑，使用逻辑与和逻辑或的短路形式是标准用法，而将单字符版本专门留给位运算。但是，这个规则有一个例外。例如，考虑下面的代码：

```
if(c==1 & e++ < 100) d = 100;
```

在此，使用单个&符号以确保无论 c 是否等于 1，都会为 e 应用自增运算。

> **注意：**
> Java 的正式规范将短路运算符称为条件与(conditional-and)和条件或(conditional-or)。

4.5 赋值运算符

从第 2 章开始就一直在使用赋值运算符，现在是正式介绍赋值运算符的时候了。赋值运算符是单个等号"="。在 Java 中，赋值运算符的工作方式与所有其他计算机语言相同。它的一般形式如下：

var = expression;

其中，*var* 的类型必须和 *expression* 的类型相兼容。

赋值运算符有一个有趣的特性，你可能不是很熟悉：它允许创建赋值链。例如，分析下面的代码段：

```
int x, y, z;
```

```
x = y = z = 100; // set x, y, and z to 100
```

这段代码使用一条语句将变量 x、y 和 z 都设置为 100。这种方式是可行的，因为 "=" 是运算符，它生成右侧表达式的值。因此，z=100 的值是 100，然后将该值赋给 y，接下来赋给 x。使用"赋值链"是将一组变量设置为相同值的简单方法。

4.6 "?" 运算符

Java 提供了一个特殊的三元(三个分支)运算符，它可以替代特定类型的 if-then-else 语句。这个运算符是 "?"。乍一看可能有些困惑，但一旦理解了 "?" 运算符，就可以高效地使用它。"?" 运算符的一般形式为：

expression1 ? *expression2* : *expression3*

其中，*expression1* 可以是任何结果为布尔值的表达式。如果 *expression1* 为 true，就对 *expression2* 进行求值；否则对 *expression3* 进行求值。"?" 运算的结果是对其进行求值的表达式的值。*expression2* 和 *expression3* 都需要返回相同(或兼容)的类型，并且不能为 void。

下面是使用 "?" 运算符的一个例子：

```
ratio = denom == 0 ? 0 : num / denom;
```

当 Java 对这条赋值语句进行求值时，首先分析 "?" 左侧的表达式。如果 denom 等于 0，就对问号和冒号之间的表达式进行求值，并将其作为整个 "?" 表达式的值。如果 denom 不等于 0，就对冒号后面的表达式进行求值，并作为整个 "?" 表达式的值。"?" 运算符生成的结果被赋给 ratio。

下面是一个演示 "?" 运算符用法的程序。该程序使用 "?" 运算符获取变量的绝对值。

```
// Demonstrate ?.
class Ternary {
  public static void main(String args[]) {
    int i, k;

    i = 10;
    k = i < 0 ? -i : i; // get absolute value of i
    System.out.print("Absolute value of ");
    System.out.println(i + " is " + k);

    i = -10;
    k = i < 0 ? -i : i; // get absolute value of i
    System.out.print("Absolute value of ");
    System.out.println(i + " is " + k);
  }
}
```

该程序的输出如下所示：

```
Absolute value of 10 is 10
Absolute value of -10 is 10
```

4.7 运算符的优先级

表 4-7 按照从高到低的顺序列出 Java 运算符的优先级。同一行中的运算符具有相同的优先级。对于二元运算，求值顺序是从左向右进行的(赋值运算除外，它从右向左求值)。尽管从技术上说，"[]"、"()" 以及 "." 是分隔符，

但是它们也可以作为运算符。当作为运算符时,它们的优先级最高。另外,注意箭头运算符(->),它用于 lambda 表达式。

表 4-7　Java 运算符的优先级

最高							
++(后缀)	--(后缀)						
++(前缀)	--(前缀)	~	!	+(一元)	-(一元)	(类型转换)	
*	/	%					
+	-						
>>	>>>	<<					
>	>=	<	<=	instanceof			
==	!=						
&							
^							
|							
&&							
||							
?:							
->							
=	op=						
最低							

4.8　使用圆括号

圆括号会提升内部操作数的优先级。为了得到所期望的结果,使用圆括号通常是必需的。例如,分析下面的表达式:

```
a >> b + 3
```

该表达式首先将 b 加 3,然后将计算结果作为 a 右移的位数。也就是说,可以使用多余的圆括号,将该表达式改写为如下形式:

```
a >> (b + 3)
```

但是,如果希望首先将 a 右移 b 位,然后将计算结果加 3,就需要按照如下方式插入圆括号:

```
(a >> b) + 3
```

除了改变运算符的正常优先级之外,有时还使用圆括号帮助理清表达式的含义。对于阅读代码的人而言,复杂表达式可能难以理解。为复杂表达式添加多余的,但可以提高代码清晰度的圆括号,有助于避免以后引起混淆。例如,下面的两个表达式哪个容易阅读?

```
a | 4 + c >> b & 7
(a | (((4 + c) >> b) & 7))
```

此外,圆括号(不管是否多余)不会降低程序的性能。所以,为减少模糊性而添加圆括号,不会对程序造成负面影响。

第 5 章　控制语句

编程语言使用控制语句，根据程序的状态变化，来引导程序的执行流程和分支。Java 的程序控制语句分为以下几类：选择语句、迭代语句和跳转语句。选择(selection)语句允许程序根据表达式的输出或变量的状态，选择不同的执行路径。迭代(iteration)语句使程序能重复执行一条或多条语句(即迭代语句形成循环)；跳转(jump)语句使程序能够以非线性的方式执行。本章将解释所有这些 Java 控制语句。

5.1　Java 的选择语句

Java 支持两种选择语句：if 语句和 switch 语句。这些语句允许根据只有在运行期间才知道的条件来控制程序的执行流程。这两种语句非常灵活并且功能强大。

5.1.1　if 语句

在第 2 章就使用过 if 语句，在此对其进行详细介绍。if 语句是 Java 的条件分支语句。可以使用 if 语句通过两个不同的路径来引导程序的执行流程。if 语句的一般形式如下所示：

```
if (condition) statement1;
else statement2;
```

其中，每条语句既可以是单条语句，也可以是位于花括号中的复合语句(即代码块)。condition 是返回布尔值的任何表达式。else 子句是可选的。

if 语句的工作过程如下：如果 *condition* 为 true，就执行 *statement1*；否则执行 *statement2*(如果存在)。不允许两条语句都执行。例如，分析下面的代码段：

```
int a, b;
//...
if(a < b) a = 0;
else b = 0;
```

在此，如果 a 小于 b，就将 a 设置为 0；否则将 b 设置为 0。不会将它们都设置为 0。

最通常的情况是，用于控制 if 语句的表达式会使用关系运算符。然而，从技术上讲，这不是必需的。可以使用单个布尔型变量控制 if 语句，如下面的代码段所示：

```
boolean dataAvailable;
//...
if (dataAvailable)
```

```
    ProcessData();
else
    waitForMoreData();
```

请记住，在 if 和 else 之后只能有一条语句。如果希望包含多条语句，那么需要创建代码块，如下面的代码段所示：

```
int bytesAvailable;
// ...
if (bytesAvailable > 0) {
  ProcessData();
  bytesAvailable -= n;
} else
  waitForMoreData();
```

在此，如果 bytesAvailable 大于 0，那么 if 代码块中的两条语句都将执行。

有些程序员发现，使用 if 语句时使用花括号很方便，即使在每条子句中只有一条语句。使用花括号便于在以后添加其他语句，并且不必担心忘记添加花括号。实际上，在需要时忘记定义代码块是导致错误的常见原因。例如，分析下面的代码段：

```
int bytesAvailable;
// ...
if (bytesAvailable > 0) {
  ProcessData();
  bytesAvailable -= n;
} else
  waitForMoreData();
  bytesAvailable = n;
```

根据缩进情况，看起来是试图在 else 子句中执行语句 "bytesAvailable = n;"。然而，空白符对于 Java 是不重要的，并且编译器无法了解你的意图。上面的代码可以通过编译，但是当运行时，行为是不正确的。下面的代码段是对前面例子的改正：

```
int bytesAvailable;
// ...
if (bytesAvailable > 0) {
  ProcessData();
  bytesAvailable -= n;
} else {
  waitForMoreData();
  bytesAvailable = n;
}
```

1. 嵌套的 if 语句

嵌套的 if 语句是另一个 if 或 else 的目标。在编程中，嵌套的 if 语句非常普遍。当嵌套 if 语句时，需要记住的主要问题是：else 语句总与位于同一代码块中最近(并且还没有 else 子句与之关联)的 if 语句相关联，作为其 else 子句。下面是一个例子：

```
if(i == 10) {
  if(j < 20) a = b;
  if(k > 100) c = d;     // this if is
    else a = c;          // associated with this else
}
else a = d;              // this else refers to if(i == 10)
```

正如注释所说明的，最后的 else 语句不是和 if(j<20)相关联，因为它们不在同一个代码块中，尽管它是最近的没有 else 子句的 if 语句。反而，最后的 else 语句和 if(i==10)相关联。内部的 else 语句和 if(k>100)相关联，因为在同一代码块中，if(k>100)是最近的 if 子句。

2. if-else-if 语句

if-else-if 语句是一种基于一系列嵌套 if 语句的常见编程结构，它的形式如下所示：

```
if(condition)
  statement;
else if(condition)
  statement;
else if(condition)
  statement;
.
.
.
else
  statement;
```

if 语句从上向下执行。一旦某个条件为 true，就会执行与之关联的 if 语句，并略过剩余的语句。如果没有一个条件为 true，就执行最后的 else 语句。最后的 else 语句作为默认条件，也就是说，如果所有其他条件测试都失败，就执行最后的 else 语句。如果没有最后的 else 语句，并且所有其他条件都是 false，就没有动作会发生。

下面的程序使用 if-else-if 语句来判定某个月份属于哪个季节：

```java
// Demonstrate if-else-if statements.
class IfElse {
  public static void main(String args[]) {
    int month = 4; // April
    String season;

    if(month == 12 || month == 1 || month == 2)
      season = "Winter";
    else if(month == 3 || month == 4 || month == 5)
      season = "Spring";
    else if(month == 6 || month == 7 || month == 8)
      season = "Summer";
    else if(month == 9 || month == 10 || month == 11)
      season = "Autumn";
    else
      season = "Bogus Month";

    System.out.println("April is in the " + season + ".");
  }
}
```

下面是该程序生成的输出：

```
April is in the Spring.
```

在继续学习后面的内容之前，你可能希望体验一下该程序。你会发现，不管为 month 提供什么数值，上述代码中都只有一条赋值语句被执行。

5.1.2 switch 语句

switch 语句是 Java 的多分支语句。它为根据一个表达式的值调度执行代码的不同部分提供了一种简单方法。

因此，相对于一系列 if-else-if 语句，switch 语句通常是更好的替代方法。下面是 switch 语句的一般形式：

```
switch (expression) {
  case value1:
     // statement sequence
     break;
  case value2:
     // statement sequence
     break;
.
.
.
  case valueN :
     // statement sequence
     break;
  default:
     // default statement sequence
}
```

对于 JDK 7 以前的 Java 版本，expression 必须是 byte、short、int、char 或枚举类型(枚举类型将在第 12 章中介绍)。从 JDK 7 开始，expression 也可以是 String 类型。在 case 语句中指定的每个数值必须是唯一的常量表达式(例如字面值)。case 值不允许重复。每个数值的类型必须和 expression 的类型兼容。

switch 语句的工作方式为：将表达式的值与 case 语句中的每个值进行比较，如果发现一个匹配，就执行该 case 语句后面的代码；如果没有常量和表达式的值相匹配，就执行 default 语句。然而，default 语句是可选的。如果没有 case 常量能与之匹配，并且没有提供 default 语句，就不会发生进一步的动作。

在 switch 语句中，可使用 break 语句终止语句序列。当遇到 break 语句时，执行过程会进入整个 switch 语句后面的第一行代码。break 语句具有"跳出" switch 语句的效果。

下面是一个使用 switch 语句的例子：

```
// A simple example of the switch.
class SampleSwitch {
  public static void main(String args[]) {
    for(int i=0; i<6; i++)
      switch(i) {
        case 0:
          System.out.println("i is zero.");
          break;
        case 1:
          System.out.println("i is one.");
          break;
        case 2:
          System.out.println("i is two.");
          break;
        case 3:
          System.out.println("i is three.");
          break;
        default:
          System.out.println("i is greater than 3.");
      }
  }
}
```

该程序生成的输出如下所示：

```
i is zero.
```

```
    i is one.
    i is two.
    i is three.
    i is greater than 3.
    i is greater than 3.
```

可以看到，每次进入循环时，都会执行与 i 匹配的 case 常量所关联的语句。所有其他语句都被略过。在 i 大于 3 之后，没有 case 语句与之匹配，所以执行 default 语句。

break 语句是可选的。如果省略了 break 语句，就继续进入下一个 case 分支。有时可能期望使用在 case 语句之间没有 break 语句的多个 case 分支。例如，分析下面的程序：

```java
// In a switch, break statements are optional.
class MissingBreak {
  public static void main(String args[]) {
    for(int i=0; i<12; i++)
      switch(i) {
        case 0:
        case 1:
        case 2:
        case 3:
        case 4:
          System.out.println("i is less than 5");
          break;
        case 5:
        case 6:
        case 7:
        case 8:
        case 9:
          System.out.println("i is less than 10");
          break;
        default:
          System.out.println("i is 10 or more");
      }
  }
}
```

该程序生成的输出如下所示：

```
    i is less than 5
    i is less than 5
    i is less than 5
    i is less than 5
    i is less than 5
    i is less than 10
    i is less than 10
    i is less than 10
    i is less than 10
    i is less than 10
    i is 10 or more
    i is 10 or more
```

可以看出，执行过程会经过每个 case 分支，直到到达 break 语句(或 switch 语句的结尾)。

当然，虽然前面的例子是为进行演示而专门设计的，但在实际程序中，省略break语句仍然有许多实际的应用。为了演示更真实的应用，分析下面经过改写后的季节示例程序，该版本使用switch语句以提供更高效的实现：

```java
// An improved version of the season program.
class Switch {
```

```java
    public static void main(String args[]) {
      int month = 4;
      String season;

      switch (month) {
        case 12:
        case 1:
        case 2:
          season = "Winter";
          break;
        case 3:
        case 4:
        case 5:
          season = "Spring";
          break;
        case 6:
        case 7:
        case 8:
          season = "Summer";
          break;
        case 9:
        case 10:
        case 11:
          season = "Autumn";
          break;
        default:
          season = "Bogus Month";
      }
      System.out.println("April is in the " + season + ".");
    }
}
```

如前所述，从 JDK 7 开始，可使用字符串控制 switch 语句。例如：

```java
// Use a string to control a switch statement.

class StringSwitch {
  public static void main(String args[]) {

    String str = "two";

    switch(str) {
      case "one":
        System.out.println("one");
        break;
      case "two":
        System.out.println("two");
        break;
      case "three":
        System.out.println("three");
        break;
      default:
        System.out.println("no match");
        break;
    }
  }
}
```

如你所愿，该程序的输出如下：

```
two
```

根据 case 常量，测试在 str 中包含的字符串(在这个程序中是 two)。当发现一个匹配时(在第二个 case 中)，就会执行与之关联的代码序列。

由于在 switch 语句中能够使用字符串，因此使得许多情况变得更加容易。例如，使用基于字符串的 switch 语句，相对于使用等价的 if/else 语句系列是一个改进。然而，使用分支时，字符串比整数更耗时。所以，最好是在用于控制分支的数据已经是字符串形式时，才根据字符串进行分支。换句话说，如果不是必需的话，在 switch 语句中不要使用字符串。

嵌套的 switch 语句

可将 switch 语句作为外层 switch 语句序列的一部分，这称为嵌套的 switch 语句。因为 switch 语句定义了自己的代码块，所以内部 switch 语句中的 case 常量和外部 switch 语句中的 case 常量之间不会引起冲突。例如，下面的代码段是完全合法的：

```
switch(count) {
  case 1:
    switch(target) { // nested switch
      case 0:
        System.out.println("target is zero");
        break;
      case 1: // no conflicts with outer switch
        System.out.println("target is one");
        break;
    }
    break;
  case 2: // ...
```

在此，内层 switch 语句中的"case 1:"语句和外层 switch 语句中的"case 1:"语句不会发生冲突。count 变量只和外层级别的 case 列表进行比较。如果 count 的值为 1，就将 target 与内层的 case 列表进行比较。

总之，switch 语句有以下三个重要的特征需要注意：

- switch 语句只能进行相等性测试，这一点与 if 语句不同，if 语句可以对任何类型的布尔表达式进行求值。也就是说，switch 语句只查看表达式的值是否和某个 case 常量相匹配。
- 在同一 switch 语句中，两个 case 常量不允许具有相同的值。当然，switch 语句与包围它的外层 switch 语句可具有相同的 case 常量。
- 相对于一系列嵌套的 if 语句，switch 语句通常效率更高。

最后一点特别有趣，因为通过这一点可以洞悉 Java 编译器的工作原理。当编译 switch 语句时，Java 编译器会检查每个 case 常量，并创建一个"跳转表"，该跳转表用于根据表达式的值选择执行路径。所以，如果需要在许多数值中进行选择，相对于使用一系列 if-else 编写的、在逻辑上等效的代码，switch 语句的运行速度会更快。编译器之所以能够这样，是因为它知道所有 case 常量都具有相同的类型，并且只需要和 switch 表达式比较是否相等。而对于长的 if 表达式列表，编译器并不知道这些情况。

5.2 迭代语句

Java 的迭代语句包括 for、while 以及 do-while 语句。这些语句会创建通常称为循环的效果。我们知道，循环重复执行同一套指令，直到遇到结束条件。在后面将会看到，Java 具有可满足任何编程需求的循环语句。

5.2.1 while 语句

while 循环是 Java 中最基础的循环语句。只要控制表达式的结果为 true，while 循环就重复执行一条语句或代码块。下面是 while 语句的一般形式：

```
while(condition) {
    // body of loop
}
```

condition 可以是任何布尔表达式。只要条件表达式的结果为 true，就会执行循环体；当 *condition* 变为 false 时，程序控制就会转移到紧随循环之后的下一行代码。如果重复执行的语句只有一条，花括号就不是必需的。

下面的 while 循环从 10 开始向下计数，准确地打印 10 行 tick：

```
// Demonstrate the while loop.
class While {
  public static void main(String args[]) {
    int n = 10;

    while(n > 0) {
      System.out.println("tick " + n);
      n--;
    }
  }
}
```

当运行这个程序时，它将"滴答"10 次：

```
tick 10
tick 9
tick 8
tick 7
tick 6
tick 5
tick 4
tick 3
tick 2
tick 1
```

因为 while 循环是在每次循环开始时，对条件表达式进行求值，所以，如果条件一开始就是 false，那么循环体一次都不会执行。例如，在下面的代码段中，永远不会执行对 println()函数的调用：

```
int a = 10, b = 20;

while(a > b)
  System.out.println("This will not be displayed");
```

while 循环或任何其他 Java 循环的循环体可以为空。这是因为在 Java 中，空语句(只包含一个分号的语句)在语法上是合法的。例如，分析下面的程序：

```
// The target of a loop can be empty.
class NoBody {
  public static void main(String args[]) {
    int i, j;

    i = 100;
    j = 200;

    // find midpoint between i and j
```

```
    while(++i < --j); // no body in this loop

    System.out.println("Midpoint is " + i);
  }
}
```

这个程序查找 i 和 j 之间的中间值。该程序生成的输出如下所示:

```
Midpoint is 150
```

该程序的工作原理是：增加 i 的值, 并减小 j 的值, 然后相互比较这些值。如果 i 的新值仍然小于 j 的新值,继续循环; 如果 i 大于等于 j, 停止循环。从循环退出时, i 将包含 i 和 j 原始数值的中间值(当然, 只有当开始时 i 小于 j, 这个过程才能工作)。可以看出, 在这个程序中不需要循环体; 所有动作在条件表达式自身内部发生。在专业编写的 Java 代码中, 当条件表达式能够处理所有细节时, 会经常采用没有循环体的短循环。

5.2.2 do-while 语句

如前所述, 如果控制 while 循环的条件表达式的结果最初为 false, 循环体就不会被执行。然而, 有时希望至少执行一次循环体, 即使条件表达式的结果最初为 false。换句话说, 有时可能喜欢在循环的末端, 而不是在开始时测试终止表达式。幸运的是, Java 提供了这样一种循环, 即 do-while 循环。do-while 循环总是至少执行循环体一次, 因为它的条件表达式位于循环底部。它的一般形式如下:

```
do {
  // body of loop
} while (condition);
```

do-while 循环的每次迭代都会首先执行循环体, 然后对条件表达式进行求值。如果条件表达式的求值结果为 true, 就继续执行循环; 否则终止循环。与所有 Java 循环一样, condition 必须是布尔表达式。

下面是经过改版的"滴答"程序, 用来演示 do-while 循环。该程序生成的输出与改版之前的相同。

```
// Demonstrate the do-while loop.
class DoWhile {
  public static void main(String args[]) {
    int n = 10;

    do {
      System.out.println("tick " + n);
      n--;
    } while(n > 0);
  }
}
```

对于上面程序中的循环, 虽然从技术上说是正确的, 但可改写为如下更简洁的形式:

```
do {
  System.out.println("tick " + n);
} while(--n > 0);
```

在这个例子中, 表达式(--n>0)将 n 的递减操作和测试 n 是否大于 0 的操作组合到一个表达式中。下面是其工作原理: 首先, 执行--n 操作, 递减 n 并返回 n 的新值; 然后将该值与 0 进行比较。如果值大于 0, 就继续循环; 否则终止循环。

当处理菜单选项时, do-while 循环特别有用, 因为通常希望菜单循环的循环体至少执行一次。分析下面的程序, 该程序实现了一个非常简单的, 关于 Java 选择语句和迭代语句的帮助系统:

```
// Using a do-while to process a menu selection
class Menu {
```

```java
  public static void main(String args[])
    throws java.io.IOException {
    char choice;

    do {
      System.out.println("Help on: ");
      System.out.println("  1. if");
      System.out.println("  2. switch");
      System.out.println("  3. while");
      System.out.println("  4. do-while");
      System.out.println("  5. for\n");
      System.out.println("Choose one:");
      choice = (char) System.in.read();
    } while( choice < '1' || choice > '5');

    System.out.println("\n");

    switch(choice) {
      case '1':
        System.out.println("The if:\n");
        System.out.println("if(condition) statement;");
        System.out.println("else statement;");
        break;
      case '2':
        System.out.println("The switch:\n");
        System.out.println("switch(expression) {");
        System.out.println("  case constant:");
        System.out.println("    statement sequence");
        System.out.println("    break;");
        System.out.println("  //...");
        System.out.println("}");
        break;
      case '3':
        System.out.println("The while:\n");
        System.out.println("while(condition) statement;");
        break;
      case '4':
        System.out.println("The do-while:\n");
        System.out.println("do {");
        System.out.println("  statement;");
        System.out.println("} while (condition);");
        break;
      case '5':
        System.out.println("The for:\n");
        System.out.print("for(init; condition; iteration)");
        System.out.println(" statement;");
        break;
    }
  }
}
```

下面是该程序的一次运行示例:

```
Help on:
  1. if
  2. switch
  3. while
```

```
   4. do-while
   5. for
Choose one:
4
The do-while:
do {
  statement;
} while (condition);
```

在这个程序中,使用 do-while 循环检验用户是否输入了一个有效的选择。如果输入的选择无效,将再次提示用户进行输入。因为菜单必须至少显示一次,所以 do-while 循环是完成这一任务的完美选择。

关于该程序的其他几点说明:注意字符是通过调用 System.in.read()函数从键盘读入的,这是 Java 的一个控制台输入函数。尽管直到第 13 章才会讨论 Java 的控制台 I/O 方法,但在此还是使用 System.in.read()函数获取用户的选择。该函数从标准输入读取字符(作为整数返回,这就是将返回值强制转换为 char 类型的原因)。默认情况下,标准输入是按行缓存的,因此只有在按下 Enter 键后,键入的任何字符才会被发送给程序。

使用 Java 的控制台输入可能有点笨拙。此外,大多数真实的 Java 程序都使用图形化用户界面(GUI)。因此,本书中没有大量使用控制台输入。然而,它对于这个示例控制台输入是有用的。需要考虑的另一点是:因为使用 System.in.read()函数,所以程序必须提供 throws.java.io.IOException 子句。为了处理输入错误,该行是必需的。它是 Java 异常处理功能的一部分,有关异常处理的内容将在第 10 章介绍。

5.2.3 for 语句

在第 2 章就介绍过简单的 for 循环。如后面所示,for 循环是一种强大且通用的结构。

Java 有两种形式的 for 循环。第一种是自从 Java 的最初版本就使用的传统形式,第二种是 JDK 5 中新增的 for-each 形式。for 循环的这两种类型在此都将讨论,首先讨论传统形式。

下面是传统 for 语句的一般形式:

```
for(initialization; condition; iteration) {
  // body
}
```

如果只是重复执行一条语句,就不需要使用花括号。

for 循环的执行过程如下:当第一次开始循环时,执行循环的 *initialization* 部分。通常该部分是一个设置循环控制变量的表达式,循环控制变量作为控制循环的计数器。初始化表达式只执行一次,理解这一点很重要。接下来对 *condition* 进行求值。该部分必须是布尔表达式,通常根据目标值来测试循环控制变量。如果这个表达式的结果为 true,就执行循环体;如果这个表达式的结果为 false,就终止循环。然后执行循环的 *iteration* 部分。该部分通常是一个递增或递减循环控制变量的表达式。最后迭代循环,对于每次迭代,首先计算条件表达式的值,然后执行循环体,接下来执行迭代表达式。这个过程一直重复执行,直到控制表达式的结果为 false。

下面是"滴答"程序的另一个版本,该版本使用了 for 循环:

```
// Demonstrate the for loop.
class ForTick {
  public static void main(String args[]) {
    int n;

    for(n=10; n>0; n--)
      System.out.println("tick " + n);
  }
}
```

1. 在 for 循环内部声明循环控制变量

for 循环控制变量通常只用于控制循环，在其他地方不使用。如果控制变量确实只用于控制循环，那么可在 for 语句的初始化部分声明该变量。例如，下面的程序对前面的程序进行了改写，在 for 循环内部将循环控制变量 n 声明为 int 类型：

```java
// Declare a loop control variable inside the for.
class ForTick {
  public static void main(String args[]) {

    // here, n is declared inside of the for loop
    for(int n=10; n>0; n--)
      System.out.println("tick " + n);
  }
}
```

当在 for 循环内部声明变量时，需要记住的重要一点是：当 for 语句结束时，变量的作用域也随之结束。也就是说，变量的作用域局限于 for 循环。在 for 循环之外，变量将不再存在。如果需要在程序的其他地方使用循环控制变量，就不能在 for 循环内部声明它。

如果其他地方不需要循环控制变量，大多数 Java 程序员会在 for 循环内部进行声明，例如下面的程序用来测试素数。注意循环控制变量 i 是在 for 循环内部声明的，因为在其他地方不需要使用该变量。

```java
// Test for primes.
class FindPrime {
  public static void main(String args[]) {
    int num;
    boolean isPrime;

    num = 14;

    if(num < 2) isPrime = false;
    else isPrime = true;

    for(int i=2; i <= num/i; i++) {
      if((num % i) == 0) {
        isPrime = false;
        break;
      }
    }

    if(isPrime) System.out.println("Prime");
    else System.out.println("Not Prime");
  }
}
```

2. 使用逗号

有时可能希望在 for 循环的初始化部分和迭代部分包含多条语句。例如，分析下面程序中的循环：

```java
class Sample {
  public static void main(String args[]) {
    int a, b;

    b = 4;
    for(a=1; a<b; a++) {
      System.out.println("a = " + a);
```

```
      System.out.println("b = " + b);
      b--;
    }
  }
}
```

可以看出，循环由两个变量的相互作用来加以控制。因为循环由两个变量控制，所以，如果在 for 语句中包含这两个变量，而不是手动处理 b，将会是有用的。幸运的是，Java 提供了完成这一任务的方式。为允许使用两个或多个变量控制 for 循环，Java 允许在 for 循环的初始化部分和迭代部分包含多条语句。每条语句和后面的语句使用逗号隔开。

使用逗号，可采用更高效的方式编写前面的 for 循环，如下所示：

```
// Using the comma.
class Comma {
  public static void main(String args[]) {
    int a, b;

    for(a=1, b=4; a<b; a++, b--) {
      System.out.println("a = " + a);
      System.out.println("b = " + b);
    }
  }
}
```

在这个例子中，初始化部分设置 a 和 b 的值。每次循环重复时，会执行迭代部分中由逗号分隔开的两条语句。程序生成的输出如下所示：

```
a = 1
b = 4
a = 2
b = 3
```

3. for 循环的一些版本

for 循环支持许多版本，这些版本可以增强其功能和可应用性。for 循环如此灵活的原因是，它的三个组成部分(初始化部分、条件测试部分以及迭代部分)并非只能用于它们的原始目的。实际上，for 语句的这三个部分可用于你所期望的任何其他目的。下面看几个例子。

最常见的一个版本涉及条件表达式。特别是，这个表达式不需要根据一些目标值来测试循环控制变量。实际上，控制 for 循环的条件可以是任何布尔表达式。例如，分析下面的代码段：

```
boolean done = false;

for(int i=1; !done; i++) {
  // ...
  if(interrupted()) done = true;
}
```

在这个例子中，for 循环不断运行，直到将布尔变量 done 设置为 true。在此没有测试变量 i 的值。

下面是另一个有趣的 for 循环版本。如下面的程序所示，无论是初始化部分还是迭代部分，都可以省略：

```
// Parts of the for loop can be empty.
class ForVar {
  public static void main(String args[]) {
    int i;
    boolean done = false;
```

```
    i = 0;
    for( ; !done; ) {
      System.out.println("i is " + i);
      if(i == 10) done = true;
      i++;
    }
  }
}
```

在此，省略了 for 循环的初始化部分和迭代部分。因此，for 循环的某些部分是空的。在这个简单例子中这么做没有价值，实际上，这被认为是很差的编程方式，不过有时这种方式是有意义的。例如，如果初始化部分由位于程序其他地方的复杂表达式设置，或者循环控制变量以由循环体中所发生动作决定的非连续方式发生变化，对于这些情况，省略 for 循环的这些部分可能是合适的。

下面是 for 循环的另一个版本。如果将 for 循环的三个部分都设置为空，可以有意地创建一个无限循环(永远不会终止的循环)。例如：

```
for( ; ; ) {
  // ...
}
```

该循环会一直运行，因为不存在可以使循环终止的条件。尽管某些程序，例如操作系统的命令处理程序，需要使用无限循环，但是大部分"无限循环"实际上只是具有特殊终止需求的循环。很快就会看到，有一种可以终止循环的方式，即使是类似上面显示的无限循环——那些不使用常规循环条件表达式的循环。

5.2.4 for 循环的 for-each 版本

for 循环的第二种形式是 for-each 风格的循环。你可能知道，现代语言理论已经接受 for-each 概念，并且很快变成程序员期待的一个标准特性。for-each 风格的循环被设计为以严格的顺序方式，从头到尾循环遍历一个对象集合，例如数组。Java 中 for-each 风格的 for 循环也称为增强的 for 循环。

for 循环的 for-each 版本的一般形式如下所示：

`for(type itr-var : collection) statement-block`

在此，*type* 指定了类型，*itr-var* 指定了迭代变量的名称，迭代变量用于接收来自集合的元素，从开始到结束，每次接收一个。*collection* 指定了要遍历的集合。有多种类型的集合可用于 for 循环，但是在本章只使用一种类型——数组(其他可以用于 for 循环的集合类型，例如那些由集合框架定义的集合类型，将在本书后面讨论)。对于循环的每次迭代，会检索出集合中的下一个元素，并存储在 *itr-var* 中。循环会重复执行，直到得到集合中的所有元素。

因为迭代变量接收来自集合的值，所以迭代变量的类型必须和集合中保存的元素的类型相同(或兼容)。因此，当对数组进行迭代时，迭代变量的类型必须和数组元素的类型兼容。

为理解 for-each 风格的 for 循环背后的动机，考虑可设计用于替换的 for 循环类型。下面的代码段使用传统的 for 循环计算一个数组中数值的总和：

```
int nums[] = { 1, 2, 3, 4, 5, 6, 7, 8, 9, 10 };
int sum = 0;

for(int i=0; i < 10; i++) sum += nums[i];
```

为了计算总和，需要从头到尾读取 nums 数组中的每个元素。因此，应严格按顺序读取整个数组。这是通过使用循环控制变量 i，手动索引 nums 数组实现的。

for-each 风格的循环自动推进循环。特别是，它不需要建立循环计数器，指定开始和结束值，也不需要手动索引数组。反而,它自动遍历整个数组,从头到尾每次按顺序获取一个元素。例如,下面是使用 for-each 风格的 for 循环,对前面的代码段进行改写后的代码:

```
int nums[] = { 1, 2, 3, 4, 5, 6, 7, 8, 9, 10 };
int sum = 0;

for(int x: nums) sum += x;
```

对于每次遍历,自动为 x 提供一个数值,该数值等于 nums 中下一个元素的值。因此,对于第一次迭代,x 包含 1;对于第二次迭代,x 包含 2;等等。不但语法很简洁,而且可以防止边界错误。

下面是演示刚才描述的 for-each 版本的 for 循环的完整程序:

```
// Use a for-each style for loop.
class ForEach {
  public static void main(String args[]) {
    int nums[] = { 1, 2, 3, 4, 5, 6, 7, 8, 9, 10 };
    int sum = 0;

    // use for-each style for to display and sum the values
    for(int x : nums) {
      System.out.println("Value is: " + x);
      sum += x;
    }

    System.out.println("Summation: " + sum);
  }
}
```

该程序的输出如下所示:

```
Value is: 1
Value is: 2
Value is: 3
Value is: 4
Value is: 5
Value is: 6
Value is: 7
Value is: 8
Value is: 9
Value is: 10
Summation: 55
```

如输出所示,for-each 风格的 for 循环自动按顺序,从最低索引到最高索引遍历整个数组。

尽管 for-each 风格的 for 循环会对数组一直进行迭代,直到数组中的所有元素都被检查过,但可使用 break 语句提前终止循环。例如,下面的程序只计算 nums 数组中前 5 个元素的和:

```
// Use break with a for-each style for.
class ForEach2 {
  public static void main(String args[]) {
    int sum = 0;
    int nums[] = { 1, 2, 3, 4, 5, 6, 7, 8, 9, 10 };

    // use for to display and sum the values
    for(int x : nums) {
      System.out.println("Value is: " + x);
      sum += x;
      if(x == 5) break; // stop the loop when 5 is obtained
```

```
    }
    System.out.println("Summation of first 5 elements: " + sum);
  }
}
```

下面是该程序生成的输出：

```
Value is: 1
Value is: 2
Value is: 3
Value is: 4
Value is: 5
Summation of first 5 elements: 15
```

显然，在获取了第 5 个元素之后循环就结束了。break 语句也可以用于 Java 的其他循环语句，本章后面会详细讨论 break 语句。

关于 for-each 风格的 for 循环，有重要的一点需要说明：迭代变量是"只读的"，因为迭代变量与底层的数组关联在一起。对迭代变量的一次赋值不会影响底层的数组。换句话说，不能通过为迭代变量指定一个新值来改变数组的内容。例如，分析下面这个程序：

```
// The for-each loop is essentially read-only.
class NoChange {
  public static void main(String args[]) {
    int nums[] = { 1, 2, 3, 4, 5, 6, 7, 8, 9, 10 };

    for(int x: nums) {
      System.out.print(x + " ");
      x = x * 10; // no effect on nums
    }

    System.out.println();

    for(int x : nums)
      System.out.print(x + " ");

    System.out.println();
  }
}
```

第一个 for 循环通过系数 10 增加迭代变量的值。然而，这个赋值操作对底层的数组 nums 没有效果，如第二个 for 循环所示。下面显示的输出证明了这一点：

```
1 2 3 4 5 6 7 8 9 10
1 2 3 4 5 6 7 8 9 10
```

1. 对多维数组进行迭代

for 循环的增强版也可以用于多维数组。但请记住，在 Java 中，多维数组是由数组的数组构成的(例如二维数组是一维数组的数组)。当对多维数组进行迭代时，这一点很重要，因为每次迭代获得的是下一个数组，而不是单个元素。此外，for 循环中的迭代变量必须和获取的数组类型兼容。例如，对于二维数组，迭代变量必须是对一维数组的引用。一般而言，当使用 for-each 风格的 for 循环迭代 N 维数组时，获得的对象是 N-1 维数组。为了理解这个过程的实现原理，考虑下面的程序。该程序使用嵌套的 for 循环逐行获取二维数组中的每个元素，从第一行到最后一行。

```
// Use for-each style for on a two-dimensional array.
```

```java
class ForEach3 {
  public static void main(String args[]) {
    int sum = 0;
    int nums[][] = new int[3][5];

    // give nums some values
    for(int i = 0; i < 3; i++)
      for(int j = 0; j < 5; j++)
        nums[i][j] = (i+1)*(j+1);

    // use for-each for to display and sum the values
    for(int x[] : nums) {
      for(int y : x) {
        System.out.println("Value is: " + y);
        sum += y;
      }
    }
    System.out.println("Summation: " + sum);
  }
}
```

该程序的输出如下所示：

```
Value is: 1
Value is: 2
Value is: 3
Value is: 4
Value is: 5
Value is: 2
Value is: 4
Value is: 6
Value is: 8
Value is: 10
Value is: 3
Value is: 6
Value is: 9
Value is: 12
Value is: 15
Summation: 90
```

在这个程序中，应特别注意下面这行代码：

`for(int x[]: nums) {`

注意声明 x 的方式，它是对一维整数数组的引用。这是必需的，因为 for 循环的每次迭代都将获取 nums 中的下一个数组，从 nums[0] 指定的数组开始。然后内部的 for 循环遍历这些数组中的每个数组，显示其中每个元素的值。

2. 应用增强的 for 循环

因为 for-each 风格的 for 循环按顺序从头到尾遍历数组，所以你可能认为其用处是有限的，但情况并非如此。许多算法恰恰需要这种机制。最常见的情况之一就是搜索。例如，下面的程序使用 for 循环，在一个未经排序的数组中查找一个值。如果找到该值，就结束循环。

```java
// Search an array using for-each style for.
class Search {
  public static void main(String args[]) {
```

```
    int nums[] = { 6, 8, 3, 7, 5, 6, 1, 4 };
    int val = 5;
    boolean found = false;

    // use for-each style for to search nums for val
    for(int x : nums) {
      if(x == val) {
        found = true;
        break;
      }
    }

    if(found)
      System.out.println("Value found!");
  }
}
```

在这个程序中,for-each 风格的 for 循环是很优秀的选择,因为对未排序的数组进行搜索,需要按顺序检查每个元素(当然,如果数组已经排过序,可以使用二分检索法,这需要不同风格的循环)。得益于 for-each 风格循环的其他应用包括计算集合的平均值,查找集合的最小值或最大值,查找重复值等。

尽管在本章的示例程序中使用的是数组,但是当操作由集合框架定义的集合时,for-each 风格的 for 循环特别有用,集合框架将在本书的第 II 部分介绍。更一般的情况是,for 循环可遍历任何对象集合中的元素,只要集合满足特定的一套约束即可,这部分内容将在第 19 章介绍。

5.2.5 for 循环中的局部变量类型推断

正如第 3 章所述,JDK 10 引入一个称为局部变量类型推断的特性,它允许从初始化器的类型中推断局部变量的类型。要使用局部变量类型推断,必须将变量的类型指定为 var,并且必须初始化该变量。在传统 for 循环中声明和初始化循环控制变量时,或在 for-each 风格的 for 循环中指定迭代变量时,可在 for 循环中使用局部变量类型推断。以下程序展示了每种情况的一个例子:

```
// Use type inference in a for loop.
class TypeInferenceInFor {
  public static void main(String args[]) {

    // Use type inference with the loop control variable.
    System.out.print("Values of x: ");
    for(var x = 2.5; x < 100.0; x = x * 2)
      System.out.print(x + " ");

    System.out.println();

    // Use type inference with the iteration variable.
    int[] nums = { 1, 2, 3, 4, 5, 6};
    System.out.print("Values in nums array: ");
    for(var v : nums)
      System.out.print(v + " ");

    System.out.println();
  }
}
```

输出如下所示:

```
Values of x: 2.5 5.0 10.0 20.0 40.0 80.0
```

```
Values in nums array: 1 2 3 4 5 6
```

在这个示例中，如下代码中的循环控制变量 x 的类型推断为 double，因为这是其初始化器的类型：

```
for(var x = 2.5; x < 100.0; x = x * 2)
```

迭代变量 v 的类型推断为 int，因为这是数组 nums 的元素类型。

```
for(var v : nums)
```

最后一点：因为许多读者在 JCK-10 之前的环境中工作，所以本书其余部分的 for 循环将不会使用局部变量类型推断。当然，对于编写的新代码，应该考虑使用它。

5.2.6 嵌套的循环

与所有其他编程语言一样，Java 允许嵌套循环。也就是说，一个循环可位于另一个循环的内部。例如，下面的程序嵌套了 for 循环：

```
// Loops may be nested.
class Nested {
  public static void main(String args[]) {
    int i, j;

    for(i=0; i<10; i++) {
      for(j=i; j<10; j++)
        System.out.print(".");
      System.out.println();
    }
  }
}
```

这个程序生成的输出如下所示：

```
..........
.........
........
.......
......
.....
....
...
..
.
```

5.3 跳转语句

Java 支持三种跳转语句：break 语句、continue 语句和 return 语句。这些语句将控制转移到程序的其他部分。在此将介绍这三种跳转语句。

> **注意：**
> 除了在此讨论的跳转语句外，Java 还支持另一种可以改变程序执行流程的方式——通过异常处理。异常处理提供一种结构化方式，来捕捉运行时错误并通过程序对其进行处理。异常处理是由 try、catch、throw、throws 以及 finally 关键字支持的。本质上，异常处理机制允许程序执行非本地的分支。因为异常处理是一个很宽泛的主题，所以将单独安排一章(第 10 章)进行讨论。

5.3.1 使用 break 语句

在 Java 中,break 语句有三种用途。第一种用途你已经见过了,用于终止 switch 语句中的语句序列;第二种用途用于退出循环;第三种用途是用作 goto 语句的"文明"形式。在此介绍后两种用途。

1. 使用 break 语句退出循环

使用 break 语句可以强制立即终止循环,绕过条件表达式和循环体中剩余的所有代码。当在循环中遇到 break 语句时,循环会终止,并且程序控制会转到循环后的下一条语句。下面是一个简单例子:

```java
// Using break to exit a loop.
class BreakLoop {
  public static void main(String args[]) {
    for(int i=0; i<100; i++) {
      if(i == 10) break; // terminate loop if i is 10
      System.out.println("i: " + i);
    }
    System.out.println("Loop complete.");
  }
}
```

该程序生成的输出如下所示:

```
i: 0
i: 1
i: 2
i: 3
i: 4
i: 5
i: 6
i: 7
i: 8
i: 9
Loop complete.
```

可以看出,尽管 for 循环设置为从 0 运行至 99,但是当 i 等于 10 时,break 语句提前终止了 for 循环。

可在所有 Java 循环中使用 break 语句,包括有意设计的无限循环。例如,下面是上述程序的另一个版本,该版本使用 while 循环。该版本的输出和刚才显示的完全相同。

```java
// Using break to exit a while loop.
class BreakLoop2 {
  public static void main(String args[]) {
    int i = 0;

    while(i < 100) {
      if(i == 10) break; // terminate loop if i is 10
      System.out.println("i: " + i);
      i++;
    }
    System.out.println("Loop complete.");
  }
}
```

如果在一系列嵌套的循环中使用 break 语句,那么 break 语句只中断最内层的循环。例如:

```java
// Using break with nested loops.
class BreakLoop3 {
  public static void main(String args[]) {
```

```
    for(int i=0; i<3; i++) {
      System.out.print("Pass " + i + ": ");
      for(int j=0; j<100; j++) {
        if(j == 10) break; // terminate loop if j is 10
        System.out.print(j + " ");
      }
      System.out.println();
    }
    System.out.println("Loops complete.");
  }
}
```

该程序生成的输出如下所示:

```
Pass 0: 0 1 2 3 4 5 6 7 8 9
Pass 1: 0 1 2 3 4 5 6 7 8 9
Pass 2: 0 1 2 3 4 5 6 7 8 9
Loops complete.
```

可以看出，内层循环中的 break 语句只会导致内层循环终止，对外层循环没有影响。

下面是关于 break 语句需要牢记的另外两点。首先，在一个循环中可以出现多条 break 语句。但是请小心，过多的 break 语句可能会破坏代码的结构。其次，在某条 switch 语句中使用的 break 语句，只会影响该 switch 语句，不会结束任何外层循环。

> **请记住:**
> break 语句的设计初衷并不是提供一种终止循环的正常手段，终止循环是条件表达式的目标。只有当发生某些特殊情况时，才应当使用 break 语句取消循环。

2. 使用 break 语句作为 goto 语句的一种形式

除了用于 switch 语句和循环外，break 语句还可用于提供 goto 语句的一种"文明"形式。Java 没有提供 goto 语句，因为 goto 语句可随意进入另一个程序分支，并且是一种非结构化的方法。使用 goto 语句会使代码难于理解和维护，还会妨碍特定的编译器优化。然而，某些情况下，goto 语句对于流程控制很有价值并且结构合法。例如，当退出深度嵌套的一系列循环时，goto 语句是很有用的。为了处理这种情况，Java 定义了 break 语句的一种扩展形式。例如，通过使用这种形式的 break 语句，可以中断一个或多个代码块。这些代码块不必是某个循环或 switch 语句的一部分，它们可以是任何代码块。此外，可以精确指定准备在什么位置继续执行，因为这种形式的 break 语句使用标签进行工作。如后面所述，break 语句提供了 goto 语句的优点，而没有 goto 语句存在的问题。

使用带有标签的 break 语句的一般形式如下所示:

`break` *label*;

最常见的情况是，*label* 是标识一个代码块的标签的名称。它既可以是一个独立的代码块，也可以是作为另一条语句的目标的代码块。当执行这种形式的 break 语句时，程序的执行控制会跳出由标签命名的代码块。具有标签的代码块必须包含 break 语句，但是不必立即包含 break 语句。这意味着可以使用带有标签的 break 语句退出一系列嵌套的代码，但是不能使用 break 语句将控制转移出没有包含 break 语句的代码块。

为命名代码块，可在代码块之前放置一个标签。标签可以是任何合法的 Java 标识符，后面跟随一个冒号。一旦命名代码块，就可以使用命名标签作为 break 语句的目标。这样，就可以在标识的代码块的末端恢复执行。例如，下面的程序显示了三个嵌套的代码块，每个代码块都有一个标签。break 语句导致执行向前跳跃，跳至使用 second 标签的代码块的末端，从而略过了两条 println()语句。

```
// Using break as a civilized form of goto.
class Break {
```

```
  public static void main(String args[]) {
    boolean t = true;

    first: {
      second: {
        third: {
          System.out.println("Before the break.");
          if(t) break second; // break out of second block
          System.out.println("This won't execute");
        }
        System.out.println("This won't execute");
      }
      System.out.println("This is after second block.");
    }
  }
}
```

运行该程序，会生成如下输出：

```
Before the break.
This is after second block.
```

带有标签的 break 语句的最常见用途之一是退出嵌套的循环。例如在下面的程序中，外层循环只执行一次：

```
// Using break to exit from nested loops
class BreakLoop4 {
  public static void main(String args[]) {
    outer: for(int i=0; i<3; i++) {
      System.out.print("Pass " + i + ": ");
      for(int j=0; j<100; j++) {
        if(j == 10) break outer; // exit both loops
        System.out.print(j + " ");
      }
      System.out.println("This will not print");
    }
    System.out.println("Loops complete.");
  }
}
```

该程序生成的输出如下所示：

```
Pass 0: 0 1 2 3 4 5 6 7 8 9 Loops complete.
```

可以看出，当内层循环中断外层循环时，两个循环都终止了。注意，这个例子为 for 语句添加了标签，有一个代码块作为该 for 语句的目标。

要牢记，程序的执行控制不能跳至为没有包含 break 语句的代码块定义的标签。例如下面的程序是无效的，不能通过编译：

```
// This program contains an error.
class BreakErr {
  public static void main(String args[]) {

    one: for(int i=0; i<3; i++) {
      System.out.print("Pass " + i + ": ");
    }

    for(int j=0; j<100; j++) {
      if(j == 10) break one; // WRONG
```

```
      System.out.print(j + " ");
    }
  }
}
```

因为具有标签 one 的循环没有包含 break 语句,所以不能从该代码块中转移出程序的执行控制。

5.3.2 使用 continue 语句

有时,提前终止循环的一次迭代是有用的。也就是说,可能希望继续运行循环,但是停止处理循环体中本次迭代的剩余代码。从效果上看,就是跳过循环体,到达循环的末端,而 continue 语句可以执行这种操作。在 while 和 do-while 循环中,continue 语句导致程序的执行控制被直接转移到控制循环的条件表达式。在 for 循环中,程序的执行控制首先进入 for 语句的迭代部分,然后到达条件表达式。对于所有这三种循环,任何中间代码都会被忽略。

下面的示例程序使用 continue 语句,在每行上打印两个数字:

```
// Demonstrate continue.
class Continue {
  public static void main(String args[]) {
    for(int i=0; i<10; i++) {
      System.out.print(i + " ");
      if (i%2 == 0) continue;
      System.out.println("");
    }
  }
}
```

上面的代码使用%运算符检查 i 是否是偶数。如果 i 是偶数,就继续进行循环,不打印新行。下面是这个程序的输出:

```
0 1
2 3
4 5
6 7
8 9
```

与 break 语句一样,continue 语句也可以指定一个标签,描述继续执行哪个包含它的循环。下面这个使用了 continue 语句的示例程序,可以打印 0 到 9 的三角乘法表:

```
// Using continue with a label.
class ContinueLabel {
  public static void main(String args[]) {
outer: for (int i=0; i<10; i++) {
      for(int j=0; j<10; j++) {
        if(j > i) {
          System.out.println();
          continue outer;
        }
        System.out.print(" " + (i * j));
      }
    }
    System.out.println();
  }
}
```

在这个例子中的 continue 语句,终止由 j 进行计数的循环,并继续执行由 i 进行计数的循环的下一次迭代。下

面是这个程序的输出:

```
0
0 1
0 2 4
0 3 6 9
0 4 8 12 16
0 5 10 15 20 25
0 6 12 18 24 30 36
0 7 14 21 28 35 42 49
0 8 16 24 32 40 48 56 64
0 9 18 27 36 45 54 63 72 81
```

对于 continue 语句，好的应用比较少。原因是 Java 提供了丰富的循环语句，这些循环语句适用于大多数应用。然而，对于那些需要提前结束迭代的特殊情况，continue 语句提供了完成这一任务的结构化方法。

5.3.3　return 语句

最后一种控制语句是 return 语句，return 语句表示要显式地从方法返回。也就是说，return 语句导致程序的执行控制转移给方法的调用者。因此，它被归类到跳转语句。尽管要等到第 6 章讨论了方法后，才能对 return 语句进行完整的讨论，但是在此先对 return 进行简要介绍。

在方法中，任何时候都可以使用 return 语句将执行控制转移到方法的调用者。因此，return 语句会立即终止执行该语句的方法。下面的例子演示了这一点。在此，return 语句将执行控制转移给 Java 运行时系统，因为 main() 方法是由运行时系统调用的:

```java
// Demonstrate return.
class Return {
  public static void main(String args[]) {
    boolean t = true;

    System.out.println("Before the return.");

    if(t) return; // return to caller

    System.out.println("This won't execute.");
  }
}
```

该程序的输出如下所示:

`Before the return.`

可以看出，没有执行最后的 println() 语句。只要执行 return 语句，执行控制就会传递给调用者。

最后注意一点: 在前面的程序中，if(t) 语句是必需的。如果没有该语句，Java 编译器会发出 unreachable code 错误，因为编译器知道最后的 println() 语句永远不会执行。为完成上面的演示，需要防止这个错误发生，在此使用 if 语句欺骗编译器以达到这一目的。

第 6 章　类

类在 Java 中处于核心地位。类定义了对象的外形和属性，它是一种逻辑结构，整个 Java 语言基于类而构建。因此，类形成了 Java 中面向对象编程的基础。你希望在 Java 程序中实现的任何概念，都必须封装到类中。

因为对于 Java 而言，类是非常基础的内容，所以本章和后续的数章都专门介绍类的相关内容。本章将介绍类的基本元素，并学习如何使用类创建对象。在本章还将学习方法、构造函数以及 this 关键字的相关内容。

6.1　类的基础知识

从本书的一开始就用到了类，然而直到现在，本书只展示了类的最基本形式。在前面几章创建的类，它们的主要目的仅仅是封装 main() 方法，以演示 Java 语法的基础知识。你将会看到，类具有的功能比到目前为止看到的强大得多。

也许理解类最重要的一点是，类定义了一种新的数据类型。一旦定义一个类，就可以使用这种新的类型创建该类型的对象。因此，类是对象的模板(template)，对象是类的实例(instance)。因为对象是类的实例，所以经常会看到交换使用"对象"和"实例"这两个词。

6.1.1　类的一般形式

定义类时，需要声明它的准确形式和属性。这是通过指定类包含的数据，以及对这些数据进行操作的代码完成的。虽然非常简单的类可能只包含代码，或者只包含数据，但大多数现实中的类会同时包含这两者。在后面将会看到，类的代码定义了类中所包含数据的接口。

类通过 class 关键字声明。到目前为止使用过的类，实际上是对其完整形式进行了很大简化之后的例子。类可以变得更加复杂(通常也的确如此)。下面是简化之后的类定义的一般形式：

```
class classname {
  type instance-variable1;
  type instance-variable2;
  // ...
  type instance-variableN;

  type methodname1(parameter-list) {
    // body of method
  }
  type methodname2(parameter-list) {
    // body of method
```

```
    }
    // ...
    type methodnameN(parameter-list) {
        // body of method
    }
}
```

在类中定义的数据或变量称为实例变量(instance variable)，代码包含在方法(method)中。在类中定义的方法和变量都称为类的成员。在大多数类中，实例变量由该类定义的方法进行操作和访问。因此，作为一般规则，方法决定了类中数据的使用方式。

在类中定义的变量之所以称为实例变量，是因为类的每个实例(即类的每个对象)都包含这些变量的副本。因此，相对于其他对象的数据，每个对象的数据是独立的、唯一的。稍后将介绍这一点，但这是一个需要提早学习的重要概念。

所有方法的一般形式都与 main()方法相同，到目前为止我们一直在使用 main()方法。然而，大多数方法不会指定为 static 或 public。注意在类的一般形式中，没有指定 main()方法。Java 类不需要有 main()方法。如果某个类是程序的入口点，那么只需要为该类指定 main()方法。此外，某些类型的 Java 应用程序根本不需要 main()方法。

6.1.2 一个简单的类

让我们从一个简单的类开始对类的研究。下面是一个名为 Box 的类，该类定义了三个实例变量：width、height 和 depth。目前，Box 类没有包含任何方法(不过很快就会为其添加)。

```
class Box {
  double width;
  double height;
  double depth;
}
```

如前所述，类定义了一种新的数据类型。在这个例子中，新的数据类型称为 Box。下面使用这个名称声明 Box 类型的对象。类的声明仅创建了一个模板，它没有创建实际的对象，记住这一点很重要。因此，前面的代码没有创建 Box 类型的任何对象。

为实际创建一个 Box 对象，需要使用类似下面的语句：

```
Box mybox = new Box(); // create a Box object called mybox
```

执行这条语句后，mybox 就变成 Box 类的一个实例。因此，它在"物理上"是真实存在的。现在，不必担心这条语句的细节。

如前所述，每次创建类的实例时，就创建了包含由这个类定义的每个实例变量副本的对象。因此，每个 Box 对象都包含它自己的实例变量(width、height 和 depth)的副本。为了访问这些变量，需要使用点(.)运算符。点运算符将对象的名称和实例变量的名称链接在一起。例如，为了将 mybox 的 width 变量赋值为 100，需要使用下面的语句：

```
mybox.width = 100;
```

这条语句告诉编译器，将 mybox 对象中包含的 width 变量的副本赋值为 100。通常，可以使用点运算符访问对象中的实例变量和方法。另外，尽管通常将点称为运算符，但是 Java 的正式规范将"."作为分隔符。然而，"点运算符"这一术语使用得非常广泛，所以本书中也使用该术语。

下面是使用 Box 类的完整程序:

```java
/* A program that uses the Box class.

   Call this file BoxDemo.java
*/
class Box {
  double width;
  double height;
  double depth;
}

// This class declares an object of type Box.
class BoxDemo {
  public static void main(String args[]) {
    Box mybox = new Box();
    double vol;

    // assign values to mybox's instance variables
    mybox.width = 10;
    mybox.height = 20;
    mybox.depth = 15;

    // compute volume of box
    vol = mybox.width * mybox.height * mybox.depth;

    System.out.println("Volume is " + vol);
  }
}
```

应当将包含这个程序的文件命名为 BoxDemo.java,因为 main()方法位于 BoxDemo 类中,而不是 Box 类中。当编译该程序时,将发现创建了两个.class 文件,一个是为 Box 类创建的,另一个是为 BoxDemo 类创建的。Java 编译器自动将每个类放到各自的.class 文件中。并非严格要求将 Box 类和 BoxDemo 类放入同一个源文件中,可以将它们分别放置到自己的文件中,命名为 Box.java 和 BoxDemo.java。

为运行这个程序,必须执行 BoxDemo.class。当运行这个程序时,会看到如下所示的输出:

```
Volume is 3000.0
```

如前所述,每个对象都有自己的实例变量副本。这意味着如果有两个 Box 对象,那么每个对象都有自己的 depth、width 和 height 副本。改变一个对象的实例变量,不会影响另一个对象的实例变量,理解这一点很重要。例如,下面的程序声明了两个 Box 对象:

```java
// This program declares two Box objects.

class Box {
  double width;
  double height;
  double depth;
}

class BoxDemo2 {
  public static void main(String args[]) {
    Box mybox1 = new Box();
    Box mybox2 = new Box();
    double vol;
```

```
    // assign values to mybox1's instance variables
    mybox1.width = 10;
    mybox1.height = 20;
    mybox1.depth = 15;

    /* assign different values to mybox2's
       instance variables */
    mybox2.width = 3;
    mybox2.height = 6;
    mybox2.depth = 9;

    // compute volume of first box
    vol = mybox1.width * mybox1.height * mybox1.depth;
    System.out.println("Volume is " + vol);

    // compute volume of second box
    vol = mybox2.width * mybox2.height * mybox2.depth;
    System.out.println("Volume is " + vol);
  }
}
```

这个程序生成的输出如下所示:

```
Volume is 3000.0
Volume is 162.0
```

正如所看到的，mybox1 的数据与在 mybox2 中包含的数据是完全分开的。

6.2 声明对象

正如刚才解释的，当创建一个类时，是在创建一种新的数据类型。可以使用这个类声明该类型的对象。然而，得到一个类的对象需要两个步骤。首先，必须声明类类型的一个变量。这个变量没有定义对象，它只是一个引用对象的变量。然后，需要获取对象实际的物理副本，并将其赋给那个变量。可使用 new 运算符完成这一操作。new 运算符在运行时为对象动态地分配内存，并返回指向对象的引用。这个引用基本上是由 new 为该对象分配的内存地址，然后将这个引用存储在变量中。因此在 Java 中，所有类对象都必须动态分配。下面看一看这个过程的细节。

在前面的示例程序中，使用下面的代码声明 Box 类型的对象:

```
Box mybox = new Box();
```

这条语句组合了刚才描述的两个步骤。可以按如下形式重写上述语句，以便更清晰地展示每个步骤:

```
Box mybox; // declare reference to object
mybox = new Box(); // allocate a Box object
```

第一行代码将 mybox 声明为对 Box 类型对象的引用。执行这行代码后，mybox 不指向实际的对象。下一行代码分配实际的对象，并将对该对象的引用赋给 mybox。执行第二行代码后，就可以使用 mybox 变量，就好像它是一个 Box 对象。但实际上，mybox 只是保存了实际 Box 对象的内存地址。图 6-1 描绘了这两行代码的效果。

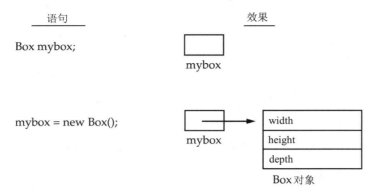

图 6-1 声明 Box 类型的对象

深入分析 new 运算符

正如刚才所解释的，new 运算符动态地为对象分配内存。它的一般形式如下所示：

class-var = new *classname* ( );

其中，*class-var* 是将要创建的类变量，*classname* 是将要实例化的类名称，后面带有圆括号的类名表示类的构造函数。构造函数定义了当创建类的对象时发生的操作。构造函数是所有类的重要组成部分，并且具有许多重要特性。大多数真实的类，都会在它们的类定义中显式地定义自己的构造函数。然而，如果没有显式指定构造函数，Java 会自动提供默认构造函数。对于 Box 类就是如此。目前，我们使用的是默认构造函数，很快就会看到如何定义自己的构造函数。

至此，你可能会好奇，为什么不需要为整数或字符这些类型使用 new 运算符？答案是 Java 的基本类型不是作为对象实现的，相反，它们是作为"常规"变量实现的。这样做是为了提高效率。你将会看到，对象拥有许多特征和特性，要求 Java 以与处理基本类型不同的方式进行处理。由于为对象应用的开销与为基本类型应用的开销不同，因此 Java 可以更高效地实现基本类型。以后会看到，对于需要这些类型的完整对象的情况，也可以使用基本类型的对象版本。

new 运算符在运行时为对象分配内存，理解这一点很重要。这种方式的优点是，可以创建在程序运行期间需要的任意数量的对象。但是，因为内存是有限的，所以 new 运算符可能由于内存不足而不能为对象分配内存。如果遇到这种情况，就会发生运行时异常(在第 10 章将介绍如何处理异常)。对于本书中的示例程序，不需要担心内存耗尽，但是在编写实际程序时，需要考虑这种可能性。

下面再回顾一下类和对象之间的区别。类创建了一种新的可用于创建对象的类型。也就是说，类创建了一个逻辑框架，该框架定义了类成员之间的关系。当声明类的对象时，将创建类的实例。因此，类是逻辑结构，对象是物理实体(也就是说，对象占用内存中的空间)。牢记这一区别很重要。

6.3 为对象引用变量赋值

当进行赋值时，对象引用变量的行为可能和你所期望的不同。例如，对于下面的代码段，你认为它会做什么呢？

```
Box b1 = new Box();
Box b2 = b1;
```

你可能认为 b2 被赋值为 b1 所引用对象的副本的引用。也就是说，你可能认为 b1 和 b2 引用的是相互独立的且不同的对象。但是，这种想法是错误的。这段代码执行之后，b1 和 b2 会引用同一个对象。将 b1 赋值给 b2 不会分配内存，也不会复制原始对象的任何部分，而只是简单地使 b2 引用 b1 所引用的同一个对象。因此，通过 b2 对对象所做的任何修改，都将影响 b1 所引用的对象，因为它们本来就是同一个对象。

图 6-2 描绘了这种情况。

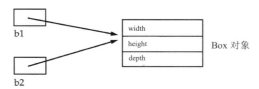

图 6-2　b1 和 b2 引用同一个对象

尽管 b1 和 b2 都引用同一个对象，但是它们没有以任何方式链接在一起。例如，对 b1 的后续赋值，只是简单地将 b1 与原始对象"脱钩"，不会影响对象本身，也不会影响 b2。例如：

```
Box b1 = new Box();
Box b2 = b1;
// ...
b1 = null;
```

在此，b1 设置为 null，但是 b2 仍然指向原来的对象。

> **请记住：**
> 将一个对象引用变量赋值给另一个对象引用变量时，不是创建对象的副本，而是创建引用的副本。

6.4　方法

如本章开头所述，类通常由两部分构成：实例变量和方法。方法的主题很宽泛，因为 Java 为它们提供了非常多的功能和灵活性。实际上，第 7 章的许多内容是专门介绍方法的。然而，有一些基本内容现在需要学习，从而能够开始为类添加方法。

下面是方法的一般形式：

```
type name(parameter-list) {
    // body of method
}
```

其中，*type* 指定了由方法返回的数据的类型，可以是任何有效的类型，包括用户创建的类类型。如果方法不返回值，它的返回类型就必须是 void。*name* 指定了方法的名称，可以是任何合法的标识符，那些在当前作用域内已经被其他项使用的标识符除外。*parameter-list* 是一系列由逗号隔开的类型和标识符对。参数在本质上是变量，当调用方法时，它们接收为方法传递的参数的值。如果方法没有参数，参数列表为空。

返回类型不是 void 的方法，使用如下形式的 return 语句为调用例程返回值：

```
return value;
```

在此，*value* 是返回的值。

接下来的内容介绍如何创建各种类型的方法，包括使用参数的方法以及返回值的方法。

6.4.1　为 Box 类添加方法

尽管创建只包含数据的类完全没问题，但是很少遇到这种情况。大多数情况下，会使用方法访问由类定义的实例变量。实际上，方法为大部分类定义了接口，从而允许类的实现器将内部数据结构的特定布局隐藏到更加清晰的方法抽象的背后。除了定义访问数据的方法之外，还可以定义在内部由类自己使用的方法。

下面从为 Box 类添加方法开始。在查看前面的程序时,你可能已经意识到,计算箱子的体积最好由 Box 类处理,而不是由 BoxDemo 类处理。毕竟箱子的体积依赖于箱子的尺寸,由 Box 类计算箱子的体积更合理。为此,需要为 Box 类添加一个方法,如下所示:

```java
// This program includes a method inside the box class.
class Box {
  double width;
  double height;
  double depth;

  // display volume of a box
  void volume() {
    System.out.print("Volume is ");
    System.out.println(width * height * depth);
  }
}

class BoxDemo3 {
  public static void main(String args[]) {
    Box mybox1 = new Box();
    Box mybox2 = new Box();

    // assign values to mybox1's instance variables
    mybox1.width = 10;
    mybox1.height = 20;
    mybox1.depth = 15;

    /* assign different values to mybox2's
       instance variables */
    mybox2.width = 3;
    mybox2.height = 6;
    mybox2.depth = 9;

    // display volume of first box
    mybox1.volume();

    // display volume of second box
    mybox2.volume();
  }
}
```

这个程序生成如下所示的输出,该输出和前面版本的输出相同:

```
Volume is 3000.0
Volume is 162.0
```

请仔细分析下面两行代码:

```
mybox1.volume();
mybox2.volume();
```

第一行代码对 mybox1 调用 volume()方法。也就是使用对象的名称,后跟一个点运算符,调用和 mybox1 对象相关的 volume()方法。因此,对 mybox1.volume()方法的调用将显示由 mybox1 定义的箱子的体积,对 mybox2.volume()方法的调用将显示由 mybox2 定义的箱子的体积。每次调用 volume()方法时,都会显示指定箱子的体积。

如果不熟悉方法调用的概念，下面的讨论有助于理清这个概念。当执行 mybox1.volume()方法时，Java 运行时系统将控制转移到在 volume()方法内部定义的代码。执行完 volume()方法中的代码之后，控制返回到调用例程，并且继续执行调用之后的代码。对方法最一般的理解是，方法是 Java 实现子例程的一种方式。

在 volume()方法内部，有一些内容非常重要：实例变量 width、height 和 depth 是直接引用的，在它们之前没有对象名称和点运算符。当方法使用由它的类定义的实例变量时，可以直接使用，不需要显式引用对象，也不需要使用点运算符。如果思考一下，这很容易理解。方法总是相对于类的一些对象进行调用。一旦遇到这种方法调用，对象就是已知的。因此，在方法内部不需要再次指定对象。这意味着 volume()方法内部的 width、height 和 depth，在隐式地引用变量的副本，可在调用 volume()方法的对象中找到这些变量。

让我们回顾一下：当在定义实例变量的类之外访问实例变量时，必须通过对象使用点运算符引用变量。但是，当在定义实例变量的类的内部访问实例变量时，可以直接引用变量。对于方法调用也是如此。

6.4.2 返回值

虽然 volume()方法的实现确实将对箱子体积的计算转移到包含该方法的 Box 类的内部，但这并不是完成该任务的最佳方式。例如，如果程序的另一部分需要知道箱子的体积，而不显示体积的值，怎么办呢？使用 volume()方法的更好方式是，用该方法计算箱子的体积，并向调用者返回计算结果。下面的例子是前面程序的改进版本，该版本就是这么做的：

```java
// Now, volume() returns the volume of a box.

class Box {
  double width;
  double height;
  double depth;

  // compute and return volume
  double volume() {
    return width * height * depth;
  }
}

class BoxDemo4 {
  public static void main(String args[]) {
    Box mybox1 = new Box();
    Box mybox2 = new Box();
    double vol;

    // assign values to mybox1's instance variables
    mybox1.width = 10;
    mybox1.height = 20;
    mybox1.depth = 15;

    /* assign different values to mybox2's
       instance variables */
    mybox2.width = 3;
    mybox2.height = 6;
    mybox2.depth = 9;

    // get volume of first box
    vol = mybox1.volume();
    System.out.println("Volume is " + vol);
```

```
    // get volume of second box
    vol = mybox2.volume();
    System.out.println("Volume is " + vol);
  }
}
```

可以看出，当调用 volume()方法时，将其放到赋值语句的右侧。左侧是变量，对于这个例子是 vol，该变量将接收由 volume()方法返回的值。因此，下面这行代码：

```
vol = mybox1.volume();
```

执行之后，mybox1.volume()的值是 3000，这个值存储到 vol 中。

关于返回值，需要理解的重要两点是：

- 方法返回值的类型必须和方法指定的返回类型兼容。例如，如果方法的返回类型是 boolean，就不能返回整数。
- 用于接收方法返回值的变量(如本例中的 vol)，也必须和方法指定的返回类型兼容。

还有一点需要注意：前面的程序可采用更高效的方式进行改写，因为此处实际上不需要 vol 变量。对 volume()方法的调用可以直接用于 println()语句，如下所示：

```
System.out.println("Volume is" + mybox1.volume());
```

对于这种情况，当执行 println()时，会自动调用 mybox1.volume()方法，并将它的值传递给 println()。

6.4.3 添加带参数的方法

虽然有些方法不需要参数，但是大多数方法都带有参数。参数使方法更加通用。也就是说，带参数的方法可以对各种数据进行操作，以及/或者可以用于许多稍微有些差别的情况。让我们通过一个简单的例子演示这一点。下面的方法返回数字 10 的平方：

```
int square()
{
  return 10 * 10;
}
```

虽然这个方法确实返回 10 的平方值，但是它的用处非常有限。然而，如果修改一下这个方法，使之带有参数，那么可以使 square()方法更加有用：

```
int square(int i)
{
  return i * i;
}
```

现在，square()方法可以返回调用该方法时提供的任何数值的平方。也就是说，square()方法现在更加通用，可以计算任何整数值的平方，而不仅仅是计算 10 的平方。

下面是一个例子：

```
int x, y;
x = square(5); // x equals 25
x = square(9); // x equals 81
y = 2;
x = square(y); // x equals 4
```

在第一次调用 square()方法时，将数值 5 传递给参数 i。在第二次调用时，i 会接收数值 9。在第三次调用时，传递 y 的值，在这个例子中，y 的值是 2。如这些例子所示，square()方法可以返回传递给它的任何数据的平方。

理解术语"形参(parameter)"和"实参(argument)"的区别很重要。形参是由方法定义的，当调用方法时用于接收数值的变量。例如，在 square() 方法中，i 是形参。实参是当调用方法时传递给方法的数值。例如，square(100) 传递 100 作为实参。在 square() 方法内部，形参 i 接收数值 100。

可使用参数化方法改进 Box 类。在前面的例子中，每个箱子的尺寸必须使用一系列语句分别设置，例如：

```
mybox1.width = 10;
mybox1.height = 20;
mybox1.depth = 15;
```

尽管这些代码可以设置箱子的尺寸，但是很麻烦，原因有二。首先，它很笨拙并且容易出错。例如，很容易忘记设置某个尺寸。其次，设计良好的 Java 程序，应当只通过类的方法访问类的实例变量。将来，可改变方法的行为，但不能改变公开的实例变量的行为。

因此，设置箱子尺寸更好的方式是创建一个方法，该方法的形参接收箱子的尺寸，并相应地设置每个实例变量。下面的程序实现了这一概念：

```java
// This program uses a parameterized method.

class Box {
  double width;
  double height;
  double depth;

  // compute and return volume
  double volume() {
    return width * height * depth;
  }

  // sets dimensions of box
  void setDim(double w, double h, double d) {
    width = w;
    height = h;
    depth = d;
  }
}

class BoxDemo5 {
  public static void main(String args[]) {
    Box mybox1 = new Box();
    Box mybox2 = new Box();
    double vol;

    // initialize each box
    mybox1.setDim(10, 20, 15);
    mybox2.setDim(3, 6, 9);

    // get volume of first box
    vol = mybox1.volume();
    System.out.println("Volume is " + vol);

    // get volume of second box
    vol = mybox2.volume();
    System.out.println("Volume is " + vol);
  }
}
```

可以看出，setDim() 方法用于设置每个箱子的尺寸。例如，当执行下面这行代码时：

```
mybox1.setDim(10, 20, 15);
```

10 被复制到参数 w，20 被复制到参数 h，15 被复制到参数 d。然后，在 setDim()方法内部将参数 w、h 和 d 的值相应地赋给 width、height 和 depth。

对于许多读者，上面介绍的概念可能很熟悉。但是，如果没有接触过方法调用、实参以及形参这类概念的话，在继续学习之前，你可能希望花一些时间试验一下。方法调用、参数以及返回值的概念是 Java 编程的基础。

6.5 构造函数

如果每次创建实例时初始化所有变量，可能有些单调乏味。在第一次创建对象时，完成所有设置可能更简单，也更简明，即使是添加了类似 setDim()的便利函数。因为初始化需求非常普遍，所以 Java 允许在创建对象时初始化对象自身。这种自动初始化是通过构造函数实现的。

构造函数在创建对象之后立即初始化对象。构造函数的名称和包含它的类的名称相同，并且在语法上和方法类似。一旦定义构造函数，就会在创建对象之后，new 运算符完成之前，立即自动调用构造函数。构造函数看起来有些奇怪，因为它没有返回类型，也不返回 void 类型。这是因为类构造函数的返回类型隐式地为类本身。构造函数的任务是初始化对象的内部状态，因而创建实例的代码将会得到一个被完全初始化的，可立即使用的实例。

可以再次修改 Box 示例，以便构造对象时自动初始化箱子的尺寸。为此，使用构造函数代替 setDim()方法。下面首先定义一个简单的构造函数，该构造函数简单地将每个箱子的尺寸设置为相同的值。该版本如下所示：

```
/* Here, Box uses a constructor to initialize the
   dimensions of a box.
*/
class Box {
  double width;
  double height;
  double depth;

  // This is the constructor for Box.
  Box() {
    System.out.println("Constructing Box");
    width = 10;
    height = 10;
    depth = 10;
  }

  // compute and return volume
  double volume() {
    return width * height * depth;
  }
}

class BoxDemo6 {
  public static void main(String args[]) {
    // declare, allocate, and initialize Box objects
    Box mybox1 = new Box();
    Box mybox2 = new Box();

    double vol;

    // get volume of first box
    vol = mybox1.volume();
    System.out.println("Volume is " + vol);
```

```
    // get volume of second box
    vol = mybox2.volume();
    System.out.println("Volume is " + vol);
  }
}
```

当运行这个程序时，会生成如下所示的结果：

```
Constructing Box
Constructing Box
Volume is 1000.0
Volume is 1000.0
```

可以看出，mybox1 和 mybox2 都是在创建时由构造函数 Box()初始化的。因为构造函数将所有箱子都设置为相同的尺寸——10×10×10，所以 mybox1 和 mybo2 具有相同的体积。Box 内部的 println()语句是出于演示目的而添加的。大多数构造函数不显示任何内容，它们只是初始化对象。

在继续学习之前，让我们再次分析一下 new 运算符。如你所知，当分配对象时，使用下面的一般形式：

class-var = new *classname* ( );

现在可以理解为什么在类名后面需要圆括号。实际发生的操作是调用类的构造函数。因此，对于下面这行代码：

```
Box mybox1 = new Box();
```

new Box()调用 Box()构造函数。如果没有显式地为类定义构造函数，Java 会为类创建默认构造函数。这就是为什么上面这行代码，在以前没有定义构造函数的 Box 版本示例中能够工作的原因。默认构造函数自动地将所有实例变量初始化为其默认值。对于数值类型、引用类型和 boolean 类型，这个默认值分别是 0、null 和 false。对于简单类，默认构造函数通常是足够的，但是对于更加复杂的类，默认构造函数通常不能满足需要。一旦定义自己的构造函数，就不再使用默认构造函数。

参数化的构造函数

在前面的例子中，虽然 Box()构造函数确实初始化了 Box 对象，但它不是很有用，因为所有箱子都有相同的尺寸。我们需要的方式是构造具有各种尺寸的 Box 对象。比较容易的解决方案是为构造函数添加参数。你可能已经猜到了，这使得构造函数更有用。例如，下面的 Box 版本定义了一个参数化的构造函数，该构造函数将箱子的尺寸设置为由这些参数指定的值。请特别注意创建 Box 对象的方式。

```
/* Here, Box uses a parameterized constructor to
   initialize the dimensions of a box.
*/
class Box {
  double width;
  double height;
  double depth;

  // This is the constructor for Box.
  Box(double w, double h, double d) {
    width = w;
    height = h;
    depth = d;
  }

  // compute and return volume
  double volume() {
```

```
    return width * height * depth;
  }
}

class BoxDemo7 {
  public static void main(String args[]) {
    // declare, allocate, and initialize Box objects
    Box mybox1 = new Box(10, 20, 15);
    Box mybox2 = new Box(3, 6, 9);

    double vol;

    // get volume of first box
    vol = mybox1.volume();
    System.out.println("Volume is " + vol);

    // get volume of second box
    vol = mybox2.volume();
    System.out.println("Volume is " + vol);
  }
}
```

这个程序的输出如下所示：

```
Volume is 3000.0
Volume is 162.0
```

可以看出，每个对象都是根据在构造函数中指定的参数进行初始化的。例如，在下面这行代码中：

```
Box mybox1 = new Box(10, 20, 15);
```

当 new 运算符创建对象时，将数值 10、20 和 15 传递给 Box() 构造函数。因此，mybox1 的 width、height 以及 depth 副本将相应地包含数值 10、20 和 15。

6.6 this 关键字

有时，方法需要引用调用它的对象。为能执行这种操作，Java 定义了 this 关键字。可在任何方法中使用 this 关键字来引用当前对象。也就是说，this 总是引用调用方法的对象。可以在允许使用当前类对象引用的任何地方使用 this。

为了更好地理解 this 引用的是什么内容，考虑下面版本的 Box() 构造函数：

```
// A redundant use of this.
Box(double w, double h, double d) {
  this.width = w;
  this.height = h;
  this.depth = d;
}
```

对于这个版本的 Box() 构造函数，其操作和上一版本完全相同。使用 this 是多余的，但是这么做完全正确。在 Box() 内部，this 总是引用调用对象。虽然在这个例子中 this 是多余的，但是对于其他情况 this 很有用，接下来将会介绍这种情况。

隐藏实例变量

我们知道，在 Java 中，在同一个或所包含的作用域内声明两个同名的变量是非法的。有趣的是，局部变量，包括方法的形参,可以和类的实例变量重名。然而,当局部变量和实例变量具有相同的名称时,局部变量隐藏了实例变量。这就是为什么在 Box 类中不能将 width、height 和 depth 用作 Box()构造函数的参数名称的原因。如果确实这么做了,以 width 为例,就会引用形参而隐藏实例变量 width。虽然简单地使用不同的名称通常更加容易,不过还有一种方法可以解决这个问题。因为可以使用 this 直接引用对象,所以可以使用 this 关键字解决在实例变量和局部变量之间可能发生的任何名称空间冲突的问题。例如,下面是另一个版本的 Box(),该构造函数使用 width、height 和 depth 作为参数名称,然后使用 this 通过相同的名称访问实例变量:

```
// Use this to resolve name-space collisions.
Box(double width, double height, double depth) {
  this.width = width;
  this.height = height;
  this.depth = depth;
}
```

需要注意,这种情况下使用 this,有时会引起混淆,并且有些程序员会比较谨慎,不为局部变量和形参使用那些会隐藏实例变量的名称。当然,其他一些程序员持相反观点,对于程序的清晰性而言,他们认为使用相同的名称是一个好的约定,并且使用 this 能够解决实例变量隐藏问题。具体哪种方法更好,取决于个人的喜好。

6.7 垃圾回收

因为对象是使用 new 运算符动态创建的,所以你可能会好奇对象是如何销毁的,以及如何释放它们占用的内存以备以后重新分配。在有些语言中,例如 C++,动态分配的对象必须通过 delete 运算符手动释放。Java 则采用了一种不同的方法——自动解除分配的内存。完成该操作的技术被称为垃圾回收(garbage collection)。它的工作原理是:当一个对象的引用不再存在时,就认为该对象不再需要,并且可以回收该对象占用的内存。不像 C++中那样需要显式释放对象。在程序运行期间,只会零星地发生垃圾回收(如果确实发生垃圾回收的话)。不会简单地因为一个或多个对象不再需要就进行垃圾回收。此外,不同的 Java 运行时实现也会采用不同的方法进行垃圾回收,但是对于大多数情况,在编写程序的过程中不需要考虑这个问题。

6.8 堆栈类

虽然对于演示类的基本元素来说,Box 类很有用,但是它几乎不具备实用价值。为了显示类的真正功能,下面通过一个更复杂的例子结束本章。回顾第 2 章讨论的面向对象编程(OOP),OOP 最重要的优点之一是对数据以及操作这些数据的代码的封装。正如已经看到的,类是在 Java 中实现封装的机制。通过创建一个类,就创建了一种新的数据类型,该数据类型定义了将被封装的数据的属性以及用于操作数据的例程。此外,方法为类的数据定义了一致且可控的接口。因此,可以通过方法使用类,而不必担心类的实现细节,也不必担心数据在类内部的实际组织方式。在某种意义上,类就像"数据引擎"。通过控制使用引擎,而不需要知道引擎内部的工作过程。实际上,因为细节被隐藏了,所以如有必要,可以改变内部的工作方式。只要通过类的方法使用类,就可以改变内部的细节,而不会对类外部的代码造成影响。

为了查看一个关于上述讨论的实际应用,下面开发关于封装的一个原型示例:堆栈。堆栈以先进后出的顺序存储数据。也就是说,堆栈就像桌子上的一堆碟子,放在桌子上的第一个碟子是最后使用的碟子。堆栈通过两个操作进行控制,传统上将这两个操作称为入栈(push)和出栈(pop)。为将一个条目放置到堆栈的顶部,需要使用入栈操作。为了从堆栈获得一个条目,需要使用出栈操作。正如即将看到的,封装整个堆栈机制很容易。

下面名为 Stack 的类实现了一个最多包含 10 个整数的堆栈:

```
// This class defines an integer stack that can hold 10 values
class Stack {
```

```
    int stck[] = new int[10];
    int tos;

    // Initialize top-of-stack
    Stack() {
      tos = -1;
    }

    // Push an item onto the stack
    void push(int item) {
      if(tos==9)
        System.out.println("Stack is full.");
      else
        stck[++tos] = item;
    }

    // Pop an item from the stack
    int pop() {
      if(tos < 0) {
        System.out.println("Stack underflow.");
        return 0;
      }
      else
        return stck[tos--];
    }
  }
```

可以看出，Stack 类定义了两个数据项、两个方法和一个构造函数。整数堆栈通过数组 stck 保存。该数组通过变量 tos 进行索引，tos 变量总是包含堆栈顶部的索引。构造函数 Stack()将 tos 初始化为-1，该值表示一个空的堆栈。方法 push()将条目放入堆栈。为检索数据项，调用 pop()方法。因为访问堆栈是通过 push()和 pop()方法进行的，所以堆栈由数组保存这个事实对于如何使用堆栈没有关系。例如，可以使用更复杂的数据结构保存堆栈，比如链表，但是由 push()和 pop()方法定义的接口应当保持不变。

下面的 TestStack 类演示了 Stack 类。TestStack 类创建两个整数堆栈，将一些数值放入每个堆栈中，然后取出这些值。

```
class TestStack {
  public static void main(String args[]) {
    Stack mystack1 = new Stack();
    Stack mystack2 = new Stack();

    // push some numbers onto the stack
    for(int i=0; i<10; i++) mystack1.push(i);
    for(int i=10; i<20; i++) mystack2.push(i);

    // pop those numbers off the stack
    System.out.println("Stack in mystack1:");
    for(int i=0; i<10; i++)
      System.out.println(mystack1.pop());

    System.out.println("Stack in mystack2:");
    for(int i=0; i<10; i++)
      System.out.println(mystack2.pop());
  }
}
```

这个程序生成的输出如下所示：

```
Stack in mystack1:
9
8
7
6
5
4
3
2
1
0
Stack in mystack2:
19
18
17
16
15
14
13
12
11
10
```

可以看出，每个堆栈的内容是相互独立的。

关于 Stack 类需要说明的最后一点是，因为 Stack 类目前采用的实现方式，在 Stack 类之外的代码，可能会修改用于保存堆栈的数组 stck，从而可能会错误地使用 Stack 类或损害 Stack 类。在第 7 章，将会看到如何弥补这个缺陷。

第 7 章 方法和类的深入分析

本章将继续前一章开始的关于方法和类的讨论,分析与方法相关的几个主题,包括重载、参数传递以及递归。然后返回到对类的讨论,介绍访问控制、static 关键字的使用以及最重要的 Java 内置类之一:String。

7.1 重载方法

在 Java 中,可在同一个类中定义两个或多个共享相同名称的方法,只要它们的参数声明不同即可。当出现这种情况时,这些方法被称为是重载的(overloaded),这一过程被称为方法重载(method overloading)。方法重载是 Java 支持多态性的方式之一。如果从来没有使用过支持重载方法的语言,那么乍一看这个概念可能有些奇怪。但是正如即将看到的,方法重载是 Java 最激动人心、最有用的特性之一。

当调用重载方法时,Java 所使用参数的类型和/或数量决定了实际调用哪个版本。因此,重载方法在参数的类型和/或数量方面必须有所区别。虽然重载方法可以返回不同的类型,但是单靠返回类型不足以区分方法的多个版本。当 Java 遇到对重载方法的调用时,简单地执行方法形参与调用中所使用的实参相匹配的版本。

下面是一个演示方法重载的简单例子:

```java
// Demonstrate method overloading.
class OverloadDemo {
  void test() {
    System.out.println("No parameters");
  }

  // Overload test for one integer parameter.
  void test(int a) {
    System.out.println("a: " + a);
  }

  // Overload test for two integer parameters.
  void test(int a, int b) {
    System.out.println("a and b: " + a + " " + b);
  }

  // Overload test for a double parameter
  double test(double a) {
    System.out.println("double a: " + a);
    return a*a;
  }
}
```

```
}
class Overload {
  public static void main(String args[]) {
    OverloadDemo ob = new OverloadDemo();
    double result;

    // call all versions of test()
    ob.test();
    ob.test(10);
    ob.test(10, 20);
    result = ob.test(123.25);
    System.out.println("Result of ob.test(123.25): " + result);
  }
}
```

该程序的输出如下所示:

```
No parameters
a: 10
a and b: 10 20
double a: 123.25
Result of ob.test(123.25): 15190.5625
```

可以看出,test()方法重载了 4 次。第 1 个版本没有采用参数,第 2 个版本采用一个整型参数,第 3 个版本采用两个整型参数,第 4 个版本采用一个 double 型参数。虽然第 4 个版本的 test()方法还返回一个值,但这与重载没有因果关系,因为返回类型在重载版本的判断中不起作用。

当调用重载的方法时,Java 在用来调用方法的实参和形参之间查找匹配。然而,这个匹配并不需要总是精确的。在某些情况下,Java 的自动类型转换在重载版本的判断中可以发挥作用。例如,分析下面的程序:

```
// Automatic type conversions apply to overloading.
class OverloadDemo {
  void test() {
    System.out.println("No parameters");
  }

  // Overload test for two integer parameters.
  void test(int a, int b) {
    System.out.println("a and b: " + a + " " + b);
  }

  // Overload test for a double parameter
  void test(double a) {
    System.out.println("Inside test(double) a: " + a);
  }
}

class Overload {
  public static void main(String args[]) {
    OverloadDemo ob = new OverloadDemo();
    int i = 88;

    ob.test();
    ob.test(10, 20);

    ob.test(i); // this will invoke test(double)
    ob.test(123.2); // this will invoke test(double)
```

```
    }
}
```

该程序的输出如下所示：

```
No parameters
a and b: 10 20
Inside test(double) a: 88
Inside test(double) a: 123.2
```

可以发现，这个版本的 OverloadDemo 没有定义 test(int)。所以，当在 Overload 类中使用整型参数调用 test() 方法时，找不到相匹配的方法。但是，Java 能够自动将整数转换为 double 类型，并可使用这个转换解决调用问题。所以，在没有找到 test(int) 版本时，Java 会将 i 提升为 double 类型，并调用 test(double)。当然，如果定义了 test(int) 版本，就会调用该版本。只有当没有找到准确的匹配时，Java 才会使用自动类型转换。

方法重载支持多态，因为这是 Java 实现"一个接口，多个方法"机制的一种方式。为了理解其中的原理，考虑下面的内容。在那些不支持方法重载的语言中，必须为每个方法提供唯一的名称。但是，经常会希望不同类型的数据实现本质上相同的方法。例如绝对值函数，在不支持重载特性的语言中，这些函数通常有三个或更多个版本，每个版本的名称稍微有些区别。例如，在 C 语言中，函数 abs() 返回整数的绝对值，函数 labs() 返回长整数的绝对值，而函数 fabs() 返回浮点数的绝对值。因为 C 语言不支持重载，所以每个函数都必须有自己的名称，尽管所有这三个函数本质上都执行相同的操作。这会使问题在概念上变得比实际情况更加复杂。尽管每个函数背后的概念是相同的，但是仍然需要记住三个名称。在 Java 中不会出现这种情况，因为每个绝对值函数都可以使用相同的名称。实际上，Java 的标准类库只包含一个绝对值方法 abs()。这个方法是由 Java 的 Math 类重载的，以处理所有数值类型。Java 根据实参类型来确定调用哪个版本的 abs() 函数。

重载的价值在于允许使用通用名称访问相关的方法。因此，名称 abs 代表将执行的通用动作(general action)。为特定情况选择正确的特定版本，这由编译器负责。程序员只需要记住将要执行的通用动作即可。通过应用多态机制，可将几个名称减少为一个。尽管这个例子有些简单，但如果扩展这一概念，就可以发现重载对于帮助管理更大的复杂性具有多么重要的作用。

当重载一个方法时，该方法的每个版本都可以执行希望的任何动作。没有任何规则要求重载的方法之间必须相互有联系。但从风格上看，方法重载隐含着联系。因此，虽然可以使用相同的名称重载不相关的方法，但是不应当这么做。例如，可以使用名称 sqr 创建返回整数平方和浮点数平方根的方法。但是这两个操作在根本上是不同的。以这种方式应用方法重载违背了它的本来目的。在实际工作中，应当只重载密切相关的操作。

重载构造函数

除了重载常规方法外，也可以重载构造函数。事实上，对于程序员创建的大多数真实类而言，重载构造函数是很平常的，而不是什么特殊情况。为了理解其中的原因，再次分析上一章开发的 Box 类。下面是 Box 类的最新版本：

```
class Box {
  double width;
  double height;
  double depth;

  // This is the constructor for Box.
  Box(double w, double h, double d) {
    width = w;
    height = h;
    depth = d;
  }
```

```
  // compute and return volume
  double volume() {
    return width * height * depth;
  }
}
```

可以看出，Box()构造函数需要三个参数。这意味着所有 Box 对象声明都必须为构造函数 Box()传递三个参数。例如，下面的语句目前是非法的：

```
Box ob = new Box();
```

因为 Box()需要三个参数，所以调用该构造函数时不提供参数将导致错误。这会引起几个重要的问题。如果只是希望创建 Box 对象，而不关心(或不知道)最初尺寸是多少，或者，如果希望能够通过指定一个值，并将该值用作三个尺寸以初始化一个立方体，对于这类情况该怎么办呢？但对于目前编写的 Box 类，这些其他选择是不可能的。

幸运的是，这些问题的解决方案很容易：简单地重载 Box 类的构造函数，使其可以处理上述情况。下面的程序包含一个能够完成这些工作的改进版 Box 类：

```
/* Here, Box defines three constructors to initialize
   the dimensions of a box various ways.
*/
class Box {
  double width;
  double height;
  double depth;

  // constructor used when all dimensions specified
  Box(double w, double h, double d) {
    width = w;
    height = h;
    depth = d;
  }

  // constructor used when no dimensions specified
  Box() {
    width = -1;  // use -1 to indicate
    height = -1; // an uninitialized
    depth = -1;  // box
  }

  // constructor used when cube is created
  Box(double len) {
    width = height = depth = len;
  }

  // compute and return volume
  double volume() {
    return width * height * depth;
  }
}

class OverloadCons {
  public static void main(String args[]) {
    // create boxes using the various constructors
    Box mybox1 = new Box(10, 20, 15);
    Box mybox2 = new Box();
```

```
    Box mycube = new Box(7);

    double vol;

    // get volume of first box
    vol = mybox1.volume();
    System.out.println("Volume of mybox1 is " + vol);

    // get volume of second box
    vol = mybox2.volume();
    System.out.println("Volume of mybox2 is " + vol);

    // get volume of cube
    vol = mycube.volume();
    System.out.println("Volume of mycube is " + vol);
  }
}
```

该程序的输出如下所示:

```
Volume of mybox1 is 3000.0
Volume of mybox2 is -1.0
Volume of mycube is 343.0
```

可以看出,当执行 new 运算符时,会根据指定的参数调用正确的重载构造函数。

7.2 将对象用作参数

到目前为止,我们只使用简单类型作为方法的参数。但为方法传递对象是正确的,而且也很普遍。例如,分析下面的简短程序:

```
// Objects may be passed to methods.
class Test {
  int a, b;

  Test(int i, int j) {
    a = i;
    b = j;
  }

  // return true if o is equal to the invoking object
  boolean equalTo(Test o) {
    if(o.a == a && o.b == b) return true;
    else return false;
  }
}

class PassOb {
  public static void main(String args[]) {
    Test ob1 = new Test(100, 22);
    Test ob2 = new Test(100, 22);
    Test ob3 = new Test(-1, -1);

    System.out.println("ob1 == ob2: " + ob1.equalTo(ob2));
    System.out.println("ob1 == ob3: " + ob1.equalTo(ob3));
```

    }
}
```

该程序生成的输出如下所示：

```
ob1 == ob2: true
ob1 == ob3: false
```

可以看出，Test 类的 equalTo()方法比较两个对象是否相等并返回结果。也就是说，该方法比较调用它的对象和为其传递的对象。如果它们包含相同的值，该方法返回 true，否则返回 false。注意 equalTo()方法中的参数 o，在此将其类型标识为 Test。尽管 Test 是由程序创建的类类型，但是使用它和使用 Java 内置类型的方式完全相同。

对象参数最常用于调用构造函数。经常会希望创建在开始时就与已经存在的某些对象相同的对象。为此，必须定义一个以类对象作为参数的构造函数。例如以下版本的 Box 类，允许使用一个对象初始化另一个对象：

```java
// Here, Box allows one object to initialize another.

class Box {
  double width;
  double height;
  double depth;

  // Notice this constructor. It takes an object of type Box.
  Box(Box ob) { // pass object to constructor
    width = ob.width;
    height = ob.height;
    depth = ob.depth;
  }

  // constructor used when all dimensions specified
  Box(double w, double h, double d) {
    width = w;
    height = h;
    depth = d;
  }

  // constructor used when no dimensions specified
  Box() {
    width = -1;  // use -1 to indicate
    height = -1; // an uninitialized
    depth = -1;  // box
  }

  // constructor used when cube is created
  Box(double len) {
    width = height = depth = len;
  }

  // compute and return volume
  double volume() {
    return width * height * depth;
  }
}

class OverloadCons2 {
  public static void main(String args[]) {
    // create boxes using the various constructors
    Box mybox1 = new Box(10, 20, 15);
```
```

```
    Box mybox2 = new Box();
    Box mycube = new Box(7);

    Box myclone = new Box(mybox1); // create copy of mybox1

    double vol;

    // get volume of first box
    vol = mybox1.volume();
    System.out.println("Volume of mybox1 is " + vol);

    // get volume of second box
    vol = mybox2.volume();
    System.out.println("Volume of mybox2 is " + vol);

    // get volume of cube
    vol = mycube.volume();
    System.out.println("Volume of cube is " + vol);

     // get volume of clone
     vol = myclone.volume();
     System.out.println("Volume of clone is " + vol);
   }
 }
```

可以看出，当开始创建自己的类时，为以方便、高效的方式构造对象，通常需要提供多种形式的构造函数。

7.3 实参传递的深入分析

对于计算机语言来说，向子例程传递实参的方式通常有两种。第一种方式是按值调用(call-by-value)，这种方式将实参的值复制到子例程的形参中。所以，对子例程形参进行的修改不会影响实参。第二种传递实参的方式是按引用调用(call-by-reference)，这种方式下，将对实参的引用(而不是实参的值)传递给形参。在子例程中，该引用用于访问在调用中标识的实参。这意味着对子例程形参进行的修改会影响用于调用子例程的实参。正如即将看到的，尽管 Java 使用按值调用传递所有实参，但是根据所传递的是基本类型还是引用类型，精确效果是不同的。

为方法传递基本类型时，使用按值传递。因此会得到实参的副本，并且对接收实参的形参所进行的操作对方法的外部没有影响。例如，分析下面的程序：

```
// Primitive types are passed by value.
class Test {
  void meth(int i, int j) {
    i *= 2;
    j /= 2;
  }
}
class CallByValue {
  public static void main(String args[]) {
    Test ob = new Test();

    int a = 15, b = 20;

    System.out.println("a and b before call: " +
                   a + " " + b);

    ob.meth(a, b);
```

```
    System.out.println("a and b after call: " +
                       a + " " + b);
  }
}
```

该程序的输出如下所示:

```
a and b before call: 15 20
a and b after call: 15 20
```

可以看出, 在 meth()方法内部进行的操作不会影响用于调用该方法的 a 和 b 的值; 它们的值没有变成 30 和 10。

当为方法传递对象时, 情况就完全不同了, 因为对象是通过按引用调用传递的。请牢记, 当创建类变量时, 只是创建指向对象的引用。因此, 当将引用传递给方法时, 接收引用的形参所引用的对象与实参引用的是同一个对象。这意味着对象就好像是通过按引用调用传递给方法的。在方法内修改对象会影响到作为实参的对象。例如, 分析下面的程序:

```java
// Objects are passed through their references.

class Test {
  int a, b;

  Test(int i, int j) {
    a = i;
    b = j;
  }

  // pass an object
  void meth(Test o) {
    o.a *= 2;
    o.b /= 2;
  }
}

class PassObjRef {
  public static void main(String args[]) {
    Test ob = new Test(15, 20);

    System.out.println("ob.a and ob.b before call: " +
                       ob.a + " " + ob.b);

    ob.meth(ob);

    System.out.println("ob.a and ob.b after call: " +
                       ob.a + " " + ob.b);
  }
}
```

该程序生成的输出如下所示:

```
ob.a and ob.b before call: 15 20
ob.a and ob.b after call: 30 10
```

可以看出, 对于这种情况, 在 meth()方法内部执行的操作影响了用作实参的对象。

> **请记住：**
> 当将对象引用传递给方法时，引用本身是使用按值调用传递的。但是，由于传递的值引用一个对象，因此值的副本仍然引用相应实参指向的同一个对象。

7.4 返回对象

方法可以返回任意类型的数据，包括自己创建的类类型。例如在以下程序中，方法 incrByTen() 返回一个对象，在该对象中，a 的值比调用对象中 a 的值大 10。

```java
// Returning an object.
class Test {
  int a;

  Test(int i) {
    a = i;
  }

  Test incrByTen() {
    Test temp = new Test(a+10);
    return temp;
  }
}

class RetOb {
  public static void main(String args[]) {
    Test ob1 = new Test(2);
    Test ob2;

    ob2 = ob1.incrByTen();
    System.out.println("ob1.a: " + ob1.a);
    System.out.println("ob2.a: " + ob2.a);

    ob2 = ob2.incrByTen();
    System.out.println("ob2.a after second increase: "
                       + ob2.a);
  }
}
```

该程序生成的输出如下所示：

```
ob1.a: 2
ob2.a: 12
ob2.a after second increase: 22
```

可以看出，每次调用 incrByTen() 方法都会创建一个新对象，并且为调用例程返回对新对象的引用。

上面的程序还有另一个重要之处：因为所有对象都是使用 new 运算符动态创建的，所以不必担心由于在其中创建对象的方法结束而使得对象超出作用域。只要程序中存在对某个对象的引用，该对象就会一直存在。如果某个对象没有任何引用指向它，那么在进行下一次垃圾回收时，该对象将被回收。

7.5 递归

Java 支持递归(recursion)。递归是根据自身定义内容的过程。就 Java 编程而言，递归是一个允许方法调用自身的特性。调用自身的方法被称为递归方法。

递归的典型例子是阶乘的计算。N 的阶乘是从 1 到 N 之间所有整数的乘积。例如，3 的阶乘是 1×2×3，也就是 6。下面显示了使用递归方法计算阶乘的原理：

```java
// A simple example of recursion.
class Factorial {
  // this is a recursive method
  int fact(int n) {
    int result;

    if(n==1) return 1;
    result = fact(n-1) * n;
    return result;
  }
}

class Recursion {
  public static void main(String args[]) {
    Factorial f = new Factorial();

    System.out.println("Factorial of 3 is " + f.fact(3));
    System.out.println("Factorial of 4 is " + f.fact(4));
    System.out.println("Factorial of 5 is " + f.fact(5));
  }
}
```

该程序的输出如下所示：

```
Factorial of 3 is 6
Factorial of 4 is 24
Factorial of 5 is 120
```

如果不熟悉递归方法，那么 fact() 方法的操作看起来可能有些令人困惑。下面是其工作原理：如果使用参数 1 调用 fact() 方法，该方法返回 1；否则返回 fact(n-1)*n 的积。为计算该表达式的值，需要使用 n-1 作为参数来调用 fact() 方法。这个过程会一直重复，直到 n 等于 1，这时对 fact() 方法的调用开始返回。

为更好地理解 fact() 方法的工作原理，让我们完整地分析一个简短例子。当计算 3 的阶乘时，对 fact() 方法的第一次调用，会导致使用参数 2 第二次调用该方法。第二次调用又会导致使用参数 1 调用 fact() 方法。这次调用会返回 1，然后将该返回值乘以 2(在此，2 是第二次调用中 n 的值)。然后将结果(也就是 2)返回到对 fact() 方法的第一次调用，并且将其乘以 3(n 的原始值)。这时就会得到结果 6。你可能会发现，将 fact() 方法调用插入 println() 语句中很有趣，从而可以显示是在哪个级别调用该方法，并紧随其后显示中间结果。

当方法调用自身时，在堆栈上为新的局部变量和参数分配内存，并使用这些新的变量从头开始执行方法的代码。当每次递归调用返回时，将旧的局部变量和参数从堆栈中移除，并将执行控制恢复到方法内部的调用点。递归方法被称为"望远镜式"方法，可以自由伸缩。

许多例程的递归版本，它们的执行速度比与之等价的迭代版本更慢一些，因为增加了额外的函数调用负担。对方法进行大量的递归调用可能导致堆栈溢出。因为参数和局部变量存储在堆栈中，并且每次新的调用都会创建这些变量的新副本，所以可能会耗尽堆栈。如果发生这种情况，Java 运行时系统会生成异常。但是，除非野蛮地运行递归例程，否则不必担心这个问题。

递归方法的主要优点在于，对于某些算法，使用递归可以创建出比迭代版本更清晰且更简单的版本。例如，使用迭代方式实现 QuickSort 排序算法非常困难。此外，某些与人工智能相关的算法类型，使用递归方案最容易实现。

当编写递归方法时，在某个地方必须有一条 if 语句，用于强制方法返回而不再执行递归调用。如果没有这么做，一旦调用该方法，就永远不会返回。这是使用递归时很常见的错误。在开发期间可以随意使用 println() 语句，从而可以观察将要执行的操作，如果发现错误，可以终止执行。

下面是另一个递归示例。递归方法 printArray() 打印数组 values 中的前 i 个元素：

```java
// Another example that uses recursion.
class RecTest {
  int values[];

  RecTest(int i) {
    values = new int[i];
  }

  // display array -- recursively
  void printArray(int i) {
    if(i==0) return;
    else printArray(i-1);
    System.out.println("[" + (i-1) + "] " + values[i-1]);
  }
}

class Recursion2 {
  public static void main(String args[]) {
    RecTest ob = new RecTest(10);
    int i;

    for(i=0; i<10; i++) ob.values[i] = i;

    ob.printArray(10);
  }
}
```

该程序生成的输出如下所示：

```
[0] 0
[1] 1
[2] 2
[3] 3
[4] 4
[5] 5
[6] 6
[7] 7
[8] 8
[9] 9
```

7.6 访问控制

如你所知，封装将操作数据的代码和数据链接起来。但封装提供了另一个重要特性：访问控制。通过封装，可控制程序的哪些部分能够访问类的成员。通过控制访问，可以防止误用。例如，仅仅通过定义一套良好的数据访问方法，就可以防止对数据的误用。因此，如果类的实现正确的话，类就创建了一个可以使用的"黑箱"，但其内部工作不允许修改。不过，本书前面提供的类没有完全实现这一目标。例如，考虑在第 6 章结尾部分给出的 Stack 类。虽然 push() 和 pop() 方法确实为堆栈提供了受控的接口，但是这个接口不是强制性的。也就是说，程序的其他部分可以绕过这些方法，直接访问堆栈。当然，对于别有用心的人，这肯定会导致麻烦。本节将介绍一种机制，通过这种机制可以精确地控制对各种类成员的访问。

与成员声明关联的访问修饰符(access modifier)决定了成员的访问方式。Java 支持丰富的访问修饰符。访问控制的某些方面主要与接口或包有关(本质上，包是一组类)。有关 Java 访问控制机制的这些内容将在后面讨论。在此，只分析应用于单个类的访问控制，将其作为该主题的开端。一旦理解了访问控制的基础，剩下的内容就很容易了。

> **注意**
> JDK 9 中新增的模块特性也会影响对类成员的访问。有关模块的内容将在第 16 章介绍。

Java 的访问修饰符包括 public、private 以及 protected。Java 还定义了默认的访问级别。只有涉及继承时才会应用 protected。下面介绍其他访问修饰符。

首先从定义 public 和 private 开始。如果类的某个成员使用 public 进行修饰，那么该成员可以被任何代码访问。如果类的某个成员被标识为 private，那么该成员只能被所属类的其他成员访问。现在你可以理解为什么在 main()方法之前总是带有 public 修饰符了。因为 main()方法要由程序之外的代码访问，也就是由 Java 运行时系统访问。如果没有使用访问修饰符，那么类成员在它自己的包中默认是公有的，但是在包外不能访问(有关包的内容将在第 9 章介绍)。

在到目前为止开发的类中，类的所有成员都使用默认的访问模式，实际上就是公有模式。但是，通常不希望使用这种模式。通常希望严格控制对类的数据成员的访问——只允许通过方法进行访问。有时也希望将方法定义为类的私有方法。

访问修饰符位于其他成员类型限定符的前面。也就是说，它必须位于成员声明语句的开头。下面是一个例子：

```
public int i;
private double j;

private int myMethod(int a, char b) { //...
```

为了理解公有访问和私有访问的效果，分析下面的程序：

```
/* This program demonstrates the difference between
   public and private.
*/
class Test {
  int a; // default access
  public int b; // public access
  private int c; // private access

  // methods to access c
  void setc(int i) { // set c's value
    c = i;
  }
  int getc() { // get c's value
    return c;
  }
}

class AccessTest {
  public static void main(String args[]) {
    Test ob = new Test();

    // These are OK, a and b may be accessed directly
    ob.a = 10;
    ob.b = 20;
```

```
    // This is not OK and will cause an error
    //  ob.c = 100; // Error!

    // You must access c through its methods
    ob.setc(100); // OK
    System.out.println("a, b, and c: " + ob.a + " " +
                       ob.b + " " + ob.getc());
  }
}
```

可以看出，在 Test 类的内部，a 使用默认访问模式，对于这个例子相当于将其标识为 public。在此显式地将 b 标识为 public。成员 c 被设置为私有访问，这意味着类外面的代码不能访问它。因此，在 AccessTest 类中，不能直接访问 c，必须通过 text 类的公有方法——setc()和 getc()——进行访问。如果移除下面这行代码前面的注释符号：

```
//  ob.c = 100; // Error!
```

程序就会因为访问违规而不能通过编译。

为查看如何将访问控制应用于一个更贴近实际的例子，考虑在第 6 章结尾部分显示的 Stack 类的改进版，如下所示：

```
// This class defines an integer stack that can hold 10 values.
class Stack {
  /* Now, both stck and tos are private. This means
     that they cannot be accidentally or maliciously
     altered in a way that would be harmful to the stack.
  */
  private int stck[] = new int[10];
  private int tos;

  // Initialize top-of-stack
  Stack() {
    tos = -1;
  }

  // Push an item onto the stack
  void push(int item) {
    if(tos==9)
      System.out.println("Stack is full.");
    else
      stck[++tos] = item;
  }

  // Pop an item from the stack
  int pop() {
    if(tos < 0) {
      System.out.println("Stack underflow.");
      return 0;
    }
    else
      return stck[tos--];
  }
}
```

可以看出，无论是用于保存堆栈的 stck，还是作为堆栈顶部索引的 tos，现在都被标识为 private。这意味着除了通过 push()和 pop()方法外，不能访问和修改它们。例如，将 tos 设置为私有的，防止程序的其他部分无意地将其设置为超出 stck 数组范围的值。

下面的程序演示了改进后的 Stack 类。试着移除最后两行代码的注释符号，以验证 stck 和 tos 成员实际上是不能访问的。

```java
class TestStack {
  public static void main(String args[]) {
    Stack mystack1 = new Stack();
    Stack mystack2 = new Stack();

    // push some numbers onto the stack
    for(int i=0; i<10; i++) mystack1.push(i);
    for(int i=10; i<20; i++) mystack2.push(i);

    // pop those numbers off the stack
    System.out.println("Stack in mystack1:");
    for(int i=0; i<10; i++)
      System.out.println(mystack1.pop());

    System.out.println("Stack in mystack2:");

    for(int i=0; i<10; i++)
      System.out.println(mystack2.pop());

    // these statements are not legal
    // mystack1.tos = -2;
    // mystack2.stck[3] = 100;
  }
}
```

尽管通常通过方法提供对类中定义数据的访问，但情况并非总是如此。如果有较好的理由，也完全可以将实例变量设置为公有的。例如，出于简化的目的，本书中创建的大部分简单类几乎不关注实例变量的访问控制。但在大多数现实世界的类中，需要仅允许通过方法操作数据。下一章将回到访问控制这一主题，正如在那里将会看到的，对于继承而言，访问控制是非常重要的。

7.7 理解 static

有时可能希望定义能够独立于类的所有对象使用的类成员。正常情况下，只有通过组合类的对象才能访问类的成员。但是，也可以创建能够由类本身使用的成员，而不需要通过对特定实例的引用。为了创建这种成员，需要在成员声明的前面使用关键字 static。如果成员被声明为静态的，就可以在创建类的任何对象之前访问该成员，而不需要使用任何对象引用。方法和变量都可以声明为静态的。main() 方法是最常见的静态成员的例子。main() 方法被声明为静态的，这是因为需要在创建所有对象之前调用该方法。

被声明为静态的实例变量在本质上是全局变量。当声明类的对象时，不会生成静态变量的副本。相反，类的所有实例共享相同的静态变量。

声明为静态的方法存在以下几个限制：
- 它们只能直接调用其类的其他静态方法。
- 它们只能直接访问其类的静态变量。
- 它们不能以任何方式引用 this 或 super 关键字(super 是与继承相关的关键字，参见下一章)。

为初始化静态变量，如果需要进行计算，可以声明静态代码块。静态代码块只执行一次，在第一次加载类时执行。下例中显示的类具有一个静态方法、几个静态变量以及一个静态初始化代码块。

```java
// Demonstrate static variables, methods, and blocks.
class UseStatic {
  static int a = 3;
  static int b;

  static void meth(int x) {
    System.out.println("x = " + x);
    System.out.println("a = " + a);
    System.out.println("b = " + b);
  }

  static {
    System.out.println("Static block initialized.");
    b = a * 4;
  }

  public static void main(String args[]) {
    meth(42);
  }
}
```

只要加载 UseStatic 类，就会运行所有使用 static 声明的语句。首先，a 被设置为 3，然后执行静态代码块，输出一条消息，并将 b 初始化为 a*4，即 12。然后调用 main()方法，该方法调用 meth()方法，将 42 传递给参数 x。三条 println()语句引用两个静态变量 a 和 b，以及局部变量 x。

下面是该程序的输出：

```
Static block initialized.
x = 42
a = 3
b = 12
```

在定义静态方法和静态变量的类的外部，不依赖于任何对象就可以使用这些静态成员。为此，只需要指定类的名称，后跟点运算符。例如，如果希望在类的外部访问静态方法，可以使用如下的一般形式：

classname.method( )

其中，*classname* 是在其中声明静态方法的类的名称。可以看出，该格式与通过对象引用变量调用非静态方法所使用的格式很相似。可通过相同的方法访问静态变量——在类名上使用点运算符。这是 Java 实现受控版全局方法和全局变量的方式。

下面是一个例子。在 main()方法中，通过类名 StaticDemo 访问静态方法 callme()和静态变量 b：

```java
class StaticDemo {
  static int a = 42;
  static int b = 99;

  static void callme() {
    System.out.println("a = " + a);
  }
}

class StaticByName {
  public static void main(String args[]) {
    StaticDemo.callme();
    System.out.println("b = " + StaticDemo.b);
  }
}
```

下面是该程序的输出:

```
a = 42
b = 99
```

7.8 final 介绍

可将变量声明为 final。这么做可以防止修改变量的内容,本质上就是将变量变成常量。这意味着 final 变量必须在声明时进行初始化。可通过两种方式之一完成这个工作。第一种方式是在声明时为其提供一个值;第二种方式是在构造函数中为其赋值。第一种方式最常见。下面列举一些例子:

```
final int FILE_NEW = 1;
final int FILE_OPEN = 2;
final int FILE_SAVE = 3;
final int FILE_SAVEAS = 4;
final int FILE_QUIT = 5;
```

现在,程序的后续部分可以使用 FILE_OPEN 等变量,就好像它们是常量,而不用担心它们的值会发生变化。final 变量名全部使用大写,就像本例这样,这是一种常见的编码约定。

除了可以将变量声明为 final 外,方法参数和局部变量也可以声明为 final。将参数声明为 final,可以防止在方法中修改参数。将局部变量声明为 final,可以防止多次为其赋值。

关键字 final 也可以应用于方法,但是含义与应用于变量有本质上的区别。对 final 的这种补充用法,将在下一章介绍继承时进行解释。

7.9 重新审视数组

在本书的前面,在讨论类之前,就已经介绍过数组。现在你已经知道,对于数组重要的一点是,它们是作为类的对象实现的。由于这一点,你可能会希望使用特定的数组特性。特别是数组的大小,也就是数组能够包含的元素的数量,包含在实例变量 length 中。所有数组都具有这个变量,并且它总是包含数组的大小。下面的程序演示了这个变量:

```java
// This program demonstrates the length array member.
class Length {
 public static void main(String args[]) {
   int a1[] = new int[10];
   int a2[] = {3, 5, 7, 1, 8, 99, 44, -10};
   int a3[] = {4, 3, 2, 1};

   System.out.println("length of a1 is " + a1.length);
   System.out.println("length of a2 is " + a2.length);
   System.out.println("length of a3 is " + a3.length);
 }
}
```

这个程序的输出如下所示:

```
length of a1 is 10
length of a2 is 8
length of a3 is 4
```

可以看出,输出显示了每个数组的大小。请记住,length 的值与实际使用的元素数量没有任何关系,它只反映在最初设计时数组所能包含的元素数量。

对于许多情况，可以很好地利用 length 成员。例如，下面是 Stack 类的改进版。你可能记得，该类的早期版本总是创建包含 10 个元素的堆栈。下面的版本可以创建任意大小的堆栈。该版本使用 stck.length 的值防止堆栈溢出。

```java
// Improved Stack class that uses the length array member.
class Stack {
  private int stck[];
  private int tos;

  // allocate and initialize stack
  Stack(int size) {
    stck = new int[size];
    tos = -1;
  }

  // Push an item onto the stack
  void push(int item) {
    if(tos==stck.length-1) // use length member
      System.out.println("Stack is full.");
    else
      stck[++tos] = item;
  }

  // Pop an item from the stack
  int pop() {
    if(tos < 0) {
      System.out.println("Stack underflow.");
      return 0;
    }
    else
      return stck[tos--];
  }
}

class TestStack2 {
  public static void main(String args[]) {
    Stack mystack1 = new Stack(5);
    Stack mystack2 = new Stack(8);

    // push some numbers onto the stack
    for(int i=0; i<5; i++) mystack1.push(i);
    for(int i=0; i<8; i++) mystack2.push(i);

    // pop those numbers off the stack
    System.out.println("Stack in mystack1:");
    for(int i=0; i<5; i++)
      System.out.println(mystack1.pop());

    System.out.println("Stack in mystack2:");
    for(int i=0; i<8; i++)
      System.out.println(mystack2.pop());
  }
}
```

请注意，该程序创建了两个堆栈：一个堆栈可以容纳 5 个元素，另一个可以容纳 8 个元素。可以看出，数组维护它们自身的长度信息，从而使得创建任意大小的堆栈变得很容易。

7.10 嵌套类和内部类

可在类的内部定义另一个类，这种类就是所谓的嵌套类。嵌套类的作用域被限制在包含它的类中。因此，如果类 B 是在类 A 中定义的，那么类 B 不能独立于类 A 而存在。嵌套类可以访问包含它的类的成员，包括私有成员。但是，包含类(包含嵌套类的类)不能访问嵌套类的成员。嵌套类直接在包含类中作为成员进行声明。也可以在代码块中声明嵌套类。

嵌套类有两种类型：静态的和非静态的。静态的嵌套类是应用了 static 修饰符的嵌套类，因为是静态的，所以只能通过对象访问包含类的非静态成员。也就是说，嵌套类不能直接引用包含类的非静态成员。因为这条限制，所以很少使用静态的嵌套类。

嵌套类最重要的类型是内部类。内部类是非静态的嵌套类，可以访问外部类的所有变量和方法，并且可以直接引用它们，引用方式与外部类的其他非静态成员使用的方式相同。

下面的程序演示了如何定义和使用内部类。其中被命名为 Outer 的类有一个名为 outer_x 的实例变量，一个名为 test()的实例方法，还定义了一个名为 Inner 的内部类：

```
// Demonstrate an inner class.
class Outer {
  int outer_x = 100;

  void test() {
    Inner inner = new Inner();
    inner.display();
  }

  // this is an inner class
  class Inner {
    void display() {
      System.out.println("display: outer_x = " + outer_x);
    }
  }
}

class InnerClassDemo {
  public static void main(String args[]) {
    Outer outer = new Outer();
    outer.test();
  }
}
```

该程序的输出如下所示：

```
display: outer_x = 100
```

在这个程序中，被命名为 Inner 的内部类是在 Outer 类的作用域内定义的。所以，Inner 类中的所有代码都可直接访问变量 outer_x。在 Inner 类中定义了一个名为 display()的实例方法，该方法在标准输出流上显示 outer_x。InnerClassDemo 类的 main()方法创建了 Outer 类的一个实例，并调用这个实例的 test()方法。该方法创建 Inner 类的一个实例，并调用 display()方法。

只能在 Outer 类的作用域内创建 Inner 类的实例，认识到这一点很重要，否则 Java 编译器就会生成错误。一般来说，必须通过封闭的作用域内的代码创建内部类的实例，如上面的示例所示。

正如所解释的，内部类可以访问外部类的所有成员，但是反过来不可以。内部类的成员只有在内部类的作用域内才是已知的，外部类不能使用它们。例如：

```
// This program will not compile.
class Outer {
  int outer_x = 100;

  void test() {
    Inner inner = new Inner();
    inner.display();
  }

  // this is an inner class
  class Inner {
    int y = 10; // y is local to Inner

    void display() {
      System.out.println("display: outer_x = " + outer_x);
    }
  }

  void showy() {
    System.out.println(y); // error, y not known here!
  }
}

class InnerClassDemo {
  public static void main(String args[]) {
    Outer outer = new Outer();
    outer.test();
  }
}
```

在此，y 被声明为 Inner 类的实例变量。因此，在 Inner 类的外部不知道 y，showy() 方法也不能使用它。

尽管我们一直主要关注在外部类的作用域内作为成员声明的内部类，但也可在任何代码块的作用域内定义内部类。例如，可以在由方法定义的代码块中，甚至在 for 循环体内定义嵌套类，如下面这个程序所示。

```
// Define an inner class within a for loop.
class Outer {
  int outer_x = 100;

  void test() {
    for(int i=0; i<10; i++) {
      class Inner {
        void display() {
          System.out.println("display: outer_x = " + outer_x);
        }
      }
      Inner inner = new Inner();
      inner.display();
    }
  }
}

class InnerClassDemo {
  public static void main(String args[]) {
    Outer outer = new Outer();
    outer.test();
  }
}
```

这个程序的输出如下所示：

```
display: outer_x = 100
display: outer_x = 100
display: outer_x = 100
display: outer_x = 100
display: outer_x = 100
display: outer_x = 100
display: outer_x = 100
display: outer_x = 100
display: outer_x = 100
```

尽管嵌套类并不适用于所有情况，但是当处理事件时它们特别有用。第 24 章会继续讨论这个主题。在那里将会看到，如何使用内部类简化处理特定类型的事件所需要的代码，还将学习有关匿名内部类的内容，匿名内部类是指没有名称的内部类。

最后一点：最初的 Java 1.0 规范不支持嵌套类。嵌套类这一特性是在 Java 1.1 规范中引入的。

7.11 String 类

尽管本书第 II 部分将深入研究 String 类，但是在此先对其进行简要介绍，因为第 I 部分后续的一些示例程序中将会用到字符串。String 可能是 Java 类库中最常用的类。原因很明显，字符串是程序开发中非常重要的部分。

对于字符串首先需要理解的是，创建的每个字符串实际上都是 String 类型的对象。即使是字符串常量，实际上也是 String 对象。例如，在下面的语句中：

```
System.out.println("This is a String, too");
```

字符串"This is a String，too"就是一个 String 对象。

对于字符串需要理解的第二点是：String 类型的对象是不可变的；一旦创建了一个 String 对象，其内容就不能再改变。尽管这看起来好像是一个严重的限制，但实际上不是，有两个原因：

- 如果需要改变一个字符串，总是可以创建包含修改后内容的新字符串。
- Java 定义了 String 类的对等类，分别称为 StringBuffer 和 StringBuilder，它们允许修改字符串，所以在 Java 中仍然可以使用所有常规的字符串操作(StringBuffer 和 StringBuilder 类将在本书的第 II 部分介绍)。

可以通过多种方式构造字符串，最简单的方式是使用下面的语句：

```
String myString = "this is a test";
```

一旦创建了一个 String 对象，就可以在允许使用字符串的任何地方使用它。例如，下面这条语句显示 myString：

```
System.out.println(myString);
```

Java 为 String 对象定义了一个运算符，即 +，可以使用它连接两个字符串。例如下面这条语句：

```
String myString = "I" + " like " + "Java.";
```

会使 myString 包含"I like Java."。

下面的程序演示了前面介绍的概念：

```java
// Demonstrating Strings.
class StringDemo {
  public static void main(String args[]) {
    String strOb1 = "First String";
    String strOb2 = "Second String";
    String strOb3 = strOb1 + " and " + strOb2;
```

```
        System.out.println(strOb1);
        System.out.println(strOb2);
        System.out.println(strOb3);
    }
}
```

该程序生成的输出如下所示:

```
First String
Second String
First String and Second String
```

String 类提供了一些可供使用的方法,下面是其中的几个。可以使用 equals()方法测试两个字符串是否相等,可以通过 length()方法获取字符串的长度,可以通过 charAt()方法获取字符串中指定索引处的字符。这三个方法的一般形式如下所示:

```
boolean equals(secondStr)
int length( )
char charAt(index)
```

下面的程序演示了这三个方法:

```
// Demonstrating some String methods.
class StringDemo2 {
  public static void main(String args[]) {
    String strOb1 = "First String";
    String strOb2 = "Second String";
    String strOb3 = strOb1;

    System.out.println("Length of strOb1: " +
                    strOb1.length());

    System.out.println("Char at index 3 in strOb1: " +
                    strOb1.charAt(3));

    if(strOb1.equals(strOb2))
      System.out.println("strOb1 == strOb2");
    else
      System.out.println("strOb1 != strOb2");

    if(strOb1.equals(strOb3))
      System.out.println("strOb1 == strOb3");
    else
      System.out.println("strOb1 != strOb3");
  }
}
```

该程序生成的输出如下所示:

```
Length of strOb1: 12
Char at index 3 in strOb1: s
strOb1 != strOb2
strOb1 == strOb3
```

当然,也可定义字符串数组,就像可以定义其他任何类型对象的数组一样。例如:

```
// Demonstrate String arrays.
class StringDemo3 {
```

```java
public static void main(String args[]) {
  String str[] = { "one", "two", "three" };

  for(int i=0; i<str.length; i++)
    System.out.println("str[" + i + "]: " +
                       str[i]);
 }
}
```

下面是该程序的输出：

```
str[0]: one
str[1]: two
str[2]: three
```

在后续章节中可以发现，字符串数组在许多 Java 程序中扮演着重要角色。

7.12 使用命令行参数

当运行程序时，有时可能希望为程序传递信息，这可以通过为 main()方法传递命令行参数(command-line argument)来完成。命令行参数是执行程序时在命令行上紧跟程序名称之后的信息。在 Java 程序中访问命令行参数非常容易——它们作为字符串存储在 String 数组中，并传递给 main()方法的 args 参数。第一个命令行参数存储在 args[0]中，第二个存储在 args[1]中，以此类推。例如，下面的程序显示了调用该程序时提供的所有命令行参数：

```java
// Display all command-line arguments.
class CommandLine {
  public static void main(String args[]) {
    for(int i=0; i<args.length; i++)
      System.out.println("args[" + i + "]: " +
                         args[i]);
  }
}
```

尝试像下面这样执行该程序：

```
java CommandLine this is a test 100 -1
```

输出就如下所示：

```
args[0]: this
args[1]: is
args[2]: a
args[3]: test
args[4]: 100
args[5]: -1
```

请记住：
所有命令行参数都是作为字符串传递的。必须手动将数值转换成它们的内部形式，请参见第 18 章。

7.13 varargs：可变长度实参

从 JDK 5 开始，Java 提供了一个新特性，该特性可以简化某种方法的创建，这种方法需要使用数量可变的实参。这个特性称为 varargs，也就是可变长度实参(variable-length argument)的英文缩写。使用可变长度实参的方法称为可变实参方法(variable-arity method)，或简称为 varargs 方法。

需要向方法传递可变长度实参的情况相当常见。例如，打开 Internet 连接的方法可能需要使用用户名、密码、文件名、协议等，但如果没有提供这些信息中的某些信息，可以使用默认值。对于这种情况，只传递没有应用默认值的实参是很便利的。另一个例子是 printf() 方法，它是 Java I/O 库的一部分。在第 21 章可以看到，该方法使用数量可变的实参，首先进行格式化，然后输出。

在 JDK 5 之前，可以通过两种方式处理可变长度实参，每种方式都有一定的局限性。第一种方式是，如果方法所需实参的最大数量比较小，并且具体数量已知，那么可以创建该方法的重载版本，为该方法的每种可能调用方式都提供一个重载版本。尽管这种方式可以工作，但是适合的情况很少。

一旦潜在实参的最大数量比较大，或具体数量不能确定，就需要使用第二种方式，将实参放入数组中，然后将数组传递给方法。这种方式在旧代码中仍存在。下面的程序演示了这种方式：

```java
// Use an array to pass a variable number of
// arguments to a method. This is the old-style
// approach to variable-length arguments.
class PassArray {
  static void vaTest(int v[]) {
    System.out.print("Number of args: " + v.length +
                " Contents: ");

    for(int x : v)
      System.out.print(x + " ");
    System.out.println();
  }

  public static void main(String args[])
  {
    // Notice how an array must be created to
    // hold the arguments.
    int n1[] = { 10 };
    int n2[] = { 1, 2, 3 };
    int n3[] = { };

    vaTest(n1); // 1 arg
    vaTest(n2); // 3 args
    vaTest(n3); // no args
  }
}
```

该程序的输出如下所示：

```
Number of args: 1 Contents: 10
Number of args: 3 Contents: 1 2 3
Number of args: 0 Contents:
```

在这个程序中，vaTest() 方法通过数组 v 传递实参。这种旧式风格的实现可变长度实参的方法，确实可以使 vaTest() 方法采用任意数量的实参。但是，为了调用 vaTest() 方法，首先需要手动将这些实参打包到一个数组中。每次调用 vaTest() 方法时都要构造一个数组，不仅很烦琐，而且容易出错。可变长度实参这一特性提供了更简单、更好的选择。

可变长度实参通过三个句点(…)标识。例如，下面显示了如何使用可变长度实参编写 vaTest() 方法：

```java
static void vaTest(int ... v) {
```

这种语法告诉编译器，可以使用零个或更多个实参调用 vaTest()方法。所以，v 被隐式地声明为 int[]类型的数组。因此在 vaTest()方法内部，可使用常规的数组语法访问 v。下面是使用可变长度实参对前面程序进行改写之后的版本：

```
// Demonstrate variable-length arguments.
class VarArgs {

  // vaTest() now uses a vararg.
  static void vaTest(int ... v) {
    System.out.print("Number of args: " + v.length +
                " Contents: ");

    for(int x : v)
      System.out.print(x + " ");

    System.out.println();
  }

  public static void main(String args[])
  {
    // Notice how vaTest() can be called with a
    // variable number of arguments.
    vaTest(10);         // 1 arg
    vaTest(1, 2, 3);    // 3 args
    vaTest();           // no args
  }
}
```

该程序的输出和原始版本相同。

关于这个程序有重要的两点需要注意。首先，正如所解释的，在 vaTest()方法内部，v 是作为数组进行操作的。这是因为 v 是一个数组。语法"…"只不过是告诉编译器将要使用可变长度实参，这些实参存储在由 v 引用的数组中。其次，在 main()方法中，使用不同数量的实参调用 vaTest()方法，包括根本不使用任何实参。实参自动放进一个数组中并传递给 v。对于没有实参的情况，数组的长度为 0。

使用可变长度形参的方法也可以具有"常规"形参。但是，可变长度形参必须是方法最后声明的形参。例如，下面这个方法声明是完全可以接受的：

```
int doIt(int a, int b, double c, int ... vals) {
```

对于这个例子，调用 doIt()方法时，前三个实参和前三个形参相匹配，然后所有剩余实参都假定属于 vals。请记住，可变长度形参必须是最后一个形参。例如，下面的声明是不正确的：

```
int doIt(int a, int b, double c, int ... vals, boolean stopFlag) { // Error!
```

在此，试图在可变长度形参之后声明一个常规形参，这是非法的。

还有一条限制：只能有一个可变长度形参。例如，下面这个声明也是非法的：

```
int doIt(int a, int b, double c, int ... vals, double ... morevals) { // Error!
```

试图声明第二个可变长度形参是非法的。

下面是 vaTest()方法的一个修改后的版本，该版本采用一个常规实参和一个可变长度实参：

```
// Use varargs with standard arguments.
class VarArgs2 {

  // Here, msg is a normal parameter and v is a
  // varargs parameter.
```

```java
  static void vaTest(String msg, int ... v) {
    System.out.print(msg + v.length +
                " Contents: ");

    for(int x : v)
      System.out.print(x + " ");

    System.out.println();
  }

  public static void main(String args[])
  {
    vaTest("One vararg: ", 10);
    vaTest("Three varargs: ", 1, 2, 3);
    vaTest("No varargs: ");
  }
}
```

该程序的输出如下所示：

```
One vararg: 1 Contents: 10
Three varargs: 3 Contents: 1 2 3
No varargs: 0 Contents:
```

7.13.1 重载 varargs 方法

可以重载采用可变长度实参的方法。例如，下面的程序重载 vaTest() 方法三次：

```java
// varargs and overloading.
class VarArgs3 {

  static void vaTest(int ... v) {
    System.out.print("vaTest(int ...): " +
                "Number of args: " + v.length +
                " Contents: ");

    for(int x : v)
      System.out.print(x + " ");

    System.out.println();
  }

  static void vaTest(boolean ... v) {
    System.out.print("vaTest(boolean ...) " +
                "Number of args: " + v.length +
                " Contents: ");

    for(boolean x : v)
      System.out.print(x + " ");

    System.out.println();
  }

  static void vaTest(String msg, int ... v) {
    System.out.print("vaTest(String, int ...): " +
                msg + v.length +
                " Contents: ");
```

```
    for(int x : v)
      System.out.print(x + " ");

    System.out.println();
  }

  public static void main(String args[])
  {
    vaTest(1, 2, 3);
    vaTest("Testing: ", 10, 20);
    vaTest(true, false, false);
  }
}
```

该程序的输出如下所示：

```
vaTest(int ...): Number of args: 3 Contents: 1 2 3
vaTest(String, int ...): Testing: 2 Contents: 10 20
vaTest(boolean ...) Number of args: 3 Contents: true false false
```

这个程序演示了可以重载 varargs 方法的两种方式。第一种方式，通过可变长度形参的类型区分不同的版本，vaTest(int ...)和 vaTest(boolean ...)就是这种情况。请记住，"..."使形参作为特定类型的数组对待。所以，就像可以通过不同类型的数组形参对方法进行重载一样，可以使用不同类型的可变长度实参来对 varargs 方法进行重载。对于这种方式，Java 利用类型差异来判定应调用哪个重载方法。

重载varargs方法的第二种方式是添加一个或多个常规形参。vaTest(string, int...)采用的就是这种方式。对于这种方式，Java 使用实参的数量和类型来判定应调用哪个方法。

> **注意：**
> 还可以通过非 varargs 方法重载 varargs 方法。例如，vaTest(int x)是前面程序中 vaTest()方法的一个合法重载版本。只有在提供一个 int 类型实参时才会调用这个重载版本。如果传递两个或更多个 int 类型实参，将会使用 varargs 版本 vaTest(int...v)。

7.13.2 varargs 方法与模糊性

当重载带有可变长度实参的方法时，可能导致某些意料之外的错误。这些错误涉及模糊性(ambiguity)，因为可能会为重载的 varargs 方法创建含糊不清的调用。例如，分析下面的程序：

```
// varargs, overloading, and ambiguity.
//
// This program contains an error and will
// not compile!
class VarArgs4 {

  static void vaTest(int ... v) {
    System.out.print("vaTest(int ...): " +
                "Number of args: " + v.length +
                " Contents: ");

    for(int x : v)
      System.out.print(x + " ");

    System.out.println();
  }
```

```
  static void vaTest(boolean ... v) {
    System.out.print("vaTest(boolean ...) " +
                "Number of args: " + v.length +
                " Contents: ");

    for(boolean x : v)
      System.out.print(x + " ");

    System.out.println();
  }

  public static void main(String args[])
  {
    vaTest(1, 2, 3); // OK
    vaTest(true, false, false); // OK

    vaTest(); // Error: Ambiguous!
  }
}
```

在这个程序中，对 vaTest()方法的重载完全正确。但是，这个程序由于下面的调用而不能通过编译：

`vaTest(); // Error: Ambiguous!`

因为可变长度形参可以为空，所以这个调用可以被转换为对 vaTest(int…)或 vaTest (boolean…)方法的调用。这两者都是合法的。因此，这个调用实际上是含糊不清的。

下面是另一个模糊性的例子。下面显示的 vaTest()方法的重载版本本身就是含糊不清的，尽管其中一个重载版本带有常规形参：

`static void vaTest(int ... v) { // ...`

`static void vaTest(int n, int ... v) { // ...`

虽然 vaTest()方法的形参列表不同，但是编译器无法判断下面的调用：

`vaTest(1)`

上面的调用是转换为对 vaTest(int…)的调用，还是转换为对 vaTest(int, int…)的调用呢？前者使用可变长度实参，后者不使用可变长度实参。编译器无法回答这个问题。因此，这种情况是含糊不清的。

因为类似上面显示的模糊性错误，所以有时需要放弃重载，并简单地使用两个不同的方法名。此外，对于某些情况，模糊性错误暴露了代码中的概念性瑕疵，对于该问题可以通过更仔细的设计方案进行补救。

引用类型的局部变量类型推断

如第 3 章所述，从 JDK 10 开始，Java 支持局部变量类型推断。记住，当使用局部变量类型推断时，变量的类型指定为 var，并且必须初始化变量。前面的示例显示了基本类型的类型推断，这个特性也可以用于引用类型。事实上，引用类型的类型推断是该特性的主要用途。下面是一个简单例子，它声明了一个名为 myStr 的字符串变量：

`var myStr = "This is a string";`

由于将引用的字符串用作初始化器，因此 myStr 的类型推断为字符串。

如第 3 章所述，局部变量类型推断的一个好处是能够简化代码，而引用类型是这种简化最明显的地方。原因是 Java 中的许多类类型都有相当长的名称。例如，第 13 章将介绍 FileInputStream 类，它可打开用于输入操作的文件。在过去，使用如下所示的传统声明可以声明和初始化 FileInputStream。

```
FileInputStream fin = new FileInputStream("test.txt");
```

而使用 var，可以把它改写为：

```
var fin = new FileInputStream("test.txt");
```

这里，fin 被推断为 FileInputStream 类型，因为这是其初始化器的类型，不需要显式地重复类型名称。因此，这个 fin 的声明比传统的编写方法要短得多。所以，var 的使用简化了声明。这种优势在更复杂的声明中更加明显，比如涉及泛型的声明。通常，局部变量类型推断的简化属性有助于减少在程序中输入长类型名称的烦琐。

当然，必须谨慎使用局部变量类型推断的代码简化特性，以避免降低程序的可读性，从而模糊其含义。例如，考虑如下所示的声明：

```
var x = o.getNext();
```

这种情况下，读代码的人可能不会立即弄清楚 x 的类型。本质上，局部变量类型推断是一个应该明智使用的特性。

可以想象，还可以对用户定义的类使用局部变量类型推断，如下面的程序所示。它创建一个名为 MyClass 的类，然后使用局部变量类型推断来声明和初始化该类的对象。

```
// Local variable type inference with a user-defined class type.
class MyClass {
  private int i;

  MyClass(int k) { i = k;}

  int geti() { return i; }
  void seti(int k) { if(k >= 0) i = k; }
}

class RefVarDemo {
  public static void main(String args[]) {
    var mc = new MyClass(10); // Notice the use of var here.

    System.out.println("Value of i in mc is " + mc.geti());
    mc.seti(19);
    System.out.println("Value of i in mc is now " + mc.geti());
  }
}
```

程序的输出如下所示：

```
Value of i in mc is 10
Value of i in mc is now 19
```

在这个程序中特别注意如下代码：

```
var mc = new MyClass(10); // Notice the use of var here.
```

这里，mc 的类型推断为 MyClass，因为这是初始化器的类型，它是一个新的 MyClass 对象。

如前所述，为了使在不支持本地变量类型推断的 Java 环境中工作的读者受益，在本书的其余部分中，大多数示例都不会使用它。这样，对于最大数量的读者而言，大多数示例都将编译运行。

第 8 章 继 承

继承是面向对象编程的基石之一，因为通过继承可以创建层次化的分类。使用继承可以创建为一系列相关对象定义共同特征的一般类，然后其他类(更具体的类)就可以继承这个一般类，进行继承的每个类都可以添加各自特有的内容。在 Java 的术语中，被继承的类称为超类，进行继承的类称为子类。所以，子类是超类的特殊化版本。子类会继承由超类定义的所有成员，并添加一些自己特有的元素。

8.1 继承的基础知识

为了继承类，只需要使用 extends 关键字将类的定义集成到另外一个类中。为了说明如何进行集成，下面给出一个简短例子。下面的程序创建了超类 A 和子类 B。注意分析在此使用关键字 extends 创建 A 的子类的方式。

```java
// A simple example of inheritance.

// Create a superclass.
class A {
  int i, j;

  void showij() {
    System.out.println("i and j: " + i + " " + j);
  }
}

// Create a subclass by extending class A.
class B extends A {
  int k;

  void showk() {
    System.out.println("k: " + k);
  }
  void sum() {
    System.out.println("i+j+k: " + (i+j+k));
  }
}

class SimpleInheritance {
  public static void main(String args []) {
```

```
    A superOb = new A();
    B subOb = new B();

    // The superclass may be used by itself.
    superOb.i = 10;
    superOb.j = 20;
    System.out.println("Contents of superOb: ");
    superOb.showij();
    System.out.println();

    /* The subclass has access to all public members of
       its superclass. */
    subOb.i = 7;
    subOb.j = 8;
    subOb.k = 9;
    System.out.println("Contents of subOb: ");
    subOb.showij();
    subOb.showk();
    System.out.println();

    System.out.println("Sum of i, j and k in subOb:");
    subOb.sum();
  }
}
```

该程序的输出如下所示：

```
Contents of superOb:
i and j: 10 20

Contents of subOb:
i and j: 7 8
k: 9

Sum of i, j and k in subOb:
i+j+k: 24
```

可以看出，子类 B 包含超类(类 A)的所有成员。所以 subOb 能够访问 i 和 j，并且可以调用 showij()方法。而且，在 sum()中，可以直接引用 i 和 j，就像它们是类 B 的一部分。

尽管 A 是 B 的超类，但 A 也完全是一个独立的、单独的类。作为子类的超类，并不意味着 A 不能单独使用。此外，子类也可以是另一个子类的超类。

对于继承某个超类的类来说，类声明的一般形式如下所示：

```
class subclass-name extends superclass-name {
  // body of class
}
```

对于创建的任何子类来说，只能指定一个超类。Java 不支持多个超类被单个子类继承。如前所述，可以创建多层次继承，其中一个子类变成另一个子类的超类。但是，类不能继承自身。

8.1.1 成员访问与继承

尽管子类包含超类的所有成员，但是子类不能访问超类中被声明为私有的那些成员。例如，分析下面简单的类层次：

```
/* In a class hierarchy, private members remain
```

```
     private to their class.

     This program contains an error and will not
     compile.
*/

// Create a superclass.
class A {
  int i; // default access
  private int j; // private to A

  void setij(int x, int y) {
    i = x;
    j = y;
  }
}

// A's j is not accessible here.
class B extends A {
  int total;

  void sum() {
    total = i + j; // ERROR, j is not accessible here
  }
}

class Access {
  public static void main(String args[]) {
    B subOb = new B();

    subOb.setij(10, 12);

    subOb.sum();
    System.out.println("Total is " + subOb.total);
  }
}
```

这个程序不能通过编译，因为在类 B 的 sum() 方法中使用 j 会导致访问违规。由于 j 被声明为私有变量，因此只能被其类的其他成员访问，子类不能访问它。

> **注意：**
> 被声明为私有的类成员对于所属的类来说仍然是私有的。类之外的任何代码都不能访问，包括子类。

8.1.2 一个更实际的例子

下面让我们看一个更实际的例子，该例可以帮助演示继承的功能。在此，将扩展在前一章中开发的最后那个版本的 Box 类，使其包含第 4 个元素 weight。因此，新的类将包含盒子的宽度、长度、高度和重量。

```
// This program uses inheritance to extend Box.
class Box {
  double width;
  double height;
  double depth;

  // construct clone of an object
  Box(Box ob) { // pass object to constructor
```

```
    width = ob.width;
    height = ob.height;
    depth = ob.depth;
  }

  // constructor used when all dimensions specified
  Box(double w, double h, double d) {
    width = w;
    height = h;
    depth = d;
  }

  // constructor used when no dimensions specified
  Box() {
    width = -1;  // use -1 to indicate
    height = -1; // an uninitialized
    depth = -1;  // box
  }

  // constructor used when cube is created
  Box(double len) {
    width = height = depth = len;
  }

  // compute and return volume
  double volume() {
    return width * height * depth;
  }
}

// Here, Box is extended to include weight.
class BoxWeight extends Box {
  double weight; // weight of box

  // constructor for BoxWeight
  BoxWeight(double w, double h, double d, double m) {
    width = w;
    height = h;
    depth = d;
    weight = m;
  }
}

class DemoBoxWeight {
  public static void main(String args[]) {
    BoxWeight mybox1 = new BoxWeight(10, 20, 15, 34.3);
    BoxWeight mybox2 = new BoxWeight(2, 3, 4, 0.076);
    double vol;

    vol = mybox1.volume();
    System.out.println("Volume of mybox1 is " + vol);
    System.out.println("Weight of mybox1 is " + mybox1.weight);
    System.out.println();

    vol = mybox2.volume();
    System.out.println("Volume of mybox2 is " + vol);
```

```
    System.out.println("Weight of mybox2 is " + mybox2.weight);
  }
}
```

该程序的输出如下所示：

```
Volume of mybox1 is 3000.0
Weight of mybox1 is 34.3

Volume of mybox2 is 24.0
Weight of mybox2 is 0.076
```

BoxWeight 继承了 Box 类的所有特征，并添加了 weight 元素。没必要为 BoxWeight 重新创建盒子的所有特征，可以简单地扩展 Box 类以实现自己的目标。

继承的主要优点是：一旦创建了一个定义一系列对象共同特征的超类，就可以使用这个超类创建任意数量的更具体子类。每个子类都可以精确地适合它自己的类别。例如，下面的类继承自 Box 类，并添加了颜色特性。

```
// Here, Box is extended to include color.
class ColorBox extends Box {
  int color; // color of box

  ColorBox(double w, double h, double d, int c) {
    width = w;
    height = h;
    depth = d;
    color = c;
  }
}
```

请记住，一旦创建一个定义对象通用方面的超类，就可以继承这个超类，形成更具体的子类。每个子类再简单地增加自己特有的特性，这就是继承的本质。

8.1.3 超类变量可以引用子类对象

可将指向继承自某个超类的任何子类对象的引用赋给这个超类的引用变量。许多情况下，继承的这个特性特别有用。例如，分析下面的代码：

```
class RefDemo {
  public static void main(String args[]) {
    BoxWeight weightbox = new BoxWeight(3, 5, 7, 8.37);
    Box plainbox = new Box();
    double vol;

    vol = weightbox.volume();
    System.out.println("Volume of weightbox is " + vol);
    System.out.println("Weight of weightbox is " +
                       weightbox.weight);
    System.out.println();

    // assign BoxWeight reference to Box reference
    plainbox = weightbox;

    vol = plainbox.volume(); // OK, volume() defined in Box
    System.out.println("Volume of plainbox is " + vol);

    /* The following statement is invalid because plainbox
       does not define a weight member. */
```

```
//  System.out.println("Weight of plainbox is " + plainbox.weight);
  }
}
```

在此，weightbox 是指向 BoxWeight 对象的引用，plainbox 是指向 Box 对象的引用。因为 BoxWeight 是 Box 的子类，所以可将指向 weightbox 对象的引用赋值给 plainbox。

可以访问哪些成员是由引用变量的类型决定的，而不是由所引用对象的类型来决定，理解这一点很重要。也就是说，当将指向子类对象的引用赋值给超类的引用变量时，只能访问子类对象在超类中定义的那些部分。所以 plainbox 不能访问 weight，尽管它引用的是 BoxWeight 对象。如果思考一下，就会发现这是合理的，因为超类不知道子类添加了什么内容。所以将上面给出的代码段的最后一行注释掉，Box 类的引用变量不能访问 weight 变量，因为 Box 类没有定义该变量。

尽管前面描述的继承的这个特性看起来好像有点深奥，但是它有一些重要的实际应用，本章后面将讨论其中的两个应用。

8.2 使用 super 关键字

在前面的几个例子中，继承自 Box 的类的实现还不够高效或健壮。例如，BoxWeight 类的构造函数显式地初始化 Box 类的 width、height 和 depth 变量。不但复制超类中的代码会导致效率低下，而且这暗示着子类必须保证能够访问这些成员。但是，有时会希望创建只有自己才知道实现细节的超类(也就是将数据成员保存为私有成员)。对于这种情况，子类就不能直接访问或初始化这些变量。因为封装是 OOP 的主要特性，所以 Java 为这个问题提供一个解决方案是很正常的。无论何时，当子类需要引用它的直接超类时，都可以使用关键字 super。

super 有两种一般用法：第一种用于调用超类的构造函数；第二种用于访问超类中被子类的某个成员隐藏的成员。下面分别解释这两种用法。

8.2.1 使用 super 调用超类的构造函数

子类可以通过使用下面的 super 形式，调用超类定义的构造函数：

super(*arg-list*);

其中，*arg-list* 是超类中构造函数需要的全部参数，super()必须总是子类的构造函数中执行的第一条语句。

为了查看 super()的具体用法，分析下面给出的 BoxWeight 类的改进版：

```
// BoxWeight now uses super to initialize its Box attributes.
class BoxWeight extends Box {
  double weight; // weight of box

  // initialize width, height, and depth using super()
  BoxWeight(double w, double h, double d, double m) {
    super(w, h, d); // call superclass constructor
    weight = m;
  }
}
```

其中，BoxWeight()使用参数 w、h 和 d 调用 super()，这会调用 Box 类的构造函数，使用这些值初始化 width、height 和 depth 变量。BoxWeight 自身不再初始化这些值，而是只需要初始化自身特有的值：weight。这样一来，如果愿意，Box 类就可以将这些变量声明为私有变量。

在上面的例子中，使用三个参数调用 super()。由于构造函数可以是重载的，因此可以使用超类定义的任何形式调用 super()。具体执行的构造函数将是能够和参数匹配的版本。例如，下面是 BoxWeight 类的完整实现，其中为可以构造盒子的各种方式提供了相应的构造函数。对于每种情况，使用恰当的参数调用 super()。注意在 Box 类中将 width、height 和 depth 变量声明为私有变量。

```java
// A complete implementation of BoxWeight.
class Box {
  private double width;
  private double height;
  private double depth;

  // construct clone of an object
  Box(Box ob) { // pass object to constructor
    width = ob.width;
    height = ob.height;
    depth = ob.depth;
  }

  // constructor used when all dimensions specified
  Box(double w, double h, double d) {
    width = w;
    height = h;
    depth = d;
  }

  // constructor used when no dimensions specified
  Box() {
    width = -1;  // use -1 to indicate
    height = -1; // an uninitialized
    depth = -1;  // box
  }

  // constructor used when cube is created
  Box(double len) {
    width = height = depth = len;
  }

  // compute and return volume
  double volume() {
    return width * height * depth;
  }
}

// BoxWeight now fully implements all constructors.
class BoxWeight extends Box {
  double weight; // weight of box

  // construct clone of an object
  BoxWeight(BoxWeight ob) { // pass object to constructor
    super(ob);
    weight = ob.weight;
  }

  // constructor when all parameters are specified
  BoxWeight(double w, double h, double d, double m) {
    super(w, h, d); // call superclass constructor
    weight = m;
  }
```

```
    // default constructor
    BoxWeight() {
      super();
      weight = -1;
    }

    // constructor used when cube is created
    BoxWeight(double len, double m) {
      super(len);
      weight = m;
    }
  }

  class DemoSuper {
    public static void main(String args[]) {
      BoxWeight mybox1 = new BoxWeight(10, 20, 15, 34.3);
      BoxWeight mybox2 = new BoxWeight(2, 3, 4, 0.076);
      BoxWeight mybox3 = new BoxWeight(); // default
      BoxWeight mycube = new BoxWeight(3, 2);
      BoxWeight myclone = new BoxWeight(mybox1);
      double vol;

      vol = mybox1.volume();
      System.out.println("Volume of mybox1 is " + vol);
      System.out.println("Weight of mybox1 is " + mybox1.weight);
      System.out.println();

      vol = mybox2.volume();
      System.out.println("Volume of mybox2 is " + vol);
      System.out.println("Weight of mybox2 is " + mybox2.weight);
      System.out.println();

      vol = mybox3.volume();
      System.out.println("Volume of mybox3 is " + vol);
      System.out.println("Weight of mybox3 is " + mybox3.weight);
      System.out.println();

      vol = myclone.volume();
      System.out.println("Volume of myclone is " + vol);
      System.out.println("Weight of myclone is " + myclone.weight);
      System.out.println();

      vol = mycube.volume();
      System.out.println("Volume of mycube is " + vol);
      System.out.println("Weight of mycube is " + mycube.weight);
      System.out.println();
    }
  }
```

该程序生成的输出如下所示：

```
  Volume of mybox1 is 3000.0
  Weight of mybox1 is 34.3

  Volume of mybox2 is 24.0
  Weight of mybox2 is 0.076
```

```
Volume of mybox3 is -1.0
Weight of mybox3 is -1.0

Volume of myclone is 3000.0
Weight of myclone is 34.3

Volume of mycube is 27.0
Weight of mycube is 2.0
```

需要特别关注 BoxWeight 类中的下面这个构造函数：

```
// construct clone of an object
BoxWeight(BoxWeight ob) { // pass object to constructor
  super(ob);
  weight = ob.weight;
}
```

注意为 super()传递的是 BoxWeight 类型的对象，而不是 Box 类型的对象，这仍然会调用 Box(Box ob)构造函数。如前所述，可使用超类变量引用继承自超类的任何对象。因此，可为 Box 构造函数传递 BoxWeight 对象。当然，Box 类只知道自己的成员。

下面回顾一下 super()背后的关键概念。当子类调用 super()时，会调用直接超类的构造函数。因此，super()总是引用调用类的直接超类。即使在多层次继承中也是如此。此外，super()必须总是子类构造函数中执行的第一条语句。

8.2.2 super 的另一种用法

super 的另一种用法和 this 有些类似，只不过 super 总是在引用(在其中使用 super 关键字的子类的)超类。这种用法的一般形式如下：

super.*member*

其中，*member* 既可以是方法，也可以是实例变量。

最常使用这种 super 形式的情况是，子类的成员名称隐藏了超类中的同名成员。分析下面这个简单的类层次：

```
// Using super to overcome name hiding.
class A {
  int i;
}

// Create a subclass by extending class A.
class B extends A {
  int i; // this i hides the i in A

  B(int a, int b) {
    super.i = a; // i in A
    i = b; // i in B
  }

  void show() {
    System.out.println("i in superclass: " + super.i);
    System.out.println("i in subclass: " + i);
  }
}

class UseSuper {
```

```
    public static void main(String args[]) {
      B subOb = new B(1, 2);

      subOb.show();
    }
}
```

该程序显示的内容如下所示：

```
i in superclass: 1
i in subclass: 2
```

尽管类 B 中的实例变量 i 隐藏了类 A 中的实例变量 i，但是使用 super 可以访问在超类中定义的实例变量 i。在后面会看到，也可以使用 super 调用被子类隐藏的方法。

8.3 创建多级继承层次

到目前为止，我们一直在使用只包含一个超类和一个子类的类层次。但是，只要喜欢，完全可以创建包含任意继承层次的层级。如前所述，完全可将一个子类用作另一个类的超类。例如，假设有 A、B 和 C 三个类，C 可以是 B 的一个子类，而 B 又是 A 的一个子类。当遇到这种情况时，每个子类都会继承自己所有超类中的所有特征。对于这种情况，C 会继承 B 和 A 的所有特征。为看看多层次继承是多么有用，分析下面的程序。在这个程序中，子类 BoxWeight 被用作超类，来创建子类 Shipment。Shipment 继承了 BoxWeight 和 Box 的所有特征，并增加了 cost 变量，用于保存运送这类包裹的费用。

```
// Extend BoxWeight to include shipping costs.

// Start with Box.
class Box {
  private double width;
  private double height;
  private double depth;

  // construct clone of an object
  Box(Box ob) { // pass object to constructor
    width = ob.width;
    height = ob.height;
    depth = ob.depth;
  }

  // constructor used when all dimensions specified
  Box(double w, double h, double d) {
    width = w;
    height = h;
    depth = d;
  }

  // constructor used when no dimensions specified
  Box() {
    width = -1;  // use -1 to indicate
    height = -1; // an uninitialized
    depth = -1;  // box
  }

  // constructor used when cube is created
```

```java
  Box(double len) {
    width = height = depth = len;
  }

  // compute and return volume
  double volume() {
    return width * height * depth;
  }
}

// Add weight.
class BoxWeight extends Box {
  double weight; // weight of box

  // construct clone of an object
  BoxWeight(BoxWeight ob) { // pass object to constructor
    super(ob);
    weight = ob.weight;
  }

  // constructor when all parameters are specified
  BoxWeight(double w, double h, double d, double m) {
    super(w, h, d); // call superclass constructor
    weight = m;
  }

  // default constructor
  BoxWeight() {
    super();
    weight = -1;
  }

  // constructor used when cube is created
  BoxWeight(double len, double m) {
    super(len);
    weight = m;
  }
}

// Add shipping costs.
class Shipment extends BoxWeight {
  double cost;

  // construct clone of an object
  Shipment(Shipment ob) { // pass object to constructor
    super(ob);
    cost = ob.cost;
  }

  // constructor when all parameters are specified
  Shipment(double w, double h, double d,
          double m, double c) {
    super(w, h, d, m); // call superclass constructor
    cost = c;
  }
```

```
  // default constructor
  Shipment() {
    super();
    cost = -1;
  }

  // constructor used when cube is created
  Shipment(double len, double m, double c) {
    super(len, m);
    cost = c;
  }
}

class DemoShipment {
  public static void main(String args[]) {
    Shipment shipment1 =
            new Shipment(10, 20, 15, 10, 3.41);
    Shipment shipment2 =
            new Shipment(2, 3, 4, 0.76, 1.28);

    double vol;

    vol = shipment1.volume();
    System.out.println("Volume of shipment1 is " + vol);
    System.out.println("Weight of shipment1 is "
                    + shipment1.weight);
    System.out.println("Shipping cost: $" + shipment1.cost);
    System.out.println();

    vol = shipment2.volume();
    System.out.println("Volume of shipment2 is " + vol);
    System.out.println("Weight of shipment2 is "
                    + shipment2.weight);
    System.out.println("Shipping cost: $" + shipment2.cost);
  }
}
```

该程序的输出如下所示:

```
Volume of shipment1 is 3000.0
Weight of shipment1 is 10.0
Shipping cost: $3.41

Volume of shipment2 is 24.0
Weight of shipment2 is 0.76
Shipping cost: $1.28
```

因为使用了继承,所以 Shipment 类能够利用以前定义的 Box 类和 BoxWeight 类,只需要添加自己的、特定的应用程序所需要的额外信息即可。这是继承的部分价值,允许重用代码。

这个例子还演示了另一个重要内容:super()总是引用最近超类的构造函数。Shipment 类中的 super()调用 BoxWeight 类的构造函数。BoxWeight 类中的 super()调用 Box 类的构造函数。在类层次中,如果超类的构造函数需要形参,那么所有子类必须"向上"传递这些形参。不管子类本身是否需要形参,都需要这么做。

注意:
在前面的程序中,整个类层次(包括 Box、BoxWeight 和 Shipment)都位于一个文件中。这只是为了方便。在

Java 中，可以将这三个类放置到它们自己的文件中，并单独进行编译。实际上，在创建类层次的过程中，为每个类使用单独的文件才是正常的。

8.4 构造函数的执行时机

当创建类层次时，对于构成整个层次的类来说，以什么顺序执行这些类的构造函数呢？例如，假设子类 B 和超类 A，是在执行 B 的构造函数之前执行 A 的构造函数，还是在执行 A 的构造函数之前执行 B 的构造函数？答案是：在类层次中，从超类到子类按照继承的顺序执行构造函数。此外，因为 super() 必须是子类构造函数中执行的第一条语句，所以不管是否使用 super()，构造函数的执行顺序都是这样。如果没有使用 super()，将执行每个超类的默认构造函数或无参构造函数。下面的程序演示了执行构造函数的时机：

```java
// Demonstrate when constructors are executed.

// Create a super class.
class A {
  A() {
    System.out.println("Inside A's constructor.");
  }
}

// Create a subclass by extending class A.
class B extends A {
  B() {
    System.out.println("Inside B's constructor.");
  }
}

// Create another subclass by extending B.
class C extends B {
  C() {
    System.out.println("Inside C's constructor.");
  }
}

class CallingCons {
  public static void main(String args[]) {
    C c = new C();
  }
}
```

该程序的输出如下所示：

```
Inside A's constructor
Inside B's constructor
Inside C's constructor
```

可以看出，构造函数是按照继承顺序执行的。

如果对此稍加分析，就可以看出以继承顺序执行构造函数是合理的。因为超类不知道子类的任何情况，超类需要执行的任何初始化操作独立于子类执行的任何初始化操作，并且超类的初始化操作可能还是子类初始化操作的先决条件。所以，必须先执行超类的构造函数。

8.5 方法重写

在类层次中，如果子类的一个方法和超类的某个方法具有相同的名称和类型签名，那么称子类中的这个方法重写了超类中相应的那个方法。当在子类中调用被重写的方法时，总是调用由子类定义的方法版本，由超类定义的方法版本会被隐藏。分析下面的代码：

```
// Method overriding.
class A {
  int i, j;
  A(int a, int b) {
    i = a;
    j = b;
  }

  // display i and j
  void show() {
    System.out.println("i and j: " + i + " " + j);
  }
}

class B extends A {
  int k;

  B(int a, int b, int c) {
    super(a, b);
    k = c;
  }

  // display k - this overrides show() in A
  void show() {
    System.out.println("k: " + k);
  }
}

class Override {
  public static void main(String args[]) {
    B subOb = new B(1, 2, 3);

    subOb.show(); // this calls show() in B
  }
}
```

该程序生成的输出如下所示：

```
k: 3
```

当在类型 B 的对象上调用 show()方法时，使用的是在类 B 中定义的版本。也就是说，类 B 中的 show()版本覆盖了在类 A 中声明的版本。

如果希望访问超类中被重写的方法，可以通过 super 完成该操作。例如，在下面这个版本的类 B 中，在子类版本的 show()方法内部调用超类版本的 show()方法，从而显示所有实例变量。

```
class B extends A {
  int k;

  B(int a, int b, int c) {
```

```
    super(a, b);
    k = c;
  }

  void show() {
    super.show(); // this calls A's show()
    System.out.println("k: " + k);
  }
}
```

如果使用这个版本的类 B 替换前面程序中的类 B，将看到如下所示的输出：

```
i and j: 1 2
k: 3
```

在此，super.show()调用超类版本的 show()。

只有当两个方法的名称和类型签名都相同时才会发生重写。否则，这两个方法就只是简单的重载关系。例如，分析上面程序的修改版：

```
// Methods with differing type signatures are overloaded - not
// overridden.
class A {
  int i, j;

  A(int a, int b) {
    i = a;
    j = b;
  }

  // display i and j
  void show() {
    System.out.println("i and j: " + i + " " + j);
  }
}

// Create a subclass by extending class A.
class B extends A {
  int k;

  B(int a, int b, int c) {
    super(a, b);
    k = c;
  }

  // overload show()
  void show(String msg) {
    System.out.println(msg + k);
  }
}

class Override {
  public static void main(String args[]) {
    B subOb = new B(1, 2, 3);

    subOb.show("This is k: "); // this calls show() in B
    subOb.show(); // this calls show() in A
  }
```

}
```

这个程序生成的输出如下所示：

```
This is k: 3
i and j: 1 2
```

类 B 中的 show()版本采用一个字符串参数。这使得其类型签名和类 A 中的 show()方法不同，类 A 中的 show()方法没有参数。所以，不会发生重写(或名称隐藏)。反而，类 B 中的 show()版本重载了类 A 中的 show()版本。

8.6 动态方法调度

虽然上一节中的例子演示了方法重写的机制，但是没有显示出其功能。实际上，如果方法重写仅仅是一种名称空间约定，那么即使在最好的情况下，充其量也就是觉得有趣，而没有一点实用价值。但是，情况并非如此。方法重写形成了动态方法调度(dynamic method dispatch)的基础，动态方法调度是 Java 中最强大的功能之一。动态方法调度是一种机制，通过这种机制可以在运行时(而不是在编译时)解析对重写方法的调用。动态方法调度很重要，因为这是 Java 实现运行时多态的机理所在。

首先再次声明一个重要的原则：超类引用变量(superclass reference variable)可以指向子类对象。Java 利用这一事实，在运行时解析对重写方法的调用。下面是实现原理：当通过超类引用调用重写的方法时，Java 根据在调用时所引用对象的类型来判定应调用哪个版本的方法。因此，这个决定是在运行时做出的。如果引用不同类型的对象，就会调用不同版本的重写方法。换句话说，是当前正在引用的对象的类型(而不是引用变量的类型)决定将要执行哪个版本的重写方法。所以，如果超类包含被子类重写的方法，那么当通过超类引用变量引用不同类型的对象时，会执行不同版本的方法。

下例演示动态方法调度：

```
// Dynamic Method Dispatch
class A {
  void callme() {
    System.out.println("Inside A's callme method");
  }
}

class B extends A {
  // override callme()
  void callme() {
    System.out.println("Inside B's callme method");
  }
}

class C extends A {
  // override callme()
  void callme() {
    System.out.println("Inside C's callme method");
  }
}

class Dispatch {
  public static void main(String args[]) {
    A a = new A(); // object of type A
    B b = new B(); // object of type B
    C c = new C(); // object of type C
    A r; // obtain a reference of type A
```
```

```
    r = a; // r refers to an A object
    r.callme(); // calls A's version of callme

    r = b; // r refers to a B object
    r.callme(); // calls B's version of callme

    r = c; // r refers to a C object
    r.callme(); // calls C's version of callme
  }
}
```

该程序的输出如下所示：

```
Inside A's callme method
Inside B's callme method
Inside C's callme method
```

这个程序创建了超类 A 及其两个子类，分别是 B 和 C。子类 B 和 C 重写了在 A 中声明的 callme()方法。在 main()方法中，分别声明了类型 A、B 和 C 的对象。此外，还声明了一个类型 A 的引用 r。然后，程序将指向各种类型对象的引用赋值给 r，并使用这个引用调用 callme()。正如输出所显示的，执行哪个版本的 callme()是由调用时所引用对象的类型决定的。如果是由引用变量 r 的类型来决定执行哪个版本的话，就会看到对类 A 中 callme()方法的三次调用。

> **注意：**
> 熟悉 C++或 C#的读者会发现，Java 中的重写方法和这些语言中的虚函数类似。

8.6.1 重写方法的目的

如前所述，重写方法为 Java 支持运行时多态奠定了基础。多态是面向对象编程的本质特征之一，理由之一是：多态允许一般类规定对所有继承类都通用的方法，并且允许子类定义所有这些方法或其中部分方法的特定实现。重写方法是 Java 实现"一个接口，多种方法"这一多态特性的另一种方式。

成功应用多态的部分关键原因是，要理解正是超类和子类形成了具体化程度从更少到更多的层次。使用正确的话，超类提供了子类可以直接使用的所有元素，还定义了派生类必须实现的方法。这允许子类灵活地定义自己的方法，但是仍然强制使用一致的接口。因此，通过联合使用继承和重写方法这两个特性，超类可以定义将被所有子类使用的方法的一般形式。

动态的、运行时多态性是面向对象设计实现代码重用和健壮性的最强大机制之一。现有代码库能调用新的类实例的方法而不需要重新编译，还能保持清晰的抽象接口，这种能力是一种非常强大的工具。

8.6.2 应用方法重写

下面介绍一个更实际的使用方法重写的例子。下面的程序创建了一个超类 Figure，该类存储二维对象的尺寸。该类还定义了一个 area()方法，该方法计算对象的面积。这个程序从 Figure 类派生了两个子类。第一个子类是 Rectangle，第二个子类是 Triangle。每个子类都重写了 area()方法，从而可以相应地返回矩形和三角形的面积：

```
// Using run-time polymorphism.
class Figure {
  double dim1;
  double dim2;

  Figure(double a, double b) {
    dim1 = a;
```

```
    dim2 = b;
  }

  double area() {
    System.out.println("Area for Figure is undefined.");
    return 0;
  }
}

class Rectangle extends Figure {
  Rectangle(double a, double b) {
    super(a, b);
  }

  // override area for rectangle
  double area() {
    System.out.println("Inside Area for Rectangle.");
    return dim1 * dim2;
  }
}

class Triangle extends Figure {
  Triangle(double a, double b) {
    super(a, b);
  }

  // override area for right triangle
  double area() {
    System.out.println("Inside Area for Triangle.");
    return dim1 * dim2 / 2;
  }
}

class FindAreas {
  public static void main(String args[]) {
    Figure f = new Figure(10, 10);
    Rectangle r = new Rectangle(9, 5);
    Triangle t = new Triangle(10, 8);
    Figure figref;

    figref = r;
    System.out.println("Area is " + figref.area());

    figref = t;
    System.out.println("Area is " + figref.area());

    figref = f;
    System.out.println("Area is " + figref.area());
  }
}
```

该程序的输出如下所示：

```
    Inside Area for Rectangle.
    Area is 45
    Inside Area for Triangle.
    Area is 40
```

```
Area for Figure is undefined.
Area is 0
```

通过同时使用继承和运行时多态机制,可以定义由多个不同的、但是相互关联的对象类型使用的统一接口。对于上面这个例子,如果某个对象派生自 Figure 类,那么可以通过 area()方法获取其面积。不管使用的是哪种图形类型,该操作的接口都是相同的。

8.7 使用抽象类

有时可能希望定义这样一种超类——声明已知抽象内容的结构,而不提供每个方法的完整实现。也就是说,有时希望创建这样一种超类——只定义被所有子类共享的一般形式,而让每个子类填充细节。这种类决定了子类必须实现的方法的本质。如果超类不能创建某个方法的有意义实现,就会发生这种情况。对于前面例子中使用的 Figure 类,就属于这种情况。在 Figure 类中,area()方法的定义只是一个占位符,不会计算和显示任何类型对象的面积。

如果创建自己的类库,就会发现:方法在超类上下文中没有实际意义的定义是很平常的。可通过两种方式处理这种情况。一种是使用在前面例子中显示的方式,简单地使之报告一条警告消息。虽然在特定情况下(例如调试)这种方式是有用的,但是这种方式通常不是很合适。可以要求方法必须被子类重写,以使子类具有某些意义。例如,分析 Triangle 类,如果没有定义 area()方法,它将没有意义。对于这种情况,你会希望有某些方式能够确保子类确实重写了所有必需的方法。Java 对这个问题提供的解决方案是抽象方法(abstract method)。

可以通过 abstract 类型修饰符,要求特定的方法必须被子类重写。这些方法有时被称为子类责任(subclass responsibility),因为在超类中没有提供实现。因此,子类必须重写它们——不能简单地使用在超类中定义的版本。为了声明抽象方法,需要使用下面的一般形式:

```
abstract type name(parameter-list);
```

可以看出,在此没有提供方法体。

任何包含一个或多个抽象方法的类都必须被声明为抽象的。为声明抽象类,只需要在类声明的开头,在 class 关键字的前面使用关键字 abstract。对于抽象类不存在对象。也就是说,不能使用 new 运算符直接实例化抽象类。这种对象是无用的,因为抽象类的定义是不完整的。此外,不能声明抽象的构造函数,也不能声明抽象的静态方法。抽象类的所有子类,要么实现超类中的所有抽象方法,要么自己也声明为抽象的。

下面是一个简单例子,其中的一个类具有一个抽象方法,接下来的类实现了该抽象方法:

```
// A Simple demonstration of abstract.
abstract class A {
  abstract void callme();

  // concrete methods are still allowed in abstract classes
  void callmetoo() {
    System.out.println("This is a concrete method.");
  }
}

class B extends A {
  void callme() {
    System.out.println("B's implementation of callme.");
  }
}

class AbstractDemo {
  public static void main(String args[]) {
```

```
    B b = new B();

    b.callme();
    b.callmetoo();
  }
}
```

注意，这个程序中没有声明类 A 的对象。如前所述，不能实例化抽象类。另外一点：类 A 还实现了具体方法 callmetoo()，这是完全可以的。抽象类可以包含合适的任意数量的实现。

尽管抽象类不能用于实例化对象，但可以使用它们创建对象引用，因为 Java 的运行时多态是通过使用超类引用实现的。因此，必须能够创建指向抽象类的引用，从而可以用于指向子类对象。下一个例子将用到这个特性。

使用抽象类，可以改进前面显示的 Figure 类。因为对于未定义的二维图形来说，谈面积没有实际意义。下面的程序版本，在 Figure 类中将 area()方法声明为抽象的。当然，这意味着派生自 Figure 的所有类都必须重写 area()方法。

```
// Using abstract methods and classes.
abstract class Figure {
  double dim1;
  double dim2;

  Figure(double a, double b) {
    dim1 = a;
    dim2 = b;
  }

  // area is now an abstract method
  abstract double area();
}

class Rectangle extends Figure {
  Rectangle(double a, double b) {
    super(a, b);
  }

  // override area for rectangle
  double area() {
    System.out.println("Inside Area for Rectangle.");
    return dim1 * dim2;
  }
}

class Triangle extends Figure {
  Triangle(double a, double b) {
    super(a, b);
  }

  // override area for right triangle
  double area() {
    System.out.println("Inside Area for Triangle.");
    return dim1 * dim2 / 2;
  }
}

class AbstractAreas {
  public static void main(String args[]) {
    // Figure f = new Figure(10, 10); // illegal now
```

```
    Rectangle r = new Rectangle(9, 5);
    Triangle t = new Triangle(10, 8);
    Figure figref; // this is OK, no object is created

    figref = r;
    System.out.println("Area is " + figref.area());

    figref = t;
    System.out.println("Area is " + figref.area());
  }
}
```

如main()方法中的注释所述，不能再声明Figure类型的对象，因为Figure类现在是抽象的。并且，Figure的所有子类都必须重写area()方法。为了证明这一点，可以尝试创建不重写area()方法的子类，你将会收到编译时错误。

尽管不能创建Figure类型的对象，但是可以创建Figure类型的引用变量。变量figref被声明为指向Figure对象的引用，这意味着可使用该变量引用所有派生自Figure的类对象。正如所解释的，正是通过超类引用变量，才能在运行时解析重写方法。

8.8 在继承中使用final关键字

关键字final有三个用途。首先，可以用于创建已命名常量的等价物。这种用途在前一章中已经介绍过。final关键字的另外两种用途是用于继承。在此将解释这两种用途。

8.8.1 使用final关键字阻止重写

虽然方法重写是Java中最强大的特性之一，但是有时会希望阻止这种情况的发生。为禁止重写方法，可在方法声明的开头使用final作为修饰符。使用final声明的方法不能被重写。下面的代码段演示了这种情况：

```
class A {
  final void meth() {
    System.out.println("This is a final method.");
  }
}

class B extends A {
  void meth() { // ERROR! Can't override.
    System.out.println("Illegal!");
  }
}
```

因为meth()被声明为final，所以在类B中不能重写该方法。如果试图这么做的话，会导致编译时错误。

将方法声明为final，有时可以提高性能：编译器可以自由地内联(inline)对这类方法的调用，因为编译器知道这些方法不能被子类重写。当调用小型final方法时，Java编译器通常可以复制子例程的字节码，直接和调用方法的编译代码内联到一起，从而可以消除方法调用所需要的开销。内联是final方法才有的一个选项。通常，Java在运行时动态分析对方法的调用，这称为后期绑定(late binding)。但是，因为final方法不能被重写，所以对final方法的调用可在编译时解析，这称为早期绑定(early binding)。

8.8.2 使用final关键字阻止继承

有时希望阻止类被继承。为此，可在类声明的前面使用final关键字。将类声明为final，就隐式地将类的所有方法也声明为 final。正如你可能期望的，将类同时声明为 abstract 和 final 是非法的，因为抽象类本身是不完整的，它依赖子类提供完整的实现。

下面是 final 类的一个例子：

```
final class A {
  //...
}

// The following class is illegal.
class B extends A { // ERROR! Can't subclass A
  //...
}
```

正如注释所表明的，类 B 继承类 A 是非法的，因为类 A 已经被声明为 final。

8.9 局部变量类型推断和继承

如第 3 章所述，JDK 10 在 Java 语言中添加了局部变量类型推断，它由保留类型名称 var 支持。清楚地理解类型推断在继承层次结构中是如何工作的非常重要。回顾一下，超类引用可以引用派生类对象，而这个特性是 Java 支持多态性的一部分。然而一定要记住，在使用局部变量类型推断时，变量的推断类型基于其初始化器的声明类型。因此，如果初始化器是超类类型，它将是变量的推断类型。初始化器引用的实际对象是不是派生类的实例并不重要。例如，考虑这个程序：

```
// When working with inheritance, the inferred type is the declared
// type of the initializer, which may not be the most derived type of
// the object being referred to by the initializer.

class MyClass {
  // ...
}

class FirstDerivedClass extends MyClass {
  int x;
  // ...
}

class SecondDerivedClass extends FirstDerivedClass {
  int y;
  // ...
}

class TypeInferenceAndInheritance {

  // Return some type of MyClass object.
  static MyClass getObj(int which) {
    switch(which) {
      case 0: return new MyClass();
      case 1: return new FirstDerivedClass();
      default: return new SecondDerivedClass();
    }
  }

  public static void main(String args[]) {
```

```
        // Even though getObj() returns different types of
        // objects within the MyClass inheritance hierarchy,
        // its declared return type is MyClass. As a result,
        // in all three cases shown here, the type of the
        // variables is inferred to be MyClass, even though
        // different derived types of objects are obtained.

        // Here, getObj() returns a MyClass object.
        var mc = getObj(0);

        // In this case, a FirstDerivedClass object is returned.
        var mc2 = getObj(1);

        // Here, a SecondDerivedClass object is returned.
        var mc3 = getObj(2);

        // Because the types of both mc2 and mc3 are inferred
        // as MyClass (because the return type of getObj() is
        // MyClass), neither mc2 nor mc3 can access the fields
        // declared by FirstDerivedClass or SecondDerivedClass.
//      mc2.x = 10; // Wrong! MyClass does not have an x field.
//      mc3.y = 10; // Wrong! MyClass does not have a y field.
    }
}
```

在该程序中，创建了一个由三个类组成的层次结构，在其顶部是 MyClass。FirstDerivedClass 是 MyClass 的子类，SecondDerivedClass 是 FirstDerivedClass 的子类。然后，程序通过调用 getObj()，使用类型推断来创建三个变量，分别称为 mc、mc2 和 mc3。getObj()方法的返回类型是 MyClass(超类)，但是根据传递的参数返回 MyClass、FirstDerivedClass 或 SecondDerivedClass 类型的对象。如输出所示，推断的类型由 getObj()的返回类型决定，而不是由获得的对象的实际类型决定。因此，这三个变量的类型都是 MyClass。

8.10 Object 类

有一个特殊的类，即 Object，该类是由 Java 定义的。所有其他类都是 Object 的子类。也就是说，Object 是所有其他类的超类。这意味着 Object 类型的引用变量可以引用任何其他类的对象。此外，因为数组也是作为类实现的，所以 Object 类型的变量也可以引用任何数组。

Object 类定义了表 8-1 中列出的方法，这意味着所有对象都可以使用这些方法。

表 8-1 Object 类定义的方法

方　法	用　途
Object clone( )	创建一个与将要复制的对象完全相同的新对象
boolean equals(Object *object*)	判定一个对象是否和另一个对象相等
void finalize( )	在回收不再使用的对象之前调用(JDK 9 不推荐使用)
Class<?> getClass( )	在运行时获取对象所属的类
int hashCode( )	返回与调用对象相关联的散列值
void notify( )	恢复执行在调用对象上等待的某个线程
void notifyAll( )	恢复执行在调用对象上等待的所有线程
String toString( )	返回一个描述对象的字符串

(续表)

方　　法	用　　途
void wait( ) void wait(long *milliseconds*) void wait(long *milliseconds*, 　　　int *nanoseconds*)	等待另一个线程的执行

　　getClass()、notify()、notifyAll()以及 wait()方法被声明为 final。可以重写其他方法，这些方法在本书的其他地方会介绍。但是，现在请注意下面这两个方法：equals()和 toString()。equals()方法比较两个对象。如果对象相等，返回 true；否则返回 false。相等性的精确定义是不同的，这取决于将要比较的对象的类型。toString()方法返回一个字符串，该字符串包含对调用对象的描述。此外，当使用 println()输出对象时会自动调用 toString()方法。许多类重写了 toString()方法，从而可为使用它们创建的对象提供特定的描述。

　　最后一点：注意 getClass()方法的返回类型，语法有些不同寻常。这与 Java 的泛型(generics)特性有关，泛型将在第 14 章介绍。

第 9 章　包和接口

本章研究 Java 中两个最具创新性的特征：包和接口。包(package)是多个类的容器，它们用于保持类的名称空间相互隔离。例如，使用包这一特征，可创建一个名为 List 的类，并将该类存储在自己的包中，而不必关心是否会和在其他地方存储的被命名为 List 的类发生冲突。包以分层方式进行存储，并被显式导入新类的定义中。在第 16 章中可以看到，包在模块中扮演着重要的角色。

在前面几章中，已经介绍了如何使用方法为类中的数据定义接口。通过使用关键字 interface，Java 可将接口从其实现中完全抽象出来。使用关键字 interface，可以标识一套由一个或多个类实现的方法。传统的接口自身不实际定义任何实现。尽管接口和抽象类很相似，但是接口还具有其他功能：一个类可以实现多个接口。相比之下，类只能继承单个超类(抽象类或其他类)。

9.1　包

在前面几章中，每个示例类的名称均取自相同的名称空间。这意味着必须为每个类使用唯一的名称，以避免命名冲突。如果不具备一些管理名称空间的方法，那么在命名类时，很快就会用完方便的、描述性名称。还需要一些方法，用于确保为类选择的名称是唯一的，不会和其他程序员选用的名称发生冲突(设想一组程序员由于都使用 Foobar 作为某个类的名称而发生争论；或者设想一下整个 Internet 社区都将某个类命名为 Espresso 而发生争执)。Java 提供了一种机制，将类的名称空间划分为更便于管理的块。这种机制就是包。包既是一种命名机制，也是一种可见性控制机制。可以在包中定义包外部的代码所不能访问的类，也可以定义只有相同包中的其他成员可以访问的类成员。这允许类之间具有联系紧密的信息，但不会将它们暴露给外面的世界。

9.1.1　定义包

创建包很容易：只需要将 package 命令作为 Java 源文件中的第一条语句。在该文件中声明的所有类都属于指定的包。package 语句定义了一个名称空间，类在其中进行存储。如果遗漏了 package 语句，类名将被放入默认包中，默认包没有名称(这就是为什么在此之前不用担心包的原因)。虽然对于简单的示例程序来说，使用默认包是很好的，但是对于现实中的应用程序，默认包是不够的。大多数情况下会为代码定义包。

下面是 package 语句的一般形式：

```
package pkg;
```

其中，*pkg* 是包的名称。例如，下面的语句创建了一个名为 mypackage 的包：

```
package mypackage;
```

Java 使用文件系统目录来存储包，这是本书示例假定采用的方式。例如，对于所有声明为属于 mypackage 包的类来说，它们的.class 文件必须存储在 mypackage 目录中，而且目录名称必须和包的名称精确匹配，记住这一点很重要。

多个文件可以包含相同的 package 语句。package 语句简单地指定了在文件中定义的类属于哪个包。不排除其他文件中的其他类也是相同包的一部分。大部分真实的包都散布在许多文件中。

可创建层次化的包。为此，简单地使用句点分隔每个包的名称。多层级包语句的一般形式如下所示：

```
package pkg1[.pkg2[.pkg3]];
```

在 Java 开发系统的文件系统中，必须体现包的层次。例如，如下声明的包：

```
package a.b.c;
```

需要存储在 Windows 环境下的 a\b\c 目录中。要确保细心地选择包的名称，不能只重命名包，而不重命名在其中存储类的目录。

9.1.2 包查找与 CLASSPATH

正如刚才解释的，包是通过路径镜像的。这会带来一个重要问题：Java 运行时系统如何才能知道在什么地方查找所创建的包？就本章示例而言，答案有三部分。首先，默认情况下，Java 运行时系统使用当前工作目录作为起始点。因此，如果包位于当前目录的子目录中，就能够找到它。其次，可通过设置 CLASSPATH 环境变量来指定目录或路径。最后，可以为 java 和 javac 使用-classpath 选项，进而为类指定路径。有必要指出，从 JDK 9 开始，包可以成为模块的一部分，因此可以在模块路径上找到它。但有关模块和模块路径的讨论将在第 16 章进行。现在仅使用类路径。

例如，分析下面的包约定：

```
package mypack
```

程序为了查找 mypack，可以从 mypack 的上一级目录执行，或者必须设置 CLASSPATH 包含到 mypack 的路径，或者当通过 java 运行该程序时，-classpath 选项必须指定到 mypack 的路径。

当使用后两个选项时，类路径不必包含 mypack 本身。必须指定到 mypack 的路径。例如，在 Windows 环境中，如果到 mypack 的路径是：

```
C:\MyPrograms\Java\ mypack
```

那么到 mypack 的类路径是：

```
C:\MyPrograms\Java
```

尝试本书中例子的最简单方式是：在当前开发目录下创建包目录，并将.class 文件放到恰当的目录中，然后从开发目录执行程序。后续例子将采用这种方式。

9.1.3 一个简短的包示例

为记住前面的讨论，可尝试下面这个简单的包：

```
// A simple package
package mypack;

class Balance {
  String name;
  double bal;
```

```java
  Balance(String n, double b) {
    name = n;
    bal = b;
  }

  void show() {
    if(bal<0)
      System.out.print("--> ");
    System.out.println(name + ": $" + bal);
  }
}

class AccountBalance {
  public static void main(String args[]) {
    Balance current[] = new Balance[3];

    current[0] = new Balance("K. J. Fielding", 123.23);
    current[1] = new Balance("Will Tell", 157.02);
    current[2] = new Balance("Tom Jackson", -12.33);

    for(int i=0; i<3; i++) current[i].show();
  }
}
```

将文件命名为 AccountBalance.java，并将其存放到 mypack 目录中。

接下来编译该文件，确保生成的 .class 文件也位于 mypack 目录中。然后，尝试使用下面的命令行执行 AccountBalance 类：

```
java mypack.AccountBalance
```

记住，当执行该命令时，需要位于 mypack 的上一级目录中(也可以使用在上一节中描述的另外两个选项来指定 mypack 路径)。

正如所解释的，AccountBalance 类现在是 mypack 包的一部分，这意味着这个类不能通过自身执行。也就是说，不能使用下面的这个命令行：

```
java AccountBalance
```

AccountBalance 类必须使用包的名称进行限定。

9.2 包和成员访问

在前面几章，学习了有关 Java 访问控制机制的各个方面以及 Java 的访问修饰符。例如，你已经知道只有类的其他成员才能被授权访问类的私有成员。包使访问控制更上一层楼。正如即将看到的，Java 提供了许多级别的保护，从而可以更细粒度地控制类、超类以及包中变量和成员的可见性。

类和包都是封装以及包含变量与方法的名称空间和作用域的手段。包作为类和其他子包的容器，类作为数据和代码的容器。类是 Java 中最小的抽象单元。因为类和包相互影响，所以 Java 为类成员提供了 4 种不同类别的可见性：

- 相同包中的子类
- 相同包中的非子类
- 不同包中的子类
- 既不是相同包中的类，也不是子类

三个访问修饰符——private、public 和 protected——为生成这些类别所需要的多级访问提供了各种方法。表 9-1

汇总了它们之间的相互作用。

表 9-1 类成员访问

	private	无访问修饰符	protected	public
在同一个类中可见	是	是	是	是
对相同包中的子类可见	否	是	是	是
对相同包中的非子类可见	否	是	是	是
对不同包中的子类可见	否	否	是	是
对不同包中的非子类可见	否	否	否	是

虽然 Java 的访问控制机制看起来可能有些复杂，但是可以对其进行如下简化：所有声明为 public 的成员可以在其他类和其他包中进行访问，所有声明为 private 的成员在类的外部不可见。如果某个成员没有做明确的访问规定，该成员对于子类以及相同包中的其他类是可见的，这是默认访问级别。如果希望允许某个元素在当前包的外部可见，但是只允许对类的直接子类可见，那么可以将该元素声明为 protected。

表 9-1 只适用于类的成员。非嵌套类只有两种可能的访问级别：默认级别和公有级别。如果将类声明为 public，那么类对于任何其他代码都是可以访问的。如果某个类具有默认访问级别，那么这个类只能被相同包中的其他类访问。如果某个类是公有的，那么这个类必须是在文件中声明的唯一公有类，并且文件的名称必须和类的名称相同。

> **注意**
> 模块特性也会影响访问性，第 16 章介绍模块的相关内容。

一个访问示例

下面的例子显示了访问控制修饰符的所有组合。这个例子包含 2 个包和 5 个类。请记住，不同包中的类需要存储在以它们对应的包命名的目录中——对于这个例子，分别是 p1 和 p2。

第 1 个包的源文件定义了 3 个类：Protection、Derived 和 SamePackage。其中的第 1 个类定义了 4 个 int 型变量，每个变量都采用合法的保护访问模式。其中，变量 n 声明为默认的保护访问模式，n_pri 声明为 private，n_pro 声明为 protected，n_pub 声明为 public。

这个例子中的每个后续类，将试图访问这个类的实例中的变量。其中，对那些由于访问限制而不能通过编译的代码行进行了注释。在这些代码行中，每一行的前面都是一条注释，注释列出了可以在哪些地方访问这个保护级别。

第 2 个类 Derived 是 Protection 的子类，它们位于相同的包 p1 中。这确保 Derived 类能够访问 Protection 类中除了 n_pri 之外的所有变量，n_pri 是 Protection 类的私有变量。第 3 个类 SamePackage 不是 Protection 的子类，但是它位于相同的包中，它也可以访问 Protection 类中除 n_pri 之外的所有成员。

下面是 Protection.java 文件的内容：

```java
package p1;

public class Protection {
  int n = 1;
  private int n_pri = 2;
  protected int n_pro = 3;
  public int n_pub = 4;

  public Protection() {
    System.out.println("base constructor");
```

```
    System.out.println("n = " + n);
    System.out.println("n_pri = " + n_pri);
    System.out.println("n_pro = " + n_pro);
    System.out.println("n_pub = " + n_pub);
  }
}
```

下面是 Derived.java 文件的内容：

```
package p1;

class Derived extends Protection {
  Derived() {
    System.out.println("derived constructor");
    System.out.println("n = " + n);

// class only
// System.out.println("n_pri = "4 + n_pri);

    System.out.println("n_pro = " + n_pro);
    System.out.println("n_pub = " + n_pub);
  }
}
```

下面是 SamePackage.java 文件的内容：

```
package p1;

class SamePackage {
  SamePackage() {

    Protection p = new Protection();
    System.out.println("same package constructor");
    System.out.println("n = " + p.n);

// class only
// System.out.println("n_pri = " + p.n_pri);

    System.out.println("n_pro = " + p.n_pro);
    System.out.println("n_pub = " + p.n_pub);
  }
}
```

下面是另一个包 p2 的源代码。在 p2 中定义的两个类涵盖了其他两个受访问控制影响的条件。第 1 个类 Protection2 是 p1.Protection 的子类，这确保类 Protection2 可以访问 p1.Protection 中除 n_pri(因为该成员是私有的) 和 n(具有默认保护级别的变量)之外的所有成员。请记住，默认访问级别只允许从类或包中进行访问，不能从其他包的子类中进行访问。最后，类 OtherPackage 只能访问变量 n_pub，该变量被声明为 public。

下面是 Protection2.java 文件的内容：

```
package p2;

class Protection2 extends p1.Protection {
  Protection2() {
    System.out.println("derived other package constructor");

// class or package only
// System.out.println("n = " + n);
```

```
//   class only
//   System.out.println("n_pri = " + n_pri);

     System.out.println("n_pro = " + n_pro);
     System.out.println("n_pub = " + n_pub);
  }
}
```

下面是文件 OtherPackage.java 的内容：

```
package p2;

class OtherPackage {
  OtherPackage() {
    p1.Protection p = new p1.Protection();
    System.out.println("other package constructor");

//   class or package only
//   System.out.println("n = " + p.n);

//   class only
//   System.out.println("n_pri = " + p.n_pri);

//   class, subclass or package only
//   System.out.println("n_pro = " + p.n_pro);

     System.out.println("n_pub = " + p.n_pub);
  }
}
```

如果希望测试这两个包，可使用下面给出的两个测试文件。用于测试包 p1 的文件如下所示：

```
// Demo package p1.
package p1;

// Instantiate the various classes in p1.
public class Demo {
  public static void main(String args[]) {
    Protection ob1 = new Protection();
    Derived ob2 = new Derived();
    SamePackage ob3 = new SamePackage();
  }
}
```

下面是用于测试包 p2 的文件：

```
// Demo package p2.
package p2;

// Instantiate the various classes in p2.
public class Demo {
  public static void main(String args[]) {
    Protection2 ob1 = new Protection2();
    OtherPackage ob2 = new OtherPackage();
  }
}
```

9.3 导入包

对于分隔各种类来说，包是一种很好的机制，很容易看出在包中存储内置 Java 类的原因。在没有名称的默认包中不存在核心 Java 类，所有标准类都存储在一些具有名称的包中。因为包中的类必须使用包的名称进行完全限定，所以为希望使用的每个类键入由句点分隔的、很长的包路径名会很麻烦。因此，为了使特定的类或整个包变得可见，Java 提供了 import 语句。一旦导入类或包，就可以使用名称直接引用类。对于程序员来说，使用 import 语句只是为了方便，并非是编写完整 Java 程序的技术需求。但如果在程序中需要引用几十个类，import 语句至少可以节省大量的键入时间。

在 Java 源文件中，import 语句紧跟在 package 语句(如果有的话)之后，并且在所有类定义之前。下面是 import 语句的一般形式：

```
import pkg1 [.pkg2].(classname |*);
```

其中，*pkg1* 是顶级包的名称，*pkg2* 是由句点(.)分隔的外层包中下一级包的名称。对于包层次的深度，除了文件系统的层次深度限制外，没有其他限制。最后，显式指定一个类名或星号(*)，星号指示 Java 编译器应当导入整个包。下面的代码段演示了这两种方式的应用：

```
import java.util.Date;
import java.io.*;
```

Java 提供的所有标准的 Java SE 类都存储在名为 java 的包中。基本的语言函数存储在 java.lang 包中。正常情况下，必须导入希望使用的每个包或类，但如果不使用 java.lang 包中的许多功能的话，Java 语言也就没有什么用处了，所以编译器隐式地为所有程序导入了 java.lang 包。这相当于在所有程序的开头添加了下面这行代码：

```
import java.lang.*;
```

如果使用星号(*)形式导入位于两个不同包中但具有相同名称的类，编译器不会进行提示，但当试图使用其中的一个类时，编译器就会进行提示。对于这种情况，会生成编译时错误，因此必须显式地命名指定包中的类。

需要重点强调的是，import 语句是可选的。在任何使用类名的地方，都可以使用完全限定名(fully qualified name)，完全限定名包含类的整个包层次。例如，下面的代码段使用了一条 import 语句：

```
import java.util.*;
class MyDate extends Date {
}
```

不使用 import 语句的同一个例子，如下所示：

```
class MyDate extends java.util.Date {
}
```

在这个版本中，对 Date 进行了完全限定。

如表 9-1 所示，当导入包时，导入代码中的非子类只能访问在包中被声明为 public 的条目。例如，对于前面显示的 mypack 包中的 Balance 类，如果希望将该类作为在 mypack 包外能够使用的通用独立类，就需要将它声明为 public，并将它放到自己的文件中，如下所示：

```
package mypack;

/* Now, the Balance class, its constructor, and its
   show() method are public. This means that they can
   be used by non-subclass code outside their package.
*/
public class Balance {
  String name;
```

```
    double bal;

    public Balance(String n, double b) {
      name = n;
      bal = b;
    }

    public void show() {
      if(bal<0)
        System.out.print("--> ");
      System.out.println(name + ": $" + bal);
    }
  }
```

可以看出，Balance 类现在是公有的。此外，Balance 类的构造函数和 show() 方法也是公有的。这意味着在 mypack 包外，任何类型的代码都可以访问它们。例如，在下面的例子中，TestBalance 首先导入 mypack 包，然后就可以使用 Balance 类：

```
import mypack.*;

class TestBalance {
  public static void main(String args[]) {

    /* Because Balance is public, you may use Balance
       class and call its constructor. */
    Balance test = new Balance("J. J. Jaspers", 99.88);

    test.show(); // you may also call show()
  }
}
```

作为试验，从 Balance 类中移除 public 修饰符，然后尝试编译上面的 TestBalance 例子。正如所解释的，这会导致错误发生。

9.4 接口

使用关键字 interface，可从类的实现中完全抽象出类的接口。也就是说，可以使用 interface 指定类必须执行哪些工作，而不指定如何执行这些工作。接口在语法上和类相似，但是它们没有实例变量，并且它们的方法没有方法体。实践中，这意味着可以定义接口，而不假定它们的实现方式。一旦定义了接口，任意数量的类就都可以实现接口。此外，一个类可以实现任意数量的接口。

为了实现接口，类必须创建完整的由接口定义的方法集。但是，每个类都可以自由决定自身的实现细节。通过提供 interface 关键字，Java 允许完全利用多态机制的"一个接口，多种方法"特征。

接口被设计为支持运行时动态方法解析。通常情况下，为能够从一个类中调用另一个类的方法，在编译时这两个类都需要存在，进而使 Java 编译器能够进行检查，以确保方法签名是兼容的。这个要求本身造成了一个静态的、不可扩展的类系统。对于这类系统，在类层次中，功能不可避免地被堆积得越来越高，导致整个机制中的子类越来越多。设计接口的目的就是为了避免这种问题的发生。接口断开了一个方法或一系列方法的定义与继承层次之间的关联。由于接口在不同的类层次中，因此就类层次而言，不相关的类可以实现相同的接口。这是接口的真正功能所在。

9.4.1 定义接口

接口的定义和类很相似。下面是经过简化的接口定义的一般形式：

```
access interface name {
    return-type method-name1(parameter-list);
    return-type method-name2(parameter-list);

    type final-varname1 = value;
    type final-varname2 = value;
    //...
    return-type method-nameN(parameter-list);
    type final-varnameN = value;
}
```

如果没有提供访问修饰符，将采用默认访问级别，并且只有声明接口的包中的其他成员才能访问接口。如果将接口声明为 public，那么包外部的所有代码都可以使用接口。对于这种情况，接口必须是当前文件中声明的唯一公有接口，并且文件必须与接口同名。在上面接口定义的一般形式中，name 是接口的名称，可以是任何合法的标识符。需要注意，方法的声明没有方法体，它们以参数列表后面的分号结束。实际上，它们是抽象方法。包含接口的每个类都必须实现接口的所有方法。

继续讨论之前，有一点必须说明。JDK 8 为接口添加了一个特性，使其功能发生了重大变化。在 JDK 8 之前，接口不能定义任何实现。前面的简化形式显示的就是这种接口类型，其中所有方法声明都没有方法体。因此，在 JDK 8 之前，接口只能定义"有什么"，而不能定义"如何实现"。JDK 8 改变了这一点。从 JDK 8 开始，可以在接口方法中添加默认实现。另外，JDK 8 中还添加了静态接口方法，从 JDK 9 开始，接口可以包含私有方法。因此，现在接口可以指定一些行为。然而，默认实现只是构成了一种特殊用途，接口最初的目的没有改变。因此，一般来说，最常创建和使用的仍是不包含默认方法的接口。正因为如此，我们首先讨论传统形式的接口。本章最后将讨论一些新的接口特性。

接口的一般形式显示出，在接口中可以声明变量。它们被隐式地标识为 final 和 static，这意味着实现接口的类不能修改它们。同时必须初始化它们。所有方法和变量都隐式地声明为 public。

下面是接口定义的一个例子。在本例中声明的接口包含 callback() 方法，该方法有一个整型参数：

```
interface Callback {
  void callback(int param);
}
```

9.4.2 实现接口

一旦定义一个接口，一个或多个类就可以实现该接口。为了实现接口，在类定义中需要包含 implements 子句，然后创建接口定义的方法。包含 implements 子句的类的一般形式类似于下面的代码：

```
class classname [extends superclass] [implements interface [,interface...]] {
    // class-body
}
```

如果类需要实现多个接口，多个接口之间使用逗号隔开。如果在类实现的两个接口中声明了同一个方法，那么这两个接口的客户端都可以使用该方法。实现接口的方法必须被声明为 public。此外，实现方法的类型签名必须和接口定义中指定的类型签名精确匹配。

下面是一个简短的示例类，该类实现了前面显示的 Callback 接口：

```
class Client implements Callback {
  // Implement Callback's interface
```

```
  public void callback(int p) {
    System.out.println("callback called with " + p);
  }
}
```

注意，callback()是使用 public 访问修饰符声明的。

请记住：
实现接口方法时，必须将其声明为 public。

实现接口的类完全可以定义它们自己的其他成员，并且这种情况很常见。例如，下面版本的 Client 类实现了 callback()方法，并添加了 nonIfaceMeth()方法：

```
class Client implements Callback {
  // Implement Callback's interface
  public void callback(int p) {
    System.out.println("callback called with " + p);
  }

  void nonIfaceMeth() {
    System.out.println("Classes that implement interfaces " +
                       "may also define other members, too.");
  }
}
```

1. 通过接口引用访问实现

可将变量声明为使用接口而不是使用类的对象引用。对于实现接口的任何类的任何实例，都可以通过这种变量进行引用。当通过这些引用调用方法时，会根据接口当前实际引用的实例调用正确版本的方法。这是接口的关键特性之一。由于是在运行时通过动态查询执行方法，因此可在创建类之前调用类的方法。调用代码可以通过接口进行调度，而不需要知道"被调用者"的任何信息。这个过程与第 8 章介绍的使用超类引用访问子类对象相似。

下面的例子通过接口引用变量调用 callback()方法：

```
class TestIface {
  public static void main(String args[]) {
    Callback c = new Client();
    c.callback(42);
  }
}
```

该程序的输出如下所示：

```
callback called with 42
```

注意变量 c 被声明为接口类型 Callback，但是它被赋值为 Client 类的一个实例。尽管可以使用 c 访问 callback() 方法，但它不能访问 Client 类的其他任何成员。接口引用变量只知道由接口声明的方法。因此，不能使用 c 访问 nonIfaceMeth()方法，因为该方法是由 Client 类定义的，而不是在 Callback 接口中声明的。

虽然前面的例子演示了如何使用接口引用变量访问实现对象，但是没有演示接口的多态功能。为了演示多态功能，首先创建 Callback 接口的第二个实现，如下所示：

```
// Another implementation of Callback.
class AnotherClient implements Callback {
  // Implement Callback's interface
  public void callback(int p) {
    System.out.println("Another version of callback");
```

```
      System.out.println("p squared is " + (p*p));
  }
}
```

现在尝试下面的代码：

```
class TestIface2 {
  public static void main(String args[]) {
    Callback c = new Client();
    AnotherClient ob = new AnotherClient();

    c.callback(42);

    c = ob; // c now refers to AnotherClient object
    c.callback(42);
  }
}
```

该程序的输出如下所示：

```
callback called with 42
Another version of callback
p squared is 1764
```

可以看出，调用哪个版本的 callback() 方法，是在运行时由 c 引用的对象类型决定的。这个例子非常简单，不过稍后会看到另一个更实际的例子。

2. 部分实现

如果类包含了一个接口，但没有实现该接口定义的全部方法，那么必须将类声明为 abstract。例如：

```
abstract class Incomplete implements Callback {
  int a, b;

  void show() {
    System.out.println(a + " " + b);
  }
  //...
}
```

在此，类 Incomplete 没有实现 callback() 方法，必须声明为 abstract。派生自 Incomplete 的所有类都必须实现 callback() 方法，或者本身也被声明为 abstract。

9.4.3 嵌套接口

可将接口声明为某个类或另一个接口的成员，这种接口被称为成员接口或嵌套接口。嵌套接口可被声明为 public、private 或 protected。这与顶级的接口不同，前面介绍过，顶级接口要么被声明为 public，要么使用默认访问级别。当在封装范围之外使用嵌套接口时，必须使用包含嵌套接口的类或接口的名称进行限定。因此，在声明嵌套接口的类或接口之外，嵌套接口的名称必须是完全限定的。

下面是一个演示嵌套接口的例子：

```
// A nested interface example.

// This class contains a member interface.
class A {
  // this is a nested interface
  public interface NestedIF {
```

```
    boolean isNotNegative(int x);
  }
}

// B implements the nested interface.
class B implements A.NestedIF {
  public boolean isNotNegative(int x) {
    return x < 0 ? false: true;
  }
}

class NestedIFDemo {
  public static void main(String args[]) {

    // use a nested interface reference
    A.NestedIF nif = new B();

    if(nif.isNotNegative(10))
      System.out.println("10 is not negative");
    if(nif.isNotNegative(-12))
      System.out.println("this won't be displayed");
  }
}
```

注意，类 A 定义了成员接口 NestedIF，并将其声明为 public。接下来，类 B 通过指定下面这行代码来实现这个嵌套接口：

```
implements A.NestedIF
```

注意，接口名称通过封装类的名称进行了完全限定。在 main() 方法中，创建一个 A.NestedIF 引用，命名为 nif，并将其赋值为对 B 对象的引用。因为类 B 实现了 A.NestedIF，所以这是合法的。

9.4.4　应用接口

为理解接口的功能，下面看一个更加实际的例子。在前几章中，开发了 Stack 类，该类实现了简单的大小固定的堆栈。然而，实现堆栈的方式有多种。例如，堆栈可以是固定大小的，也可以是"可增长的"。可以使用数组保存堆栈，也可以使用链表、二叉树等。不管如何实现堆栈，堆栈的接口保持不变。也就是说，push() 和 pop() 方法以与实现细节相独立的方式定义了堆栈的接口。因为堆栈的接口独立于其实现，所以很容易定义堆栈接口，而让每个实现定义特定的实现细节。下面看两个例子。

首先，下面的接口定义了一个整数堆栈。将代码存放到 IntStack.java 文件中。两个堆栈实现都将使用这个接口：

```
// Define an integer stack interface.
interface IntStack {
  void push(int item); // store an item
  int pop(); // retrieve an item
}
```

以下程序创建了 FixedStack 类，该类实现了整数堆栈的固定长度版本：

```
// An implementation of IntStack that uses fixed storage.
class FixedStack implements IntStack {
  private int stck[];
  private int tos;
```

```java
    // allocate and initialize stack
    FixedStack(int size) {
      stck = new int[size];
      tos = -1;
    }

    // Push an item onto the stack
    public void push(int item) {
      if(tos==stck.length-1) // use length member
        System.out.println("Stack is full.");
      else
        stck[++tos] = item;
    }

    // Pop an item from the stack
    public int pop() {
      if(tos < 0) {
        System.out.println("Stack underflow.");
        return 0;
      }
      else
        return stck[tos--];
    }
}

class IFTest {
  public static void main(String args[]) {
    FixedStack mystack1 = new FixedStack(5);
    FixedStack mystack2 = new FixedStack(8);

    // push some numbers onto the stack
    for(int i=0; i<5; i++) mystack1.push(i);
    for(int i=0; i<8; i++) mystack2.push(i);

    // pop those numbers off the stack
    System.out.println("Stack in mystack1:");
    for(int i=0; i<5; i++)
       System.out.println(mystack1.pop());

    System.out.println("Stack in mystack2:");
    for(int i=0; i<8; i++)
       System.out.println(mystack2.pop());
  }
}
```

下面是 IntStack 接口的另一个实现，该实现使用相同的接口定义创建了一个动态堆栈。在这个实现中，每个堆栈都是使用初始长度构造的。如果超出初始长度，就会增加堆栈的大小。每当需要更多空间时，堆栈的大小就会翻倍。

```java
// Implement a "growable" stack.
class DynStack implements IntStack {
  private int stck[];
  private int tos;

  // allocate and initialize stack
  DynStack(int size) {
```

```
    stck = new int[size];
    tos = -1;
  }

  // Push an item onto the stack
  public void push(int item) {
    // if stack is full, allocate a larger stack
    if(tos==stck.length-1) {
      int temp[] = new int[stck.length * 2]; // double size
      for(int i=0; i<stck.length; i++) temp[i] = stck[i];
      stck = temp;
      stck[++tos] = item;
    }
    else
      stck[++tos] = item;
  }

  // Pop an item from the stack
  public int pop() {
    if(tos < 0) {
      System.out.println("Stack underflow.");
      return 0;
    }
    else
      return stck[tos--];
  }
}

class IFTest2 {
  public static void main(String args[]) {
    DynStack mystack1 = new DynStack(5);
    DynStack mystack2 = new DynStack(8);

    // these loops cause each stack to grow
    for(int i=0; i<12; i++) mystack1.push(i);
    for(int i=0; i<20; i++) mystack2.push(i);

    System.out.println("Stack in mystack1:");
    for(int i=0; i<12; i++)
      System.out.println(mystack1.pop());

    System.out.println("Stack in mystack2:");
    for(int i=0; i<20; i++)
      System.out.println(mystack2.pop());
  }
}
```

下面的类使用了 FixedStack 和 DynStack 这两个实现类。在此通过接口引用使用这两个实现类，这意味着是在运行时而不是在编译时确定对 push() 和 pop() 方法的调用。

```
/* Create an interface variable and
   access stacks through it.
*/
class IFTest3 {
  public static void main(String args[]) {
    IntStack mystack; // create an interface reference variable
    DynStack ds = new DynStack(5);
```

```
    FixedStack fs = new FixedStack(8);

    mystack = ds; // load dynamic stack
    // push some numbers onto the stack
    for(int i=0; i<12; i++) mystack.push(i);

    mystack = fs; // load fixed stack
    for(int i=0; i<8; i++) mystack.push(i);

    mystack = ds;
    System.out.println("Values in dynamic stack:");
    for(int i=0; i<12; i++)
      System.out.println(mystack.pop());

    mystack = fs;
    System.out.println("Values in fixed stack:");
    for(int i=0; i<8; i++)
      System.out.println(mystack.pop());
  }
}
```

在这个程序中，mystack 是指向 IntStack 接口的引用。因此，如果引用 ds，就使用由 DynStack 类定义的 push() 和 pop() 版本；如果引用 fs，就使用由 FixedStack 类定义的 push() 和 pop() 版本。正如所解释的，这些决定是在运行时做出的。通过接口引用变量访问接口的多个实现，是 Java 获得运行时多态特性的最强大方式。

9.4.5 接口中的变量

可使用接口将共享的常量导入多个类中，具体方法是简单地声明包含变量的接口，并将变量初始化为期望的值。当在类中包含这种接口时(也就是当"实现"这种接口时)，所有这些变量名在作用域内都会被作为常量。如果接口不包含方法，那么包含这种接口的所有类实际上没有实现任何内容。就好比是将常量作为 final 变量导入类名称空间中。下面的例子使用这种技术实现了一个自动化的"决策生成器"：

```
import java.util.Random;

interface SharedConstants {
  int NO = 0;
  int YES = 1;
  int MAYBE = 2;
  int LATER = 3;
  int SOON = 4;
  int NEVER = 5;
}

class Question implements SharedConstants {
  Random rand = new Random();
  int ask() {
    int prob = (int) (100 * rand.nextDouble());
    if (prob < 30)
      return NO;          // 30%
    else if (prob < 60)
      return YES;         // 30%
    else if (prob < 75)
      return LATER;       // 15%
    else if (prob < 98)
      return SOON;        // 13%
```

```
    else
      return NEVER;        // 2%
  }
}

class AskMe implements SharedConstants {
  static void answer(int result) {
    switch(result) {
      case NO:
        System.out.println("No");
        break;
      case YES:
        System.out.println("Yes");
        break;
      case MAYBE:
        System.out.println("Maybe");
        break;
      case LATER:
        System.out.println("Later");
        break;
      case SOON:
        System.out.println("Soon");
        break;
      case NEVER:
        System.out.println("Never");
        break;
    }
  }

  public static void main(String args[]) {
    Question q = new Question();

    answer(q.ask());
    answer(q.ask());
    answer(q.ask());
    answer(q.ask());
  }
}
```

需要注意，这个程序使用了 Java 标准类 Random。该类用于提供随机数，其中包含几个方法，通过这几个方法可以获得程序所需形式的随机数。这个例子使用的是 nextDouble()方法，该方法返回从 0.0 到 1.0 之间的随机数。

在这个示例程序中，Question 和 AskMe 类实现了 SharedConstants 接口，在该接口中定义了常量 No、Yes、Maybe、Soon、Later 以及 Never。在每个类的内部，代码引用这些常量，就好像每个类直接定义或从其他类继承了它们一样。下面是这个程序某次运行的输出。需要注意的是，每次运行的结果是不同的。

```
Later
Soon
No
Yes
```

注意：
上面介绍的使用接口定义共享常量的方法具有争议性。这里只是为了全面介绍各种主题才加以描述。

9.4.6 接口可以扩展

接口可通过关键字 extends 继承另一个接口,语法和继承类相同。如果类实现的接口继承自另外一个接口,那么类必须实现在接口继承链中定义的所有方法。下面是一个例子:

```java
// One interface can extend another.
interface A {
  void meth1();
  void meth2();
}

// B now includes meth1() and meth2() -- it adds meth3().
interface B extends A {
  void meth3();
}

// This class must implement all of A and B
class MyClass implements B {
  public void meth1() {
    System.out.println("Implement meth1().");
  }

  public void meth2() {
    System.out.println("Implement meth2().");
  }

  public void meth3() {
    System.out.println("Implement meth3().");
  }
}

class IFExtend {
  public static void main(String arg[]) {
    MyClass ob = new MyClass();

    ob.meth1();
    ob.meth2();
    ob.meth3();
  }
}
```

作为试验,你可能希望尝试在 MyClass 类中移除对 meth1() 方法的实现,这会引起编译时错误。如前所述,实现接口的所有类必须实现接口定义的所有方法,包括从其他接口继承而来的所有方法。

9.5 默认接口方法

如前所述,在 JDK 8 之前,接口不能定义任何实现。这意味着在之前所有的 Java 版本中,接口指定的方法是抽象方法,不包含方法体。这是传统的接口形式,也是前面谈论的形式。JDK 8 的发布改变了这一点。JDK 8 为接口添加了一种新功能,称为默认方法(default method)。默认方法允许为接口方法定义默认实现。换句话说,通过使用默认方法,现在能够为接口方法提供方法体,使其不再是抽象方法。默认方法仍在开发中,也被称为扩展方法(extention method),所以这两种名称你都可能遇到。

开发默认方法的主要动机是提供一种扩展接口的方法,而不破坏现有代码。回顾一下,接口定义的所有方法都必须被实现。在过去,如果为一个使用广泛的接口添加一个新方法,那么由于找不到新方法的实现,现有代码会被破坏。默认方法解决了这个问题，它提供了一个实现，当没有显式提供其他实现时就将采用这个实现。因此，添加默认方法不会破坏现有代码。

开发默认方法的另一个动机是希望在接口中指定本质上可选的方法，根据接口的使用方式选择使用的方法。例如，接口可能定义了操作一系列元素的一组方法。其中一个方法可能称为 remove()，用于从系列中删除元素。然而，如果接口应该同时支持可修改和不可修改的系列，那么 remove() 本质上就是可选的，因为不可修改的系列不会使用它。过去，实现不可修改系列的类需要定义 remove() 的一个空实现，即使不需要该方法。现在，可以在接口中指定 remove() 的默认实现，让它什么都不做(或者抛出异常)。通过提供这种默认实现，就避免了用于不可修改系列的类必须定义自己的、占位符性质的 remove() 方法。因此，通过提供默认实现，接口让类实现的 remove() 方法变为可选方法。

需要指出的是，添加默认方法并没有改变接口的关键特征：不能维护状态信息。例如，接口仍然不能有实例变量。因此，接口与类之间决定性的区别是类可以维护状态信息，而接口不可以。另外，仍然不能创建接口本身的实例。接口必须被类实现。因此，即便从 JDK 8 开始，接口可以定义默认方法，在想要创建实例时，也仍然必须用类来实现接口。

最后，一般来说，默认方法是一种特殊用途。创建的接口仍然主要用于指定"是什么"，而不是"如何实现"。但是，包含默认方法确实带来了额外的灵活性。

9.5.1 默认方法的基础知识

为接口定义默认方法，类似于为类定义方法。主要区别在于，默认方法的声明前面带有关键字 default。例如，分析下面的简单接口：

```
public interface MyIF {
  // This is a "normal" interface method declaration.
  // It does NOT define a default implementation.
  int getNumber();

  // This is a default method. Notice that it provides
  // a default implementation.
  default String getString() {
    return "Default String";
  }
}
```

MyIF 声明了两个方法。第一个方法是 getNumber()，这是一个标准的接口方法声明，没有定义方法实现。第二个方法是 getString()，它包含一个默认实现。本例中，它只是返回字符串 Default String。重点注意 getString() 的声明方式。它的声明前面带有 default 修饰符。这种语法可以推而广之。要定义默认方法，需要在其声明的前面加上关键字 default。

因为 getString() 包含默认实现，所以实现接口的类不需要重写这个方法。换句话说，如果实现接口的类没有提供自己的实现，就将使用默认实现。例如，下面的 **MyIFImp** 类是完全合法的：

```
// Implement MyIF.
class MyIFImp implements MyIF {
  // Only getNumber() defined by MyIF needs to be implemented.
  // getString() can be allowed to default.
  public int getNumber() {
    return 100;
  }
}
```

下面的代码创建了 **MyIFImp** 的一个实例,并使用该实例调用 getNumber()和 getString():

```
// Use the default method.
class DefaultMethodDemo {
  public static void main(String args[]) {

    MyIFImp obj = new MyIFImp();

    // Can call getNumber(), because it is explicitly
    // implemented by MyIFImp:
    System.out.println(obj.getNumber());

    // Can also call getString(), because of default
    // implementation:
    System.out.println(obj.getString());
  }
}
```

输出如下所示:

```
100
Default String
```

可以看到,这里自动使用了 getString()的默认实现。**MyIFImp** 并非必须定义该方法。因此,对于 getString()方法,类的实现是可选的(当然,如果 getString()的默认实现不能满足类的需求,类就必须重新实现该方法)。

实现接口的类可以自己定义默认方法的实现,这种做法很常见。例如,**MyIFImp2** 重写了 getString()方法:

```
class MyIFImp2 implements MyIF {
  // Here, implementations for both getNumber( ) and getString( ) are provided.
  public int getNumber() {
    return 100;
  }

  public String getString() {
    return "This is a different string.";
  }
}
```

现在,调用 getString()方法时,返回一个不同的字符串。

9.5.2 一个更实用的例子

前面展示了使用默认方法的机制,但是没有说明它们在实际环境下的用途。为此,我们回到本章前面展示的 **IntStack** 接口。为便于讨论,假设 **IntStack** 得到广泛应用,许多程序都依赖它。再假设我们现在想要向 **IntStack** 添加一个清空堆栈的方法,以便能够重用堆栈。也就是说,我们想要演化 **IntStack** 接口,使其定义新的功能,但又不想破坏现有的代码。在过去,根本无法满足这种要求。但是现在,有了默认方法,实现这一点很容易。例如,可以像下面这样增强 **IntStack** 接口:

```
interface IntStack {
  void push(int item); // store an item
  int pop(); // retrieve an item

  // Because clear( ) has a default, it need not be
  // implemented by a preexisting class that uses IntStack.
  default void clear() {
    System.out.println("clear() not implemented.");
```

```
    }
}
```

这里，clear()的默认行为是简单地显示一条消息，指出它未被实现。这是可以接受的，因为 IntStack 之前的版本没有定义 clear()方法，所以现有的实现了 IntStack 的类根本不会调用它。但是，实现了 IntStack 的新类可以实现 clear()方法。另外，新类只有在使用 clear()时，才需要为它定义实现。因此，默认方法具有以下优点：

- 优雅地随时间演化接口。
- 提供可选功能，但是类不必在不需要该功能时提供占位符实现。

另外，在真实代码中，clear()会抛出异常，而不是显示错误消息。下一章将讨论异常。读完该章后，可以尝试修改 clear()，使其默认实现抛出 UnsupportedOperationException 异常。

9.5.3 多级继承的问题

本书前面介绍过，Java 不支持类的多级继承。考虑到接口可以包含默认方法，你可能会想，是不是可以利用接口绕过这种限制？答案是否定的。回顾一下，类和接口之间存在的关键区别：类可以维护状态信息(主要是通过使用实例变量)，而接口不可以。

尽管如此，但默认方法确实提供了与多级继承相关的一点功能。例如，可能有一个类实现了两个接口。如果每个接口都提供了默认方法，那么类将从这两个接口继承一些行为。因此，在一定程度上，默认方法确实支持行为的多级继承。但在这种情况下，有可能发生名称冲突。

例如，假设类 MyClass 实现了两个接口：Alpha 和 Beta。如果 Alpha 和 Beta 都提供了名为 reset()的方法，并且两个接口都为该方法提供了默认实现，那么将发生什么？MyClass 会使用 Alpha 的版本还是 Beta 的版本？或者，考虑另一种情况：Beta 扩展了 Alpha。默认方法的哪个版本会被使用？又或者，如果 MyClass 提供了自己的实现，这时会发生什么？为了处理这类情况，以及其他类似的情况，Java 定义了一组规则来解决这类冲突。

首先，在所有情况下，类实现的优先级高于接口的默认实现。因此，如果 MyClass 重写了 reset()默认方法，就使用 MyClass 的 reset()版本。即使 MyClass 同时实现了 Alpha 和 Beta，也是如此。这种情况下，两个默认实现都会被 MyClass 的实现重写。

其次，当类实现的两个接口提供了相同的默认方法，但类没有重写该方法时，会发生错误。继续以上面的情况为例，如果 MyClass 同时实现了 Alpha 和 Beta，但没有重写 reset()，就会发生错误。

如果是一个接口继承了另一个接口的情况，并且两个接口定义了相同的默认方法，那么继承接口的版本具有更高的优先级。因此，如果 Beta 扩展了 Alpha，那么将使用 Beta 的 reset()版本。

通过使用 super 的一种新形式，可以显式引用被继承接口中的默认实现，其一般形式如下：

InterfaceName.super.*methodName*()

例如，如果 Beta 想要引用 Alpha 的默认方法 reset()，可以使用下面这条语句：

```
Alpha.super.reset();
```

9.6 在接口中使用静态方法

JDK 8 为接口添加了另一项新功能：定义一个或多个静态方法。类似于类中的静态方法，接口定义的静态方法可以独立于任何对象调用。因此，在调用静态方法时，不需要实现接口，也不需要接口的实例。相反，通过指定接口名，后跟句点，然后是方法名，就可以调用静态方法，一般形式如下所示：

InterfaceName.*staticMethodName*

注意，这与调用类的静态方法的方式类似。

下面在前一节的 MyIF 接口中添加了一个静态方法，以展示接口中的静态方法。这个静态方法是 getDefaultNumber()，它返回 0。

```java
public interface MyIF {
  // This is a "normal" interface method declaration.
  // It does NOT define a default implementation.
  int getNumber();

  // This is a default method. Notice that it provides
  // a default implementation.
  default String getString() {
    return "Default String";
  }

  // This is a static interface method.
  static int getDefaultNumber() {
    return 0;
  }
}
```

可以像下面这样调用 getDefaultNumber()方法：

```java
int defNum = MyIF.getDefaultNumber();
```

如前所述，由于 getDefaultNumber()是一个静态方法，因此调用它时不需要 MyIF 的实现或实例。

最后一点：实现接口的类或子接口不会继承接口中的静态方法。

9.7 私有接口方法

从 JDK 9 开始，接口中可以包含私有方法。私有接口方法仅可以被默认方法或者同一个接口所定义的另外一个私有方法调用。因为私有接口方法被指定为是私有的，所以它不能被定义它的接口之外的代码使用。这种限制也适用于子接口，因为子接口不能继承私有接口方法。

私有接口方法的关键优势在于，它可以使两个或更多的默认方法使用同一块代码，这样，可以避免代码的重复。例如，下面的代码显示了 IntStack 接口的另一个版本，该接口包含两个默认的方法：popNElements()和 skipAndPopNElements()。其中 popNElements()方法返回的数组包含堆栈的前 N 个元素。skipAndPopNElements()方法则跳过指定数量的元素后，返回的数组包含接下来的 N 个元素。两者都是使用私有方法 getElements()来获取一个包含指定堆栈元素的数组。

```java
// Another version of IntStack that has a private interface
// method that is used by two default methods.
interface IntStack {
  void push(int item); // store an item
  int pop(); // retrieve an item

  // A default method that returns an array that contains
  // the top n elements on the stack.
  default int[] popNElements(int n) {
    // Return the requested elements.
    return getElements(n);
  }

  // A default method that returns an array that contains
  // the next n elements on the stack after skipping elements.
  default int[] skipAndPopNElements(int skip, int n) {
```

```
  // Skip the specified number of elements.
  getElements(skip);

  // Return the requested elements.
  return getElements(n);
}

// A private method that returns an array containing
// the top n elements on the stack
private int[] getElements(int n) {
  int[] elements = new int[n];

  for(int i=0; i < n; i++) elements[i] = pop();
  return elements;
  }
}
```

注意，popNElements()和 skipAndPopNElements()都使用私有方法 getElements()获取要返回的数组。这样就可以防止重复使用相同的代码序列。要记住的是，因为 getElements()是私有方法，所以 IntStack 之外的代码不能调用它。因此，其使用范围仅限于 IntStack 内部的默认方法。另外，由于 getElements()是使用 pop()方法获取堆栈元素，因此它会自动调用 IntStack 提供的 pop()的实现。因此，实现 IntStack 的任何堆栈类都可以使用 getElements()私有方法。

尽管私有接口方法这个特性很少用到，但当真正需要它时，会发现该特性非常有用。

9.8 关于包和接口的最后说明

尽管本书包含的例子没有频繁使用包和接口，但是这两个工具是 Java 编程环境的重要组成部分。实际上，所有使用 Java 编写的应用程序都位于包中，有些应用程序还可能会实现接口。所以，习惯于使用它们是很重要的。

第 10 章 异常处理

本章介绍 Java 的异常处理机制。异常(exception)是运行时在代码序列中引起的非正常状况。换句话说，异常是运行时错误。在不支持异常处理的计算机语言中，必须手动检查和处理错误——通常是通过使用错误代码，等等。这种方式既笨拙又麻烦。Java 的异常处理避免了这些问题，并且在处理过程中采用面向对象的方式管理运行时错误。

10.1 异常处理的基础知识

Java 异常是用来描述在一段代码中发生的异常情况(也就是错误)的对象。当出现引起异常的情况时，就会创建用来表示异常的对象，并在引起错误的方法中抛出异常对象。方法可以选择自己处理异常，也可继续传递异常。无论采用哪种方式，在某一点都会捕获并处理异常。异常可以由 Java 运行时系统生成，也可通过代码手动生成。由 Java 抛出的异常与那些违反 Java 语言规则或 Java 执行环境约束的基础性错误有关。手动生成的异常通常用于向方法的调用者报告某些错误条件。

Java 异常处理通过 5 个关键字进行管理：try、catch、throw、throws 以及 finally。下面简要介绍它们的工作原理。在 try 代码块中封装可能发生异常的程序语句，对这些语句进行监视。如果在 try 代码块中发生异常，就会将该异常抛出。代码可以使用 catch 捕获异常，并以某些理性方式对其进行处理。系统生成的异常由 Java 运行时系统自动抛出。为了手动抛出异常，需要使用 throw 关键字。从方法抛出的任何异常都必须通过一条 throws 子句进行指定。在 try 代码块结束之后必须执行的所有代码都需要放入 finally 代码块中。

下面是异常处理代码块的一般形式：

```
try {
    // block of code to monitor for errors
}
catch (ExceptionType1 exOb) {
    // exception handler for ExceptionType1
}
catch (ExceptionType2 exOb) {
    // exception handler for ExceptionType2
}
// ...
finally {
    // block of code to be executed after try block ends
}
```

其中，*ExceptionType* 是已经发生的异常的类型。本章剩余部分将描述如何应用上述框架。

> **注意：**
> try 语句还有一种支持自动资源管理的新形式，这种形式的 try 被称为带资源的 try，将在第 13 章的文件管理部分对该形式的 try 进行介绍，因为文件是最常用的资源。

10.2 异常类型

所有异常类型都是内置类 Throwable 的子类。因此，Throwable 位于异常类层次中的顶部。紧随 Throwable 之下的是两个子类，它们将异常分为两个不同的分支。一个分支是 Exception 类，这个类既可以用于用户程序应当捕获的异常情况，也可以用于创建自定义异常类型的子类。Exception 有一个重要子类，名为 RuntimeException。对于用户编写的程序而言，这种类型的异常是自动定义的，包括除零和无效数组索引这类情况。

另一个分支是 Error 类，该类定义了在常规环境下不希望由程序捕获的异常。Error 类型的异常由 Java 运行时系统使用，以指示运行时环境本身出现了某些错误。堆栈溢出是这类错误的一个例子。本章不会处理 Error 类型的异常，因为它们通常是为了响应灾难性的失败而创建的，用户的程序通常不能处理这类异常。

顶级的异常层次如图 10-1 所示。

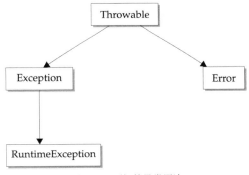

图 10-1　顶级的异常层次

10.3 未捕获的异常

学习如何在程序中处理异常之前，应该先看一看如果不处理异常会发生什么情况。下面的小程序包含一个故意引起除零错误的表达式：

```
class Exc0 {
  public static void main(String args[]) {
    int d = 0;
    int a = 42 / d;
  }
}
```

当 Java 运行时系统检测到试图除以零时，它会构造一个新的异常对象，然后抛出这个异常。这会导致 Exc0 终止执行，因为一旦抛出异常，就必须有一个异常处理程序捕获该异常，并立即进行处理。在这个例子中，没有提供任何自己的异常处理程序，所以该异常会由 Java 运行时系统提供的默认处理程序捕获。没有被程序捕获的所有异常，最终都将由默认处理程序进行处理。默认处理程序会显示一个描述异常的字符串，输出异常发生点的堆栈踪迹并终止程序。

下面是执行这个程序时生成的异常：

```
java.lang.ArithmeticException: / by zero
     at Exc0.main(Exc0.java:4)
```

注意类名(Exc0)、方法名(main)、文件名(Exc0.java)以及行号(4)，是如何都被包含到这个简单的堆栈踪迹中的。此外注意，被抛出异常的类型是 Exception 的子类 ArithmeticException，该类更具体地描述了发生的错误类型。正如本章后面所讨论的，Java 提供了一些内置异常类型，与可能生成的各种运行时错误相匹配。另外，由于 JDK 之间的差异，运行本章中使用 Java 内置异常的这个程序和其他示例程序时，所看到的确切输出可能与本书略有不同。

堆栈踪迹总是会显示导致错误的方法调用序列。例如，下面是前面程序的另一版本，该版本在与 main()相互独立的一个方法中引入了相同的错误：

```
class Exc1 {
  static void subroutine() {
    int d = 0;
    int a = 10 / d;
  }
  public static void main(String args[]) {
    Exc1.subroutine();
  }
}
```

默认异常处理程序生成的堆栈踪迹显示了整个调用堆栈过程，如下所示：

```
java.lang.ArithmeticException: / by zero
    at Exc1.subroutine(Exc1.java:4)
    at Exc1.main(Exc1.java:7)
```

可以看出，堆栈的底部是 main()方法中的第 7 行，该行调用 subroutine()方法，该方法在第 4 行引起了异常。调用堆栈对于调试非常有用，因为可以精确定位导致错误发生的步骤序列。

10.4 使用 try 和 catch

尽管对于调试而言，Java 运行时系统提供的默认异常处理程序很有用，但是通常希望自己处理异常。自己处理异常有两个优点：第一，允许修复错误；第二，阻止程序自动终止。如果只要发生错误，程序就停止运行并输出堆栈踪迹，会让大多数用户感到困惑！幸运的是，很容易就能防止这种情况的发生。

为防止并处理运行时错误，可以简单地在 try 代码块中封装希望监视的代码。紧随 try 代码块之后，提供一条 catch 子句，指定希望捕获的异常类型。为了演示完成该工作是多么容易，下面的程序提供了一个 try 代码块和一条 catch 子句，它们处理由除零错误引起的 ArithmeticException 异常：

```
class Exc2 {
  public static void main(String args[]) {
    int d, a;

    try { // monitor a block of code.
      d = 0;
      a = 42 / d;
      System.out.println("This will not be printed.");
    } catch (ArithmeticException e) { // catch divide-by-zero error
      System.out.println("Division by zero.");
    }
    System.out.println("After catch statement.");
```

```
    }
}
```

该程序生成的输出如下所示:

```
Division by zero.
After catch statement.
```

注意,对 try 代码块中 println()方法的调用永远都不会执行。一旦抛出异常,程序控制就会从 try 代码块中转移出来,进入 catch 代码块中。换句话说,不是"调用"catch,所以执行控制永远不会从 catch 代码块"返回"到 try 代码块。因此,不会显示"This will not be printed."这一行。执行完 catch 语句后,程序控制就会继续进入程序中整个 try/catch 代码块的下一行。

try 及其 catch 语句构成了一个单元。catch 子句的作用域被限制在由之前 try 语句指定的那些语句内。catch 语句不能捕获由另一条 try 语句抛出的异常(这种情况的一个例外是嵌套的 try 语句)。由 try 保护的语句必须用花括号括起来(也就是说,它们必须位于一个代码块中)。不能为单条语句使用 try。

大部分设计良好的 catch 子句都应当能够分辨出异常情况,然后继续执行,就好像错误根本没有发生一样。例如在下面的程序中,for 循环的每次迭代都会获取两个随机整数。将两个整数彼此相除,之后用 12345 除以结果。将最终结果保存到变量 a 中。只要任何一个除法操作引起除零错误,就会捕获该错误,并将 a 设置为 0,然后程序继续执行。

```
// Handle an exception and move on.
import java.util.Random;

class HandleError {
  public static void main(String args[]) {
    int a=0, b=0, c=0;
    Random r = new Random();

    for(int i=0; i<32000; i++) {
      try {
        b = r.nextInt();
        c = r.nextInt();
        a = 12345 / (b/c);
      } catch (ArithmeticException e) {
        System.out.println("Division by zero.");
        a = 0; // set a to zero and continue
      }
      System.out.println("a: " + a);
    }
  }
}
```

显示异常的描述信息

Throwable 重写了由 Object 定义的 toString()方法,从而可以返回一个包含异常描述的字符串。可使用 println()语句显示这个描述,为此,只需要将异常作为参数传递给 println()方法。可以将上面程序中的 catch 块改写为如下形式:

```
catch (ArithmeticException e) {
  System.out.println("Exception: " + e);
  a = 0; // set a to zero and continue
}
```

如果将程序中的相应部分替换为这个版本并运行程序,那么每个除零错误都会显示下面的消息:

```
Exception: java.lang.ArithmeticException: / by zero
```

这样做虽然在这个例子中不是很有价值，但是显示异常描述的能力对于其他情况却是很有价值的——特别是对异常进行试验或进行调试时。

10.5 多条 catch 子句

在有些情况下，单块代码可能会引发多个异常。为处理这种情况，可指定两条或多条 catch 子句，每条 catch 子句捕获不同类型的异常。当抛出异常时，按顺序检查每条 catch 语句，并执行类型和异常能够匹配的第一条 catch 子句。执行一条 catch 语句后，会忽略其他 catch 语句，并继续执行 try/catch 代码块后面的代码。下面的例子捕获两种不同的异常类型：

```java
// Demonstrate multiple catch statements.
class MultipleCatches {
  public static void main(String args[]) {
    try {
      int a = args.length;
      System.out.println("a = " + a);
      int b = 42 / a;
      int c[] = { 1 };
      c[42] = 99;
    } catch(ArithmeticException e) {
      System.out.println("Divide by 0: " + e);
    } catch(ArrayIndexOutOfBoundsException e) {
      System.out.println("Array index oob: " + e);
    }
    System.out.println("After try/catch blocks.");
  }
}
```

如果在启动程序时没有提供命令行参数，那么上述程序会引起除零异常，因为 a 会等于 0。如果提供命令行参数，就会将 a 设置为大于 0 的值，程序会继续进行除法运算。但会引起 ArrayIndexOutOfBoundsException 异常，因为 int 型数组 c 的长度为 1，但是程序试图为 c[42] 赋值。

下面是以两种方式运行上述程序后生成的输出：

```
C:\>java MultipleCatches
a = 0
Divide by 0: java.lang.ArithmeticException: / by zero
After try/catch blocks.

C:\>java MultipleCatches TestArg
a = 1
Array index oob: java.lang.ArrayIndexOutOfBoundsException:
Index 42 out of bounds for length 1
After try/catch blocks.
```

当使用多条 catch 语句时，要重点记住异常子类必须位于其所有超类之前，因为使用了某个超类的 catch 语句会捕获这个超类及其所有子类的异常。因此，如果子类位于超类之后，永远也不会到达子类。此外在 Java 中，不可到达的代码被认为是错误。例如，分析下面的程序：

```
/* This program contains an error.

   A subclass must come before its superclass in
   a series of catch statements. If not,
   unreachable code will be created and a
   compile-time error will result.
```

```
*/
class SuperSubCatch {
  public static void main(String args[]) {
    try {
      int a = 0;
      int b = 42 / a;
    } catch(Exception e) {
      System.out.println("Generic Exception catch.");
    }
    /* This catch is never reached because
       ArithmeticException is a subclass of Exception. */
    catch(ArithmeticException e) { // ERROR - unreachable
      System.out.println("This is never reached.");
    }
  }
}
```

如果尝试编译上述程序，就会收到一条错误消息，该消息指出第二条 catch 语句是不可到达的，因为异常已经被捕获了。因为 ArithmeticException 是 Exception 的子类，所以第一条 catch 语句会处理所有基于 Exception 的错误，包括 ArithmeticException。这意味着永远不会执行第二条 catch 语句。为了解决这个问题，可颠倒这两条 catch 语句的次序。

10.6　嵌套的 try 语句

可嵌套 try 语句。也就是说，一条 try 语句可以位于另一条 try 语句中。每次遇到 try 语句时，异常的上下文就会被推入到堆栈中。如果内层的 try 语句没有为特定的异常提供 catch 处理程序，堆栈就会弹出该 try 语句，检查下一条 try 语句的 catch 处理程序，查看是否匹配异常。这个过程会一直继续下去，直到找到一条匹配的 catch 语句，或直到检查完所有嵌套的 try 语句。如果没有找到匹配的 catch 语句，Java 运行时系统会处理异常。下面是一个使用嵌套 try 语句的例子：

```
// An example of nested try statements.
class NestTry {
  public static void main(String args[]) {
    try {
      int a = args.length;

      /* If no command-line args are present,
         the following statement will generate
         a divide-by-zero exception. */
      int b = 42 / a;

      System.out.println("a = " + a);

      try { // nested try block
        /* If one command-line arg is used,
           then a divide-by-zero exception
           will be generated by the following code. */
        if(a==1) a = a/(a-a); // division by zero

        /* If two command-line args are used,
           then generate an out-of-bounds exception. */
        if(a==2) {
          int c[] = { 1 };
```

```
          c[42] = 99; // generate an out-of-bounds exception
        }
      } catch(ArrayIndexOutOfBoundsException e) {
        System.out.println("Array index out-of-bounds: " + e);
      }

    } catch(ArithmeticException e) {
      System.out.println("Divide by 0: " + e);
    }
  }
}
```

可以看出,该程序在一个 try 代码块中嵌套了另一个 try 代码块。该程序的工作过程如下:如果执行程序时没有提供命令行参数,那么外层的 try 代码块会生成除零异常。如果执行程序时提供了一个命令行参数,那么会从嵌套的 try 代码块中生成除零异常。因为内层的 try 代码块没有捕获该异常,所以会将其传递到外层的 try 代码块,在此对除零异常进行处理。如果执行程序时提供了两个命令行参数,那么会从内层的 try 代码块中生成数组越界异常。下面的示例运行演示了各种情况:

```
C:\>java NestTry
Divide by 0: java.lang.ArithmeticException: / by zero

C:\>java NestTry One
a = 1
Divide by 0: java.lang.ArithmeticException: / by zero

C:\>java NestTry One Two
a = 2
Array index out-of-bounds:
  java.lang.ArrayIndexOutOfBoundsException:
  Index 42 out of bounds for length 1
```

当涉及方法调用时,可能出现不那么明显的 try 语句嵌套。例如,可能在一个 try 代码块中包含了对某个方法的调用,而在该方法内部又有另一条 try 语句。对于这种情况,方法内部的 try 语句仍然被嵌套在调用该方法的外层 try 代码块中。下面对上一个程序重新进行了编码,将嵌套的 try 代码块移到 nesttry()方法中:

```
/* Try statements can be implicitly nested via
   calls to methods. */
class MethNestTry {
  static void nesttry(int a) {
    try { // nested try block
      /* If one command-line arg is used,
         then a divide-by-zero exception
         will be generated by the following code. */
      if(a==1) a = a/(a-a); // division by zero

      /* If two command-line args are used,
         then generate an out-of-bounds exception. */
      if(a==2) {
        int c[] = { 1 };
        c[42] = 99; // generate an out-of-bounds exception
      }
    } catch(ArrayIndexOutOfBoundsException e) {
      System.out.println("Array index out-of-bounds: " + e);
    }
  }
}
```

```
    public static void main(String args[]) {
      try {
        int a = args.length;

        /* If no command-line args are present,
           the following statement will generate
           a divide-by-zero exception. */
        int b = 42 / a;
        System.out.println("a = " + a);

        nesttry(a);
      } catch(ArithmeticException e) {
        System.out.println("Divide by 0: " + e);
      }
    }
  }
```

该程序的输出和上一版本的完全相同。

10.7　throw

到目前为止，捕获的都是由 Java 运行时系统抛出的异常。但是，自己编写的程序也可以使用 throw 语句显式地抛出异常。throw 的一般形式如下所示：

throw *ThrowableInstance*;

其中，*ThrowableInstance* 必须是 Throwable 或其子类类型的对象。基本类型(如 int 或 char)以及非 Throwable 类(如 String 和 Object)都不能用作异常。可通过两种方式获得 Throwable 对象：在 catch 子句中使用参数或者使用 new 运算符创建 Throwable 对象。

throw 语句之后的执行流会立即停止，所有后续语句都不会执行。检查最近的 try 代码块，查看是否存在和异常类型相匹配的 catch 语句。如果有，就转到该 catch 语句。如果没有，就检查下一条 try 语句，这个过程一直重复下去。如果最终没有找到匹配的 catch 语句，那么默认的异常处理程序会终止程序并输出堆栈踪迹。

下面是一个创建并抛出异常的示例程序。捕获异常的处理程序将异常再次抛出到外层的异常处理程序中：

```
// Demonstrate throw.
class ThrowDemo {
  static void demoproc() {
    try {
      throw new NullPointerException("demo");
    } catch(NullPointerException e) {
      System.out.println("Caught inside demoproc.");
      throw e; // rethrow the exception
    }
  }

  public static void main(String args[]) {
    try {
      demoproc();
    } catch(NullPointerException e) {
      System.out.println("Recaught: " + e);
    }
  }
}
```

该程序有两次处理相同错误的机会。首先，main()方法设置了一个异常上下文，然后调用 demoproc()方法。接下来 demoproc()方法设置了另一个异常上下文，并立即抛出新的 NullPointerException 异常，该异常在下一行被捕获。然后再次抛出异常。下面是生成的输出：

```
Caught inside demoproc.
Recaught: java.lang.NullPointerException: demo
```

该程序还演示了如何创建 Java 的标准异常对象。请注意下面这行代码：

```
throw new NullPointerException("demo");
```

在此，使用 new 构造了一个 NullPointerException 实例。许多内置的 Java 运行时异常至少有两个构造函数：一个不带参数，另一个带有一个字符串参数。如果使用第二种形式，那么参数指定了用来描述异常的字符串。将对象用作 print()或 println()方法的参数时，会显示该字符串。还可通过调用 getMessage()方法获取这个字符串，该方法是由 Throwable 定义的。

10.8 throws

如果方法可能引发自身不进行处理的异常，就必须指明这种行为，以便方法的调用者能够保卫它们自己以防备上述异常。可以通过在方法声明中提供 throws 子句来完成该任务。throws 子句列出了方法可能抛出的异常类型。除了 Error 和 RuntimeException 及其子类类型的异常外，对于所有其他类型的异常，这都是必需的。方法可能抛出的所有其他异常都必须在 throws 子句中进行声明。如果没有这么做，就会生成编译时错误。

下面是包含 throws 子句的方法声明的一般形式：

```
type method-name(parameter-list) throws exception-list
{
   // body of method
}
```

其中，*exception-list* 是方法可能抛出的异常列表，它们由逗号隔开。

下面是一个错误程序，该程序试图抛出无法捕获的异常。因为程序没有指定 throws 子句来声明这一事实，所以程序无法编译。

```java
// This program contains an error and will not compile.
class ThrowsDemo {
  static void throwOne() {
    System.out.println("Inside throwOne.");
    throw new IllegalAccessException("demo");
  }
  public static void main(String args[]) {
    throwOne();
  }
}
```

为使这个例子能够编译，需要进行两处修改。首先，需要声明 throwOne()方法抛出 IllegalAccessException 异常。其次，main()方法必须定义捕获该异常的 try/catch 语句。

改正后的例子如下所示：

```java
// This is now correct.
class ThrowsDemo {
  static void throwOne() throws IllegalAccessException {
    System.out.println("Inside throwOne.");
    throw new IllegalAccessException("demo");
  }
```

```
    public static void main(String args[]) {
      try {
        throwOne();
      } catch (IllegalAccessException e) {
        System.out.println("Caught " + e);
      }
    }
  }
```

下面是运行上述示例程序后生成的输出：

```
inside throwOne
caught java.lang.IllegalAccessException: demo
```

10.9　finally

在抛出异常后，方法中的执行流会采用一条非常突然、非线性的路径，这将改变方法的正常执行流。根据方法的编码方式，异常甚至可能使方法比预期时间更早地返回。对于某些方法，这可能是一个问题。例如，如果方法在开始时打开一个文件，并在结束时关闭这个文件，就可能不希望关闭文件的代码绕过异常处理机制。关键字 finally 就是为解决这种可能情况而设计的。

使用 finally 可创建一个代码块，该代码块会在执行 try/catch 代码块之后，并在执行 try/catch 代码块后面的代码之前执行。不管是否有异常抛出，都会执行 finally 代码块。如果抛出了异常，那么即使没有 catch 语句能匹配异常，finally 代码块也将执行。只要方法从 try/catch 代码块内部返回到调用者，不管是通过未捕获的异常还是使用显式的返回语句，都会在方法返回之前执行 finally 子句。对于关闭文件句柄，以及释放在方法开始时进行分配并在方法返回之前进行处理的其他所有资源来说，finally 子句都是很有用的。finally 子句是可选的。但是，每条 try 语句至少需要有一条 catch 子句或一条 finally 子句。

下面的示例程序显示了以各种方式退出的三个方法，所有这些方法都执行它们各自的 finally 子句：

```
// Demonstrate finally.
class FinallyDemo {
  // Throw an exception out of the method.
  static void procA() {
    try {
      System.out.println("inside procA");
      throw new RuntimeException("demo");
    } finally {
      System.out.println("procA's finally");
    }
  }

  // Return from within a try block.
  static void procB() {
    try {
      System.out.println("inside procB");
      return;
    } finally {
      System.out.println("procB's finally");
    }
  }

  // Execute a try block normally.
  static void procC() {
```

```java
    try {
      System.out.println("inside procC");
    } finally {
      System.out.println("procC's finally");
    }
  }

  public static void main(String args[]) {
    try {
      procA();
    } catch (Exception e) {
      System.out.println("Exception caught");
    }

    procB();
    procC();
  }
}
```

在这个例子中，procA()方法通过抛出异常过早地跳出了 try 代码块，在退出之后执行 finally 子句。procB()方法通过 return 语句退出 try 代码块，在 procB()方法返回前执行 finally 子句。在 procC()方法中，try 语句正常执行，没有错误，但仍会执行 finally 代码块。

> **请记住:**
> 如果 finally 代码块和某个 try 代码块相关联，那么 finally 代码块会在这个 try 代码块结束后执行。

下面是由前面程序生成的输出：

```
inside procA
procA's finally
Exception caught
inside procB
procB's finally
inside procC
procC's finally
```

10.10　Java 的内置异常

在标准包 java.lang 中，Java 定义了一些异常类。在前面的例子中，已经用到了其中的几个。这些异常中最常用的是 RuntimeException 标准类型的子类。正如前面介绍的，在所有方法的 throws 列表中不需要包含这些异常。在 Java 语言中，这些异常被称为未经检查的异常(unchecked exception)，因为编译器不检查方法是否处理或抛出这些异常。表 10-1 列出了在 java.lang 中定义的未经检查的异常。表 10-2 列出了由 java.lang 包定义的其他异常，如果方法可能生成这些异常中的某个异常，并且方法本身不进行处理，那么必须在方法的 throws 列表中包含该异常，这些异常被称为经检查的异常(checked exception)。除了 java.lang 中的异常，Java 还定义了与其他标准包相关联的异常。

表 10-1　Java 在 java.lang 中定义的未经检查的 RuntimeException 子类

异　　常	含　　义
ArithmeticException	算术错误，例如除零
ArrayIndexOutOfBoundsException	数组索引越界
ArrayStoreException	使用不兼容的类型为数组元素赋值

(续表)

异常	含义
ClassCastException	无效转换
EnumConstantNotPresentException	试图使用未定义的枚举值
IllegalArgumentException	使用非法参数调用方法
IllegalCallerException	通过调用代码不能合法执行方法
IllegalMonitorStateException	非法的监视操作，例如等待未锁定的线程
IllegalStateException	环境或应用程序处于不正确的状态
IllegalThreadStateException	请求的操作与当前线程状态不兼容
IndexOutOfBoundsException	某些类型的索引越界
LayerInstantiationException	不能创建模块层
NegativeArraySizeException	使用负数长度创建数组
NullPointerException	非法使用空引用
NumberFormatException	字符串到数值格式的无效转换
SecurityException	试图违反安全性
StringIndexOutOfBoundsException	试图在字符串边界之外进行索引
TypeNotPresentException	类型未找到
UnsupportedOperationException	遇到不支持的操作

表 10-2　Java 在 java.lang 中定义的经检查的异常

异常	含义
ClassNotFoundException	类未找到
CloneNotSupportedException	试图复制没有实现 Cloneable 接口的对象
IllegalAccessException	对类的访问被拒绝
InstantiationException	试图为抽象类或接口创建对象
InterruptedException	一个线程被另一个线程中断
NoSuchFieldException	请求的域变量不存在
NoSuchMethodException	请求的方法不存在
ReflectiveOperationException	与反射相关的异常的超类

10.11　创建自己的异常子类

尽管 Java 的内置异常处理了大部分常见错误，但是用户可能希望创建自己的异常类型，以处理特定于应用程序的情况。这很容易完成：只需要定义 Exception 的子类(当然也是 Throwable 的子类)即可。这个子类不需要实际实现任何内容——只要它们存在于类型系统中，就可以将它们用作异常。

Exception 类没有为自己定义任何方法。当然，它继承了 Throwable 提供的方法。因此，所有异常，包括用户创建的那些异常，都可以获得 Throwable 定义的方法。表 10-3 列出了 Throwable 定义的方法。还可以在创建的异常类中重写这些方法中的一个或多个。

Exception 类定义了 4 个公有构造函数，其中的两个支持链式异常(链式异常将在下一节描述)，另外两个如下所示：

```
Exception( )
Exception(String msg)
```

第一种形式创建没有描述信息的异常，第二种形式可为异常指定描述信息。

虽然创建异常时指定描述信息通常是有用的，但有时重写 toString()方法更好一些。原因是：Throwable 定义的 toString()版本(Exception 继承了该版本)首先显示异常的名称，之后跟一个冒号，然后显示异常的描述。通过重写 toString()，可以阻止显示异常名称和冒号。这样可以使输出变得更加清晰，在有些情况下可能希望如此。

表 10-3 Throwable 定义的方法

方法	描述
final void addSuppressed(Throwable exc)	将 exc 添加到与调用异常关联的 suppressed 异常列表中，主要用于新的带资源的 try 语句
Throwable fillInStackTrace( )	返回一个包含完整堆栈踪迹的 Throwable 对象，可以重新抛出该对象
Throwable getCause( )	返回引起当前异常的异常。如果不存在引起当前异常的异常，就返回 null
String getLocalizedMessage( )	返回异常的本地化描述
String getMessage( )	返回异常的描述
StackTraceElement[ ] getStackTrace( )	返回一个包含堆栈踪迹的数组，数组元素的类型为 StackTraceElement，每次一个元素。堆栈顶部的方法是抛出异常之前调用的最后一个方法，在数组的第一个元素中可以找到该方法。通过 StackTraceElement 类，程序可以访问与踪迹中每个元素相关的信息，例如方法名
final Throwable[ ] getSuppressed( )	获取与调用异常关联的 suppressed 异常，并返回一个包含结果的数组。suppressed 异常主要由带资源的 try 语句生成
Throwable initCause(Throwable causeExc)	将 causeExc 与调用异常关联到一起，作为调用异常的原因。返回对异常的引用
void printStackTrace( )	显示堆栈踪迹
void printStackTrace(PrintStream stream)	将堆栈踪迹发送到指定的流中
void printStackTrace(PrintWriter stream)	将堆栈踪迹发送到指定的流中
void setStackTrace(StackTraceElement elements[ ])	将 elements 中传递的元素设置为堆栈踪迹。该方法用于特殊的应用程序，在常规情况下不使用
String toString( )	返回包含异常描述信息的 String 对象，当通过 println()输出 Throwable 对象时，会调用该方法

下面的例子声明了一个新的 Exception 的子类，然后在一个方法中使用这个子类标识错误条件。该子类重写了 toString()方法，从而可以仔细地修改所显示的异常描述信息。

```
// This program creates a custom exception type.
class MyException extends Exception {
  private int detail;

  MyException(int a) {
    detail = a;
  }

  public String toString() {
    return "MyException[" + detail + "]";
  }
}
```

```
class ExceptionDemo {
  static void compute(int a) throws MyException {
    System.out.println("Called compute(" + a + ")");
    if(a > 10)
      throw new MyException(a);
    System.out.println("Normal exit");
  }

  public static void main(String args[]) {
    try {
      compute(1);
      compute(20);
    } catch (MyException e) {
      System.out.println("Caught " + e);
    }
  }
}
```

这个示例定义了 Exception 的一个子类，名为 MyException。这个子类相当简单：只有一个构造函数以及一个重写了的 toString()方法，该方法显示异常的值。ExceptionDemo 类定义了一个 compute()方法，该方法抛出 MyException 对象。如果 compute()方法的整型参数大于 10，将会抛出异常。main()方法为 MyException 设置了一个异常处理程序，然后调用带有合法值(小于 10)和非法值的 compute()方法，以显示代码的这两条执行路径。下面是执行结果：

```
Called compute(1)
Normal exit
Called compute(20)
Caught MyException[20]
```

10.12 链式异常

多年前，链式异常这一特性被包含进异常子系统。通过链式异常，可为异常关联另一个异常。第二个异常描述第一个异常的原因。例如，假设某个方法由于试图除零而抛出 ArithmeticException 异常。但是，导致问题发生的实际原因是发生了一个 I/O 错误，该错误导致为除数设置了不正确的值。尽管方法必须显式地抛出 ArithmeticException 异常，因为这是已经发生的错误，但是还希望让调用代码知道背后的原因是 I/O 错误，使用链式异常可以处理这种情况以及所有其他存在多层异常的情况。

为使用链式异常，向 Throwable 类添加了两个构造函数和两个方法。这两个构造函数如下所示：

```
Throwable(Throwable causeExc)
Throwable(String msg, Throwable causeExc)
```

在第一种形式中，causeExc 是引发当前异常的异常，即 causeExc 是引发当前异常的背后原因。第二种形式允许在指定引发异常的同时指定异常描述信息。这两个构造函数也被添加到 Error、Exception 以及 RuntimeException 类中。

Throwable 支持的链式异常方法是 getCause()和 initCause()。在表 10-3 中列出了这些方法，为进行讨论，下面再次列出这些方法：

```
Throwable getCause()
Throwable initCause(Throwable causeExc)
```

getCause()方法返回引发当前异常的异常。如果不存在背后异常，就返回 null。initCause()方法将 causeExc 和调用异常关联到一起，并返回对异常的引用。因此，可以在创建异常之后将异常和背后异常关联到一起。但是，背后异常只能设置一次。因此，对于每个异常对象只能调用 initCause()方法一次。此外，如果通过构造函数设置了引发异常，就不能再使用 initCause()方法进行设置。通常，initCause()方法用于为不支持前面描述的两个附加构造函数的旧异常类设置原因。

下面的例子演示了链式异常的处理机制：

```java
// Demonstrate exception chaining.
class ChainExcDemo {
  static void demoproc() {

    // create an exception
    NullPointerException e =
      new NullPointerException("top layer");

    // add a cause
    e.initCause(new ArithmeticException("cause"));

    throw e;
  }

  public static void main(String args[]) {
    try {
      demoproc();
    } catch(NullPointerException e) {
      // display top level exception
      System.out.println("Caught: " + e);

      // display cause exception
      System.out.println("Original cause: " +
                  e.getCause());
    }
  }
}
```

该程序的输出如下所示：

```
Caught: java.lang.NullPointerException: top layer
Original cause: java.lang.ArithmeticException: cause
```

在这个例子中，顶级异常是 NullPointerException，并为该异常添加了一个引发异常 ArithmeticException。当从 demoproc()方法抛出异常时，异常由 main()方法捕获。在此，显示顶级异常，之后显示背后异常，背后异常是通过调用 getCause()方法得到的。

链式异常可以包含所需要的任意深度。因此，引发异常本身可能还包含引发异常。但是应当清楚，过长的异常链可能是一种不良的设计。

并不是所有程序都需要链式异常。但是，对于那些需要使用背后原因信息的情况，链式异常是完美的解决方案。

10.13 其他三个异常特性

从 JDK 7 开始，异常系统添加了 3 个有趣且有用的特性。第 1 个特性是：当资源(例如文件)不再需要时能够自行释放。该特性的基础是 try 语句的扩展形式，称为带资源的 try 语句，在第 13 章介绍文件时会对此进行描述。第 2 个特性称为多重捕获(multi-catch)，第 3 个特性有时被称为最后重新抛出(final rethrow)或更精确地重新抛出

(more precise rethrow)。下面介绍这两个特性。

多重捕获特性允许通过相同的 catch 子句捕获两个或更多个异常。两个或更多个异常处理程序使用相同的代码序列并非不寻常，尽管它们针对不同的异常进行响应。现在不必逐个捕获所有异常，可通过一条 catch 子句使用相同的代码处理所有异常。

为了使用多重捕获，在 catch 子句中使用或运算符(|)分隔每个异常类型。每个多重捕获参数都被隐式地声明为 final(如果愿意的话，也可以显式指定 final，但这不是必需的)。因此，不能为它们赋予新值。

下面的 catch 语句使用多重捕获特性来同时捕获 ArithmeticException 和 ArrayIndexOutOfBoundsException：

```
catch(ArithmeticException | ArrayIndexOutOfBoundsException e) {
```

下面的程序显示了多重捕获特性的实际应用：

```
// Demonstrate the multi-catch feature.
class MultiCatch {
  public static void main(String args[]) {
    int a=10, b=0;
    int vals[] = { 1, 2, 3 };

    try {
      int result = a / b; // generate an ArithmeticException

//       vals[10] = 19; // generate an ArrayIndexOutOfBoundsException

      // This catch clause catches both exceptions.
    } catch(ArithmeticException | ArrayIndexOutOfBoundsException e) {
      System.out.println("Exception caught: " + e);
    }

    System.out.println("After multi-catch.");
  }
}
```

当试图除零时，程序会生成 ArithmeticException 异常。如果注释掉除法语句，并移除下一行的注释符号，将会生成 ArrayIndexOutOfBoundsException 异常。这两个异常是由同一条 catch 语句捕获的。

"更精确地重新抛出"异常特性会对重新抛出的异常类型进行限制，只能重新抛出满足以下条件的经检查的异常：由关联的 try 代码块抛出，没有被前面的 catch 子句处理过，并且是参数的子类型或超类型。虽然这个功能不经常需要，但是现在确实提供了这一特性。为了强制使用"更精确地重新抛出"异常特性，catch 参数必须被有效地或显式地声明为 final，这意味着在 catch 代码块中不能为之赋新值。

10.14 使用异常

异常处理为控制复杂程序提供了一种强大机制，具有许多动态的运行时特征。考虑将 try、throw 以及 catch 作为处理程序逻辑中的错误和不寻常边界条件的清晰方式是很重要的。不同于某些其他语言，通过返回错误代码表示操作失败，Java 使用异常表示操作失败。因此，如果某个方法可能失败，应当使其抛出异常。这是处理失败模式时更清晰的方式。

最后注意一点，不应当将 Java 的异常处理语句作为进行非本地分支的一般机制。否则，会让代码变得混乱并难以维护。

第 11 章　多线程编程

Java 对多线程编程(multithreaded programming)提供了内置支持。多线程程序包含可以同时运行的两个或更多个部分。这种程序的每一部分被称为一个线程(thread)，并且每个线程定义了单独的执行路径。因此，多线程是特殊形式的多任务处理。

几乎可以肯定，你对多任务处理有所了解，因为实际上所有现代操作系统都支持多任务处理。但是，多任务处理有两种不同的类型：基于进程的多任务处理和基于线程的多任务处理。理解这两者之间的区别很重要。对于许多读者，往往更熟悉基于进程的多任务处理形式。进程(process)本质上是正在执行的程序。因此，基于进程的多任务处理就是允许计算机同时运行两个或多个程序的特性。例如，基于进程的(process-based)多任务处理可以在运行 Java 编译器的同时使用文本编辑器或浏览网站。在基于进程的多任务处理中，程序是调度程序能够调度的最小代码单元。

在基于线程的(thread-based)多任务环境中，最小的可调度代码单元是线程，这意味着单个程序可以同时执行两个或更多个任务。例如，文本编辑器可以在打印的同时格式化文本，只要这两个动作是通过两个独立的线程执行即可。因此，基于进程的多任务处理"大局"，而基于线程的多任务处理"细节"。

多任务线程需要的开销比多任务进程小。进程是重量级任务，它们需要自己的地址空间。进程间通信开销很大并且有许多限制。从一个进程上下文切换到另一个进程上下文的开销也很大。另一方面，线程是轻量级任务。它们共享相同的地址空间，并且协作共享同一个重量级进程。线程间通信的开销不大，并且从一个线程上下文切换到另一个线程上下文的开销更小。虽然 Java 程序使用的是基于多进程的多任务环境，但是基于多进程的多任务处理不是由 Java 直接控制的。不过，基于多线程的多任务处理是由 Java 直接控制的。

使用多线程可以编写出更高效的程序，以最大限度地利用系统提供的处理功能。多线程实现最大限度利用系统功能的一种重要方式是使空闲时间保持最少。对于交互式网络环境中的 Java 操作这很重要，因为对于这种情况空闲时间很普遍。例如，网络上数据的传输速率比计算机能够处理的速率低很多。即使是读写本地文件系统资源，速度也比 CPU 的处理速度慢很多。并且，用户输入速度当然也比计算机的处理速度慢很多。在单线程环境中，程序在处理这些任务中的下一任务之前，必须等待当前任务完成——尽管在等待输入时，程序在大部分时间是空闲的。多线程有助于减少空闲时间，因为当等待输入时可以运行另一个线程。

如果曾经编写过基于 Windows 这类操作系统的程序，那么你肯定已经熟悉多线程编程了。但是，Java 管理线程这一事实使得多线程编程特别方便，因为 Java 自动处理了许多细节。

11.1　Java 线程模型

Java 运行时系统在许多方面依赖于线程，并且所有类库在设计时都考虑了多线程。事实上，Java 通过利用线程使得整个环境能够异步执行。这有助于通过防止浪费 CPU 时钟周期来提高效率。

通过与单线程环境进行比较，可更好地理解多线程环境的价值。单线程系统使用一种称为轮询事件循环(event loop with polling)的方法。在这种模型中，单线程在一个无限循环中控制运行，轮询一个事件队列以决定下一步做什么。一旦轮询返回一个信号，比如准备读取网络文件的信号，事件循环就将控制调度至适当的事件处理程序。在这个事件处理程序返回之前，程序不能执行任何其他工作。这浪费了 CPU 时间，并且会导致程序的一部分支配着系统而阻止对所有其他部分进行处理。通常，在单线程环境中，当线程因为等待某些资源而阻塞(即挂起执行)时，整个程序会停止运行。

Java 多线程的优点消除了主循环/轮询机制。可以暂停一个线程而不会停止程序的其他部分。例如，由于线程从网络读取数据或等待用户输入而造成的空闲时间，可以在其他地方得以利用。多线程允许当前激活的循环在两帧之间休眠，而不会造成整个系统暂停。当 Java 程序中的线程阻塞时，只有被阻塞的线程会暂停，所有其他线程仍将继续运行。

大部分读者都知道，在过去几年，多核系统已经变得很普遍了。当然，单核系统仍然在广泛使用。Java 的多线程系统在这两种类型的系统中都可以工作，理解这一点很重要。在单核系统中，并发执行的线程共享 CPU，每个线程得到一片 CPU 时钟周期。所以，在单核系统中，两个或多个线程不是真正同时运行的，但是空闲时间被利用了。然而，在多核系统中，两个或多个线程可能是真正同步执行的。在许多情况下，这会进一步提高程序的效率并提高特定操作的速度。

> **注意：**
> 除了本章中描述的多线程处理特性外，你还希望探讨 Fork/Join 框架，该框架提供了一种强大的方式，来创建能够自动伸缩以充分利用多核环境的多线程应用程序。Fork/Join 框架是 Java 对并行编程(parallel programming)支持的一部分，并行编程通常是指优化某些类型的算法，以便能够在多 CPU 系统中并行执行的一种技术。对 Fork/Join 框架及其他并发实用工具的讨论，请查看第 28 章。在此介绍 Java 的传统多线程功能。

线程有多种状态，下面是一般描述。线程可以处于运行(running)状态，只要获得 CPU 时间就准备运行。运行的线程可以被挂起(suspended)，这会临时停止线程的活动。挂起的线程可以被恢复(resumed)，从而允许线程从停止处恢复执行。当等待资源时，线程会被阻塞(blocked)。在任何时候，都可以终止线程，这会立即停止线程的执行。线程一旦终止，就不能再恢复。

11.1.1 线程优先级

Java 为每个线程都指定了优先级，优先级决定了相对于其他线程应当如何处理某个线程。线程优先级是一些整数，它们指定了一个线程相对于另一个线程的优先程度。优先级的绝对数值没有意义；如果只有一个线程在运行，优先级高的线程不会比优先级低的线程运行快。相反，线程的优先级用于决定何时从一个运行的线程切换到下一个线程，这称为上下文切换(context switch)。决定上下文切换发生时机的规则比较简单：

- **线程自愿地放弃控制。** 线程显式地放弃控制权、休眠或在 I/O 之前阻塞，都会出现这种情况。在这种情况下，检查所有其他线程，并且准备运行的线程中优先级最高的那个线程会获得 CPU 资源。
- **线程被优先级更高的线程取代。** 对于这种情况，没有放弃控制权的低优先级线程不管正在做什么，都会被高优先级线程简单地取代。基本上，只要高优先级线程希望运行，它就会取代低优先级线程，这称为抢占式多任务处理(preemptive multitasking)。

如果具有相同优先级的两个线程竞争 CPU 资源，这种情况就有些复杂。对于某些操作系统，优先级相同的线程以循环方式自动获得 CPU 资源。对于其他类型的操作系统，优先级相同的线程必须自愿地向其他线程放弃控制权，否则其他线程就不能运行。

> **警告：**
> 操作系统以不同方式对具有相同优先级的线程进行上下文切换，这可能会引起可移植性问题。

11.1.2 同步

因为多线程为程序引入了异步行为，所以必须提供一种在需要时强制同步的方法。例如，如果希望两个线程进行通信并共享某个复杂的数据结构，如链表，就需要以某种方式确保它们相互之间不会发生冲突。也就是说，当一个线程正在读取该数据结构时，必须阻止另一个线程向该数据结构写入数据。为此，Java 以监视器(monitor)这一年代久远的进程间同步模型为基础，实现了一种巧妙的方案。监视器最初是由 C.A.R. Hoare 定义的一种控制机制，可以将监视器看作非常小的只能包含一个线程的盒子。一旦某个线程进入监视器，其他所有线程就必须等待，直到该线程退出监视器。通过这种方式，可将监视器用于保护共享的资源，以防止多个线程同时对资源进行操作。

Java 没有提供 Monitor 类；相反，每个对象都有自己的隐式监视器。如果调用对象的同步方法，就会自动进入对象的隐式监视器。一旦某个线程位于一个同步方法中，其他线程就不能调用同一对象的任何其他同步方法。因为语言本身内置了同步支持，所以可以编写出非常清晰、简明的多线程代码。

11.1.3 消息传递

将程序划分成独立线程后，需要定义它们之间相互通信的方式。当使用某些其他语言编写程序时，必须依赖操作系统建立线程之间的通信。当然，这会增加系统开销。相反，通过调用所有对象都具有的预先定义的方法，Java 为两个或多个线程之间的相互通信提供了一种简洁的低成本方式。Java 的消息传递系统允许某个线程进入对象的同步方法，然后进行等待，直到其他线程显式地通知这个线程退出为止。

11.1.4 Thread 类和 Runnable 接口

Java 的多线程系统是基于 Thread 类、Thread 类的方法及其伴随接口 Runnable 而构建的。Thread 类封装了线程的执行。因为不能直接引用正在运行的线程的细微状态，所以需要通过代理进行处理，Thread 实例就是线程的代理。为创建新线程，程序可以扩展 Thread 类或实现 Runnable 接口。

Thread 类定义了一些用于帮助管理线程的方法，表 11-1 中显示的是本章要用到的几个方法。

表 11-1 Thread 类定义的一些方法

方　　法	含　　义
getName()	获取线程的名称
getPriority()	获取线程的优先级
isAlive()	确定线程是否仍然在运行
join()	等待线程终止
run()	线程的入口点
sleep()	挂起线程一段时间
start()	通过调用线程的 run() 方法启动线程

到目前为止，本书的所有例子都使用单线程来执行。本章的剩余部分将解释如何使用 Thread 类和 Runnable 接口创建和管理线程，首先介绍所有 Java 程序都有的线程——主线程。

11.2 主线程

当 Java 程序启动时，会立即开始运行一个线程，因为它是程序开始时执行的线程，所以这个线程通常称为程序的主线程。主线程很重要，有以下两个原因：

- 其他子线程都是从主线程生成的。
- 通常，主线程必须是最后才结束执行的线程，因为它要执行各种关闭动作。

尽管主线程是在程序启动时自动创建的，但可通过 Thread 对象对其进行控制。为此，必须调用 currentThread() 方法获取对主线程的一个引用。该方法是 Thread 类的公有静态成员，它的一般形式如下所示：

```
static Thread currentThread()
```

这个方法返回对调用它的线程的引用。一旦得到对主线程的引用，就可以像控制其他线程那样控制主线程。首先分析下面的例子：

```
// Controlling the main Thread.
class CurrentThreadDemo {
  public static void main(String args[]) {
    Thread t = Thread.currentThread();

    System.out.println("Current thread: " + t);

    // change the name of the thread
    t.setName("My Thread");
    System.out.println("After name change: " + t);

    try {
      for(int n = 5; n > 0; n--) {
        System.out.println(n);
        Thread.sleep(1000);
      }
    } catch (InterruptedException e) {
      System.out.println("Main thread interrupted");
    }
  }
}
```

在这个程序中，通过调用 currentThread() 方法来获取对当前线程(在本例中是主线程)的引用，并将这个引用存储在局部变量 t 中。接下来，程序显示有关线程的信息。然后程序调用 setName() 方法更改线程的内部名称。之后再次显示有关线程的信息。接下来是一个从 5 开始递减的循环，在两次循环之间暂停 1 秒。暂停是通过 sleep() 方法实现的。传递给 sleep() 方法的参数以毫秒为单位指定延迟的间隔时间。请注意封装循环的 try/catch 代码块。Thread 类的 sleep() 方法可能会抛出 InterruptedException 异常。如果其他线程试图中断这个正在睡眠的线程，就会发生这种情况。在这个例子中，如果线程被中断，只会输出一条消息。在真实的程序中，可能需要以不同的方式处理这种情况。下面是该程序生成的输出：

```
Current thread: Thread[main,5,main]
After name change: Thread[My Thread,5,main]
5
4
3
2
1
```

注意，当将 t 用作 println() 方法的参数时生成的输出，这将依次显示线程的名称、优先级以及线程所属线程组的名称。默认情况下，主线程的名称是 main，优先级是 5，这是默认值，并且 main 也是主线程所属线程组的名称。线程组(thread group)是将一类线程作为整体来控制状态的数据结构。在更改了线程的名称后，再次输出 t，这一次将显示线程新的名称。

下面进一步分析在程序中使用的 Thread 类定义的方法。sleep()方法使线程从调用时挂起，暂缓执行指定的时间间隔(毫秒数)，它的一般形式如下所示：

```
static void sleep(long milliseconds) throws InterruptedException
```

挂起的毫秒数由 *milliseconds* 指定，这个方法可能抛出 InterruptedException 异常。

sleep()方法还有第二种形式，如下所示，这种形式允许按照毫秒加纳秒的形式指定挂起的时间间隔：

```
static void sleep(long milliseconds, int nanoseconds) throws InterruptedException
```

只有在计时周期精确到纳秒级的环境中，sleep()方法的第二种形式才有用。

正如前面的程序所示，可以使用 setName()方法设置线程的名称。通过 getName()方法可以获得线程的名称(不过，上述程序没有演示该方法)。这些方法都是 Thread 类的成员，它们的声明如下所示：

```
final void setName(String threadName)
final String getName()
```

其中，*threadName* 指定了线程的名称。

11.3 创建线程

在最通常的情况下，通过实例化 Thread 类型的对象创建线程。Java 定义了创建线程的两种方法：
- 实现 Runnable 接口
- 扩展 Thread 类本身

接下来依次分析这两种方法。

11.3.1 实现 Runnable 接口

创建线程的最简单方式是创建实现了 Runnable 接口的类。Runnable 接口抽象了一个可执行代码单元。可以依托任何实现了 Runnable 接口的对象来创建线程。为了实现 Runnable 接口，类只需要实现 run()方法，该方法的声明如下所示：

```
public void run( )
```

在 run()方法内部，定义组成新线程的代码。run()方法可以调用其他方法，使用其他类，也可以声明变量，就像 main 线程那样，理解这一点很重要。唯一的区别是：run()方法为程序中另一个并发线程的执行建立了入口点。当 run()方法返回时，这个线程将结束。

在创建实现了 Runnable 接口的类之后，可以在类中实例化 Thread 类型的对象。Thread 类定义了几个构造函数。我们将使用的那个构造函数如下所示：

```
Thread(Runnable threadOb, String threadName)
```

在这个构造函数中，*threadOb* 是实现了 Runnable 接口的类的实例，这定义了从何处开始执行线程。新线程的名称由 *threadName* 指定。

创建了新线程后，只有调用线程的 start()方法，才会运行线程，该方法是在 Thread 类中声明的。本质上，start()方法初始化对 run()方法的调用。start()方法的声明如下所示：

```
void start()
```

下面的例子创建了一个新的线程并开始运行：

```java
// Create a second thread.
class NewThread implements Runnable {
  Thread t;

  NewThread() {
    // Create a new, second thread
    t = new Thread(this, "Demo Thread");
    System.out.println("Child thread: " + t);
  }

  // This is the entry point for the second thread.
  public void run() {
    try {
      for(int i = 5; i > 0; i--) {
        System.out.println("Child Thread: " + i);
        Thread.sleep(500);
      }
    } catch (InterruptedException e) {
      System.out.println("Child interrupted.");
    }
    System.out.println("Exiting child thread.");
  }
}

class ThreadDemo {
  public static void main(String args[]) {
    NewThread nt = new NewThread(); // create a new thread

    nt.t.start(); // Start the thread

    try {
      for(int i = 5; i > 0; i--) {
        System.out.println("Main Thread: " + i);
        Thread.sleep(1000);
      }
    } catch (InterruptedException e) {
      System.out.println("Main thread interrupted.");
    }
    System.out.println("Main thread exiting.");
  }
}
```

在 NewThread 类的构造函数中，通过下面这条语句创建了一个新的 Thread 对象：

```java
t = new Thread(this, "Demo Thread");
```

传递 this 作为第一个参数，以表明希望新线程调用 this 对象的 run()方法。在 main()方法中调用 start()方法，从 run()方法开始启动线程的执行。这会导致开始执行子线程的 for 循环。接下来主线程进入 for 循环。两个线程继续运行，在单核系统中它们会共享 CPU，直到它们的循环结束。这个程序生成的输出如下所示(基于特定的执行环境，输出可能有所变化)：

```
Child thread: Thread[Demo Thread,5,main]
Main Thread: 5
Child Thread: 5
```

```
Child Thread: 4
Main Thread: 4
Child Thread: 3
Child Thread: 2
Main Thread: 3
Child Thread: 1
Exiting child thread.
Main Thread: 2
Main Thread: 1
Main thread exiting.
```

如前所述，在多线程程序中，主线程必须在最后结束运行，这通常很有用。上面的程序确保主线程在最后结束，因为主线程在每次迭代之间休眠 1000 毫秒，而子线程只休眠 500 毫秒。这使得子线程比主线程终止得更早。稍后介绍等待线程结束的更好方法。

11.3.2　扩展 Thread 类

创建线程的第二种方式是创建一个扩展了 Thread 的新类，然后创建该类的实例。扩展类必须重写 run()方法，run()方法是新线程的入口点。同以前一样，调用 start()方法以开始新线程的执行。下面的程序对前面的程序进行改写以扩展 Thread 类：

```java
// Create a second thread by extending Thread
class NewThread extends Thread {

  NewThread() {
    // Create a new, second thread
    super("Demo Thread");
    System.out.println("Child thread: " + this);
  }

  // This is the entry point for the second thread.
  public void run() {
    try {
      for(int i = 5; i > 0; i--) {
        System.out.println("Child Thread: " + i);
        Thread.sleep(500);
      }
    } catch (InterruptedException e) {
      System.out.println("Child interrupted.");
    }
    System.out.println("Exiting child thread.");
  }
}

class ExtendThread {
  public static void main(String args[]) {
    NewThread nt = new NewThread(); // create a new thread

    nt.start(); // start the thread

    try {
      for(int i = 5; i > 0; i--) {
        System.out.println("Main Thread: " + i);
        Thread.sleep(1000);
      }
```

```
    } catch (InterruptedException e) {
      System.out.println("Main thread interrupted.");
    }
    System.out.println("Main thread exiting.");
  }
}
```

这个程序生成的输出和前面版本的相同。可以看出，子线程是通过实例化 NewThread 类的对象创建的，NewThread 类派生自 Thread。

注意在 NewThread 类中对 super()方法的调用。这会调用以下形式的 Thread 构造函数：

`public Thread(String `*`threadName`*`)`

其中，*threadName* 指定了线程的名称。

11.3.3 选择一种创建方式

至此，你可能会好奇 Java 为什么提供两种创建子线程的方式，哪种方式更好一些呢？这两个问题的答案涉及同一原因。Thread 类定义了派生类可以重写的几个方法。在这些方法中，只有一个方法必须重写，即 run()方法。当然，这也是实现 Runnable 接口时需要实现的方法。许多 Java 程序员认为：只有当类正在以某种方式增强或修改时，才应当对类进行扩展。因此，如果不重写 Thread 类的其他方法，创建子线程的最好方式可能是简单地实现 Runnable 接口。此外，通过实现 Runnable 接口，线程类不需要继承 Thread 类，从而可以自由地继承其他类。最终，使用哪种方式取决于用户。但是，在本章的剩余部分，使用实现了 Runnable 接口的类来创建线程。

11.4 创建多个线程

到目前为止，只使用了两个线程：主线程和一个子线程。但程序可以生成所需的任意多个线程。例如，下面的程序创建了三个子线程：

```
// Create multiple threads.
class NewThread implements Runnable {
  String name; // name of thread
  Thread t;

  NewThread(String threadname) {
    name = threadname;
    t = new Thread(this, name);
    System.out.println("New thread: " + t);
  }

  // This is the entry point for thread.
  public void run() {
    try {
      for(int i = 5; i > 0; i--) {
        System.out.println(name + ": " + i);
        Thread.sleep(1000);
      }
    } catch (InterruptedException e) {
      System.out.println(name + "Interrupted");
    }
    System.out.println(name + " exiting.");
  }
}
```

```java
class MultiThreadDemo {
  public static void main(String args[]) {
    NewThread nt1 = new NewThread("One");
    NewThread nt2 = new NewThread("Two");
    NewThread nt3 = new NewThread("Three");

    // Start the threads.
    nt1.t.start();
    nt2.t.start();
    nt3.t.start();

    try {
      // wait for other threads to end
      Thread.sleep(10000);
    } catch (InterruptedException e) {
      System.out.println("Main thread Interrupted");
    }

    System.out.println("Main thread exiting.");
  }
}
```

这个程序的一次示例输出如下所示(根据特定的执行环境，输出可能会有所变化)：

```
New thread: Thread[One,5,main]
New thread: Thread[Two,5,main]
New thread: Thread[Three,5,main]
One: 5
Two: 5
Three: 5
One: 4
Two: 4
Three: 4
One: 3
Three: 3
Two: 3
One: 2
Three: 2
Two: 2
One: 1
Three: 1
Two: 1
One exiting.
Two exiting.
Three exiting.
Main thread exiting.
```

可以看出，启动之后，所有三个子线程共享 CPU。注意在 main()方法中对 sleep(10000)的调用，这会导致主线程休眠 10 秒钟，从而确保主线程在最后结束。

11.5 使用 isAlive()和 join()方法

如前所述，通常希望主线程在最后结束。在前面的例子中，通过在 main()方法中调用 sleep()方法，并指定足够长的延迟时间来确保所有子线程在主线程之前终止。但这完全不是一个令人满意的方案，还会造成一个更大的问题：一个线程如何知道另一个线程何时结束？幸运的是，Thread 类提供了能够解决这个问题的方法。

有两种方法可以确定线程是否已经结束。首先，可为线程调用 isAlive()方法。这个方法是由 Thread 类定义的，它的一般形式如下所示：

```
final boolean isAlive()
```

如果线程仍然在运行，isAlive()方法就返回 true，否则返回 false。

虽然 isAlive()方法有时很有用，但是通常使用 join()方法来等待线程结束，如下所示：

```
final void join() throws InterruptedException
```

该方法会一直等待，直到调用线程终止。如此命名该方法的原因是：调用线程一直等待，直到指定的线程加入(join)其中为止。join()方法的另一种形式允许指定希望等待指定线程终止的最长时间。

下面是前面例子的改进版本，该版本使用 join()方法确保主线程在最后结束，另外演示了 isAlive()方法的使用：

```java
// Using join() to wait for threads to finish.
class NewThread implements Runnable {
  String name; // name of thread
  Thread t;

  NewThread(String threadname) {
    name = threadname;
    t = new Thread(this, name);
    System.out.println("New thread: " + t);
  }

  // This is the entry point for thread.
  public void run() {
    try {
      for(int i = 5; i > 0; i--) {
        System.out.println(name + ": " + i);
        Thread.sleep(1000);
      }
    } catch (InterruptedException e) {
      System.out.println(name + " interrupted.");
    }
    System.out.println(name + " exiting.");
  }
}

class DemoJoin {
  public static void main(String args[]) {
    NewThread nt1 = new NewThread("One");
    NewThread nt2 = new NewThread("Two");
    NewThread nt3 = new NewThread("Three");

    // Start the threads.
    nt1.t.start();
    nt2.t.start();
    nt3.t.start();

    System.out.println("Thread One is alive: "
                    + nt1.t.isAlive());
    System.out.println("Thread Two is alive: "
                    + nt2.t.isAlive());
    System.out.println("Thread Three is alive: "
```

```
                   + nt3.t.isAlive());
    // wait for threads to finish
    try {
      System.out.println("Waiting for threads to finish.");
      nt1.t.join();
      nt2.t.join();
      nt3.t.join();
    } catch (InterruptedException e) {
      System.out.println("Main thread Interrupted");
    }

    System.out.println("Thread One is alive: "
                   + nt1.t.isAlive());
    System.out.println("Thread Two is alive: "
                   + nt2.t.isAlive());
    System.out.println("Thread Three is alive: "
                   + nt3.t.isAlive());

    System.out.println("Main thread exiting.");
  }
}
```

下面是该程序的一次示例输出(基于特定的执行环境，输出可能会有所不同)：

```
New thread: Thread[One,5,main]
New thread: Thread[Two,5,main]
New thread: Thread[Three,5,main]
Thread One is alive: true
Thread Two is alive: true
Thread Three is alive: true
Waiting for threads to finish.
One: 5
Two: 5
Three: 5
One: 4
Two: 4
Three: 4
One: 3
Two: 3
Three: 3
One: 2
Two: 2
Three: 2
One: 1
Two: 1
Three: 1
Two exiting.
Three exiting.
One exiting.
Thread One is alive: false
Thread Two is alive: false
Thread Three is alive: false
Main thread exiting.
```

可以看出，在对join()方法的调用返回之后，线程停止执行。

11.6 线程优先级

线程调度程序根据线程优先级决定每个线程应当何时运行。理论上，优先级更高的线程会比优先级更低的线程获得更多的 CPU 时间。实际上，线程得到的 CPU 时间通常除了依赖于优先级外，还依赖于其他几个因素(例如，操作系统实现多任务的方式可能会影响 CPU 时间的相对可用性)。具有更高优先级的线程还可能取代更低优先级的线程。例如，当一个低优先级的线程正在运行，需要恢复一个更高优先级的线程(例如，从休眠或等待 I/O 中恢复)时，高优先级的线程将取代低优先级的线程。

理论上，具有相同优先级的线程应当得到相等的 CPU 时间。但是，这需要谨慎对待。请记住，Java 被设计为在范围广泛的环境中运行。有些环境实现多任务的方式与其他环境不同。为安全起见，具有相同优先级的线程应当时不时释放控制权。这样可以确保所有线程在非抢占式操作系统中有机会运行。实际上，即使是在非抢占式环境中，大部分线程仍然有机会运行，因为大部分线程不可避免地会遇到一些阻塞情况，例如 I/O 等待。当发生这种情况时，阻塞的线程被挂起，其他线程就可以运行。但是，如果希望使多个线程的执行平滑顺畅，最好不要依赖这种情况。此外，如果某些类型的任务是 CPU 密集型的，这种线程会支配 CPU。对于这类线程，你会希望经常性释放控制权，以使其他线程能够运行。

为了设置线程的优先级，需要使用 setPriority()方法，它是 Thread 类的成员。下面是该方法的一般形式：

```
final void setPriority(int level)
```

其中，*level* 指定了为调用线程设置的新优先级。*level* 的值必须在 MIN_PRIORITY 和 MAX_PRIORITY 之间选择。目前，这些值分别是 1 和 10。如果希望将线程设置为默认优先级，可以使用 NORM_PRIORITY，目前的值是 5。这些优先级是在 Thread 类中作为 static final 变量定义的。

可通过调用 Thread 类的 getPriority()方法获取当前设置的优先级，该方法如下所示：

```
final int getPriority()
```

不同的 Java 实现对于任务调度可能有很大区别。如果线程依赖于抢占式行为，而不是协作性地放弃 CPU 时间周期，那么经常会引起不一致性。使用 Java 实现可预测、跨平台行为的最安全方法是使用自愿放弃 CPU 控制权的线程。

11.7 同步

当两个或多个线程需要访问共享的资源时，它们需要以某种方式确保每次只有一个线程使用资源。实现这一目的的过程称为同步。正如即将看到的，Java 为同步提供了独特的、语言级的支持。

同步的关键是监视器的概念，监视器是用作互斥锁的对象。在给定时刻，只有一个线程可以拥有监视器。当线程取得锁时，也就是进入了监视器。其他所有企图进入加锁监视器的线程都会被挂起，直到第一个线程退出监视器。也就是说，这些等待的其他线程在等待监视器。如果需要的话，拥有监视器的线程可以再次进入监视器。

可使用两种方法同步代码。这两种方法都要用到 synchronized 关键字，下面分别介绍这两种方法。

11.7.1 使用同步方法

在 Java 中进行同步很容易，因为所有对象都有与它们自身关联的隐式监视器。为了进入对象的监视器，只需要调用使用 synchronized 关键字修饰过的方法。当某个线程进入同步方法中时，调用同一实例的该同步方法(或任何其他同步方法)的所有其他线程都必须等待。为了退出监视器并将对象的控制权交给下一个等待线程，监视器的拥有者只需要从同步方法返回即可。

为理解对同步的需求，下面介绍一个应当使用但是还没有使用同步的例子。以下程序有 3 个简单的类。第 1

个类是 Callme，其中只有一个方法 call()。call()方法带有一个 String 类型的参数 msg，这个方法尝试在方括号中输出 msg 字符串。需要注意的一件有趣的事情是：call()方法在输出开括号和 msg 字符串之后调用 Thread.sleep(1000)，这会导致当前线程暂停 1 秒。

下一个类是 Caller，其构造函数带有两个参数：对 Callme 实例的引用和 String 类型的字符串。这两个参数分别存储在成员变量 target 和 msg 中。该构造函数还创建了一个新的线程，它调用这个对象的 run()方法。Caller 类的 run()方法调用 Callme 类实例 target 的 call()方法，并传入 msg 字符串。最后，Synch 类通过创建 1 个 Callme 类实例和 3 个 Caller 类实例来启动程序，每个 Caller 类实例都带有唯一的消息字符串。同一个 Callme 实例被传递给每个 Caller 类实例。

```java
// This program is not synchronized.
class Callme {
  void call(String msg) {
    System.out.print("[" + msg);
    try {
      Thread.sleep(1000);
    } catch(InterruptedException e) {
      System.out.println("Interrupted");
    }
    System.out.println("]");
  }
}

class Caller implements Runnable {
  String msg;
  Callme target;
  Thread t;

  public Caller(Callme targ, String s) {
    target = targ;
    msg = s;
    t = new Thread(this);
  }

  public void run() {
    target.call(msg);
  }
}

class Synch {
  public static void main(String args[]) {
    Callme target = new Callme();
    Caller ob1 = new Caller(target, "Hello");
    Caller ob2 = new Caller(target, "Synchronized");
    Caller ob3 = new Caller(target, "World");

    // Start the threads.
    ob1.t.start();
    ob2.t.start();
    ob3.t.start();

    // wait for threads to end
    try {
      ob1.t.join();
      ob2.t.join();
```

```
      ob3.t.join();
    } catch(InterruptedException e) {
      System.out.println("Interrupted");
    }
  }
}
```

下面是该程序生成的输出：

```
Hello[Synchronized[World]
]
]
```

可以看出，通过调用 sleep()方法，call()方法允许执行流切换到另一个线程，这会导致混合输出 3 个消息字符串。在这个程序中，无法阻止 3 个线程在相同的时间调用同一对象的同一个方法，这就是所谓的竞态条件(race condition)，因为 3 个线程相互竞争以完成方法。这个例子使用了 sleep()方法，使得效果可以重复并且十分明显。大多数情况下，竞态条件会更加微妙并且更不可预测，因为不能确定何时会发生线程上下文切换。这会造成程序在某一次运行正确，而在下一次可能运行错误。

为修复前面的程序，必须按顺序调用 call()方法。也就是说，必须限制每次只能由一个线程调用 call()方法。为此，只需要在 call()方法定义的前面添加关键字 synchronized 即可，如下所示：

```
class Callme {
  synchronized void call(String msg) {
    ...
```

当一个线程使用 call()方法时，这会阻止其他线程进入该方法。将 synchronized 关键字添加到 call()方法之后，程序的输出如下所示：

```
[Hello]
[Synchronized]
[World]
```

在多线程情况下，如果有一个或一组方法用来操作对象的内部状态，那么每次都应当使用 synchronized 关键字，以保证状态不会进入竞态条件。请记住，一旦线程进入一个实例的同步方法，所有其他线程就都不能再进入相同实例的任何同步方法。但是，仍然可以继续调用同一实例的非同步方法。

11.7.2　synchronized 语句

虽然在类中创建同步方法是一种比较容易且行之有效的同步实现方式，但并不是在所有情况下都可以使用这种方式。为理解其中的原因，我们分析下面的内容。假设某个类没有针对多线程访问而进行设计，即类没有使用同步方法，而又希望同步对类的访问。进一步讲，类不是由你创建的，而是由第三方创建的，并且你不能访问类的源代码。因此，不能为类中的合适方法添加 synchronized 关键字。如何同步访问这种类的对象呢？幸运的是，这个问题的解决方案很容易：将对这种类定义的方法的调用放到 synchronized 代码块中。

下面是 synchronized 语句的一般形式：

```
synchronized(objRef){
  // statements to be synchronized
}
```

其中，objRef 是对被同步对象的引用。synchronized 代码块确保对 objRef 对象的成员方法的调用，只会在当前线程成功进入 objRef 的监视器之后发生。

下面是前面例子的另一版本，该版本在 run()方法中使用 synchronized 代码块：

```
// This program uses a synchronized block.
```

```java
class Callme {
  void call(String msg) {
    System.out.print("[" + msg);
    try {
      Thread.sleep(1000);
    } catch (InterruptedException e) {
      System.out.println("Interrupted");
    }
    System.out.println("]");
  }
}

class Caller implements Runnable {
  String msg;
  Callme target;
  Thread t;

  public Caller(Callme targ, String s) {
    target = targ;
    msg = s;
    t = new Thread(this);
  }

  // synchronize calls to call()
  public void run() {
    synchronized(target) { // synchronized block
      target.call(msg);
    }
  }
}

class Synch1 {
  public static void main(String args[]) {
    Callme target = new Callme();
    Caller ob1 = new Caller(target, "Hello");
    Caller ob2 = new Caller(target, "Synchronized");
    Caller ob3 = new Caller(target, "World");

    // Start the threads.
    ob1.t.start();
    ob2.t.start();
    ob3.t.start();

    // wait for threads to end
    try {
      ob1.t.join();
      ob2.t.join();
      ob3.t.join();
    } catch(InterruptedException e) {
      System.out.println("Interrupted");
    }
  }
}
```

在此，没有使用 synchronized 修饰 call() 方法。反而，在 Caller 类的 run() 方法中使用了 synchronized 语句。这会使该版本的输出和前面版本的相同，因为每个线程在开始之前都要等待前面的线程先结束。

11.8 线程间通信

前面的例子无条件地锁住其他线程对特定方法的异步访问。Java 对象的隐式监视器的这种用途很强大，但是通过进程间通信可以实现更细微级别的控制。正如即将看到的，在 Java 中这特别容易实现。

前面讨论过，多线程任务处理通过将任务分隔到独立的逻辑单元来替换事件循环编程。线程还提供了第二个优点：消除了轮询检测。轮询检测通常是通过重复检查某些条件的循环实现的。一旦条件为 true，就会发生恰当的动作，这会浪费 CPU 时间。例如，分析经典的队列问题，对于这种问题，一个线程生成一些数据，另外一个线程使用这些数据。为使问题更有趣，假定生产者在生成更多数据之前，必须等待消费者结束。在轮询检测系统中，消费者在等待生产者生产时需要消耗许多 CPU 时间。一旦生产者结束生产数据，就会开始轮询，在等待消费者结束的过程中，会浪费更多 CPU 时间。显然，这种情况并不理想。

为避免轮询检测，Java 通过 wait()、notify()以及 notifyAll()方法，提供了一种巧妙的进程间通信机制，这些方法在 Object 中是作为 final 方法实现的，因此所有类都具有这些方法。所有这 3 个方法都只能在同步上下文中调用。尽管从计算机科学角度看，在概念上这些方法很高级，但是使用这些方法的规则实际上很简单：

- wait()方法通知调用线程放弃监视器并进入休眠，直到其他一些线程进入同一个监视器并调用 notify()方法或 notifyAll()方法。
- notify()方法唤醒调用相同对象的 wait()方法的线程。
- notifyAll()方法唤醒调用相同对象的 wait()方法的所有线程，其中的一个线程将得到访问授权。

这些方法都是在 Object 类中声明的，如下所示：

```
final void wait() throws InterruptedException
final void notify()
final void notifyAll()
```

wait()方法还有一种形式，允许指定等待的时间间隔。

在通过例子演示线程间通信之前，还有重要的一点需要指出。尽管在正常情况下，wait()方法会等待直到调用 notify()或 notifyAll()方法，但还有一种概率很小却可能发生的情况，等待线程由于假唤醒(spurious wakeup)而被唤醒。对于这种情况，等待线程也会被唤醒，却没有调用 notify()或 notifyAll()方法(本质上，线程在没有什么明显理由的情况下就被恢复了)。因为存在这种极小的可能，所以 Oracle 推荐应当在一个检查线程等待条件的循环中调用 wait()方法。下面的例子演示了这种技术。

现在通过一个使用 wait()和 notify()方法的例子演示线程间通信。首先分析下面的示例程序，该示例以不正确的方式实现了一个简单形式的生产者/消费者问题。该例包含 4 个类：类 Q 是试图同步的队列；类 Producer 是生成队列条目的线程对象；类 Consumer 是使用队列条目的线程对象；类 PC 是一个小型类，用于创建类 Q、Producer 和 Consumer 的实例。

```java
// An incorrect implementation of a producer and consumer.
class Q {
  int n;

  synchronized int get() {
    System.out.println("Got: " + n);
    return n;
  }

  synchronized void put(int n) {
    this.n = n;
    System.out.println("Put: " + n);
  }
}
```

```
class Producer implements Runnable {
  Q q;
  Thread t;

  Producer(Q q) {
    this.q = q;
    t = new Thread(this, "Producer");
  }

  public void run() {
    int i = 0;

    while(true) {
      q.put(i++);
    }
  }
}

class Consumer implements Runnable {
  Q q;
  Thread t;

  Consumer(Q q) {
    this.q = q;
    t = new Thread(this, "Consumer");
  }

  public void run() {
    while(true) {
      q.get();
    }
  }
}

class PC {
  public static void main(String args[]) {
    Q q = new Q();
    Producer p = new Producer(q);
    Consumer c = new Consumer(q);

    // Start the threads.
    p.t.start();
    c.t.start();

    System.out.println("Press Control-C to stop.");
  }
}
```

尽管类 Q 中的 put()和 get()方法是同步的,但是没有什么措施能够停止生产者过度运行消费者,也没有什么措施能够停止消费者两次消费相同的队列值。因此,得到的输出是错误的,如下所示(根据处理器的速度和加载的任务,实际输出可能会不同):

```
Put: 1
Got: 1
Got: 1
```

```
        Got: 1
        Got: 1
        Got: 1
        Put: 2
        Put: 3
        Put: 4
        Put: 5
        Put: 6
        Put: 7
        Got: 7
```

可以看出,生产者在将 1 放入队列之后,消费者开始运行,并且连续 5 次获得相同的数值 1。然后,生产者恢复执行,并生成数值 2 到 7,而不让消费者有机会使用它们。

使用 Java 编写这个程序的正确方式是使用 wait()和 notify()方法在两个方向上发送信号,如下所示:

```
// A correct implementation of a producer and consumer.
class Q {
  int n;
  boolean valueSet = false;

  synchronized int get() {
    while(!valueSet)
      try {
        wait();

      } catch(InterruptedException e) {
        System.out.println("InterruptedException caught");
      }

      System.out.println("Got: " + n);
      valueSet = false;
      notify();
      return n;
  }

  synchronized void put(int n) {
    while(valueSet)
      try {
        wait();
      } catch(InterruptedException e) {
        System.out.println("InterruptedException caught");
      }

      this.n = n;
      valueSet = true;
      System.out.println("Put: " + n);
      notify();
  }
}

class Producer implements Runnable {
  Q q;
  Thread t;

  Producer(Q q) {
    this.q = q;
```

```
      t = new Thread(this, "Producer");
    }

    public void run() {
      int i = 0;

      while(true) {
        q.put(i++);
      }
    }
  }

  class Consumer implements Runnable {
    Q q;
    Thread t;

    Consumer(Q q) {
      this.q = q;
      t = new Thread(this, "Consumer");
    }

    public void run() {
      while(true) {
        q.get();
      }
    }
  }

  class PCFixed {
    public static void main(String args[]) {
      Q q = new Q();
      Producer p = new Producer(q);
      Consumer c = new Consumer(q);

      // Start the threads.
      p.t.start();
      c.t.start();

      System.out.println("Press Control-C to stop.");
    }
  }
```

在 get()方法中调用 wait()方法，这会导致 get()方法的执行被挂起，直到生产者通知你已经准备好一些数据。当发出通知时，恢复 get()方法中的执行。获得数据后，get()方法调用 notify()方法。该调用通知生产者可在队列中放入更多数据。在 put()方法中，wait()方法暂停执行，直到消费者从队列中删除条目。当执行恢复时，下一个数据条目被放入队列中，并调用 notify()方法。这会通知消费者，现在应当删除该数据条目。

下面是这个程序的一些输出，这些输出显示了清晰的同步行为：

```
Put: 1
Got: 1
Put: 2
Got: 2
Put: 3
Got: 3
Put: 4
Got: 4
```

```
Put: 5
Got: 5
```

死锁

需要避免的与多任务处理明确相关的一种特殊错误是死锁(deadlock)，当两个线程循环依赖一对同步对象时，会发生这种情况。例如，假设一个线程进入对象 X 的监视器，另一个线程进入对象 Y 的监视器。如果 X 中的线程试图调用对象 Y 的任何同步方法，那么会如你所期望的那样被阻塞。但是，如果对象 Y 中的线程也试图调用对象 A 的任何同步方法，那么会永远等待下去，因为为了进入 X，必须释放对 Y 加的锁，这样第一个线程才能完成。死锁是一种很难调试的错误，原因有两点：
- 死锁通常很少发生，只有当两个线程恰好以这种方式获取 CPU 时钟周期时才会发生死锁。
- 死锁可能涉及更多的线程以及更多的同步对象(也就是说，死锁可能是通过更复杂的事件序列发生的，而不是通过刚才描述的情况发生的)。

为了完全理解死锁，实际进行演示是有用的。下一个例子创建了两个类——A 和 B，这两个类分别具有方法 foo()和 bar()，在调用对方类中的方法之前会暂停一会儿。主类 Deadlock 创建 A 的一个实例和 B 的一个实例，然后开始第二个线程以设置死锁条件。方法 foo()和 bar()使用 sleep()作为强制死锁条件发生的手段。

```
// An example of deadlock.
class A {
  synchronized void foo(B b) {
    String name = Thread.currentThread().getName();

    System.out.println(name + " entered A.foo");

    try {
      Thread.sleep(1000);
    } catch(Exception e) {
      System.out.println("A Interrupted");
    }

    System.out.println(name + " trying to call B.last()");
    b.last();
  }

  synchronized void last() {
    System.out.println("Inside A.last");
  }
}

class B {
  synchronized void bar(A a) {
    String name = Thread.currentThread().getName();
    System.out.println(name + " entered B.bar");

    try {
      Thread.sleep(1000);
    } catch(Exception e) {
      System.out.println("B Interrupted");
    }

    System.out.println(name + " trying to call A.last()");
    a.last();
  }
```

```
  synchronized void last() {
    System.out.println("Inside B.last");
  }
}

class Deadlock implements Runnable {
  A a = new A();
  B b = new B();
  Thread t;

  Deadlock() {
    Thread.currentThread().setName("MainThread");
    t = new Thread(this, "RacingThread");
  }

  void deadlockStart() {
    t.start();
    a.foo(b); // get lock on a in this thread.
    System.out.println("Back in main thread");
  }

  public void run() {
    b.bar(a); // get lock on b in other thread.
    System.out.println("Back in other thread");
  }

  public static void main(String args[]) {
    Deadlock dl = new Deadlock();

    dl.deadlockStart();
  }
}
```

当运行这个程序时，会看到如下所示的输出。但 A.foo()还是 B.bar()先执行，取决于特定的执行环境：

```
MainThread entered A.foo
RacingThread entered B.bar
MainThread trying to call B.last()
RacingThread trying to call A.last()
```

因为程序被死锁，所以需要按下 Ctrl+C 组合键来结束程序。通过在 PC 上按下 Ctrl+Break 组合键，可以看到完整的线程和监视器缓存转储。可以看出，当等待 a 的监视器时，RacingThread 拥有 b 的监视器。同时，MainThread 拥有 a，并且在等待获取 b。这个程序永远不会结束。正如该程序所演示的，如果多线程程序偶尔被锁住，那么首先应当检查是不是由于死锁造成的。

11.9 挂起、恢复与停止线程

有时，挂起线程的执行是有用的。例如，可以使用单独的线程显示一天的时间。如果用户不想要时钟，那么可以挂起时钟线程。无论是什么情况，挂起线程都是一件简单的事情。线程一旦挂起，重新启动线程也很简单。

Java 早期版本(例如 Java 1.0)和现代版本(从 Java 2 开始)提供的用来挂起、停止以及恢复线程的机制不同。在 Java 2 以前，程序使用 Thread 类定义的 suspend()、resume()和 stop()方法来暂停、重启和停止线程的执行。虽然这些方法对于管理线程执行看起来是一种合理、方便的方式，但是在新的 Java 程序中不能使用它们。下面解释其中的原因。在几年前,Java 2 不推荐使用 Thread 类的 suspend()方法,因为 suspend()方法有时会导致严重的系统故障。假定线程为关键数据结构加锁,如果这时线程被挂起,这些锁将无法释放。其他可能等待这些资源的线程会被死锁。

也不推荐使用 resume()方法。虽然不会造成问题,但是如果不使用 suspend()方法,就不能使用 resume()方法,它们是配对使用的。

对于 Thread 类的 stop()方法,Java 2 也反对使用,因为有时这个方法也会造成严重的系统故障。假定线程正在向关键的重要数据结构中写入数据,并且只完成了部分发生变化的数据。如果这时停止线程,那么数据结构可能处于损坏状态。问题是:stop()会导致释放调用线程的所有锁。因此,另一个正在等待相同锁的线程可能会使用这些已损坏的数据。

因为现在不能使用 suspend()、resume()以及 stop()方法控制线程,所以你可能认为没有办法来暂停、重启以及终止线程。但幸运的是,这不是真的。反而,线程必须被设计为 run()方法周期性地进行检查,以确定是否应当挂起、恢复或停止线程自身的执行。通常,这是通过建立用来标志线程执行状态的变量完成的。只要这个标志变量被设置为"运行",run()方法就必须让线程继续执行。如果标志变量被设置为"挂起",线程就必须暂停。如果标志变量被设置为"停止",线程就必须终止。当然,编写这种代码的方式有很多,但是对于所有程序,中心主题是相同的。

下面的例子演示了如何使用继承自 Object 的 wait()和 notify()方法控制线程的执行。下面分析这个程序中的操作。NewThread 类包含布尔型实例变量 suspendFlag,该变量用于控制线程的执行,构造函数将该变量初始化为 false。run()方法包含检查 suspendFlag 变量的 synchronized 代码块。如果该变量为 true,就调用 wait()方法,挂起线程的执行。mysuspend()方法将 suspendFlag 变量设置为 true。myresume()方法将 suspendFlag 设置为 false,并调用 notify()方法以唤醒线程。最后,对 main()方法进行修改以调用 mysuspend()和 myresume()方法。

```java
// Suspending and resuming a thread the modern way.
class NewThread implements Runnable {
  String name; // name of thread
  Thread t;
  boolean suspendFlag;

  NewThread(String threadname) {
    name = threadname;
    t = new Thread(this, name);
    System.out.println("New thread: " + t);
    suspendFlag = false;
  }

  // This is the entry point for thread.
  public void run() {
    try {
      for(int i = 15; i > 0; i--) {
        System.out.println(name + ": " + i);
        Thread.sleep(200);
        synchronized(this) {
          while(suspendFlag) {
            wait();
          }
        }
      }
    } catch (InterruptedException e) {
      System.out.println(name + " interrupted.");
    }
    System.out.println(name + " exiting.");
```

```
  }

  synchronized void mysuspend() {
    suspendFlag = true;
  }

  synchronized void myresume() {
    suspendFlag = false;
    notify();
  }
}

class SuspendResume {
  public static void main(String args[]) {
    NewThread ob1 = new NewThread("One");
    NewThread ob2 = new NewThread("Two");

    ob1.t.start(); // Start the thread
    ob2.t.start(); // Start the thread

    try {
      Thread.sleep(1000);
      ob1.mysuspend();
      System.out.println("Suspending thread One");
      Thread.sleep(1000);
      ob1.myresume();
      System.out.println("Resuming thread One");
      ob2.mysuspend();
      System.out.println("Suspending thread Two");
      Thread.sleep(1000);
      ob2.myresume();
      System.out.println("Resuming thread Two");
    } catch (InterruptedException e) {
      System.out.println("Main thread Interrupted");
    }

    // wait for threads to finish
    try {
      System.out.println("Waiting for threads to finish.");
      ob1.t.join();
      ob2.t.join();
    } catch (InterruptedException e) {
      System.out.println("Main thread Interrupted");
    }

    System.out.println("Main thread exiting.");
  }
}
```

运行这个程序时，会看到线程被挂起和恢复。在本书的后面，会看到更多使用现代线程控制机制的例子。尽管这种机制没有旧机制那么"清晰"，但不管怎样，却可以确保不会发生运行错误。对于所有新代码，必须使用这种方式。

11.10 获取线程的状态

在本章前面提到过，线程可以处于许多不同的状态。可以调用 Thread 类定义的 getState()方法来获取线程的当前状态，该方法如下所示：

```
Thread.State getState()
```

该方法返回 Thread.State 类型的值，指示在调用该方法时线程所处的状态。State 是由 Thread 类定义的一个枚举类型(枚举是一系列具有名称的常量，将在第 12 章详细讨论)。表 11-2 中列出了 getState()可以返回的值。

表 11-2 getState()方法的返回值

值	状 态
BLOCKED	线程因为正在等待需要的锁而挂起执行
NEW	线程还没有开始运行
RUNNABLE	线程要么当前正在执行，要么在获得 CPU 的访问权之后执行
TERMINATED	线程已经完成执行
TIMED_WAITING	线程挂起执行一段指定的时间，例如当调用 sleep()方法时就会处于这种状态。当调用 wait()或 join()方法的暂停版(timeout version)时，也会进入这种状态
WAITING	线程因为等待某些动作而挂起执行。例如，因为调用非暂停版的 wait()或 join()方法而等待时，会处于这种状态

图 11-1 显示了各种线程状态之间的联系。

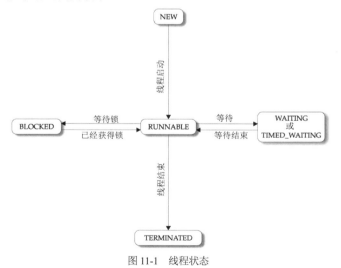

图 11-1 线程状态

对于给定的 Thread 实例，可以使用 getState()方法获取线程的状态。例如，下面的代码判断调用线程 thrd 在调用 getState()方法时是否处于 RUNNABLE 状态：

```
Thread.State ts = thrd.getState();

if(ts == Thread.State.RUNNABLE) // ...
```

调用 getState()方法后，线程的状态可能会发生变化，理解这一点很重要。因此，基于具体的环境，通过调用 getState()方法获取的状态，可能无法反映之后一段较短的时间内线程的实际状态。由于该原因(以及其他原因)，

getState()方法的目标不是提供一种同步线程的方法，而主要用于调试或显示线程的运行时特征。

11.11 使用工厂方法创建和启动线程

在有些情况下，不必将线程的创建和启动单独分开。换句话说，有时可以非常方便地同时创建和启动线程。为此可以使用一种静态的工厂方法。工厂方法(factory method)的返回值为类的对象。通常，工厂方法是指类的静态方法，它们用于各种目的，例如，在对象使用前为其设置初始状态，配置特定类型的对象，在有些情况下还可以使对象重用。因为工厂方法与线程的创建和启动相关联，所以它们会创建线程并对该线程调用 start()方法，并返回对该线程的引用。通过这种方法，使用单个方法调用就可以实现线程的创建和启动，让代码更简洁流畅。

例如，假设为本章开头的 ThreadDemo 程序中的 NewThread 线程添加了如下所示的工厂方法，在单一步骤中创建和启动线程：

```
// A factory method that creates and starts a thread.
public static NewThread createAndStart() {
  NewThread myThrd = new NewThread();
  myThrd.t.start();
  return myThrd;
}
```

使用 createAndStart()方法，现在可以将如下代码：

```
NewThread nt = new NewThread(); // create a new thread
nt.t.start(); // Start the thread
```

替换为：

```
NewThread nt = NewThread.createAndStart();
```

现在在一个步骤中就完成了线程的创建和启动。

在有些情况下，可以不必保持对正在执行的线程的引用，有时通过一行代码就能实现线程的创建和启动，而不需要使用工厂方法。例如，再次对 ThreadDemo 程序进行假设，使用下面的代码行创建和启动 NewThread 线程：

```
new NewThread().t.start();
```

但在实际的应用程序中，通常需要保持对线程的引用，因而工厂方法通常还是一个不错的选择。

11.12 使用多线程

有效利用 Java 多线程特性的关键是并发地(而不是顺序地)思考问题。例如，当程序中有两个可以并发执行的子系统时，可在单独的线程中执行它们。通过细心地使用多线程，可以创建非常高效的程序。但是需要注意：如果创建的线程太多，实际上可能会降低程序的性能，而不是增强性能。请记住，线程上下文切换需要一定的开销。如果创建的线程过多，花费在上下文切换上的 CPU 时间会比执行程序的实际时间更长。最后一点：为了创建能够自动伸缩以尽可能利用多核系统中可用处理器的计算密集型应用程序，可以考虑使用 Fork/Join 框架，该框架将在第 28 章介绍。

第12章 枚举、自动装箱与注解

本章介绍原本不属于 Java 的 3 个特性，这些特性随着时间的推移已成为 Java 编程不可或缺的部分：枚举、自动装箱以及注解。这 3 个特性是 JDK 5 中新增的特性，因为每个特性都为处理通用编程任务提供了流线型的方式，所以它们成为 Java 编程所依赖的部分。本章还将讨论 Java 的类型封装器，并介绍反射的有关知识。

12.1 枚举

形式最简单的枚举(enumeration)是一系列具有名称的常量，它定义了一种新的数据类型和合法值。因此，枚举对象仅可以保存在该列表中声明的值，而其他值则不允许。换句话说，在枚举中只能指定数据类型的合法值。枚举通常用来定义一组表示集合项的值。例如，可以使用枚举来表示源自一些操作(如成功、失败和待定操作)的错误代码，也可以使用枚举来表示设备所处的一系列状态(正在运行、已停止或暂停)。在 Java 的早期版本中，这样的值是使用 final 变量来定义的，但枚举提供了一种更高级的定义方法。

虽然 Java 中的枚举乍看起来和其他语言中的枚举类似。但是，这种相似性只是表面上的。因为在 Java 中，枚举定义了一种类类型。通过将枚举定义为类，极大地扩展了枚举的功能。例如在 Java 中，枚举可以具有构造函数、方法以及实例变量。由于枚举具有强大的功能和灵活性，因此它被广泛应用于 Java API 库中。

12.1.1 枚举的基础知识

创建枚举需要使用关键字 enum。例如，下面是一个简单的枚举，其中列出了各种苹果的品种：

```
// An enumeration of apple varieties.
enum Apple {
  Jonathan, GoldenDel, RedDel, Winesap, Cortland
}
```

标识符 Jonathan、GoldenDel 等被称为枚举常量(enumeration constant)。每个枚举常量被隐式声明为 Apple 的公有、静态 final 成员。此外，枚举常量的类型是声明它们的枚举的类型，对于这个例子为 Apple。因此在 Java 语言中，这些常量被称为是"自类型化的"(self-typed)，其中的"自"是指封装常量的枚举。

定义了枚举之后，可以创建枚举类型的变量。但是，尽管枚举定义了类类型，却不能使用 new 实例化枚举。反而，枚举变量的声明和使用方式在许多方面与基本类型相同。例如，下面这行代码将 ap 声明为 Apple 枚举类型的变量：

```
Apple ap;
```

因为 ap 是 Apple 类型，所以只能被赋值为(或包含)在 Apple 枚举中定义的那些值。例如，下面这行代码将 ap 赋值为 RedDel：

```
ap = Apple.RedDel;
```

注意符号 RedDel 之前的 Apple。

可使用关系运算符 "=="比较两个枚举常量的相等性。例如，下面这条语句比较 ap 的值和 GoldenDel 常量：

```
if(ap == Apple.GoldenDel) // ...
```

枚举值也可用于控制 switch 语句。当然，所有 case 语句使用的常量的枚举类型都必须与 switch 表达式使用的枚举类型相同。例如，下面这条 switch 语句是完全合法的：

```
// Use an enum to control a switch statement.
switch(ap) {
  case Jonathan:
    // ...
  case Winesap:
    // ...
```

注意在 case 语句中，枚举常量的名称没有使用枚举类型的名称进行限定。也就是说，使用的是 Winesap 而不是 Apple.Winesap。这是因为 switch 表达式中的枚举类型已经隐式指定了 case 常量的枚举类型，所以在 case 语句中不需要使用枚举类型的名称对常量进行限定。实际上，如果试图这么做的话，会造成编译时错误。

当显示枚举常量时，例如在 println()语句中，会输出枚举常量的名称。例如下面这条语句：

```
System.out.println(Apple.Winesap);
```

会显示名称 Winesap。

下面的程序用到了刚才介绍的所有内容，并演示了 Apple 枚举：

```
// An enumeration of apple varieties.
enum Apple {
   Jonathan, GoldenDel, RedDel, Winesap, Cortland
}

class EnumDemo {
  public static void main(String args[])
   {
     Apple ap;

     ap = Apple.RedDel;

     // Output an enum value.
     System.out.println("Value of ap: " + ap);
     System.out.println();

     ap = Apple.GoldenDel;

     // Compare two enum values.
     if(ap == Apple.GoldenDel)
       System.out.println("ap contains GoldenDel.\n");

     // Use an enum to control a switch statement.
     switch(ap) {
       case Jonathan:
         System.out.println("Jonathan is red.");
         break;
```

```
        case GoldenDel:
          System.out.println("Golden Delicious is yellow.");
          break;
        case RedDel:
          System.out.println("Red Delicious is red.");
          break;
        case Winesap:
          System.out.println("Winesap is red.");
          break;
        case Cortland:
          System.out.println("Cortland is red.");
          break;
      }
    }
  }
}
```

该程序的输出如下所示：

```
Value of ap: RedDel

ap contains GoldenDel.

Golden Delicious is yellow.
```

12.1.2　values()和 valueOf()方法

所有枚举都自动包含两个预定义方法：values()和 valueOf()。它们的一般形式如下所示：

```
public static enum-type [] values()
public static enum-type valueOf(String str)
```

values()方法返回一个包含枚举常量列表的数组，valueOf()方法返回与传入参数 str 的字符串相对应的枚举常量。对于这两个方法，*enum-type* 是枚举类型。例如，对于前面显示的 Apple 枚举，Apple.valueOf("Winesap")的返回类型是 Winesap。

下面的程序演示了 values()和 valueOf()方法：

```
// Use the built-in enumeration methods.

// An enumeration of apple varieties.
enum Apple {
  Jonathan, GoldenDel, RedDel, Winesap, Cortland
}

class EnumDemo2 {
  public static void main(String args[])
  {
    Apple ap;

    System.out.println("Here are all Apple constants:");

    // use values()
    Apple allapples[] = Apple.values();
    for(Apple a : allapples)
      System.out.println(a);

    System.out.println();
```

```
    // use valueOf()
    ap = Apple.valueOf("Winesap");
    System.out.println("ap contains " + ap);

  }
}
```

该程序的输出如下所示：

```
Here are all Apple constants:
Jonathan
GoldenDel
RedDel
Winesap
Cortland

ap contains Winesap
```

注意这个程序使用 for-each 风格的 for 循环来遍历通过调用 values()方法返回的常量数组。为了进行说明，创建 allapples 变量，并将其赋值为对枚举数组的引用。但是，这个步骤不是必需的，因为可以像下面这样编写 for 循环，而不需要 allapples 变量：

```
for(Apple a : Apple.values())
  System.out.println(a);
```

现在，请注意通过调用 valueOf()方法获取与名称 Winesap 对应的枚举值的方式：

```
ap = Apple.valueOf("Winesap");
```

正如前面所解释的，valueOf()方法返回与以字符串形式表示的常量名称相关联的枚举值。

12.1.3　Java 枚举是类类型

如前所述，Java 枚举是类类型。虽然不能使用 new 实例化枚举，但枚举却有许多和其他类相同的功能。枚举定义了类，这为 Java 枚举提供了超乎寻常的功能。例如，可以为枚举提供构造函数，添加实例变量和方法，甚至可实现接口。

需要理解的重要一点是：每个枚举常量都是所属枚举类型的对象。因此，如果为枚举定义了构造函数，那么当创建每个枚举常量时都会调用该构造函数。此外，对于枚举定义的实例变量，每个枚举常量都有它自己的副本。例如，分析下面版本的 Apple 枚举：

```
// Use an enum constructor, instance variable, and method.
enum Apple {
  Jonathan(10), GoldenDel(9), RedDel(12), Winesap(15), Cortland(8);

  private int price; // price of each apple

  // Constructor
  Apple(int p) { price = p; }

  int getPrice() { return price; }
}

class EnumDemo3 {
  public static void main(String args[])
  {
    Apple ap;
```

```
    // Display price of Winesap.
    System.out.println("Winesap costs " +
                   Apple.Winesap.getPrice() +
                   " cents.\n");

    // Display all apples and prices.
    System.out.println("All apple prices:");
    for(Apple a : Apple.values())
      System.out.println(a + " costs " + a.getPrice() +
                     " cents.");
  }
}
```

输出如下所示：

```
Winesap costs 15 cents.

All apple prices:
Jonathan costs 10 cents.
GoldenDel costs 9 cents.
RedDel costs 12 cents.
Winesap costs 15 cents.
Cortland costs 8 cents.
```

这个版本的 Apple 枚举添加了 3 部分内容：第 1 部分内容是实例变量 price，用于保存每种苹果的价格；第 2 部分内容是 Apple 构造函数，它以苹果的价格作为参数；第 3 部分内容是 getPrice()方法，用于返回 price 变量的值。

当在 main()方法中声明变量 ap 时，对于每个特定的常量调用 Apple 构造函数一次。注意指定构造函数参数的方式，通过将它们放置到每个常量后面的圆括号中来加以指定，如下所示：

```
Jonathan(10), GoldenDel(9), RedDel(12), Winesap(15), Cortland(8);
```

这些数值被传递给 Apple()的参数 p，然后将这些值赋给 price 变量。再强调一次，为每个常量调用构造函数一次。

因为每个枚举常量都有自己的 price 变量副本，所以可以调用 getPrice()方法来获取指定类型苹果的价格。例如在 main()方法中，通过下面的调用获取 Winesap 的价格：

```
Apple.Winesap.getPrice()
```

通过 for 循环遍历枚举可获取所有品种的苹果的价格。因为每个枚举常量都有 price 变量的副本，所以与枚举常量关联的值是独立的，并且与其他常量关联的值不同。这是一个强大的功能，只有将枚举作为类实现，像 Java 这样，才会具有这种功能。

尽管前面的例子只包含一个构造函数，但是枚举可以提供两种甚至多种重载形式，就像其他类那样。例如，下面版本的 Apple 提供了一个默认构造函数，可将 price 变量初始化为-1，表明不能获得价格数据：

```
// Use an enum constructor.
enum Apple {
  Jonathan(10), GoldenDel(9), RedDel, Winesap(15), Cortland(8);

  private int price; // price of each apple

  // Constructor
  Apple(int p) { price = p; }

  // Overloaded constructor
  Apple() { price = -1; }
```

```
    int getPrice() { return price; }
}
```

注意在这个版本中,没有为 RedDel 提供参数。这意味着会调用默认构造函数,并将 RedDel 的 price 变量设置为-1。

枚举存在两条限制:第一,枚举不能继承其他类;第二,枚举不能是超类。这意味着枚举不能扩展。在其他方面,枚举和其他类很相似。需要记住的关键是:每个枚举常量都是定义它的类的对象。

12.1.4 枚举继承自 Enum 类

尽管声明枚举时不能继承超类,但是所有枚举都自动继承超类 java.lang.Enum,这个类定义了所有枚举都可以使用的一些方法。Enum 类将在本书第 II 部分详细介绍,但在此先讨论它的 3 个方法。

可以获取用于指示枚举常量在常量列表中位置的值,这称为枚举常量的序数值。通过 ordinal()方法可以检索序数值,该方法的声明如下所示:

```
final int ordinal()
```

该方法返回调用常量的序数值,序数值从 0 开始。因此在 Apple 枚举中,Jonathan 的序数值为 0,GoldenDel 的序数值为 1,RedDel 的序数值为 2,等等。

可以使用 compareTo()方法比较相同类型的两个枚举常量的序数值,该方法的一般形式如下:

```
final int compareTo(enum-type e)
```

其中,*enum-type* 是枚举的类型,*e* 是和调用常量进行比较的常量。请记住,调用常量和 *e* 必须是相同的枚举。如果调用常量的序数值小于 *e* 的序数值,那么 compareTo()方法返回负值;如果两个序数值相同,就返回 0;如果调用常量的序数值大于 *e* 的序数值,就返回正值。

可使用 equals()方法来比较枚举常量和其他对象的相等性,该方法重写了 Object 类定义的 equals()方法。尽管 equals()方法可将枚举常量和任意其他对象进行比较,但是只有当两个对象都引用同一个枚举中相同的常量时,它们才相等。如果两个常量来自不同的枚举,那么即使它们的序数值相同,equals()方法也不会返回 true。

请记住,可使用 "=="比较两个枚举引用的相等性。

下面的程序演示了 ordinal()、compareTo()以及 equals()方法:

```
// Demonstrate ordinal(), compareTo(), and equals().

// An enumeration of apple varieties.
enum Apple {
  Jonathan, GoldenDel, RedDel, Winesap, Cortland
}

class EnumDemo4 {
  public static void main(String args[])
  {
    Apple ap, ap2, ap3;

    // Obtain all ordinal values using ordinal().
    System.out.println("Here are all apple constants" +
                 " and their ordinal values: ");
    for(Apple a : Apple.values())
      System.out.println(a + " " + a.ordinal());

    ap  = Apple.RedDel;
    ap2 = Apple.GoldenDel;
    ap3 = Apple.RedDel;
```

```
      System.out.println();

      // Demonstrate compareTo() and equals()
      if(ap.compareTo(ap2) < 0)
        System.out.println(ap + " comes before " + ap2);

      if(ap.compareTo(ap2) > 0)
        System.out.println(ap2 + " comes before " + ap);

      if(ap.compareTo(ap3) == 0)
        System.out.println(ap + " equals " + ap3);

      System.out.println();

      if(ap.equals(ap2))
        System.out.println("Error!");

      if(ap.equals(ap3))
        System.out.println(ap + " equals " + ap3);

      if(ap == ap3)
        System.out.println(ap + " == " + ap3);

    }
}
```

该程序的输出如下所示:

```
Here are all apple constants and their ordinal values:
Jonathan 0
GoldenDel 1
RedDel 2
Winesap 3
Cortland 4

GoldenDel comes before RedDel
RedDel equals RedDel

RedDel equals RedDel
RedDel == RedDel
```

12.1.5　另一个枚举示例

在继续学习之前，下面再分析一个使用枚举的例子。在第 9 章，创建了一个自动的"决策生成器"程序。那个版本在一个接口中声明了变量 NO、YES、LATER、SOON 以及 NEVER，并使用这些变量代表可能的答案。虽然从技术角度看这种方式没有问题，但使用枚举是更好的选择。下面是那个程序的改进版，该版本使用 Answers 枚举定义答案。你应当将该版本和第 9 章中的原始版本进行比较。

```
// An improved version of the "Decision Maker"
// program from Chapter 9. This version uses an
// enum, rather than interface variables, to
// represent the answers.
```

```java
import java.util.Random;

// An enumeration of the possible answers.
enum Answers {
  NO, YES, MAYBE, LATER, SOON, NEVER
}

class Question {
  Random rand = new Random();
  Answers ask() {
  int prob = (int) (100 * rand.nextDouble());

    if (prob < 15)
      return Answers.MAYBE; // 15%
    else if (prob < 30)
      return Answers.NO;    // 15%
    else if (prob < 60)
      return Answers.YES;   // 30%
    else if (prob < 75)
      return Answers.LATER; // 15%
    else if (prob < 98)
      return Answers.SOON;  // 13%
    else
      return Answers.NEVER; // 2%
  }
}

class AskMe {
  static void answer(Answers result) {
    switch(result) {
      case NO:
        System.out.println("No");
        break;
      case YES:
        System.out.println("Yes");
        break;
      case MAYBE:
        System.out.println("Maybe");
        break;
      case LATER:
        System.out.println("Later");
        break;
      case SOON:
        System.out.println("Soon");
        break;
      case NEVER:
        System.out.println("Never");
        break;
    }
  }

  public static void main(String args[]) {
    Question q = new Question();
    answer(q.ask());
    answer(q.ask());
    answer(q.ask());
```

```
    answer(q.ask());
  }
}
```

12.2 类型封装器

如你所知，Java 使用基本类型(也称为简单类型，如 int 或 double)来保存语言支持的基本数据类型。出于性能考虑，为这些数据使用基本类型而不是对象。为这些数据使用对象，即使是最简单的计算也会增加不可接受的开销。因此，基本类型不是对象层次的组成部分，它们不继承 Object 类。

虽然基本类型提供了性能方面的好处，但有时会需要对象这种表示形式。例如，不能通过引用为方法传递基本类型。此外，Java 实现的许多标准数据结构是针对对象进行操作的，这意味着不能使用这些结构存储基本类型。为了处理这些(以及其他)情况，Java 提供了类型封装器(type wrapper)，用来将基本类型封装到对象中。类型封装器是类，将在本书第 II 部分详细分析，但是在此先对其进行简要介绍，因为它们与 Java 的自动装箱特性直接相关。

类型封装器包括 Double、Float、Long、Integer、Short、Byte、Character 以及 Boolean。这些类提供了大量的方法，通过这些方法可以完全将基本类型集成到 Java 的对象层次中。下面对这些封装器逐一进行简要介绍。

12.2.1 Character 封装器

Character 是 char 类型的封装器。Character 的构造函数为：

```
Character(char ch)
```

其中，*ch* 指定了由即将创建的 Character 对象封装的字符。

但从 JDK 9 开始，Character 构造函数不再使用。现在，推荐使用静态方法 valueOf()获取 Character 对象，如下所示：

```
static Character valueOf(char ch)
```

该方法返回封装 *ch* 的 Character 对象。

为了获取 Character 对象中的 char 值，可以调用 charValue()方法，如下所示：

```
char charValue()
```

该方法返回被封装的字符。

12.2.2 Boolean 封装器

Boolean 是用来封装布尔值的封装器，其中定义了以下构造函数：

```
Boolean(boolean boolValue)
Boolean(String boolString)
```

在第一个版本中，*boolValue* 必须是 true 或 false。在第二个版本中，如果 *boolString* 包含字符串 true(大写或小写形式都可以)，那么新的 Boolean 对象将为 true，否则为 false。

但从 JDK 9 开始，Boolean 构造函数不再使用。现在，推荐使用静态方法 valueOf()获取 Boolean 对象, valueOf()方法有如下两个版本：

```
static Boolean valueOf(boolean boolValue)
static Boolean valueOf(String boolString)
```

每个方法返回封装指示值的 Boolean 对象。

为了从 Boolean 对象获取布尔值，可以使用 booleanValue()方法，如下所示：

```
boolean booleanValue()
```

该方法返回与调用对象等价的布尔值。

12.2.3 数值类型封装器

到目前为止，最常用的类型封装器是那些表示数值的封装器，包括 Byte、Short、Integer、Long、Float 以及 Double。所有这些数值类型封装器都继承自抽象类 Number。Number 声明了以不同数字格式从对象返回数值的方法，如下所示：

```
byte byteValue()
double doubleValue()
float floatValue()
int intValue()
long longValue()
short shortValue()
```

例如，doubleValue()方法返回 double 类型的值，floatValue()方法返回 float 类型的值，等等。每个数值类型封装器都实现了这些方法。

所有数值类型封装器都定义了允许从给定数值或数值的字符串表示形式构造对象的构造函数。例如，下面是为 Integer 定义的构造函数：

```
Integer(int num)
Integer(String str)
```

如果 str 没有包含有效的数值，就会抛出 NumberFormatException 异常。

但从 JDK 9 开始已不再使用数值类型封装器。现在，推荐使用 valueOf()方法来获取封装器对象。valueOf()方法是所有数值封装器类的静态成员，并且所有数值类都支持将数值或字符串转换成对象。例如，下面是 Integer 类型所支持的两种形式的 valueOf()：

```
static Integer valueOf(int val)
static Integer valueOf(String valStr) throws NumberFormatException
```

其中，val 指定整型值，valStr 指定字符串，表示以字符串形式正确格式化后的数值。这两种格式的 valueOf() 方法都返回一个封装了指定值的 Integer 对象。下面是一个示例：

```
Integer iOb = Integer.valueOf(100);
```

执行该语句后，数值 100 由 Integer 实例来表示。因此，iOb 将数值 100 封装到对象中。除了上面显示的 valueOf() 形式外，整型封装器、Byte、Short、Integer 和 Long 也提供了可以指定基数的形式。

所有类型封装器都重写了 toString()方法，用来返回封装器所包含数值的人类可阅读的形式，从而可以通过将封装器对象传递给 println()方法来输出数值。例如，不必将之转换为基本类型。

下面的程序演示了如何使用数值类型的封装器封装数值以及如何提取数值：

```
// Demonstrate a type wrapper.
class Wrap {
  public static void main(String args[]) {

    Integer iOb = Integer.valueOf(100);

    int i = iOb.intValue();

    System.out.println(i + " " + iOb); // displays 100 100
  }
}
```

这个程序将整型值 100 封装到 Integer 对象 iOb 中，然后程序调用 intValue()方法以获取这个数值，并将结果存储到 i 中。

将数值封装到对象中的过程称为装箱(boxing)。因此在这个程序中，下面这行代码将数值 100 装箱到一个 Integer 对象中：

```
Integer iOb = Integer.valueOf(100);
```

从类型封装器中提取数值的过程称为拆箱(unboxing)。例如，这个程序使用下面这条语句拆箱 iOb 中的数值：

```
int i = iOb.intValue();
```

上述程序使用的装箱和拆箱数值的一般过程，在 Java 原始版本中就已经提供了。但是现在，Java 提供了一种更简便的方式，下面将对此进行介绍。

12.3 自动装箱

从 JDK 5 开始，Java 增加了两个重要特性：自动装箱(autoboxing)和自动拆箱(autounboxing)。自动装箱是这样一个过程：无论何时，只要需要基本类型的对象，就将基本类型自动封装(装箱)到与之等价的类型封装器中，而不需要显式地构造对象。自动拆箱是当需要时自动提取(拆箱)已装箱对象的数值的过程。不需要调用 intValue()或 doubleValue()这类方法。

自动装箱和自动拆箱特性极大地简化了一些算法的编码，移除了单调乏味的手动装箱和拆箱数值操作。它们还有助于防止错误发生。此外，它们对于泛型非常重要，因为泛型只能操作对象。最后，自动装箱特性使集合框架(将在本书第 II 部分介绍)的操作容易许多。

有了自动装箱特性，封装基本类型将不必再手动创建对象。只需要将数值赋给类型封装器引用即可，Java 会自动创建对象。例如，下面是构造具有数值 100 的 Integer 对象的现代方式：

```
Integer iOb = 100; // autobox an int
```

注意没有显式地装箱对象。Java 自动处理了这个过程。

为了拆箱对象，可以简单地将对象引用赋值给基本类型的变量。例如，为了拆箱 iOb，可以使用下面这行代码：

```
int i = iOb; // auto-unbox
```

Java 处理了这个过程中的细节。

下面的程序对前面的程序进行了改写，以使用自动装箱和自动拆箱特性：

```java
// Demonstrate autoboxing/unboxing.
class AutoBox {
  public static void main(String args[]) {

    Integer iOb = 100; // autobox an int

    int i = iOb; // auto-unbox

    System.out.println(i + " " + iOb);  // displays 100 100
  }
}
```

12.3.1 自动装箱与方法

除了赋值这种简单情况外，只要必须将基本类型转换为对象，就会发生自动装箱；只要对象必须转换为基本类型，就会发生自动拆箱。因此，当向方法传递参数或从方法返回数值时，都可能发生自动装箱/拆箱。例如，分析下面的程序：

```
// Autoboxing/unboxing takes place with
// method parameters and return values.

class AutoBox2 {
  // Take an Integer parameter and return
  // an int value;
  static int m(Integer v) {
    return v ; // auto-unbox to int
  }

  public static void main(String args[]) {
    // Pass an int to m() and assign the return value
    // to an Integer. Here, the argument 100 is autoboxed
    // into an Integer. The return value is also autoboxed
    // into an Integer.
    Integer iOb = m(100);

    System.out.println(iOb);
  }
}
```

这个程序显示的结果如下所示：

100

在这个程序中，请注意 m()方法指定了一个 Integer 类型的参数并返回 int 型结果。在 main()方法中，为 m()方法传递的数值是 100。因为 m()方法期望传递过来的是 Integer 对象，所以对这个数值进行自动装箱。之后，m()方法返回与其参数等价的 int 型数值，这会导致对 v 进行自动拆箱。接下来，在 main()方法中将 int 型数值赋给 iOb，这会导致对返回的 int 型数值进行自动装箱。

12.3.2　表达式中发生的自动装箱/拆箱

通常，只要需要将基本类型转换为对象或将对象转换为基本类型，就会发生自动装箱和自动拆箱。对于表达式也是如此。在表达式中，数值对象会被自动拆箱。如果需要，还可对表达式的输出进行重新装箱。例如，分析下面的程序：

```
// Autoboxing/unboxing occurs inside expressions.

class AutoBox3 {
  public static void main(String args[]) {

    Integer iOb, iOb2;
    int i;

    iOb = 100;
    System.out.println("Original value of iOb: " + iOb);

    // The following automatically unboxes iOb,
    // performs the increment, and then reboxes
    // the result back into iOb.
    ++iOb;
    System.out.println("After ++iOb: " + iOb);

    // Here, iOb is unboxed, the expression is
```

```
    // evaluated, and the result is reboxed and
    // assigned to iOb2.
    iOb2 = iOb + (iOb / 3);
    System.out.println("iOb2 after expression: " + iOb2);

    // The same expression is evaluated, but the
    // result is not reboxed.
    i = iOb + (iOb / 3);
    System.out.println("i after expression: " + i);

  }
}
```

输出如下所示：

```
Original value of iOb: 100
After ++iOb: 101
iOb2 after expression: 134
i after expression: 134
```

在这个程序中，应特别注意下面这行代码：

`++iOb;`

这会导致 iOb 中的值递增。具体工作过程如下：将 iOb 自动拆箱，将值递增，然后将结果自动装箱。

自动拆箱还允许在表达式中混合不同数值类型的对象。一旦数值被拆箱，就会应用标准的类型提升和转换。例如，下面的程序是完全合法的：

```
class AutoBox4 {
  public static void main(String args[]) {

    Integer iOb = 100;
    Double dOb = 98.6;

    dOb = dOb + iOb;
    System.out.println("dOb after expression: " + dOb);
  }
}
```

输出如下所示：

```
dOb after expression: 198.6
```

可以看出，Double 对象 dOb 和 Integer 对象 iOb 都参与了加法运算，对结果再次装箱并存储在 dOb 中。

因为提供了自动拆箱特性，所以可用 Integer 数值对象控制 switch 语句。例如，分析下面的代码段：

```
Integer iOb = 2;

switch(iOb) {
  case 1: System.out.println("one");
    break;
  case 2: System.out.println("two");
    break;
  default: System.out.println("error");
}
```

当对 switch 表达式进行求值时，iOb 被拆箱，从而得到其中存储的 int 型数值。

正如程序中的例子所显示的，因为提供了自动装箱/拆箱特性，在表达式中使用数值类型对象是直观、简单的。在过去，这种代码需要涉及强制类型转换，并且需要调用 intValue()这类方法。

12.3.3 布尔型和字符型数值的自动装箱/拆箱

如前所述，Java 也为布尔类型和字符类型提供了封装器，它们是 Boolean 和 Character。这些封装器也应用自动装箱/拆箱特性。例如，分析下面的程序：

```
// Autoboxing/unboxing a Boolean and Character.

class AutoBox5 {
  public static void main(String args[]) {

    // Autobox/unbox a boolean.
    Boolean b = true;

    // Below, b is auto-unboxed when used in
    // a conditional expression, such as an if.
    if(b) System.out.println("b is true");

    // Autobox/unbox a char.
    Character ch = 'x'; // box a char
    char ch2 = ch; // unbox a char

    System.out.println("ch2 is " + ch2);
  }
}
```

输出如下所示：

```
b is true
ch2 is x
```

对于这个程序，需要注意的最重要一点是：在 if 条件表达式中对 b 进行自动拆箱。你应该记得，控制 if 的条件表达式的求值结果必须是布尔类型。因为有了自动拆箱特性，当对条件表达式进行求值时，b 中的布尔值被自动拆箱。因此，因为提供了自动装箱/拆箱特性，所以可以在 if 语句中可以使用 Boolean 对象。

正是因为有了自动拆箱特性，所以现在也可以使用 Boolean 对象控制所有循环语句。当将 Boolean 对象用作 while、for 或 do/while 的条件表达式时，会自动拆箱为它的布尔等价形式。例如，现在下面的代码是完全合法的：

```
Boolean b;
// ...
while(b) { // ...
```

12.3.4 自动装箱/拆箱有助于防止错误

除了可以提供便利外，自动装箱/拆箱特性还有助于防止错误。例如，分析下面的代码：

```
// An error produced by manual unboxing.
class UnboxingError {
  public static void main(String args[]) {

    Integer iOb = 1000; // autobox the value 1000

    int i = iOb.byteValue(); // manually unbox as byte !!!

    System.out.println(i); // does not display 1000 !
  }
}
```

该程序不会显示期望的数值 1000，而会显示-24！原因是：通过 byteValue()方法对 iOb 中的值进行手动拆箱，会导致存储在 iOb 中的值(在本例中是 1000)被截断。结果是将垃圾值-24 赋给 i。自动拆箱可以防止这种类型的错误发生，因为 iOb 中的值总是会被拆箱为与 int 类型兼容的值。

通常，因为自动装箱总是会创建正确的对象，并且自动拆箱总是会生成正确的数值，所以不会生成错误类型的对象或数值。在极端情况下，如果所期望的类型和自动装箱/拆箱生成的类型不同，仍然可以对数值进行手动装箱/拆箱。当然，这会丢失自动装箱/拆箱带来的好处。通常，新代码应当使用自动装箱/拆箱特性。这是编写现代 Java 代码的方式。

12.3.5 一些警告

既然 Java 提供了自动装箱/拆箱特性，有些程序员可能会专门使用 Integer 或 Double，而完全放弃基本类型。例如，可能使用自动装箱/拆箱特性编写下面的代码：

```
// A bad use of autoboxing/unboxing!
Double a, b, c;

a = 10.0;
b = 4.0;

c = Math.sqrt(a*a + b*b);

System.out.println("Hypotenuse is " + c);
```

在这个例子中，使用 Double 类型的对象保存用于计算直角三角形斜边的值。尽管这段代码从技术上讲是正确的，并且可以工作，实际工作得很好，但这是对自动装箱/拆箱特性的滥用。与使用基本类型 double 编写的等价代码相比，上面代码的效率低很多。原因是每次进行自动装箱/拆箱都会增加开销，而使用基本类型不需要这些开销。

通常，应当限制类型封装器的使用，只有当需要基本类型的对象表示形式时才应当使用。提供的自动装箱/拆箱特性不是用来作为消除基本类型的"后门"。

12.4 注解

Java 支持在源文件中嵌入补充信息，这类信息称为注解(annotation)。注解不会改变程序的动作，因此也就不会改变程序的语义。但是在开发和部署期间，各种工具都可以使用这类信息。例如，源代码生成器可以处理注解。术语"元数据"(metadata)也用于表示这个特性，但是术语"注解"更具描述性并且更常用。

12.4.1 注解的基础知识

注解是通过基于接口的机制创建的。首先看一个例子。下面的代码声明了注解 MyAnno：

```
// A simple annotation type.
@interface MyAnno {
  String str();
  int val();
}
```

首先，注意关键字 interface 前面的@，这告诉编译器正在声明一种注解类型。接下来，注意两个成员：str()和 val()。所有注解都只包含方法声明。但是，不能为这些方法提供方法体，而是由 Java 实现这些方法。此外，正如后面即将看到的，这些方法的行为更像是域变量。

注解不能包含 extends 子句。但是，所有注解类型都自动扩展了 Annotation 接口。因此，Annotation 是所有注解的超接口。该接口是在 java.lang.annotation 包中声明的，其中重写了 hashCode()、equals()以及 toString()方法，这些方法是由 Object 类定义的。另外指定了 annotationType()方法，该方法返回表示调用注解的 Class 对象。

声明注解后，就可以用来注解声明了。在 JDK 8 之前，注解只能用于声明，我们将从这一点开始介绍(JDK 8 添加了使用注解类型的功能，本章稍后将进行介绍。不过，这两种注解的基本使用方法是相同的)。所有类型的声明都可以有与之关联的注解。例如，类、方法、域变量、参数以及枚举常量都可以带有注解。甚至注解本身也可以被注解。对于所有情况，注解都要放在声明的最前面。

应用注解时，需要为注解的成员提供值。例如，下面的例子将 MyAnno 应用到某个方法声明中：

```
// Annotate a method.
@MyAnno(str = "Annotation Example", val = 100)
public static void myMeth() { // ...
```

这个注解被链接到方法 myMeth()。下面进一步分析注解的语法。注解的名称以@作为前缀，后面跟位于圆括号中的成员初始化列表。为了给成员提供值，需要为成员的名称赋值。所以在这个例子中，将字符串"Annotation Example"赋给 MyAnno 的 str 成员。注意在这条赋值语句中，在 str 之后没有圆括号。当为注解成员提供数值时，只使用成员的名称。因此，在这个上下文中，注解成员看起来像域变量。

12.4.2 指定保留策略

在进一步介绍注解之前，有必要讨论一下注解保留策略。保留策略决定了在什么位置丢弃注解。Java 定义了 3 种策略，它们被封装到 java.lang.annotation.RetentionPolicy 枚举中。这 3 种策略分别是 SOURCE、CLASS 和 RUNTIME。

- 使用 SOURCE 保留策略的注解，只在源文件中保留，在编译期间会被抛弃。
- 使用 CLASS 保留策略的注解，在编译期间被存储到.class 文件中。但是，在运行时通过 JVM 不能得到这些注解。
- 使用 RUNTIME 保留策略的注解，在编译期间被存储到.class 文件中，并且在运行时可以通过 JVM 获取这些注解。因此，RUNTIME 保留策略提供了最永久的注解。

> **注意：**
> 局部变量声明的注解不能存储在.class 文件中。

保留策略是通过 Java 的内置注解@Retention 指定的，它的一般形式如下所示：

@Retention(*retention-policy*)

其中，*retention-policy* 必须是上面讨论的枚举常量之一。如果没有为注解指定保留策略，将使用默认策略 CLASS。

下面版本的 MyAnno 使用@Retention 指定了 RUNTIME 保留策略。因此，在程序执行期间通过 JVM 可以获取 MyAnno。

```
@Retention(RetentionPolicy.RUNTIME)
@interface MyAnno {
  String str();
  int val();
}
```

12.4.3 在运行时使用反射获取注解

尽管设计注解的目的主要是用于其他开发和部署工具，但是如果为注解指定 RUNTIME 保留策略，那么任何程序在运行时都可以使用反射(reflection)来查询注解。反射是能够在运行时获取类相关信息的特性。反射 API 位于 java.lang.reflect 包中。使用反射的方式有很多，在此不可能解释所有这些方式。但是，我们将分析应用了注解的几个例子。

使用反射的第一步是获取 Class 对象，表示希望获取其中注解的类。Class 是 Java 的内置类，是在 java.lang 包中定义的。在本书第 II 部分将对这个包进行详细介绍。可以使用多种方式来获取 Class 对象，其中最简单的方式是调用 getClass()方法，该方法是由 Object 类定义的，它的一般形式如下所示：

```
final Class<?> getClass()
```

该方法返回用来表示调用对象的 Class 对象。

> **注意：**
> 注意上面显示的getClass()方法声明中跟在Class后面的<?>，这与Java中的泛型特性有关。本章讨论的getClass()方法以及其他几个与反射有关的方法需要使用泛型。泛型将在第 14 章介绍。但是，理解反射的基本原则不需要先理解泛型。

获得 Class 对象后，可以使用其方法获取与类声明中各个条目相关的信息，包括注解。如果希望获取与类声明中特定条目关联的注解，那么首先必须获取表示该特定条目的对象。例如，Class 提供了 getMethod()、getField() 和 getConstructor()方法(还有其他方法)，这些方法分别获取与方法、域变量以及构造函数相关的信息，这些方法返回 Method、Field 以及 Constructor 类型的对象。

为了理解这个过程，分析一个获取与方法关联的注解的例子。为此，首先获取表示类的 Class 对象，然后调用 Class 对象的 getMethod()方法并指定方法的名称。getMethod()方法的一般形式如下：

```
Method getMethod(String methName, Class<?> ... paramTypes)
```

方法的名称被传入 *methName* 中。如果方法有参数，那么必须通过 *paramTypes* 指定表示这些参数类型的 Class 对象。注意 *paramTypes* 是可变长度参数，这意味着可以指定需要的任意多个参数，包括指定 0 个参数。getMethod()方法返回表示方法的 Method 对象。如果没有找到方法，就抛出 NoSuchMethodException 异常。

对 Class、Method、Field 以及 Constructor 对象调用 getAnnotation()方法，可以获得与对象关联的特定注解。该方法的一般形式如下：

```
<A extends Annotation> getAnnotation(Class<A> annoType)
```

其中，*annoType* 是一个表示你感兴趣的注解的 Class 对象。该方法返回对注解的一个引用，使用这个引用可以获取与注解成员关联的值。如果没有找到注解，该方法会返回 null。如果注解的保留策略不是 RUNTIME，就会出现这种情况。

下面的程序总结了在前面介绍的所有内容，并使用反射来显示与某个方法关联的注解：

```java
import java.lang.annotation.*;
import java.lang.reflect.*;

// An annotation type declaration.
@Retention(RetentionPolicy.RUNTIME)
@interface MyAnno {
  String str();
  int val();
}

class Meta {

  // Annotate a method.
  @MyAnno(str = "Annotation Example", val = 100)
  public static void myMeth() {
```

```
    Meta ob = new Meta();

    // Obtain the annotation for this method
    // and display the values of the members.
    try {
      // First, get a Class object that represents
      // this class.
      Class<?> c = ob.getClass();

      // Now, get a Method object that represents
      // this method.
      Method m = c.getMethod("myMeth");

      // Next, get the annotation for this class.
      MyAnno anno = m.getAnnotation(MyAnno.class);

      // Finally, display the values.
      System.out.println(anno.str() + " " + anno.val());
    } catch (NoSuchMethodException exc) {
      System.out.println("Method Not Found.");
    }
  }

  public static void main(String args[]) {
    myMeth();
  }
}
```

该程序的输出如下所示：

```
Annotation Example 100
```

这个程序使用前面介绍的反射，获取并显示与 Meta 类中 myMeth() 方法关联的 MyAnno 注解中 str 和 val 的值。有两点需要特别注意。第一点，注意下面这行代码中的表达式 MyAnno.class：

```
MyAnno anno = m.getAnnotation(MyAnno.class);
```

对这个表达式求值的结果是表示 MyAnno 类型的 Class 对象，即注解。这种结构被称为"类字面值"。只要需要已知类的 Class 对象，就可以使用这类表达式。例如，可以使用下面这条语句获取 Meta 的 Class 对象：

```
Class<?> c = Meta.class;
```

当然，只有事先知道对象的类名，才能使用这种方式，但我们并不总是知道对象的类名。通常，可以获取类、接口、基本类型以及数组的类字面值(记住，<?>语法与 Java 的泛型特性有关，泛型的相关内容将在第 14 章介绍)。需要注意的第二点是，当通过下面这行代码进行输出时，如何获取与 str 和 val 关联的数值：

```
System.out.println(anno.str() + " " + anno.val());
```

注意，这里使用方法调用语法来调用它们。只要需要注解成员的值，就可以使用这种方式。

1. 第二个反射示例

在前面的例子中，myMeth() 方法没有参数。因此，当调用 getMethod() 方法时，只传递名称 myMeth。但是，为了获取带有参数的方法，必须指定表示参数类型的类对象作为 getMethod() 方法的参数。例如，下面的程序与前面的程序稍微有些区别：

```
import java.lang.annotation.*;
import java.lang.reflect.*;
```

```
@Retention(RetentionPolicy.RUNTIME)
@interface MyAnno {
  String str();
  int val();
}

class Meta {

  // myMeth now has two arguments.
  @MyAnno(str = "Two Parameters", val = 19)
  public static void myMeth(String str, int i)
  {
    Meta ob = new Meta();

    try {
      Class<?> c = ob.getClass();

      // Here, the parameter types are specified.
      Method m = c.getMethod("myMeth", String.class, int.class);

      MyAnno anno = m.getAnnotation(MyAnno.class);

      System.out.println(anno.str() + " " + anno.val());
    } catch (NoSuchMethodException exc) {
      System.out.println("Method Not Found.");
    }
  }

  public static void main(String args[]) {
    myMeth("test", 10);
  }
}
```

该版本的输出如下所示：

```
Two Parameters 19
```

在这个版本中，myMeth()方法带有一个 String 参数和一个 int 参数。为了获取关于这个方法的信息，必须以如下方式调用 getMethod()方法：

```
Method m = c.getMethod("myMeth", String.class, int.class);
```

在此，表示 String 和 int 类型的 Class 对象作为附加参数被传递。

2. 获取所有注解

可以获取与某个条目关联的具有 RUNTIME 保留策略的所有注解，具体方法是为该条目调用 getAnnotations()方法。该方法的一般形式如下：

```
Annotation[] getAnnotations()
```

上述方法返回一个注解数组。可以针对 Class、Method、Constructor 以及 Field 等类型的对象调用 getAnnotations()方法。

下面是另一个使用反射的例子，该例显示了如何获取与类和方法关联的所有注解。该例声明了两个注解。然后使用这两个注解来注解类和方法。

```java
// Show all annotations for a class and a method.
import java.lang.annotation.*;
import java.lang.reflect.*;

@Retention(RetentionPolicy.RUNTIME)
@interface MyAnno {
  String str();
  int val();
}

@Retention(RetentionPolicy.RUNTIME)
@interface What {
  String description();
}

@What(description = "An annotation test class")
@MyAnno(str = "Meta2", val = 99)
class Meta2 {

  @What(description = "An annotation test method")
  @MyAnno(str = "Testing", val = 100)
  public static void myMeth() {
    Meta2 ob = new Meta2();

    try {
      Annotation annos[] = ob.getClass().getAnnotations();

      // Display all annotations for Meta2.
      System.out.println("All annotations for Meta2:");
      for(Annotation a : annos)
        System.out.println(a);

      System.out.println();

      // Display all annotations for myMeth.
      Method m = ob.getClass( ).getMethod("myMeth");
      annos = m.getAnnotations();

      System.out.println("All annotations for myMeth:");
      for(Annotation a : annos)
        System.out.println(a);

    } catch (NoSuchMethodException exc) {
        System.out.println("Method Not Found.");
    }
  }

  public static void main(String args[]) {
    myMeth();
  }
}
```

输出如下所示：

```
All annotations for Meta2:
@What(description=An annotation test class)
@MyAnno(str=Meta2, val=99)
```

```
All annotations for myMeth:
@What(description=An annotation test method)
@MyAnno(str=Testing, val=100)
```

该程序使用 getAnnotations() 方法获取与类 Meta2 和方法 myMeth() 相关联的所有注解，并将它们保存到数组中。正如前面所解释的，getAnnotations() 方法返回 Annotation 对象的数组。回顾一下，Annotation 是所有注解接口的超接口，它重写了 Object 类中的 toString() 方法。因此，当输出对 Annotation 的引用时，会调用 toString() 方法来生成描述注解的字符串，如前面的输出所示。

12.4.4 AnnotatedElement 接口

前面例子中使用的 getAnnotation() 和 getAnnotations() 方法是由 AnnotatedElement 接口定义的，该接口在 java.lang.reflect 包中定义。这个接口支持注解反射，并且类 Method、Field、Constructor、Class 以及 Package 等也都实现了该接口。

除了 getAnnotation() 和 getAnnotations() 方法外，AnnotatedElement 接口还定义了另外一些方法。自注解特性添加到 Java 中以来，有两个方法可用。第一个方法是 getDeclaredAnnotations()，该方法的一般形式如下所示：

```
Annotation[] getDeclaredAnnotations()
```

上述方法返回调用对象中存在的所有非继承注解。第二个方法是 isAnnotationPresent()，该方法的一般形式如下所示：

```
default boolean isAnnotationPresent(Class<? extends Annotation> annoType)
```

如果 *annoType* 指定的注解与调用对象相关联，那么该方法返回 true，否则返回 false。除此之外，JDK 8 又添加了 getDeclaredAnnotation()、getAnnotationsByType() 和 getDeclaredAnnotationsByType() 方法。其中，最后两个方法自动使用重复注解(本章结束时将讨论重复注解)。

12.4.5 使用默认值

可为注解成员提供默认值，应用注解时如果没有为注解成员指定值，就会使用默认值。默认值是通过为成员声明添加 default 子句来指定的，一般形式如下所示：

```
type member() default value;
```

其中，*value* 的类型必须与 *type* 兼容。

下面是 @MyAnno 的改写版，该版本提供了默认值：

```
// An annotation type declaration that includes defaults.
@Retention(RetentionPolicy.RUNTIME)
@interface MyAnno {
  String str() default "Testing";
  int val() default 9000;
}
```

这个声明为 str 提供了默认值 Testing，并为 val 提供了默认值 9000。这意味着使用 @MyAnno 时不需要指定这两个值。但是如果愿意的话，可指定其中的一个或两个。所以，可以采用以下 4 种方式使用 @MyAnno：

```
@MyAnno() // both str and val default
@MyAnno(str = "some string") // val defaults
@MyAnno(val = 100) // str defaults
@MyAnno(str = "Testing", val = 100) // no defaults
```

下面的程序演示了注解中默认值的使用：

```java
import java.lang.annotation.*;
import java.lang.reflect.*;

// An annotation type declaration that includes defaults.
@Retention(RetentionPolicy.RUNTIME)
@interface MyAnno {
  String str() default "Testing";
  int val() default 9000;
}

class Meta3 {

  // Annotate a method using the default values.
  @MyAnno()
  public static void myMeth() {
    Meta3 ob = new Meta3();

    // Obtain the annotation for this method
    // and display the values of the members.
    try {
      Class<?> c = ob.getClass();

      Method m = c.getMethod("myMeth");

      MyAnno anno = m.getAnnotation(MyAnno.class);

      System.out.println(anno.str() + " " + anno.val());
    } catch (NoSuchMethodException exc) {
      System.out.println("Method Not Found.");
    }
  }

  public static void main(String args[]) {
    myMeth();
  }
}
```

输出如下所示：

```
Testing 9000
```

12.4.6 标记注解

标记注解(marker annotation)是特殊类型的注解，其中不包含成员。标记注解的唯一目的就是标记声明，因此，这种注解作为注解而存在的理由是充分的。确定标记注解是否存在的最佳方式是使用 isAnnotationPresent()方法，该方法是由 AnnotatedElement 接口定义的。

下面是一个使用标记注解的例子。因为标记注解不包含成员，所以只需要简单地判断其是否存在即可。

```java
import java.lang.annotation.*;
import java.lang.reflect.*;

// A marker annotation.
@Retention(RetentionPolicy.RUNTIME)
@interface MyMarker { }

class Marker {
```

```java
// Annotate a method using a marker.
// Notice that no ( ) is needed.
@MyMarker
public static void myMeth() {
  Marker ob = new Marker();

  try {
    Method m = ob.getClass().getMethod("myMeth");

    // Determine if the annotation is present.
    if(m.isAnnotationPresent(MyMarker.class))
      System.out.println("MyMarker is present.");

  } catch (NoSuchMethodException exc) {
    System.out.println("Method Not Found.");
  }
}

public static void main(String args[]) {
  myMeth();
 }
}
```

输出如下所示，@MyMarker 确实是存在的：

```
MyMarker is present.
```

在这个程序中，应用@MyMarker 时后面不需要有圆括号。因此，只通过名称即可应用@MyMarker，如下所示：

```
@MyMarker
```

提供空的圆括号虽然不是错误，但不是必需的。

12.4.7　单成员注解

单成员(single-member)注解只包含一个成员。除了允许使用缩写形式指定成员的值之外，单成员注解的工作方式和常规注解类似。如果只有一个成员，应用注解时就可以简单地为该成员指定值，而不需要指定成员的名称。但是，为了使用这种缩写形式，成员名称必须是 value。

下面是一个创建和使用单成员注解的例子：

```java
import java.lang.annotation.*;
import java.lang.reflect.*;

// A single-member annotation.
@Retention(RetentionPolicy.RUNTIME)
@interface MySingle {
  int value(); // this variable name must be value
}

class Single {

  // Annotate a method using a single-member annotation.
  @MySingle(100)
  public static void myMeth() {
    Single ob = new Single();
```

```
    try {
      Method m = ob.getClass().getMethod("myMeth");

      MySingle anno = m.getAnnotation(MySingle.class);

      System.out.println(anno.value()); // displays 100

    } catch (NoSuchMethodException exc) {
      System.out.println("Method Not Found.");
    }
  }

  public static void main(String args[]) {
    myMeth();
  }
}
```

正如所期望的，这个程序显示值 100。在这个程序中，@MySingle 用于注解 myMeth()方法，如下所示：

```
@MySingle(100)
```

注意不必指定 "value="。

当使用含有其他成员的注解时，也可以使用单值语法，但是其他成员必须都有默认值。例如，下面添加了成员 xyz，它带有默认值 0：

```
@interface SomeAnno {
  int value();
  int xyz() default 0;
}
```

对于希望为 xyz 使用默认值的情况，可以通过如下所示的方式应用@SomeAnno，使用单成员语法简单地指定 value 的值：

```
@SomeAnno(88)
```

在这个例子中，xyz 默认为 0，value 的值为 88。当然，如果为 xyz 指定不同的值，就需要显式地提供两个成员的名称，如下所示：

```
@SomeAnno(value = 88, xyz = 99)
```

请记住，只要使用单成员注解，成员的名称就必须是 value。

12.4.8　内置注解

Java 提供了许多内置注解。大部分是专用注解，但是有 9 个用于一般目的。在这 9 个注解中，有 4 个来自 java.lang.annotation 包，分别是@Retention、@Documented、@Target 和@Inherited；另外 5 个——@Override、@Deprecated、@FunctionalInterface、@SafeVarargs 和@SuppressWarnings 来自 java.lang 包。下面逐一介绍这些注解。

> **注意：**
> 在 java.lang.annotation 中包括 Repeatable 和 Native 注解。其中 Repeatable 支持重复注解，本章稍后将进行介绍。Native 用于注解本机代码可以访问的域变量。

1. @Retention

@Retention 被设计为只能用于注解其他注解。如本章前面所述，@Retention 用于指定保留策略。

2. @Documented

@Documented 注解是一个标记接口，用于告知某个工具注解将被文档化。@Documented 被设计为只能注解其他注解。

3. @Target

@Target 用于指定可以应用注解的声明的类型，只能注解其他注解。@Target 只有一个参数，这个参数必须是来自 ElementType 枚举的常量，这个参数指定了将为其应用注解的声明的类型。表 12-1 中显示了这些常量以及与之对应的声明的类型。

表 12-1 目标常量以及与之对应的声明的类型

目 标 常 量	可应用注解的声明的类型
ANNOTATION_TYPE	另一个注解
CONSTRUCTOR	构造函数
FIELD	域变量
LOCAL_VARIABLE	局部变量
METHOD	方法
MODULE	模块
PACKAGE	包
PARAMETER	参数
TYPE	类、接口或枚举
TYPE_PARAMETER	类型参数
TYPE_USE	类型使用

在@Target 注解中可以指定这些值中的一个或多个。为了指定多个值，必须在由花括号包围起来的列表中指定它们。例如，为了指定注解只能应用于域变量和局部变量，可以使用下面这个@Target 注解：

```
@Target( { ElementType.FIELD, ElementType.LOCAL_VARIABLE } )
```

如果不使用@Target，那么除了类型参数以外，注解还可以应用于任何声明。因此，一般来说，显式指定目标是个好主意，可以明确说明注解的用途。

4. @Inherited

@Inherited 是一个标记注解，只能用于另一个注解声明。此外，@Inherited 只影响用于类声明的注解。@Inherited 会导致超类的注解被子类继承。所以，当查询子类的特定注解时，如果那种注解在子类中不存在，就会检查超类。如果那种注解存在于超类中，并且如果使用@Inherited 进行了注解，就将返回那种注解。

5. @Override

@Override 是一个标记注解，只能用于方法。使用带有@Override 注解的方法必须重写超类中的方法。如果不这样做的话，就会生成编译时错误。@Override 注解用于确保超类方法被真正地重写，而不是简单地重载。

6. @Deprecated

@Deprecated 用于指示声明是过时的，不推荐使用。从 JDK 9 开始，@Deprecated 允许指定被弃用元素的 Java 版本，以及被弃用元素是否要被删除。

7. @FunctionalInterface

@FunctionalInterface 是一个标记注解，用于接口，指示被注解的接口是一个函数式接口。函数式接口(functional interface)是指仅包含一个抽象方法的接口，由 lambda 表达式使用(第 15 章将详细介绍函数式接口和 lambda 表达式)。如果被注解的接口不是函数式接口，将报告编译错误。创建函数式接口并不需要使用@FunctionalInterface，理解这一点很重要。根据定义，任何仅有一个抽象方法的接口都是函数式接口。因此，@FunctionalInterface 的意义仅在于提供信息。

8. @SafeVarargs

@SafeVarargs 是一个标记注解，只能用于方法和构造函数，指示没有发生与可变长度参数相关的不安全动作。如果不安全代码与不能具体化的 varargs 类型相关，或者与参数化的数组实例相关，那么@SafeVarargs 注解用于抑制"未检查不安全代码"警告(本质上，不能具体化的类是泛型类，泛型将在第 14 章讨论)。@SafeVarargs 注解只能用于 varargs 方法或者构造函数。方法必须声明为 static、final 或 private。

9. @SuppressWarnings

@SuppressWarnings 注解用于指定能抑制一个或多个编译器可能会报告的警告。它使用以字符串形式表示的名称来指定要被抑制的警告。

12.5 类型注解

从 JDK 8 开始，Java 扩展了可使用注解的地方。如前所述，最早的注解只能应用于声明。但现在，在能够使用类型的大多数地方，也可以指定注解。扩展后的这种注解称为类型注解(type annotation)。例如，可以注解方法的返回类型、方法内 this 的类型、强制转换、数组级别、被继承的类以及 throws 子句。还可以注解泛型，包括泛型类型参数边界和泛型类型参数(第 14 章将介绍泛型)。

类型注解很重要，因为它们允许工具对代码执行额外的检查，从而帮助避免错误。需要理解，javac 本身一般不执行这些检查，所以需要使用单独的工具，不过这种工具可能需要作为编译器插件发挥作用。

类型注解必须包含 ElementType.TYPE_USE 作为目标(回顾一下，前面介绍过，合法的注解目标是使用@Target 注解指定的)。类型注解需要放到应用该注解的类型的前面。例如，假设有一个类型注解称为@TypeAnno，那么下面的语句是合法的：

```
void myMeth() throws @TypeAnno NullPointerException { // ...
```

其中，@TypeAnno 注解了 throws 子句中的 NullPointerException。

也可以对 this 的类型进行注解(this 称为接收方)。如你所知，this 是所有实例方法的隐式参数，它引用的是调用对象。要注解其类型，需要使用另一个最近新增的特性。从 JDK 8 开始，可以显式地将 this 声明为方法的第一个参数。在这种声明中，this 的类型必须是其类的类型，例如：

```
class SomeClass {
  int myMeth(SomeClass this, int i, int j) { // ...
```

这里，因为 myMeth()是 SomeClass 定义的方法，所以 this 的类型是 SomeClass。使用这个声明，就可以注解 this 的类型。例如，再次假设@TypeAnno 是类型注解，下面的语句就是合法的：

```
int myMeth(@TypeAnno SomeClass this, int i, int j) { // ...
```
除非要注解 this 的类型，否则没必要声明 this，理解这一点很重要(没有声明 this 时，仍会隐式地传递它，总是如此)。另外，显式声明 this 没有改变方法签名，因为默认会隐式声明 this。同样，只有想对 this 应用类型注解时，才会声明 this。此时，this 必须是第一个参数。

下面的程序显示了可以使用类型注解的一些地方。程序定义了几个注解，其中有几个是类型注解。这些注解的名称和目标如表 12-2 所示。

表 12-2 注解的名称和目标

注 释	目 标
@TypeAnno	ElementType.TYPE_USE
@MaxLen	ElementType.TYPE_USE
@NotZeroLen	ElementType.TYPE_USE
@Unique	ElementType.TYPE_USE
@What	ElementType.TYPE_PARAMETER
@EmptyOK	ElementType.FIELD
@Recommended	ElementType.METHOD

注意，@EmptyOK、@Recommended 和@What 不是类型注解，包含它们只是为了进行比较。要特别注意@What，它用于注解泛型类型参数声明。程序中的注释描述了各个注解的用途。

```java
// Demonstrate several type annotations.
import java.lang.annotation.*;
import java.lang.reflect.*;

// A marker annotation that can be applied to a type.
@Target(ElementType.TYPE_USE)
@interface TypeAnno { }

// Another marker annotation that can be applied to a type.
@Target(ElementType.TYPE_USE)
@interface NotZeroLen {
}

// Still another marker annotation that can be applied to a type.
@Target(ElementType.TYPE_USE)
@interface Unique { }

// A parameterized annotation that can be applied to a type.
@Target(ElementType.TYPE_USE)
@interface MaxLen {
  int value();
}

// An annotation that can be applied to a type parameter.
@Target(ElementType.TYPE_PARAMETER)
@interface What {
  String description();
}

// An annotation that can be applied to a field declaration.
```

```java
@Target(ElementType.FIELD)
@interface EmptyOK { }

// An annotation that can be applied to a method declaration.
@Target(ElementType.METHOD)
@interface Recommended { }


// Use an annotation on a type parameter.
class TypeAnnoDemo<@What(description = "Generic data type") T> {

  // Use a type annotation on a constructor.
  public @Unique TypeAnnoDemo() {}

  // Annotate the type (in this case String), not the field.
  @TypeAnno String str;

  // This annotates the field test.
  @EmptyOK String test;

  // Use a type annotation to annotate this (the receiver).
  public int f(@TypeAnno TypeAnnoDemo<T> this, int x) {
    return 10;
  }

  // Annotate the return type.
  public @TypeAnno Integer f2(int j, int k) {
    return j+k;
  }

  // Annotate the method declaration.
  public @Recommended Integer f3(String str) {
    return str.length() / 2;
  }

  // Use a type annotation with a throws clause.
  public void f4() throws @TypeAnno NullPointerException {
    // ...
  }

  // Annotate array levels.
  String @MaxLen(10) [] @NotZeroLen [] w;

  // Annotate the array element type.
  @TypeAnno Integer[] vec;

  public static void myMeth(int i) {

    // Use a type annotation on a type argument.
    TypeAnnoDemo<@TypeAnno Integer> ob =
                     new TypeAnnoDemo<@TypeAnno Integer>();

    // Use a type annotation with new.
    @Unique TypeAnnoDemo<Integer> ob2 = new @Unique TypeAnnoDemo<Integer>();

    Object x = Integer.valueOf(10);
```

```
    Integer y;

    // Use a type annotation on a cast.
    y = (@TypeAnno Integer) x;
  }

  public static void main(String args[]) {
    myMeth(10);
  }

  // Use type annotation with inheritance clause.
  class SomeClass extends @TypeAnno TypeAnnoDemo<Boolean> {}
}
```

前面程序中大多数注解的用途十分清晰,但是有 4 个注解的用途需要做一些解释。首先是注解方法返回类型与注解方法声明的区别。在程序中,要特别注意这两个方法声明:

```
// Annotate the return type.
public @TypeAnno Integer f2(int j, int k) {
  return j+k;
}

// Annotate the method declaration.
public @Recommended Integer f3(String str) {
  return str.length() / 2;
}
```

注意,在这两个声明中,方法返回类型(Integer)的前面都有注解。但是,这两个注解应用于不同的内容。在第一个声明中,@TypeAnno 注解的是 f2() 的返回类型,因为@TypeAnno 的目标被指定为 ElementType.TYPE_USE,这意味着它能够用于注解类型用途。在第二个声明中,@Recommended 注解的是方法声明本身,这是因为@Recommended 的目标被指定为 ElementType_METHOD。其结果是,@Recommended 应用于声明,而不是返回类型。因此,目标说明用于消除方法声明注解和方法返回类型注解看似存在模糊性的情况。

关于注解方法返回类型,还有一点要注意:不能对 void 返回类型进行注解。

在程序中,第二个值得讨论的地方是域变量的注解,如下所示:

```
// Annotate the type (in this case String), not the field.
@TypeAnno String str;

// This annotates the field test.
@EmptyOK String test;
```

这里,@TypeAnno 注解的是类型 String,而@EmptyOK 注解的是域变量 test。尽管两个注解都位于整个声明之前,但目标元素类型决定了它们的目标是不同的。如果注解的目标是 ElementType.TYPE_USE,将注解类型。如果目标是 ElementType.FIELD,将注解域变量。因此,这种情况类似于刚才讨论的方法注解,不会存在模糊性。相同的机制也可用来消除局部变量注解的模糊性。

接下来,注意这里是如何注解 this(接收方)的:

```
public int f(@TypeAnno TypeAnnoDemo<T> this, int x) {
```

这里,this 被指定为第一个参数,其类型为 TypeAnnoDemo(f()是该类的成员)。正如前面解释过的,从 JDK 8 开始,为了应用类型注解,实例方法声明可以显式地指定 this 参数。

最后,注意下面的语句如何注解数组级别:

```
String @MaxLen(10) [] @NotZeroLen [] w;
```

在这个声明中,@MaxLen 注解了第一级的类型,@NotZeroLen 注解了第二级的类型。在下面这个声明中,注解了元素类型 Integer:

```
@TypeAnno Integer[] vec;
```

12.6　重复注解

从 JDK 8 开始,可以在相同元素上重复应用注解,这种特性称为重复注解(repeating annotation)。可重复的注解必须用@Repeatable 进行注解。@Repeatable 在 java.lang.annotation 中定义,其 value 域指定了重复注解的容器类型。容器被指定为注解,对于这种注解,value 域是重复注解类型的数组。因此,要创建重复注解,必须创建容器注解,然后将注解的类型指定为@Repeatable 注解的参数。

为使用 getAnnotation()这样的方法访问重复注解,需要使用容器注解,而不是重复注解。下面的程序显示了这种方法。它将前面的 MyAnno 版本改写为使用重复注解,并演示了具体用途:

```
// Demonstrate a repeated annotation.

import java.lang.annotation.*;
import java.lang.reflect.*;

// Make MyAnno repeatable.
@Retention(RetentionPolicy.RUNTIME)
@Repeatable(MyRepeatedAnnos.class)
@interface MyAnno {
  String str() default "Testing";
  int val() default 9000;
}

// This is the container annotation.
@Retention(RetentionPolicy.RUNTIME)
@interface MyRepeatedAnnos {
  MyAnno[] value();
}

class RepeatAnno {

  // Repeat MyAnno on myMeth().
  @MyAnno(str = "First annotation", val = -1)
  @MyAnno(str = "Second annotation", val = 100)
  public static void myMeth(String str, int i)
  {
    RepeatAnno ob = new RepeatAnno();

    try {
      Class<?> c = ob.getClass();

      // Obtain the annotations for myMeth().
      Method m = c.getMethod("myMeth", String.class, int.class);

      // Display the repeated MyAnno annotations.
      Annotation anno = m.getAnnotation(MyRepeatedAnnos.class);
      System.out.println(anno);

    } catch (NoSuchMethodException exc) {
      System.out.println("Method Not Found.");
```

```
      }
    }

    public static void main(String args[]) {
      myMeth("test", 10);
    }
  }
```

输出如下所示：

```
@MyRepeatedAnnos(value={@MyAnno(val=-1, str="First annotation"),
@MyAnno(val=100, str="Second annotation")})
```

如前所述，要使 MyAnno 成为重复注解，必须使用@Repeatable 注解它。@Repeatable 指定了 MyAnno 的容器注解。这里的容器注解称为 MyRepeatedAnnos。程序通过调用 getAnnotation()访问重复注解。注意，传入 getAnnotation()的是容器注解的类，而不是重复注解本身。如输出所示，重复注解之间用逗号隔开，它们不会单独返回。

另一种获取重复注解的方式是使用 AnnotatedElement 中的方法，它们能够直接操作重复注解。这些方法包括 getAnnotationsByType()和 getDeclaredAnnotationsByType()。这里使用前者，形式如下所示：

```
default <T extends Annotation> T[ ] getAnnotationsByType(Class<T> annoType)
```

它返回与调用对象关联的 annoType 注解数组。如果不存在注解，则该数组的长度为 0。下面举一个例子。假设在前面的程序中，下面的代码段使用 getAnnotationsByType()来获取 MyAnno 重复注解：

```
Annotation[] annos = m.getAnnotationsByType(MyAnno.class);
for(Annotation a : annos)
  System.out.println(a);
```

这里，重复注解类型为 MyAnno，它被传递给 getAnnotationsByType()。返回的数组包含与 myMeth()关联的所有 MyAnno 实例，在本例中为两个。可以通过数组中的索引访问每个重复注解。在本例中，使用 for-each 循环显示每个 MyAnno 注解。

12.7 一些限制

使用注解声明存在许多限制。首先，一个注解不能继承另一个注解。其次，注解声明的所有方法都必须不带参数。此外，它们不能返回以下类型的值：

- 基本类型，例如 int 或 double。
- String 或 Class 类型的对象。
- 枚举类型的对象。
- 其他注解类型的对象。
- 合法类型的数组。

注解不能是泛型。换句话说，它们不能带有类型参数(泛型参见第 14 章)。最后，注解方法不能指定 throws 子句。

第 13 章　I/O、带资源的 try 语句以及其他主题

本章介绍 Java 最重要的一个包 java.io。该包用来支持 Java 的基本 I/O(输入/输出)系统,包括文件 I/O。对 I/O 的支持来自 Java 的核心 API 库,而不是来自语言关键字。因此,本书第 II 部分将深入讨论该主题,本书第 II 部分将介绍 Java 的几个 API 包。本章讨论 java.io 这个重要子系统的基础知识,从而理解它们是如何集成到 Java 语言中的,以及如何适应更大的 Java 编程上下文和执行环境。本章还将介绍带资源的 try 语句(try-with-resource),以及几个 Java 关键字——transient、volatile、instanceof、native、strictfp 以及 assert。本章最后介绍静态导入,以及 this 关键字的另一个用法。

13.1　I/O 的基础知识

在阅读前面的 12 章时,你可能已经注意到,在示例程序中没有大量使用 I/O。实际上,除了 print()和 println()方法外,基本上没有使用其他 I/O 方法。原因很简单:大多数实际的 Java 应用程序不是基于文本的控制台程序。相反,要么是面向图形的程序——这类程序依赖于 Java 的 GUI 框架(如 Swing、AWT 或 JavaFX)与用户进行交互,要么是 Web 应用程序。尽管作为教学示例,基于文本的控制台程序是很优秀的,但是对于使用 Java 编写实际的程序,它们并不重要。此外,Java 对控制台 I/O 的支持也是有限的,即使是简单的示例程序,使用它们也有些蹩脚。基于文本的控制台 I/O 对于实际的 Java 编程确实用处不大。

尽管如此,Java 确实为文件和网络的 I/O 提供了强大、灵活的支持。实际上,一旦理解了基础知识,I/O 系统剩下的内容就很容易掌握了。在此仅对 I/O 进行简要介绍。第 21 章和第 22 章会详细讨论 I/O。

13.1.1　流

Java 程序通过流执行 I/O。流是一种抽象,要么生成信息,要么使用信息。流通过 Java 的 I/O 系统链接到物理设备。所有流的行为方式都是相同的,尽管与它们链接的物理设备是不同的。因此,可为不同类型的设备应用相同的 I/O 类和方法。这意味着可将许多不同类型的输入——磁盘文件、键盘或网络 socket 抽象为输入流。与之对应,输出流可以引用控制台、磁盘文件或网络连接。流是处理输入/输出的一种清晰方式,例如,代码中的所有部分都不需要理解键盘和网络之间的区别。流是 Java 在由 java.io 包定义的类层次中实现的。

> **注意:**
> 除了在 java.io 包中定义的基于流的 I/O 外,Java 还提供了基于缓冲和基于通道的 I/O,它们是在 java.nio 及其子包中定义的。相关内容将在第 22 章介绍。

13.1.2 字节流和字符流

Java 定义了两种类型的流：字节流和字符流。字节流为处理字节的输入和输出提供了方法。例如，当读取和写入二进制数据时，使用的就是字节流。字符流为处理字符的输入和输出提供了方便的方法。它们使用 Unicode 编码，所以可以被国际化。此外，在某些情况下，字符流比字节流更高效。

最初版本的 Java(Java 1.0)没有提供字符流，因此，所有 I/O 都是面向字节的。字符流是由 Java 1.1 添加的，并且某些面向字节的类和方法不再推荐使用。尽管不使用字符流的旧代码越来越少，但是有时仍然会遇到。作为一般原则，在合适的情况下应当更新旧代码，以利用字符流。

另外一点：在最底层，所有 I/O 仍然是面向字节的。基于字符的流只是为处理字符提供了一种方便而高效的方法。

下面分别概述面向字节的流和面向字符的流。

1. 字节流类

字节流是通过两个类层次定义的。在顶层是两个抽象类：InputStream 和 OutputStream。每个抽象类都有几个处理各种不同设备的具体子类，例如磁盘文件、网络连接甚至内存缓冲区。表 13-1 列出了 java.io 包中的字节流类。本节后面会讨论其中的几个类。其他类将在本书的第 II 部分介绍。请记住，为了使用流类，必须导入 java.io 包。

表 13-1 java.io 包中的字节流类

流 类	含 义
BufferedInputStream	缓冲的输入流
BufferedOutputStream	缓冲的输出流
ByteArrayInputStream	读取字节数组内容的输入流
ByteArrayOutputStream	向字节数组写入内容的输出流
DataInputStream	包含读取 Java 标准数据类型的方法的输入流
DataOutputStream	包含写入 Java 标准数据类型的方法的输出流
FileInputStream	读取文件内容的输入流
FileOutputStream	向文件中写入内容的输出流
FilterInputStream	实现 InputStream
FilterOutputStream	实现 OutputStream
InputStream	描述流输入的抽象类
ObjectInputStream	用于对象的输入流
ObjectOutputStream	用于对象的输出流
OutputStream	描述流输出的抽象类
PipedInputStream	输入管道
PipedOutputStream	输出管道
PrintStream	包含 print()和 println()的输出流
PushbackInputStream	允许字节返回到输入流的输入流
SequenceInputStream	由两个或多个按顺序依次读取的输入流组合而成的输入流

抽象类 InputStream 和 OutputStream 定义了其他流类实现的一些关键方法。其中最重要的两个方法是 read()和 write()，这两个方法分别读取和写入字节数据。每个方法都有抽象形式，必须由派生的流类重写这两个方法。

2. 字符流类

字符流是通过两个类层次定义的。在顶层是两个抽象类：Reader 和 Writer。这两个抽象类处理 Unicode 字符流。Java 为这两个类提供了几个具体子类。表 13-2 列出了 java.io 包中的字符流类。

表 13-2　java.io 包中的字符流 I/O 类

流　类	含　义
BufferedReader	缓冲的输入字符流
BufferedWriter	缓冲的输出字符流
CharArrayReader	从字符数组读取内容的输入流
CharArrayWriter	向字符数组写入内容的输出流
FileReader	从文件读取内容的输入流
FileWriter	向文件中写入内容的输出流
FilterReader	过滤的读取器
FilterWriter	过滤的写入器
InputStreamReader	将字节转换成字符的输入流
LineNumberReader	计算行数的输入流
OutputStreamWriter	将字符转换成字节的输出流
PipedReader	输入管道
PipedWriter	输出管道
PrintWriter	包含 print() 和 println() 的输出流
PushbackReader	允许字符返回到输入流的输入流
Reader	描述字符流输入的抽象类
StringReader	从字符串读取内容的输入流
StringWriter	向字符串写入内容的输出流
Writer	描述字符流输出的抽象类

抽象类 Reader 和 Writer 定义了其他几个流类实现的重要方法。最重要的两个方法是 read() 和 write()，这两个方法分别读取和写入字符数据。每个方法都有抽象形式，必须由派生的流类重写这两个方法。

13.1.3　预定义流

如你所知，所有 Java 程序都自动导入 java.lang 包。这个包定义了 System 类，该类封装了运行时环境的某些方法。例如，使用该类的一些方法，可以获得当前时间以及与系统相关的各种属性设置。System 还包含 3 个预定义的流变量：in、out 以及 err。这些变量在 System 类中被声明为 public、static 以及 final。这意味着程序中的其他任何部分都可以使用它们，而不需要引用特定的 System 对象。

System.out 引用标准的输出流，默认情况下是控制台。System.in 引用标准的输入流，默认情况下是键盘。System.err 引用标准的错误流，默认情况下也是控制台。但是，这些流可以被重定向到任何兼容的 I/O 设备。

System.in 是 InputStream 类型的对象；System.out 和 System.err 是 PrintStream 类型的对象。这些都是字节流，尽管它们通常用于从控制台读取字符以及向控制台写入字符。可以看出，如果愿意的话，可以在基于字符的流中封装这些流。

前面的章节在示例中一直都是使用 System.out。可以通过相同的方式使用 System.err。在下一节将会看到，使用 System.in 稍微有些复杂。

13.2 读取控制台输入

在 Java 的早期版本中，执行控制台输入的唯一方法是使用字节流。现在仍然可以使用字节流读取控制台输入。但是，对于商业应用程序，读取控制台输入的更好方法是使用面向字符的流。使用面向字符的流可以使程序更容易国际化和维护。

在 Java 中，控制台输入是通过从 System.in 读取完成的。为了获得与控制台关联的基于字符的流，可以在 BufferedReader 对象中封装 System.in。BufferedReader 支持缓冲的输入流。通常使用的构造函数如下所示：

```
BufferedReader(Reader inputReader)
```

其中，*inputReader* 是与即将创建的 BufferedReader 实例链接的流。Reader 是抽象类，InputStreamReader 是它的一个具体子类，该类将字节转换成字符。为了获得与 System.in 链接的 InputStreamReader 对象，使用下面的构造函数：

```
InputStreamReader(InputStream inputStream)
```

因为 System.in 引用 InputStream 类型的对象，所以可用于 *inputStream*。将这些内容结合起来，下面的代码创建了一个与键盘链接的 BufferedReader 对象：

```
BufferedReader br = new BufferedReader(new
                    InputStreamReader(System.in));
```

执行这条语句之后，br 就是通过 System.in 与控制台链接的基于字符的流。

13.2.1 读取字符

为从 BufferedReader 对象读取字符，需要使用 read()方法。在此将使用如下所示的 read()版本：

```
int read() throws IOException
```

每次调用 read()方法都会从输入流读取一个字符，并将之作为整型值返回。如果到达流的末尾，就返回-1。可以看出，该方法可能抛出 IOException 异常。

下面的程序演示了 read()方法的使用，该程序从控制台读取输入，直到用户键入字符 q。注意，可能生成的所有 I/O 异常都被简单地从 main()方法中抛出。对于简单的示例程序，例如本书中的示例程序，当从控制台读取内容时，这种处理方法很常见，但在更复杂的应用程序中，可以显式地处理异常。

```java
// Use a BufferedReader to read characters from the console.
import java.io.*;

class BRRead {
 public static void main(String args[]) throws IOException
 {
   char c;
   BufferedReader br = new
         BufferedReader(new InputStreamReader(System.in));
   System.out.println("Enter characters, 'q' to quit.");
   // read characters
   do {
     c = (char) br.read();
     System.out.println(c);
   } while(c != 'q');
 }
}
```

下面是一次示例运行：

```
Enter characters, 'q' to quit.
123abcq
1
2
3
a
b
c
q
```

这个输出看起来可能和你所期望的不同,因为默认情况下 System.in 是按行缓冲的。这意味着在按下 Enter 键之前,实际上没有输入被传递到程序。你可能已经猜到了,这使得 read()方法对于交互性的控制台输入不是很有价值。

13.2.2 读取字符串

为从键盘读取字符串,可使用 BufferedReader 类的 realLine()方法,该方法的一般形式如下所示:

```
String readLine() throws IOException
```

可以看出,该方法返回一个 String 对象。

下面的程序演示了 BufferedReader 类和 readLine()方法;该程序读取并显示文本行,直到用户输入单词 stop:

```
// Read a string from console using a BufferedReader.
import java.io.*;

class BRReadLines {
  public static void main(String args[]) throws IOException
  {
    // create a BufferedReader using System.in
    BufferedReader br = new BufferedReader(new
                        InputStreamReader(System.in));
    String str;
    System.out.println("Enter lines of text.");
    System.out.println("Enter 'stop' to quit.");
    do {
      str = br.readLine();
      System.out.println(str);
    } while(!str.equals("stop"));
  }
}
```

下例创建了一个小型的文本编辑器。该程序创建了一个 String 对象数组,然后读取文本行,在数组中存储每一行。该程序最多读取 100 行或直到用户输入 stop。该程序使用 BufferedReader 从控制台读取输入。

```
// A tiny editor.
import java.io.*;

class TinyEdit {
  public static void main(String args[]) throws IOException
  {
    // create a BufferedReader using System.in
    BufferedReader br = new BufferedReader(new
                        InputStreamReader(System.in));
    String str[] = new String[100];
    System.out.println("Enter lines of text.");
    System.out.println("Enter 'stop' to quit.");
```

```
      for(int i=0; i<100; i++) {
        str[i] = br.readLine();
        if(str[i].equals("stop")) break;
      }
      System.out.println("\nHere is your file:");
      // display the lines
      for(int i=0; i<100; i++) {
        if(str[i].equals("stop")) break;
        System.out.println(str[i]);
      }
    }
  }
```

下面是一次示例运行:

```
Enter lines of text.
Enter 'stop' to quit.
This is line one.
This is line two.
Java makes working with strings easy.
Just create String objects.
stop
Here is your file:
This is line one.
This is line two.
Java makes working with strings easy.
Just create String objects.
```

13.3 向控制台写输出

前面提到过,使用 print() 和 println() 是向控制台写输出的最容易方式,本书中的大部分例子都是使用这种方式。这两个方法是由 PrintStream 类(也就是 System.out 引用的对象的类型)定义的。System.out 尽管是字节流,但它对于简单的程序仍然可用。下一节将介绍基于字符的替代方法。

因为 PrintStream 是派生自 OutputStream 的输出流,所以它还实现了低级的 write() 方法。因此,可使用 write() 向控制台输出。PrintStream 定义的最简单形式的 write() 方法如下所示:

```
void write(int byteval)
```

该方法输出由 *byteval* 指定的字节。尽管 *byteval* 被声明为整数,但只有低 8 位被输出。下面的简短示例使用 write() 向屏幕输出字符 "A",然后换行:

```
// Demonstrate System.out.write().
class WriteDemo {
  public static void main(String args[]) {
    int b;

    b = 'A';
    System.out.write(b);
    System.out.write('\n');
  }
}
```

通常不会使用 write() 执行控制台输出(尽管在某些情况下这么做是有用的),因为 print() 和 println() 确实更容易使用。

13.4 PrintWriter 类

尽管使用 System.out 向控制台输出是可接受的，但最好将其用于调试或用于示例程序，例如本书中的示例。对于实际程序，使用 Java 向控制台输出的推荐方法是通过 PrintWriter 流。PrintWriter 是基于字符的类之一。为控制台输出使用基于字符的流，可使程序的国际化更容易。

PrintWriter 类定义了几个构造函数，在此将使用的构造函数如下所示：

```
PrintWriter(OutputStream outputStream, boolean flushingOn)
```

其中，*outputStream* 是 OutputStream 类型的对象，*flushingOn* 控制 Java 是否在每次调用 println() 方法时刷新输出流。如果 *flushingOn* 为 true，就自动刷新；如果为 false，就不会自动刷新。

PrintWriter 支持 print() 和 println() 方法。因此，可使用与 System.out 相同的方式使用它们。如果参数不是简单类型，PrintWriter 方法会调用对象的 toString() 方法，然后输出结果。

为了使用 PrintWriter 向控制台输出，需要为输出流指定 System.out 并自动刷新。例如，下面这行代码创建了一个连接到控制台输出的 PrintWriter：

```
PrintWriter pw = new PrintWriter(System.out, true);
```

下面的应用程序演示了如何使用 PrintWriter 来处理控制台输出：

```java
// Demonstrate PrintWriter
import java.io.*;

public class PrintWriterDemo {
  public static void main(String args[]) {
    PrintWriter pw = new PrintWriter(System.out, true);

    pw.println("This is a string");
    int i = -7;
    pw.println(i);
    double d = 4.5e-7;
    pw.println(d);
  }
}
```

该程序的输出如下所示：

```
This is a string
-7
4.5E-7
```

请记住，在学习 Java 或调试程序时，使用 System.out 向控制台输出简单文本没有什么问题。但是，使用 PrintWriter 可以使实际的应用程序更容易国际化。因为在本书展示的示例程序中，使用 PrintWriter 得不到什么好处，所以将继续使用 System.out 向控制台进行输出。

13.5 读/写文件

Java 提供了大量用于读写文件的类和方法。在开始之前需要重点指出，文件 I/O 是一个庞大的主题，该主题将在本书第 II 部分详细介绍。本节旨在介绍读写文件的基本技术。尽管使用的是字节流，但是这些技术对于基于字符的流也是适用的。

对于读/写文件，两个最常用的流类是 FileInputStream 和 FileOutputStream，这两个类创建与文件链接的字节流。为了打开文件，只需要创建这些类中某个类的对象，指定文件名作为构造函数的参数即可。尽管这两个类也支持其他构造函数，但在此将使用以下形式：

```
FileInputStream(String fileName) throws FileNotFoundException
FileOutputStream(String fileName) throws FileNotFoundException
```

其中，*fileName* 指定希望打开的文件的名称。当创建输入流时，如果文件不存在，就会抛出 FileNotFoundException 异常。对于输出流，如果不能打开文件或不能创建文件，也会抛出 FileNotFoundException 异常。FileNotFoundException 是 IOException 的子类。当打开输出文件时，先前存在的同名文件将被销毁。

> **注意：**
> 对于存在安全管理器的情况，如果在试图打开文件时发生安全性违规，那么文件类 FileInputStream 和 FileOutputStream 会抛出 SecurityException 异常。默认情况下，通过 Java 运行的应用程序不会使用安全管理器。因此，本书中的 I/O 示例不需要查看是否会发生 SecurityException 异常。但是，其他类型的应用程序会使用安全管理器，通过这类应用程序执行的文件 I/O 可能生成 SecurityException 异常。对于这种情况，需要适当地处理该异常。

文件使用完毕后必须关闭。关闭文件是通过调用 close()方法完成的，FileInputStream 和 FileOutputStream 都实现了该方法。该方法的声明如下所示：

```
void close( ) throws IOException
```

关闭文件会释放为文件分配的系统资源，从而允许其他文件使用这些资源。关闭文件失败会导致"内存泄漏"，因为未使用的资源没有被释放。

> **注意：**
> close()方法是由 java.lang 包中的 AutoCloseable 接口指定的。java.io 包中的 Closeable 接口继承了 AutoCloseable 接口。所有流类都实现了这两个接口，包括 FileInputStream 和 FileOutputStream。

可用两种方式关闭文件，在继续学习其他内容之前，指出这一点很重要。第一种是传统方法，当不再需要文件时显式调用 close()方法。这是 JDK 7 之前所有 Java 版本使用的方式，所以在 JDK 7 之前的所有旧代码中可以看到这种方式。第二种方式是使用带资源的 try 语句，这种 try 语句是 JDK 7 新增的，当不再需要文件时能够自动关闭文件。这种方式下，没有显式调用 close()方法。因为你可能遇到 JDK 7 版本之前的旧代码，所以理解和掌握传统方式是很重要的。而且某些情况下，传统方法仍是最佳方式。因此，下面将首先介绍传统方式。文件自动关闭方式将在下一节介绍。

为了读取文件，可以使用在 FileInputStream 中定义的 read()版本。我们将使用的版本如下所示：

```
int read( ) throws IOException
```

每次调用 read()方法时，都会从文件读取一个字节，并作为整型值返回。当到达文件末尾时，read()方法返回 –1。该方法可能抛出 IOException 异常。

下面的程序使用 read()方法读取和显示文件的内容，该文件包含 ASCII 文本。文件名是作为命令行参数指定的。

```java
/* Display a text file.
   To use this program, specify the name
   of the file that you want to see.
   For example, to see a file called TEST.TXT,
   use the following command line.

   java ShowFile TEST.TXT
*/

import java.io.*;
```

```java
class ShowFile {
  public static void main(String args[])
  {
    int i;
    FileInputStream fin;

    // First, confirm that a filename has been specified.
    if(args.length != 1) {
      System.out.println("Usage: ShowFile filename");
      return;
    }

    // Attempt to open the file.
    try {
      fin = new FileInputStream(args[0]);
    } catch(FileNotFoundException e) {
      System.out.println("Cannot Open File");
      return;
    }

    // At this point, the file is open and can be read.
    // The following reads characters until EOF is encountered.
    try {
      do {
        i = fin.read();
        if(i != -1) System.out.print((char) i);
      } while(i != -1);
    } catch(IOException e) {
      System.out.println("Error Reading File");
    }

    // Close the file.
    try {
      fin.close();
    } catch(IOException e) {
      System.out.println("Error Closing File");
    }
  }
}
```

在这个程序中，注意用来处理可能发生的 I/O 错误的 try/catch 代码块。对每个 I/O 操作都监视是否发生了异常，如果发生异常，就对异常进行处理。注意，在简单程序或示例代码中将 I/O 异常简单地从 main() 中抛出是很常见的，就像以前的控制台 I/O 示例那样。此外，在一些实际代码中，将异常传播到调用例程，从而让调用者知道某个 I/O 操作失败，这可能是有用的。但正如前面显示的，出于演示目的，本书中的大部分 I/O 示例都显式地处理所有 I/O 异常。

尽管前面的例子在读取文件后关闭了文件流，但另一种处理方式通常很有用，就是在 **finally** 代码块中调用 **close()** 方法。在这种方式下，访问文件的所有方法都被包含到 try 代码块中，并使用 finally 代码块关闭文件。对于这种方式，不管 try 代码块是如何终止的，文件都会被关闭。假定使用前面的例子，下面的代码显示了如何重新编码用于读取文件的 try 代码块：

```java
try {
  do {
    i = fin.read();
    if(i != -1) System.out.print((char) i);
```

```
    } while(i != -1);
  } catch(IOException e) {
    System.out.println("Error Reading File");
  } finally {
    // Close file on the way out of the try block.
    try {
      fin.close();
    } catch(IOException e) {
      System.out.println("Error Closing File");
    }
  }
```

尽管这么做对于这个例子没有什么问题，但一般来说，这种方式的一个优点是：即使访问文件的代码因为与 I/O 无关的异常而终止，finally 代码块也仍然会关闭文件。

有时，在单个 try 代码块(而不是独立的两个代码块)中封装打开文件和访问文件的代码，然后使用 finally 代码块关闭文件更容易一些。例如，下面是编写 ShowFile 程序的另一种方式：

```
/* Display a text file.
   To use this program, specify the name
   of the file that you want to see.
   For example, to see a file called TEST.TXT,
   use the following command line.

   java ShowFile TEST.TXT

   This variation wraps the code that opens and
   accesses the file within a single try block.
   The file is closed by the finally block.
*/

import java.io.*;

class ShowFile {
  public static void main(String args[])
  {
    int i;
    FileInputStream fin = null;

    // First, confirm that a filename has been specified.
    if(args.length != 1) {
      System.out.println("Usage: ShowFile filename");
      return;
    }

    // The following code opens a file, reads characters until EOF
    // is encountered, and then closes the file via a finally block.
    try {
      fin = new FileInputStream(args[0]);

      do {
        i = fin.read();
        if(i != -1) System.out.print((char) i);
      } while(i != -1);

    } catch(FileNotFoundException e) {
      System.out.println("File Not Found.");
```

```
    } catch(IOException e) {
      System.out.println("An I/O Error Occurred");
    } finally {
      // Close file in all cases.
      try {
        if(fin != null) fin.close();
      } catch(IOException e) {
        System.out.println("Error Closing File");
      }
    }
  }
}
```

注意在这种方式下，fin 被初始化为 null。然后，在 finally 代码块中，只有当 fin 不是 null 时才关闭文件。这种方式是可行的，因为如果成功地打开了文件，fin 将不再是 null。因此，如果在打开文件时发生了异常，就不会调用 close()方法。

对于前面的例子，还可以更紧凑地使用 try/catch 语句。因为 FileNotFoundException 是 IOException 的子类，所以这种异常不需要单独捕获。例如，下面的语句进行了重新编写以消除捕获 FileNotFoundException 异常。在该示例中，会显示描述错误的标准异常消息。

```
try {
  fin = new FileInputStream(args[0]);

  do {
    i = fin.read();
    if(i != -1) System.out.print((char) i);
  } while(i != -1);

} catch(IOException e) {
  System.out.println("I/O Error: " + e);
} finally {
  // Close file in all cases.
  try {
    if(fin != null) fin.close();
  } catch(IOException e) {
    System.out.println("Error Closing File");
  }
}
```

在这种方式下，所有错误，包括文件打开错误，都由一条 catch 语句简单地进行处理。因为更紧凑，所以本书中的许多 I/O 示例使用的就是这种方式。但是注意，对于希望单独处理文件打开错误的情况，例如可能是因为用户键入了错误的文件名而引起的错误，这种方式并不适合。对于这种情况，可能希望在进入访问文件的 try 代码块之前，提示用户改正文件名。

为向文件中写入内容，可使用 FileOutputStream 定义的 write()方法，该方法最简单的形式如下所示：

void write(int *byteval*) throws IOException

该方法向文件中写入由 *byteval* 指定的字节。尽管 *byteval* 被声明为整型，但只有低 8 位会被写入到文件中。如果在写文件期间发生了错误，则会抛出 IOException 异常。下面的例子使用 write()方法复制文件：

```
/* Copy a file.
   To use this program, specify the name
   of the source file and the destination file.
   For example, to copy a file called FIRST.TXT
   to a file called SECOND.TXT, use the following
```

```
      command line.

      java CopyFile FIRST.TXT SECOND.TXT
*/

import java.io.*;

class CopyFile {
  public static void main(String args[]) throws IOException
  {
    int i;
    FileInputStream fin = null;
    FileOutputStream fout = null;

    // First, confirm that both files have been specified.
    if(args.length != 2) {
      System.out.println("Usage: CopyFile from to");
      return;
    }

    // Copy a File.
    try {
      // Attempt to open the files.
      fin = new FileInputStream(args[0]);
      fout = new FileOutputStream(args[1]);

      do {
        i = fin.read();
        if(i != -1) fout.write(i);
      } while(i != -1);

    } catch(IOException e) {
      System.out.println("I/O Error: " + e);
    } finally {
      try {
        if(fin != null) fin.close();
      } catch(IOException e2) {
        System.out.println("Error Closing Input File");
      }
      try {
        if(fout != null) fout.close();
      } catch(IOException e2) {
        System.out.println("Error Closing Output File");
      }
    }
  }
}
```

在这个程序中，注意在关闭文件时使用了两个独立的 try 代码块。这样可以确保两个文件都被关闭，即使对 fin.close()方法的调用抛出了异常也同样如此。

一般来说，就像前面的两个程序中所做的那样，Java 程序通过异常机制对所有潜在的 I/O 错误进行处理。这与使用错误代码报告文件错误的一些计算机语言不同。使用异常处理 I/O 错误，不但使文件处理更清晰，而且在执行输入时，还使 Java 能够更容易地区分文件错误和文件结尾(End Of File，EOF)条件。

13.6 自动关闭文件

在上一节中，一旦不再需要文件，示例程序就显式地调用 close()方法以关闭文件。前面提到过，这是 JDK 7 以前的 Java 版本使用的文件关闭方式。尽管这种方式仍然有效并且有用，但是 JDK 7 增加了一个新特性，该特性提供了另外一种管理资源(例如文件流)的方式，这种方式能自动关闭文件。这个特性有时被称为自动资源管理(Automatic Resource Management，ARM)，该特性以 try 语句的扩展版为基础。自动资源管理的主要优点在于：当不再需要文件或其他资源时，可防止无意中忘记释放它们。正如前面所解释的，忘记关闭文件可能导致内存泄漏，并且可能导致其他问题。

自动资源管理基于 try 语句的扩展形式，它的一般形式如下所示：

```
try (resource-specification) {
  // use the resource
}
```

其中，*resource-specification* 通常是用来声明和初始化资源(例如文件流)的语句。该语句包含一个变量声明，在该变量声明中使用将被管理的对象引用来初始化变量。当 try 代码块结束时，自动释放资源。对于文件，这意味着会自动关闭文件(因此，不需要显式地调用 close()方法)。当然，这种形式的 try 语句也可以包含 catch 和 finally 子句。这种形式的 try 语句被称为带资源的 try 语句。

> **注意**
> 从 JDK 9 开始，try 的资源规范也允许包含在程序前面声明和初始化的变量。但是，该变量必须是有效的 final，即该变量在指定了初始值后，就不再赋予新值了。

只有对于那些实现了 AutoCloseable 接口的资源，才能使用带资源的 try 语句。AutoCloseable 接口由 java.lang 包定义，该接口定义了 close()方法。java.io 包中的 Closeable 接口继承自 AutoCloseable 接口。所有流类都实现了这两个接口。因此，当使用流时——包括文件流，可以使用带资源的 try 语句。

作为自动关闭文件的第一个例子，下面是 ShowFile 程序的改写版，该版本使用自动关闭文件功能：

```java
/* This version of the ShowFile program uses a try-with-resources
   statement to automatically close a file after it is no longer needed.
*/

import java.io.*;

class ShowFile {
  public static void main(String args[])
  {
    int i;

    // First, confirm that a filename has been specified.
    if(args.length != 1) {
      System.out.println("Usage: ShowFile filename");
      return;
    }

    // The following code uses a try-with-resources statement to open
    // a file and then automatically close it when the try block is left.
    try(FileInputStream fin = new FileInputStream(args[0])) {

      do {
        i = fin.read();
        if(i != -1) System.out.print((char) i);
```

```
        } while(i != -1);

    } catch(FileNotFoundException e) {
      System.out.println("File Not Found.");
    } catch(IOException e) {
      System.out.println("An I/O Error Occurred");
    }

  }
}
```

在这个程序中，请特别注意在 try 语句中打开文件的方式：

```
try(FileInputStream fin = new FileInputStream(args[0])) {
```

注意 try 语句的 resource-specification 部分声明了一个 FileInputStream 类型的变量 fin，然后将由 FileInputStream 的构造函数打开的文件的引用赋给该变量。因此，在该程序的这个版本中，变量 fin 局限于 try 代码块，当进入 try 代码块时创建。当离开 try 代码块时，会隐式地调用 close()方法以关闭与 fin 关联的流。不需要显式地调用 close()方法，这意味着不可能忘记关闭文件。这是使用带资源的 try 语句的关键好处。

try 语句中声明的资源被隐式声明为 final，理解这一点很重要。这意味着在创建资源变量后，不能将其他资源赋给该变量。此外，资源的作用域局限于带资源的 try 语句。

在继续之前，有必要提到从 JDK 10 开始，可以使用局部变量类型推断来指定 try-with-resources 语句中声明的资源的类型。为此，将类型指定为 var。当完成此操作时，将从其初始化器推断资源的类型。例如，前面程序中的 try 语句现在可以这样写：

```
try(var fin = new FileInputStream(args[0])) {
```

这里，fin 被推断为 FileInputStream 类型，因为这是其初始化器的类型。因为许多读者将在 JDK 10 之前的 Java 环境中工作，所以本书其余部分中带资源的 try 语句将不使用类型推断，以便代码能够为尽可能多的读者工作。当然，接下来应该考虑在自己的代码中使用类型推断。

可在一条 try 语句中管理多个资源。为此，只需要使用分号分隔每个 resource-specification 即可。下面的程序显示了一个例子。该程序对前面显示的 CopyFile 程序进行了改写，使用带资源的 try 语句来管理 fin 和 fout。

```
/* A version of CopyFile that uses try-with-resources.
   It demonstrates two resources (in this case files) being
   managed by a single try statement.
*/

import java.io.*;

class CopyFile {
  public static void main(String args[]) throws IOException
  {
    int i;

    // First, confirm that both files have been specified.
    if(args.length != 2) {
      System.out.println("Usage: CopyFile from to");
      return;
    }

    // Open and manage two files via the try statement.
    try (FileInputStream fin = new FileInputStream(args[0]);
         FileOutputStream fout = new FileOutputStream(args[1]))
```

```
    {
      do {
        i = fin.read();
        if(i != -1) fout.write(i);
      } while(i != -1);

    } catch(IOException e) {
      System.out.println("I/O Error: " + e);
    }
  }
}
```

在这个程序中,请注意在 try 代码块中从文件读取内容以及将内容写入文件的方式:

```
try (FileInputStream fin = new FileInputStream(args[0]);
     FileOutputStream fout = new FileOutputStream(args[1]))
{
  // ...
```

在 try 代码块结束后,fin 和 fout 都将被关闭。如果将程序的这个版本和前面的版本进行比较,那么可以发现该版本更短一些。简单化源代码的能力是自动资源管理优点的一个方面。

对于带资源的 try 语句来说,还有一个方面需要提及:一般来说,执行 try 代码块的过程中,当在 finally 子句中关闭资源时,try 代码块中的异常有可能导致发生另一个异常。对于"常规的" try 语句,原始异常丢失,被第二个异常取代。但是使用带资源的 try 语句时,第二个异常会被抑制(suppressed),但是它没有丢失,而是被添加到与第一个异常相关联的抑制异常列表中。通过使用 Throwable 定义的 getSuppressed()方法可以获取抑制异常列表。

鉴于带资源的 try 语句所能提供的优点,本书的示例程序中将大量使用这种 try 语句,但不是全部示例都使用。有些例子仍然使用传统的资源关闭方式。这么做有几个原因。首先,依赖于传统方式的旧代码仍然被广泛使用。在维护旧代码时,所有程序员都应该完全精通传统方式,并且习惯于使用传统方式。其次,在一段时间内,有些程序员可能仍然会使用 JDK 以前的环境。对于这种情况,不能使用扩展形式的 try 语句。最后,对于有些情况,显式关闭资源可能比自动方式更合适。因此,本书中的有些程序仍然使用传统方式,也就是显式地调用 close()方法。除了演示传统技术之外,使用所有环境的读者都可以编译和运行这些例子。

> **请记住:**
> 本书中有几个例子使用传统方式关闭文件,作为演示这种技术的手段,这种方式在旧代码中被广泛使用。但是对于新代码,通常希望使用刚才介绍的、由带资源的 try 语句所支持的自动方式。

13.7 transient 和 volatile 修饰符

Java 定义了两个有趣的类型修饰符:transient 和 volatile。这两个修饰符用于处理某些特殊情况。

如果将实例变量声明为 transient,那么当存储对象时,实例变量的值将不需要永久保存。例如:

```
class T {
  transient int a; // will not persist
  int b; // will persist
}
```

在此,如果将 T 类型的对象写入永久存储区域,那么虽然不会保存 a 的内容,但是会保存 b 的内容。

修饰符 volatile 告诉编译器,由 volatile 修饰的变量可以被程序的其他部分随意修改。涉及多线程的程序就是这些情况中的一种。在多线程程序中,有时两个或多个线程共享相同的变量。出于效率方面的考虑,每个线程自身可以保存这种共享变量的私有副本。真正的变量副本(或主变量副本)在各个时间被更新,例如当进入同步方法时。虽然这种方式可以工作，但有时效率可能不高。有些情况下，重要的是变量的主副本总是反映自身的当前状态。为了确保这一点，简单地将变量修改为 volatile，这会告诉编译器必须总是使用 volatile 变量的主副本(或者，至少总是保持所有私有版本和最新的主副本一致，反之亦然)。此外，对共享变量的访问必须按照程序所指示的精确顺序执行。

13.8 使用 instanceof 运算符

有时，在运行时知道对象的类型是有用的。例如，可能有一个执行线程生成各种类型的对象，而另一个线程处理这些对象。这种情况下，对于处理线程而言，当接收到每个对象时知道对象的类型可能是有用的。对于另外一种情况，在运行时知道对象类型也很重要，这种情况涉及类型转换。在 Java 中，无效的类型转换会导致运行时错误。许多无效的类型转换可在编译时捕获。但是，涉及类层次的类型转换可能会生成只有在运行时才能发现的无效转换。例如，超类 A 可生成两个子类 B 和 C。因此，将类型 B 的对象转换为类型 A 的对象，或者将类型 C 的对象转换为类型 A 的对象都是合法的，但是将类型 B 的对象转换为类型 C 的对象则是非法的(反之亦然)。因为类型 A 的对象可以引用类型 B 或 C 的对象，所以在运行时，当将对象转换为类型 C 时，如何知道对象实际引用的是什么类型？可能是类 A、B 或 C 的对象。如果是类型 B 的对象，就会抛出运行时异常。Java 提供了运行时运算符 instanceof 来解决这个问题。

运算符 instanceof 的一般形式如下所示：

objref instanceof *type*

其中，*objref* 是对类实例的引用，*type* 是类类型。如果 *objref* 是指定的类型或者可被转换为这种指定类型，那么 instanceof 运算符的求值结果为 true；否则为 false。因此，程序可以使用 instanceof 运算符来获得与对象相关的运行时类型信息。

下面的程序演示了 instanceof 运算符的用法：

```java
// Demonstrate instanceof operator.
class A {
  int i, j;
}

class B {
  int i, j;
}

class C extends A {
  int k;
}

class D extends A {
  int k;
}

class InstanceOf {
  public static void main(String args[]) {
    A a = new A();
    B b = new B();
    C c = new C();
    D d = new D();
    if(a instanceof A)
      System.out.println("a is instance of A");
    if(b instanceof B)
```

```java
      System.out.println("b is instance of B");
    if(c instanceof C)
      System.out.println("c is instance of C");
    if(c instanceof A)
      System.out.println("c can be cast to A");

    if(a instanceof C)
      System.out.println("a can be cast to C");

    System.out.println();

    // compare types of derived types
    A ob;

    ob = d; // A reference to d
    System.out.println("ob now refers to d");
    if(ob instanceof D)
      System.out.println("ob is instance of D");

    System.out.println();

    ob = c; // A reference to c
    System.out.println("ob now refers to c");

    if(ob instanceof D)
      System.out.println("ob can be cast to D");
    else
      System.out.println("ob cannot be cast to D");

    if(ob instanceof A)
      System.out.println("ob can be cast to A");

    System.out.println();

    // all objects can be cast to Object
    if(a instanceof Object)
      System.out.println("a may be cast to Object");
    if(b instanceof Object)
      System.out.println("b may be cast to Object");
    if(c instanceof Object)
      System.out.println("c may be cast to Object");
    if(d instanceof Object)
      System.out.println("d may be cast to Object");
  }
}
```

该程序的输出如下所示:

```
a is instance of A
b is instance of B
c is instance of C
c can be cast to A

ob now refers to d
ob is instance of D

ob now refers to c
```

```
ob cannot be cast to D
ob can be cast to A

a may be cast to Object
b may be cast to Object
c may be cast to Object
d may be cast to Object
```

大多数程序不需要使用 instanceof 运算符,因为你通常知道正在使用的对象的类型。但是,当编写用于操作复杂类层次对象的通用例程时,instanceof 运算符很有用。

13.9 strictfp

几年前在设计 Java 2 时,浮点计算模型稍微宽松了一些。特别地,在计算期间新模型不需要截断特定的中间值。在某些情况下,这可以防止溢出。通过使用 strictfp 修饰类、方法或接口,可以确保采用与 Java 以前版本使用的相同方式执行浮点计算(以及所有截断)。如果使用 strictfp 对类进行了修饰,那么类中的所有方法也将自动使用 strictfp 进行修饰。

例如,下面的代码段告诉 Java 为 MyClass 类中定义的所有方法都使用原始的浮点计算模型:

```
strictfp class MyClass { //...
```

坦白而言,大多数程序员永远不需要使用 strictfp,因为 strictfp 只影响很少的一类问题。

13.10 本地方法

偶尔可能希望调用使用非 Java 语言编写的子例程,尽管这种情况很少见。典型地,这类子例程是作为可执行代码(对于正在使用的 CPU 和环境而言是可执行的代码,即本地代码)而存在的。例如,可能希望调用本地代码子例程以获得更快的执行速度。或者,希望使用特定的第三方库,例如统计包。但是,因为 Java 程序被编译为字节码,然后由 Java 运行时系统解释执行(或即时编译),所以看起来不可能从 Java 程序中调用本地代码子例程。幸运的是,这个结论是错误的。Java 提供了 native 关键字,用于声明本地代码方法。一旦方法使用 native 进行声明,就可以从 Java 程序内部调用这些方法,就像调用其他 Java 方法一样。将本地代码集成到 Java 程序中的这种机制称为 Java 本地接口(Java Native Interface,JNI)。

为了声明本地方法,需要在方法声明前使用 native 修饰符,但是不能为方法定义任何方法体。例如:

```
public native int meth() ;
```

在声明了本地方法后,必须编写本地方法,并且需要遵循复杂的步骤序列,将本地方法和 Java 代码链接起来。可以参阅 Java 文档了解当前的相关详情。

13.11 使用 assert

另一个有趣的 Java 关键字是 assert,用于在程序开发期间创建断言,断言是在程序执行期间应当为 true 的条件。例如,可能有一个应当总是返回正整数值的方法。可以通过使用一条 assert 语句来断言返回值大于 0,对其进行测试。在运行时,如果条件为 true,就不会发生其他动作。但是,如果条件为 false,那么会抛出 AssertionError 异常。断言经常用于证实在测试期间实际遇到了某些期望的条件。在已发布的代码中通常不使用它们。

assert 关键字有两种形式。第一种形式如下所示:

```
assert condition;
```

其中，*condition* 是一个求值结果必须为布尔型的表达式。如果结果为 true，那么断言为真，不会发生其他动作。如果条件为 false，那么断言失败并抛出默认的 AssertionError 对象。

assert 关键字的第二种形式如下所示：

assert *condition*: *expr*;

在这个版本中，*expr* 是传递给 AssertionError 构造函数的值。这个值被转换成相应的字符串格式，如果断言失败，将会显示该字符串。典型地，将为 *expr* 指定一个字符串，不过也可以指定任何非 void 表达式，只要定义了合理的字符串转换即可。

下面是使用断言的一个例子。该示例验证 getnum()方法的返回值为正值。

```
// Demonstrate assert.
class AssertDemo {
  static int val = 3;

  // Return an integer.
  static int getnum() {
    return val--;
  }

  public static void main(String args[])
  {
    int n;

    for(int i=0; i < 10; i++) {
      n = getnum();

      assert n > 0; // will fail when n is 0

      System.out.println("n is " + n);
    }
  }
}
```

为了在运行时启用断言检查，必须指定 -ea 选项。例如，为了启用针对 AssertDemo 的断言，使用下面这行命令执行程序：

```
java -ea AssertDemo
```

在像前面那样编译和运行程序后，程序会创建如下所示的输出：

```
n is 3
n is 2
n is 1
Exception in thread "main" java.lang.AssertionError
        at AssertDemo.main(AssertDemo.java:17)
```

在 main()中重复调用 getnum()方法，该方法返回一个整数值。getnum()方法的返回值被赋给 n，然后使用 assert 语句对 n 进行测试：

```
assert n > 0; // will fail when n is 0
```

当 n 等于 0 时，这条语句会失败。在第 4 次调用 getnum()方法后，n 会等于 0。当断言失败时，会抛出异常。前面解释过，可以指定当断言失败时显示的消息。例如，如果使用下面这条语句替换前面程序中的断言：

```
assert n > 0 : "n is not positive!";
```

将会生成下面的输出：

```
n is 3
n is 2
n is 1
Exception in thread "main" java.lang.AssertionError: n is not
positive!
        at AssertDemo.main(AssertDemo.java:17)
```

关于断言需要理解的重要一点是：不能依赖它们来执行程序实际需要的任何动作。因为在正常情况下，已发布的代码在运行时会禁用断言。例如，分析前面程序的另一个版本：

```
// A poor way to use assert!!!
class AssertDemo {
  // get a random number generator
  static int val = 3;

  // Return an integer.
  static int getnum() {
    return val--;
  }

  public static void main(String args[])
  {
    int n = 0;

    for(int i=0; i < 10; i++) {

      assert (n = getnum()) > 0; // This is not a good idea!

      System.out.println("n is " + n);
    }
  }
}
```

在程序的这个版本中，对 getnum()方法的调用被移到 assert 语句内部。如果启用了断言，虽然这可以工作得很好，但是当禁用断言时，就会导致问题生成，因为对 getnum()方法的调用永远都不会执行！实际上，现在必须初始化 n，因为编译器将识别出断言可能不会为 n 赋值。

断言十分有用，因为它们可以简化开发期间对常见错误类型的检查工作。例如，在添加对断言的支持之前，在前面的程序中如果希望验证 n 为正值，就必须使用下面的一系列代码：

```
if(n < 0) {
  System.out.println("n is negative!");
  return; // or throw an exception
}
```

而使用断言的话，只需要一行代码。此外，不需要从已发布的代码中移除 assert 语句。

启用和禁用断言

当执行代码时，可以使用-da 选项禁用所有断言。通过在-ea 或-da 选项后面指定包的名称，并在后面跟上三个点，可以启用或禁用指定包(及其所有子包)中的断言。例如，为启用 MyPack 包中的断言，可以使用：

```
-ea:MyPack...
```

为禁用 MyPack 包中的断言，可以使用：

```
-da:MyPack...
```

还可以为–ea 或–da 选项具体指定某个类。例如，以下语句专门启用 AssertDemo 类中的断言：

```
-ea:AssertDemo
```

13.12　静态导入

Java 提供了静态导入(static import)特性，静态导入扩展了 import 关键字的功能。通过在 import 后面添加 static 关键字，可以使用 import 语句导入类或接口的静态成员。当使用静态导入时，可以直接通过名称引用静态成员，而不必使用它们的类名进行限定，从而简化并缩短使用静态成员所需的语法。

为了理解静态导入的用处，首先看一个不使用静态导入的例子。下面的程序计算直角三角形的斜边。程序使用了 Java 的内置数学类 Math 的两个静态方法，Math 类是 java.lang 包的一部分。第一个方法是 Math.pow()，该方法返回指定幂的幂值。第二个方法是 Math.sqrt()，该方法返回参数的平方根。

```java
// Compute the hypotenuse of a right triangle.
class Hypot {
  public static void main(String args[]) {
    double side1, side2;
    double hypot;
    side1 = 3.0;
    side2 = 4.0;

    // Notice how sqrt() and pow() must be qualified by
    // their class name, which is Math.
    hypot = Math.sqrt(Math.pow(side1, 2) +
                      Math.pow(side2, 2));

    System.out.println("Given sides of lengths " +
                       side1 + " and " + side2 +
                       " the hypotenuse is " +
                       hypot);
  }
}
```

因为 pow()和 sqrt()是静态方法，所以必须通过类名 Math 调用它们。这使得斜边的计算有些笨拙：

```java
hypot = Math.sqrt(Math.pow(side1, 2) +
                  Math.pow(side2, 2));
```

正如这个简单例子演示的，每次使用 pow()或 sqrt()(以及所有其他 Java 数学方法，如 sin()、cos()、tan())方法时，都必须指定类名，这很麻烦。

通过静态导入可以消除这些指定类名的单调操作，如前面程序的下面这个版本所示：

```java
// Use static import to bring sqrt() and pow() into view.
import static java.lang.Math.sqrt;
import static java.lang.Math.pow;

// Compute the hypotenuse of a right triangle.
class Hypot {
  public static void main(String args[]) {
    double side1, side2;
    double hypot;
```

```
        side1 = 3.0;
        side2 = 4.0;

        // Here, sqrt() and pow() can be called by themselves,
        // without their class name.
        hypot = sqrt(pow(side1, 2) + pow(side2, 2));

        System.out.println("Given sides of lengths " +
                           side1 + " and " + side2 +
                           " the hypotenuse is " +
                           hypot);
    }
}
```

在这个版本中,名称 sqrt 和 pow 通过下面这些静态导入语句变得可以直接使用:

```
import static java.lang.Math.sqrt;
import static java.lang.Math.pow;
```

在这些语句之后,不再需要使用类名来限定 sqrt()和 pow()。所以,可以更方便地指定斜边的计算,如下所示:

```
hypot = sqrt(pow(side1, 2) + pow(side2, 2));
```

可以看出,这种形式更容易阅读。

静态导入语句有两种一般形式。第一种形式导入单个名称,前面程序使用的就是这种形式,如下所示:

```
import static pkg.type-name.static-member-name;
```

其中,*type-name* 是包含所需静态成员的类或接口的名称,*pkg* 指定完整包名,成员名称是由 *static-member-name* 指定的。

静态导入语句的第二种形式是导入给定类或接口的所有静态成员,如下所示:

```
import static pkg.type-name.*;
```

如果要使用在某个类中定义的多个静态方法或域变量,那么使用这种形式不必逐个指定就可以导入它们。所以,前面的程序可以使用一条 import 语句导入 pow()和 sqrt()成员(以及 Math 类的所有其他静态成员):

```
import static java.lang.Math.*;
```

当然,静态导入不仅仅局限于 Math 类,也不仅仅局限于方法。例如,下面这条语句导入了静态的 System.out:

```
import static java.lang.System.out;
```

有了这条语句之后,向控制台输出时就可以不再使用 System 来限定 out,如下所示:

```
out.println("After importing System.out, you can use out directly.");
```

像刚才显示的那样导入 System.out 是否合适,还应当视具体情况而定。尽管可以缩短语句,但是对于阅读程序的人来说,将无法立即弄清楚 out 所指的是 System.out。

另外一点:除了导入 Java API 定义的接口和类的静态成员外,也可以使用静态导入语句导入你自己创建的接口和类的静态成员。

尽管静态导入很方便,但是注意不要滥用。记住,Java 将类库组织到包中的目的是避免名称空间发生冲突。当导入静态成员时,就将这些成员导入当前名称空间。因此,这会增加潜在的名称空间冲突以及无意中隐藏其他名称的风险。如果在程序中只使用静态成员一两次,最好不要导入它们。此外,有些静态成员,例如 System.out,很容易识别,你可能不希望导入它们。静态导入是针对重复使用某个静态成员这类情况而设计的,例如执行一系列数学计算。总之,应当使用但不要滥用这一特性。

13.13 通过 this()调用重载的构造函数

当使用重载的构造函数时，在一个构造函数中调用另一个构造函数有时是有用的。在 Java 中，这是通过使用 this 关键字的另外一种形式完成的，它的一般形式如下所示：

```
this(arg-list)
```

当执行 this()时，首先执行与 *arg-list* 标识的参数列表相匹配的构造函数。然后，如果在原始构造函数中还有其他语句，就执行这些语句。在构造函数中，对 this()的调用必须是第一条语句。

为理解 this()的使用方式，下面通过一个简短例子进行解释。首先，分析下面这个没有使用 this()的类：

```
class MyClass {
  int a;
  int b;

  // initialize a and b individually
  MyClass(int i, int j) {
    a = i;
    b = j;
  }

  // initialize a and b to the same value
  MyClass(int i) {
    a = i;
    b = i;
  }

  // give a and b default values of 0
  MyClass( ) {
    a = 0;
    b = 0;
  }
}
```

该类包含 3 个构造函数，每个构造函数都初始化 a 和 b 的值。第 1 个构造函数为 a 和 b 传递各自的值。第 2 个构造函数只传递一个值，该值被赋给 a 和 b。第 3 个构造函数将 a 和 b 赋值为默认值 0。

可以使用 this()改写 MyClass 类，如下所示：

```
class MyClass {
  int a;
  int b;

  // initialize a and b individually
  MyClass(int i, int j) {
    a = i;
    b = j;
  }

  // initialize a and b to the same value
  MyClass(int i) {
    this(i, i); // invokes MyClass(i, i)
  }

  // give a and b default values of 0
  MyClass( ) {
    this(0); // invokes MyClass(0)
```

}
   }

在这个版本的 MyClass 类中，实际上只有构造函数 MyClass(int, int)为域变量 a 和 b 赋值，其他两个构造函数只是通过 this()直接或间接地调用该构造函数。例如，分析当执行下面这条语句时发生的操作：

```
MyClass mc = new MyClass(8);
```

对 MyClass(8)的调用会导致执行 this(8, 8)，并被转换成对 MyClass(8,8)的调用，因为这个版本的 MyClass 构造函数的参数列表与经由 this()传递的参数相匹配。现在，考虑下面这条语句，该语句使用默认构造函数：

```
MyClass mc2 = new MyClass();
```

对于这种情况，会调用 this(0)。这会导致调用 MyClass(0)，因为该构造函数和参数列表相匹配。当然，MyClass(0)会调用 MyClass(0, 0)，就像刚才所描述的那样。

通过 this()调用重载的构造函数的其中一个原因是：对于阻止不必要的重复代码可能是有用的。在许多情况下，减少重复代码可以降低加载类所需要的时间，因为对象代码通常更少。对于通过 Internet 交付的程序，加载时间是一个需要关注的问题，所以这一点特别重要。当构造函数包含大量重复代码时，使用 this()还有助于结构化代码。

但是，需要谨慎。调用 this()的构造函数相对那些包含所有内联初始化代码的构造函数来说，执行速度要慢一些。这是因为调用第 2 个构造函数时，使用的调用和返回机制增加了开销。如果要使用类创建少量的对象，或者如果类中调用 this()的构造函数很少使用，那么对运行时性能的降低可能是微不足道的。但是，如果在程序执行期间，要使用类创建大量对象(达到数千个)，就需要关注增加开销的负面影响了。因为对象创建会影响类的所有用户，所以对于某些情况，必须根据创建对象增加的时间，仔细衡量更短的加载时间所能带来的好处。

下面是另一个需要考虑的因素：对于非常短的构造函数，例如 MyClass 使用的构造函数，是否使用 this()对代码的大小通常没有什么影响(实际上，有时不会减小对象代码的大小)。这是因为调用 this()时设置和返回的字节码在对象文件中添加了指令。所以对于这些情况，尽管消除了重复的代码，但是使用 this()不会明显节省加载时间，却会增加构造每个对象的开销。所以，this()最适合用于包含大量初始化代码的构造函数，而不适合用于那些只是简单设置少量域变量值的构造函数。

使用 this()需要牢记两条限制。首先，在调用 this()时不能使用当前类的任何实例变量。其次，在同一个构造函数中不能同时使用 super()和 this()，因为它们都必须是构造函数中的第一条语句。

13.14 紧凑 API 配置文件

JDK 8增加了一项功能，即将 API 库的子集组织成所谓的紧凑配置文件(compact profile)。它们分别称为 compact1、compact2和compact3。每个配置文件包含 API 库的一个子集。此外，compact2包含整个compact1，compact3包含整个 compact2。因此，每个配置文件都以前一个配置文件为基础。紧凑配置文件的优势在于，用不到完整库的应用程序不需要下载整个库。使用紧凑配置文件减小了库的大小，从而让一些 Java 应用程序能够在无法支持完整 Java API 的设备上运行。使用紧凑配置文件还降低了加载程序所需的时间。JDK 8的 API 文档说明了每个 API 元素所属的配置文件。要重点强调的是，JDK 9中新增的模块特性取代了紧凑配置文件。

第14章 泛 型

自从1995年发布最初的1.0版以来，Java增加了许多新特性。其中最具影响力的新特性之一是泛型(generics)。泛型是由JDK 5引入的，在两个重要方面改变了Java。首先，泛型为语言增加了一个新的语法元素。其次，泛型改变了核心API中的许多类和方法。今天，泛型已成为Java编程的组成部分，Java程序员需要深入理解这一重要特性。接下来就详细介绍泛型。

通过使用泛型，可以创建以类型安全的方式使用各种类型数据的类、接口以及方法。许多算法虽然操作的数据类型不同，但算法逻辑是相同的。例如，不管堆栈存储的数据类型是Integer、String、Object还是Thread，支持堆栈的机制是相同的。使用泛型，可只定义算法一次，使其独立于特定的数据类型，然后将算法应用于各种数据类型而不需要做任何额外的工作。泛型为语言添加的强大功能从根本上改变了编写Java代码的方式。

在泛型所影响的Java特性中，受影响程度最大的一个可能是集合框架(Collections Framework)。集合框架是Java API的组成部分，将在第19章进行详细分析，但是在此先简要提及一下是有用的。集合是一组对象。集合框架定义了一些类，例如列表和映射，这些类用来管理集合。集合类总是可以使用任意类型的对象。因为增加了泛型特性，所以现在可以采用类型绝对安全的方式使用集合类。因此，除了本身是一个强大的语言元素外，泛型还能够从根本上改进已有的特性。这就是为什么泛型被认为是如此重要的Java新增特性的另一个原因。

本章介绍泛型的语法、理论以及用法，还将展示泛型为一些以前的困难情况提供类型安全的原理。一旦学习完本章，就可以阅读第19章，在那一章将介绍集合框架，其中有许多使用泛型的例子。

14.1 什么是泛型

就本质而言，术语"泛型"的意思是参数化类型(parameterized type)。参数化类型很重要，因为使用该特性创建的类、接口以及方法，可作为参数指定所操作数据的类型。例如，使用泛型可以创建自动操作不同类型数据的类。操作参数化类型的类、接口或方法被称为泛型，例如泛型类(generic class)或泛型方法(generic method)。

通过操作Object类型的引用，Java总是可以创建一般化的类、接口以及方法，理解这一点很重要。因为Object是所有其他类的超类，所以Object引用变量可以引用所有类型的对象。因此，在Java提供泛型特性之前编写的代码，一般化的类、接口以及方法使用Object引用来操作各种类型的对象。问题是它们不能以类型安全的方式工作。

泛型提供了以前缺失的类型安全性，还简化了处理过程，因为不再需要显式地使用强制类型转换，即不再需要在Object和实际操作的数据类型之间进行转换。使用泛型，所有类型转换都是自动和隐式进行的。因此，泛型扩展了重用代码的能力，可以安全、容易地重用代码。

> **注意:**
> 对 C++ 程序员的警告：尽管泛型和 C++ 中的模板很类似，但它们不是一回事。这两种处理泛型类型的方式之间有一些本质区别。如果具有 C++ 背景，不要草率地认为 Java 中泛型的工作机理与 C++ 中的模板相同，这一点很重要。

14.2 一个简单的泛型示例

下面首先看一个泛型类的简单示例。下面的程序定义了两个类。第一个是泛型类 Gen；第二个是泛型类 GenDemo，该类使用 Gen 类。

```java
// A simple generic class.
// Here, T is a type parameter that
// will be replaced by a real type
// when an object of type Gen is created.
class Gen<T> {
  T ob; // declare an object of type T

  // Pass the constructor a reference to
  // an object of type T.
  Gen(T o) {
    ob = o;
  }

  // Return ob.
  T getob() {
    return ob;
  }

  // Show type of T.
  void showType() {
    System.out.println("Type of T is " +
                ob.getClass().getName());
  }
}

// Demonstrate the generic class.
class GenDemo {
  public static void main(String args[]) {
    // Create a Gen reference for Integers.
    Gen<Integer> iOb;

    // Create a Gen<Integer> object and assign its
    // reference to iOb. Notice the use of autoboxing
    // to encapsulate the value 88 within an Integer object.
    iOb = new Gen<Integer>(88);

    // Show the type of data used by iOb.
    iOb.showType();

    // Get the value in iOb. Notice that
    // no cast is needed.
    int v = iOb.getob();
    System.out.println("value: " + v);
```

```
    System.out.println();

    // Create a Gen object for Strings.
    Gen<String> strOb = new Gen<String> ("Generics Test");

    // Show the type of data used by strOb.
    strOb.showType();

    // Get the value of strOb. Again, notice
    // that no cast is needed.
    String str = strOb.getob();
    System.out.println("value: " + str);
  }
}
```

该程序生成的输出如下所示：

```
Type of T is java.lang.Integer
value: 88

Type of T is java.lang.String
value: Generics Test
```

下面详细分析该程序。

首先，注意下面这行代码声明泛型类 Gen 的方式：

```
class Gen<T> {
```

其中，T 是类型参数的名称。这个名称是实际类型的占位符，当创建对象时，将实际类型传递给 Gen。因此在 Gen 中，只要需要类型参数，就使用 T。注意 T 被包含在<>中。可以推广该语法。只要是声明类型参数，就需要在尖括号中指定。因为 Gen 使用类型参数，所以 Gen 是泛型类，也称为参数化类型。

在 Gen 的声明中，名称 T 没有特殊意义，可使用任何有效的标识符，但使用 T 是传统方式。此外，建议类型参数名称采用单字符大写字母。其他常用的类型参数名是 V 和 E。关于类型参数名的另一点是：从 JDK 10 开始，不能使用 var 作为类型参数的名称。

接下来使用 T 声明对象 ob，如下所示：

```
T ob; // declare an object of type T
```

前面解释过，T 是在创建 Gen 对象时指定的实际类型的占位符。因此，ob 是传递给 T 的那种实际类型的对象。例如，如果将 String 类型传递给 T，ob 将是 String 类型。

现在分析 Gen 的构造函数：

```
Gen(T o) {
  ob = o;
}
```

注意参数 o 的类型是 T，这意味着 o 的实际类型取决于创建 Gen 对象时传递给 T 的类型。此外，因为参数 o 和成员变量 ob 的类型都是 T，所以在创建 Gen 对象时，它们将具有相同的类型。

还可使用类型参数 T 指定方法的返回类型，就像 getOb()方法那样，如下所示：

```
T getob() {
  return ob;
}
```

因为 ob 也是 T 类型，所以 ob 的类型和 getOb()方法指定的返回类型是兼容的。

showType()方法通过对 Class 对象调用 getName()方法来显示 T 的类型，而这个 Class 对象是通过对 ob 调用

getClass()方法返回的。getClass()方法是由 Object 类定义的，因此该方法是所有类的成员。该方法返回一个 Class 对象，这个 Class 对象与调用对象所属的类对应。Class 定义了 getName()方法，该方法返回类名的字符串表示形式。

GenDemo 类演示了泛型化的 Gen 类。它首先创建整型版本的 Gen 类，如下所示：

```
Gen<Integer> iOb;
```

请仔细分析这个声明。首先，注意类型 Integer 是在 Gen 后面的尖括号中指定的。在此，Integer 是传递给 Gen 的类型参数。这有效地创建了 Gen 的一个版本，在该版本中，对 T 的所有引用都被转换为对 Integer 的引用。因此对于这个声明，ob 是 Integer 类型，并且 getob()方法的返回类型是 Integer。

在继续之前，必须先说明的是，Java 编译器实际上没有创建不同版本的 Gen 类，或者说没有创建任何其他泛型类。尽管那样认为是有帮助的，但是实际情况并非如此。相反，编译器移除了所有泛型类型信息，进行必需的类型转换，从而使代码的行为好像是创建了特定版本的 Gen 类一样。因此，在程序中实际上只有一个版本的 Gen 类。移除泛型类型信息的过程被称为擦除(erasure)，本章后面还会继续介绍该主题。

下一行代码将一个引用(指向 Integer 版本的 Gen 类的一个实例)赋给 iOb：

```
iOb = new Gen<Integer>(88);
```

注意在调用 Gen 构造函数时，仍然指定了类型参数 Integer。这是必要的，因为将为其赋值的对象(在此为 iOb)的类型是 Gen<Integer>。因此，new 返回的引用也必须是 Gen<Integer>类型。如果不是的话，就会生成编译时错误。例如，下面的赋值操作会导致编译时错误：

```
iOb = new Gen<Double>(88.0); // Error!
```

因为 iOb 是 Gen<Integer>类型，所以不能引用 Gen<Double>类型的对象。这种类型检查是泛型的主要优点之一，因为可以确保类型安全。

> **注意：**
> 在本章后面可以看到，可以缩短创建泛型类的实例的语法。为了清晰起见，现在使用完整语法。

正如程序中的注释所表明的，下面的赋值语句：

```
iOb = new Gen<Integer>(88);
```

使用自动装箱特性封装数值 88，将这个 int 型数值转换成 Integer 对象。这可以工作，因为 Gen<Integer>创建了一个使用 Integer 参数的构造函数。因为期望 Integer 类型的对象，所以 Java 会自动将数值 88 装箱到 Integer 对象中。当然，也可以像下面这样显式地编写这条赋值语句：

```
iOb = new Gen<Integer>(new Integer(88));
```

但是，使用这个版本的代码没有任何好处。

然后程序显示 iOb 中 ob 的类型，也就是 Integer 类型。接下来，程序使用下面这行代码获取 ob 的值：

```
int v = iOb.getob();
```

因为 getob()方法的返回类型是 T，当声明 iOb 时 T 已被替换为 Integer 类型，所以 getob()方法的返回类型也是 Integer，当将返回值赋给 v(是 int 类型)时会自动拆箱为 int 类型。因此，不需要将 getob()方法的返回类型强制转换成 Integer。当然，并不是必须使用自动拆箱特性。前面这行代码也可以像下面这样编写：

```
int v = iOb.getob().intValue();
```

但是，自动拆箱特性能使代码更紧凑。

接下来，GenDemo 声明了一个 Gen<String>类型的对象：

```
Gen<String> strOb = new Gen<String>("Generics Test");
```

因为类型参数是 String，所以使用 String 替换 Gen 中的 T。从概念上讲，这会创建 Gen 的 String 版本，就像程序中的剩余代码所演示的那样。

14.2.1 泛型只使用引用类型

当声明泛型类的实例时，传递的类型参数必须是引用类型。不能使用基本类型，如 int 或 char。例如，对于 Gen，可以将任何类传递给 T，但是不能将基本类型传递给类型参数 T。所以，下面的声明是非法的：

```
Gen<int> intOb = new Gen<int>(53); // Error, can't use primitive type
```

当然，不能使用基本类型并不是一个严格的限制，因为可以使用类型封装器封装基本类型(就像前面的例子那样)。此外，Java 的自动装箱和拆箱机制使得类型封装器的使用是透明的。

14.2.2 基于不同类型参数的泛型类型是不同的

对特定版本的泛型类型的引用和同一泛型类型的其他版本不是类型兼容的，这是关于泛型类型方面更需要理解的关键一点。例如，对于刚才显示的程序，下面这行代码是错误的，不能通过编译：

```
iOb = strOb; // Wrong!
```

尽管 iOb 和 strOb 都是 Gen<T>类型，但它们是对不同类型的引用，因为它们的类型参数不同。这是泛型添加类型安全性以及防止错误的方式的一部分。

14.2.3 泛型提升类型安全性的原理

至此，你可能会思考以下问题：既然在泛型类 Gen 中，通过简单地将 Object 作为数据类型并使用正确的类型转换，即使不使用泛型也可以得到相同的功能，那么将 Gen 泛型化有什么好处呢？答案是对于所有涉及 Gen 的操作，泛型都可以自动确保类型安全。在这个过程中，不需要手动输入类型转换以及类型检查。

为理解泛型带来的好处，首先考虑下面的程序，这个程序创建了一个非泛型化的 Gen 的等价类：

```
// NonGen is functionally equivalent to Gen
// but does not use generics.
class NonGen {
  Object ob; // ob is now of type Object

  // Pass the constructor a reference to
  // an object of type Object
  NonGen(Object o) {
    ob = o;
  }

  // Return type Object.
  Object getob() {
    return ob;
  }

  // Show type of ob.
  void showType() {
    System.out.println("Type of ob is " +
                ob.getClass().getName());
  }
}

// Demonstrate the non-generic class.
```

```
class NonGenDemo {
  public static void main(String args[]) {
    NonGen iOb;

    // Create NonGen Object and store
    // an Integer in it. Autoboxing still occurs.
    iOb = new NonGen(88);

    // Show the type of data used by iOb.
    iOb.showType();

    // Get the value of iOb.
    // This time, a cast is necessary.
    int v = (Integer) iOb.getob();
    System.out.println("value: " + v);

    System.out.println();

    // Create another NonGen object and
    // store a String in it.
    NonGen strOb = new NonGen("Non-Generics Test");

    // Show the type of data used by strOb.
    strOb.showType();

    // Get the value of strOb.
    // Again, notice that a cast is necessary.
    String str = (String) strOb.getob();
    System.out.println("value: " + str);

    // This compiles, but is conceptually wrong!
    iOb = strOb;
    v = (Integer) iOb.getob(); // run-time error!
  }
}
```

在这个版本中有几个有趣的地方。首先，注意 NonGen 类使用 Object 替换了所有的 T。这使得 NonGen 能够存储任意类型的对象，就像泛型版本那样。但是，这样做也使得 Java 编译器不知道在 NonGen 中实际存储的数据类型的任何相关信息，这很糟糕，原因有二。首先，对于存储的数据，必须显式地进行类型转换才能提取。其次，许多类型不匹配错误直到运行时才能发现。下面深入分析每个问题。

请注意下面这行代码：

```
int v = (Integer) iOb.getob();
```

因为 getob() 方法的返回类型是 Object，所以为了能够对返回值进行自动拆箱并保存在 v 中，必须将返回值强制转换为 Integer 类型。如果移除强制转换，程序就不能通过编译。若使用泛型版本，这个类型转换是隐式进行的。在非泛型版本中，必须显式地进行类型转换。这不但不方便，而且是潜在的错误隐患。

现在，分析下面的代码，这些代码位于程序的末尾：

```
// This compiles, but is conceptually wrong!
iOb = strOb;
v = (Integer) iOb.getob(); // run-time error!
```

在此，将 strOb 赋给 iOb。但是 strOb 引用的是包含字符串而非整数的对象。这条赋值语句在语法上是合法的，因为所有 NonGen 引用都是相同的，所有 NonGen 引用变量都可以引用任意类型的 NonGen 对象。但是，这条语句在语义上是错误的，正如下一行所显示的那样。这一行将getob()方法的返回值强制转换成Integer类型，然后试图将这个值赋给v。现在的麻烦是：iOb引用的是包含字符串而非整数的对象。遗憾的是，由于没有使用泛型，Java编译器无法知道这一点。相反，当试图强制转换为Integer时会发生运行时异常。在代码中发生运行时异常是非常糟糕的。

如果使用泛型，就不会发生上面的问题。在程序的泛型版本中，如果试图使用这条语句，编译器会捕获该语句并报告错误，从而防止会导致运行时异常的严重 bug。创建类型安全的代码，从而在编译时能够捕获类型不匹配错误，这是泛型的一个关键优势。尽管使用Object引用创建"泛型"代码总是可能的，但这类代码不是类型安全的，并且对它们的误用会导致运行时异常。泛型可以防止这种问题的发生。本质上，通过泛型可将运行时错误转换成编译时错误，这是泛型的主要优势。

14.3 带两个类型参数的泛型类

在泛型中可以声明多个类型参数。为了指定两个或更多个类型参数，只需要使用逗号分隔参数列表即可。例如，下面的TwoGen类是Gen泛型类的另一个版本，它具有两个类型参数：

```java
// A simple generic class with two type
// parameters: T and V.
class TwoGen<T, V> {
  T ob1;
  V ob2;

  // Pass the constructor a reference to
  // an object of type T and an object of type V.
  TwoGen(T o1, V o2) {
    ob1 = o1;
    ob2 = o2;
  }

  // Show types of T and V.
  void showTypes() {
    System.out.println("Type of T is " +
                   ob1.getClass().getName());

    System.out.println("Type of V is " +
                   ob2.getClass().getName());
  }

  T getob1() {
    return ob1;
  }

  V getob2() {
    return ob2;
  }
}

// Demonstrate TwoGen.
class SimpGen {
  public static void main(String args[]) {

    TwoGen<Integer, String> tgObj =
      new TwoGen<Integer, String>(88, "Generics");
```

```
    // Show the types.
    tgObj.showTypes();

    // Obtain and show values.
    int v = tgObj.getob1();
    System.out.println("value: " + v);

    String str = tgObj.getob2();
    System.out.println("value: " + str);
  }
}
```

这个程序的输出如下所示:

```
Type of T is java.lang.Integer
Type of V is java.lang.String
value: 88
value: Generics
```

注意 TwoGen 的声明方式:

```
class TwoGen<T, V> {
```

在此指定了两个类型参数: T 和 V, 用逗号将它们隔开。创建对象时必须为 TwoGen 传递两个类型参数, 如下所示:

```
TwoGen<Integer, String> tgObj =
  new TwoGen<Integer, String>(88, "Generics");
```

在此, Integer 替换 T, String 替换 V。

在这个例子中, 尽管两个类型参数是不同的, 但可将两个类型参数设置为相同的类型。例如, 下面这行代码是合法的:

```
TwoGen<String, String> x = new TwoGen<String, String> ("A", "B");
```

在此, T 和 V 都是 String 类型。当然, 如果类型参数总是相同的, 就不必使用两个类型参数了。

14.4 泛型类的一般形式

在前面例子中展示的泛型语法可以一般化。下面是声明泛型类的语法:

```
class class-name<type-param-list > { // …
```

下面是声明指向泛型类的引用, 并创建实例的语法:

```
class-name<type-arg-list > var-name =
    new class-name<type-arg-list >(cons-arg-list);
```

14.5 有界类型

在前面的例子中, 可以使用任意类替换类型参数。对于大多数情况这很好, 但是限制能够传递给类型参数的类型有时是有用的。例如, 假设希望创建一个泛型类, 类中包含一个返回数组中数字平均值的方法。此外, 希望能使用这个类计算一组任意类型数字的平均值, 包括整数、单精度浮点数以及双精度浮点数。因此, 希望使用类型参数以泛型化方式指定数字类型。为创建这样一个类, 你可能会尝试编写类似下面的代码。

```
// Stats attempts (unsuccessfully) to
// create a generic class that can compute
// the average of an array of numbers of
// any given type.
//
// The class contains an error!
class Stats<T> {
  T[] nums; // nums is an array of type T

  // Pass the constructor a reference to
  // an array of type T.
  Stats(T[] o) {
    nums = o;
  }

  // Return type double in all cases.
  double average() {
    double sum = 0.0;
    for(int i=0; i < nums.length; i++)
      sum += nums[i].doubleValue(); // Error!!!

    return sum / nums.length;
  }
}
```

在 Stats 类中，average()方法通过调用 doubleValue()，试图获得 nums 数组中每个数字的 double 版本。因为所有数值类，如 Integer 和 Double，都是 Number 的子类，而 Number 定义了 doubleValue()方法，所以所有数值类型的封装器都可以使用该方法。问题是编译器不知道你正试图创建只使用数值类型的 Stats 对象。因此，当试图编译 Stats 时，会报告错误，指出 doubleValue()方法是未知的。为解决这个问题，需要以某种方式告诉编译器，你打算只向 T 传递数值类型。此外，需要以某种方式确保实际上只传递了数值类型。

为处理这种情况，Java 提供了有界类型(bounded type)。在指定类型参数时，可以创建声明超类的上界，所有类型参数都必须派生自超类。这是当指定类型参数时通过使用 extends 子句完成的，如下所示：

<T extends *superclass*>

这样就指定 T 只能被 *superclass* 或其子类替代。因此，*superclass* 定义了包括 *superclass* 在内的上限。

可以通过将 Number 指定为上界，修复前面显示的 Stats 类，如下所示：

```
// In this version of Stats, the type argument for
// T must be either Number, or a class derived
// from Number.
class Stats<T extends Number> {
  T[] nums; // array of Number or subclass

  // Pass the constructor a reference to
  // an array of type Number or subclass.
  Stats(T[] o) {
    nums = o;
  }

  // Return type double in all cases.
  double average() {
    double sum = 0.0;

    for(int i=0; i < nums.length; i++)
```

```
      sum += nums[i].doubleValue();

    return sum / nums.length;
  }
}

// Demonstrate Stats.
class BoundsDemo {
  public static void main(String args[]) {

    Integer inums[] = { 1, 2, 3, 4, 5 };
    Stats<Integer> iob = new Stats<Integer>(inums);
    double v = iob.average();
    System.out.println("iob average is " + v);

    Double dnums[] = { 1.1, 2.2, 3.3, 4.4, 5.5 };
    Stats<Double> dob = new Stats<Double>(dnums);
    double w = dob.average();
    System.out.println("dob average is " + w);

    // This won't compile because String is not a
    // subclass of Number.
//    String strs[] = { "1", "2", "3", "4", "5" };
//    Stats<String> strob = new Stats<String>(strs);
//    double x = strob.average();
//    System.out.println("strob average is " + v);

  }
}
```

该程序的输出如下所示：

```
Average is 3.0
Average is 3.3
```

注意现在使用下面这行代码声明 Stats 的方式：

```
class Stats<T extends Number> {
```

现在使用 Number 对类型 T 进行了限定，Java 编译器知道所有 T 类型的对象都可调用 doubleValue()方法，因为该方法是由 Number 声明的。就其本身来说，这是一个主要优势。此外，还有一个好处：限制 T 的范围也会阻止创建非数值类型的 Stats 对象。例如，如果尝试移除对程序底部几行代码的注释，然后重新编译，就会收到编译时错误，因为 String 不是 Number 的子类。

除了使用类作为边界之外，也可以使用接口。实际上，可指定多个接口作为边界。此外，边界可包含一个类和一个或多个接口。对于这种情况，必须首先指定类类型。如果边界包含接口类型，那么只有实现了那种接口的类型参数是合法的。当指定具有一个类和一个或多个接口的边界时，使用&运算符连接它们，这会创建"交叉类型"。例如：

```
class Gen<T extends MyClass & MyInterface> { // ...
```

在此，通过类 MyClass 和接口 MyInterface 对 T 进行了限制。因此，所有传递给 T 的类型参数都必须是 MyClass 的子类，并且必须实现 MyInterface 接口。有趣的是，还可在强制类型转换中使用类型交叉。

14.6 使用通配符参数

类型安全虽然有用，但是有时可能会影响完全可以接受的结构。例如，对于上一节末尾显示的 Stats 类，假设希望添加方法 sameAvg()，该方法用于判定两个 Stats 对象包含的数组的平均值是否相同，而不考虑每个对象包含的数值数据的具体类型。例如，如果一个对象包含 double 值 1.0、2.0 和 3.0，另一个对象包含整数值 2、1 和 3，那么平均值是相同的。实现 sameAvg() 方法的一种方式是传递 Stats 参数，然后根据调用对象比较参数的平均值，只有当平均值相同时才返回 true。例如，希望像下面这样调用 sameAvg() 方法：

```
Integer inums[] = { 1, 2, 3, 4, 5 };
Double dnums[] = { 1.1, 2.2, 3.3, 4.4, 5.5 };

Stats<Integer> iob = new Stats<Integer>(inums);
Stats<Double> dob = new Stats<Double>(dnums);

if(iob.sameAvg(dob))
  System.out.println("Averages are the same.");
else
  System.out.println("Averages differ.");
```

起初，创建 sameAvg() 方法看起来是一个简单的问题。因为 Stats 是泛型化的，它的 average() 方法可以使用任意类型的 Stats 对象，看起来创建 sameAvg() 方法会很直接。遗憾的是，一旦试图声明 Stats 类型的参数，麻烦就开始了。Stats 是参数化类型，当声明这种类型的参数时，将 Stats 的类型参数指定为什么好呢？

乍一看，你可能认为解决方案与下面类似，其中 T 用作类型参数：

```
// This won't work!
// Determine if two averages are the same.
boolean sameAvg(Stats<T> ob) {
  if(average() == ob.average())
    return true;

  return false;
}
```

这种尝试存在的问题是：只有当其他 Stats 对象的类型和调用对象的类型相同时才能工作。例如，如果调用对象是 Stats<Integer> 类型，那么参数 ob 也必须是 Stats<Integer> 类型。不能用于比较 Stats<Double> 类型对象的平均值和 Stats<Short> 类型对象的平均值。所以，这种方式的适用范围很窄，无法得到通用的(即泛型化的)解决方案。

为创建泛型化的 sameAvg() 方法，必须使用 Java 泛型的另一个特性：通配符(wildcard)参数。通配符参数是由"?"指定的，表示未知类型。下面是使用通配符编写 sameAvg() 方法的一种方式：

```
// Determine if two averages are the same.
// Notice the use of the wildcard.
boolean sameAvg(Stats<?> ob) {
  if(average() == ob.average())
    return true;

  return false;
}
```

在此，Stats<?> 和所有 Stats 对象匹配，允许任意两个 Stats 对象比较它们的平均值。下面的程序演示了这一点：

```
// Use a wildcard.
class Stats<T extends Number> {
  T[] nums; // array of Number or subclass
```

```
    // Pass the constructor a reference to
    // an array of type Number or subclass.
    Stats(T[] o) {
      nums = o;
    }

    // Return type double in all cases.
    double average() {
      double sum = 0.0;

      for(int i=0; i < nums.length; i++)
        sum += nums[i].doubleValue();

      return sum / nums.length;
    }

    // Determine if two averages are the same.
    // Notice the use of the wildcard.
    boolean sameAvg(Stats<?> ob) {
      if(average() == ob.average())
        return true;

      return false;
    }
  }

// Demonstrate wildcard.
class WildcardDemo {
  public static void main(String args[]) {
    Integer inums[] = { 1, 2, 3, 4, 5 };
    Stats<Integer> iob = new Stats<Integer>(inums);
    double v = iob.average();
    System.out.println("iob average is " + v);

    Double dnums[] = { 1.1, 2.2, 3.3, 4.4, 5.5 };
    Stats<Double> dob = new Stats<Double>(dnums);
    double w = dob.average();
    System.out.println("dob average is " + w);

    Float fnums[] = { 1.0F, 2.0F, 3.0F, 4.0F, 5.0F };
    Stats<Float> fob = new Stats<Float>(fnums);
    double x = fob.average();
    System.out.println("fob average is " + x);

    // See which arrays have same average.
    System.out.print("Averages of iob and dob ");
    if(iob.sameAvg(dob))
      System.out.println("are the same.");
    else
      System.out.println("differ.");

    System.out.print("Averages of iob and fob ");
    if(iob.sameAvg(fob))
      System.out.println("are the same.");
    else
      System.out.println("differ.");
```

```
        }
    }
```

输出如下所示：

```
    iob average is 3.0
    dob average is 3.3
    fob average is 3.0
    Averages of iob and dob differ.
    Averages of iob and fob are the same.
```

最后一点：通配符不会影响能够创建什么类型的 Stats 对象，理解这一点很重要。这是由 Stats 声明中的 extends 子句控制的。通配符只是简单地匹配所有有效的 Stats 对象。

有界通配符

可以使用与界定类型参数大体相同的方式来界定通配符参数。对于创建用于操作类层次的泛型来说，有界通配符很重要。为了理解其中的原因，下面看一个例子。分析下面的类层次，其中的类封装了坐标：

```java
// Two-dimensional coordinates.
class TwoD {
  int x, y;

  TwoD(int a, int b) {
    x = a;
    y = b;
  }
}

// Three-dimensional coordinates.
class ThreeD extends TwoD {
  int z;

  ThreeD(int a, int b, int c) {
    super(a, b);
    z = c;
  }
}

// Four-dimensional coordinates.
class FourD extends ThreeD {
  int t;

  FourD(int a, int b, int c, int d) {
    super(a, b, c);
    t = d;
  }
}
```

在这个类层次的顶部是 TwoD，该类封装了二维坐标(XY 坐标)。ThreeD 派生自 TwoD，该类添加了第三维，创建 XYZ 坐标。FourD 派生自 ThreeD，该类添加了第四维(时间)，生成四维坐标。

下面显示的是泛型类 Coords，该类存储了一个坐标数组：

```java
// This class holds an array of coordinate objects.
class Coords<T extends TwoD> {
  T[] coords;
```

```
    Coords(T[] o) { coords = o; }
}
```

注意 Coords 指定了一个由 TwoD 界定的类型参数。这意味着在 Coords 对象中存储的所有数组将包含 TwoD 类或其子类的对象。

现在，假设希望编写一个方法，显示 Coords 对象的 coords 数组中每个元素的 X 和 Y 坐标。因为所有 Coords 对象的类型都至少有两个坐标(X 和 Y)，所以使用通配符很容易实现，如下所示：

```
static void showXY(Coords<?> c) {
  System.out.println("X Y Coordinates:");
  for(int i=0; i < c.coords.length; i++)
    System.out.println(c.coords[i].x + " " +
                       c.coords[i].y);
  System.out.println();
}
```

因为 Coords 是有界的泛型类，并且将 TwoD 指定为上界，所以能够用于创建 Coords 对象的所有对象都将是 TwoD 类及其子类的数组。因此，showXY()方法可以显示所有 Coords 对象的内容。

但是，如果希望创建显示 ThreeD 或 FourD 对象的 X、Y 和 Z 坐标的方法，该怎么办呢？麻烦是，并非所有 Coords 对象都有 3 个坐标，因为 Coords<TwoD>对象只有 X 和 Y 坐标。所以，如何编写能够显示 Coords<ThreeD> 和 Coords<FourD>对象的 X、Y 和 Z 坐标的方法，而又不会阻止该方法使用 Coords<TwoD>对象呢？答案是使用有界的通配符参数。

有界的通配符为类型参数指定上界或下界，从而可限制方法能够操作的对象类型。最常用的有界通配符是上界，是使用 extends 子句创建的，具体方式和用于创建有界类型的方式大体相同。

如果对象实际拥有 3 个坐标，使用有界通配符可很容易创建出显示 Coords 对象中 X、Y 和 Z 坐标的方法。例如下面的 showXYZ()方法，如果 Coords 对象中存储的元素的实际类型是 ThreeD(或派生自 ThreeD)，showXYZ()方法将显示这些元素的 X、Y 和 Z 坐标：

```
static void showXYZ(Coords<? extends ThreeD> c) {
  System.out.println("X Y Z Coordinates:");
  for(int i=0; i < c.coords.length; i++)
    System.out.println(c.coords[i].x + " " +
                       c.coords[i].y + " " +
                       c.coords[i].z);
  System.out.println();
}
```

注意，在参数 c 的声明中为通配符添加了 extends 子句。这表明"?"可以匹配任意类型，只要这些类型为 ThreeD 或其派生类即可。因此，extends 子句建立了"?"能够匹配的上界。因为这个界定，可以使用对 Coords<ThreeD>或 Coords<FourD>类型对象的引用调用 showXYZ()方法，但不能使用 Coords<TwoD>类型的引用进行调用。如果试图使用 Coords<TwoD>引用调用 showXYZ()方法，就会导致编译时错误，从而确保类型安全。

下面是演示使用有界通配符参数的整个程序：

```
// Bounded Wildcard arguments.

// Two-dimensional coordinates.
class TwoD {
  int x, y;

  TwoD(int a, int b) {
    x = a;
    y = b;
  }
```

```java
}

// Three-dimensional coordinates.
class ThreeD extends TwoD {
  int z;

  ThreeD(int a, int b, int c) {
    super(a, b);
    z = c;
  }
}

// Four-dimensional coordinates.
class FourD extends ThreeD {
  int t;

  FourD(int a, int b, int c, int d) {
    super(a, b, c);
    t = d;
  }
}

// This class holds an array of coordinate objects.
class Coords<T extends TwoD> {
  T[] coords;

  Coords(T[] o) { coords = o; }
}

// Demonstrate a bounded wildcard.
class BoundedWildcard {
  static void showXY(Coords<?> c) {
    System.out.println("X Y Coordinates:");
    for(int i=0; i < c.coords.length; i++)
      System.out.println(c.coords[i].x + " " +
                         c.coords[i].y);
    System.out.println();
  }

  static void showXYZ(Coords<? extends ThreeD> c) {
    System.out.println("X Y Z Coordinates:");
    for(int i=0; i < c.coords.length; i++)
      System.out.println(c.coords[i].x + " " +
                         c.coords[i].y + " " +
                         c.coords[i].z);
    System.out.println();
  }

  static void showAll(Coords<? extends FourD> c) {
    System.out.println("X Y Z T Coordinates:");
    for(int i=0; i < c.coords.length; i++)
      System.out.println(c.coords[i].x + " " +
                         c.coords[i].y + " " +
                         c.coords[i].z + " " +
                         c.coords[i].t);
    System.out.println();
```

```
  }
  public static void main(String args[]) {
    TwoD td[] = {
      new TwoD(0, 0),
      new TwoD(7, 9),
      new TwoD(18, 4),
      new TwoD(-1, -23)
    };

    Coords<TwoD> tdlocs = new Coords<TwoD>(td);

    System.out.println("Contents of tdlocs.");
    showXY(tdlocs); // OK, is a TwoD
//  showXYZ(tdlocs); // Error, not a ThreeD
//  showAll(tdlocs); // Error, not a FourD

    // Now, create some FourD objects.
    FourD fd[] = {
      new FourD(1, 2, 3, 4),
      new FourD(6, 8, 14, 8),
      new FourD(22, 9, 4, 9),
      new FourD(3, -2, -23, 17)
    };

    Coords<FourD> fdlocs = new Coords<FourD>(fd);

    System.out.println("Contents of fdlocs.");
    // These are all OK.
    showXY(fdlocs);
    showXYZ(fdlocs);
    showAll(fdlocs);
  }
}
```

来自该程序的输出如下所示：

```
Contents of tdlocs.
X Y Coordinates:
0 0
7 9
18 4
-1 -23

Contents of fdlocs.
X Y Coordinates:
1 2
6 8
22 9
3 -2

X Y Z Coordinates:
1 2 3
6 8 14
22 9 4
3 -2 -23
```

```
X Y Z T Coordinates:
1 2 3 4
6 8 14 8
22 9 4 9
3 -2 -23 17
```

注意那些被注释掉的代码行：

```
// showXYZ(tdlocs); // Error, not a ThreeD
// showAll(tdlocs); // Error, not a FourD
```

tdlocs 是 Coords(TwoD)对象，不能用来调用 showXYZ()或 showAll()方法，因为在这两个方法声明中的有界通配符参数对此进行了阻止。为了证实这一点，可以尝试移除注释符号，然后编译该程序，就会收到类型不匹配的编译错误。

一般来说，要为通配符建立上界，可以使用如下所示的通配符表达式：

`<? extends superclass>`

其中，*superclass* 是作为上界的类的名称。记住，这是一条包含子句，因为形成上界(由 *superclass* 指定的边界)的类也位于边界之内。

还可以通过为通配符添加一条 super 子句，为通配符指定下界。下面是一般形式：

`<? super subclass>`

对于这种情况，只有 *subclass* 的超类是可接受的参数。这是一条排除子句。

14.7 创建泛型方法

正如前面的例子所显示的，泛型类中的方法可以使用类的类型参数，所以它们是自动相对于类型参数泛型化的。不过，可以声明本身使用一个或多个类型参数的泛型方法。此外，可以在非泛型类中创建泛型方法。

下面从一个例子开始。下面的程序声明了非泛型类 GenMethDemo，并在该类中声明了静态泛型方法 isIn()。isIn()方法用于判定某个对象是否是数组的成员，可以用于任意类型的对象和数据，只要数组包含的对象和将要检查对象的类型兼容即可。

```
// Demonstrate a simple generic method.
class GenMethDemo {

  // Determine if an object is in an array.
  static <T extends Comparable<T>, V extends T> boolean isIn(T x, V[] y) {
    for(int i=0; i < y.length; i++)
      if(x.equals(y[i])) return true;

    return false;
  }

  public static void main(String args[]) {

    // Use isIn() on Integers.
    Integer nums[] = { 1, 2, 3, 4, 5 };

    if(isIn(2, nums))
      System.out.println("2 is in nums");

    if(!isIn(7, nums))
      System.out.println("7 is not in nums");
```

```
      System.out.println();

      // Use isIn() on Strings.
      String strs[] = { "one", "two", "three",
                        "four", "five" };

      if(isIn("two", strs))
        System.out.println("two is in strs");

      if(!isIn("seven", strs))
        System.out.println("seven is not in strs");

      // Oops! Won't compile! Types must be compatible.
//    if(isIn("two", nums))
//      System.out.println("two is in strs");
   }
}
```

该程序的输出如下所示:

```
2 is in nums
7 is not in nums

two is in strs
seven is not in strs
```

下面详细分析 isIn() 方法。首先,注意下面这行代码声明 isIn() 方法的方式:

```
static <T extends Comparable<T>, V extends T> boolean isIn(T x, V[] y) {
```

类型参数在方法的返回类型之前声明。其次,注意 T 扩展了 Comparable<T>。Comparable 是在 java.lang 中声明的一个接口。实现 Comparable 接口的类定义了可被排序的对象。因此,限制上界为 Comparable 确保了在 isIn() 中只能使用可被比较的对象。Comparable 是泛型接口,其类型参数指定了要比较的对象的类型(稍后将看到如何创建泛型接口)。接下来,注意 T 为类型 V 设置了上界。因此,V 必须是类 T 或其子类。这种关系强制只能使用相互兼容的参数来调用 isIn() 方法。还应当注意 isIn() 方法是静态的,因而可以独立于任何对象进行调用。泛型方法既可以是静态的也可以是非静态的,对此没有限制。

现在,注意在 main() 中调用 isIn() 方法的方式,使用常规的调用语法,不需要指定类型参数。这是因为参数的类型是自动辨别的,并会相应地调整 T 和 V 的类型。例如,在第 1 次调用中:

```
if(isIn(2, nums))
```

第 1 个参数的类型是 Integer(由于自动装箱),这会导致使用 Integer 替换 T。第 2 个参数的基类型(base type)也是 Integer,因而也用 Integer 替换 V。在第 2 次调用中,使用的是 String 类型,因而使用 String 替换 T 和 V 代表的类型。

尽管对于大多数泛型方法调用,类型推断就足够了,但是需要时,也可以显式指定类型参数。例如,下面显示了当指定类型参数时对 isIn() 方法的第 1 次调用:

```
GenMethDemo.<Integer, Integer>isIn(2, nums)
```

当然,在本例中,指定类型参数不会带来什么好处。而且,JDK 8 改进了有关方法的类型推断。所以,需要显式指定类型参数的场合不是太多。

现在,注意注释掉的代码,如下所示:

```
//    if(isIn("two", nums))
//      System.out.println("two is in strs");
```

如果移除注释符号，然后尝试编译程序，将会收到错误。原因在于 V 声明中 extends 子句中的 T 对类型参数 V 进行了界定。这意味着 V 必须是 T 类型或其子类类型。而在此处，第 1 个参数是 String 类型，因而将 T 转换为 String；但第 2 个参数是 Integer 类型，不是 String 的子类，这会导致类型不匹配的编译时错误。这种强制类型安全的能力是泛型方法最重要的优势之一。

用于创建 isIn()方法的语法可以通用化。下面是泛型方法的语法：

<type-param-list> ret-type meth-name (param-list) { // ...

对于所有情况，*type-param-list* 是由逗号分隔的类型参数列表。注意对于泛型方法，类型参数列表位于返回类型之前。

泛型构造函数

可将构造函数泛型化，即使它们的类不是泛型类。例如，分析下面的简短程序：

```
// Use a generic constructor.
class GenCons {
  private double val;

  <T extends Number> GenCons(T arg) {
    val = arg.doubleValue();
  }

  void showval() {
    System.out.println("val: " + val);
  }
}

class GenConsDemo {
  public static void main(String args[]) {

    GenCons test = new GenCons(100);
    GenCons test2 = new GenCons(123.5F);

    test.showval();
    test2.showval();
  }
}
```

该程序的输出如下所示：

```
val: 100.0
val: 123.5
```

因为 GenCons()指定了一个泛型类型的参数，并且这个参数必须是 Number 的子类，所以可使用任意数值类型调用 GenCons()，包括 Integer、Float 以及 Double。因此，虽然 GenCons 不是泛型类，但是它的构造函数可以泛型化。

14.8　泛型接口

除了可以定义泛型类和泛型方法外，还可以定义泛型接口。泛型接口的定义和泛型类相似。下面是一个例子。该例创建了接口 MinMax，该接口声明了 min()和 max()方法，它们返回某些对象的最小值和最大值。

```
// A generic interface example.
```

```java
// A Min/Max interface.
interface MinMax<T extends Comparable<T>> {
  T min();
  T max();
}

// Now, implement MinMax
class MyClass<T extends Comparable<T>> implements MinMax<T> {
  T[] vals;

  MyClass(T[] o) { vals = o; }

  // Return the minimum value in vals.
  public T min() {
    T v = vals[0];

    for(int i=1; i < vals.length; i++)
      if(vals[i].compareTo(v) < 0) v = vals[i];

    return v;
  }

  // Return the maximum value in vals.
  public T max() {
    T v = vals[0];

    for(int i=1; i < vals.length; i++)
      if(vals[i].compareTo(v) > 0) v = vals[i];

    return v;
  }
}

class GenIFDemo {
  public static void main(String args[]) {
    Integer inums[] = {3, 6, 2, 8, 6 };
    Character chs[] = {'b', 'r', 'p', 'w' };

    MyClass<Integer> iob = new MyClass<Integer>(inums);
    MyClass<Character> cob = new MyClass<Character>(chs);

    System.out.println("Max value in inums: " + iob.max());
    System.out.println("Min value in inums: " + iob.min());

    System.out.println("Max value in chs: " + cob.max());
    System.out.println("Min value in chs: " + cob.min());
  }
}
```

输出如下所示：

```
Max value in inums: 8
Min value in inums: 2
Max value in chs: w
Min value in chs: b
```

尽管这个程序的大多数方面应当很容易理解，但是有几个关键点需要指出。首先注意 MinMax 的声明方式，如下所示：

```
interface MinMax<T extends Comparable<T>> {
```

一般而言，声明泛型接口的方式与声明泛型类相同。对于这个例子，类型参数是 T，它的上界是 Comparable，如前所述，这是由 java.lang 定义的接口，指定了比较对象的方式。它的类型参数指定了将进行比较的对象的类型。

接下来，MyClass 实现了 MinMax。注意 MyClass 的声明，如下所示：

```
class MyClass<T extends Comparable<T>> implements MinMax<T> {
```

请特别注意 MyClass 声明类型参数 T 以及将 T 传递给 MinMax 的方式。因为 MinMax 需要实现 Comparable 的类型，所以实现类(在该例中是 MyClass)必须指定相同的界限。此外，一旦建立这个界限，就不需要再在 implements 子句中指定。实际上，那么做是错误的。例如，下面这行代码是不正确的，不能通过编译：

```
// This is wrong!
class MyClass<T extends Comparable<T>>
        implements MinMax<T extends Comparable<T>> {
```

一旦建立类型参数，就可以不加修改地将其传递给接口。

一般而言，如果类实现了泛型接口，那么类也必须是泛型化的，至少需要带有将被传递给接口的类型参数。例如，下面对 MyClass 的声明是错误的：

```
class MyClass implements MinMax<T> { // Wrong!
```

因为 MyClass 没有声明类型参数，所以无法为 MinMax 传递类型参数。对于这种情况，标识符 T 是未知的，编译器会报告错误。当然，如果类实现了某种具体类型的泛型接口，如下所示：

```
class MyClass implements MinMax<Integer> { // OK
```

那么实现类不需要是泛型化的。

泛型接口具有两个优势。首先，不同类型的数据都可以实现它。其次，可以为实现接口的数据类型设置限制条件(即界限)。在 MinMax 例子中，只能向 T 传递实现了 Comparable 接口的类型。

下面是泛型接口的通用语法：

```
interface interface-name<type-param-list> { // ...
```

在此，*type-param-list* 是由逗号分隔的类型参数列表。当实现泛型接口时，必须指定类型参数，如下所示：

```
class class-name<type-param-list>
        implements interface-name<type-arg-list> {
```

14.9 原始类型与遗留代码

因为 Java 在 JDK 5 之前不支持泛型，所以需要为旧的、在支持泛型之前编写的代码提供一些过渡路径。而且，这些遗留代码既要保留功能，又要和泛型相兼容。在支持泛型之前编写的代码必须能够使用泛型，并且泛型必须能够使用在支持泛型之前编写的代码。

为了处理到泛型的过渡，Java 允许使用泛型类而不提供任何类型参数。这会为类创建原始类型(raw type)，这种原始类型与不支持泛型的遗留代码是兼容的。使用原始类型的主要缺点是丢失了泛型的类型安全性。

下面是一个使用原始类型的例子：

```
// Demonstrate a raw type.
class Gen<T> {

  T ob; // declare an object of type T
```

```
  // Pass the constructor a reference to
  // an object of type T.
  Gen(T o) {
    ob = o;
  }

  // Return ob.
  T getob() {
    return ob;
  }
}

// Demonstrate raw type.
class RawDemo {
  public static void main(String args[]) {

    // Create a Gen object for Integers.
    Gen<Integer> iOb = new Gen<Integer>(88);

    // Create a Gen object for Strings.
    Gen<String> strOb = new Gen<String>("Generics Test");

    // Create a raw-type Gen object and give it
    // a Double value.
    Gen raw = new Gen(Double.valueOf(98.6));

    // Cast here is necessary because type is unknown.
    double d = (Double) raw.getob();
    System.out.println("value: " + d);

    // The use of a raw type can lead to run-time
    // exceptions. Here are some examples.

    // The following cast causes a run-time error!
//    int i = (Integer) raw.getob(); // run-time error

    // This assignment overrides type safety.
    strOb = raw; // OK, but potentially wrong
//    String str = strOb.getob(); // run-time error

    // This assignment also overrides type safety.
    raw = iOb; // OK, but potentially wrong
//    d = (Double) raw.getob(); // run-time error
  }
}
```

这个程序包含了几件有趣的事情。首先，通过下面的声明创建了泛型类 Gen 的原始类型：

`Gen raw = new Gen(new Double(98.6));`

注意没有指定类型参数。本质上，这会创建使用 Object 替换其类型 T 的 Gen 对象。

原始类型不是类型安全的。因此，可将指向任意 Gen 对象类型的引用赋给原始类型的变量。反过来也可以：可将指向原始 Gen 对象的引用赋给特定 Gen 类型的变量。但是，这两种操作潜在都不安全，因为它们绕过了泛型的类型检查机制。

在程序末尾部分注释掉的代码演示了类型安全性的丢失。现在分析每一种情况。首先分析下面的情形：

`//    int i = (Integer) raw.getob(); // run-time error`

在这条语句中，获取 raw 中 ob 的值，并将这个值转换为 Integer 类型。问题是：raw 包含 Double 值而不是整数值。但在编译时不会检测出这一点，因为 raw 的类型是未知的。因此，在运行时这条语句会失败。

下一条语句将一个指向原始 Gen 对象的引用赋给 strOb(一个 Gen<String>类型的引用)：

```
    strOb = raw; // OK, but potentially wrong
//      String str = strOb.getob(); // run-time error
```

就这条赋值语句本身而言，语法是正确的，但是存在问题。因为 strOb 是 Gen<String>类型，所以被假定包含一个字符串。但在这条赋值语句之后，strOb 引用的对象包含一个 Double 值。因此在运行时，当试图将 strOb 的内容赋给 str 时，会导致运行时错误，因为 strOb 现在包含的是 Double 值。因此，将原始引用赋给泛型引用绕过了类型安全机制。

下面的代码与前面的情形相反：

```
    raw = iOb; // OK, but potentially wrong
//      d = (Double) raw.getob(); // run-time error
```

在此，将泛型引用赋给原始引用变量。尽管在语法上是正确的，但可能导致问题，正如上面第 2 行所演示的。对于这种情况，raw 现在指向包含 Integer 对象的对象，但类型转换假定 raw 包含 Double 对象。在编译时无法防止这个错误，甚至会导致运行时错误。

因为原始类型固有的潜在危险，当以可能危及类型安全的方式使用原始类型时，javac 会显示未检查警告。在前面的程序中，下面这些代码会引起未检查警告：

```
Gen raw = new Gen(new Double(98.6));

strOb = raw; // OK, but potentially wrong
```

在第 1 行中，由于调用 Gen 构造函数时没有提供类型参数，因此导致警告生成。在第 2 行中，将原始引用赋给泛型变量导致警告生成。

乍一看，你可能认为下面这行代码应当引起未检查警告，但是并非如此：

```
raw = iOb; // OK, but potentially wrong
```

这行代码不会生成编译警告，因为与创建 raw 时发生的类型安全丢失相比，这条赋值语句不会导致任何进一步的类型安全丢失。

最后一点：应当限制使用原始类型，只有在必须混合遗留代码和新的泛型代码时才使用。原始类型只是一个过渡性的特性，对于新代码不应当使用。

14.10 泛型类层次

泛型类可以是类层次的一部分，就像非泛型类那样。因此，泛型类可以作为超类或子类。泛型和非泛型层次之间的关键区别是：在泛型层次中，类层次中的所有子类都必须向上传递超类需要的所有类型参数。这与必须沿着类层次向上传递构造函数的参数类似。

14.10.1 使用泛型超类

下面是一个简单的类层次示例，该类层次使用了泛型超类：

```
// A simple generic class hierarchy.
class Gen<T> {
  T ob;
```

```
  Gen(T o) {
    ob = o;
  }

  // Return ob.
  T getob() {
    return ob;
  }
}

// A subclass of Gen.
class Gen2<T> extends Gen<T> {
  Gen2(T o) {
    super(o);
  }
}
```

在这个类层次中,Gen2 扩展了泛型类 Gen。注意下面这行代码声明 Gen2 的方式:

```
class Gen2<T> extends Gen<T> {
```

Gen2 指定的类型参数 T 也被传递给 extends 子句中的 Gen,这意味着传递给 Gen2 的任何类型也会被传递给 Gen。例如下面这个声明:

```
Gen2<Integer> num = new Gen2<Integer>(100);
```

会将 Integer 作为类型参数传递给 Gen。因此,对于 Gen2 中 Gen 部分的 ob 来说,其类型将是 Integer。

还应注意,除了将 T 传递给 Gen 超类外,Gen2 没有再使用类型参数 T。因此,即使泛型超类的子类不必泛型化,也仍然必须指定泛型超类所需的类型参数。

当然,如果需要的话,子类可以自由添加自己的类型参数。例如,下面是前面类层次的另一个版本,此处的 Gen2 添加了它自己的类型参数:

```
// A subclass can add its own type parameters.
class Gen<T> {
  T ob; // declare an object of type T

  // Pass the constructor a reference to
  // an object of type T.
  Gen(T o) {
    ob = o;
  }

  // Return ob.
  T getob() {
    return ob;
  }
}

// A subclass of Gen that defines a second
// type parameter, called V.
class Gen2<T, V> extends Gen<T> {
  V ob2;

  Gen2(T o, V o2) {
    super(o);
    ob2 = o2;
  }
```

```
    V getob2() {
      return ob2;
    }
}

// Create an object of type Gen2.
class HierDemo {
  public static void main(String args[]) {

    // Create a Gen2 object for String and Integer.
    Gen2<String, Integer> x =
      new Gen2<String, Integer>("Value is: ", 99);

    System.out.print(x.getob());
    System.out.println(x.getob2());
  }
}
```

注意该版本中 Gen2 的声明，如下所示：

```
class Gen2<T, V> extends Gen<T> {
```

在此，T 是传递给 Gen 的类型，V 是特定于 Gen2 的类型。V 用于声明对象 ob2，并且作为 getob2() 方法的返回类型。在 main() 中创建了一个 Gen2 对象，它的类型参数 T 是 String、类型参数 V 是 Integer。该程序如你所愿地显示如下结果：

```
Value is: 99
```

14.10.2 泛型子类

非泛型类作为泛型子类的超类是完全可以的。例如，分析下面这个程序：

```
// A non-generic class can be the superclass
// of a generic subclass.

// A non-generic class.
class NonGen {
  int num;

  NonGen(int i) {
    num = i;
  }

  int getnum() {
    return num;
  }
}

// A generic subclass.
class Gen<T> extends NonGen {
  T ob; // declare an object of type T

  // Pass the constructor a reference to
  // an object of type T.
  Gen(T o, int i) {
    super(i);
```

```
    ob = o;
  }

  // Return ob.
  T getob() {
    return ob;
  }
}

// Create a Gen object.
class HierDemo2 {
  public static void main(String args[]) {

    // Create a Gen object for String.
    Gen<String> w = new Gen<String>("Hello", 47);

    System.out.print(w.getob() + " ");
    System.out.println(w.getnum());
  }
}
```

该程序的输出如下所示:

```
Hello 47
```

在该程序中,注意在下面的声明中 Gen 继承 NonGen 的方式:

```
class Gen<T> extends NonGen {
```

因为 NonGen 是非泛型类,所以没有指定类型参数。因此,尽管 Gen 声明了类型参数 T,但 NonGen 却不需要(也不能使用)。因此,Gen 以常规方式继承 NonGen,没有应用特殊条件。

14.10.3 泛型层次中的运行时类型比较

回顾一下在第 13 章介绍的运行时类型信息运算符 instanceof。如前所述,instanceof 运算符用于判定对象是否是某个类的实例。如果对象是指定类型的实例或者可以转换为指定的类型,就返回 true。可将 instanceof 运算符应用于泛型类对象。下面的类演示了泛型层次的类型兼容性的一些内涵:

```
// Use the instanceof operator with a generic class hierarchy.
class Gen<T> {
  T ob;

  Gen(T o) {
    ob = o;
  }

  // Return ob.
  T getob() {
    return ob;
  }
}

// A subclass of Gen.
class Gen2<T> extends Gen<T> {
  Gen2(T o) {
    super(o);
  }
```

```java
}

// Demonstrate run-time type ID implications of generic
// class hierarchy.
class HierDemo3 {
  public static void main(String args[]) {

    // Create a Gen object for Integers.
    Gen<Integer> iOb = new Gen<Integer>(88);

    // Create a Gen2 object for Integers.
    Gen2<Integer> iOb2 = new Gen2<Integer>(99);

    // Create a Gen2 object for Strings.
    Gen2<String> strOb2 = new Gen2<String>("Generics Test");

    // See if iOb2 is some form of Gen2.
    if(iOb2 instanceof Gen2<?>)
      System.out.println("iOb2 is instance of Gen2");

    // See if iOb2 is some form of Gen.
    if(iOb2 instanceof Gen<?>)
      System.out.println("iOb2 is instance of Gen");

    System.out.println();

    // See if strOb2 is a Gen2.
    if(strOb2 instanceof Gen2<?>)
      System.out.println("strOb2 is instance of Gen2");

    // See if strOb2 is a Gen.
    if(strOb2 instanceof Gen<?>)
      System.out.println("strOb2 is instance of Gen");

    System.out.println();

    // See if iOb is an instance of Gen2, which it is not.
    if(iOb instanceof Gen2<?>)
      System.out.println("iOb is instance of Gen2");

    // See if iOb is an instance of Gen, which it is.
    if(iOb instanceof Gen<?>)
      System.out.println("iOb is instance of Gen");

    // The following can't be compiled because
    // generic type info does not exist at run time.
//    if(iOb2 instanceof Gen2<Integer>)
//      System.out.println("iOb2 is instance of Gen2<Integer>");
  }
}
```

该程序的输出如下所示：

```
iOb2 is instance of Gen2
iOb2 is instance of Gen

strOb2 is instance of Gen2
```

```
    strOb2 is instance of Gen

    iOb is instance of Gen
```

在该程序中，Gen2 是 Gen 的子类，Gen 是泛型类，类型参数为 T。在 main()中创建了 3 个对象。第 1 个对象是 iOb，它是 Gen<Integer>类型的对象。第 2 个对象是 iOb2，它是 Gen2<Integer>类型的对象。最后一个对象是 strOb2，它是 Gen2<String>类型的对象。

然后，该程序针对 iOb2 的类型执行以下这些 instanceof 测试：

```
// See if iOb2 is some form of Gen2.
if(iOb2 instanceof Gen2<?>)
  System.out.println("iOb2 is instance of Gen2");

// See if iOb2 is some form of Gen.
if(iOb2 instanceof Gen<?>)
  System.out.println("iOb2 is instance of Gen");
```

如输出所示，这些测试都是成功的。在第 1 个测试中，根据 Gen2<?>对 iOb2 进行测试。这个测试成功了，因为很容易就可以确定 iOb2 是某种类型的 Gen2 对象。通过使用通配符，instanceof 能够检查 iOb2 是不是 Gen2 任意特定类型的对象。接下来根据超类类型 Gen<?>测试 iOb2。这个测试也为 true，因为 iOb2 是某种形式的 Gen 类型，Gen 是超类。在 main()方法中，接下来的几行代码显示了对 strOb2 进行的相同测试(并且测试结果也相同)。

接下来对 iOb 进行测试，iOb 是 Gen<Integer>(超类)类型的对象，通过下面这些代码进行测试：

```
// See if iOb is an instance of Gen2, which it is not.
if(iOb instanceof Gen2<?>)
  System.out.println("iOb is instance of Gen2");

// See if iOb is an instance of Gen, which it is.
if(iOb instanceof Gen<?>)
  System.out.println("iOb is instance of Gen");
```

第 1 个测试失败了，因为 iOb 不是某种类型的 Gen2 对象。第 2 个测试成功了，因为 iOb 是某种类型的 Gen 对象。

现在，仔细分析下面这些被注释掉的代码行：

```
    // The following can't be compiled because
    // generic type info does not exist at run time.
//     if(iOb2 instanceof Gen2<Integer>)
//       System.out.println("iOb2 is instance of Gen2<Integer>");
```

正如注释所说明的，这些代码行不能编译，因为它们试图将 iOb2 与特定类型的 Gen2 进行比较，在这个例子中是与 Gen2<Integer>进行比较。请记住，在运行时不能使用泛型类型信息。所以，instanceof 无法知道 iOb2 是不是 Gen2<Integer>类型的实例。

14.10.4 强制转换

只有当两个泛型类实例的类型相互兼容并且它们的类型参数也相同时，才能将其中的一个实例转换为另一个实例。例如，对于前面的程序，下面这个转换是合法的：

```
(Gen<Integer>) iOb2 // legal
```

因为 iOb2 是 Gen<Integer>类型的实例。但是，下面这个转换：

```
(Gen<Long>) iOb2 // illegal
```

不是合法的，因为 iOb2 不是 Gen<Long>类型的实例。

14.10.5 重写泛型类的方法

可以像重写其他任何方法那样重写泛型类的方法。例如，分析下面这个程序，该程序重写了 **getob()** 方法：

```
// Overriding a generic method in a generic class.
class Gen<T> {
  T ob; // declare an object of type T

  // Pass the constructor a reference to
  // an object of type T.
  Gen(T o) {
    ob = o;
  }

  // Return ob.
  T getob() {
    System.out.print("Gen's getob(): " );
    return ob;
  }
}

// A subclass of Gen that overrides getob().
class Gen2<T> extends Gen<T> {

  Gen2(T o) {
    super(o);
  }

  // Override getob().
  T getob() {
    System.out.print("Gen2's getob(): ");
    return ob;
  }
}

// Demonstrate generic method override.
class OverrideDemo {
  public static void main(String args[]) {

    // Create a Gen object for Integers.
    Gen<Integer> iOb = new Gen<Integer>(88);

    // Create a Gen2 object for Integers.
    Gen2<Integer> iOb2 = new Gen2<Integer>(99);

    // Create a Gen2 object for Strings.
    Gen2<String> strOb2 = new Gen2<String> ("Generics Test");

    System.out.println(iOb.getob());
    System.out.println(iOb2.getob());
    System.out.println(strOb2.getob());
  }
}
```

输出如下所示：

```
Gen's getob(): 88
```

```
    Gen2's getob(): 99
    Gen2's getob(): Generics Test
```

正如输出所证实的，为 Gen2 类型的对象调用了重写版本的 getob()方法，但为 Gen 类型的对象调用了超类中的版本。

14.11 泛型的类型推断

从 JDK 7 开始，可以缩短用于创建泛型类实例的语法。首先，分析下面的泛型类：

```
class MyClass<T, V> {
  T ob1;
  V ob2;

  MyClass(T o1, V o2) {
    ob1 = o1;
    ob2 = o2;
  }
  // ...
}
```

在 JDK 7 之前，为了创建 MyClass 的实例，需要使用下面的语句：

```
MyClass<Integer, String> mcOb =
  new MyClass<Integer, String>(98, "A String");
```

在此，类型参数(Integer 和 String)被指定了两次：第 1 次是在声明 mcOb 时指定的，第 2 次是当使用 new 创建 MyClass 实例时指定的。自从 JDK 5 引入泛型以来，这是 JDK 7 以前所有版本所要求的形式。尽管这种形式本身没有任何错误，但是比需要的繁杂一些。在 new 子句中，类型参数的类型可以立即根据 mcOb 的类型推断出；所以，实际上不需要第 2 次指定。为应对这类情况，JDK 7 增加了避免第 2 次指定类型参数的语法元素。

现在，可以重写前面的声明，如下所示：

```
MyClass<Integer, String> mcOb = new MyClass<>(98, "A String");
```

注意，实例创建部分简单地使用<>，这是一个空的类型参数列表，这被称为菱形运算符。它告诉编译器，需要推断 new 表达式中构造函数所需要的类型参数。这种类型推断语法的主要优势是缩短了有时相当长的声明语句。

前面的声明可以一般化。当使用类型推断时，用于泛型引用和实例创建的声明语法具有如下所示的一般形式：

class-name<*type-arg-list* > *var-name* = new *class-name* <>(*cons-arg-list*);

在此，new 子句中构造函数的类型参数列表是空的。

也可以为参数传递应用类型推断。例如，如果为 MyClass 添加下面的方法：

```
boolean isSame(MyClass<T, V> o) {
  if(ob1 == o.ob1 && ob2 == o.ob2) return true;
  else return false;
}
```

那么下面的调用是合法的：

```
if(mcOb.isSame(new MyClass<>(1, "test"))) System.out.println("Same");
```

在这个例子中，传递给 isSame()方法的实参可以从形参的类型中推断其类型。

对于本书中的大部分例子来说，当声明泛型类实例时将继续使用完整的语法。这样的话，这些例子就可以用于任何支持泛型的 Java 编译器。使用完整的长语法也可以更清晰地表明正在创建什么内容，对于在本书中显示的示例代码这很重要。但在自己的代码中，使用类型推断语法可以简化声明。

14.12 局部变量类型推断和泛型

如前所述，通过使用菱形操作符，泛型已经支持类型推断。但是，也可以使用 JDK 10 为泛型类新增的局部变量类型推断特性。例如，假设在上一节中使用 MyClass，如下声明：

```
MyClass<Integer, String> mcOb =
  new MyClass<Integer, String>(98, "A String");
```

可以使用局部变量类型推断特性重写：

```
var mcOb = new MyClass<Integer, String>(98, "A String");
```

在本例中，mcOb 的类型被推断为 MyClass<integer, string>，因为这是它的初始化器的类型。还要注意，使用 var 会使声明比其他情况下更短。一般来说，泛型类型名称通常很长，而且在某些情况下很复杂。使用 var 是大大缩短此类声明的另一种方法。出于与前述菱形操作符相同的原因，本书余下的示例将继续使用完整的泛型语法，但是在自己的代码中使用局部变量类型推断可能非常有用。

14.13 擦除

通常，不必知道 Java 编译器将源代码转换为对象代码的细节。但对于泛型而言，大致了解这个过程是很重要的，因为这揭示了泛型特性的工作原理——以及为什么它们的行为有时有点令人惊奇。为此，接下来简要讨论 Java 实现泛型的原理。

影响泛型以何种方式添加到 Java 中的一个重要约束是：需要与以前的 Java 版本兼容。简单地说，泛型代码必须能够与以前的非泛型代码相兼容。因此，对 Java 语言的语法或 JVM 所做的任何修改必须避免破坏以前的代码。为了满足这条约束，Java 使用擦除实现泛型。

一般而言，擦除的工作原理如下：编译 Java 代码时，所有泛型信息被移除(擦除)。这意味着使用它们的界定类型替换类型参数，如果没有显式地指定界定类型，就使用 Object，然后应用适当的类型转换(根据类型参数而定)，以保持与类型参数所指定类型的兼容性。编译器也会强制实现这种类型兼容性。使用这种方式实现泛型，意味着在运行时没有类型参数。它们只是一种源代码机制。

桥接方法

编译器偶尔需要为类添加桥接方法(bridge method)，用于处理如下情形：子类中重写方法的类型擦除不能生成与超类中方法相同的擦除。对于这种情况，会生成使用超类类型擦除的方法，并且这个方法调用具有由子类指定的类型擦除的方法。当然，桥接方法只会在字节码级别发生，你不会看到，也不能使用。

尽管通常不需要关心桥接方法，但是查看生成桥接方法的情形还是有意义的。分析下面的程序：

```
// A situation that creates a bridge method.
class Gen<T> {
  T ob; // declare an object of type T

  // Pass the constructor a reference to
  // an object of type T.
  Gen(T o) {
    ob = o;
  }

  // Return ob.
  T getob() {
    return ob;
```

```
  }
}

// A subclass of Gen.
class Gen2 extends Gen<String> {

  Gen2(String o) {
    super(o);
  }

  // A String-specific override of getob().
  String getob() {
    System.out.print("You called String getob(): ");
    return ob;
  }
}

// Demonstrate a situation that requires a bridge method.
class BridgeDemo {
  public static void main(String args[]) {

    // Create a Gen2 object for Strings.
    Gen2 strOb2 = new Gen2("Generics Test");

    System.out.println(strOb2.getob());
  }
}
```

在这个程序中，子类 Gen2 扩展了 Gen，但是使用了特定于 String 的 Gen 版本，就像声明显示的那样：

```
class Gen2 extends Gen<String> {
```

此外，在 Gen2 中，对 getob()方法进行了重写，指定 String 作为返回类型：

```
// A String-specific override of getob().
String getob() {
  System.out.print("You called String getob(): ");
  return ob;
}
```

所有这些都是可以接受的。唯一的麻烦是由类型擦除引起的，本来是期望以下形式的 getob()方法：

```
Object getob() { // ...
```

为了处理这个问题，编译器生成一个桥接方法，这个桥接方法使用调用 String 版本的那个签名。因此，如果检查由 javap 为 Gen2 生成的类文件，就会看到以下方法：

```
class Gen2 extends Gen<java.lang.String> {
  Gen2(java.lang.String);
  java.lang.String getob();
  java.lang.Object getob(); // bridge method
}
```

可以看出，已经包含了桥接方法(注释是笔者添加的，而不是 javap 添加的，并且根据所用的 Java 版本，看到的精确输出可能有所不同)。

对于这个示例，还有最后一点需要说明。注意两个 getob()方法之间唯一的区别是它们的返回类型。正常情况下，这会导致错误，但是因为这种情况不是在源代码中发生的，所以不会引起问题，JVM 会正确地进行处理。

14.14 模糊性错误

泛型的引入，增加了引起一种新类型错误——模糊性错误的可能，必须注意防范。当擦除导致两个看起来不同的泛型声明，在擦除之后变成相同的类型而导致冲突时，就会发生模糊性错误。下面列举一个涉及方法重载的例子：

```
// Ambiguity caused by erasure on
// overloaded methods.
class MyGenClass<T, V> {
  T ob1;
  V ob2;

  // ...

  // These two overloaded methods are ambiguous
  // and will not compile.
  void set(T o) {
    ob1 = o;
  }

  void set(V o) {
    ob2 = o;
  }
}
```

注意 MyGenClass 声明了两个泛型类型参数：T 和 V。在 MyGenClass 中，试图根据类型参数 T 和 V 重载 set() 方法。这看起来是合理的，因为 T 和 V 表面上是不同的类型。但此处存在两个模糊性问题。

首先，当编写 MyGenClass 时，T 和 V 实际上不必是不同的类型。例如，像下面这样构造 MyGenClass 对象(在原则上)是完全正确的：

```
MyGenClass<String, String> obj = new MyGenClass<String, String>()
```

对于这种情况，T 和 V 都将被 String 替换。这使得 set() 方法的两个版本完全相同，这当然是错误。

第二个问题，也是更基础的问题，对 set() 方法的类型擦除会使两个版本都变为如下形式：

```
void set(Object o) { // ...
```

因此，在 MyGenClass 中试图重载 set() 方法本身就是含糊不清的。

修复模糊性错误很棘手。例如，如果知道 V 总是某种 Number 类型，那么可能会尝试像下面这样改写其声明，从而修复 MyGenClass：

```
class MyGenClass<T, V extends Number> { // almost OK!
```

上述修改使 MyGenClass 可以通过编译，甚至可以像下面这样实例化对象：

```
MyGenClass<String, Number> x = new MyGenClass<String, Number>();
```

这种修改方式是可行的，因为 Java 能够准确地确定调用哪个方法。但是，当试图使用下面这行代码时，就会出现模糊性问题：

```
MyGenClass<Number, Number> x = new MyGenClass<Number, Number>();
```

对于这种情况，T 和 V 都是 Number，将调用哪个版本的 set() 方法呢？现在，对 set() 方法的调用是模糊不清的。

坦白而言，在前面的例子中，使用两个独立的方法名会更好些，而不是试图重载 set() 方法。通常，模糊性错误的解决方案涉及调整代码结构，因为模糊性通常意味着设计中存在概念性错误。

14.15 使用泛型的一些限制

使用泛型时有几个限制需要牢记。这些限制涉及创建类型参数的对象、静态成员、异常以及数组。下面逐一分析这些限制。

14.15.1 不能实例化类型参数

不能创建类型参数的实例。例如，分析下面这个类：

```
// Can't create an instance of T.
class Gen<T> {
  T ob;

  Gen() {
    ob = new T(); // Illegal!!!
  }
}
```

在此，试图创建 T 的实例，这是非法的。原因很容易理解：编译器不知道创建哪种类型的对象。T 只是一个占位符。

14.15.2 对静态成员的一些限制

静态成员不能使用在类中声明的类型参数。例如，下面这个类中的两个静态成员都是非法的：

```
class Wrong<T> {
  // Wrong, no static variables of type T.
  static T ob;

  // Wrong, no static method can use T.
  static T getob() {
    return ob;
  }
}
```

尽管不能声明某些静态成员，它们使用由类声明的类型参数，但可声明静态的泛型方法，这种方法可以定义它们自己的类型参数，就像在本章前面所做的那样。

14.15.3 对泛型数组的一些限制

对数组有两条重要的泛型限制。首先，不能实例化元素类型为类型参数的数组。其次，不能创建特定类型的泛型引用数组。下面的简短程序演示了这两种情况：

```
// Generics and arrays.
class Gen<T extends Number> {
  T ob;

  T vals[]; // OK

  Gen(T o, T[] nums) {
    ob = o;
```

```
    // This statement is illegal.
    // vals = new T[10]; // can't create an array of T

    // But, this statement is OK.
    vals = nums; // OK to assign reference to existent array
  }
}

class GenArrays {
  public static void main(String args[]) {
    Integer n[] = { 1, 2, 3, 4, 5 };

    Gen<Integer> iOb = new Gen<Integer>(50, n);

    // Can't create an array of type-specific generic references.
    // Gen<Integer> gens[] = new Gen<Integer>[10]; // Wrong!

    // This is OK.
    Gen<?> gens[] = new Gen<?>[10]; // OK
  }
}
```

如该程序所示，声明指向类型 T 的数组的引用是合法的，就像下面这行代码这样：

`T vals[]; // OK`

但是，不能实例化 T 的数组，就像注释掉的这行代码试图所做的那样：

`// vals = new T[10]; // can't create an array of T`

不能创建 T 的数组，原因是编译器无法知道实际创建什么类型的数组。

然而，当创建泛型类的对象时，可向 Gen() 方法传递对类型兼容的数组的引用，并将引用赋给 vals，就像程序在下面这行代码中所做的那样：

`vals = nums; // OK to assign reference to existent array`

这行代码可以工作，因为传递给 Gen 的数组的类型是已知的，与创建对象时 T 的类型相同。

在 main() 方法中，注意不能声明指向特定泛型类型的引用的数组。也就是说，下面这行代码不能编译：

`// Gen<Integer> gens[] = new Gen<Integer>[10]; // Wrong!`

不过，如果使用通配符的话，可创建指向泛型类型的引用的数组，如下所示：

`Gen<?> gens[] = new Gen<?>[10]; // OK`

相对于使用原始类型数组，这种方式更好些，因为至少仍然会强制执行某些类型检查。

14.15.4 对泛型异常的限制

泛型类不能扩展 Throwable，这意味着不能创建泛型异常类。

第 15 章　lambda 表达式

Java 一直处于发展和演化的过程中。自最早的 1.0 版本以来，已经增加了许多特性。其中有两个最突出，对 Java 语言产生了深远的影响，从根本上改变了代码的编写方式。第一个特性就是 JDK 5 中增加的泛型(见第 14 章)，第二个特性则是本章要介绍的主题——lambda 表达式。

lambda 表达式及其相关特性是 JDK 8 中增加的特性，它们显著增强了 Java，原因有两点。首先，它们增加了新的语法元素，使 Java 语言的表达能力得以提升，并简化了一些常用结构的实现方式。其次，lambda 表达式的加入也导致 API 库中增加了新的功能，包括利用多核环境的并行处理功能(尤其是在处理 for-each 风格的操作时)变得更加容易，以及支持对数据执行管道操作的新的流 API。lambda 表达式的引入也催生了其他新的 Java 功能，包括默认方法和本章将介绍的方法引用。默认方法允许定义接口方法的默认行为，而方法引用允许引用方法而不执行方法。

最后，正如几年前泛型重塑了 Java 一样，如今 lambda 表达式正在重塑 Java。简而言之，lambda 表达式将影响到几乎所有 Java 程序员。

15.1　lambda 表达式简介

对于理解 lambda 表达式的 Java 实现，有两个结构十分关键。第一个就是 lambda 表达式自身，第二个是函数式接口。下面首先定义这两个结构。

lambda 表达式本质上就是一个匿名(即未命名)方法。但是，这个方法不是独立执行的，而是用于实现由函数式接口定义的另一个方法。因此，lambda 表达式会导致生成一个匿名类。lambda 表达式也常被称为闭包。

函数式接口是仅包含一个抽象方法的接口。一般来说，这个方法指明了接口的目标用途。因此，函数式接口通常表示单个动作。例如，标准接口 Runnable 是一个函数式接口，因为它只定义了一个方法 run()。因此，run() 定义了 Runnable 的动作。此外，函数式接口定义了 lambda 表达式的目标类型。特别注意：lambda 表达式只能用于其目标类型已被指定的上下文中。另外，函数式接口有时被称为 SAM 类型，其中 SAM 的意思是单抽象方法(Single Abstract Method)。

> **注意：**
> 函数式接口可以指定 Object 定义的任何公有方法，例如 equals()，而不影响其作为"函数式接口"的状态。Object 的公有方法被视为函数式接口的隐式成员，因为函数式接口的实例会默认自动实现它们。

下面更深入地分析 lambda 表达式和函数式接口。

15.1.1 lambda 表达式的基础知识

lambda 表达式在 Java 语言中引入了一个新的语法元素和操作符。这个操作符是->，有时称为 lambda 操作符或箭头操作符。它将 lambda 表达式分成两个部分。左侧指定了 lambda 表达式需要的所有参数(如果不需要参数，则使用空的参数列表)。右侧指定了 lambda 体，即 lambda 表达式要执行的动作。在用日常语言描述时，可以把->表达为"成了"或"进入"。

Java 定义了两种 lambda 体。一种包含单独一个表达式，另一种包含一个代码块。我们首先讨论第一种类型的 lambda 表达式。第二种将在本章后面讨论。

在继续讨论之前，查看几个 lambda 表达式的例子会有帮助。首先看一个可能是最简单的 lambda 表达式的例子。它的计算结果是一个常量值，如下所示：

```
() -> 123.45
```

这个 lambda 表达式没有参数，所以参数列表为空。它返回常量值 123.45。因此，这个表达式的作用类似于下面的方法：

```
double myMeth() { return 123.45; }
```

当然，lambda 表达式定义的方法没有名称。

下面给出了一个更有趣的 lambda 表达式：

```
() -> Math.random() * 100
```

这个 lambda 表达式使用 Math.random()获得一个伪随机数，将其乘以 100，然后返回结果。这个 lambda 表达式也不需要参数。

当 lambda 表达式需要参数时，需要在操作符左侧的参数列表中加以指定。下面是一个简单的例子：

```
(n) -> (n % 2)==0
```

如果参数 n 的值是偶数，这个 lambda 表达式会返回 true。尽管可以显式指定参数的类型，例如本例中的 n，但是通常不需要这么做，因为很多时候，参数的类型是可以推断出来的。与命名方法一样，lambda 表达式可以指定需要用到的任意数量的参数。

15.1.2 函数式接口

如前所述，函数式接口是仅指定了一个抽象方法的接口。如果你使用 Java 编程已经有一段时间了，那么一开始可能认为所有接口方法都是隐式的抽象方法。在 JDK 8 以前，这么认为没有问题，但是现在情况发生了变化。如第 9 章所述，从 JDK 8 开始，可以为接口声明的方法指定默认行为，即所谓的默认方法。如今，只有当没有指定默认实现时，接口方法才是抽象方法。因为没有指定默认实现的接口方法是隐式的抽象方法，所以没必要使用 abstract 修饰符(如果愿意的话，也可以指定该修饰符)。

下面是函数式接口的一个例子：

```
interface MyNumber {
  double getValue();
}
```

在本例中，getValue()是隐式的抽象方法，并且是 MyNumber 定义的唯一方法。因此，MyNumber 是一个函数式接口，其功能由 getValue()定义。

如前所述，lambda 表达式不是独立执行的，而是构成了一个函数式接口定义的抽象方法的实现，该函数式接口定义了它的目标类型。结果，只有在定义了 lambda 表达式的目标类型的上下文中，才能使用该表达式。当把一个 lambda 表达式赋给一个函数式接口引用时，就创建了这样的上下文。其他目标类型上下文包括变量初始化、

return 语句和方法参数等。

下面通过一个例子来说明如何在赋值上下文中使用 lambda 表达式。首先，声明对函数式接口 MyNumber 的一个引用：

```
// Create a reference to a MyNumber instance.
MyNumber myNum;
```

接下来，将一个 lambda 表达式赋给该接口引用：

```
// Use a lambda in an assignment context.
myNum = () -> 123.45;
```

当目标类型上下文中出现 lambda 表达式时，会自动创建实现了函数式接口的一个类的实例，函数式接口声明的抽象方法的行为由 lambda 表达式定义。当通过目标调用该方法时，就会执行 lambda 表达式。因此，lambda 表达式提供了一种将代码片段转换为对象的方法。

在前面的例子中，lambda 表达式成为 getValue()方法的实现。因此，下面的代码将显示值 123.45：

```
// Call getValue(), which is implemented by the previously assigned
// lambda expression.
System.out.println(myNum.getValue());
```

因为赋给 myNum 的 lambda 表达式返回值 123.45，所以调用 getValue()方法时返回的值也是 123.45。

为了在目标类型上下文中使用 lambda 表达式，抽象方法的类型和 lambda 表达式的类型必须兼容。例如，如果抽象方法指定了两个 int 类型的参数，那么 lambda 表达式也必须指定两个参数，其类型要么被显式指定为 int 类型，要么在上下文中可以被隐式地推断为 int 类型。总的来说，lambda 表达式的参数的类型和数量必须与方法的参数兼容；返回类型必须兼容；并且 lambda 表达式可能抛出的异常必须能被方法接受。

15.1.3　几个 lambda 表达式示例

在完成了前面的讨论以后，接下来用几个简单示例来演示 lambda 表达式的基本概念。第一个例子将前面的代码块放到一起：

```
// Demonstrate a simple lambda expression.

// A functional interface.
interface MyNumber {
  double getValue();
}

class LambdaDemo {
  public static void main(String args[])
  {
    MyNumber myNum;  // declare an interface reference

    // Here, the lambda expression is simply a constant expression.
    // When it is assigned to myNum, a class instance is
    // constructed in which the lambda expression implements
    // the getValue() method in MyNumber.
    myNum = () -> 123.45;

    // Call getValue(), which is provided by the previously assigned
    // lambda expression.
    System.out.println("A fixed value: " + myNum.getValue());

    // Here, a more complex expression is used.
```

```
    myNum = () -> Math.random() * 100;

    // These call the lambda expression in the previous line.
    System.out.println("A random value: " + myNum.getValue());
    System.out.println("Another random value: " + myNum.getValue());

    // A lambda expression must be compatible with the method
    // defined by the functional interface. Therefore, this won't work:
//  myNum = () -> "123.03"; // Error!
  }
}
```

程序的示例输出如下所示:

```
A fixed value: 123.45
A random value: 88.90663650412304
Another random value: 53.00582701784129
```

如前所述,lambda 表达式必须与其想要实现的抽象方法兼容。因此,上面程序中最后注释掉的一行代码是非法的,因为 String 类型的值与 double 类型不兼容,而 getValue()的返回类型是 double。

下面的例子演示了如何使用带参数的 lambda 表达式:

```
// Demonstrate a lambda expression that takes a parameter.

// Another functional interface.
interface NumericTest {
 boolean test(int n);
}

class LambdaDemo2 {
  public static void main(String args[])
  {
    // A lambda expression that tests if a number is even.
    NumericTest isEven = (n) -> (n % 2)==0;

    if(isEven.test(10)) System.out.println("10 is even");
    if(!isEven.test(9)) System.out.println("9 is not even");

    // Now, use a lambda expression that tests if a number
    // is non-negative.
    NumericTest isNonNeg = (n) -> n >= 0;

    if(isNonNeg.test(1)) System.out.println("1 is non-negative");
    if(!isNonNeg.test(-1)) System.out.println("-1 is negative");
  }
}
```

程序的示例输出如下所示:

```
10 is even
9 is not even
1 is non-negative
-1 is negative
```

这个程序演示了 lambda 表达式的关键一点,所以需要仔细分析。特别要注意测试奇偶性的 lambda 表达式,如下所示:

```
(n) -> (n % 2)==0
```

注意，这里没有指定 n 的类型。相反，n 的类型是从上下文推断出来的。在本例中，其类型是从 NumericTest 接口定义的 test() 方法的参数类型推断出来的，而该参数的类型是 int。在 lambda 表达式中，也可以显式指定参数的类型。例如，下面的写法也是合法的：

```
(int n) -> (n % 2)==0
```

其中，n 被显式指定为 int 类型。通常没有必要显式指定类型，但是在需要的时候是可以指定的。从 JDK 11 开始，也可以使用 var 为 lambda 表达式显式地指示局部变量类型推断。

这个程序演示了关于 lambda 表达式的另一个要点：函数式接口引用可用来执行与其兼容的任何 lambda 表达式。注意，程序中定义了两个不同的 lambda 表达式，它们都与函数式接口 NumericTest 的 test() 方法兼容。第一个是 isEven，用于确定值是否是偶数。第二个是 isNonNeg，用于检查值是否为非负值。两种情况下都会测试参数 n 的值。因为每个 lambda 表达式都与 test() 兼容，所以都可通过 NumericTest 引用执行。

继续讨论之前，还需要知道另外一点。如果 lambda 表达式只有一个参数，在操作符的左侧指定该参数时，就没必要使用括号括住该参数的名称。例如，对于程序中使用的 lambda 表达式，下面这种写法也是合法的：

```
n -> (n % 2)==0
```

为了保持一致，本书将使用括号来包围所有 lambda 表达式的参数列表，即使一些表达式中只有一个参数。当然，你完全可以选择另外一种风格。

下一个程序演示了接受两个参数的 lambda 表达式。这里，lambda 表达式测试一个数字是不是另一个数字的因子。

```
// Demonstrate a lambda expression that takes two parameters.
interface NumericTest2 {
  boolean test(int n, int d);
}

class LambdaDemo3 {
  public static void main(String args[])
  {
    // This lambda expression determines if one number is
    // a factor of another.
    NumericTest2 isFactor = (n, d) -> (n % d) == 0;

    if(isFactor.test(10, 2))
      System.out.println("2 is a factor of 10");

    if(!isFactor.test(10, 3))
      System.out.println("3 is not a factor of 10");
  }
}
```

输出如下所示：

```
2 is a factor of 10
3 is not a factor of 10
```

在这个程序中，函数式接口 NumericTest2 定义了 test() 方法：

```
boolean test(int n, int d);
```

在这个版本中，test() 方法指定了两个参数。因此，与 test() 方法兼容的 lambda 表达式也必须指定两个参数。要注意指定这种 lambda 表达式的方式：

```
(n, d) -> (n % d) == 0
```

两个参数 n 和 d 在参数列表中指定，并用逗号隔开。可以把这个例子推而广之。每当需要一个以上的参数时，就在 lambda 操作符的左侧，使用一个带括号的参数列表指定参数，参数之间用逗号隔开。

对于 lambda 表达式中的多个参数，有一点十分重要：如果需要显式声明一个参数的类型，那么必须为所有的参数声明类型。例如，下面的代码是合法的：

```
(int n, int d) -> (n % d) == 0
```

但下面的不合法：

```
(int n, d) -> (n % d) == 0
```

15.2 块 lambda 表达式

前面例子中显示的 lambda 体只包含单个表达式。这种类型的 lambda 体被称为表达式体，具有表达式体的 lambda 表达式有时被称为表达式 lambda。在表达式体中，操作符右侧的代码必须包含单独的一个表达式。尽管表达式 lambda 十分有用，但有时会要求使用一个以上的表达式。为处理此类情况，Java 支持另一种类型的 lambda 表达式，其中操作符右侧的代码可以由一个代码块构成，其中可以包含多条语句。这种类型的 lambda 体被称为块体(block body)。具有块体的 lambda 表达式有时被称为块 lambda。

块 lambda 扩展了 lambda 表达式内部可以处理的操作类型，因为它允许 lambda 体包含多条语句。例如，在块 lambda 中，可以声明变量、使用循环、指定 if 和 switch 语句、创建嵌套代码块等。创建块 lambda 很容易，只需要使用花括号包围 lambda 体，就像创建其他语句块一样。

除了允许多条语句，块 lambda 的使用方法与刚才讨论过的表达式 lambda 十分类似。但是，也有一个重要区别：在块 lambda 中必须显式使用 return 语句来返回值。必须这么做，因为块 lambda 体代表的不是单独一个表达式。

下面这个例子使用块 lambda 来计算并返回一个 int 类型值的阶乘：

```
// A block lambda that computes the factorial of an int value.

interface NumericFunc {
  int func(int n);
}

class BlockLambdaDemo {
  public static void main(String args[])
  {

    // This block lambda computes the factorial of an int value.
    NumericFunc factorial = (n) -> {
      int result = 1;

      for(int i=1; i <= n; i++)
        result = i * result;

      return result;
    };

    System.out.println("The factoral of 3 is " + factorial.func(3));
    System.out.println("The factoral of 5 is " + factorial.func(5));
  }
}
```

输出如下所示：

```
The factorial of 3 is 6
The factorial of 5 is 120
```

在该程序中，注意块 lambda 声明了变量 result，使用了一个 for 循环，并且具有一条 return 语句。在块 lambda 体内，这么做是合法的。块 lambda 体在本质上与方法体类似。另外注意一点，当 lambda 表达式中出现 return 语句时，只是从 lambda 体返回，而不会导致包围 lambda 体的方法返回。

下面的程序给出了块 lambda 的另一个例子。这里使用块 lambda 颠倒了一个字符串中的字符：

```
// A block lambda that reverses the characters in a string.

interface StringFunc {
  String func(String n);
}

class BlockLambdaDemo2 {
  public static void main(String args[])
  {

    // This block lambda reverses the characters in a string.
    StringFunc reverse = (str) -> {
      String result = "";
      int i;

      for(i = str.length()-1; i >= 0; i--)
        result += str.charAt(i);

      return result;
    };

    System.out.println("Lambda reversed is " +
                       reverse.func("Lambda"));
    System.out.println("Expression reversed is " +
                       reverse.func("Expression"));
  }
}
```

输出如下所示：

```
lambda reversed is adbmaL
Expression reversed is noisserpxE
```

在这个例子中，函数式接口 StringFunc 声明了 func() 方法。该方法接受一个 String 类型的参数，并返回一个 String 类型的结果。因此，在 reverse lambda 表达式中，推断出 str 的类型为 String。注意，对 str 调用了 charAt() 方法。之所以能够这么调用，是因为推断出 str 的类型是 String。

15.3 泛型函数式接口

lambda 表达式自身不能指定类型参数。因此，lambda 表达式不能是泛型(当然，由于存在类型推断，因此所有 lambda 表达式都展现出一些类似于泛型的特征)。然而，与 lambda 表达式关联的函数式接口可以是泛型。此时，lambda 表达式的目标类型部分由声明函数式接口引用时指定的参数类型决定。

为理解泛型函数式接口的值，考虑这样的情况。前一节的两个示例使用了两个不同的函数式接口，一个称为 NumericFunc，另一个称为 StringFunc。但是，两个接口都定义了一个称为 func() 的方法，该方法接受一个参数，返回一个结果。对于第一个接口，func()方法的参数类型和返回类型为 int。对于第二个接口，func()方法的参数类型和返回类型是 String。因此，两个方法的唯一区别是它们需要的数据的类型。相较于使用两个函数式接口，它们的方法只是在需要的数据类型方面存在区别，也可以只声明一个泛型接口来处理两种情况。下面的程序演示了这种方法：

```java
// Use a generic functional interface with lambda expressions.

// A generic functional interface.
interface SomeFunc<T> {
  T func(T t);
}

class GenericFunctionalInterfaceDemo {
  public static void main(String args[])
  {

    // Use a String-based version of SomeFunc.
    SomeFunc<String> reverse = (str) -> {
      String result = "";
      int i;

      for(i = str.length()-1; i >= 0; i--)
        result += str.charAt(i);

      return result;
    };

    System.out.println("Lambda reversed is " +
                 reverse.func("Lambda"));
    System.out.println("Expression reversed is " +
                 reverse.func("Expression"));

    // Now, use an Integer-based version of SomeFunc.
    SomeFunc<Integer> factorial = (n) -> {
      int result = 1;

      for(int i=1; i <= n; i++)
        result = i * result;

      return result;
    };

    System.out.println("The factoral of 3 is " + factorial.func(3));
    System.out.println("The factoral of 5 is " + factorial.func(5));
  }
}
```

输出如下所示：

```
Lambda reversed is adbmaL
Expression reversed is noisserpxE
The factoral of 3 is 6
The factoral of 5 is 120
```

在程序中，泛型函数式接口 SomeFunc 的声明如下所示：

```java
interface SomeFunc<T> {
```

```
    T func(T t);
}
```

其中，T 指定了 func()函数的返回类型和参数类型。这意味着它与任何接受一个参数，并返回一个相同类型的值的 lambda 表达式兼容。

SomeFunc 接口用于提供对两种不同类型的 lambda 表达式的引用。第一种表达式使用 String 类型，第二种表达式使用 Integer 类型。因此，同一个函数式接口可以用于引用 reverse lambda 表达式和 factorial lambda 表达式。区别仅在于传递给 SomeFunc 的类型参数。

15.4 作为参数传递 lambda 表达式

如前所述，lambda 表达式可用在任何提供了目标类型的上下文中。一种情况就是作为参数传递 lambda 表达式。事实上，这是 lambda 表达式的一种常见用途。另外，这也是 lambda 表达式的一种强大用途，因为可以将可执行代码作为参数传递给方法。这极大地增强了 Java 的表达力。

为了将 lambda 表达式作为参数传递，接受 lambda 表达式的参数的类型必须是与该 lambda 表达式兼容的函数式接口的类型。虽然使用 lambda 表达式作为参数十分直观，但是使用例子进行演示仍然会有帮助。下面的程序演示了这个过程：

```
// Use lambda expressions as an argument to a method.

interface StringFunc {
  String func(String n);
}

class LambdasAsArgumentsDemo {

  // This method has a functional interface as the type of
  // its first parameter. Thus, it can be passed a reference to
  // any instance of that interface, including the instance created
  // by a lambda expression.
  // The second parameter specifies the string to operate on.
  static String stringOp(StringFunc sf, String s) {
    return sf.func(s);
  }

  public static void main(String args[])
  {
    String inStr = "Lambdas add power to Java";
    String outStr;

    System.out.println("Here is input string: " + inStr);

    // Here, a simple expression lambda that uppercases a string
    // is passed to stringOp( ).
    outStr = stringOp((str) -> str.toUpperCase(), inStr);
    System.out.println("The string in uppercase: " + outStr);

    // This passes a block lambda that removes spaces.
    outStr = stringOp((str) -> {
                       String result = "";
                       int i;

                       for(i = 0; i < str.length(); i++)
```

```
                    if(str.charAt(i) != ' ')
                      result += str.charAt(i);

                    return result;
                  }, inStr);

    System.out.println("The string with spaces removed: " + outStr);


    // Of course, it is also possible to pass a StringFunc instance
    // created by an earlier lambda expression. For example,
    // after this declaration executes, reverse refers to an
    // instance of StringFunc.
    StringFunc reverse = (str) -> {
      String result = "";
      int i;

      for(i = str.length()-1; i >= 0; i--)
        result += str.charAt(i);

      return result;
    };

    // Now, reverse can be passed as the first parameter to stringOp()
    // since it refers to a StringFunc object.
    System.out.println("The string reversed: " +
                      stringOp(reverse, inStr));
  }
}
```

输出如下所示：

```
Here is input string: Lambdas add power to Java
The string in uppercase: LAMBDAS ADD POWER TO JAVA
The string with spaces removed: LambdasaddpowertoJava
The string reversed: avaJ ot rewop dda sadbmaL
```

在该程序中，首先注意 stringOp()方法。它有两个参数，第一个参数的类型是 StringFunc，而 StringFunc 是一个函数式接口。因此，这个参数可以接受对任何 StringFunc 实例的引用，包括由 lambda 表达式创建的实例。stringOp()的第二个参数是 String 类型，也就是要操作的字符串。

接下来，注意对 stringOp()的第一次调用，如下所示：

```
outStr = stringOp((str) -> str.toUpperCase(), inStr);
```

这里，传递了一个简单的表达式 lambda 作为参数。这会创建函数式接口 StringFunc 的一个实例，并把对该实例的一个引用传递给 stringOp()方法的第一个参数。这样就把嵌入在一个类实例中的 lambda 代码传递给了方法。目标类型上下文由参数的类型决定。因此 lambda 表达式与该类型兼容，调用是合法的。在方法调用内嵌入简单的 lambda 表达式，比如刚才展示的这种，通常是一种很方便的技巧，尤其是当 lambda 表达式只使用一次时。

接下来，程序向 stringOp()传递了一个块 lambda。这个 lambda 表达式删除字符串中的空格，如下所示：

```
outStr = stringOp((str) -> {
                String result = "";
                int i;

                for(i = 0; i < str.length(); i++)
                if(str.charAt(i) != ' ')
```

```
          result += str.charAt(i);

        return result;
      }, inStr);
```

虽然这里使用了一个块 lambda，但是传递过程与刚才讨论的传递简单的表达式 lambda 相同。不过，在本例中，一些程序员可能发现语法有些笨拙。

当块 lambda 看上去特别长，不适合嵌入到方法调用中时，很容易把块 lambda 赋给一个函数式接口变量，正如前面的几个例子中所做的那样。然后，可将该引用传递给方法。本程序最后的部分演示了这种做法。在那里，定义了一个颠倒字符串的块 lambda，然后把该块 lambda 赋给 reverse。reverse 是一个对 StringFunc 实例的引用。因此，可以传递 reverse 作为 stringOp()方法的第一个参数。然后，程序调用 stringOp()方法，并传入 reverse 和要操作的字符串。因为计算每个 lambda 表达式得到的实例是一个 StringFunc 实现，所以可用作 stringOp()方法的第一个参数。

最后要说明一点，除了变量初始化、赋值和参数传递以外，以下这些也构成了目标类型上下文：强制类型转换、?运算符、数组初始化器、return 语句以及 lambda 表达式自身。

15.5 lambda 表达式与异常

lambda 表达式可以抛出异常。但是，如果抛出经检查的异常(checked exception)，该异常就必须与函数式接口的抽象方法的 throws 子句中列出的异常兼容。下面的例子演示了这个事实。它计算一个 double 数组的平均值。但是，如果传递了长度为 0 的数组，就会抛出自定义异常 EmptyArrayException。从示例中可以看出，DoubleNumericArrayFunc 函数式接口内声明的 func()方法的 throws 子句中列出了此异常。

```
// Throw an exception from a lambda expression.

interface DoubleNumericArrayFunc {
  double func(double[] n) throws EmptyArrayException;
}

class EmptyArrayException extends Exception {
  EmptyArrayException() {
    super("Array Empty");
  }
}

class LambdaExceptionDemo {

  public static void main(String args[]) throws EmptyArrayException
  {
    double[] values = { 1.0, 2.0, 3.0, 4.0 };

    // This block lambda computes the average of an array of doubles.
    DoubleNumericArrayFunc average = (n) -> {
      double sum = 0;

      if(n.length == 0)
        throw new EmptyArrayException();

      for(int i=0; i < n.length; i++)
        sum += n[i];

      return sum / n.length;
```

```
        };

        System.out.println("The average is " + average.func(values));

        // This causes an exception to be thrown.
        System.out.println("The average is " + average.func(new double[0]));
    }
}
```

对 average.func() 的第一次调用返回了值 2.5。在第二次调用中,由于传递了一个长度为 0 的数组,EmptyArrayException 异常被抛出。记住,在 func() 方法中包含 throws 子句是必要的。如果不这么做,那么由于 lambda 表达式不再与 func() 兼容,程序将无法通过编译。

这个示例演示了关于 lambda 表达式的另一个要点。注意,函数式接口 DoubleNumericArrayFunc 的 func() 方法指定的参数是数组。然而,lambda 表达式的参数是 n,而不是 n[ ]。回顾一下,lambda 表达式的参数类型将从目标上下文中推断得出。在这里,目标上下文是 double[ ],所以 n 的类型将会是 double[ ]。没必要指定 n[ ](这么做也不合法)。将参数显式地声明为 double[ ] n 是合法的,但本例中这么做不会有什么好处。

15.6 lambda 表达式和变量捕获

在 lambda 表达式中,可以访问其外层作用域内定义的变量。例如,lambda 表达式可以使用其外层类定义的实例或静态变量。lambda 表达式也可以显式或隐式地访问 this 变量,该变量引用 lambda 表达式的外层类的调用实例。因此,lambda 表达式可以获取或设置其外层类的实例或静态变量的值,以及调用其外层类定义的方法。

但是,当 lambda 表达式使用其外层作用域内定义的局部变量时,会生成一种特殊的情况,称为变量捕获(variable capture)。这种情况下,lambda 表达式只能使用实质上 final 的局部变量。实质上 final 的变量是指在第一次赋值以后,值不再发生变化的变量。没必要显式地将这种变量声明为 final,不过那样做也不是错误(外层作用域的 this 参数自动是实质上 final 的变量,lambda 表达式没有自己的 this 参数)。

lambda 表达式不能修改外层作用域内的局部变量,理解这一点很重要。修改局部变量会移除其实质上的 final 状态,从而使捕获该变量变得不合法。

下面的程序演示了 final 的局部变量和可变局部变量的实质区别:

```
// An example of capturing a local variable from the enclosing scope.

interface MyFunc {
  int func(int n);
}

class VarCapture {
  public static void main(String args[])
  {
    // A local variable that can be captured.
    int num = 10;

    MyFunc myLambda = (n) -> {
      // This use of num is OK. It does not modify num.
      int v = num + n;

      // However, the following is illegal because it attempts
      // to modify the value of num.
//      num++;
```

```
      return v;
    };

    // The following line would also cause an error, because
    // it would remove the effectively final status from num.
//  num = 9;
  }
}
```

正如注释所指出的，num 实质上是 final 变量，所以可在 myLambda 内使用。但若修改了 num，不管是在 lambda 表达式内还是在表达式外，num 就会丢失其实质上 final 的状态。这会导致发生错误，程序将无法通过编译。

需要重点强调，lambda 表达式可以使用和修改其调用类的实例变量，只是不能使用其外层作用域内的局部变量，除非该变量实质上是 final 变量。

15.7 方法引用

有一个重要的特性与 lambda 表达式相关，称为方法引用(method reference)。方法引用提供了一种引用方法而不执行方法的方式。这种特性与 lambda 表达式相关，因为它也需要由兼容的函数式接口构成的目标类型上下文。当进行计算时，方法引用也会创建函数式接口的一个实例。

方法引用的类型有许多种。我们首先介绍静态方法的方法引用。

15.7.1 静态方法的方法引用

要创建静态方法引用，需要使用下面的一般语法：

ClassName::methodName

注意，类名与方法名之间用双冒号分隔开。::是 JDK 8 中增加的一个分隔符，专门用于此目的。在与目标类型兼容的任何地方，都可以使用这个方法引用。

下面的程序演示了一个静态方法引用：

```
// Demonstrate a method reference for a static method.

// A functional interface for string operations.
interface StringFunc {
  String func(String n);
}

// This class defines a static method called strReverse().
class MyStringOps {
  // A static method that reverses a string.
  static String strReverse(String str) {
    String result = "";
    int i;

    for(i = str.length()-1; i >= 0; i--)
      result += str.charAt(i);

    return result;
  }
}
```

```
class MethodRefDemo {

  // This method has a functional interface as the type of
  // its first parameter. Thus, it can be passed any instance
  // of that interface, including a method reference.
  static String stringOp(StringFunc sf, String s) {
    return sf.func(s);
  }

  public static void main(String args[])
  {
    String inStr = "Lambdas add power to Java";
    String outStr;

    // Here, a method reference to strReverse is passed to stringOp().
    outStr = stringOp(MyStringOps::strReverse, inStr);

    System.out.println("Original string: " + inStr);
    System.out.println("String reversed: " + outStr);
  }
}
```

输出如下所示:

```
Original string: Lambdas add power to Java
String reversed: avaJ ot rewop dda sadbmaL
```

在程序中, 特别要注意下面这行代码:

```
outStr = stringOp(MyStringOps::strReverse, inStr);
```

这里, 将对 MyStringOps 内声明的静态方法 strReverse() 的引用传递给 stringOp() 方法的第一个参数。这样做是可行的, 因为 strReverse 与 StringFunc 函数式接口是兼容的。因此, 表达式 MyStringOps::strReverse 的计算结果为对象引用, 其中 strReverse 提供了 StringFunc 的 func() 方法的实现。

15.7.2 实例方法的方法引用

要传递对某个对象的实例方法的引用, 需要使用下面的基本语法:

objRef::*methodName*

可以看到, 这种语法与用于静态方法的语法类似, 只不过这里使用的是对象引用而不是类名。下面使用实例方法引用重写了前面的程序:

```
// Demonstrate a method reference to an instance method

// A functional interface for string operations.
interface StringFunc {
  String func(String n);
}

// Now, this class defines an instance method called strReverse().
class MyStringOps {
  String strReverse(String str) {
     String result = "";
     int i;

     for(i = str.length()-1; i >= 0; i--)
```

```
      result += str.charAt(i);

    return result;
  }
}

class MethodRefDemo2 {

  // This method has a functional interface as the type of
  // its first parameter. Thus, it can be passed any instance
  // of that interface, including method references.
  static String stringOp(StringFunc sf, String s) {
    return sf.func(s);
  }

  public static void main(String args[])
  {
    String inStr = "Lambdas add power to Java";
    String outStr;

    // Create a MyStringOps object.
    MyStringOps strOps = new MyStringOps( );

    // Now, a method reference to the instance method strReverse
    // is passed to stringOp().
    outStr = stringOp(strOps::strReverse, inStr);

    System.out.println("Original string: " + inStr);
    System.out.println("String reversed: " + outStr);
  }
}
```

这个程序生成的输出与上一个版本的输出相同。

在该程序中,注意 strReverse()现在是 MyStringOps 的一个实例方法。在 main()方法内,创建了 MyStringOps 的一个实例 strOps。在调用 stringOp 时,这个实例用于创建对 strReverse 的方法引用,如下所示:

```
outStr = stringOp(strOps::strReverse, inStr);
```

在本例中,对 strOps 对象调用 strReverse()方法。

也可以指定一个实例方法,使其能够用于给定类的任何对象而不仅是所指定的对象。此时,需要像下面这样创建方法引用:

ClassName::*instanceMethodName*

这里使用了类的名称,而不是具体对象,尽管指定的是实例方法。使用这种形式时,函数式接口的第一个参数匹配调用对象,第二个参数匹配方法指定的参数。下面是一个例子。它定义了一个 counter()方法,用于统计某个数组中满足函数式接口 MyFunc 的 func()方法定义的条件的对象个数。本例中,它统计 HighTemp 类的实例个数。

```
// Use an instance method reference with different objects.

// A functional interface that takes two reference arguments
// and returns a boolean result.
interface MyFunc<T> {
  boolean func(T v1, T v2);
}
```

```java
// A class that stores the temperature high for a day.
class HighTemp {
  private int hTemp;

  HighTemp(int ht) { hTemp = ht; }

  // Return true if the invoking HighTemp object has the same
  // temperature as ht2.
  boolean sameTemp(HighTemp ht2) {
    return hTemp == ht2.hTemp;
  }

  // Return true if the invoking HighTemp object has a temperature
  // that is less than ht2.
  boolean lessThanTemp(HighTemp ht2) {
    return hTemp < ht2.hTemp;
  }
}

class InstanceMethWithObjectRefDemo {

  // A method that returns the number of occurrences
  // of an object for which some criteria, as specified by
  // the MyFunc parameter, is true.
  static <T> int counter(T[] vals, MyFunc<T> f, T v) {
    int count = 0;

    for(int i=0; i < vals.length; i++)
      if(f.func(vals[i], v)) count++;

    return count;
  }

  public static void main(String args[])
  {
    int count;

    // Create an array of HighTemp objects.
    HighTemp[] weekDayHighs = { new HighTemp(89), new HighTemp(82),
                                new HighTemp(90), new HighTemp(89),
                                new HighTemp(89), new HighTemp(91),
                                new HighTemp(84), new HighTemp(83) };

    // Use counter() with arrays of the class HighTemp.
    // Notice that a reference to the instance method
    // sameTemp() is passed as the second argument.
    count = counter(weekDayHighs, HighTemp::sameTemp,
              new HighTemp(89));
    System.out.println(count + " days had a high of 89");

    // Now, create and use another array of HighTemp objects.
    HighTemp[] weekDayHighs2 = { new HighTemp(32), new HighTemp(12),
                                 new HighTemp(24), new HighTemp(19),
                                 new HighTemp(18), new HighTemp(12),
                                 new HighTemp(-1), new HighTemp(13) };
```

```
      count = counter(weekDayHighs2, HighTemp::sameTemp,
                      new HighTemp(12));
      System.out.println(count + " days had a high of 12");


      // Now, use lessThanTemp() to find days when temperature was less
      // than a specified value.
      count = counter(weekDayHighs, HighTemp::lessThanTemp,
                      new HighTemp(89));
      System.out.println(count + " days had a high less than 89");

      count = counter(weekDayHighs2, HighTemp::lessThanTemp,
                      new HighTemp(19));
      System.out.println(count + " days had a high of less than 19");
  }
}
```

输出如下所示：

```
3 days had a high of 89
2 days had a high of 12
3 days had a high less than 89
5 days had a high of less than 19
```

在该程序中，注意 HighTemp 有两个实例方法：sameTemp()和 lessThanTemp()。如果两个 HighTemp 对象包含相同的温度，则 sameTemp()方法返回 true。如果调用对象的温度小于被传递的对象的温度，则 lessThanTemp()方法返回 true。每个方法都有一个 HighTemp 类型的参数，并且都返回布尔结果。因此，这两个方法都与 MyFunc 函数式接口相兼容，因为调用对象类型可以映射到 func()的第一个参数，传递的实参可以映射到 func()的第二个参数。因此，当下面的表达式：

`HighTemp::sameTemp`

被传递给 counter()方法时，会创建函数式接口 MyFunc 的一个实例，其中第一个参数的参数类型就是实例方法的调用对象的类型，也就是 HighTemp。第二个参数的类型也是 HighTemp，因为这是 sameTemp()方法的参数。对于 lessThanTemp()方法，这也是成立的。

另外一点，通过使用 super，可以引用方法的超类版本，如下所示：

`super::`*name*

方法的名称由 *name* 指定。另外一种形式如下：

typeName.`super::`*name*

其中 *typeName* 引用外层类或超类接口。

15.7.3 泛型中的方法引用

在泛型类和/或泛型方法中，也可以使用方法引用。例如，分析下面的程序：

```
// Demonstrate a method reference to a generic method
// declared inside a non-generic class.

// A functional interface that operates on an array
// and a value, and returns an int result.
interface MyFunc<T> {
  int func(T[] vals, T v);
```

```
}

// This class defines a method called countMatching() that
// returns the number of items in an array that are equal
// to a specified value. Notice that countMatching()
// is generic, but MyArrayOps is not.
class MyArrayOps {
  static <T> int countMatching(T[] vals, T v) {
    int count = 0;

    for(int i=0; i < vals.length; i++)
      if(vals[i] == v) count++;

    return count;
  }
}

class GenericMethodRefDemo {

  // This method has the MyFunc functional interface as the
  // type of its first parameter. The other two parameters
  // receive an array and a value, both of type T.
  static <T> int myOp(MyFunc<T> f, T[] vals, T v) {
    return f.func(vals, v);
  }

  public static void main(String args[])
  {
    Integer[] vals = { 1, 2, 3, 4, 2, 3, 4, 4, 5 };
    String[] strs = { "One", "Two", "Three", "Two" };
    int count;

    count = myOp(MyArrayOps::<Integer>countMatching, vals, 4);
    System.out.println("vals contains " + count + " 4s");

    count = myOp(MyArrayOps::<String>countMatching, strs, "Two");
    System.out.println("strs contains " + count + " Twos");
  }
}
```

输出如下所示:

```
vals contains 3 4s
strs contains 2 Twos
```

在程序中，MyArrayOps 是非泛型类，包含泛型方法 countMatching()。该方法返回数组中与指定值匹配的元素的个数。注意这里如何指定泛型类型参数。例如，在 main()方法中，对 countMatching()方法的第一次调用如下所示:

```
count = myOp(MyArrayOps::<Integer>countMatching, vals, 4);
```

这里传递了类型参数 Integer。注意，参数传递发生在::之后。这种语法可以推广。当把泛型方法指定为方法引用时，类型参数出现在::之后、方法名称之前。但是，需要指出的是，在这种情况(和其他许多情况)下，并非必须显式指定类型参数，因为类型参数会被自动推断得出。对于指定泛型类的情况，类型参数位于类名的后面，位于::的前面。

前面的例子显示了使用方法引用的机制，但是没有展现它们的真正优势。方法引用能够一展拳脚的一处地方是在与集合框架一起使用时。集合框架要到第 19 章才会详细介绍。但为了内容完整起见，这里包含一个简短但有效的例子，使用方法引用来帮助确定集合中最大的元素(如果不熟悉集合框架，可以在读完第 19 章后回头来看这个例子)。

找到集合中最大元素的一种方法是使用 Collections 类定义的 max()方法。对于这里使用的 max()版本，必须传递一个集合引用，以及一个实现了 Comparator<T>接口的对象的实例。Comparator<T>接口指定如何比较两个对象，它只定义了抽象方法 compare()，该方法接受两个参数，其类型均为要比较的对象的类型。如果第一个参数大于第二个参数，该方法返回一个正数；如果两个参数相等，返回 0；如果第一个参数小于第二个参数，返回一个负数。

过去，要在 max()方法中使用用户定义的对象，必须首先通过一个类显式实现 Comparator<T>接口，然后创建该类的一个实例，通过这种方法获得 Comparator<T>接口的一个实例。然后，把这个实例作为比较器传递给 max()方法。从 JDK 8 开始，可以简单地将比较方法的引用传递给 max()方法，因为这将自动实现比较器。下面的简单示例显示了这个过程。该例创建 MyClass 对象的一个 ArrayList，然后找出列表中具有最大值的对象(这是由比较方法定义的)：

```java
// Use a method reference to help find the maximum value in a collection.
import java.util.*;

class MyClass {
  private int val;

  MyClass(int v) { val = v; }

  int getVal() { return val; }
}

class UseMethodRef {
  // A compare() method compatible with the one defined by Comparator<T>.
  static int compareMC(MyClass a, MyClass b) {
    return a.getVal() - b.getVal();
  }

  public static void main(String args[])
  {
    ArrayList<MyClass> al = new ArrayList<MyClass>();

    al.add(new MyClass(1));
    al.add(new MyClass(4));
    al.add(new MyClass(2));
    al.add(new MyClass(9));
    al.add(new MyClass(3));
    al.add(new MyClass(7));

    // Find the maximum value in al using the compareMC() method.
    MyClass maxValObj = Collections.max(al, UseMethodRef::compareMC);

    System.out.println("Maximum value is: " + maxValObj.getVal());
  }
}
```

输出如下所示：

```
Maximum value is: 9
```

在该程序中，注意 MyClass 既没有定义自己的比较方法，也没有实现 Comparator 接口。但是，通过调用 max()方法，仍然可以获得 MyClass 对象列表中的最大值，这是因为 UseMethodRef 定义了静态方法 compareMC()，它与 Comparator 定义的 compare()方法兼容。因此，没必要显式地实现 Comparator 接口并创建其实例。

15.8 构造函数引用

与创建方法的引用相似,可以创建构造函数的引用。所需语法的一般形式如下所示:

classname::new

可以把这个引用赋值给所定义的方法与构造函数兼容的任何函数式接口的引用。下面是一个例子:

```
// Demonstrate a Constructor reference.

// MyFunc is a functional interface whose method returns
// a MyClass reference.
interface MyFunc {
   MyClass func(int n);
}

class MyClass {
  private int val;

  // This constructor takes an argument.
  MyClass(int v) { val = v; }

  // This is the default constructor.
  MyClass() { val = 0; }

  // ...

  int getVal() { return val; };
}

class ConstructorRefDemo {
  public static void main(String args[])
  {
    // Create a reference to the MyClass constructor.
    // Because func() in MyFunc takes an argument, new
    // refers to the parameterized constructor in MyClass,
    // not the default constructor.
    MyFunc myClassCons = MyClass::new;

    // Create an instance of MyClass via that constructor reference.
    MyClass mc = myClassCons.func(100);

    // Use the instance of MyClass just created.
    System.out.println("val in mc is " + mc.getVal( ));
  }
}
```

输出如下所示:

```
val in mc is 100
```

在程序中,注意 MyFunc 的 func()方法返回 MyClass 类型的引用,并且有一个 int 类型的参数。接下来,注意 MyClass 定义了两个构造函数。第一个构造函数指定一个 int 类型的参数,第二个构造函数是默认的无参数构造函数。现在,分析下面这行代码:

```
MyFunc myClassCons = MyClass::new;
```

这里,表达式 MyClass::new 创建了对 MyClass 构造函数的构造函数引用。在本例中,因为 MyFunc 的 func()

方法接受一个 int 类型的参数，所以被引用的构造函数是 MyClass(int v)，它是正确匹配的构造函数。还要注意，对这个构造函数的引用被赋给了名为 myClassCons 的 MyFunc 引用。执行这条语句后，可使用 myClassCons 来创建 MyClass 的一个实例，如下面这行代码所示：

```
MyClass mc = myClassCons.func(100);
```

实质上，myClassCons 成了调用 MyClass(int v)的另一种方式。

创建泛型类的构造函数引用的方法与此相同。唯一的区别在于可以指定类型参数。这与使用泛型类创建方法引用相同：只需要在类名后指定类型参数。下面的例子通过修改前一个例子，使 MyFunc 和 MyClass 成为泛型类演示了这一点。

```
// Demonstrate a constructor reference with a generic class.

// MyFunc is now a generic functional interface.
interface MyFunc<T> {
  MyClass<T> func(T n);
}

class MyClass<T> {
  private T val;

  // A constructor that takes an argument.
  MyClass(T v) { val = v; }

  // This is the default constructor.
  MyClass( ) { val = null; }

  // ...

  T getVal() { return val; };
}

class ConstructorRefDemo2 {
  public static void main(String args[])
  {
    // Create a reference to the MyClass<T> constructor.
    MyFunc<Integer> myClassCons = MyClass<Integer>::new;

    // Create an instance of MyClass<T> via that constructor reference.
    MyClass<Integer> mc = myClassCons.func(100);

    // Use the instance of MyClass<T> just created.
    System.out.println("val in mc is " + mc.getVal( ));
  }
}
```

这个程序生成的输出与前一个版本的相同。区别在于，现在 MyFunc 和 MyClass 都是泛型类。因此，创建构造函数引用的代码序列可以包含一个类型参数(不过并不一定总是需要类型参数)，如下所示：

```
MyFunc<Integer> myClassCons = MyClass<Integer>::new;
```

因为创建 myClassCons 时，已经指定了类型参数 Integer，所以这里可用它创建一个 MyClass<Integer>对象，如下一行代码所示：

```
MyClass<Integer> mc = myClassCons.func(100);
```

前面的例子演示了如何使用构造函数引用,但是没有人会像前面展示的那样使用构造函数引用,因为这样得不到什么好处。另外,让同一个构造函数相当于具有两个名称会让人生成迷惑。不过,为让你看到一种更加实际的用法,下面的程序使用了一个静态方法 **myClassFactory()**,这是任意类型的 **MyFunc** 对象的工厂。可以使用该方法来创建构造函数与其第一个参数兼容的任意类型的对象。

```java
// Implement a simple class factory using a constructor reference.

interface MyFunc<R, T> {
    R func(T n);
}

// A simple generic class.
class MyClass<T> {
  private T val;

  // A constructor that takes an argument.
  MyClass(T v) { val = v; }

  // The default constructor. This constructor
  // is NOT used by this program.
  MyClass() { val = null; }
  // ...

  T getVal() { return val; };
}

// A simple, non-generic class.
class MyClass2 {
  String str;

  // A constructor that takes an argument.
  MyClass2(String s) { str = s; }

  // The default constructor. This
  // constructor is NOT used by this program.
  MyClass2() { str = ""; }

  // ...

  String getVal() { return str; };
}

class ConstructorRefDemo3 {

  // A factory method for class objects. The class must
  // have a constructor that takes one parameter of type T.
  // R specifies the type of object being created.
  static <R,T> R myClassFactory(MyFunc<R, T> cons, T v) {
    return cons.func(v);
  }

  public static void main(String args[])
  {
    // Create a reference to a MyClass constructor.
    // In this case, new refers to the constructor that
    // takes an argument.
```

```
    MyFunc<MyClass<Double>, Double> myClassCons = MyClass<Double>::new;

    // Create an instance of MyClass by use of the factory method.
    MyClass<Double> mc = myClassFactory(myClassCons, 100.1);

    // Use the instance of MyClass just created.
    System.out.println("val in mc is " + mc.getVal( ));

    // Now, create a different class by use of myClassFactory().
    MyFunc<MyClass2, String> myClassCons2 = MyClass2::new;

    // Create an instance of MyClass2 by use of the factory method.
    MyClass2 mc2 = myClassFactory(myClassCons2, "Lambda");

    // Use the instance of MyClass just created.
    System.out.println("str in mc2 is " + mc2.getVal( ));
  }
}
```

输出如下所示：

```
val in mc is 100.1
str in mc2 is Lambda
```

可以看到，程序中使用 myClassFactory()方法来创建 MyClass<Double>和 MyClass2 类型的对象。虽然这两个类不同，例如 MyClass 是泛型类，而 MyClass2 不是，但是这两个类都可以使用 myClassFactory()方法创建，因为这两个类的构造函数都与 MyFunc 的 func()方法兼容。这种方式可以工作，因为传递给 myClassFactory()方法的参数就是该方法要构建的对象的构造函数。可使用自己创建的不同的类，自由尝试这个程序。另外，还可以尝试创建不同类型的 MyClass 对象的实例。你将看到，只要对象的类的构造函数与 MyFunc 的 func()方法兼容，myClassFactory()方法就可以创建任意类型的对象。虽然这个例子十分简单，却能从中窥出构造函数引用带给 Java 的强大能力。

在继续讨论之前，需要指出用于数组的构造函数引用的语法形式。要为数组创建构造函数引用，需要使用如下所示的语法：

type[]::new

其中，*type* 指定要创建的对象类型。例如，假设有一个 MyClass 类，其形式与第一个构造函数引用示例(ConstructorRefDemo)相同，并且还有如下所示的 MyArrayCreator 接口：

```
interface MyArrayCreator<T> {
  T func(int n);
}
```

以下代码创建了包含两个 MyClass 对象的数组，并赋给每个元素初始值：

```
MyArrayCreator<MyClass[]> mcArrayCons = MyClass[]::new;
MyClass[] a = mcArrayCons.func(2);
a[0] = new MyClass(1);
a[1] = new MyClass(2);
```

这里，调用 func(2)会创建一个包含两个元素的数组。一般来说，如果函数式接口中包含的方法要用于引用数组构造函数，那么该方法只接受一个 int 类型的参数。

15.9 预定义的函数式接口

直到现在，本章中的示例都定义了自己的函数式接口，以便清晰地演示 lambda 表达式和函数式接口背后的基本概念。但是很多时候，并不需要自己定义函数式接口，因为 java.util.function 包中提供了一些预定义的函数式接口。本书第 II 部分将深入讨论它们，不过表 15-1 还是对它们进行了介绍。

表 15-1　java.util.function 包中提供的一些预定义函数式接口

接　　口	用　　途
UnaryOperator<T>	对类型为 T 的对象应用一元运算，并返回结果。结果的类型也是 T。包含的方法名为 apply()
BinaryOperator<T>	对类型为 T 的两个对象应用操作，并返回结果。结果的类型也是 T。包含的方法名为 apply()
Consumer<T>	对类型为 T 的对象应用操作。包含的方法名为 accept()
Supplier<T>	返回类型为 T 的对象。包含的方法名为 get()
Function<T, R>	对类型为 T 的对象应用操作，并返回结果。结果是类型为 R 的对象。包含的方法名为 apply()
Predicate<T>	确定类型为 T 的对象是否满足某种约束，并返回指示结果的布尔值。包含的方法名为 test()

下面的程序通过使用 Function 接口重写前面的 BlockLambdaDemo 示例，演示了 Function 接口的实际应用。BlockLambdaDemo 示例通过实现一个阶乘，演示了块 lambda。该例创建了自己的函数式接口 NumericFunc，但其实也可以使用内置的 Function 接口，如程序的下面这个版本所示：

```
// Use the Function built-in functional interface.

// Import the Function interface.
import java.util.function.Function;

class UseFunctionInterfaceDemo {
  public static void main(String args[])
  {

    // This block lambda computes the factorial of an int value.
    // This time, Function is the functional interface.
    Function<Integer, Integer> factorial = (n) -> {
      int result = 1;
      for(int i=1; i <= n; i++)
        result = i * result;
      return result;
    };

    System.out.println("The factoral of 3 is " + factorial.apply(3));
    System.out.println("The factoral of 5 is " + factorial.apply(5));
  }
}
```

这个版本生成的输出与前一个版本相同。

第16章 模　　块

随着JDK 9的发布，Java添加了一个重要的新特性，称为"模块"。模块提供了一种方式，来描述应用程序中代码的关系和依赖层次。模块还允许控制其中的哪些部分可以访问其他模块，哪些部分不能访问。使用模块，可以创建更可靠、更可伸缩的程序。

一般而言，模块对大型应用程序的帮助最大，因为它们有助于降低常与大型软件系统相关的管理复杂性。但是，小型程序也能得益于模块，因为Java API库现在被组织到模块中。因此，现在可以指定程序需要API的哪些部分，不需要哪些部分。这便于用较短的运行时间来部署程序，在为小型设备(例如 IoT 中的设备)创建代码时，这是非常重要的。

对模块的支持通过语言元素来提供，包括新关键字，对 javac、java 和其他 JDK 工具的增强。而且，Java引入了新工具和文件格式。因此，JDK 和运行库系统实际上已升级，它们都支持模块。简言之，模块是 Java 语言的一次重大增进和演化。

16.1 模块基础知识

在最基本的意义上，模块是可以通过模块名统一指代的包和资源的一种组合。模块声明指定了模块的名称，并定义了模块及其包与其他模块的关系。模块声明是Java源文件中的程序语句，通过几个与模块相关的新关键字来支持，如表16-1所示。

表 16-1　与模块相关的新关键字

exports	module	open	opens
provides	requires	to	transitive
uses	with		

一定要理解，这些关键字仅在模块声明的上下文中才被看成关键字，在其他情形下它们会被解释为标识符。因此关键字 module 也可以用作参数名，但这种用法现在是不推荐的。不过，使模块相关的关键字是上下文敏感的，可以防止出现以前存在的代码将上述一个或多个关键字用作标识符的问题。因为它们是上下文敏感的，所以与模块相关的关键字正式被称为受限的关键字(restricted keyword)。

模块声明包含在 module-info.java 文件中。因此，模块在 Java 源文件中定义。这个文件由 javac 编译到一个类文件中，称为模块描述符。module-info.java 文件只能包含一个模块定义，不能包含其他类型的声明。

模块声明以关键字 module 开头，下面是一般形式：

```
module moduleName {
    // module definition
}
```

模块名由 *moduleName* 指定，它必须是有效的 Java 标识符或用句点分开的标识符序列。模块定义在花括号中指定。尽管模块定义可以为空(即声明仅给模块命名)，但通常会指定一个或多个子句来定义模块的特征。

16.1.1 简单的模块示例

模块功能的基础是两个关键特性。第一个是模块可以指定它需要另一个模块。换言之，一个模块可以指定它依赖于另一个模块。依赖关系用 requires 语句指定。默认情况下，在编译和运行期间都会检查是否有需要的模块。第二个关键特性是，模块可以控制另一个模块能访问它的哪个包。这是使用 exports 关键字实现的。包中的公有和受保护的类型只有显式地被导出，才能由其他模块访问。下面用一个例子来演示这两个特性。

下面的例子会创建一个模块应用程序，演示一些简单的数学函数。虽然这个应用程序非常小，但演示了创建、编译和运行基于模块的代码所需的核心概念和过程。而且，这里所示的一般方法也适用于更大的实际应用程序，强烈建议在计算机上实现这个示例，仔细完成每一步。

> **注意：**
> 本章演示了使用命令行工具创建、编译和运行基于模块的代码的过程。这种方法有两个优点。首先，它适用于所有 Java 程序员，因为不需要 IDE。其次，它非常清晰地解释了模块系统的基础，包括如何使用目录。为了完成这个例子，需要手动创建一些目录，并确保每个文件都放在合适的目录中。正如你所期望的，创建实际的基于模块的应用程序时，使用支持模块的 IDE 会更容易，因为它一般会自动完成该过程的许多部分。但是使用命令行工具学习模块的基础，可确保为理解该主题打下坚实基础。

应用程序定义了两个模块。第一个模块是 appstart，它包含一个 appstart.mymodappdemo 包，在 MyModAppDemo 类中定义了应用程序的入口点。因此，MyModAppDemo 包含应用程序的 main()方法。第二个模块是 appfuncs，它包含一个 appfuns.simplefuncs 包，其中包含 SimpleMathFuncs 类。这个类定义了 3 个静态方法，实现一些简单的数学函数。整个应用程序都包含在以 mymodapp 开头的目录树中。

在继续之前，先解释一下模块名称。首先在下面的例子中，模块名(如 appfuncs)是它包含的包名(如 appfuncs.simplefuncs)的前缀。这不是必需的，但这里使用它，以清晰地表明包属于哪个模块。一般而言，学习和实验模块时，简短的名称(例如本章使用的名称)是很有帮助的，可以使用任何方便的名称。但是，当创建适用于发布的模块时，必须小心自己选择的名称，因为这些名称应是独一无二的。撰写本书时，获得独一无二的名称的建议方式是使用逆序的域名。在这种方法中，将"拥有"项目的域的逆序名称用作模块的前缀。例如，与 herbschildt.com 相关的项目就使用 com.herbschildt 作为模块的前缀(包名也是这样)。因为模块是新添加到 Java 中的，所以命名约定可能会随着时间而改变。当前推荐的命名约定请参阅 Java 文档。

下面开始这个例子。首先执行如下步骤，创建必要的源代码目录：

(1) 创建目录 mymodapp，这是整个应用程序的顶级目录。

(2) 在 mymodapp 下创建子目录 appsrc，这是应用程序源代码的顶级目录。

(3) 在 appsrc 下创建子目录 appstart。在 appstart 目录下创建子目录 appstart，在 appstart 目录下创建子目录 mymodappdemo。因此从 appsrc 开始创建了如下目录树：

```
appsrc\appstart\appstart\mymodappdemo
```

(4) 在 appsrc 下创建子目录 appfuncs，在 appfuncs 目录下创建子目录 appfuncs，在 appfuncs 目录下创建子目录 simplefuncs。因此从 appsrc 开始创建了如下目录树：

appsrc\appfuncs\appfuncs\simplefuncs

目录树应如图 16-1 所示。

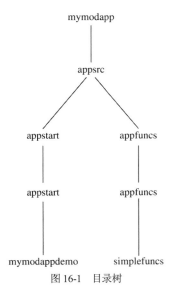

图 16-1　目录树

建立了这些目录后，就可以创建应用程序的源文件。

这个例子使用了 4 个源文件。其中两个源文件定义了应用程序，第一个是 SimpleMathFuncs.java，如下所示。注意 SimpleMathFuncs 打包在 appfuns.simplefuncs 中。

```
// Some simple math functions.

package appfuncs.simplefuncs;

public class SimpleMathFuncs {

  // Determine if a is a factor of b.
  public static boolean isFactor(int a, int b) {
    if((b%a) == 0) return true;
    return false;
  }

  // Return the smallest positive factor that a and b have in common.
  public static int lcf(int a, int b) {
    // Factor using positive values.
    a = Math.abs(a);
    b = Math.abs(b);

    int min = a < b ? a : b;

    for(int i = 2; i <= min/2; i++) {
      if(isFactor(i, a) && isFactor(i, b))
        return i;
    }

    return 1;
  }

  // Return the largest positive factor that a and b have in common.
```

```java
  public static int gcf(int a, int b) {
    // Factor using positive values.
    a = Math.abs(a);
    b = Math.abs(b);

    int min = a < b ? a : b;

    for(int i = min/2; i >= 2; i--) {
      if(isFactor(i, a) && isFactor(i, b))
        return i;
    }

    return 1;
  }
}
```

SimpleMathFuncs 定义了 3 个简单的静态数学函数。第一个是 isFactor()，如果 a 是 b 的一个因子，该函数就返回 true。lcf()方法返回 a 和 b 的最小公因数。换言之，它返回 a 和 b 的最小公因子。gcf()方法返回 a 和 b 的最大公因数。这两种情况下，如果没有找到公因数，就返回 1。这个文件必须放在如下目录中：

appsrc\appfuncs\appfuncs\simplefuncs

这是 appfuncs.simplefuncs 包目录。

第二个源文件是 MyModAppDemo.java，如下所示。它使用 SimpleMathFuncs 中的方法。注意它打包在 appstart.mymodappdemo 中。还要注意它导入了 SimpleMathFuncs 类，因为它的操作依赖于 SimpleMathFuncs。

```java
// Demonstrate a simple module-based application.
package appstart.mymodappdemo;

import appfuncs.simplefuncs.SimpleMathFuncs;

public class MyModAppDemo {
  public static void main(String[] args) {

    if(SimpleMathFuncs.isFactor(2, 10))
      System.out.println("2 is a factor of 10");

    System.out.println("Smallest factor common to both 35 and 105 is " +
                SimpleMathFuncs.lcf(35, 105));

    System.out.println("Largest factor common to both 35 and 105 is " +
                SimpleMathFuncs.gcf(35, 105));

  }
}
```

这个文件必须放在如下目录中：

appsrc\appstart\appstart\mymodappdemo

这是 appstart.mymodappdemo 包的目录。

接着需要给每个模块添加 module-info.java 文件。这些文件包含模块定义。首先添加定义 appfuncs 模块的文件：

```java
// Module definition for the functions module.
module appfuncs {
  // Exports the package appfuncs.simplefuncs.
  exports appfuncs.simplefuncs;
}
```

注意 appfuncs 导出了 appfuncs.simplefuncs 包，使之可以供其他模块访问。这个文件必须放在如下目录中：

appsrc\appfuncs

因此，它放在 appfuncs 模块目录下，在包目录的上面。

最后为 appstart 模块添加 module-info.java 文件，如下所示。注意 appstart 需要 appfuncs 模块。

```
// Module definition for the main application module.
module appstart {
  // Requires the module appfuncs.
  requires appfuncs;
}
```

这个文件必须放在如下目录中：

appsrc\appstart

在仔细讨论 requires、exports 和 module 语句之前，先编译并运行这个例子。确保正确创建了目录，把每个文件放在正确的目录下，如前所述。

16.1.2　编译并运行第一个模块示例

从 JDK 9 开始，javac 已更新为支持模块。因此与其他 Java 程序一样，基于模块的程序也使用 javac 编译。这个过程很简单，主要区别是通常要显式指定模块路径。模块路径告诉编译器，已编译的文件在哪里。按照前面的步骤完成本示例时，要确保在 mymodapp 目录下执行 javac 命令，以使路径正确。请记住 mymodapp 是整个模块应用程序的顶级目录。

首先使用如下命令编译 SimpleMathFuncs.java 文件：

```
javac -d appmodules\appfuncs
   appsrc\appfuncs\appfuncs\simplefuncs\SimpleMathFuncs.java
```

记住，这个命令必须在 mymodapp 目录下执行。注意-d 选项的用法，它告诉 javac 把输出的.class 文件放在哪里。对于本章的例子，已编译代码的目录树顶层是 appmodules。这个命令会根据需要自动在 appmodules\appfuncs 下为 appfuncs.simplefuncs 创建输出包目录。

接着是为 appfuncs 模块编译 module-info.java 文件的 javac 命令：

```
javac -d appmodules\appfuncs appsrc\appfuncs\module-info.java
```

该命令会将 module-info.class 文件放在 appmodules\appfuncs 目录下。

尽管前面的两步过程是有效的，但列出它们主要是为了讨论方便。在一个命令行上编译模块的 module-info.java 及其源文件通常更简单。下面将前面的两个 javac 命令合并成一个命令：

```
javac -d appmodules\appfuncs appsrc\appfuncs\module-info.java
   appsrc\appfuncs\appfuncs\simplefuncs\SimpleMathFuncs.java
```

在这个例子中，每个已编译的文件都被放在正确的模块或包目录中。

现在使用如下命令为 appstart 模块编译 module-info.java 和 MyModAppDemo.java 文件：

```
javac --module-path appmodules -d appmodules\appstart
   appsrc\appstart\module-info.java
   appsrc\appstart\appstart\mymodappdemo\MyModAppDemo.java
```

注意--module-path 选项，它指定模块路径，编译器会在该路径下查找 module-info.java 文件需要的用户自定义模块。在这个例子中，它会查找 appfuncs 模块，因为 appstart 模块需要它。另外要注意，它把输出目录指定为 appmodules\appstart。这意味着 module-info.class 文件在 appmodules\appstart 模块目录下，MyModAppDemo.class 在 appmodules\appstart\ appstart\mymodappdemo 包目录下。

完成编译后，就可以使用如下 java 命令运行应用程序：

```
java --module-path appmodules -m appstart/appstart.mymodappdemo.MyModAppDemo
```

在此，--module-path 选项指定了应用程序模块的路径。如前所述，appmodules 是已编译模块树顶部的目录。-m 选项指定包含应用程序入口点的类，这里是包含 main()方法的类的名称。运行该程序时，输出如下：

```
2 is a factor of 10
Smallest factor common to both 35 and 105 is 5
Largest factor common to both 35 and 105 is 7
```

16.1.3　requires 和 exports

前面基于模块的示例依赖模块系统的两个基本特性：指定依赖关系，满足该依赖关系。这些功能在 module 声明中使用 requires 和 exports 语句来指定。下面逐一仔细分析。

本例使用的 requires 语句形式如下：

requires *moduleName*;

其中 *moduleName* 在 requires 语句中指定了一个模块所需的另一个模块名。这意味着所需的模块必须存在，当前模块才能编译。在模块中，当前模块会读取 requires 语句中指定的模块。当需要多个模块时，必须在模块自己的 requires 语句中指定。因此，模块声明中可能包含几个不同的 requires 语句。一般而言，requires 语句能确保程序可以访问它需要的模块。

下面是本例使用的 exports 语句的一般形式：

exports *packageName*;

其中 *packageName* 在 exports 语句中指定了由模块导出的包名。通过在一个单独的 exports 语句中指定每个包名，一个模块可以根据需要导出许多包。因此，一个模块可以有多个 exports 语句。

当模块导出包时，会使包中所有的公有和受保护类型都可由其他模块访问。而且，这些类型的公有和受保护的成员也可以访问。但是，如果模块中的包没有导出，它对该模块而言就是私有的，包括它的所有公有类型。例如，即使类在包中声明为 public，如果该包没有通过 exports 语句显式导出，这个类就不能由其他模块访问。一定要明白，包的公有和受保护类型无论导出与否，在包的模块中都是可以访问的。exports 语句只是使它们可以由外部的模块访问。因此任何未导出的包都只能在其模块内部使用。

理解 requires 和 exports 的关键是要理解它们如何协同工作。如果一个模块依赖另一个模块，就必须通过 requires 指定这个依赖关系。被依赖的模块必须显式导出(使之可访问)依赖模块需要的包。如果依赖关系的任何一端缺失了，依赖模块都不会编译。就前面的示例而言，MyModAppDemo 使用 SimpleMathFuncs 中的函数，因此，appstart 模块声明包含一个指定 appfuncs 模块的 requires 语句。appfuncs 模块声明导出了 appfuncs.simplefuncs 包，因此使 SimpleMathFuncs 类中的公有类型可用。因为依赖关系的两端都存在，所以应用程序可以编译并运行。如果依赖关系的任何一端缺失，编译都会失败。

一定要强调，requires 和 exports 语句只能出现在 module 语句中。而且，module 语句只能出现在 module-info.java 文件中。

16.2　java.base 和平台模块

如本章开头所述，从 JDK 9 开始，Java API 包被合并到模块中。实际上，API 的模块化是添加模块的一个主要优点。因为 API 模块的特殊作用，所以称为平台模块(platform module)，它们的名称都以 java 为前缀，例如 java.base、java.desktop 和 java.xml。模块化 API 后，就可以只部署应用程序和它需要的包，而不是整个 JRE(Java

Runtime Environment)。因为完整的 JRE 很大，所以这是一个非常重要的改进。

所有的 Java API 库包现在都在模块中，这提出了下述问题：前面示例中 MyModAppDemo 的 main()方法如何使用 System.out.println()，而不需要为包含 System 类的模块指定 requires 语句？显然，除非 System 存在，否则程序不会被编译并运行。同样的问题也适用于 SimpleMathFuncs 中的 Math 类。该问题的答案在 java.base 中。

在平台模块中，最重要的是 java.base。它包括并导出 Java 的基本包，例如 java.lang、java.io 和 java.util。由于 java.base 的重要性，它对所有模块都是自动可访问的。而且，所有其他模块都自动需要 java.base。在模块声明中不需要包含 requires java.base 语句(有趣的是，显式指定 java.base 并不是错误的，而只是不必要)。因此，不使用 import 语句，java.lang 也自动可用于所有程序，java.base 模块自动可由所有基于模块的程序访问，而不需要显式请求它。

因为 java.base 包含 java.lang 包，而 java.lang 包含 System 类，所以前面示例中的 MyModAppDemo 可以自动使用 System.out.println()，而不需要显式的 requires 语句。这也适用于 SimpleMathFuncs 中的 Math 类，因为 Math 类也在 java.lang 中。如下所示，开始创建自己的基于模块的应用程序时，通常需要的许多 API 类都在 java.base 包含的包中。因此，自动包含 java.base 简化了基于模块的代码的创建，因为 Java 的核心包是自动可访问的。

最后一点：从 JDK 9 开始，Java API 的文档现在会指出包所在的模块的名称。如果模块是 java.base，就可以直接使用这个包的内容。否则，模块声明就必须给需要的模块包含一个 requires 子句。

16.3 旧代码和未命名的模块

在完成第一个示例模块程序的过程中会发现另一个问题。因为 Java 现在支持模块，API 包也包含在模块中，为什么前面章节中的所有其他程序即使没有使用模块，也能编译并运行？更一般的情形是，Java 代码存在了 20 多年，编写本书时这些代码的大多数都没有使用模块，如何在 JDK 9 或以后的编译器中编译、运行和维护旧代码？鉴于 Java 最初的哲学是"编写一次，在所有地方执行"，这是一个非常重要的问题，因为必须维护向后兼容性。如后面所述，Java 为了解决这个问题，提供了一种优雅、接近透明的方式，来确保与已有代码的向后兼容性。

对旧代码的支持由两个关键特性来提供。第一个特性是未命名的模块。使用不在命名模块中的代码时，这些代码会自动成为未命名模块的一部分。未命名的模块有两个重要属性。第一，未命名模块中的所有包都会自动导出。第二，未命名的模块可以访问其他任何模块。因此，程序没有使用模块时，Java 平台中的所有 API 模块会通过未命名模块自动变成可访问的。

支持旧代码的第二个关键特性是自动使用类路径，而不是模块路径。当编译没有使用模块的程序时，会使用类路径机制，就好像是 Java 最初的版本一样。因此，程序的编译和运行与之前的方式相同。

因为有了未命名模块和自动使用类路径，所以不需要为本书其他地方的示例程序声明任何模块。无论是用现代编译器还是以前的版本编译它们，它们都会正确运行。因此，即使模块是对 Java 有重大影响的新特性，仍维持了与旧代码的兼容性。这种方法还提供了顺畅、非入侵式、非干扰式的模块转换路径。因此，它允许按照自己的节奏把旧应用程序移入模块，而且允许在不需要时避免使用模块。

在继续之前，需要关注一个要点。对于本书其他地方使用的示例程序类型，例如一般性程序，使用模块没有任何好处。毫无理由地模块化它们只会使程序变得混乱、复杂。而且，对于许多简单程序，不需要把它们包含在模块中。对于本章开头提到的原因，创建商业程序时，使用模块常常能发挥出其最大的效益。因此，本章之外的任何例子都不使用模块。这也允许示例在 JDK 9 之前的环境中编译并运行，这对于使用 Java 旧版本的读者很重要。因此除了本章的例子之外，本书中其他的示例都适用于添加了模块之前和之后的 JDK。

16.4 导出到特定的模块

exports 语句的基本形式是使一个包可以由任何其他模块访问。这常常是用户希望的。但是在一些特殊的开发情形中，最好只使一个包可以由特定的模块集合访问，而不是由所有其他的模块访问。例如，库开发人员可能希望把一个支持包导出到库中特定的某些模块里，而不是使之用于一般场合。在 exports 语句中添加 to 子句就提供了实现这一点的方式。

在 exports 语句中，to 子句指定能访问导出的包的一个或多个模块。而且，只有在 to 子句中指定的这些模块才有访问权。在模块中，to 子句创建了所谓有资格的导出(qualified export)。

包含 to 的 exports 语句形式如下：

exports *packageName* to *moduleNames*;

其中 *moduleName* 是用逗号分隔的模块列表，导出模块给它们授予了访问权限。

修改 appfuncs 模块的 module-info.java 文件，尝试使用 to 子句，如下所示：

```
// Module definition that uses a to clause.
module appfuncs {
  // Exports the package appfuncs.simplefuncs to appstart.
  exports appfuncs.simplefuncs to appstart;
}
```

现在，simplefuncs 仅被导出到 appstart 中，没有导出到其他模块中。完成这个修改后，就可以使用下面的 javac 命令重新编译应用程序：

```
javac -d appmodules --module-source-path appsrc
   appsrc\appstart\appstart\mymodappdemo\MyModAppDemo.java
```

编译后，就可以像前面那样运行应用程序了。

这个示例还使用了另一个与模块相关的新特性。仔细查看前面的 javac 命令。首先注意它指定了 --module-source-path 选项。模块源路径指定了模块源树的顶部。--module-source-path 选项会自动编译树中特定目录下的文件，本例中是 appsrc。--module-source-path 选项必须与-d 选项一起使用，以确保已编译的模块存储在 appmodules 下的正确目录中。javac 的这个形式称为多模块模式，因为它允许一次编译多个模块。多模块编译模式在这里特别有用，因为to 子句指向特定模块，请求模块必须能访问导出的包。因此在这个例子中，appstart 和 appfuncs 在编译过程中都需要避免警告和/或错误。多模块模式避免了这个问题，因为两个模块是同时编译的。

javac 的多模块模式有另一个优点，它会自动找到并编译应用程序的所有源文件，创建必要的输出目录。因为多模块编译模式提供了这些优点，所以它将被用于后续的示例。

> **注意：**
> 一般而言，有资格的导出是一种特殊情况下的功能。模块常常提供包的无条件导出，或者根本不导出包，使之无法访问。因此，这里讨论有资格的导出，主要是为了确保完整性。另外，有资格的导出本身不会禁止导出的包被伪装成目标模块中的恶意代码滥用。防止这种情况发生的安全技术超出了本书的讨论范围。有关这个安全主题和 Java 安全的详细信息可查阅 Oracle 文档。

16.5 使用 requires transitive

考虑如下情形：有 3 个模块 A、B、C，它们的依赖关系如下：
- A 需要 B
- B 需要 C

对于这种情形，显然，因为 A 依赖 B，B 依赖 C，所以 A 对 C 有间接的依赖关系。只要 A 不直接使用 C 的任何内容，就可以在其模块信息文件中让 A 需要 B，B 在其模块信息文件中导出 A 需要的包，如下所示：

```
// A's module-info file:
module A {
  requires B;
```

```
}

// B's module-info file.
module B {
  exports somepack;
  requires C;
}
```

其中 *somepack* 是 B 导出且由 A 使用的包的占位符。尽管只要 A 不需要使用 C 中定义的任何内容,这就是有效的,但如果 A 希望访问 C 中的类型,就会出问题。此时有两个解决方案。

第一个解决方案是在 A 的文件中添加 requires C 语句,如下所示:

```
// A's module-info file updated to explicitly require C:
module A {
  requires B;
  requires C; // also require C
}
```

这个解决方案肯定有效,但如果 B 由许多模块使用,就必须在需要 B 的所有模块定义中添加 requires C 语句,这不仅繁杂,也容易出错。幸好,有一个更好的解决方案。可以在 C 上创建一个隐含的依赖关系(implied dependence)。隐含的依赖关系也称为隐含的可读性(implied readability)。

为了创建隐含的依赖关系,在需要模块(该模块需要隐含的可读性)的子句的 requires 后面添加 transitive 关键字。对于这个例子,应修改 B 的 module-info 文件,如下所示:

```
// B's module-info file.
module B {
  exports somepack;
  requires transitive C;
}
```

其中,现在需要 C 作为 transitive。完成这个修改后,依赖 B 的任何模块也会自动依赖 C,因此 A 可以自动访问 C。

可以重写前面的模块化应用程序示例,来试验一下 requires transitive。这里要从 appfuncs.simplefuncs 包的 SimpleMathFuncs 类中删除 isFactor() 方法,把它放在一个新类、模块和包中。新类称为 SupportFuncs,模块称为 appsupport,包称为 appsupport.supportfuncs。appfuncs 模块使用 requires transitive 添加对 appsupport 的依赖关系,这样 appfuncs 和 appstart 模块就都可以访问它,而 appstart 不需要提供自己的 requires 语句。这是有效的,因为 appstart 通过 requires transitive 语句接收到它的访问权限。下面详细描述该过程。

首先创建支持新 appsupport 模块的源目录。为此,在 appsrc 目录下创建 appsupport 子目录,这是支持函数的模块目录。在 appsupport 下,添加 appsupport 子目录,再添加 supportfuncs 子目录,以创建包目录。因此 appsupport 的目录树应如下所示:

appsrc\appsupport\appsupport\supportfuncs

目录建立完毕后,创建 SupportFuncs 类。注意 SupportFuncs 在 appsupport.supportfuncs 包中。因此,必须将它放在 appsupport.supportfuncs 包目录中。

```
// Support functions.

package appsupport.supportfuncs;

public class SupportFuncs {

  // Determine if a is a factor of b.
  public static boolean isFactor(int a, int b) {
```

```
    if((b%a) == 0) return true;
    return false;
  }
}
```

注意，isFactor()方法现在 SupportFuncs 中，而不是在 SimpleMathFuncs 中。

接下来，为 appsupport 模块创建 module-info.java 文件并将该文件放入 appsrc\appsupport 目录中。

```
// Module definition for appsupport.
module appsupport {
  exports appsupport.supportfuncs;
}
```

可以看出，上面的代码导出了 appsupport.supportfuncs 包。

因为 isFactor() 方法现在位于 Supportfuncs 中，所以从 SimpleMathFuncs 中删除 isFactor() 方法。因此 SimpleMathFuncs.java现在如下所示：

```
// Some simple math functions, with isFactor() removed.

package appfuncs.simplefuncs;
import appsupport.supportfuncs.SupportFuncs;

public class SimpleMathFuncs {

  // Return the smallest positive factor that a and b have in common.
  public static int lcf(int a, int b) {
    // Factor using positive values.
    a = Math.abs(a);
    b = Math.abs(b);

    int min = a < b ? a : b;

    for(int i = 2; i <= min/2; i++) {
      if(SupportFuncs.isFactor(i, a) && SupportFuncs.isFactor(i, b))
        return i;
    }

    return 1;
  }

  // Return the largest positive factor that a and b have in common.
  public static int gcf(int a, int b) {
    // Factor using positive values.
    a = Math.abs(a);
    b = Math.abs(b);

    int min = a < b ? a : b;

    for(int i = min/2; i >= 2; i--) {
      if(SupportFuncs.isFactor(i, a) && SupportFuncs.isFactor(i, b))
        return i;
    }

    return 1;
  }
}
```

注意，现在 SupportFuncs 类被导入，对 isFactor() 的调用通过类名 SupportFuncs 来指代。

接下来，修改 appfuncs 的 module-info.java 文件，在其 requires 语句中，appsupport 被指定为 transitive，如下所示：

```
// Module definition for appfuncs.
module appfuncs {
  // Exports the package appfuncs.simplefuncs.
  exports appfuncs.simplefuncs;

  // Requires appsupport and makes it transitive.
  requires transitive appsupport;
}
```

因为 appfuncs 需要 appsupport 作为 transitive，所以 appstart 的 module-info.java 文件不需要它。它对 appsupport 的依赖是隐含的。因此，不需要修改 appstart 的 module-info.java 文件。

最后更新 MyModAppDemo.java，以反映这些修改。具体而言，现在必须导入 SupportFuncs 类，并在调用 isFactor() 时指定它，如下所示：

```
// Updated to use SupportFuncs.
package appstart.mymodappdemo;

import appfuncs.simplefuncs.SimpleMathFuncs;
import appsupport.supportfuncs.SupportFuncs;

public class MyModAppDemo {
  public static void main(String[] args) {

    // Now, isFactor() is referred to via SupportFuncs,
    // not SimpleMathFuncs.
    if(SupportFuncs.isFactor(2, 10))
      System.out.println("2 is a factor of 10");

    System.out.println("Smallest factor common to both 35 and 105 is " +
                SimpleMathFuncs.lcf(35, 105));

    System.out.println("Largest factor common to both 35 and 105 is " +
                SimpleMathFuncs.gcf(35, 105));

  }
}
```

一旦完成了前面所有的步骤，就可以使用下面的多模块编译命令重新编译整个程序：

```
javac -d appmodules --module-source-path appsrc
   appsrc\appstart\appstart\mymodappdemo\MyModAppDemo.java
```

如前所述，多模块编译会自动在 appmodules 目录下创建并行的模块子目录。

可以使用下面的命令运行程序，如下所示：

```
java --module-path appmodules -m appstart/appstart.mymodappdemo.MyModAppDemo
```

这会生成与前面相同的结果。但这一次使用了三个不同的模块。

为了证明应用程序确实需要 transitive 修饰符，从 appfuncs 的 module-info.java 文件中删除 transitive，再重新编译程序。可以看到，会出现一个错误，因为 appstart 不能再访问 appsupport。

下面是另一个试验。在 appsupport 的 module-info.java 文件中，尝试使用限定的导出，仅把 appsupport.supportfuncs 包导出到 appfuncs 中，如下所示：

```
exports appsupport.supportfuncs to appfuncs;
```

接着重新编译程序。可以看出，程序不会编译，因为现在支持函数 isFactor()不能用于 MyModAppDemo，它在 appstart 模块中。如前所述，有资格的导出把包的访问权限制到由 to 子句指定的模块中。

最后一点：因为 Java 语言语法的特殊性，在 requires 语句中，如果 transitive 后面紧跟一个分隔符(如分号)，它将被解释为一个标识符(如模块名)，而不是一个关键字。

16.6 使用服务

在程序设计中，把必须完成的工作和完成它的方式分隔开常常是很有用的。如第 9 章所述，在 Java 中，实现这一要求的一种方式是使用接口。接口指定了要完成的工作，而实现类指定了完成它的方式。这个概念可以扩展，这样就可以使用插件通过程序外部的代码来提供实现类。使用这种方法，只要修改插件，应用程序的功能就可以提升、升级或改变。应用程序自身的核心保持不变。Java 支持可插入应用程序体系结构的一种方式是使用服务和服务提供程序。因为它们非常重要，尤其是在大型商业应用程序中，所以 Java 的模块系统对它们提供了支持。

在开始之前，有必要澄清，使用服务和服务提供程序的应用程序通常相当复杂。因此，我们常常不需要基于服务的模块功能。但是，因为对服务的支持是模块系统的一个重要组成部分，所以基本理解这些功能的工作方式就十分重要。本节通过一个简单示例来演示使用它们所需的核心技术。

16.6.1 服务和服务提供程序的基础知识

在 Java 中，服务是一个程序单元，其功能由接口或抽象类定义。因此，服务用一般方式指定某种形式的程序活动。服务的具体实现由服务提供程序提供。换言之，服务定义了某个动作的形式，而服务提供程序提供了该动作。

如前所述，服务常常用于支持可插入的体系结构。例如，服务可能用于支持从一种语言翻译为另一种语言。此时，服务支持一般的翻译。服务提供程序提供特定的翻译，例如从德语翻译成英语，或从法语翻译成汉语。因为所有的服务提供程序都实现了相同的接口，所以可以使用不同的翻译器翻译不同的语言，而不需要改变应用程序的核心。只需要改变服务提供程序。

服务提供程序由 ServiceLoader 类支持。ServiceLoader 是一个泛型类，打包在 java.util 中。它的声明如下：

```
class ServiceLoader<S>
```

其中 S 指定了服务类型。服务提供程序由 load()方法加载，它有几种形式，我们将使用的形式如下：

```
public static <S> ServiceLoader<S> load(Class<S> serviceType)
```

其中 *serviceType* 指定了所期望服务类型的 Class 对象。你应该还记得 Class 是封装了类信息的类。获得 Class 实例有许多方式。在此使用的方式称为类字面量，其一般形式如下：

```
className.class
```

其中 *className* 指定了类名。

调用 load()方法时，它为应用程序返回一个 ServiceLoader 实例。这个对象支持迭代，可以通过使用 for-each for 循环进行循环。因此，为找到特定的提供程序，只需要使用循环搜索它即可。

16.6.2 基于服务的关键字

模块使用关键字 provides、uses 和 with 支持服务。实际上，模块指定，它使用 provides 语句提供服务，使用 uses 语句表示需要服务。服务提供程序的特定类型用 with 声明。这 3 个关键字一起使用，就可以指定提供服务的模块、需要该服务的模块，以及该服务的特定实现。而且，模块系统会确保服务和服务提供程序是可用的、能找到的。

下面是 provides 的一般形式：

provides *serviceType* with *implementationTypes*;

其中 *serviceType* 指定了服务的类型，它常常是接口，但也可以使用抽象类。实现类型的逗号分隔列表由 *implementationTypes* 指定。因此，要提供服务，模块应指定服务的名称及其实现。

下面是 uses 语句的一般形式：

uses *serviceType*;

其中 *serviceType* 指定了所需服务的类型。

16.6.3 基于模块的服务示例

为演示服务的用法，下面给正在使用的模块应用程序示例添加一个服务。为简单起见，使用本章开头的应用程序的第一个版本。给它添加两个新模块。第一个模块称为 userfuncs。它将定义接口，支持执行二元操作的函数，该函数的每个参数都是 int 类型，结果也是 int 类型。第二个模块称为 userfuncsimp，它包含接口的具体实现。

首先创建必要的源目录：

(1) 在 appsrc 目录下，添加目录 userfuncs 和 userfuncsimp。

(2) 在 userfuncs 下，再添加子目录 userfuncs。在 userfuncs 目录下，添加子目录 binaryfuncs。因此，从 appsrc 开始创建的目录树是：

apsrc\userfuncs\userfuncs\binaryfuncs

(3) 在 userfuncsimp 下，再添加子目录 userfuncsimp。在 userfuncsimp 目录下，添加子目录 binaryfuncsimp。因此，从 appsrc 开始创建的目录树是：

appsrc\userfuncsimp\userfuncsimp\binaryfuncsimp

这个示例扩展了应用程序的最初版本，除了应用程序内置的函数外，还支持其他函数。SimpleMathFuncs 类提供了 3 个内置函数：isFactor()、lcf() 和 gcf()。尽管可以给这个类添加更多函数，但这么做需要修改和重新编译应用程序。而通过实现服务，就可在运行期间"插入"新函数，而不需要修改应用程序，本例就是这么做的。现在，服务提供的函数带有两个 int 参数，返回一个 int 结果。当然，如果提供了其他接口，就可以支持其他类型的函数，但对于本例而言，支持二元整数函数就足够了，并使示例的源代码易于管理。

1. 服务接口

需要两个与服务相关的接口。一个接口指定动作的形式，另一个接口指定该动作的提供程序的形式。两个接口都在 binaryfuncs 目录下，都在 userfuncs.binaryfuncs 包中。第一个接口称为 BinaryFunc，声明了二元函数的形式，如下：

```
// This interface defines a function that takes two int
// arguments and returns an int result. Thus, it can
// describe any binary operation on two ints that
// returns an int.

package userfuncs.binaryfuncs;

public interface BinaryFunc {
  // Obtain the name of the function.
  public String getName();
```

```
  // This is the function to perform. It will be
  // provided by specific implementations.
  public int func(int a, int b);
}
```

BinaryFunc 声明了可以实现二元整数函数的一个对象形式。这由 func()方法指定。函数的名称可以通过 getName()获得。该名称用于确定实现什么类型的函数。这个接口由提供二元函数的类实现。

第二个接口声明了服务提供程序的形式，它称为 BinFuncProvider，如下所示：

```
// This interface defines the form of a service provider that
// obtains BinaryFunc instances.
package userfuncs.binaryfuncs;

import userfuncs.binaryfuncs.BinaryFunc;

public interface BinFuncProvider {

  // Obtain a BinaryFunc.
  public BinaryFunc get();
}
```

BinFuncProvider 只声明了一个方法 get()，用于获取 BinaryFunc 的实例。这个接口必须由希望提供 BinaryFunc 实例的类实现。

2. 实现类

在这个示例中，支持 BinaryFunc 的两个具体实现。第一个是 AbsPlus，它返回其参数的绝对值之和。第二个是 AbsMinus，它返回第一个参数的绝对值减去第二个参数的绝对值的结果。它们由类 AbsPlusProvider 和 AbsMinusProvider 提供。这些类的源代码必须存储在 binaryfuncsimp 目录下，且全部位于 userfuncsimp.binaryfuncsimp 包中。

AbsPlus 的代码如下：

```
// AbsPlus provides a concrete implementation of
// BinaryFunc. It returns the result of abs(a) + abs(b).
package userfuncsimp.binaryfuncsimp;

import userfuncs.binaryfuncs.BinaryFunc;

public class AbsPlus implements BinaryFunc {

  // Return name of this function.
  public String getName() {
    return "absPlus";
  }

  // Implement the AbsPlus function.
  public int func(int a, int b) { return Math.abs(a) + Math.abs(b); }
}
```

AbsPlus 实现了 func()，因此返回 a 和 b 的绝对值之和。注意 getName()返回字符串"absPlus"。它识别这个函数。

AbsMinus 类如下所示：

```
// AbsMinus provides a concrete implementation of
// BinaryFunc. It returns the result of abs(a) - abs(b).
```

```
package userfuncsimp.binaryfuncsimp;

import userfuncs.binaryfuncs.BinaryFunc;

public class AbsMinus implements BinaryFunc {

  // Return name of this function.
  public String getName() {
    return "absMinus";
  }

  // Implement the AbsMinus function.
  public int func(int a, int b) { return Math.abs(a) - Math.abs(b); }
}
```

其中，实现了 func()，返回 a 和 b 的绝对值之差。getName()返回了字符串"absMinus"。

为了获得 AbsPlus 的实例，要使用 AbsPlusProvider。它实现了 BinFuncProvider，如下所示：

```
// This is a provider for the AbsPlus function.

package userfuncsimp.binaryfuncsimp;

import userfuncs.binaryfuncs.*;

public class AbsPlusProvider implements BinFuncProvider {

  // Provide an AbsPlus object.
  public BinaryFunc get() { return new AbsPlus(); }
}
```

get()方法只返回一个新的 AbsPlus()对象。尽管这个提供程序非常简单，但一定要明白，一些服务提供程序是非常复杂的。

AbsMinus 的提供程序称为 AbsMinusProvider，如下所示：

```
// This is a provider for the AbsMinus function.

package userfuncsimp.binaryfuncsimp;

import userfuncs.binaryfuncs.*;

public class AbsMinusProvider implements BinFuncProvider {

  // Provide an AbsMinus object.
  public BinaryFunc get() { return new AbsMinus(); }
}
```

它的 get()方法返回一个 AbsMinus 对象。

3. 模块定义文件

接下来需要两个模块定义文件。第一个是 userfuncs 模块的定义文件，如下所示：

```
module userfuncs {
  exports userfuncs.binaryfuncs;
}
```

此代码必须包含在 userfuncs 模块目录的 module-info.java 文件中。注意它导出了 userfuncs.binaryfuncs 包。这个包定义了 BinaryFunc 和 BinFuncProvider 接口。

下面是第二个 module-info.java 文件,该文件定义了包含实现的模块,它位于 userfuncsimp 模块目录下。

```
module userfuncsimp {
  requires userfuncs;

  provides userfuncs.binaryfuncs.BinFuncProvider with
    userfuncsimp.binaryfuncsimp.AbsPlusProvider,
    userfuncsimp.binaryfuncsimp.AbsMinusProvider;
}
```

这个模块需要 userfuncs,因为 userfuncs 包含了 BinaryFunc 和 BinFuncProvider,而实现需要这些接口。该模块通过类 AbsPlusProvider 和 AbsMinusProvider 来提供 BinFuncProvider 实现。

4. 在 MyModAppDemo 中演示服务提供程序

要演示服务的用法,可以扩展 MyModAppDemo 的 main()方法以使用 AbsPlus 和 AbsMinus。为此,使用 ServiceLoader.load()在运行期间加载它们。下面是更新后的代码:

```
// A module-based application that demonstrates services
// and service providers.

package appstart.mymodappdemo;

import java.util.ServiceLoader;

import appfuncs.simplefuncs.SimpleMathFuncs;
import userfuncs.binaryfuncs.*;

public class MyModAppDemo {
  public static void main(String[] args) {

    // First, use built-in functions as before.
    if(SimpleMathFuncs.isFactor(2, 10))
      System.out.println("2 is a factor of 10");

    System.out.println("Smallest factor common to both 35 and 105 is " +
                SimpleMathFuncs.lcf(35, 105));

    System.out.println("Largest factor common to both 35 and 105 is " +
                SimpleMathFuncs.gcf(35, 105));


    // Now, use service-based, user-defined operations.

    // Get a service loader for binary functions.
    ServiceLoader<BinFuncProvider> ldr =
      ServiceLoader.load(BinFuncProvider.class);

    BinaryFunc binOp = null;

    // Find the provider for absPlus and obtain the function.
    for(BinFuncProvider bfp : ldr) {
      if(bfp.get().getName().equals("absPlus")) {
        binOp = bfp.get();
        break;
      }
    }
```

```
      if(binOp != null)
        System.out.println("Result of absPlus function: " +
                           binOp.func(12, -4));
      else
        System.out.println("absPlus function not found");

      binOp = null;

      // Now, find the provider for absMinus and obtain the function.
      for(BinFuncProvider bfp : ldr) {
        if(bfp.get().getName().equals("absMinus")) {
          binOp = bfp.get();
          break;
        }
      }

      if(binOp != null)
        System.out.println("Result of absMinus function: " +
                           binOp.func(12, -4));
      else
        System.out.println("absMinus function not found");

  }
}
```

下面仔细分析前面的代码如何加载和执行服务。首先，用如下语句为 BinFuncProvider 类型的服务创建一个服务加载程序：

```
ServiceLoader<BinFuncProvider> ldr =
  ServiceLoader.load(BinFuncProvider.class);
```

注意，ServiceLoader 的类型参数是 BinFuncProvider，在 load() 的调用中也使用了这个类型。这意味着，能找到实现这个接口的提供程序。因此在执行这个语句后，就可以通过 ldr 使用模块中的 BinFuncProvider 类。在这里，AbsPlusProvider 和 AbsMinusProvider 都是可用的。

接着声明 BinaryFunc 类型的引用 binOp，并将其初始化为 null。它用于指代一个实现，该实现提供了特定类型的二元函数。接下来，下面的循环搜索 ldr，查找名为 absPlus 的函数：

```
// Find the provider for absPlus and obtain the function.
for(BinFuncProvider bfp : ldr) {
  if(bfp.get().getName().equals("absPlus")) {
    binOp = bfp.get();
    break;
  }
}
```

其中，for-each 循环迭代 ldr。在循环中，检查提供程序所提供的函数名称。如果它匹配"absPlus"，就调用提供程序的 get() 方法，把该函数赋予 binOp。

最后，如果找到了函数，如本例所示，就用下面的语句执行它：

```
if(binOp != null)
  System.out.println("Result of absPlus function: " +
                     binOp.func(12, -4));
```

在这里，因为 binOp 指代 AbsPlus 的一个实例，所以对 func() 的调用会执行绝对值相加操作。程序会使用类似的序列查找和执行 AbsMinus。

因为 MyModAppDemo 现在使用 BinFuncProvider, 所以其模块定义文件必须包含一个 uses 语句来指定这个事实。你应该还记得 MyModAppDemo 位于 appstart 模块中，因此必须修改 appstart 的 module-info.java 文件，如下所示：

```
// Module definition for the main application module.
// It now uses BinFuncProvider.
module appstart {
  // Requires the modules appfuncs and userfuncs.
  requires appfuncs;
  requires userfuncs;

  // appstart now uses BinFuncProvider.
  uses userfuncs.binaryfuncs.BinFuncProvider;
}
```

5. 编译并运行基于模块的服务示例

完成了上述所有步骤后，就可以执行下面的命令来编译并运行示例：

```
javac -d appmodules --module-source-path appsrc
  appsrc\userfuncsimp\module-info.java
  appsrc\appstart\appstart\mymodappdemo\MyModAppDemo.java

java --module-path appmodules -m appstart/appstart.mymodappdemo.MyModAppDemo
```

输出如下：

```
2 is a factor of 10
Smallest factor common to both 35 and 105 is 5
Largest factor common to both 35 and 105 is 7
Result of absPlus function: 16
Result of absMinus function: 8
```

如输出所示，程序定位并执行了二元函数。必须要强调，如果缺少 userfuncsimp 中的 provides 语句或 appstart 模块中的 uses 语句，应用程序就会失败。

最后说明一点，为了清晰地演示模块对服务的支持，前面使用的示例非常简单，但对服务的使用可以存在更复杂的情况。例如，可以使用服务来提供对文件进行排序的 sort()方法。服务可以支持和使用各种排序算法。可以根据所希望的运行时特征、数据的本质和大小，以及是否支持对数据的随机访问来选择特定的排序算法。你可能希望通过这样的方式来尝试实现服务，以进一步体验模块中服务的用法。

16.7 模块图

在使用模块时经常碰到的一个术语就是模块图(module graph)。在应用程序编译期间，编译器会通过创建模块图的方式来解析模块间的相互依赖关系，其中的模块图就表示这种依赖关系。这种方式可以确保所有的依赖关系都得以解析，包括间接发生的关系。例如，如果模块 A 需要模块 B，而模块 B 又需要模块 C，那么模块图中将包含模块 C，即使模块 A 没有直接使用它。

模块图可以可视化地绘制在图纸上，以演示模块之间的关系。下面给出了一个简单的示例。假定有 6 个模块，分别命名为：A、B、C、D、E 和 F，其中模块 A 需要 B 和 C，B 需要 D 和 E，C 需要 F。模块图 16-2 可视化地描述了这种关系(因为会自动包括 java.base，所以未在图中显示它)。

在 Java 中，箭头从依赖模块指向所需的模块。因此所绘制的模块图可以描述模块间的访问关系。

坦白而言，仅对于最小型的应用程序才可以可视化地表示为模块图，因为许多商业应用程序通常都非常复杂。

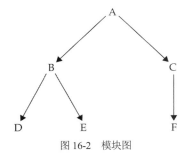

图 16-2 模块图

16.8 三个特殊的模块特性

前面的讨论描述了 Java 语言所支持的模块的主要特性,在创建自己的模块时会经常使用这些特性。但在此还要介绍 3 个额外的与模块相关的特性,它们在某些特定的情况下非常有用。它们是 open 模块、opens 语句和 requires static 的使用。这些特性用于处理特定的权限,每个特性都构成模块系统的一个相当高级的方面。对于所有 Java 程序员而言,对这三个特性的作用有一个基本的理解是非常重要的。

16.8.1 open 模块

如本章前面所述,默认情况下,只有模块包中的类型通过 exports 语句显式导出后,才能访问。这通常就是我们想要的,但有时,无论包导出与否,模块中的所有包都可以在运行时访问是很有用的。为此,可以创建一个开放模块(open module)。开放模块的声明方式是,在 module 关键字的前面加上 open 修饰符,如下所示:

```
open module moduleName {
  // module definition
}
```

在开放模块中,所有包中的类型在运行时都是可访问的。但只有显式导出的包才能在编译时访问。因此,open 修饰符只影响运行时的可访问性。

开放模块的主要原因是,模块中的包应通过反射来访问。如第 12 章中所述,反射是允许程序在运行时分析代码的特性。

16.8.2 opens 语句

模块可以开放一个特定的包,用于运行时由其他模块访问和反射访问,而不是开放整个模块。为此,要使用 opens 语句,如下所示:

```
opens packageName;
```

其中 *packageName* 是要开放的包。也可以包含 to 子句,指定包开放给哪些模块。

一定要理解,opens 没有授予编译时的访问权限,它只用于开放包,用于运行时的访问和反射访问。但可以导出并开放模块。另一个要点是,opens 语句不能用于开放模块。记住,开放模块中的所有包已经是开放的。

16.8.3 requires static

如前所述,requires 指定了一个依赖关系,默认情况下,这个依赖关系在编译和运行时都是成立的。但是可以放松这个要求,使模块在运行时是不必要的。为此,要在 requires 语句中使用 static 修饰符。例如,下面的语句指定 mymod 在编译时是必要的,但在运行时是不必要的:

```
requires static mymod;
```

这里添加了 static，使 mymod 在运行时是可选的。当某功能存在时，程序就可以使用它，但若该功能不是必需的，此时就可以使用 requires static。

16.9　jlink 工具和模块 JAR 文件介绍

如前面的讨论所示，模块是对 Java 语言的重大增强。模块系统也支持运行时的增强。其中最重要的一点是它可以创建专门针对应用程序量身定制的运行时图像。为此，JDK 9 中新增了 jlink 工具，它将多个模块组合成一个优化的运行时图像。可以使用 jlink 来链接模块化的 JAR 文件、新的 JMOD 文件或展开目录形式的模块。

16.9.1　链接 exploded directory 中的文件

下面首先使用 jlink 工具通过未归档的模块创建一个运行时图像。也就是说，在一个完全展开(即 exploded)的目录中以原始的形式包含文件。假定在 Windows 环境中，下面的命令用于链接本章第一个示例中的模块。必须从 mymodapp 的上级直接目录中执行该命令：

```
jlink --launcher MyModApp=appstart/appstart.mymodappdemo.MyModAppDemo
    --module-path "%JAVA_HOME%"\jmods;mymodapp\appmodules
    --add-modules appstart --output mylinkedmodapp
```

下面仔细分析一下该命令。首先，选项 --launcher 告知 jlink 工具创建一个启动该应用程序的命令。该命令指定了应用程序的名称和到主类的路径。在本示例中，主类是 MyModAppDemo。--module-path 选项指定到所需模块的路径。首先指定的是到平台模块的路径，之后是到应用程序模块的路径。注意环境变量 JAVA_HOME 的使用。该变量表示到标准 JDK 目录的路径。例如，在标准的 Windows 安装过程中，路径通常类似于 "C:\programfiles"\java\jdk-11\jmods，但使用环境变量 JAVA_HOME 既可以使该路径变短，又可以使 JDK 无论安装在什么目录下都可以运行。--add-modules 选项指定了要添加的模块。注意本例中仅指定了 appstart，这是因为 jlink 工具会自动解析所有的依赖关系并包含所有需要的模块。最后的 --output 选项指定了输出目录。

运行上述命令后，会创建一个名为 mylinkedmodapp 的目录，该目录下包含了运行时图像。在它的 bin 目录下，你会发现一个名为 MyModApp 的启动文件，可以使用该文件来运行应用程序。例如，在 Windows 中，这个文件是一个执行该程序的批处理文件。

16.9.2　链接模块化的 JAR 文件

虽然链接 exploded directory 中的模块很方便，但在实际的代码中工作时还是经常要使用 JAR 文件(应该记得 JAR 代表 Java Archive，是一种经常用于应用程序部署的文件格式)。在模块化的代码中，你将使用模块化的 JAR 文件。模块化的 JAR 文件中包含一个 module-info.class 文件。从 JDK 9 开始，可以使用 jar 工具创建模块化的 JAR 文件。例如，现在 jar 可以识别模块路径。一旦创建了模块化的 JAR 文件，就可以使用 jlink 工具将这些文件链接到运行时图像中。为理解该过程，下面通过一个示例来说明。再次对本章的第一个示例进行假定，其中通过 jar 命令为 MyModAppDemo 程序创建模块化的 JAR 文件。每个 jar 命令必须从 mymodapp 的上级直接目录中运行。同样，需要在 mymodapp 目录下创建一个名为 applib 的目录。

```
jar --create --file=mymodapp\applib\appfuncs.jar
    -C mymodapp\appmodules\appfuncs .

jar --create --file=mymodapp\applib\appstart.jar
   --main-class=appstart.mymodappdemo.MyModAppDemo
   -C mymodapp\appmodules\appstart .
```

其中，--create 选项告知 jar 命令要新建一个 JAR 文件。--file 选项指定 JAR 文件的名称。其中要包含的文件则由-C 选项指定。包含 main()的类则由--main-class 选项指定。在运行这些命令后，应用程序的 JAR 文件将位于 mymodapp 目录下的 applib 目录中。

假定刚创建了一些模块化的 JAR 文件，以下是链接这些文件的命令：

```
jlink --launcher MyModApp=appstart
    --module-path "%JAVA_HOME%"\jmods;mymodapp\applib
    --add-modules appstart --output mylinkedmodapp
```

其中，指定了到 JAR 文件的模块路径，但没有指定到 exploded directory 的路径。除此之外，jlink 命令的作用与之前的一样。

有趣的一点是，可以使用下面的命令来直接运行 JAR 文件中的应用程序。必须从 mymodapp 的上级直接目录中执行该命令。

```
java -p mymodapp\applib -m appstart
```

其中的-p 选项指定了模块路径，-m 模块指定了包含程序入口点的模块。

16.9.3　JMOD 文件

如果文件使用了由 JDK 9 引入的新的 JMOD 格式，jlink 工具也可以将它们链接起来。JMOD 文件可以包含一些不适用于 JAR 文件的内容。通过新的工具 jmod 可以创建 JMOD 文件。尽管大多数应用程序仍将使用模块化的 JAR 文件，但在一些特殊的情况下 JMOD 文件会显得很有价值。有趣的一点是，从 JDK 9 开始，平台模块被包含在 JMOD 文件中。

16.10　层与自动模块简述

当学习模块的相关内容时，可能经常提到其他两个与模块相关的特性：层(layer)与自动模块(automatic module)。设计这两个特性旨在使用模块完成特殊、高级的工作，以及迁移先前存在的应用程序。虽然大多数程序员不会用到这两个特性，但为了保持叙述的完整性，在此还是给出了对它们的简要描述。

模块层将模块图中的模块与类加载器关联起来。因此，不同的层可以使用不同的类加载器。模块层可以使某些特殊类型的应用程序的构建变得更加容易。

在模块路径上通过指定非模块化的 JAR 文件可以创建自动模块，其中该模块的名称是自动派生而来的(也可以在清单文件中显式地指定自动模块的名称)。自动模块可以使普通模块对代码存在一定的依赖性。自动模块还可以辅助预模块化的代码向完全模块化的代码的迁移。因此，该特性主要是一种转换特性。

16.11　小结

前面的讨论介绍并演示了 Java 模块系统的核心元素，每个 Java 程序员都至少应基本了解它们。可以猜到，模块系统提供的这些额外特性可以让你更细粒度地控制模块的创建和使用。例如，javac 和 java 包含更多与模块相关的选项，而不只是本章中所描述的这些。因为模块是 Java 中新增的重要特性，所以模块系统将随着时间的推移不断演化。你将会看到 Java 在模块系统这方面的创新和增强。

总之，模块将在 Java 程序设计中占据重要的地位。尽管目前不需要使用它们，但它们为商业应用程序提供了巨大优势，任何 Java 程序员都不能忽视它。Java 程序员进行基于模块的开发很可能在不远的将来就会实现。

第 II 部分 Java 库

第 17 章
字符串处理

第 18 章
探究 java.lang

第 19 章
java.util 第1部分：集合框架

第 20 章
java.util 第 2 部分：更多实用工具类

第 21 章
输入/输出：探究 java.io

第 22 章
探究 NIO

第 23 章
联网

第 24 章
事件处理

第 25 章
AWT 介绍：使用窗口、图形和文本

第 26 章
使用 AWT 控件、布局管理器和菜单

第 27 章
图像

第 28 章
并发实用工具

第 29 章
流 API

第 30 章
正则表达式和其他包

第17章 字符串处理

在第7章简要介绍了 Java 的字符串处理。本章将详细分析字符串处理。与大多数其他编程语言一样，在 Java 中，字符串也是一连串的字符。但与其他语言中字符串是作为字符数组实现的不同，Java 将字符串实现为 String 类型的对象。

作为内置对象实现字符串，使得 Java 可以提供许多方便处理字符串的特性。例如，Java 提供了用于比较两个字符串、查找子串、连接两个字符串以及改变字符串中字母大小写的方法。此外，可以通过多种方式构造 String 对象，从而当需要时可以很容易地获取字符串。

有些出乎意料的是，当创建 String 对象时，创建的字符串不能修改。也就是说，一旦创建了一个 String 对象，就不能改变这个字符串中包含的字符。乍一看，这好像是一个严重的限制。但是，情况并非如此。仍然可以执行各种字符串操作。区别是，当每次需要已存在字符串的修改版本时，会创建包含修改后内容的新 String 对象。原始字符串保持不变。使用这种方式的原因是：实现固定的、不能修改的字符串与实现能够修改的字符串相比效率更高。对于那些需要修改字符串的情况，Java 提供了两种选择：StringBuffer 和 StringBuilder。这两个类用来保存在创建之后可以进行修改的字符串。

String、StringBuffer 和 StringBuilder 类都在 java.lang 中定义。因此，所有程序都可以自动使用它们。所有这些类被声明为 final，这意味着这些类不能有子类。这使得对于通用的字符串操作，可以采取特定的优化以提高性能。这 3 个类都实现了 CharSequence 接口。

最后一点：所谓 String 类型对象中的字符串是不可改变的，是指创建了 String 实例后就不能修改 String 实例的内容。但任何时候都可修改声明为 String 引用的变量，使其指向其他 String 对象。

17.1 String 类的构造函数

String 类支持几个构造函数。要创建空的 String，可调用默认构造函数。例如：

```
String s = new String();
```

将创建内部没有任何字符的 String 实例。

经常会希望创建具有初始值的字符串。String 类提供了各种构造函数来解决这个问题。为了创建由字符数组初始化的 String 实例，可以使用如下所示的构造函数：

```
String(char chars[])
```

下面是一个例子：

```
char chars[] = { 'a', 'b', 'c' };
```

```
String s = new String(chars);
```

这个构造函数使用字符串"abc"初始化 s。

使用下面的构造函数，可以指定字符数组的子范围作为初始化部分：

```
String(char chars[], int startIndex, int numChars)
```

其中，*startIndex* 指定了子范围开始位置的索引，*numChars* 指定了要使用的字符数量。下面是一个例子：

```
char chars[] = { 'a', 'b', 'c', 'd', 'e', 'f' };
String s = new String(chars, 2, 3);
```

这会使用字符 cde 初始化 s。

使用下面这个构造函数，可以构造与另一个 String 对象包含相同字符的 String 对象：

```
String(String strObj)
```

在此，*strObj* 是一个 String 对象。分析下面这个例子：

```
// Construct one String from another.
class MakeString {
  public static void main(String args[]) {
    char c[] = {'J', 'a', 'v', 'a'};
    String s1 = new String(c);
    String s2 = new String(s1);

    System.out.println(s1);
    System.out.println(s2);
  }
}
```

该程序的输出如下所示：

```
Java
Java
```

可以看出，s1 和 s2 包含相同的字符串。

尽管 Java 的 char 类型使用 16 位来表示基本的 Unicode 字符集，但是在 Internet 上，字符串的典型格式是使用从 ASCII 字符集构造的 8 位字节数组。因为 8 位的 ASCII 字符串很普遍，所以 String 类提供了使用字节数组初始化字符串的构造函数。下面是其中的两种形式：

String(byte *chrs*[])

String(byte *chrs*[], int *startIndex*, int *numChars*)

在此，*chrs* 指定字节数组。上面的第二种形式允许指定子范围。在这两个构造函数中，从字节到字符的转换是使用平台的默认字符编码完成的。下面的程序演示了这些构造函数的用法。

```
// Construct string from subset of char array.
class SubStringCons {
  public static void main(String args[]) {
    byte ascii[] = {65, 66, 67, 68, 69, 70 };

    String s1 = new String(ascii);
    System.out.println(s1);

    String s2 = new String(ascii, 2, 3);
    System.out.println(s2);
  }
}
```

该程序生成的输出如下所示：

```
ABCDEF
CDE
```

Java 还定义了字节到字符串(byte-to-string)构造函数的扩展版本，在扩展版本中可以指定字符的编码方式，这决定了如何将字节转换为字符。但是，通常会希望使用平台提供的默认编码方式。

> **注意：**
> 无论何时，从数组创建 String 对象都会复制数组的内容。在创建字符串之后，如果修改数组的内容，String 对象不会发生变化。

使用下面的构造函数，可以从 StringBuffer 构造 String 实例：

String(StringBuffer *strBufObj*)

使用下面这个构造函数，可以从 StringBuilder 构造 String 实例：

String(StringBuilder *strBuildObj*)

下面的构造函数支持扩展的 Unicode 字符集：

String(int *codePoints*[], int *startIndex*, int *numChars*)

其中，*codePoints* 是包含 Unicode 代码点的数组。结果字符串从 *startIndex* 开始，截取 *numChars* 个字符。Java 还定义了允许指定 Charset 的构造函数。

> **注意：**
> 在第 18 章可以找到关于 Unicode 代码点以及 Java 如何处理它们的相关内容。

17.2 字符串的长度

字符串的长度是指字符串所包含字符的数量。为了获取这个值，调用 length()方法，如下所示：

```
int length()
```

下面的代码段输出 "3"，因为在字符串 s 中有 3 个字符：

```
char chars[] = { 'a', 'b', 'c' };
String s = new String(chars);
System.out.println(s.length());
```

17.3 特殊的字符串操作

因为字符串在编程中十分常见，也很重要，所以 Java 语言在语法中为一些字符串操作添加了特殊支持。这些操作包括从字符串字面值自动创建新的 String 实例，使用 "+" 运算符连接多个 String 对象，以及将其他数据类型转换为字符串表示形式。尽管有一些显式的方法可执行这些操作，但是 Java 可自动完成这些操作，从而为程序员提供了便利并增加了代码的清晰度。

17.3.1 字符串字面值

前面的例子显示了如何使用 new 运算符从字符数组显式地创建 String 实例。但是，还有更容易的方式，即使用字符串字面值。对于程序中的每个字符串字面值，Java 会自动构造一个 String 对象。因此，可以使用字符串字面值初始化 String 对象。例如，下面的代码段创建了两个相等的字符串：

```
char chars[] = { 'a', 'b', 'c' };
String s1 = new String(chars);

String s2 = "abc"; // use string literal
```

因为会为每个字符串字面值创建 String 对象，所以在能够使用 String 对象的任何地方都可以使用字符串字面值。例如，可直接对加引号的字符串调用方法，就像它们是对象引用一样，如下面的语句所示。下面的代码对字符串"abc"调用了 length()方法。正如所期望的那样，该语句输出"3"。

```
System.out.println("abc".length());
```

17.3.2　字符串连接

一般而言，Java 不允许为 String 对象应用运算符。这个规则的一个例外是"+"运算符，"+"运算符可连接两个字符串，生成一个 String 对象作为结果。还可将一系列"+"运算连接在一起。例如，下面的代码段连接了 3 个字符串：

```
String age = "9";
String s = "He is " + age + " years old.";
System.out.println(s);
```

上面的代码会显示字符串"He is 9 years old."

当创建很长的字符串时，会发现字符串连接特别有用。不是让很长的字符串在源代码中换行，而是把它们分解成较小的部分，使用"+"连接起来。下面是一个例子：

```
// Using concatenation to prevent long lines.
class ConCat {
  public static void main(String args[]) {
    String longStr = "This could have been " +
      "a very long line that would have " +
      "wrapped around. But string concatenation " +
      "prevents this.";

    System.out.println(longStr);
  }
}
```

17.3.3　字符串和其他数据类型的连接

可将字符串和其他数据类型连接起来。例如，分析下面这个与前面例子稍微不同的版本：

```
int age = 9;
String s = "He is " + age + " years old.";
System.out.println(s);
```

在此，age 是 int 类型，而不是 String 类型，但是生成的输出和前面的例子相同。这是因为 age 中的 int 值会在 String 对象中被自动转换成相应的字符串表示形式。然后再像以前那样连接这个字符串。只要"+"运算符的其他操作数是 String 实例，编译器就会把操作数转换为相应的字符串等价形式。

但是，当将其他类型的操作和字符串连接表达式混合到一起时，应当小心。可能会得到出乎意料的结果。分析下面的代码：

```
String s = "four: " + 2 + 2;
System.out.println(s);
```

该代码段会显示：

```
four: 22
```

而不是你可能期望的：

```
four: 4
```

下面解释了其中的原因。运算符优先级导致首先连接 four 和 2 的字符串等价形式，然后将这个运算的结果和 2 的字符串等价形式连接起来。为了首先完成整数相加运算，必须使用圆括号，像下面这样：

```
String s = "four: " + (2 + 2);
```

现在 s 包含字符串"four: 4"。

17.3.4　字符串转换和 toString()方法

当 Java 在执行连接操作期间，将数据转换成相应的字符串表示形式时，是通过调用 String 定义的字符串转换方法 valueOf()的某个重载版本来完成的。valueOf()方法针对所有基本类型以及 Object 类型进行了重载。对于基本类型，valueOf()方法返回一个字符串，该字符串包含与调用值等价的人类可以阅读的表示形式。对于对象，valueOf()方法调用对象的 toString()方法。本章后面将详细分析 valueOf()方法。在此，首先分析 toString()方法，因为该方法决定了所创建类对象的字符串表示形式。

每个类都实现了 toString()方法，因为该方法是由 Object 定义的。然而，toString()方法的默认实现很少能够满足需要。对于自己创建的大多数重要类，你会希望重写 toString()方法，并提供自己的字符串表示形式。幸运的是，这很容易完成。toString()方法的一般形式如下：

String toString()

为实现 toString()方法，可简单地返回一个 String 对象，使其包含用来描述自定义类对象的人类可阅读的字符串。

为创建的类重写 toString()方法，可将其完全集成到 Java 开发环境中。例如，可将它们用于 print()和 println()语句，还可用于字符串连接表达式中。下面的程序通过为 Box 类重写 toString()方法，演示了这一点：

```java
// Override toString() for Box class.
class Box {
  double width;
  double height;
  double depth;

  Box(double w, double h, double d) {
    width = w;
    height = h;
    depth = d;
  }

  public String toString() {
    return "Dimensions are " + width + " by " +
        depth + " by " + height + ".";
  }
}
```

```
class toStringDemo {
  public static void main(String args[]) {
    Box b = new Box(10, 12, 14);
    String s = "Box b: " + b; // concatenate Box object

    System.out.println(b); // convert Box to string
    System.out.println(s);
  }
}
```

该程序的输出如下所示：

```
Dimensions are 10.0 by 14.0 by 12.0
Box b: Dimensions are 10.0 by 14.0 by 12.0
```

可以看出，在连接表达式或 println()调用中使用 Box 对象时，会自动调用 Box 的 toString()方法。

17.4 提取字符

String 类提供了大量的方法，用于从 String 对象中提取字符。在此介绍其中的几个。尽管不能像索引数组中的字符那样，来索引 String 对象中字符串的字符，但是许多 String 方法为字符串使用索引(或偏移)来完成它们的操作。和数组一样，字符串索引也是从 0 开始的。

17.4.1 charAt()

为了从字符串中提取单个字符，可以通过 charAt()方法直接引用单个字符。该方法的一般形式如下：

char charAt(int *where*)

其中，*where* 是希望获取的字符的索引。*where* 的值必须是非负的，并且能够指定字符串中的一个位置。charAt()方法返回指定位置的字符。例如：

```
char ch;
ch = "abc".charAt(1);
```

将 b 赋给 ch。

17.4.2 getChars()

如果希望一次提取多个字符，可使用 getChars()方法。它的一般形式为：

void getChars(int *sourceStart*, int *sourceEnd*, char *target*[], int *targetStart*)

其中，*sourceStart* 指定了子串的开始索引，*sourceEnd* 指定了子串末尾之后下一个字符的索引。因此，子串包含字符串中索引从 *sourceStart* 到 *sourceEnd*-1 之间的字符。*target* 指定了接收字符的数组。在 *target* 中开始复制子串的索引是由 *targetStart* 传递的。注意必须确保 *target* 数组足够大，以容纳指定子串的字符。

下面的程序演示了 getChars()：

```
class getCharsDemo {
  public static void main(String args[]) {
    String s = "This is a demo of the getChars method.";
    int start = 10;
    int end = 14;
    char buf[] = new char[end - start];

    s.getChars(start, end, buf, 0);
```

```
    System.out.println(buf);
  }
}
```

该程序的输出如下所示：

```
demo
```

17.4.3 getBytes()

getChars()的一种替代选择是将字符保存在字节数组中。这个方法是 getBytes()，它使用平台提供的从字符到字节转换的默认方法。下面是 getBytes()方法最简单的形式：

byte[ ] getBytes()

getBytes()方法还有其他形式。当将 String 值导出到不支持 16 位 Unicode 字符的环境中时，最常使用 getBytes() 方法。

17.4.4 toCharArray()

如果希望将 String 对象中的所有字符转换为字符数组，最简单的方法是调用 toCharArray()。该方法为整个字符串返回字符数组，它的一般形式如下：

char[] toCharArray()

这个方法是为了方便操作而提供的，因为可使用 getChars()得到相同的结果。

17.5 比较字符串

String 类提供了大量用来比较字符串或字符串中子串的方法，在此将介绍其中的几个。

17.5.1 equals()和 equalsIgnoreCase()

为了比较两个字符串是否相等，可以使用 equals()方法。它的一般形式如下：

boolean equals(Object *str*)

其中，*str* 是将要与调用 String 对象进行比较的 String 对象。如果字符串以相同的顺序包含相同的字符，该方法就返回 true，否则返回 false。这种比较是大小写敏感的。

为执行忽略大小写区别的比较，可调用 equalsIgnoreCase()。该方法在比较两个字符串时，认为 A-Z 和 a-z 是相同的，它的一般形式如下：

boolean equalsIgnoreCase(String *str*)

其中，*str* 是将要与调用 String 对象进行比较的 String 对象。如果字符串以相同的顺序包含相同的字符，该方法就返回 true，否则返回 false。

下面是演示 equals()和 equalsIgnoreCase()的例子：

```
// Demonstrate equals() and equalsIgnoreCase().
class equalsDemo {
  public static void main(String args[]) {
    String s1 = "Hello";
    String s2 = "Hello";
    String s3 = "Good-bye";
    String s4 = "HELLO";
```

```
    System.out.println(s1 + " equals " + s2 + " -> " +
                 s1.equals(s2));
    System.out.println(s1 + " equals " + s3 + " -> " +
                 s1.equals(s3));
    System.out.println(s1 + " equals " + s4 + " -> " +
                 s1.equals(s4));
    System.out.println(s1 + " equalsIgnoreCase " + s4 + " -> " +
                 s1.equalsIgnoreCase(s4));
  }
}
```

该程序的输出如下所示：

```
Hello equals Hello -> true
Hello equals Good-bye -> false
Hello equals HELLO -> false
Hello equalsIgnoreCase HELLO -> true
```

17.5.2 regionMatches()

regionMatches()方法比较字符串中的某个特定部分与另一个字符串中的另一个特定部分。该方法还有一种重载形式，允许在这种比较中忽略大小写。这个方法的一般形式为：

boolean regionMatches(int *startIndex*, String *str2*,
               int *str2StartIndex*, int *numChars*)

boolean regionMatches(boolean *ignoreCase*,
               int *startIndex*, String *str2*,
               int *str2StartIndex*, int *numChars*)

对于这两个版本，*startIndex*指定了调用String对象中比较部分开始的索引位置。将与之进行比较的String对象是由*str2*指定的。*str2*中开始进行比较的索引位置是由*str2StartIndex*指定的。将要进行比较的子串的长度是由*numChars*传递的。在第二个版本中，如果*ignoreCase*为true，那么忽略字符的大小写；否则，大小写就是有意义的。

17.5.3 startsWith()和 endsWith()

String 定义了两个方法，它们大体上是 regionMatches()方法的特定形式。startsWith()方法确定给定的 String 对象是否以指定的字符串开始。与之相反，endsWith()方法确定 String 对象是否以指定的字符串结束。它们的一般形式如下：

boolean startsWith(String *str*)

boolean endsWith(String *str*)

其中，*str* 是将要进行测试的 String 对象。如果字符串匹配，就返回 true；否则返回 false。例如：

```
"Foobar".endsWith("bar")
```

和

```
"Foobar".startsWith("Foo")
```

都返回 true。

下面是 startsWith()方法的第二种形式，这种形式允许指定开始位置：

boolean startsWith(String *str*, int *startIndex*)

其中，*startIndex* 指定了在调用字符串中要开始查找位置的索引。例如：

```
"Foobar".startsWith("bar", 3)
```

返回 true。

17.5.4　equals()与==

equals()方法与 "==" 运算符执行不同的操作，理解这一点很重要。刚才解释过，equals()方法比较 String 对象中的字符。"==" 运算符比较对两个对象的引用，查看它们是否指向相同的实例。下面的程序演示了两个不同的 String 对象，它们可以包含相同的字符，但是如果对这些对象的引用进行比较，就会发现它们是不相等的：

```
// equals() vs ==
class EqualsNotEqualTo {
  public static void main(String args[]) {
    String s1 = "Hello";
    String s2 = new String(s1);

    System.out.println(s1 + " equals " + s2 + " -> " +
                       s1.equals(s2));
    System.out.println(s1 + " == " + s2 + " -> " + (s1 == s2));
  }
}
```

变量 s1 引用由 Hello 创建的 String 实例，s2 引用的对象是使用 s1 作为初始化器创建的。因此，两个 String 对象的内容是相同的，但它们是不同的对象。这意味着 s1 和 s2 引用的是不同的对象，所以不是 "==" 的关系，正如前面程序的输出所展示的：

```
Hello equals Hello -> true
Hello == Hello -> false
```

17.5.5　compareTo()

通常，只知道两个字符串是否相同是不够的。对于排序应用程序，需要知道哪个字符串小于、等于或大于下一个字符串。根据字典顺序，如果一个字符串位于另一个字符串的前面，那么这个字符串小于另一个字符串；如果一个字符串位于另一个字符串的后面，那么这个字符串大于另一个字符串。方法 compareTo 就是用于这个目的，该方法是由 Comparable<T>接口定义的，String 实现了这个接口。compareTo()方法的一般形式如下：

```
int compareTo(String str)
```

其中，*str* 是将要与调用 String 对象进行比较的 String 对象。返回的比较结果及相应解释如表 17-1 所示。

表 17-1　compareTo()方法的返回结果及其含义

值	含　义
小于 0	调用字符串小于 *str*
大于 0	调用字符串大于 *str*
0	两个字符串相等

下面是一个对数组中的字符串进行排序的示例程序。该程序使用 compareTo()方法为冒泡排序法确定排序顺序：

```
// A bubble sort for Strings.
class SortString {
  static String arr[] = {
```

```java
      "Now", "is", "the", "time", "for", "all", "good", "men",
      "to", "come", "to", "the", "aid", "of", "their", "country"
  };
  public static void main(String args[]) {
    for(int j = 0; j < arr.length; j++) {
      for(int i = j + 1; i < arr.length; i++) {
        if(arr[i].compareTo(arr[j]) < 0) {
          String t = arr[j];
          arr[j] = arr[i];
          arr[i] = t;
        }
      }
      System.out.println(arr[j]);
    }
  }
}
```

该程序的输出是下面的单词列表：

```
Now
aid
all
come
country
for
good
is
men
of
the
the
their
time
to
to
```

从这个例子的输出可以看出，compareTo()考虑字母的大小写。单词 Now 出现在所有其他单词之前，因为它是以大写字母开头的，这意味着在 ASCII 字符集中它具有更小的值。

当比较两个字符串时，如果希望忽略大小写区别，可以使用 compareToIgnoreCase()，如下所示：

int compareToIgnoreCase(String *str*)

除了忽略大小写外，这个方法的返回结果与 compareTo()相同。你可能希望在前面的程序中使用这个方法。如果使用这个方法的话，Now 将不再是第一个单词。

17.6 查找字符串

String 类提供了两个用于在字符串中查找指定字符或子串的方法：
- indexOf()：查找字符或子串第一次出现时的索引。
- lastIndexOf()：查找字符和子串最后一次出现时的索引。

这两个方法都以不同的方式进行了重载。对于所有情况，这些方法都返回发现字符或子串时的索引位置，或返回-1 以表示查找失败。

为查找字符第一次出现时的索引，使用：

int indexOf(int *ch*)

为了查找字符最后一次出现时的索引，使用：

int lastIndexOf(int *ch*)

其中，*ch* 是将要查找的字符。

为了查找子串第一次或最后一次出现时的索引，使用：

int indexOf(String *str*)

int lastIndexOf(String *str*)

其中，*str* 指定了将要查找的子串。

可以使用下面这些形式指定查找开始时的索引：

int indexOf(int *ch*, int *startIndex*)

int lastIndexOf(int *ch*, int *startIndex*)

int indexOf(String *str*, int *startIndex*)

int lastIndexOf(String *str*, int *startIndex*)

其中，*startIndex* 指定了开始查找时的位置索引。对于 indexOf()，查找操作从 *startIndex* 索引位置运行到字符串的末尾。对于 lastIndexOf()，查找操作从 *startIndex* 运行到索引位置 0。

下面的例子展示了如何使用各种索引方法在 String 内部进行查找：

```
// Demonstrate indexOf() and lastIndexOf().
class indexOfDemo {
  public static void main(String args[]) {
    String s = "Now is the time for all good men " +
               "to come to the aid of their country.";

    System.out.println(s);
    System.out.println("indexOf(t) = " +
                       s.indexOf('t'));
    System.out.println("lastIndexOf(t) = " +
                       s.lastIndexOf('t'));
    System.out.println("indexOf(the) = " +
                       s.indexOf("the"));
    System.out.println("lastIndexOf(the) = " +
                       s.lastIndexOf("the"));
    System.out.println("indexOf(t, 10) = " +
                       s.indexOf('t', 10));
    System.out.println("lastIndexOf(t, 60) = " +
                       s.lastIndexOf('t', 60));
    System.out.println("indexOf(the, 10) = " +
                       s.indexOf("the", 10));
    System.out.println("lastIndexOf(the, 60) = " +
                       s.lastIndexOf("the", 60));
  }
}
```

下面是该程序的输出：

```
Now is the time for all good men to come to the aid of their country.
```

```
indexOf(t) = 7
lastIndexOf(t) = 65
indexOf(the) = 7
lastIndexOf(the) = 55
indexOf(t, 10) = 11
lastIndexOf(t, 60) = 55
indexOf(the, 10) = 44
lastIndexOf(the, 60) = 55
```

17.7 修改字符串

因为 String 对象是不可改变的，所以当希望修改 String 对象时，必须将之复制到 StringBuffer 或 StringBuilder 对象中，或使用 String 类提供的方法来构造字符串修改后的新副本。下面介绍这些方法中的几个。

17.7.1 substring()

可使用 substring()方法提取子串。它有两种形式，第一种形式如下：

String substring(int *startIndex*)

其中，*startIndex* 指定子串开始时的位置索引。这种形式返回调用字符串中从 *startIndex* 索引位置开始到字符串末尾的子串副本。

substring()方法的第二种形式允许同时指定子串的开始索引和结束索引：

String substring(int *startIndex*, int *endIndex*)

其中，*startIndex* 指定开始索引，*endIndex* 指定结束索引。返回的字符串包含从开始索引到结束索引的字符，但是不包含结束索引位置的字符。

下面的程序使用 substring()方法，在一个字符串中使用一个子串替换另一个子串的所有实例：

```java
// Substring replacement.
class StringReplace {
  public static void main(String args[]) {
    String org = "This is a test. This is, too.";
    String search = "is";
    String sub = "was";
    String result = "";
    int i;

    do { // replace all matching substrings
      System.out.println(org);
      i = org.indexOf(search);
      if(i != -1) {
        result = org.substring(0, i);
        result = result + sub;
        result = result + org.substring(i + search.length());
        org = result;
      }
    } while(i != -1);
  }
}
```

该程序的输出如下所示：

```
This is a test. This is, too.
Thwas is a test. This is, too.
```

```
Thwas was a test. This is, too.
Thwas was a test. Thwas is, too.
Thwas was a test. Thwas was, too.
```

17.7.2 concat()

可使用 concat()方法来连接两个字符串，如下所示：

String concat(String *str*)

该方法创建一个新对象，这个新对象包含调用字符串并将 *str* 的内容追加到结尾。concat()与"+"执行相同的功能。例如：

```
String s1 = "one";
String s2 = s1.concat("two");
```

将字符串 onetwo 存放到 s2 中。这与下面语句生成的结果相同：

```
String s1 = "one";
String s2 = s1 + "two";
```

17.7.3 replace()

replace()方法有两种形式。第一种形式在调用字符串中使用一个字符代替另一个字符的所有实例，一般形式如下：

String replace(char *original*, char *replacement*)

其中，*original* 指定将被替换的字符，*replacement* 指定替换字符，结果字符串将被返回。例如：

```
String s = "Hello".replace('l', 'w');
```

将字符串 Hewwo 存放到 s 中。

replace()方法的第二种形式使用另一个字符序列代替一个字符序列，一般形式如下：

String replace(CharSequence *original*, CharSequence *replacement*)

17.7.4 trim()和 strip()

trim()方法返回调用字符串的副本，并移除开头和结尾的所有空白字符。对于该方法来说，认为值小于或等于 32 的字符都是空格。trim()方法的一般形式如下：

```
String trim()
```

下面是一个例子：

```
String s = "   Hello World   ".trim();
```

这条语句将字符串 Hello World 存放到 s 中。

当处理用户命令时，trim()方法特别有用。例如，下面的程序提示用户输入某个州的名称，然后显示该州的首府。该程序使用 trim()方法移除用户可能无意中输入的开头和结尾的所有空格。

```
// Using trim() to process commands.
import java.io.*;

class UseTrim {
  public static void main(String args[])
    throws IOException
  {
```

```java
  // create a BufferedReader using System.in
  BufferedReader br = new
    BufferedReader(new InputStreamReader(System.in));
  String str;

  System.out.println("Enter 'stop' to quit.");
  System.out.println("Enter State: ");
  do {
    str = br.readLine();
    str = str.trim(); // remove whitespace

    if(str.equals("Illinois"))
      System.out.println("Capital is Springfield.");
    else if(str.equals("Missouri"))
      System.out.println("Capital is Jefferson City.");
    else if(str.equals("California"))
      System.out.println("Capital is Sacramento.");
    else if(str.equals("Washington"))
      System.out.println("Capital is Olympia.");
    // ...
  } while(!str.equals("stop"));
  }
}
```

从 JDK 11 开始，Java 中引入了 strip()方法，用于移除所调用字符串开头和结尾处的所有空白字符(Java 中这样定义)并返回结果。这里的空白字符包括空格、制表符、换行和回车等。strip()方法的一般形式如下：

```
String strip()
```

JDK 11 中还提供了 stripLeading()和 stripTrailing()方法，分别用于删除所调用字符串开头和结尾处的空白字符并返回结果。

17.8 使用 valueOf()转换数据

valueOf()方法将数据从内部格式转换成人类可以阅读的形式。valueOf()是静态方法，String 针对所有 Java 内置类型对该方法进行了重载，从而可将每种类型正确地转换成字符串。Java 还针对 Object 类型对 valueOf()方法进行了重载，从而使你创建的所有类类型的对象都可作为 valueOf()方法的参数(请记住，Object 是所有类的超类)。下面是 valueOf()方法的几种形式：

static String valueOf(double *num*)

static String valueOf(long *num*)

static String valueOf(Object *ob*)

static String valueOf(char *chars*[])

前面讨论过，当需要其他某些类型数据的字符串表示形式时会调用 valueOf()方法。可使用任何数据类型直接调用 valueOf()方法，从而得到可读的字符串表示形式。所有简单类型都被转换成它们通用的字符串表示形式。传递给 valueOf()方法的所有对象都将返回调用对象的 toString()方法的结果。实际上，可以直接调用 toString()方法以得到相同的结果。

对于大部分数组，valueOf()方法会返回一个相当隐蔽的字符串，以表明这是某种类型的数组。然而，对于字符数组，会创建包含字符数组中字符的 String 对象。还有一个特殊版本的 valueOf()方法，允许指定字符数组的子集，一般形式为：

static String valueOf(char *chars*[], int *startIndex*, int *numChars*)

其中，*chars* 是包含字符的数组，*startIndex* 是期望子串在字符数组中何处开始的位置索引，*numChars* 指定了子串的长度。

17.9 改变字符串中字符的大小写

方法 toLowerCase()将字符串中的所有字符从大写转换为小写，方法 toUpperCase()将字符串中的所有字符从小写转换为大写。非字母字符(如数字)不受影响。下面是这些方法的最简单形式：

String toLowerCase()

String toUpperCase()

这些方法返回一个 String 对象，其中包含与调用字符串等价的大写或小写形式。对于这两种情况，都是由默认区域设置来控制转换。

下面是一个使用 toLowerCase()和 toUpperCase()方法的例子：

```
// Demonstrate toUpperCase() and toLowerCase().

class ChangeCase {
 public static void main(String args[])
  {
    String s = "This is a test.";

    System.out.println("Original: " + s);

    String upper = s.toUpperCase();
    String lower = s.toLowerCase();

    System.out.println("Uppercase: " + upper);
    System.out.println("Lowercase: " + lower);
  }
}
```

该程序生成的输出如下所示：

```
Original: This is a test.
Uppercase: THIS IS A TEST.
Lowercase: this is a test.
```

另外注意一点，toLowerCase()和 toUpperCase()方法的重载版本还允许指定控制转换的 Locale 对象。对于某些情况，指定区域非常重要，这有助于国际化应用程序。

17.10 连接字符串

JDK 8 为 String 类添加了一个新方法 join()，用于连接两个或更多个字符串，并使用分隔符分隔各个字符串，如空格或逗号。join()方法有两种形式，第一种形式如下所示：

static String join(CharSequence *delim*, CharSequence ... *strs*)

其中，*delim* 指定了分隔符，用于分隔 *strs* 指定的字符序列。因为 String 类实现了 CharSequence 接口，所以 *strs* 可以是一个字符串列表(可参阅第 18 章中有关 CharSequence 接口的信息)。下面的程序演示了这个版本的 join()方法：

```java
// Demonstrate the join() method defined by String.
class StringJoinDemo {
  public static void main(String args[]) {

    String result = String.join(" ", "Alpha", "Beta", "Gamma");
    System.out.println(result);

    result = String.join(", ", "John", "ID#: 569",
                "E-mail: John@HerbSchildt.com");
    System.out.println(result);
  }
}
```

程序的输出如下所示:

```
Alpha Beta Gamma
John, ID#: 569, E-mail: John@HerbSchildt.com
```

第一次调用join()时,在每个字符串之间插入了一个空格。在第二次调用时,指定分隔符为一个逗号加一个空格。这表明分隔符并非只能是一个字符。

join()方法的第二种形式允许连接从实现了Iterable接口的对象获取的一个字符串列表。第19章将介绍Iterable接口(由集合框架类实现)。第18章将介绍Iterable接口的相关信息。

17.11 其他 String 方法

除了前面讨论的方法外,String类还提供了其他许多方法,如表17-2所示。

表 17-2　String 类的其他方法

方　　法	描　　述
int codePointAt(int *i*)	返回由 *i* 指定的位置的 Unicode 代码点
int codePointBefore(int *i*)	返回由 *i* 指定的位置之前的 Unicode 代码点
int codePointCount(int *start*, int *end*)	返回调用字符串中处于 *start* 到 *end*-1 索引范围内的代码点数
boolean contains(CharSequence *str*)	如果调用对象包含由 *str* 指定的字符串,就返回 true;否则返回 false
boolean contentEquals(CharSequence *str*)	如果调用字符串和 *str* 包含的字符串相同,就返回 true;否则返回 false
boolean contentEquals(StringBuffer *str*)	如果调用字符串和 *str* 包含的字符串相同,就返回 true;否则返回 false
static String format(String *fmtstr*, Object ... *args*)	返回格式化的字符串,由 *fmtstr* 指定(关于格式化的详情,请参阅第 19 章)
static String format(Locale *loc*, String *fmtstr*, Object ... *args*)	返回格式化的字符串,由 *fmtstr* 指定。格式化是由 *loc* 指定的区域控制的(关于格式化的详情,请参阅第 19 章)
boolean isEmpty()	如果调用字符串没有包含任何字符并且长度为 0,就返回 true
Stream<String> lines()	根据回车和换行符将字符串分解成一个个单行并返回包含这些单行的一个 Stream(JDK 11 中新增)
boolean matches(string *regExp*)	如果调用字符串和 *regExp* 传递的正则表达式匹配,就返回 true;否则返回 fasle
int offsetByCodePoints(int *start*, int *num*)	返回调用字符串中超过 *start* 所指定开始索引 *num* 个代码点的索引
String replaceFirst(String *regExp*, String *newStr*)	返回一个字符串,在返回的这个字符串中,使用 *newStr* 替换与 *regExp* 所指定正则表达式相匹配的第一个子串
String replaceAll(String *regExp*, String *newStr*)	返回一个字符串,在返回的这个字符串中,使用 *newStr* 替换与 *regExp* 所指定正则表达式相匹配的所有子串

(续表)

方法	描述
String[ ] split(String *regExp*)	将调用字符串分解成几个部分，并返回包含结果的数组。每一部分都由 *regExp* 传递的正则表达式进行界定
String[ ] split(String *regExp*, int *max*)	将调用字符串分解成几个部分，并返回包含结果的数组。每一部分都由 *regExp* 传递的正则表达式进行界定。*max* 指定分解的块数。如果 *max* 是负数，就完全分解调用字符串。否则，如果 *max* 包含非零值，那么结果数组中的最后一个元素是调用字符串的剩余部分。如果 *max* 是 0，就完全分解调用字符串，但是不会包含后跟的空字符串
CharSequence subSequence(int *startIndex*, int *stopIndex*)	返回调用字符串的子串，从 *startIndex* 索引位置开始，并在 *stopIndex* 索引位置结束。该方法是 CharSequence 接口所需要的，String 类实现了 CharSequence 接口

注意，这些方法中的多个都使用正则表达式进行工作。正则表达式将在第 30 章介绍。

17.12　StringBuffer 类

StringBuffer 支持可修改的字符串。你可能知道，String 表示长度固定、不可修改的字符序列。与之相对应，StringBuffer 表示可增长、可写入的字符序列。StringBuffer 允许在中间插入字符和子串，或者在末尾追加字符和子串。StringBuffer 能够自动增长，从而为这类添加操作准备空间，并且通常预先分配比实际需要更多的字符空间，以允许空间增长。

17.12.1　StringBuffer 类的构造函数

StringBuffer 类定义了以下 4 个构造函数：

StringBuffer()
StringBuffer(int *size*)
StringBuffer(String *str*)
StringBuffer(CharSequence *chars*)

默认构造函数(没有参数的那个)预留 16 个字符的空间，不需要再分配。第 2 个版本接收一个显式设置缓冲区大小的整型参数。第 3 个版本接收一个设置 StringBuffer 对象初始化内容的 String 参数，并额外预留 16 个字符的空间，不需要再分配。如果没有要求特定的缓冲区长度，StringBuffer 会为 16 个附加字符分配空间，因为再次分配空间是很耗时的操作。此外，频繁分配空间会生成内存碎片。通过为一部分额外字符分配空间，StringBuffer 减少了再次分配空间的次数。第 4 个构造函数创建包含字符序列的对象，并额外预留 16 个字符的空间，包含的字符序列是由 chars 指定的。

17.12.2　length()与 capacity()

通过 length()方法可获得 StringBuffer 对象的当前长度，而通过 capacity()方法可获得已分配的容量。这两个方法的一般形式如下：

int length()
int capacity()

下面是一个例子：

```
// StringBuffer length vs. capacity.
```

```
class StringBufferDemo {
  public static void main(String args[]) {
    StringBuffer sb = new StringBuffer("Hello");

    System.out.println("buffer = " + sb);
    System.out.println("length = " + sb.length());
    System.out.println("capacity = " + sb.capacity());
  }
}
```

下面是该程序的输出,其中显示了 StringBuffer 如何为附加操作预留额外空间的:

```
buffer = Hello
length = 5
capacity = 21
```

因为 sb 在创建时是使用字符串 Hello 初始化的,所以它的长度是 5。因为自动添加了 16 个附加字符的空间,所以它的容量是 21。

17.12.3　ensureCapacity()

创建了 StringBuffer 对象后,如果希望为特定数量的字符预先分配空间,可使用 ensureCapacity()方法设置缓冲区的大小。如果事先知道将要向 StringBuffer 对象追加大量的小字符串,这个方法是有用的。ensureCapacity()方法的一般形式为:

void ensureCapacity(int *minCapacity*)

其中,*minCapacity* 指定了缓冲区的最小尺寸(出于效率方面的考虑,可能会分配比 *minCapacity* 更大的缓冲区)。

17.12.4　setLength()

可使用 setLength()方法设置 StringBuffer 对象中字符串的长度,一般形式为:

void setLength(int *len*)

其中,*len* 指定字符串的长度,值必须为非负值。

当增加字符串的大小时,会向末尾添加 null 字符。如果调用 setLength()方法时,使用的值小于 length()方法返回的当前值,那么超出新长度的字符将丢失。下一节中的 setCharAtDemo 示例程序使用 setLength()方法缩短了一个 StringBuffer 对象。

17.12.5　charAt()与 setCharAt()

通过 charAt()方法可从 StringBuffer 获取单个字符的值,使用 setCharAt()方法可设置 StringBuffer 对象中某个字符的值。这两个方法的一般形式如下所示:

char charAt(int *where*)

void setCharAt(int *where*, char *ch*)

对于 charAt()方法,*where* 指定了将要获取字符的索引。对于 setCharAt()方法,*where* 指定了将要设置字符的索引,*ch* 指定了字符的新值。对于这两个方法,*where* 必须是非负值,并且不能超出字符串结尾的位置。

下面的例子演示了 charAt()和 setCharAt()方法:

```
// Demonstrate charAt() and setCharAt().
class setCharAtDemo {
```

```
    public static void main(String args[]) {
      StringBuffer sb = new StringBuffer("Hello");
      System.out.println("buffer before = " + sb);
      System.out.println("charAt(1) before = " + sb.charAt(1));

      sb.setCharAt(1, 'i');
      sb.setLength(2);
      System.out.println("buffer after = " + sb);
      System.out.println("charAt(1) after = " + sb.charAt(1));
    }
  }
```

下面是该程序生成的输出：

```
buffer before = Hello
charAt(1) before = e
buffer after = Hi
charAt(1) after = i
```

17.12.6　getChars()

可使用 getChars()方法将 StringBuffer 对象的子串复制到数组中，该方法的一般形式为：

void getChars(int *sourceStart*, int *sourceEnd*, char *target*[], int *targetStart*)

其中，*sourceStart* 指定子串开始位置的索引，*sourceEnd* 指定子串结束位置的后一个位置的索引。这意味着子串将包含索引位置从 *sourceStart* 到 *sourceEnd*−1 之间的字符。接收字符的数组是由 *target* 指定的。*targetStart* 指定了在 *target* 中开始复制子串的位置索引。使用 getChars()方法时一定要谨慎，要确保 *target* 足以容纳指定子串中的字符。

17.12.7　append()

append()方法将各种其他类型数据的字符串表示形式连接到调用 StringBuffer 对象的末尾。该方法有一些重载版本，下面是其中的几个：

StringBuffer append(String *str*)

StringBuffer append(int *num*)

StringBuffer append(Object *obj*)

首先，通过调用 String.valueOf()来获取每个参数的字符串表示形式，之后将结果添加到当前 StringBuffer 对象的末尾。缓冲区本身由各个版本的 append()方法返回，从而将一系列调用链接起来，如下面的例子所示：

```
// Demonstrate append().
class appendDemo {
  public static void main(String args[]) {
    String s;
    int a = 42;
    StringBuffer sb = new StringBuffer(40);

    s = sb.append("a = ").append(a).append("!").toString();
    System.out.println(s);
  }
}
```

这个示例的输出如下所示：

```
a = 42!
```

17.12.8 insert()

insert()方法将一个字符串插入到另一个字符串中。Java 对该方法进行了重载,以接收所有基本类型以及 String、Object 和 CharSequence 类型的值。与 append()类似,该方法获取参数值的字符串表示形式,然后将字符串插入调用 StringBuffer 对象中。下面是其中的几种重载形式:

StringBuffer insert(int *index*, String *str*)
StringBuffer insert(int *index*, char *ch*)
StringBuffer insert(int *index*, Object *obj*)

其中,*index* 指定了将字符串插入调用 StringBuffer 对象中的位置索引。

下面的示例程序将 like 插入 I 和 Java 之间:

```
// Demonstrate insert().
class insertDemo {
  public static void main(String args[]) {
    StringBuffer sb = new StringBuffer("I Java!");

    sb.insert(2, "like ");
    System.out.println(sb);
  }
}
```

该程序的输出如下所示:

```
I like Java!
```

17.12.9 reverse()

可使用 reverse()方法颠倒 StringBuffer 对象中的字符,如下所示:

StringBuffer reverse()

该方法返回调用对象的反转形式。下面的程序演示了 reverse()方法:

```
// Using reverse() to reverse a StringBuffer.
class ReverseDemo {
  public static void main(String args[]) {
    StringBuffer s = new StringBuffer("abcdef");

    System.out.println(s);
    s.reverse();
    System.out.println(s);
  }
}
```

该程序生成的输出如下所示:

```
abcdef
fedcba
```

17.12.10 delete()与 deleteCharAt()

使用 delete()和 deleteCharAt()方法可以删除 StringBuffer 对象中的字符。这些方法如下所示:

StringBuffer delete(int *startIndex*, int *endIndex*)
StringBuffer deleteCharAt(int *loc*)

delete()方法从调用对象删除一连串字符。其中，*startIndex* 指定第一个删除字符的位置索引，*endIndex* 指定要删除的最后一个字符之后的下一个字符的位置索引。因此，结果是删除索引位置从 *startIndex* 到 *endIndex*-1 之间的子串。删除字符后的 StringBuffer 对象作为结果返回。

deleteCharAt()方法删除由 *loc* 指定的索引位置的字符，返回删除字符后的 StringBuffer 对象。

下面的程序演示了 delete()和 deleteCharAt()方法：

```
// Demonstrate delete() and deleteCharAt()
class deleteDemo {
  public static void main(String args[]) {
    StringBuffer sb = new StringBuffer("This is a test.");

    sb.delete(4, 7);
    System.out.println("After delete: " + sb);

    sb.deleteCharAt(0);
    System.out.println("After deleteCharAt: " + sb);
  }
}
```

下面是该程序生成的输出：

```
After delete: This a test.
After deleteCharAt: his a test.
```

17.12.11　replace()

通过调用 replace()方法可以使用另一个字符集替换 StringBuffer 对象中的一个字符集。该方法的签名如下所示：

StringBuffer replace(int *startIndex*, int *endIndex*, String *str*)

索引 *startIndex* 和 *endIndex* 指定了将被替换的子串，因此将替换 *startIndex* 和 *endIndex*-1 索引位置之间的子串。替换字符串被传入 *str*。替换后的 StringBuffer 对象作为结果返回。

下面的程序演示了 replace()方法：

```
// Demonstrate replace()
class replaceDemo {
  public static void main(String args[]) {
    StringBuffer sb = new StringBuffer("This is a test.");

    sb.replace(5, 7, "was");
    System.out.println("After replace: " + sb);
  }
}
```

下面是输出：

```
After replace: This was a test.
```

17.12.12　substring()

通过调用 substring()方法可以获得 StringBuffer 对象的一部分。该方法有以下两种重载形式：

String substring(int *startIndex*)

String substring(int *startIndex*, int *endIndex*)

第一种形式返回从索引位置 *startIndex* 开始到调用 StringBuffer 对象末尾之间的子串，第二种形式返回 *startIndex* 和 *endIndex*-1 索引位置之间的子串。这些方法的工作方式与前面介绍的 String 类的对应方法类似。

17.12.13 其他 StringBuffer 方法

除了刚才介绍的那些方法外，StringBuffer 还提供了其他一些方法，如表 17-3 所示。

表 17-3 StringBuffer 的其他一些方法

方　　法	描　　述
StringBuffer appendCodePoint(int ch)	在调用对象的末尾添加一个 Unicode 代码点，返回对调用对象的引用
int codePointAt(int i)	返回由 i 指定的位置的 Unicode 代码点
int codePointBefore(int i)	返回由 i 指定的位置之前位置的 Unicode 代码点
int codePointCount(int start, int end)	返回调用对象在位置 start 和 end−1 之间代码点的数量
int indexOf(String str)	查找 str 在调用 StringBuffer 对象中的第一次出现时的位置索引，并返回该索引。如果没有找到，就返回−1
int indexOf(String str, int startIndex)	从 startIndex 位置索引开始查找 str 在 StringBuffer 对象中第一次出现时的位置索引，并返回该索引。如果没有找到，就返回−1
int lastIndexOf(String str)	查找 str 在调用 StringBuffer 对象中最后一次出现时的位置索引，并返回该索引。如果没有找到，就返回−1
int lastIndexOf(String str, int startIndex)	从位置索引 startIndex 开始查找 str 在 StringBuffer 对象中最后一次出现时的位置索引，并返回该索引。如果没有找到，就返回−1
int offsetByCodePoints(int start, int num)	返回调用字符串中超过 start 所指定索引位置 num 个代码点的索引
CharSequence subSequence(int startIndex, int stopIndex)	返回调用字符串的一个子串，从位置索引 startIndex 开始，到 stopIndex 位置索引结束。这个方法是 CharSequence 接口所需要的，StringBuffer 实现了该接口
void trimToSize()	要求为调用对象减小字符缓冲区的大小，以更适合当前内容

以下程序演示了 indexOf()方法和 lastIndexOf()方法：

```
class IndexOfDemo {
  public static void main(String args[]) {
    StringBuffer sb = new StringBuffer("one two one");
    int i;

    i = sb.indexOf("one");
    System.out.println("First index: " + i);

    i = sb.lastIndexOf("one");
    System.out.println("Last index: " + i);
  }
}
```

输出如下所示：

```
First index: 0
Last index: 8
```

17.13 StringBuilder 类

StringBuilder 与 StringBuffer 类似，只有一个重要的区别：StringBuilder 不是同步的，这意味着它不是线程安全的。StringBuilder 的优势在于能得到更高的性能。但是，如果可以修改的字符串将被多个线程修改，并且没有使用其他同步措施的话，就必须使用 StringBuffer，而不能使用 StringBuilder。

第18章 探究 java.lang

本章讨论由 java.lang 定义的类和接口。如前所述，java.lang 被自动导入所有程序中，其中包含的类和接口实际上是所有 Java 编程的基础。java.lang 是 Java 使用最广泛的包，从 JDK 9 开始，java.lang 是 java.base 模块的一部分。

java.lang 包含的类如表 18-1 所示。

表 18-1 java.lang 包含的类

Boolean	Float	Process	StrictMath
Byte	InheritableThreadLocal	ProcessBuilder	String
Character	Integer	ProcessBuilder.Redirect	StringBuffer
Character.Subset	Long	Runtime	StringBuilder
Character.UnicodeBlock	Math	RuntimePermission	System
Class	Module	Runtime.Version	System.LoggerFinder
ClassLoader	ModuleLayer	SecurityManager	Thread
ClassValue	ModuleLayer.Controller	Short	ThreadGroup
Compiler	Number	StackFramePermission	ThreadLocal
Double	Object	StackTraceElement	Throwable
Enum	Package	StackWalker	Void

java.lang 定义了如表 18-2 所示的接口。

表 18-2 java.lang 定义的接口

Appendable	Iterable	StackWalker.StackFrame
AutoCloseable	ProcessHandle	System.Logger
CharSequence	ProcessHandle.Info	Thread.UncaughtExceptionHandler
Cloneable	Readable	
Comparable	Runnable	

java.lang 中的几个类包含一些不再推荐使用的方法，其中的多数是在 Java 1.0 中定义的。Java 仍然提供这些不再推荐使用的方法以支持遗留代码，但对于新代码，不推荐使用这些方法。因此，在此不讨论这些不再推荐使用的方法。

18.1 基本类型封装器

在本书第 I 部分提到过，出于性能考虑，Java 使用基本类型(如 int 和 char)。这些数据类型不是对象层次的组成部分。它们通过值传递给方法，不能直接通过引用进行传递。此外，两个方法无法引用 int 的同一个实例。有时，需要创建表示这些基本类型的对象。例如，在第 19 章讨论的集合类只处理对象；为了在这些类中存储基本类型，需要将基本类型封装到类中。为了满足这一需求，Java 提供了与每种基本类型对应的类。本质上，这些类将基本类型封装(或者说是包装)到对应的类中。因此，通常将它们称为类型封装器(type wrapper)。在第 12 章就介绍过类型封装器，下面进行详细讨论。

18.1.1 Number

抽象类 Number 定义了一个超类，用于封装数值类型 byte、short、int、long、float 以及 double 的类派生自这个超类。Number 定义了一些抽象方法，以各种不同的数字格式返回对象的值。例如，doubleValue()方法返回 double 类型的值，floatValue()方法返回 float 类型的值，等等。这些方法如下所示：

byte byteValue( )
double doubleValue( )
float floatValue( )
int intValue( )
long longValue( )
short shortValue( )

这些方法返回的值可能会被舍入，也有可能被截断，或者由于窄化转换而得到垃圾值。

Number 包含用于保存各种基本数值类型显式值的具体子类：Double、Float、Byte、Short、Integer 以及 Long。

18.1.2 Double 与 Float

Double 和 Float 分别是 double 和 float 浮点类型值的封装器。Float 类的构造函数如下所示：

Float(double *num*)
Float(float *num*)
Float(String *str*) throws NumberFormatException

可以看出，可以使用 float 或 double 类型的值构造 Float 对象，还可以从浮点数的字符串表示形式构造 Float 对象。从 JDK 9 开始，这些构造函数已不再推荐使用，取而代之的是 valueOf()方法。

Double 类的构造函数如下所示：

Double(double *num*)
Double(String *str*) throws NumberFormatException

可以使用 double 值或浮点数的字符串表示形式构造 Double 对象。从 JDK 9 开始，这些构造函数已不再推荐使用，取而代之的是 valueOf()方法。

Float 和 Double 都定义了表 18-3 所示的常量。表 18-4 显示了 Float 定义的方法。表 18-5 显示了 Double 定义的方法。

表 18-3 Float 和 Double 类定义的常量

常量	描述
BYTES	使用字节数表示的 float 或 double 的宽度
MAX_EXPONENT	最大指数值
MAX_VALUE	最大正数值
MIN_EXPONENT	最小指数值
MIN_NORMAL	最小的正标准值
MIN_VALUE	最小正数值
NaN	非数字
POSITIVE_INFINITY	正无穷大
NEGATIVE_INFINITY	负无穷大
SIZE	被封装的值的位宽
TYPE	float 或 double 的 Class 对象

下面的例子创建了两个 Double 对象——一个是使用 double 值创建的，另一个是通过传递一个可被解析为 double 值的字符串创建的：

```
class DoubleDemo {
  public static void main(String args[]) {
    Double d1 = Double.valueOf(3.14159);
    Double d2 = Double.valueOf("314159E-5");

    System.out.println(d1 + " = " + d2 + " -> " + d1.equals(d2));
  }
}
```

从下面的输出可以看出，两个版本的 valueOf() 都创建了相同的 Double 实例；equals() 方法返回 true 就反映了这一点：

```
3.14159 = 3.14159 -> true
```

表 18-4 Float 类定义的方法

方法	描述
byte byteValue()	作为 byte 类型返回调用对象的值
static int compare(float *num1*, float *num2*)	比较 *num1* 和 *num2* 的值。如果值相等，返回 0；如果 *num1* 小于 *num2*，返回一个负值；如果 *num1* 大于 *hum2*，返回一个正值
int compareTo(Float *f*)	比较调用对象和 *f* 的数值。如果值相等，返回 0；如果调用对象的值较小，返回一个负值；如果调用对象的值较大，返回一个正值
double doubleValue()	作为 double 类型返回调用对象的值
boolean equals(Object *FloatObj*)	如果调用 Float 对象等于 *FloatObj*，返回 true；否则返回 false
static int floatToIntBits(float *num*)	返回与 *num* 对应的、与 IEEE 兼容的单精度位模式
static int floatToRawIntBits(float *num*)	返回与 *num* 对应的、与 IEEE 兼容的单精度位模式，保留 NaN 值
float floatValue()	作为 float 类型返回调用对象的值
int hashCode()	返回调用对象的散列码
static int hashCode(float *num*)	返回 *num* 的散列码
static float intBitsToFloat(int *num*)	返回的 float 值与 *num* 指定的、与 IEEE 兼容的单精度位模式等价

(续表)

方 法	描 述
int intValue()	作为 int 类型返回调用对象的值
static boolean isFinite(float *num*)	如果 *num* 不是 NaN，也不是无穷值，就返回 true
boolean isInfinite()	如果调用对象包含的是无穷值，返回 true；否则返回 false
static boolean isInfinite(float *num*)	如果 *num* 指定的是无穷值，返回 true；否则返回 false
boolean isNaN()	如果调用对象包含的是非数字值，返回 true；否则返回 false
static boolean isNaN(float *num*)	如果 *num* 指定的是非数字值，返回 true；否则返回 false
long longValue()	作为 long 类型返回调用对象的值
static float max(float *val*, float *val2*)	返回 *val* 和 *val2* 中的最大值
static float min(float *val*, float *val2*)	返回 *val* 和 *val2* 中的最小值
static float parseFloat(String *str*) throws NumberFormatException	返回的 float 值与 *str* 指定的字符串所包含的十进制数等价
short shortValue()	作为 short 类型返回调用对象的值
static float sum(float *val*, float *val2*)	返回 *val+val2* 的结果
static String toHexString(float *num*)	返回包含十六进制格式的 *num* 值的字符串
String toString()	返回与调用对象等价的字符串
static String toString(float *num*)	返回与 *num* 指定的值等价的字符串
static Float valueOf(float *num*)	返回的 Float 对象包含由 *num* 传递过来的值
static Float valueOf(String *str*) throws NumberFormatException	返回的 Float 对象包含由 *str* 中字符串指定的值

表 18-5 Double 类定义的方法

方 法	描 述
byte byteValue()	作为 byte 类型返回调用对象的值
static int compare(double *num1*, double *num2*)	比较 *num1* 和 *num2* 的值。如果相等，返回 0；如果 *num1* 小于 *num2*，返回一个负值；如果 *num1* 大于 *hum2*，返回一个正值
int compareTo(Double *d*)	比较调用对象和 *d* 的值。如果值相等，返回 0；如果调用对象的值较小，返回一个负值；如果调用对象的值较大，返回一个正值
static long doubleToLongBits(double *num*)	返回与 *num* 对应的、与 IEEE 兼容的双精度位模式
static long doubleToRawLongBits(double *num*)	返回与 *num* 对应的、与 IEEE 兼容的双精度位模式，保留 NaN 值
double doubleValue()	作为 double 类型返回调用对象的值
boolean equals(Object *DoubleObj*)	如果调用 Double 对象与 *DoubleObj* 相等，返回 true；否则返回 false
float floatValue()	作为 float 类型返回调用对象的值
int hashcode()	返回调用对象的散列码
static int hashCode(double *num*)	返回 *num* 的散列码
int intValue()	作为 int 类型返回调用对象的值
static boolean isFinite(double *num*)	如果 *num* 不是 NaN，也不是无穷值，就返回 true
boolean isInfinite()	如果调用对象包含的是无穷值，返回 true；否则返回 false
static boolean isInfinite(double *num*)	如果 *num* 指定的是无穷值，返回 true；否则返回 false
boolean isNaN()	如果调用对象包含的是非数字值，返回 true；否则返回 false

(续表)

方　　法	描　　述
static boolean isNaN(double *num*)	如果 *num* 指定的是非数字值，返回 true；否则返回 false
static double longBitsToDouble(long *num*)	返回的 double 值与 *num* 指定的、与 IEEE 兼容的双精度位模式等价
long longValue()	作为 long 类型返回调用对象的值
static double max(double *val*, double *val2*)	返回 *val* 和 *val2* 中的最大值
static double min(double *val*, double *val2*)	返回 *val* 和 *val2* 中的最小值
static double parseDouble(String *str*) throws NumberFormatException	返回的 double 值与 *str* 指定的字符串所包含的十进制数等价
short shortValue()	作为 short 类型返回调用对象的值
static double sum(double *val*, double *val2*)	返回 *val*+*val2* 的结果
static String toHexString(double *num*)	返回包含十六进制格式的 *num* 值的字符串
String toString()	返回与调用对象等价的字符串
static String toString(double *num*)	返回与 *num* 指定值等价的字符串
static Double valueOf(double *num*)	返回的 Double 对象包含由 *num* 传递过来的值
static Double valueOf(String *str*) throws NumberFormatException	返回的 Double 对象包含由 *str* 中字符串指定的值

18.1.3　理解 isInfinite()与 isNaN()

Float 和 Double 都提供了 isInfinite()和 isNaN()方法，当操作两个特殊的 double 和 float 值时，它们是有帮助的。这两个方法用于测试 IEEE 浮点规范定义的两个独特的值：无穷值和 NaN(非数字)。如果测试的值在数量上为无穷大或无穷小，那么 isInfinite()方法返回 true。如果测试的值不是数字，那么 isNaN()方法返回 true。

下面的例子创建了两个 Double 对象，一个是无穷大，另一个不是数字：

```
// Demonstrate isInfinite() and isNaN()
class InfNaN {
  public static void main(String args[]) {
    Double d1 = Double.valueOf(1/0.);
    Double d2 = Double.valueOf(0/0.);

    System.out.println(d1 + ": " + d1.isInfinite() + ", " + d1.isNaN());
    System.out.println(d2 + ": " + d2.isInfinite() + ", " + d2.isNaN());
  }
}
```

该程序生成的输出如下所示：

```
Infinity: true, false
NaN: false, true
```

18.1.4　Byte、Short、Integer 和 Long

Byte、Short、Integer 和 Long 类分别是整数类型 byte、short、int 以及 long 的封装器。它们的构造函数如下所示：

Byte(byte *num*)

Byte(String *str*) throws NumberFormatException

Short(short *num*)

Short(String *str*) throws NumberFormatException

Integer(int *num*)

Integer(String *str*) throws NumberFormatException

Long(long *num*)

Long(String *str*) throws NumberFormatException

正如所见，可以从数值或包含有效整数值的字符串创建这些对象。从 JDK 9 开始，这些构造函数已不再推荐使用，取而代之的是 valueOf() 方法。

表 18-6 至表 18-9 显示了这些类定义的方法。可以看出，它们定义了从字符串解析整数以及将字符串转换为整数的方法。这些方法的重载形式允许指定转换的进制(也称为基数)。通常为二进制数使用 2，为八进制数使用 8，为十进制数使用 10，为十六进制数使用 16。

表 18-6 Byte 类定义的方法

方 法	描 述
byte byteValue()	作为 byte 类型返回调用对象的值
static int compare(byte *num1*, byte *num2*)	比较 *num1* 和 *num2* 的值。如果相等，返回 0；如果 *num1* 的值小于 *num2* 的值，返回一个负值；如果 *num1* 的值大于 *num2* 的值，返回一个正值
int compareTo(Byte *b*)	比较调用对象与 *b* 的数值。如果相等，返回 0；如果调用对象的值较小，返回一个负值；如果调用对象的值较大，返回一个正值
static int compareUnsigned(byte *num1*, byte *num2*)	对 *num1* 和 *num2* 进行无符号比较。如果相等，返回 0；如果 *num1* 的值小于 *num2* 的值，返回一个负值；如果 *num1* 的值大于 *num2* 的值，返回一个正值
static Byte decode(String *str*) throws NumberFormatException	返回的 Byte 对象中包含由 *str* 中字符串指定的值
double doubleValue()	作为 double 类型返回调用对象的值
boolean equals(Object *ByteObj*)	如果调用 Byte 对象与 *ByteObj* 相等，返回 true；否则返回 false
float floatValue()	作为 float 类型返回调用对象的值
int hashCode()	返回调用对象的散列码
static int hashCode(byte *num*)	返回 *num* 的散列码
int intValue()	作为 int 类型返回调用对象的值
long longValue()	作为 long 类型返回调用对象的值
static byte parseByte(String *str*) throws NumberFormatException	返回的 byte 值与 *str* 指定的字符串所包含的数字等价，这些数字是以十进制表示的
static byte parseByte(String *str*, int *radix*) throws NumberFormatException	返回的 byte 值与 *str* 指定的字符串所包含的数字等价，这些数字是以 *radix* 进制表示的
short shortValue()	作为 short 类型返回调用对象的值
String toString()	返回的字符串包含调用对象的十进制等价形式
static String toString(byte *num*)	返回的字符串包含 *num* 的十进制等价形式
static int toUnsignedInt(byte *val*)	作为无符号整数返回 *val* 的值
static long toUnsignedLong(byte *val*)	作为无符号长整数返回 *val* 的值
static Byte valueOf(byte *num*)	返回的 Byte 对象包含由 *num* 传递过来的值
static Byte valueOf(String *str*) throws NumberFormatException	返回的 Byte 对象包含由 *str* 中字符串指定的值
static Byte valueOf(String *str*, int *radix*) throws NumberFormatException	返回的 Byte 对象包含由 *str* 中字符串指定的值，该值是以 *radix* 进制表示的

表 18-7 Short 类定义的方法

方　　法	描　　述
byte byteValue()	作为 byte 类型返回调用对象的值
static int compare(short *num1*, short *num2*)	比较 *num1* 和 *num2* 的值。如果相等，返回 0；如果 *num1* 的值小于 *num2* 的值，返回一个负值；如果 *num1* 的值大于 *num2* 的值，返回一个正值
int compareTo(Short *s*)	比较调用对象和 *s* 的数值。如果相等，返回 0；如果调用对象的值较小，返回一个负值；如果调用对象的值较大，返回一个正值
static int compareUnsigned(short *num1*, short *num2*)	对 *num1* 和 *num2* 进行无符号比较。如果相等，返回 0；如果 *num1* 的值小于 *num2* 的值，返回一个负值；如果 *num1* 的值大于 *num2* 的值，返回一个正值
static Short decode(String *str*)　　　throws NumberFormatException	返回的 Short 对象包含 *str* 中字符串指定的值
double doubleValue()	作为 double 类型返回调用对象的值
boolean equals(Object *ShortObj*)	如果调用 Short 对象与 *ShortObj* 相等，返回 true；否则返回 false
float floatValue()	作为 float 类型返回调用对象的值
int hashCode()	返回调用对象的散列码
static int hashCode(short *num*)	返回 *num* 的散列码
int intValue()	作为 int 类型返回调用对象的值
long longValue()	作为 long 类型返回调用对象的值
static short parseShort(String *str*)　　　throws NumberFormatException	返回的 short 值与 *str* 指定的字符串所包含的数字等价，这些数字以十进制表示
static short parseShort(String *str*, int *radix*)　　　throws NumberFormatException	返回的 short 值与 *str* 指定的字符串所包含的数字等价，这些数字以 *radix* 进制表示
static short reverseBytes(short *num*)	交换 *num* 的高位字节和低位字节并返回结果
short shortValue()	作为 short 类型返回调用对象的值
String toString()	返回的 String 对象包含调用对象的十进制等价形式
static String toString(short *num*)	返回的 String 对象包含 *num* 的十进制等价形式
static int toUnsignedInt(short *val*)	作为无符号整数返回 *val* 的值
static long toUnsignedLong(short *val*)	作为无符号长整数返回 *val* 的值
static Short valueOf(short *num*)	返回的 Short 对象包含由 *num* 传递过来的值
static Short valueOf(String *str*)　　　throws NumberFormatException	返回的 Short 对象包含由 *str* 中字符串指定的值，该值以十进制形式表示
static Short valueOf(String *str*, int *radix*)　　　throws NumberFormatException	返回的 Short 对象包含由 *str* 中字符串指定的值，该值以 *radix* 进制形式表示

表 18-8 Integer 类定义的方法

方　　法	描　　述
static int bitCount(int *num*)	返回 *num* 中已设置的位数
byte byteValue()	作为 byte 类型返回调用对象的值
static int compare(int *num1*, int *num2*)	比较 *num1* 与 *num2* 的值。如果相等，返回 0；如果 *num1* 小于 *num2*，返回一个负值；如果 *num1* 大于 *num2*，返回一个正值

(续表)

方法	描述
int compareTo(Integer *i*)	比较调用对象和 *i* 的数值。如果相等，返回 0；如果调用对象的值较小，返回一个负值；如果调用对象的值较大，返回一个正值
static int compareUnsigned(int *num1*, int *num2*)	对 *num1* 和 *num2* 执行无符号比较。如果相等，返回 0；如果 *num1* 小于 *num2*，返回一个负值；如果 *num1* 大于 *num2*，返回一个正值
static Integer decode(String *str*) throws NumberFormatException	返回的 Integer 对象包含 *str* 中字符串指定的值
static int divideUnsigned(int *dividend*, int *divisor*)	作为无符号值返回无符号除法 *dividend*/*divisor* 的结果
double doubleValue()	作为 double 类型返回调用对象的值
boolean equals(Object *IntegerObj*)	如果调用 Integer 对象与 *IntegerObj* 相等，返回 true；否则返回 false
float floatValue()	作为 float 类型返回调用对象的值
static Integer getInteger(String *propertyName*)	返回与 *propertyName* 指定的环境属性相关联的值。如果失败，就返回 null
static Integer getInteger(String *propertyName*, int *default*)	返回与 *propertyName* 指定的环境属性相关联的值。如果失败，就返回 *default* 的值
static Integer getInteger(String *propertyName*, Integer *default*)	返回与 *propertyName* 指定的环境属性相关联的值。如果失败，就返回 *default* 的值
int hashCode()	返回调用对象的散列码
static int hashCode(int *num*)	返回 *num* 的散列码
static int highestOneBit(int *num*)	确定 *num* 中已设置的位中最高位的位置，在该方法返回的值中只设置了最高位。如果没有位被设置为 1，就返回 0
int intValue()	作为 int 类型返回调用对象的值
long longValue()	作为 long 类型返回调用对象的值
static int lowestOneBit(int *num*)	确定 *num* 中已设置的位中最低位的位置，在该方法返回的值中只设置了最低位。如果没有位被设置为 1，就返回 0
static int max(int *val*, int *val2*)	返回 *val* 和 *val2* 中的最大值
static int min(int *val*, int *val2*)	返回 *val* 和 *val2* 中的最小值
static int numberOfLeadingZeros(int *num*)	返回 *num* 中第一个设置的高阶位之前高阶 0 位的数量。如果 *num* 为 0，就返回 32
static int numberOfTrailingZeros(int *num*)	返回 *num* 中第一个设置的低阶位之前低阶 0 位的数量。如果 *num* 为 0，就返回 32
static int parseInt(CharSequence *chars*, int *startIdx*, int *stopIdx*, int *radix*) throws NumberFormatException	返回的整型值与 *chars* 指定的序列中所包含的、在索引 *startIdx* 和 *stopIdx*-1 之间的数字等价，这些数字以 *radix* 进制形式表示

(续表)

方 法	描 述
static int parseInt(String *str*) throws NumberFormatException	返回的整型值与 *str* 指定的字符串所包含的数字等价，这些数字以十进制形式表示
static int parseInt(String *str*, int *radix*) throws NumberFormatException	返回的整型值与 *str* 指定的字符串所包含的数字等价，这些数字以 *radix* 进制形式表示

static int parseUnsignedInt(CharSequence *chars*,
            int *startIdx*,
            int *stopIdx*,
            int *radix*)
throws NumberFormatException
	返回的整型值与 *chars* 指定的序列中所包含的、在索引 *startIdx* 和 *stopIdx*-1 之间的无符号数字等价，这些数字是以 *radix* 进制形式表示的

static int parseUnsignedInt(String *str*) throws NumberFormatException	返回的无符号整型值与 *str* 指定的字符串所包含的数字等价，这些数字是以十进制形式表示的

static int parseUnsignedInt(String *str*,
            int *radix*)
    throws NumberFormatException
	返回的无符号整型值与 *str* 指定的字符串所包含的数字等价，这些数字是以 *radix* 进制形式表示的

static int remainderUnsigned(int *dividend*, int *divisor*)	作为无符号值返回无符号除法 *dividend*/*divisor* 的余数
static int reverse(int *num*)	颠倒 *num* 中位的顺序并返回结果
static int reverseBytes(int *num*)	颠倒 *num* 中字节的顺序并返回结果
static int rotateLeft(int *num*, int *n*)	返回将 *num* 向左旋转 *n* 位后的结果
static int rotateRight(int *num*, int *n*)	返回将 *num* 向右旋转 *n* 位后的结果
short shortValue()	作为 short 类型返回调用对象的值
static int signum(int *num*)	如果 *num* 为负数，返回-1；如果 *num* 为 0，返回 0；如果 *num* 为正数，返回 1
static int sum(int *val*, int *val2*)	返回 *val*+*val2* 的结果
static String toBinaryString(int *num*)	返回的字符串包含 *num* 的二进制等价形式
static String toHexString(int *num*)	返回的字符串包含 *num* 的十六进制等价形式
static String toOctalString(int *num*)	返回的字符串包含 *num* 的八进制等价形式
String toString()	返回的字符串包含调用对象的十进制等价形式
static String toString(int *num*)	返回的字符串包含 *num* 的十进制等价形式
static String toString(int *num*, int *radix*)	返回的字符串包含 *num* 的十进制等价形式，其中的 *num* 以 *radix* 进制形式表示
static long toUnsignedLong(int *val*)	作为无符号长整数返回 *val* 的值
static String toUnsignedString(int *val*)	返回的字符串以无符号整数的形式包含了 *val* 的十进制值
static String toUnsignedString(int *val*, int *radix*)	返回的字符串以无符号整数的形式包含了 *val* 的值，*val* 使用 *radix* 指定的进制
static Integer valueOf(int *num*)	返回的 Integer 对象包含由 *num* 传递过来的值
static Integer valueOf(String *str*) throws NumberFormatException	返回的 Integer 对象包含 *str* 中字符串指定的值
static Integer valueOf(String *str*, int *radix*) throws NumberFormatException	返回的 Integer 对象包含 *str* 中字符串指定的值，该值以 *radix* 进制形式表示

表 18-9 Long 类定义的方法

方　　法	描　　述
static int bitCount(long *num*)	返回 *num* 中设置的位数
byte byteValue()	作为 byte 类型返回调用对象的值
static int compare(long *num1*, long *num2*)	比较 *num1* 和 *num2* 的值。如果相等，返回 0；如果 *num1* 小于 *num2*，返回一个负值；如果 *num1* 大于 *num2*，返回一个正值
int compareTo(Long *l*)	比较调用对象和 l 的数值。如果相等，返回 0；如果调用对象的值较小，返回一个负值；如果调用对象的值较大，返回一个正值
static int compareUnsigned(long *num1*, long *num2*)	对 *num1* 和 *num2* 执行无符号比较。如果相等，返回 0；如果 *num1* 小于 *num2*，返回一个负值；如果 *num1* 大于 *num2*，返回一个正值
static Long decode(String *str*) throws NumberFormatException	返回的 Long 对象包含 *str* 中字符串指定的值
static long divideUnsigned(long *dividend*, long *divisor*)	作为无符号值返回无符号除法 *dividend/divisor* 的结果
double doubleValue()	作为 double 类型返回调用对象的值
boolean equals(Object *LongObj*)	如果调用 Long 对象与 *LongObj* 相等，返回 true；否则返回 false
float floatValue()	作为 float 类型返回调用对象的值
static Long getLong(String *propertyName*)	返回与 *propertyName* 指定的环境属性相关联的值。如果失败，就返回 null
static Long getLong(String *propertyName*, long *default*)	返回与 *propertyName* 指定的环境属性相关联的值。如果失败，就返回 *default* 的值
static Long getLong(String *propertyName*, Long *default*)	返回与 *propertyName* 指定的环境属性相关联的值。如果失败，就返回 *default* 的值
int hashCode()	返回调用对象的散列码
static int hashCode(long *num*)	返回 *num* 的散列码
static long highestOneBit(long *num*)	确定 *num* 中已设置的位中最高位的位置，在该方法返回的值中只设置了最高位。如果没有位被设置为 1，就返回 0
int intValue()	作为 int 类型返回调用对象的值
long longValue()	作为 long 类型返回调用对象的值
static long lowestOneBit(long *num*)	确定 *num* 中已设置的位中最低位的位置，在该方法返回的值中只设置了最低位。如果没有位被设置为 1，就返回 0
static long max(long *val*, long *val2*)	返回 *val* 和 *val2* 中的最大值
static long min(long *val*, long *val2*)	返回 *val* 和 *val2* 中的最小值
static int numberOfLeadingZeros(long *num*)	返回 *num* 中第一个设置的高阶位之前高阶 0 位的数量。如果 *num* 为 0，就返回 64
static int numberOfTrailingZeros(long *num*)	返回 *num* 中第一个设置的低阶位之前低阶 0 位的个数。如果 *num* 为 0，就返回 64
static long parseLong(CharSequence *chars*, int *startIdx*, int *stopIdx*, int *radix*) throws NumberFormatException	返回的 long 值与 *chars* 指定的序列中所包含的、在索引 *startIdx* 和 *stopIdx*-1 之间的数字等价，这些数字以 *radix* 进制形式表示
static long parseLong(String *str*) throws NumberFormatException	返回的 long 值与 *str* 指定的字符串所包含的数字等价，这些数字以十进制形式表示

(续表)

方 法	描 述
static long parseLong(String *str*, int *radix*) throws NumberFormatException	返回的 long 值与 *str* 指定的字符串所包含的数字等价，这些数字以 *radix* 进制形式表示
static long parseUnsignedLong(CharSequence *chars*, int *startIdx*, int *stopIdx*, int *radix*) throws NumberFormatException	返回的 long 值与 *chars* 指定的序列中所包含的、在索引 *startIdx* 和 *stopIdx*-1 之间的无符号数字等价，这些数字以 *radix* 进制形式表示
static long parseUnsignedLong(String *str*) throws NumberFormatException	返回的无符号整型值与 *str* 指定的字符串所包含的数字等价，这些数字以十进制形式表示
static long parseUnsignedLong(String *str*, int *radix*) throws NumberFormatException	返回的无符号整型值与 *str* 指定的字符串所包含的数字等价，这些数字以 *radix* 进制形式表示
static long remainderUnsigned(long *dividend*, long *divisor*)	作为无符号值返回无符号除法 *dividend*/*divisor* 的余数
static long reverse(long *num*)	颠倒 *num* 中位的顺序并返回结果
static long reverseBytes(long *num*)	颠倒 *num* 中字节的顺序并返回结果
static long rotateLeft(long *num*, int *n*)	返回将 *num* 向左旋转 *n* 位后的结果
static long rotateRight(long *num*, int *n*)	返回将 *num* 向右旋转 *n* 位后的结果
short shortValue()	以 short 类型返回调用对象的值
static int signum(long *num*)	如果 *num* 为负数，返回–1；如果 *num* 为 0，返回 0；如果 *num* 为正数，返回 1
static long sum(long *val*, long *val2*)	返回 *val*+*val2* 的结果
static String toBinaryString(long *num*)	返回的字符串包含 *num* 的二进制等价形式
static String toHexString(long *num*)	返回的字符串包含 *num* 的十六进制等价形式
static String toOctalString(long *num*)	返回的字符串包含 *num* 的八进制等价形式
String toString()	返回的字符串包含调用对象的十进制等价形式
static String toString(long *num*)	返回的字符串包含 *num* 的十进制等价形式
static String toString(long *num*, int *radix*)	返回的字符串包含 *num* 的十进制等价形式，其中的 *num* 以 *radix* 进制形式表示
static String toUnsignedString(long *val*)	返回的字符串以无符号整数的形式包含 *val* 的十进制值
static String toUnsignedString(long *val*, int *radix*)	返回的字符串以无符号整数的形式包含 *val* 的值，*val* 使用 *radix* 指定的进制
static Long valueOf(long *num*)	返回的 Long 对象包含由 *num* 传递过来的值
static Long valueOf(String *str*) throws NumberFormatException	返回的 Long 对象包含 *str* 中字符串指定的值
static Long valueOf(String *str*, int *radix*) throws NumberFormatException	返回的 Long 对象包含 *str* 中字符串指定的值，该值以 *radix* 进制形式表示

表 18-10 中显示了这些类定义的常量。

表 18-10 这些类定义的常量

常量	描述
BYTES	使用字节数表示的整数类型的宽度
MIN_VALUE	最小值
MAX_VALUE	最大值
SIZE	被封装的值的位宽
TYPE	byte、short、int 或 long 的 Class 对象

数字与字符串之间的转换

最常见的编程杂务之一，是将数字的字符串表示形式转换成相应的内部二进制格式。幸运的是，Java 提供了一种简单的方法以完成该工作。Byte、Short、Integer 以及 Long 类分别提供了 parseByte()、parseShort()、parseInt() 以及 parseLong() 方法。这些方法返回数值字符串的 byte、short、int 或 long 类型的等价形式(Float 和 Double 类也有类似的方法)。

下面的程序演示了 parseInt() 的用法。该程序对用户输入的一系列整数进行求和。使用 readLine() 读取整数，并使用 parseInt() 将这些字符串转换成与它们等价的 int 值。

```java
/* This program sums a list of numbers entered
   by the user.  It converts the string representation
   of each number into an int using parseInt().
*/

import java.io.*;

class ParseDemo {
  public static void main(String args[])
    throws IOException
  {
    // create a BufferedReader using System.in
    BufferedReader br = new
      BufferedReader(new InputStreamReader(System.in));
    String str;
    int i;
    int sum=0;

    System.out.println("Enter numbers, 0 to quit.");
    do {
      str = br.readLine();
      try {
        i = Integer.parseInt(str);
      } catch(NumberFormatException e) {
        System.out.println("Invalid format");
        i = 0;
      }
      sum += i;
      System.out.println("Current sum is: " + sum);
    } while(i != 0);
  }
}
```

为将整数转换为十进制字符串，可使用 Byte、Short、Integer 或 Long 类定义的 toString() 方法。Integer 和 Long 类还定义了 toBinaryString()、toHexString() 和 toOctalString() 方法，这些方法分别将数值转换为二进制、十六进制或

八进制字符串。

下面的程序演示了二进制、十六进制以及八进制转换：

```
/* Convert an integer into binary, hexadecimal,
   and octal.
*/

class StringConversions {
  public static void main(String args[]) {
    int num = 19648;
    System.out.println(num + " in binary: " +
                    Integer.toBinaryString(num));

    System.out.println(num + " in octal: " +
                    Integer.toOctalString(num));

    System.out.println(num + " in hexadecimal: " +
                    Integer.toHexString(num));
  }
}
```

该程序的输出如下所示：

```
19648 in binary: 100110011000000
19648 in octal: 46300
19648 in hexadecimal: 4cc0
```

18.1.5 Character

Character 是一个 char 类型的简单封装器。Character 类的构造函数如下：

Character(char *ch*)

其中，*ch* 指定了创建的 Character 对象所要封装的字符。从 JDK 9 开始，该构造函数已不再推荐使用，取而代之的是 valueOf()方法。

为了获取 Character 对象中包含的 char 值，可以调用 charValue()方法，如下所示：

char charValue()

该方法返回字符。

Character 类定义了一些常量，如表 18-11 所示。

表 18-11 Character 类定义的常量

常　量	描　述
BYTES	使用字节数表示的 char 的宽度
MAX_RADIX	最大基数
MIN_RADIX	最小基数
MAX_VALUE	最大字符值
MIN_VALUE	最小字符值
TYPE	char 的 Class 对象

Character 提供了一些对字符进行分类以及改变字符大小写的静态方法，表 18-12 列出了这些方法。下面的示例演示了其中的几个方法：

```java
// Demonstrate several Is... methods.
class IsDemo {
  public static void main(String args[]) {
    char a[] = {'a', 'b', '5', '?', 'A', ' '};

    for(int i=0; i<a.length; i++) {
      if(Character.isDigit(a[i]))
        System.out.println(a[i] + " is a digit.");
      if(Character.isLetter(a[i]))
        System.out.println(a[i] + " is a letter.");
      if(Character.isWhitespace(a[i]))
        System.out.println(a[i] + " is whitespace.");
      if(Character.isUpperCase(a[i]))
        System.out.println(a[i] + " is uppercase.");
      if(Character.isLowerCase(a[i]))
        System.out.println(a[i] + " is lowercase.");
    }
  }
}
```

该程序的输出如下所示：

```
a is a letter.
a is lowercase.
b is a letter.
b is lowercase.
5 is a digit.
A is a letter.
A is uppercase.
  is whitespace.
```

表 18-12 Character 类定义的方法

方法	描述
static boolean isDefined(char ch)	如果 ch 是由 Unicode 定义的，就返回 true；否则返回 false
static boolean isDigit(char ch)	如果 ch 是数字，就返回 true；否则返回 false
static boolean isIdentifierIgnorable(char ch)	如果在标识符中 ch 应当被忽略，就返回 true；否则返回 false
static boolean isISOControl(char ch)	如果 ch 是 ISO 控制字符，就返回 true；否则返回 false
static boolean isJavaIdentifierPart(char ch)	如果允许 ch 作为 Java 标识符的一部分(第一个字符除外)，就返回 true；否则返回 false
static boolean isJavaIdentifierStart(char ch)	如果允许 ch 作为 Java 标识符的第一个字符，就返回 true；否则返回 false
static boolean isLetter(char ch)	如果 ch 为字母，就返回 true；否则返回 false
static boolean isLetterOrDigit(char ch)	如果 ch 为字母或数字，就返回 true；否则返回 false
static boolean isLowerCase(char ch)	如果 ch 为小写字母，就返回 true；否则返回 false
static boolean isMirrored(char ch)	如果 ch 为镜像的 Unicode 字符，就返回 true。镜像字符是指将文本从右向左反向显示的字符
static boolean isSpaceChar(char ch)	如果 ch 为 Unicode 空格字符，就返回 true；否则返回 false
static boolean isTitleCase(char ch)	如果 ch 为 Unicode 标题格式字符，就返回 true；否则返回 false
static boolean isUnicodeIdentifierPart(char ch)	如果允许 ch 作为 Unicode 标识符的一部分(第一个字符除外)，则返回 true；否则返回 false

(续表)

方　　法	描　　述
static Boolean isUnicodeIdentifierStart(char *ch*)	如果允许 *ch* 作为 Unicode 标识符的第一个字符，就返回 true；否则返回 false
static boolean isUpperCase(char *ch*)	如果 *ch* 为大写字母，就返回 true；否则返回 false
static boolean isWhitespace(char *ch*)	如果 *ch* 为空白字符，就返回 true；否则返回 false
static char toLowerCase(char *ch*)	返回与 *ch* 等价的小写形式
static char toTitleCase(char *ch*)	返回与 *ch* 等价的标题形式
static char toUpperCase(char *ch*)	返回与 *ch* 等价的大写形式

Character 定义了两个在整数值和它们所表示的数字之间进行相互转换的方法：forDigit()和 digit()。这两个方法如下所示：

static char forDigit(int *num*, int *radix*)
static int digit(char *digit*, int *radix*)

forDigit()返回与 *num* 值关联的数字字符，转换的进制是由 *radix* 指定的。digit()根据指定的进制返回与指定字符(假设是数字字符)相关联的整数值(digit()还有第二种形式，这种形式使用代码点。关于代码点的讨论请查看下一节)。

Character 定义的另外一个方法是 compareTo()，该方法的形式如下：

int compareTo(Character *c*)

如果调用对象和 *c* 具有相同的值，就返回 0；如果调用对象的值更小，就返回一个负值；否则，返回一个正值。

Character 还包含 getDirectionality()方法，使用该方法可以确定字符的方向。Java 定义了几个描述方向属性的常量。大多数程序不需要使用字符的方向属性。

Character 还重写了 equals()和 hashCode()方法，并提供了其他一些方法。

与字符相关的其他两个类是 Character.Subset 和 Character.UnicodeBlock，其中前者用于描述 Unicode 的子集，后者包含 Unicode 字符块。

18.1.6　对 Unicode 代码点的附加支持

近年来，Java 对 Character 进行了较大的扩充。从 JDK 5 开始，Character 开始支持 32 位的 Unicode 字符。过去，所有 Unicode 字符都应当使用 16 位保存，这是 char 类型的大小(也是在 Character 中封装的值所占用的空间大小)，因为这些值的范围都是从 0 到 FFFF。但是，Unicode 字符集已经进行了扩展，需要比 16 位更多的存储空间。现在，字符的范围可以从 0 到 10FFFF。

下面是三个重要的术语：代码点是指 0 到 10FFFF 范围内的字符；值大于 FFFF 的字符被称为补充字符；基本多语言平面(Basic Multilingual Plane，BMP)字符是指 0 到 FFFF 之间的那些字符。

对 Unicode 字符集的扩展给 Java 带来了一个基本问题。因为附加字符的值大于 char 能够保存的值，所以需要一些处理补充字符的手段。Java 通过两种方法解决这个问题。首先，Java 使用两个 char 表示一个附加字符，第一个 char 称为高代理(high surrogate)，第二个 char 称为低代理(low surrogate)。Java 提供了一些新方法，用于在代码点和补充字符之间进行转换，比如 codePointAt()。

其次，Java 重载了 Character 类中以前存在的一些方法。这些方法的重载形式使用 int 型而不是 char 型数据。因为对于作为单个值保存任何字符而言，int 足够大的，所以 int 可用于保存任何字符。例如，表 18-12 中的所有方法都具有操作 int 型数据的重载形式。下面是一些例子：

static boolean isDigit(int *cp*)

static boolean isLetter(int *cp*)

static int toLowerCase(int *cp*)

除了对方法进行重载以接收代码点外，Character 还添加了为代码点提供附加支持的方法，表 18-13 显示了其中的一些方法。

表 18-13 为 32 位 Unicode 代码点提供支持的方法示例

方 法	描 述
static int charCount(int *cp*)	如果可以使用单个 char 表示 *cp*，就返回 1；如果需要使用两个 char，则返回 2
static int codePointAt(CharSequence *chars*, int *loc*)	返回由 *loc* 指定位置的代码点
static int codePointAt(char *chars*[ ], int *loc*)	返回由 *loc* 指定位置的代码点
static int codePointBefore(CharSequence *chars*, int *loc*)	返回由 *loc* 指定位置之前位置的代码点
static int codePointBefore(char *chars*[ ], int *loc*)	返回由 *loc* 指定位置之前位置的代码点
static boolean isBmpCodePoint(int *cp*)	如果 *cp* 属于 BMP 字符，就返回 true；否则返回 false
static boolean isHighSurrogate(char *ch*)	如果 *ch* 包含的是有效的高代理字符，就返回 true
static boolean isLowSurrogate(char *ch*)	如果 *ch* 包含的是有效的低代理字符，就返回 true
static boolean isSupplementaryCodePoint(int *cp*)	如果 *cp* 包含的是补充字符，就返回 true
static boolean isSurrogatePair(char *highCh*, char *lowCh*)	如果 *highCh* 和 *lowCh* 能够构成有效的代理对，就返回 true
static boolean isValidCodePoint(int *cp*)	如果 *cp* 包含的是有效的代码点，就返回 true
static char[ ] toChars(int *cp*)	将 *cp* 中的代码点转换为等价的 char 形式，这可能需要两个 char。返回保存上述结果的数组
static int toChars(int *cp*, char *target*[ ], int *loc*)	将 *cp* 中的代码点转换为等价的 char 形式，将结果存储在 *target* 中，从 *loc* 开始保存。如果 *cp* 能用单个 char 表示，就返回 1；否则返回 2
static int toCodePoint(char *highCh*, char *lowCh*)	将 *highCh* 和 *lowCh* 转换为等价的代码点

18.1.7 Boolean

Boolean是封装布尔值的非常轻量级的封装器，当希望通过引用传递布尔变量时，Boolean最有用。Boolean包含常量TRUE或FALSE，它们定义了真假Boolean对象。Boolean还定义了TYPE域变量，也就是布尔类型的Class对象。Boolean定义了以下构造函数：

Boolean(boolean *boolValue*)

Boolean(String *boolString*)

在第一个版本中，*boolValue* 必须是 true 或 false。在第二个版本中，如果 *boolString* 包含字符串 true(大写或小写)，那么新的 Boolean 对象将包含 true；否则将包含 false。从 JDK 9 开始，这些构造函数已不再推荐使用，取而代之的是 valueOf()方法。

表 18-14 显示了 Boolean 定义的方法。

表 18-14 Boolean 定义的方法

方　　法	描　　述
boolean booleanValue( )	返回等价的布尔值
static int compare(boolean *b1*, boolean *b2*)	如果 *b1* 和 *b2* 包含相同的值，就返回 0；如果 *b1* 为 true 并且 *b2* 为 false，就返回一个正值；否则返回一个负值
int compareTo(Boolean *b*)	如果调用对象和 b 包含相同的值，则返回 0；如果调用对象是 true 而 *b* 是 false，则返回一个正值；否则返回一个负值
boolean equals(Object *boolObj*)	如果调用对象与 *boolObj* 相等，则返回 true；否则返回 false
static Boolean getBoolean(String *propertyName*)	如果 *propertyName* 指定的系统属性为 true，则返回 true；否则返回 false
int hashCode( )	返回调用对象的散列码
static int hashCode(boolean *boolVal*)	返回 *boolVal* 的散列码
static boolean logicalAnd(boolean *op1*, boolean *op2*)	对 *op1* 和 *op2* 执行逻辑与操作，返回结果
static boolean logicalOr(boolean *op1*, boolean *op2*)	对 *op1* 和 *op2* 执行逻辑或操作，返回结果
static boolean logicalXor(boolean *op1*, boolean *op2*)	对 *op1* 和 *op2* 执行逻辑异或操作，返回结果
static boolean parseBoolean(String *str*)	如果 *str* 包含字符串 true，则返回 true，忽略大小写；否则返回 false
String toString( )	返回与调用对象等价的字符串
static String toString(boolean *boolVal*)	返回与 *boolVal* 等价的字符串
static Boolean valueOf(boolean *boolVal*)	返回与 *boolVal* 等价的 Boolean 值
static Boolean valueOf(String *boolString*)	如果 *boolString* 包含字符串 true(大写或小写)，返回 true；否则返回 false

18.2 Void 类

Void 类只有域变量 TYPE，用来保存对 void 类型的 Class 对象的引用。不能创建 Void 类的实例。

18.3 Process 类

抽象类 Process 用来封装进程，也就是正在执行的程序。Process 主要用作由 Runtime 类的 exec()方法创建的对象类型或由 ProcessBuilder 类的 start()方法创建的对象类型的超类。表 18-15 列出了 Process 类包含的方法。注意，从 JDK 9 开始，可以 ProcessHandle 实例的形式获得进程的句柄(handle)，也可以获取封装在 ProcessHandle.Info 实例中的进程的相关信息。这样就可以提供对进程的额外控制和信息，其中最有趣的信息是进程所接收的 CPU 时间量，该时间量可以通过调用 ProcessHandle.Info 实例所定义的 totalCpuDuration()方法获取。

另一个特别有用的信息可通过调用 ProcessHandle 实例的 isAlive()方法获取，如果进程仍在执行，该方法将返回 true。

表 18-15　Process 类定义的方法

方　　法	描　　述
Stream<ProcessHandle> children()	返回包含 ProcessHandle 对象的流，其中 ProcessHandle 对象代表调用进程的直接子进程
Stream<ProcessHandle> descendants()	返回包含 ProcessHandle 对象的流，其中 ProcessHandle 对象代表调用进程的直接子进程，及其所有的后代进程
void destroy()	终止进程
Process destroyForcibly()	强制终止调用进程。返回对进程的引用
int exitValue()	返回从子进程获得的退出代码
InputStream getErrorStream()	返回一个输入流，该输入流从进程的 err 输出流读取输入
InputStream getInputStream()	返回一个输入流，该输入流从进程的 out 输出流读取输入
OutputStream getOutputStream()	返回一个输出流，该输出流将输出写入进程的 in 输入流中
ProcessHandle.Info info()	以 ProcessHandle.Info 对象的形式返回进程的相关信息
boolean isAlive()	如果调用进程仍然处于活动状态，返回 true；否则，返回 false
CompletableFuture<Process> onExit()	返回调用进程的 CompletableFuture，该方法用于执行进程终止时的任务
long pid()	返回与调用进程相关的进程 ID
boolean supportsNormalTermination()	确定如果调用 destroy() 是使进程正常终止还是强制终止。如果正常终止，则返回 true，否则返回 fasle
ProcessHandle toHandle()	以 ProcessHandle 对象的形式返回调用进程的句柄
int waitFor( ) throws InterruptedException	返回由进程返回的退出代码，该方法直到调用进程终止时才会返回
boolean waitFor(long *waitTime*, 　　　　TimeUnit *timeUnit*) 　　throws InterruptedException	等待调用进程结束。等待的时间由 *waitTime* 指定，时间单位由 *timeUnit* 指定。如果进程已经结束，返回 false；如果等待时间用完，返回 false

18.4　Runtime 类

Runtime 类封装了运行时环境。不能实例化 Runtime 对象，但可调用静态的 Runtime.getRuntime()方法来获得对当前 Runtime 对象的引用。一旦获得对当前 Runtime 对象的引用，就可以调用一些方法来控制 Java 虚拟机(Java Virtual Machine，JVM)的状态和行为。不受信任的代码如果调用 Runtime 的任何方法，通常会引起 SecurityException 异常。表 18-16 列出了 Runtime 类定义的常用方法。

表 18-16　Runtime 类定义的常用方法

方　　法	描　　述
void addShutdownHook(Thread *thrd*)	将 *thrd* 注册为 Java 虚拟机在终止时运行的线程
Process exec(String *progName*) 　　throws IOException	作为独立的进程执行 *progName* 指定的程序，返回描述新进程的 Process 类型的对象
Process exec(String *progName*, 　　　　String *environment*[ ]) 　　throws IOException	在 *environment* 指定的环境中，作为独立的进程执行 *progName* 指定的程序，返回描述新进程的 Process 类型的对象
Process exec(String *comLineArray*[ ]) 　　throws IOException	作为独立的进程执行 *comLineArray* 中字符串指定的命令行，返回描述新进程的 Process 类型的对象

(续表)

方　法	描　述
Process exec(String *comLineArray*[ ], 　　　　　String *environment*[ ]) 　　throws IOException	在 *environment* 指定的环境中，作为独立的进程执行 *comLineArray* 中字符串指定的命令行，返回描述新进程的 Process 类型的对象
void exit(int *exitCode*)	中断执行，并将 *exitCode* 的值返回给父进程。根据约定，0 表示正常终止。所有其他值表示某种形式的错误
long freeMemory()	返回 Java 运行时系统可以使用的空闲内存的近似字节数
void gc()	开始垃圾回收
static Runtime getRuntime()	返回当前 Runtime 对象
void halt(int *code*)	立即终止 Java 虚拟机。不运行任何终止线程或终结器。*code* 的值被返回给调用进程
void load(String *libraryFileName*)	加载 *libraryFileName* 指定文件中的动态库，必须指定完整路径
void loadLibrary(String *libraryName*)	加载名为 *libraryName* 的动态库
Boolean removeShutdownHook(Thread *thrd*)	从 Java 虚拟机终止时运行的线程列表中移除 *thrd*。如果成功，就返回 true，表示线程被成功移除
void runFinalization()	为那些不再使用但是还没有被回收的对象调用 finalize()方法
long totalMemory()	返回程序可以利用的内存的总字节数
static Runtime.Version version()	返回所使用的 Java 版本。可以参阅 Runtime.Version 了解相关细节

下面介绍 Runtime 类的两个最常用的功能：内存管理和执行其他进程。

18.4.1　内存管理

尽管 Java 提供了自动的垃圾回收功能，但是有时会希望了解对象堆(heap)有多大以及剩余的堆空间有多少。例如，可以使用这些信息检查代码的效率，或者估计还可以实例化多少特定类型的对象。为了获取这些信息，可以使用 totalMemory()和 freeMemory()方法。

在本书第 I 部分提到过，Java 的垃圾回收器周期性地运行，回收未使用的对象。但是，有时会希望在垃圾回收器下一次指定运行之前回收废弃的对象。可以调用 gc()方法来要求运行垃圾回收器。一种好的尝试是，先调用 gc()方法，然后调用 freeMemory()方法以获得可用内存的基准。接下来，执行代码并再次调用 freeMemory()方法以查看分配了多少内存。下面的程序演示了这一思想：

```java
// Demonstrate totalMemory(), freeMemory() and gc().

class MemoryDemo {
  public static void main(String args[]) {
    Runtime r = Runtime.getRuntime();
    long mem1, mem2;
    Integer someints[] = new Integer[1000];

    System.out.println("Total memory is: " +
                  r.totalMemory());
    mem1 = r.freeMemory();
    System.out.println("Initial free memory: " + mem1);
    r.gc();
    mem1 = r.freeMemory();
    System.out.println("Free memory after garbage collection: "
                  + mem1);
```

```
    for(int i=0; i<1000; i++)
      someints[i] = Integer.valueOf(i); // allocate integers

    mem2 = r.freeMemory();
    System.out.println("Free memory after allocation: "
                       + mem2);
    System.out.println("Memory used by allocation: "
                       + (mem1-mem2));

    // discard Integers
    for(int i=0; i<1000; i++) someints[i] = null;

    r.gc(); // request garbage collection

    mem2 = r.freeMemory();
    System.out.println("Free memory after collecting" +
                       " discarded Integers: " + mem2);
  }
}
```

该程序的一次示例输出如下所示(当然，实际结果可能有所不同)：

```
Total memory is: 1048568
Initial free memory: 751392
Free memory after garbage collection: 841424
Free memory after allocation: 824000
Memory used by allocation: 17424
Free memory after collecting discarded Integers: 842640
```

18.4.2 执行其他程序

在安全环境中，可以在多任务操作系统下使用 Java 执行其他重量级的进程(即程序)。有几种形式的 exec()方法允许命名希望运行的程序，并允许提供输入参数。exec()方法返回一个 Process 对象，然后可以使用该对象控制 Java 程序与这个新运行进程的交互方式。因为 Java 程序可运行于各种平台以及各种操作系统下，所以 exec()方法本质上是环境独立的。

下面的例子使用 exec()方法启动 notepad 程序，即 Windows 的简单文本编辑器。显然，这个例子必须运行于 Windows 操作系统下。

```
// Demonstrate exec().
class ExecDemo {
  public static void main(String args[]) {
    Runtime r = Runtime.getRuntime();
    Process p = null;

    try {
      p = r.exec("notepad");
    } catch (Exception e) {
      System.out.println("Error executing notepad.");
    }
  }
}
```

还有其他几种形式的 exec()，但是在这个例子中显示的是最常用的形式。在新程序开始运行之后，可以通过

Process 类定义的方法来操作 exec()方法返回的 Process 对象。可使用 destroy()方法杀死子进程。waitFor()方法会导致程序等待，直到子进程结束。exitValue()方法返回子进程结束时返回的值，如果没有发生问题的话，这个值通常是 0。下面的程序对前面的 exec()例子进行了修改，以等待正在运行的进程退出：

```java
// Wait until notepad is terminated.
class ExecDemoFini {
  public static void main(String args[]) {
    Runtime r = Runtime.getRuntime();
    Process p = null;

    try {
      p = r.exec("notepad");
      p.waitFor();
    } catch (Exception e) {
      System.out.println("Error executing notepad.");
    }
    System.out.println("Notepad returned " + p.exitValue());
  }
}
```

当子进程正在运行时，可以向它的标准输出写入内容，也可以从它的标准输入读取内容。getOutputStream() 和 getInputStream()方法返回子进程的标准输入和输出的句柄(第 21 章将详细介绍 I/O)。

18.5 Runtime.Version

Runtime.Version 封装了有关 Java 环境的版本信息(包括版本号)。可以通过调用 Runtime.version()获取当前平台的 Runtime.Version 实例。Runtime.Version 是在 JDK 9 中新增的，但是在 JDK 10 中发生了重要变化，以适应更快速、时间上更规律的发布周期。本书前面提到过，从 JDK 10 开始，预计将按照严格的时间计划表发布功能，两次功能发布的时间间隔为 6 个月。

在过去，JDK 版本号使用的是众人所熟知的 major.minor 方法。但这种机制现在已不再推荐使用，取而代之的是使用基于时间的发布周期计划表(time-based release schedule)。这样就给版本号元素赋予了不同的含义。现在，前 4 个元素指定计数器(counter)，其顺序为 feature 发布版本计数器、interim 发布版本计数器、update 发布版本计数器、patch 发布版本计数器。每个版本号之间用句点分开。但尾部的 0 和前面的句点会被删掉。虽然还可以包含其他元素，但仅前 4 个元素的含义是预定义的。

feature 发布版本计数器指定发布版本号，该计数器由每个 feature 发布版本更新。为了从以前的版本模式平稳过渡，feature 发布版本计数器从数字 10 开始，因此，JDK 10 中的 feature 发布版本计数器的值就为 10，JDK 11 中就为 11，以此类推。

interim 发布版本计数器指示 feature 发布版本之间所发生的版本号。在本书写作期间，该值为 0，因为并不期望 interim 发布版本成为所递增发布版本节奏的一部分(之所以定义它是以备后用)。interim 发布版本不会对 JDK feature 集产生任何影响。Update 发布版本计数器指示解决安全问题和其他可能问题的发布版本号。patch 发布版本计数器指定解决严重缺陷的发布版本号,这类缺陷必须尽快得到解决。每次出现新的 featue 发布版本时，interim、update 和 patch 计数器的值都会被重置为 0。

前面所介绍的版本号是版本字符串的必要组成部分，但在该字符串中也可以包含其他可选的元素，理解这一点很重要。例如，版本字符串中可以包含以前发布版本的信息。在版本字符串中，可选元素位于版本号之后。

从 JDK 10 开始对 Runtime.Version 进行了更新，其中包括以下支持新的 feature、inerim、update 和 patch 计数器值的方法：

    int feature( )

```
int interim( )
int update( )
int patch( )
```

这些方法都会返回一个 int 值，表示所指示的值。下面的简短程序演示了它们的用法：

```
// Demonstrate Runtime.Version release counters.
class VerDemo {
  public static void main(String args[]) {
    Runtime.Version ver = Runtime.version();

    // Display individual counters.
    System.out.println("Feature release counter: " + ver.feature());
    System.out.println("Interim release counter: " + ver.interim());
    System.out.println("Update release counter: " + ver.update());
    System.out.println("Patch release counter: " + ver.patch());
  }
}
```

对基于时间发布版本的修改所导致的结果就是，Runtime.Version 中的 major()、minor()和 security()方法已不再推荐使用。以前，这些方法分别返回主要版本号、次要版本号和安全版本号。而现在这些值已被 feature、interim 和 update 版本号所替代，如本节前面所述。

除了上面显示的方法外，Runtime.Version 还定义了一些用于获取各种可选数据的方法。例如，如果存在构建号(build number)，可以调用 build()方法获取。如果存在预发布版本的信息，可以调用 pre()方法获取。其他可选信息也可通过调用 optional()方法获取。使用 compareTo()或 compareToIgnoreOptional()可以比较版本的信息。使用 equals()和 equalsIgnoreOptional()可以确定版本的相等性。version()方法返回一个版本号列表。调用 parse()方法可以将一个有效的版本字符串转换成一个 Runtime.Version 对象。

18.6　ProcessBuilder 类

ProcessBuilder 提供了另一种启动和管理进程(即程序)的方式。前面解释过，所有进程都是由 Process 类表示的，并可通过 Runtime.exec()启动进程。ProcessBuilder 为进程提供了更多的控制。例如，可以设置当前工作目录。ProcessBuilder 定义了以下构造函数：

ProcessBuilder(List<String> *args*)

ProccessBuilder(String ... *args*)

其中，*args* 是参数列表，用来指定将被执行的程序的名称，以及需要的所有其他命令行参数。在第一个构造函数中，参数是通过 List 对象传递的；在第二个构造函数中，它们是通过可变长度参数指定的。表 18-17 描述了 ProcessBuilder 类定义的方法。

表 18-17　ProcessBuilder 类定义的方法

方　　法	描　　述
List<String> command()	返回对 List 对象的引用，List 对象包含程序的名称及其参数。对 List 对象的修改会影响调用对象
ProcessBuilder command(List<String> *args*)	将程序的名称和参数设置为由 *args* 指定的值。对 List 对象的修改会影响调用对象。返回对调用对象的引用
ProcessBuilder command(String ... *args*)	将程序的名称和参数设置为由 *args* 指定的值。返回对调用对象的引用

(续表)

方　　法	描　　述
File directory()	返回调用对象的当前工作目录。如果该目录与启动此进程的 Java 程序的目录相同，那么返回值为 null
ProcessBuilder directory(File *dir*)	设置调用对象的当前工作目录，返回对调用对象的引用
Map<String, String> environment()	以键/值对的形式返回与调用对象关联的环境变量
ProcessBuilder inheritIO( )	使被调用进程为标准 I/O 流使用与调用进程相同的源和目录
ProcessBuilder.Redirect redirectError()	作为 ProcessBuilder.Redirect 对象返回标准错误的目标
ProcessBuilder redirectError(File *f*)	将标准错误的目标设置为指定文件，返回对调用对象的引用
ProcessBuilder redirectError(ProcessBuilder.Redirect *target*)	将标准错误的目标设置为 target 指定的目标，返回对调用对象的引用
boolean redirectErrorStream()	如果标准错误流已经被重定向到标准输出流，就返回 true；如果标准错误流被分离，就返回 false
ProcessBuilder redirectErrorStream(boolean *merge*)	如果 *merge* 为 true，就将标准错误流重定向到标准输出；如果 *merge* 为 false，标准错误流将被分离，这是默认状态。返回对调用对象的引用
ProcessBuilder.Redirect redirectInput( )	作为 ProcessBuilder.Redirect 对象返回标准输入的源
ProcessBuilder redirectInput(File *f*)	将标准输入的源设置为指定的文件，返回对调用对象的引用
ProcessBuilder redirectInput(ProcessBuilder.Redirect *source*)	将标准输入的源设置为 source 指定的源，返回对调用对象的引用
ProcessBuilder.Redirect redirectOutput()	作为 ProcessBuilder.Redirect 对象返回标准输出的目标
ProcessBuilder redirectOutput(File *f*)	将标准输出的目标设置为指定的文件，返回对调用对象的引用
ProcessBuilder redirectOutput(ProcessBuilder.Redirect *target*)	将标准输出的目标设置为 target 指定的目标，返回对调用对象的引用
Process start( ) throws IOException	开始由调用对象指定的进程，也就是运行指定的程序
static List<Process> startPipeline(List<ProcessBuilder> *pbList* Throws IOException)	通过管道传递 *pbList* 中的进程

在表 18-17 中，注意使用 ProcessBuilder.Redirect 类的方法。这个抽象类封装了链接到子进程的 I/O 源或目标。尤其是，使用这些方法可以重定向 I/O 操作的源或目标。例如，可以通过调用 to()方法重定向到写入文件，通过调用 from()方法重定向到从文件读取，以及通过调用 appendTo()方法重定向到附加文件。调用 file()方法可以获得链接到文件的 File 对象。这些方法如下所示：

static ProcessBuilder.Redirect to(File *f*)
static ProcessBuilder.Redirect from(File *f*)
static ProcessBuilder.Redirect appendTo(File *f*)
File file( )

ProcessBuilder.Redirect 支持的另一个方法是 type()，该方法返回一个 ProcessBuilder.Redirect.Type 枚举值。这个枚举描述了重定向的类型，并且定义了以下这些值：APPEND、INHERIT、PIPE、READ 以及 WRITE。ProcessBuilder.Redirect 还定义了 INHERIT、PIPE 和 DISCARD 常量。

为使用 ProcessBuilder 创建进程，只需要创建 ProcessBuilder 的实例，指定程序的名称和其他所有需要的参数。为了开始执行程序，对实例调用 start()方法。下面是一个执行 Windows 文本编辑器 notepad 的例子。注意在该例中，将要编辑的文件的名称作为参数。

```
class PBDemo {
  public static void main(String args[]) {

    try {
      ProcessBuilder proc =
        new ProcessBuilder("notepad.exe", "testfile");
      proc.start();
    } catch (Exception e) {
      System.out.println("Error executing notepad.");
    }
  }
}
```

18.7 System 类

System类包含一系列静态方法和变量。Java运行时的标准输入、输出以及错误输出都存储在in、out和err变量中。表18-18中显示了System类定义的方法。如果操作被安全管理器禁止，那么许多方法都会抛出SecurityException异常。

表 18-18 System 类定义的方法

方 法	描 述
static void arraycopy(Object *source*, 　　　　　　　　int *sourceStart*, 　　　　　　　　Object *target*, 　　　　　　　　int *targetStart*, 　　　　　　　　int *size*)	复制数组。被复制的数组被传入 *source*。在 *source* 中，复制开始位置的索引是 *sourceStart*。接收副本的数组被传入 *target*。在 *target* 中，复制开始位置的索引被传入 *targetStart*，*size* 是要复制的元素的数量
static String clearProperty(String *which*)	删除由 *which* 指定的环境变量，返回原来的与 *which* 关联的值
static Console console()	返回与 JVM 关联的控制台。如果 JVM 当前没有控制台，就返回 null
static long currentTimeMillis()	以毫秒返回当前时间，从 1970 年 1 月 1 日午夜开始计时
static void exit(int *exitCode*)	中断执行，并将 *exitCode* 的值返回给父进程(通常是操作系统)。根据约定，0 表示正常终止。所有其他值表示有某种形式的错误
static void gc()	开始垃圾回收
static Map<String, String> getenv()	返回的 Map 对象包含当前环境变量以及它们的值
static String getenv(String *which*)	返回与传入 *which* 的环境变量相关联的值
static System.Logger getLogger(String *logName*)	返回可用于程序记录的对象的引用。记录器(logger)的名称被传入 *logName*
static System.Logger getLogger(String *logName*, 　ResourceBundle *rb*)	返回可用于程序记录的对象的引用。记录器(logger)的名称被传入 *logName*。传入 *rb* 的资源绑定支持本地化
static Properties getProperties()	返回与 Java 运行时系统关联的属性
static String getProperty(String *which*)	返回与 *which* 关联的属性。如果没有找到期望的属性，就返回 null 对象
static String getProperty(String *which*, 　　　　　　　　String *default*)	返回与 *which* 关联的属性。如果没有找到期望的属性，就返回 *default*
static SecurityManager 　　getSecurityManager()	返回当前的安全管理器。如果没有安装安全管理器，就返回 null 对象
static int identityHashCode(Object *obj*)	返回 *obj* 对象的标识散列码

(续表)

方　　法	描　　述
static Channel inheritedChannel() throws IOException	返回 Java 虚拟机继承的通道。如果没有通道被继承，就返回 null
static String lineSeparator()	返回包含行分隔符的字符串
static void load(String *libraryFileName*)	加载由 *libraryFileName* 指定的文件中的动态库，必须指定完整路径
static void loadLibrary(String *libraryName*)	加载名为 *libraryName* 的动态库
static String mapLibraryName(String *lib*)	返回 *lib* 特定于平台的库名
static long nanoTime()	获得系统中最精确的计时器，并返回自某些任意启动点以来以纳秒表示的时间值。计时器的精确度未知
static void runFinalization()	为那些未使用但是还没有被回收的对象调用 finalize() 方法
static void setErr(PrintStream *eStream*)	将标准 err 流设置为 *eStream*
static void setIn(InputStream *iStream*)	将标准 in 流设置为 *iStream*
static void setOut(PrintStream *oStream*)	将标准 out 流设置为 *oStream*
static void setProperties(Properties *sysProperties*)	将当前系统属性设置为由 *sysProperties* 指定的属性
static String setProperty(String *which*, String *v*)	将值 *v* 赋给名为 *which* 的属性
static void setSecurityManager(SecurityManager *secMan*)	将安全管理器设置为由 *secMan* 指定的安全管理器

下面看一看 System 类的一些常见用途。

18.7.1 使用 currentTimeMillis() 计时程序的执行

你可能发现，System 类的一个特别有趣的用途是，可以使用 currentTimeMillis() 方法计时程序的各部分执行了多长时间。currentTimeMillis() 方法返回自 1970 年 1 月 1 日午夜到当前时间的毫秒数。为了计时程序某一部分的执行时间，在即将开始执行该部分前保存这个值。在完成该部分之后，立即再次调用 currentTimeMillis() 方法。结束时间减去开始时间就是程序的执行时间。下面的程序演示了这一点：

```java
// Timing program execution.

class Elapsed {
  public static void main(String args[]) {
    long start, end;

    System.out.println("Timing a for loop from 0 to 100,000,000");

    // time a for loop from 0 to 100,000,000

    start = System.currentTimeMillis(); // get starting time
    for(long i=0; i < 100000000L; i++) ;
    end = System.currentTimeMillis(); // get ending time

    System.out.println("Elapsed time: " + (end-start));
  }
}
```

下面是一次示例输出(请记住，你的运行结果可能与此不同)：

```
Timing a for loop from 0 to 100,000,000
Elapsed time: 10
```

如果系统具有能够提供纳秒级精度的计数器，那么可以重写前面的程序，需要使用 nanoTime()方法而不是使用 currentTimeMillis()方法。例如，下面是上述程序重写后的关键部分，该部分使用了 nanoTime()方法：

```
start = System.nanoTime(); // get starting time
for(long i=0; i < 100000000L; i++) ;
end = System.nanoTime(); // get ending time
```

18.7.2 使用 arraycopy()方法

可以使用 arraycopy()方法将任意类型的数组从一个地方快速复制到另一个地方，该方法比与之等价的普通 Java 循环快很多。下面是一个例子，该例使用 arraycopy()方法复制了两个数组。首先将 a 复制到 b。接下来，将 a 中的所有元素向下移动一个位置。然后，将 b 向上移动一个位置。

```
// Using arraycopy().

class ACDemo {
  static byte a[] = { 65, 66, 67, 68, 69, 70, 71, 72, 73, 74 };
  static byte b[] = { 77, 77, 77, 77, 77, 77, 77, 77, 77, 77 };

  public static void main(String args[]) {
    System.out.println("a = " + new String(a));
    System.out.println("b = " + new String(b));
    System.arraycopy(a, 0, b, 0, a.length);
    System.out.println("a = " + new String(a));
    System.out.println("b = " + new String(b));
    System.arraycopy(a, 0, a, 1, a.length - 1);
    System.arraycopy(b, 1, b, 0, b.length - 1);
    System.out.println("a = " + new String(a));
    System.out.println("b = " + new String(b));
  }
}
```

从下面的输出可以看出，可以使用相同的源和目标在两个方向上进行复制：

```
a = ABCDEFGHIJ
b = MMMMMMMMMM
a = ABCDEFGHIJ
b = ABCDEFGHIJ
a = AABCDEFGHI
b = BCDEFGHIJJ
```

18.7.3 环境属性

在所有情况下都可以使用表 18-19 所示的环境属性。

表 18-19 环境属性

file.separator	java.vendor	java.vm.version
java.class.path	java.vendor.url	line.separator
java.class.version	java.vendor.version	os.arch

(续表)

java.compiler	java.version	os.name
java.home	java.version.date	os.version
java.io.tmpdir	java.vm.name	path.separator
java.library.path	java.vm.specification.name	user.dir
java.specification.name	java.vm.specification.vendor	user.home
java.specification.vendor	java.vm.specification.version	user.name
java.specification.version	java.vm.vendor	

通过调用 System.getProperty()方法，可以获取各种环境变量的值。例如，下面的程序显示了当前用户目录的路径：

```
class ShowUserDir {
  public static void main(String args[]) {
    System.out.println(System.getProperty("user.dir"));
  }
}
```

18.8 System.Logger 和 System.LoggerFinder

System.Logger 接口和 System.LoggerFinder 类支持程序记录(program log)。使用 System.getLogger()可以找到记录器(logger)。System.Logger 提供了到记录器的接口。

18.9 Object 类

在本书第 I 部分提到过，Object 是所有其他类的超类。Object 类定义了表 18-20 中显示的方法，所有对象都可以使用这些方法。

表 18-20 Object 类定义的方法

方法	描述
Object clone() throws CloneNotSupportedException	创建一个新的与调用对象相同的对象
boolean equals(Object *object*)	如果调用对象与 *object* 等价，就返回 true
void finalize() throws Throwable	默认的 finalize()方法，在回收不再使用的对象之前调用该方法(JDK 9 不推荐使用该方法)
final Class<?> getClass()	获取描述调用对象的 Class 对象
int hashCode()	返回与调用对象关联的散列值
final void notify()	恢复执行一个正在等待调用对象的线程
final void notifyAll()	恢复执行所有正在等待调用对象的线程
String toString()	返回描述对象的字符串
final void wait() throws InterruptedException	等待另一个线程的执行
final void wait(long *milliseconds*) throws InterruptedException	在另一个线程执行时等待 *milliseconds* 指定的时间

(续表)

方法	描述
final void wait(long *milliseconds*, int *nanoseconds*) throws InterruptedException	在另一个线程执行时等待 *milliseconds* 加上 *nanoseconds* 后得到的时间

18.10 使用 clone()方法和 Cloneable 接口

Object 类的大部分方法在本书的其他地方已讨论过。但是，有一个还没有讨论过的方法应当特别注意：clone()。clone()方法生成调用对象的副本。只有实现了 Cloneable 接口的类才可以被复制。

Cloneable 接口没有定义成员，它用于指示可以按位复制对象。如果尝试为没有实现 Cloneable 接口的类调用 clone()方法，会抛出 CloneNotSupportedException 异常。当进行复制时，不会调用被复制对象的构造函数。复制品是原始对象的精确副本。

复制是一项存在潜在危险的动作，因为可能会导致预料之外的负面效果。例如，如果被复制的对象包含命名为 obRef 的引用变量，那么当进行复制时，复制品中的 obRef 与原始对象中的 obRef 将引用同一个对象。如果复制品修改了 obRef 所引用对象的内容，也将会改变原始对象。下面是另一个例子：如果某个对象打开 I/O 流，然后对这个对象进行复制，那么这两个对象都能操作相同的流。此外，如果这两个对象中的某个对象关闭流，而其他对象可能仍然试图写入内容，这会导致错误。某些情况下，可能需要重写 Object 定义的 clone()方法，以处理这些类型的问题。

因为复制可能导致问题，所以在 Object 类中，clone()方法被声明为 protected。这意味着 clone()方法只能在实现了 Cloneable 接口的类定义的方法中调用，或者只能在类中显式地进行重写，进而成为公有的。下面通过例子分别说明这两种方法。

下面的程序实现了 Cloneable 接口，还定义了 cloneTest()方法，该方法调用 Object 类的 clone()方法：

```
// Demonstrate the clone() method

class TestClone implements Cloneable {
  int a;
  double b;

  // This method calls Object's clone().
  TestClone cloneTest() {
    try {
      // call clone in Object.
      return (TestClone) super.clone();
    } catch(CloneNotSupportedException e) {
      System.out.println("Cloning not allowed.");
      return this;
    }
  }
}

class CloneDemo {
  public static void main(String args[]) {
    TestClone x1 = new TestClone();
    TestClone x2;
```

```
    x1.a = 10;
    x1.b = 20.98;

    x2 = x1.cloneTest(); // clone x1

    System.out.println("x1: " + x1.a + " " + x1.b);
    System.out.println("x2: " + x2.a + " " + x2.b);
  }
}
```

在此,cloneTest()方法调用 Object 类的 clone()方法并返回结果。注意,必须将 clone()方法返回的对象转换为合适的类型(TestClone)。

下面的程序重写了 clone()方法,从而在类的外部可以进行调用。为此,访问修饰符必须为 public,如下所示:

```
// Override the clone() method.

class TestClone implements Cloneable {
  int a;
  double b;

  // clone() is now overridden and is public.
  public Object clone() {
    try {
      // call clone in Object.
      return super.clone();
    } catch(CloneNotSupportedException e) {
      System.out.println("Cloning not allowed.");
      return this;
    }
  }
}

class CloneDemo2 {
  public static void main(String args[]) {
    TestClone x1 = new TestClone();
    TestClone x2;

    x1.a = 10;
    x1.b = 20.98;

    // here, clone() is called directly.
    x2 = (TestClone) x1.clone();

    System.out.println("x1: " + x1.a + " " + x1.b);
    System.out.println("x2: " + x2.a + " " + x2.b);
  }
}
```

复制带来的负面影响有时很难一眼看出来。很容易认为复制类很安全,但事实并非如此。通常,如果没有充分的理由,就不应当为任何类实现 Cloneable 接口。

18.11 Class 类

Class 类封装了类或接口的运行时状态。Class 类型的对象是加载类时自动创建的,不能显式地声明 Class 对象。

通常，通过 Object 类定义的 getClass()方法来获取 Class 对象。Class 是泛型类，它的声明如下所示：

```
class Class<T>
```

其中，T 是代表类或接口的类型参数。表 18-21 显示了 Class 类定义的常用方法，要注意其中的 getModule() 方法。该方法支持 JDK 9 中新增的模块特性。

表 18-21 Class 类定义的方法

方　法	描　述
static Class<?> forName(Module mod, String name)	返回一个与其全名和所驻留的模块相对应的 Class 对象
static Class<?> forName(String name) throws ClassNotFoundException	返回给定全名的 Class 对象
static Class<?> forName(String name, 　　　　　　boolean how, 　　　　　　ClassLoader ldr) throws ClassNotFoundException	返回给定全名的 Class 对象。对象使用由 ldr 指定的加载器加载。如果 how 为 true，就初始化对象；否则不进行初始化
<A extends Annotation> A 　　getAnnotation(Class<A> annoType)	返回一个 Annotation 对象，该对象包含与调用对象的 annoType 相关联的注解
Annotation[ ] getAnnotations()	获得与调用对象关联的所有注解，并将它们存储在元素为 Annotation 对象的数组中。返回对这个数组的引用
<A extends Annotation> A[ ] 　　getAnnotationsByType(　　　　Class<A> annoType)	返回一个与调用对象关联的 annoType 注解数组(包括重复注解)
Class<?>[ ] getClasses()	为调用对象所属类的所有公有类和接口成员都返回一个 Class 对象
ClassLoader getClassLoader()	返回加载类或接口的 ClassLoader 对象
Constructor<T> 　　getConstructor(Class<?> ... paramTypes) 　　throws NoSuchMethodException, 　　　　　　SecurityException	返回一个 Constructor 对象，表示调用对象所属类的构造函数，调用对象拥有 paramTypes 指定的参数类型
Constructor<?>[ ] getConstructors() 　　throws SecurityException	为调用对象所属类的每个公有构造函数都获取一个 Constructor 对象，并将它们存储在数组中。返回对这个数组的引用
Annotation[ ] getDeclaredAnnotations()	为调用对象声明的所有注解都获取一个 Annotation 对象，并将它们存储在数组中。返回对这个数组的引用(忽略继承的注解)
<A extends Annotation> A[ ] 　　getDeclaredAnnotationsByType(　　　　Class<A> annoType)	返回一个与调用对象关联的非继承的 annoType 注解数组(包括重复注解)
Constructor<?>[ ] getDeclaredConstructors() 　　throws SecurityException	为调用对象所属类声明的每个构造函数获取一个 Constructor 对象，并将它们存储在数组中。返回对这个数组的引用(忽略超类的构造函数)
Field[ ] getDeclaredFields() 　　throws SecurityException	为调用对象所属类或接口声明的每个域变量都获取一个 Field 对象，并将它们存储在数组中。返回对这个数组的引用(忽略继承的域变量)
Method[ ] getDeclaredMethods() 　　throws SecurityException	为调用对象所属类或接口声明的每个方法都获取一个 Method 对象，并将它们存储在数组中。返回对这个数组的引用(忽略继承的方法)

(续表)

方法	描述
Field getField(String *fieldName*) 　　throws NoSuchMethodException, 　　　　SecurityException	返回一个 Filed 对象，该对象表示在调用对象所属类或接口中由 *fieldName* 指定的公有域变量
Field[ ] getFields() 　　throws SecurityException	为调用对象所属类或接口的所有公有域变量获取一个 Field 对象，并将它们存储在数组中。返回对这个数组的引用
Class<?>[ ] getInterfaces()	当调用对象表示一个类时，该方法返回一个数组。如果调用对象表示一个类，那么返回数组的元素为这个类实现的接口；如果调用对象表示一个接口，那么返回数组的元素为这个接口所扩展的接口
Method getMethod(String *methName*, 　　　　Class<?> ... *paramTypes*) 　　throws NoSuchMethodException, 　　　　SecurityException	返回一个 Method 对象，该对象表示调用对象所属类或接口中的一个公有方法，该方法名为 methName，并且参数类型由 paramTypes 指定
Method[ ] getMethods() 　　throws SecurityException	为调用对象所属类或接口中的每个公有方法获取一个 Method 对象，并将它们存储在数组中。返回对这个数组的引用
Module getModule()	返回一个 Module 对象，该对象表示驻留在调用类中的模块
String getName()	返回调用对象所属类或接口的全名
String getPackageName()	返回调用类中包的名称
ProtectionDomain getProtectionDomain()	返回与调用对象关联的保护域
Class<? super T> getSuperclass()	返回调用对象所属类型的超类。如果调用对象代表的类型是 Object 或者不是类，就返回 null
boolean isInterface()	如果调用对象代表的类型是接口，就返回 true；否则返回 false
String toString()	返回调用对象所属类型或接口的字符串表示形式

对于需要对象的运行时类型信息的情况，Class 类定义的方法通常是有用的。正如表 18-21 所显示的，使用 Class 类提供的方法，可以确定与特定类相关的附加信息，例如公有构造函数、域变量以及方法。这些内容对于 Java Bean 功能很重要，Java Bean 将在本书的后面讨论。

下面的程序演示了 getClass()方法(该方法继承自 Object 类)和 getSuperClass()方法(该方法继承自 Class 类)：

```
// Demonstrate Run-Time Type Information.

class X {
  int a;
  float b;
}

class Y extends X {
  double c;
}

class RTTI {
  public static void main(String args[]) {
    X x = new X();
    Y y = new Y();
```

```
        Class<?> clObj;

        clObj = x.getClass(); // get Class reference
        System.out.println("x is object of type: " +
                        clObj.getName());

        clObj = y.getClass(); // get Class reference
        System.out.println("y is object of type: " +
                        clObj.getName());
        clObj = clObj.getSuperclass();
        System.out.println("y's superclass is " +
                        clObj.getName());
    }
}
```

该程序的输出如下所示:

```
x is object of type: X
y is object of type: Y
y's superclass is X
```

在结束本节之前,有必要介绍一下 Class 类的一个有趣的新功能。从 JDK 11 开始,Class 类提供了三个与嵌套相关的方法。嵌套是指一组类和/或接口嵌套在一个外部的类或接口中。使用嵌套功能,JVM 可更有效地处理某些涉及嵌套成员之间访问的情况。有一点很重要,嵌套不是一种源代码机制,它不会改变 Java 语言或它所定义可访问性的方式。具体而言,嵌套与编译器和 JVM 的工作方式相关。但现在使用 getNestHost() 可以获得嵌套的顶级类/接口(或称为嵌套宿主)。使用 isNestMateOf() 可确定一个类/接口是不是另一个类/接口的嵌套成员。还可以通过调用 getNestMembers() 来获取包含嵌套成员列表的数组。例如,当使用反射功能时,就会发现这些方法非常有用。

18.12 ClassLoader 类

抽象类 ClassLoader 定义了加载类的方式。应用程序可以创建扩展了 ClassLoader 类的子类,实现其中的方法。通过扩展 ClassLoader 类,可以采用某些其他方式加载类,而不是采用 Java 运行时系统的常规加载方式。但正常情况下不需要这么做。

18.13 Math 类

Math 类包含用于几何和三角运算的所有浮点函数,以及一些用于通用目的的方法。Math 类定义了两个 double 常量:E(约等于 2.72)和 PI(约等于 3.14)。

18.13.1 三角函数

表 18-22 中的方法为角度接收 double 类型的参数(单位为弧度),并返回各三角函数的运算结果。

表 18-22 用于三角函数的方法

方 法	描 述
static double sin(double *arg*)	返回由 *arg* 指定的角度(单位为弧度)的正弦值
static double cos(double *arg*)	返回由 *arg* 指定的角度(单位为弧度)的余弦值
static double tan(double *arg*)	返回由 *arg* 指定的角度(单位为弧度)的正切值

表 18-23 中的方法采用三角函数的结果作为参数,并返回能生成这种结果的角度,单位为弧度。它们是三角函数的反函数。

表 18-23 用于反三角函数的方法

方　　法	描　　述
static double asin(double *arg*)	返回正弦值由 *arg* 指定的角度
static double acos(double *arg*)	返回余弦值由 *arg* 指定的角度
static double atan(double *arg*)	返回正切值由 *arg* 指定的角度
static double atan2(double *x*, double *y*)	返回正切值由 *x*/*y* 指定的角度

表 18-24 中的方法用来计算角度的双曲正弦、双曲余弦和双曲正切。

表 18-24 计算双曲正弦、双曲余弦和双曲正切的方法

方　　法	描　　述
static double sinh(double *arg*)	返回由 *arg* 指定的角度的双曲正弦值
static double cosh(double *arg*)	返回由 *arg* 指定的角度的双曲余弦值
static double tanh(double *arg*)	返回由 *arg* 指定的角度的双曲正切值

18.13.2 指数函数

Math 类定义了表 18-25 所示的方法用于指数函数。

表 18-25 用于指数函数的方法

方　　法	描　　述
static double cbrt(double *arg*)	返回 *arg* 的立方根
static double exp(double *arg*)	返回 e 的 *arg* 次方
static double expm1(double *arg*)	返回 e 的(*arg*−1)次方
static double log(double *arg*)	返回 *arg* 的自然对数
static double log10(double *arg*)	返回 *arg* 的以 10 为底的对数
static double log1p(double *arg*)	返回(*arg*+1)的自然对数
static double pow(double *y*, double *x*)	返回 y 的 x 次方。例如,pow(2.0, 3.0)返回 8.0
static double scalb(double *arg*, int *factor*)	返回 $arg \times 2^{factor}$
static float scalb(float *arg*, int *factor*)	返回 $arg \times 2^{factor}$
static double sqrt(double *arg*)	返回 *arg* 的平方根

18.13.3 舍入函数

Math 类定义了一些提供各种类型舍入操作的方法。表 18-26 列出了这些方法。注意表 18-26 末尾的两个 ulp() 方法。在这个上下文中,ulp 代表最后位置中的单位(units in the last place),表示一个值和下一个更高的值之间的距离,可用于评估结果的精度。

表 18-26　Math 类定义的舍入方法

方　　法	描　　述
static int abs(int *arg*)	返回 *arg* 的绝对值
static long abs(long *arg*)	返回 *arg* 的绝对值
static float abs(float *arg*)	返回 *arg* 的绝对值
static double abs(double *arg*)	返回 *arg* 的绝对值
static double ceil(double *arg*)	返回大于等于 *arg* 的最小整数
static double floor(double *arg*)	返回小于等于 *arg* 的最大整数
static int floorDiv(int *dividend*, int *divisor*)	返回不大于 *dividend/divisor* 的结果的最大整数
static long floorDiv(long *dividend*, int *divisor*)	返回不大于 *dividend/divisor* 的结果的最大整数
static long floorDiv(long *dividend*, long *divisor*)	返回不大于 *dividend/divisor* 的结果的最大整数
static int floorMod(int *dividend*, int *divisor*)	返回不大于 *dividend/divisor* 的余数的最大整数
static int floorMod(long *dividend*, int *divisor*)	返回不大于 *dividend/divisor* 的余数的最大整数
static long floorMod(long *dividend*, long *divisor*)	返回不大于 *dividend/divisor* 的余数的最大整数
static int max(int *x*, int *y*)	返回 *x* 和 *y* 中的最大值
static long max(long *x*, long *y*)	返回 *x* 和 *y* 中的最大值
static float max(float *x*, float *y*)	返回 *x* 和 *y* 中的最大值
static double max(double *x*, double *y*)	返回 *x* 和 *y* 中的最大值
static int min(int *x*, int *y*)	返回 *x* 和 *y* 中的最小值
static long min(long *x*, long *y*)	返回 *x* 和 *y* 中的最小值
static float min(float *x*, float *y*)	返回 *x* 和 *y* 中的最小值
static double min(double *x*, double *y*)	返回 *x* 和 *y* 中的最小值
static double nextAfter(double *arg*, double *toward*)	从 *arg* 的值开始，返回 *toward* 方向的下一个值。如果 *arg==toward*，就返回 *toward*
static float nextAfter(float *arg*, double *toward*)	从 *arg* 的值开始，返回 *toward* 方向的下一个值。如果 *arg==toward*，就返回 *toward*
static double nextDown(double *val*)	返回低于 *val* 的下一个值
static float nextDown(float *val*)	返回低于 *val* 的下一个值
static double nextUp(double *arg*)	返回正方向上 *arg* 的下一个值
static float nextUp(float *arg*)	返回正方向上 *arg* 的下一个值
static double rint(double *arg*)	返回最接近 *arg* 的整数值
static int round(float *arg*)	返回 *arg* 的只入不舍的最近整型值
static long round(double *arg*)	返回 *arg* 的只入不舍的最近长整型值
static float ulp(float *arg*)	返回 *arg* 的 ulp 值
static double ulp(double *arg*)	返回 *arg* 的 ulp 值

18.13.4 其他数学方法

除了刚才介绍的方法外，Math 类还定义了其他一些方法，如表 18-27 所示。注意，其中几个方法使用了后缀 Exact。如果发生溢出，它们会抛出 ArithmeticException 异常。因此，这些方法便于监视各种操作是否发生溢出。

表 18-27 Math 类定义的其他数学方法

方　　法	描　　述
static int addExact(int *arg1*, int *arg2*)	返回 *arg1* + *arg2*。如果发生溢出，抛出 ArithmeticException 异常
static long addExact(long *arg1*, long *arg2*)	返回 *arg1* + *arg2*。如果发生溢出，抛出 ArithmeticException 异常
static double copySign(double *arg*, double *signarg*)	返回 *arg*，符号与 *signarg* 相同
static float copySign(float *arg*, float *signarg*)	返回 *arg*，符号与 *signarg* 相同
static int decrementExact(int *arg*)	返回 *arg*−1。如果发生溢出，抛出 ArithmeticException 异常
static long decrementExact(long *arg*)	返回 *arg*−1。如果发生溢出，抛出 ArithmeticException 异常
static double fma(double *arg1*, double *arg2*，double *arg3*)	将 *arg3* 与 *arg1* 和 *arg2* 的乘积相加并返回四舍五入后的结果。名称是 fused、multiply 和 add 这三个单词的首字母缩写
static float fma(float *arg1*, float *arg2*，float *arg3*)	将 *arg3* 与 *arg1* 和 *arg2* 的乘积相加并返回四舍五入后的结果。名称是 fused、multiply 和 add 这三个单词的首字母缩写
static int getExponent(double *arg*)	返回由 arg 的二进制表示形式所使用的 2 的指数
static int getExponent(float *arg*)	返回由 arg 的二进制表示形式所使用的 2 的指数
static hypot(double *side1*, double *side2*)	给定直角三角形两条直角边的长度，返回斜边的长度
static double IEEEremainder(double *dividend*, double *divisor*)	返回 *dividend/divisor* 的余数
static int incrementExact(int *arg*)	返回 *arg*+1。如果发生溢出，抛出 ArithmeticException 异常
static long incrementExact(long *arg*)	返回 *arg*+1。如果发生溢出，抛出 ArithmeticException 异常
static int multiplyExact(int *arg1*, int *arg2*)	返回 *arg1**arg2。如果发生溢出，抛出 ArithmeticException 异常
static long multiplyExact(long *arg1*, int *arg2*)	返回 *arg1**arg2。如果发生溢出，抛出 ArithmeticException 异常
static long multiplyExact(long *arg1*, long *arg2*)	返回 *arg1**arg2。如果发生溢出，抛出 ArithmeticException 异常
static long multiplyFull(int *arg1*, int *arg2*)	将 *arg1**arg2 的值作为 long 值返回
static long multiplyHigh(long *arg1*, long *arg2*)	返回一个 long 值，该值包含了 *arg1**arg2 的高阶位
static int negateExact(int *arg*)	返回−*arg*。如果发生溢出，抛出 ArithmeticException 异常
static long negateExact(long *arg*)	返回−*arg*。如果发生溢出，抛出 ArithmeticException 异常
static double random( )	返回 0 到 1 之间的伪随机数
static float signum(double *arg*)	判断值的符号。如果 *arg* 为 0，返回 0；如果 *arg* 大于 0，返回 1；如果 *arg* 小于 0，返回−1
static float signum(float *arg*)	判断值的符号。如果 arg 为 0，返回 0；如果 *arg* 大于 0，返回 1；如果 *arg* 小于 0，返回−1

(续表)

方　　法	描　　述
static int subtractExact(int *arg1*, int *arg2*)	返回 *arg1*−*arg2*。如果发生溢出，抛出 ArithmeticException 异常
static long subtractExact(long *arg1*, long *arg2*)	返回 *arg1*−*arg2*。如果发生溢出，抛出 ArithmeticException 异常
static double toDegrees(double *angle*)	将弧度转换为度。传递给 *angle* 的角度必须使用弧度指定。返回以度为单位的结果
static int toIntExact(long *arg*)	作为 int 类型返回 *arg*。如果发生溢出，抛出 ArithmeticException 异常
static double toRadians(double *angle*)	将度转换为弧度。传递给 *angle* 的角度必须使用度指定。返回以弧度为单位的结果

下面的程序演示了 toRadians()和 toDegrees()方法：

```
// Demonstrate toDegrees() and toRadians().
class Angles {
  public static void main(String args[]) {
    double theta = 120.0;

    System.out.println(theta + " degrees is " +
                  Math.toRadians(theta) + " radians.");

    theta = 1.312;
    System.out.println(theta + " radians is " +
                  Math.toDegrees(theta) + " degrees.");
  }
}
```

输出如下所示：

```
120.0 degrees is 2.0943951023931953 radians.
1.312 radians is 75.17206272116401 degrees.
```

18.14　StrictMath 类

StrictMath 类定义了与 Math 类中的方法完全平行的一套方法，区别在于 StrictMath 版的方法对于所有 Java 实现都要确保生成精确的结果，而 Math 类中的方法给予了更大的回旋余地以提高性能。

18.15　Compiler 类

Compiler 类支持创建 Java 环境，从而将 Java 字节码编译成可执行的代码而不是可解释的代码。对于常规编程，一般不使用 Compiler 类，并且 JDK 9 已经不再使用该类。

18.16　Thread 类、ThreadGroup 类和 Runnable 接口

Runnable 接口和 Thread 以及 ThreadGroup 类支持多线程编程。下面对它们逐一进行介绍。

> **注意：**
> 在第 11 章中已经对用于管理线程、实现 Runnable 接口以及创建多线程程序的技术进行了概述。

18.16.1 Runnable 接口

启动某个单独线程执行的任何类都必须实现 Runnable 接口。Runnable 接口只定义了一个抽象方法，即 run() 方法，该方法是线程的入口点，定义如下：

```
void run()
```

创建的线程必须实现该方法。

18.16.2 Thread 类

Thread 类创建新的执行线程。该类实现了 Runnable 接口并定义了以下构造函数：

Thread()
Thread(Runnable *threadOb*)
Thread(Runnable *threadOb*, String *threadName*)
Thread(String *threadName*)
Thread(ThreadGroup *groupOb*, Runnable *threadOb*)
Thread(ThreadGroup *groupOb*, Runnable *threadOb*, String *threadName*)
Thread(ThreadGroup *groupOb*, String *threadName*)

threadOb 是一个类的实例，该类实现了 Runnable 接口并定义了线程执行从何处开始。线程的名称由 *threadName* 指定。如果没有指定名称，Java 虚拟机会创建一个名称。*groupOb* 指定新线程将属于哪个线程组。如果没有指定线程组，那么新线程与父线程将属于同一个线程组。

Thread 类定义了以下常量：

MAX_PRIORITY
MIN_PRIORITY
NORM_PRIORITY

正如你所期望的，这些常量指定了线程优先级的最大值、最小值以及默认值。

表 18-28 显示了 Thread 类定义的方法(不包含那些不赞成使用的方法)。Thread 类定义的方法还包含了已弃用的 stop()、suspend()和 resume()方法。但第 11 章解释过，现在不赞成使用这些方法，因为它们本身是不稳定的。也不赞成使用 countStackFrames()和 destroy()方法，因为 countStackFrames()会调用 suspend()方法，而 destroy()会导致死锁。另外，从 JDK 11 开始，已经从 Thread 类中删除了 destroy()方法，以及 stop()方法的一个版本。

表 18-28 Thread 类定义的方法

方　　法	描　　述
static int activeCount()	返回线程所属线程组中活动线程的大概数量
final void checkAccess()	导致安全管理器核实当前线程能否访问和/或修改对其调用 checkAccess()方法的线程
static Thread currentThread()	返回的 Thread 对象封装了调用该方法的线程
static void dumpStack()	显示线程的调用堆栈
static int enumerate(Thread *threads*[ ])	将当前线程组中所有 Thread 对象的副本放入 *threads* 中，返回线程的数量
static Map<Thread, StackTraceElement[ ]> getAllStackTraces()	返回的Map对象包含所有活动线程的堆栈追踪。在映射中，每一项都包含一个键和对应的值。其中，键是Thread对象,它的值是元素为StackTraceElement的数组

(续表)

方法	描述
ClassLoader getContextClassLoader()	返回用于为该线程加载类和资源的上下文类加载器
static Thread.UncaughtExceptionHandler getDefaultUncaughtExceptionHandler()	返回默认的未捕获异常处理程序
long getID()	返回调用线程的 ID
final String getName()	返回线程的名称
final int getPriority()	返回线程的优先级设置
StackTraceElement[ ] getStackTrace()	返回的数组包含调用线程的堆栈追踪
Thread.State getState()	返回调用线程的状态
final ThreadGroup getThreadGroup()	返回一个 ThreadGroup 对象，调用线程是该对象的一个成员
Thread.UncaughtExceptionHandler getUncaughtExceptionHandler()	返回调用线程的未捕获异常处理程序
static boolean holdsLock(Object *ob*)	如果调用线程拥有 *ob* 上的锁，就返回 true；否则返回 false
void interrupt()	中断线程
static boolean interrupted()	如果当前执行的线程已经被中断，就返回 true；否则返回 false
final boolean isAlive()	如果线程仍然在运行，就返回 true；否则返回 false
final boolean isDaemon()	如果线程是守护线程，就返回 true；否则返回 false
boolean isInterrupted()	如果调用线程被中断，就返回 true；否则返回 false
final void join() throws InterruptedException	进行等待，直到线程终止
final void join(long *milliseconds*) throws InterruptedException	等待调用线程终止，等待的最长时间为 *milliseconds* 毫秒
final void join(long *milliseconds*, int *nanoseconds*) throws InterruptedException	等待调用线程终止，等待的最长时间为 *milliseconds* 毫秒加上 *nanoseconds* 纳秒
static void onSpinWait()	当调用该方法时，表示当前正在执行的线程位于等待循环中，可能会进行运行时优化
void run()	开始执行线程
void setContextClassLoader(ClassLoader *cl*)	把调用线程将使用的上下文类加载器设置为 *cl*
final void setDaemon(boolean *state*)	将线程标记为守护线程
static void setDefaultUncaughtExceptionHandler(Thread.UncaughtExceptionHandler *e*)	将默认的未捕获异常处理程序设置为 *e*
final void setName(String *threadName*)	将线程的名称设置为 *threadName*
final void setPriority(int *priority*)	将线程的优先级设置为 *priority*
void setUncaughtExceptionHandler(Thread.UncaughtExceptionHandler *e*)	将调用线程默认的未捕获异常处理程序设置为 *e*
static void sleep(long *milliseconds*) throws InterruptedException	将线程执行挂起指定的毫秒数

(续表)

方法	描述
static void sleep(long *milliseconds*, int *nanoseconds*) throws InterruptedException	将线程执行挂起指定的毫秒数加纳秒数
void start()	开始执行线程
String toString()	返回线程的等价字符串
static void yield()	调用线程将 CPU 让给其他线程

18.16.3 ThreadGroup 类

ThreadGroup 创建一组线程，它定义了以下两个构造函数：

ThreadGroup(String *groupName*)

ThreadGroup(ThreadGroup *parentOb*, String *groupName*)

对于这两种形式，*groupName* 指定线程组的名称。第一个版本创建一个新组，该组将当前线程作为父线程。对于第二种形式，父线程是由 *parentOb* 指定的。表 18-29 显示了 ThreadGroup 类定义的方法(不包含那些不赞成使用的方法)。

表 18-29　ThreadGroup 类定义的方法

方法	描述
int activeCount()	返回调用线程组(包括子线程组)中处于活动状态的线程的大概数量
int activeGroupCount()	返回以调用线程为父线程的活动线程组的数量(包括子线程组)
final void checkAccess()	导致安全管理器核实调用线程是否可以访问和/或修改对其调用 checkAccess()方法的线程组
final void destroy()	销毁对其调用该方法的线程组(及其所有子线程组)
int enumerate(Thread *group*[ ])	将调用线程组(包括子线程组)包含的活动线程放入 *group* 数组中
int enumerate(Thread *group*[ ], boolean *all*)	将调用线程组包含的活动线程放入 *group* 数组中。如果 *all* 为 true，那么子线程组中的所有线程也被放入 *group* 数组中
int enumerate(ThreadGroup *group*[ ])	将调用线程组的活动子线程组(包括子线程组的子线程组等)放入 *group* 数组中
int enumerate(ThreadGroup *group*[ ], boolean *all*)	将调用线程组的活动子线程组放入 *group* 数组中。如果 *all* 为 true，那么子线程组的所有子线程组也将被放入 *group* 数组中
final int getMaxPriority()	返回线程组的最大优先级设置
final String getName()	返回线程组的名称
final ThreadGroup getParent()	如果调用线程组没有父对象，就返回 null；否则返回调用对象的父对象
final void interrupt()	调用线程组(以及所有子线程组)中所有线程的 interrupt()方法
final boolean isDaemon()	如果线程组是守护线程组，就返回 true；否则返回 false
boolean isDestroyed()	如果线程组已经被销毁，就返回 true；否则返回 false
void list()	显示有关线程组的信息
final boolean parentOf(ThreadGroup *group*)	如果调用线程是 *group* 的父线程(或是 *group* 本身)，就返回 true；否则返回 *false*
final void setDaemon(boolean *isDaemon*)	如果 isDaemon 为 true，那么调用线程组将被标识为守护线程组

(续表)

方　　法	描　　述
final void setMaxPriority(int *priority*)	将调用线程组的最大优先级设置为 *priority*
String toString()	返回线程组的等价字符串
void uncaughtException(Thread *thread*, Throwable *e*)	当某个异常未被捕获时，调用该方法

线程组为管理一组线程提供了一种便利方式，可将一组线程作为一个单位进行管理。对于希望挂起或恢复大量相关线程的情况，线程组特别有用。例如，假设在程序中有一组线程用于打印文档，另一组线程用于在屏幕上显示文档信息，并且还有其他一组线程用于将文档保存到磁盘文件中。如果打印中断，你会希望有一种容易的方式能够停止所有与打印相关的线程。线程组为这种情况提供了便利。下面的程序创建了两个线程组，每个线程组有两个线程，该程序演示了这种用法。

```java
// Demonstrate thread groups.
class NewThread extends Thread {
  boolean suspendFlag;

  NewThread(String threadname, ThreadGroup tgOb) {
    super(tgOb, threadname);
    System.out.println("New thread: " + this);
    suspendFlag = false;
  }

  // This is the entry point for thread.
  public void run() {
    try {
      for(int i = 5; i > 0; i--) {
        System.out.println(getName() + ": " + i);
        Thread.sleep(1000);
        synchronized(this) {
          while(suspendFlag) {
            wait();
          }
        }
      }
    } catch (Exception e) {
      System.out.println("Exception in " + getName());
    }
    System.out.println(getName() + " exiting.");
  }

  synchronized void mysuspend() {
    suspendFlag = true;
  }

  synchronized void myresume() {
    suspendFlag = false;
    notify();
  }
}

class ThreadGroupDemo {
  public static void main(String args[]) {
    ThreadGroup groupA = new ThreadGroup("Group A");
    ThreadGroup groupB = new ThreadGroup("Group B");
```

```java
    NewThread ob1 = new NewThread("One", groupA);
    NewThread ob2 = new NewThread("Two", groupA);
    NewThread ob3 = new NewThread("Three", groupB);
    NewThread ob4 = new NewThread("Four", groupB);

    ob1.start();
    ob2.start();
    ob3.start();
    ob4.start();

    System.out.println("\nHere is output from list():");
    groupA.list();
    groupB.list();
    System.out.println();

    System.out.println("Suspending Group A");
    Thread tga[] = new Thread[groupA.activeCount()];
    groupA.enumerate(tga); // get threads in group
    for(int i = 0; i < tga.length; i++) {
      ((NewThread)tga[i]).mysuspend(); // suspend each thread
    }

    try {
      Thread.sleep(4000);
    } catch (InterruptedException e) {
      System.out.println("Main thread interrupted.");
    }

    System.out.println("Resuming Group A");
    for(int i = 0; i < tga.length; i++) {
      ((NewThread)tga[i]).myresume(); // resume threads in group
    }

    // wait for threads to finish
    try {
      System.out.println("Waiting for threads to finish.");
      ob1.join();
      ob2.join();
      ob3.join();
      ob4.join();
    } catch (Exception e) {
      System.out.println("Exception in Main thread");
    }

    System.out.println("Main thread exiting.");
  }
}
```

该程序的一次示例输出如下所示(你看到的准确输出可能会有所不同):

```
New thread: Thread[One,5,Group A]
New thread: Thread[Two,5,Group A]
New thread: Thread[Three,5,Group B]
New thread: Thread[Four,5,Group B]
Here is output from list():
java.lang.ThreadGroup[name=Group A,maxpri=10]
  Thread[One,5,Group A]
  Thread[Two,5,Group A]
java.lang.ThreadGroup[name=Group B,maxpri=10]
```

```
            Thread[Three,5,Group B]
            Thread[Four,5,Group B]
Suspending Group A
Three: 5
Four: 5
Three: 4
Four: 4
Three: 3
Four: 3
Three: 2
Four: 2
Resuming Group A
Waiting for threads to finish.
One: 5
Two: 5
Three: 1
Four: 1
One: 4
Two: 4
Three exiting.
Four exiting.
One: 3
Two: 3
One: 2
Two: 2
One: 1
Two: 1
One exiting.
Two exiting.
Main thread exiting.
```

在程序内部,注意线程组 A 被挂起 4 秒。正如输出所确认的,这导致线程 One 和 Two 被暂停,但是线程 Three 和 Four 继续运行。4 秒后,线程 One 和 Two 恢复执行。注意线程组 A 是如何被挂起和恢复的。首先,通过对线程组 A 调用 enumerate()方法来获取线程组 A 中的线程。然后,通过迭代结果数组挂起每个线程。为了恢复线程组 A 中的线程,再次遍历结果数组并恢复每个线程。

18.17 ThreadLocal 和 InheritableThreadLocal 类

Java 在 java.lang 中定义了两个与线程有关的附加类:
- **ThreadLocal**　用于创建线程局部变量,每个线程将具有线程局部变量的一个副本。
- **InheritableThreadLocal**　用于创建可被继承的线程局部变量。

18.18 Package 类

Package 封装了与包有关的信息。表 18-30 显示了 Package 类定义的方法。下面的程序演示了 Package 的用法,其中显示了程序当前知道的所有包:

```
// Demonstrate Package
class PkgTest {
  public static void main(String args[]) {
    Package pkgs[];

    pkgs = Package.getPackages();
```

```
    for(int i=0; i < pkgs.length; i++)
      System.out.println(
          pkgs[i].getName() + " " +
          pkgs[i].getImplementationTitle() + " " +
          pkgs[i].getImplementationVendor() + " " +
          pkgs[i].getImplementationVersion()
        );
  }
}
```

表 18-30　Package 类定义的方法

方　　法	描　　述
<A extends Annotation> A getAnnotation(Class<A> *annoType*)	返回的 Annotation 对象包含与调用对象的 annoType 相关联的注解
Annotation[ ] getAnnotations()	返回与调用对象关联的所有注解,并将它们存储在元素为 Annotation 对象的数组中。返回对这个数组的引用
<A extends Annotation> A[ ] getAnnotationsByType(Class<A> *annoType*)	返回与调用对象关联的 *annoType* 注解数组(包括重复注解)
<A extends Annotation> A getDeclaredAnnotation(Class<A> *annoType*)	返回的 Annotation 对象包含与 *annoType* 关联的非继承注解
Annotation[ ] getDeclaredAnnotations()	为调用对象声明的所有注解都返回一个 Annotaion 对象(忽略继承的注解)
<A extends Annotation> A[ ] getDeclaredAnnotationsByType(Class<A> *annoType*)	返回与调用对象关联的非继承 *annoType* 注解数组(包括重复注解)
String getImplementationTitle()	返回调用包的标题
String getImplementationVendor()	返回调用包的实现程序的名称
String getImplementationVersion()	返回调用包的版本号
String getName()	返回调用包的名称
static Package[ ] getPackages()	返回调用程序当前知道的所有包
String getSpecificationTitle()	返回调用包规范的标题
String getSpecificationVendor()	返回调用包规范的所有者的名称
String getSpecificationVersion()	返回调用包规范的版本号
int hashCode()	返回调用包的散列码
boolean isAnnotationPresent(Class<? extends Annotation> *anno*)	如果 anno 描述的注解与调用对象有关,就返回 true;否则返回 false
boolean isCompatibleWith(String *verNum*) throws NumberFormatException	如果 *verNum* 小于或等于调用包的版本号,就返回 true
boolean isSealed()	如果调用包被密封,就返回 true;否则返回 false
boolean isSealed(URL *url*)	如果调用包相对于 url 被密封,就返回 true;否则返回 false
String toString()	返回调用包的等价字符串

18.19 Module 类

JDK 9 中新增的 Module 类用于封装模块。使用 Module 实例可为模块添加各种访问权限，也可获取有关模块的信息。例如，可以调用 addExports()方法从指定的模块导出包；可以调用 addOpens()方法为指定的模块打开包；可以调用 addReads()方法读取另一个模块；可以调用 addUses()方法添加服务需求。可以通过调用 canRead()方法来决定一个模块是否可以访问另一个模块。为了确定一个模块是否使用服务，可以调用 canUse()方法。不过这些方法只在特殊情况下十分有用，Module 类也定义了一般情况下使用的其他方法。

例如，调用 getName()可以获取模块的名称。如果在一个已命名的模块中调用该方法，则返回该模块的名称；如果是在一个未命名的模块中调用该方法，则返回 null。调用 getPackages()方法可以获取模块中包的集合。getDescriptor()方法以 ModuleDescriptor 实例的形式返回模块的描述符(ModuleDescriptor 类在 java.lang.module 中声明)。通过调用 isExported()或 isOpen()可以分别确定是否由调用模块来导出或打开包。调用 isNamed()方法可以确定模块是否已命名或未命名。Module 类定义的其他方法还包括 getAnnotation()、getDeclaredAnnotations()、getLayer()、getClassLoader()和 getResourceAsStream()。toString()方法针对 Module 类也进行了重写。

假定在第 16 章的示例中定义了一些模块，可以很容易地试验 Module 类。例如，试着将下面的代码行添加到 MyModAppDemo 类中：

```
Module myMod = MyModAppDemo.class.getModule();
System.out.println("Module is " + myMod.getName());

System.out.print("Packages: ");
for(String pkg : myMod.getPackages()) System.out.println(pkg + " ");
```

此处使用了 getName()和 getPackages()方法。注意，Module 实例的获取是通过对 MyModAppDemo 类的 Class 实例调用 getModule()方法实现的。

运行上面的代码时，生成如下所示的输出：

```
Module is appstart
Packages: appstart.mymodappdemo
```

18.20 ModuleLayer 类

JDK 9 中新增了 ModuleLayer 类及其嵌套类 ModuleLayer.Controller，其中，前者封装了模块层，后者是一个模块层控制器。通常，这些类都用于特定的应用程序。

18.21 RuntimePermission 类

RuntimePermission 类与 Java 的安全机制有关。

18.22 Throwable 类

Throwable 类支持 Java 的异常处理系统，所有异常类都派生自该类。第 10 章已经对 Throwable 类进行了讨论。

18.23 SecurityManager 类

SecurityManager 类支持 Java 的安全系统。通过调用 System 类定义的 getSecurityManager()方法，可获得对当前安全管理器的引用。

18.24 StackTraceElement 类

StackTraceElement 类描述单个的堆栈帧(stack frame)，堆栈帧是当异常发生时堆栈踪迹的单个元素。每个堆栈帧表示一个执行点，包含类名、方法名、文件名以及源代码行号这类信息。从 JDK 9 开始，也包含模块信息。StackTraceElement 定义了两个构造函数，但通常不必使用它们，因为有许多方法都可以返回一个 StackTraceElement 数组，如 Throwable 类和 Thread 类的 getStackTrace()方法。

表 18-31 显示了 StackTraceElement 类支持的方法，可以通过这些方法编写代码来访问堆栈踪迹。

表 18-31　StackTraceElement 类定义的方法

方　　法	描　　述
boolean equals(Object ob)	如果调用 StackTraceElement 与 ob 传递过来的元素相同，就返回 true；否则返回 false
String getClassLoaderName()	返回用于加载类的类加载器的名称，该类是指由调用 StackTraceElement 描述的执行点的类。如果该对象中未包含类加载器的信息，则返回 null
String getClassName()	返回由调用 StackTraceElement 描述的执行点的类名
String getFileName()	返回由调用 StackTraceElement 描述的执行点的文件名
int getLineNumber()	返回由调用 StackTraceElement 描述的执行点的源代码行号。某些情况下，可能得不到行号，这时将返回负值
String getMethodName()	返回由调用 StackTraceElement 描述的执行点的方法名
String getModuleName()	返回由调用 StackTraceElement 描述的执行点的模块名。如果该对象中未包含模块信息，则返回 null
String getModuleVersion()	返回由调用 StackTraceElement 描述的执行点的模块版本信息。如果该对象中未包含模块信息，则返回 null
int hashCode()	返回调用 StackTraceElement 的散列码
boolean isNativeMethod()	如果由调用 StackTraceElement 描述的执行点是在本地方法中发生的，那么返回 true；否则返回 false
String toString()	返回调用序列的等价字符串

18.25 StackWalker 类和 StackWalker.StackFrame 接口

JDK 9 中新增的 StackWalker 类和 StackWalker.StackFrame 接口支持堆栈的遍历(walking)操作。使用 StackWalker 定义的静态方法 getInstance()可获得 StackWalker 实例。堆栈的 walking 操作是通过调用 StackWalker 的 walk()方法实现的。每个堆栈帧都被封装为一个 StackWalker.StackFrame 对象。

18.26 Enum 类

在第 12 章介绍过，枚举是已命名常量的列表(请记住，枚举是使用 enum 关键字创建的)。所有枚举自动继承自 Enum 类。Enum 是泛型类，其声明如下所示：

```
class Enum<E extends Enum<E>>
```

其中，E 代表枚举类型。Enum 没有公有构造函数。

Enum 类定义了一些所有枚举都可以使用的方法，表 18-32 显示了这些方法。

表 18-32 Enum 类定义的方法

方 法	描 述
protected final Object clone() throws CloneNotSupportedException	调用该方法会导致抛出 CloneNotSupportedException 异常，可以防止枚举被复制
final int compareTo(E *e*)	比较同一枚举中两个常量的顺序值。如果调用常量的顺序值比 *e* 的小，就返回一个负数；如果两个顺序值相等，就返回 0；如果调用常量的顺序值比 *e* 的大，就返回一个正数
final boolean equals(Object *obj*)	如果 *obj* 和调用对象引用的是同一个常量，就返回 true
final Class<E> getDeclaringClass()	返回枚举的类型，调用常量是该枚举的一个成员
final int hashCode()	返回调用对象的散列码
final String name()	返回调用常量的不变名称
final int ordinal()	返回表示枚举常量在常量列表中位置的值
String toString()	返回调用常量的名称，这个名称可以与枚举声明中使用的名称不同
static <T extends Enum<T>> T valueOf(Class<T> *e-type*, String *name*)	返回在由 *e-type* 指定的枚举类型中，与 *name* 关联的常量

18.27 ClassValue 类

ClassValue 类用于为类型关联一个值。ClassValue 是泛型类，定义如下所示：

Class ClassValue<T>

ClassValue 类是针对非常特殊的应用程序而设计的，不用于常规编程。

18.28 CharSequence 接口

CharSequence 接口定义了允许以只读方式访问字符序列的方法。表 18-33 显示了这些方法。String、StringBuffer、StringBuilder 以及其他类都实现了该接口。

表 18-33 CharSequence 接口定义的方法

方 法	描 述
char charAt(int *idx*)	返回由 *idx* 指定的索引位置的字符
static int compare(CharSequence *seqA*, CharSequence *seqB*)	比较 *seqA* 和 *seqB*。如果 *seqA* 等于 *seqB*，返回 0；如果 *seqA* 小于 *seqB*，返回一个负值；如果如果 *seqA* 大于 *seqB*，返回一个正值(JDK 11 新增)
default IntStream chars()	返回调用对象中字符的一个流(为 IntStream 形式)
default IntStream codePoints()	返回调用对象中代码点的一个流(为 IntStream 形式)
int length()	返回调用序列中字符的数量
CharSequence subSequence(int *startIdx*, int *stopIdx*)	返回调用序列中索引位置在 *startIdx* 和 *stopIdx*-1 之间的子集
String toString()	返回调用序列的等价字符串

18.29 Comparable 接口

可对实现了 Comparable 接口的类的对象进行排序。换句话说，实现了 Comparable 接口的类，包含能够以某种有意义的方式进行比较的对象。Comparable 是泛型接口，其声明如下所示。

interface Comparable<T>

其中，T 表示将进行比较的对象的类型。

Comparable 接口声明了一个方法，该方法用于判定 Java 调用类实例的自然顺序(natural ordering)。该方法的签名如下所示：

int compareTo(T *obj*)

该方法比较调用对象和 *obj*。如果它们的值相等，就返回 0；如果调用对象的值更小一些，就返回一个负值；如果调用对象的值更大一些，则返回一个正值。

本书前面介绍过的一些类实现了这个接口，如 Byte、Character、Double、Float、Long、Short、String、Integer 以及 Enum 类。

18.30 Appendable 接口

实现了 Appendable 接口的类的对象，可以追加字符或字符序列。Appendable 接口定义了以下 3 个方法：

Appendable append(char *ch*) throws IOException

Appendable append(CharSequence *chars*) throws IOException

Appendable append(CharSequence *chars*, int *begin*, int *end*) throws IOException

在第 1 种形式中，字符 *ch* 被追加到调用对象。在第 2 种形式中，字符序列 *chars* 被追加到调用对象。第 3 种形式允许标识由 *chars* 指定的字符序列中的一部分(索引位置在 *begin* 到 *end*–1 之间的字符)。所有这 3 个方法都返回对调用对象的引用。

18.31 Iterable 接口

所有将被用于 for-each 风格的 for 循环的类，都必须实现 Iterable 接口。换句话说，对象为了能够用于 for-each 风格的 for 循环，对象所属的类必须实现 Iterable 接口。Iterable 是泛型接口，其声明如下：

interface Iterable<T>

其中，T 是将进行迭代的对象的类型。该接口定义了抽象方法 iterator()，其声明如下所示：

Iterator<T> iterator()

该方法为调用对象包含的元素返回迭代器。

Iterable 接口还定义了两个默认方法。第一个方法是 forEach()：

default void forEach(Consumer<? super T> *action*)

对于被迭代的每个元素，forEach()执行由 *action* 指定的代码(Consumer 是一个函数式接口，在 java.util.function 中定义。详见第 20 章)。

第二个默认方法是 Spliterator()，如下所示：

default Spliterator<T> spliterator()

它返回被迭代序列的 Spliterator(参阅第 19 章和第 29 章有关 Spliterator 的详细介绍)。

> **注意：**
> 迭代器将在第 19 章详细描述。

18.32　Readable 接口

Readable 接口指示对象可以用作字符的源，该接口定义了方法 read()，其声明如下所示。

int read(CharBuffer *buf*) throws IOException

这个方法将字符读入 *buf* 中，返回读取的字符数。如果遇到 EOF，就返回 -1。

18.33　AutoCloseable 接口

AutoCloseable 接口对带资源的 try 语句提供了支持。这种 try 语句所实现的功能有时被称为自动资源管理 (Automatic Resource Management，ARM)。当资源(例如流)不再需要时，带资源的 try 语句会自动释放资源。只有实现了 AutoCloseable 接口的类的对象，才能被用于带资源的 try 语句。AutoCloseable 接口只定义了 close() 方法，如下所示：

void close( ) throws Exception

该方法关闭调用对象，释放调用对象可能占用的所有资源。在带资源的 try 语句的末尾会自动调用该方法，因此不再需要显式调用 close() 方法。有一些类实现了 AutoCloseable 接口，包括用来打开被关闭的流的所有 I/O 类。

18.34　Thread.UncaughtExceptionHandler 接口

静态的 Thread.UncaughtExceptionHandler 接口由希望处理未捕获异常的类实现。ThreadGroup 类实现了该接口。该接口只声明了一个方法，如下所示：

void uncaughtException(Thread *thrd*, Throwable *exc*)

其中，*thrd* 是对生成异常的线程的引用，*exc* 是对异常的引用。

18.35　java.lang 子包

Java 为 java.lang 定义了以下几个子包。除了特殊注明的包外，这些包都位于 java.base 模块中：

- java.lang.annotation
- java.lang.instrument
- java.lang.invoke
- java.lang.management
- java.lang.module
- java.lang.ref
- java.lang.reflect

下面简要介绍每个子包。

18.35.1 java.lang.annotation

Java 的注解功能是由 java.lang.annotation 子包支持的。该子包定义了 Annotation 接口、ElementType 和 RetentionPolicy 枚举，以及几个预定义的注解。注解已在第 12 章介绍过。

18.35.2 java.lang.instrument

java.lang.instrument 定义了能够被用于为程序执行的各个方面添加工具的特性。该子包定义了 Instrumentation 和 ClassFileTransformer 接口，以及 ClassDefinition 类。该包位于 java.instrument 模块中。

18.35.3 java.lang.invoke

java.lang.invoke 支持动态语言。该子包包含 CallSite、MethodHandle 以及 MethodType 类。

18.35.4 java.lang.management

java.lang.management 包为 JVM 和执行环境提供了管理支持。使用 java.lang.management 提供的特性，可以观察和管理程序执行的各个方面。该包位于 java.management 模块中。

18.35.5 java.lang.module

java.lang.module 包支持新的模块特性。它包含 ModuleDescriptor 和 ModuleReference 类，以及 ModuleFinder 和 ModuleReader 接口。

18.35.6 java.lang.ref

在前面已经学习过，Java 的垃圾回收功能可以自动判断对象的引用何时不再存在。然后假定对象已不再需要并回收其内存。java.lang.ref 包中的类为垃圾回收过程提供了更灵活的控制。

18.35.7 java.lang.reflect

反射是程序在运行时分析代码的能力。java.lang.reflect 包提供了获取类的域变量、构造函数、方法以及修饰符的能力。除了其他原因之外，构建能够与 Java Bean 组件协同工作的软件工具也需要这一信息。一些工具使用反射可以动态地确定组件的特性。反射是在第 12 章开始介绍的，第 30 章也进行了分析。

java.lang.reflect 包定义了几个类，包括 Method、Field 和 Constructor；还定义了一些接口，包括 AnnotatedElement、Member 以及 Type。此外，java.lang.reflect 包还包含 Array 类，该类允许动态地创建和访问数组。

第 19 章 java.util 第 1 部分：集合框架

本章开始学习 java.util。这个重要的包包含了大量的类和接口，支持范围广泛的功能。例如，java.util 提供了生成伪随机数、管理日期和时间、观察事件、操作位集合、标记字符串以及处理格式化数据的类。java.util 还包含 Java 最强大的子系统之一——集合框架(Collections Framework)。集合框架是一个复杂的接口和类层次结构，提供了管理对象组的最新技术，值得所有程序员密切关注。从 JDK 9 开始，java.util 包位于 java.base 模块中。

因为 java.util 包含的功能很多，所以该包相当大。表 19-1 是其中顶级类的列表。

表 19-1 java.util 中的顶级类

AbstractCollection	FormattableFlags	Properties
AbstractList	Formatter	PropertyPermission
AbstractMap	GregorianCalendar	PropertyResourceBundle
AbstractQueue	HashMap	Random
AbstractSet	Hashtable	Scanner
ArrayDeque	IdentityHashMap	ServiceLoader
ArrayList	IntSummaryStatistics	SimpleTimeZone
Arrays	LinkedHashMap	Spliterators
Base64	LinkedHashSet	SplittableRandom
BitSet	LinkedList	Stack
Calendar	ListResourceBundle	StringJoiner
Collections	Locale	StringTokenizer
Currency	LongSummaryStatistics	Timer
Date	Objects	TimerTask
Dictionary	Observable(JDK 9 中已不再使用)	TimeZone
DoubleSummaryStatistics	Optional	TreeMap
EnumMap	OptionalDouble	TreeSet
EnumSet	OptionalInt	UUID
EventListenerProxy	OptionalLong	Vector
EventObject	PriorityQueue	WeakHashMap

表 19-2 显示了 java.util 定义的接口。

表 19-2 java.util 定义的接口

Collection	Map.Entry	ServiceLoader.Provider
Comparator	NavigableMap	SortedMap
Deque	NavigableSet	SortedSet
Enumeration	Observer(JDK 9 中已不再使用)	Spliterator
EventListener	PrimitiveIterator	Spliterator.OfDouble
Formattable	PrimitiveIterator.OfDouble	Spliterator.OfInt
Iterator	PrimitiveIterator.OfInt	Spliterator.OfLong
List	PrimitiveIterator.OfLong	Spliterator.OfPrimitive
ListIterator	Queue	Set
Map	RandomAccess	

由于 java.util 包很大，因此分成两章对它进行介绍。本章介绍 java.util 中那些属于集合框架的部分，第 20 章将讨论其他类和接口。

19.1　集合概述

Java 集合框架标准化了程序处理对象组的方式。集合不是原始 Java 发布版本的一部分，但是在 J2SE 1.2 版本中就已经添加。在集合框架之前，Java 提供了特定的类以存储和管理对象组，例如 Dictionary、Vector、Stack 和 Properties。尽管这些类相当有用，但是它们缺少集中、统一的主题。例如，Vector 的使用方式与 Properties 不同。此外，早期的专业方式没有被设计成易扩展、易改造的形式。集合是解决这些问题以及其他问题的答案。

集合框架在设计上需要满足几个目标。首先，框架必须是高性能的。基本集合(动态数组、链表、树以及散列表)的实现是高效率的。很少需要手动编写这些"数据引擎"中的某个。其次，框架必须允许不同类型的集合以类似的方式工作，并且具有高度的互操作性。再次，扩展和/或改造集合必须易于实现。为了满足这些目标，整个集合框架基于一套标准接口进行构造，提供了这些接口的一些可以直接使用的标准实现(例如 LinkedList、HashSet 和 TreeSet)。作为一种选择，也可以实现自己的集合。为了方便，提供各种特定目的的实现，并且提供一些部分实现，从而使你可以更容易地创建自己的集合类。最后，必须添加可以将标准数组集成到集合框架中的机制。

算法是集合机制的另外一个重要部分。算法操作集合，并且被定义为 Collections 类中的静态方法。因此，所有集合都可以使用它们。每个集合类都不需要实现特定于自己的版本，算法为操作集合提供了标准的方式。

与集合框架密切相关的另一个内容是 Iterator 接口。迭代器为访问集合中的元素提供了通用、标准的方式，每次访问一个元素。因此，迭代器提供了枚举集合内容的一种方式。因为每个集合都提供了迭代器，所以可以通过 Iterator 定义的方法访问所有集合类的元素。因此，对循环遍历集合的代码进行很小的修改，就可以将其用于循环遍历列表。

JDK 8 添加了另一种类型的迭代器，称为 spliterator。简单来说，spliterator 就是为并行迭代提供支持的迭代器。支持 spliterator 的接口有 Spliterator 和支持基本类型的几个嵌套接口。JDK 8 还添加了用于基本类型的迭代器接口，例如 PrimitiveIterator 和 PrimitiveIterator.OfDouble。

除了集合外，框架还定义了一些映射接口和类。映射存储键/值对。尽管映射是集合框架的组成部分，但是从严格意义上讲，它们不是集合。不过，可以获得映射的集合视图(collection-view)。这种视图包含来自映射的元素，并存储在集合中。因此，作为一种选择，可以像处理集合那样处理映射的内容。

集合机制改造了 java.util 定义的某些原始类，从而使它们也可以被集成到新系统中。尽管集合替换了许多原始实用工具类的架构，但是不会造成任何类过时，理解这一点很重要。集合只是为做某些事情提供了更好的方式。

> **注意：**
> 如果熟悉 C++的话，你将会发现，Java 集合技术与 C++定义的标准模板库(Standard Template Library，STL)在思想上类似，清楚这一点是有帮助的。C++称之为容器，Java 称之为集合。但是，集合框架和 STL 之间存在重要的区别，不能随意地认为 Java 中的集合框架与 C++中的 STL 相同。

19.2 集合接口

集合框架定义了一些核心接口，本节概述了每个接口。首先介绍集合接口是有必要的，因为它们决定了集合类的本质特性。换句话说，具体类只是提供了标准接口的不同实现。表 19-3 汇总了奠定集合基础的那些接口。

表 19-3 奠定集合基础的接口

接口	描述
Collection	允许操作一组对象，位于集合层次结构的顶部
Deque	扩展 Queue 以处理双端队列
List	扩展 Collection 以处理序列(对象列表)
NavigableSet	扩展 SortedSet 以基于最接近匹配原则检索元素
Queue	扩展 Collection 以处理特殊类型的列表，这种类型的列表只能从列表顶部删除元素
Set	扩展 Collection 以处理集合，集合中的元素必须唯一
SortedSet	扩展 Set 以处理已排序的集合

除了集合接口外，集合还使用 Comparator、RandomAccess、Iterator、ListIterator 和 Spliterator 接口，这些接口将在本章后面深入探讨。简单地讲，Comparator 定义了如何比较两个对象，Iterator、ListIterator 和 Spliterator 枚举集合中的对象。通过实现 RandomAccess，可以表明列表支持高效、随机的元素访问。

为了提供最大的灵活性，集合接口允许某些方法是可选的。可选方法允许修改集合的内容。支持这些方法的集合被称为是可修改的。不允许修改内容的集合被称为不可修改的集合。如果试图在不可修改的集合上使用这些方法，就会抛出 UnsupportedOperationException 异常。所有内置集合都是可修改的。

接下来将分析各个集合接口。

19.2.1 Collection 接口

Collection 接口是构建集合框架的基础，因为定义集合的所有类都必须实现该接口。Collection 是泛型接口，其声明如下：

interface Collection<E>

其中，E 指定了集合将要存储的对象的类型。Collection 扩展了 Iterable 接口，这意味着所有集合都可以使用 for-each 风格的 for 循环进行遍历(回顾一下，只有实现了 Iterable 接口的类才能够通过 for 循环进行遍历)。

Collection 声明了所有集合都将拥有的核心方法。表 19-4 对这些方法进行了总结。因为所有集合都实现了 Collection 接口，所以为了清晰理解框架，熟悉该接口的方法是有必要的。这些方法中的某些方法可能抛出 UnsupportedOperationException 异常。前面解释过，如果集合不能被修改，就可能发生这种情况。如果一个对象和另一个对象不兼容，那么会生成 ClassCastException 异常，例如当试图将一个不兼容的对象添加到集合中时，就会发生这种情况。如果试图在不允许存储 null 对象的集合中存储 null 对象，那么会抛出 NullPointerException 异常。

如果使用的参数无效,那么会抛出 IllegalArgumentException 异常。如果试图为长度固定并且已经满了的集合添加元素,那么会抛出 IllegalStateException 异常。

表 19-4 Collection 接口声明的方法

方法	描述
boolean add(E *obj*)	将 *obj* 添加到调用集合中。如果 *obj* 被添加到集合中,就返回 true;如果 *obj* 已经是集合的成员并且集合的元素不允许重复,就返回 false
boolean addAll(Collection<? extends E> *c*)	将 *c* 中的所有元素添加到调用集合中。如果调用集合发生了变化(例如添加了元素),就返回 true;否则返回 false
void clear()	移除调用集合中的所有元素
boolean contains(Object *obj*)	如果 *obj* 是调用集合中的元素,就返回 true;否则返回 false
boolean containsAll(Collection<?> *c*)	如果调用集合包含 *c* 的所有元素,就返回 true;否则返回 false
boolean equals(Object *obj*)	如果调用集合与 *obj* 相等,就返回 true;否则返回 false
int hashCode()	返回调用集合的散列码
boolean isEmpty()	如果调用集合为空,就返回 true;否则返回 false
Iterator<E> iterator()	返回调用集合的一个迭代器
default Stream<E> parallelStream()	返回一个使用调用集合作为元素来源的流。该流能够支持并行操作
boolean remove(Object *obj*)	从调用集合中移除 *obj* 的一个实例。如果移除了元素,就返回 true;否则返回 false
boolean removeAll(Collection<?> *c*)	从调用集合中移除 *c* 的所有元素。如果操作集合发生了变化(即移除了元素),就返回 true;否则返回 false
default boolean removeIf(　　Predicate<? super E> *predicate*)	从调用集合中移除满足 *predicate* 指定条件的那些元素
boolean retainAll(Collection<?> *c*)	移除调用集合中除 *c* 中元素之外的所有元素。如果集合发生了变化(即移除了元素),就返回 true;否则返回 false
int size()	返回调用集合中元素的数量
default Spliterator<E> spliterator()	返回调用集合的 Spliterator
default Stream<E> stream()	返回一个使用调用集合作为元素来源的流。该流是顺序流
default <T> T[ ] toArray(　　IntFunction<T[ ]> *arrayGen*)	返回调用集合中元素的数组。所返回的这个数组由 *arrayGen* 指定的函数创建。如果集合元素的类型与数组的类型不兼容,就抛出 ArrayStoreException 异常(JDK 11 新增)
Object[ ] toArray()	返回包含调用集合中存储的所有元素的数组,数组元素是集合元素的副本
<T> T[ ] toArray(T *array*[ ])	返回包含调用集合中元素的数组。数组元素是集合元素的副本。如果 *array* 的长度等于元素的数量,就将返回的元素保存在 *array* 中;如果 *array* 的长度小于元素的数量,就分配必需大小的新数组并返回这个新数组;如果 *array* 的长度大于元素的数量,就将最后一个集合元素之后的数组元素设置为 null;如果所有集合元素的类型都不是 *array* 的子类型,那么抛出 ArrayStoreException 异常

通过调用 add()方法可以将对象添加到集合中。注意,add()方法采用类型为 E 的参数,这意味着添加到集合中的对象必须和集合所期望的对象相兼容。通过调用 addAll()方法,可将一个集合的所有内容添加到另一个集合中。

通过使用 remove()方法可以移除一个对象。为了移除一组对象,需要调用 removeAll()方法。通过调用 retainAll()方法,可以移除除了指定元素之外的所有元素。从 JDK 8 开始,要想仅移除满足某些条件的元素,可以使用 removeIf()方法。为了清空集合,可以调用 clear()方法。

通过调用 contains() 方法，可以确定集合是否包含特定的对象。为了确定一个集合是否包含另一个集合的所有成员，可以调用 containsAll() 方法。通过调用 isEmpty() 方法可以确定集合是否为空。通过调用 size() 方法可以确定集合当前包含的元素的数量。

toArray() 方法返回一个数组，其中包含调用集合中存储的元素。该方法的第一种形式返回 Object 类型的数组；第二种形式返回的数组，与指定为参数的数组具有相同的类型。通常，第二种形式更方便，因为能够返回期望的数组类型。从 JDK 11 开始，该方法新增了第三种形式，允许指定函数来获取数组。这些方法比它们初看起来更重要。通常，使用类似数组的语法处理集合的内容是有利的。通过提供集合和数组之间的转换途径，可以更好地利用两者的优点。

通过调用 equals() 方法可以比较两个集合的相等性。"相等"的精确含义依据集合的不同可以有所区别。例如，可以实现 equals() 方法，从而比较存储在集合中的元素的值。或者，equals() 方法也可以比较对这些元素的引用。

另一个重要的方法是 iterator()，它返回集合的一个迭代器。新的 spliterator() 方法返回集合的一个 spliterator。当操作集合时会频繁用到迭代器。最后，stream() 和 parallelStream() 方法返回使用集合作为元素来源的 Stream(第 29 章将详细讨论新的 Stream 接口)。

19.2.2 List 接口

List 接口扩展了 Collection，并且声明了用来存储一连串元素的集合的行为。在列表中，可以使用从 0 开始的索引，通过元素的位置插入或访问元素。列表可以包含重复的元素。List 是泛型接口，其声明如下：

interface List<E>

其中，E 指定了将存储于列表中的对象的类型。

除了 Collection 定义的方法外，List 还定义了自己的一些方法，表 19-5 汇总了这些方法。请注意，如果列表是不能修改的，那么这些方法中的某些方法会抛出 UnsupportedOperationException 异常；并且如果一个对象和另一个对象不兼容，那么抛出 ClassCastException 异常，例如当试图将不兼容的对象添加到列表中时，就会抛出该异常。此外，如果使用的索引无效，一些方法会抛出 IndexOutOfBoundsException 异常。如果试图在不允许存储 null 对象的列表中存储 null 对象，那么会抛出 NullPointerException 异常。如果使用的参数无效，那么会抛出 IllegalArgumentException 异常。

表 19-5 List 接口声明的方法

方 法	描 述
void add(int *index*, E *obj*)	将 *obj* 插入到调用列表中由 *index* 指定的索引位置。在插入点及之后位置存储的元素将被后移，因此没有元素会被覆盖
boolean addAll(int *index*, Collection<? extends E> *c*)	将 *c* 中的所有元素插入到调用列表中由 *index* 指定的索引位置。任何在插入点以及之后位置存储的元素都将后移，因此没有元素会被覆盖。如果调用列表发生了变化，就返回 true；否则返回 false
E get(int *index*)	返回调用集合中在指定索引位置存储的对象
int indexOf(Object *obj*)	返回调用列表中第一个 *obj* 实例的索引。如果 *obj* 不是列表中的元素，就返回-1
int lastIndexOf(Object *obj*)	返回调用列表中最后一个 *obj* 实例的索引。如果 *obj* 不是列表中的元素，就返回-1
ListIterator<E> listIterator()	返回调用列表的一个迭代器，该迭代器从列表的开头开始
ListIterator<E> listIterator(int *index*)	返回调用列表的一个迭代器，该迭代器从列表中由 *index* 指定的索引位置开始
static<E> List<E> of(*parameter-list*)	创建一个包含 *parameter-list* 中指定元素的不可修改列表。不允许包含 null 元素。Java 提供了一些重载版本。相关详情可以参阅本章中的讨论(JDK 9 新增)
E remove(int *index*)	从调用列表中移除位于 *index* 索引位置的元素，并返回被移除的元素，结果列表被压缩。也就是说，后面所有元素的索引都被减 1

(续表)

方 法	描 述
default void replaceAll(UnaryOperator<E> *opToApply*)	使用 *opToApply* 函数获得的值更新列表中的每个元素
E set(int *index*, E *obj*)	将调用列表中由 *index* 指定的索引位置的元素设置为 *obj*，返回原来的值
default void sort(Comparator<? super E> *comp*)	使用 *comp* 指定的比较器排序列表
List<E> subList(int *start*, int *end*)	返回的子列表包含调用列表中索引位置在 *start* 到 *end*−1 之间的元素。返回列表中的元素仍然被调用对象引用

相对于 Collection 接口定义的 add() 和 addAll() 版本，List 添加了 add(int,E) 和 addAll(int, Collection) 方法，这些方法在指定的索引位置插入元素。此外，List 改变了 Collection 定义的 add(E) 和 addAll(Collection) 方法的语义，以便它们能将元素添加到列表的尾部。使用 replaceAll() 方法可以修改集合中的每个元素。

为了获得存储在特定位置的元素，使用对象的索引调用 get() 方法。为了给列表中的元素赋值，可以调用 set() 方法，并指定将要修改的对象的索引。为了查找对象的索引，可以使用 indexOf() 或 lastIndexOf() 方法。

通过调用 subList() 方法，指定子列表的开始索引和结束索引，可以获得列表的子列表。正如你可能猜到的，subList() 方法极大地简化了列表处理。List 定义的 sort() 方法是排序列表的一种方法。

从 JDK 9 开始，List 包含了 of() 工厂方法，该方法有一些重载版本。每个版本都返回一个不可修改的、基于值的集合，该集合由传递给 of() 方法的参数组成。of() 方法的主要作用是为创建小型的 List 集合提供一种便利且有效的方法。该方法共有 12 个重载版本，其中一个不带参数，创建一个空列表。如下所示：

static <E> List<E> of()

其中 10 个重载版本的参数个数分别是从 1 个到 10 个，创建一个包含指定元素的列表，如下所示：

static <E> List<E> of(E *obj1*)
static <E> List<E> of(E *obj1*, E *obj2*)
static <E> List<E> of(E *obj*, E *obj2*, E *obj3*)
...
static <E> List<E> of(E *ob1*, E *obj2*, E *obj3*, E *obj4*, E *obj5*,
    E *obj6*, E *obj7*, E *obj8*, E *obj9*, E *obj10*)

还有一个重载版本带有的参数数量是可变的，可以为它指定任意数量的元素或一个元素数组。如下所示：

static <E> List<E> of(E ... *objs*)

对于 of() 方法的所有重载版本，都不允许包含 null 元素。在所有情况下，都没有指定 List 实现。

19.2.3 Set 接口

Set 接口定义了组(set)。它扩展了 Collection 接口，并且声明了集合中不允许有重复元素的组行为。所以，如果为组添加重复的元素，add() 方法就会返回 false。Set 接口没有定义自己的方法。Set 是泛型接口，其声明如下：

interface Set<E>

其中，E 指定了组将包含的对象的类型。

从 JDK 9 开始，Set 包含了 of() 工厂方法，该方法有一些重载版本。每个版本都返回一个不可修改的、基于值的集合，该集合由传递给 of() 方法的参数组成。of() 方法的主要作用是为创建小型的 Set 集合提供一种便利且有效的方法。该方法共有 12 个重载版本，其中一个不带参数，创建一个空组。如下所示：

 static <E>Set<E> of()

其中 10 个重载版本的参数个数分别是从 1 个到 10 个，创建一个包含指定元素的组，如下所示。

 static <E> Set<E> of(E *obj1*)
 static <E> Set<E> of(E *obj1*, E *obj2*)
 static <E> Set<E> of(E *obj*, E *obj2*, E *obj3*)
 ...
 static <E> Set<E> of(E *ob1*, E *obj2*, E *obj3*, E *obj4*, E *obj5*,
         E *obj6*, E *obj7*, E *obj8*, E *obj9*, E *obj10*)

还有一个重载版本带有的参数数量是可变的，可以为它指定任意数量的元素或一个元素数组。如下所示：

 static <E> Set<E> of(E ... *objs*)

对于 of()方法的所有重载版本，都不允许包含 null 元素。在所有情况下，都没有指定 Set 实现。

从 JDK 10 开始，Set 接口中包含了 copyOf()静态方法，如下所示：

 static <E> Set<E> copyOf(Collection <? extends E> *from*)

该方法返回一个其元素同 from 中元素的组。不允许返回 null 值，所返回的这个组是不可修改的。

19.2.4 SortedSet 接口

SortedSet 接口扩展了 Set 接口，并且声明了以升序进行排序的组行为。SortedSet 是泛型接口，其声明如下：

 interface SortedSet<E>

其中，E 指定了组将包含的对象的类型。

除了 Set 提供的那些方法外，SortedSet 接口还声明了表 19-6 中汇总的方法。如果调用组中未包含元素，其中的几个方法会抛出 NoSuchElementException 异常；如果对象和组中的元素不兼容，就抛出 ClassCastException 异常；如果试图为不允许存储 null 对象的组添加 null 对象，就抛出 NullPointerException 异常；如果使用的参数无效，会抛出 IllegalArgumentException 异常。

表 19-6 SortedSet 接口声明的方法

方 法	描 述
Comparator<? super E> comparator()	返回已排序调用组的比较器。如果这个组使用自然排序，就返回 null
E first()	返回已排序调用组的第一个元素
SortedSet<E> headSet(E *end*)	返回的 SortedSet 对象包含已排序调用组中那些小于 *end* 的元素。对于返回的已排序组中的元素，也将被已排序调用组引用
E last()	返回已排序调用组中的最后一个元素
SortedSet<E> subSet(E *start*, E *end*)	返回的 SortedSet 对象包含索引位置在 *start* 与 *end*-1 之间的元素。返回组中的元素也将被调用对象引用
SortedSet<E> tailSet(E *start*)	返回的 SortedSet 对象包含排序组中大于或等于 *start* 的元素。返回组中的元素也将被调用对象引用

SortedSet 定义了一些便于进行组处理的方法。为获得组中的第一个对象，可调用 first()方法；为得到最后一个元素，可使用 last()方法；通过调用 subSet()方法可以获得已排序组的子组，其参数指定了子组中的第一个和最

后一个对象；如果需要获得从组中第一个元素开始的子组，可以使用 headSet()方法；如果希望得到以组的末尾结尾的子组，可使用 tailSet()方法。

19.2.5 NavigableSet 接口

NavigableSet 接口扩展了 SortedSet 接口，并且该接口声明了支持基于最接近匹配给定值检索元素的集合行为。NavigableSet 是泛型接口，其声明如下。

interface NavigableSet<E>

其中，E 指定了组将包含的对象的类型。除了继承自 SortedSet 接口的方法外，NavigableSet 接口还添加了表 19-7 中汇总的方法。如果对象与组中的元素不兼容，则会抛出 ClassCastException 异常；如果试图在不允许存储 null 对象的组中使用 null 对象，则会抛出 NullPointerException 异常；如果使用的参数无效，则会抛出 IllegalArgumentException 异常。

表 19-7 NavigableSet 接口声明的方法

方 法	描 述
E ceiling(E *obj*)	在组中查找大于等于 *obj* 的最小元素。如果找到了这样的元素，就返回元素；否则返回 null
Iterator<E> descendingIterator()	返回一个从最大元素向最小元素移动的迭代器。换句话说，返回一个反向迭代器
NavigableSet<E> descendingSet()	返回用来翻转调用组的 NavigableSet 对象，结果组基于调用组
E floor(E *obj*)	查找组中小于等于*obj*的最大元素。如果找到了这样的元素，就返回元素；否则返回null
NavigableSet<E> headSet(E *upperBound*, boolean *incl*)	返回的 NavigableSet 对象包含调用组中小于 *upperBound* 的所有元素。如果 *incl* 为 true，那么包含等于 *upperBound* 的那个元素。结果组基于调用组
E higher(E *obj*)	在组中查找大于 *obj* 的最大元素。如果找到了这样的元素，就返回元素；否则返回 null
E lower(E *obj*)	在组中查找小于 *obj* 的最大元素。如果找到了这样的元素，就返回元素；否则返回 null
E pollFirst()	返回第一个元素，在操作过程中移除该元素。因为组是已经排序的，所以该元素具有最小值。如果组为空，那么返回 null
E pollLast()	返回最后一个元素，在操作过程中移除该元素。因为组是已经排序的，所以该元素具有最大值。如果组为空，那么返回 null
NavigableSet<E> subSet(E *lowerBound*, boolean *lowIncl*, E *upperBound*, boolean *highIncl*)	返回的 NavigableSet 对象包含调用组中大于 *lowerBound* 且小于 *upperBound* 的所有元素。如果 *lowIncl* 为 true，那么包含等于 *lowerBound* 的那个元素；如果 *highIncl* 为 true，那么包含等于 *upperBound* 的那个元素。结果组基于调用组
NavigableSet<E> tailSet(E *lowerBound*, boolean *incl*)	返回的 NavigableSet 对象包含调用组中大于 *lowerBound* 的所有元素。如果 *incl* 为 true，那么包含等于 *lowerBound* 的那个元素。结果组基于调用组

19.2.6 Queue 接口

Queue 接口扩展了 Collection 接口，并且声明了队列的行为，队列通常是先进先出的列表。但是，还有基于其他准则的队列类型。Queue 是泛型接口，其声明如下：

interface Queue<E>

其中，E 指定队列将包含的对象的类型。表 19-8 显示了 Queue 定义的方法。

表 19-8 Queue 接口声明的方法

方 法	描 述
E element()	返回队列头部的元素，不移除该元素。如果队列为空，则抛出 NoSuchElementException 异常
boolean offer(E *obj*)	试图将 *obj* 添加到队列中。如果将 *obj* 添加到队列中，则返回 true；否则返回 false
E peek()	返回队列头部的元素。如果队列为空，则返回 null。不移除该元素
E poll()	返回队列头部的元素，在操作过程中移除该元素。如果队列为空，则返回 null
E remove()	移除队列头部的元素，并在操作过程中返回该元素。如果队列为空，则抛出 NoSuchElementException 异常

如果对象与队列中的元素不兼容，有些方法会抛出 ClassCastException 异常；如果试图在不允许有 null 元素的队列中存储 null 对象，会抛出 NullPointerException 异常；如果使用的参数无效，会抛出 IllegalArgumentException 异常；如果试图向长度固定并且已满的队列中添加元素，会抛出 IllegalStateException 异常；如果试图从空的队列中移除元素，会抛出 NoSuchElementException 异常。

尽管 Queue 接口比较简单，但却提供了几个有趣的功能。首先，只能从队列的头部移除元素。其次，有两个方法可用于获取并移除元素：poll()和 remove()。它们之间的区别是：如果队列为空，poll()方法会返回 null，而 remove()方法会抛出异常。再次，有两个方法可以获取但并不从队列的头部移除元素：element()和 peek()。它们之间的唯一区别是：如果队列为空，element()方法会抛出异常，而 peek()方法会返回 null。最后，注意 offer()方法只是试图向队列中添加元素。因为有些队列具有固定长度，并且可能已满，所以 offer()方法可能会失败。

19.2.7　Deque 接口

Deque 接口扩展了 Queue 接口，并且声明了双端队列的行为。双端队列既可以像标准队列那样先进先出，也可以像堆栈那样后进先出。Deque 是泛型接口，其声明如下：

　　interface Deque<E>

其中，E 指定了双端队列将包含的对象的类型。除了继承自 Queue 接口的方法外，Deque 接口还添加了表 19-9 中汇总的方法。如果对象与双端队列中的元素不兼容，则有些方法会抛出 ClassCastException 异常；如果试图向不允许 null 元素的双端队列中存储 null 对象，则会抛出 NullPointerException 异常；如果使用的参数无效，则会抛出 IllegalArgumentException 异常；如果向长度固定并且已满的双端队列中添加元素，则会抛出 IllegalStateException 异常；如果试图从空的双端队列中移除元素，则会抛出 NoSuchElementException 异常。

表 19-9 Deque 接口声明的方法

方 法	描 述
void addFirst(E *obj*)	将 *obj* 添加到双端队列的头部。如果超出了容量有限的双端队列的空间，就抛出 IllegalStateException 异常
void addLast(E *obj*)	将 *obj* 添加到双端队列的尾部。如果超出了容量有限的双端队列的空间，就抛出 IllegalStateException 异常
Iterator<E> descendingIterator()	返回一个从双端队列尾部向头部移动的迭代器。换句话说，返回一个反向迭代器
E getFirst()	返回双端队列的第一个元素，不从双端队列中移除该对象。如果双端队列为空，就抛出 NoSuchElementException 异常
E getLast()	返回双端队列的最后一个元素，不从双端队列中移除该对象。如果双端队列为空，就抛出 NoSuchElementException 异常
boolean offerFirst(E *obj*)	将 *obj* 添加到双端队列的头部。如果 *obj* 被添加到双端队列中，就返回 true；否则返回 false。因此，如果试图向一个已满并且容量有限的双端队列中添加 *obj*，则会返回 false

(续表)

方法	描述
boolean offerLast(E *obj*)	试图将 *obj* 添加到双端队列的尾部。如果 *obj* 被添加到双端队列中，就返回 true；否则返回 false
E peekFirst()	返回双端队列头部的元素。如果双端队列为空，就返回 null。对象不被移除
E peekLast()	返回双端队列尾部的元素。如果双端队列为空，就返回 null。对象不被移除
E pollFirst()	返回双端队列头部的元素，在操作过程中移除该元素。如果双端队列为空，就返回 null
E pollLast()	返回双端队列尾部的元素，在操作过程中移除该元素。如果双端队列为空，就返回 null
E pop()	返回双端队列头部的元素，在操作过程中移除该元素。如果双端队列为空，就抛出 NoSuchElementException 异常
void push(E *obj*)	将 *obj* 添加到双端队列的头部。如果超出了容量有限的双端队列的空间，就抛出 IllegalStateException 异常
E removeFirst()	返回双端队列头部的元素，在操作过程中移除该元素。如果双端队列为空，就抛出 NoSuchElementException 异常
boolean removeFirstOccurrence(Object *obj*)	从双端队列中移除第一次出现的 *obj* 对象。如果成功，就返回 true；如果双端队列中不包含 *obj*，就返回 false
E removeLast()	返回双端队列尾部的元素，在操作过程中移除该元素。如果双端队列为空，就抛出 NoSuchElementException 异常
boolean removeLastOccurrence(Object *obj*)	从双端队列中移除最后一次出现的 obj 对象。如果成功，就返回 true；如果双端队列中不包含 *obj*，就返回 false

注意 Deque 接口提供了 push()和 pop()方法。这些方法使得 Deque 接口的功能与堆栈类似。此外，还应当注意 descendingIterator()方法，该方法返回的迭代器以相反的顺序返回元素。换句话说，返回一个从集合的尾部向头部移动的迭代器。可以将 Deque 接口实现为容量有限的队列，这意味着只能向双端队列中添加数量有限的元素。如果容量有限，那么当试图向双端队列中添加元素时可能会失败。Deque 接口允许以两种方式处理这类失败。首先，如果容量有限的双端队列已满，addFirst()和 addLast()这类方法会抛出 IllegalStateException 异常。其次，如果不能添加元素，offerFirst()和 offerLast()这类方法会返回 false。

19.3 集合类

现在你已经熟悉了集合接口，下面开始分析实现它们的标准类。其中的一些类提供了可以使用的完整实现。其他一些类是抽象的，它们提供了可以作为创建具体集合开始点的大体实现。作为一般规则，集合类不是同步的，但是在本章后面将会看到，可以获得它们的同步版本。

表 19-10 汇总了一些核心集合类。

表 19-10 核心集合类

类	描述
AbstractCollection	实现了 Collection 接口的大部分
AbstractList	扩展 AbstractCollection 类并实现了 List 接口的大部分
AbstractQueue	扩展 AbstractCollection 类并实现了 Queue 接口的部分
AbstractSequentialList	扩展 AbstractList 类，用于顺序访问而不是随机访问集合中的元素
LinkedList	通过扩展 AbstractSequentialList 类实现链表
ArrayList	通过扩展 AbstractList 类实现动态数组

(续表)

类	描述
ArrayDeque	通过扩展 AbstractCollection 类并实现 Deque 接口，实现动态双端队列
AbstractSet	扩展 AbstractCollection 类并实现 Set 接口的大部分
EnumSet	扩展 AbstractSet 类，用于 enum 元素
HashSet	扩展 AbstractSet 类，用于哈希表
LinkedHashSet	扩展 HashSet 类以允许按照插入的顺序进行迭代
PriorityQueue	扩展 AbstractQueue 类以支持基于优先级的队列
TreeSet	实现存储于树中的组，扩展 AbstractSet 类

接下来将分析具体的集合类并演示它们的使用。

> **注意：**
> 除了集合类之外，还有一些遗留的类，例如 Vector、Stack 以及 Hashtable，也进行了重新设计以支持集合。这些类将在本章后面进行分析。

19.3.1 ArrayList 类

ArrayList 类扩展了 AbstractList 类并实现了 List 接口。ArrayList 类是泛型类，其声明如下：

class ArrayList<E>

其中，E 指定了列表将包含的对象的类型。

ArrayList 类支持能够按需增长的动态数组。在 Java 中，标准数组的长度是固定的。数组在创建之后，就不能增长或缩小，这意味着必须事先知道数组将包含多少元素。但是，有时可能直到运行时才知道所需数组的准确大小。为了处理这种情况，集合框架定义了 ArrayList 类。本质上，ArrayList 就是一个所含元素为对象引用的长度可变的数组。也就是说，ArrayList 可以动态增加或减小大小。数组列表使用初始大小创建。当超出这个大小时，集合会自动扩大。当对象被移除时，也可以减小数组。

> **注意：**
> 遗留类 Vector 也支持动态数组，在本章的后面将介绍该类。

ArrayList 具有如下所示的构造函数：

ArrayList()

ArrayList(Collection<? extends E> *c*)

ArrayList(int *capacity*)

第 1 个构造函数构建一个空的数组列表。第 2 个构造函数构建一个数组列表，使用集合 *c* 的元素进行初始化。第 3 个构造函数构建一个初始容量为 capacity 的数组列表。容量是用于存储元素的数组的大小。当向数组列表中添加元素时，容量会自动增长。

以下程序演示了 ArrayList 类的简单应用。该程序为 String 类型的对象创建了一个数组列表，然后向其中添加了几个字符串(回顾一下，带引号的字符串会被转换为 String 对象)。然后显示这个列表。移除一些元素后，再次显示这个列表。

```
// Demonstrate ArrayList.
import java.util.*;

class ArrayListDemo {
```

```java
    public static void main(String args[]) {
      // Create an array list.
      ArrayList<String> al = new ArrayList<String>();

      System.out.println("Initial size of al: " +
                   al.size());

      // Add elements to the array list.
      al.add("C");
      al.add("A");
      al.add("E");
      al.add("B");
      al.add("D");
      al.add("F");
      al.add(1, "A2");

      System.out.println("Size of al after additions: " +
                   al.size());

      // Display the array list.
      System.out.println("Contents of al: " + al);

      // Remove elements from the array list.
      al.remove("F");
      al.remove(2);

      System.out.println("Size of al after deletions: " +
                   al.size());

      System.out.println("Contents of al: " + al);
    }
  }
```

该程序的输出如下所示：

```
Initial size of al: 0
Size of al after additions: 7
Contents of al: [C, A2, A, E, B, D, F]
Size of al after deletions: 5
Contents of al: [C, A2, E, B, D]
```

注意 al 一开始为空，并且当添加元素时会增长。当移除元素时，al 的大小会减小。

在前面的例子中，使用 toString()方法提供的默认转换来显示集合的内容，该方法继承自 AbstractCollection。尽管对于简单的程序来说，toString()方法是足够的，但是很少使用它来显示真实集合的内容。通常会提供自己的输出例程。但是，对于接下来的几个例子，toString()方法创建的默认输出是足够的。

尽管存储对象时，ArrayList 对象的容量会自动增长，但可调用 ensureCapacity()方法手动增长 ArrayList 对象的容量。如果事先知道将在集合中存储的元素比当前保存的元素多很多，你可能希望这么做。在开始时，一次性增加容量，从而避免以后多次重新分配内存。因为重新分配内存很耗时，所以阻止不必要的内存分配次数可以提高性能。ensureCapacity()方法的签名如下：

void ensureCapacity(int *cap*)

其中，*cap* 指定集合新的最小容量。

相反，如果希望减小 ArrayList 对象数组的大小，进而使其大小精确地等于当前容纳的元素数量，则可以调用 trimToSize()方法，该方法如下所示：

void trimToSize()

从 ArrayList 获取数组

使用 ArrayList 时，有时会希望获取包含列表内容的实际数组。为此，可调用 toArray()方法，该方法是由 Collection 接口定义的。由于某些原因，你可能希望将集合转换成数组，例如：

- 为特定操作获取更快的处理速度
- 为方法传递数组，并且方法没有接收集合的重载形式
- 将基于集合的代码集成到不支持集合的遗留代码中

不管是什么原因，将 ArrayList 转换成数组都是很平常的事情。

前面解释过，toArray()方法有三个版本。为了便于分析，下面再次给出它们：

object[] toArray()

<T> T[] toArray(T *array*[])

default <T> T[ ] toArray(IntFunction<T[ ]> *arrayGen*)

第一个版本返回元素类型为 Object 的数组。第二个版本返回元素类型为 T 的数组。在此，将使用第二个版本，因为该版本更方便，下面的程序演示了它的使用：

```java
// Convert an ArrayList into an array.
import java.util.*;

class ArrayListToArray {
  public static void main(String args[]) {
    // Create an array list.
    ArrayList<Integer> al = new ArrayList<Integer>();

    // Add elements to the array list.
    al.add(1);
    al.add(2);
    al.add(3);
    al.add(4);

    System.out.println("Contents of al: " + al);

    // Get the array.
    Integer ia[] = new Integer[al.size()];
    ia = al.toArray(ia);

    int sum = 0;

    // Sum the array.
    for(int i : ia) sum += i;

    System.out.println("Sum is: " + sum);
  }
}
```

该程序的输出如下所示：

```
Contents of al: [1, 2, 3, 4]
Sum is: 10
```

该程序首先创建一个整数集合。接下来，调用toArray()方法并获取一个Interger数组。然后，使用for-each风格的for循环对数组内容进行求和。

在该程序中还有其他一些有趣的事情。如前所述，集合可以只存储引用，而不存储基本类型的值。但是，自

动装箱使得为add()方法传递int类型的值成为可能，而不需要像程序中那样将它们手动封装到一个Integer对象中。自动装箱使得它们被自动封装。通过这种方式，自动装箱显著提高了使用集合存储基本类型值的易用性。

19.3.2　LinkedList 类

LinkedList 类扩展了 AbstractSequentialList 类，实现了 List、Deque 以及 Queue 接口，并且它还提供了一种链表数据结构。LinkedList 类是泛型类，其声明如下：

class LinkedList<E>

其中，E 指定了链表将包含的对象的类型。LinkedList 具有两个构造函数，如下所示：

LinkedList()

LinkedList(Collection<? extends E> c)

第一个构造函数构建一个空的链表。第二个构造函数构建一个使用集合 c 的元素进行初始化的链表。

因为 LinkedList 实现了 Deque 接口，所以可访问 Deque 定义的方法。例如，要向列表头部添加元素，可以使用 addFirst()或 offerFirst()方法；要向列表尾部添加元素，可以使用 addLast()或 offerLast()方法；为了获取第一个元素，可以使用 getFirst()或 peekFirst()方法；为了获取最后一个元素，可以使用 getLast()或 peekLast()方法；为了移除第一个元素，可以使用 removeFirst()或 pollFirst()方法；为了移除最后一个元素，可以使用 removeLast()或 pollLast()方法。

下面的程序演示了 LinkedList：

```java
// Demonstrate LinkedList.
import java.util.*;

class LinkedListDemo {
  public static void main(String args[]) {
    // Create a linked list.
    LinkedList<String> ll = new LinkedList<String>();

    // Add elements to the linked list.
    ll.add("F");
    ll.add("B");
    ll.add("D");
    ll.add("E");
    ll.add("C");
    ll.addLast("Z");
    ll.addFirst("A");

    ll.add(1, "A2");

    System.out.println("Original contents of ll: " + ll);

    // Remove elements from the linked list.
    ll.remove("F");
    ll.remove(2);

    System.out.println("Contents of ll after deletion: "
                  + ll);

    // Remove first and last elements.
    ll.removeFirst();
    ll.removeLast();
```

```
        System.out.println("ll after deleting first and last: "
                           + ll);

        // Get and set a value.
        String val = ll.get(2);
        ll.set(2, val + " Changed");

        System.out.println("ll after change: " + ll);
    }
}
```

该程序的输出如下所示:

```
Original contents of ll: [A, A2, F, B, D, E, C, Z]
Contents of ll after deletion: [A, A2, D, E, C, Z]
ll after deleting first and last: [A2, D, E, C]
ll after change: [A2, D, E Changed, C]
```

因为 LinkedList 实现了 List 接口，所以可以调用 add(E)方法向列表尾部追加元素，就像调用 addLast()方法那样。为了在指定位置插入元素，可以使用 add()方法的 add(int, E)形式，就像在这个例子中调用 add(1,"A2")那样。

注意如何通过调用 get()和 set()方法修改 ll 中的第 3 个元素。为了获取元素的当前值，向 get()方法传递元素存储位置的索引。如果要为索引指定的元素赋新值，可以向 set()方法传递相应的索引和新值。

19.3.3 HashSet 类

HashSet 类扩展了 AbstractSet 类并实现了 Set 接口，该类用于创建使用哈希表存储元素的集合。HashSet 类是泛型类，其声明如下：

class HashSet<E>

其中，E 指定了组将包含的对象的类型。

大部分读者可能知道，哈希表使用称之为散列的机制存储信息。在散列机制中，键的信息用于确定唯一的值，称为散列码。然后将散列码用作索引，在索引位置存储与键关联的数据。将键转换为散列码是自动执行的——你永远不会看到散列码本身。此外，你的代码不能直接索引哈希表。散列机制的优势是 add()、contains()、remove()以及 size()方法的执行时间保持不变，即使是对于比较大的组也是如此。

HashSet 类定义了以下构造函数：

HashSet()
HashSet(Collection<? extends E> c)
HashSet(int *capacity*)
HashSet(int *capacity*, float *fillRatio*)

第 1 种形式构造一个默认的哈希组。第 2 种形式使用集合 c 中的元素初始化哈希组。第 3 种形式将哈希组的容量设置为 *capacity*(默认容量是 16)。第 4 种形式根据参数同时初始化哈希组的容量和填充率(也称为载入容量(load capacity))。填充率必须介于 0.0 到 1.0 之间，填充率决定了哈希组被填充到什么程度就增加容量。特别地，当元素的数量大于哈希组的容量与填充率的乘积时，将扩展哈希组。对于没有填充率的构造函数，使用 0.75 作为填充率。

除了超类和接口提供的方法外，HashSet 没有定义任何其他方法。

HashSet 不能保证元素的顺序，注意这一点很重要，因为散列处理过程通常不创建有序的组。如果需要有序地进行存储，那么需要另一个组，TreeSet 是一个较好的选择。

下面是演示 HashSet 的一个例子：

```java
// Demonstrate HashSet.
import java.util.*;

class HashSetDemo {
  public static void main(String args[]) {
    // Create a hash set.
    HashSet<String> hs = new HashSet<String>();

    // Add elements to the hash set.
    hs.add("Beta");
    hs.add("Alpha");
    hs.add("Eta");
    hs.add("Gamma");
    hs.add("Epsilon");
    hs.add("Omega");

    System.out.println(hs);
  }
}
```

下面是这个程序的输出：

```
[Gamma, Eta, Alpha, Epsilon, Omega, Beta]
```

正如前面所解释的，元素不是按有序的顺序存储的，具体的输出可能不同。

19.3.4　LinkedHashSet 类

LinkedHashSet 扩展了 HashSet 类，它没有添加自己的方法。LinkedHashSet 类是泛型类，其声明如下：

class LinkedHashSet<E>

其中，E 指定了组将包含的对象的类型。LinkedHashSet 的构造函数与 HashSet 的构造函数相对应。

LinkedHashSet 维护组中条目的一个链表，链表中条目的顺序也就是插入它们时的顺序，这使得可以按照插入顺序迭代集合。换言之，当使用迭代器遍历 LinkedHashSet 时，元素将以插入它们的顺序返回。这也是在对 LinkedHashSet 对象调用 toString() 方法时在返回的字符串中包含它们的顺序。为了查看 LinkedHashSet 的效果，尝试在前面的程序中使用 LinkedHashSet 代替 HashSet。输出将是：

```
[Beta, Alpha, Eta, Gamma, Epsilon, Omega]
```

元素输出的顺序就是插入它们的顺序。

19.3.5　TreeSet 类

TreeSet 类扩展了 AbstractSet 类并实现了 NavigableSet 接口，用于创建使用树进行存储的组。对象以升序存储，访问和检索速度相当快，这使得对于存储大量的、必须能够快速查找到的有序信息来说，TreeSet 是极佳选择。

TreeSet 类是泛型类，其声明如下：

class TreeSet<E>

其中，E 指定了组将包含的对象的类型。

TreeSet 具有如下构造函数：

TreeSet()

TreeSet(Collection<? extends E> *c*)
TreeSet(Comparator<? super E> *comp*)
TreeSet(SortedSet<E> *ss*)

第 1 种形式构建一个空树，将按照元素的自然顺序以升序进行存储。第 2 种形式构建一个包含集合 *c* 中元素的树。第 3 种形式构建一个空树，将按照 *comp* 指定的比较器进行存储(比较器将在稍后描述)。第 4 种形式构建一个包含 *ss* 中元素的树。

下面是演示 TreeSet 类的一个例子：

```
// Demonstrate TreeSet.
import java.util.*;

class TreeSetDemo {
  public static void main(String args[]) {
    // Create a tree set.
    TreeSet<String> ts = new TreeSet<String>();

    // Add elements to the tree set.
    ts.add("C");
    ts.add("A");
    ts.add("B");
    ts.add("E");
    ts.add("F");
    ts.add("D");

    System.out.println(ts);
  }
}
```

该程序的输出如下所示：

```
[A, B, C, D, E, F]
```

前面解释过，因为 TreeSet 是在树中存储元素，所以它们自动以排过序的顺序进行排列，正如输出所示。

因为 TreeSet 实现了 NavigableSet 接口，所以可以使用 NavigableSet 接口定义的方法来检索 TreeSet 中的元素。例如，对于前面的程序，下面的语句使用 subSet()方法获取 ts 的一个子组，该子组包含从 C(包含 C)到 F(不包含 F)的元素，然后显示结果组：

```
System.out.println(ts.subSet("C", "F"));
```

这条语句的输出如下所示：

```
[C, D, E]
```

你可能希望尝试一下 NavigableSet 定义的其他方法。

19.3.6 PriorityQueue 类

PriorityQueue 类扩展了 AbstractQueue 类并实现了 Queue 接口，用于创建根据队列的比较器来判定优先次序的队列。PriorityQueue 类是泛型类，其声明如下：

class PriorityQueue<E>

其中，E 指定了队列将存储的对象的类型。PriorityQueue 是动态的、按需增长的。

PriorityQueue 定义了以下 7 个构造函数:

PriorityQueue()
PriorityQueue(int *capacity*)
PriorityQueue(Comparator<? super E> *comp*)
PriorityQueue(int *capacity*, Comparator<? super E> *comp*)
PriorityQueue(Collection<? extends E> *c*)
PriorityQueue(PriorityQueue<? extends E> *c*)
PriorityQueue(SortedSet<? extends E> *c*)

第 1 个构造函数构建一个空的队列,起始容量为 11。第 2 个构造函数构建一个具有指定初始容量的队列。第 3 个构造函数指定了一个比较器,第 4 个构造函数构建具有指定容量和比较器的队列。最后 3 个构造函数创建使用参数 *c* 传递的集合中的元素进行初始化的队列。对于所有这些情况,当添加元素时,容量都会自动增长。

当构建 PriorityQueue 对象时,如果没有指定比较器,将使用在队列中存储的数据类型的默认比较器。默认比较器以升序对队列进行排序。因此,队列头部的条目将包含最小的值。但是,通过提供定制的比较器,可以指定不同的排序模式。例如,当对包含时间戳的条目进行排序时,可以优先考虑最早的条目。

通过调用 comparator()方法,可获取对 PriorityQueue 使用的比较器的引用,该方法如下所示:

Comparator<? super E> comparator()

该方法返回比较器。如果为调用队列使用的是自然顺序,那么返回 null。

需要注意的一点:尽管可以使用迭代器遍历 PriorityQueue,但是迭代的顺序是不确定的。为了正确地使用 PriorityQueue,必须调用 offer()和 poll()这类方法,这些方法是由 Queue 接口定义的。

19.3.7 ArrayDeque 类

ArrayDeque 类扩展了 AbstractCollection 类并实现了 Deque 接口,没有添加自己的方法。ArrayDeque 创建了动态数组,没有容量限制(Deque 接口支持限制容量的实现,但是这种限制不是必需的)。ArrayDeque 类是泛型类,其声明如下:

class ArrayDeque<E>

其中,E 指定了在集合中将存储的对象的类型。

ArrayDeque 定义了以下构造函数:

ArrayDeque()
ArrayDeque(int *size*)
ArrayDeque(Collection<? extends E> *c*)

第 1 个构造函数构建一个空的双端队列,初始容量是 16。第 2 个构造函数构建一个具有指定初始容量的双端队列。第 3 个构造函数创建使用参数 *c* 传递的集合的元素进行初始化的双端队列。对于所有这些情况,当向双端队列中添加元素时,容量都会根据需要增长。

下面的程序演示了 ArrayDeque,其中使用它创建了一个堆栈:

```
// Demonstrate ArrayDeque.
import java.util.*;

class ArrayDequeDemo {
  public static void main(String args[]) {
    // Create an array deque.
    ArrayDeque<String> adq = new ArrayDeque<String>();
```

```
        // Use an ArrayDeque like a stack.
        adq.push("A");
        adq.push("B");
        adq.push("D");
        adq.push("E");
        adq.push("F");

        System.out.print("Popping the stack: ");

        while(adq.peek() != null)
          System.out.print(adq.pop() + " ");

        System.out.println();
    }
}
```

输出如下所示:

```
Popping the stack: F E D B A
```

19.3.8 EnumSet 类

EnumSet 类扩展了 AbstractSet 类并实现了 Set 接口,专门用于 enum 类型的元素。EnumSet 类是泛型类,其声明如下:

class EnumSet<E extends Enum<E>>

其中,E 指定了元素。注意 E 必须扩展 Enum<E>,这强制要求元素必须是指定的 enum 类型。

EnumSet 类没有定义构造函数,而使用表 19-11 中显示的工厂方法来创建对象。所有方法都可能抛出 NullPointerException 异常,copyOf()和 range()方法还可能抛出 IllegalArgumentException 异常。注意 of()方法被重载了多次,这是出于效率方面的考虑。当参数数量比较少时,传递已知数量的参数比使用数量可变的参数会更快一些。

表 19-11　EnumSet 类声明的方法

方　　法	描　　述
static <E extends Enum<E>> EnumSet<E> allOf(Class<E> t)	创建的 EnumSet 包含由 t 指定的枚举中的元素
static <E extends Enum<E>> EnumSet<E> complementOf(EnumSet<E> e)	创建的 EnumSet 由未存储在 e 中的元素组成
static <E extends Enum<E>> EnumSet<E> copyOf(EnumSet<E> c)	根据 c 中存储的元素创建 EnumSet
static <E extends Enum<E>> EnumSet<E> copyOf(Collection<E> c)	根据 c 中存储的元素创建 EnumSet
static <E extends Enum<E>> EnumSet<E> noneOf(Class<E> t)	创建的 EnumSet 不包含由 t 指定的枚举中的元素。根据定义,这是一个空组
static <E extends Enum<E>> EnumSet<E> of(E v, E ... varargs)	创建的 EnumSet 包含 v,以及 0 个或更多个其他枚举值
static <E extends Enum<E>> EnumSet<E> of(E v)	创建的 EnumSet 包含 v

(续表)

方 法	描 述
static <E extends Enum<E>> EnumSet<E> of(E v1, E v2)	创建的 EnumSet 包含 v1 和 v2
static <E extends Enum<E>> EnumSet<E> of(E v1, E v2, E v3)	创建的 EnumSet 包含 v1、v2 和 v3
static <E extends Enum<E>> EnumSet<E> of(E v1, E v2, E v3, E v4)	创建的 EnumSet 包含 v1、v2、v3 和 v4
static <E extends Enum<E>> EnumSet<E> of(E v1, E v2, E v3, E v4, E v5)	创建的 EnumSet 包含 v1、v2、v3、v4 和 v5
static <E extends Enum<E>> EnumSet<E> range(E start, E end)	创建的 EnumSet 包含指定范围(由 start 和 end 指定)内的元素

19.4 通过迭代器访问集合

通常，你会希望遍历集合中的元素。例如，可能希望显示每个元素。完成这一工作的方法之一是使用迭代器，迭代器是实现了 Iterator 或 ListIterator 接口的对象。Iterator 接口允许遍历集合，获取或移除元素。ListIterator 接口扩展了 Iterator 接口，允许双向遍历列表，并且允许修改元素。Iterator 和 ListIterator 是泛型接口，它们的声明如下：

interface Iterator<E>

interface ListIterator<E>

其中，E 指定了将被迭代的对象的类型。表 19-12 显示了 Iterator 接口声明的方法。表 19-13 显示了 ListIterator 接口声明的方法(以及从 Iterator 继承的方法)。对于这两种情况，修改集合的操作都是可选的。例如，当用于只读的集合时，remove()方法会抛出 UnsupportedOperationException 异常。其他各种异常也都是有可能发生的。

表 19-12 Iterator 接口声明的方法

方 法	描 述
default void forEachRemaining(Consumer<? super E> action)	对于集合中每个未处理的元素，执行 action 指定的动作
boolean hasNext()	如果还有更多的元素，就返回 true；否则返回 false
E next()	返回下一个元素。如果不存在下一个元素，则抛出 NoSuchElementException 异常
default void remove()	移除当前元素。如果在调用 next()方法之前试图调用 remove()方法，则会抛出 IllegalStateException 异常。默认版本抛出 UnsupportedOperationException 异常

表 19-13 ListIterator 接口声明的方法

方 法	描 述
void add(E obj)	将 obj 插入到列表中，新插入的元素位于下一次 next()方法调用返回的元素之前
default void forEachRemaining(Consumer<? super E> action)	对于集合中每个未处理的元素，执行 action 指定的动作
boolean hasNext()	如果存在下一个元素，就返回 true；否则返回 false

(续表)

方 法	描 述
boolean hasPrevious()	如果存在前一个元素，就返回 true；否则返回 false
E next()	返回下一个元素。如果不存在下一个元素，就抛出 NoSuchElementException 异常
int nextIndex()	返回下一个元素的索引。如果不存在下一个元素，就返回列表的大小
E previous()	返回前一个元素。如果不存在前一个元素，就抛出 NoSuchElementException 异常
int previousIndex()	返回前一个元素的索引。如果不存在前一个元素，就返回-1
void remove()	从列表中移除当前元素。如果在调用 next()或 previous()方法之前调用 remove()方法，那么会抛出 IllegalStateException 异常
void set(E *obj*)	将 *obj* 的值赋给当前元素，也就是调用 next()或 previous()方法时最后返回的元素

> **注意：**
> 从 JDK 8 开始，也可以使用 Spliterator 循环遍历集合。Spliterator 的工作方式与 Iterator 不同，本章稍后将介绍。

19.4.1 使用迭代器

为了能够通过迭代器访问集合，首先必须获得迭代器。每个集合类都提供了 iterator()方法，该方法返回一个指向集合开头的迭代器。通过使用这个迭代器对象，可以访问集合中的每个元素，每次访问一个元素。通常，为了使用迭代器遍历集合的内容，需要遵循以下步骤：

(1) 通过调用集合的 iterator()方法，获取指向集合开头的迭代器。
(2) 建立一个调用 hasNext()方法的循环。只要 hasNext()方法返回 true，就继续迭代。
(3) 在循环中，通过调用 next()方法获取每个元素。

对于实现了 List 接口的集合，还可以调用 listIterator()方法以获取迭代器。如前所述，列表迭代器提供了向前和向后两个方向访问集合的能力，并且允许修改元素。除此之外，ListIterator 与 Iterator 的用法类似。

下面的例子实现了这些步骤，同时演示了 Iterator 和 ListIterator 接口。该例使用了一个 ArrayList 对象，但是一般原则可以应用于任何类型的集合。当然，只有实现了 List 接口的集合才能使用 ListIterator。

```java
// Demonstrate iterators.
import java.util.*;

class IteratorDemo {
  public static void main(String args[]) {
    // Create an array list.
    ArrayList<String> al = new ArrayList<String>();

    // Add elements to the array list.
    al.add("C");
    al.add("A");
    al.add("E");
    al.add("B");
    al.add("D");
    al.add("F");

    // Use iterator to display contents of al.
    System.out.print("Original contents of al: ");
    Iterator<String> itr = al.iterator();
    while(itr.hasNext()) {
      String element = itr.next();
      System.out.print(element + " ");
```

```
    }
    System.out.println();

    // Modify objects being iterated.
    ListIterator<String> litr = al.listIterator();
    while(litr.hasNext()) {
      String element = litr.next();
      litr.set(element + "+");
    }

    System.out.print("Modified contents of al: ");
    itr = al.iterator();
    while(itr.hasNext()) {
      String element = itr.next();
      System.out.print(element + " ");
    }
    System.out.println();

    // Now, display the list backwards.
    System.out.print("Modified list backwards: ");
    while(litr.hasPrevious()) {
      String element = litr.previous();
      System.out.print(element + " ");
    }
    System.out.println();
  }
}
```

输出如下所示：

```
Original contents of al: C A E B D F
Modified contents of al: C+ A+ E+ B+ D+ F+
Modified list backwards: F+ D+ B+ E+ A+ C+
```

请特别注意反向显示列表的方式。在正向显示修改过的列表后，litr 指向列表的末端(请记住，当到达列表末端时，litr.hasNext()方法返回 false)。为能反向遍历列表，程序继续使用 litr，但是这次检查是否存在前一个元素。只要存在前一个元素，就获取该元素并显示。

19.4.2 使用 for-each 循环替代迭代器

如果不用修改集合的内容，也不用反向获取元素，那么使用 for-each 风格的 for 循环遍历集合通常比使用迭代器更方便。请记住，可以使用 for 循环遍历任何实现了 Iterable 接口的集合对象。因为所有集合类都实现了这个接口，所以都可以使用 for 循环进行操作。

下面的例子使用 for 循环对某个集合中的元素求和：

```
// Use the for-each for loop to cycle through a collection.
import java.util.*;

class ForEachDemo {
  public static void main(String args[]) {
    // Create an array list for integers.
    ArrayList<Integer> vals = new ArrayList<Integer>();

    // Add values to the array list.
    vals.add(1);
    vals.add(2);
```

```
        vals.add(3);
        vals.add(4);
        vals.add(5);

        // Use for loop to display the values.
        System.out.print("Contents of vals: ");
        for(int v : vals)
          System.out.print(v + " ");

        System.out.println();

        // Now, sum the values by using a for loop.
        int sum = 0;
        for(int v : vals)
          sum += v;

        System.out.println("Sum of values: " + sum);
    }
}
```

该程序的输出如下所示：

```
Contents of vals: 1 2 3 4 5
Sum of values: 15
```

可以看出，与基于迭代器的方法相比，使用 for 循环代码更短也更简单。然而，这种方法只能向前遍历集合，并且不能修改集合的内容。

19.5 Spliterator

JDK 8 新增了 spliterator 迭代器，这种迭代器由 Spliterator 接口定义。Spliterator 用于循环遍历元素序列，在这一点上与刚才介绍过的迭代器类似。但是，使用 spliterator 的方法与使用迭代器不同。另外，它提供的功能远比 Iterator 或 ListIterator 多。可能对于 Spliterator 来说，最重要的一点是它支持并行迭代序列的一部分，因此，Spliterator 支持并行编程（第 28 章将介绍并发和并行编程）。然而，即使用不到并行编程，也可以使用 Spliterator。这么做的一个理由是它将 hasNext 和 next 操作合并到了一个方法中，从而提高了效率。

Spliterator 是一个泛型接口，其声明如下所示：

interface Spliterator<T>

其中，T 是被迭代的元素的类型。Spliterator 声明了表 19-14 中所示的方法。

表 19-14　Spliterator 接口声明的方法

方　　法	描　　述
int characteristics()	返回调用 spliterator 的特征，该特征被编码为整数
long estimateSize()	估计剩余的要迭代的元素数，并返回结果。如果由于某种原因得不到元素数，就返回 Long.MAX_VALUE
default void forEachRemaining(Consumer<? super T> *action*)	将 *action* 应用到数据源中未被处理的每个元素
default Comparator<? super T> getComparator()	返回调用 spliterator 使用的比较器；如果使用了自然顺序，就返回 null。如果序列未被排序，就抛出 IllegalStateException 异常
default long getExactSizeIfKnown()	如果调用 spliterator 是 SIZED，就返回剩余的要迭代的元素数；否则返回-1

(续表)

方　法	描　述
default boolean hasCharacteristics(int *val*)	如果 *val* 中传递了调用 spliterator 的特征，就返回 true；否则返回 false
boolean tryAdvance(Consumer<? super T> *action*)	在迭代中的下一个元素上执行 *action*。如果有下一个元素，就返回 true；否则返回 false
Spliterator<T> trySplit()	如果可以，分割调用 spliterator，并返回对分割后新 spliterator 的引用；失败时，返回 false。因此，在操作成功时，原 spliterator 会迭代序列的一部分，返回的 spliterator 迭代序列的其他部分

将 Spliterator 用于基本迭代任务十分简单：只需要调用 tryAdvance()方法，直至其返回 false。如果要为序列中的每个元素应用相同的动作，forEachRemaining()提供了一种高效的替代方法。对于这两个方法，在每次迭代中将发生的动作都由 Consumer 对象对每个元素执行的操作定义。Consumer 是一个函数式接口，向对象应用一个动作。它是 java.util.function 中声明的一个泛型函数式接口(第 20 章将介绍 java.util.function)。Comsumer 仅指定了一个抽象方法 accept()，如下所示：

void accept(T *objRef*)

对于 tryAdvance()，每次迭代会将序列中的下一个元素传递给 *objRef*。通常，实现 Consumer 最简单的方式是使用 lambda 表达式。

下面的程序给出了 Spliterator 的一个简单示例。注意，这个程序同时演示了 tryAdvance()和 forEachRemaining()方法。另外，还要注意这些方法如何将 Iterator 的 next()和 hasNext()方法的操作合并到一个调用中：

```java
// A simple Spliterator demonstration.
import java.util.*;

class SpliteratorDemo {

  public static void main(String args[]) {
    // Create an array list for doubles.
    ArrayList<Double> vals = new ArrayList<>();

    // Add values to the array list.
    vals.add(1.0);
    vals.add(2.0);
    vals.add(3.0);
    vals.add(4.0);
    vals.add(5.0);

    // Use tryAdvance() to display contents of vals.
    System.out.print("Contents of vals:\n");
    Spliterator<Double> spltitr = vals.spliterator();
    while(spltitr.tryAdvance((n) -> System.out.println(n)));
    System.out.println();

    // Create new list that contains square roots.
    spltitr = vals.spliterator();
    ArrayList<Double> sqrs = new ArrayList<>();
    while(spltitr.tryAdvance((n) -> sqrs.add(Math.sqrt(n))));

    // Use forEachRemaining() to display contents of sqrs.
    System.out.print("Contents of sqrs:\n");
    spltitr = sqrs.spliterator();
```

```
      spltitr.forEachRemaining((n) -> System.out.println(n));
      System.out.println();
   }
}
```

该程序的输出如下所示：

```
Contents of vals:
1.0
2.0
3.0
4.0
5.0

Contents of sqrs:
1.0
1.4142135623730951
1.7320508075688772
2.0
2.23606797749979
```

虽然这个程序演示了使用 Spliterator 的机制，却没有展现其强大的功能。如前所述，在涉及并行处理的地方，Spliterator 的最大优势才能体现出来。

在表 19-14 中，注意 characteristics()和 hasCharacteristics()方法。每个 Spliterator 对象都关联着一组叫做特征(characteristic)的特性。这些特征由 Spliterator 中的静态 int 域变量定义，如 SORTED、DISTINCT、SIZED 和 IMMUTABLE 等。通过调用 characteristics()，可以获取这些特征。通过调用 hasCharacteristics()，可以确定调用 Spliterator 对象是否具有某个特征。一般不需要访问 Spliterator 的特征，但有些时候，它们能帮助创建高效的、健壮的代码。

> **注意：**
> 第 29 章将深入讨论 Spliterator，并在新的流 API 的环境下使用它。关于 lambda 表达式，请参阅第 15 章。关于并行编程和并发性的介绍，请参阅第 28 章。

Spliterator 中包含几个嵌套子接口，它们是针对基本类型 double、int 和 long 而设计的，分别称为 Spliterator.OfDouble、Spliterator.OfInt 和 Spliterator.OfLong。还有一个一般化的版本，称为 Spliterator.OfPrimitive()，它提供了更大的灵活性，并作为上述接口的超接口。

19.6　在集合中存储用户定义的类

为了简化，前面的例子在集合中存储的是内置对象，例如 String 或 Integer。当然，没有限制集合只能存储内置对象。事实完全相反，集合可以存储任何类型的对象，包括创建的类对象。例如，分析下面的例子，该例使用 LinkedList 来存储邮件地址：

```
// A simple mailing list example.
import java.util.*;

class Address {
  private String name;
  private String street;
  private String city;
  private String state;
  private String code;

  Address(String n, String s, String c,
```

```java
              String st, String cd) {
    name = n;
    street = s;
    city = c;
    state = st;
    code = cd;
  }

  public String toString() {
    return name + "\n" + street + "\n" +
           city + " " + state + " " + code;
  }
}

class MailList {
  public static void main(String args[]) {
    LinkedList<Address> ml = new LinkedList<Address>();

    // Add elements to the linked list.
    ml.add(new Address("J.W. West", "11 Oak Ave",
                "Urbana", "IL", "61801"));
    ml.add(new Address("Ralph Baker", "1142 Maple Lane",
                "Mahomet", "IL", "61853"));
    ml.add(new Address("Tom Carlton", "867 Elm St",
                "Champaign", "IL", "61820"));

    // Display the mailing list.
    for(Address element : ml)
      System.out.println(element + "\n");

    System.out.println();
  }
}
```

该程序的输出如下所示：

```
J.W. West
11 Oak Ave
Urbana IL 61801

Ralph Baker
1142 Maple Lane
Mahomet IL 61853

Tom Carlton
867 Elm St
Champaign IL 61820
```

除了在集合中存储用户定义的类之外，对于前面的程序，需要重点注意的另外一点是：这个程序相当短。当考虑到程序只使用大约 50 行代码，就构建了一个能够存储、检索以及处理邮件地址的链表时，集合框架的功能便开始显现出来了。大多数读者都知道，如果所有这些功能都必须手动编写的话，程序会长好几倍。集合为大量编程问题提供了现成的解决方案。只要存在现成的解决方案，你就应当使用它们。

19.7 RandomAccess 接口

RandomAccess 接口不包含成员。然而，通过实现这个接口，可表明集合支持高效地随机访问其中的元素。尽管集合可能支持随机访问,但是可能没有如此高效。通过检查 RandomAccess 接口,客户端代码可以在运行时确定集合是否适合特定类型的随机访问操作——特别是当将它们应用于大的集合时(可以使用 instanceof 来判定类是否实现了某个接口)。ArrayList 和遗留的 Vector 类实现了 RandomAccess 接口。

19.8 使用映射

映射(map)是存储键和值之间关联关系(键/值对)的对象。给定一个键,就可以找到对应的值。键和值都是对象。键必须唯一,但是值可以重复。某些映射可以接受 null 键和 null 值,而有些映射则不能。

关于映射需要关注的关键一点是:它们没有实现 Iterable 接口。这意味着不能使用 for-each 风格的 for 循环来遍历映射。此外,不能为映射获取迭代器。但正如即将看到的,可以获取映射的集合视图,集合视图允许使用 for 循环或迭代器。

19.8.1 映射接口

因为映射接口定义了映射的特性和本质,所以首先从它们开始讨论映射。表 19-15 中的接口支持映射。

表 19-15 支持映射的接口

接口	描述
Map	将唯一键映射到值
Map.Entry	描述映射中的元素(键/值对),这是 Map 的内部类
NavigableMap	扩展 SortedMap 接口,以处理基于最接近匹配原则的键/值对检索
SortedMap	扩展 Map 接口,从而以升序保存键

接下来依次介绍这些接口。

1. Map 接口

Map 接口将唯一键映射到值。键是以后用于检索值的对象。给定键和值,可以在 Map 对象中存储值;存储值以后,可以使用相应的键检索值。Map 是泛型接口,其声明如下:

interface Map<K, V>

其中,K 指定了键的类型,V 指定了值的类型。

表 19-16 总结了 Map 接口定义的方法。当对象与映射中的元素不兼容时,有些方法会抛出 ClassCastException 异常;如果试图为不允许使用 null 对象的映射使用 null 对象,会抛出 NullPointerException 异常;如果试图修改不允许修改的映射,会抛出 UnsupportedOperationException 异常;如果使用的参数无效,会抛出 IllegalArgumentException 异常。

表 19-16 Map 接口声明的方法

方法	描述
void clear()	移除调用映射中的所有键/值对
default V compute(K k, BiFunction<? super K, ? super V, ? extends V> func)	调用 func 以构造一个新值。如果 func 的返回值不是 null,就把新的键/值对添加到映射中,移除原来的配对,并返回新值。如果 func 返回 null,就移除原来的配对,并返回 null
default V computeIfAbsent(K k, Function<? super K, ? extends V> func)	返回与键 k 关联的值。如果没有值,就通过调用 func 构造一个值,并把该配对输入到映射中,返回构造的值。如果无法构造新值,返回 null

(续表)

方　　法	描　　述
default V computeIfPresent(K k, BiFunction<? super K, ? super V, ? extends V> func)	如果 k 包含在映射中，就通过调用 func 为其构造一个新值，替换映射中原来的值，然后返回新值。如果 func 返回的值为 null，就从映射中删除现有的键和值，并返回 null
boolean containsKey(Object k)	如果调用映射包含 k 作为键，就返回 true；否则返回 false
boolean containsValue(Object v)	如果映射包含 v 作为值，就返回 true；否则返回 false
static <K,V> Map.Entry <K,V> entry(K k,V v)	返回一个由指定的键和值组成的不可修改的映射条目
Set<Map.Entry<K, V>> entrySet()	返回包含映射中所有条目的 Set 对象，这个组包含 Map.Entry 类型的对象。因此，该方法提供了调用映射的一个组视图
boolean equals(Object obj)	如果 obj 是 Map 对象并且与调用映射包含相同的条目，就返回 true；否则返回 false
default void forEach(BiConsumer<? super K, ? super V> action)	对调用映射中的每个元素执行 action。如果在操作过程中移除了元素，会抛出 ConcurrentModificationException 异常
V get(Object k)	返回与键 k 关联的值。如果没有找到键，就返回 null
default V getOrDefault(Object k, V defVal)	如果映射中包含与 k 关联的值，就返回该值；否则，返回 defVal
int hashCode()	返回调用映射的散列码
boolean isEmpty()	如果调用映射为空，就返回 true；否则返回 false
Set<K> keyset()	返回包含映射中某些键的 Set 对象。这个方法提供了调用映射中键的一个组视图
default V merge(K k, V v, BiFunction<? super V, ? super V, ? extends V> func)	如果 k 没有包含在映射中，就把 k 和 v 配对，添加到映射中，并返回 v。否则，func 基于原有的值返回一个新值，键被更新为使用这个新值，并且 merge()方法返回这个值。如果 func 返回的值为 null，就从映射中删除现有的键和值，并返回 null
static <K,V> Map<K,V> of(parameter-list)	创建一个不可修改的映射，该映射中包含 parameter-list 内指定的条目。不允许有 null 键和 null 值。Java 提供了一些重载版本，详细的讨论请参阅本书中的相关内容
static <K,V> Map<K,V> ofEntries(Map.Entry<? extends K, ? extends V>...entries)	返回一个不可修改的映射，该映射中包含的键/值映射由传入 entries 的条目描述。不允许有 null 键或 null 值
V put(K k, V v)	将一个条目放入调用映射中，覆盖之前与此键关联的值。键和值分别为 k 和 v。如果键不存在，就返回 null；否则，返回之前与键关联的值
void putAll(Map<? extends K, ? extends V> m)	将 m 中的所有条目都添加到调用映射中
default V putIfAbsent(K k, V v)	如果此键/值配对没有包含在调用映射中，或者现有的值为 null，就将此配对添加到调用映射中，并返回原来的值。如果之前不存在映射，或者值为 null，就返回 null
V remove(Object k)	移除键等于 k 的条目
default boolean remove(Object k, Object v)	如果 k 和 v 指定的键/值对包含在调用映射中，就移除该配对，并返回 true。否则，返回 false
default boolean replace(K k, V oldV, V newV)	如果 k 和 oldV 指定的键/值对包含在调用映射中,就用 newV 替换 oldV,并返回 true。否则，返回 false
default V replace(K k, V v)	如果 k 指定的键包含在调用映射中，就将其值设为 v，并返回其原来的值。否则，返回 false

(续表)

方　　法	描　　述
default void replaceAll(BiFunction< 　　　　　　　? super K, 　　　　　　　? super V, 　　　　　　　? extends V> *func*)	对调用映射的每个元素执行 *func*，用 *func* 返回的结果替换元素。如果在操作过程中删除了元素，会抛出 ConcurrentModificationException 异常
int size()	返回映射中键/值对的数量
Collection<V> values()	返回包含映射中所有值的集合。该方法提供了调用映射中值的一个集合视图

映射围绕两个基本操作：get()和 put()。为了将值放入映射中，使用 put()方法，指定键和值。为了获取值，调用 get()方法，传递键作为参数，会返回值。

前面提到过，尽管映射是集合框架的一部分，但映射不是集合，因为没有实现 Collection 接口。但是，可以获得映射的集合视图。为此，可以使用 entrySet()方法。该方法返回一个包含映射中元素的 Set 对象。为了获取键的集合视图，使用 keySet()方法；为了得到值的集合视图，使用 values()方法。对于这 3 个集合视图，集合都是基于映射的。修改其中的一个集合会影响其他集合。集合视图是将映射集成到更大集合框架中的手段。

从 JDK 9 开始，Map 包含了 of()工厂方法，该方法有多个重载版本。每个版本都返回一个不可修改的、基于值的映射，该映射由传递给 of()方法的参数组成。of()方法的主要作用是为创建小型的 Map 提供一种便利且有效的方法。该方法共有 11 个重载版本，其中一个不带参数，创建一个空映射。如下所示：

static <K, V> Map<K, V> of()

另外 10 个重载版本的参数个数分别是从 1 个到 10 个，创建一个包含指定元素的列表，如下所示：

static <K, V> Map<K, V> of(K *k1*, V *v1*)
static <K, V> Map<K, V> of(K *k1*, V *v1*, K *k2*, V *v2*)
static <K, V> Map<K, V> of(K *k1*, V *v1*, K *k2*, V *v2*, K *k3*, V *v3*)
...
static <K, V> Map<K, V> of(K *k1*, V *v1*, K *k2*, V *v2*, K *k3*, V *v3*, K *k4*, V *v4*,
　　　　　　　　　　　　　 K *k5*, V *v5*, K *k6*, V *v6*, K *k7*, V *v7*, K *k8*, V *v8*,
　　　　　　　　　　　　　 K *k9*, V *v9*, K k10, *V* v10)

对于 of()方法的所有重载版本，都不允许包含 null 键和(或)null 值。在所有情况下，都没有指定 Map 实现。

2. SortedMap 接口

SortedMap 接口扩展了 Map 接口，确保条目以键的升序保存。SortedMap 接口是泛型接口，其声明如下：

interface SortedMap<K,V>

其中，K 指定了键的类型，V 指定了值的类型。

表 19-17 总结了 SortedMap 接口声明的方法。如果在调用映射中没有元素，有些方法会抛出 NoSuchElementException 异常；如果对象与映射中的元素不兼容，会抛出 ClassCastException 异常；如果试图为不允许使用 null 对象的映射使用 null 对象，会抛出 NullPointerException 异常；如果使用的参数无效，会抛出 IllegalArgumentException 异常。

表 19-17 SortedMap 接口声明的方法

方　　法	描　　述
Comparator<? super K> comparator()	返回调用的有序映射的比较器。如果调用映射使用的是自然排序，就返回 null
K firstKey()	返回调用映射中的第一个键
SortedMap<K, V> headMap(K *end*)	返回由键小于 *end* 的那些映射条目组成的有序映射
K lastKey()	返回调用映射中的最后一个键
SortedMap<K, V> subMap(K *start*, K *end*)	返回由键大于或等于 *start*，但小于 *end* 的那些条目组成的映射
SortedMap<K, V> tailMap(K *start*)	返回由键大于或等于 *start* 的那些条目组成的映射

有序映射支持非常高效的子映射(即映射的子集)操作。为了获取子映射，可以使用 headMap()、tailMap()或 subMap()方法。这些方法返回的子映射是基于调用映射的。修改其中的一个集合会影响其他集合。为获得组中的第一个键，可调用 firstKey()方法；为获得最后一个键，可调用 lastKey()方法。

3. NavigableMap 接口

NavigableMap 接口扩展了 SortedMap 接口，支持基于最接近匹配原则的条目检索行为，即支持检索与给定的一个或多个键最相匹配的条目。NavigableMap 接口是泛型接口，其声明如下：

interface NavigableMap<K,V>

其中，K 指定了键的类型，V 指定了与键关联的值的类型。除了继承自 SortedMap 接口的方法外，NavigableMap 接口还添加了表 19-18 中总结的方法。如果对象与映射中的键不兼容，有些方法会抛出 ClassCastException 异常；如果试图对不允许使用 null 对象和 null 键的映射使用它们，会抛出 NullPointerException 异常；如果使用的参数无效，会抛出 IllegalArgumentException 异常。

表 19-18 NavigableMap 接口声明的方法

方　　法	描　　述
Map.Entry<K,V> ceilingEntry(K *obj*)	搜索映射，查找大于等于 *obj* 的最小键。如果找到这样的键，就返回与之对应的条目；否则返回 null
K ceilingKey(K *obj*)	搜索映射，查找大于等于 *obj* 的最小键。如果找到这样的键，就返回该键；否则返回 null
NavigableSet<K> descendingKeySet()	返回的 NavigableSet 组以逆序形式包含调用映射中的所有键。因此，该方法返回键的逆序组视图。结果组基于映射
NavigableMap<K,V> descendingMap()	返回的 NavigableMap 映射是调用映射的逆序映射。结果映射基于调用映射
Map.Entry<K,V> firstEntry()	返回映射中的第一个条目，也就是具有最小键的条目
Map.Entry<K,V> floorEntry(K *obj*)	搜索映射，查找小于等于 *obj* 的最大键。如果找到这样的键，就返回与之对应的条目，否则返回 null
K floorKey(K *obj*)	搜索映射，查找小于等于 *obj* 的最大键。如果找到这样的键，就返回该键；否则返回 null
NavigableMap<K,V> 　　headMap(K *upperBound*, boolean *incl*)	返回的 NavigableMap 映射包含调用映射中、键小于 *upperBound* 的所有条目。如果 *incl* 为 true，那么包含键等于 *upperBound* 的那个元素。结果映射基于调用映射
Map.Entry<K,V> higherEntry(K *obj*)	搜索组，查找大于 *obj* 的最小键。如果找到这样的键，就返回与之对应的条目；否则返回 null
K higherKey(K *obj*)	搜索组，查找大于 *obj* 的最小键。如果找到这样的键，就返回该键；否则返回 null

(续表)

方法	描述
Map.Entry<K,V> lastEntry()	返回映射中的最后一个条目，也就是具有最大键的条目
Map.Entry<K,V> lowerEntry(K *obj*)	搜索组，查找小于 *obj* 的最大键。如果找到这样的键，就返回与之对应的条目；否则返回 null
K lowerKey(K *obj*)	搜索组，查找小于 *obj* 的最大键。如果找到这样的键，就返回该键；否则返回 null
NavigableSet<K> navigableKeySet()	返回包含调用映射中所有键的 NavigableSet 组，结果组基于调用映射
Map.Entry<K,V> pollFirstEntry()	返回第一个条目，在这个过程中移除该条目。因为映射是排过序的，所以也就是具有最小键/值的条目。如果映射为空，就返回 null
Map.Entry<K,V> pollLastEntry()	返回最后一个条目，在这个过程中移除该条目。因为映射是排过序的，所以也就是具有最大键/值的条目。如果映射为空，就返回 null
NavigableMap<K,V> 　　subMap(K *lowerBound*, 　　　　boolean *lowIncl*, 　　　　K *upperBound* 　　　　boolean *highIncl*)	返回的 NavigableMap 映射包含调用映射中键大于 *lowerBound* 且小于 *upperBound* 的所有条目。如果 *lowIncl* 为 true，那么包含键等于 *lowerBound* 的那个元素；如果 *highIncl* 为 true，那么包含键等于 *upperBound* 的那个元素。结果映射基于调用映射
NavigableMap<K,V> 　　tailMap(K *lowerBound*, boolean *incl*)	返回的 NavigableMap 映射包含调用映射中键大于 *lowerBound* 的所有条目。如果 *incl* 为 true，那么包含键等于 *lowerBound* 的那个元素。结果映射基于调用映射

4．Map.Entry 接口

Map.Entry 接口提供了操作映射条目的功能。请记住，Map 接口声明的 entrySet()方法返回一个包含映射条目的 Set 对象。组的所有元素都是 Map.Entry 对象。Map.Entry 接口是泛型接口，其声明如下：

interface Map.Entry<K, V>

其中，K 指定了键的类型，V 指定了值的类型。表 19-19 总结了 Map.Entry 接口声明的非静态方法。它还包含两个静态方法：comparingByKey()和 comparingByValue()。前者返回根据键比较条目的 Comparator 对象，后者返回根据值比较条目的 Comparator 对象。

表 19-19　Map.Entry 接口声明的非静态方法

方法	描述
boolean equals(Object *obj*)	如果 *obj* 是一个键和值都与调用对象相等的 Map.Entry，就返回 true
K getKey()	返回该映射条目的键
V getValue()	返回该映射条目的值
int hashCode()	返回该映射条目的散列码
V setValue(V *v*)	将这个映射条目的值设置为 *v*。如果对于该映射，*v* 不是正确的类型，就抛出 ClassCastException 异常；如果 *v* 存在问题，那么抛出 IllegalArgument Exception 异常；如果 *v* 为 null 但映射不允许 null 键，那么抛出 NullPointerException 异常；如果映射不允许修改，那么抛出 UnsupportedOperationException 异常

19.8.2　映射类

有几个类实现了映射接口，表 19-20 总结了可以用于映射的类。

表 19-20 实现了映射接口的类

类	描 述
AbstractMap	实现了 Map 接口的大部分
EnumMap	扩展了 AbstractMap，以使用 enum 键
HashMap	扩展了 AbstractMap，以使用哈希表
TreeMap	扩展了 AbstractMap，以使用树结构
WeakHashMap	扩展了 AbstractMap，以使用带有弱键的哈希表
LinkedHashMap	扩展了 HashMap，以允许按照插入顺序进行迭代
IdentityHashMap	扩展了 AbstractMap，并且当比较文档时使用引用相等性

注意 AbstractMap 是所有具体映射实现的超类。

WeakHashMap 实现了使用"弱键"的映射，对于这种映射中的元素来说，当其键不再使用时，该元素可以被垃圾回收。在此不详细讨论该类，下面讨论其他映射类。

1. HashMap 类

HashMap 类扩展了 AbstractMap 类并实现了 Map 接口。它使用哈希表存储映射，这使得即使对于比较大的集合，get()方法和 put()方法的执行时间也保持不变。HashMap 类是泛型类，其声明如下：

class HashMap<K,V>

其中，K 指定了键的类型，V 指定了值的类型。

HashMap 类定义了以下构造函数：

HashMap()
HashMap(Map<? extends K,? extends V> *m*)
HashMap(int *capacity*)
HashMap(int *capacity*, float *fillRatio*)

第 1 种形式构造一个默认的哈希映射。第 2 种形式使用 *m* 中的元素初始化哈希映射。第 3 种形式将哈希映射的容量初始化为 *capacity*。第 4 种形式使用参数同时初始化容量和填充率。容量和填充率的含义与前面描述的 HashSet 中的相同。默认容量是 16，默认填充率是 0.75。

HashMap 实现了 Map 接口并扩展了 AbstractMap 类，但没有添加自己的任何方法。

应当注意哈希映射不保证元素的顺序。所以，向哈希映射添加元素的顺序不一定是通过迭代器读取它们的顺序。

下面的程序演示了 HashMap，它将名字映射到账户金额。请注意获取和使用组视图(set-view)的方式：

```
import java.util.*;

class HashMapDemo {
  public static void main(String args[]) {

    // Create a hash map.
    HashMap<String, Double> hm = new HashMap<String, Double>();

    // Put elements to the map
    hm.put("John Doe", 3434.34);
    hm.put("Tom Smith", 123.22);
    hm.put("Jane Baker", 1378.00);
    hm.put("Tod Hall", 99.22);
```

```
    hm.put("Ralph Smith", -19.08);

    // Get a set of the entries.
    Set<Map.Entry<String, Double>> set = hm.entrySet();

    // Display the set.
    for(Map.Entry<String, Double> me : set) {
      System.out.print(me.getKey() + ": ");
      System.out.println(me.getValue());
    }

    System.out.println();

    // Deposit 1000 into John Doe's account.
    double balance = hm.get("John Doe");
    hm.put("John Doe", balance + 1000);

    System.out.println("John Doe's new balance: " +
      hm.get("John Doe"));
  }
}
```

这个程序的输出如下所示(实际顺序可能会有所不同)：

```
Ralph Smith: -19.08
Tom Smith: 123.22
John Doe: 3434.34
Tod Hall: 99.22
Jane Baker: 1378.0

John Doe's new balance: 4434.34
```

该程序首先创建一个哈希映射，然后添加从名字到账户余额的映射。接下来，调用 entrySet()方法以获取组视图，并使用组视图显示映射的内容。通过调用 Map.Entry 定义的 getKey()和 getValue()方法显示键和值的内容。请密切注意将存款放入 John Doe 账户中的方式。put()方法使用新值自动替换之前与特定键关联的所有值。因此，在更新了 John Doe 账户后，哈希映射仍然只包含 John Doe 账户。

2. TreeMap 类

TreeMap 类扩展了 AbstractMap 类并实现了 NavigableMap 接口，该类用于创建存储在树结构中的映射。TreeMap 提供了有序存储键/值对的高效手段，并支持快速检索。应当注意，与哈希映射不同，树映射确保元素以键的升序存储。TreeMap 类是泛型类，其声明如下：

class TreeMap<K,V>

其中，K 指定了键的类型，V 指定了值的类型。

TreeMap 类定义了以下构造函数：

TreeMap()
TreeMap(Comparator<? super K> *comp*)
TreeMap(Map<? extends K,? extends V> *m*)
TreeMap(SortedMap<K,? extends V> *sm*)

第 1 种形式构造一个空的树映射，使用键的自然顺序进行存储。第 2 种形式构造一个空的基于树的映射，使用比较器 *comp* 进行排序(比较器将在本章后面进行讨论)。第 3 种形式使用 *m* 中的条目初始化树映射，使用键的自然顺序进行排序。第 4 种形式使用 *sm* 中的条目初始化树映射，使用与 *sm* 相同的顺序进行排序。

除了 **NavigableMap** 接口和 **AbstractMap** 类定义的那些方法，**TreeMap** 类没有添加其他映射方法。

以下程序对前面的程序进行修改，以使用 **TreeMap** 类：

```
import java.util.*;

class TreeMapDemo {
  public static void main(String args[]) {

    // Create a tree map.
    TreeMap<String, Double> tm = new TreeMap<String, Double>();

    // Put elements to the map.
    tm.put("John Doe", 3434.34);
    tm.put("Tom Smith", 123.22);
    tm.put("Jane Baker", 1378.00);
    tm.put("Tod Hall", 99.22);
    tm.put("Ralph Smith", -19.08);

    // Get a set of the entries.
    Set<Map.Entry<String, Double>> set = tm.entrySet();

    // Display the elements.
    for(Map.Entry<String, Double> me : set) {
      System.out.print(me.getKey() + ": ");
      System.out.println(me.getValue());
    }
    System.out.println();

    // Deposit 1000 into John Doe's account.
    double balance = tm.get("John Doe");
    tm.put("John Doe", balance + 1000);

    System.out.println("John Doe's new balance: " +
      tm.get("John Doe"));
  }
}
```

下面是该程序的输出：

```
Jane Baker: 1378.0
John Doe: 3434.34
Ralph Smith: -19.08
Todd Hall: 99.22
Tom Smith: 123.22

John Doe's current balance: 4434.34
```

注意 **TreeMap** 对键进行排序。然而在这个例子中，它们根据名(first name)而不是姓(last name)进行排序。正如稍后将描述的，在创建映射时可通过指定比较器来改变这个行为。

3. LinkedHashMap 类

LinkedHashMap 类扩展了 **HashMap** 类，在映射中以插入条目的顺序维护一个条目链表，从而可按插入顺序迭代整个映射。也就是说，当遍历 **LinkedHashMap** 的集合视图(collection-view)时，将以元素的插入顺序返回元素。也可以创建按照最后访问的顺序返回元素的 **LinkedHashMap**。**LinkedHashMap** 类是泛型类，其声明如下：

class LinkedHashMap<K,V>

其中，K 指定了键的类型，V 指定了值的类型。

LinkedHashMap 类定义了以下构造函数：

LinkedHashMap()
LinkedHashMap(Map<? extends K,? extends V> m)
LinkedHashMap(int *capacity*)
LinkedHashMap(int *capacity*, float *fillRatio*)
LinkedHashMap(int *capacity*, float *fillRatio*, boolean *Order*)

第 1 种形式构造默认的 LinkedHashMap。第 2 种形式使用 m 中的元素初始化 LinkedHashMap。第 3 种形式初始化容量。第 4 种形式同时初始化容量和填充率。容量和填充率的含义与 HashMap 中的相同。默认容量为 16，默认填充率为 0.75。最后一种形式允许指定是按照插入顺序还是按照最后访问的顺序存储元素。如果 Order 为 true，就使用访问顺序；如果 Order 为 false，就使用插入顺序。

除了继承自 HashMap 定义的那些方法外，LinkedHashMap 只添加了一个方法。这个方法是 removeEldestEntry()，如下所示：

protected boolean removeEldestEntry(Map.Entry<K,V> *e*)

这个方法由 put() 和 putAll() 调用。最旧的条目是由 e 传入的。默认情况下，这个方法返回 false，并且不执行任何操作。但是，如果重写这个方法，就可以使 LinkedHashMap 移除映射中最旧的条目。为此，重写版本需要返回 true。要保留最旧的条目，可返回 false。

4. IdentityHashMap 类

IdentityHashMap 类扩展了 AbstractMap 类并实现了 Map 接口。除了当比较元素时使用引用相等性之外，其他方面与 HashMap 类似。IdentityHashMap 类是泛型类，其声明如下。

class IdentityHashMap<K,V>

其中，K 指定了键的类型，V 指定了值的类型。API 文档明确指出 IdentityHashMap 不用于通用目的。

5. EnumMap 类

EnumMap 类扩展了 AbstractMap 类并实现了 Map 接口，是专门为了使用枚举类型的键而设计的。EnumMap 类是泛型类，其声明如下。

class EnumMap<K extends Enum<K>,V>

其中，K 指定了键的类型，V 指定了值的类型。注意 K 必须扩展 Enum<K>，从而强制满足键必须是枚举类型这一需求。

EnumMap 类定义了以下构造函数：

EnumMap(Class<K> *kType*)
EnumMap(Map<K,? extends V> *m*)
EnumMap(EnumMap<K,? extends V> *em*)

第 1 种形式创建一个类型为 *kType* 的空 EnumMap。第 2 种形式创建一个包含 *m* 中相同条目的 EnumMap。第 3 种形式创建一个使用 *em* 中的值进行初始化的 EnumMap。

EnumMap 类没有定义自己的方法。

19.9 比较器

TreeSet 和 TreeMap 类都以有序顺序存储元素。然而，是比较器精确定义了"有序顺序"的含义。默认情况下，这些类使用 Java 称为"自然顺序"的方式对元素进行排序，自然顺序通常是你所期望的顺序(A 在 B 之前，1 在 2 之前，等等)。如果希望以不同的方式排序元素，可在构造组或映射时指定比较器，这样就可以精确地控制在有序集合和映射中存储元素的方式。

Comparator 是泛型接口，其声明如下：

interface Comparator<T>

其中，T 指定了将要进行比较的对象的类型。

在 JDK 8 之前，Comparator 接口只定义了两个方法：compare()和 equals()。compare()方法如下所示，用于比较两个元素以进行排序：

int compare(T *obj1*, T *obj2*)

*obj*1 和 *obj*2 是要进行比较的对象。正常情况下，如果对象相等，该方法返回 0；如果 *obj*1 大于 *obj*2，返回一个正值，反之返回一个负值。如果要进行比较的对象的类型不兼容，该方法会抛出 ClassCastException 异常。通过实现 compare()方法，可改变对象的排序方式。例如，为了按照相反的顺序进行排序，可以创建比较器以翻转比较的结果。

equals()方法如下所示，用于测试某个对象是否等于调用比较器：

boolean equals(object *obj*)

其中，*obj* 是将要进行相等性测试的对象。如果 *obj* 和调用对象都是比较器，并且使用相同的排序规则，那么该方法返回 true；否则返回 false。不必重写 equals()方法，并且大多数简单的比较器都不重写该方法。

多年来，上述两个方法是仅有的由 Comparator 定义的方法，然而 JDK 8 改变了这种情况。通过使用默认接口方法和静态接口方法，JDK 8 为 Comparator 添加了许多新功能。下面逐一进行介绍。

通过使用 reversed()方法，可以获得一个比较器，该比较器颠倒了调用 reversed()方法的比较器的排序：

default Comparator<T> reversed()

该方法返回颠倒后的比较器。例如，假设一个比较器为字母 A~Z 使用自然排序，在颠倒其顺序后的比较器中，B 将出现在 A 的前面，C 将出现在 B 的前面，依此类推。

reverseOrder()是与 reversed()关联的一个方法，如下所示：

static <T extends Comparable<? super T>> Comparator<T> reverseOrder()

它返回一个颠倒元素的自然顺序的比较器。对应地，通过调用静态的 naturalOrder()方法，可以获得一个使用自然顺序的比较器。该方法的声明如下所示：

static <T extends Comparable<? super T>> Comparator<T> naturalOrder()

如果希望比较器能够处理 null 值，需要使用下面的 nullsFirst()或 nullsLast()方法：

static <T> Comparator<T> nullsFirst(Comparator<? super T> *comp*)
static <T> Comparator<T> nullsLast(Comparator<? super T> *comp*)

nullsFirst()方法返回的比较器认为 null 比其他值小，nullsLast()方法返回的比较器认为 null 比其他值大。对于这两个方法，如果被比较的两个值都是非 null 值，则 *comp* 执行比较。如果为 *comp* 传递 null，则认为所有非 null 值都是相等的。

另一个默认方法是 thenComparing()。该方法返回一个比较器，当第一次比较的结果指出被比较的对象相等时，返回的这个比较器将执行第二次比较。因此，可以使用该方法创建一个"根据 X 比较，然后根据 Y 比较"的序列。例如，当比较城市时，第一次可能比较城市名，第二次则比较州名。因此，如果使用字母顺序，Illinois 州的 Springfield 将出现在 Missouri 州的 Springfield 的前面。thenComparing()方法有三种形式。第一种如下所示，它允许通过传入 Comparator 的实例来指定第二个比较器：

default Comparator<T> thenComparing(Comparator<? super T> *thenByComp*)

其中，*thenByComp* 指定在第一次比较返回相等后所调用的比较器。

thenComparing()的另外两个版本允许指定标准函数式接口 Function(由 java.util.function 定义)，如下所示：

default <U extends Comparable<? super U> Comparator<T>
    thenComparing(Function<? super T, ? extends U> *getKey*)

default <U> Comparator<T>
    thenComparing(Function<? super T, ? extends U> *getKey*,
        Comparator<? super U> *keyComp*)

在这两个版本中，*getKey* 引用的函数用于获得下一个比较键，当第一次比较返回相等后，将使用这个比较键。后一个版本中的 *keyComp* 指定了用于比较键的比较器(在这里以及后面的使用中，U 指定了键的类型)。Comparator 还为基本类型添加了以下专用版本的 then comparing 方法：

default Comparator<T>
    thenComparingDouble(ToDoubleFunction<? super T> *getKey*)

default Comparator<T>
    thenComparingInt(ToIntFunction<? super T> *getKey*)

default Comparator<T>
    thenComparingLong(ToLongFunction<? super T> *getKey*)

在所有这些方法中，*getKey* 引用的函数用于获得下一个比较键。

最后，Comparator 包含了一个 comparing()方法。该方法返回的比较器从传递给该方法的函数中获得比较键。comparing()方法有两个版本，如下所示：

static <T, U extends Comparable<? super U>> Comparator<T>
    comparing(Function<? super T, ? extends U> *getKey*)

static <T, U> Comparator<T>
    comparing(Function<? super T, ? extends U> *getKey*,
        Comparator<? super U> *keyComp*)

在这两个版本中，*getKey* 引用的函数用于获得下一个比较键。在第二个版本中，*keyComp* 指定了用于比较键的比较器。Comparator 还为基本类型添加了如下所示的专用版本的方法。

static <T> Comparator<T>
    comparingDouble(ToDoubleFunction<? super T> *getKey*)

```
static <T> Comparator<T>
    comparingInt(ToIntFunction<? super T> getKey)

static <T> Comparator<T>
    comparingLong(ToLongFunction<? super T> getKey)
```

在所有这些方法中，*getKey* 引用的函数用于获得下一个比较键。

使用比较器

下面是一个演示自定义比较器功能的例子。该示例为字符串实现了 compare() 方法，以正常顺序相反的顺序进行操作。因此，这将导致树组(tree set)以相反顺序进行存储。

```java
// Use a custom comparator.
import java.util.*;

// A reverse comparator for strings.
class MyComp implements Comparator<String> {
  public int compare(String aStr, String bStr) {

    // Reverse the comparison.
    return bStr.compareTo(aStr);
  }

  // No need to override equals or the default methods.
}

class CompDemo {
  public static void main(String args[]) {
    // Create a tree set.
    TreeSet<String> ts = new TreeSet<String>(new MyComp());

    // Add elements to the tree set.
    ts.add("C");
    ts.add("A");
    ts.add("B");
    ts.add("E");
    ts.add("F");
    ts.add("D");

    // Display the elements.
    for(String element : ts)
      System.out.print(element + " ");

    System.out.println();
  }
}
```

正如下面的输出所示，树现在以相反的顺序进行存储：

```
F E D C B A
```

下面详细分析 MyComp 类，该类通过实现 compare() 方法而实现了 Comparator 接口(如前所述，重写 equals() 方法既不是必须的，也不常见。对于默认方法，也不是必须重写它们)。在 compare() 方法内部，使用 String 的 compareTo() 方法比较两个字符串。然而，是使用 bStr ——而不是 aStr——调用 compareTo()方法，这导致比较的输出结果被反向排序。

尽管上面的程序实现逆序比较器的方法完全可以接受，但是还有一种方法可以获得解决方案。即，现在可以简单地对自然顺序比较器调用 reversed()方法。该方法返回一个等价的比较器，不过比较器的顺序是相反的。例如，在前面的程序中，可以把 MyComp 重写为自然顺序比较器，如下所示：

```
class MyComp implements Comparator<String> {
  public int compare(String aStr, String bStr) {
    return aStr.compareTo(bStr);
  }
}
```

然后，可使用以下代码段创建一个反向排序字符串元素的 TreeSet：

```
MyComp mc = new MyComp(); // Create a comparator

// Pass a reverse order version of MyComp to TreeSet.
TreeSet<String> ts = new TreeSet<String>(mc.reversed());
```

如果把这段新代码放到前面的程序中，得到的结果与原来是一样的。在这个例子中，使用 reversed()没有什么优势。但是，当需要同时创建自然顺序和反向顺序的比较器时，使用 reversed()方法能够方便地获得逆序比较器，而不需要显式地对其编码。

在前面的例子中，实际上没必要创建 MyComp 类，因为可以很方便地使用 lambda 表达式作为替代。例如，可以彻底删除 MyComp 类，使用下面的代码创建字符串比较器：

```
// Use a lambda expression to implement Comparator<String>.
Comparator<String> mc = (aStr, bStr) -> aStr.compareTo(bStr);
```

还有一点，在这个简单的示例中，通过使用 lambda 表达式，可以在对 TreeSet()构造函数的调用中直接指定逆序比较器，如下所示：

```
// Pass a reversed comparator to TreeSet() via a
// lambda expression.
TreeSet<String> ts = new TreeSet<String>(
                       (aStr, bStr) -> bStr.compareTo(aStr));
```

做了上述修改后，程序得以显著缩短。下面显示了程序的最终版本：

```
// Use a lambda expression to create a reverse comparator.
import java.util.*;

class CompDemo2 {
  public static void main(String args[]) {

    // Pass a reverse comparator to TreeSet() via a
    // lambda expression.
    TreeSet<String> ts = new TreeSet<String>(
                          (aStr, bStr) -> bStr.compareTo(aStr));

    // Add elements to the tree set.
    ts.add("C");
    ts.add("A");
    ts.add("B");
    ts.add("E");
    ts.add("F");
    ts.add("D");

    // Display the elements.
```

```
    for(String element : ts)
      System.out.print(element + " ");

    System.out.println();
  }
}
```

作为使用自定义比较器的更实际的例子，下面的程序是前面显示的存储账户余额的 TreeMap 程序的升级版。在前面的版本中，账户根据名字进行存储，但排序是从名开始的。下面的程序根据姓对账户进行排序。为此，使用比较器比较每个账户的姓，这会使得映射根据姓进行排序。

```
// Use a comparator to sort accounts by last name.
import java.util.*;

// Compare last whole words in two strings.
class TComp implements Comparator<String> {
  public int compare(String aStr, String bStr) {
    int i, j, k;

    // Find index of beginning of last name.
    i = aStr.lastIndexOf(' ');
    j = bStr.lastIndexOf(' ');

    k = aStr.substring(i).compareToIgnoreCase (bStr.substring(j));
    if(k==0) // last names match, check entire name
      return aStr.compareToIgnoreCase (bStr);
    else
      return k;
  }

  // No need to override equals.
}

class TreeMapDemo2 {
  public static void main(String args[]) {
    // Create a tree map.
    TreeMap<String, Double> tm = new TreeMap<String, Double>(new TComp());

    // Put elements to the map.
    tm.put("John Doe", 3434.34);
    tm.put("Tom Smith", 123.22);
    tm.put("Jane Baker", 1378.00);
    tm.put("Tod Hall", 99.22);
    tm.put("Ralph Smith", -19.08);

    // Get a set of the entries.
    Set<Map.Entry<String, Double>> set = tm.entrySet();

    // Display the elements.
    for(Map.Entry<String, Double> me : set) {
      System.out.print(me.getKey() + ": ");
      System.out.println(me.getValue());
    }
    System.out.println();

    // Deposit 1000 into John Doe's account.
```

```
      double balance = tm.get("John Doe");
      tm.put("John Doe", balance + 1000);

      System.out.println("John Doe's new balance: " +
        tm.get("John Doe"));
  }
}
```

下面是输出，注意现在账户根据姓进行了排序：

```
Jane Baker: 1378.0
John Doe: 3434.34
Todd Hall: 99.22
Ralph Smith: -19.08
Tom Smith: 123.22

John Doe's new balance: 4434.34
```

比较器类 TComp 比较包含名和姓的两个字符串。该类首先比较姓。为此，查找每个字符串中最后一个空格的索引，然后比较每个元素从该索引位置开始的子字符串。如果姓相同，就比较名。这使得树映射根据姓进行排序，并且如果姓相同的话，再根据名进行排序。从输出中可以看出这一点，因为 Ralph Smith 在 Tom Smith 之前。

还可以使用另外一种方法来编码前面的程序，让映射首先根据姓进行排序，然后根据名进行排序。这会用到 thenComparing()方法。回顾一下，thenComparing()允许指定第二个比较器，当调用比较器返回相等时，就会使用第二个比较器。下面的程序演示了这种方法，它修改了前面的程序，以使用 thenComparing()方法：

```
// Use thenComparing() to sort by last, then first name.
import java.util.*;

// A comparator that compares last names.
class CompLastNames implements Comparator<String> {
  public int compare(String aStr, String bStr) {
    int i, j;

    // Find index of beginning of last name.
    i = aStr.lastIndexOf(' ');
    j = bStr.lastIndexOf(' ');

    return aStr.substring(i).compareToIgnoreCase(bStr.substring(j));
  }
}

// Sort by entire name when last names are equal.
class CompThenByFirstName implements Comparator<String> {
  public int compare(String aStr, String bStr) {
    int i, j;

    return aStr.compareToIgnoreCase(bStr);
  }
}

class TreeMapDemo2A {
  public static void main(String args[]) {
    // Use thenComparing() to create a comparator that compares
    // last names, then compares entire name when last names match.
    CompLastNames compLN = new CompLastNames();
    Comparator<String> compLastThenFirst =
```

```
              compLN.thenComparing(new CompThenByFirstName());

    // Create a tree map.
    TreeMap<String, Double> tm =
                   new TreeMap<String, Double>(compLastThenFirst);

    // Put elements to the map.
    tm.put("John Doe", 3434.34);
    tm.put("Tom Smith", 123.22);
    tm.put("Jane Baker", 1378.00);
    tm.put("Tod Hall", 99.22);
    tm.put("Ralph Smith", -19.08);

    // Get a set of the entries.
    Set<Map.Entry<String, Double>> set = tm.entrySet();

    // Display the elements.
    for(Map.Entry<String, Double> me : set) {
      System.out.print(me.getKey() + ": ");
      System.out.println(me.getValue());
    }
    System.out.println();

    // Deposit 1000 into John Doe's account.
    double balance = tm.get("John Doe");
    tm.put("John Doe", balance + 1000);

    System.out.println("John Doe's new balance: " +
      tm.get("John Doe"));
  }
}
```

这个版本生成的输出与原来版本的相同，二者唯一的区别在于完成工作的方式。首先，注意这里创建了一个称为 CompLastNames 的比较器，它只比较姓。第二个比较器 CompThenByFirstName 比较名。接下来，使用下面的代码创建了 TreeMap：

```
CompLastNames compLN = new CompLastNames();
Comparator<String> compLastThenFirst =
             compLN.thenComparing(new CompThenByFirstName());
```

这里的主比较器是 compLN，它是 CompLastNames 的一个实例。对该实例调用 thenComparing()方法，并传入 CompThenByFirstName 的一个实例。结果被赋给名为 compLastThenFirst 的比较器。这个比较器用于构造 TreeMap，如下所示：

```
TreeMap<String, Double> tm =
             new TreeMap<String, Double>(compLastThenFirst);
```

现在，每当比较的姓相同时，就会比较名，以便进行排序。这意味着首先根据姓对姓名进行排序，如果姓相同的话，再根据名进行排序。

最后，注意为了清晰起见，本例显式地创建了两个比较器类 CompLastNames 和 CompThenByFirstName，但其实也可以使用 lambda 表达式。可以自行尝试这种做法，只要遵循前面对 CompDemo2 描述的一般方法即可。

19.10 集合算法

集合框架定义了一些可以应用于集合和映射的算法，这些算法被定义为 Collections 类中的静态方法，表 19-21 汇总了这些方法。

表 19-21 Collections 类定义的算法

方　　法	描　　述
static <T> boolean 　addAll(Collection<? super T> c, 　　T... *elements*)	将由 elements 指定的元素插入由 c 指定的集合中。如果元素被插入 c 中，就返回 true；否则返回 false
static <T> Queue<T> asLifoQueue(Deque<T> c)	返回 c 的一个后进先出的视图
static <T> 　int binarySearch(List<? extends T> *list*, 　　T *value*, 　　Comparator<? super T> c)	根据 c 以确定的顺序在 list 中查找 *value*。返回 *value* 在 list 中的位置，如果没有找到，就返回一个负值
static <T> 　int binarySearch(List<? extends 　　Comparable<? super T>> *list*, 　　T *value*)	在 *list* 中查找 *value*，列表必须是排过序的。返回 *value* 在 *list* 中的位置，如果没有找到 *value*，就返回一个负值
static <E> Collection<E> 　checkedCollection(Collection<E> c, 　　Class<E> t)	返回集合的一个运行时类型安全视图。如果试图插入不兼容的元素，那么会导致 ClassCastException 异常
static <E> List<E> 　checkedList(List<E> c, Class<E> t)	返回 List 的一个运行时类型安全视图。如果试图插入不兼容的元素，那么会导致 ClassCastException 异常
static <K, V> Map<K, V> 　checkedMap(Map<K, V> c, 　　Class<K> *keyT*, 　　Class<V> *valueT*)	返回 Map 的一个运行时类型安全视图。如果试图插入不兼容的元素，那么会导致 ClassCastException 异常
static <K, V> NavigableMap<K, V> 　checkedNavigableMap(　　NavigableMap<K, V> *nm*, 　　Class<E> *keyT*, 　　Class<V> *valueT*)	返回 NavigableMap 的一个运行时类型安全视图。如果试图插入不兼容的元素，那么会导致 ClassCastException 异常
static <E> NavigableSet<E> 　checkedNavigableSet(NavigableSet<E> *ns*, 　　Class<E> t)	返回 NavigableSet 的一个运行时类型安全视图。如果试图插入不兼容的元素，那么会导致 ClassCastException 异常
static <E> Queue<E> 　checkedQueue(Queue<E> q, 　　Class<E> t)	返回 Queue 的一个运行时类型安全视图。如果试图插入不兼容的元素，那么会导致 ClassCastException 异常
static <E> List<E> 　checkedSet(Set<E> c, Class<E> t)	返回 Set 的一个运行时类型安全视图。如果试图插入不兼容的元素，那么会导致 ClassCastException 异常

(续表)

方法	描述
static <K, V> SortedMap<K, V> checkedSortedMap(SortedMap<K, V> c, Class<K> keyT, Class<V> valueT)	返回 SortedMap 的一个运行时类型安全视图。如果试图插入不兼容的元素，那么会导致 ClassCastException 异常
static <E> SortedSet<E> checkedSortedSet(SortedSet<E> c, Class<E> t)	返回 SortedSet 的一个运行时类型安全视图。如果试图插入不兼容的元素，那么会导致 ClassCastException 异常
static <T> void copy(List<? super T> list1, List<? extends T> list2)	将 *list2* 中的元素复制到 *list1* 中
static boolean disjoint(Collection<?> a, Collection<?> b)	比较 *a* 和 *b* 中的元素。如果两个集合不包含公共元素(即，集合包含不相交的一组元素)，就返回 true；否则返回 false
static <T> Enumeration<T> emptyEnumeration()	返回一个空的枚举，即没有元素的枚举
static <T> Iterator<T> emptyIterator()	返回一个空的迭代器，即没有元素的迭代器
static <T> List<T> emptyList()	返回一个推断类型的、不可变的空 List 对象
static <T> ListIterator<T> emptyListIterator()	返回一个空的列表迭代器，即没有元素的列表迭代器
static <K, V> Map<K, V> emptyMap()	返回一个推断类型的、不可变的空 Map 对象
static <K, V> NavigableMap<K, V> emptyNavigableMap()	返回一个推断类型的、不可变的空 NavigableMap 对象
static <E> NavigableSet<E> emptyNavigableSet()	返回一个推断类型的、不可变的空 NavigableSet 对象
static <T> Set<T> emptySet()	返回一个推断类型的、不可变的空 Set 对象
static <K, V> SortedMap<K, V> emptySortedMap()	返回一个推断类型的、不可变的空 SortedMap 对象
static <E> SortedSet<E> emptySortedSet()	返回一个推断类型的、不可变的空 SortedSet 对象
static <T> Enumeration<T> enumeration(Collection<T> c)	返回一个基于集合 *c* 的枚举(参见 19.12.1 节)
static <T> void fill(List<? super T> list, T obj)	将 *obj* 赋给 *list* 中的每个元素
static int frequency(Collection<?> c, Object obj)	计算 *obj* 在集合 *c* 中出现的次数并返回结果
static int indexOfSubList(List<?> list, List<?> subList)	查找 *list* 中 *subList* 首次出现的位置。返回首次匹配时的位置索引。如果没有找到匹配，就返回-1
static int lastIndexOfSubList(List<?> list, List<?> subList)	查找 *list* 中 *subList* 最后一次出现的位置。返回最后匹配时的位置索引。如果没有找到匹配，就返回-1
static <T> ArrayList<T> list(Enumeration<T> enum)	返回一个包含 *enum* 元素的 ArrayList
static <T> T max(Collection<? extends T> c, Comparator<? super T> comp)	返回集合 *c* 中由 *comp* 决定的最大元素

(续表)

方 法	描 述
static <T extends object & Comparable<? super T>> T max(Collection<? extends T> c)	返回集合 c 中由自然顺序决定的最大元素，集合不必是排过序的
static <T> T min(Collection<? extends T> c, Comparator<? super T> comp)	返回集合 c 中由 comp 决定的最小元素，集合不必是排过序的
static <T extends object & Comparable<? super T>> T min(Collection<? extends T> c)	返回集合 c 中由自然顺序决定的最小元素
static <T> List<T> nCopies(int num, T obj)	返回包含在一个不可变列表中的 obj 的 num 个副本，num 必须大于等于 0
static <E> Set<E> newSetFromMap(Map<E, Boolean> m)	创建并返回由 m 指定的映射所支持的一个集合。调用该方法时，映射必须为空
static <T> boolean replaceAll(List<T> list, T old, T new)	将 list 中的所有 old 替换为 new。如果至少发生了一次替换，就返回 true；否则返回 false
static void reverse(List<T> list)	颠倒 list 中元素的顺序
static <T> Comparator<T> reverseOrder(Comparator<T> comp)	返回一个逆序比较器，基于传递到 comp 中的比较器。也就是说，返回的比较器会颠倒 comp 的比较结果
static <T> Comparator<T> reverseOrder()	返回一个逆序比较器，也就是颠倒两个元素比较结果的比较器
static void rotate(List<T> list, int n)	将 list 向右旋转 n 个位置。要向左旋转，可使用 n 的负值
static void shuffle(List<T> list, Random r)	使用 r 作为随机数的来源，搅乱(即随机化)list 中的元素
static void shuffle(List<T> list)	搅乱(即随机化)list 中的元素
static <T> Set<T> singleton(T obj)	将 obj 作为不可变的组返回，这是将单个对象转换成组的一种简单方式
static <T> List<T> singletonList(T obj)	将 obj 作为不可变的列表返回，这是将单个对象转换成列表的一种简单方式
static <K, V> Map<K, V> singletonMap(K k, V v)	将键/值对 k/v 作为不可变的映射返回，这是将单个键/值对转换成映射的一种简单方式
static <T> void sort(List<T> list, Comparator<? super T> comp)	按照由 comp 决定的顺序对 list 中的元素进行排序
static <T extends Comparable<? super T>> void sort(List<T> list)	按照自然顺序对 list 中的元素进行排序
static void swap(List<?> list, int idx1, int idx2)	交换 list 中由 idx1 和 idx2 指定的索引位置的元素
static <T> Collection<T> synchronizedCollection(Collection<T> c)	返回基于集合 c 的线程安全的集合
static <T> List<T> synchronizedList(List<T> list)	返回基于 list 的线程安全的列表
static <K, V> Map<K, V> synchronizedMap(Map<K, V> m)	返回基于 m 的线程安全的映射
static <K, V> NavigableMap<K, V> synchronizedNavigableMap(NavigableMap<K, V> nm)	返回基于 nm 的同步的 NavigableMap 对象

(续表)

方 法	描 述
static <T> NavigableSet<T> synchronizedNavigableSet(NavigableSet<T> ns)	返回基于 ns 的同步的 NavigableSet 对象
static <T> Set<T> synchronizedSet(Set<T> s)	返回基于 s 的线程安全的组
static <K, V> SortedMap<K, V> synchronizedSortedMap(SortedMap<K, V> sm)	返回基于 sm 的线程安全的有序映射
static <T> SortedSet<T> synchronizedSortedSet(SortedSet<T> ss)	返回基于 ss 的线程安全的有序组
static <T> Collection<T> unmodifiableCollection(Collection<? extends T> c)	返回基于 c 的不可修改的集合
static <T> List<T> unmodifiableList(List<? extends T> list)	返回基于 list 的不可修改的列表
static <K, V> Map<K, V> unmodifiableMap(Map<? extends K, ? extends V> m)	返回基于 m 的不可修改的映射
static <K, V> NavigableMap<K, V> unmodifiableNavigableMap(NavigableMap<K, ? extends V> nm)	返回基于 nm 的不可修改的 NavigableMap 对象
static <T> NavigableSet<T> unmodifiableNavigableSet(NavigableSet<T> ns)	返回基于 ns 的不可修改的 NavigableSet 对象
static <T> Set<T> unmodifiableSet(Set<? extends T> s)	返回基于 s 的不可修改的组
static <K, V> SortedMap<K, V> unmodifiableSortedMap(SortedMap<K, ? extends V> sm)	返回基于 sm 的不可修改的有序映射
static <T> SortedSet<T> unmodifiableSortedSet(SortedSet<T> ss)	返回基于 ss 的不可修改的有序组

当试图比较不兼容的类型时，有些方法会抛出 ClassCastException 异常；当试图修改不可修改的集合时，有些方法会抛出 UnsupportedOperationException 异常。根据具体的方法不同，还可能抛出其他异常。

需要特别注意的是 checked 方法系列，例如 checkedCollection()，这类方法返回 API 文档中所说的集合的"动态类型安全视图"。这种视图是对集合的引用，用于在运行时监视向集合中进行插入操作的类型兼容性。如果试图插入不兼容的元素，会导致 ClassCastException 异常。在调试期间使用这种视图特别有用，因为可以确保集合总是包含有效的元素。相关方法包括 checkedSet()、checkedList()、checkedMap()等。它们为指定的集合获取类型安全的视图。

注意有些方法用于获取各种集合的同步(线程安全的)副本，例如 synchronizedList()和 synchronizedSet()。作为一般规则，标准集合实现不是同步的。必须使用同步算法提供同步。另外注意一点：同步集合的迭代器必须用于 synchronized 代码块中。

以 unmodifiable 开始的一组方法集返回各种不能修改的集合视图。如果希望确保对集合进行某些读取操作——

但是不允许写入操作,这些方法是有用的。

Collections 定义了 3 个静态变量:EMPTY_SET、EMPTY_LIST 和 EMPTY_MAP。这 3 个变量都是不可改变的。

下面的程序演示了一些算法,创建并初始化了一个链表。reverseOrder() 方法返回翻转 Integer 对象比较结果的比较器。列表元素根据这个比较器进行排序,然后显示。接下来,调用 shuffle() 方法随机化链表,然后显示链表中的最小值和最大值。

```java
// Demonstrate various algorithms.
import java.util.*;

class AlgorithmsDemo {
  public static void main(String args[]) {

    // Create and initialize linked list.
    LinkedList<Integer> ll = new LinkedList<Integer>();
    ll.add(-8);
    ll.add(20);
    ll.add(-20);
    ll.add(8);

    // Create a reverse order comparator.
    Comparator<Integer> r = Collections.reverseOrder();

    // Sort list by using the comparator.
    Collections.sort(ll, r);

    System.out.print("List sorted in reverse: ");
    for(int i : ll)
      System.out.print(i+ " ");

    System.out.println();

    // Shuffle list.
    Collections.shuffle(ll);

    // Display randomized list.
    System.out.print("List shuffled: ");
    for(int i : ll)
      System.out.print(i + " ");

    System.out.println();
    System.out.println("Minimum: " + Collections.min(ll));
    System.out.println("Maximum: " + Collections.max(ll));
  }
}
```

该程序的输出如下所示:

```
List sorted in reverse: 20 8 -8 -20
List shuffled: 20 -20 8 -8
Minimum: -20
Maximum: 20
```

注意在随机化之后,才对链表进行 min() 和 max() 操作。这两个方法的操作都不要求列表是排过序的。

19.11 Arrays 类

Arrays 类提供了一些对数组操作有用的方法，这些方法有助于连接集合和数组。本节将解释 Arrays 类定义的每个方法。

asList()方法返回基于指定数组的列表。换句话说，列表和数组引用相同的位置。asList()方法的签名如下所示：

static <T> List asList(T... *array*)

其中，*array* 是包含数据的数组。

binarySearch()方法使用二分查找法查找特定数值。只能为排过序的数组应用这个方法，下面是这个方法的几种形式(附加形式允许查找子范围)：

static int binarySearch(byte *array*[ ], byte *value*)
static int binarySearch(char *array*[ ], char *value*)
static int binarySearch(double *array*[ ], double *value*)
static int binarySearch(float *array*[ ], float *value*)
static int binarySearch(int *array*[ ], int *value*)
static int binarySearch(long *array*[ ], long *value*)
static int binarySearch(short *array*[ ], short *value*)
static int binarySearch(Object *array*[ ], Object *value*)
static <T> int binarySearch(T[ ] *array*, T *value*, Comparator<? super T> *c*)

其中，*array* 是将要进行搜索的数组，*value* 是被定位的值。如果数组包含的元素不能进行比较(例如 Double 和 StringBuffer)，或者如果 *value* 和 *array* 中的类型不兼容，那么最后两种形式会抛出 ClassCastException 异常。在最后一种形式中，比较器 *c* 用于确定 *array* 中元素的顺序。对于所有这些形式，如果 *value* 存在于 *array* 中，就返回元素的索引；否则返回一个负值。

copyOf()方法返回数组的副本，具有以下几种形式：

static boolean[ ] copyOf(boolean[ ] *source*, int *len*)
static byte[ ] copyOf(byte[ ] *source*, int *len*)
static char[ ] copyOf(char[ ] *source*, int *len*)
static double[ ] copyOf(double[ ] *source*, int *len*)
static float[ ] copyOf(float[ ] *source*, int *len*)
static int[ ] copyOf(int[ ] *source*, int *len*)
static long[ ] copyOf(long[ ] *source*, int *len*)
static short[ ] copyOf(short[ ] *source*, int *len*)
static <T> T[ ] copyOf(T[ ] *source*, int *len*)
static <T,U> T[ ] copyOf(U[ ] *source*, int *len*, Class<? extends T[ ]> *resultT*)

原始数组是由 *source* 指定的，副本数组的长度是由 *len* 指定的。如果副本数组的长度大于 *source*，就使用 0(对于数值数组)、null(对于对象数组)或 false(对于布尔数组)填充。如果副本数组的长度小于 *source*，那么副本数组会被截断。对于最后一种形式，*resultT* 的类型变成返回的数组的类型。如果 *len* 是负值，那么抛出 NegativeArraySizeException 异常；如果 *source* 是 null，那么抛出 NullPointerException 异常；如果 *resultT* 与 *source* 的类型不兼容，那么抛出 ArrayStoreException 异常。

copyOfRange()方法返回数组中某个范围的副本，具有以下形式：

static boolean[ ] copyOfRange(boolean[ ] *source*, int *start*, int *end*)
static byte[ ] copyOfRange(byte[ ] *source*, int *start*, int *end*)
static char[ ] copyOfRange(char[ ] *source*, int *start*, int *end*)
static double[ ] copyOfRange(double[ ] *source*, int *start*, int *end*)
static float[ ] copyOfRange(float[ ] *source*, int *start*, int *end*)
static int[ ] copyOfRange(int[ ] *source*, int *start*, int *end*)
static long[ ] copyOfRange(long[ ] *source*, int *start*, int *end*)
static short[ ] copyOfRange(short[ ] *source*, int *start*, int *end*)
static <T> T[ ] copyOfRange(T[ ] *source*, int *start*, int *end*)
static <T,U> T[ ] copyOfRange(U[ ] *source*, int *start*, int *end*, Class<? extends T[ ]> *resultT*)

原始数组是由 *source* 指定的。副本数组的范围是通过 *start* 和 *end* 传递的索引指定的，范围从 *start* 到 *end*−1。如果范围长于 *source*，那么副本数组使用 0(对于数值数组)、*null*(对于对象数组)或 false(对于布尔数组)填充。对于最后一种形式，*resultT* 的类型变成返回的数组的类型。如果 *start* 是负值或者大于 *source* 的长度，那么抛出 ArrayIndexOutOfBoundsException 异常；如果 *start* 大于 *end*，那么抛出 IllegalArgumentException 异常；如果 *source* 是 null，那么抛出 NullPointerException 异常；如果 *resultT* 与 *source* 的类型不兼容，那么抛出 ArrayStoreException 异常。

如果两个数组相等，那么 equals()方法返回 true；否则返回 false。equals()方法具有以下形式。该方法还有更多版本，可让你指定范围和(或)比较器。

static boolean equals(boolean *array1*[ ], boolean *array2*[ ])
static boolean equals(byte *array1*[ ], byte *array2*[ ])
static boolean equals(char *array1*[ ], char *array2*[ ])
static boolean equals(double *array1*[ ], double *array2*[ ])
static boolean equals(float *array1*[ ], float *array2*[ ])
static boolean equals(int *array1*[ ], int *array2*[ ])
static boolean equals(long *array1*[ ], long *array2*[ ])
static boolean equals(short *array1*[ ], short *array2*[ ])
static boolean equals(Object *array1*[ ], Object *array2*[ ])

其中，*array1* 和 *array2* 是进行相等性比较的两个数组。
deepEquals()方法用于比较两个可能包含嵌套数组的数组是否相等，其声明如下所示：

static boolean deepEquals(Object[] *a*, Object[] *b*)

如果 *a* 和 *b* 中传递的数组包含相同的元素，该方法返回 true；如果 *a* 和 *b* 包含嵌套的数组，还会检查这些嵌套数组的内容；如果数组或任何嵌套数组的内容不同，那么返回 false。

fill()方法可将某个值赋给数组中的所有元素。换句话说，使用指定的值填充数组。fill()方法有两个版本。第一个版本具有以下形式，该版本填充整个数组：

static void fill(boolean *array*[ ], boolean *value*)
static void fill(byte *array*[ ], byte *value*)
static void fill(char *array*[ ], char *value*)
static void fill(double *array*[ ], double *value*)
static void fill(float *array*[ ], float *value*)

static void fill(int *array*[ ], int *value*)

static void fill(long *array*[ ], long *value*)

static void fill(short *array*[ ], short *value*)

static void fill(Object *array*[ ], Object *value*)

在此，将 *value* 赋给 *array* 中的所有元素。fill()方法的第二个版本将值赋给数组的子集。

sort()方法用于对数组进行排序，从而使其中的元素以升序进行排列。sort()方法有两个版本。第一个版本如下所示，对整个数组进行排序：

static void sort(byte *array*[ ])

static void sort(char *array*[ ])

static void sort(double *array*[ ])

static void sort(float *array*[ ])

static void sort(int *array*[ ])

static void sort(long *array*[ ])

static void sort(short *array*[ ])

static void sort(Object *array*[ ])

static <T> void sort(T *array*[ ], Comparator<? super T> *c*)

其中，*array* 是进行排序的数组。对于最后一种形式，*c* 是用于确定 *array* 元素顺序的比较器。对于最后两种形式，如果进行排序的数组的元素不能进行比较，那么可能抛出 ClassCastException 异常。第二种版本的 sort()方法允许指定希望进行排序的数组的范围。

Arrays 类中最重要的方法是 parallelSort()，因为该方法会按升序对数组的各部分进行并行排序，然后合并结果。这种方法可显著加快排序时间。类似于 sort()方法，parallelSort()方法有两种版本，每种版本都有多个重载形式。第一种版本排序整个数组，如下所示：

static void parallelSort(byte *array*[ ])

static void parallelSort(char *array*[ ])

static void parallelSort(double *array*[ ])

static void parallelSort(float *array*[ ])

static void parallelSort(int *array*[ ])

static void parallelSort(long *array*[ ])

static void parallelSort(short *array*[ ])

static <T extends Comparable<? super T>> void parallelSort(T *array*[ ])

static <T> void parallelSort(T *array*[ ], Comparator<? super T> *c*)

这里，*array* 是进行排序的数组。对于最后一种形式，*c* 是用于确定 *array* 元素顺序的比较器。对于最后两种形式，如果进行排序的数组的元素不能进行比较，那么可能抛出 ClassCastException 异常。第二种版本的 parallelSort()方法允许指定希望进行排序的数组的范围。

通过包含 spliterator()方法，Arrays 类添加了对 spliterator 的支持。该方法有两种基本形式。第一种版本返回整个数组的 spliterator，如下所示：

static Spliterator.OfDouble spliterator(double *array*[ ])

static Spliterator.OfInt spliterator(int *array*[ ])

static Spliterator.OfLong spliterator(long *array*[ ])

static <T> Spliterator spliterator(T *array*[ ])

这里，array 是 spliterator 将循环遍历的数组。第二种版本的 spliterator()方法允许指定希望进行迭代的数组的范围。
通过包含 stream()方法，Arrays 类支持 Stream 接口。stream()方法有两种版本，下面显示了第一种版本：

static DoubleStream stream(double *array*[ ])
static IntStream stream(int *array*[ ])
static LongStream stream(long *array*[ ])
static <T> Stream stream(T *array*[ ])

这里，array 是流将引用的数组。第二种版本的 stream()方法允许指定数组内的一个范围。

另外两个方法彼此相关：setAll()和 parallelSetAll()。这两个方法都为所有元素赋值，但是 parallelSetAll()以并行方式工作。这两个方法的声明如下所示：

static void setAll(double *array*[ ],
　　　　　　IntToDoubleFunction<? extends T> *genVal*)
static void parallelSetAll(double *array*[ ],
　　　　　　IntToDoubleFunction<? extends T> *genVal*)

这两个方法都有一些重载形式，用于处理 int、long 和泛型。

Arrays 类定义了一个有趣的方法：parallelPrefix()。该方法对数组进行修改，使每个元素都包含对其前面的所有元素应用某个操作的累积结果。例如，如果操作是乘法，那么在返回时，数组元素将包含原始值的累积乘积。parallelPrefix()有几种重载形式，下面是其中的一种：

static void parallelPrefix(double *array*[], DoubleBinaryOperator *func*)

这里，array 是被操作的数组，func 指定应用的操作(DoubleBinaryOperator 是 java.util.function 中定义的一个函数式接口)。还有另外一些版本，包含操作 int、long 和泛型的版本，以及允许指定希望操作的数组内范围的版本。

JDK 9 为 Arrays 类添加了三个比较方法：compare()、compareUnsigned()和 mismatch()。每个方法都有一些重载版本且每个版本都允许定义要比较的范围。compare()方法比较两个数组。如果这两个数组相等，就返回 0；如果第一个数组大于第二个数组，就返回一个正值；如果第一个数组小于第二个数组，就返回一个负值。compareUnsigned()方法对包含整型值的两个数组进行无符号的比较。mismatch()方法用于定位两个数组间第一个不匹配的元素，返回值为该元素的索引。如果这两个数组相等，则返回-1。

Arrays 还为每种类型的数组提供了 toString()和 hashCode()方法。此外，还提供了 deepToString()和 deepHashCode()方法，这两个方法可以有效操作包含嵌套数组的数组。

下面的程序演示了如何使用 Arrays 类的一些方法：

```
// Demonstrate Arrays
import java.util.*;

class ArraysDemo {
  public static void main(String args[]) {

    // Allocate and initialize array.
    int array[] = new int[10];
    for(int i = 0; i < 10; i++)
      array[i] = -3 * i;

    // Display, sort, and display the array.
    System.out.print("Original contents: ");
    display(array);
    Arrays.sort(array);
```

```
    System.out.print("Sorted: ");
    display(array);

    // Fill and display the array.
    Arrays.fill(array, 2, 6, -1);
    System.out.print("After fill(): ");
    display(array);

    // Sort and display the array.
    Arrays.sort(array);
    System.out.print("After sorting again: ");
    display(array);

    // Binary search for -9.
    System.out.print("The value -9 is at location ");
    int index =
      Arrays.binarySearch(array, -9);

    System.out.println(index);
  }

  static void display(int array[]) {
    for(int i: array)
      System.out.print(i + " ");

    System.out.println();
  }
}
```

这个程序的输出如下所示：

```
Original contents: 0 -3 -6 -9 -12 -15 -18 -21 -24 -27
Sorted: -27 -24 -21 -18 -15 -12 -9 -6 -3 0
After fill(): -27 -24 -1 -1 -1 -1 -9 -6 -3 0
After sorting again: -27 -24 -9 -6 -3 -1 -1 -1 -1 0
The value -9 is at location 2
```

19.12 遗留的类和接口

在本章开头解释过，早期版本的 java.util 包没有包含集合框架，而是定义了几个类和一个接口，用来提供存储对象的专业方法。当添加集合时(由 J2SE 1.2 添加)，对几个原始类进行了重新设计以支持集合接口。因此从技术角度看，它们现在是集合框架的组成部分。然而，当现代集合的功能与遗留类的功能相同时，通常会希望使用更新一些的集合类。一般来说，仍然支持遗留类是因为有些代码仍然需要使用它们。

另外一点：在本章介绍的所有现代集合类都不是同步的，但是所有遗留类都是同步的。在有些情况下，这一差别可能很重要。当然，通过使用 Collections 提供的算法，可以很容易地同步集合。

java.util 定义的遗留类如表 19-22 所示。

表 19-22 java.util 定义的遗留类

Dictionary	Hashtable	Properties	Stack	Vector

还有遗留接口 Enumeration。接下来将依次介绍 Enumeration 接口和每个遗留类。

19.12.1 Enumeration 接口

使用 Enumeration 接口定义的方法可以枚举(每次获取一个)对象集合中的元素。这个遗留接口已经被 Iterator 接口取代。尽管不反对使用，但是对于新代码，Enumeration 接口被认为是过时的。然而，遗留类(例如 Vector 和 Properties)定义的一些方法使用该接口，其他一些 API 类也使用该接口。因为该接口仍然在使用，所以 JDK 5 对它进行了重修以使用泛型。Enumeration 接口的声明如下：

interface Enumeration<E>

在此，E 指定将被枚举的元素的类型。
Enumeration 接口定义了以下两个抽象方法：

boolean hasMoreElements()
E nextElement()

当实现该接口时，如果仍然有更多的元素要提取，那么 hasMoreElements()方法必须返回 true；如果已经枚举了所有元素，那么返回 false。nextElement()方法返回枚举中的下一个元素。也就是说，每次调用 nextElement()方法都会获取枚举中的下一个元素。当枚举完所有元素时，该方法会抛出 NoSuchElementException 异常。
JDK 9 为 Enumeration 接口添加了一个默认方法，即 asIterator()，如下所示：

default Iterator<E> asIterator()

该方法返回枚举中元素的迭代器。它提供了一种十分容易的方式，可以将老式风格的 Enumeration 转换成现代的 Iterator。另外，如果在调用该方法之前已经读取了枚举中的部分元素，则返回的迭代器仅访问未被读取的剩余元素。

19.12.2 Vector 类

Vector 实现了动态数组，与 ArrayList 类似，但是有两个区别：Vector 是同步的，并且包含许多遗留方法，这些方法与集合框架定义的方法具有相同的功能。随着集合的出现，对 Vector 进行了重新设计以扩展 AbstractList 类并实现 List 接口。随着 JDK 5 的发布，对 Vector 进行了重修以使用泛型，并进行了重新设计以实现 Iterable 接口。这意味着 Vector 与集合完全兼容，并且可以通过增强的 for 循环来迭代 Vector 的内容。
Vector 类的声明如下所示：

class Vector<E>

其中，E 指定了将要存储的元素的类型。
下面是 Vector 类的构造函数：

Vector()
Vector(int *size*)
Vector(int *size*, int *incr*)
Vector(Collection<? extends E> *c*)

第 1 种形式创建默认的向量，初始大小为 10。第 2 种形式创建的向量，其初始大小由 *size* 指定。第 3 种形式创建的向量，其初始大小由 *size* 指定，并且增量由 *incr* 指定。增量指定了每次增加向量的容量时所分配的元素数量。第 4 种形式创建包含集合 *c* 中元素的向量。
所有向量都有初始容量。在达到这个初始容量后，下一次试图在向量中存储对象时，向量会自动为对象分配空间，还会分配用于保存更多对象的额外空间。通过分配比所需空间更多的空间，向量减少了当增长时必须分配空间的次数。减少分配空间的次数很重要，因为分配空间就时间而言是很昂贵的。在每次重新分配空间时，分配的额外空间的数量是由创建向量时指定的增量决定的。如果没有指定增量，每次分配空间时都会使向量的大小翻倍。

Vector 类定义了以下受保护的数据成员：

int capacityIncrement;

int elementCount;

Object[] elementData;

增量值保存在 capacityIncrement 中，向量中当前元素的数量保存在 elementCount 中，保存向量的数组存储在 elementData 中。

除了 List 指定的集合方法外，Vector 还定义了一些遗留方法，表 19-23 对这些方法进行了汇总。

表 19-23　Vector 类定义的遗留方法

方　　法	描　　述
void addElement(E *element*)	将 *element* 指定的对象添加到向量中
int capacity()	返回向量的容量
object clone()	返回调用向量的副本
boolean contains(Object *element*)	如果向量中包含 *element*，就返回 true；否则返回 false
void copyInto(Object *array[ ]*)	将调用向量中包含的元素复制到由 *array* 指定的数组中
E elementAt(int *index*)	返回位于 *index* 指定位置的元素
Enumeration<E> elements()	返回向量中元素的一个枚举
void ensureCapacity(int *size*)	将向量的最小容量设置为 *size*
E firstElement()	返回向量的第一个元素
int indexOf(object *element*)	返回 *element* 首次出现的位置的索引。如果对象不在向量中，就返回-1
int indexOf(object *element*, int *start*)	返回 *element* 在 *start* 位置及之后第一次出现的位置的索引。如果对象不在向量的这一部分中，就返回-1
void insertElementAt(E *element*, int *index*)	将元素 *element* 添加到向量中，插入位置由 *index* 指定
boolean isEmpty()	如果向量为空，就返回 true；如果向量包含一个或多个元素，就返回 false
E lastElement()	返回向量中的最后一个元素
int lastIndexOf(object *element*)	返回 *element* 最后一次出现的位置的索引。如果对象不在向量中，就返回-1
int lastIndexOf(object *element*, int *start*)	返回 *element* 在 *start* 位置之前最后一次出现的位置的索引。如果对象不在向量的这一部分中，就返回-1
void removeAllElements()	清空向量。执行该方法后，向量的大小为 0
boolean removeElement(Object *element*)	从向量中移除 *element*。如果向量中存在指定对象的多个实例，那么只移除第一个。如果移除成功，就返回 true；如果没有找到对象，就返回 false
void removeElementAt(int *index*)	移除位于 *index* 指定位置的元素
void setElementAt(E *element*, int *index*)	将 *index* 指定的位置设置为 *element*
void setSize(int *size*)	将向量中元素的数量设置为 *size*。如果新的长度小于原来的长度，元素将丢失；如果新的长度大于原来的长度，将添加 null 元素
int size()	返回当前向量中元素的个数
String toString()	返回向量的等价字符串
void trimToSize()	将向量的容量设置为与当前拥有的元素个数相同

因为 Vector 类实现了 List 接口，所以可以像使用 ArrayList 实例那样使用向量，也可以使用 Vector 类的遗留方法操作向量。例如，在实例化 Vector 后，可以调用 addElement()方法来添加元素；为了获取特定位置的元素，可以调用 elementAt()方法；为了获取向量中的第一个元素，可以调用 firstElement()方法；为了检索最后一个元素，可以调用 lastElement()方法；使用 indexOf()和 lastIndexOf()方法可以获取元素的索引；为了移除元素，可以调用 removeElement()或 removeElementAt()方法。

下面的程序使用向量存储各种数值类型的对象。该程序演示了 Vector 定义的几个遗留方法，还演示了 Enumeration 接口。

```java
// Demonstrate various Vector operations.
import java.util.*;

class VectorDemo {
  public static void main(String args[]) {

    // initial size is 3, increment is 2
    Vector<Integer> v = new Vector<Integer>(3, 2);

    System.out.println("Initial size: " + v.size());
    System.out.println("Initial capacity: " +
                 v.capacity());

    v.addElement(1);
    v.addElement(2);
    v.addElement(3);
    v.addElement(4);

    System.out.println("Capacity after four additions: " +
                 v.capacity());

    v.addElement(5);
    System.out.println("Current capacity: " +
                 v.capacity());

    v.addElement(6);
    v.addElement(7);

    System.out.println("Current capacity: " +
                 v.capacity());

    v.addElement(9);
    v.addElement(10);

    System.out.println("Current capacity: " +
                 v.capacity());

    v.addElement(11);
    v.addElement(12);

    System.out.println("First element: " + v.firstElement());
    System.out.println("Last element: " + v.lastElement());

    if(v.contains(3))
      System.out.println("Vector contains 3.");

    // Enumerate the elements in the vector.
```

```
    Enumeration<Integer> vEnum = v.elements();

    System.out.println("\nElements in vector:");
    while(vEnum.hasMoreElements())
      System.out.print(vEnum.nextElement() + " ");
    System.out.println();
  }
}
```

该程序的输出如下所示:

```
Initial size: 0
Initial capacity: 3
Capacity after four additions: 5
Current capacity: 5
Current capacity: 7
Current capacity: 9
First element: 1
Last element: 12
Vector contains 3.

Elements in vector:
1 2 3 4 5 6 7 9 10 11 12
```

若不依靠枚举遍历对象(像前面的程序那样),则可以使用迭代器。例如,可以使用下面基于迭代器的代码替换程序中的相应代码:

```
// Use an iterator to display contents.
Iterator<Integer> vItr = v.iterator();

System.out.println("\nElements in vector:");
while(vItr.hasNext())
  System.out.print(vItr.next() + " ");
System.out.println();
```

还可以使用 for-each 风格的 for 循环来遍历 Vector,如前面代码的以下版本所示:

```
// Use an enhanced for loop to display contents
System.out.println("\nElements in vector:");
for(int i : v)
  System.out.print(i + " ");

System.out.println();
```

因为对于新代码不推荐使用 Enumeration 接口,所以通常会使用迭代器或 for-each 风格的 for 循环来枚举向量的内容。当然,仍然存在许多使用 Enumeration 接口的遗留代码。幸运的是,枚举和迭代的工作方式几乎相同。

19.12.3 Stack 类

Stack 是 Vector 的子类,实现了标准的后进先出堆栈。Stack 只定义了默认构造函数,用于创建空的堆栈。随着 JDK 5 的发布,Java 对 Stack 类进行了重修以使用泛型,其声明如下所示:

class Stack<E>

其中,E 指定了在堆栈中存储的元素的类型。

Stack 类包含 Vector 类定义的所有方法,并添加了一些自己的方法,表 19-24 中显示了这些方法。

表 19-24 Stack 类定义的方法

方法	描述
boolean empty()	如果堆栈为空，就返回 true；如果堆栈包含元素，就返回 false
E peek()	返回堆栈顶部的元素，但是不移除
E pop()	返回堆栈顶部的元素，并在这个过程中移除
E push(E *element*)	将 *element* 压入堆栈，*element* 也被返回
int search(Object *element*)	在堆栈中查找 *element*。如果找到，返回这个元素到堆栈顶部的偏移值；否则返回-1

为将对象放入堆栈的顶部，可调用 push()方法；为了移除并返回顶部的元素，可以调用 pop()方法；可以使用 peek()方法返回但不移除顶部的元素；调用 pop() 或 peek()方法时如果调用堆栈为空，那么会抛出 EmptyStackException 异常；如果在堆栈中没有内容，empty()方法将返回 true；search()方法确定对象是否存在于堆栈中，并返回将对象压入堆栈顶部所需的弹出次数。下面的例子创建了一个堆栈，向其中压入一些 Integer 对象，然后将它们弹出：

```java
// Demonstrate the Stack class.
import java.util.*;

class StackDemo {
  static void showpush(Stack<Integer> st, int a) {
    st.push(a);
    System.out.println("push(" + a + ")");
    System.out.println("stack: " + st);
  }

  static void showpop(Stack<Integer> st) {
    System.out.print("pop -> ");
    Integer a = st.pop();
    System.out.println(a);
    System.out.println("stack: " + st);
  }

  public static void main(String args[]) {
    Stack<Integer> st = new Stack<Integer>();

    System.out.println("stack: " + st);
    showpush(st, 42);
    showpush(st, 66);
    showpush(st, 99);
    showpop(st);
    showpop(st);
    showpop(st);

    try {
      showpop(st);
    } catch (EmptyStackException e) {
      System.out.println("empty stack");
    }
  }
}
```

下面是该程序生成的输出，注意针对 EmptyStackException 的异常处理程序的捕获方式，以便能够巧妙地处理堆栈下溢：

```
stack: [ ]
push(42)
stack: [42]
push(66)
stack: [42, 66]
push(99)
stack: [42, 66, 99]
pop -> 99
stack: [42, 66]
pop -> 66
stack: [42]
pop -> 42
stack: [ ]
pop -> empty stack
```

另外一点：尽管不反对使用 Stack，但 ArrayDeque 是更好的选择。

19.12.4 Dictionary 类

Dictionary 是表示键/值对存储库的抽象类，其操作与 Map 类似。给定键和值，就可以在 Dictionary 对象中存储值。一旦存储了值，就可以使用相应的键来检索这个值。因此，与映射类似，可以将字典想象成键/值对的列表。尽管目前不反对使用，但是 Dictionary 被归类为过时的遗留类，因为它已被 Map 完全取代。但是，Dictionary 仍然在使用，因此下面对其进行讨论。

随着 JDK 5 的出现，Dictionary 被修改成泛型类，其声明如下所示：

class Dictionary<K,V>

其中，K 指定了键的类型，V 指定了值的类型。表 19-25 列出了 Dictionary 类定义的抽象方法。

表 19-25 Dictionary 类定义的抽象方法

方 法	描 述
Enumeration<V> elements()	返回字典所包含值的枚举
V get(Object *key*)	返回的对象包含与 *key* 关联的值。如果 *key* 不在字典中，就返回 null 对象
boolean isEmpty()	如果字典为空，就返回 true；如果至少包含一个键，就返回 false
Enumeration<K> keys()	返回字典所包含键的枚举
V put(K *key*, V *value*)	将键及相应的值插入字典中。如果在字典中原来不存在 *key*，就返回 null；如果 *key* 已经在字典中，就返回之前与 *key* 关联的值
V remove(Object *key*)	移除 *key* 及相应的值。返回与 *key* 关联的值。如果 *key* 不在字典中，就返回 null
int size()	返回字典中条目的数量

要添加键和值，可以使用 put()方法。使用 get()方法可以检索给定键的值。分别通过 keys()和 elements()方法，键和值都可以作为 Enumeration 返回。size()方法返回在字典中存储的键/值对的数量，如果字典为空，isEmpty()方法将返回 true。可以使用 remove()方法删除键/值对。

> **请记住：**
> Dictionary 类已过时，应当实现 Map 接口来获取键/值存储功能。

19.12.5 Hashtable 类

Hashtable 是原始 java.util 包的一部分，是 Dictionary 的具体实现。但是，随着集合的出现，Java 对 Hashtable 进行

了重新设计，使其也实现了 Map 接口。因此，Hashtable 被集成到集合框架中。Hashtable 和 HashMap 类似，但它是同步的。

与 HashMap 类似，Hashtable 在哈希表中存储键/值对。但是，键和值都不能是 null。当使用 Hashtable 时，需要指定作为键的对象以及与键关联的值。然后对键进行散列，生成的散列码用作索引，在哈希表中对应索引的位置存储值。

JDK 5 将 Hashtable 修改为泛型类，其声明如下所示：

class Hashtable<K,V>

其中，K 指定了键的类型，V 指定了值的类型。

哈希表只能存储重写了 hashCode() 和 equals() 方法的对象，这两个方法是由 Object 定义的。hashCode() 方法必须计算并返回对象的散列码。当然，equals() 方法用来比较两个对象。幸运的是，许多内置的 Java 类已经实现了 hashCode() 方法。例如，Hashtable 的通用类型使用 String 对象作为键。String 实现了 hashCode() 和 equals() 方法。

Hashtable 的构造函数如下所示：

Hashtable()

Hashtable(int *size*)

Hashtable(int *size*, float *fillRatio*)

Hashtable(Map<? extends K,? extends V> *m*)

第 1 个版本是默认构造函数。第 2 个版本创建由 *size* 指定初始大小的哈希表(默认大小是 11)。第 3 个版本创建的哈希表，初始大小由 *size* 指定并且填充率由 *fillRatio* 指定。填充率必须在 0.0 到 1.0 之间，填充率决定了哈希表在增大容量之前的充满程度。具体而言，就是当元素的数量大于哈希表的容量与填充率的乘积时，将扩展哈希表。如果没有指定填充率，就使用 0.75。最后，第 4 个版本创建的哈希表，使用 *m* 中的元素进行初始化，使用默认载入因子 0.75。

除了 Map 接口定义的方法外(Hashtable 现在实现了 Map 接口)，Hashtable 还定义了在表 19-26 中列出的遗留方法。如果试图使用 null 键或值，有些方法会抛出 NullPointerException 异常。

表 19-26 Hashtable 类定义的遗留方法

方　　法	描　　述
void clear()	重置并清空哈希表
Object clone()	返回调用对象的一个副本
boolean contains(Object *value*)	如果哈希表中存在等于 *value* 的值，就返回 true；如果没找到，则返回 false
boolean containsKey(Object *key*)	如果哈希表中存在等于 *key* 的键，就返回 true；如果没找到，就返回 false
boolean containsValue(Object *value*)	如果哈希表中存在等于 *value* 的值，就返回 true；如果没找到，就返回 false
Enumeration<V> elements()	返回哈希表中所包含值的一个枚举
V get(Object *key*)	返回的对象包含与 *key* 关联的值。如果 *key* 不在哈希表中，就返回 null 对象
boolean isEmpty()	如果哈希表为空，就返回 true；如果至少包含一个键，就返回 false
Enumeration<K> keys()	返回哈希表中所包含键的一个枚举
V put(K *key*, V *value*)	将键和值插入哈希表中。如果之前在哈希表中不存在 *key*，就返回 null；如果在哈希表中已经存在 *key*，就返回之前与 *key* 关联的值
void rehash()	增加哈希表的容量并重新散列所有键
V remove(object *key*)	移除 *key* 以及与之关联的值。返回与 *key* 关联的值。如果 *key* 不在哈希表中，就返回 null 对象
int size()	返回哈希表中条目的数量
String toString()	返回哈希表的等价字符串

下面的例子重新编写了前面显示的银行账户程序，使用哈希表来存储银行账户的名称及其当前余额：

```java
// Demonstrate a Hashtable.
import java.util.*;

class HTDemo {
  public static void main(String args[]) {
    Hashtable<String, Double> balance =
      new Hashtable<String, Double>();

    Enumeration<String> names;
    String str;
    double bal;

    balance.put("John Doe", 3434.34);
    balance.put("Tom Smith", 123.22);
    balance.put("Jane Baker", 1378.00);
    balance.put("Tod Hall", 99.22);
    balance.put("Ralph Smith", -19.08);

    // Show all balances in hashtable.
    names = balance.keys();
    while(names.hasMoreElements()) {
      str = names.nextElement();
      System.out.println(str + ": " +
                   balance.get(str));
    }

    System.out.println();

    // Deposit 1,000 into John Doe's account.
    bal = balance.get("John Doe");
    balance.put("John Doe", bal+1000);
    System.out.println("John Doe's new balance: " +
                   balance.get("John Doe"));
  }
}
```

这个程序的输出如下所示：

```
Todd Hall: 99.22
Ralph Smith: -19.08
John Doe: 3434.34
Jane Baker: 1378.0
Tom Smith: 123.22

John Doe's new balance: 4434.34
```

重要的一点：与映射类类似，Hashtable 不直接支持迭代器。因此，前面的程序使用枚举显示余额。但是，可以获取哈希表的组视图，进而使用迭代器。为此，简单地使用由 Map 定义的组视图方法，例如 entrySet()或 keySet()。例如，可以获取键的组视图，并使用迭代器或增强的 for 循环对它们进行遍历。下面是该程序修改后的版本，该版本演示了这种技术：

```java
// Use iterators with a Hashtable.
import java.util.*;

class HTDemo2 {
```

```
public static void main(String args[]) {
  Hashtable<String, Double> balance =
    new Hashtable<String, Double>();

  String str;
  double bal;

  balance.put("John Doe", 3434.34);
  balance.put("Tom Smith", 123.22);
  balance.put("Jane Baker", 1378.00);
  balance.put("Tod Hall", 99.22);
  balance.put("Ralph Smith", -19.08);

  // Show all balances in hashtable.
  // First, get a set view of the keys.
  Set<String> set = balance.keySet();

  // Get an iterator.
  Iterator<String> itr = set.iterator();
  while(itr.hasNext()) {
    str = itr.next();
    System.out.println(str + ": " +
                  balance.get(str));
  }

  System.out.println();

  // Deposit 1,000 into John Doe's account.
  bal = balance.get("John Doe");
  balance.put("John Doe", bal+1000);
  System.out.println("John Doe's new balance: " +
                balance.get("John Doe"));
  }
}
```

19.12.6 Properties 类

Properties 类是 Hashtable 的子类，用于保存值的列表。在列表中，键是 String 类型，值也是 String 类型。许多其他 Java 类都在使用 Properties 类。例如，当获取环境值时，System.getProperties()方法返回的对象的类型就是 Properties。尽管 Properties 类本身不是泛型类，但其中的一些方法是泛型方法。

Properties 定义了以下受保护的且由 volatile 修饰的实例变量：

Properties defaults;

该变量包含与 Properties 对象关联的默认属性列表。Properties 定义了以下构造函数：

Properties()
Properties(Properties *propDefault*)
Properties(int *capacity*)

第 1 个版本创建没有默认值的 Properties 对象。第 2 个版本创建使用 *propDefault* 作为默认值的 Properties 对象。对于这两个版本，属性列表都是空的。第 3 个构造函数指定属性列表的初始容量。对于这 3 个构造函数，可以根据需要增加列表的长度。

除了继承自 Hashtable 的方法外，Properties 类还定义了表 19-27 中列出的方法。此外，Properties 还包含不赞成使用的方法 save()，该方法已被 store()取代，因为 save()方法无法正确地处理错误。

表 19-27　Properties 类定义的方法

方　　法	描　　述
String getProperty(String *key*)	返回与 *key* 关联的值。如果 *key* 既不在列表中，也不在默认属性列表中，就返回 null 对象
String getProperty(String *key*, String *defaultProperty*)	返回与 *key* 关联的值。如果 *key* 既不在列表中，也不在默认属性列表中，就返回 *defaultProperty*
void list(PrintStream *streamOut*)	将属性列表发送到与 *streamOut* 链接的输出流
void list(PrintWriter *streamOut*)	将属性列表发送到与 *streamOut* 链接的输出流
void load(InputStream *streamIn*) throws IOException	从与 *streamIn* 链接的输入流中输入一个属性列表
void load(Reader *streamIn*) throws IOException	从与 *streamIn* 链接的输入流中输入一个属性列表
void loadFromXML(InputStream *streamIn*) throws IOException, InvalidPropertiesFormatException	从与 *streamIn* 连接的 XML 文档输入一个属性列表
Enumeration<?> propertyNames()	返回键的一个枚举，包括在默认属性中能找到的那些键
Object setProperty(String *key*, String *value*)	将 *value* 与 *key* 相关联。返回之前与 *key* 关联的值；如果不存在这样的关联，就返回 null
void store(OutputStream *streamOut*, String *description*) throws IOException	在写入 *description* 指定的字符串之后，属性列表被写到与 *streamOut* 链接的输出流中
void store(Writer *streamOut*, String *description*) throws IOException	在写入 *description* 指定的字符串之后，属性列表被写到与 *streamOut* 链接的输出流中
void storeToXML(OutputStream *streamOut*, String *description*) throws IOException	在写入 *description* 指定的字符串之后，属性列表被写到与 *streamOut* 链接的 XML 文档中
void storeToXML(OutputStream *streamOut*, String *description*, String *enc*)	使用指定的字符编码，将属性列表以及由 *description* 指定的字符串写入与 *streamOut* 链接的 XML 文档中
void storeToXML(OutputStream *streamOut*, String *description*, Charset *cs*)	使用指定的编码，将属性列表以及由 *description* 指定的字符串写入与 *streamOut* 链接的 XML 文档中
Set<String> stringPropertyNames()	返回一组键

Properties 类有一个有用的功能，就是可以指定默认属性，如果没有值与特定的键关联，就会返回默认属性。例如在 getProperty()方法中，可以在指定键时指定默认值，例如 getProperty("name", "default value")。如果没有找到 "name"值，就返回"default value"。当构造 Properties 对象时，可以传递另一个 Properties 实例，用作新实例的默认属性。对于这种情况，如果对给定的 Properties 对象调用 getProperty("foo")，并且"foo"不存在，那么 Java 会在默

认的 Properties 对象中查找"foo"，这使得可以任意嵌套默认属性。

下面的例子演示了 Properties 类的使用，创建了一个属性列表，在该列表中，键是州的名称，值是首府城市的名称。注意在该程序中，查找佛罗里达州首府城市的代码包含一个默认值。

```java
// Demonstrate a Property list.
import java.util.*;

class PropDemo {
  public static void main(String args[]) {
    Properties capitals = new Properties();

    capitals.setProperty("Illinois", "Springfield");
    capitals.setProperty("Missouri", "Jefferson City");
    capitals.setProperty("Washington", "Olympia");
    capitals.setProperty("California", "Sacramento");
    capitals.setProperty("Indiana", "Indianapolis");

    // Get a set-view of the keys.
    Set<?> states = capitals.keySet();

    // Show all of the states and capitals.
    for(Object name : states)
      System.out.println("The capital of " +
                         name + " is " +
                         capitals.getProperty((String)name)
                         + ".");

    System.out.println();

    // Look for state not in list -- specify default.
    String str = capitals.getProperty("Florida", "Not Found");
    System.out.println("The capital of Florida is " + str + ".");
  }
}
```

该程序的输出如下所示：

```
The capital of Missouri is Jefferson City.
The capital of Illinois is Springfield.
The capital of Indiana is Indianapolis.
The capital of California is Sacramento.
The capital of Washington is Olympia.

The capital of Florida is Not Found.
```

因为佛罗里达州不在列表中，所以使用默认值。

尽管在调用 getProperty()方法时使用默认值完全有效，正如前面的程序所显示的，但是对于大多数使用属性列表的应用程序来说，有更好的方法处理默认值。为得到更大的灵活性，当构造 Properties 对象时，可以指定默认属性列表。如果在主列表中没有找到期望的键，就在默认列表中进行查找。例如，下面是对前面的程序稍加修改后的版本，该版本带有指定州的默认列表。现在，当查找佛罗里达州时，将会在默认列表中找到正确的首府城市：

```java
// Use a default property list.
import java.util.*;

class PropDemoDef {
  public static void main(String args[]) {
```

```
    Properties defList = new Properties();
    defList.setProperty("Florida", "Tallahassee");
    defList.setProperty("Wisconsin", "Madison");

    Properties capitals = new Properties(defList);

    capitals.setProperty("Illinois", "Springfield");
    capitals.setProperty("Missouri", "Jefferson City");
    capitals.setProperty("Washington", "Olympia");
    capitals.setProperty("California", "Sacramento");
    capitals.setProperty("Indiana", "Indianapolis");

    // Get a set-view of the keys.
    Set<?> states = capitals.keySet();

    // Show all of the states and capitals.
    for(Object name : states)
      System.out.println("The capital of " +
                 name + " is " +
                 capitals.getProperty((String)name)
                 + ".");

    System.out.println();

    // Florida will now be found in the default list.
    String str = capitals.getProperty("Florida");
    System.out.println("The capital of Florida is "
                 + str + ".");
  }
}
```

19.12.7 使用 store()和 load()方法

Properties类最有用的方面之一是：在Properties对象中保存的信息，可以使用store()和load()方法很容易地存储到磁盘中以及从磁盘加载。在任何时候，都可将Properties对象写入流中或者从流中读取。这使得对于实现简单的数据库来说，属性列表特别方便。例如，下面的程序使用属性列表创建一个简单的计算机化的电话簿，用于存储姓名和电话号码。为了查找某个人的电话号码，输入他或她的姓名。该程序使用store()与load()方法存储和检索列表。当程序执行时，首先尝试从phonebook.dat文件加载列表。如果这个文件存在，就加载列表。然后可以向列表中添加内容。如果成功添加内容，那么当退出程序时会保存新的列表。注意，实现一个小的，但是功能完备、计算机化的电话簿所需要的代码是如此之少！

```
/* A simple telephone number database that uses
   a property list. */
import java.io.*;
import java.util.*;

class Phonebook {
 public static void main(String args[])
   throws IOException
  {
   Properties ht = new Properties();
   BufferedReader br =
     new BufferedReader(new InputStreamReader(System.in));
   String name, number;
```

```java
    FileInputStream fin = null;
    boolean changed = false;

    // Try to open phonebook.dat file.
    try {
      fin = new FileInputStream("phonebook.dat");
    } catch(FileNotFoundException e) {
      // ignore missing file
    }

    /* If phonebook file already exists,
       load existing telephone numbers. */
    try {
      if(fin != null) {
        ht.load(fin);
        fin.close();
      }
    } catch(IOException e) {
      System.out.println("Error reading file.");
    }

    // Let user enter new names and numbers.
    do {
      System.out.println("Enter new name" +
                    " ('quit' to stop): ");
      name = br.readLine();
      if(name.equals("quit")) continue;

      System.out.println("Enter number: ");
      number = br.readLine();

      ht.setProperty(name, number);
      changed = true;
    } while(!name.equals("quit"));

    // If phone book data has changed, save it.
    if(changed) {
      FileOutputStream fout = new FileOutputStream("phonebook.dat");

      ht.store(fout, "Telephone Book");
      fout.close();
    }

    // Look up numbers given a name.
    do {
      System.out.println("Enter name to find" +
                    " ('quit' to quit): ");
      name = br.readLine();
      if(name.equals("quit")) continue;

      number = (String) ht.get(name);
      System.out.println(number);
    } while(!name.equals("quit"));
  }
}
```

19.13 集合小结

集合框架针对最通用的编程任务，向程序员提供了一套功能强大、设计良好的解决方案。当需要存储和检索信息时，可考虑使用集合。请记住，集合不是专门针对企业数据库、邮件列表或库存系统这样的"大任务"而设计的。当应用于更小的任务时，它们也很有效。例如，TreeMap 可以创建一个优秀的集合，用于容纳一组文件的目录结构。对于存储项目管理信息而言，TreeSet 可能相当有用。坦白地说，从集合中受益的问题种类可能超出你的想象。最后注意一点，在第 29 章中，将讨论流 API。因为现在流与集合集成在一起了，所以在操作集合时，应该考虑使用流。

第 20 章 java.util 第 2 部分：更多实用工具类

本章继续讨论 java.util 包，分析那些不属于集合框架的类和接口，包括支持计时器、操作日期、计算随机数以及绑定资源的类。本章还将介绍 Formatter 和 Scanner 类，它们使写入和读取格式化数据变得容易，还有新增的 Optional 类，它使处理值可以为空的场合变得更容易。最后，本章末尾将汇总 java.util 的子包。需要特别注意的是 java.util.function 子包，其中定义了几个标准的函数式接口。最后一点：JDK 9 已不再使用 java.util 中的 Observer 接口和 Observable 类。其原因在此不讨论。

20.1 StringTokenizer 类

文本处理通常包括解析格式化的输入字符串。解析就是将字符串分隔成一系列独立的部分，又称为标记 (token)，它们是可以表达语义含义的特定序列。StringTokenizer 类提供了解析过程中的第一步，通常称为字符分析器或扫描器。StringTokenizer 实现了 Enumeration 接口。所以，给定输入字符串，就可以使用 StringTokenizer 枚举字符串中包含的每个标记。在开始之前要提到的一个要点是，在此主要描述 StringTokenizer 为使用遗留代码的那些程序员所带来的好处。对于新代码，第 30 章将介绍的正则表达式，Java 则提供了更现代的替代方式。

为使用 StringTokenizer，指定一个输入字符串和一个包含定界符的字符串。定界符是用来分隔标记的字符。定界符字符串中的每个字符都被认为是有效的定界符，例如 ",;:" 将逗号、分号和冒号设置为定界符。默认的定界符组由空白字符构成：空格、制表符、换页符、换行符以及回车符。

StringTokenizer 类的构造函数如下所示：

StringTokenizer(String *str*)

StringTokenizer(String *str*, String *delimiters*)

StringTokenizer(String *str*, String *delimiters*, boolean *delimAsToken*)

对于所有版本，*str* 是将要进行标记的字符串。在第 1 个版本中，使用默认的定界符。在第 2 个和第 3 个版本中，*delimiters* 是指定定界符的字符串。在第 3 个版本中，如果 *delimAsToken* 为 true，那么在解析字符串时将定界符作为标记返回；否则不返回定界符。对于前两种形式，定界符不作为标记返回。

一旦创建了 StringTokenizer 对象，就可以使用 nextToken() 方法提取连续的标记。如果还有更多的标记要被提取，hasMoreTokens() 方法将返回 true。StringTokenizer 类因为实现了 Enumeration 接口，所以也实现了 hasMoreElements() 和 nextElement() 方法，它们的行为分别与 hasMoreTokens() 和 nextToken() 类似。表 20-1 显示了 StringTokenizer 类定义的方法。

表 20-1　StringTokenizer 类定义的方法

方　　法	描　　述
int countTokens()	该方法使用当前的一组定界符，确定还有多少标记需要解析并返回结果
boolean hasMoreElements()	如果字符串中还有一个或多个标记，就返回 true；否则返回 false
boolean hasMoreTokens()	如果字符串中还有一个或多个标记，就返回 true；否则返回 false
Object nextElement()	作为 Object 对象返回下一个标记
String nextToken()	作为 String 对象返回下一个标记
String nextToken(String *delimiters*)	作为 String 对象返回下一个标记，并将定界符字符串设置为由 *delimiters* 指定的字符串

下面的例子创建一个 StringTokenizer 对象，用于解析"键=值"对。一系列连续的"键=值"对由分号隔开。

```java
// Demonstrate StringTokenizer.
import java.util.StringTokenizer;

class STDemo {
  static String in = "title=Java: The Complete Reference;" +
    "author=Schildt;" +
    "publisher=Oracle Press;" +
    "copyright=2019";

  public static void main(String args[]) {
    StringTokenizer st = new StringTokenizer(in, "=;");

    while(st.hasMoreTokens()) {
      String key = st.nextToken();
      String val = st.nextToken();
      System.out.println(key + "\t" + val);
    }
  }
}
```

该程序的输出如下所示：

```
title    Java: The Complete Reference
author   Schildt
publisher    Oracle Press
copyright    2019
```

20.2　BitSet 类

BitSet 类创建特殊类型的数组，这类数组的元素是布尔值形式的位值。这类数组可以根据需要增加大小，这使得 BitSet 与位向量类似。BitSet 类的构造函数如下：

BitSet()

BitSet(int *size*)

第 1 个版本创建默认对象。第 2 个版本可以指定对象的初始大小(即可以容纳的位数)。所有位都被初始化为 false。

表 20-2 列出了 BitSet 类定义的方法。

表 20-2　BitSet 类定义的方法

方　　法	描　　述
void and(BitSet *bitSet*)	对调用 BitSet 对象的内容和 *bitSet* 指定对象的内容进行 AND 操作，结果将被放入调用对象中
void andNot(BitSet *bitSet*)	对于 *bitSet* 中值为 true 的每个位，将调用 BitSet 对象中的相应位清除
int cardinality()	返回调用对象中已置位的数量
void clear()	将所有位设置为 false
void clear(int *index*)	将 *index* 指定的位设置为 false
void clear(int *startIndex*, int *endIndex*)	将 *startIndex* 和 *endIndex*-1 之间的位设置为 false
Object clone()	复制调用 *BitSet* 对象
boolean equals(Object *bitSet*)	如果调用位组与 *bitSet* 传入的位组相等，就返回 true；否则返回 false
void flip(int *index*)	翻转由 *index* 指定的位的值
void flip(int *startIndex*, int *endIndex*)	翻转 *startIndex* 和 *endIndex*-1 之间所有位的值
boolean get(int *index*)	返回由 *index* 指定的位的当前状态
BitSet get(int *startIndex*, int *endIndex*)	返回的 BitSet 对象由 *startIndex* 和 *endIndex*-1 之间的位组成。不改变调用对象
int hashCode()	返回调用对象的散列码
boolean intersects(BitSet *bitSet*)	如果调用对象和 *bitSet* 指定对象中至少有一对对应位为 1，就返回 true
boolean isEmpty()	如果调用对象中的所有位都是 false，就返回 true
int length()	返回容纳调用 BitSet 对象的内容所需要的位数。这个值由最后一位的位置决定
int nextClearBit(int *startIndex*)	返回下一个被清除位(即下一个值为 false 的位)的索引，从 *startIndex* 指定的索引位置开始
int nextSetBit(int *startIndex*)	返回下一个被置位的位(即下一个值为 true 的位)的索引，从 *startIndex* 指定的索引位置开始。如果没有位被置位，就返回-1
void or(BitSet *bitSet*)	对调用 BitSet 对象的内容和 *bitSet* 指定对象的内容进行 OR 操作，结果将被放入调用对象中
int previousClearBit(int *startIndex*)	返回在 *startIndex* 指定索引位置或之前下一个被清除位(即下一个值为 false 的位)的索引。如果没有找到被清除的位，就返回-1
int previousSetBit(int *startIndex*)	返回在 *startIndex* 指定索引位置或之前下一个被置位的位(即下一个值为 true 的位)的索引。如果没有找到被置位的位，就返回-1
void set(int *index*)	将 *index* 指定的位置位
void set(int *index*, boolean *v*)	将 *index* 指定的位设置为 *v* 传递过来的值。如果为 true，就置位；如果为 false，就清除位
void set(int *startIndex*, int *endIndex*)	将 *startIndex* 和 *endIndex*-1 之间的位置位
void set(int *startIndex*, int *endIndex*, boolean *v*)	将 *startIndex* 和 *endIndex*-1 之间的位设置为 *v* 中传入的值。如果为 true，就置位；如果为 false，就清除位
int size()	返回调用 BitSet 对象中位的数量
IntStream stream()	返回一个流，其中由低到高包含已被置位的位的位置
byte[ ] toByteArray()	返回包含调用 BitSet 对象的 byte 数组
long[ ] toLongArray()	返回包含调用 BitSet 对象的 long 数组
String toString()	返回调用 BitSet 对象的等价字符串

(续表)

方 法	描 述
static BitSet valueOf(byte[ ] v)	返回一个包含 v 中位的 BitSet 对象
static BitSet valueOf(ByteBuffer v)	返回一个包含 v 中位的 BitSet 对象
static BitSet valueOf(long[ ] v)	返回一个包含 v 中位的 BitSet 对象
static BitSet valueOf(LongBuffer v)	返回一个包含 v 中位的 BitSet 对象
void xor(BitSet *bitSet*)	对调用 BitSet 对象的内容和 *bitSet* 指定对象的内容进行 XOR 操作,结果将被放入调用对象中

下面是一个演示 BitSet 类的例子:

```
// BitSet Demonstration.
import java.util.BitSet;

class BitSetDemo {
  public static void main(String args[]) {
    BitSet bits1 = new BitSet(16);
    BitSet bits2 = new BitSet(16);

    // set some bits
    for(int i=0; i<16; i++) {
      if((i%2) == 0) bits1.set(i);
      if((i%5) != 0) bits2.set(i);
    }

    System.out.println("Initial pattern in bits1: ");
    System.out.println(bits1);
    System.out.println("\nInitial pattern in bits2: ");
    System.out.println(bits2);

    // AND bits
    bits2.and(bits1);
    System.out.println("\nbits2 AND bits1: ");
    System.out.println(bits2);

    // OR bits
    bits2.or(bits1);
    System.out.println("\nbits2 OR bits1: ");
    System.out.println(bits2);

    // XOR bits
    bits2.xor(bits1);
    System.out.println("\nbits2 XOR bits1: ");
    System.out.println(bits2);
  }
}
```

该程序的输出如下所示。当 toString()将 BitSet 对象转换成相应的等价字符串时,每个已经置位的位由各自的位位置(bit position)表示,清除的位不显示。

```
Initial pattern in bits1:
{0, 2, 4, 6, 8, 10, 12, 14}

Initial pattern in bits2:
```

```
{1, 2, 3, 4, 6, 7, 8, 9, 11, 12, 13, 14}

bits2 AND bits1:
{2, 4, 6, 8, 12, 14}

bits2 OR bits1:
{0, 2, 4, 6, 8, 10, 12, 14}

bits2 XOR bits1:
{}
```

20.3 Optional、OptionalDouble、OptionalInt 和 OptionalLong

从 JDK 8 开始，添加了 Optional、OptionalDouble、OptionalInt 和 OptionalLong 类，这为处理值可能存在、也可能不存在的场合提供了方法。在过去，通常会使用 null 值表示没有值存在。但是，如果试图解引用一个 null 引用，可能引发空指针异常。因此，需要频繁检查空值，以避免发生异常。这些类为处理这种场合提供了更好的方法。另外一点：这些类都是基于值的，所以是不可改变的且在应用上存在各种限制，例如，对于不能同步使用实例，并且无法避免使用引用相等性(reference equality)。有关基于值的类的最新相关详情可以参阅 Java 文档。

第一个类是 Optional，它最具一般性。因此，这里主要讨论该类。其声明如下：

class Optional<T>

其中，T 指定了存储的值的类型。Optional 实例既可以包含类型为 T 的值，也可以为空，理解这一点很重要。换句话说，一个 Optional 对象不一定包含值。Optional 类没有定义任何构造函数，但是定义了几个可以操作 Optional 对象的方法。例如，可以使用方法来确定是否存在值；如果存在，获取该值；如果没有值，获取一个默认值；以及构造一个 Optional 值。表 20-3 列出了 Optional 类定义的方法。

表 20-3 Optional 类定义的方法

方 法	描 述
static <T> Optional<T> empty()	返回一个对象，对该对象调用 isPresent()会返回 false
boolean equals(Object *optional*)	如果调用对象与 *optional* 相等，则返回 true；否则返回 false
Optional<T> filter(Predicate<? super T> *condition*)	如果调用对象的值满足 *condition*，返回一个包含与调用对象相同的值的 Optional 实例；否则，返回一个空对象
U Optional<U> flatMap(Function<? super T, Optional<U>> *mapFunc*)	如果调用对象包含值，对调用对象应用由 *mapFunc* 指定的映射函数，并返回结果；否则，返回一个空对象
T get()	返回调用对象的值。如果没有值，将抛出 NoSuchElementException 异常
int hashCode()	为调用对象返回散列码
void ifPresent(Consumer<? super T> *func*)	如果调用对象中存在值，调用 *func*，将该对象传递给 *func*。如果没有值，什么都不发生
void ifPresentOrElse(Consumer<? super T> *func*, Runnable *onEmpty*)	如果调用对象中存在值，调用 *func*，将该对象传递给 *func*。如果没有值，将执行 *onEmpty*
boolean isEmpty()	如果调用对象不包含值，返回 true；否则返回 false (JDK 11 新增)
boolean isPresent()	如果调用对象包含值，返回 true；否则返回 false

(续表)

方　　法	描　　述
U Optional<U> map(　　Function<? super T, 　　? extends U>> mapFunc)	如果调用对象包含值，对调用对象应用由 *mapFunc* 指定的映射函数，并返回结果；否则，返回一个空对象
static <T> Optional<T> of(T *val*)	创建一个包含 *val* 的 Optional 实例，并返回结果。*val* 的值不能是 null
static <T> Optional<T> 　　ofNullable(T *val*)	创建一个包含 *val* 的 Optional 实例，并返回结果。如果 *val* 是 null，返回一个空的 Optional 实例
optional<T> or(Supplier<? extends Optional <? extends T>> func)	如果调用对象不包含值，调用 *func* 构造并返回一个包含值的 Optional 实例。否则，返回一个包含调用对象的值的 Optional 实例
T orElse(T *defVal*)	如果调用对象包含值，返回该值。否则，返回 *defVal* 指定的值
T orElseGet(　　Supplier<? extends T> getFunc)	如果调用对象包含值，返回该值。否则，返回 *getFunc* 获取的值
T orElseThrow()	返回调用对象中的值。如果没有值，就抛出 NoSuchElementException 异常
<X extends Throwable> T　orElseThrow(　　Supplier<? extends X> *excFunc*) 　　throws X extends Throwable	返回调用对象中的值。如果没有值，就抛出 *excFunc* 生成的异常
Stream<T> stream()	返回一个包含调用对象的值的流。如果调用对象没有值，该流就不包含值
String toString()	返回与调用对象对应的字符串

　　理解 Optional 类的最佳方式是查看一个使用其核心方法的例子。Optional 的基础是 isPresent()和 get()方法。调用 isPresent()方法可判断是否存在值。如果存在，该方法将返回 true，否则返回 false。如果 Optional 实例中存在值，就可以调用 get()方法获取它。但是，如果对不包含值的对象调用 get()方法，会抛出 NoSuchElementException 异常。因此，对 Optional 对象调用 get()方法之前，总是应该先确认该对象包含值。从 JDK 10 开始，可以使用不带参数的 orElseThrow()方法替代 get()方法，并且对于操作而言该方法的名称更加清楚明了。但本书的示例中将使用 get()方法，因为这样读者仍然能够使用早期的 Java 版本来编译示例代码。

　　当然，调用两个方法来检索值增加了每次访问的开销。幸好，Optional 类定义了将检查值和检索值合并在一起的方法。orElse()就是这样一个方法。如果对象包含值，orElse()方法将返回该值；否则，返回一个默认值。

　　Optional 没有定义任何构造函数，需要使用其定义的方法来创建实例。例如，通过调用 of()方法，可以使用指定值创建一个 Optional 实例；通过调用 empty()方法，可以创建不包含值的 Optional 实例。

　　下面的程序演示了这些方法：

```java
// Demonstrate several Optional<T> methods

import java.util.*;

class OptionalDemo {
  public static void main(String args[]) {

    Optional<String> noVal = Optional.empty();

    Optional<String> hasVal = Optional.of("ABCDEFG");

    if(noVal.isPresent()) System.out.println("This won't be displayed");
    else System.out.println("noVal has no value");
```

```
            if(hasVal.isPresent()) System.out.println("The string in hasVal is: " +
                                    hasVal.get());

        String defStr = noVal.orElse("Default String");
        System.out.println(defStr);
    }
}
```

该程序的输出如下所示：

```
noVal has no value
The string in hasVal is: ABCDEFG
Default String
```

如输出所示，只有当 Optional 对象包含值时，才能从该对象获取值。这种基本机制使得 Optional 类可以防止空指针异常。

OptionalDouble、OptionalInt 和 OptionalLong 类的工作方式与 Optional 类十分类似，只不过它们是专门为操作 double、int 和 long 类型的值而设计的。因此，它们分别定义了 getAsDouble()、getAsInt()和 getAsLong()方法，而不是 get()方法。而且，它们不支持 filter()、ofNullable()、map()、flatMap()和 or()方法。

20.4 Date 类

Date 类封装了当前日期和时间。与 Java 1.0 定义的原始版 Date 类相比，Date 类发生了本质性变化，在开始分析 Date 类之前指出这一点是很重要的。在 Java 1.1 发布时，原始版 Date 类定义的许多功能被移进 Calendar 和 DateFormat 类中。因此，Java 1.0 中原始版 Date 类中的许多方法已经不赞成使用。因为对于新代码，不应当使用已不赞成使用的 Java 1.0 版方法，所以在此不介绍这些方法。

Date 类支持以下仍然赞成使用的构造函数：

Date()

Date(long *millisec*)

第 1 个构造函数使用当前日期和时间初始化对象。第 2 个构造函数接收一个参数，该参数等于自 1970 年 1 月 1 日午夜以来经历的毫秒数。表 20-4 显示了 Date 类定义的那些仍然赞成使用的方法。Date 类还实现了 Comparable 接口。

表 20-4　Date 类定义的仍然赞成使用的方法

方　　法	描　　述
boolean after(Date *date*)	如果调用 Date 对象中包含的日期比 *date* 指定的日期晚，就返回 true；否则返回 false
boolean before(Date *date*)	如果调用 Date 对象中包含的日期比 *date* 指定的日期早，就返回 true；否则返回 false
Object clone()	复制调用 Date 对象
int compareTo(Date *date*)	比较调用对象中包含的日期与 *date* 指定的日期。如果两者相同，就返回 0；如果调用对象早于 *date*，就返回一个负值；如果调用对象晚于 *date*，就返回一个正值
boolean equals(Object *date*)	如果调用Date对象中包含的日期和时间与*date*指定的日期和时间相同，就返回true；否则返回false
static Date from(Instant *t*)	返回与 *t* 中传递的 Instant 对象对应的 Date 对象
long getTime()	返回自 1970 年 1 月 1 日午夜开始已经经历的毫秒数
int hashCode()	返回调用对象的散列码
void setTime(long *time*)	将日期和时间设置为 *time* 指定的值，*time* 是自从 1970 年 1 月 1 日午夜开始已经经历的毫秒数
Instant toInstant()	返回与调用 Date 对象对应的 Instant 对象
String toString()	将调用 Date 对象转换成字符串并返回结果

通过检查表 20-4 可以看出，仍然赞成使用的 Date 特性不允许获取日期或时间的单个组成部分。正如下面的程序所演示的，只能以毫秒数为单位获取日期和时间，或者通过 toString()方法返回日期和时间的默认字符串表示形式，或者作为 Instant 对象来获取日期和时间。为了获取有关日期和时间的详细信息，需要使用 Calendar 类。

```java
// Show date and time using only Date methods.
import java.util.Date;

class DateDemo {
  public static void main(String args[]) {
    // Instantiate a Date object
    Date date = new Date();

    // display time and date using toString()
    System.out.println(date);

    // Display number of milliseconds since midnight, January 1, 1970 GMT
    long msec = date.getTime();
    System.out.println("Milliseconds since Jan. 1, 1970 GMT = " + msec);
  }
}
```

示例输出如下所示：

```
Mon Jan 01 10:52:44 CST 2018
Milliseconds since Jan. 1, 1970 GMT = 1514825564360
```

20.5 Calendar 类

Calendar 抽象类提供了一套方法，允许将毫秒数形式的时间转换成大量有用的时间组成部分。可以提供的这类信息的一些例子有年、月、日、小时、分和秒。Calendar 的子类将提供根据它们自己的规则解释时间信息的功能。这是 Java 类库使你能够编写在国际化环境中运行的程序的一个方面。这种子类的一个例子是 GregorianCalendar。

> **注意：**
> JDK 8 在 java.time 中定义了新的日期和时间 API，新的应用程序应该使用新的 API。详见第 30 章。

Calendar 类没有提供公有的构造函数。Calendar 类定义了几个受保护的实例变量。areFieldsSet 是布尔型变量，指示是否设置了时间组成部分。fields 是 int 型数组，用来保存时间组成部分。isSet 是布尔型数组，指示是否设置了特定的时间组成部分。time 是长整型变量，用来保存这个对象的当前时间。isTimeSet 是布尔型变量，指示是否设置了当前时间。

表 20-5 显示了 Calendar 类定义的一些常用方法。

表 20-5　Calendar 类定义的常用方法

方　　法	描　　述
abstract void add(int *which*, int *val*)	将 *val* 添加到由 *which* 指定的时间或日期组成部分中。如果要进行减法操作，可添加一个负值。*which* 必须是 Calendar 类定义的域变量之一，如 Calendar.HOUR
boolean after(Object *calendarObj*)	如果调用 Calendar 对象中包含的日期比 *calendarObj* 指定的日期晚，就返回 true；否则返回 false
boolean before(Object *calendarObj*)	如果调用 Calendar 对象中包含的日期比 *caleadarObj* 指定的日期早，就返回 true；否则返回 false

(续表)

方法	描述
final void clear()	将调用对象中包含的所有时间组成部分清零
final void clear(int which)	将调用对象中包含的由 which 指定的时间组成部分清零
Object clone()	返回调用对象的副本
boolean equals(Object calendarObj)	如果调用 Calendar 对象包含的日期与 calendarObj 指定的日期相同，返回 true；否则返回 false
int get(int calendarField)	返回调用对象中某个时间组成部分的值，这个组成部分由 calendarField 指定。可以返回的组成部分包括 Calendar.YEAR、Calendar.MONTH、Calendar.MINUTE 等
static Locale[ ] getAvailableLocales()	返回一个由 Locale 对象组成的数组，其中包含可以使用日历的地区信息
static Calendar getInstance()	为默认地区和时区返回 Calendar 对象
static Calendar getInstance(TimeZone tz)	为 tz 指定的时区返回 Calendar 对象。使用默认地区
static Calendar getInstance(Locale locale)	为 locale 指定的地区返回 Calendar 对象。使用默认时区
static Calendar getInstance(TimeZone tz, Locale locale)	为 tz 指定的时区和 locale 指定的地区返回 Calendar 对象
final Date getTime()	返回与调用对象的时间相同的 Date 对象
TimeZone getTimeZone()	返回调用对象的时区
final boolean isSet(int which)	如果设置了指定的时间组成部分，就返回 true；否则返回 false
void set(int which, int val)	在调用对象中，将 which 指定的日期或时间组成部分设置为由 val 指定的值。which 必须是 Calendar 定义的域变量之一，如 Calendar.HOUR
final void set(int year, int month, int dayOfMonth)	设置调用对象的各种日期和时间组成部分
final void set(int year, int month, int dayOfMonth, int hours, int minutes)	设置调用对象的各种日期和时间组成部分
final void set(int year, int month, int dayOfMonth, int hours, int minutes, int seconds)	设置调用对象的各种日期和时间组成部分
final void setTime(Date d)	设置调用对象的各种日期和时间组成部分。该信息是从 Date 对象 d 中获取的
void setTimeZone(TimeZone tz)	将调用对象的时区设置为 tz 指定的时区
final Instant toInstant()	返回与调用 Calendar 实例对应的 Instant 对象

Calendar 类定义了如表 20-6 所示的 int 型常量，当获取或设置日历的组成部分时，需要用到这些常量。

表 20-6 int 型常量

ALL_STYLES	HOUR_OF_DAY	PM
AM	JANUARY	SATURDAY
AM_PM	JULY	SECOND
APRIL	JUNE	SEPTEMBER
AUGUST	LONG	SHORT
DATE	LONG_FORMAT	SHORT_FORMAT

(续表)

DAY_OF_MONTH	LONG_STANDALONE	SHORT_STANDALONE
DAY_OF_WEEK	MARCH	SUNDAY
DAY_OF_WEEK_IN_MONTH	MAY	THURSDAY
DAY_OF_YEAR	MILLISECOND	TUESDAY
DECEMBER	MINUTE	UNDECIMBER
DST_OFFSET	MONDAY	WEDNESDAY
ERA	MONTH	WEEK_OF_MONTH
FEBRUARY	NARROW_FORMAT	WEEK_OF_YEAR
FIELD_COUNT	NARROW_STANDALONE	YEAR
FRIDAY	NOVEMBER	ZONE_OFFSET
HOUR	OCTOBER	

下面的程序演示了 Calendar 类的一些方法：

```
// Demonstrate Calendar
import java.util.Calendar;

class CalendarDemo {
  public static void main(String args[]) {
    String months[] = {
            "Jan", "Feb", "Mar", "Apr",
            "May", "Jun", "Jul", "Aug",
            "Sep", "Oct", "Nov", "Dec"};

    // Create a calendar initialized with the
    // current date and time in the default
    // locale and timezone.
    Calendar calendar = Calendar.getInstance();

    // Display current time and date information.
    System.out.print("Date: ");
    System.out.print(months[calendar.get(Calendar.MONTH)]);
    System.out.print(" " + calendar.get(Calendar.DATE) + " ");
    System.out.println(calendar.get(Calendar.YEAR));

    System.out.print("Time: ");
    System.out.print(calendar.get(Calendar.HOUR) + ":");
    System.out.print(calendar.get(Calendar.MINUTE) + ":");
    System.out.println(calendar.get(Calendar.SECOND));

    // Set the time and date information and display it.
    calendar.set(Calendar.HOUR, 10);
    calendar.set(Calendar.MINUTE, 29);
    calendar.set(Calendar.SECOND, 22);
    System.out.print("Updated time: ");
    System.out.print(calendar.get(Calendar.HOUR) + ":");
    System.out.print(calendar.get(Calendar.MINUTE) + ":");
    System.out.println(calendar.get(Calendar.SECOND));
  }
}
```

示例输出如下所示：

```
Date: Jan 1 2018
Time: 11:29:39
Updated time: 10:29:22
```

20.6 GregorianCalendar 类

GregorianCalendar 类是 Calendar 类的具体实现，实现了你所熟悉的常见 Gregorian 日历。Calendar 类的 getInstance()方法通常会返回一个 GregorianCalendar 对象，这个对象使用默认地区和时区下的当前日期和时间进行初始化。

GregorianCalendar 定义了两个域变量：AD 和 BC。它们表示格林尼治日历定义的两个纪元。

GregorianCalendar 对象还有几个构造函数。默认构造函数 GregorianCalendar()使用默认地区和时区下的当前日期和时间进行初始化。还有以下 3 个构造函数可以指定其他信息：

GregorianCalendar(int *year*, int *month*, int *dayOfMonth*)
GregorianCalendar(int *year*, int *month*, int *dayOfMonth*, int *hours*, int *minutes*)
GregorianCalendar(int *year*, int *month*, int *dayOfMonth*, int *hours*, int *minutes*, int *seconds*)

所有这 3 个版本都设置了年、月和日。其中，*year* 指定了年。月是由 *month* 指定的，0 表示 1 月。月份中的日期是由 *dayOfMonth* 指定的。第 1 个版本将时间设置为午夜，第 2 个版本还设置了小时和分钟，第 3 个版本添加了秒。

可以通过指定地区和/或时区来构造 GregorianCalendar 对象。使用如下构造函数创建的对象，将使用指定时区和/或地区下的当前时间进行初始化：

GregorianCalendar(Locale *locale*)
GregorianCalendar(TimeZone *timeZone*)
GregorianCalendar(TimeZone *timeZone*, Locale *locale*)

GregorianCalendar 实现了 Calendar 中的所有抽象方法，另外还提供了一些附加方法。最有趣的方法可能是 isLeapYear()，该方法测试某年是否为闰年，形式如下：

boolean isLeapYear(int *year*)

如果 *year* 是闰年，该方法将返回 true；否则返回 false。JDK 8 还添加了另外两个方法：from() 和 toZoneDateTime()，用于支持日期和时间 API。

以下程序演示了 GregorianCalendar 类：

```java
// Demonstrate GregorianCalendar
import java.util.*;

class GregorianCalendarDemo {
  public static void main(String args[]) {
    String months[] = {
          "Jan", "Feb", "Mar", "Apr",
          "May", "Jun", "Jul", "Aug",
          "Sep", "Oct", "Nov", "Dec"};
    int year;

    // Create a Gregorian calendar initialized
    // with the current date and time in the
```

```
      // default locale and timezone.
      GregorianCalendar gcalendar = new GregorianCalendar();

      // Display current time and date information.
      System.out.print("Date: ");
      System.out.print(months[gcalendar.get(Calendar.MONTH)]);
      System.out.print(" " + gcalendar.get(Calendar.DATE) + " ");
      System.out.println(year = gcalendar.get(Calendar.YEAR));

      System.out.print("Time: ");
      System.out.print(gcalendar.get(Calendar.HOUR) + ":");
      System.out.print(gcalendar.get(Calendar.MINUTE) + ":");
      System.out.println(gcalendar.get(Calendar.SECOND));

      // Test if the current year is a leap year
      if(gcalendar.isLeapYear(year)) {
        System.out.println("The current year is a leap year");
      }
      else {
        System.out.println("The current year is not a leap year");
      }
   }
}
```

示例输出如下所示：

```
Date: Jan 1 2018
Time: 1:45:5
The current year is not a leap year
```

20.7　TimeZone 类

另外一个与时间相关的类是 TimeZone。TimeZone 抽象类可以处理与格林尼治标准时间(Greenwich Mean Time，GMT)——也就是世界时间(Universal Time Coordinated，UTC)——之间的时差。另外，还能够计算夏令时。TimeZone 只支持一个默认构造函数。

表 20-7 给出了 TimeZone 类定义的一些方法。

表 20-7　TimeZone 类定义的一些方法

方　　法	描　　述
Object clone()	返回特定于 TimeZone 的 clone()版本
static String[ ] getAvailableIDs()	返回一个表示所有时区名称的 String 对象数组
static String[ ] getAvailableIDs(int *timeDelta*)	返回一个 String 对象数组，表示与 GMT 时差为 *timeDelta* 的所有时区名称
static TimeZone getDefault()	返回一个表示宿主计算机上默认时区的 TimeZone 对象
String getID()	返回调用 TimeZone 对象的名称
abstract int getOffset(int *era*, int *year*, int *month*, int *dayOfMonth*, int *dayOfWeek*, int *millisec*)	返回计算当地时间时需要添加到 GMT 的时差，这个值会针对夏令时进行调整。该方法的参数表示日期和时间的组成部分

(续表)

方 法	描 述
abstract int getRawOffset()	返回计算当地时间时需要添加到 GMT 的原始时差(使用毫秒表示)，这个值不会针对夏令时进行调整
static TimeZone getTimeZone(String *tzName*)	为名为 *tzName* 的时区返回 TimeZone 对象
abstract boolean inDaylightTime(Date *d*)	如果日期 *d* 在调用对象的夏令时范围之内，就返回 true；否则返回 false
static void setDefault(TimeZone *tz*)	设置当前主机使用的默认时区，*tz* 是对将要使用的 TimeZone 对象的引用
void setID(String *tzName*)	将时区的名称(即时区的 ID)设置为 *tzName* 指定的名称
abstract void setRawOffset(int *millis*)	以毫秒为单位设置与 GMT 之间的时差
ZoneId toZoneId()	将调用对象转换为 ZoneId，并返回结果。ZoneId 定义在 java.time 包中
abstract boolean useDaylightTime()	如果调用对象使用夏令时，就返回 true；否则返回 false

20.8 SimpleTimeZone 类

SimpleTimeZone 类是 TimeZone 的一个便利子类。它实现了 TimeZone 的抽象方法，并且可以处理 Gregorian 日历的时区。此外，还能够计算夏令时。

SimpleTimeZone 类定义了 4 个构造函数，其中一个如下：

SimpleTimeZone(int *timeDelta*, String *tzName*)

这个构造函数创建一个 SimpleTimeZone 对象，这个对象相对于格林尼治标准时间(GMT)的时差是 *timeDelta*，时区名称为 *tzName*。

第 2 个 SimpleTimeZone 构造函数如下：

SimpleTimeZone(int *timeDelta*, String *tzId*, int *dstMonth0*,
        int *dstDayInMonth0*, int *dstDay0*, int *time0*,
        int *dstMonth1*, int *dstDayInMonth1*, int *dstDay1*,
        int *time1*)

其中，相对于 GMT 的时差是由 *timeDelta* 指定的。时区名称是由 *tzId* 传入的。夏令时的开始时间是由参数 *dstMonth0*、*dstDayInMonth0*、*dstDay0* 和 *time0* 指定的。夏令时的结束时间是由参数 *dstMonth1*、*dstDayInMonth1*、*dstDay1* 和 *time1* 指定的。

第 3 个 SimpleTimeZone 构造函数如下：

SimpleTimeZone(int *timeDelta*, String *tzId*, int *dstMonth0*,
        int *dstDayInMonth0*, int *dstDay0*, int *time0*,
        int *dstMonth1*, int *dstDayInMonth1*,
        int *dstDay1*, int *time1*, int *dstDelta*)

其中，*dstDelta* 是夏令时期间节约的毫秒数。

第 4 个 SimpleTimeZone 构造函数如下：

SimpleTimeZone(int *timeDelta*, String *tzId*, int *dstMonth0*,
        int *dstDayInMonth0*, int *dstDay0*, int *time0*,
        int *time0mode*, int *dstMonth1*, int *dstDayInMonth1*,
        int *dstDay1*, int *time1*, int *time1mode*, int *dstDelta*)

其中，*time0mode* 指定了开始时间的模式，*time1mode* 指定了结束时间的模式。有效的模式值如表 20-8 所示。

表 20-8 有效的模式值

STANDARD_TIME	WALL_TIME	UTC_TIME

时间模式指示如何解释时间值。其他构造函数使用默认模式 WALL_TIME。

20.9 Locale 类

使用 Locale 类实例化的对象，用于描述地理或文化上的区域。Locale 类是为数不多的几个类之一，使用这几个类可以编写能够在不同的国际环境中运行的 Java 程序。例如在不同的区域，用于显示日期、时间和数字的格式是不同的。

国际化是一个庞大的主题，超出了本书的讨论范围。但是，许多程序只需要处理基本问题，包括设置当前地区。

Locale 类定义了如表 20-9 所示的常量，对于应对大部分常见地区来说，这些常量是有用的。

表 20-9 Locale 类定义的常量

CANADA	GERMAN	KOREAN
CANADA_FRENCH	GERMANY	PRC
CHINA	ITALIAN	SIMPLIFIED_CHINESE
CHINESE	ITALY	
ENGLISH	JAPAN	
FRANCE	JAPANESE	UK
FRENCH	KOREA	US

例如，表达式 Locale.CANADA 是表示加拿大地区的 Locale 对象。

Locale 类的构造函数如下：

Locale(String *language*)

Locale(String *language*, String *country*)

Locale(String *language*, String *country*, String *variant*)

这些构造函数用来构建表示特定语言以及特定国家(对于后面两个构造函数)的 Locale 对象。这些值必须包含标准语言和国家代码。辅助信息可以通过 variant 提供。

Locale 类定义了一些方法。其中最重要的方法之一是 setDefault()，如下所示：

static void setDefault(Locale *localeObj*)

这个方法将 JVM 使用的默认地区设置为 *localeObj* 指定的地区。

下面是其他一些有趣的方法：

final String getDisplayCountry()

final String getDisplayLanguage()

final String getDisplayName()

这些方法返回人类能够阅读的字符串，这些字符串用于显示国家的名称、语言的名称以及地区的完整描述。

使用 getDefault()方法可以获取默认地区，如下所示：

static Locale getDefault()

JDK 7 对 Locale 类进行了重要升级，新的 Locale 类能够支持互联网工程任务组(Internet Engineering Task Force，IETF)BCP 47 和 Unicode 技术标准(Unicode Technical Standard，UTS) 35，其中前者定义了用来标识语言的标签，后者定义了地区数据标记语言(Locale Data Markup Language，LDML)。对 BCP 47 和 UTS 35 的支持导致为 Locale 类添加了几个特性，包括一些新方法和 Locale.Builder 类。在这些新特性中，新方法包括 getScript()和 toLanguageTag()，前者获取地区的脚本，后者获取包含地区语言标签的字符串。Locale.Builder 类用来构造 Locale 实例，确保地区说明被很好地根据 BCP 47 定义的要求进行了形式化(Locale 构造函数没有提供这一检查)。JDK 8 也为 Locale 类增加了一些方法，以支持筛选、扩展和查找等操作。JDK 9 新增了一个 getISOCountries()方法，对于给定的 Locale.IsoCountryCode 枚举值，该方法返回一个国家代码集合。

Calendar 和 GregorianCalendar 是以地区敏感方式使用的类的例子。DateFormat 和 SimpleDateFormat 也依赖于地区。

20.10 Random 类

Random 类是伪随机数生成器。之所以称为伪随机数(pseudorandom)，是因为它们只是一些简单的均匀分布序列。Random 类定义了以下构造函数：

Random()

Random(long *seed*)

第 1 个版本所创建的随机数生成器使用相对唯一的种子。第 2 个版本允许手动指定种子。

如果使用种子初始化 Random 对象，就为随机序列定义了开始点。如果使用相同的种子初始化另一个 Random 对象，将会得到相同的随机序列。如果希望生成不同的序列，需要指定不同的种子。实现这种效果的一种方式是使用当前时间作为 Random 对象的种子。这种方式减少了得到重复序列的可能性。

表 20-10 列出了 Random 类定义的核心公有方法。这些方法在 Random 中已经存在了很长时间(很多自 Java 1.0 以来就已提供)，并且得到了广泛应用。

表 20-10　Random 类定义的核心公有方法

方　　法	描　　述
boolean nextBoolean()	返回下一个布尔型随机数
void nextBytes(byte *vals*[])	使用随机生成的值填充 *vals*
double nextDouble()	返回下一个 double 型随机数
float nextFloat()	返回下一个 float 型随机数
double nextGaussian()	返回下一个高斯分布随机数
int nextInt()	返回下一个 int 型随机数
int nextInt(int *n*)	返回介于 0 和 *n* 之间的下一个 int 型随机数
long nextLong()	返回下一个 long 型随机数
void setSeed(long *newSeed*)	将种子(即随机数字生成器的开始点)设置为 *newSeed* 指定的值

可以看出，能够从 Random 对象抽取多种类型的随机数。通过调用 nextBoolean()方法可以得到随机布尔值；通过调用 nextBytes()方法可以获取随机字节；通过调用 nextInt()方法可以抽取随机整数；通过调用 nextLong()方法可以获取在整个取值范围内均匀分布的长整型随机数。nextFloat()和 nextDouble()方法分别返回在 0.0 到 1.0 之间均匀分布的 float 和 double 型随机数。最后，nextGaussian()方法返回均值为 0.0、方差为 1.0 的标准高斯分布随机数，

其类型为 double，这就是著名的钟形曲线(bell curve)。

下面是一个例子，演示了由 nextGaussian()方法生成的随机序列。该示例首先获取 100 个随机高斯值并计算它们的平均值。该程序还以 0.5 为单位，分类统计落于正负两个标准偏差范围内的值的个数，结果在屏幕的左侧以图形化方式显示。

```
// Demonstrate random Gaussian values.
import java.util.Random;
class RandDemo {
  public static void main(String args[]) {
    Random r = new Random();
    double val;
    double sum = 0;
    int bell[] = new int[10];

    for(int i=0; i<100; i++) {
      val = r.nextGaussian();
      sum += val;
      double t = -2;

      for(int x=0; x<10; x++, t += 0.5)
        if(val < t) {
          bell[x]++;
          break;
        }
    }
    System.out.println("Average of values: " +
                       (sum/100));

    // display bell curve, sideways
    for(int i=0; i<10; i++) {
      for(int x=bell[i]; x>0; x--)
        System.out.print("*");
      System.out.println();
    }
  }
}
```

下面是上述程序的一次示例运行。可以看出，得到了类似钟形分布的数字。

```
Average of values: 0.0702235271133344
**
*******
******
****************
******************
****************
*************
**********
********
***
```

JDK 8 向 Random 类添加了 3 个支持流 API(见第 29 章)的方法：doubles()、ints()和 longs()。它们都返回一个流，其中包含了指定类型的随机数的一个序列。每个方法都定义了几种重载形式。下面列出了这 3 个方法的最简形式：

DoubleStream doubles()

IntStream ints()

LongStream longs()

doubles()方法返回的流包含了 double 类型的伪随机值(值的范围为 0.0~1.0)。ints()方法返回的流包含了 int 类型的伪随机值。long()方法返回的流包含了 long 类型的伪随机值。对于这 3 个方法，返回的流实际上是无穷的。它们有几种重载形式，允许指定流的大小、起点和上界。

20.11 Timer 和 TimerTask 类

java.util 提供的一个有趣并且有用的特性就是在将来某些时候安排执行任务的能力。支持这一功能的类是 Timer 和 TimerTask。使用这些类，可以创建在后台运行、等待特定时刻的线程。当时间到达时，执行链接到线程的任务。有各种选项可以用来安排重复执行以及在特定日期运行的任务。尽管使用 Thread 类总是可以手动创建在特定时间运行的任务，但是 Timer 和 TimerTask 极大地简化了这个过程。

Timer 和 TimerTask 可以一同工作。Timer 类用于安排任务，被安排的任务必须是 TimerTask 类的实例。因此，为了安排任务，首先必须创建 TimerTask 对象，然后使用 Timer 实例安排任务的执行。

TimerTask 实现了 Runnable 接口，因此能够用于创建执行的线程。TimerTask 的构造函数如下所示：

protected TimerTask()

表 20-11 显示了 TimerTask 类定义的方法。注意 run()方法是抽象的，这意味着它必须被重写。run()方法包含将被执行的代码，该方法是由 Runnable 接口定义的。因此，创建定时器任务(timer task)最简单的方法是扩展 TimerTask 类并重写 run()方法。

表 20-11 TimerTask 类定义的方法

方　　法	描　　述
boolean cancel()	终止任务。如果成功阻止任务的执行，就返回 true；否则返回 false
abstract void run()	包含定时器任务的代码
long scheduledExecutionTime()	返回所安排任务最后一次执行的时间

创建完任务后，可以使用 Timer 类的对象安排任务的执行。Timer 类的构造函数如下所示：

Timer()

Timer(boolean *DThread*)

Timer(String *tName*)

Timer(String *tName*, boolean *DThread*)

第 1 个版本创建的 Timer 对象作为正常线程运行。对于第 2 个版本，如果 *DThread* 为 true，就执行守护线程。只要程序的剩余部分仍在继续执行,守护线程就会执行。第 3 个和第 4 个版本允许为 Timer 线程指定名称。表 20-12 显示了 Timer 类定义的方法。

表 20-12 Timer 类定义的方法

方　　法	描　　述
void cancel()	取消定时器线程
int purge()	从定时器队列中删除已取消的任务
void schedule(TimerTask *TTask*, long *wait*)	*TTask* 被安排在由参数 *wait* 传递的周期之后执行，*wait* 参数的单位是毫秒

(续表)

方 法	描 述
void schedule(TimerTask *TTask*, long *wait*, long *repeat*)	*TTask* 被安排在由参数 *wait* 传递的周期之后执行，然后任务再以 *repeat* 指定的时间间隔重复执行。*wait* 和 *repeat* 参数的单位都是毫秒
void schedule(TimerTask *TTask*, Date *targetTime*)	*TTask* 被安排在由 *targetTime* 指定的时间执行
void schedule(TimerTask *TTask*, Date *targetTime*, long *repeat*)	*TTask* 被安排在由 *targetTime* 指定的时间执行，然后任务再以 *repeat* 传递的时间间隔重复执行。*repeat* 参数的单位是毫秒
void scheduleAtFixedRate(TimerTask *TTask*, long *wait*, long *repeat*)	*TTask* 被安排在由参数 *wait* 传递的周期之后执行，然后任务再以 *repeat* 指定的时间间隔重复执行。*wait* 和 *repeat* 参数的单位都是毫秒。每次重复执行的时间都和第一次执行的时间有关，而不是与前一次执行的时间有关，因此执行的整个速率是固定的
void scheduleAtFixedRate(TimerTask *TTask*, Date *targetTime*, long *repeat*)	*TTask* 被安排在由 *targetTime* 指定的时间执行，然后任务再以 *repeat* 传递的时间间隔重复执行。*repeat* 参数的单位是毫秒。每次重复执行的时间都与第一次执行的时间有关，而不是与前一次执行的时间有关，因此执行的整个速率是固定的

创建完 Timer 对象之后，就可以对创建的 Timer 对象调用 schedule()方法以安排任务了。如表 20-12 中所示，schedule()方法有多种形式，可以使用多种方式安排任务。

如果创建的是非守护任务，那么当程序结束时会希望调用 cancel()方法以结束任务。如果不这么做，程序可能会被挂起一段时间。

下面的程序演示了 Timer 和 TimerTask 类。该程序定义了一个定时器任务，任务的 run()方法将显示消息"Timer task executed."。这个任务被安排在最初延迟一秒之后运行，并且每半秒钟执行一次。

```
// Demonstrate Timer and TimerTask.

import java.util.*;

class MyTimerTask extends TimerTask {
  public void run() {
    System.out.println("Timer task executed.");
  }
}

class TTest {
  public static void main(String args[]) {
    MyTimerTask myTask = new MyTimerTask();
    Timer myTimer = new Timer();

    /* Set an initial delay of 1 second,
       then repeat every half second.
    */
    myTimer.schedule(myTask, 1000, 500);

    try {
      Thread.sleep(5000);
    } catch (InterruptedException exc) {}
```

```
      myTimer.cancel();
    }
  }
```

20.12 Currency 类

Currency 类封装了有关货币的信息，它没有定义构造函数。表 20-13 列出了 Currency 类支持的方法。下面的程序演示了 Currency 类:

```
// Demonstrate Currency.
import java.util.*;

class CurDemo {
  public static void main(String args[]) {
    Currency c;

    c = Currency.getInstance(Locale.US);

    System.out.println("Symbol: " + c.getSymbol());
    System.out.println("Default fractional digits: " +
                c.getDefaultFractionDigits());
  }
}
```

输出如下所示:

```
Symbol: $
Default fractional digits: 2
```

表 20-13　Currency 类定义的方法

方法	描述
static Set<Currency> getAvailableCurrencies()	返回一组支持的货币
String getCurrencyCode()	返回描述调用货币的代码(由 ISO 4217 定义)
int getDefaultFractionDigits()	返回正常情况下调用货币使用的小数点后面的位数。例如，对于美元，正常情况下使用两位小数
String getDisplayName()	返回调用货币在默认地区的名称
String getDisplayName(Locale *loc*)	返回调用货币在指定地区的名称
static Currency getInstance(Locale *localeObj*)	返回由 *localeObj* 指定的地区的 Currency 对象
static Currency getInstance(String *code*)	返回与 *code* 传递的货币代码相关联的 Currency 对象
int getNumericCode()	返回调用货币的数值代码(由 ISO 4217 定义)
String getNumericCodeAsString()	以字符串的形式返回调用货币的数值代码(由 ISO 4217 定义)
String getSymbol()	返回调用对象的货币符号(比如$)
String getSymbol(Locale *localeObj*)	返回由 *localeObj* 传递的地区的货币符号(比如$)
String toString()	返回调用对象的货币代码

20.13 Formatter 类

Java 能对创建格式化输出进行支持的核心在于 Formatter 类。该类提供了格式转换功能，从而可以采用你所喜欢的各种方式显示数字、字符串以及时间和日期。操作方式与 C/C++的 printf()函数类似，这意味着如果你熟悉 C/C++的话，那么学习使用 Formatter 类会很容易。该类还进一步简化了从 C/C++代码到 Java 代码的转换。即便你不熟悉 C/C++，格式化数据也相当容易。

> **注意：**
> 尽管对于 Java 的 Formatter 类来说，操作方式与 C/C++的 printf()函数非常类似，但是它们之间还是有一些区别，并且 Formatter 类有一些新特性。所以，如果具有 C/C++背景的话，还是建议要仔细阅读。

20.13.1　Formatter 类的构造函数

在使用 Formatter 格式化输出之前，必须创建 Formatter 对象。通常，Formatter 通过将程序使用的数据的二进制形式转换成格式化的文本进行工作。在缓冲区中存储格式化文本，无论何时需要，都可以通过程序获取缓冲区中的内容。可以让 Formatter 自动提供这个缓冲区，也可以在创建 Formatter 对象时显式指定这个缓冲区。让 Formatter 将自身的缓冲区输出到文件中也是有可能的。

Formatter 类定义了许多构造函数，从而可以使用各种方式构造 Formatter 对象。下面是其中的一些构造函数：

Formatter()
Formatter(Appendable *buf*)
Formatter(Appendable *buf*, Locale *loc*)
Formatter(String *filename*)
　　throws FileNotFoundException
Formatter(String *filename*, String *charset*)
　　throws FileNotFoundException, UnsupportedEncodingException
Formatter(File *outF*)
　　throws FileNotFoundException
Formatter(OutputStream *outStrm*)

其中，*buf* 指定了用于保存格式化输出的缓冲区。如果 *buf* 为 null，Formatter 将自动分配 StringBuilder 以保存格式化输出。参数 *loc* 指定了地区。如果没有指定地区，就使用默认地区。参数 *filename* 指定了将用于接收格式化输出的文件的名称。参数 *charset* 指定了字符集。如果没有指定字符集，就使用默认字符集。参数 *outF* 指定一个引用，这个引用指向将用于接收输出的已打开文件。参数 *outStrm* 也指定一个引用，这个引用指向将用于接收输出的输出流。如果使用文件，那么输出也可以写入文件中。

使用最广泛的构造函数可能是第一个，它没有参数。这个构造函数自动使用默认地区，并自动分配 StringBuilder 以保存格式化输出。

20.13.2　Formatter 类的方法

表 20-14 显示了 Formatter 类定义的方法。

表 20-14　Formatter 类定义的方法

方　　法	描　　述
void close()	关闭调用 Formatter 对象。这会导致 Formatter 对象使用的所有资源被释放。Formatter 对象在关闭后，将不能再使用。如果试图使用已关闭的 Formatter 对象，会导致 FormatterClosedException 异常
void flush()	刷新格式化缓冲区，这会导致将缓冲区中当前的所有输出都写入目标中。该方法主要用于与文件绑定的 Formatter 对象

(续表)

方法	描述
Formatter format(String *fmtString*, Object ... *arg*s)	根据 *fmtString* 中包含的格式说明符，格式化 *args* 传递过来的参数。返回调用对象
Formatter format(Locale *loc*, String *fmtString*, Object ... *arg*s)	根据 *fmtString* 中包含的格式说明符，格式化 *args* 传递过来的参数。为格式化操作使用由 *loc* 指定的地区。返回调用对象
IOException ioException()	如果作为输出目标的底层对象抛出 IOException 异常，就返回该异常；否则返回 null
Locale locale()	返回调用对象的地区
Appendable out()	返回指向底层对象的引用，底层对象是输出的目标
String toString()	返回包含格式化输出的 String 对象

20.13.3 格式化的基础知识

创建 Formatter 对象后，就可以使用 Formatter 对象创建格式化字符串了。为此，使用 format()方法。该方法最常用的版本如下所示：

Formatter format(String *fmtString*, Object ... *arg*s)

fmtString 包含两种类型的条目：第一种类型由将被简单复制到输出缓冲区中的字符构成；第二种类型包含格式说明符，格式说明符定义了显示后续参数的方式。

格式说明符最简单的形式是以百分号开头，后面跟随格式转换说明符。所有格式转换说明符都由单个字符构成。例如，用于浮点数的格式说明符是%f。通常，参数的数量必须与格式说明符的数量相等，并且格式说明符与参数按照从左向右的顺序进行匹配。例如，分析下面的代码段：

```
Formatter fmt = new Formatter();
fmt.format("Formatting %s is easy %d %f", "with Java", 10, 98.6);
```

这个代码段创建了一个包含以下字符串的 Formatter 对象：

```
Formatting with Java is easy 10 98.600000
```

在这个例子中，格式说明符%s、%d 和%f 被格式字符串后面的参数替换。因此，%s 被"with Java"替换，%d 被 10 替换，%f 被 98.6 替换。所有其他字符简单地保持不变。你可能已经猜到了，格式说明符%s 指定一个字符串，%d 指定一个整数。如前所述，%f 指定一个浮点值。

format()方法能够接收的格式说明符相当广泛，在表 20-15 中显示了这些格式说明符。注意许多说明符具有大写和小写两种形式。当使用大写说明符时，字母以大写显示。除此以外，大写和小写说明符执行相同的转换。Java 根据对应的参数来检查每个格式说明符的类型，理解这一点很重要。如果参数不匹配，会抛出 IllegalFormatException 异常。

表 20-15 格式说明符

格式说明符	适用的转换	格式说明符	适用的转换
%a %A	浮点型十六进制值	%g %G	基于被格式化的值和精度使用%e 或%f
%b %B	布尔型	%o	八进制整数

(续表)

格式说明符	适用的转换	格式说明符	适用的转换
%c %C	字符	%n	插入一个换行符
%d	十进制整数	%s %S	字符串
%h %H	参数的散列码	%t %T	时间和日期
%e %E	科学记数法	%x %X	十六进制整数
%f	十进制浮点数	%%	插入一个%符号

一旦拥有格式化的字符串，就可以通过调用 toString() 方法来获取。例如，继续前面的例子，下面的语句获取 fmt 中包含的格式化字符串：

```
String str = fmt.toString();
```

当然，如果只是希望显示格式化字符串，那么没有必要首先将字符串赋给 String 对象。例如，当将 Formatter 对象传递给 println() 方法时，会自动调用 Formatter 对象的 toString() 方法。

下面的简短程序将所有这些内容放到一起，该程序显示了如何创建和显示格式化字符串：

```java
// A very simple example that uses Formatter.
import java.util.*;

class FormatDemo {
  public static void main(String args[]) {
    Formatter fmt = new Formatter();

    fmt.format("Formatting %s is easy %d %f", "with Java", 10, 98.6);

    System.out.println(fmt);
    fmt.close();
  }
}
```

另外注意一点，通过调用 out() 方法可以获取对底层输出缓冲区的引用。该方法返回一个指向 Appendable 对象的引用。

现在你已经知道用于创建格式化字符串的一般机制，接下来将详细讨论每种转换。另外，还将描述各种选项，例如对齐、最小字段宽度以及精度。

20.13.4　格式化字符串和字符

为了格式化单个字符，可以使用%c，这会不加修改地输出匹配的字符参数。要格式化字符串，可以使用%s。

20.13.5　格式化数字

为了以十进制格式格式化整数，可以使用%d。为了以十进制格式格式化浮点数，可以使用%f。为了以科学记数法格式化浮点数，可以使用%e。使用科学记数法表示的数字，一般形式如下所示：

x.dddddde+/-yy

%g 格式说明符会导致 Formatter 基于被格式化的值和精度使用%f 或%e，默认精度值是 6。下面的程序演示了 %f 和%e 格式说明符的效果：

```java
// Demonstrate the %f and %e format specifiers.
import java.util.*;

class FormatDemo2 {
  public static void main(String args[]) {
    Formatter fmt = new Formatter();

    for(double i=1.23; i < 1.0e+6; i *= 100) {
      fmt.format("%f %e", i, i);
      System.out.println(fmt);
    }
    fmt.close();

  }
}
```

该程序生成的输出如下所示：

```
1.230000 1.230000e+00
1.230000 1.230000e+00 123.000000 1.230000e+02
1.230000 1.230000e+00 123.000000 1.230000e+02 12300.000000 1.230000e+04
```

通过分别使用%o 和%x，可以以八进制或十六进制格式显示整数。例如，下面这行代码：

```
fmt.format("Hex: %x, Octal: %o", 196, 196);
```

生成的输出如下所示：

```
Hex: c4, Octal: 304
```

通过使用%a，可以使用十六进制格式显示浮点值。乍一看，通过%a 生成的格式看起来有些奇怪。这是因为%a 使用的表示方式与科学记数法类似，包含一个十六进制底数和一个十进制指数(为 2 的幂)。一般形式如下所示：

0x1.*sigpexp*

其中，*sig* 包含底数的小数部分，*exp* 包含指数，p 指示后面是指数。例如下面这个调用：

```
fmt.format("%a", 512.0);
```

生成的输出如下所示：

```
0x1.0p9
```

20.13.6 格式化时间和日期

功能更强大的转换说明符是%t。通过它可以格式化日期和时间信息。%t 说明符与其他说明符的工作方式有些不同，因为需要使用后缀来描述时间和日期所期望的组成部分和精确格式。表 20-16 显示了这些后缀。例如，为了显示分钟，需要使用%tM。在此，M 指示以两个字符宽度的字段显示分钟。与%t 对应的参数必须是 Calendar、Date、Long、long 或 TemporalAccessor 类型。

表20-16 时间和日期格式后缀

后缀	替换内容
a	星期名简称
A	星期名全称
b	月份名简称
B	月份名全称
c	标准日期和时间字符串，格式为：天 月份 日期 小时: 分钟: 秒数 时区 年
C	年份的前两个数字
d	每月日期的十进制格式(01~31)
D	月/日/年
e	每月日期的十进制格式(1~31)
F	年-月-日
h	月份名简称
H	小时(00~23)
I	小时(01~12)
j	每年日期的十进制格式(001-366)
k	小时(0~23)
l	小时(1~12)
L	毫秒(000~999)
m	月份的十进制格式(01~13)
M	分钟的十进制格式(00~59)
N	纳秒(000000000~999999999)
p	以小写形式表示本地时间的 AM 或 PM
Q	自1970年1月1日以来经历的毫秒数
r	小时: 分钟: 秒数(12 小时格式)
R	小时: 分钟: 秒数(24 小时格式)
S	秒(00~60)
s	自1970年1月1日(UTC)以来经历的毫秒数
T	小时: 分钟: 秒数(24 小时格式)
y	以十进制表示的年份(00-99)，不含世纪部分(即年份的前两位)
Y	以十进制表示的年份(0001-9999)，包含世纪部分
z	相对于 UTC 的时差
Z	时区名

下面的程序演示了各种格式：

```
// Formatting time and date.
import java.util.*;

class TimeDateFormat {
  public static void main(String args[]) {
    Formatter fmt = new Formatter();
    Calendar cal = Calendar.getInstance();
```

```
        // Display standard 12-hour time format.
        fmt.format("%tr", cal);
        System.out.println(fmt);
        fmt.close();

        // Display complete time and date information.
        fmt = new Formatter();
        fmt.format("%tc", cal);
        System.out.println(fmt);
        fmt.close();

        // Display just hour and minute.
        fmt = new Formatter();
        fmt.format("%tl:%tM", cal, cal);
        System.out.println(fmt);
        fmt.close();

        // Display month by name and number.
        fmt = new Formatter();
        fmt.format("%tB %tb %tm", cal, cal, cal);
        System.out.println(fmt);
        fmt.close();
    }
}
```

示例输出如下所示:

```
03:15:34 PM
Mon Jan 01 15:15:34 CST 2018
3:15
January Jan 01
```

20.13.7 %n 和%%说明符

%n 和%%格式说明符与其他说明符不同,它们不与参数进行匹配。相反,它们只是将字符插入输出序列中的转义序列。%n 插入一个换行符,%%插入一个百分号。这两个字符都不能直接输入格式化字符串中。当然,也可以使用标准的转义序列\n 嵌入一个换行符。

下面是演示%n 和%%格式说明符的例子:

```
// Demonstrate the %n and %% format specifiers.
import java.util.*;

class FormatDemo3 {
  public static void main(String args[]) {
    Formatter fmt = new Formatter();

    fmt.format("Copying file%nTransfer is %d%% complete", 88);
    System.out.println(fmt);
    fmt.close();
  }
}
```

该例显示的输出如下所示:

```
Copying file
Transfer is 88% complete
```

20.13.8 指定最小字段宽度

%符号和格式转换代码之间的整数被作为最小字段宽度说明符(minimum field-width specifier)，这会使用空格填充输出，以确保输出达到特定的最小长度。即便字符串或数字长于最小宽度，也仍然会完整地输出。默认使用空格进行填充。如果希望使用 0 进行填充，可在字段宽度说明符之前放置一个 0。例如，%05d 会使用 0 填充总长度小于 5 的数字，从而使数字的总长度为 5。字段宽度说明符可用于除了%n 以外的所有格式说明符。

下面的程序演示了应用于%f 转换的最小字段宽度说明符：

```java
// Demonstrate a field-width specifier.
import java.util.*;

class FormatDemo4 {
  public static void main(String args[]) {
    Formatter fmt = new Formatter();

    fmt.format("|%f|%n|%12f|%n|%012f|",
               10.12345, 10.12345, 10.12345);

    System.out.println(fmt);
    fmt.close();

  }
}
```

这个程序生成的输出如下所示：

```
|10.123450|
|   10.123450|
|00010.123450|
```

第 1 行以默认宽度显示数字 10.12345。第 2 行以 12 个字符宽度显示数字。第 3 行也以 12 个字符宽度显示数字，不过使用前导 0 进行填充。

最小字段宽度修饰符常用于生成列对齐的表格。例如，下面的程序生成一个表格，用来显示 1 到 10 之间数字的平方和立方：

```java
// Create a table of squares and cubes.
import java.util.*;

class FieldWidthDemo {
  public static void main(String args[]) {
    Formatter fmt;

    for(int i=1; i <= 10; i++) {
      fmt = new Formatter();
      fmt.format("%4d %4d %4d", i, i*i, i*i*i);
      System.out.println(fmt);
      fmt.close();
    }

  }
}
```

这个程序生成的输出如下所示：

```
   1    1    1
   2    4    8
```

```
3    9    27
4   16    64
5   25   125
6   36   216
7   49   343
8   64   512
9   81   729
10  100  1000
```

20.13.9 指定精度

精度说明符可应用于%f、%e、%g 以及%s 格式说明符。精度说明符位于最小字段宽度说明符(如果有)之后，由一个小数点以及紧跟其后的整数构成。精度说明符的确切含义取决于所应用数据的类型。

将精度说明符应用于使用%f 或%e 说明符的浮点数时，精度说明符决定了所显示的小数位数。例如，%10.4f 显示的数字至少有 10 个字符宽，并且带有 4 位小数。当使用%g 时，精度决定了有效数字的位数，默认精度是 6。

如果应用于字符串，那么精度说明符可指定最大字段宽度。例如，%5.7s 显示的字符串最少有 5 个字符宽，但不会超过 7 个字符宽。如果字符串比最大字段宽度长，那么会截去字符串末端的字符。

下面的程序演示了精度说明符：

```
// Demonstrate the precision modifier.
import java.util.*;

class PrecisionDemo {
  public static void main(String args[]) {
    Formatter fmt = new Formatter();

    // Format 4 decimal places.
    fmt.format("%.4f", 123.1234567);
    System.out.println(fmt);
    fmt.close();

    // Format to 2 decimal places in a 16 character field
    fmt = new Formatter();
    fmt.format("%16.2e", 123.1234567);
    System.out.println(fmt);
    fmt.close();

    // Display at most 15 characters in a string.
    fmt = new Formatter();
    fmt.format("%.15s", "Formatting with Java is now easy.");
    System.out.println(fmt);
    fmt.close();
  }
}
```

这个程序生成的输入如下所示：

```
123.1235
        1.23e+02
Formatting with
```

20.13.10 使用格式标志

Formatter 类能够识别一组格式标志，这些标志可以控制转换的各个方面。所有格式标志都是单个字符，并且在格式约定中，格式标志位于%的后面。格式标志如表 20-17 所示。

表 20-17 格式标志

标　　志	效　　果
−	左对齐
#	可选的转换格式
0	使用 0 而不是空格填充输出
空格	在输出的正数前面加一个空格
+	在输出的正数前面加一个+符号
,	在数值中包含组分隔符
(	将负值放在括号内

并不是所有标志都适用于所有格式说明符，下面将逐个详细介绍。

20.13.11 对齐输出

在默认情况下，所有输出都是右对齐的。也就是说，如果字段宽度大于输出的数据，数据就会被放置到字段的右侧。紧随%之后放置一个减号，这样可以强制输出左对齐。例如，%-10.2f 表示在 10 字符字段中左对齐带有两位小数的浮点数。例如，分析下面这个程序：

```
// Demonstrate left justification.
import java.util.*;

class LeftJustify {
  public static void main(String args[]) {
    Formatter fmt = new Formatter();

    // Right justify by default
    fmt.format("|%10.2f|", 123.123);
    System.out.println(fmt);
    fmt.close();

    // Now, left justify.
    fmt = new Formatter();
    fmt.format("|%-10.2f|", 123.123);
    System.out.println(fmt);
    fmt.close();
  }
}
```

该程序生成的输出如下所示：

```
|    123.12|
|123.12    |
```

可以看出，第 2 行在 10 字符字段中左对齐。

20.13.12 空格、+、0 以及(标志

为了在正数的前面显示"+"符号，可以添加"+"标志。例如：

```
fmt.format("%+d", 100);
```

会创建下面这个字符串：

+100

当创建多列数字时，在正数前面输出一个空格有时是有用的，这样可以使正数和负数对齐。为此，可以添加空格标志。例如：

```
// Demonstrate the space format specifiers.
import java.util.*;

class FormatDemo5 {
  public static void main(String args[]) {
    Formatter fmt = new Formatter();

    fmt.format("% d", -100);
    System.out.println(fmt);
    fmt.close();

    fmt = new Formatter();
    fmt.format("% d", 100);
    System.out.println(fmt);
    fmt.close();

    fmt = new Formatter();
    fmt.format("% d", -200);
    System.out.println(fmt);
    fmt.close();

    fmt = new Formatter();
    fmt.format("% d", 200);
    System.out.println(fmt);
    fmt.close();
  }
}
```

输出如下所示：

```
-100
 100
-200
 200
```

注意在正数前面有一个空格，这使得列中的数字能够正确地对齐。

为了在圆括号中显示负数，不是使用前导(—)标志，而是使用(标志。例如：

```
fmt.format("%(d", -100);
```

会创建下面这个字符串：

(100)

标志 0 会导致使用 0 而不是空格填充输出。

20.13.13 逗号标志

当显示大的数字时，添加组分隔符通常是有用的。在英语中，组分隔符是逗号。例如，将数值 1234567 格式化成 1,234,567 会更容易阅读。为了添加组分隔符，可以使用逗号(,)标志。例如：

```
fmt.format("%,.2f", 4356783497.34);
```

会创建下面这个字符串：

```
4,356,783,497.34
```

20.13.14 #标志

#可以应用于%o、%x、%e 和%f 格式说明符。对于%e 和%f 格式说明符，#确保具有小数点，即使没有小数位。如果在%x 格式说明符之前添加一个#，就会使用 0x 前缀打印十进制数字。在%o 格式说明符之前添加#，会导致打印的数字之前有一个 0。

20.13.15 大写选项

前面提到过，有些格式说明符具有大写版本，大写版本使得转换在合适的地方使用大写。表 20-18 中描述了大写版本的效果。

表 20-18 大写的格式说明符

说 明 符	效 果
%A	使十六进制数字中的 a~f 显示为大写的 A~F。另外，前缀 0x 显示为 0X，p 显示为 P
%B	使 true 和 false 变为大写格式
%E	使用大写显示指数符号 e
%G	使用大写显示指数符号 e
%H	使十六进制数字中的 a~f 显示为大写的 A~F
%S	使相应的字符串变为大写形式
%X	使十六进制数字中的 a~f 显示为大写的 A~F。另外，可选的前缀 0x 将显示为 0X(如果存在)

例如，下面这个调用：

```
fmt.format("%X", 250);
```

会创建字符串：

```
FA
```

下面这个调用：

```
fmt.format("%E", 123.1234);
```

会创建字符串：

```
1.231234E+02
```

20.13.16 使用参数索引

Formatter 类提供了一个非常有用的特性，允许为参数指定格式说明符。正常情况下，格式说明符和参数按顺序从左向右进行匹配。也就是说，第一个格式说明符与第一个参数匹配，第二个格式说明符与第二个参数匹配，依此类推。但是，使用参数索引(argument index)，可以显式地控制哪个参数与哪个格式说明符相匹配。

参数索引紧随格式说明符中的%之后，格式如下所示：

n$

在此，n 是期望参数的索引，从 1 开始。例如，分析下面这个例子：

```
fmt.format("%3$d %1$d %2$d", 10, 20, 30);
```

将会生成下面这个字符串：

```
30 10 20
```

在这个例子中，第一个格式说明符与 30 匹配，第二个与 10 匹配，第三个与 20 匹配。因此，参数的使用顺序并非严格地从左向右。

参数索引的一个优势是：可以重复使用参数，而不用指定两次。例如，分析下面这行代码：

```
fmt.format("%d in hex is %1$x", 255);
```

将会生成下面这个字符串：

```
255 in hex is ff
```

可以看出，两个格式说明符都使用了参数 255。

还有一种方便的简写形式，称为相对索引，相对索引使得可以重用与前面的格式说明符相匹配的参数。简单地为参数索引指定 "<" 即可。例如，下面的 format()调用可生成与前面的例子相同的结果：

```
fmt.format("%d in hex is %<x", 255);
```

当创建自定义的日期和时间格式时，相对索引特别有用。分析下面的例子：

```java
// Use relative indexes to simplify the
// creation of a custom time and date format.
import java.util.*;

class FormatDemo6 {
  public static void main(String args[]) {
    Formatter fmt = new Formatter();
    Calendar cal = Calendar.getInstance();

    fmt.format("Today is day %te of %<tB, %<tY", cal);
    System.out.println(fmt);
    fmt.close();
  }
}
```

下面是示例输出：

```
Today is day 1 of January, 2018
```

因为使用了相对索引，所以只需要传递参数 cal 一次，而不是三次。

20.13.17 关闭 Formatter 对象

通常，Formatter 对象在使用完之后应当关闭，从而释放 Formatter 对象占用的所有资源。当将格式化内容写入文件时，这一点很重要，对于其他情况也很重要。正如前面的例子所示，关闭 Formatter 对象的一种方式是显式调用 close()方法。然而，Formatter 类实现了 AutoCloseable 接口，这意味着能够支持新的带资源的 try 语句。使用这种方式，当不再需要 Formatter 对象时，会自动将其关闭。

在第 13 章介绍关于文件的内容时，已经描述了带资源的 try 语句，因为文件是一些最常用的应当关闭的资源。不过，Formatter 对象也应用了相同的技术。例如，下面是重新编写后的第一个 Formatter 例子，这个版本使用了这种自动资源管理机制：

```java
// Use automatic resource management with Formatter.
import java.util.*;

class FormatDemo {
  public static void main(String args[]) {

    try (Formatter fmt = new Formatter())
    {
      fmt.format("Formatting %s is easy %d %f", "with Java",
              10, 98.6);
      System.out.println(fmt);
    }
  }
}
```

这个版本的输出与前面版本的相同。

20.13.18　printf()方法

当创建将在控制台上显示的输出时，尽管直接使用 Formatter(就像前面的例子那样)从技术上讲没有错误，但有一个更方便的选择：使用 printf()方法。printf()方法自动使用 Formatter 创建格式化的字符串，然后在 System.out 上显示这个字符串。默认情况下，System.out 就是控制台。PrintStream 和 PrintWriter 都定义了 printf()方法。将在第 21 章中介绍 printf()方法。

20.14　Scanner 类

Scanner 类与 Formatter 类相反。Scanner 类读取格式化的输入，并将输入转换成相应的二进制形式。Scanner 可以用于从控制台、文件、字符串或任何实现了 Readable 或 ReadableByteChannel 接口的源读取内容。例如，可以使用 Scanner 从键盘读取数字，并将数字赋值给变量。接下来将会看到，尽管 Scanner 的功能很强大，但是使用起来却出奇容易。

20.14.1　Scanner 类的构造函数

表 20-19 显示了 Scanner 类定义的构造函数。通常，可以为 String、InputStream、File 或任何实现了 Readable 或 ReadableByteChannel 接口的对象创建 Scanner 对象。下面是一些例子。

表 20-19　Scanner 类的构造函数

方　　法	描　　述
Scanner(File *from*) 　　throws FileNotFoundException	创建的 Scanner 对象使用 *from* 指定的文件作为输入源
Scanner(File *from*, String *charset*) 　　throws FileNotFoundException	创建的 Scanner 对象使用 *from* 指定的文件作为输入源，并且文件的编码方式由 *charset* 指定
Scanner(InputStream *from*)	创建的 Scanner 对象使用 *from* 指定的流作为输入源
Scanner(InputStream *from*, 　　String *charset*)	创建的 Scanner 对象使用 *from* 指定的流作为输入源，并且流的编码方式由 *charset* 指定
Scanner(Path *from*) throws IOException	创建的 Scanner 对象使用 *from* 指定的文件作为输入源
Scanner(Path *from*, String *charset*) 　　throws IOException	创建的 Scanner 对象使用 *from* 指定的文件作为输入源，并且文件的编码方式由 *charSet* 指定

(续表)

方法	描述
Scanner(Readable *from*)	创建的 Scanner 对象使用 *from* 指定的 Readable 对象作为输入源
Scanner (ReadableByteChannel *from*)	创建的 Scanner 对象使用 *from* 指定的 ReadableByteChannel 作为输入源
Scanner(ReadableByteChannel *from*, String *charset*)	创建的 Scanner 对象使用 *from* 指定的 ReadableByteChannel 作为输入源，编码方式由 *charset* 指定
Scanner(String *from*)	创建的 Scanner 对象使用 *from* 指定的字符串作为输入源

下面的语句创建用于读取 Test.txt 文件的 Scanner 对象：

```
FileReader fin = new FileReader("Test.txt");
Scanner src = new Scanner(fin);
```

上面的代码可以工作，因为 FileReader 实现了 Readable 接口。因此，对构造函数的调用被解析为 Scanner(Readable)。

下面的这行代码创建从标准输入读取内容的 Scanner 对象，默认情况下标准输入是键盘：

```
Scanner conin = new Scanner(System.in);
```

这行代码可以工作，因为 System.in 是 InputStream 类型的对象。因此，对构造函数的调用被映射为 Scanner(InputStream)。

下面的语句创建从字符串读取内容的 Scanner 对象：

```
String instr = "10 99.88 scanning is easy.";
Scanner conin = new Scanner(instr);
```

20.14.2 扫描的基础知识

一旦创建了 Scanner 对象，使用它来读取格式化输入就是很简单的事情了。通常，Scanner 对象从位于底层的、创建这种对象时指定的源读取标记。标记与 Scanner 有关，是输入的一部分，由一系列定界符限定，默认情况下定界符是空白。标记通过将自身与某个特定的正则表达式进行匹配来实现读取，正则表达式定义了数据的格式。尽管 Scanner 允许定义特定类型的表达式，以便与下一次输入操作进行匹配，但仍然提供了许多预先定义好的模式，这些预先定义好的模式可以匹配基本类型，例如 int、double 以及字符串。因此，通常不需要指定用于匹配的模式。

通常，为了使用 Scanner，需要遵循以下过程：

(1) 通过调用 Scanner 类的 hasNextX 方法(在此，X 是期望的数据类型)，确定是否可以得到某个特定类型的输入。

(2) 如果能够得到输入，就调用 Scanner 类的 nextX 方法进行读取。

(3) 重复上述过程，直到输入全部读取完。

(4) 调用 close() 方法关闭 Scanner 对象。

通过上面的过程可以看出，Scanner 类定义了两套用于读取输入的方法。第一套是 hasNextX 方法，表 20-20 显示了这套方法。这些方法确定能否获取特定类型的输入。例如，只有当下一个将要读取的标记是整数时，hasNextInt()调用才会返回 true。如果能够得到期望的类型，那么可以调用 Scanner 类的 nextX 方法来读取，表 20-21 显示了 nextX 方法。例如，为了读取下一个整数，可以调用 nextInt()方法。下面的语句显示了如何从键盘读取一系列整数：

```
Scanner conin = new Scanner(System.in);
int i;

// Read a list of integers.
while(conin.hasNextInt()) {
  i = conin.nextInt();
```

```
    // ...
}
```

只要下一个标记不是整数，while 循环就会停止。因此，只要在输入流中遇到非整数，循环就停止读取整数。

如果 nextX 方法无法找到它正在查找的数据类型，就会抛出 InputMismatchException 异常；如果不能得到更多输入，nextX 方法会抛出 NoSuchElementException 异常。因此，在调用 nextX 方法之前，最好先调用对应的 hasNextX 方法，确定能否得到期望类型的数据。

表 20-20　Scanner 类的 hasNextX 方法

方　　法	描　　述
boolean hasNext()	如果有可以读取的任意类型的标记，就返回 true；否则返回 false
boolean hasNext(Pattern *pattern*)	如果有可以读取的与 pattern 传递过来的模式相匹配的标记，就返回 true；否则返回 false
boolean hasNext(String *pattern*)	如果有可以读取的与 pattern 传递过来的模式相匹配的标记，就返回 true；否则返回 false
boolean hasNextBigDecimal()	如果能够读取某个可以存储于 BigDecimal 对象中的值，就返回 true；否则返回 false
boolean hasNextBigInteger()	如果能够读取某个可以存储于 BigInteger 对象中的值，就返回 true；否则返回 false (除非进行修改，否则默认基数是 10)
boolean hasNextBigInteger(int *radix*)	如果能够读取某个使用指定基数并且可以存储于 BigInteger 对象中的值，就返回 true；否则返回 false
boolean hasNextBoolean()	如果可以读取某个布尔型值，就返回 true；否则返回 false
boolean hasNextByte()	如果可以读取某个 byte 值，就返回 true；否则返回 false。使用默认基数(除非进行修改，否则默认基数是 10)
boolean hasNextByte(int *radix*)	如果能够读取某个使用指定基数的 byte 值，就返回 true；否则返回 false
boolean hasNextDouble()	如果能够读取某个 double 值，就返回 true；否则返回 false
boolean hasNextFloat()	如果能够读取某个 float 值，就返回 true；否则返回 false
boolean hasNextInt()	如果能够读取某个 int 值，就返回 true；否则返回 false。使用默认基数(除非进行修改，否则默认基数是 10)
boolean hasNextInt(int *radix*)	如果能够读取某个使用指定基数的 int 值，就返回 true；否则返回 false
boolean hasNextLine()	如果能够读取输入的行，就返回 true
boolean hasNextLong()	如果能够读取某个 long 值，就返回 true；否则返回 false。使用默认基数(除非进行修改，否则默认基数是 10)
boolean hasNextLong(int *radix*)	如果能够读取某个使用指定基数的 long 值，就返回 true；否则返回 false
boolean hasNextShort()	如果能够读取某个 short 值，就返回 true；否则返回 false。使用默认基数(除非进行修改，否则默认基数是 10)
boolean hasNextShort(int *radix*)	如果能够读取某个使用指定基数的 short 值，就返回 true；否则返回 false

表 20-21　Scanner 类的 nextX 方法

方　　法	描　　述
String next()	从输入源返回下一个任意类型的标记
String next(Pattern *pattern*)	从输入源返回下一个与 pattern 传递过来的模式相匹配的标记
String next(String *pattern*)	从输入源返回下一个与 pattern 传递过来的模式相匹配的标记
BigDecimal nextBigDecimal()	作为 BigDecimal 对象返回下一个标记
BigInteger nextBigInteger()	作为 BigInteger 对象返回下一个标记。使用默认基数(除非进行修改，否则默认基数是10)
BigInteger nextBigInteger(int *radix*)	作为 BigInteger 对象返回下一个标记(使用指定的基数)

(续表)

方法	描述
boolean nextBoolean()	作为布尔值返回下一个标记
byte nextByte()	作为 byte 值返回下一个标记。使用默认基数(除非进行修改，否则默认基数是 10)
byte nextByte(int *radix*)	作为 byte 值返回下一个标记(使用指定的基数)
double nextDouble()	作为 double 值返回下一个标记
float nextFloat()	作为 float 值返回下一个标记
int nextInt()	作为 int 值返回下一个标记。使用默认基数(除非进行修改，否则默认基数是 10)
int nextInt(int *radix*)	作为 int 值返回下一个标记(使用指定的基数)
String nextLine()	作为字符串返回输入的下一行
long nextLong()	作为 long 值返回下一个标记。使用默认基数(除非进行修改，否则默认基数是 10)
long nextLong(int *radix*)	作为 long 值返回下一个标记(使用指定的基数)
short nextShort()	作为 short 值返回下一个标记。使用默认基数(除非进行修改，否则默认基数是 10)
short nextShort(int *radix*)	作为 short 值返回下一个标记(使用指定的基数)

20.14.3 一些 Scanner 示例

Scanner 使原来可能很繁杂的任务变得很容易。为理解其中的原因，让我们看一些例子。下面的程序计算通过键盘输入的一系列数字的平均值：

```java
// Use Scanner to compute an average of the values.
import java.util.*;

class AvgNums {
  public static void main(String args[]) {
    Scanner conin = new Scanner(System.in);

    int count = 0;
    double sum = 0.0;

    System.out.println("Enter numbers to average.");

    // Read and sum numbers.
    while(conin.hasNext()) {
      if(conin.hasNextDouble()) {
        sum += conin.nextDouble();
        count++;
      }
      else {
        String str = conin.next();
        if(str.equals("done")) break;
        else {
          System.out.println("Data format error.");
          return;
        }
      }
    }

    conin.close();
    System.out.println("Average is " + sum / count);
  }
}
```

该程序从键盘读取数字，并在读取过程中对它们进行求和，直到用户输入字符串 done。然后停止输入并显示这些数字的平均值。下面是一次示例运行：

```
Enter numbers to average.
1.2
2
3.4
4
done
Average is 2.65
```

该程序读取数字，直到遇到一个不能表示有效 double 值的标记为止。当遇到这种情况时，确认该标记是否是字符串"done"。如果是，就正常终止程序；否则显示错误。

注意在该程序中是通过调用 nextDouble()方法来读取数字。这个方法读取所有能够被转换成 double 值的数字，包括整数(比如 2)以及浮点数(比如 3.4)。因此，通过 nextDouble()方法读取的数字，不需要指定小数点。相同的一般规则可应用于所有 next 方法，它们会匹配并读取能够代表所需类型数值的所有数据格式。

关于 Scanner 特别好的另外一点是：从一个源读取数据的相同技术可用于从另外一个源读取数据。例如，下面是对前面程序进行修改后的版本，用来计算文本文件中包含的一系列数字的平均值：

```java
// Use Scanner to compute an average of the values in a file.
import java.util.*;
import java.io.*;

class AvgFile {
  public static void main(String args[])
    throws IOException {

    int count = 0;
    double sum = 0.0;

    // Write output to a file.
    FileWriter fout = new FileWriter("test.txt");
    fout.write("2 3.4 5 6 7.4 9.1 10.5 done");
    fout.close();

    FileReader fin = new FileReader("Test.txt");

    Scanner src = new Scanner(fin);

    // Read and sum numbers.
    while(src.hasNext()) {
      if(src.hasNextDouble()) {
        sum += src.nextDouble();
        count++;
      }
      else {
        String str = src.next();
        if(str.equals("done")) break;
        else {
          System.out.println("File format error.");
          return;
        }
      }
    }
```

```
      src.close();
      System.out.println("Average is " + sum / count);
   }
}
```

下面是输出：

```
Average is 6.2
```

上述程序演示了 Scanner 类的另外一个重要特性。注意 fin 引用的文件读取器没有直接关闭。相反，这个文件读取器是在 src 调用 close()方法时自动关闭的。当关闭 Scanner 对象时，与之关联的 Readable 也会被关闭(如果该 Readable 对象实现了 Closeable 接口的话)。所以在这个例子中，当关闭 src 时，fin 引用的文件会自动关闭。

Scanner类还实现了AutoCloseable接口，这意味着可通过带资源的try语句来管理它。在第13章解释过，当使用带资源的try语句时，在代码块结束时会自动关闭扫描器。例如，前面程序中的src可以像下面这样进行管理：

```
try (Scanner src = new Scanner(fin))
{
  // Read and sum numbers.
  while(src.hasNext()) {
    if(src.hasNextDouble()) {
      sum += src.nextDouble();
      count++;
    }
    else {
      String str = src.next();
      if(str.equals("done")) break;
      else {
        System.out.println("File format error.");
        return;
      }
    }
  }
}
```

为了清晰地演示 Scanner 对象的关闭过程，下面的例子将显式地调用 close()方法。但在合适的情况下在代码中使用带资源的 try 语句会更加得心应手。

另外注意一点，为了保持这个例子和其他例子中代码的紧凑性，只是将 I/O 异常从 main()方法中抛出。但是，真实的代码在正常情况下应当自己处理 I/O 异常。

可以使用 Scanner 对象读取包含一些不同类型数据的输入——即使事先不知道数据的顺序。在读取数据之前，必须先简单地检查数据的类型。例如，分析下面的程序：

```
// Use Scanner to read various types of data from a file.
import java.util.*;
import java.io.*;

class ScanMixed {
  public static void main(String args[])
    throws IOException {

    int i;
    double d;
    boolean b;
    String str;

    // Write output to a file.
```

```
    FileWriter fout = new FileWriter("test.txt");
    fout.write("Testing Scanner 10 12.2 one true two false");
    fout.close();

    FileReader fin = new FileReader("Test.txt");

    Scanner src = new Scanner(fin);

    // Read to end.
    while(src.hasNext()) {
      if(src.hasNextInt()) {
        i = src.nextInt();
        System.out.println("int: " + i);
      }
      else if(src.hasNextDouble()) {
        d = src.nextDouble();
        System.out.println("double: " + d);
      }
      else if(src.hasNextBoolean()) {
        b = src.nextBoolean();
        System.out.println("boolean: " + b);
      }
      else {
        str = src.next();
        System.out.println("String: " + str);
      }
    }

    src.close();
  }
}
```

下面是该程序的输出：

```
String: Testing
String: Scanner
int: 10
double: 12.2
String: one
boolean: true
String: two
boolean: false
```

当读取混合的数据类型时，正如前面的程序所做的，需要注意 next 方法的调用顺序。例如，如果在循环中颠倒对 nextInt() 和 nextDouble() 方法进行调用的顺序，那么两个数字都将被作为 double 类型进行读取，因为 nextDouble() 方法可以匹配能够表示为 double 类型的所有数值字符串。

20.14.4　设置定界符

Scanner 根据一系列定界符来确定标记的开始和结束位置。默认的定界符是空白字符，并且在前面的程序中使用的就是这个定界符。然而，可以通过调用 useDelimiter() 方法来改变定界符，该方法如下所示：

Scanner useDelimiter(String *pattern*)

Scanner useDelimiter(Pattern *pattern*)

其中，*pattern* 是指定定界符组的正则表达式。

下面的程序对前面显示的用于计算平均值的程序进行了修改，从而能够读取使用逗号以及任意数量的空格隔开的一系列数字：

```java
// Use Scanner to compute an average a list of
// comma-separated values.
import java.util.*;
import java.io.*;

class SetDelimiters {
  public static void main(String args[])
    throws IOException {

    int count = 0;
    double sum = 0.0;

    // Write output to a file.
    FileWriter fout = new FileWriter("test.txt");

    // Now, store values in comma-separated list.
    fout.write("2, 3.4,    5,6, 7.4, 9.1, 10.5, done");
    fout.close();

    FileReader fin = new FileReader("Test.txt");

    Scanner src = new Scanner(fin);

    // Set delimiters to space and comma.
    src.useDelimiter(", *");

    // Read and sum numbers.
    while(src.hasNext()) {
      if(src.hasNextDouble()) {
        sum += src.nextDouble();
        count++;
      }
      else {
        String str = src.next();
        if(str.equals("done")) break;
        else {
          System.out.println("File format error.");
          return;
        }
      }
    }

    src.close();
    System.out.println("Average is " + sum / count);
  }
}
```

在这个版本中，写入 test.txt 中的数字是由逗号和空格隔开的。通过使用定界符模式",*"，可以告诉 Scanner 对象将逗号与 0 个或多个空格匹配为定界符。该程序的输出与前面相同。

通过调用 delimiter()方法可以获取当前的定界符模式，该方法如下所示：

Pattern delimiter()

20.14.5 其他 Scanner 特性

除了前面已经讨论过的那些方法外，Scanner 类还定义了其他一些方法。有些情况下，其中特别有用的一个方法是 findInLine()。它的一般形式如下所示：

String findInLine(Pattern *pattern*)

String findInLine(String *pattern*)

这个方法在文本的下一行中搜索指定的模式。如果找到指定的模式，就使用并返回匹配的标记；否则返回 null。该方法的操作独立于所有定界符组。如果希望定位特定的模式，这个方法很有用。例如，下面的程序在输入字符串中定位 Age 字段，然后显示年龄：

```java
// Demonstrate findInLine().
import java.util.*;

class FindInLineDemo {
  public static void main(String args[]) {
    String instr = "Name: Tom Age: 28 ID: 77";

    Scanner conin = new Scanner(instr);

    // Find and display age.
    conin.findInLine("Age:"); // find Age

    if(conin.hasNext())
      System.out.println(conin.next());
    else
      System.out.println("Error!");

    conin.close();
  }
}
```

该程序的输出是 28。在这个程序中，使用 findInLine() 方法查找模式 "Age"。一旦找到，就读取下一个标记，也就是实际的年龄。

与 findInLine() 有关的方法是 findWithinHorizon()，如下所示：

String findWithinHorizon(Pattern *pattern*, int *count*)

String findWithinHorizon(String *pattern*, int *count*)

这个方法试图在后续 count 个字符中查找指定的模式。如果找到，就返回匹配的模式；否则返回 null。如果 count 是 0，就在所有输入中进行搜索，直到找到一个匹配或者到达输入的末尾为止。

可以使用 skip() 方法跳过某个模式，该方法如下所示：

Scanner skip(Pattern *pattern*)

Scanner skip(String *pattern*)

如果与 *pattern* 匹配，skip() 方法就简单地向前推进以越过当前标记，并返回对调用对象的引用。如果没有发现 *pattern*，skip() 方法就会抛出 NoSuchElementException 异常。

其他 Scanner 方法包括：radix()，该方法返回 Scanner 使用的默认基数；useRadix()，该方法设置基数；reset()，该方法重置扫描器；close()，该方法关闭扫描器。JDK 9 中新增了 tokens() 方法和 findAll() 方法，前者以 Stream<String> 的形式返回所有标记，后者以 Stream<MatchResult> 的形式返回与指定模式相匹配的标记。

20.15 ResourceBundle、ListResourceBundle 和 PropertyResourceBundle 类

java.util 包提供了 3 个用来帮助国际化程序的类。第 1 个是抽象类 ResourceBundle。该类定义的方法用于管理地区敏感资源的集合，例如用于显示程序中用户界面元素的字符串。可以定义两套或更多套用于支持各种语言的翻译过的字符串，比如英语、德语或汉语，每套翻译过的字符串都在自己的资源包中。然后可以加载适用于当前地区的资源包，并使用其中的字符串构造程序的用户界面。

资源包通过它们的家族名称(也称为它们的"基名")进行标识。对于家族名称，可以添加两字符的小写语言代码，语言代码用于指定语言。对于这种情况，如果需要的地区与语言代码相匹配，就使用该版本的资源包。例如，家族名称为 SampleRB 的资源包，可能有一个称为 SampleRB_de 的德语版、一个称为 SampleRB_ru 的俄语版 (注意在家族名称和语言代码之间有一个下画线用于进行链接)。所以，如果地区是 Locale.GERMAN，就会使用 SampleRB_de。

通过在语言代码之后指定国家代码，还可以标识与特定国家有关的语言的特定版本。国家代码是两字符的大写标识符，例如澳大利亚的国家代码是 AU、印度的国家代码是 IN。将国家代码链接到资源包名称时，在国家代码的前面也有一个下画线。只包含家族名称的资源包是默认包。当没有特定语言的包能够使用时，使用默认包。

> **注意：**
> 语言代码是由 ISO 639 标准定义的，国家代码是由 ISO 3166 标准定义的。

表 20-22 汇总了 ResourceBundle 类定义的方法。需要重点指出的是：不允许使用 null 键，并且如果传递 null 作为键的话，有些方法会抛出 NullPointerException 异常。注意嵌套的 ResourceBundle.Control 类，它用于控制资源包的加载过程。

表 20-22 ResourceBundle 类定义的方法

方　法	描　述
static final void clearCache()	从由默认的类加载器加载的高速缓存中删除所有资源包
static final void clearCache(ClassLoader *ldr*)	从由 *ldr* 加载的高速缓存中删除所有资源包
boolean containsKey(String *k*)	如果 *k* 是调用资源包(或其父包)中的一个键，就返回 true
String getBaseBundleName()	返回资源包的基名。如果失败，返回 false
static final ResourceBundle getBundle(String *familyName*)	使用默认地区和默认类加载器，加载家族名称为 *familyName* 的资源包。如果得不到与 *familyName* 指定的家族名称相匹配的资源包，就抛出 MissingResourceException 异常
static ResourceBundle getBundle(String *familyName*, Module *mod*)	对于由 *mod* 指定的模块，加载家族名称为 *familyName* 的资源包。使用默认的地区。如果得不到与 *familyName* 指定的家族名称相匹配的资源包，就抛出 MissingResourceException 异常
static final ResourceBundle getBundle(String *familyName*, Locale *loc*)	使用指定的地区和默认类加载器，加载家族名称为 *familyName* 的资源包。如果得不到与 *familyName* 指定的家族名称相匹配的资源包，就抛出 MissingResourceException 异常
static ResourceBundle getBundle(String *familyName*, Locale *loc*, Module *mod*)	对于由 *mod* 指定的模块，使用传入 *loc* 的地区，加载家族名称为 *familyName* 的资源包。如果得不到与 *familyName* 指定的家族名称相匹配的资源包，就抛出 MissingResourceException 异常

(续表)

方法	描述

static ResourceBundle
    getBundle(String *familyName*,
        Locale *loc*,
        ClassLoader *ldr*)
	使用指定的地区和指定的类加载器，加载家族名称为 *familyName* 的资源包。如果得不到与 *familyName* 指定的家族名称相匹配的资源包，就抛出 MissingResourceException 异常

static final ResourceBundle
    getBundle(String *familyName*,
        ResourceBundle.Control *cntl*)
	使用默认地区和默认类加载器，加载家族名称为 *familyName* 的资源包。加载过程在 *cntl* 的控制之下。如果得不到与 *familyName* 指定的家族名称相匹配的资源包，就抛出 MissingResource- Exception 异常

static final ResourceBundle
    getBundle(String *familyName*,
        Locale *loc*,
        ResourceBundle.Control *cntl*)
	使用指定的地区和默认类加载器，加载家族名称为 *familyName* 的资源包。加载过程在 *cntl* 的控制之下。如果得不到与 *familyName* 指定的家族名称相匹配的资源包，就抛出 MissingResourceException 异常

static ResourceBundle
    getBundle(String *familyName*,
        Locale *loc*,
        ClassLoader *ldr*,
        ResourceBundle.Control *cntl*)
	使用指定的地区和指定的类加载器，加载家族名称为 *familyName* 的资源包。加载过程在 *cntl* 的控制之下。如果得不到与 *familyName* 指定的家族名称相匹配的资源包，就抛出 MissingResourceException 异常

abstract Enumeration<String> getKeys()	作为字符串枚举返回资源包中的键，并且还会获得所有父包中的键
Locale getLocale()	返回资源包支持的地区
final Object getObject(String *k*)	返回与通过 *k* 传递过来的键相关联的对象。如果 *k* 不在资源包中，就抛出 MissingResourceException 异常
final String getString(String *k*)	返回与通过 *k* 传递过来的键相关联的字符串。如果 *k* 不在资源包中，就抛出 MissingResourceException 异常。如果与 *k* 关联的对象不是字符串，就抛出 ClassCastException 异常
final String[ ] getStringArray(String *k*)	返回与通过 *k* 传递过来的键相关联的字符串数组。如果 *k* 不在资源包中，就抛出 MissingResourceException 异常。如果与 *k* 关联的对象不是字符串数组，就抛出 ClassCastException 异常
protected abstract Object handleGetObject(String *k*)	返回与通过 *k* 传递过来的键相关联的对象。如果 *k* 不在资源包中，就返回 null
protected Set<String> handleKeySet()	作为一组字符串返回资源包中的键，但不能获取父包中的键
Set<String> keySet()	作为一组字符串返回资源包中的键，同时获取所有父包中的键
protected void setParent(ResourceBundle *parent*)	将 *parent* 设置为资源包的父包。当查找键时，如果在调用资源对象中没有找到键，就在父包中进行查找

注意

JDK 9 为 ResourceBundle 类添加了一些方法，以支持新的模块特性。另外，模块特性还引发了一些与资源包的使用相关的问题，这些问题超出了本书的讨论范围。可以参阅 API 文档获取有关模块是如何对资源包的使用造成影响的详细信息。

ResourceBundle 有两个子类。第一个是 PropertyResourceBundle，该类使用属性文件管理资源，

PropertyResourceBundle没有添加自己的方法。第二个是抽象类ListResourceBundle，该类使用键/值对数组管理资源。ListResourceBundle添加了getContents()方法，该类的所有子类都必须实现这个方法。这个方法如下所示：

```
protected abstract Object[][] getContents()
```

这个方法返回一个二维数组，包含表示资源的键/值对。键必须是字符串；值通常是字符串，不过也可以是其他类型。

下面是一个演示未命名模块中资源包用法的例子。资源包的家族名称为SampleRB。通过扩展ListResourceBundle，创建了这个家族的两个资源包类。第一个名为SampleRB，是默认包(使用英语)。该类如下所示：

```
import java.util.*;
public class SampleRB extends ListResourceBundle {
  protected Object[][] getContents() {
    Object[][] resources = new Object[3][2];

    resources[0][0] = "title";
    resources[0][1] = "My Program";

    resources[1][0] = "StopText";
    resources[1][1] = "Stop";

    resources[2][0] = "StartText";
    resources[2][1] = "Start";

    return resources;
  }
}
```

第二个资源包类如下所示，名为SampleRB_de，其中包含德语版本：

```
import java.util.*;

// German version.
public class SampleRB_de extends ListResourceBundle {
  protected Object[][] getContents() {
    Object[][] resources = new Object[3][2];

    resources[0][0] = "title";
    resources[0][1] = "Mein Programm";

    resources[1][0] = "StopText";
    resources[1][1] = "Anschlag";

    resources[2][0] = "StartText";
    resources[2][1] = "Anfang";

    return resources;
  }
}
```

下面的程序，通过为默认版本(英语)和德语版本显示与每个键关联的字符串，演示了这两个资源包：

```
// Demonstrate a resource bundle.
import java.util.*;

class LRBDemo {
```

```java
  public static void main(String args[]) {
    // Load the default bundle.
    ResourceBundle rd = ResourceBundle.getBundle("SampleRB");

    System.out.println("English version: ");
    System.out.println("String for Title key : " +
               rd.getString("title"));

    System.out.println("String for StopText key: " +
               rd.getString("StopText"));

    System.out.println("String for StartText key: " +
               rd.getString("StartText"));

    // Load the German bundle.
    rd = ResourceBundle.getBundle("SampleRB", Locale.GERMAN);

    System.out.println("\nGerman version: ");
    System.out.println("String for Title key : " +
               rd.getString("title"));

    System.out.println("String for StopText key: " +
               rd.getString("StopText"));

    System.out.println("String for StartText key: " +
               rd.getString("StartText"));
  }
}
```

该程序的输出如下所示：

```
English version:
String for Title key : My Program
String for StopText key: Stop
String for StartText key: Start

German version:
String for Title key : Mein Programm
String for StopText key: Anschlag
String for StartText key: Anfang
```

20.16 其他实用工具类和接口

除了前面讨论的类外，java.util 还提供了表 20-23 中所示的类。

表 20-23　java.util 提供的其他类

类	描　　述
Base64	支持 Base64 编码。还定义了 Encoder 和 Decoder 嵌套类
DoubleSummaryStatistics	支持编译 double 值。可获得以下信息：平均值、最小值、最大值、计数与和
EventListenerProxy	扩展了 EventListener 类，进而允许带有附加参数。有关事件监听器的讨论，请参见第 24 章
EventObject	所有事件类的超类，事件将在第 24 章讨论
FormattableFlags	定义 Formattable 接口使用的格式标志

(续表)

类	描述
IntSummaryStatistics	支持编译 int 值。可获得以下统计信息：平均值、最小值、最大值、计数与求和
Objects	操作对象的各种方法
PropertyPermission	管理属性许可
ServiceLoader	提供一种查找服务提供者的手段
StringJoiner	支持连接 CharSequence 对象，可以包含分隔符、前缀和后缀
UUID	封装并管理全球唯一标识符(Universally Unique Identifier，UUID)

在 java.util 包中还包含了表 20-24 中所示的接口。

表 20-24　java.util 提供的其他接口

接口	描述
EventListener	表明类是事件监听器，事件将在第 24 章讨论
Formattable	使类能够提供定制格式

20.17　java.util 子包

Java 为 java.util 定义了以下子包：

- java.util.concurrent
- java.util.concurrent.atomic
- java.util.concurrent.locks
- java.util.function
- java.util.jar
- java.util.logging
- java.util.prefs
- java.util.regex
- java.util.spi
- java.util.stream
- java.util.zip

除了有特殊注明的子包外，其他子包都位于 java.base 模块中。下面将简要介绍每个子包。

20.17.1　java.util.concurrent、java.util.concurrent.atomic 和 java.util.concurrent.locks

java.util.concurrent 包有两个自己的子包：java.util.concurrent.atomic 和 java.util.concurrent.locks，用来支持并行编程。当需要线程安全的操作时，这些包为使用 Java 内置的同步特性提供了高性能的替换方法。java.util.concurrent 包还提供了 Fork/Join 框架。这些包将在第 28 章详细介绍。

20.17.2　java.util.function

java.util.function 包定义了几个预定义的函数式接口，可以在创建 lambda 表达式或方法引用时使用。Java API 中也广泛使用了它们。表 20-25 显示了 java.util.function 定义的函数式接口，并概述了它们的抽象方法。注意，其中一些接口还定义了默认方法或静态方法来提供附加功能。你需要自己探索它们的用法(第 15 章讨论过函数式接口的使用)。

表 20-25 java.util.function 定义的函数式接口以及它们的抽象方法

接　　口	抽　象　方　法
BiConsumer<T, U>	void accept(T *tVal*, U *uVal*) 描述：操作 *t*Val 和 *u*Val
BiFunction<T, U, R>	R apply(T *tVal*, U *uVal*) 描述：操作 *t*Val 和 *u*Val，返回结果
BinaryOperator<T>	T apply(T *val1*, T *val2*) 描述：操作相同类型的两个对象，并返回结果。结果也是相同的类型
BiPredicate<T, U>	boolean test(T *tVal*, U *uVal*) 描述：如果 *t*Val 和 *u*Val 满足 test() 定义的条件，就返回 true；否则，返回 false
BooleanSupplier	boolean getAsBoolean() 描述：返回一个布尔值
Consumer<T>	void accept(T *val*) 描述：操作 *val*
DoubleBinaryOperator	double applyAsDouble(double *val1*, double *val2*) 描述：操作两个 double 类型的值，返回 double 类型的结果
DoubleConsumer	void accept(double *val*) 描述：操作 *val*
DoubleFunction<R>	R apply(double *val*) 描述：操作一个 double 类型的值，返回结果
DoublePredicate	boolean test(double *val*) 描述：如果 *val* 满足 test() 定义的条件，就返回 true；否则，返回 false
DoubleSupplier	double getAsDouble() 描述：返回一个 double 类型的结果
DoubleToIntFunction	int applyAsInt(double *val*) 描述：操作一个 double 类型的值，返回一个 int 类型的结果
DoubleToLongFunction	long applyAsLong(double *val*) 描述：操作一个 double 类型的值，返回一个 long 类型的结果
DoubleUnaryOperator	double applyAsDouble(double *val*) 描述：操作一个 double 类型的值，返回一个 double 类型的结果
Function<T, R>	R apply(T *val*) 描述：操作 *val*，返回结果
IntBinaryOperator	int applyAsInt(int *val1*, int *val2*) 描述：操作两个 int 类型的值，返回一个 int 类型的结果
IntConsumer	int accept(int *val*) 描述：操作 val
IntFunction<R>	R apply(int *val*) 描述：操作一个 int 类型的值，返回结果
IntPredicate	boolean test(int *val*) 描述：如果 *val* 满足 test() 定义的条件，就返回 true；否则，返回 false

(续表)

接　　口	抽　象　方　法
IntSupplier	int getAsInt() 描述：返回 int 类型的结果
IntToDoubleFunction	double applyAsDouble(int *val*) 描述：操作一个 int 类型的值，返回一个 double 类型的结果
IntToLongFunction	long applyAsLong(int *val*) 描述：操作一个 int 类型的值，返回一个 long 类型的结果
IntUnaryOperator	int applyAsInt(int *val*) 描述：操作一个 int 类型的值，返回一个 int 类型的结果
LongBinaryOperator	long applyAsLong(long *val1*, long *val2*) 描述：操作两个 long 类型的值，返回一个 long 类型的结果
LongConsumer	void accept(long *val*) 描述：操作 *val*
LongFunction<R>	R apply(long *val*) 描述：操作一个 long 类型的值，返回结果
LongPredicate	boolean test(long *val*) 描述：如果 *val* 满足 test() 定义的条件，就返回 true；否则，返回 false
LongSupplier	long getAsLong() 描述：返回一个 long 类型的结果
LongToDoubleFunction	double applyAsDouble(long *val*) 描述：操作一个 long 类型的值，返回一个 double 类型的结果
LongToIntFunction	int applyAsInt(long *val*) 描述：操作一个 long 类型的值，返回一个 int 类型的结果
LongUnaryOperator	long applyAsLong(long *val*) 描述：操作一个 long 类型的值，返回一个 long 类型的结果
ObjDoubleConsumer<T>	void accept(T *val1*, double *val2*) 描述：操作 *val1* 和 double 类型的值 *val2*
ObjIntConsumer<T>	void accept(T *val1*, int *val2*) 描述：操作 *val1* 和 int 类型的值 *val2*
ObjLongConsumer<T>	void accept(T *val1*, long *val2*) 描述：操作 *val1* 和 long 类型的值 *val2*
Predicate<T>	boolean test(T *val*) 描述：如果 *val* 满足 test() 定义的条件，就返回 true；否则，返回 false
Supplier<T>	T get() 描述：返回类型 T 的一个对象
ToDoubleBiFunction<T, U>	double applyAsDouble(T *tVal*, U *uVal*) 描述：操作 *tVal* 和 *uVal*，返回一个 double 类型的结果
ToDoubleFunction<T>	double applyAsDouble(T *val*) 描述：操作 *val*，返回一个 double 类型的结果

(续表)

接口	抽象方法
ToIntBiFunction<T, U>	int applyAsInt(T *tVal*, U *uVal*) 描述：操作 *tVal* 和 *uVal*，返回一个 int 类型的结果
ToIntFunction<T>	int applyAsInt(T *val*) 描述：操作 *val*，返回一个 int 类型的结果
ToLongBiFunction<T, U>	long applyAsLong(T *tVal*, U *uVal*) 描述：操作 *tVal* 和 *uVal*，返回一个 long 类型的结果
ToLongFunction<T>	long applyAsLong(T *val*) 描述：操作 *val*，返回一个 long 类型的结果
UnaryOperator<T>	T apply(T *val*) 描述：操作 *val*，返回结果

20.17.3　java.util.jar

java.util.jar 包提供了读取和写入 Java 归档(JAR)文件的能力。

20.17.4　java.util.logging

java.util.logging 包提供了对程序活动日志的支持，可以用于记录程序的动作，并有助于查找和调试问题。该包位于 java.logging 模块中。

20.17.5　java.util.prefs

java.util.prefs 包提供了对用户选择的支持，通常用于支持程序配置。该包位于 java.prefs 模块中。

20.17.6　java.util.regex

java.util.regex 包提供了对正则表达式处理的支持，该包将在第 30 章详细讨论。

20.17.7　java.util.spi

java.util.spi 包提供了对服务提供者的支持。

20.17.8　java.util.stream

Java.util.stream 包包含了 Java 的流 API。第 29 章将讨论流 API。

20.17.9　java.util.zip

java.util.zip 包提供了以流行的 ZIP 和 GZIP 格式读取和写入文件的能力。ZIP 和 GZIP 的输入流和输出流都可以使用。

第 21 章 输入/输出：探究 java.io

本章研究 java.io，该包提供了对 I/O 操作的支持。第 13 章对 Java 的 I/O 系统进行了概述，包括读取和写入文件、处理 I/O 异常以及关闭文件的基本技术。在此，将进一步详细分析 Java 的 I/O 系统。

所有程序员早就知道，如果不访问外部数据，大多数程序就不能完成它们的目标。数据是从输入源获取的。程序的结果被发送到输出目标。在 Java 中，这些源或目标的定义非常广泛。例如，网络连接、内存缓冲区或磁盘文件都可以由 Java 的 I/O 类操作。尽管在物理上是有区别的，但是这些设备通过相同的抽象实体进行处理：流。在第 13 章解释过，I/O 流是生成或使用信息的逻辑实体。I/O 流通过 Java 的 I/O 系统链接到物理设备。所有 I/O 流都以相同的方式工作，即使它们链接的实际物理设备不同。

> **注意：**
> 本章将介绍打包在 java.io 中的基于流的 I/O 系统，它们自 Java 最初发布以来就已提供且被广泛使用。然而，从 1.4 版本开始，Java 添加了另一套 I/O 系统，被称为 NIO(也就是 New I/O 英文首字母的缩写)。NIO 被打包到 java.nio 及其子包中。NIO 系统将在第 22 章介绍。

> **注意：**
> 千万不要混淆这里讨论的 I/O 系统使用的 I/O 流与 JDK 8 中新增的流 API。虽然它们在概念上相关，但实质上是不同的。因此，本章使用到术语"流"时，指的是 I/O 流。

21.1 I/O 类和接口

表 21-1 列出了 java.io 定义的 I/O 类。

表 21-1 java.io 定义的 I/O 类

BufferedInputStream	FileWriter	PipedInputStream
BufferedOutputStream	FilterInputStream	PipedOutputStream
BufferedReader	FilterOutputStream	PipedReader
BufferedWriter	FilterReader	PipedWriter
ByteArrayInputStream	FilterWriter	PrintStream
ByteArrayOutputStream	InputStream	PrintWriter
CharArrayReader	InputStreamReader	PushbackInputStream

(续表)

CharArrayWriter	LineNumberReader	PushbackReader
Console	ObjectInputFilter.Config	RandomAccessFile
DataInputStream	ObjectInputStream	Reader
DataOutputStream	ObjectInputStream.GetField	SequenceInputStream
File	ObjectOutputStream	SerializablePermission
FileDescriptor	ObjectOutputStream.PutField	StreamTokenizer
FileInputStream	ObjectStreamClass	StringReader
FileOutputStream	ObjectStreamField	StringWriter
FilePermission	OutputStream	Writer
FileReader	OutputStreamWriter	

java.io 包还包含两个已经不再赞成使用的类：LineNumberInputStream 和 StringBufferInputStream，上面没有列出这两个类。对于新代码不应当使用这两个类。

java.io 定义了表 21-2 所示的接口。

表 21-2 java.io 定义的接口

Closeable	FilenameFilter	ObjectInputValidation
DataInput	Flushable	ObjectOutput
DataOutput	ObjectInput	ObjectStreamConstants
Externalizable	ObjectInputFilter	Serializable
FileFilter	ObjectInputFilter.FilterInfo	

可以看出，在 java.io 中有许多类和接口。这些类和接口包含字节流、字符流以及对象串行化(对象的存储和检索)。本章将分析最常用的一些 I/O 组件。下面首先讨论最特殊的 I/O 类：File。

21.2 File 类

尽管 java.io 定义的大多数类用于操作流，但 File 类却不是。File 类直接处理文件和文件系统，也就是说，File 类没有指定如何从文件检索信息以及如何向文件中存储信息，而是描述了文件本身的属性。File 对象用于获取和操作与磁盘文件关联的信息，例如权限、时间、日期以及目录路径，并且还可以浏览子目录层次。

> **注意:**
> Path 接口和 Files 类是 NIO 系统的一部分，在许多情况下都为 File 类提供了强大的替换方案。具体细节请查看第 22 章。

在许多程序中，文件是主要的数据源和目标。尽管由于安全原因使用文件有一些限制，但是文件仍然是存储永久信息以及共享信息的主要资源。在 Java 中，目录被简单地作为带有附加属性的 File 对象，附加属性是可以通过 list()方法检查的一系列文件名。

下面的构造函数可以用于创建 File 对象：

File(String *directoryPath*)

File(String *directoryPath*, String *filename*)

File(File *dirObj*, String *filename*)

File(URI *uriObj*)

其中，*directoryPath* 是文件的路径名；*filename* 是文件或子目录的名称；*dirObj* 是指定目录的 File 对象；*uriObj* 是描述文件的 URI 对象。

下面的示例创建了 3 个文件：f1、f2 以及 f3。第 1 个 File 对象是使用目录路径作为唯一参数创建的；第 2 个 File 对象包含两个参数——路径和文件名。第 3 个 File 对象包含指定给 f1 的文件路径以及文件名，f3 与 f2 引用的是同一个文件。

```
File f1 = new File("/");
File f2 = new File("/","autoexec.bat");
File f3 = new File(f1,"autoexec.bat");
```

> **注意：**
> Java 使用介于 UNIX 和 Windows 约定之间的路径分隔符。如果在 Windows 版本的 Java 中使用正斜杠(/)，那么路径仍然会被正确解析。请记住，如果使用 Windows 约定的反斜杠(\)，那么在字符串中需要使用转义序列(\\)。

File 类定义了获取 File 对象中标准属性的方法。例如，getName()方法返回文件的名称；getParent()方法返回父目录名；并且如果文件存在，exists()方法将返回 true，否则返回 false。下面的例子演示了 File 类的一些方法。该例假定存在名为 "java" 的目录作为根目录，并且在这个根目录下包含文件 "COPYRIGHT"。

```java
// Demonstrate File.
import java.io.File;

class FileDemo {
  static void p(String s) {
    System.out.println(s);
  }

  public static void main(String args[]) {
    File f1 = new File("/java/COPYRIGHT");

    p("File Name: " + f1.getName());
    p("Path: " + f1.getPath());
    p("Abs Path: " + f1.getAbsolutePath());
    p("Parent: " + f1.getParent());
    p(f1.exists() ? "exists" : "does not exist");
    p(f1.canWrite() ? "is writeable" : "is not writeable");
    p(f1.canRead() ? "is readable" : "is not readable");
    p("is " + (f1.isDirectory() ? "" : "not" + " a directory"));
    p(f1.isFile() ? "is normal file" : "might be a named pipe");
    p(f1.isAbsolute() ? "is absolute" : "is not absolute");
    p("File last modified: " + f1.lastModified());
    p("File size: " + f1.length() + " Bytes");
  }
}
```

这个程序将会生成与下面类似的输出：

```
File Name: COPYRIGHT
Path: \java\COPYRIGHT
Abs Path: C:\java\COPYRIGHT
Parent: \java
exists
is writeable
is readable
is not a directory
```

```
is normal file
is not absolute
File last modified: 1282832030047
File size: 695 Bytes
```

File 类的大多数方法都是自解释型的。不过 isFile()和 isAbsolute()方法不是自解释型的。如果对某个文件调用 isFile()方法，会返回 true；如果对某个目录调用 isFile()方法，会返回 false。此外，对于有些特殊的文件，isFile()方法也返回 false，例如设备驱动和命名管道。因此，这个方法可以用于确保使用的文件能像常规文件一样。如果文件具有绝对路径，那么 isAbsolute()方法返回 true；如果文件的路径是相对的，那么返回 false。

File 类还提供了两个有用的实用方法。第一个方法是 renameTo()，如下所示：

boolean renameTo(File *newName*)

其中，由 *newName* 指定的文件名成为调用 File 对象的新名称。如果操作成功，就返回 true；如果文件不能被重命名(例如，如果试图重命名文件，使文件使用已经存在的文件名，就会失败)，就返回 false。

第二个实用方法是 delete()，该方法删除调用 File 对象的路径所代表的磁盘文件。该方法如下所示：

boolean delete()

如果目录为空的话，可以使用 delete()方法删除这个目录。如果删除成功，delete()方法将返回 true；如果不能删除文件，就返回 false。

表 21-3 所示是 File 类定义的其他一些有用方法。

表 21-3 File 类定义的其他方法

方 法	描 述
void deleteOnExit()	当 Java 虚拟机终止时，删除与调用对象关联的文件
long getFreeSpace()	返回在与调用对象关联的分区中剩余存储空间的字节数
long getTotalSpace()	返回在与调用对象关联的分区的存储容量
long getUsableSpace()	返回在与调用对象关联的分区中，剩余可用存储空间的字节数
boolean isHidden()	如果调用文件是隐藏的，就返回 true；否则返回 false
boolean setLastModified(long *millisec*)	将调用文件的时间戳设置为由 *millisec* 指定的时间,表示从标准时间 1970 年 1 月 1 日(UTC)起到现在经历的毫秒数
boolean setReadOnly()	将调用文件设置为只读文件

File 类还提供了将文件标记为可读、可写以及可执行的方法。因为 File 类实现了 Comparable 接口，所以也支持 compareTo()方法。

有一个特别有趣的方法是 toPath()，该方法如下所示：

Path toPath()

toPath()方法返回的 Path 对象表示由调用 File 对象封装的文件(换句话说，toPath()方法可以将 File 对象转换成 Path 对象)。Path 被打包到 java.nio.file 包中，是 NIO 的组成部分。因此，toPath()方法在旧的 File 类和新的 Path 接口之间搭建了一座桥梁(关于 Path 接口的讨论，请查看第 22 章)。

21.2.1 目录

目录是包含一系列其他文件和目录的 File 对象。当为目录创建 File 对象时，isDirectory()方法将会返回 true。在这种情况下，可以对 File 对象调用 list()方法以提取内部的其他文件和目录列表。该方法有两种形式。第一种形

式如下所示:

String[] list()

这种形式返回的文件列表是一个 String 对象数组。

下面显示的程序演示了如何使用 list()方法来检查目录的内容:

```java
// Using directories.
import java.io.File;

class DirList {
  public static void main(String args[]) {
    String dirname = "/java";
    File f1 = new File(dirname);

    if (f1.isDirectory()) {
      System.out.println("Directory of " + dirname);
      String s[] = f1.list();

      for (int i=0; i < s.length; i++) {
        File f = new File(dirname + "/" + s[i]);
        if (f.isDirectory()) {
          System.out.println(s[i] + " is a directory");
        } else {
          System.out.println(s[i] + " is a file");
        }
      }
    } else {
      System.out.println(dirname + " is not a directory");
    }
  }
}
```

下面是该程序的一次示例输出(当然,根据操作的目录,看到的输出可能会不同):

```
Directory of /java
bin is a directory
lib is a directory
demo is a directory
COPYRIGHT is a file
README is a file
index.html is a file
include is a directory
src.zip is a file
src is a directory
```

21.2.2 使用 FilenameFilter 接口

经常会希望限制 list()方法返回的文件数量,使返回结果只包含匹配特定文件名模式(或称为过滤器)的那些文件。为此,必须使用 list()方法的第二种形式,如下所示:

String[] list(FilenameFilter *FFObj*)

在这种形式中,*FFObj* 是实现了 FilenameFilter 接口的类的对象。

FilenameFilter 接口只定义了方法 accept(),该方法针对列表中的每个文件调用一次,它的一般形式如下所示:

boolean accept(File *directory*, String *filename*)

在由 *directory* 指定的目录中，对于那些应当被包含到列表中的文件(也就是那些能匹配 *filename* 参数的文件)，accept()方法返回 true；对于那些应当排除的文件，accept()方法返回 false。

下面显示的 OnlyExt 类实现了 FilenameFilter 接口。在此，将使用该类修改前面的程序，从而限制 list()方法返回的文件名的可见性，只包含那些文件名是以指定的文件扩展名结尾的文件。其中，文件扩展名是在创建对象时指定的。

```
import java.io.*;

public class OnlyExt implements FilenameFilter {
  String ext;

  public OnlyExt(String ext) {
    this.ext = "." + ext;
  }

  public boolean accept(File dir, String name) {
    return name.endsWith(ext);
  }
}
```

修改后的目录列表程序如下所示。现在，该程序只显示扩展名为.html 的文件。

```
// Directory of .HTML files.
import java.io.*;

class DirListOnly {
  public static void main(String args[]) {
    String dirname = "/java";
    File f1 = new File(dirname);
    FilenameFilter only = new OnlyExt("html");
    String s[] = f1.list(only);

    for (int i=0; i < s.length; i++) {
      System.out.println(s[i]);
    }
  }
}
```

21.2.3　listFiles()方法

list()方法还有一种形式，称为 listFiles()，你可能会发现该方法很有用。listFiles()方法的签名如下所示：

File[] listFiles()

File[] listFiles(FilenameFilter *FFObj*)

File[] listFiles(FileFilter *FObj*)

这些方法将文件列表作为 File 对象数组而不是字符串数组返回。第 1 个方法返回所有文件，第 2 个方法返回那些满足指定的 FilenameFilter 的文件。除了返回的是 File 对象数组之外，就工作方式而言，这两个版本的 listFiles()方法和它们等价的 list()方法类似。

第 3 个版本的 listFiles()方法返回那些路径名称能满足指定的 FileFilter 的文件。FileFilter 只定义了方法 accept()，该方法针对列表中的每个文件调用一次，它的一般形式如下所示：

boolean accept(File *path*)

对于应当包含到列表中的文件(也就是那些能匹配 *path* 参数的文件)，该方法返回 true；对于那些应当排除的文件，该方法返回 false。

21.2.4 创建目录

File 类提供的另外两个有用的实用方法是 mkdir()和 mkdirs()。mkdir()方法用来创建目录，如果成功，就返回 true；否则返回 false。有各种原因可能会导致创建失败，例如在 File 对象中指定的路径已经存在，或者因为整个路径不存在而不能创建目录。要为不存在的路径创建目录，可以使用 mkdirs()方法，该方法创建目录及其所有父目录。

21.3 AutoCloseable、Closeable 和 Flushable 接口

有 3 个接口对于流类相当重要，其中两个接口是 Closeable 和 Flushable，它们是在 java.io 包中定义的。第 3 个接口是 AutoCloseable，它被打包到 java.lang 包中。

AutoCloseable 接口对带资源的 try 语句提供了支持，这种 try 语句可以自动执行资源关闭过程。只有实现了 AutoCloseable 接口的类的对象才可以由带资源的 try 语句管理。在第 17 章讨论过 AutoCloseable 接口，但是为了方便起见，在此将对其进行回顾。AutoCloseable 接口只定义了 close()方法：

void close() throws Exception

这个方法关闭调用对象，释放可能占用的所有资源。在带资源的 try 语句的末尾，会自动调用该方法，因此消除了显式调用 close()方法的需要。因为打开流的所有 I/O 类都实现了这个接口，所以带资源的 try 语句能够自动关闭所有这种流。自动关闭流可以确保当不再需要时，流能够正确地关闭，从而阻止内存泄漏和其他问题生成。

Closeable 接口也定义了 close()方法。实现了 Closeable 接口的类的对象可以被关闭。Closeable 扩展了 AutoCloseable。因此，所有实现了 Closeable 接口的类也都实现了 AutoCloseable 接口。

实现了 Flushable 接口的类的对象，可以强制将缓冲的输出写入与对象关联的流中。该接口定义了 flush()方法，如下所示：

void flush() throws IOException

刷新流通常会导致缓冲的输出被物理地写入底层设备中。写入流的所有 I/O 类都实现了 Flushable 接口。

21.4 I/O 异常

在 I/O 处理中，有两类异常扮演重要角色。第一类是 IOException 异常，因为与大多数 I/O 类有关，所以在本章将对其进行介绍。如果发生 I/O 错误，就会抛出 IOException 异常。在许多情况下，如果文件无法打开，会抛出 FileNotFoundException 异常。FileNotFoundException 是 IOException 的子类，所以可以使用用来捕获 IOException 异常的单条 catch 子句捕获这两种异常。为简单起见，本章的大部分示例代码采用了这种方法。然而，在你自己的应用程序中，会发现分别捕获每种异常是有用的。

当执行 I/O 时，另外一种有时很重要的异常是 SecurityException。在第 13 章解释过，在存在安全管理器的情况下，当试图打开文件时，如果发生安全违规，有些文件类会抛出 SecurityException 异常。默认情况下，通过 Java 运行的应用程序不使用安全管理器。因此，在本书中的 I/O 示例不需要查看是否会抛出 SecurityException 异常，但其他应用程序可能会生成 SecurityException 异常。在这种情况下，需要处理这种异常。

21.5 关闭流的两种方式

通常，当不再需要流时，必须关闭流。如果不这么做，就可能会导致内存泄漏以及资源紧张。在第 13 章介绍了关闭资源的技术，但因为它们很重要，所以在分析流类之前，先对它们进行简要的回顾。

从 JDK 7 开始，有两种关闭流的基本方式。第一种是显式地在流上调用 close()方法，这是自从 Java 最初发布以来就一直在使用的传统方式。对于这种方式，通常是在 finally 代码块中调用 close()方法。因此，这种传统方式的简单框架如下所示：

```
try {
  // open and access file
} catch( I/O-exception) {
  // ...
} finally {
  // close the file
}
```

在 JDK 7 之前的代码中，这种通用技术(以及其他变体形式)很常见。

关闭流的第二种方式是使用 JDK 7 中添加的带资源的 try 语句，从而自动执行这一过程。带资源的 try 语句是 try 语句的增强形式，如下所示：

```
try (resource-specification) {
   // use the resource
}
```

其中，*resource-specification* 是声明以及初始化资源(例如文件或其他基于流的资源)的一条或多条语句。其中包含一个变量声明，使用引用(这个引用指向将被管理的对象)初始化该变量。当 try 代码块结束时，资源被自动释放。对于文件，这意味着文件被自动关闭。因此，不再需要显式地调用 close()方法。从 JDK 9 开始，try 的资源说明(resource-specification)也可以由程序中较早声明并初始化的变量组成。但这些变量必须被有效地声明为 final，这意味着在这些变量初始化之后就不能再为它们赋新值。

下面是关于带资源的 try 语句的 3 个关键点：

- 由带资源的 try 语句管理的资源必须是实现了 AutoCloseable 接口的类的对象。
- 在 try 代码中声明的资源被隐式声明为 final。
- 通过使用分号分隔每个声明可以管理多个资源。

此外请记住，所声明资源的作用域被限制在带资源的 try 语句中。

带资源的 try 语句的主要优点是：当 try 代码块结束时，资源(在此是流)会被自动关闭。因此，不可能会忘记关闭流。使用带资源的 try 语句，通常可以使源代码更短、更清晰、更容易维护。

因为以上优点，所以预期新代码会广泛地使用带资源的 try 语句。因此，本章(以及本书)中的大部分代码都将使用这种 try 语句。然而，因为仍然有大量旧代码存在，所以对于所有程序员来说，熟悉关闭流的传统方式仍然是很重要的。例如，你很有可能必须操作使用传统方式的遗留代码，或者在使用 Java 旧版本的环境中工作。有时可能由于代码的其他方面，使用自动资源管理方式并不合适。由于这些原因，本书中的一些 I/O 示例将演示传统方式，从而使你可以看到它们的工作方式。

最后一点：使用带资源的 try 语句的例子必须通过现代版本的 Java 来编译。在旧的编译器中，它们无法工作。使用传统方式的例子可以由旧版本的 Java 进行编译。

> **请记住：**
> 因为带资源的 try 语句简化了释放资源的过程，并消除了可能在无意中忘记释放资源的风险，所以，如果合适的话，推荐将之应用于新代码。

21.6 流类

Java 中基于流的 I/O 构建在 4 个抽象类之上：InputStream、OutputSteam、Reader 和 Writer，在第 13 章简要讨论了这些类。它们用于创建具体的流子类。尽管程序通过具体子类来完成 I/O 操作，但是顶级类定义了所有流类都通用的基本功能。

InputStream 和 OutStream 针对字节流而设计，Reader 和 Writer 针对字符流而设计。字节流类和字符流类形成了不同的层次。通常，当操作字符或字符串时，应当使用字符流；当操作字节或其他二进制对象时，应当使用字节流。

在本章剩余部分，将对面向字节和面向字符的流进行分析。

21.7 字节流

字节流类为处理面向字节的 I/O 提供了丰富的环境。字节流可以用于任意类型的对象，包括二进制数据。这个多用途特性使得字节流对于许多类型的程序都很重要。既然 InputStream 和 OutputStream 位于字节流的顶层，下面就从它们开始进行讨论。

21.7.1 InputStream 类

InputStream 是抽象类，定义了 Java 的流字节输入模型，并且还实现了 AutoCloseable 和 Closeable 接口。当发生 I/O 错误时，该类中的大部分方法都会抛出 IOException 异常(方法 mark()和 markSupported()除外)。表 21-4 显示了 InputStream 类中的方法。

表 21-4　InputStream 类定义的方法

方法	描述
int available()	返回当前可读取的输入字节数
void close()	关闭输入源。如果试图继续进行读取，会生成 IOException 异常
void mark(int *numBytes*)	在输入流的当前位置放置标记，该标记在读入 *numBytes* 个字节之前一直都有效
boolean markSupported()	如果调用流支持 mark()或 reset()方法，就返回 true
static InputStream nullInputStream()	返回一个打开的空输入流，其中不包含任何数据。因此，这样的流总是位于文件末尾并且没有可以获取的输入。不过可以关闭这样的流(JDK 11 新增)
int read()	返回代表下一个可用字节的整数。当到达文件末尾时，返回-1
int read(byte *buffer*[ ])	尝试读取 *buffer.length* 个字节到 *buffer* 中，并返回实际成功读取的字节数。如果到达文件末尾，就返回-1
int read(byte *buffer*[ ], int *offset*, int *numBytes*)	尝试读取 *numBytes* 个字节到 *buffer* 中，从 *buffer[offset]* 开始保存读取的字节。该方法返回成功读取的字节数；如果到达文件末尾，就返回-1
byte[ ] readAllBytes()	从当前位置开始读取字节，直到流的末尾结束，返回包含了输入的字节数组
byte[ ] readNBytes(int *numBytes*)	尝试读取 *numBytes* 个字节，将结果返回到字节数组中。如果在读取 *numBytes* 个字节前就已经到达了文件末尾，那么返回的数组中所包含的字节数将少于 *numBytes* 个字节 (JDK 11 新增)
int readNBytes(byte *buffer*[ ], int *offset*, int *numBytes*)	尝试读取 *numBytes* 个字节到 *buffer* 中，从 *buffer[offset]* 开始保存读取的字节。该方法返回成功读取的字节数

(续表)

方法	描述
void reset()	将输入指针重置为前面设置的标记
long skip(long *numBytes*)	忽略(即跳过)*numBytes* 个字节的输入，返回实际忽略的字节数
long transferTo(OutputStream *strm*)	将调用流中的字节复制到 *strm* 中，返回所复制的字节数

> **注意：**
> InputStream 的子类实现了在表 21-4 中描述的大部分方法，只是 mark()和 reset()方法除外；在使用后面讨论的每个子类时，应注意这些方法的用法。

21.7.2 OutputStream 类

OutputStream 类是定义流字节输出的抽象类，实现了 AutoCloseable、Closeable 以及 Flushable 接口。该类中的大部分方法都返回 void，并且如果发生 I/O 错误，大部分方法会抛出 IOException 异常。表 21-5 显示了 OutputStream 类定义的方法。

表 21-5　OutputStream 类定义的方法

方法	描述
void close()	关闭输出流。如果试图继续向流中写入内容，将生成 IOException 异常
void flush()	结束输出状态，从而清空所有缓冲区，即刷新输出缓冲区
static OutputStream nullOutputStream()	返回一个打开的空输出流，其中实际未被写入任何输出。可以调用它的输出方法，但不会产生实际输出。不过可以关闭这个流(JDK 11 新增)
void write(int *b*)	向输出流中写入单个字节。注意参数是 int 类型，从而允许使用表达式调用 write()方法，而不用将表达式强制转换回 byte 类型
void write(byte *buffer*[ ])	向输出流中写入一个完整的字节数组
void write(byte *buffer*[ ], int *offset*, int *numBytes*)	将 *buffer* 数组中从 *buffer[offset]* 开始的 *numBytes* 个字节写入输出流中

21.7.3 FileInputStream 类

使用 FileInputStream 类创建的 InputStream 对象可以用于从文件读取字节。两个常用的构造函数如下所示：

FileInputStream(String *filePath*)
FileInputStream(File *fileObj*)

这两个构造函数都会抛出 FileNotFoundException 异常。其中，*filePath* 是文件的完整路径名，*fileObj* 是描述文件的 File 对象。

下面的例子创建了两个 FileInputStream 对象，它们使用相同的磁盘文件，并且分别是使用这两个构造函数创建的：

```
FileInputStream f0 = new FileInputStream("/autoexec.bat")
File f = new File("/autoexec.bat");
FileInputStream f1 = new FileInputStream(f);
```

尽管第一个构造函数可能更常用，但是使用第二个构造函数，在将文件附加到输入流之前，可以使用 File 类的方法对文件进行进一步的检查。当创建 FileInputStream 对象时，还可以为读取而打开流。FileInputStream 类重写了 InputStream 抽象类中的几个方法，但没有重写 mark()和 reset()方法。在 FileInputStream 对象上试图调用 reset()

方法时，会抛出 IOException 异常。

下面的例子显示了如何读取单个字节、整个字节数组以及字节数组的一部分。该例还演示了如何使用 available()方法确定剩余的字节数量，以及如何使用 skip()方法略过不希望的字节。该程序读取自己的源文件，源文件必须位于当前目录下。注意当文件不再需要时，该程序使用带资源的 try 语句自动关闭文件。

```java
// Demonstrate FileInputStream.

import java.io.*;

class FileInputStreamDemo {
  public static void main(String args[]) {
    int size;

    // Use try-with-resources to close the stream.
    try ( FileInputStream f =
          new FileInputStream("FileInputStreamDemo.java") ) {

      System.out.println("Total Available Bytes: " +
                    (size = f.available()));

      int n = size/40;
      System.out.println("First " + n +
                    " bytes of the file one read() at a time");
      for (int i=0; i < n; i++) {
        System.out.print((char) f.read());
      }

      System.out.println("\nStill Available: " + f.available());

      System.out.println("Reading the next " + n +
                    " with one read(b[])");
      byte b[] = new byte[n];
      if (f.read(b) != n) {
        System.err.println("couldn't read " + n + " bytes.");
      }

      System.out.println(new String(b, 0, n));
      System.out.println("\nStill Available: " + (size = f.available()));
      System.out.println("Skipping half of remaining bytes with skip()");
      f.skip(size/2);
      System.out.println("Still Available: " + f.available());

      System.out.println("Reading " + n/2 + " into the end of array");
      if (f.read(b, n/2, n/2) != n/2) {
        System.err.println("couldn't read " + n/2 + " bytes.");
      }

      System.out.println(new String(b, 0, b.length));
      System.out.println("\nStill Available: " + f.available());
    } catch(IOException e) {
      System.out.println("I/O Error: " + e);
    }
  }
}
```

下面是该程序生成的输出：

```
Total Available Bytes: 1714
First 42 bytes of the file one read() at a time
// Demonstrate FileInputStream.

impor
Still Available: 1672
Reading the next 42 with one read(b[])
t java.io.*;

class FileInputStreamD

Still Available: 1630
Skipping half of remaining bytes with skip()
Still Available: 815
Reading 21 into the end of array
t java.io.*;

c n) {
      Syst

Still Available: 794
```

这个有些刻意创建的例子演示了从流中读取内容的 3 种方式、忽略输入以及检查流中能够读取的数据量的方式。

> **注意：**
> 前面的例子以及本章中的其他例子处理了在第 13 章中描述的可能发生的所有 I/O 异常。详细内容以及替代方案请查看第 13 章。

21.7.4　FileOutputStream 类

FileOutputStream 类创建能够向文件中写入字节的 OutputStream 对象。该类实现了 AutoCloseable、Closeable 以及 Flushable 接口，它的 4 个构造函数如下所示：

FileOutputStream(String *filePath*)

FileOutputStream(File *fileObj*)

FileOutputStream(String *filePath*, boolean *append*)

FileOutputStream(File *fileObj*, boolean *append*)

它们都可能抛出 FileNotFoundException 异常。其中，*filePath* 是文件的完整路径，*fileObj* 是描述文件的 File 对象。如果 *append* 为 true，就以追加模式打开文件。

FileOutputStream 对象的创建不依赖于已经存在的文件。当创建对象时，FileOutputStream 会在打开文件之前创建文件。当创建 FileOutputStream 对象时，如果试图打开只读文件，会抛出异常。

下面的例子首先创建一个 String 对象，然后使用 getBytes()方法提取与之等价的字节数组，创建一个样本字节缓冲区。然后该例创建了 3 个文件。第 1 个文件是 file1.txt，将包含样本中每隔一个字节的字节。第 2 个文件是 file2.txt，将包含整个字节。第 3 个也是最后一个文件是 file3.txt，将只包含最后 1/4 的字节。

```
// Demonstrate FileOutputStream.
// This program uses the traditional approach to closing a file.

import java.io.*;
```

```
class FileOutputStreamDemo {
  public static void main(String args[]) {
    String source = "Now is the time for all good men\n"
      + " to come to the aid of their country\n"
      + " and pay their due taxes.";
    byte buf[] = source.getBytes();
    FileOutputStream f0 = null;
    FileOutputStream f1 = null;
    FileOutputStream f2 = null;

    try {
      f0 = new FileOutputStream("file1.txt");
      f1 = new FileOutputStream("file2.txt");
      f2 = new FileOutputStream("file3.txt");

      // write to first file
      for (int i=0; i < buf.length; i += 2) f0.write(buf[i]);

      // write to second file
      f1.write(buf);

      // write to third file
      f2.write(buf, buf.length-buf.length/4, buf.length/4);
    } catch(IOException e) {
      System.out.println("An I/O Error Occurred");
    } finally {
      try {
        if(f0 != null) f0.close();
      } catch(IOException e) {
        System.out.println("Error Closing file1.txt");
      }
      try {
        if(f1 != null) f1.close();
      } catch(IOException e) {
        System.out.println("Error Closing file2.txt");
      }
      try {
        if(f2 != null) f2.close();
      } catch(IOException e) {
        System.out.println("Error Closing file3.txt");
      }
    }
  }
}
```

下面是执行这个程序后每个文件中的内容。

第 1 个文件 file1.txt 中的内容是：

```
Nwi h iefralgo e
t oet h i ftercuty n a hi u ae.
```

下面是 file2.txt 文件中的内容：

```
Now is the time for all good men
 to come to the aid of their country
 and pay their due taxes.
```

下面是 file3.txt 文件中的内容：

> nd pay their due taxes.

正如程序开头所注释的，上述程序显示了当文件不再需要时，使用传统方式关闭文件的一个例子。JDK 7 之前的所有版本都需要使用这种方式，并且在遗留代码中，该方式的使用仍十分广泛。可以看出，显式调用 close() 方法需要一些笨拙的代码，因为，如果关闭操作失败，那么每次调用都会生成 IOException 异常。使用新的带资源的 try 语句，可以在本质上对这个程序进行改进。作为对比，下面是修改后的版本。注意这个版本更短并且更简单：

```java
// Demonstrate FileOutputStream.
// This version uses try-with-resources.

import java.io.*;

class FileOutputStreamDemo {
  public static void main(String args[]) {
    String source = "Now is the time for all good men\n"
      + " to come to the aid of their country\n"
      + " and pay their due taxes.";
    byte buf[] = source.getBytes();

    // Use try-with-resources to close the files.
    try (FileOutputStream f0 = new FileOutputStream("file1.txt");
         FileOutputStream f1 = new FileOutputStream("file2.txt");
         FileOutputStream f2 = new FileOutputStream("file3.txt") )
    {

      // write to first file
      for (int i=0; i < buf.length; i += 2) f0.write(buf[i]);

      // write to second file
      f1.write(buf);

      // write to third file
      f2.write(buf, buf.length-buf.length/4, buf.length/4);
    } catch(IOException e) {
      System.out.println("An I/O Error Occurred");
    }
  }
}
```

21.7.5　ByteArrayInputStream 类

ByteArrayInputStream 是使用字节数组作为源的输入流的一个实现。这个类有两个构造函数，每个构造函数都需要一个字节数组来提供数据源：

ByteArrayInputStream(byte *array* [])

ByteArrayInputStream(byte *array* [], int *start*, int *numBytes*)

在此，*array* 是输入源。第二个构造函数从字节数组的子集创建 InputStream 对象，这个数组子集从 *start* 指定的索引位置的字符开始，共有 *numBytes* 个字符。

close() 方法对 ByteArrayInputStream 对象没有效果。所以，不需要为 ByteArrayInputStream 对象调用 close() 方法。但如果这么做的话，也不会生成错误。

下面的例子创建了两个 ByteArrayInputStream 对象，使用字母表的字节形式初始化它们：

```java
// Demonstrate ByteArrayInputStream.
import java.io.*;

class ByteArrayInputStreamDemo {
  public static void main(String args[]) {
    String tmp = "abcdefghijklmnopqrstuvwxyz";
    byte b[] = tmp.getBytes();

    ByteArrayInputStream input1 = new ByteArrayInputStream(b);
    ByteArrayInputStream input2 = new ByteArrayInputStream(b,0,3);
  }
}
```

input1 对象包含整个小写字母表，而 input2 只包含前 3 个字母。

ByteArrayInputStream 实现了 mark() 和 reset() 方法。然而，如果没有调用 mark() 方法，那么 reset() 方法会将流指针设置为流的开头——在本示例中，也就是设置为传递给构造函数的字节数组的开头。下一个例子显示了如何使用 reset() 方法来读取相同的输入两次。在这个例子中，程序以小写形式读取并打印字母 "abc" 一次，然后再次使用大写形式读取并打印。

```java
import java.io.*;

class ByteArrayInputStreamReset {
  public static void main(String args[]) {
    String tmp = "abc";
    byte b[] = tmp.getBytes();
    ByteArrayInputStream in = new ByteArrayInputStream(b);

    for (int i=0; i<2; i++) {
      int c;
      while ((c = in.read()) != -1) {
        if (i == 0) {
          System.out.print((char) c);
        } else {
          System.out.print(Character.toUpperCase((char) c));
        }
      }
      System.out.println();
      in.reset();
    }
  }
}
```

这个程序首先从流中读取每个字符，并以小写形式输出。然后重置流并再次读取，这一次，在输出前会将每个字符转换成大写形式。下面是输出：

```
abc
ABC
```

21.7.6 ByteArrayOutputStream 类

ByteArrayOutputStream 是使用字节数组作为目标的输出流的一个实现。它有两个构造函数，如下所示：

ByteArrayOutputStream()

ByteArrayOutputStream(int *numBytes*)

在第一种形式中，创建一个 32 字节的缓冲区。在第二种形式中，创建一个由 *numBytes* 指定大小的缓冲区。缓冲区被保存在 ByteArrayOutputStream 中受保护的 buf 域变量中。如果需要的话，缓冲区的大小会自动增加。缓冲区能够保存的字节数量包含在 ByteArrayOutputStream 中受保护的 count 域变量中。

close()方法对 ByteArrayOutputStream 对象没有效果。所以，不需要为 ByteArrayOutputStream 对象调用 close()方法。但如果调用的话，也不会生成错误。

下面的程序演示了 ByteArrayOutputStream 类的使用：

```java
// Demonstrate ByteArrayOutputStream.

import java.io.*;

class ByteArrayOutputStreamDemo {
  public static void main(String args[]) {
    ByteArrayOutputStream f = new ByteArrayOutputStream();
    String s = "This should end up in the array";
    byte buf[] = s.getBytes();

    try {
      f.write(buf);
    } catch(IOException e) {
      System.out.println("Error Writing to Buffer");
      return;
    }

    System.out.println("Buffer as a string");
    System.out.println(f.toString());
    System.out.println("Into array");
    byte b[] = f.toByteArray();
    for (int i=0; i<b.length; i++) System.out.print((char) b[i]);

    System.out.println("\nTo an OutputStream()");

    // Use try-with-resources to manage the file stream.
    try ( FileOutputStream f2 = new FileOutputStream("test.txt") )
    {
      f.writeTo(f2);
    } catch(IOException e) {
      System.out.println("I/O Error: " + e);
      return;
    }

    System.out.println("Doing a reset");
    f.reset();

    for (int i=0; i\<3; i++) f.write('X');

    System.out.println(f.toString());
  }
}
```

执行这个程序会生成下面的输出。注意在调用 reset()方法之后，是如何将 3 个 X 写入开头的。

```
Buffer as a string
This should end up in the array
Into array
This should end up in the array
```

```
    To an OutputStream()
    Doing a reset
    XXX
```

这个例子使用 writeTo()这个方便的方法将 f 的内容写入 test.txt 文件中。检查上面程序创建的 test.txt 文件的内容，这将显示我们所期望的结果：

```
This should end up in the array
```

21.7.7 过滤的字节流

过滤的流(filtered stream)是一些简单的封装器，用于封装底层的输入流或输出流，并且还透明地提供一些扩展级别的功能。这些流一般是通过接收通用流的方法访问的，通用流是过滤流的超类。典型的扩展是缓冲、字符转换以及原始数据转换。过滤的字节流类是 FilterInputStream 和 FilterOutputStream，它们的构造函数如下所示：

FilterOutputStream(OutputStream *os*)

FilterInputStream(InputStream *is*)

这两个类提供的方法与 InputStream 和 OutputStream 类中的方法相同。

21.7.8 缓冲的字节流

对于面向字节的流，缓冲流通过将内存缓冲区附加到 I/O 系统来扩展过滤流。这种流允许 Java 一次对多个字节执行多次 I/O 操作，从而提升性能。因为可以使用缓冲区，所以略过、标记或重置流都是可能发生的。缓冲的字节流类是 BufferedInputStream 和 BufferedOutputStream。PushbackInputStream 也实现了缓冲流。

1. BufferedInputStream 类

缓冲 I/O 是很常见的性能优化手段。Java 的 BufferedInputStream 类允许将任何 InputStream 对象封装到缓冲流中以提高性能。

BufferedInputStream 类有两个构造函数：

BufferedInputStream(InputStream *inputStream*)

BufferedInputStream(InputStream *inputStream*, int *bufSize*)

第 1 种形式使用默认缓冲区大小创建缓冲流。在第 2 种形式中，缓冲区大小是由 *bufSize* 传递的。使缓冲区大小等于内存页面、磁盘块等大小的整数倍，可以明显提高性能。然而，这依赖于具体实现。最优的缓冲区大小通常依赖于宿主操作系统、可用的内存量以及机器的配置。为了充分利用缓冲，不需要这么复杂。比较好的缓冲大小大约是 8 192 字节，并且对于 I/O 系统来说，即使附加比较小的缓冲区，也总是一个好主意。这样的话，低级的系统就可以从磁盘或网络获取多块数据，并将结果存储在缓冲区中。因此，即使正在一次从 InputStream 对象读取一个字节，大部分时间也都是在操作访问速度很快的内存。

缓冲输入流还为在可用缓冲流中支持向后移动提供了基础。除了任何 InputStream 都实现了的 read()和 skip()方法外，BufferdInputStream 还支持 mark()和 reset()方法。BufferedInputStream. markSupported()方法返回 true，这一事实反映了这一特性。

下面的例子设计了一种情形，在这种情形中，可以使用 mark()方法记住位于输入流的什么位置，在后面使用 reset()方法返回到这个位置。这个例子解析 HTML 实体引用流以获取版权符号。这个引用由"与"(&)符号开始，并以分号(;)结束，中间没有任何空白字符。示例输出使用两个&符号来显示发生 reset()方法调用的位置以及不发生调用的位置。

```
    // Use buffered input.
```

```
import java.io.*;

class BufferedInputStreamDemo {
  public static void main(String args[]) {
    String s = "This is a &copy; copyright symbol " +
      "but this is &copy not.\n";
    byte buf[] = s.getBytes();

    ByteArrayInputStream in = new ByteArrayInputStream(buf);
    int c;
    boolean marked = false;

    // Use try-with-resources to manage the file.
    try ( BufferedInputStream f = new BufferedInputStream(in) )
    {
      while ((c = f.read()) != -1) {
        switch(c) {
        case '&':
          if (!marked) {
            f.mark(32);
            marked = true;
          } else {
            marked = false;
          }
          break;
        case ';':
          if (marked) {
            marked = false;
            System.out.print("(c)");
          } else
            System.out.print((char) c);
          break;
        case ' ':
          if (marked) {
            marked = false;
            f.reset();
            System.out.print("&");
          } else
            System.out.print((char) c);
          break;
        default:
          if (!marked)
            System.out.print((char) c);
          break;
        }
      }
    } catch(IOException e) {
      System.out.println("I/O Error: " + e);
    }
  }
}
```

注意这个例子使用 mark(32)，来为后面 32 个字节的读取操作保存标记(对于所有实体引用来说，这足够了)。下面是这个程序生成的输出：

```
This is a (c) copyright symbol but this is &copy not.
```

2. BufferedOutputStream 类

除了 flush()方法用于确保将数据缓冲区写入被缓冲的流之外，BufferedOutputStream 与所有 OutputStream 类似。BufferedOutputStream 是通过减少系统实际写数据的次数来提高性能的，因此可能需要调用 flush()方法，从而要求立即写入缓冲区的所有数据。

与缓冲输入不同，缓冲输出没有提供附加功能。Java 中用于输出的缓冲区只是为了提高性能。下面是两个构造函数：

BufferedOutputStream(OutputStream *outputStream*)

BufferedOutputStream(OutputStream *outputStream*, int *bufSize*)

第 1 种形式使用默认缓冲区大小创建缓冲流。在第 2 种形式中，缓冲区大小是由 *bufSize* 传递的。

3. PushbackInputStream 类

缓冲的新应用之一就是回推(pushback)的实现。回推用于输入流，以允许读取字节，然后再将它们返回(回推)到流中。PushbackInputStream 类实现了这一思想，提供了一种机制，可以"偷窥"来自输入流的内容而不会对它们进行破坏。

PushbackInputStream 类具有以下构造函数：

PushbackInputStream(InputStream *inputStream*)

PushbackInputStream(InputStream *inputStream*, int *numBytes*)

第 1 种形式创建的流对象允许将一个字节返回到输入流；第 2 种形式创建的流对象具有一个长度为 *numBytes* 的回推缓冲区，从而允许将多个字节回推到输入流中。

除了熟悉的来自 InputStream 的方法外，PushbackInputStream 类还提供了 unread()方法，如下所示：

void unread(int *b*)

void unread(byte *buffer* [])

void unread(byte *buffer*, int *offset*, int *numBytes*)

第 1 种形式回推 *b* 的低阶字节，这会是后续的 read()调用返回的下一个字节。第 2 种形式回推 buffer 中的字节。第 3 种形式回推 buffer 中从 offset 开始的 *numBytes* 个字节。当回推缓冲区已满时，如果试图回推字节，就会抛出 IOException 异常。

下面的例子显示了当编程语言解析器可能使用 PushbackInputStream 类和 unread()方法来处理比较运算符"=="和赋值运算符"="时，相互之间如何区别：

```
// Demonstrate unread().

import java.io.*;

class PushbackInputStreamDemo {
  public static void main(String args[]) {
    String s = "if (a == 4) a = 0;\n";
    byte buf[] = s.getBytes();
    ByteArrayInputStream in = new ByteArrayInputStream(buf);
    int c;

    try ( PushbackInputStream f = new PushbackInputStream(in) )
    {
      while ((c = f.read()) != -1) {
```

```
          switch(c) {
          case '=':
            if ((c = f.read()) == '=')
              System.out.print(".eq.");
            else {
              System.out.print("<-");
              f.unread(c);
            }
            break;
          default:
            System.out.print((char) c);
            break;
          }
        }
      } catch(IOException e) {
        System.out.println("I/O Error: " + e);
      }
    }
  }
```

下面是这个例子的输出。注意 "==" 被 ".eq." 替换了,并且 "=" 被 "<-" 替换了。

```
    if (a .eq. 4) a <- 0;
```

> **警告:**
> PushbackInputStream 对象会使 InputStream 对象(用于创建 PushbackInputStream 对象)的 mark()或 reset()方法无效。对于准备使用 mark()或 reset()方法的任何流来说,都应当使用 markSupported()方法进行检查。

21.7.9 SequenceInputStream 类

SequenceInputStream 类允许连接多个 InputStream 对象。SequenceInputStream 对象的构造与其他所有 InputStream 对象都不同。SequenceInputStream 构造函数使用一对 InputStream 对象或 InputStream 对象的一个 Enumeration 对象作为参数:

SequenceInputStream(InputStream *first*, InputStream *second*)
SequenceInputStream(Enumeration <? extends InputStream> *streamEnum*)

在操作上,该类从第 1 个 InputStream 对象进行读取,直到读取完全部内容,然后切换到第 2 个 InputStream 对象。对于使用 Enumeration 对象的情况,该类将持续读取所有 InputStream 对象中的内容,直到到达最后一个 InputStream 对象的末尾为止。当到达每个文件的末尾时,与之关联的流就会被关闭。关闭通过 SequenceInputStream 创建的流,会导致关闭所有未关闭的流。

下面是一个简单的例子,该例使用 SequenceInputStream 对象输出两个文件中的内容。出于演示目的,这个程序使用传统方式关闭文件。作为练习,你可能希望尝试将该程序修改为使用带资源的 try 语句。

```
// Demonstrate sequenced input.
// This program uses the traditional approach to closing a file.

import java.io.*;
import java.util.*;

class InputStreamEnumerator implements Enumeration<FileInputStream> {
  private Enumeration<String> files;

  public InputStreamEnumerator(Vector<String> files) {
```

```java
      this.files = files.elements();
  }

  public boolean hasMoreElements() {
    return files.hasMoreElements();
  }

  public FileInputStream nextElement() {
    try {
      return new FileInputStream(files.nextElement().toString());
    } catch (IOException e) {
      return null;
    }
  }
}

class SequenceInputStreamDemo {
  public static void main(String args[]) {
    int c;
    Vector<String> files = new Vector<String>();

    files.addElement("file1.txt");
    files.addElement("file2.txt");
    files.addElement("file3.txt");
    InputStreamEnumerator ise = new InputStreamEnumerator(files);
    InputStream input = new SequenceInputStream(ise);

    try {
      while ((c = input.read()) != -1)
        System.out.print((char) c);
    } catch (NullPointerException e) {
      System.out.println("Error Opening File.");
    } catch (IOException e) {
      System.out.println("I/O Error: " + e);
    } finally {
      try {
        input.close();
      } catch (IOException e) {
        System.out.println("Error Closing SequenceInputStream");
      }
    }
  }
}
```

这个例子创建了一个 Vector 对象，然后为其添加了 3 个文件名。将这个向量的名称传递给 InputStreamEnumerator 类，使用它们的名称打开 FileInputStream 对象，设计 InputStreamEnumerator 类的目的是为向量提供一个封装器，该封装器返回元素而不是返回文件名。SequenceInputStream 对象依次打开每个文件，并且这个例子输出每个文件的内容。

注意在 nextElement()方法中，如果不能打开文件，就返回 null。这会导致 NullPointerException 异常，可以在 main()方法中捕获该异常。

21.7.10　PrintStream 类

PrintStream 类提供了自从本书开始以来，我们曾经使用过的来自 System 文件句柄 System.out 的所有输出功能，这使得 PrintStream 成为 Java 中最常用的类之一。PrintStream 类实现了 Appendable、AutoCloseable、Closeable 以及 Flushable 接口。

PrintStream 类定义了几个构造函数，其中下面这几个从刚开始就已提到过：

PrintStream(OutputStream *outputStream*)

PrintStream(OutputStream *outputStream*, boolean *autoFlushingOn*)

PrintStream(OutputStream *outputStream*, boolean *autoFlushingOn* String *charSet*)
   throws UnsupportedEncodingException

在此，*outputStream* 指定了用于接收输出的打开的 OutputStream 对象。*autoFlushingOn* 参数控制每次写入一个换行符(\n)或字节数组或调用 println()方法时，是否自动刷新输出缓冲区。如果 *autoFlushingOn* 为 true，就自动刷新；如果为 false，就不自动刷新。第一个构造函数不自动刷新缓冲区。可以通过 *charSet* 传递的名称来指定字符编码。

下面的几个构造函数提供了构造能够将输出写入文件中的 PrintStream 对象的简单方式：

PrintStream(File *outputFile*) throws FileNotFoundException

PrintStream(File *outputFile*, String *charSet*)
  throws FileNotFoundException, UnsupportedEncodingException

PrintStream(String *outputFileName*) throws FileNotFoundException

PrintStream(String *outputFileName*, String *charSet*) throws FileNotFoundException,
  UnsupportedEncodingException

这些构造函数从 File 对象或根据指定的文件名创建 PrintStream 对象。两种情况中，都会自动创建文件。所有之前存在的同名文件都会被销毁。一旦创建 PrintStream 对象，就可以将所有输出定向到指定的文件中。可以通过 *charSet* 传递的名称来指定字符编码。JDK 11 中新增了可以让你指定 Charset 参数的构造函数。

> **注意：**
> 如果存在安全管理器，那么当发生安全性违规时，有些 PrintStream 构造函数会抛出 SecurityException 异常。

PrintStream 对于所有类型(包括 Object)都支持 print()和 println()方法。如果参数不是基本类型，那么 PrintStream 方法会调用对象的 toString()方法并显示结果。

多年以前，Java 为 PrintStream 类添加了一个非常有用的 printf()方法。该方法允许指定将要写入的数据的精确格式。printf()方法使用 Formatter 类(在第 20 章已介绍过)格式化数据，然后将数据写入调用流中。尽管可以手动进行格式化，但是通过直接使用 Formatter，printf()方法简化了这一过程。该方法也与 C/C++的 printf()函数类似，这使得将已存在的 C/C++代码转换成 Java 代码更加容易。坦白地说，将 printf()方法添加到 Java API 中非常受欢迎，因为这极大简化了向控制台输出格式化数据。

printf()方法具有以下一般形式：

PrintStream printf(String *fmtString*, Object ... *args*)

PrintStream printf(Locale *loc*, String *fmtString*, Object ... *args*)

第 1 个版本使用 *fmtString* 指定的格式将 *args* 写入标准输出，使用默认地区；第 2 个版本允许指定地区。这两个版本都返回调用 PrintStream 对象。

一般而言，printf()方法的工作方式与 Formatter 指定的 format()方法类似。*fmtString* 包含两种类型的条目。第一种类型是由直接复制到输出缓冲区的字符构成的。第二种类型包含格式说明符，格式说明符定义了由 *args* 指定的后续参数的显示方式。有关完整的格式化输出信息，包括格式说明符的描述，请查看第 20 章中的 Formatter 类。

因为 System.out 是 PrintStream 类型，所以可以在 System.out 上调用 printf()方法。因此，当向控制台写入内容时，只要需要格式化输出，就可以使用 printf() 替换 println()。例如，下面的程序使用 printf() 以各种格式输出数值。在过去，这种格式化需要做一些工作。添加了 printf() 方法之后，现在这是一个很容易完成的任务。

```java
// Demonstrate printf().

class PrintfDemo {
  public static void main(String args[]) {
    System.out.println("Here are some numeric values " +
                       "in different formats.\n");

    System.out.printf("Various integer formats: ");
    System.out.printf("%d %(d %+d %05d\n", 3, -3, 3, 3);

    System.out.println();
    System.out.printf("Default floating-point format: %f\n",
                      1234567.123);
    System.out.printf("Floating-point with commas: %,f\n",
                      1234567.123);
    System.out.printf("Negative floating-point default: %,f\n",
                      -1234567.123);
    System.out.printf("Negative floating-point option: %,(f\n",
                      -1234567.123);

    System.out.println();

    System.out.printf("Line up positive and negative values:\n");
    System.out.printf("% ,.2f\n% ,.2f\n",
                      1234567.123, -1234567.123);
  }
}
```

输出如下所示：

```
Here are some numeric values in different formats.

Various integer formats: 3 (3) +3 00003

Default floating-point format: 1234567.123000
Floating-point with commas: 1,234,567.123000
Negative floating-point default: -1,234,567.123000
Negative floating-point option: (1,234,567.123000)

Line up positive and negative values:
  1,234,567.12
 -1,234,567.12
```

PrintStream 类还定义了 format() 方法，该方法具有以下一般形式：

PrintStream format(String *fmtString*, Object ... *args*)

PrintStream format(Locale *loc*, String *fmtString*, Object ... *args*)

该方法的工作方式与 printf() 方法完全类似。

21.7.11　DataOutputStream 类和 DataInputStream 类

通过 DataOutputStream 类和 DataInputStream 类，可以向流中写入基本类型数据或从流中读取基本类型数据。它们分别实现了 DataOutput 接口和 DataInput 接口，这些接口定义了将基本类型值转换成字节序列或将字节序列转换成基本类型值的方法。这些流简化了在文件中存储二进制数据(例如整数或浮点数)的操作。下面将分别分析每个类。

DataOutputStream 扩展了 FilterOutputStream，而 FilterOutputStream 扩展了 OutputStream。除了实现 DataOutput 接口外，DataOutputStream 还实现了 AutoCloseable、Closeable 以及 Flushable 接口。DataOutputStream 定义了以下构造函数：

DataOutputStream(OutputStream *outputStream*)

其中，*outputStream* 指定了将写入数据的输出流。当关闭 DataOutputStream 对象时(通过调用 close()方法)，*outputStream* 指定的底层流也将被自动关闭。

DataOutputStream 支持其超类定义的所有方法。然而，是那些由 DataOutput 接口定义的方法使 DataOutputStream 变得有趣，DataOutputStream 实现了这些方法。DataOutput 定义了将基本类型值转换成字节序列以及将字节序列写入底层流中的方法。下面是这些方法的一些示例：

final void writeDouble(double *value*) throws IOException
final void writeBoolean(boolean *value*) throws IOException
final void writeInt(int *value*) throws IOException

其中，*value* 是将被写入流中的值。

DataInputStream 是 DataOutputStream 的互补。DataInputStream 扩展了 FilterInputStream，而 FilterInputStream 又扩展了 InputStream。除了实现 DataInput 接口外，DataInputStream 还实现了 AutoCloseable 和 Closeable 接口。下面是 DataInputStream 类的唯一构造函数：

DataInputStream(InputStream *inputStream*)

其中，*inputStream* 指定了将从中读取数据的输入流。当关闭 DataInputStream 对象时(通过调用 close()方法)，也会自动关闭由 *inputStream* 指定的底层流。

与 DataOutputStream 类似，DataInputStream 类也支持其超类的所有方法。然而，是那些由 DataInput 接口定义的方法才使 DataInputStream 类变得独特。这些方法读取字节序列并将它们转换成基本类型值。下面是这些方法的一些示例：

final double readDouble() throws IOException
final boolean readBoolean() throws IOException
final int readInt() throws IOException

下面的程序演示了 DataOutputStream 和 DataInputStream 类的使用：

```java
// Demonstrate DataInputStream and DataOutputStream.

import java.io.*;

class DataIODemo {
  public static void main(String args[]) throws IOException {

    // First, write the data.
    try ( DataOutputStream dout =
          new DataOutputStream(new FileOutputStream("Test.dat")) )
    {
      dout.writeDouble(98.6);
      dout.writeInt(1000);
      dout.writeBoolean(true);
```

```java
    } catch(FileNotFoundException e) {
      System.out.println("Cannot Open Output File");
      return;
    } catch(IOException e) {
      System.out.println("I/O Error: " + e);
    }

    // Now, read the data back.
    try ( DataInputStream din =
            new DataInputStream(new FileInputStream("Test.dat")) )
    {

      double d = din.readDouble();
      int i = din.readInt();
      boolean b = din.readBoolean();

      System.out.println("Here are the values: " +
                         d + " " + i + " " + b);
    } catch(FileNotFoundException e) {
      System.out.println("Cannot Open Input File");
      return;
    } catch(IOException e) {
      System.out.println("I/O Error: " + e);
    }
  }
}
```

输出如下所示:

```
Here are the values: 98.6 1000 true
```

21.7.12　RandomAccessFile 类

RandomAccessFile 类封装了一个随机访问文件,该类并非派生自 InputStream 或 OutputStream 类,而是实现了 DataInput 和 DataOutput 接口,这两个接口定义了基本的 I/O 方法。此外,RandomAccessFile 还实现了 AutoCloseable 和 Closeable 接口。RandomAccessFile 很特殊,因为支持定位需求,即可以定义文件中的文件指针。RandomAccessFile 具有以下两个构造函数:

RandomAccessFile(File *fileObj*, String *access*)
　　throws FileNotFoundException

RandomAccessFile(String *filename*, String *access*)
　　throws FileNotFoundException

在第 1 种形式中,*fileObj* 指定了作为 File 对象打开的文件。在第 2 种形式中,文件名称是通过 *fileName* 传递的。对于这两种形式,*access* 决定了允许的文件访问类型。如果 access 为 "r",就只能读文件,不能写文件;如果为 "rw",就说明文件是以读-写模式打开的;如果为 "rws",就说明文件是针对读-写操作打开的,并且每次对文件中数据或元数据的修改都会被立即写入物理设备;如果为 "rwd",就说明文件是针对读-写操作打开的,并且每次对文件中数据的修改都会被立即写入物理设备。

seek()方法用于设置文件指针在文件中的当前位置,如下所示:

void seek(long *newPos*) throws IOException

其中，*newPos* 指定了新位置，以字节为单位指定文件指针距离文件开头的位置。在调用 seek()方法之后，下一次读或写操作将在新的文件位置发生。

RandomAccessFile 类实现了标准的输入和输出方法，可以使用这些方法读取或写入随机访问文件。该类还提供了一些附加方法，其中一个方法是 setLength()，该方法的签名如下所示：

void setLength(long *len*) throws IOException

这个方法将调用文件的长度设置为由 *len* 指定的长度。这个方法可用于加长或缩短文件。如果文件被加长，那么添加的部分是未定义的。

21.8 字符流

虽然字节流为处理各种类型的 I/O 操作提供了充足的功能，但是它们不能直接操作 Unicode 字符。因为 Java 的一个主要目的就是实现代码的"一次编写，到处运行"，所以需要为字符提供直接的 I/O 支持。在本节，将讨论几个字符 I/O 类。在前面解释过，Reader 和 Writer 抽象类位于字符流层次的顶部。下面首先讨论 Reader 类和 Writer 类。

21.8.1 Reader 类

Reader 类是抽象类，定义了 Java 的流字符输入模型。该类实现了 AutoCloseable、Closeable 以及 Readable 接口。当发生错误时，该类中的所有方法(markSupported()方法除外)都会抛出 IOException 异常。表 21-6 简要描述了 Reader 类定义的方法。

表 21-6 Reader 类定义的方法

方　　法	描　　述
abstract void close()	关闭输入源。如果试图继续读取，将生成 IOException 异常
void mark(int *numChars*)	在输入流的当前位置放置标记，该标记在读入 *numChars* 个字符之前都一直有效
boolean markSupported()	如果这个流支持 mark()或 reset()方法，就返回 true
static Reader nullReader()	返回一个打开的空读取器，其中不包含任何数据。因此，该读取器总是位于文件末尾并且没有可以获取的输入。不过可以关闭这个读取器(JDK 11 新增)
int read()	返回一个表示调用输入流中下一个可用字符的整数。如果到达文件末尾，就返回-1
int read(char *buffer*[ ])	尝试读取 *buffer.length* 个字符到 *buffer* 中，并且返回成功读取的实际字符数。如果到达文件末尾，则返回-1
int read(CharBuffer *buffer*)	尝试读取字符到 *buffer* 中，并且返回成功读取的实际字符数。如果到达文件末尾，则返回-1
abstract 　int read(char *buffer*[ ], 　　　int *offset*, 　　　int *numChars*)	尝试读取 *numChars* 个字符到 *buffer* 中，从 *buffer[offset]* 开始保存读取的字符，返回成功读取的字符数。如果到达文件末尾，就返回-1
boolean ready()	如果下一个输入请求不等待，就返回 true；否则返回 false
void reset()	将输入指针重新设置为前面设置的标记位置
long skip(long *numChars*)	略过 *numChars* 个输入字符，返回实际略过的字符数
long transferTo(Writer *writer*)	将调用读取器的内容复制到 *writer*，返回所复制的字符的个数

21.8.2 Writer 类

Writer 类是定义流字符输出模型的抽象类，它实现了 AutoCloseable、Closeable、Flushable 以及 Appendable 接口。如果发生错误，Writer 类中的所有方法都会抛出 IOException 异常。表 21-7 简要描述了 Writer 类定义的方法。

表 21-7 Writer 类定义的方法

方 法	描 述
Writer append(char *ch*)	将 *ch* 追加到调用输出流的末尾，返回对调用流的引用
Writer append(CharSequence *chars*)	将 *chars* 追加到调用输出流的末尾，返回对调用流的引用
Writer append(CharSequence *chars*, int *begin*, int *end*)	将 *chars* 中从 *begin* 到 *end*−1 之间的字符追加到调用输出流的末尾，返回对调用流的引用
abstract void close()	关闭输出流。如果试图继续向其中写入内容，将生成 IOException 异常
abstract void flush()	完成输出状态，从而清空所有缓冲区，即刷新输出缓冲区
static Writer nullWriter()	返回一个打开的空写入器，其中实际未被写入任何输出。可以调用它的输出方法，但不会产生实际输出。不过可以关闭这个写入器(JDK 11 新增)
void write(int *ch*)	向调用输出流写入单个字符。注意参数是 int 类型，从而可以直接使用表达式调用 write() 方法，而不必将之强制转换回 char 类型。但是只会写入低阶的 16 位
void write(char *buffer*[ ])	将整个字符数组写入调用输出流中
abstract void write(char *buffer*[ ], int *offset*, int *numChars*)	将 *buffer* 数组中从 *buffer[offset]* 开始的 *numChars* 个字符写入调用输出流中
void write(String *str*)	将 *str* 写入调用输出流中
void write(String *str*, int *offset*, int *numChars*)	将字符串 *str* 中从 *offset* 开始的 *numChars* 个字符写入调用输出流中

21.8.3 FileReader 类

FileReader 类可以创建用于读取文件内容的 Reader 对象，该类最常用的两个构造函数如下所示：

FileReader(String *filePath*)

FileReader(File *fileObj*)

每个构造函数都可以抛出 FileNotFoundException 异常。其中，*filePath* 是文件的完整路径名，*fileObj* 是描述文件的 File 对象。

下面的例子显示了如何从文件中读取文本行，以及如何在标准输出设备上进行显示。该例读取自己的源文件，源文件必须位于当前目录下。

```
// Demonstrate FileReader.

import java.io.*;

class FileReaderDemo {
```

```
  public static void main(String args[]) {

    try ( FileReader fr = new FileReader("FileReaderDemo.java") )
    {
      int c;

      // Read and display the file.
      while((c = fr.read()) != -1) System.out.print((char) c);

    } catch(IOException e) {
      System.out.println("I/O Error: " + e);
    }
  }
}
```

21.8.4　FileWriter 类

FileWriter 类可以创建能够用于写入文件的 Writer 对象，该类最常用的 4 个构造函数如下所示：

FileWriter(String *filePath*)

FileWriter(String *filePath*, boolean *append*)

FileWriter(File *fileObj*)

FileWriter(File *fileObj*, boolean *append*)

它们都可以抛出 IOException 异常。其中，*filePath* 是文件的完整路径名，*fileObj* 是描述文件的 File 对象。如果 *append* 为 true，输出将被追加到文件的末尾。

FileWriter 对象的创建不依赖于已经存在的文件。当创建对象时，FileWriter 会在打开文件之前为输出创建文件。对于这种情况，如果试图打开只读的文件，就会抛出 IOException 异常。

下面的例子是前面讨论 FileOutputStream 时显示的例子的字符流版本。这个版本首先创建一个 String 对象，然后调用 getChars()方法提取与这个 String 对象等价的字符数组，从而创建一个样本字符缓冲区。然后该例创建 3 个文件。第 1 个文件是 file1.txt，将包含样本缓冲区中每隔一个字符的字符。第 2 个文件是 file2.txt，将包含全部字符。最后一个，即第 3 个文件是 file3.txt，将只包含最后 1/4 的字符。

```
// Demonstrate FileWriter.

import java.io.*;

class FileWriterDemo {
  public static void main(String args[]) throws IOException {
    String source = "Now is the time for all good men\n"
      + " to come to the aid of their country\n"
      + " and pay their due taxes.";
    char buffer[] = new char[source.length()];
    source.getChars(0, source.length(), buffer, 0);

    try ( FileWriter f0 = new FileWriter("file1.txt");
          FileWriter f1 = new FileWriter("file2.txt");
          FileWriter f2 = new FileWriter("file3.txt") )
    {
      // write to first file
      for (int i=0; i < buffer.length; i += 2) {
        f0.write(buffer[i]);
      }
```

```
      // write to second file
      f1.write(buffer);

      // write to third file
      f2.write(buffer,buffer.length-buffer.length/4,buffer.length/4);

    } catch(IOException e) {
      System.out.println("An I/O Error Occurred");
    }
  }
}
```

21.8.5　CharArrayReader 类

CharArrayReader 类是使用字符数组作为源的一个输入流的实现。该类具有两个构造函数，每个构造函数都需要一个字符数组来提供数据源：

CharArrayReader(char *array* [])

CharArrayReader(char *array* [], int *start*, int *numChars*)

其中，*array* 是输入源。第 2 个构造函数根据字符数组的子集创建 Reader 对象，该子集从 *start* 指定的索引位置的字符开始，共 *numChars* 个字符。

CharArrayReader 实现的 close()方法不会抛出任何异常，因为这不可能失败。

下面的例子使用了一对 CharArrayReader 对象：

```
// Demonstrate CharArrayReader.

import java.io.*;

public class CharArrayReaderDemo {
  public static void main(String args[]) {
    String tmp = "abcdefghijklmnopqrstuvwxyz";
    int length = tmp.length();
    char c[] = new char[length];

    tmp.getChars(0, length, c, 0);
    int i;

    try (CharArrayReader input1 = new CharArrayReader(c) )
    {
     System.out.println("input1 is:");
     while((i = input1.read()) != -1) {
       System.out.print((char)i);
     }
     System.out.println();
    } catch(IOException e) {
     System.out.println("I/O Error: " + e);
    }

    try ( CharArrayReader input2 = new CharArrayReader(c, 0, 5) )
    {
     System.out.println("input2 is:");
     while((i = input2.read()) != -1) {
       System.out.print((char)i);
```

```
        }
        System.out.println();
      } catch(IOException e) {
        System.out.println("I/O Error: " + e);
      }
    }
  }
}
```

input1 对象是使用整个小写字母表创建的,而 input2 只包含前 5 个字母。下面是输出:

```
input1 is:
abcdefghijklmnopqrstuvwxyz
input2 is:
abcde
```

21.8.6　CharArrayWriter 类

CharArrayWriter 类是使用数组作为目标的一个输出流的实现。CharArrayWriter 类具有两个构造函数,如下所示:

CharArrayWriter()

CharArrayWriter(int *numChars*)

在第一种形式中,创建使用默认大小的缓冲区。在第 2 种形式中,创建由 *numChars* 指定大小的缓冲区。缓冲区保存在 CharArrayWriter 类的 buf 域变量中。如果需要,缓冲区的大小可以自动增加。缓冲区能够容纳的字符数量保存在 CharArrayWriter 类的 count 域变量中。buf 和 count 都是受保护的域变量。

close()方法对 CharArrrayWriter 没有效果。

下面的例子通过重写前面演示 ByteArrayOutputStream 的例子,演示了 CharArrayWriter 类的使用。该例生成的输出与前面版本的输出相同。

```
// Demonstrate CharArrayWriter.

import java.io.*;

class CharArrayWriterDemo {
  public static void main(String args[]) throws IOException {
    CharArrayWriter f = new CharArrayWriter();
    String s = "This should end up in the array";
    char buf[] = new char[s.length()];

    s.getChars(0, s.length(), buf, 0);

    try {
      f.write(buf);
    } catch(IOException e) {
      System.out.println("Error Writing to Buffer");
      return;
    }

    System.out.println("Buffer as a string");
    System.out.println(f.toString());
    System.out.println("Into array");

    char c[] = f.toCharArray();
    for (int i=0; i<c.length; i++) {
```

```
      System.out.print(c[i]);
    }

    System.out.println("\nTo a FileWriter()");

    // Use try-with-resources to manage the file stream.
    try ( FileWriter f2 = new FileWriter("test.txt") )
    {
      f.writeTo(f2);
    } catch(IOException e) {
      System.out.println("I/O Error: " + e);
    }

    System.out.println("Doing a reset");
    f.reset();

    for (int i=0; i<3; i++) f.write('X');

    System.out.println(f.toString());
  }
}
```

21.8.7 BufferedReader 类

BufferedReader 类通过缓冲输入来提高性能，该类具有两个构造函数：

BufferedReader(Reader *inputStream*)

BufferedReader(Reader *inputStream*, int *bufSize*)

第 1 种形式使用默认缓冲区大小创建一个缓冲的字符流。在第 2 种形式中，缓冲区大小是由 *bufSize* 传递的。关闭 BufferedReader 对象也会导致 *inputStream* 指定的底层流被关闭。

与面向字节的流一样，缓冲的输入字符流也提供了在可用缓冲区中向后移动所需要的基础。为了支持这一点，BufferedReader 实现了 mark()和 reset()方法，并且 BufferedReader.markSupported()会返回 true。BufferedReader 中添加了名为 lines()的新方法。该方法返回对读取器读取的行序列的 Stream 引用(Stream 是第 29 章将讨论的流 API 的一部分)。

下面的例子重写了前面显示的 BufferedInputStream 示例，从而使用 BufferedReader 字符流而不是缓冲的字节流。该版本与前面的版本一样，为了获取版权符号，使用 mark()和 reset()方法解析 HTML 实体引用流。这种引用以"与"符号(&)开头并以分号(;)结束，中间没有任何空白字符。样本输入使用两个&符号来显示在何处发生 reset()方法调用，以及在何处不发生这种调用。该版本的输出与前面版本的输出相同。

```
// Use buffered input.

import java.io.*;

class BufferedReaderDemo {
  public static void main(String args[]) throws IOException {
    String s = "This is a &copy; copyright symbol " +
      "but this is &copy not.\n";
    char buf[] = new char[s.length()];
    s.getChars(0, s.length(), buf, 0);

    CharArrayReader in = new CharArrayReader(buf);
    int c;
```

```
    boolean marked = false;

    try ( BufferedReader f = new BufferedReader(in) )
    {

      while ((c = f.read()) != -1) {
        switch(c) {
        case '&':
          if (!marked) {
            f.mark(32);
            marked = true;
          } else {
            marked = false;
          }
          break;
        case ';':
          if (marked) {
            marked = false;
            System.out.print("(c)");
          } else
            System.out.print((char) c);
          break;
        case ' ':
          if (marked) {
            marked = false;
            f.reset();
            System.out.print("&");
          } else
            System.out.print((char) c);
          break;
        default:
          if (!marked)
            System.out.print((char) c);
          break;
        }
      }
    } catch(IOException e) {
      System.out.println("I/O Error: " + e);
    }
  }
}
```

21.8.8　BufferedWriter 类

BufferedWriter 类是缓冲区输出的 Writer。使用 BufferedWriter 类可以通过减少实际向输出设备物理地写入数据的次数来提高性能。

BufferedWriter 类具有以下两个构造函数：

BufferedWriter(Writer *outputStream*)

BufferedWriter(Writer *outputStream*, int *bufSize*)

第 1 种形式创建的缓冲流使用具有默认大小的缓冲区。在第 2 种形式中，缓冲区的大小是由 *bufSize* 传递的。

21.8.9 PushbackReader 类

PushbackReader 类允许将一个或多个字符返回到输入流，从而可以向前查看输入流。下面是该类的两个构造函数：

PushbackReader(Reader *inputStream*)

PushbackReader(Reader *inputStream*, int *bufSize*)

第 1 种形式创建的缓冲流允许回推一个字符。在第 2 种形式中，回推缓冲区的大小由 *bufSize* 传递。关闭 PushbackReader 也会关闭 *inputStream* 指定的底层流。

PushbackReader 类提供了 unread()方法，该方法向调用输入流返回一个或多个字符。

unread()方法有 3 种形式，如下所示：

void unread(int *ch*) throws IOException

void unread(char *buffer* []) throws IOException

void unread(char *buffer* [], int *offset*, int *numChars*) throws IOException

第 1 种形式回推 *ch* 传递的字符，这是后续 read()调用将返回的下一个字符。第 2 种形式返回 *buffer* 中的字符。第 3 种形式回推 *buffer* 中从 *offset* 位置开始的 *numChars* 个字符。当回推缓冲区已满时，如果试图返回字符，就会抛出 IOException 异常。

下面的程序通过使用 PushbackReader 替换 PushbackInputStream，对前面的 PushbackInputStream 示例进行改写。与前面的版本相同，该版本显示了编程语言解析器使用回推流来处理比较运算符 "=="与赋值运算符 "="之间的区别。

```java
// Demonstrate unread().

import java.io.*;

class PushbackReaderDemo {
  public static void main(String args[]) {
    String s = "if (a == 4) a = 0;\n";
    char buf[] = new char[s.length()];
    s.getChars(0, s.length(), buf, 0);
    CharArrayReader in = new CharArrayReader(buf);

    int c;

    try ( PushbackReader f = new PushbackReader(in) )
    {
      while ((c = f.read()) != -1) {
        switch(c) {
        case '=':
          if ((c = f.read()) == '=')
            System.out.print(".eq.");
          else {
            System.out.print("<-");
            f.unread(c);
          }
          break;
        default:
          System.out.print((char) c);
          break;
        }
```

```
      }
    } catch(IOException e) {
      System.out.println("I/O Error: " + e);
    }
  }
}
```

21.8.10 PrintWriter 类

PrintWriter 本质上是 PrintStream 的面向字符版本，它实现了 Appendable、AutoCloseable、Closeable 以及 Flushable 接口。PrintWriter 类具有几个构造函数。下面这些构造函数是 PrintWriter 从一开始就支持的：

PrintWriter(OutputStream *outputStream*)

PrintWriter(OutputStream *outputStream*, boolean *autoFlushingOn*)

PrintWriter(Writer *outputStream*)

PrintWriter(Writer *outputStream*, boolean *autoFlushingOn*)

其中，*outputStream* 指定了将接收输出的打开的 OutputStream 对象。*autoFlushingOn* 参数控制每次调用 println()、printf() 或 format() 方法时，是否自动刷新输出缓冲区。如果 *autoFlushingOn* 为 true，就自动刷新；如果为 false，就不自动刷新。没有指定 *autoFlushingOn* 参数的构造函数不自动刷新。

下面这几个构造函数为构造向文件中写入输出的 PrintWriter 对象提供了简便方法：

PrintWriter(File *outputFile*) throws FileNotFoundException

PrintWriter(File *outputFile*, String *charSet*)
　　throws FileNotFoundException, UnsupportedEncodingException

PrintWriter(String *outputFileName*) throws FileNotFoundException

PrintWriter(String *outputFileName*, String *charSet*)
　　throws FileNotFoundException, UnsupportedEncodingException

这些构造函数允许从 File 对象或根据指定的文件名创建 PrintWriter 对象。对于每种形式，都会自动创建文件。所有之前存在的同名文件都会被销毁。一旦创建 PrintWriter 对象，就将所有输出定向到指定的文件。可以通过 *charSet* 传递的名称来指定字符编码。

PrintWriter 对于所有类型(包括 Object)都支持 print() 和 println() 方法。如果参数不是基本类型，那么 PrintWriter 方法会调用对象的 toString() 方法，然后输出结果。

PrintWriter 还支持 printf() 方法，它的工作方式与前面介绍的 PrintStream 类的 printf() 方法相同。该方法允许指定数据的精确格式。下面是在 PrintWriter 类中声明的 printf() 方法：

PrintWriter printf(String *fmtString*, Object ... *args*)

PrintWriter printf(Locale *loc*, String *fmtString*, Object ...*args*)

第 1 个版本使用 *fmtString* 指定的格式将 *args* 写入标准输出，使用默认地区。第 2 个版本允许指定地区。这两个版本都返回调用 PrintWriter 对象。

PrintWriter 类也支持 format() 方法，该方法具有以下一般形式：

PrintWriter format(String *fmtString*, Object ... *args*)

PrintWriter format(Locale *loc*, String *fmtString*, Object ... *args*)

format() 方法的工作方式与 printf() 方法完全类似。

21.9 Console 类

Console 类用于从控制台读取内容以及向控制台写入内容,它实现了 Flushable 接口。Console 类的主要目的是提供方便,因为该类的大部分功能可以通过 System.in 和 System.out 得到。然而,该类的使用可以简化某些类型的控制台交互,特别是当从控制台读取字符串时。

Console 类没有提供构造函数。相反,该类通过调用 System.console()方法获取 Console 对象,该方法如下所示:

static Console console()

如果控制台可用,就返回对控制台的引用;否则返回 null。并不是在所有情况下控制台都是可用的。因此,如果返回 null,就不能进行控制台 I/O。

表 21-8 显示了 Console 类定义的方法。注意输入方法,比如 readLine(),在发生输入错误时会抛出 IOError 错误。IOError 是 Error 的子类,用来指示某个 I/O 失败超出了程序的控制。因此,在正常情况下不会捕获 IOError。坦白地说,如果访问控制台时抛出 IOError 错误,那么通常意味着灾难性的系统失败。

表 21-8 Console 类定义的方法

方 法	描 述
void flush()	将缓冲的输出物理地写入控制台
Console format(String *fmtString*, Object...*args*)	使用 *fmtString* 指定的格式将 *args* 写入控制台
Console printf(String *fmtString*, Object...*args*)	使用 *fmtString* 指定的格式将 *args* 写入控制台
Reader reader()	返回对连接到控制台的 Reader 对象的引用
String readLine()	读取并返回从键盘输入的字符串。当用户按下回车键时,输入结束。如果已经到达控制台输入流的末尾,就返回 null;如果失败,就抛出 IOError 异常
String readLine(String *fmtString*, Object...*args*)	按照 *fmtString* 和 *args* 指定的格式显示提示性字符串,然后读取并返回从键盘输入的字符串。当用户按下回车键时,输入结束。如果已经到达控制台输入流的末尾,就返回 null;如果失败,就抛出 IOError 异常
char[ ] readPassword()	读取从键盘输入的字符串。当用户按下回车键时,输入结束。输入的字符串并不显示。如果已经到达控制台输入流的末尾,就返回 null;如果失败,就抛出 IOError 异常
char[ ] readPassword(String *fmtString*, Object...*args*)	按照 *fmtString* 和 *args* 指定的格式显示提示性字符串,然后读取从键盘输入的字符串。当用户按下回车键时,输入结束。输入的字符串并不显示。如果已经到达控制台输入流的末尾,就返回 null;如果失败,就抛出 IOError 异常
PrintWriter writer()	返回对连接到控制台的 Writer 对象的引用

还应当注意 readPassword()方法,这些方法允许读取密码而不显示键入的内容。当读取密码时,应当对两类数组进行"零输出",其中一类数组用于保存用户输入的字符串,另一类数组用于保存用来测试密码的字符串。这样可以减少恶意程序通过扫描内存来获取密码的机会。

下面是一个演示 Console 类的例子:

```
// Demonstrate Console.
import java.io.*;
```

```java
class ConsoleDemo {
  public static void main(String args[]) {
    String str;
    Console con;

    // Obtain a reference to the console.
    con = System.console();
    // If no console available, exit.
    if(con == null) return;

    // Read a string and then display it.
    str = con.readLine("Enter a string: ");
    con.printf("Here is your string: %s\n", str);
  }
}
```

下面是示例输出：

```
Enter a string: This is a test.
Here is your string: This is a test.
```

21.10 串行化

串行化(serialization)是将对象的状态写入字节流的过程。如果希望将程序的状态保存到永久性的存储区域(例如文件)中，这是很有用的。以后，可以通过反串行化过程来恢复这些对象。

实现远程方法调用(Remote Method Invocation，RMI)也需要串行化。远程方法调用允许在一台机器上的 Java 对象调用另外一台机器上 Java 对象的方法。可以将对象作为参数提供给远程方法，发送机器串行化对象并进行传递，接收机器反串行化对象(关于 RMI 的更多信息，请查看第 30 章)。

假定将要串行化的对象具有指向其他对象的引用，而这些对象又具有更多对象的引用。这些对象以及它们之间的关系形成了有向图。在这个对象图形中，还可能存在环形引用。也就是说，对象 X 可能包含指向对象 Y 的引用，而对象 Y 可能又包含指向对象 X 的引用。对象也可能包含指向它们自身的引用。在这些情形中，对象的串行化和反串行化都能够正确地工作。如果试图串行化位于对象图顶部的对象，那么所有其他引用的对象都会被递归地定位和串行化。类似地，在反串行化过程中，能够正确地恢复所有这些对象以及对它们的引用。

下面简要介绍支持串行化的接口和类。

21.10.1　Serializable 接口

只有实现了 Serializable 接口的类才能够通过串行化功能进行保存和恢复。Serializable 接口没有定义成员，只是简单地用于指示类可以被串行化。如果一个类是可串行化的，那么这个类的所有子类也都是可串行化的。

声明为 transient 的变量不能通过串行化功能进行保存。此外，也不能保存 static 变量。

21.10.2　Externalizable 接口

Java 对串行化和反串行化功能进行了精心设计，从而使得许多保存和恢复对象状态的工作都可以自动进行。然而在有些情况下，程序员可能需要控制这些过程。例如，可能希望使用压缩或加密技术。Externalizable 接口就是针对这些情况而设计的。

Externalizable 接口定义了下面两个方法：

void readExternal(ObjectInput *inStream*)

```
throws IOException, ClassNotFoundException
void writeExternal(ObjectOutput outStream)
    throws IOException
```

在这两个方法中，*inStream* 是从中读取对象的字节流，*outStream* 是将对象写入其中的字节流。

21.10.3 ObjectOutput 接口

ObjectOutput 接口扩展了 DataOutput 和 AutoCloseable 接口，并且支持对象串行化。表 21-9 显示了 ObjectOutput 接口定义的方法。请特别注意 writeObject() 方法，该方法用于串行化对象。如果遇到错误，这些方法会抛出 IOException 异常。

表 21-9　ObjectOutput 接口定义的方法

方　　法	描　　述
void close()	关闭调用流。如果试图继续向流中写入内容，将生成 IOException 异常
void flush()	完成输出状态，以便清空所有缓冲区，即刷新输出缓冲区
void write(byte buffer[ ])	将字节数组写入调用流中
void write(byte buffer[ ], 　　　int offset, 　　　int numBytes)	将 buffer 数组中从 buffer[offset] 位置开始的 numBytes 个字节写入调用流中
void write(int b)	将单个字节写入调用流中，写入的字节是 b 的低阶字节
void writeObject(Object obj)	将 obj 对象写入调用流中

21.10.4 ObjectOutputStream 类

ObjectOutputStream 类扩展了 OutputStream 类并实现了 ObjectOutput 接口，负责将对象写入流中。该类的一个构造函数如下所示：

ObjectOutputStream(OutputStream *outStream*) throws IOException

参数 *outStream* 是将向其中写入串行化对象的输出流。关闭 ObjectOutputStream 对象会自动关闭 *outStream* 指定的底层流。

表 21-10 列出了该类的一些常用方法。当遇到错误时，这些方法会抛出 IOException 异常。ObjectOutputStream 还有一个内部类，名为 PutField，可以帮助写入永久域变量，这个内部类的其他应用超出了本书的讨论范围。

表 21-10　ObjectOutputStream 类定义的常用方法

方　　法	描　　述
void close()	关闭调用流。如果试图继续向流中写入内容，将生成 IOException 异常
void flush()	完成输出状态，以便清空所有缓冲区，即刷新输出缓冲区
void write(byte buffer[ ])	将字节数组写入调用流中
void write(byte buffer[ ], 　　　int offset, 　　　int numBytes)	将 buffer 数组中从 buffer[offset] 位置开始的 numBytes 个字节写入调用流中
void write(int b)	将单个字节写入调用流中，写入的字节是 b 的低阶字节
void writeBoolean(boolean b)	将一个布尔值写入调用流中
void writeByte(int b)	将一个 byte 值写入调用流中，写入的字节是 b 的低阶字节

(续表)

方　法	描　述
void writeBytes(String *str*)	将表示 *str* 的字节写入调用流中
void writeChar(int *c*)	将一个 char 值写入调用流中
void writeChars(String *str*)	将 *str* 中的字符写入调用流中
void writeDouble(double *d*)	将一个 double 值写入调用流中
void writeFloat(float *f*)	将一个 float 值写入调用流中
void writeInt(int *i*)	将一个 int 值写入调用流中
void writeLong(long *l*)	将一个 long 值写入调用流中
final void writeObject(Object *obj*)	将 *obj* 对象写入调用流中
void writeShort(int *i*)	将一个 short 值写入调用流中

21.10.5　ObjectInput 接口

ObjectInput 接口扩展了 DataInput 和 AutoCloseable 接口，并定义了在表 21-11 中所示的方法。ObjectInput 接口支持对象串行化。请特别注意 readObject()方法，该方法用于反串行化对象。如果遇到错误，所有这些方法都会抛出 IOException 异常。readObject()方法还可能抛出 ClassNotFoundException 异常。

表 21-11　ObjectInput 接口定义的方法

方　法	描　述
int available()	返回输入缓冲区中现在可用的字节数
void close()	关闭调用流。如果试图继续从中读取内容，将生成 IOException 异常
int read()	返回一个表示输入流中下一个可用字节的整数。如果到达文件末尾，就返回-1
int read(byte *buffer*[ ])	尝试读取 *buffer.length* 个字节到 *buffer* 中，返回成功读取的实际字节数。如果到达文件末尾，就返回-1
int read(byte *buffer*[ ], 　　int *offset*, 　　int *numBytes*)	尝试读取 *numBytes* 个字节到 *buffer* 中，从 *buffer*[*offset*]位置开始存储，返回成功读取的字节数。如果到达文件末尾，就返回-1
Object readObject()	从调用流中读取对象
long skip(long *numBytes*)	忽略(即跳过)调用字节流中 *numBytes* 个字节，返回实际忽略的字节数

21.10.6　ObjectInputStream 类

ObjectInputStream 类扩展了 InputStream 类并实现了 ObjectInput 接口。ObjectInputStream 负责从流中读取对象，该类的一个构造函数如下所示：

ObjectInputStream(InputStream *inStream*) throws IOException

参数 *inStream* 是从中读取串行化对象的输入流。关闭 ObjectInputStream 对象会自动关闭 *inStream* 指定的底层流。

表 21-12 显示了该类定义的一些常用方法。如果遇到错误，这些方法会抛出 IOException 异常。readObject()方法还可能抛出 ClassNotFoundException 异常。ObjectInputStream 还有一个内部类，名为 GetField，这个内部类有助于永久域变量的读取，这个内部类的其他应用超出了本书的讨论范围。

表 21-12　ObjectInputStream 类定义的常用方法

方　　法	描　　述
int available()	返回输入缓冲区中现在可用的字节数
void close()	关闭调用流。如果试图继续从中读取内容，将生成 IOException 异常。底层流也会被关闭
int read()	返回一个表示输入流中下一个可用字节的整数。如果到达文件末尾，就返回−1
int read(byte *buffer*[ ], int *offset*, int *numBytes*)	尝试读取 *numBytes* 个字节到 *buffer* 中，从 *buffer*[*offset*]位置开始存储，返回成功读取的字节数。如果到达文件末尾，就返回−1
Boolean readBoolean()	从调用流中读取并返回一个布尔值
byte readByte()	从调用流中读取并返回一个 byte 值
char readChar()	从调用流中读取并返回一个 char 值
double readDouble()	从调用流中读取并返回一个 double 值
float readFloat()	从调用流中读取并返回一个 float 值
void readFully(byte *buffer*[ ])	读取 *buffer.length* 个字节到 *buffer* 中。只有当所有字节都读取完之后才返回
void readFully(byte *buffer*[ ], int *offset*, int *numBytes*)	读取 *numBytes* 个字节到 *buffer* 中，从 *buffer*[*offset*]位置开始存储。只有读取了 *numBytes* 个字节之后才返回
int readInt()	从调用流中读取并返回一个 int 值
long readLong()	从调用流中读取并返回一个 long 值
final Object readObject()	从调用流中读取并返回一个对象
short readShort()	从调用流中读取并返回一个 short 值
int readUnsignedByte()	从调用流中读取并返回一个无符号 byte 值
int readUnsignedShort()	从调用流中读取并返回一个无符号 short 值

从 JDK 9 开始，ObjectInputStream 类定义了 getObjectInputFilter()和 setObjectInputFilter()方法。这两个方法都支持使用 JDK 9 中新增的 ObjectInputFilter、ObjectInputFilter.FilterInfo、ObjectInputFilter.Config 和 ObjectInputFilter.Status 来筛选对象。利用筛选功能可以控制对象的反串行化。

21.10.7　串行化示例

下面的程序演示了如何使用对象串行化和反串行化。该程序首先实例化 MyClass 类的一个对象。这个对象具有 3 个实例变量，分别是 String、int 和 double 类型。这 3 个变量中是希望保存和恢复的信息。

创建一个指向 "serial" 文件的 FileOutputStream 对象，并为该文件流创建一个 ObjectOutputStream 对象。然后使用 ObjectOutputStream 的 writeObject()方法串行化对象。接下来刷新并关闭对象输出流。

然后创建一个指向 "serial" 文件的 FileInputStream 对象，并为该文件流创建一个 ObjectInputStream 对象。然后使用 ObjectInputStream 的 readObject()方法反串行化对象。接下来关闭对象输入流。

注意 MyClass 类被定义为实现 Serializable 接口。如果没有这么定义，就会抛出 NotSerializableException 异常。如果尝试将一些 MyClass 实例变量声明为 transient 以试验该程序，则在串行化期间不会保存这些数据。

```
// A serialization demo.

import java.io.*;

public class SerializationDemo {
```

```java
  public static void main(String args[]) {

    // Object serialization

    try ( ObjectOutputStream objOStrm =
            new ObjectOutputStream(new FileOutputStream("serial")) )
    {
      MyClass object1 = new MyClass("Hello", -7, 2.7e10);
      System.out.println("object1: " + object1);

      objOStrm.writeObject(object1);
    }
    catch(IOException e) {
      System.out.println("Exception during serialization: " + e);
    }

    // Object deserialization

    try ( ObjectInputStream objIStrm =
            new ObjectInputStream(new FileInputStream("serial")) )
    {
      MyClass object2 = (MyClass)objIStrm.readObject();
      System.out.println("object2: " + object2);
    }
    catch(Exception e) {
      System.out.println("Exception during deserialization: " + e);
    }
  }
}

class MyClass implements Serializable {
  String s;
  int i;
  double d;

  public MyClass(String s, int i, double d) {
    this.s = s;
    this.i = i;
    this.d = d;
  }

  public String toString() {
    return "s=" + s + "; i=" + i + "; d=" + d;
  }
}
```

这个程序演示了 object1 和 object2 的实例变量是相同的。输出如下所示：

```
object1: s=Hello; i=-7; d=2.7E10
object2: s=Hello; i=-7; d=2.7E10
```

最后一点：对于想要串行化的类，通常会希望这些类将 static、final 和 long 类型的常量 serialVersionUID 定义为私有成员。虽然 Java 会自动定义该值(如前面示例中的 MyClass 类)，但对于实际的应用程序，最好自己显式地定义该值。

21.11 流的优点

　　Java 中的 I/O 流接口为复杂且通常较为笨重的任务提供了清晰的抽象方案。通过组合过滤流类，可以动态地构建适应数据传输需求的自定义流接口。即使将来出现新的、改进的具体流类，使用抽象、高级的 InputStream、OutputStream、Reader 以及 Writer 类编写的 Java 程序也仍然能够正确地工作。在第 23 章可以看到，当从基于文件系统的一系列流切换到网络和套接字流时，这个模型工作得非常好。最后，在许多类型的 Java 程序中，串行化对象扮演了重要的角色。Java 的串行化 I/O 类为这个有时有些棘手的任务提供了一种轻便的解决方案。

第 22 章 探究 NIO

从 1.4 版本开始,Java 提供了另一套 I/O 系统,称为 NIO(New I/O 的缩写)。NIO 支持面向缓冲区的、基于通道的 I/O 操作。随着 JDK 7 的发布,Java 对 NIO 系统进行了极大扩展,增强了对文件处理和文件系统特性的支持。事实上,这些修改是如此重要,以至于经常使用术语 NIO.2。缘于 NIO 文件类提供的功能,NIO 预期会成为文件处理中越来越重要的部分。本章将研究 NIO 系统的一些关键特性。

22.1 NIO 类

包含 NIO 类的包如表 22-1 所示。从 JDK 9 开始,这些包都位于 java.base 模块中。

表 22-1 包含 NIO 类的包

包	目 的
java.nio	NIO 系统的顶级包,用于封装各种类型的缓冲区,这些缓冲区包含 NIO 系统所操作的数据
java.nio.channels	支持通道,通道本质上是打开的 I/O 连接
java.nio.channels.spi	支持通道的服务提供者
java.nio.charset	封装字符集,另外还支持分别将字符转换成字节以及将字节转换成字符的编码器和解码器
java.nio.charset.spi	支持字符集的服务提供者
java.nio.file	提供对文件的支持
java.nio.file.attribute	提供对文件属性的支持
java.nio.file.spi	支持文件系统的服务提供者

在开始介绍之前需要强调的是,NIO 系统并非用于替换 java.io 中基于流的 I/O 类,在第 21 章讨论了这些类。如果能够很好地掌握 java.io 中基于流的 I/O,那么对于理解 NIO 是有帮助的。

> **注意:**
> 本章假定你已经阅读了第 13 章中的 I/O 概述以及第 21 章中关于对基于流的 I/O 的讨论。

22.2 NIO 的基础知识

NIO 系统构建于两个基本术语之上:缓冲区和通道。缓冲区用于容纳数据,通道表示打开的到 I/O 设备(例如文件或套接字)的连接。通常,为了使用 NIO 系统,需要获取用于连接 I/O 设备的通道以及用于容纳数据的缓冲区。

然后操作缓冲区，根据需要输入或输出数据。接下来将更加详细地分析缓冲区和通道。

22.2.1 缓冲区

缓冲区是在 java.nio 包中定义的。所有缓冲区都是 Buffer 类的子类，Buffer 类定义了对所有缓冲区都通用的核心功能：当前位置、界限和容量。当前位置是缓冲区中下一次发生读取和写入操作的索引，当前位置通过大多数读或写操作向前推进。界限是缓冲区中最后一个有效位置之后下一个位置的索引值。容量是缓冲区能够容纳的元素的数量。通常界限等于缓冲区的容量。Buffer 类还支持标记和重置。Buffer 类定义了一些方法，表 22-2 显示了这些方法。

表 22-2 Buffer 类定义的方法

方 法	描 述
abstract Object array()	如果调用缓冲区是基于数组的，就返回对数组的引用，否则抛出 UnsupportedOperationException 异常；如果数组是只读的，就抛出 ReadOnlyBufferException 异常
abstract int arrayOffset()	如果调用缓冲区是基于数组的，就返回第一个元素的索引，否则抛出 UnsupportedOperation-Exception 异常；如果数组是只读的，就抛出 ReadOnlyBufferException 异常
final int capacity()	返回调用缓冲区能够容纳的元素数量
final Buffer clear()	清空调用缓冲区并返回对缓冲区的引用
abstract Buffer duplicate()	返回等同于调用缓冲区的缓冲区。因此，这两个缓冲区都将包含和引用相同的元素
final Buffer flip()	将调用缓冲区的界限设置为当前位置，并将当前位置重置为 0。返回对缓冲区的引用
abstract boolean hasArray()	如果调用缓冲区是基于读/写数组的，就返回 true；否则返回 false
final boolean hasRemaining()	如果在调用缓冲区中还有剩余元素，就返回 true；否则返回 false
abstract boolean isDirect()	如果调用缓冲区是定向的，就返回 true，这意味着可以直接对缓冲区进行 I/O 操作；否则返回 false
abstract boolean isReadOnly()	如果调用缓冲区是只读的，就返回 true；否则返回 false
final int limit()	返回调用缓冲区的界限
final Buffer limit(int n)	将调用缓冲区的界限设置为 n。返回对缓冲区的引用
final Buffer mark()	对调用缓冲区设置标记并返回对调用缓冲区的引用
final int position()	返回当前位置
final Buffer position(int n)	将调用缓冲区的当前位置设置为 n。返回对缓冲区的引用
int remaining()	返回在到达界限之前可用元素的数量。换句话说，返回界限减去当前位置后的值
final Buffer reset()	将调用缓冲区的当前位置重为以前设置的标记。返回对缓冲区的引用
final Buffer rewind()	将调用缓冲区的位置设置为 0。返回对缓冲区的引用
abstract Buffer slice()	返回由调用缓冲区中的元素(从调用缓冲区的当前位置开始)组成的缓冲区。因此，对于 slice，这两个缓冲区都将包含和引用相同的元素

表 22-3 所示的特定的缓冲区类派生自 Buffer，这些类的名称暗含了它们所能容纳的数据的类型。

表 22-3 特定的缓冲区类

ByteBuffer	CharBuffer	DoubleBuffer	FloatBuffer
IntBuffer	LongBuffer	MappedByteBuffer	ShortBuffer

MappedByteBuffer 是 ByteBuffer 的子类，用于将文件映射到缓冲区。

前面提到的所有缓冲区类都提供了不同的 get() 和 put() 方法，使用这些方法可以从缓冲区获取数据或将数据放入缓冲区中(当然，如果缓冲区是只读的，就不能使用 put()操作)。表 22-4 显示了 ByteBuffer 类定义的 get()和 put()方法。其他缓冲区类具有类似的方法。所有缓冲区类都支持用于执行各种缓冲区操作的方法。例如，可以使用 allocate()方法手动分配缓冲区，使用 wrap()方法在缓冲区中封装数组，使用 slice()方法创建缓冲区的子序列。

表 22-4 ByteBuffer 类定义的 get()和 put()方法

方 法	描 述
abstract byte get()	返回当前位置的字节
ByteBuffer get(byte *vals*[ ])	将调用缓冲区复制到 *vals* 引用的数组中，返回对缓冲区的引用。如果缓冲区中剩余元素的数量小于 *vals*.length，就会抛出 BufferUnderflowException 异常
ByteBuffer get(byte *vals*[ ], int *start*, int *num*)	从调用缓冲区复制 *num* 个元素到 *vals* 引用的数组中，从 *start* 指定的索引位置开始保存。返回对缓冲区的引用。如果缓冲区中剩余元素的数量不足 *num*，就会抛出 BufferUnderflowException 异常
abstract byte get(int *idx*)	返回调用缓冲区中由 *idx* 指定的索引位置的字节
abstract ByteBuffer put(byte *b*)	将 *b* 复制到调用缓冲区的当前位置，返回对缓冲区的引用，如果缓冲区已满，就会抛出 BufferOverflowException 异常
final ByteBuffer put(byte *vals*[ ])	将 *vals* 的所有元素复制到调用缓冲区中，从当前位置开始。返回对缓冲区的引用。如果缓冲区不能容纳所有元素，就会抛出 BufferOverflowException 异常
ByteBuffer put(byte *vals*[ ], int *start*, int *num*)	将 *vals* 中从 *start* 开始的 *num* 个元素复制到调用缓冲区中。返回对缓冲区的引用。如果缓冲区不能容纳全部元素，就会抛出 BufferOverfowException 异常
ByteBuffer put(ByteBuffer *bb*)	将 *bb* 中的元素复制到调用缓冲区中，从当前位置开始。如果缓冲区不能容纳全部元素，就会抛出 BufferOverflowException 异常。返回对缓冲区的引用
abstract ByteBuffer put(int *idx*, byte *b*)	将 *b* 复制到调用缓冲区中 *idx* 指定的位置，返回对缓冲区的引用

22.2.2 通道

通道是由 java.nio.channels 包定义的。通道表示到 I/O 源或目标的打开的连接。通道实现了 Channel 接口并扩展了 Closeable 接口和 AutoCloseable 接口。通过实现 AutoCloseable 接口，可以使用带资源的 try 语句管理通道。如果使用带资源的 try 语句，那么当通道不再需要时会自动关闭(关于带资源的 try 语句的讨论，请查看第 13 章)。

获取通道的一种方式是对支持通道的对象调用 getChannel()方法。例如，表 22-5 所示的 I/O 类支持 getChannel()方法。

表 22-5 支持 getChannel()方法的 I/O 类

DatagramSocket	FileInputStream	FileOutputStream
RandomAccessFile	ServerSocket	Socket

根据调用 getChannel()方法的类型返回特定类型的通道。例如，当对 FileInputStream、FileOutputStream 或 RandomAccessFile 对象调用 getChannel()方法时，会返回 FileChannel 类型的通道。当对 Socket 对象调用 getChannel()方法时，会返回 SocketChannel 类型的通道。

获取通道的另外一种方式是使用 Files 类定义的静态方法。例如，使用 Files 类(在本章的后面将详细分析 Files 类)，可以通过 newByteChannel()方法获取字节通道。该方法返回一个 SeekableByteChannel 对象，SeekableByteChannel 是 FileChannel 实现的一个接口。

FileChannel 和 SocketChannel 这类通道支持各种 read()和 write()方法，使用这些方法可以通过通道执行 I/O 操作。例如，表 22-6 中列出了为 FileChannel 定义的一些 read()和 write()方法。

表 22-6 为 FileChannel 定义的 read()和 write()方法

方 法	描 述
abstract int read(ByteBuffer bb) throws IOException	从调用通道读取字节到 bb 中，直到缓冲区已满或者不再有输入内容为止。返回实际读取的字节数。如果读到流的末尾，就返回-1
abstract int read(ByteBuffer bb, long start) throws IOException	从 start 指定的文件位置开始，从调用通道读取字节到 bb 中，直到缓冲区已满或者不再有输入内容为止。不改变当前位置。返回实际读取的字节数，如果 start 超出文件的末尾，就返回-1
abstract int write(ByteBuffer bb) throws IOException	将 bb 的内容写入调用通道，从当前位置开始。返回写入的字节数
abstract int write(ByteBuffer bb, long start) throws IOException	从 start 指定的文件位置开始，将 bb 中的内容写入调用通道。不改变当前位置。返回写入的字节数

所有通道都支持一些额外的方法，通过这些方法可以访问和控制通道。例如，FileChannel 支持获取或设置当前位置的方法，在文件通道之间传递信息的方法，获取当前通道大小的方法以及锁定通道的方法，等等。FileChannel 还提供了静态的 open()方法，该方法打开文件并返回指向文件的通道。这提供了获取通道的另外一种方式。FileChannel 还提供了 map()方法，通过该方法可以将文件映射到缓冲区。

22.2.3 字符集和选择器

NIO 使用的另外两个实体是字符集和选择器。字符集定义了将字节映射为字符的方法。可以使用编码器将一系列字符编码成字节，使用解码器将一系列字节解码成字符。字符集、编码器和解码器由 java.nio.charset 包中定义的类所支持。因为提供了默认的编码器和解码器，所以通常不需要显式地使用字符集工作。

选择器支持基于键的、非锁定的多通道 I/O。换句话说，使用选择器可以通过多个通道执行 I/O。选择器由 java.nio.channels 包中定义的类支持。选择器最适合用于基于套接字的通道。

在本章不会使用字符集或选择器，但是你在自己的程序中可能会发现它们很有用。

22.3 NIO.2 对 NIO 的增强

从 JDK 7 开始，Java 对 NIO 系统进行了充分扩展和增强。除了支持带资源的 try 语句(这种 try 语句提供了自动资源管理功能)外，对 NIO 的改进包括：3 个新包(java.nio.file、java.nio.file.attribute 和 java.nio.file.spi)；一些新类、接口和方法；以及对基于流的 I/O 的定向支持。这些增加的内容极大扩展了 NIO 的使用方式，特别是文件。接下来介绍一些关键的新增内容。

22.3.1 Path 接口

对 NIO 系统最重要的新增内容可能是 Path 接口，因为该接口封装了文件的路径。在后面会看到，Path 接口是 NIO.2 中将基于文件的许多特性捆绑在一起的黏合剂，它描述了目录结构中文件的位置。Path 接口被打包到 java.nio.file 中，并且继承自下列接口：Watchable、Iterable<Path>和 Comparable<Path>。Watchable 接口描述了其变化可以被监视的对象。Iterable 和 Comparable 接口在本书前面已介绍过。

Path 接口声明了操作路径的大量方法。表 22-7 显示了其中的一些方法。请特别注意 getName()方法，该方法用于获取路径中的元素并使用索引工作。在 0 索引位置，也就是路径中最靠近根路径的部分，是路径中最左边的元素。后续索引标识根路径右侧的元素。通过调用 getNameCount()方法可以获取路径中元素的数量。如果希望获取整个路径的字符串表示,可简单地调用 toString()方法。注意可以使用 resolve()方法将相对路径解析为绝对路径。

表 22-7 Path 接口定义的方法举例

方 法	描 述
default boolean endsWith(String *path*)	如果调用 Path 对象以 *path* 指定的路径结束,就返回 true;否则返回 false
boolean endsWith(Path *path*)	如果调用 Path 对象以 *path* 指定的路径结束,就返回 true;否则返回 false
Path getFileName()	返回与调用 Path 对象关联的文件名
Path getName(int *idx*)	返回的 Path 对象包含调用对象中由 *idx* 指定的路径元素的名称。最左边的元素位于 0 索引位置,这是离根路径最近的元素。最右边的元素位于 getNameCount()-1 索引位置
int getNameCount()	返回调用 Path 对象中根目录后面元素的数量
Path getParent()	返回的 Path 对象包含整个路径,但是不包含由调用 Path 对象指定的文件的名称
Path getRoot()	返回调用 Path 对象的根路径
boolean isAbsolute()	如果调用 Path 对象是绝对路径,就返回 true;否则返回 false
static Path of(String *pathname*, String … *parts*)	返回封装指定路径的 Path。如果未使用可变参数 *paths*,则必须在其完整路径中通过 *pathname* 来指定路径。否则,*parts* 传递的参数会添加到 *pathname*(通常带有一个相应的分隔符),以形成完整的路径。对于这两种情况,如果指定的路径在语法上无效,就抛出 InvalidPathException 异常(JDK 11 新增)
static Path of(URI *uri*)	返回对应于 *uri* 的路径(JDK 11 新增)
Path resolve(Path *path*)	如果 *path* 是绝对路径,就返回 *path*;否则,如果 *path* 不包含根路径,就在 *path* 前面加上由调用 Path 对象指定的根路径,并返回结果。如果 *path* 为空,就返回调用 Path 对象;否则不对行为进行指定
default Path resolve(String *path*)	如果 *path* 是绝对路径,就返回 *path*;否则,如果 *path* 不包含根路径,就在 *path* 前面加上由调用 Path 对象指定的根路径,并返回结果。如果 *path* 为空,就返回调用 Path 对象;否则不对行为进行指定
default boolean startsWith(String *path*)	如果调用 Path 对象以 *path* 指定的路径开始,就返回 true;否则返回 false
boolean startsWith(Path *path*)	如果调用 Path 对象以 *path* 指定的路径开始,就返回 true;否则返回 false
Path toAbsolutePath()	作为绝对路径返回调用 Path 对象
String toString()	返回调用 Path 对象的字符串表示形式

另外一点:当更新那些使用 File 类(在 java.io 包中定义)的遗留代码时,可以通过对 File 对象调用 toPath()方法,将 File 实例转换成 Path 实例。此外,可以通过调用 Path 接口定义的 toFile()方法来获取 File 实例。

22.3.2 Files 类

对文件执行的许多操作都是由 Files 类中的静态方法提供的。要进行操作的文件是由文件的 Path 对象指定的;因此,Files 类的方法使用 Path 对象指定将要进行操作的文件。Files 类提供了广泛的功能。例如,提供了打开或创建具有特定路径的文件的方法。可以获取关于 Path 对象的信息,例如是否可执行,是隐藏的还是只读的。Files 类还支持复制或移动文件的方法。表 22-8 中显示了 Files 类提供的一些方法。除了可能抛出 IOException 异常外,也可能抛出其他异常。在 Files 类中还添加了以下 4 个方法:list()、walk()、lines()和 find()。它们都返回一个 Stream 对象。这些方法帮助把 NIO 与第 29 章将描述的流 API 集成起来。从 JDK 11 开始,Files 类还包含了 readString()和 writeString()方法,返回一个包含文件中字符的 String,或者将 CharSequence(如 String)写入文件。

表 22-8　Files 类定义的方法举例

方　　法	描　　述
static Path copy(Path *src*, Path *dest*, CopyOption ... *how*) throws IOException	将 *src* 指定的文件复制到 *dest* 指定的位置。参数 *how* 指定了复制是如何发生的
static Path createDirectory(Path *path*, FileAttribute<?> ... *attribs*) throws IOException	创建一个目录，*path* 指定了该目录的路径。目录属性是由 *attribs* 指定的
static Path createFile(Path *path*, FileAttribute<?> ... *attribs*) throws IOException	创建一个文件，*path* 指定了该文件的路径。文件属性是由 *attribs* 指定的
static void delete(Path *path*) throws IOException	删除一个文件，*path* 指定了该文件的路径
static boolean exists(Path *path*, LinkOption ... *opts*)	如果 *path* 指定的文件存在，就返回 true；否则返回 false。如果没有指定 *opts*，就使用符号链接。为了阻止符号链接，可以为 *opts* 传递 NOFOLLOW_LINKS
static boolean isDirectory(Path *path*, LinkOption ... *opts*)	如果 *path* 指定的是目录，就返回 true；否则返回 false。如果没有指定 *opts*，就使用符号链接。为了阻止符号链接，可以为 *opts* 传递 NOFOLLOW_LINKS
static boolean isExecutable(Path *path*)	如果 *path* 指定的是可执行文件，就返回 true；否则返回 false
static boolean isHidden(Path *path*) throws IOException	如果 *path* 指定的文件是隐藏的，就返回 true；否则返回 false
static boolean isReadable(Path *path*)	如果 *path* 指定的文件是可读的，就返回 true；否则返回 false
static boolean isRegularFile(Path *path*, LinkOption ... *opts*)	如果 *path* 指定的是文件，就返回 true；否则返回 false。如果没有指定 *opts*，就使用符号链接。为了阻止符号链接，可以为 *opts* 传递 NOFOLLOW_LINKS
static boolean isWritable(Path *path*)	如果 *path* 指定的文件是可写的，就返回 true；否则返回 false
static Path move(Path *src*, Path *dest*, CopyOption ... *how*) throws IOException	将 *src* 指定的文件移到 *dest* 指定的位置。参数 *how* 指定了文件移动是如何发生的
static SeekableByteChannel newByteChannel(Path *path*, OpenOption ... *how*) throws IOException	打开 *path* 指定的文件，*how* 指定了打开方式。返回一个链接到该文件的 SeekableByteChannel 对象。这是一个可以改变当前位置的字节通道。FileChannel 类实现了 SeekableByteChannel 方法
static DirectoryStream<Path> newDirectoryStream(Path *path*) throws IOException	打开 *path* 指定的目录。返回一个链接到该目录的 DirectoryStream 对象
static InputStream newInputStream(Path *path*, OpenOption ... *how*) throws IOException	打开 *path* 指定的文件，*how* 指定了打开方式。返回一个链接到该文件的 InputStream 对象
static OutputStream newOutputStream(Path *path*, OpenOption ... *how*) throws IOException	打开 *path* 指定的文件，*how* 指定了打开方式。返回一个链接到该文件的 OutputStream 对象

(续表)

方 法	描 述
static boolean 　　notExists(Path *path*, 　　　　LinkOption ... *opts*)	如果 *path* 指定的文件不存在，就返回 true；否则返回 false。如果没有指定 *opts*，就使用符号链接。为了阻止符号链接，可以为 *opts* 传递 NOFOLLOW_LINKS
static <A extends BasicFileAttributes> A 　　readAttributes(Path *path*, 　　　　Class<A> *attribType*, 　　　　LinkOption ... *opts*) 　　throws IOException	获取与 *path* 指定的文件相关联的属性。获取的属性类型是由 *attribType* 传递的。如果没有指定 *opts*，就使用符号链接。为了阻止符号链接，可以为 *opts* 传递 NOFOLLOW_LINKS
static long size(Path *path*) 　　throws IOException	返回由 *path* 指定的文件的大小

注意，表 22-8 中的一些方法接受类型为 OpenOption 的参数。OpenOption 是描述打开文件方式的接口，StandardOpenOption 类实现了该接口。StandardOpenOption 类定义了一个枚举，表 22-9 显示了这个枚举包含的值。

表 22-9　标准的文件打开选项

值	含 义
APPEND	导致输出被写入文件的末尾
CREATE	如果文件不存在，就创建文件
CREATE_NEW	只有当文件不存在时才创建文件
DELETE_ON_CLOSE	当文件被关闭时，删除文件
DSYNC	导致对文件的修改被立即写入物理文件。正常情况下，出于效率考虑，对文件的修改由文件系统进行缓冲，只有当需要时才写入文件中
READ	为输入操作打开文件
SPARSE	指示文件系统——文件是稀疏的，这意味着文件中可能没有完全填满数据。如果文件系统不支持稀疏文件，那么会忽略该选项
SYNC	导致对文件或文件中元数据的修改被立即写入物理文件。正常情况下，出于效率考虑，对文件的修改由文件系统进行缓冲，只有当需要时才写入文件
TRUNCATE_EXISTING	将为输出操作而打开的、之前就存在的文件的长度减少到 0
WRITE	为输出操作打开文件

22.3.3　Paths 类

因为 Path 是接口，不是类，所以不能通过构造函数直接创建 Path 实例。但是，可以通过调用方法来返回 Path 实例。在 JDK 11 之前，通常使用 Paths 类定义的 get()方法来完成该工作。get()方法有两种形式。在本章中使用的形式如下所示：

static Path get(String *pathname*, String ... *parts*)

该方法返回一个封装指定路径的 Path 对象。可以通过两种形式指定路径。第一种，如果没有使用 *parts*，则必须通过 *pathname* 以整体来指定路径。如果使用了 *parts*，那么可以分块传递路径，使用 *pathname* 传递第 1 部分，通过 *parts* 可变长度参数指定后续部分。对于这两种情况，如果指定的路径在语法上无效，get()方法会抛出 InvalidPathException 异常。

get() 方法的第二种形式根据 URI 来创建 Path 对象，如下所示：

static Path get(URI *uri*)

这种形式返回与 *uri* 对应的 Path 对象。

上面介绍的 Paths.get() 方法在 JDK 7 中已开始使用，在本书编写期间，该方法仍然可用，但已不再推荐使用。JDK 11 中的 Java API 文档推荐使用新方法 Path.of() 代替它。Path.of() 方法是 JDK 11 的新增方法，是目前首选的方法。当然，如果使用的是 JDK 11 之前的编译器，就必须继续使用 Paths.get() 方法。

创建链接到文件的 Path 对象不会导致打开或创建文件，理解这一点很重要。这仅仅创建了封装文件目录路径的对象而已。

22.3.4 文件属性接口

与文件关联的是一套属性。这些属性包括文件的创建时间、最后一次修改时间、文件是否是目录以及文件的大小等内容。NIO 将文件属性组织到几个接口中。属性是通过在 java.nio.file.attribute 包中定义的接口层次表示的。顶部是 BasicFileAttributes，该接口封装了在各种文件系统中都通用的一组属性。表 22-10 显示了 BasicFileAttributes 接口定义的方法。

表 22-10　BasicFileAttributes 接口定义的方法

方　　法	描　　述
FileTime creationTime()	返回文件的创建时间。如果文件系统没有提供创建时间，就返回一个依赖于实现的时间值
Object fileKey()	返回文件键。如果不支持，就返回 null
boolean isDirectory()	如果文件表示目录，就返回 true
boolean isOther()	如果文件不是文件、符号链接或目录，就返回 true
boolean isRegularFile()	如果文件是常规文件，而不是目录或符号链接，就返回 true
boolean isSymbolicLink()	如果文件是符号链接，就返回 true
FileTime lastAccessTime()	返回文件的最后一次访问时间。如果文件系统没有提供最后访问时间，就返回一个依赖于实现的时间值
FileTime lastModifiedTime()	返回文件的最后一次修改时间。如果文件系统没有提供最后一次修改时间，就返回一个依赖于实现的时间值
long size()	返回文件的大小

有两个接口派生自 BasicFileAttributes：DosFileAttributes 和 PosixFileAttributes。DosFileAttributes 描述了与 FAT 文件系统相关的那些属性，FAT 文件系统最初是由 DOS 定义的。DosFileAttributes 接口定义的方法如表 22-11 所示。

表 22-11　DosFileAttributes 接口定义的方法

方　　法	描　　述
boolean isArchive()	如果文件被标记为存档文件，就返回 true；否则返回 false
boolean isHidden()	如果文件是隐藏的，就返回 true；否则返回 false
boolean isReadOnly()	如果文件是只读的，就返回 true；否则返回 false
boolean isSystem()	如果文件被标记为系统文件，就返回 true；否则返回 false

PosixFileAttributes 封装了 POSIX 标准定义的属性(POSIX 代表 Portable Operating System Interface，即轻便型操作系统接口)，该接口定义的方法如表 22-12 所示。

表 22-12　PosixFileAttributes 接口定义的方法

方法	描述
GroupPrincipal group()	返回文件的组拥有者
UserPrincipal owner()	返回文件的拥有者
Set<PosixFilePermission> permissions()	返回文件的权限

访问文件属性的方式有多种。第一种方式，可以通过 readAttributes()方法获取用于封装文件属性的对象，该方法是由 Files 类定义的静态方法，它的其中一种形式如下所示：

```
static <A extends BasicFileAttributes>
    A readAttributes(Path path, Class<A> attrType, LinkOption... opts)
        throws IOException
```

这个方法返回一个指向对象的引用，该对象指定了与 *path* 传递的文件相关联的属性。使用 *attrType* 参数作为 Class 对象来指定特定类型的属性。例如，为了获取基本文件属性，向 *attrType* 传递 BasicFileAttributes.class；对于 DOS 属性，使用 DosFileAttributes.class；对于 POSIX 属性，使用 PosixFileAttributes.class。可选的链接选项是通过 *opts* 传递的。如果没有指定该选项，就使用一个符号链接。该方法返回指向所请求属性的引用。如果请求的属性类型不可用，就会抛出 UnsupportedOperationException 异常。可以使用返回的对象访问文件属性。

访问文件属性的第二种方式是调用 Files 类定义的 getFileAttributeView()方法。NIO 定义了一些属性视图接口，包括 AttributeView、BasicFileAttributeView、DosFileAttributeView、PosixFileAttributeView 等。尽管在本章中不会使用这些属性视图，但是在有些情况下会发现它们很有帮助。

在有些情况下，不需要直接使用文件属性接口，因为 Files 类提供了一些访问文件属性的静态的便利方法。例如 File 类提供了 isHidden()和 isWritable()方法。

并不是所有的文件系统都支持所有可能的属性，理解这一点很重要。例如，DOS 文件属性应用于最初由 DOS 定义的 FAT 文件系统。广泛应用于各种文件系统的属性是由 BasicFileAttributes 接口描述的。因此，在本章的例子中使用了这些属性。

22.3.5　FileSystem、FileSystems 和 FileStore 类

通过打包到 java.nio.file 中的 FileSystem 和 FileSystems 类，很容易访问文件系统。实际上，使用 FileSystems 类定义的 newFileSystem()方法，甚至可以获取新的文件系统。FileStore 类封装了文件存储系统。尽管在本章中没有直接使用这些类，但是你在自己的应用程序中可能会发现它们很有帮助。

22.4　使用 NIO 系统

下面将演示如何应用 NIO 系统完成各种任务。在开始之前有必要强调一下，随着 JDK 7 的发布，Java 对 NIO 系统进行了极大扩展。因此，NIO 系统的应用也被极大扩展了。前面提到过，这个增强版本有时被称为 NIO.2。因为 NIO.2 添加的特性是如此丰富，以至于它们改变了许多基于 NIO 的代码的编写方式，并且增加了使用 NIO 可以完成的任务类型。缘于重要性，本章剩余的大部分内容和例子都将使用 NIO.2 的新特性，因此需要使用 Java 的更新版本。

在过去，NIO 的主要目的是进行基于通道的 I/O，这到目前仍然是一个非常重要的应用。然而，可以为基于流的 I/O 以及执行文件系统操作使用 NIO。因此，对 NIO 使用的讨论分为以下 3 个部分：

- 为基于通道的 I/O 使用 NIO。
- 为基于流的 I/O 使用 NIO。

- 为路径和文件系统操作使用 NIO。

因为最常用的 I/O 设备是磁盘文件，所以本章剩余部分会在示例中使用磁盘文件。因为所有文件通道操作都是基于字节的，所以我们将使用的缓冲区类型是 ByteBuffer。

在为了通过 NIO 系统进行访问而打开文件之前，必须获取描述文件的 Path 对象。完成该工作的一种方式是调用 Paths.get()工厂方法，该方法是在 JDK 7 中添加的。但在前面已介绍过，从 JDK 11 开始，首选方法是使用 Path.of()方法而不是 Paths.get()方法。因此，在示例中使用的是 Path.of()方法。如果使用的是 JDK 11 之前的 Java 版本，只需要在示例程序中用 Paths.get()替代 Path.of()即可。示例中使用的 of()方法如下所示：

static Path of(String *pathname*, String ... *parts*)

回顾一下指定路径的两种方式。可以分块传递，第 1 部分使用 *pathname* 传递，后续元素通过 *parts* 可变参数指定。另外一种方式，可以使用 *pathname* 指定整个路径，而不使用 *parts*，示例程序将使用这种方式。

22.4.1 为基于通道的 I/O 使用 NIO

NIO 的重要应用是通过通道和缓冲区访问文件。下面演示了使用通道读取文件以及写入文件的一些技术。

1. 通过通道读取文件

使用通道从文件读取数据有多种方式。最常用的方式可能是手动分配缓冲区，然后执行显式的读取操作，读取操作使用来自文件的数据加载缓冲区。下面首先介绍这种方式。

在能够从文件读取数据之前必须打开文件。为此，首先创建描述文件的 Path 对象，然后使用 Path 对象打开文件。根据使用文件的方式，有各种打开文件的方式。在这个例子中，将为基于字节的输入打开文件，通过显式的输入操作进行字节输入。所以，这个例子将通过调用 Files.newByteChannel()来打开文件并建立链接到文件的通道。newByteChannel()方法的一般形式如下：

static SeekableByteChannel newByteChannel(Path *path*, OpenOption ... *how*)
    throws IOException

该方法返回的 SeekableByteChannel 对象封装了文件操作的通道。描述文件的 Path 对象是通过 *path* 传递的。参数 *how* 指定了打开文件的方式，因为是可变长度参数，所以可以指定 0 个或多个由逗号隔开的参数(在前面讨论过有效值，并在表 22-9 中显示了这些值)。如果没有指定参数，将为输入操作打开文件。SeekableByteChannel 是接口，用于描述能够用于文件操作的通道。FileChannel 类实现了该接口。如果使用的是默认文件系统，那么可以将返回对象强制转换成 FileChannel 类型。通道使用完之后必须关闭。既然所有通道——包括 FileChannel，都实现了 AutoCloseable 接口，那么可以使用带资源的 try 语句自动关闭文件，而不必显式地调用 close()方法，在示例中将使用这种方式。

接下来，必须通过封装已经存在的数组或通过动态分配缓冲区来获取缓冲区，缓冲区将由通道使用。示例程序将动态分配缓冲区，但是可以自行选择任何一种方式。因为文件通道操作的是字节数组，所以将使用 ByteBuffer 定义的 allocate()方法获取缓冲区。该方法的一般形式如下所示：

static ByteBuffer allocate(int *cap*)

其中，*cap* 指定了缓冲区的容量。该方法返回对缓冲区的引用。

创建缓冲区后，在通道上调用 read()方法，传递指向缓冲区的引用。在此使用的 read()版本如下所示：

int read(ByteBuffer *buf*) throws IOException

每次调用 read()方法时，都使用来自文件的数据填充 *buf* 指定的缓冲区。读取是连续的，这意味着每次调用 read()方法都会从文件读取后续字节以填充缓冲区。read()方法返回实际读取的字节数量。当试图在文件末尾读取时，该方法会返回-1。

下面的程序将应用前面讨论的技术，使用显式的输入操作通过通道读取 test.txt 文件：

```java
// Use Channel I/O to read a file.

import java.io.*;
import java.nio.*;
import java.nio.channels.*;
import java.nio.file.*;

public class ExplicitChannelRead {
  public static void main(String args[]) {
    int count;
    Path filepath = null;

    // First, obtain a path to the file.
    try {
      filepath = Path.of("test.txt");
    } catch(InvalidPathException e) {
      System.out.println("Path Error " + e);
      return;
    }

    // Next, obtain a channel to that file within a try-with-resources block.
    try ( SeekableByteChannel fChan = Files.newByteChannel(filepath) )
    {

      // Allocate a buffer.
      ByteBuffer mBuf = ByteBuffer.allocate(128);

      do {
        // Read a buffer.
        count = fChan.read(mBuf);

        // Stop when end of file is reached.
        if(count != -1) {

          // Rewind the buffer so that it can be read.
          mBuf.rewind();

          // Read bytes from the buffer and show
          // them on the screen as characters.
          for(int i=0; i < count; i++)
            System.out.print((char)mBuf.get());
        }
      } while(count != -1);

      System.out.println();
    } catch (IOException e) {
      System.out.println("I/O Error " + e);
    }
  }
}
```

下面是该程序的工作原理。首先，获取一个 Path 对象，其中包含 test.txt 文件的相对路径。将指向该对象的引用赋给 filepath。接下来调用 newByteChannel()方法，并传递 filepath 作为参数，获取链接到文件的通道。因为没有指定打开方式，所以要为读取操作打开文件。注意这个通道是由带资源的 try 语句管理的对象。因此，当代码块结束时会自动关闭通道。然后该程序调用 ByteBuffer 的 allocate()方法分配缓冲区，当读取文件时，缓冲区将容纳文件的内容。指向缓冲区的引用保存在 mBuf 中。然后调用 read()方法将文件内容读取到 mBuf 中，读取的字节数保存在 count 中。接下来调用 rewind()方法回绕缓冲区。这个调用是必需的，因为在调用 read()方法之后，当前位置位于缓冲区的末尾。为了通过 get()方法读取 mBuf 中的字节，必须将当前位置重置到缓冲区的开头(记住，get()方法是由 ByteBuffer 定义的)。因为 mBuf 是字节缓冲区，所以 get()方法返回的值是字节。将它们强制转换为 char 类型，从而可以作为文本显示文件(也可以创建将字节编码成字符的缓冲区，然后读取该缓冲区)。当到达文件末尾时，read()方法返回的值将是-1。当到达文件末尾时，自动关闭通道，结束程序。

有趣的一点是：注意程序在一个 try 代码块中获取 Path，然后使用另外一个 try 代码块获取并管理与这个路径链接的通道。尽管使用这种方式没有什么错误，但是在许多情况下，可以对其进行简化，从而只使用一个 try 代码块。在这种方式中，对 Paths.of()和 newByteChannel()方法的调用被连接到一起。例如，下面是对该程序进行改写后的版本，该版本使用的就是这种方式：

```java
// A more compact way to open a channel.

import java.io.*;
import java.nio.*;
import java.nio.channels.*;
import java.nio.file.*;

public class ExplicitChannelRead {
  public static void main(String args[]) {
    int count;

    // Here, the channel is opened on the Path returned by Path.of().
    // There is no need for the filepath variable.
    try ( SeekableByteChannel fChan =
            Files.newByteChannel(Path.of("test.txt")) )
    {
      // Allocate a buffer.
      ByteBuffer mBuf = ByteBuffer.allocate(128);

      do {
        // Read a buffer.
        count = fChan.read(mBuf);

        // Stop when end of file is reached.
        if(count != -1) {

          // Rewind the buffer so that it can be read.
          mBuf.rewind();

          // Read bytes from the buffer and show
          // them on the screen as characters.
          for(int i=0; i < count; i++)
            System.out.print((char)mBuf.get());
        }
      } while(count != -1);

      System.out.println();
    } catch(InvalidPathException e) {
      System.out.println("Path Error " + e);
    } catch (IOException e) {
```

```
      System.out.println("I/O Error " + e);
    }
  }
}
```

在这个版本中，不再需要 filepath 变量，并且两个异常都通过同一个 try 语句进行处理。因为这种方式更紧凑，所以在本章的其他例子中也将使用这种方式。当然，在你自己的代码中可能会遇到以下这种情况：不能将 Path 对象的创建和通道的获取放到一起。对于这种情况，可以使用前一种方式。

读取文件的另外一种方式是将文件映射到缓冲区。这种方式的优点是缓冲区会自动包含文件的内容，不需要显式的读操作。为了映射和读取文件内容，需要遵循以下一般过程。首先，像前面介绍的那样，获取用于封装文件的 Path 对象。接下来调用 Files.newByteChannel()方法，并传递获取的 Path 对象作为参数，然后将返回的对象强制转换成 FileChannel 类型，获取链接到文件的通道。如前所述，newByteChannel()方法返回 SeekableByteChannel 类型的对象。当使用默认文件系统时，可以将这个对象强制转换成 FileChannel 类型。然后，在通道上调用 map()方法，将通道映射到缓冲区。map()方法是由 FileChannel 定义的，所以需要将返回的对象强制转换成 FileChannel 类型。map()方法如下所示：

MappedByteBuffer map(FileChannel.MapMode *how*,
      long *pos*, long *size*) throws IOException

map()方法导致将文件中的数据映射到内存中的缓冲区。参数 *how* 的值决定了允许的操作类型，它必须是以下这些值中的一个：

MapMode.READ_ONLY	MapMode.READ_WRITE	MapMode.PRIVATE

对于读取文件，使用 MapMode.READ_ONLY。要读取并写入文件，使用 MapMode.READ_WRITE。MapMode.PRIVATE 导致创建文件的私有副本，并且对缓冲区的修改不会影响底层的文件。文件中开始进行映射的位置是由 *pos* 指定的，并且映射的字节数量是由 *size* 指定的。对缓冲区的引用作为 MappedByteBuffer 返回，MappedByteBuffer 是 ByteBuffer 的子类。一旦将文件映射到缓冲区，就可以从缓冲区读取文件了。下面是演示这种方式的一个例子：

```
// Use a mapped file to read a file.

import java.io.*;
import java.nio.*;
import java.nio.channels.*;
import java.nio.file.*;

public class MappedChannelRead {
  public static void main(String args[]) {

    // Obtain a channel to a file within a try-with-resources block.
    try ( FileChannel fChan =
        (FileChannel) Files.newByteChannel(Path.of("test.txt")) )
    {

      // Get the size of the file.
      long fSize = fChan.size();

      // Now, map the file into a buffer.
      MappedByteBuffer mBuf = fChan.map(FileChannel.MapMode.READ_ONLY, 0, fSize);

      // Read and display bytes from buffer.
```

```
      for(int i=0; i < fSize; i++)
        System.out.print((char)mBuf.get());

      System.out.println();

    } catch(InvalidPathException e) {
      System.out.println("Path Error " + e);
    } catch (IOException e) {
      System.out.println("I/O Error " + e);
    }
  }
}
```

在这个程序中，首先创建链接到文件的 Path 对象，然后通过 newByteChannel()方法打开文件。通道被强制转换成 FileChannel 类型并保存在 fChan 中。接下来，调用 size()方法以获取文件的大小。然后，对 fChan 调用 map()方法将整个文件映射到内存，并将指向缓冲区的引用保存到 mBuf 中。注意 mBuf 被声明为对 MappedByteBuffer 的引用。最后通过 get()方法读取 mBuf 中的字节。

2. 通过通道写入文件

与读取文件一样，使用通道将数据写入文件的方式也有多种。首先介绍最常用的一种。在这种方式中，手动分配缓冲区，将数据写入缓冲区，然后执行显式的写操作，将数据写入文件。

在向文件中写入数据之前，必须打开文件。为此，首先获取描述文件的 Path 对象，然后使用 Path 对象打开文件。在这个例子中，将为进行基于字节的输出打开文件，通过显式的输出操作写入数据。所以，这个例子调用 Files.newByteChannel()方法来打开文件，并建立链接到文件的通道。正如前面所显示的，newByteChannel()方法的一般形式如下：

static SeekableByteChannel newByteChannel(Path *path*, OpenOption ... *how*)
　　throws IOException

该方法返回的 SeekableByteChannel 对象中封装了用于文件操作的通道。为了针对输入操作打开文件，*how* 参数必须为 StandardOpenOption.WRITE。当文件不存在时，如果希望创建文件，还必须指定 StandardOpenOption.CREATE(也可以使用表 22-9 中显示的其他选项)。在前面解释过，SeekableByteChannel 是接口，用于描述能够用于文件操作的通道。FileChannel 类实现了该接口。如果使用的是默认文件系统，可以将返回对象强制转换成 FileChannel 类型。当通道使用完之后必须关闭。

下面是通过通道写入文件的一种方式，这种方式显式调用 write()方法。首先，调用 newByteChannel()方法以获取与文件链接的 Path 对象，然后打开文件，将返回的结果强制转换成 FileChannel 类型。接下来分配字节缓冲区，并将数据写入缓冲区。在将数据写入文件之前，在缓冲区上调用 rewind()方法，将当前位置设置为 0(在缓冲区上的每次输出操作都会增加当前位置。因此在写入文件之前，必须重置当前位置)。然后，对通道调用 write()方法，传递缓冲区。下面的程序演示了这个过程。该程序将字母表写入 test.txt 文件。

```
// Write to a file using NIO.

import java.io.*;
import java.nio.*;
import java.nio.channels.*;
import java.nio.file.*;

public class ExplicitChannelWrite {
  public static void main(String args[]) {
```

```
    // Obtain a channel to a file within a try-with-resources block.
    try ( FileChannel fChan = (FileChannel)
            Files.newByteChannel(Path.of("test.txt"),
                                 StandardOpenOption.WRITE,
                                 StandardOpenOption.CREATE) )
    {
      // Create a buffer.
      ByteBuffer mBuf = ByteBuffer.allocate(26);

      // Write some bytes to the buffer.
      for(int i=0; i<26; i++)
        mBuf.put((byte)('A' + i));

      // Reset the buffer so that it can be written.
      mBuf.rewind();

      // Write the buffer to the output file.
      fChan.write(mBuf);

    } catch(InvalidPathException e) {
      System.out.println("Path Error " + e);
    } catch (IOException e) {
      System.out.println("I/O Error: " + e);
      System.exit(1);
    }
  }
}
```

该程序有一个重要的方面值得强调。如前所述,在将数据写入 mBuf 之后,写入文件之前,对 mBuf 调用 rewind()方法。在将数据写入 mBuf 之后,为了将当前位置重置为 0,这是必须做的。请记住,每次对 mBuf 调用 put()方法都会向前推进当前位置。所以在调用 write()方法之前,需要将当前位置重置到缓冲区的开头。如果没有这么做,write()方法会认为缓冲区中没有数据。

在输入和输出操作之间,处理缓冲区重置的另外一种方式是调用 flip()方法而不是调用 rewind()方法。flip()方法将当前位置设置为 0,并将界限设置为前一个当前位置。在前面的示例中,因为缓冲区的容量等于界限,所以可以使用 flip()方法代替 rewind()方法。然而,并不是在所有情况下都可以互换这两个方法。

通常,在读和写操作之间必须重置缓冲区。例如,假定对于前面的例子,下面的循环会将字母表写入文件 3 次。请特别注意对 rewind()方法的调用。

```
for(int h=0; h<3; h++) {
  // Write some bytes to the buffer.
  for(int i=0; i<26; i++)
    mBuf.put((byte)('A' + i));

  // Rewind the buffer so that it can be written.
  mBuf.rewind();

  // Write the buffer to the output file.
  fChan.write(mBuf);

  // Rewind the buffer so that it can be written to again.
  mBuf.rewind();
}
```

注意,在每次读和写操作之间都要调用 rewind()方法。

关于该程序需要注意的另外一点是：当向缓冲区写入文件时，文件中的前 26 个字节将包含输出。如果文件 test.txt 先前就已经存在，那么在执行程序后，test.txt 中的前 26 个字节将包含字母表，但是文件的剩余部分会保持不变。

写入文件的另外一种方式是将文件映射到缓冲区。这种方式的优点是：写入缓冲区的数据会被自动写入文件，不需要显式的写操作。为了映射和写入文件内容，需要使用以下一般过程。首先，获取封装文件的 Path 对象，然后调用 Files.newByteChannel()方法，传递获取的 Path 对象作为参数，创建链接到文件的通道。将 newByteChannel() 方法返回的引用转换成 FileChannel 类型。接下来对通道调用 map()方法，将通道映射到缓冲区。在前面已经详细描述了 map()方法。为了方便起见，在此对其进行总结。下面是 map()方法的一般形式：

MappedByteBuffer map(FileChannel.MapMode *how*,
     long *pos*, long *size*) throws IOException

map()方法导致文件中的数据被映射到内存中的缓冲区。*how* 的值决定了允许的操作类型。为了写入文件，*how* 必须是 MapMode.READ_WRITE。文件中开始映射的位置是由 *pos* 指定的，映射的字节数量是由 *size* 决定的。map() 方法返回指向缓冲区的引用。一旦将文件映射到缓冲区，就可以向缓冲区写入数据，并且这些数据会被自动写入文件。所以，不需要对通道执行显式的写入操作。

下面的程序对前面的程序进行了改写，从而使用映射文件。注意在 newByteChannel()方法调用中，添加了 StandardOpenOption.READ 打开选项。这是因为映射缓冲区要么是只读的，要么是读/写的。因此，为了向映射缓冲区中写入数据，必须以读/写模式打开通道。

```java
// Write to a mapped file.

import java.io.*;
import java.nio.*;
import java.nio.channels.*;
import java.nio.file.*;

public class MappedChannelWrite {
  public static void main(String args[]) {

    // Obtain a channel to a file within a try-with-resources block.
    try ( FileChannel fChan = (FileChannel)
        Files.newByteChannel(Path.of("test.txt"),
             StandardOpenOption.WRITE,
             StandardOpenOption.READ,
             StandardOpenOption.CREATE) )
    {

      // Then, map the file into a buffer.
      MappedByteBuffer mBuf = fChan.map(FileChannel.MapMode.READ_WRITE, 0, 26);

      // Write some bytes to the buffer.
      for(int i=0; i<26; i++)
        mBuf.put((byte)('A' + i));

    } catch(InvalidPathException e) {
      System.out.println("Path Error " + e);
    } catch (IOException e) {
      System.out.println("I/O Error " + e);
    }
  }
}
```

可以看出，对于通道自身没有显式的写操作。因为 mBuf 被映射到文件，所以对 mBuf 的修改会自动反映到底层的文件中。

3. 使用 NIO 复制文件

NIO 简化了好几种类型的文件操作。尽管不可能对所有这些操作进行分析，不过可以通过一个例子提供这一思想。下面的程序调用 NIO 的 copy()方法来复制文件，该方法是由 Files 类定义的静态方法。copy()方法有好几种形式，下面是我们将使用的其中一种形式：

static Path copy(Path *src*, Path *dest*, CopyOption ... *how*) throws IOException

这种形式将 *src* 指定的文件复制到 *dest* 指定的文件。执行复制的方式是由 *how* 指定的。因为是可变长度参数，所以可以省略。如果指定 *how* 参数，那么参数值可以是下面这些值中的一个或多个，对于所有文件系统，这些值都是有效的。

- StandardCopyOption.COPY_ATTRIBUTES：要求复制文件的属性。
- StandardLinkOption.NOFOLLOW_LINKS：不使用符号链接。
- StandardCopyOption.REPLACE_EXISTING：覆盖先前存在的文件。

根据具体的实现，也可能支持其他选项。

下面的程序演示了 copy()方法。源文件和目标文件都是在命令行上指定的，首先指定源文件。注意这个程序是多么简短！你可能希望将这个版本的文件副本程序与第 13 章中的版本进行比较。你会发现在使用 NIO 的版本中，实际复制文件的程序部分明显缩短了，如下所示：

```
// Copy a file using NIO.
import java.io.*;
import java.nio.*;
import java.nio.channels.*;
import java.nio.file.*;

public class NIOCopy {

  public static void main(String args[]) {

    if(args.length != 2) {
      System.out.println("Usage: Copy from to");
      return;
    }

    try {
      Path source = Path.of(args[0]);
      Path target = Path.of(args[1]);

      // Copy the file.
      Files.copy(source, target, StandardCopyOption.REPLACE_EXISTING);

    } catch(InvalidPathException e) {
      System.out.println("Path Error " + e);
    } catch (IOException e) {
      System.out.println("I/O Error " + e);
    }
  }
}
```

22.4.2 为基于流的 I/O 使用 NIO

从 NIO.2 开始，可以使用 NIO 打开 I/O 流。如果拥有 Path 对象，那么可以通过调用 newInputStream()或

newOutputStream()方法来打开文件，它们是由 Files 类定义的静态方法。这些方法返回链接到指定文件的流。对于这两种情况，可以使用第 20 章中描述的方法来操作流，并且应用相同的技术。使用 Path 对象打开文件的优点在于：NIO 定义的所有特性都可以使用。

为了针对基于流的输入操作打开文件，可以使用 Files.newInputStream()方法，该方法的一般形式如下所示：

```
static InputStream newInputStream(Path path, OpenOption ... how)
            throws IOException
```

其中，*path* 指定了要打开的文件，*how* 指定了打开文件的方式，*how* 参数的值必须是一个或多个由 StandardOpenOption 定义的值，在前面描述了这些值(当然，只能应用与输入流相关的选项)。如果没有指定选项，那么文件的打开方式为 StandardOpenOption.READ。

一旦打开文件，就可以使用 InputStream 定义的任何方法。例如，可以使用 read()方法从文件读取字节。

下面的程序演示了基于 NIO 的流 I/O 的使用。该程序对第 13 章中的 ShowFile 程序进行了重写，从而使用 NIO 特性打开文件并获取流。可以看出，除了使用 Path 对象和 newInputStream()方法外，该版本与原始版本很类似。

```java
/* Display a text file using stream-based, NIO code.
   To use this program, specify the name
   of the file that you want to see.
   For example, to see a file called TEST.TXT,
   use the following command line.

   java ShowFile TEST.TXT
*/

import java.io.*;
import java.nio.file.*;

class ShowFile {
  public static void main(String args[])
  {
    int i;

    // First, confirm that a filename has been specified.
    if(args.length != 1) {
      System.out.println("Usage: ShowFile filename");
      return;
    }

    // Open the file and obtain a stream linked to it.
    try ( InputStream fin = Files.newInputStream(Path.of(args[0])) )
    {
      do {
        i = fin.read();
        if(i != -1) System.out.print((char) i);
      } while(i != -1);

    } catch(InvalidPathException e) {
      System.out.println("Path Error " + e);
    } catch(IOException e) {
      System.out.println("I/O Error " + e);
    }
  }
}
```

因为 newInputStream() 方法返回的流是常规流，所以可以像所有其他流那样使用它。例如，为了提供缓冲，可以在缓冲流(如 BufferedInputStream)中封装流，如下所示：

```
new BufferedInputStream(Files.newInputStream(Paths.of(args[0])))
```

现在，读取的所有数据都会被自动缓冲。

为了针对输出操作打开文件，可以使用 Files.newOutputStream() 方法。该方法如下所示：

static OutputStream newOutputStream(Path *path*, OpenOption ... *how*)
              throws IOException

其中，*path* 指定了要打开的文件，*how* 指定了打开文件的方式，*how* 参数的值必须是 StandardOpenOption 定义的一个或多个值，在前面描述了这些值(当然，只能应用那些与输出流相关的选项)。如果没有指定选项，那么使用 StandardOpenOption.WRITE、StandardOpenOption.CREATE 和 StandardOpenOption.TRUNCATE_EXISTING 打开文件。

使用 newOutputStream() 方法的方式与前面显示的使用 newInputStream() 方法的方式类似。一旦打开文件，就可以使用 OutputStream 定义的任何方法了。例如，可以使用 write() 方法将字节写入文件。为了缓冲流，还可以在 BufferedOutputSteam 对象中封装流。

下面的程序显示了 newOutputStream() 方法的用法。该程序将字母表写入 test.txt 文件。注意缓冲 I/O 的用法。

```
// Demonstrate NIO-based, stream output.

import java.io.*;
import java.nio.file.*;

class NIOStreamWrite {
  public static void main(String args[])
  {
    // Open the file and obtain a stream linked to it.
    try ( OutputStream fout =
        new BufferedOutputStream(
            Files.newOutputStream(Path.of("test.txt"))) )
    {
      // Write some bytes to the stream.
      for(int i=0; i < 26; i++)
        fout.write((byte)('A' + i));

    } catch(InvalidPathException e) {
      System.out.println("Path Error " + e);
    } catch(IOException e) {
      System.out.println("I/O Error: " + e);
    }
  }
}
```

22.4.3 为路径和文件系统操作使用 NIO

在第 21 章的开头分析了 java.io 包中的 File 类。在那儿解释过，File 类处理文件系统以及与文件关联的各种属性，例如文件是否是只读的、隐藏的，等等。还可以使用 File 类获取与文件路径相关的信息。虽然使用 File 类完全可以接受，但是 NIO.2 定义的接口和类为执行这些功能提供了更好的方式。其优点包括支持符号链接，能更好地支持目录树遍历以及改进的元数据处理等。下面将显示两种通用文件系统操作的一些例子：获取与路径和文件相关的信息以及获取目录的内容。

> **请记住：**
> 如果希望将使用java.io.file的旧代码更新为使用Path接口，则可以使用toPath()方法从File实例获取Path实例。

1. 获取与路径和文件相关的信息

可以使用 Path 定义的方法获取与路径相关的信息。有些与 Path 对象描述的文件相关的属性(例如文件是否是隐藏的)，可以使用 Files 类定义的方法来获取。在此使用的由 Path 接口定义的方法有 getName()、getParent()和 toAbsolutePath()。Files 类提供的那些方法是 isExecutable()、isHidden()、isReadable()、isWritable()和 exists()。如前所示，在表 22-7 和表 22-8 中对这些方法进行了总结。

> **警告：**
> 使用 isExecutable()、isReadable()、isWritable()和 exists()这类方法时必须小心，因为在调用这些方法之后，文件系统的状态可能会改变。在这种情况下，程序可能会发生故障。这类情况可能暗示存在安全性问题。

其他文件属性可以通过调用 Files.readAttributes()方法，请求文件属性列表来进行获取。在下面的程序中，调用这个方法获取与文件关联的 BasicFileAttributes，但是也可以将这种通用方式应用到其他类型的文件属性。

下面的程序演示了 Path 接口和 Files 类定义的一些方法，以及 BasicFileAttributes 提供的一些方法。这个程序假定文件 test.txt 位于 examples 目录中，examples 目录必须是当前目录的子目录。

```java
// Obtain information about a path and a file.
import java.io.*;
import java.nio.file.*;
import java.nio.file.attribute.*;

class PathDemo {
  public static void main(String args[]) {
    Path filepath = Path.of("examples\\test.txt");

    System.out.println("File Name: " + filepath.getName(1));
    System.out.println("Path: " + filepath);
    System.out.println("Absolute Path: " + filepath.toAbsolutePath());
    System.out.println("Parent: " + filepath.getParent());

    if(Files.exists(filepath))
      System.out.println("File exists");
    else
      System.out.println("File does not exist");

    try {
      if(Files.isHidden(filepath))
        System.out.println("File is hidden");
      else
        System.out.println("File is not hidden");
    } catch(IOException e) {
      System.out.println("I/O Error: " + e);
    }

    Files.isWritable(filepath);
    System.out.println("File is writable");


    Files.isReadable(filepath);
    System.out.println("File is readable");
```

```
    try {
      BasicFileAttributes attribs =
        Files.readAttributes(filepath, BasicFileAttributes.class);

      if(attribs.isDirectory())
        System.out.println("The file is a directory");
      else
        System.out.println("The file is not a directory");

      if(attribs.isRegularFile())
        System.out.println("The file is a normal file");
      else
        System.out.println("The file is not a normal file");

      if(attribs.isSymbolicLink())
        System.out.println("The file is a symbolic link");
      else
        System.out.println("The file is not a symbolic link");

      System.out.println("File last modified: " + attribs.lastModifiedTime());
      System.out.println("File size: " + attribs.size() + " Bytes");
    } catch(IOException e) {
      System.out.println("Error reading attributes: " + e);
    }
  }
}
```

如果从 MyDir 目录执行这个程序，将会看到与下面类似的输出(当然，看到的信息可能不同)。MyDir 含有子目录 examples，并且 examples 目录包含 test.txt 文件。

```
File Name: test.txt
Path: examples\test.txt
Absolute Path: C:\MyDir\examples\test.txt
Parent: examples
File exists
File is not hidden
File is writable
File is readable
The file is not a directory
The file is a normal file
The file is not a symbolic link
File last modified: 2017-01-01T18:20:46.380445Z
File size: 18 Bytes
```

如果使用的计算机支持 FAT 文件系统(比如 DOS 文件系统)，那么你可能希望尝试使用 DosFileAttributes 定义的方法。如果使用的是与 POSIX 兼容的系统，那么可以尝试使用 PosixFileAttributes。

2. 列出目录的内容

如果路径描述的是目录，那么可以使用 Files 类定义的静态方法来读取目录的内容。为此，首先调用 newDirectoryStream()方法以获取目录流，传递描述目录的 Path 对象作为参数。newDirectoryStream()方法的其中一种形式如下所示：

static DirectoryStream<Path> newDirectoryStream(Path *dirPath*)
      throws IOException

其中，*dirPath* 封装了目录的路径。该方法返回一个 DirectoryStream<Path>对象，可以使用该对象获取目录的内容。如果发生 I/O 错误，该方法会抛出 IOException 异常，并且如果指定的路径不是目录，那么还会抛出 NotDirectoryException 异常(NotDirectoryException 是 IOException 的子类)。如果不允许访问目录，还可能抛出 SecurityException 异常。

DirectoryStream<Path>实现了 AutoCloseable 接口，所以可以使用带资源的 try 语句进行管理。另外它还实现了 Iterable<Path>，这意味着可以通过迭代 DirectoryStream 对象来获取目录的内容。进行迭代时，每个目录项都由一个 Path 实例表示。迭代 DirectoryStream 对象的一种简单方式是使用 for-each 风格的 for 循环。但是，DirectoryStream-<Path>实现的迭代器，针对每个实例只能获取一次，理解这点很重要。因此，iterator()方法只能调用一次，并且 for-each 循环只能执行一次。

下面的程序显示了 **MyDir** 目录的内容：

```java
// Display a directory.

import java.io.*;
import java.nio.file.*;
import java.nio.file.attribute.*;

class DirList {
  public static void main(String args[]) {
    String dirname = "\\MyDir";

    // Obtain and manage a directory stream within a try block.
    try ( DirectoryStream<Path> dirstrm =
          Files.newDirectoryStream(Path.of(dirname)) )
    {
      System.out.println("Directory of " + dirname);

      // Because DirectoryStream implements Iterable, we
      // can use a "foreach" loop to display the directory.
      for(Path entry : dirstrm) {
        BasicFileAttributes attribs =
            Files.readAttributes(entry, BasicFileAttributes.class);

        if(attribs.isDirectory())
          System.out.print("<DIR> ");
        else
          System.out.print("      ");

        System.out.println(entry.getName(1));
      }
    } catch(InvalidPathException e) {
      System.out.println("Path Error " + e);
    } catch(NotDirectoryException e) {
      System.out.println(dirname + " is not a directory.");
    } catch (IOException e) {
      System.out.println("I/O Error: " + e);
    }
  }
}
```

下面是该程序的示例输出：

```
Directory of \MyDir
      DirList.class
```

```
        DirList.java
<DIR>   examples
        Test.txt
```

可以使用两种方式过滤目录的内容。最简单的方式是使用下面这个版本的 newDirectoryStream() 方法：

static DirectoryStream<Path> newDirectoryStream(Path *dirPath*, String *wildcard*)
   throws IOException

在这个版本中，只能获取与通配符文件名相匹配的方法。其中，通配符文件名是由 *wildcard* 指定的。对于 *wildcard*，可以指定完整的文件名，也可以指定 glob。glob 是定义通用模式的字符串，通用模式使用熟悉的 "*" 和 "?" 通配符来匹配一个或多个文件。通配符 "*" 匹配 0 个或多个任意字符，通配符 "?" 匹配任意一个字符。在 glob 中还能识别表 22-13 中的通配符。

表 22-13　在 glob 中还能识别的通配符

通 配 符	描　　述
**	匹配 0 个或多个跨目录的任意字符
[*chars*]	匹配 *chars* 中的任意一个字符。*chars* 中的*或?被看作常规字符而不是通配符。通过使用连字符，可以指定某个范围，例如[x-z]
{*globlist*}	匹配一组 glob 中的任意一个 glob，这些 glob 是由 *globlist* 指定的由逗号隔开的 glob 列表

使用 "*" 和 "\?" 可以指定一个 "*" 或 "?" 字符。为了指定 "\" 字符，需要使用 "\\"。可以将下面这个 newDirectoryStream() 方法调用替换到前面的程序中来试验 glob：

```
Files.newDirectoryStream(Paths.of(dirname), "{Path,Dir}*.{java,class}")
```

这个调用获取的目录流只包含名称由 "Path" 或 "Dir" 开头，并且扩展名为 "java" 或 "class" 的文件。因此，能够匹配 DirList.java 和 PathDemo.java 这类名称，但是不能匹配 MyPathDemo.java。

过滤目录的另外一种方式是使用下面这个版本的 newDirectoryStream() 方法：

static DirectoryStream<Path> newDirectoryStream(Path *dirPath*,
   DirectoryStream.Filter<? super Path> *filefilter*)
    throws IOException

其中，DirectoryStream.Filter 是定义了以下方法的接口：

boolean accept(T *entry*) throws IOException

在这个方法中，T 将为 Path 类型。如果希望在列表中包含 *entry*，就返回 true；否则返回 false。这种形式的 newDirectoryStream() 方法的优点是：可以基于文件名之外的其他内容过滤目录。例如，可以根据文件的大小、创建日期、修改日期或属性进行过滤。

下面的程序演示了这个过程，该程序只列出可写的文件。

```
// Display a directory of only those files that are writable.

import java.io.*;
import java.nio.file.*;
import java.nio.file.attribute.*;

class DirList {
  public static void main(String args[]) {
    String dirname = "\\MyDir";
```

```java
   // Create a filter that returns true only for writable files.
   DirectoryStream.Filter<Path> how = new DirectoryStream.Filter<Path>() {
     public boolean accept(Path filename) throws IOException {
       if(Files.isWritable(filename)) return true;
       return false;
     }
   };

   // Obtain and manage a directory stream of writable files.
   try (DirectoryStream<Path> dirstrm =
          Files.newDirectoryStream(Path.of(dirname), how) )
   {
     System.out.println("Directory of " + dirname);

     for(Path entry : dirstrm) {
       BasicFileAttributes attribs =
         Files.readAttributes(entry, BasicFileAttributes.class);

       if(attribs.isDirectory())
         System.out.print("<DIR> ");
       else
         System.out.print("      ");

       System.out.println(entry.getName(1));
     }
   } catch(InvalidPathException e) {
     System.out.println("Path Error " + e);
   } catch(NotDirectoryException e) {
     System.out.println(dirname + " is not a directory.");
   } catch (IOException e) {
     System.out.println("I/O Error: " + e);
   }
 }
}
```

3. 使用 walkFileTree()列出目录树

前面的例子只获取单个目录的内容。然而，有时会希望获取目录树中的文件列表。在过去，这项工作很繁杂，但 NIO.2 使完成这项工作变得容易，因为现在可以使用 Files 类定义的 walkFileTree()方法来处理目录树。该方法有两种形式，在本章中使用的形式如下所示：

static Path walkFileTree(Path *root*, FileVisitor<? super Path> *fv*)
       throws IOException

对于要遍历的目录，起始位置的路径是由 root 传递的。*fv* 传递 FileVisitor 实例。FileVisitor 的实现决定了如何遍历目录树，并且支持访问目录信息。如果发生 I/O 错误，则会抛出 IOException 异常，也可能抛出 SecurityException 异常。

FileVisitor 是定义遍历目录树时访问文件方式的接口。FileVisitor 是泛型接口，其声明如下所示：

interface FileVisitor<T>

为了能在 walkFileTree()中使用，T 需要是 Path 类型(或派生自 Path 的任意类型)。FileVisitor 接口定义了表 22-14 中所示的方法。

表 22-14 FileVisitor 接口定义的方法

方 法	描 述

FileVisitResult
  postVisitDirectory(T *dir*, IOException *exc*)
    throws IOException
	在访问目录之后调用。目录被传递给 *dir*，任何 IOException 异常都会被传递给 *exc*。如果 *exc* 为 null，就表示没有发生异常。结果被返回

FileVisitResult
  preVisitDirectory(T *dir*,
                BasicFileAttributes *attribs*)
    throws IOException
	在访问目录之前调用。目录被传递给 *dir*，与目录关联的属性被传递给 *attribs*。结果被返回。为了继续检查目录，返回 FileVisitResult.CONTINUE

FileVisitResult
  visitFile(T *file*, BasicFileAttributes *attribs*)
    throws IOException
	当访问文件时调用。文件被传递给 *file*，与文件关联的属性被传递给 *attribs*。结果被返回

FileVisitResult
  visitFileFailed(T *file*, IOException *exc*)
    throws IOException
	当尝试访问文件失败时调用。访问失败的文件由 *file* 传递，IOException 异常由 *exc* 传递。结果被返回

注意每个方法都返回 FileVisitResult 枚举对象。这个枚举定义了以下值：

CONTINUE	SKIP_SIBLINGS	SKIP_SUBTREE	TERMINATE

通常，为了继续遍历目录和子目录，方法应当返回 CONTINUE。对于 preVisitDirectory()，为了绕过目录及其兄弟目录并阻止调用 postVisitDirectory() 方法，会返回 SKIP_SIBLINGS；为了只绕过目录及其子目录，返回 SKIP_SUBTREE；为了停止目录遍历，返回 TERMINATE。

尽管完全可以通过实现 FileVisitor 定义的这些方法来创建自己的访问器类，但是通常不会这么做，因为 SimpleFileVisitor 已经提供了一个简单实现。可以只重写你感兴趣的方法的默认实现。下面的简单示例演示了这个过程。该例显示目录树中以 \MyDir 作为根目录的所有文件。注意这个程序是多么简短！

```java
// A simple example that uses walkFileTree( ) to display a directory tree.
import java.io.*;
import java.nio.file.*;
import java.nio.file.attribute.*;

// Create a custom version of SimpleFileVisitor that overrides
// the visitFile( ) method.
class MyFileVisitor extends SimpleFileVisitor<Path> {
  public FileVisitResult visitFile(Path path, BasicFileAttributes attribs)
    throws IOException
  {
    System.out.println(path);
    return FileVisitResult.CONTINUE;
  }
}

class DirTreeList {
  public static void main(String args[]) {
    String dirname = "\\MyDir";

    System.out.println("Directory tree starting with " + dirname + ":\n");
```

```
    try {
      Files.walkFileTree(Path.of(dirname), new MyFileVisitor());
    } catch (IOException exc) {
      System.out.println("I/O Error");
    }
  }
}
```

下面是在前面显示的相同的 **MyDir** 目录下执行程序时生成的示例输出。在这个例子中，子目录 examples 包含文件 **MyProgram.java**。

```
Directory tree starting with \MyDir:

\MyDir\DirList.class
\MyDir\DirList.java
\MyDir\examples\MyProgram.java
\MyDir\Test.txt
```

在这个程序中，**MyFileVisitor** 类扩展了 **SimpleFileVisitor**，并且只重写了 visitFile() 方法。在这个例子中，visitFile() 方法简单地显示文件，但是更复杂的功能也很容易实现。例如，可以过滤文件或对文件执行一些操作，比如将它们复制到备份设备。为了清晰起见，可以使用已命名的类重写 visitFile() 方法，但是也可以使用匿名的内部类。

最后一点：可以使用 java.nio.file.WatchService 来观察目录的变化。

第23章 联网

从一开始，Java 就与 Internet 编程联系在一起。这有许多原因，不仅仅是因为 Java 能够生成安全、跨平台、可移植的代码。Java 成为首选网络编程语言最重要的原因之一，反而是在 java.net 包中定义的类，它们为各种级别的程序员访问网络资源提供了便利的方法。从 JDK 11 开始，Java 在 java.net.http 模块中提供了一个 java.net.http 包，用来增强对 HTTP 客户端的联网支持。该包被称为 HTTP 客户端 API，它进一步巩固了 Java 的联网能力。

本章研究 java.net 包，本章最后还介绍了新的 java.http.net 包。需要强调的是：联网是一个非常大并且有时是很复杂的主题。本书不可能讨论这两个包中包含的所有功能，而是集中讨论其中的几个核心类和接口。

23.1 联网的基础知识

在开始之前，回顾一些关键的联网概念和术语是有帮助的。支持 Java 联网功能的核心是套接字的概念。套接字用于识别网络上的端点。套接字规范是在 20 世纪 80 年代早期发布的 4.2BSD Berkeley UNIX 的一部分。由于这个原因，也使用"伯克利套接字"这一术语。套接字是现代联网功能的基础，因为通过套接字，一台计算机可以同时为许多不同的客户端提供服务，也能为许多不同类型的信息提供服务。这是通过使用端口完成的，端口是特定计算机上具有编号的套接字。服务器进程"监听"端口，直到客户端连接到端口。服务器允许同一个端口号接受多个客户端连接，不过每次会话都是唯一的。为了管理多个客户端连接，服务器进程必须是多线程的，或具有一些其他多路复用同步 I/O 的方法。

套接字通信是通过协议进行的。IP(Internet Protocol)协议是低级的路由协议，可以将数据分隔到许多小的数据包中，并通过网络将它们发送到某个地址，但不能保证所有包都发送到目的地。传输控制协议(Transmission Control Protocol，TCP)是一个更高级的协议，该协议负责将这些数据包健壮地串联到一起，并且为了可靠地传输数据，该协议根据需要对数据包进行排序和重新传输。第 3 个协议是用户数据报协议(User Datagram Protocol，UDP)，位于 TCP 协议的上层，用于直接支持快速的、无连接的、不可靠的数据包传输。

一旦建立连接，一个更高层的协议就会随之而来，这取决于使用的是哪个端口。TCP/IP 保留较低的 1024 个端口用于特定协议。如果你曾经使用过 Internet，那么其中的大部分端口会看起来很熟悉。端口号 21 用于 FTP；23 用于 Telnet；25 用于 e-mail；43 用于 whois；80 用于 HTTP；119 用于 netnews；等等。客户端和端口之间的交互方式是由每个协议决定的。

例如，HTTP 是 Web 浏览器和服务器用于传输超文本页面和图像的协议。这是一个相当简单的协议，用于基本的页面浏览 Web 服务器。下面是其工作原理：当客户端从 HTTP 服务器请求文件时，这个动作就是所谓的点击，它简单地以特定的格式将文件名发送到预先定义的端口，读取并返回文件的内容。服务器还通过状态代码进行响应，告诉客户端是否能够满足请求及其原因。

Internet 的关键部分是地址。在 Internet 上，每台计算机都有一个地址。Internet 地址是用于标识网络上每台计算机的数字。最初，所有 Internet 地址都是由 32 位数值构成的，并组织为 4 个 8 位数值。这种类型的地址通过 IPv4 指定。然而，一种新的称为 IPv6 的地址模式已经开始使用。IPv6 使用 128 位数值表示一个地址，并被组织成 8 个 16 位块。尽管使用 IPv6 有许多原因和优点，但是与 IPv4 相比，主要的优点还是在于支持更大的地址空间。幸运的是，当使用 Java 时，通常不需要担心使用的是 IPv4 还是 IPv6，因为 Java 会处理这些细节。

就像 IP 地址的数字描述网络的层次结构一样，Internet 地址的名称被称为域名(domain name)，描述了名称空间中机器的位置。例如，www.HerbSchildt.com 位于 COM 顶级域中(这是为美国商业站点保留的域)；名为 HerbSchildt，并且 www 表示用于 Web 请求的服务器。Internet 域名通过域名服务(Domain Naming Service，DNS)映射到 IP 地址，从而使用户可以使用域名，而 Internet 操作 IP 地址。

23.2　java.net 联网类和接口

java.net 包包含 Java 的一些原始联网特性，从 Java 1.0 版本开始就可以使用这些特性。Java 通过扩展已经建立的流 I/O 接口(第 21 章介绍了这些接口)，并通过添加在网络上构建 I/O 对象所需要的特性来支持 TCP/IP。Java 支持 TCP 和 UDP 协议族。TCP 用于网络上可靠的基于流的 I/O，UDP 支持更简单，并且更快、点对点的面向数据报的模型。java.net 包中包含的类如表 23-1 所示。

表 23-1　java.net 包中包含的类

Authenticator	InetAddress	SocketAddress
CacheRequest	InetSocketAddress	SocketImpl
CacheResponse	InterfaceAddress	SocketPermission
ContentHandler	JarURLConnection	StandardSocketOption
CookieHandler	MulticastSocket	URI
CookieManager	NetPermission	URL
DatagramPacket	NetworkInterface	URLClassLoader
DatagramSocket	PasswordAuthentication	URLConnection
DatagramSocketImpl	Proxy	URLDecoder
HttpCookie	ProxySelector	URLEncoder
HttpURLConnection	ResponseCache	URLPermission
IDN	SecureCacheResponse	URLStreamHandler
Inet4Address	ServerSocket	
Inet6Address	Socket	

表 23-2 列出了 java.net 包中包含的接口。

表 23-2　java.net 包中包含的接口

ContentHandlerFactory	FileNameMap	SocketOptions
CookiePolicy	ProtocolFamily	URLStreamHandlerFactory
CookieStore	SocketImplFactory	
DatagramSocketImplFactory	SocketOption	

从 JDK 9 开始，java.net 就成为 java.base 模块的一部分。在接下来的内容中，将分析主要的联网类并展示一些应用它们的示例。一旦理解了这些核心联网类，就能够容易地自行研究其他内容。

23.3 InetAddress 类

InetAddress 类用于封装数字 IP 地址及对应的域名。使用 IP 主机的名称与这个类进行交互，与使用 IP 地址相比，使用 IP 主机名称更方便、也更容易理解。InetAddress 类在内部隐藏了数字。InetAddress 类可以同时处理 IPv4 和 IPv6 地址。

23.3.1 工厂方法

InetAddress 类没有可见的构造函数。为了创建 InetAddress 对象，必须使用某个可用的工厂方法。如本书前面所述，工厂方法只不过是一种约定，根据约定，类中的静态方法返回类的一个实例。这代替了使用不同的参数列表重载构造函数，因为使用独特的方法名称使结果更加清晰。3 个常用的 InetAddress 工厂方法如下所示：

```
static InetAddress getLocalHost()
    throws UnknownHostException
static InetAddress getByName(String hostName)
    throws UnknownHostException
static InetAddress[ ] getAllByName(String hostName)
    throws UnknownHostException
```

getLocalHost()方法简单地返回表示本地主机的 InetAddress 对象。getByName()方法根据传递过来的主机名返回 InetAddress 对象。如果这些方法无法解析主机名，就会抛出 UnknownHostException 异常。

在 Internet 上，使用单个名称表示多台机器是很常见的。在 Web 服务器世界中，这种方式可以提供某种程度的伸缩功能。getAllByName()工厂方法返回一个 InetAddress 对象数组，该数组表示解析特定名称后得到的所有地址。如果不能解析出至少一个地址，该方法会抛出 UnknownHostException 异常。

InetAddress 类还提供了工厂方法 getByAddress()，该方法根据 IP 地址返回 InetAddress 对象。不管是 IPv4 还是 IPv6 都可以使用。

下面的示例程序打印本地机器以及两个 Internet Web 站点的地址和名称：

```
// Demonstrate InetAddress.
import java.net.*;

class InetAddressTest
{
  public static void main(String args[]) throws UnknownHostException {
    InetAddress Address = InetAddress.getLocalHost();
    System.out.println(Address);

    Address = InetAddress.getByName("www.HerbSchildt.com");
    System.out.println(Address);

    InetAddress SW[] = InetAddress.getAllByName("www.nba.com");
    for (int i=0; i<SW.length; i++)
      System.out.println(SW[i]);
  }
}
```

下面是该程序的输出(当然，你看到的输出可能会稍微有些不同)：

```
default/166.203.115.212
www.HerbSchildt.com/216.92.65.4
www.nba.com/23.61.252.147
```

```
www.nba.com/2600:1403:1:58d:0:0:0:2e1
www.nba.com/2600:1403:1:593:0:0:0:2e1
```

23.3.2 实例方法

InetAddress 类还有其他一些方法，可以对刚才讨论过的方法所返回的对象使用这些方法。表 23-3 中是一些相对更常用的方法。

表 23-3　InetAddress 类的其他方法

方　　法	描　　述
boolean equals(Object *other*)	如果该对象与 *other* 对象具有相同的 Internet 地址，就返回 true
byte[ ] getAddress()	以网络字节顺序返回一个字节数组，表示该对象的 IP 地址
String getHostAddress()	返回一个字符串，表示与 InetAddress 对象关联的主机地址
String getHostName()	返回一个字符串，表示与 InetAddress 对象关联的主机名
boolean isMulticastAddress()	如果该地址是一个多播地址，就返回 true；否则返回 false
String toString()	为方便起见，返回一个列出主机名和 IP 地址的字符串

Internet 地址是在一系列层次化的缓存服务器中进行查找的，这意味着本地计算机可能自动地知道特定的从名称到 IP 地址的映射，例如对于本地计算机自身以及附近的服务器。对于其他名称，可能需要向本地 DNS 服务器咨询 IP 地址信息。如果那台服务器没有这个特定的地址，那么还能够进入到远程站点并进行咨询。这个过程可以一直持续下去，直到到达根服务器。这个过程可能需要较长的时间，因此需要聪明地编写代码，从而在本地缓存 IP 地址，而不是重复地进行查找。

23.4　Inet4Address 类和 Inet6Address 类

Java 对 IPv4 和 IPv6 地址提供了支持。因此，Java 创建了 InetAddress 的两个子类：Inet4Address 和 Inet6Address。Inet4Address 表示传统风格的 IPv4 地址，Inet6Address 封装了新风格的 IPv6 地址。因为它们是 InetAddress 的子类，所以 InetAddress 引用可以指向它们中的任何一个。这是 Java 能够添加 IPv6 功能而不会破坏已有代码或添加许多其他类的一种方式。对于使用 IP 地址的大多数情况，可以简单地使用 InetAddress，因为它能够适应这两种风格。

23.5　TCP/IP 客户端套接字

TCP/IP 套接字用于在 Internet 上的主机之间实现可靠的、双向的、持续的、点对点的、基于流的连接。可以使用套接字将 Java 的 I/O 系统连接到其他程序，这些程序可能位于本地主机或 Internet 的任何其他机器上。

在 Java 中有两种类型的 TCP 套接字。一种用于服务器，另一种用于客户端。ServerSocket 类被设计成"监听者"，等待客户端进行连接，在这之前什么也不做。因此 ServerSocket 用于服务器。Socket 类用于客户端。它被设计成用于连接到服务器套接字并发起协议交换。因为客户端套接字是 Java 应用程序最常用的，所以在此对其进行分析。

创建 Socket 对象会隐式地建立客户端和服务器之间的连接。并不存在显式提供建立连接细节的方法或构造函数。表 23-4 中是用于创建客户端套接字的两个构造函数。

表 23-4 用于创建客户端套接字的两个构造函数

构 造 函 数	描 述
Socket(String *hostName*, int *port*) 　　throws UnknownHostException, IOException	创建连接到命名主机和端口的套接字
Socket(InetAddress *ipAddress*, int *port*) 　　throws IOException	使用已存在的 InetAddress 对象和端口创建套接字

Socket 定义了几个实例方法。例如，在任何时间都可以使用表 23-5 中的方法检查与 Socket 对象关联的地址和端口信息。

表 23-5 用于检查 Socket 对象关联的地址和端口信息的方法

方 法	描 述
InetAddress getInetAddress()	返回与调用 Socket 对象关联的 InetAddress 对象。如果套接字没有被连接，就返回 null
int getPort()	返回调用 Socket 对象连接到的远程端口。如果套接字没有被连接，就返回 0
int getLocalPort()	返回绑定到调用 Socket 对象的本地端口。如果套接字没有被连接，就返回 -1

通过使用表 23-6 中的 getInputStream() 和 getOutputStream() 方法，可以获得对与 Socket 关联的输入流和输出流的访问。如果套接字因为丢失连接而变得无效，这两个方法会抛出 IOException 异常。完全可以像使用在第 21 章中描述的 I/O 流那样，使用这些流发送和接收数据。

表 23-6 用于访问输入流和输出流的方法

方 法	描 述
InputStream getInputStream() 　　throws IOException	返回与调用套接字关联的 InputStream 对象
OutputStream getOutputStream() 　　throws IOException	返回与调用套接字关联的 OutputStream 对象

可以使用的其他一些方法包括：connect()，可以通过该方法指定新的连接；isConnected()，如果套接字连接到了服务器，该方法将返回 true；isBound()，如果套接字被绑定到某个地址，该方法将返回 true；isClosed()，如果套接字已经关闭，该方法将返回 true；为了关闭套接字，可以调用 close() 方法。关闭套接字也会关闭与之关联的 I/O 流。从 JDK 7 开始，Socket 还实现了 AutoCloseable 接口，这意味着可以使用带资源的 try 语句块管理套接字。

下面的程序提供了一个简单的 Socket 示例。该例打开一个到 InterNIC 服务器上 "whois" 端口(端口 43)的连接，向套接字发送命令行参数，然后打印返回的数据。InterNIC 将尝试查找作为已注册的 Internet 域名的参数，然后返回站点的 IP 地址以及联系信息。

```
// Demonstrate Sockets.
import java.net.*;
import java.io.*;

class Whois {
  public static void main(String args[]) throws Exception {
    int c;

    // Create a socket connected to internic.net, port 43.
    Socket s = new Socket("whois.internic.net", 43);

    // Obtain input and output streams.
```

```
    InputStream in = s.getInputStream();
    OutputStream out = s.getOutputStream();

    // Construct a request string.
    String str = (args.length == 0 ? "OraclePressBooks.com" : args[0]) + "\n";
    // Convert to bytes.
    byte buf[] = str.getBytes();

    // Send request.
    out.write(buf);

    // Read and display response.
    while ((c = in.read()) != -1) {
      System.out.print((char) c);
    }
    s.close();
  }
}
```

下面是该程序的工作原理。首先，构造一个指定主机名"whois.internic.net"和端口号 43 的 Socket。Internic.net 是 InterNIC Web 站点，该站点处理 whois 请求。端口号 43 是 whois 端口。接下来，在该套接字上打开输入流和输出流。然后构造一个字符串，其中包含希望获取其相关信息的 Web 站点的名称。在这个示例中，如果在命令行上没有指定 Web 站点，那么将使用"OraclePressBooks.com"。将字符串转换成 byte 数组，然后发送到套接字。通过来自套接字的输入读取响应并显示结果。最后关闭套接字，这也会关闭 I/O 流。

在前面的程序中，套接字是通过调用 close() 方法手动关闭的。从 JDK 7 开始，就可以使用带资源的 try 语句自动关闭套接字。例如，下面是编写前面程序中 main() 方法的另外一种方式：

```
// Use try-with-resources to close a socket.
public static void main(String args[]) throws Exception {
  int c;

  // Create a socket connected to internic.net, port 43. Manage this
  // socket with a try-with-resources block.
  try ( Socket s = new Socket("whois.internic.net", 43) ) {

    // Obtain input and output streams.
    InputStream in = s.getInputStream();
    OutputStream out = s.getOutputStream();

    // Construct a request string.
    String str = (args.length == 0 ? "OraclePressBooks.com" : args[0]) + "\n";
    // Convert to bytes.
    byte buf[] = str.getBytes();

    // Send request.
    out.write(buf);

    // Read and display response.
    while ((c = in.read()) != -1) {
      System.out.print((char) c);
    }
  }
  // The socket is now closed.
}
```

在这个版本中，当 try 代码块结束时会自动关闭套接字。

为了让例子能够在之前的 Java 版本中工作，并且清楚地演示什么时候可以关闭网络资源，后面的例子将继续显式调用 close() 方法。但是在你自己的代码中，应当考虑使用自动资源管理功能，因为这提供了更流线化的方式。

另外一点：在这个版本中，异常仍然会从 main() 方法中抛出，但是可以通过在带资源的 try 语句的末尾添加 catch 子句来处理这些异常。

> **注意：**
> 为了简单起见，本章中的例子简单地从 main() 方法中抛出所有异常，从而可以清晰地演示网络代码的逻辑。但是，在真实的代码中，正常情况下需要以合适的方式处理异常。

23.6 URL 类

前面的例子相当晦涩，因为现代 Internet 上流行的不是老式的协议，例如 whois、finger 和 FTP，而是 WWW(World Wide Web)。Web 是高级协议和文件格式的松散集合，全部统一于 Web 浏览器中。关于 Web 最重要的一个方面是由 Tim Berners-Lee 设计的一种用于定位网络上所有资源的扩展方式。一旦可以可靠地命名任何东西，这种方式就成为一种非常强大的模式。统一资源定位器(Uniform Resource Locator，URL)用于完成该工作。

URL 为唯一标识或寻址 Internet 上的信息，提供了一种相当容易理解的形式。URL 是普遍存在的，每个浏览器都使用它们来标识 Web 上的信息。在 Java 的网络类库中，URL 类提供了一套简单、简明的 API，用于使用 URL 访问 Internet 上的信息。

所有 URL 都使用相同的基本格式，尽管也可以存在某些变化。下面是两个例子：http://www.HerbSchildt.com/ 与 http://www. HerbSchildt.com:80/index.htm。URL 规范基于 4 个部分。第 1 个部分是使用的协议，使用冒号(:)与定位器的其他部分分开。常用的协议有 HTTP、FTP、gopher 以及 file，尽管现在几乎所有事情都是通过 HTTP 完成的(实际上，即使 URL 中省略 "http://"，大多数浏览器也仍然会正确地执行)。第 2 个部分是所用主机的主机名或 IP 地址；这是在左侧使用双斜线(//)，并且在右侧使用单斜线(/)或可选的冒号(:)界定的部分。第 3 个部分是端口号，是可选参数，在左侧由冒号(:)界定，在右侧由单斜线(/)界定(默认是端口 80，即预定义的 HTTP 端口；因此，":80" 是多余的)。第 4 个部分是实际的文件路径。大多数 HTTP 服务器会为直接引用目录资源的 URL 追加名为 index.html 或 index.htm 的文件。因此，http://www.HerbSchildt.com/ 与 http://www.HerbSchildt.com/index.htm 是相同的。

Java 的 URL 类具有几个构造函数，每个都可能抛出 MalformedURLException 异常。常用的一种形式使用与在浏览器中显示的相同字符串指定 URL：

URL(String *urlSpecifier*) throws MalformedURLException

另外两种形式的构造函数允许将 URL 分隔成组成部分：

URL(String *protocolName*, String *hostName*, int *port*, String *path*)
    throws MalformedURLException

URL(String *protocolName*, String *hostName*, String *path*)
    throws MalformedURLException

另外一种经常使用的构造函数允许使用已有的 URL 作为参考上下文，然后根据该上下文创建新的 URL。尽管这听起来有点令人费解，但实际上很容易使用并且很有帮助。

URL(URL *urlObj*, String *urlSpecifier*) throws MalformedURLException

下面的例子创建一个到 HerbSchildt.com 站点中文章页面的 URL，然后检查这个 URL 的属性：

```
// Demonstrate URL.
```

```
import java.net.*;
class URLDemo {
  public static void main(String args[]) throws MalformedURLException {
    URL hp = new URL(http://www.HerbSchildt.com/WhatsNew");

    System.out.println("Protocol: " + hp.getProtocol());
    System.out.println("Port: " + hp.getPort());

    System.out.println("Host: " + hp.getHost());
    System.out.println("File: " + hp.getFile());
    System.out.println("Ext:" + hp.toExternalForm());
  }
}
```

运行这个程序会得到如下所示的输出：

```
Protocol: http
Port: -1
Host: www.HerbSchildt.com
File: /WhatsNew
Ext:http://www.HerbSchildt.com/WhatsNew
```

注意端口号是-1；这意味着没有显式地设置端口。给定一个 URL 对象，可以检索与之关联的数据。为了访问 URL 对象的实际位或内容信息，可以使用 openConnection()方法创建一个 URLConnection 对象，如下所示：

```
urlc = url.openConnection()
```

openConnection()方法的一般形式如下所示：

URLConnection openConnection() throws IOException

该方法返回一个与调用 URL 对象关联的 URLConnection 对象。注意该方法可能会抛出 IOException 异常。

23.7 URLConnection 类

URLConnection 是用于访问远程资源属性的通用类。一旦构造一个到远程服务器的连接，就可以使用 URLConnection 对象在实际传送远程对象到本地之前，检查远程对象的属性。这些属性是由 HTTP 协议规范提供的，并且只对使用 HTTP 协议的 URL 对象有意义。

URLConnection 类定义了一些方法，如表 23-7 所示。

表 23-7 URLConnection 类定义的方法

方法	描述
int getContentLength()	返回与资源关联的内容的字节大小。如果长度不可得，就返回-1
long getContentLengthLong()	返回与资源关联的内容的字节大小。如果长度不可得，就返回-1
String getContentType()	返回在资源中找到的内容的类型，也就是 content-type 标题字段的值。如果内容类型不可得，就返回 null
long getDate()	返回响应的时间和日期，使用从 1970 年 1 月 1 日(GMT 时间)到现在经历的毫秒数表示
long getExpiration()	返回资源终止的时间和日期，使用从 1970 年 1 月 1 日(GMT 时间)到现在经历的毫秒数表示。如果有效日期不可得，就返回 0
String getHeaderField(int idx)	返回 idx 索引位置标题字段的值(标题字段的索引从 0 开始)。如果 idx 的值超出字段的数量，就返回 null

方　　法	描　　述
String getHeaderField(String *fieldName*)	返回标题字段的值，名称由 *fieldName* 指定。如果没有找到指定的名称，就返回 null
String getHeaderFieldKey(int *idx*)	返回 *idx* 索引位置标题字段的键(标题字段的索引从 0 开始)。如果 *idx* 的值超出字段的数量，就返回 null
Map<String, List<String>> getHeaderFields()	返回包含所有标题字段和值的映射
long getLastModified()	返回最后一次修改资源的时间和日期，使用从 1970 年 1 月 1 日(GMT 时间)到现在经历的毫秒数表示。如果最后一次修改的日期不可得，就返回 0
InputStream getInputStream() throws IOException	返回链接到资源的 InputStream 对象。可以使用这个流获取资源的内容

注意，URLConnection 定义了一些处理标题信息的方法。标题包含使用字符串表示的键/值对。通过 getHeaderField()方法可以获取与标题键关联的值。通过 getHeaderFields()方法可以获取包含所有标题的映射。一些标准标题字段可以直接通过 getDate()和 getContentType()这类方法获取。

下面的例子使用 URL 对象的 openConnection()方法创建 URLConnection 对象，然后使用该对象检查文件的属性和内容：

```java
// Demonstrate URLConnection.
import java.net.*;
import java.io.*;
import java.util.Date;

class UCDemo
{
  public static void main(String args[]) throws Exception {
    int c;
    URL hp = new URL(http://www.internic.net");
    URLConnection hpCon = hp.openConnection();

    // get date
    long d = hpCon.getDate();
    if(d==0)
      System.out.println("No date information.");
    else
      System.out.println("Date: " + new Date(d));

    // get content type
    System.out.println("Content-Type: " + hpCon.getContentType());

    // get expiration date
    d = hpCon.getExpiration();
    if(d==0)
      System.out.println("No expiration information.");
    else
      System.out.println("Expires: " + new Date(d));

    // get last-modified date
    d = hpCon.getLastModified();
    if(d==0)
      System.out.println("No last-modified information.");
```

```java
    else
      System.out.println("Last-Modified: " + new Date(d));

    // get content length
    long len = hpCon.getContentLengthLong();
    if(len == -1)
      System.out.println("Content length unavailable.");
    else
      System.out.println("Content-Length: " + len);

    if(len != 0) {
      System.out.println("=== Content ===");
      InputStream input = hpCon.getInputStream();
      while (((c = input.read()) != -1)) {
        System.out.print((char) c);
      }
      input.close();

    } else {
      System.out.println("No content available.");
    }
  }
}
```

该程序在端口 80 建立一个到 www.internic.net 的 HTTP 连接，然后显示一些标题值并检索内容。你可以自己尝试这个示例并观察结果。为了进行比较，可以选择一个不同的网站进行试验。

23.8 HttpURLConnection 类

Java 提供了 URLConnection 的一个子类，用来支持 HTTP 连接，这个子类是 HttpURLConnection。可以使用前面显示的相同方式，通过对 URL 对象调用 openConnection()方法来获取 HttpURLConnection 对象，但是必须将结果强制转换为 HttpURLConnection 类型(当然，必须确保正在打开的是 HTTP 连接)。一旦获取到指向 HttpURLConnection 对象的引用，就可以使用继承自 URLConnection 的任何方法了。还可以使用 HttpURLConnection 定义的任何方法。表 23-8 中是 HttpURLConnection 类定义的一些方法。

表 23-8 HttpURLConnection 类定义的方法

方 法	描 述
static boolean getFollowRedirects()	如果重定向是自动进行的，就返回 true；否则返回 false。这个特性是默认打开的
String getRequestMethod()	返回一个字符串，表示生成 URL 请求的方式。默认为 GET。也可以是其他方式，例如 POST
int getResponseCode() throws IOException	返回 HTTP 响应代码。如果不能获得响应代码，就返回–1。如果连接失败，则会抛出 IOException 异常
String getResponseMessage() throws IOException	返回与响应代码关联的响应消息。如果消息不可得，就返回 null。如果连接失败，则会抛出 IOException 异常
static void setFollowRedirects(boolean how)	如果 how 为 true，重定向就是自动进行的。如果 how 为 false，那么重定向不是自动进行的。默认情况下，重定向是自动进行的
void setRequestMethod(String how) throws ProtocolException	将 HTTP 请求的生成方式设置成 how 指定的方式。默认方法是 GET，但也可以是其他方式，例如 POST。如果 how 无效，将会抛出 ProtocolException 异常

下面的程序演示了 HttpURLConnection。该程序首先建立一个到 www.google.com 的连接,然后显示请求方法、响应代码以及响应消息。最后,显示响应标题中的键和值。

```java
// Demonstrate HttpURLConnection.
import java.net.*;
import java.io.*;
import java.util.*;

class HttpURLDemo
{

public static void main(String args[]) throws Exception {
  URL hp = new URL(http://www.google.com");

  HttpURLConnection hpCon = (HttpURLConnection) hp.openConnection();

  // Display request method.
  System.out.println("Request method is " +
                hpCon.getRequestMethod());

  // Display response code.
  System.out.println("Response code is " +
                hpCon.getResponseCode());

  // Display response message.
  System.out.println("Response Message is " +
                hpCon.getResponseMessage());

  // Get a list of the header fields and a set
  // of the header keys.
  Map<String, List<String>> hdrMap = hpCon.getHeaderFields();
  Set<String> hdrField = hdrMap.keySet();

  System.out.println("\nHere is the header:");

   // Display all header keys and values.
   for(String k : hdrField) {
     System.out.println("Key: " + k +
                  " Value: " + hdrMap.get(k));
   }
  }
}
```

该程序生成的输出如下所示(当然,www.google.com 返回的精确输出会随着时间而发生变化):

```
Request method is GET
Response code is 200
Response Message is OK

Here is the header:
Key: Transfer-Encoding  Value: [chunked]
Key: null  Value: [HTTP/1.1 200 OK]
Key: Server  Value: [gws]
```

注意标题中键和值的显示方式。首先,调用 getHeaderFields()方法(该方法继承自 URLConnection)来获取标题中键和值的映射。接下来,通过对映射调用 keySet()方法来获取标题中键的集合。然后使用 for-each 风格的 for 循环遍历键的集合。通过对映射调用 get()方法可以获取与每个键关联的值。

23.9 URI 类

URI 类封装了统一资源标识符(Uniform Resource Identifier，URI)。URI 与 URL 类似。实际上，URL 是 URI 的一个子集。URI 代表定位资源的一种标准方式。URL 还描述了如何访问资源。

23.10 cookie

在 java.net 包中包含了帮助管理 cookie 的类和接口，并且可以用于创建有状态的(与之对应的是无状态的)HTTP 会话。这些类有 CookieHandler、CookieManager 和 HttpCookie，接口有 CookiePolicy 和 CookieStore。创建有状态的 HTTP 会话超出了本书的讨论范围。

> **注意：**
> 关于在 servlet 中使用 cookie 的信息，请查看第 35 章。

23.11 TCP/IP 服务器套接字

如前所述，Java 具有不同类型的套接字类，用于创建服务器应用程序。ServerSocket 类用于创建服务器，在发布的端口上监听与之连接的本地或远程客户端程序。ServerSocket 与常规的 Socket 区别很大。当创建 ServerSocket 对象时，它会在系统中注册自身，表明对客户端连接有兴趣。ServerSocket 类的构造函数反映了希望接受连接的端口号，并且(可选)反映了希望端口使用的队列长度。队列长度告诉系统：在简单地拒绝连接之前，可以保留多少个等待连接的客户端连接。默认队列长度是 50。在不利条件下，构造函数可能会抛出 IOException 异常。表 23-9 所示是 ServerSocket 类的 3 个构造函数。

表 23-9 ServerSocket 类的构造函数

构 造 函 数	描 述
ServerSocket(int *port*) throws IOException	在指定的端口上创建服务器套接字，队列长度为 50
ServerSocket(int *port*, int *maxQueue*) throws IOException	在指定的端口上创建服务器套接字，最大队列长度为 *maxQueue*
ServerSocket(int *port*, int *maxQueue*, InetAddress *localAddress*) throws IOException	在指定的端口上创建服务器套接字，最大队列长度为 *maxQueue*。在多宿主主机上，*localAddress* 指定了套接字绑定的 IP 地址

ServerSocket 还有一个名为 accept()的方法，这是一个阻塞调用，它等待客户端发起通信，然后返回一个常规的 Socket 对象，该 Socket 对象用于与客户端进行通信。

23.12 数据报

TCP/IP 风格的联网适合于大多数联网需求，提供了序列化的、可预测的、可靠的、包形式的数据流。但是，这些优点也是有代价的。TCP 为处理拥挤网络上的拥塞控制以及数据丢失的悲观预期提供了许多复杂的算法，这在一定程度上降低了数据的传输效率。数据报提供了传输数据的另外一种方式。

数据报是在两台机器之间传递的信息包。在某种程度上，它们类似于从训练有素，但被蒙住双眼的投手投向第 3 名垒手的使劲传杀(hard throw)。一旦将数据报释放给期望的目标，就既不能保证到达，也不能保证有人会在目的地捕获到。同样，当接收到数据报时，既不能保证数据在传输过程中没有被损坏，也不能保证发送者仍然在等待接收响应。

Java 通过两个类在 UDP 协议之上实现数据报：DatagramPacket 对象是数据封装器，而 DatagramSocket 对象是用于发送或接收 DatagramPacket 对象的机制。下面分别介绍这两个类。

23.12.1 DatagramSocket 类

DatagramSocket 类定义了 4 个公有构造函数，它们如下所示：

DatagramSocket() throws SocketException
DatagramSocket(int *port*) throws SocketException
DatagramSocket(int *port*, InetAddress *ipAddress*) throws SocketException
DatagramSocket(SocketAddress *address*) throws SocketException

第 1 个构造函数创建绑定到本机计算机上任意未使用端口的 DatagramSocket 对象。第 2 个构造函数创建绑定到 *port* 指定端口的 DatagramSocket 对象。第 3 个构造函数创建绑定到指定端口和 InetAddress 对象的 DatagramSocket 对象。第 4 个构造函数创建绑定到指定 SocketAddress 对象的 DatagramSocket 对象。SocketAddress 是抽象类，InetSocketAddress 这个具体类实现了该抽象类。InetSocketAddress 将 IP 地址与端口号封装到一起。在创建套接字时，如果发生错误，这些构造函数都会抛出 SocketException 异常。

DatagramSocket 类定义了许多方法，其中最重要的两个方法是 send() 和 receive()，如下所示：

void send(DatagramPacket *packet*) throws IOException
void receive(DatagramPacket *packet*) throws IOException

send() 方法向 *packet* 指定的端口发送数据包，receive() 方法等待从 *packet* 指定的端口接收数据包并返回结果。

DatagramSocket 类还定义了 close() 方法，该方法关闭套接字。自从 JDK 7 开始，DatagramSocket 类实现了 AutoCloseable 接口，这意味着可以通过带资源的 try 语句管理 DatagramSocket 对象。

通过其他方法可以访问与 DatagramSocket 对象关联的各种特性。表 23-10 中是这些方法的一些例子。

表 23-10　可以访问与 DatagramSocket 对象关联的各种特性的其他方法

方　　法	描　　述
InetAddress getInetAddress()	如果套接字已经连接，就返回地址；否则返回 null
int getLocalPort()	返回本地端口号
int getPort()	返回套接字连接的端口号。如果套接字没有连接到端口，就返回 -1
boolean isBound()	如果套接字被绑定到某个地址，就返回 true；否则返回 false
boolean isConnected()	如果套接字已经连接到某台服务器，就返回 true；否则返回 false
void setSoTimeout(int *millis*) throws SocketException	将超时周期设置成 *millis* 传递的毫秒数

23.12.2 DatagramPacket 类

DatagramPacket 类定义了几个构造函数，其中的 4 个如下所示：

DatagramPacket(byte *data* [ ], int *size*)
DatagramPacket(byte *data* [ ], int *offset*, int *size*)
DatagramPacket(byte *data* [ ], int *size*, InetAddress *ipAddress*, int *port*)
DatagramPacket(byte *data* [ ], int *offset*, int *size*, InetAddress *ipAddress*, int *port*)

第 1 种形式指定了接收数据的缓冲区和包的大小，用于通过 DatagramSocket 对象接收数据。第 2 种形式允许指定缓冲区的偏移量，从此偏移位置保存数据。第 3 种形式指定了目标地址和端口，DatagramSocket 对象使用该地址和端口确定将数据包发送到何处。第 4 种形式从指定的数据偏移位置传递数据包。可以将前两种形式想象成搭建"邮箱"，将后两种形式想象成在信封中装入东西并填写地址。

DatagramPacket 类定义了一些方法，包括表 23-11 中显示的那些方法，通过这些方法可以访问数据包的地址和端口号，以及原始数据及其长度。

表 23-11 DatagramPacket 类定义的方法

方 法	描 述
InetAddress getAddress()	(为将要接收的数据报)返回源的地址，或(为将要发送的数据报)返回目的地的地址
byte[ ] getData()	返回在数据报中包含的数据的字节数组。通常用于在接收到数据报之后，从数据报接收数据
int getLength()	返回字节数组(由 getData()方法返回)中包含的有效数据的长度，可能不等于整个字节数组的长度
int getOffset()	返回数据的起始索引
int getPort()	返回端口号
void setAddress(InetAddress *ipAddress*)	设置包的目的地址，目的地址是由 *ipAddress* 指定的
void setData(byte[ ] *data*)	将数据设置为 *data*，将偏移量设置为 0，将长度设置为 *data* 中字节的数量
void setData(byte[ ] *data*, int *idx*, int *size*)	将数据设置为 *data*，将偏移量设置为 *idx*，将长度设置为 *size*
void setLength(int *size*)	将包的长度设置为 *size*
void setPort(int *port*)	将端口设置为 *port*

23.12.3 数据报示例

下面的例子实现了一个非常简单的网络通信客户端和服务器。在服务器的窗口中键入消息，通过网络将消息写入客户端，并在客户端显示这些消息。

```
// Demonstrate datagrams.
import java.net.*;

class WriteServer {
  public static int serverPort = 998;
  public static int clientPort = 999;
  public static int buffer_size = 1024;
  public static DatagramSocket ds;
  public static byte buffer[] = new byte[buffer_size];

  public static void TheServer() throws Exception {
    int pos=0;
    while (true) {
      int c = System.in.read();
      switch (c) {
        case -1:
          System.out.println("Server Quits.");
          ds.close();
          return;
        case '\r':
          break;
        case '\n':
          ds.send(new DatagramPacket(buffer,pos,
```

```java
            InetAddress.getLocalHost(),clientPort));
          pos=0;
          break;
        default:
          buffer[pos++] = (byte) c;
      }
    }
  }

  public static void TheClient() throws Exception {
    while(true) {
      DatagramPacket p = new DatagramPacket(buffer, buffer.length);
      ds.receive(p);
      System.out.println(new String(p.getData(), 0, p.getLength()));
    }
  }

  public static void main(String args[]) throws Exception {
    if(args.length == 1) {
      ds = new DatagramSocket(serverPort);
      TheServer();
    } else {
      ds = new DatagramSocket(clientPort);
      TheClient();
    }
  }
}
```

这个示例程序由 DatagramSocket 类的构造函数进行了限制，使其在本地机器上的两个端口之间运行。为了使用该程序，在一个窗口中执行以下命令：

```
java WriteServer
```

这将是客户端。然后执行以下命令：

```
java WriteServer 1
```

这将是服务器。在服务器窗口中键入的任何内容，在接收到换行符之后都将被发送到客户端窗口。

> **注意**
> 你的计算机上有可能不允许使用数据报，例如防火墙可能阻止使用它们。如果是这种情况，就无法运行上面的例子。另外，程序中使用的端口号在笔者的计算机上有效，但是可能需要针对你的环境进行调整。

23.13 java.net.http 包

前面介绍的 Java 对联网的传统支持功能是由 java.net 提供的。这个 API 可用于 Java 的所有版本且应用十分广泛。因此 Java 对联网的传统支持功能对所有程序员都非常重要。但从 JDK 11 开始，java.net.http 模块中新增了一个名为 java.net.http 的联网包，该包对 HTTP 客户端的联网支持提供了增强和更新功能。这个新的 API 就是通常所说的 HTTP Client API。

对于多种类型的 HTTP 联网来说，java.net.http 模块中的 HTTP Client API 可以提供更胜一筹的解决方案。除了能够提供简化、易用的 API 外，它还支持异步通信、HTTP/2 和流程控制。通常，HTTP Client API 被设计为 HttpURLConnection 的替代方案，因为它提供的功能更强大一些。它还支持用于双向通信的 WebSocket 协议。

下面探讨 HTTP Client API 的几个关键特性。注意，它所包含的特性远比在此描述的要多。如果要编写复杂的基于网络的代码，就应该详细了解一下这个包。在此，我们旨在介绍与这个重要的新模块相关的一些基础知识。

23.13.1 三个关键元素

下面重点讨论三个核心的 HTTP Client API 元素。

HttpClient	封装 HTTP 客户端。该元素提供发送请求和获得响应的方式
HttpRequest	封装请求
HttpResponse	封装响应

这三个元素协同使用，可以支持 HTTP 的请求/响应特性。以下是一般流程：首先创建一个 HttpClient 实例，之后构造一个 HttpRequest 并调用 HttpClient 的 send()方法发送它。响应由 send()方法返回，可以从响应中获取响应头和响应体。在介绍具体的示例之前，我们先概述一下 HTTP Client API 的一些基础知识。

1.HttpClient

HttpClient 封装了 HTTP 的请求/响应机制。它既支持同步通信又支持异步通信。在此，仅使用异步通信，但你自己可能希望体验一下异步通信。一旦有了 HttpClient 对象，就可以使用它来发送请求和获取响应。因此，该对象是 HTTP Client API 的基础。

HttpClient 是一个抽象类，不能通过公有构造函数为它创建实例，但可以使用工厂方法来创建。HttpClient 支持带有 HttpClient.Builder 接口的构建器(builder)，HttpClient.Builder 接口提供的几个方法可用于配置 HttpClent。为获得 HttpClient 构建器，需要使用 newBuiler()静态方法。该方法返回的构建器可用于配置所创建的 HttpClient。接下来，调用构建器的 build()方法。这会创建并返回 HttpClient 实例。例如，会创建一个使用默认设置的 HttpClient。

```
HttpClient myHC = HttpClient.newBuilder().build();
```

HttpClient.Builder 接口定义了大量可用于配置构建器的方法，这只是其中的一个示例。默认情况下，不允许重定向。但通过调用 followRedirects()，传入新的重定向设置(必须是 HttpClient.Redirect 枚举中的值)可以对默认设置进行修改。HttpClient.Redirect 枚举定义的值如下：ALWAYS、NEVER 和 NORMAL。前两个值是自解释性的，对 NORMAL 值的设置会导致重定向，除非重定向是从 HTTPS 站点到 HTTP 站点。例如，下面的代码先创建了一个构建器，使用的重定向策略是 NORMAL。之后使用该构建器构造了一个 HttpClient。

```
HttpClient.Builder myBuilder =
  HttpClient.newBuilder().followRedirects(HttpClient.Redirect.NORMAL);
HttpClient.myHC = myBuilder.build();
```

除了上面提到的设置外，构建器配置设置还包括身份验证、代理、HTTP 版本和优先级。因此，可以根据实际需要来构建 HTTP 客户端。

在默认配置足够满足需要的情况下，可以调用 newHttpClient()方法直接获取默认的 HttpClient，如下所示：

```
static HttpClient newHttpClient()
```

该方法返回一个默认的配置。例如，下面的语句将新建一个默认的 HttpClient：

```
HttpClient myHC = HttpClient.newHttpClient();
```

因为使用默认的客户端足以实现本书的目的，所以在接下来的示例中使用的就是这种方法。

有了 HttpClient 实例后，就可以调用它的 send()方法发送一个同步请求，如下所示：

<T> HttpResponse <T> send(HttpRequest *req*,

    HttpResponse.BodyHandler<T> *handler*)

      throws IOException, InterruptedException

其中，*req* 封装请求，*handler* 指定处理响应体的方式。正如稍后所见，通常可以使用 HttpResponse.BodyHandlers

类提供的预定义响应体处理程序之一。send()方法返回的是一个 HttpResponse 对象，因此，它提供了 HTTP 通信的基本机制。

2. HttpRequest

HTTP Client API 封装了 HttpRequest 抽象类中的请求。为了创建 HttpRequest 对象，需要使用构建器。为了获得构建器，需要调用 newBuilder()方法，该方法有如下两种形式：

static HttpRequest.Builder newBuilder()
static HttpRequest.Builder newBuilder(URI *uri*)

第一种形式创建一个默认的构建器。第二种形式用于指定资源的 URI。

HttpRequest.Builder 可用于指定请求的各个方面，例如要使用的请求方法(默认是 GET 方法)。也可以设置头信息、URI 和 HTTP 版本等。除了 URI，通常使用默认设置就已足够。调用 HttpRequest 对象的 method()方法，就可以获得请求方法的字符串表示形式。

要实际构造请求，可以对构建器实例调用 build()方法，如下所示：

HttpRequest build()

一旦有了 HttpRequest 实例，就可以在调用 HttpClient 的 send()方法中使用它，如前面部分的示例中所示。

3. HttpResponse

HTTP Client API 在 HttpResponse 接口的实现中封装了响应，该接口是一个泛型接口，如下所示：

HttpResponse<T>

其中，T 指定响应体的类型。因为响应体的类型是泛型，所以可以用多种方式来处理响应体。这为编写响应代码提供了极大的灵活性。

当发送请求时，会返回包含响应的 HttpResponse 实例。HttpResponse 为访问响应中的信息定义了几种方法。其中最重要的是 body()方法，如下所示：

T body( )

该方法返回对响应体的引用。引用的具体类型则由 T 的类型决定，T 表示由 send()方法指定的响应体处理程序。调用 statusCode()方法可以获得与响应相关的状态代码，如下所示：

int statusCode()

该方法返回 HTTP 状态代码。值 200 表示操作成功。

HttpResponse 中的另一个方法是 headers()，该方法用于获取响应头，如下所示：

HttpHeaders headers()

与响应相关的头封装在 HttpHeaders 类的实现中。该类中包含了各种可用于访问响应头的方法，接下来的示例中使用的 map()方法就是其中之一，该方法如下所示：

Map<String, List<String>> map()

map()方法返回的映射包含所有的头字段和值。

HTTP Client API 的优势之一是可以自动地以各种方式来处理响应。响应由 HttpResponse.BodyHandler 接口的实现来处理。HttpResponse.BodyHandlers 类中提供了大量的预定义响应体处理程序工厂方法，以下是其中三个示例。

static HttpResponse.BodyHandler<Path> ofFile(Path *filename*)	将响应体写入由 *filename* 指定的文件。获取响应后，HttpResponse.body()将返回该文件的 Path
static HttpResponse.BodyHandler<InputStream> ofInputStream( )	针对响应体打开 InputStream。获取响应后，HttpResponse.body()将返回对 InputStream 的引用
static HttpResponse.BodyHandler<String> ofString( )	将响应体放入字符串中，获取响应后，HttpResponse.body()将返回该字符串

其他预定义的处理程序以字节数组、代码流、下载文件和 Flow.Publisher 的形式获取响应体。它们也支持非流控制的消费者。在继续介绍之前，有必要指出，ofInputStream()返回的流应该作为一个整体读取。这样，就可以使相关的资源免费。如果因为某种原因，无法读取整个响应体，可以调用 close()方法关闭该流，但这也会同时关闭 HTTP 连接。通常，最好是简单地读取整个流。

23.13.2 一个简单的 HTTP Client 示例

下面的示例中应用了前面介绍的一些 HTTP Client API 的特性，演示了请求的发送、响应体的显示和响应头列表的获取。可以将该示例与前面介绍的 UCDemo 和 HttpURLDemo 程序中的对等代码进行比较。注意，该示例使用 ofInputStream()来获取链接到响应体的输入流。

```
// Demonstrate HttpClient.
import java.net.*;
import java.net.http.*;
import java.io.*;
import java.util.*;

class HttpClientDemo
{
  public static void main(String args[]) throws Exception {

    // Obtain a client that uses the default settings.
    HttpClient myHC = HttpClient.newHttpClient();

    // Create a request.
    HttpRequest myReq = HttpRequest.newBuilder(
                   new URI("http://www.google.com/")).build();

    // Send the request and get the response. Here, an InputStream is
    // used for the body.
    HttpResponse<InputStream> myResp = myHC.send(myReq,
                   HttpResponse.BodyHandlers.ofInputStream());

    // Display response code and response method.
    System.out.println("Response code is " + myResp.statusCode());
    System.out.println("Request method is " + myReq.method());

    // Get headers from the response.
    HttpHeaders hdrs = myResp.headers();

    // Get a map of the headers.
    Map<String, List<String>> hdrMap = hdrs.map();
    Set<String> hdrField = hdrMap.keySet();

    System.out.println("\nHere is the header:");
```

```
      // Display all header keys and values.
      for(String k : hdrField) {
        System.out.println("Key: " + k +
                    "  Value: " + hdrMap.get(k));
      }

      // Display the body.
      System.out.println("\nHere is the body: ");

      InputStream input = myResp.body();
      int c;
      // Read and display the entire body.
      while((c = input.read()) != -1) {
        System.out.print((char) c);
      }
    }
  }
```

该程序首先创建一个 HttpClient，然后使用它将请求发送到 www.google.com(当然，可以用任何你喜欢的 Web 站点替代)。响应体处理程序通过 ofInputStream()使用输入流。接着，显示了响应状态代码和请求方法。之后显示了响应头和响应体。因为 ofInputStream()是在 send()方法中指定的，所以 body()方法会返回一个 InputStream。该流随后用于读取和显示响应体。

为了与之前介绍的 UCDemo 程序相比较，上面的程序通过一种并行的方法使用输入流来处理响应体。但还可以采用其他方法，例如，可以使用 ofString()方法将响应体作为一个字符串来处理。通过这种方法，在获取响应体时，响应体将位于 String 实例中。若要尝试这种方法，首先需要使用下面的语句替换调用 send()方法的代码行：

```
HttpResponse<InputStream> myResp = myHC.send(myReq,
                HttpResponse.BodyHandlers.ofString());
```

接下来，使用下面的代码行替换那些使用输入流读取和显示响应体的代码：

```
System.out.println(myResp.body());
```

由于响应体已存储在字符串中，因此可以直接输出它。你可能还希望体验一下其他的响应体处理程序，特别感兴趣的应该是 ofLines()方法，该方法允许将响应体作为代码流访问。HTTP Client API 的优点之一是有一些内置的响应体处理程序可用于处理多种情况。

23.13.3 有关 java.net.http 的进一步探讨

前面已经介绍了 java.net.http 中 HTTP Client API 内的大量关键特性，但你可能希望探究其中较为重要的几个。最重要的一个特性是 WebSocket，该特性支持双向通信。另外一个是 API 支持的异步能力。通常，如果以后从事网络编程，就可能希望彻底掌握 java.net.http。因为对于 Java 的联网 API 而言，java.net.http 是一个非常重要的联网包。

第 24 章　事件处理

本章分析 Java 的一个重要方面：事件处理。事件处理是 Java 编程的基础，因为它是创建许多应用程序类型不可缺少的组成部分。例如，所有使用图形用户界面的程序(如为 Windows 编写的 Java 应用程序)，都是由事件驱动的。因此，如果不能牢固掌握事件处理，就不可能编写出这些类型的程序。事件是由许多包支持的，包括 java.util、java.awt 以及 java.awt.event。从 JDK 9 开始，java.awt 和 java.awt.event 都是 java.desktop 模块的一部分，java.util 是 java.base 模块的一部分。

程序响应的大部分事件是用户在与基于 GUI 的程序进行交互时生成的。本章将分析这些类型的事件。它们通过各种方式传递到程序，具体方式取决于实际的事件。存在多种类型的事件，包括由鼠标、键盘以及各种 GUI 控件(例如命令按钮、滚动条或复选框)生成的事件。

本章首先概述 Java 的事件处理机制，然后分析 AWT(Abstract Window Toolkit)使用的主要事件类和接口，AWT 是 Java 的第一个 GUI 框架，提供了呈现事件处理的一种简单方式。接着本章开发了一些演示事件处理基础知识的例子。本章还将介绍与 GUI 编程相关的重要概念，分析如何使用适配器类、内部类以及匿名内部类来简化事件处理代码。本书剩余部分提供的例子会频繁使用这些技术。

> **注意：**
> 本章主要介绍与基于 GUI 程序相关的事件。然而，事件偶尔也会用于并非直接与基于 GUI 程序相关的目的。对于这两种情况，使用的基本事件处理技术是相同的。

24.1　两种事件处理机制

在开始讨论事件处理之前，必须指出的重要一点是：在 Java 的最初版本(1.0)与后续版本(从 1.1 版本开始)之间，处理事件的方式已经发生了相当大的变化。现在仍然支持 1.0 版的事件处理方式，但是对于新程序不推荐使用。此外，许多支持原来 1.0 版事件模型的方法已经过时。所有新程序应当使用现代方式处理事件，并且本书中的程序使用的也是现代方式。

24.2　委托事件模型

处理事件的现代方式基于委托事件模型(delegation event model)，委托事件模型定义了生成和处理事件的标准机制，并且也是统一的机制。委托事件模型的概念很简单：源生成事件，并将事件发送到一个或多个监听器。在这种模式中，监听器简单地进行等待，直到接收到事件。一旦接收到事件，监听器就处理事件，然后返回。这种设计的优点是：处理事件的应用程序逻辑可以清晰地与生成事件的用户界面逻辑相分离。用户界面逻辑能够将对事件的处理委托给代码的某个独立部分。

在委托事件模型中，监听器为了接收事件通知，必须在源中注册。这提供了一个重要优点：通知只发送给希望接收它们的监听器。相对于旧的 Java 1.0 版使用的模式，这种事件处理模式更加高效。以前，事件沿着容器层次向上传播，直到被一个组件处理。这种模式要求组件接收它们不处理的事件，因而浪费了宝贵的时间。委托事件模型消除了这种开销。

接下来将定义事件，并描述源和监听器的角色。

24.2.1 事件

在委托事件模型中，事件是描述源中状态变化的对象。与图形用户界面中元素之间的交互可以生成事件。能够生成事件的活动有：按下按钮，通过键盘输入字符，在列表中选择一个条目以及单击鼠标。许多其他用户操作也能够生成事件。

事件也可能不是直接由与用户界面的交互生成的。例如，当计时器到达指定的时间、计数器超过某个值、发生软件或硬件失败以及操作完成时，也都可以生成事件。可以自由定义适用于应用程序的事件。

24.2.2 事件源

源是生成事件的对象。当对象的内部状态以某种方式发生变化时，就会生成事件。源可以生成多种类型的事件。

为了使监听器能够接收与特定类型事件相关的通知，源必须注册监听器。每种类型的事件都有自己的注册方法，下面是一般形式：

public void add*Type*Listener (*Type*Listener *el*)

其中，*Type* 是事件的名称，*el* 是指向事件监听器的引用。例如，注册键盘事件监听器的方法是 addKeyListener()，注册鼠标移动监听器的方法是 addMouseMotionListener()。当发生事件时，会通知注册的所有监听器，并且监听器会接收到事件对象的副本，这就是所谓的多播事件。对于各种情况，通知只发送到已注册接收它们的监听器。

有些源可能只允许注册一个监听器。这种方法的一般形式如下所示：

public void add*Type*Listener(*Type*Listener *el*)
    throws java.util.TooManyListenersException

其中，*Type* 是事件的名称，*el* 是指向事件监听器的引用。当这种事件发生时，会通知已注册的监听器，这就是所谓的单播事件。

源还必须提供允许监听器注销特定类型事件的方法。这种方法的一般形式如下所示：

public void remove*Type*Listener(*Type*Listener *el*)

其中，*Type* 是事件的名称，*el* 是指向事件监听器的引用。例如，为了删除键盘监听器，应当调用 removeKeyListener()方法。

添加或删除监听器的方法是由生成事件的源提供的。例如，AWT 定义的顶级类 Component 就提供了添加和删除键盘以及鼠标事件监听器的方法。

24.2.3 事件监听器

监听器是当事件发生时通知的对象，它有两个基本要求。首先，为了接收关于特定类型事件的信息，监听器必须已经被一个或多个源注册。其次，监听器必须实现接收和处理这些通知的方法。换言之，监听器必须提供事件处理程序。

接收和处理事件的方法是在 java.awt.event 包的一套接口中定义的。例如，MouseMotionListener 接口定义了两个方法，当拖动或移动鼠标时这两个方法接收通知。只要提供这个接口的实现，所有对象就都可以接收和处理这些事件中的一个或两个。许多其他监听器接口将在本章以及其他章节中进行讨论。

下面是关于事件的另一个要点：事件处理程序必须快速返回。在大多数情况下，GUI 程序不应进入如下操作模式：过长地保有控制权。相反，程序必须执行某些操作以响应事件，然后将控制权返回给运行时系统。否则，程序会显得迟缓，甚至完全没有响应。如果程序需要执行重复的任务，例如滚动广告横幅，就必须启动一个独立的线程来完成。简言之，如果程序接收到一个事件，就必须立刻处理它，然后返回。

24.3 事件类

表示事件的类位于 Java 事件处理机制的核心。因此，对事件处理的讨论必须从事件类开始。但是 Java 定义了几种类型的事件，并且在本章不可能讨论全部事件类，理解这一点是很重要的。使用最广泛的事件是由 AWT 和 Swing 定义的那些事件。本章集中讨论 AWT 事件(这些事件中的大部分也应用于 Swing)。一些特定于 Swing 的事件，将在第 31 章研究 Swing 时介绍。

位于 Java 事件类层次最顶部的是 EventObject，该类位于 java.util 包中，并且是所有事件的超类。EventObject 类的一个构造函数如下所示：

EventObject(Object *src*)

其中，*src* 是生成这个事件的对象。

EventObject 包含两个方法：getSource()和 toString()。getSource()方法返回事件的源，它的一般形式如下所示：

Object getSource()

正如所期望的，toString()方法返回与事件等价的字符串。

AWTEvent类是在java.awt包中定义的，是EventObject的一个子类，并且是委托事件模型使用的、基于AWT的所有事件的(直接或间接)超类。可以使用AWTEvent类的getID()方法来确定事件的类型。这个方法的签名如下所示：

int getID(()

通常，不会使用 AWTEvent 直接定义的特性，但会使用它的子类。在此，重要的是知道在本节讨论的所有其他类都是 AWTEvent 的子类。

总结如下：

- EventObject 是所有事件的超类。
- AWTEvent 是由委托事件模型进行处理的所有 AWT 事件的超类。

java.awt.event 包定义了许多类型的事件，通过各种类型的用户界面元素可以生成这些事件。表 24-1 显示了一些常用的事件类，并简要描述了生成它们的时机。在接下来的内容中将描述每个类的常用构造函数和方法。

表 24-1 java.awt.event 中的常用事件类

事 件 类	描 述
ActionEvent	当按下按钮、双击某个列表项或选中某个菜单项时生成的事件
AdjustmentEvent	当操作滚动条时生成的事件
ComponentEvent	当组件被隐藏、移动、改变大小或变得可见时生成的事件
ContainerEvent	当组件被添加到容器中或从容器中删除时生成的事件
FocusEvent	当组件获得或失去键盘焦点时生成的事件

(续表)

事 件 类	描 述
InputEvent	所有组件输入事件的抽象超类
ItemEvent	当复选框或列表项被单击时生成的事件；当选中某个选择选项、选中或取消选中某个可复选的菜单项时也会生成这种事件
KeyEvent	当从键盘接收输入时生成的事件
MouseEvent	当拖动、移动、单击、按下或释放鼠标时生成的事件；当鼠标进入或退出组件时也会生成这种事件
MouseWheelEvent	当移动鼠标滑轮时生成的事件
TextEvent	当文本域或文本框的值发生变化时生成的事件
WindowEvent	当激活、关闭、冻结、最大化、最小化、打开或退出窗口时生成的事件

24.3.1 ActionEvent 类

当按下按钮、双击某个列表项或选中某个菜单项时会生成 ActionEvent 事件。ActionEvent 类定义了 4 个用于标识与动作事件关联的所有修饰键的整型常量：ALT_MASK、CTRL_MASK、META_MASK 和 SHIFT_MASK。此外，还有整型常量 ACTION_PERFORMED，可用于标识动作事件。

ActionEvent 类拥有以下 3 个构造函数：

ActionEvent(Object *src*, int *type*, String *cmd*)

ActionEvent(Object *src*, int *type*, String *cmd*, int *modifiers*)

ActionEvent(Object *src*, int *type*, String *cmd*, long *when*, int *modifiers*)

其中，*src* 是对生成事件的对象的引用。事件的类型是由 *type* 指定的，并且事件的命令字符串是 *cmd*。参数 *modifiers* 指示当发生事件时按下了哪个修饰键(ALT、CTRL、META 和/或 SHIFT)。参数 *when* 指定事件发生的时间。

通过 getActionCommand()方法可以为调用 ActionEvent 对象获取命令名称，该方法如下所示：

String getActionCommand()

例如，当按下某个按钮时，会生成名称等于按钮标签的事件。

getModifiers()方法的返回值指示当发生事件时按下了哪个修饰键(ALT、CTRL、META 和/或 SHIFT)。该方法的形式如下所示：

int getModifiers()

方法 getWhen()返回事件发生的时间，这称为事件的时间戳。getWhen()方法如下所示：

long getWhen()

24.3.2 AdjustmentEvent 类

AdjustmentEvent 事件是由滚动条生成的。有 5 种类型的调整事件，AdjustmentEvent 类定义了用于标识它们的整型常量。这些常量和它们的含义如表 24-2 所示。

表 24-2 用于标识调整事件的整型常量

常 量	描 述
BLOCK_DECREMENT	用户在滚动条内部单击以减少滚动条的值
BLOCK_INCREMENT	用户在滚动条内部单击以增加滚动条的值

常　量	描　述
TRACK	拖动滑块
UNIT_DECREMENT	单击滚动条末端的按钮以减少滚动条的值
UNIT_INCREMENT	单击滚动条末端的按钮以增加滚动条的值

此外，还有整型常量 ADJUSTMENT_VALUE_CHANGED，用于指示已经发生了变化。

下面是 AdjustmentEvent 类的一个构造函数：

AdjustmentEvent(Adjustable *src*, int *id*, int *type*, int *val*)

其中，*src* 是对生成事件的对象的引用。*id* 用于指定事件。调整的类型是由 *type* 指定的，并且与之关联的值是 *val*。

getAdjustable()方法返回生成事件的对象，它的形式如下所示：

Adjustable getAdjustable()

调整事件的类型可以通过 getAdjustmentType()方法获取，该方法返回 AdjustmentEvent 定义的一个常量。该方法的一般形式如下所示：

int getAdjustmentType()

调整量可以通过 getValue()方法获取，如下所示：

int getValue()

例如，当操作滚动条时，这个方法返回表示变化的值。

24.3.3　ComponentEvent 类

当组件的大小、位置或可见性发生变化时，会生成 ComponentEvent 事件。组件事件分为 4 种。ComponentEvent 类定义了用于标识它们的整型常量，这些常量和它们的含义如表 24-3 所示。

表 24-3　用于标识 ComponentEvent 事件的整型常量

常　量	描　述
COMPONENT_HIDDEN	隐藏组件
COMPONENT_MOVED	移动组件
COMPONENT_RESIZED	改变组件的大小
COMPONENT_SHOWN	使组件变为可见

ComponentEvent 类的构造函数如下所示：

ComponentEvent(Component *src*, int *type*)

其中，*src* 是对生成事件的对象的引用。事件的类型是由 *type* 指定的。

ComponentEvent 是 ContainerEvent、FocusEvent、KeyEvent、MouseEvent 以及 WindowEvent 等类的直接或间接超类。

getComponent()方法返回生成事件的组件，该方法如下所示：

Component getComponent()

24.3.4 ContainerEvent 类

当组件被添加到容器中或从容器中移除时，会生成 ContainerEvent 事件。有两种类型的容器事件，ContainerEvent 类定义了用于标识它们的 int 型常量：COMPONENT_ADDED 和 COMPONENT_REMOVED。它们指示组件已经被添加到容器中或者已经从容器中移除。

ContainerEvent 是 ComponentEvent 的子类，它的构造函数如下所示：

ContainerEvent(Component *src*, int *type*, Component *comp*)

其中，*src* 是对生成事件的容器的引用。事件类型是由 *type* 指定的，并且被添加到容器中或从容器中移除的组件是 *comp*。

可以使用 getContainer()方法获取对生成事件的容器的引用，该方法如下所示：

Container getContainer()

getChild()方法返回对被添加到容器中或从容器中移除的组件的引用。该方法的一般形式如下所示：

Component getChild()

24.3.5 FocusEvent 类

当组件获得或丢失输入焦点时会生成 FocusEvent 事件。这些事件通过整型常量 FOCUS_GAINED 和 FOCUS_LOST 标识。

FocusEvent 是 ComponentEvent 的子类，它拥有以下构造函数：

FocusEvent(Component *src*, int *type*)
FocusEvent(Component *src*, int *type*, boolean *temporaryFlag*)
FocusEvent(Component *src*, int *type*, boolean *temporaryFlag*, Component *other*)
FocusEvent(Component *src*, int *type*, boolean *temporaryFlag*, Component *other*,
    FocusEvent.Cause *what*)

其中，*src* 是对生成事件的组件的引用。事件的类型由 *type* 指定。如果焦点事件是临时的，参数 *temporaryFlag* 会被设置为 true；否则被设置为 false(临时焦点事件是作为另外一个用户界面操作的结果发生的。例如，假设焦点在某个文本框中，如果用户移动鼠标以调整滚动条，焦点就会临时丢失)。

涉及焦点改变的另一个组件被称为对立组件，是由 *other* 传递的。所以，如果发生的是 FOCUS_GAINED 事件，*other* 将会引用丢失焦点的组件。相反，如果发生的是 FOCUS_LOST 事件，*other* 将引用获得焦点的组件。

第 4 个构造函数是由 JDK 9 添加的，它的 *what* 参数指定事件为什么会发生，它被指定为 FocusEvent.Cause 枚举值，该枚举值标识了焦点事件的原因，FocusEvent.Cause 枚举也是由 JDK 9 添加的。

通过 getOppositeComponent()方法可以获得对立组件，该方法如下所示：

Component getOppositeComponent()

该方法返回对立组件。

isTemporary()方法指示这个焦点变化是否是临时的，该方法如下所示：

boolean isTemporary()

如果变化是临时的，该方法返回 true；否则返回 false。
从 JDK 9 开始，可以调用 getCause()，获得事件发生的原因：

final FocusEvent.Cause getCause()

原因以 FocusEvent.Cause 枚举值的形式返回。

24.3.6 InputEvent 类

抽象类 InputEvent 是 ComponentEvent 的子类,并且是组件输入事件的超类。它的子类是 KeyEvent 和 MouseEvent。

InputEvent 定义了一些表示可能与输入事件关联的所有修饰键的整型常量,例如是否按下了控制键。最初,InputEvent 类定义了如表 24-4 所示的 8 个值来表示修饰键,这些修饰键在旧代码中仍可以找到。

表 24-4 表示修饰键的 8 个值

ALT_MASK	BUTTON2_MASK	META_MASK
ALT_GRAPH_MASK	BUTTON3_MASK	SHIFT_MASK
BUTTON1_MASK	CTRL_MASK	

但是,由于键盘事件与鼠标事件使用的修饰键之间可能存在的冲突以及其他问题,因此添加了如表 24-5 所示的扩展修饰键。

表 24-5 扩展修饰键

ALT_DOWN_MASK	BUTTON2_DOWN_MASK	META_DOWN_MASK
ALT_GRAPH_DOWN_MASK	BUTTON3_DOWN_MASK	SHIFT_DOWN_MASK
BUTTON1_DOWN_MASK	CTRL_DOWN_MASK	

编写新代码时,推荐使用新的、扩展的修饰键,不推荐使用原始的修饰键。而且原始的修饰键在 JDK 9 中已经废弃。

当生成事件时,为了测试是否按下了某个修饰键,可以使用 isAltDown()、isAltGraphDown()、isControlDown()、isMetaDown()以及 isShiftDown()方法。这些方法的形式如下所示:

boolean isAltDown()

boolean isAltGraphDown()

boolean isControlDown()

boolean isMetaDown()

boolean isShiftDown()

通过调用 getModifiers()方法可以获取包含所有原始修饰键标记的值,该方法如下所示:

int getModifiers()

尽管在旧代码中仍可能遇到 getModifiers(),但重要的是,原始的修饰键标记在 JDK 9 中已经废弃。这个方法在 JDK 9 中也已经废弃。可以通过调用 getModifiersEx()方法获取扩展的修饰键,该方法如下所示:

int getModifiersEx()

24.3.7 ItemEvent 类

当单击复选框或列表框中的条目,或者选中或取消选中某个可复选的菜单项时,会生成 ItemEvent 事件(复选框和列表框将在本书的后面描述)。有两种类型的条目事件,它们用以下整型常量标识:

- DESELECTED:用户取消选中某个条目。
- SELECTED:用户选中某个条目。

此外，ItemEvent 类还定义了整型常量 ITEM_STATE_CHANGED，该常量表示状态发生了变化。
ItemEvent 类的构造函数如下所示：

ItemEvent(ItemSelectable *src*, int *type*, Object *entry*, int *state*)

其中，*src* 是对生成事件的组件的引用。例如，可能是列表框或复选框。事件的类型是由 *type* 指定的。生成条目事件的特定条目是由 *entry* 传递的。条目的当前状态保存在 *state* 中。

可以使用 getItem()方法获取对生成事件的条目的引用，该方法的签名如下所示：

Object getItem()

可以使用 getItemSelectable()方法获取对生成事件的 ItemSelectable 对象的引用，该方法的一般形式如下所示：

ItemSelectable getItemSelectable()

列表框和复选框是实现了 ItemSelectable 接口的用户界面元素。
getStateChange()方法返回事件的状态变化(即 SELECTED 或 DESELECTED)，该方法如下所示：

int getStateChange()

24.4 KeyEvent 类

当发生键盘输入时会生成 KeyEvent 事件。有 3 种类型的键盘事件，它们由下面这些整型常量标识：KEY_PRESSED、KEY_RELEASED 和 KEY_TYPED。当按下或释放按键时，会生成前两个事件。只有当生成一个字符时才会发生最后一个事件。请记住，并不是所有按键都会生成字符。例如，按下 Shift 键就不会生成字符。

KeyEvent 类还定义了许多其他整型常量，例如 VK_0～VK_9 和 VK_A～VK_Z 定义了与数字和字母等价的 ASCII 码。如表 24-6 所示是其他一些整型常量：

表 24-6 整型常量

VK_ALT	VK_DOWN	VK_LEFT	VK_RIGHT
VK_CANCEL	VK_ENTER	VK_PAGE_DOWN	VK_SHIFT
VK_CONTROL	VK_ESCAPE	VK_PAGE_UP	VK_UP

VK 常量表示虚拟键码，并且独立于任何修饰键，例如 Ctrl 键、Shift 键或 Alt 键。
KeyEvent 是 InputEvent 的子类，下面是它的一个构造函数：

KeyEvent(Component *src*, int *type*, long *when*, int *modifiers*, int *code*, char *ch*)

其中，*src* 是对生成事件的组件的引用，事件的类型是由 *type* 指定的，键被按下的系统时间是由 *when* 传递的，参数 *modifiers* 指示当这个按键事件发生时按下了哪个修饰键，虚拟键码(例如 VK_UP、VK_A 等)是由 *code* 传递的，等价的字符(如果存在的话)是由 *ch* 传递的。如果不存在有效的字符，*ch* 将包含 CHAR_UNDEFINED。对于 KEY_TYPED 事件，*code* 将包含 VK_UNDEFINED。

KeyEvent 类定义了一些方法，最常用的可能是 getKeyChar()和 getKeyCode()方法，其中 getkeyChar()方法返回输入的字符，getkeyCode 方法返回虚拟键码。它们的一般形式如下所示：

char getKeyChar()
int getKeyCode()

如果无法得到有效的字符，getKeyChar()方法将返回 CHAR_UNDEFINED。如果发生的事件是 KEY_TYPED，getKeyCode()方法将返回 VK_UNDEFINED。

24.4.1 MouseEvent 类

有 8 种类型的鼠标事件，MouseEvent 类定义了用于标识它们的整型常量，如表 24-7 所示。

表 24-7 用于标识鼠标事件的整型常量

常量	描述
MOUSE_CLICKED	用户单击鼠标
MOUSE_DRAGGED	用户拖动鼠标
MOUSE_ENTERED	鼠标进入组件
MOUSE_EXITED	鼠标离开组件
MOUSE_MOVED	移动鼠标
MOUSE_PRESSED	按下鼠标键
MOUSE_RELEASED	释放鼠标键
MOUSE_WHEEL	滚动鼠标滚轮

MouseEvent 是 InputEvent 的子类，下面是它的一个构造函数：

MouseEvent(Component *src*, int *type*, long *when*, int *modifiers*,
　　　　int *x*, int *y*, int *clicks*, boolean *triggersPopup*)

其中，*src* 是对生成事件的组件的引用，事件类型是由 *type* 指定的，鼠标事件发生的系统时间是由 *when* 传递的，*modifiers* 参数指示当发生鼠标事件时按下了哪个修饰键，鼠标的坐标由 *x* 和 *y* 传递，单击次数是由 *clicks* 传递的，*triggersPopup* 标志指示鼠标事件是否会导致在平台上显示弹出菜单。

在 MouseEvent 类中，两个常用的方法是 getX()和 getY()。它们返回当事件发生时鼠标在组件内的 X 和 Y 坐标，它们的形式如下所示：

int getX()

int getY()

作为另外一种选择，也可以使用 getPoint()方法获取鼠标的坐标，该方法如下所示：

Point getPoint()

该方法返回的 Point 对象在自己的整型成员 x 和 y 中包含 X、Y 坐标。
translatePoint()方法改变事件的位置，该方法的形式如下所示：

void translatePoint(int *x*, int *y*)

其中，参数 *x* 和 *y* 被添加到事件的坐标中。
getClickCount()方法获取为鼠标事件单击鼠标的次数，该方法的签名如下所示：

int getClickCount()

isPopupTrigger()方法测试鼠标事件是否会导致在这个平台上显示弹出菜单，该方法的形式如下所示：

boolean isPopupTrigger()

还可以使用 getButton()方法，该方法如下所示：

int getButton()

该方法返回的值代表导致鼠标事件发生的按钮，返回的值是由 MouseEvent 类定义的以下常量之一。

| NOBUTTON | BUTTON1 | BUTTON2 | BUTTON3 |

值 NOBUTTON 指示没有按钮被按下或释放。

还可以使用 3 个方法来获取鼠标相对于屏幕而不是组件的坐标，这些方法如下所示：

Point getLocationOnScreen()

int getXOnScreen()

int getYOnScreen()

getLocationOnScreen()方法返回包含 X 和 Y 坐标的 Point 对象，另外两个方法返回所标识的坐标。

24.4.2　MouseWheelEvent 类

MouseWheelEvent 类封装了鼠标滚轮事件，是 MouseEvent 的子类。并不是所有鼠标都有滚轮。如果鼠标有滚轮，那么滚轮一般位于左键和右键之间。鼠标滚轮用于滚动操作。MouseWheelEvent 类定义以下两个整型常量：
- WHEEL_BLOCK_SCROLL：发生向上或向下滚动页面的事件。
- WHEEL_UNIT_SCROLL：发生向上或向下滚动行的事件。

下面是 MouseWheelEvent 类定义的一个构造函数：

MouseWheelEvent(Component *src*, int *type*, long *when*, int *modifiers*,
　　　　　　　　int *x*, int *y*, int *clicks*, boolean *triggersPopup*,
　　　　　　　　int *scrollHow*, int *amount*, int *count*)

其中，*src* 是对生成事件的对象的引用，事件的类型是由 *type* 指定的，鼠标事件发生的系统时间是由 *when* 传递的，*modifiers* 参数指示当事件发生时按下了哪个修饰键，鼠标坐标是由 *x* 和 *y* 传递的，单击次数是由 *clicks* 传递的，*triggersPopup* 标志指示滚动事件是否会导致在这个平台上显示弹出菜单，*scrollHow* 的值必须是 WHEEL_BLOCK_SCROLL 或 WHEEL_UNIT_SCROLL，滚动的单位数量是由 *amount* 传递的，*count* 参数指示滚轮移动的转动单位的数量。

MouseWheelEvent 类定义了用于访问滚轮事件的方法。为了获取转动单位的数量，可以调用 getWheelRotation()方法，该方法如下所示：

int getWheelRotation()

该方法返回转动单位的数量。如果是正值，说明滚轮是逆时针转动的；如果是负值，说明滚轮是顺时针滚动的。还可以调用名为 getPreciseWheelRotation()的方法，该方法支持高分辨率滚轮。工作方式与 getWheelRotation()方法类似，但返回 double 类型值。

为了获取滚动的类型，可以调用 getScrollType()方法，该方法如下所示：

int getScrollType()

该方法返回 WHEEL_BLOCK_SCROLL 或 WHEEL_UNIT_SCROLL。

如果滚动类型是 WHEEL_UNIT_SCROLL，那么可以通过 getScrollAmount()方法获取滚动的单位数量，该方法如下所示：

int getScrollAmount()

24.4.3　TextEvent 类

该类的实例描述文本事件。这些事件是当用户或程序输入字符时，由文本框和文本域生成的。TextEvent 类定义了整型常量 TEXT_VALUE_CHANGED。

该类的一个构造函数如下所示：

TextEvent(Object *src*, int *type*)

其中，*src* 是对生成事件的对象的引用，事件的类型是由 *type* 指定的。

TextEvent 对象没有包含生成文本事件的文本组件中的当前文本。相反，程序必须使用与文本组件关联的其他方法检索该信息。这个操作与在本节中讨论的其他事件对象不同。可以将文本事件通知看作发送给监听器的信号，监听器应当从特定的文本组件检索信息。

24.4.4 WindowEvent 类

有 10 种类型的窗口事件，WindowEvent 类定义了用于标识它们的整型常量，这些整型常量和它们的含义如表 24-8 所示。

表 24-8 用于标识窗口事件的整型常量

常 量	描 述
WINDOW_ACTIVATED	激活窗口
WINDOW_CLOSED	窗口已经关闭
WINDOW_CLOSING	用户请求关闭窗口
WINDOW_DEACTIVATED	窗口被冻结
WINDOW_DEICONIFIED	恢复窗口
WINDOW_GAINED_FOCUS	窗口获得输入焦点
WINDOW_ICONIFIED	最小化窗口
WINDOW_LOST_FOCUS	窗口丢失输入焦点
WINDOW_OPENED	打开窗口
WINDOW_STATE_CHANGED	窗口的状态发生改变

WindowEvent 是 ComponentEvent 的子类，它定义了几个构造函数，第 1 个是：

WindowEvent(Window *src*, int *type*)

其中，*src* 是对生成事件的对象的引用，事件的类型是由 *type* 传递的。

还有 3 个构造函数，它们提供了更详细的控制：

WindowEvent(Window *src*, int *type*, Window *other*)

WindowEvent(Window *src*, int *type*, int *fromState*, int *toState*)

WindowEvent(Window *src*, int *type*, Window *other*, int *fromState*, int *toState*)

其中，*other* 指定焦点或激活事件发生时的对立窗口，*fromState* 指定窗口的先前状态，*toState* 指定当窗口状态发生变化时窗口将具有的新状态。

这个类中的常用方法是 getWindow()，用来返回生成窗口事件的 Window 对象。该方法的一般形式如下所示：

Window getWindow()

WindowEvent 类还定义了用于返回对立窗口(发生焦点或激活事件时)、之前窗口状态以及当前窗口状态的方法，这些方法如下所示：

Window getOppositeWindow()

int getOldState()

int getNewState()

24.5 事件源

表 24-9 列出了一些用户界面组件,它们能够生成在上一节描述的事件。除了这些图形用户界面元素外,所有派生自 Component 的类,例如 Frame,也能生成事件。例如,可以从 Frame 的实例中接收键盘和鼠标事件。在本章,将只处理鼠标和键盘事件,但是接下来的两章将处理由表 24-9 中列出的源所生成的事件。

表 24-9 事件源举例

事 件 源	描 述
按钮	当按下按钮时生成动作事件
复选框	当选中或取消选中复选框时生成条目事件
选项	当选项改变时生成条目事件
列表	当双击某个选项时生成动作事件,当选中或取消选中某个选项时生成条目事件
菜单项	当选中菜单项时生成动作事件,当选中或取消选中某个可复选的菜单项时生成条目事件
滚动条	当操作滚动条时生成调整事件
文本组件	用户输入字符时生成文本事件
窗口	当激活、关闭、冻结、最大化、最小化、打开或退出窗口时生成窗口事件

24.6 事件监听器接口

如前所述,委托事件模型包含两部分:源和监听器。监听器是通过实现一个或多个 java.awt.event 包中定义的接口创建的。当发生事件时,事件源调用由监听器定义的合适方法,并作为参数提供事件对象。表 24-10 列出了常用的监听器接口,并简要描述了它们定义的方法。接下来将分析每个接口包含的特定方法。

表 24-10 常用的事件监听器接口

接 口	描 述
ActionListener	定义了一个用于接收动作事件的方法
AdjustmentListener	定义了一个用于接收调整事件的方法
ComponentListener	定义了 4 个方法,分别用于识别组件何时被隐藏、移动、改变大小或显示
ContainerListener	定义了两个方法,分别用于识别组件何时被添加到容器中或从容器中移除
FocusListener	定义了两个方法,分别用于识别组件何时获得或丢失键盘焦点
ItemListener	定义了一个用于识别选项状态何时发生变化的方法
KeyListener	定义了一个用于识别何时按键被按下、释放或键入字符的方法
MouseListener	定义了 5 个方法,分别用于识别鼠标何时被单击、进入组件、退出组件、被按下或被释放
MouseMotionListener	定义了两个方法,分别用于识别鼠标何时被拖动或移动
MouseWheelListener	定义了一个用于识别鼠标滚轮何时被移动的方法
TextListener	定义了一个用于识别何时文本值发生变化的方法
WindowFocusListener	定义了两个方法,分别用于识别何时窗口获得或丢失输入焦点
WindowListener	定义了 7 个方法,分别用于识别何时激活、关闭、冻结、最大化、最小化、打开或退出窗口

24.6.1 ActionListener 接口

这个接口定义了 actionPerformed()方法,该方法在动作事件发生时调用,其一般形式如下:

void actionPerformed(ActionEvent *ae*)

24.6.2 AdjustmentListener 接口

这个接口定义了 adjustmentValueChanged()方法，当发生调整事件时，将调用该方法。该方法的一般形式如下所示：

void adjustmentValueChanged(AdjustmentEvent *ae*)

24.6.3 ComponentListener 接口

这个接口定义了 4 个方法，当组件被改变大小、移动、显示或隐藏时，将调用这些方法。它们的一般形式如下所示：

void componentResized(ComponentEvent *ce*)
void componentMoved(ComponentEvent *ce*)
void componentShown(ComponentEvent *ce*)
void componentHidden(ComponentEvent *ce*)

24.6.4 ContainerListener 接口

这个接口定义了两个方法。当组件被添加到容器中时，调用 componentAdded()方法；当组件被从容器中移除时，调用 componentRemoved()方法。它们的一般形式如下所示：

void componentAdded(ContainerEvent *ce*)
void componentRemoved(ContainerEvent *ce*)

24.6.5 FocusListener 接口

这个接口定义了两个方法。当组件获得键盘焦点时，调用 focusGained()方法；当组件丢失键盘焦点时，调用 focusLost()方法。它们的一般形式如下所示：

void focusGained(FocusEvent *fe*)
void focusLost(FocusEvent *fe*)

24.6.6 ItemListener 接口

这个接口定义了 itemStateChanged()方法，当选项的状态发生变化时，将调用该方法。该方法的一般形式如下所示：

void itemStateChanged(ItemEvent *ie*)

24.6.7 KeyListener 接口

这个接口定义了 3 个方法。当按下或释放按键时，将分别调用 keyPressed()和 keyReleased()方法。当输入字符时，将调用 keyTyped()方法。

例如，如果用户按下并释放 A 键，将会依次生成 3 个事件：键被按下、键入字符以及键被释放。如果用户按下并释放 Home 键，将会依次生成两个事件：键被按下和键被释放。

这些方法的一般形式如下所示：

void keyPressed(KeyEvent *ke*)

void keyReleased(KeyEvent *ke*)

void keyTyped(KeyEvent *ke*)

24.6.8 MouseListener 接口

这个接口定义了 5 个方法。如果鼠标在同一位置被按下并释放，将调用 mouseClicked()方法。当鼠标进入某个组件时，将调用 mouseEntered()方法。当鼠标离开某个组件时，将调用 mouseExited()方法。当鼠标被按下和释放时，分别调用 mousePressed()和 mouseReleased()方法。

这些方法的一般形式如下所示：

void mouseClicked(MouseEvent *me*)

void mouseEntered(MouseEvent *me*)

void mouseExited(MouseEvent *me*)

void mousePressed(MouseEvent *me*)

void mouseReleased(MouseEvent *me*)

24.6.9 MouseMotionListener 接口

这个接口定义了两个方法。当拖动鼠标时，会调用 mouseDragged()方法多次；当移动鼠标时，会调用 mouseMoved()方法多次。这两个方法的一般形式如下所示：

void mouseDragged(MouseEvent *me*)

void mouseMoved(MouseEvent *me*)

24.6.10 MouseWheelListener 接口

这个接口定义了 mouseWheelMoved()方法，当移动鼠标滚轮时，将调用该方法。该方法的一般形式如下所示：

void mouseWheelMoved(MouseWheelEvent *mwe*)

24.6.11 TextListener 接口

这个接口定义了 textValueChanged()方法，当文本域或文本框中的内容发生变化时，将调用该方法。该方法的一般形式如下所示：

void textValueChanged(TextEvent *te*)

24.6.12 WindowFocusListener 接口

这个接口定义了两个方法：windowGainedFocus()和 windowLostFocus()。当窗口获得或失去输入焦点时，将调用这两个方法。它们的一般形式如下所示：

void windowGainedFocus(WindowEvent *we*)

void windowLostFocus(WindowEvent *we*)

24.6.13 WindowListener 接口

这个接口定义了 7 个方法。当窗口被激活或冻结时，分别调用 windowActivated()和 windowDeactivated()方法。

如果窗口被最小化，将调用 windowIconified()方法。当恢复窗口时，将调用 windowDeiconified()方法。当打开或关闭窗口时，分别调用 windowOpened()或 windowClosed()方法。当窗口正在关闭时，调用 windowClosing()方法。这些方法的一般形式如下所示：

  void windowActivated(WindowEvent *we*)
  void windowClosed(WindowEvent *we*)
  void windowClosing(WindowEvent *we*)
  void windowDeactivated(WindowEvent *we*)
  void windowDeiconified(WindowEvent *we*)
  void windowIconified(WindowEvent *we*)
  void windowOpened(WindowEvent *we*)

24.7 使用委托事件模型

既然已经学习了委托事件模型背后的理论知识，并且已经概述了其中的各种组件，现在是时候进行实践了。实际上，使用委托事件模型很简单，只需要遵循以下两个步骤：

(1) 在监听器中实现合适的接口，从而使其可以接收期望类型的事件。
(2) 实现注册或注销(如果需要的话)监听器的代码，监听器作为事件通知的接收者。

请记住，一个源可以生成多种类型的事件。必须分别注册每种事件。此外，一个对象也可以注册能接收多种类型的事件，但是为了接收这些事件，必须实现需要的所有接口。在所有情况下，事件处理程序必须快速返回，如前所述，事件处理程序不能长时间地保有控制权。

为了查看委托事件模型的实际工作方式，下面将分析一些例子，它们用于处理两个常用的事件生成器：鼠标和键盘。

24.7.1 一些重要的 AWT GUI 概念

为了演示事件处理的基本知识，我们要使用几个基于 GUI 的简单程序。如前所述，程序响应的大多数事件都是通过与 GUI 程序的用户交互而生成的，尽管本章所示的 GUI 程序非常简单，但仍需要解释几个重要的概念，因为基于 GUI 的程序不同于本书其他许多部分介绍的基于控制台的程序。

在开始之前必须指出，Java 的所有现代版本都支持两个 GUI 框架：AWT 和 Swing。AWT 是 Java 的第一个 GUI 框架，对于非常有限的少数 GUI 程序而言，它的使用是最简单的。Swing 建立在 AWT 框架的基础之上，是 Java 的第二个 GUI 框架，目前仍是最流行、使用最广泛的框架(JavaFX 是 Java 的第三个 GUI 框架，Java 的最近几个版本中才引入了这个 GUI 框架，但从 JDK 11 开始，它已不再属于 JDK)。AWT 和 Swing 都将在本书的后面讨论，但是为了演示事件处理的基本知识，基于 AWT 的 GUI 程序是最适合的选择，这里就使用它。

下面的程序要使用四个重要的 AWT 特性。第一，所有的程序都通过扩展 Frame 类来创建一个顶级窗口，Frame 定义了一个所谓的"正常"窗口，例如该窗口带有最大化、最小化和关闭框，它可以重新设置大小，可以遮挡，可以重新显示。第二，所有的程序都会重写 paint()方法，以在窗口中显示输出，这个方法由运行时系统调用，以在窗口中显示输出。例如，当窗口第一次显示时要调用它，当窗口隐藏、接着去掉遮挡时也会调用它。第三，当程序需要显示输出时，不会直接调用 paint()，而是调用 repaint()。实际上，repaint()会告诉 AWT 调用 paint()。下面的实例会演示这个过程。最后，当关闭应用程序的顶级 Frame 窗口时，例如单击其关闭框，程序必须显式退出，通常是通过调用 System.exit()来退出，单击关闭框本身并不会使程序终止，因此，基于 AWT 的 GUI 程序需要处理一个窗口关闭事件。

24.7.2 处理鼠标事件

为了处理鼠标事件,必须实现 MouseListener 和 MouseMotionListener 接口(可能还希望实现 MouseWheelListener 接口,但是在此没有实现该接口)。下面的程序演示了这个过程。在程序的窗口中显示鼠标的当前位置。每次按下按钮时,在鼠标指针位置显示 "Button Down";在每次释放按钮时,显示单词 "Button Released"。如果单击按钮,将在当前鼠标位置显示一条陈述该事实的消息。

当鼠标进入或离开窗口时,会显示一条消息,指出这个事实。当拖动鼠标时,显示一个星号(*),在拖动过程中,这个星号跟随鼠标指针移动。注意 mouseX 和 mouseY 这两个变量,当发生鼠标按下、释放或拖动事件时,它们用于存储鼠标的位置。然后,paint()方法使用这两个坐标在这些事件的发生位置显示输出。

```
// Demonstrate several mouse event handlers.
import java.awt.*;
import java.awt.event.*;

public class MouseEventsDemo extends Frame
  implements MouseListener, MouseMotionListener {

  String msg = "";
  int mouseX = 0, mouseY = 0; // coordinates of mouse

  public MouseEventsDemo() {
    addMouseListener(this);
    addMouseMotionListener(this);
    addWindowListener(new MyWindowAdapter());
  }

  // Handle mouse clicked.
  public void mouseClicked(MouseEvent me) {
    msg = msg + " -- click received";
    repaint();
  }

  // Handle mouse entered.
  public void mouseEntered(MouseEvent me) {
    mouseX = 100;
    mouseY = 100;
    msg = "Mouse entered.";
    repaint();
  }

  // Handle mouse exited.
  public void mouseExited(MouseEvent me) {
    mouseX = 100;
    mouseY = 100;
    msg = "Mouse exited.";
    repaint();
  }

  // Handle button pressed.
  public void mousePressed(MouseEvent me) {
    // save coordinates
    mouseX = me.getX();
    mouseY = me.getY();
    msg = "Button down";
    repaint();
  }
```

```
    // Handle button released.
    public void mouseReleased(MouseEvent me) {
      // save coordinates
      mouseX = me.getX();
      mouseY = me.getY();
      msg = "Button Released";
      repaint();
    }

    // Handle mouse dragged.
    public void mouseDragged(MouseEvent me) {
      // save coordinates
      mouseX = me.getX();
      mouseY = me.getY();
      msg = "*" + " mouse at " + mouseX + ", " + mouseY;
      repaint();
    }

    // Handle mouse moved.
    public void mouseMoved(MouseEvent me) {
      msg = "Moving mouse at " + me.getX() + ", " + me.getY();
      repaint();
    }

    // Display msg in the window at current X,Y location.
    public void paint(Graphics g) {
      g.drawString(msg, mouseX, mouseY);
    }

    public static void main(String[] args) {
      MouseEventsDemo appwin = new MouseEventsDemo();

      appwin.setSize(new Dimension(300, 300));
      appwin.setTitle("MouseEventsDemo");
      appwin.setVisible(true);
    }
}

// When the close box in the frame is clicked,
// close the window and exit the program.
class MyWindowAdapter extends WindowAdapter {
  public void windowClosing(WindowEvent we) {
    System.exit(0);
  }
}
```

这个程序的示例输出如图 24-1 所示。

图 24-1 示例输出

下面详细分析这个例子。首先，注意 MouseEventsDemo 类扩展了 Frame，因此它构造了应用程序的顶级窗口。它还实现了 MouseListener 和 MouseMotionListener 接口。这两个接口包含接收和处理各种类型鼠标事件的方法。注意 MouseEventsDemo 既是这些事件的源，也是这些事件的监听器。这可以工作，因为 Frame 提供了 addMouseListener()和 addMouseMotionListener()方法。既是事件的源，又是事件的监听器，这种情况对于简单的 GUI 程序是很常见的。

在 MouseEventsDemo 构造函数中，程序将自己注册为鼠标事件的监听器。这是通过调用 addMouseListener() 和 addMouseMotionListener()方法完成的。这两个方法如下所示：

void addMouseListener(MouseListener *ml*)

void addMouseMotionListener(MouseMotionListener *mml*)

其中，*ml* 是对接收鼠标事件的对象的引用，*mml* 是对接收鼠标动作事件的对象的引用。在该程序中，为这两者使用相同的对象。然后，MouseEventsDemo 实现了 MouseListener 和 MouseMotionListener 接口定义的全部方法。这些方法是各种鼠标事件的事件处理程序。每个方法负责处理自己的事件，然后返回。

注意 MouseEventsDemo 构造函数还添加了一个 WindowListener，以允许程序在用户单击关闭框时响应窗口关闭事件。这个监听器使用适配器类来实现 WindowListener 接口，适配器类为监听器接口提供了空白的实现方案，以允许用户只重写自己感兴趣的方法，它们在本章的后面详细讲述。而这里使用的一个方法极大地简化了关闭程序所需的代码，在这个例子中重写了 windowClosing()方法，AWT 在关闭窗口时会调用这个方法，这里它调用 System.exit()结束程序。

现在注意鼠标事件处理程序，每次鼠标事件发生时，都会给 msg 赋予一个字符串，描述所发生的事件，然后调用 repaint()，在这个例子中，repaint()最终使 AWT 调用 paint()，以显示输出。这个过程会在第 25 章详细讲解。注意，paint()有一个 Graphics 类型的参数，这个类描述了程序的图形化上下文，它是输出所必需的。程序使用 Graphics 提供的 drawString()方法，在窗口中指定的 *x*,*y* 位置显示字符串，程序中使用的形式如下：

void drawString(String *message*, int *x*, int *y*)

其中，*message* 是从 *x*,*y* 处开始的要输出的字符串。在 Java 窗口中，左上角的位置是 0,0，如前所述，mouseX 和 mouseY 跟踪鼠标的位置，这些值会传递给 drawString()，作为显示输出的位置。

最后，程序在开始时首先创建了一个 MouseEventsDemo 实例，然后设置窗口的大小、标题，使窗口可见。这些特性将在第 25 章详细讲解。

24.7.3　处理键盘事件

为了处理键盘事件，需要使用与鼠标事件示例相同的一般架构。当然，区别是需要实现 KeyListener 接口。

在分析具体的例子之前，回顾一下按键事件的生成方式是有用的。当按下按键时，生成 KEY_PRESSED 事件，这会导致调用 keyPressed()事件处理程序。当释放按键时，生成 KEY_RELEASED 事件，这会导致调用 keyReleased() 事件处理程序。如果通过击键生成了一个字符，将发送 KEY_TYPED 事件并调用 keyTyped()事件处理程序。因此，用户每次按下一个键将至少生成两个事件，通常生成 3 个事件。如果关心的只是实际字符，可以忽略键被按下和键被释放事件传递的信息。但是，如果程序需要处理特殊键，例如方向键或功能键，就必须通过 keyPressed()事件处理程序观察它们。

下面的程序演示了键盘输入。在窗口中回显击键动作，并显示每个键的按下/释放状态。

```
// Demonstrate the key event handlers.
import java.awt.*;
import java.awt.event.*;

public class SimpleKey extends Frame
```

```java
    implements KeyListener {

    String msg = "";
    String keyState = "";

    public SimpleKey() {
      addKeyListener(this);
      addWindowListener(new MyWindowAdapter());
    }

    // Handle a key press.
    public void keyPressed(KeyEvent ke) {
      keyState = "Key Down";
      repaint();
    }

    // Handle a key release.
    public void keyReleased(KeyEvent ke) {
      keyState = "Key Up";
      repaint();
    }

    // Handle key typed.
    public void keyTyped(KeyEvent ke) {
      msg += ke.getKeyChar();
      repaint();
    }

    // Display keystrokes.
    public void paint(Graphics g) {
      g.drawString(msg, 20, 100);
      g.drawString(keyState, 20, 50);
    }

    public static void main(String[] args) {
      SimpleKey appwin = new SimpleKey();

      appwin.setSize(new Dimension(200, 150));
      appwin.setTitle("SimpleKey");
      appwin.setVisible(true);
    }
}

// When the close box in the frame is clicked,
// close the window and exit the program.
class MyWindowAdapter extends WindowAdapter {
  public void windowClosing(WindowEvent we) {
    System.exit(0);
  }
}
```

示例输出如图 24-2 所示。

图 24-2　示例输出

如果希望处理特殊键,例如方向键或功能键,就需要在keyPressed()事件处理程序中响应它们。通过keyTyped()事件处理程序无法得到它们。

为了标识这些特殊键,可以使用它们的虚拟键码。例如,下面的程序输出一些特殊键的名称:

```java
// Demonstrate some virtual key codes.
import java.awt.*;
import java.awt.event.*;

public class KeyEventsDemo extends Frame
  implements KeyListener {

  String msg = "";
  String keyState = "";

  public KeyEventsDemo() {
    addKeyListener(this);
    addWindowListener(new MyWindowAdapter());
  }

  // Handle a key press.
  public void keyPressed(KeyEvent ke) {
    keyState = "Key Down";

    int key = ke.getKeyCode();
    switch(key) {
      case KeyEvent.VK_F1:
        msg += "<F1>";
        break;
      case KeyEvent.VK_F2:
        msg += "<F2>";
        break;
      case KeyEvent.VK_F3:
        msg += "<F3>";
        break;
      case KeyEvent.VK_PAGE_DOWN:
        msg += "<PgDn>";
        break;
      case KeyEvent.VK_PAGE_UP:
        msg += "<PgUp>";
        break;
      case KeyEvent.VK_LEFT:
        msg += "<Left Arrow>";
        break;
      case KeyEvent.VK_RIGHT:
        msg += "<Right Arrow>";
        break;
    }

    repaint();
  }

  // Handle a key release.
  public void keyReleased(KeyEvent ke) {
    keyState = "Key Up";
    repaint();
  }
```

```
    // Handle key typed.
    public void keyTyped(KeyEvent ke) {
      msg += ke.getKeyChar();
      repaint();
    }

    // Display keystrokes.
    public void paint(Graphics g) {
      g.drawString(msg, 20, 100);
      g.drawString(keyState, 20, 50);
    }

    public static void main(String[] args) {
      KeyEventsDemo appwin = new KeyEventsDemo();

      appwin.setSize(new Dimension(200, 150));
      appwin.setTitle("KeyEventsDemo");
      appwin.setVisible(true);
    }
}

// When the close box in the frame is clicked,
// close the window and exit the program.
class MyWindowAdapter extends WindowAdapter {
  public void windowClosing(WindowEvent we) {
    System.exit(0);
  }
}
```

示例输出如图 24-3 所示。

在前面的键盘和鼠标事件例子中显示的过程可以被推广到各种类型事件的处理,包括由控件生成的那些事件。在后续几章中,将会看到许多处理其他类型事件的例子,但是它们都与刚才描述的程序遵循相同的基本结构。

图 24-3 示例输出

24.8 适配器类

Java 提供了一个特殊的特性,称为适配器类。在特定情况下,适配器类可以简化事件处理程序的创建过程。适配器类提供了事件监听器接口中所有方法的空实现。当希望只接收并处理由特定事件监听器接口处理的事件中的某些事件时,适配器类很有用。可以通过扩展适配器类,并只实现感兴趣的那些事件,定义作为事件监听器的新类。

例如,MouseMotionAdapter 类拥有两个方法——mouseDragged()和 mouseMoved(),它们是由 MouseMotionListener 接口定义的方法。如果只对鼠标拖动事件感兴趣,可以简单地扩展 MouseMotionAdapter 类并重写 mouseDragged() 方法。mouseMoved()方法的空实现将会处理鼠标动作事件。

表 24-11 列出了 java.awt.event 包中常用的适配器类,并注明了它们实现的接口。

表 24-11 适配器类实现的常用监听器接口

适 配 器 类	监听器接口
ComponentAdapter	ComponentListener
ContainerAdapter	ContainerListener
FocusAdapter	FocusListener
KeyAdapter	KeyListener
MouseAdapter	MouseListener、MouseMotionListener 和 MouseWheelListener
MouseMotionAdapter	MouseMotionListener
WindowAdapter	WindowListener、WindowFocusListener 和 WindowStateListener

前面的例子已经演示了一个适配器类 WindowAdapter，WindowAdapter 接口定义了七个方法，但程序只需要其中一个方法 windowClosing()，使用适配器就不需要提供其他无用方法的空实现，避免了示例中的混乱。其他适配器类都可以通过类似的方式使用。

下面的程序提供了适配器的另一个例子，它使用 MouseAdapter 响应鼠标的单击和拖动事件，如表 24-11 所示，MouseAdapter 实现了所有的鼠标监听器接口，因此可以使用它处理所有类型的鼠标事件。当然，只需要重写程序使用的那些方法。在下面的例子中，MyMouseAdapter 类扩展了 MouseAdapter 类并重写了 mouseClicked()和 mouseDragged()方法，所有其他的鼠标事件都被忽略，注意给 MyMouseAdapter 构造函数传递了一个对 AdapterDemo 实例的引用，保存这个引用，然后使用它把一个字符串赋给 msg，在接收事件通知的对象上调用 repaint()，与前面一样，使用 WindowAdapter 处理窗口关闭事件。

```
// Demonstrate adapter classes.
import java.awt.*;
import java.awt.event.*;

public class AdapterDemo extends Frame {
  String msg = "";

  public AdapterDemo() {
    addMouseListener(new MyMouseAdapter(this));
    addMouseMotionListener(new MyMouseAdapter(this));
    addWindowListener(new MyWindowAdapter());
  }

  // Display the mouse information.
  public void paint(Graphics g) {
    g.drawString(msg, 20, 80);
  }

  public static void main(String[] args) {
    AdapterDemo appwin = new AdapterDemo();

    appwin.setSize(new Dimension(200, 150));
    appwin.setTitle("AdapterDemo");
    appwin.setVisible(true);
  }
}

// Handle only mouse click and drag events.
class MyMouseAdapter extends MouseAdapter {
  AdapterDemo adapterDemo;
```

```java
  public MyMouseAdapter(AdapterDemo adapterDemo) {
    this.adapterDemo = adapterDemo;
  }

  // Handle mouse clicked.
  public void mouseClicked(MouseEvent me) {
    adapterDemo.msg = "Mouse clicked";
    adapterDemo.repaint();
  }

  // Handle mouse dragged.
  public void mouseDragged(MouseEvent me) {
    adapterDemo.msg = "Mouse dragged";
    adapterDemo.repaint();
  }
}

// When the close box in the frame is clicked,
// close the window and exit the program.
class MyWindowAdapter extends WindowAdapter {
  public void windowClosing(WindowEvent we) {
    System.exit(0);
  }
}
```

通过分析该程序可以看出，不必实现 MouseMotionListener、MouseListener 和 MouseWheelListener 接口定义的所有方法，因而可以节省相当多的工作时间，并且可以防止代码因为包含空方法而变得很凌乱。作为练习，你可能希望尝试重新编写前面显示的键盘输入例子，从而使用 KeyAdapter。

24.9 内部类

第 7 章解释了内部类的基础知识。在这儿可以看出它们为什么很重要。请记住，内部类是在另外一个类中定义的类，甚至是在表达式中定义的类。本节演示当使用事件适配器类时，如何使用内部类简化代码。

为了理解内部类提供的好处，考虑下面显示的程序。这个程序不使用内部类，目标是当按下鼠标时，显示字符串"Mouse Pressed."。与前面示例使用的方法类似，把对 MousePressedDemo 实例的引用传递给 MyMouseAdapter 构造函数，然后保存这个引用，然后使用它把一个字符串赋给 msg，并在接收事件通知的对象上调用 repaint()。

```java
// This program does NOT use an inner class.
import java.awt.*;
import java.awt.event.*;

public class MousePressedDemo extends Frame {
  String msg = "";

  public MousePressedDemo() {
    addMouseListener(new MyMouseAdapter(this));
    addWindowListener(new MyWindowAdapter());
  }

  public void paint(Graphics g) {
    g.drawString(msg, 20, 100);
  }
```

```
  public static void main(String[] args) {
    MousePressedDemo appwin = new MousePressedDemo();

    appwin.setSize(new Dimension(200, 150));
    appwin.setTitle("MousePressedDemo");
    appwin.setVisible(true);
  }
}

class MyMouseAdapter extends MouseAdapter {
  MousePressedDemo mousePressedDemo;

  public MyMouseAdapter(MousePressedDemo mousePressedDemo) {
    this.mousePressedDemo = mousePressedDemo;
  }

  // Handle a mouse pressed.
  public void mousePressed(MouseEvent me) {
    mousePressedDemo.msg = "Mouse Pressed.";
    mousePressedDemo.repaint();
  }
}

// When the close box in the frame is clicked,
// close the window and exit the program.
class MyWindowAdapter extends WindowAdapter {
  public void windowClosing(WindowEvent we) {
    System.exit(0);
  }
}
```

下面的程序显示了通过使用内部类如何改进前面的程序。在此，InnerClassDemo 是顶级类，MyMouseAdapter 是内部类。因为 MyMouseAdapter 是在 InnerClassDemo 的作用域内定义的，所以可以访问 InnerClassDemo 作用域内的所有变量和方法。因此，mousePressed()方法可以直接调用 repaint()方法，而不再需要通过保存的引用来调用。给 msg 赋值也是这样，因此，不再需要向 MyMouseAdapter()方法传递指向调用对象的引用。还要注意 MyWindowAdapter 已变成了一个内部类。

```
// Inner class demo.
import java.awt.*;
import java.awt.event.*;

public class InnerClassDemo extends Frame {
  String msg = "";

  public InnerClassDemo() {
    addMouseListener(new MyMouseAdapter());
    addWindowListener(new MyWindowAdapter());
  }

  // Inner class to handle mouse pressed events.
  class MyMouseAdapter extends MouseAdapter {
    public void mousePressed(MouseEvent me) {
      msg = "Mouse Pressed.";
      repaint();
    }
  }
```

```java
    // Inner class to handle window close events.
    class MyWindowAdapter extends WindowAdapter {
      public void windowClosing(WindowEvent we) {
        System.exit(0);
      }
    }

    public void paint(Graphics g) {
      g.drawString(msg, 20, 80);
    }

    public static void main(String[] args) {
      InnerClassDemo appwin = new InnerClassDemo();

      appwin.setSize(new Dimension(200, 150));
      appwin.setTitle("InnerClassDemo");
      appwin.setVisible(true);
    }
  }
```

匿名内部类

匿名内部类是没有赋予名称的内部类。下面演示如何利用匿名内部类编写事件处理程序。考虑下面显示的程序。与前面类似，这个程序的目标是当按下鼠标时，显示字符串 "Mouse Pressed."。

```java
// Anonymous inner class demo.
import java.awt.*;
import java.awt.event.*;

public class AnonymousInnerClassDemo extends Frame {
  String msg = "";

  public AnonymousInnerClassDemo() {

    // Anonymous inner class to handle mouse pressed events.
    addMouseListener(new MouseAdapter() {
      public void mousePressed(MouseEvent me) {
        msg = "Mouse Pressed.";
        repaint();
      }
    });

    // Anonymous inner class to handle window close events.
    addWindowListener(new WindowAdapter() {
      public void windowClosing(WindowEvent we) {
        System.exit(0);
      }
    });
  }

  public void paint(Graphics g) {
    g.drawString(msg, 20, 80);
  }
```

```
  public static void main(String[] args) {
    AnonymousInnerClassDemo appwin =
              new AnonymousInnerClassDemo();

    appwin.setSize(new Dimension(200, 150));
    appwin.setTitle("AnonymousInnerClassDemo");
    appwin.setVisible(true);
  }
}
```

在这个程序中有一个顶级类，名为 AnonymousInnerClassDemo。其构造函数调用 addMouseListener() 方法。addMouseListener() 方法的参数是用于定义并实例化内部类的表达式。下面仔细分析这个表达式。

语法 new MouseAdapter(){...} 指示编译器，花括号中的代码定义了一个匿名内部类，并且该类扩展了 MouseAdapter 类。没有对这个新类进行命名，但是当执行这个表达式时会自动实例化这个新类。这个语法可以推广，当创建其他匿名类时，例如程序创建匿名的 WindowAdapter 时，也可以使用这个语法。

因为这个匿名内部类是在 AnonymousInnerClassDemo 类的作用域内定义的，它能够访问该作用域内的所有变量和方法，所以它可以直接调用 repaint() 方法，访问 msg。

正如刚才所演示的，具有名称的和匿名的内部类使用一种简单且高效的方式，解决了一些烦人的问题。它们还允许创建更高效的代码。

第 25 章 AWT 介绍：使用窗口、图形和文本

抽象窗口工具包(Abstract Window Toolkit，AWT)是 Java 的第一个 GUI 框架，从 Java 1.0 以来就是 Java 的一部分。它包含众多的类和方法，可用于创建窗口和简单控件。第 24 章简要介绍了 AWT，并将其用于一些演示事件处理的简短示例中。本章将开始深入分析 AWT。在本章，将学习如何管理窗口、管理字体、输出文本以及使用图形。第 26 章将描述 AWT 控件、布局管理器和菜单，还将进一步研究 Java 的事件处理机制。第 27 章分析 AWT 的图像子系统。

在开始之前，还需要说明另外一点：很少会完全使用 AWT 来创建 GUI，因为针对 Java，已经开发出了更强大的 GUI 框架(如 Swing，本书后面会介绍)。即便如此，AWT 仍然是 Java 的重要组成部分。

在撰写本书时，使用最广泛的框架是 Swing。因为相对于 AWT，Swing 提供了更加丰富和灵活的 GUI 框架，所以可能会很容易草率地得出结论：AWT 已经不再重要了，它已经被 Swing 取代了。然而，这个假设是非常错误的。相反，理解 AWT 仍然很重要，因为 Swing 构建于 AWT 之上，直接或间接使用了 AWT 中的许多类。因此，要想高效使用 Swing，仍然必须牢固掌握 AWT 类。另外，对于只使用极少 GUI 的一些小程序，使用 AWT 仍然很合适。因此，虽然 AWT 是 Java 最老的 GUI 框架，但是了解其基础知识仍然很重要。

最后一点：AWT 很庞大，要完整描述可能需要一本书的篇幅，所以不可能详细描述每个 AWT 类、方法以及实例变量。但是本章和接下来的两章将探讨使用 AWT 所需要的基本技术。之后，就可以自己研究 AWT 的其他部分。并且，你也将为学习 Swing 做好准备。

> **注意：**
> 如果还没有阅读第 24 章，现在就阅读。第 24 章概述了事件处理，本章中的许多例子都要用到事件处理。

25.1 AWT 类

AWT 类包含于 java.awt 包中，是 Java 最大的包之一。幸运的是，因为 AWT 类是从上向下以层次化的方式逻辑地组织起来的，所以比较容易理解和使用。从 JDK 9 开始，java.awt 包是 java.desktop 模块的一部分。表 25-1 列出了众多 AWT 类中的一部分。

表 25-1 部分 AWT 类

类	描述
AWTEvent	封装了 AWT 事件
AWTEventMulticaster	向多个监听器分发事件

(续表)

类	描 述
BorderLayout	边框布局管理器。边框布局使用 5 个组件：North、South、East、West 和 Center
Button	创建按钮控件
Canvas	空的、无语义的窗口
CardLayout	卡片布局管理器。卡片布局用于模拟具有索引的卡片，只显示顶部的卡片
Checkbox	创建复选框控件
CheckboxGroup	创建一组复选框控件
CheckboxMenuItem	创建开/关菜单项
Choice	创建弹出式列表
Color	以可移植的、独立于平台的方式管理颜色
Component	各种 AWT 组件的抽象超类
Container	能容纳其他组件的 Component 子类
Cursor	封装了位图光标
Dialog	创建对话框窗口
Dimension	指定对象的尺寸。width 保存宽度值，height 保存高度值
EventQueue	队列事件
FileDialog	创建可以从中选择文件的窗口
FlowLayout	流式布局管理器。流式布局按照从左到右、从上到下的顺序定位组件
Font	封装一种字体
FontMetrics	封装与字体有关的各种信息。这些信息帮助在窗口中显示文本
Frame	创建具有标题栏、可改变大小的拐角以及菜单栏的标准窗口
Graphics	封装图形上下文。各种输出方法使用这个上下文在窗口中显示输出
GraphicsDevice	描述图形设备，如屏幕或打印机
GraphicsEnvironment	描述可用 Font 和 GraphicsDevice 对象的集合
GridBagConstraints	定义与 GridBagLayout 类有关的各种约束
GridBagLayout	网格结构布局管理器。网格结构布局显示那些受 GridBagConstraints 约束的对象
GridLayout	网格布局管理器。网格布局以二维网格显示组件
Image	封装图形图像
Insets	封装容器的边框
Label	创建显示字符串的标签
List	创建用户可以从中进行选择的列表，类似于标准的 Windows 列表框
MediaTracker	管理媒体对象
Menu	创建下拉式菜单
MenuBar	创建菜单栏
MenuComponent	被各种菜单类实现的抽象类
MenuItem	创建菜单项
MenuShortcut	封装用于菜单项的键盘快捷键
Panel	Container 的最简单具体子类
Point	封装笛卡儿坐标对，保存在 x 和 y 中

(续表)

类	描 述
Polygon	封装多边形
PopupMenu	封装弹出式菜单
PrintJob	表示打印工作的抽象类
Rectangle	封装矩形
Robot	支持基于 AWT 的应用程序的自动测试
Scrollbar	创建滚动条控件
ScrollPane	为另一个组件提供水平和/或垂直滚动条的容器
SystemColor	包含 GUI 小部件(如窗口、滚动条、文本以及其他窗口小部件)的颜色
TextArea	创建多行编辑控件
TextComponent	TextArea 和 TextField 的超类
TextField	创建单行编辑控件
Toolkit	由 AWT 实现的抽象类
Window	创建没有框架、没有菜单栏、没有标题的窗口

尽管自 Java 1.0 以来，AWT 的基本结构没有发生变化，但是有些原始方法已经过时，并且已经被新的方法取代。为了向后兼容，Java 仍然支持 1.0 版的所有原始方法。但是，因为新代码不再使用这些方法，所以本书不再介绍它们。

25.2 窗口基本元素

AWT 根据逐级添加功能和特性的类层次来定义窗口。最重要的两个窗口相关的类是 Frame 和 Panel，Frame 封装了顶级窗口，常常用于创建标准的应用程序窗口。Panel 提供了可以添加其他组件的容器。Panel 也是 Applet 的超类(已被 JDK 9 废弃)。Frame 和 Panel 的大部分功能继承自它们的父类。因此，描述与这两个类相关的类层次是理解它们的基础。图 25-1 显示了 Frame 和 Panel 的类层次。下面分析其中的每个类。

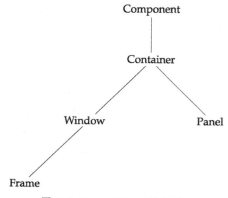

图 25-1　Frame 和 Panel 的类层次

25.2.1 Component 类

位于 AWT 层次顶部的是 Component 类。Component 是抽象类，封装了可视组件的所有特性。除了菜单，在屏幕上显示并且与用户交互的所有用户界面元素都是 Component 的子类。Component 类定义了一百多个公有方法，负责管理事件(例如鼠标和键盘输入、定位窗口和改变窗口的大小)和重画。Component 对象负责记住当前的背景色和前景色，以及当前选择的文本字体。

25.2.2 Container 类

Container 类是 Component 的子类，拥有允许将其他 Component 对象嵌入 Container 对象中的附加方法。其他 Container 对象也可以保存在 Container 对象中(因为它们本身是 Component 实例)，从而可以生成多层包含系统。容器负责布局(即定位)自身包含的所有元素——通过使用各种布局管理器来布局这些元素，布局管理器将在第 26 章学习。

25.2.3 Panel 类

Panel 类是 Container 的具体子类，可以将 Panel 对象想象成递归嵌套的、具体的屏幕组件。其他组件可以通过调用其 add()方法(该方法继承自 Container 类)添加到 Panel 对象中。一旦添加这些组件，就可以使用由 Component 类定义的 setLocation()、setSize()、setPreferredSize()或 setBounds()方法手动布局它们和调整它们的大小。

25.2.4 Window 类

Window 类可以创建顶级窗口，顶级窗口是不能包含于其他对象中的窗口，直接位于桌面上。通常，不会直接创建 Window 对象，而是使用 Window 的子类 Frame，该类将在下面描述。

25.2.5 Frame 类

Frame 封装了通常印象中的"窗口"，是 Window 的子类，并且具有标题栏、菜单栏、边框以及可改变大小的拐角。在不同的环境中，Frame 的精确外观会发生变化。

25.2.6 Canvas 类

尽管不是 Panel 或 Frame 层次的一部分，但是还有另外一种类型的窗口——Canvas，你会发现它很有价值。Canvas 类派生自 Component 类，封装了可以在表面绘制内容的空白窗口。在本书后面将会看到 Canvas 的一个例子。

25.3 使用框架窗口

最常创建的基于 AWT 的应用程序窗口类型往往派生自 Frame。可以使用 Frame 创建标准风格的顶级窗口，该窗口拥有与应用程序窗口相关的所有功能，例如关闭框和标题。

下面是 Frame 类的两个构造函数：

Frame() throws HeadlessException

Frame(String *title*) throws HeadlessException

第一种形式创建不包含标题的标准窗口。第二种形式创建含有 title 指定标题的窗口。注意，不能指定窗口的尺寸。相反，必须在创建窗口之后再设置窗口的大小。如果试图在不支持用户交互的环境中创建 Frame 实例，就会抛出 HeadlessException 异常。

操作 Frame 窗口时会使用一些关键的方法。下面将介绍这些方法。

25.3.1 设置窗口的尺寸

setSize()方法用于设置窗口的尺寸，该方法的签名如下所示：

void setSize(int *newWidth*, int *newHeight*)

void setSize(Dimension *newSize*)

窗口的新尺寸是由 *newWidth* 和 *newHeight* 指定的，或由 *newSize* 传递过来的 Dimension 对象的 width 和 height 域变量指定。尺寸是以像素为单位指定的。

getSize()方法获取窗口的当前尺寸，该方法的一种形式如下所示：

Dimension getSize()

这个方法返回窗口的当前尺寸，返回结果保存在 Dimension 对象的 width 和 height 域变量中。

25.3.2 隐藏和显示窗口

创建完框架窗口之后，直到调用 setVisible()方法时，框架窗口才可见。该方法的签名如下所示：

void setVisible(boolean *visibleFlag*)

如果这个方法的参数是 true，那么组件可见；否则将被隐藏。

25.3.3 设置窗口的标题

可以使用 setTitle()方法改变框架窗口的标题，该方法的一般形式如下：

void setTitle(String *newTitle*)

其中，*newTitle* 是窗口的新标题。

25.3.4 关闭框架窗口

如果使用框架窗口，那么程序在关闭时必须从屏幕上移除框架窗口。如果它不是应用程序的顶级窗口，就必须调用 setVisible(false)，方能移除框架窗口。对于主应用程序窗口，只需要调用 System.exit()终止程序，如第 24 章的示例所示。要拦截窗口关闭事件，必须实现 WindowListener 接口的 windowClosing()方法。WindowListener 接口详见第 24 章。

25.3.5 paint()方法

如第 24 章所述，到窗口的输出通常在运行时系统调用 paint()方法时发生，这个方法由 Component 定义，由 Container 和 Window 重写，因此，Frame 的实例可以使用它。

paint()方法在基于 AWT 的应用程序每次必须重画输出时调用，这种情况会由于多种原因而发生。例如，程序的窗口可能被另外一个窗口覆盖，然后变得不再被覆盖；或者窗口可能被最小化，然后恢复。当第一次显示窗口时，也会调用 paint()方法。无论是什么原因，只要窗口必须重画输出，就会调用 paint()方法。这意味着程序必须有某种方式保存其输出，这样每次执行 paint()时，就可以重新显示输出。

paint()方法如下所示：

void paint(Graphics *context*)

paint()方法有一个 Graphics 类型的参数，这个参数包含图形上下文，图形上下文描述了程序在其中运行的图形环境。只要窗口需要输出，就需要使用这个上下文。

25.3.6 显示字符串

为了向 Frame 输出字符串，需要使用 drawString()方法，该方法是 Graphics 类的一个成员，参见第 24 章。本章和下一章会大量使用它。该方法的一般形式如下所示：

void drawString(String *message*, int *x*, int *y*)

其中，*message* 是将从(*x*,*y*)位置开始输出的字符串。在 Java 窗口中，左上角是位置(0,0)。drawString()方法无法识别换行符。如果希望在另一行上开始显示一行文本，就必须手动指定希望开始的精确(*x*,*y*)位置(在下一章会看到，Java 提供了简化这个过程的技术)。

25.3.7 设置前景色和背景色

可以设置 Frame 使用的前景色和背景色。为了设置背景色，可以使用 setBackground()方法。为了设置前景色(例如，文本显示的颜色)，可以使用 setForeground()方法。这些方法是由 Component 类定义的，它们的一般形式如下所示：

void setBackground(Color *newColor*)
void setForeground(Color *newColor*)

其中，*newColor* 指定了新的颜色。Color 类定义了可以用于指定颜色的常量，如表 25-2 所示。

表 25-2 可以用于指定颜色的常量

Color.black	Color.magenta
Color.blue	Color.orange
Color.cyan	Color.pink
Color.darkGray	Color.red
Color.gray	Color.white
Color.green	Color.yellow
Color.lightGray	

另外，还定义了这些常量的大写版本。

下面的例子将背景色设置为绿色，并将前景色设置为红色：

setBackground(Color.green);
setForeground(Color.red);

还可以创建自定义颜色，初始设置前景色和背景色的一个好位置是在框架的构造函数中。当然，在程序执行期间，可以根据需要随时改变这些颜色。

通过分别调用 getBackground()和 getForeground()方法，可以获取背景色和前景色的当前设置。它们也是由 Component 类定义的，如下所示：

Color getBackground()
Color getForeground()

25.3.8 请求重画

作为一般规则，只有当 AWT 调用 paint()方法时，应用程序才向窗口中进行写操作。这引起一个有趣的问题：当信息发生变化时，程序本身如何更新窗口？例如，如果程序正在显示移动的标语，那么每次标语滚动时，程序使用什么机制更新窗口？请记住，GUI 程序基础架构的限制之一是：必须迅速将控制权返回到运行时系统。例如，不能在 paint() 方法内部创建用于重复滚动标语的循环，这会阻止将控制权返回到 AWT。由于这一限制，向窗口进行输出是很难完成的。幸运的是，情况并非如此。当程序需要更新在窗口中显示的信息时，可以简单地调用 repaint() 方法。

repaint() 方法是由 Component 定义的，因为它与 Frame 相关，所以会导致 AWT 运行时系统调用 update() 方法(也由 Component 定义)，而在 update() 方法的默认实现中会调用 paint() 方法。因此，向窗口进行输出时，可以简单地保存输出并调用 repaint() 方法。然后，AWT 会调用 paint() 方法，paint() 方法能够显示保存的信息。例如，如果一程序的一部分需要输出一个字符串，那么可以将这个字符串保存在一个 String 变量中，之后调用 repaint() 方法。在 paint() 方法中，使用 drawString() 方法输出这个字符串。

repaint() 方法有 4 种形式。下面依次分析每种形式。最简单的 repaint() 版本如下所示：

void repaint()

该版本导致整个窗口被重画。下面的版本指定将被重画的区域：

void repaint(int *left*, int *top*, int *width*, int *height*)

其中，重画区域的左上角坐标由 *left* 和 *top* 指定，重画区域的宽度和高度分别由 *width* 和 *height* 传递。这些尺寸是以像素为单位指定的。通过指定重画区域，可以节省时间。窗口更新是很耗时的操作。如果只需要更新窗口的一小部分，那么只重画这部分区域会更加高效。

调用 repaint() 方法在本质上是请求立即重画窗口。但是，如果系统很慢或很忙，可能无法立即调用 update() 方法。在短时间内发生的多个重画请求，可能会被 AWT 以某种方式压缩，例如只是零星地调用 update() 方法。在许多情况下，这可能是一个问题，例如动画，对于这种情况需要连续更新。针对这个问题的一种解决方案是使用以下形式的 repaint() 方法：

void repaint(long *maxDelay*)
void repaint(long *maxDelay*, int *x*, int *y*, int *width*, int *height*)

其中，*maxDelay* 指定了调用 update() 方法之前能够流逝的最大毫秒数。

> **注意：**
> 使用 paint() 或 update() 之外的其他方法向窗口进行输出是可能的。为此，必须调用 getGraphics() 方法以获取图形上下文，该方法是由 Component 类定义的，然后使用这个上下文向窗口进行输出。但是，对于大多数应用程序来说，向窗口进行输出更好且更容易的方式是通过 paint() 方法，并且当窗口内容发生变化时调用 repaint() 方法。

25.3.9 创建基于框架的应用程序

虽然可以通过简单地创建 Frame 实例来创建窗口，但是很少会这么做，因为不能对这种窗口进行多少操作。例如，不能接收和处理在窗口内部发生的事件，不能比较容易地向这种窗口输出信息。因此，为了创建基于框架的应用程序，通常会创建 Frame 的子类。这样的话，就可以重写 paint() 方法并提供事件处理。

如第 24 章中事件处理示例所示，创建基于框架的新应用程序实际上相当容易。首先，创建 Frame 的一个子类。接下来，重写 paint() 方法，给窗口提供输出，实现必要的事件监听器。最后，实现 WindowListener 接口的 windowClosing() 方法，在顶级框架中，一般调用 System.exit() 终止程序。为了移除屏幕上的次级框架，可以在窗口关闭时，调用 setVisible(false)。

一旦定义一个 Frame 子类，就可以创建这个 Frame 子类的实例。这会导致出现一个框架窗口，但是最初这个框架窗口不可见。可以调用 setVisible(true) 方法使之可见。创建框架窗口时，会为窗口提供默认的高度和宽度。可以调用 setSize() 方法显式地设置窗口的尺寸。对于顶级框架，可以定义其标题。

25.4 使用图形

AWT 支持大量各种各样的图形方法。所有图形都是相对于窗口绘制的,可以是应用程序的主窗口或子窗口(基于 Swing 的窗口也支持这些方法)。每个窗口的原点是左上角,并且坐标为(0,0)。坐标是以像素为单位指定的。到窗口的所有输出都是通过图形上下文进行的。

图形上下文是由 Graphics 类封装的,可以通过以下两种方式获得图形上下文:

- 作为参数通过方法传递,例如方法 paint()或 update()。
- 通过 Component 的 getGraphics()方法返回。

Graphics 类定义了大量方法,用于绘制各种类型的对象,例如直线、矩形和弧线。有某些情况下,可以只绘制对象的边框或者绘制填充的对象。对象以当前选择的图形颜色进行绘制和填充,默认是黑色。当对图形对象的绘制超出窗口的范围时,会自动剪裁输出。下面介绍 Graphics 支持的一些绘图方法。

> **注意:**
> 多年前,Java 包含了几个新类,使图形处理功能得到了增强。其中一个新类是 Graphics2D,它扩展了 Graphics 类。Graphics2D 在几个地方增强了 Graphics 提供的基本功能。为了使用这种扩展的功能,需要将使用 paint()等方法获得的图形上下文强制转换成 Graphics2D。虽然 Graphics 支持的基本图形功能对于本书而言已经足够,但如果想要编写一些复杂的图形应用程序,你最好自己仔细研究一下 Graphics2D 类。

25.4.1 绘制直线

通过 drawLine()方法可以绘制直线,该方法如下所示:

void drawLine(int *startX*, int *startY*, int *endX*, int *endY*)

drawLine()方法使用当前的绘图颜色绘制直线,从坐标(*startX*, *startY*)开始,到坐标(*endX*, *endY*)结束。

25.4.2 绘制矩形

drawRect()和 fillRect()方法分别用于绘制矩形的边框和填充矩形,它们如下所示:

void drawRect(int *left*, int *top*, int *width*, int *height*)

void fillRect(int *left*, int *top*, int *width*, int *height*)

矩形的左上角位于坐标(*left,top*)处。矩形的大小由 *width* 和 *height* 指定。

为了绘制圆角矩形,可以使用 drawRoundRect()或 fillRoundRect()方法,这两个方法如下所示:

void drawRoundRect(int *left*, int *top*, int *width*, int *height*,
     int *xDiam*, int *yDiam*)

void fillRoundRect(int *left*, int *top*, int *width*, int *height*,
     int *xDiam*, int *yDiam*)

圆角矩形具有圆滑的拐角。矩形的左上角位于坐标(*left,top*)处,矩形的尺寸由 *width* 和 *height* 指定,沿着 X 轴的圆角弧的直径由 *xDiam* 指定,沿着 Y 轴的圆角弧的直径由 *yDiam* 指定。

25.4.3 绘制椭圆和圆

为了绘制椭圆,可以使用 drawOval()方法。为了填充椭圆,可以使用 fillOval()方法。这两个方法如下所示:

void drawOval(int *left*, int *top*, int *width*, int *height*)
void fillOval(int *left*, int *top*, int *width*, int *height*)

椭圆是在边界矩形中绘制的，边界矩形的左上角由坐标(*left*,*top*)指定，宽度和高度由 *width* 和 *height* 指定。为了绘制圆，需要指定正方形作为边界矩形。

25.4.4 绘制弧形

可以使用 drawArc()和 fillArc()方法绘制弧形，这两个方法如下所示：

void drawArc(int *left*, int *top*, int *width*, int *height*, int *startAngle*,
        int *sweepAngle*)
void fillArc(int *left*, int *top*, int *width*, int *height*, int *startAngle*,
        int *sweepAngle*)

弧形也是通过边界矩形进行界定的，边界矩形的左上角由坐标(*left*,*top*)指定，宽度和高度由 *width* 和 *height* 指定。弧形从 *startAngle* 开始绘制，经过的角度距离由 *sweepAngle* 指定。角度使用度数指定。0°在水平线上，在 3 点钟位置。如果 *sweepAngle* 是正值，就逆时针绘制弧形；如果 *sweepAngle* 是负值，就顺时针绘制弧形。所以，为了绘制从 12 点钟位置到 6 点钟位置的弧形，*startAngle* 应当是 90，*sweepAngle* 应该为 180。

25.4.5 绘制多边形

使用 drawPolygon()和 fillPolygon()方法可以绘制任意形状的多边形，这两个方法如下所示：

void drawPolygon(int *x*[ ], int *y*[ ], int *numPoints*)
void fillPolygon(int *x*[ ], int *y*[ ], int *numPoints*)

多边形的端点由 *x* 和 *y* 数组中的坐标对指定。由 *x* 和 *y* 定义的点数由 *numPoints* 指定。这两个方法还有其他替代形式，即通过 Polygon 对象指定多边形。

25.4.6 演示绘制方法

下面的程序演示了刚才描述的绘制方法：

```
// Draw graphics elements.
import java.awt.event.*;
import java.awt.*;

public class GraphicsDemo extends Frame {

  public GraphicsDemo() {
    // Anonymous inner class to handle window close events.
    addWindowListener(new WindowAdapter() {
      public void windowClosing(WindowEvent we) {
        System.exit(0);
      }
    });
  }

  public void paint(Graphics g) {

    // Draw lines.
    g.drawLine(20, 40, 100, 90);
```

```
    g.drawLine(20, 90, 100, 40);
    g.drawLine(40, 45, 250, 80);

    // Draw rectangles.
    g.drawRect(20, 150, 60, 50);
    g.fillRect(110, 150, 60, 50);
    g.drawRoundRect(200, 150, 60, 50, 15, 15);
    g.fillRoundRect(290, 150, 60, 50, 30, 40);

    // Draw elipses and circles.
    g.drawOval(20, 250, 50, 50);
    g.fillOval(100, 250, 75, 50);
    g.drawOval(200, 260, 100, 40);

    // Draw arcs.
    g.drawArc(20, 350, 70, 70, 0, 180);
    g.fillArc(70, 350, 70, 70, 0, 75);

    // Draw a polygon.
    int xpoints[] = {20, 200, 20, 200, 20};
    int ypoints[] = {450, 450, 650, 650, 450};
    int num = 5;

    g.drawPolygon(xpoints, ypoints, num);
  }

  public static void main(String[] args) {
    GraphicsDemo appwin = new GraphicsDemo();

    appwin.setSize(new Dimension(370, 700));
    appwin.setTitle("GraphicsDemo");
    appwin.setVisible(true);
  }
}
```

图 25-2 显示了 GraphicsDemo 程序的示例输出。

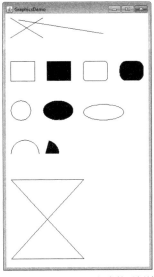

图 25-2 GraphicsDemo 程序的示例输出

25.4.7 改变图形的大小

通常,你会希望使图形的大小适合绘制窗口的当前尺寸。为此,首先通过对窗口对象调用 getSize()方法,获取窗口的当前尺寸。该方法返回的整数值尺寸存储在 Dimension 实例的 width 和 height 域中。但是,getSize()返回的尺寸反映了框架的整体尺寸,包括边框和标题栏。为了获得可打印区域的尺寸,需要从 getSize()返回的尺寸中减去边框/标题栏的尺寸。描述边框/标题栏的尺寸的值称为内边框(insets)。调用 getInsets()可以获得内边框值,如下所示:

Insets getInsets()

该方法返回一个 Insets 对象,它把内边框尺寸封装为 4 个 int 值:left、right、top 和 bottom。因此,可打印区域左上角的坐标是 left, top,右下角的坐标是 width - right, height - bottom。一旦拥有窗口的尺寸和内边框,就可以相应地缩放图形输出。

为了演示这种技术,下面的程序将从 200×200 像素的矩形开始增长,每次单击鼠标时,宽度和高度都分别增长 25 个像素,直到尺寸变得超过 500×500 像素。这时,下一次单击鼠标将返回为 200×200 像素大小,并且重新开始增长过程。在可打印区域中绘制 X,使之充满窗口。

```
// Resizing output to fit the current size of a window.
import java.awt.*;
import java.awt.event.*;

public class ResizeMe extends Frame {
  final int inc = 25;
  int max = 500;
  int min = 200;
  Dimension d;

  public ResizeMe() {
    // Anonymous inner class to handle mouse release events.
    addMouseListener(new MouseAdapter() {
      public void mouseReleased(MouseEvent me) {
        int w = (d.width + inc) > max?min :(d.width + inc);
        int h = (d.height + inc) > max?min :(d.height + inc);
        setSize(new Dimension(w, h));
      }
    });

    // Anonymous inner class to handle window close events.
    addWindowListener(new WindowAdapter() {
      public void windowClosing(WindowEvent we) {
        System.exit(0);
      }
    });
  }

  public void paint(Graphics g) {
    Insets i = getInsets();
    d = getSize();

    g.drawLine(i.left, i.top, d.width-i.right, d.height-i.bottom);
    g.drawLine(i.left, d.height-i.bottom, d.width-i.right, i.top);
  }

  public static void main(String[] args) {
```

```
    ResizeMe appwin = new ResizeMe();

    appwin.setSize(new Dimension(200, 200));
    appwin.setTitle("ResizeMe");
    appwin.setVisible(true);
  }
}
```

25.5 使用颜色

Java 以可移植的、设备无关的方式支持颜色。AWT 颜色系统允许指定希望使用的任何颜色。然后根据当前执行程序受到的显示硬件方面的限制,找出与希望颜色最匹配的颜色。因此,代码不需要关心各种硬件设备对颜色支持方式之间的区别。颜色由 Color 类封装。

如前所述,Color 类定义了指定各种常用颜色的常量(例如 Color.black)。也可以使用 Color 构造函数创建自己的颜色。Color 构造函数的 3 种常用形式如下所示:

Color(int *red*, int *green*, int *blue*)
Color(int *rgbValue*)
Color(float *red*, float *green*, float *blue*)

第 1 个 Color 构造函数采用 3 个整数指定红、绿、蓝的混合颜色。这些值介于 0 到 255,下面是一个示例:

```
new Color(255, 100, 100); // light red
```

第 2 个 Color 构造函数采用单个包含红、绿、蓝混合颜色的整数。这个整数的组织方式是:红色位于第 16 到 23 位,绿色位于第 8 到 15 位,蓝色位于第 0 到 7 位。下面是这个构造函数的一个示例:

```
int newRed = (0xff000000 | (0xc0 << 16) | (0x00 << 8) | 0x00);
Color darkRed = new Color(newRed);
```

最后一个 Color 构造函数采用 3 个 float 值(取值范围为 0.0~1.0)指定红、绿和蓝颜色的混合比例。

一旦创建了一种颜色,就可以调用前面描述的 setForeground()和 setBackground()方法,使用创建的颜色设置前景色和/或背景色。也可以将之选择为当前绘图颜色。

25.5.1 Color 类的方法

Color 类定义了一些帮助操作颜色的方法,在此将分析其中的几个。

1. 使用色调、饱和度和亮度

可以使用色调-饱和度-亮度(Hue-Saturation-Brightness,HSB)颜色模型替换红-绿-蓝(RGB)颜色模型,从而指定特定的颜色。可以将色调比喻成色彩环。可以使用 0.0 到 1.0 之间的数值指定色调,用于获取进入色彩环的角度(主要颜色大约是红色、桔色、黄色、绿色、蓝色、靛蓝和紫色)。饱和度是另外一个值在 0.0 到 1.0 之间的缩放范围,表示光从柔和到强烈。亮度值的范围也是 0.0 到 1.0,1 是亮白色,0 是黑色。Color 类提供了两个方法,用于在 RGB 和 HSB 之间进行转换。它们如下所示:

static int HSBtoRGB(float *hue*, float *saturation*, float *brightness*)
static float[ ] RGBtoHSB(int *red*, int *green*, int *blue*, float *values*[ ])

HSBtoRGB()方法返回一个与 Color(int)构造函数兼容的、打包的 RGB 值。RGBtoHSB()方法根据 RGB 整数返回元素为 HSB 值的 float 数组。如果 *values* 不是 null,就为这个数组提供 HSB 值并返回;否则,创建新的数组并在其中返回 HSB 值。对于这两种情况，数组在索引 0 处包含色调，饱和度位于索引 1 处，亮度位于索引 2 处。

2. getRed()、getGreen()和 getBlue()

使用 getRed()、getGreen()和 getBlue()方法可以分别获取颜色的红色、绿色和蓝色成分，这些方法如下所示：

int getRed()

int getGreen()

int getBlue()

这些方法中的每一个都以整数的低 8 位返回调用 Color 对象中的 RGB 颜色成分。

3. getRGB()

为了获取颜色的打包到一起的 RGB 表示，可以使用 getRGB()方法，该方法如下所示：

int getRGB()

返回值的组织方式在前面已描述过。

25.5.2 设置当前图形的颜色

默认情况下，使用当前前景色绘制图形。可以通过调用 Graphics 方法 setColor()来修改这个颜色，该方法如下所示：

void setColor(Color *newColor*)

其中，*newColor* 指定了新的绘图颜色。

通过调用 getColor()方法可以获取当前颜色，该方法如下所示：

Color getColor()

25.5.3 一个演示颜色的程序

下面的程序构造了一些颜色，并使用这些颜色绘制各种对象：

```java
// Demonstrate color.
import java.awt.*;
import java.awt.event.*;

public class ColorDemo extends Frame {

  public ColorDemo() {
    addWindowListener(new WindowAdapter() {
      public void windowClosing(WindowEvent we) {
        System.exit(0);
      }
    });
  }

  // Draw in different colors.
  public void paint(Graphics g) {
    Color c1 = new Color(255, 100, 100);
    Color c2 = new Color(100, 255, 100);
    Color c3 = new Color(100, 100, 255);
```

```
    g.setColor(c1);
    g.drawLine(20, 40, 100, 100);
    g.drawLine(20, 100, 100, 20);

    g.setColor(c2);
    g.drawLine(40, 45, 250, 180);
    g.drawLine(75, 90, 400, 400);

    g.setColor(c3);
    g.drawLine(20, 150, 400, 40);
    g.drawLine(25, 290, 80, 19);

    g.setColor(Color.red);
    g.drawOval(20, 40, 50, 50);
    g.fillOval(70, 90, 140, 100);

    g.setColor(Color.blue);
    g.drawOval(190, 40, 90, 60);
    g.drawRect(40, 40, 55, 50);

    g.setColor(Color.cyan);
    g.fillRect(100, 40, 60, 70);
    g.drawRoundRect(190, 40, 60, 60, 15, 15);
  }

  public static void main(String[] args) {
    ColorDemo appwin = new ColorDemo();

    appwin.setSize(new Dimension(340, 260));
    appwin.setTitle("ColorDemo");
    appwin.setVisible(true);
  }
}
```

25.6 设置绘图模式

绘图模式决定如何在窗口中绘制对象。默认情况下，输出到窗口中的新内容会覆盖之前存在的所有内容。然而，使用如下所示的 setXORMode() 方法，可以使新对象与窗口执行 XOR(异或)操作。

void setXORMode(Color *xorColor*)

其中，*xorColor* 指定在绘制对象时将与窗口进行异或操作的颜色。XOR 模式的优点是：新对象总是保证可见，而不管在它上面绘制的是什么颜色。

为了返回到覆盖模式，调用如下所示的 setPaintMode() 方法：

void setPaintMode()

通常，你会希望为常规输出使用覆盖模式，为特殊目的使用 XOR 模式。例如，下面的程序显示了跟踪鼠标指针的交叉线。交叉线被异或地输出到窗口中，并且总是可见，而不管在它下面的是什么颜色。

```
// Demonstrate XOR mode.
import java.awt.*;
import java.awt.event.*;
```

```java
public class XOR extends Frame {
  int chsX=100, chsY=100;

  public XOR() {
    addMouseMotionListener(new MouseMotionAdapter() {
      public void mouseMoved(MouseEvent me) {
        int x = me.getX();
        int y = me.getY();
        chsX = x-10;
        chsY = y-10;
        repaint();
      }
    });

    addWindowListener(new WindowAdapter() {
      public void windowClosing(WindowEvent we) {
        System.exit(0);
      }
    });
  }

  // Demonstrate XOR mode.
  public void paint(Graphics g) {
    g.setColor(Color.green);
    g.fillRect(20, 40, 60, 70);

    g.setColor(Color.blue);
    g.fillRect(110, 40, 60, 70);

    g.setColor(Color.black);
    g.fillRect(200, 40, 60, 70);

    g.setColor(Color.red);
    g.fillRect(60, 120, 160, 110);

    // XOR cross hairs
    g.setXORMode(Color.black);
    g.drawLine(chsX-10, chsY, chsX+10, chsY);
    g.drawLine(chsX, chsY-10, chsX, chsY+10);
    g.setPaintMode();
  }

  public static void main(String[] args) {
    XOR appwin = new XOR();

    appwin.setSize(new Dimension(300, 260));
    appwin.setTitle("XOR Demo");
    appwin.setVisible(true);
  }

}
```

这个程序的示例输出如图 25-3 所示。

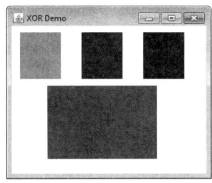

图 25-3　绘制的交叉线

25.7　使用字体

AWT 支持多种类型的字体。多年以前，来自传统排版领域的字体，逐渐变成计算机生成文档和显示的重要部分。AWT 抽象了字体控制操作并允许动态选择字体，从而提供了灵活性。

字体拥有家族名称、逻辑名称和外形名称。家族名称是字体的通用名称，例如 Courier。逻辑名称用于指定字体的类别，例如 Monospaced。外形名称用于指定特定的字体，例如 Courier Italic。

字体是由 Font 类封装的。表 25-3 列出了 Font 类定义的一些方法。

表 25-3　Font 类定义的方法举例

方　　法	描　　述
static Font decode(String *str*)	根据名称返回字体
boolean equals(Object *FontObj*)	如果调用对象包含的字体与 *FontObj* 指定的字体相同，就返回 true；否则返回 false
String getFamily()	返回调用字体所属的字体家族的名称
static Font getFont(String *property*)	返回与 *property* 指定的系统属性相关联的字体。如果 *property* 不存在，就返回 null
static Font getFont(String *property*, Font *defaultFont*)	返回与 *property* 指定的系统属性相关联的字体。如果 *property* 不存在，就返回 *defaultFont* 指定的字体
String getFontName()	返回调用字体的外形名称
String getName()	返回调用字体的逻辑名称
int getSize()	返回调用字体的大小，以点数表示
int getStyle()	返回调用字体的风格值
int hashCode()	返回与调用对象关联的散列码
boolean isBold()	如果字体包含 BOLD 风格值，就返回 true；否则返回 false
boolean isItalic()	如果字体包含 ITALIC 风格值，就返回 true；否则返回 false
boolean isPlain()	如果字体包含 PLAIN 风格值，就返回 true；否则返回 false
String toString()	返回与调用字体等价的字符串

Font 类定义了表 25-4 中所示的受保护变量。

表 25-4 Font 类定义的受保护变量

变量	含义
String name	字体的名称
float pointSize	以点数表示的字体大小
int size	以点数表示的字体大小
int style	字体风格

Font 类还定义了几个静态域。

25.7.1 确定可用字体

使用字体时，经常需要知道在机器上哪些字体可用。为了获取这一信息，可以使用 GraphicsEnvironment 类定义的 getAvailableFontFamilyNames()方法。该方法如下所示：

String[ ] getAvailableFontFamilyNames()

该方法返回一个包含可用字体的家族名称的字符串数组。

此外，GraphicsEnvironment 类还定义了 getAllFonts()方法，该方法如下所示：

Font[ ] getAllFonts()

这个方法为所有可用字体返回一个 Font 对象数组。

因为这些方法是 GraphicsEnvironment 类的成员，所以调用它们时需要一个 GraphicsEnvironment 引用。可以使用 getLocalGraphicsEnvironment()静态方法获取这个引用，该方法也是由 GraphicsEnvironment 类定义的，如下所示：

static GraphicsEnvironment getLocalGraphicsEnvironment()

下面的程序显示了如何获取可用字体的家族名称：

```java
// Display Fonts.
import java.awt.event.*;
import java.awt.*;

public class ShowFonts extends Frame {
  String msg = "First five fonts: ";
  GraphicsEnvironment ge;

  public ShowFonts() {
    addWindowListener(new WindowAdapter() {
      public void windowClosing(WindowEvent we) {
        System.exit(0);
      }
    });

    // Get the graphics environment.
    ge = GraphicsEnvironment.getLocalGraphicsEnvironment();

    // Obtain a list of the fonts.
    String[] fontList = ge.getAvailableFontFamilyNames();

    // Create a string of the first 5 fonts.
    for(int i=0; (i < 5) && (i < fontList.length); i++)
```

```
      msg += fontList[i] + " ";
    }

    // Display the fonts.
    public void paint(Graphics g) {
      g.drawString(msg, 10, 60);
    }

    public static void main(String[] args) {
      ShowFonts appwin = new ShowFonts();

      appwin.setSize(new Dimension(500, 100));
      appwin.setTitle("ShowFonts");
      appwin.setVisible(true);
    }
}
```

这个程序的示例输出如图 25-4 所示。然而，当运行这个程序时，看到的字体列表可能与此处显示的有所不同。

图 25-4　显示可用字体的家族名称

25.7.2　创建和选择字体

为了创建一种新字体，首先必须创建一个描述该字体的 Font 对象。Font 类的其中构造函数具有以下一般形式：

Font(String *fontName*, int *fontStyle*, int *pointSize*)

其中，*fontName* 指定了期望字体的名称，可以使用逻辑名称或外形名称指定。所有 Java 环境都将支持以下字体：Dialog、DialogInput、SansSerif、Serif 以及 Monospaced。Dialog 是系统对话框使用的字体。如果没有显式地设置字体，Dialog 将是默认字体。可以使用由特定环境支持的任何其他字体，但是要小心——这些其他字体可能并非总是可用。

字体的风格由 *fontStyle* 指定，可能由下面这 3 个常量中的一个或多个组成：Font.PLAIN、Font.BOLD 和 Font.ITALIC。为了组合风格，可以将它们 "OR" 在一起。例如，Font.BOLD | Font.ITALIC 可以指定加粗、斜体样式。

字体的大小(以点数计)由 *pointSize* 指定。

为了使用创建的字体，必须使用 setFont()方法选择它，该方法是由 Component 类定义的，它的一般形式如下所示：

void setFont(Font *fontObj*)

其中，*fontObj* 是包含所期望字体的对象。

下面的程序输出每种标准字体的一个样本。每次在窗口中单击鼠标时，就将选择一种新字体并显示它的名称：

```
// Display fonts.
import java.awt.*;
import java.awt.event.*;

public class SampleFonts extends Frame {
  int next = 0;
  Font f;
```

```java
    String msg;

    public SampleFonts() {
      f = new Font("Dialog", Font.PLAIN, 12);
      msg = "Dialog";
      setFont(f);

      addMouseListener(new MyMouseAdapter(this));

      addWindowListener(new WindowAdapter() {
        public void windowClosing(WindowEvent we) {
          System.exit(0);
        }
      });
    }

    public void paint(Graphics g) {
      g.drawString(msg, 10, 60);
    }

    public static void main(String[] args) {
      SampleFonts appwin = new SampleFonts();

      appwin.setSize(new Dimension(200, 100));
      appwin.setTitle("SampleFonts");
      appwin.setVisible(true);
    }
}

class MyMouseAdapter extends MouseAdapter {
  SampleFonts sampleFonts;

  public MyMouseAdapter(SampleFonts sampleFonts) {
    this.sampleFonts = sampleFonts;
  }

  public void mousePressed(MouseEvent me) {
    // Switch fonts with each mouse click.
    sampleFonts.next++;

    switch(sampleFonts.next) {
      case 0:
        sampleFonts.f = new Font("Dialog", Font.PLAIN, 12);
        sampleFonts.msg = "Dialog";
        break;
      case 1:
        sampleFonts.f = new Font("DialogInput", Font.PLAIN, 12);
        sampleFonts.msg = "DialogInput";
        break;
      case 2:
        sampleFonts.f = new Font("SansSerif", Font.PLAIN, 12);
        sampleFonts.msg = "SansSerif";
        break;
      case 3:
        sampleFonts.f = new Font("Serif", Font.PLAIN, 12);
        sampleFonts.msg = "Serif";
```

```
      break;
    case 4:
      sampleFonts.f = new Font("Monospaced", Font.PLAIN, 12);
      sampleFonts.msg = "Monospaced";
      break;
  }

  if(sampleFonts.next == 4) sampleFonts.next = -1;
  sampleFonts.setFont(sampleFonts.f);
  sampleFonts.repaint();
  }
}
```

这个程序的示例输出如图 25-5 所示。

图 25-5 选择并显示字体

25.7.3 获取字体信息

假设希望获取关于当前选择的字体的信息，首先必须调用 getFont() 方法以获取当前字体。这个方法是由 Graphics 类定义的，如下所示：

Font getFont()

一旦获取当前选择的字体，就可以使用 Font 类定义的各种方法来检索与之相关的信息。例如，下面的程序显示了当前选择字体的名称、家族、大小以及风格。

```java
// Display font info.
import java.awt.event.*;
import java.awt.*;

public class FontInfo extends Frame {

  public FontInfo() {
    addWindowListener(new WindowAdapter() {
      public void windowClosing(WindowEvent we) {
        System.exit(0);
      }
    });
  }

  public void paint(Graphics g) {
    Font f = g.getFont();
    String fontName = f.getName();
    String fontFamily = f.getFamily();
    int fontSize = f.getSize();
    int fontStyle = f.getStyle();

    String msg = "Family: " + fontName;

    msg += ", Font: " + fontFamily;
    msg += ", Size: " + fontSize + ", Style: ";
```

```
    if((fontStyle & Font.BOLD) == Font.BOLD)
      msg += "Bold ";
    if((fontStyle & Font.ITALIC) == Font.ITALIC)
      msg += "Italic ";
    if((fontStyle & Font.PLAIN) == Font.PLAIN)
      msg += "Plain ";

    g.drawString(msg, 10, 60);
  }

  public static void main(String[] args) {
    FontInfo appwin = new FontInfo();

    appwin.setSize(new Dimension(300, 100));
    appwin.setTitle("FontInfo");
    appwin.setVisible(true);
  }
}
```

25.8 使用 FontMetrics 管理文本输出

如前所述，Java 支持多种字体。对于大多数字体来说，字符的大小并不都是相同的——大部分字体是变宽字体。此外，每个字符的高度、下降部分(诸如 y 这类字母的悬挂部分)的长度、水平行之间的空间都随着字体的不同而不同。而且，字体的大小也是可变的。这些特性(和其他特性)并不固定，但这没有太大影响，只是 Java 要求程序员手动管理所有文本输出。

在程序执行过程中，每种字体的大小可能不同，并且有可能改变字体，因而必须具有某种方法，从而确定当前选择字体的大小和其他特性。例如，要在一行文本之后输出另一行文本，这意味着需要有某种方法，能够知道字体多高以及行之间需要多少像素。为了满足这一需要，AWT 提供了 FontMetrics 类，该类封装了关于字体的各种信息。下面首先定义描述字体时常用的一些术语，如表 25-5 所示。

表 25-5 用于描述字体的术语

术 语	描 述
高度	一行文本从顶部到底部的尺寸
基线	字符底部对齐的线(不考虑下降部分)
上升部分	从基线到字符顶部的距离
下降部分	从基线到字符底部的距离
间距	从一行文本的底部到下一行文本顶部之间的距离

你已经知道，在前面的许多例子中使用 drawString()方法输出文本。该方法使用当前字体和颜色，从指定的位置开始绘制文本。然而，这个位置位于字符基线的左侧边缘，而不是像其他绘制方法那样位于左上角。在绘制方框的相同位置输出字符是一种常见错误。例如，如果在坐标(0,0)处绘制矩形，将可以看到整个矩形。如果在坐标(0,0)处输出字符串"Typesetting"，将只能看到字符 y、p 和 g 的尾部(或称下降部分)。在后面将会看到，通过使用字体度量，可以确定每个字符的正确显示位置。

FontMetrics 类定义了一些帮助管理文本输出的方法。表 25-6 列出了其中一些常用的方法。这些方法有助于在窗口中正确地显示文本。

表 25-6　FontMetrics 类定义的方法举例

方　法	描　述
int bytesWidth(byte b[ ], int *start*, int *numBytes*)	返回数组 b 中从 *start* 开始的 *numBytes* 个字符的宽度
int charWidth(char c[ ], int *start*, int *numChars*)	返回数组 c 中从 *start* 开始的 *numBytes* 个字符的宽度
int charWidth(char *c*)	返回 c 的宽度
int charWidth(int *c*)	返回 c 的宽度
int getAscent()	返回字体的上升部分
int getDescent()	返回字体的下降部分
Font getFont()	返回字体
int getHeight()	返回文本行的高度。这个值可以用于在窗口中输出多行文本
int getLeading()	返回文本行之间的空间
int getMaxAdvance()	返回最宽字符的宽度。如果无法得到这个值，就返回-1
int getMaxAscent()	返回最大上升部分
int getMaxDescent()	返回最大下降部分
int[ ] getWidths()	返回前 256 个字符的宽度
int stringWidth(String *str*)	返回由 *str* 指定的字符串的宽度
String toString()	返回与调用对象等价的字符串

FontMetrics 类最常见的用途可能是确定文本行之间的空间，第二个最常见的用途是确定将要显示的字符串的长度。下面将分析如何完成这些任务。

通常，为了显示多行文本，程序必须手动跟踪当前输出位置。每次希望在新行输出时，必须将 Y 坐标推进到新行的开始位置。每次显示字符串时，必须将 X 坐标设置到字符串结束的点，从而使下一个字符串从前一个字符串的末尾开始显示。

为了确定行间距，可以使用 getLeading() 方法的返回值。为了确定字体的总高度，可以将 getAscent() 方法的返回值与 getDescent() 方法的返回值相加。然后可以使用这些值定位输出的每行文本。然而，在许多情况下，不需要使用单个的这些值。通常，总是需要知道文本行的总高度，这个高度是行间距和字体上升部分与下降部分值的总和。获取这个值的最简单方式是调用 getHeight() 方法。在输出文本时，在每次希望推进到下一行时，简单地使用这个值增加 Y 坐标。

为了在相同行中前一个输出的末尾开始输出，必须知道之前显示的每个字符串的长度，以像素为单位。为了获取字符串的长度，调用 stringWidth() 方法。每当显示一行文本时，可以使用这个值推进 X 坐标。

下面的程序显示了如何在窗口中输出多行文本。另外，还显示了如何在同一行中显示多个句子。注意变量 curX 和 curY，它们跟踪当前文本的输出位置。

```
// Demonstrate multiline output.
import java.awt.event.*;
import java.awt.*;

public class MultiLine extends Frame {
  int curX=20, curY=40; // current position

  public MultiLine() {
    Font f = new Font("SansSerif", Font.PLAIN, 12);
    setFont(f);
```

```java
    addWindowListener(new WindowAdapter() {
      public void windowClosing(WindowEvent we) {
        System.exit(0);
      }
    });
  }

  public void paint(Graphics g) {
    FontMetrics fm = g.getFontMetrics();

    nextLine("This is on line one.", g);
    nextLine("This is on line two.", g);
    sameLine(" This is on same line.", g);
    sameLine(" This, too.", g);
    nextLine("This is on line three.", g);

    curX = 20; curY = 40; // reset the coordinates for each repaint
  }

  // Advance to next line.
  void nextLine(String s, Graphics g) {
    FontMetrics fm = g.getFontMetrics();

    curY += fm.getHeight(); // advance to next line
    curX = 20;
    g.drawString(s, curX, curY);
    curX += fm.stringWidth(s); // advance to end of line
  }

  // Display on same line.
  void sameLine(String s, Graphics g) {
    FontMetrics fm = g.getFontMetrics();

    g.drawString(s, curX, curY);
    curX += fm.stringWidth(s); // advance to end of line
  }

  public static void main(String[] args) {
    MultiLine appwin = new MultiLine();

    appwin.setSize(new Dimension(300, 120));
    appwin.setTitle("MultiLine");
    appwin.setVisible(true);
  }
}
```

这个程序的示例输出如图 25-6 所示。

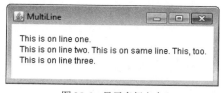

图 25-6　显示多行文本

第26章 使用 AWT 控件、布局管理器和菜单

本章继续研究抽象窗口工具包(AWT)。首先分析几个 AWT 控件和布局管理器,然后讨论菜单和菜单栏。本章还将讨论对话框。

控件是允许用户以各种方式与应用程序进行交互的组件——例如,常用的一种控件是命令按钮。布局管理器可以自动定位容器中的组件。因此,窗口的显示由定位控件的布局管理器及其包含的控件共同决定。

除了控件之外,框架窗口还可以包含标准风格的菜单栏。菜单栏中的每个条目是包含选项的下拉菜单,用户可以从下拉菜单中选择这些选项。这构成了应用程序的主菜单。一般来说,菜单栏总是位于窗口的顶部。尽管外观不同,但菜单栏与其他控件的处理方式很类似。

虽然可以在窗口中手动定位控件,但这么做是很烦琐的。布局管理器自动执行这个任务。本章前半部分使用默认的布局管理器,该部分介绍各种控件。这种布局管理器在容器中使用从左到右,从上到下的组织方式显示控件。一旦介绍完控件,就将分析布局管理器。你将会看到如何更好地管理控件的定位过程。

在继续介绍之前,需要重点指出:如今,由于针对 Java 开发了更为强大的 GUI 框架,因此很少完全基于 AWT 创建 GUI。但是,本章介绍的内容依然重要,原因如下:首先,关于控件和事件处理的许多信息和技术可以推广到 Swing GUI 框架(如前一章所述,Swing 构建在 AWT 之上)。其次,Swing 也可以使用这里介绍的布局管理器。再次,对于一些小应用程序,使用 AWT 控件可能更合适。最后,可能会遇到使用 AWT 的遗留代码。因此,对 AWT 有一个基本了解对于所有 Java 程序员都很重要。

26.1 AWT 控件的基础知识

AWT 支持以下类型的控件:
- 标签
- 命令按钮
- 复选框
- 选项列表
- 列表
- 滚动条
- 文本框

这些控件是 Component 的子类。尽管这算不上一个特别丰富的控件集合,但是对于简单的应用程序已经足够了,例如,自己使用的小实用程序。介绍与处理控件中事件相关的基本概念和技术也很有效,但必须指出,Swing

提供了大得多、也复杂得多的控件集合，更适合创建商用应用程序。

26.1.1 添加和移除控件

为了在窗口中包含控件，必须将控件添加到窗口中。为此，必须首先创建所期望控件的实例，然后调用 add() 方法，将之添加到窗口中，add() 方法是由 Container 类定义的，它有好几种形式。本章前半部分使用的其中一种形式如下所示：

Component add(Component *compRef*)

其中，*compRef* 是对希望添加的控件实例的引用。该方法返回该对象的引用。一旦添加控件，只要父窗口已经显示，控件就将自动可见。

当控件不再需要时，有时希望从窗口中将之移除。为此，调用 remove() 方法。这个方法也是由 Container 类定义的，它的其中一种形式如下所示：

void remove(Component *compRef*)

其中，*compRef* 是对希望移除的控件的引用。可以调用 removeAll() 方法移除所有控件。

26.1.2 响应控件

除了标签(标签是被动控件)外，当用户访问时，所有控件都会生成事件。例如，当用户在命令按钮上单击时，会发送用于识别命令按钮的事件。通常，程序简单地实现适当的接口，然后为需要监视的每个控件注册一个事件监听器。如第 24 章所述，一旦安装监听器，就会将事件自动发送给它。在下面的内容中，具体指定了每个控件的适当接口。

26.1.3 HeadlessException 异常

对于在本章描述的大部分 AWT 控件的构造函数来说，如果试图在某个非交互环境(例如没有显示器、鼠标或键盘的环境)中实例化 GUI 组件，将会抛出 HeadlessException 异常。可以使用这个异常类编写适用于非交互环境的代码(当然，并不总是可以这样做)。本章中的程序没有处理这种异常，因为演示 AWT 控件需要交互式环境。

26.2 使用标签

最容易使用的控件是标签。标签是 Label 类型的对象，包含一个字符串，标签则显示这个字符串。标签是被动控件，不支持与用户之间的任何交互。Label 类定义了以下构造函数：

Label() throws HeadlessException
Label(String *str*) throws HeadlessException
Label(String *str*, int *how*) throws HeadlessException

第 1 个版本创建空白标签。第 2 个版本创建包含 *str* 指定字符串的标签，这个字符串是左对齐的。第 3 个版本创建的标签包含由 *str* 指定的字符串，并且采用由 *how* 指定的对齐方式。参数 *how* 的值必须是以下 3 个常量之一：Label.LEFT、Label.RIGHT 或 Label.CENTER。

通过 setText() 方法，可以设置或修改标签中的文本。通过 getText() 方法可以获取当前标签包含的文本。这两个方法如下所示：

void setText(String *str*)
String getText()

对于 setText()方法，*str* 指定了新的标签文本。getText()方法则返回当前标签中的文本。

通过调用 setAlignment()方法可以设置标签中文本的对齐方式。为了获取当前对齐方式，可以调用 getAlignment()方法。这两个方法如下所示：

void setAlignment(int *how*)

int getAlignment()

其中，*how* 必须是前面显示的对齐常量之一。

下面的例子创建了 3 个标签，并且将它们添加到 Frame 中：

```
// Demonstrate Labels.
import java.awt.*;
import java.awt.event.*;

public class LabelDemo extends Frame {
  public LabelDemo() {

    // Use a flow layout.
    setLayout(new FlowLayout());

    Label one = new Label("One");
    Label two = new Label("Two");
    Label three = new Label("Three");

    // Add labels to frame.
    add(one);
    add(two);
    add(three);

    addWindowListener(new WindowAdapter() {
      public void windowClosing(WindowEvent we) {
        System.exit(0);
      }
    });
  }

  public static void main(String[] args) {
    LabelDemo appwin = new LabelDemo();

    appwin.setSize(new Dimension(300, 100));
    appwin.setTitle("LabelDemo");
    appwin.setVisible(true);
  }
}
```

如图 26-1 所示是来自 LabelDemo 程序的输出示例。

图 26-1　LabelDemo 程序的输出示例

注意，标签在窗口中是按从左到右的方式组织的。这是由 FlowLayout 布局管理器自动处理的，FlowLayout 是由 AWT 提供的布局管理器之一，这里使用了它的默认配置，即组件按照逐行排列、从左到右、由上到下、居中这样的方式布置。如本章后面所述，FlowLayout 支持几个选项，但目前使用它的默认配置就足够了，注意使用 setLayout()可以把 FlowLayout 选择为布局管理器，这个方法设置与容器相关的布局管理器，这里的容器是边框框架，尽管 FlowLayout 非常方便，对于本例也足够了，但它没有为窗口中的组件定位提供详细的控制。本章后面在详细讨论布局管理器这个主题时，你将会看到如何更精确地控制窗口的组织。

26.3 使用命令按钮

使用最广泛的控件可能是命令按钮。命令按钮是包含标签且当按下时会生成事件的控件。命令按钮是 Button 类的对象。Button 类定义了下面这两个构造函数：

Button() throws HeadlessException
Button(String *str*) throws HeadlessException

第 1 个版本创建空按钮，第 2 个版本创建包含 *str* 作为标签的按钮。

创建完按钮之后，可以调用 setLabel()方法来设置按钮的标签，调用 getLabel()方法来获取按钮的标签。这两个方法如下所示：

void setLabel(String *str*)
String getLabel()

其中，*str* 将成为按钮的新标签。

处理按钮

每次按下按钮时都会生成一个动作事件。这个动作事件被发送到之前注册的、对接收组件的动作事件通知感兴趣的所有监听器。每个监听器都实现了 ActionListener 接口，该接口定义了 actionPerformed()方法。当事件发生时，会调用该方法。作为参数提供给该方法的 ActionEvent 对象包含一个指向生成动作事件的按钮的引用，以及一个指向与按钮关联的动作命令字符串的引用。默认情况下，动作命令字符串是按钮的标签。通常，按钮引用或动作命令字符串引用都可以用于标识按钮(很快就会看到有关每种方式的示例)。

下面的例子创建了 3 个按钮，分别具有标签 "Yes" "No" 和 "Undecided"。每次按下一个按钮时，都将显示一条报告哪个按钮被按下的消息。在这个版本中，使用按钮的动作命令文本(默认情况下是按钮的标签)来确定按下了哪个按钮。通过对传递给 actionPerformed()方法的 ActionEvent 对象调用 getActionCommand()方法，可以获取这个标签。

```
// Demonstrate Buttons.
import java.awt.*;
import java.awt.event.*;

public class ButtonDemo extends Frame implements ActionListener {
  String msg = "";
  Button yes, no, maybe;

  public ButtonDemo() {

    // Use a flow layout.
    setLayout(new FlowLayout());

    // Create some buttons.
    yes = new Button("Yes");
    no = new Button("No");
```

```
    maybe = new Button("Undecided");

    // Add them to the frame.
    add(yes);
    add(no);
    add(maybe);

    // Add action listeners for the buttons.
    yes.addActionListener(this);
    no.addActionListener(this);
    maybe.addActionListener(this);

    addWindowListener(new WindowAdapter() {
      public void windowClosing(WindowEvent we) {
        System.exit(0);
      }
    });
  }

  // Handle button action events.
  public void actionPerformed(ActionEvent ae) {
    String str = ae.getActionCommand();
    if(str.equals("Yes")) {
      msg = "You pressed Yes.";
    }
    else if(str.equals("No")) {
      msg = "You pressed No.";
    }
    else {
      msg = "You pressed Undecided.";
    }

    repaint();
  }

  public void paint(Graphics g) {
     g.drawString(msg, 20, 100);
  }

  public static void main(String[] args) {
    ButtonDemo appwin = new ButtonDemo();

    appwin.setSize(new Dimension(250, 150));
    appwin.setTitle("ButtonDemo");
    appwin.setVisible(true);
  }
}
```

图 26-2 显示了来自 ButtonDemo 程序的示例输出。

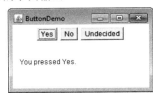

图 26-2　ButtonDemo 程序的示例输出

如前所述，除了比较按钮的动作命令字符串之外，也可以通过比较从 getSource()方法获取的对象与添加到窗口中的按钮对象，确定哪个按钮被按下。为此，当添加按钮时，必须维护一个按钮对象列表。下面的程序显示了这种方式：

```java
// Recognize Button objects.
import java.awt.*;
import java.awt.event.*;

public class ButtonList extends Frame implements ActionListener {
  String msg = "";
  Button bList[] = new Button[3];

  public ButtonList() {

    // Use a flow layout.
    setLayout(new FlowLayout());

    // Create some buttons.
    Button yes = new Button("Yes");
    Button no = new Button("No");
    Button maybe = new Button("Undecided");

    // Store references to buttons as added.
    bList[0] = (Button) add(yes);
    bList[1] = (Button) add(no);
    bList[2] = (Button) add(maybe);

    // Register to receive action events.
    for(int i = 0; i < 3; i++) {
      bList[i].addActionListener(this);
    }

    addWindowListener(new WindowAdapter() {
      public void windowClosing(WindowEvent we) {
        System.exit(0);
      }
    });
  }

  // Handle button action events.
  public void actionPerformed(ActionEvent ae) {
    for(int i = 0; i < 3; i++) {
      if(ae.getSource() == bList[i]) {
        msg = "You pressed " + bList[i].getLabel();
      }
    }
    repaint();
  }

  public void paint(Graphics g) {
     g.drawString(msg, 20, 100);
  }

  public static void main(String[] args) {
    ButtonList appwin = new ButtonList();
```

```
      appwin.setSize(new Dimension(250, 150));
      appwin.setTitle("ButtonList");
      appwin.setVisible(true);
   }
}
```

在这个版本中，当向程序窗口中添加按钮时，程序在一个数组中存储对每个按钮的引用(回顾一下，当添加按钮时，add()方法返回对按钮的引用)。然后，在 actionPerformed()方法内部使用这个数组确定按下了哪个按钮。

对于简单的程序，通过标签识别按钮通常更容易。然而，对于有些情况，比如在程序执行期间修改按钮的标签，或者使用具有相同标签的按钮，使用对象引用来确定按下了哪个按钮可能更容易。通过调用 setActionCommand() 方法，也可以将与按钮关联的动作命令字符串设置为其他内容。这个方法修改动作命令字符串，但是不会影响用于标签按钮的字符串。因此，设置动作命令字符串可以使动作命令字符串与按钮的标签不同。

有些时候，可以使用匿名内部类(第 24 章已讨论过)或 lambda 表达式(第 15 章已讨论过)来处理按钮(或其他类型的控件)生成的动作事件。例如，对于前面的程序，下面列出了一组使用 lambda 表达式的动作事件处理程序：

```
// Use lambda expressions to handle action events.
yes.addActionListener((ae) -> {
  msg = "You pressed " + ae.getActionCommand();
  repaint();
});

no.addActionListener((ae) -> {
  msg = "You pressed " + ae.getActionCommand();
  repaint();
});

maybe.addActionListener((ae) -> {
  msg = "You pressed " + ae.getActionCommand();
  repaint();
});
```

这段代码可以工作，因为 ActionListener 定义了一个函数式接口，即仅有一个抽象方法的接口。因此，lambda 表达式可以使用它。一般来说，当一个 AWT 事件的监听器定义了一个函数式接口时，就可以使用 lambda 表达式处理该 AWT 事件。例如，ItemListener 也是一个函数式接口。当然，是使用传统方法、匿名内部类还是 lambda 表达式，要由应用程序的具体性质决定。

26.4 使用复选框

复选框是用于在打开和关闭选项之间进行切换的控件，由一个可以包含复选标记的小方框构成。每个复选框有一个标签与之关联，描述了小方框代表的选项。通过单击可以改变复选框的状态。复选框可以单独使用，也可以作为一组选项中的一部分使用。复选框是 Checkbox 类的对象。

Checkbox 类支持下面这些构造函数：

Checkbox() throws HeadlessException

Checkbox(String *str*) throws HeadlessException

Checkbox(String *str*, boolean *on*) throws HeadlessException

Checkbox(String *str*, boolean *on*, CheckboxGroup *cbGroup*) throws HeadlessException

Checkbox(String *str*, CheckboxGroup *cbGroup*, boolean *on*) throws HeadlessException

第 1 种形式创建的复选框，标签被初始化为空，复选框的状态为未选中。第 2 种形式创建的复选框，标签由

str 指定，复选框的状态为未选中。第 3 种形式允许设置复选框的初始状态：如果 on 是 true，复选框最初就是选中的；否则是未选中的。第 4 和第 5 种形式创建的复选框，标签由 *str* 指定，并且复选框所属的组由 *cbGroup* 指定。如果复选框不是某个组的组成部分，那么 *cbGroup* 必须是 null(复选框组将在 26.5 节描述)。*on* 的值决定了复选框的初始状态。

为了检索复选框的当前状态，可以调用 getState()方法。要设置复选框的状态，可以调用 setState()方法。可以通过调用 getLabel()方法来获取与复选框关联的标签。要设置标签，可以调用 setLabel()方法。这些方法如下所示：

boolean getState()
void setState(boolean *on*)
String getLabel()
void setLabel(String *str*)

其中，如果 *on* 为 true，复选框就是选中的；如果是 false，复选框就是未选中的。*str* 传递的字符串将成为与调用复选框关联的新标签。

处理复选框

每次选中或取消选中复选框时，会生成一个条目事件。这个条目事件被发送给之前注册的、对从复选框控件接收条目事件通知感兴趣的所有监听器。每个监听器都实现了 ItemListener 接口，该接口定义了 itemStateChanged()方法。作为参数提供给该方法的 ItemEvent 对象包含了关于条目事件的信息(例如，是选中还是取消选中复选框)。

下面的程序创建了 4 个复选框。第 1 个复选框的初始状态是选中的。该程序显示了每个复选框的状态。每次改变复选框的状态时，都会更新状态显示。

```java
// Demonstrate check boxes.
import java.awt.*;
import java.awt.event.*;

public class CheckboxDemo extends Frame implements ItemListener {
  String msg = "";
  Checkbox windows, android, solaris, mac;

  public CheckboxDemo() {

    // Use a flow layout.
    setLayout(new FlowLayout());

    // Create check boxes.
    windows = new Checkbox("Windows", true);
    android = new Checkbox("Android");
    solaris = new Checkbox("Solaris");
    mac = new Checkbox("Mac OS");

    // Add the check boxes to the frame.
    add(windows);
    add(android);
    add(solaris);
    add(mac);

    // Add item listeners.
    windows.addItemListener(this);
    android.addItemListener(this);
    solaris.addItemListener(this);
```

```java
      mac.addItemListener(this);

      addWindowListener(new WindowAdapter() {
        public void windowClosing(WindowEvent we) {
          System.exit(0);
        }
      });
    }

    public void itemStateChanged(ItemEvent ie) {
      repaint();
    }

    // Display current state of the check boxes.
    public void paint(Graphics g) {
      msg = "Current state: ";
      g.drawString(msg, 20, 120);
      msg = "  Windows: " + windows.getState();
      g.drawString(msg, 20, 140);
      msg = "  Android: " + android.getState();
      g.drawString(msg, 20, 160);
      msg = "  Solaris: " + solaris.getState();
      g.drawString(msg, 20, 180);
      msg = "  Mac OS: " + mac.getState();
      g.drawString(msg, 20, 200);
    }

    public static void main(String[] args) {
      CheckboxDemo appwin = new CheckboxDemo();

      appwin.setSize(new Dimension(240, 220));
      appwin.setTitle("CheckboxDemo");
      appwin.setVisible(true);
    }
  }
```

示例输出如图 26-3 所示。

图 26-3　CheckboxDemo 程序的示例输出

26.5　使用复选框组

可以创建一组互斥的复选框，在组中有且只有一个复选框可以被选中。这些复选框通常称为单选按钮，因为它们的行为就像汽车收音机上的选台键——在任何时候只能选一个台。为了创建一组互斥的复选框，必须首先定义复选框所属的组，然后在构造复选框时指定该组。复选框组是 CheckboxGroup 类型的对象。只定义了默认构造函数，用于创建空的组。

通过调用 getSelectedCheckbox()方法可以确定组中当前选中的是哪个复选框，通过调用 setSelectedCheckbox()方法可以设置复选框。这两个方法如下所示：

Checkbox getSelectedCheckbox()

void setSelectedCheckbox(Checkbox *which*)

其中，*which* 是希望选中的复选框。之前选中的复选框会被关闭。

下面的程序使用了组中的部分复选框：

```java
// Demonstrate check box group.
import java.awt.*;
import java.awt.event.*;

public class CBGroup extends Frame implements ItemListener {
  String msg = "";
  Checkbox windows, android, solaris, mac;
  CheckboxGroup cbg;

  public CBGroup() {

    // Use a flow layout.
    setLayout(new FlowLayout());

    // Create a check box group.
    cbg = new CheckboxGroup();

    // Create the check boxes and include them
    // in the group.
    windows = new Checkbox("Windows", cbg, true);
    android = new Checkbox("Android", cbg, false);
    solaris = new Checkbox("Solaris", cbg, false);
    mac = new Checkbox("Mac OS", cbg, false);

    // Add the check boxes to the frame.
    add(windows);
    add(android);
    add(solaris);
    add(mac);

    // Add item listeners.
    windows.addItemListener(this);
    android.addItemListener(this);
    solaris.addItemListener(this);
    mac.addItemListener(this);

    addWindowListener(new WindowAdapter() {
      public void windowClosing(WindowEvent we) {
        System.exit(0);
      }
    });
  }

  public void itemStateChanged(ItemEvent ie) {
    repaint();
  }
```

```
    // Display current state of the check boxes.
    public void paint(Graphics g) {
      msg = "Current selection: ";
      msg += cbg.getSelectedCheckbox().getLabel();
      g.drawString(msg, 20, 120);
    }

    public static void main(String[] args) {
      CBGroup appwin = new CBGroup();

      appwin.setSize(new Dimension(240, 180));
      appwin.setTitle("CBGroup");
      appwin.setVisible(true);
    }
  }
```

CBGroup 程序生成的输出如图 26-4 所示。注意复选框现在是圆形。

图 26-4　CBGroup 程序生成的输出

26.6　使用下拉列表

Choice 类用于创建包含条目的下拉列表，用户可以从中选择选项。因此，Choice 控件是某种形式的菜单。未激活时，Choice 控件只占用足以显示当前选择条目的空间。当用户单击时，会弹出整个下拉列表，并且可以从中选择新的选项。列表中的每个条目是以左对齐标签显示的字符串，它们以添加到 Choice 对象中的顺序进行显示。Choice 类只定义了一个默认构造函数，用于创建空的列表。

为了向列表中添加选项，可以调用 add()方法，它的一般形式如下所示：

void add(String *name*)

其中，*name* 是将要添加的条目的名称。条目以调用 add()方法的顺序被添加到列表中。

为了确定当前选择的是哪个条目，可以调用 getSelectedItem()或 getSelectedIndex()方法。这两个方法如下所示：

String getSelectedItem()

int getSelectedIndex()

getSelectedItem()方法返回包含条目名称的字符串。getSelectedIndex()方法返回条目的索引，第一个条目的索引是 0。默认情况下，选择的是添加到列表中的第一个条目。

为了获取列表中条目的数量，可以调用 getItemCount()方法。可以使用 select()方法设置当前选择的选项，使用基于 0 的整数索引或与列表中某个名称相匹配的字符串作为参数。这些方法如下所示：

int getItemCount()

void select(int *index*)

void select(String *name*)

给定一个索引，可以通过 getItem()方法获取与位于该索引位置的条目相关联的名称，该方法的一般形式如下所示：

String getItem(int *index*)

其中，*index* 指定了期望条目的索引。

处理下拉列表

每次选择一个选项时，就会生成一个条目事件。这个事件被发送到之前注册的，对接收来自下拉列表控件的条目事件通知感兴趣的所有监听器。每个监听器都实现了 ItemListener 接口，该接口定义了 itemStateChanged()方法。作为参数，向该方法传递一个 ItemEvent 对象。

下面的例子创建了两个 Choice 菜单：一个用于选择操作系统，另一个用于选择浏览器。

```java
// Demonstrate Choice lists.
import java.awt.*;
import java.awt.event.*;

public class ChoiceDemo extends Frame implements ItemListener {
  Choice os, browser;
  String msg = "";

  public ChoiceDemo() {

    // Use a flow layout.
    setLayout(new FlowLayout());

    // Create choice lists.
    os = new Choice();
    browser = new Choice();

    // Add items to os list.
    os.add("Windows");
    os.add("Android");
    os.add("Solaris");
    os.add("Mac OS");

    // Add items to browser list.
    browser.add("Internet Explorer");
    browser.add("Firefox");
    browser.add("Chrome");

    // Add choice lists to window.
    add(os);
    add(browser);

    // Add item listeners.
    os.addItemListener(this);
    browser.addItemListener(this);

    addWindowListener(new WindowAdapter() {
      public void windowClosing(WindowEvent we) {
        System.exit(0);
      }
    });
```

```
  }

  public void itemStateChanged(ItemEvent ie) {
    repaint();
  }

  // Display current selections.
  public void paint(Graphics g) {
    msg = "Current OS: ";
    msg += os.getSelectedItem();
    g.drawString(msg, 20, 120);
    msg = "Current Browser: ";
    msg += browser.getSelectedItem();
    g.drawString(msg, 20, 140);
  }

  public static void main(String[] args) {
    ChoiceDemo appwin = new ChoiceDemo();

    appwin.setSize(new Dimension(240, 180));
    appwin.setTitle("ChoiceDemo");
    appwin.setVisible(true);
  }
}
```

Choice Demo 程序的示例输出如图 26-5 所示。

图 26-5　Choice Demo 程序的示例输出

26.7　使用列表框

List 类提供了一个紧凑的、多选项的、可滚动的列表框。与 Choice 对象不同(Choice 对象只显示在菜单中选中的一个条目)，List 对象可以在可见窗口中显示任意数量的选项，另外还允许选择多个选项。List 类提供了下面这些构造函数：

List() throws HeadlessException

List(int *numRows*) throws HeadlessException

List(int *numRows*, boolean *multipleSelect*) throws HeadlessException

第 1 种形式创建的 List 控件在任何时候都只允许选择一个条目。在第 2 种形式中，*numRows* 的值标识了在列表中总是可见的条目数量(如果需要的话，其他选项可以滚动到视图中)。在第 3 种形式中，如果 *multipleSelect* 为 true，那么用户一次可以选择两个或更多个条目；如果为 false，那么一次只可以选择一个条目。

为了向列表中添加条目，可以调用 add()方法，该方法具有以下两种形式：

void add(String *name*)

void add(String *name*, int *index*)

其中，*name* 是添加到列表框中的条目的名称。第 1 种形式将条目添加到列表框的末尾；第 2 种形式将条目添加到 *index* 指定的索引位置，索引从 0 开始。可以指定-1，从而将条目添加到列表框的末尾。

对于只允许选择一个条目的列表框，可以通过 getSelectedItem()或 getSelectedIndex()方法来确定当前选择的条目。这两个方法如下所示：

String getSelectedItem()
int getSelectedIndex()

getSelectedItem()方法返回一个包含条目名称的字符串。如果选择了多个条目，或者没有选择条目，就返回 null。getSelectedIndex()方法返回条目的索引。第一个条目的索引是 0。如果选择了多个条目，或者还没有选择条目，就返回-1。

对于允许选择多个条目的列表框，必须使用 getSelectedItems()或 getSelectedIndexes()方法来确定当前选择的条目，这两个方法如下所示：

String[ ] getSelectedItems()
int[ ] getSelectedIndexes()

getSelectedItems()方法返回包含当前选择条目名称的数组，getSelectedIndexes()方法返回包含当前选择条目索引的数组。

为了获得列表框中条目的数量，可以调用 getItemCount()方法。可以通过 select()方法来设置当前选择的条目，使用基于 0 的整数索引作为参数。这两个方法如下所示：

int getItemCount()
void select(int *index*)

给定一个索引，可以通过调用 getItem()方法获取与位于该索引位置的条目相关联的名称，该方法的一般形式如下所示：

String getItem(int *index*)

其中，*index* 指定了期望选项的索引。

处理列表框

为了处理列表框事件，需要实现 ActionListener 接口。每次双击 List 条目时，会生成 ActionEvent 事件。可以使用 getActionCommand()方法来检索新选择条目的名称。此外，每次使用单击操作来选择或取消选择条目时，会生成 ItemEvent 事件。可以使用 getStateChange()方法来确定是因为选择操作还是取消选择操作触发了 ItemEvent 事件。getItemSelectable()方法返回对触发事件的对象的引用。

下面的例子将前面介绍的 Choice 控件转换为 List 组件，一个允许选择多个条目，另一个只允许选择一个条目：

```
// Demonstrate Lists.
import java.awt.*;
import java.awt.event.*;

public class ListDemo extends Frame implements ActionListener {
  List os, browser;
  String msg = "";

  public ListDemo() {

    // Use a flow layout.
```

```
    setLayout(new FlowLayout());

    // Create a multi-selection list.
    os = new List(4, true);

    // Create a single-selection list.
    browser = new List(4);

    // Add items to os list.
    os.add("Windows");
    os.add("Android");
    os.add("Solaris");
    os.add("Mac OS");

    // Add items to browser list.
    browser.add("Internet Explorer");
    browser.add("Firefox");
    browser.add("Chrome");

    // Make initial selections.
    browser.select(1);
    os.select(0);

    // Add lists to the frame.
    add(os);
    add(browser);

    // Add action listeners.
    os.addActionListener(this);
    browser.addActionListener(this);

    addWindowListener(new WindowAdapter() {
      public void windowClosing(WindowEvent we) {
        System.exit(0);
      }
    });
  }

  public void actionPerformed(ActionEvent ae) {
    repaint();
  }

  // Display current selections.
  public void paint(Graphics g) {
    int idx[];

    msg = "Current OS: ";
    idx = os.getSelectedIndexes();
    for(int i=0; i<idx.length; i++)
      msg += os.getItem(idx[i]) + " ";
    g.drawString(msg, 6, 120);
    msg = "Current Browser: ";
    msg += browser.getSelectedItem();
    g.drawString(msg, 6, 140);
  }
```

```java
public static void main(String[] args) {
  ListDemo appwin = new ListDemo();

  appwin.setSize(new Dimension(300, 180));
  appwin.setTitle("ListDemo");
  appwin.setVisible(true);
 }
}
```

ListDemo 程序生成的示例输出如图 26-6 所示。

图 26-6　ListDemo 程序的示例输出

26.8　管理滚动条

滚动条用于在指定的最小值和最大值之间选择连续的值。滚动条可以是水平的，也可以是垂直的。滚动条实际上是由多个单独的部分组合而成的。每端都有一个可以单击的箭头，单击箭头可以向箭头的方向移动滚动条，距离是当前值的一个单位。滚动条的当前值相对于最小值和最大值，由滚动条的滑块指示。用户可以将滑块拖动到一个新的位置，滚动条随后将反映这个值。用户可以单击滑块两侧的背景空间，这会导致滑块在相应方向跳跃一些距离，这个距离大于 1。通常，这个动作被转换成某种形式的向上翻页和向下翻页。滚动条由 Scrollbar 类封装。

Scrollbar 类定义了以下构造函数：

Scrollbar() throws HeadlessException

Scrollbar(int *style*) throws HeadlessException

Scrollbar(int *style*, int *initialValue*, int *thumbSize*, int *min*, int *max*)
　　throws HeadlessException

第 1 种形式创建垂直滚动条。第 2 种和第 3 种形式允许指定滚动条的方向：如果 *style* 是 Scrollbar.VERTICAL，就创建垂直滚动条；如果 *style* 是 Scrollbar.HORIZONTAL，就创建水平滚动条。在构造函数的第 3 种形式中，滚动条的初始值由 *initialValue* 传递，表示滑块高度的单位数量由 *thumbSize* 传递，滚动条的最小值和最大值由 *min* 和 *max* 指定。

如果使用前两种形式中的某个构造函数构造滚动条，那么在使用滚动条之前，需要使用 setValues()方法设置滚动条的参数，该方法如下所示：

void setValues(int *initialValue*, int *thumbSize*, int *min*, int *max*)

参数的含义与它们在刚才描述的第 3 个构造函数中的含义相同。

为了获取滚动条的当前值，可以调用 getValue()方法，该方法返回当前设置。为了设置当前值，可以调用 setValue()方法。这两个方法如下所示：

int getValue()

void setValue(int *newValue*)

其中，*newValue* 指定了滚动条的新值。当设置值时，会定位滚动条中的滑块以反映新值。

还可以通过 getMinimum() 和 getMaximum() 方法来获取最小值和最大值，这两个方法如下所示：

int getMinimum()

int getMaximum()

它们返回所请求的数值。

默认情况下，每当向上或向下滚动一行时，滚动条的当前值加上或减去的步长是 1。可以通过调用 setUnitIncrement() 方法来修改这个步长。默认情况下，向上翻页和向下翻页的步长是 10。可以通过调用 setBlockIncrement() 方法来修改这个值。这两个方法如下所示：

void setUnitIncrement(int *newIncr*)

void setBlockIncrement(int *newIncr*)

处理滚动条

为了处理滚动条事件，需要实现 AdjustmentListener 接口。每当用户与滚动条交互时，就会生成 AdjustmentEvent 对象。可以使用 getAdjustmentType() 方法来确定调整事件的类型。调整事件的类型如表 26-1 所示。

表 26-1 调整事件的类型

类　　型	描　　述
BLOCK_DECREMENT	生成向下翻页事件
BLOCK_INCREMENT	生成向上翻页事件
TRACK	生成绝对的跟踪事件
UNIT_DECREMENT	按下滚动条中的下一行按钮
UNIT_INCREMENT	按下滚动条中的上一行按钮

下面的例子创建了一个垂直滚动条和一个水平滚动条。滚动条的当前设置被显示出来。当鼠标在窗口中时，如果拖动鼠标，就使用每个拖动事件的坐标更新滚动条。在当前拖动位置显示星型图形。注意，滚动条的大小是使用 setPreferredSize() 方法设置的。

```
// Demonstrate scroll bars.
import java.awt.*;
import java.awt.event.*;

public class SBDemo extends Frame
  implements AdjustmentListener {

  String msg = "";
  Scrollbar vertSB, horzSB;

  public SBDemo() {

    // Use a flow layout.
    setLayout(new FlowLayout());

    // Create scroll bars and set preferred size.
    vertSB = new Scrollbar(Scrollbar.VERTICAL,
                   0, 1, 0, 200);
    vertSB.setPreferredSize(new Dimension(20, 100));
```

```java
    horzSB = new Scrollbar(Scrollbar.HORIZONTAL,
                    0, 1, 0, 100);
    horzSB.setPreferredSize(new Dimension(100, 20));

    // Add the scroll bars to the frame.
    add(vertSB);
    add(horzSB);

    // Add AdjustmentListeners for the scroll bars.
    vertSB.addAdjustmentListener(this);
    horzSB.addAdjustmentListener(this);

    // Add MouseMotionListener.
    addMouseMotionListener(new MouseAdapter() {
      // Update scroll bars to reflect mouse dragging.
      public void mouseDragged(MouseEvent me) {
        int x = me.getX();
        int y = me.getY();
        vertSB.setValue(y);
        horzSB.setValue(x);
        repaint();
      }
    });

    addWindowListener(new WindowAdapter() {
      public void windowClosing(WindowEvent we) {
        System.exit(0);
      }
    });
  }

  public void adjustmentValueChanged(AdjustmentEvent ae) {
    repaint();
  }

  // Display current value of scroll bars.
  public void paint(Graphics g) {
    msg = "Vertical: " + vertSB.getValue();
    msg += ", Horizontal: " + horzSB.getValue();
    g.drawString(msg, 20, 160);

    // show current mouse drag position
    g.drawString("*", horzSB.getValue(),
            vertSB.getValue());
  }

  public static void main(String[] args) {
    SBDemo appwin = new SBDemo();

    appwin.setSize(new Dimension(300, 180));
    appwin.setTitle("SBDemo");
    appwin.setVisible(true);
  }
}
```

SBDemo 程序的示例输出如图 26-7 所示。

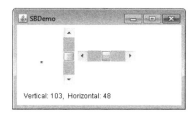

图 26-7　SBDemo 程序的示例输出

26.9 使用 TextField

TextField 类实现了单行文本输入区域，通常称为编辑控件。文本框允许用户使用方向键、剪切和粘贴键以及鼠标选择来输入和编辑文本。TextField 是 TextComponent 的子类。TextField 类定义了以下构造函数：

TextField() throws HeadlessException
TextField(int *numChars*) throws HeadlessException
TextField(String *str*) throws HeadlessException
TextField(String *str*, int *numChars*) throws HeadlessException

第 1 种形式创建默认文本框。第 2 种形式创建宽度为 *numChars* 个字符的文本框。第 3 种形式使用 *str* 包含的字符串初始化文本框。第 4 种形式初始化文本框并设置其宽度。

TextField(及其超类 TextComponent)提供了一些方法，以允许使用文本框。为了获取文本框中当前包含的文本，可以调用 getText()方法。为了设置文本，可以调用 setText()方法。这两个方法如下所示：

String getText()
void setText(String *str*)

其中，*str* 是新字符串。

用户可以选择文本框中文本的一部分。此外，可以通过代码，使用 select()方法选择一部分文本。程序可以通过调用 getSelectedText()方法来获取当前选择的文本。这两个方法如下所示：

String getSelectedText()
void select(int *startIndex*, int *endIndex*)

getSelectedText()方法返回所选择的文本，select()方法选择从 *startIndex* 开始到 *endIndex*-1 结束的字符。

可以通过调用 setEditable()方法，控制是否允许用户修改文本框中的内容。可以通过调用 isEditable()方法来确定编辑功能是否可用。这两个方法如下所示：

boolean isEditable()
void setEditable(boolean *canEdit*)

如果可以修改文本，isEditable()方法将返回 true；如果不能修改，就返回 false。在 setEditable()方法中，如果 *canEdit* 是 true，就表示可以修改文本；如果为 false，就表示不能修改文本。

有时，可能希望在用户输入文本时不显示输入的内容，例如密码。可以通过调用 setEchoChar()方法，在键入字符时禁用字符回显功能。在使用这个方法时，可以指定一个字符，当输入字符时，TextField 将显示指定的这个字符(因此，不显示实际键入的这个字符)。可以使用 echoCharIsSet()方法对文本框进行检查，查看文本框是否处于这种输入模式。可以通过调用 getEchoChar()方法检索回显字符。这些方法如下所示：

void setEchoChar(char *ch*)

boolean echoCharIsSet()

char getEchoChar()

其中，*ch* 指定被回显的字符。如果 *ch* 为 0，就恢复正常的字符回显功能。

处理 TextField

因为文本框执行它们自己的编辑功能，所以程序通常不响应在文本框中发生的单个键盘事件。但是，当用户按下 Enter 键时，可能希望对此进行响应。当用户按下 Enter 键时，会生成动作事件。

下面的例子创建了经典的用户名和密码屏幕：

```java
// Demonstrate text field.
import java.awt.*;
import java.awt.event.*;

public class TextFieldDemo extends Frame
  implements ActionListener {

  TextField name, pass;

  public TextFieldDemo() {

    // Use a flow layout.
    setLayout(new FlowLayout());

    // Create controls.
    Label namep = new Label("Name: ", Label.RIGHT);
    Label passp = new Label("Password: ", Label.RIGHT);
    name = new TextField(12);
    pass = new TextField(8);
    pass.setEchoChar('?');

    // Add the controls to the frame.
    add(namep);
    add(name);
    add(passp);
    add(pass);

    // Add action event handlers.
    name.addActionListener(this);
    pass.addActionListener(this);

    addWindowListener(new WindowAdapter() {
      public void windowClosing(WindowEvent we) {
        System.exit(0);
      }
    });
  }

  // User pressed Enter.
  public void actionPerformed(ActionEvent ae) {
    repaint();
  }

  public void paint(Graphics g) {
    g.drawString("Name: " + name.getText(), 20, 100);
    g.drawString("Selected text in name: "
         + name.getSelectedText(), 20, 120);
```

```
      g.drawString("Password: " + pass.getText(), 20, 140);
  }

  public static void main(String[] args) {
    TextFieldDemo appwin = new TextFieldDemo();

    appwin.setSize(new Dimension(380, 180));
    appwin.setTitle("TextFieldDemo");
    appwin.setVisible(true);
  }
}
```

TextFieldDemo 程序的示例输出如图 26-8 所示。

图 26-8　TextFieldDemo 程序的示例输出

26.10 使用 TextArea

对于特定的任务，有时单行文本不能满足需要。为了处理这些情况，AWT 提供了一个简单的多行编辑器，名为 TextArea。下面是 TextArea 类的构造函数：

TextArea() throws HeadlessException

TextArea(int *numLines*, int *numChars*) throws HeadlessException

TextArea(String *str*) throws HeadlessException

TextArea(String *str*, int *numLines*, int *numChars*) throws HeadlessException

TextArea(String *str*, int *numLines*, int *numChars*, int *sBars*) throws HeadlessException

其中，numLines 以行数指定了文本域的高度，numChars 以字符数量指定了文本域的宽度，可以通过 *str* 指定初始文本。在第 5 种形式中，可以指定希望控件拥有的滚动条。sBars 必须是表 26-2 所示值中的一个。

表 26-2　sBars 的值

SCROLLBARS_BOTH	SCROLLBARS_NONE
SCROLLBARS_HORIZONTAL_ONLY	SCROLLBARS_VERTICAL_ONLY

TextArea 是 TextComponent 的子类，所以能支持前面描述的 getText()、setText()、getSelectedText()、select()、isEditable()以及 setEditable()方法。

TextArea 类还添加了以下编辑方法：

void append(String *str*)

void insert(String *str*, int *index*)

void replaceRange(String *str*, int *startIndex*, int *endIndex*)

方法 append()将 *str* 指定的字符串追加到当前文本的末尾。方法 insert()将 *str* 传递的文本插入指定的索引位置。为了替换文本，可以调用 replaceRange()方法，该方法使用 *str* 传递的文本替换从 *startIndex* 到 *endIndex*-1 之间的字符。

文本域基本上是自包含的控件，程序实际上没有管理负担。正常情况下，当需要时，程序简单地获取当前文本。但是，如果愿意的话，也可以监听 TextEvent 事件。

下面的程序创建了一个 TextArea 控件：

```java
// Demonstrate TextArea.
import java.awt.*;
import java.awt.event.*;

public class TextAreaDemo extends Frame {

  public TextAreaDemo() {

    // Use a flow layout.
    setLayout(new FlowLayout());

    String val =
      "Java 9 is the latest version of the most\n" +
      "widely-used computer language for Internet programming.\n" +
      "Building on a rich heritage, Java has advanced both\n" +
      "the art and science of computer language design.\n\n" +
      "One of the reasons for Java's ongoing success is its\n" +
      "constant, steady rate of evolution. Java has never stood\n" +
      "still. Instead, Java has consistently adapted to the\n" +
      "rapidly changing landscape of the networked world.\n" +
      "Moreover, Java has often led the way, charting the\n" +
      "course for others to follow.";

    TextArea text = new TextArea(val, 10, 30);
    add(text);

    addWindowListener(new WindowAdapter() {
      public void windowClosing(WindowEvent we) {
        System.exit(0);
      }
    });
  }

  public static void main(String[] args) {
    TextAreaDemo appwin = new TextAreaDemo();

    appwin.setSize(new Dimension(300, 220));
    appwin.setTitle("TextAreaDemo");
    appwin.setVisible(true);
  }
}
```

图 26-9 是来自 TextAreaDemo 程序的示例输出。

图 26-9　TextAreaDemo 程序的示例输出

26.11 理解布局管理器

到目前为止，显示的所有控件都是通过 FlowLayout 布局管理器定位的。在本章开头提到过，布局管理器通过使用某些类型的算法，自动安排窗口中的控件。虽然也可以手动布局 Java 控件，但是通常不希望这么做，有两个主要原因。首先，手动布局大量控件非常烦琐。其次，当需要布局某些控件时，因为本地工具箱中的控件没有实现，使得宽度和高度信息有时不可用。这是先有鸡还是先有蛋的情况；很难确定何时可以使用给定控件的尺寸，相对于其他控件对给定控件进行定位。

每个 Container 对象都有一个与之关联的布局管理器。布局管理器是所有实现了 LayoutManager 接口的类的实例。布局管理器是通过 setLayout()方法设置的。如果没有调用 setLayout()方法，就使用默认的布局管理器。只要改变容器的大小(或者第一次设置容器的大小)，就会使用布局管理器定位容器中的每个控件。

setLayout()方法的一般形式如下所示：

void setLayout(LayoutManager *layoutObj*)

其中，*layoutObj* 是对期望的布局管理器的引用。如果希望禁用布局管理器并手动定位控件，就为 *layoutObj* 传递 null。如果这么做的话，需要使用 Component 类定义的 setBounds()方法，手动确定每个控件的形状和位置。常规情况下，会希望使用布局管理器。

每个布局管理器都跟踪一个控件列表，这些控件根据自己的名称进行存储。每当向容器中添加控件时，就通知布局管理器一次。无论何时，只要容器的大小需要改变，就可以通过 minimumLayoutSize()和 preferredLayoutSize()方法来咨询布局管理器。由布局管理器管理的每个控件都包含 getPreferredSize()和 getMinimumSize()方法。这些方法返回显示每个控件所需的首选尺寸和最小尺寸。如果可能的话，布局管理器将尽量满足这些要求，同时维护布局策略的完整性。对于你自己派生的控件，可以重写这些方法，否则将提供默认值。

Java 提供了一些预先定义好的 LayoutManager 类，接下来将描述其中的几个。可以使用最适合应用程序的布局管理器。

26.11.1 FlowLayout 布局管理器

前面学习了 FlowLayout，这是前面例子使用的布局管理器。FlowLayout 实现了简单的布局风格，与文本编辑器中的单词流类似。布局的方向由容器的控件方向属性控制，默认是从左到右、从上到下。所以在默认情况下，控件是从左上角逐行布局的。对于所有情况，当填满一行时，布局推进到下一行。为每个控件的上边和下边、左边和右边都保留一定小的空间。下面是 FlowLayout 类的构造函数。

FlowLayout()
FlowLayout(int *how*)
FlowLayout(int *how*, int *horz*, int *vert*)

第 1 种形式创建默认布局，居中控件并在每个控件之间保留 5 个像素的空间。第 2 种形式允许指定如何对齐每条边线。*how* 的有效值如下所示：

FlowLayout.LEFT
FlowLayout.CENTER
FlowLayout.RIGHT
FlowLayout.LEADING
FlowLayout.TRAILING

这些值分别指定左对齐、居中对齐、右对齐、上边沿对齐以及下边沿对齐。第 3 种形式允许使用 *horz* 和 *vert*

指定组件之间保留的水平和垂直空间。

下面这行代码是本章前面显示的 CheckboxDemo 程序的修改版，从而使用左对齐流式布局：

```
setLayout(new FlowLayout(FlowLayout.LEFT));
```

完成这个修改后，输出如图 26-10 所示。请将这个输出与前面在图 26-3 中显示的来自 CheckboxDemo 程序的输出进行比较。

图 26-10　CheckboxDemo 程序输出的修改版

26.11.2　BorderLayout 布局管理器

BorderLayout 类实现了一种布局风格。在每个边沿是 4 个窄的、宽度固定的控件，并且在中心是一块大的区域。这 4 个边沿被称为北、南、东和西。中间区域被称为中心。BorderLayout 是 Frame 的默认布局管理器。下面是 BorderLayout 类定义的构造函数：

BorderLayout()

BorderLayout(int *horz*, int *vert*)

第 1 种形式创建默认的边框布局。第 2 种形式允许使用 *horz* 和 *vert* 分别指定在控件之间保留的水平和垂直空间。

BorderLayout 类定义了表 26-3 所示的用于标识这些区域的常量。

表 26-3　用于标识这些区域的常量

BorderLayout.CENTER	BorderLayout.SOUTH
BorderLayout.EAST	BorderLayout.WEST
BorderLayout.NORTH	

当添加控件时，将为以下形式的 add() 方法使用这些常量，该方法是由 Container 类定义的：

void add(Component *compRef*, Object *region*)

其中，*compRef* 是对将要添加的控件的引用，*region* 指定了将在何处添加控件。

下面是使用 BorderLayout 布局的一个例子，在每个布局区域都有一个控件：

```java
// Demonstrate BorderLayout.
import java.awt.*;
import java.awt.event.*;

public class BorderLayoutDemo extends Frame {
  public BorderLayoutDemo() {

    // Here, BorderLayout is used by default.

    add(new Button("This is across the top."),
```

```
                BorderLayout.NORTH);
      add(new Label("The footer message might go here."),
                BorderLayout.SOUTH);
      add(new Button("Right"), BorderLayout.EAST);
      add(new Button("Left"), BorderLayout.WEST);

      String msg = "The reasonable man adapts " +
        "himself to the world;\n" +
        "the unreasonable one persists in " +
        "trying to adapt the world to himself.\n" +
        "Therefore all progress depends " +
        "on the unreasonable man.\n\n" +
        "       - George Bernard Shaw\n\n";

      add(new TextArea(msg), BorderLayout.CENTER);

      addWindowListener(new WindowAdapter() {
        public void windowClosing(WindowEvent we) {
          System.exit(0);
        }
      });
    }

    public static void main(String[] args) {
      BorderLayoutDemo appwin = new BorderLayoutDemo();

      appwin.setSize(new Dimension(300, 220));
      appwin.setTitle("BorderLayoutDemo");
      appwin.setVisible(true);
    }
  }
```

来自 BorderLayoutDemo 程序的示例输出如图 26-11 所示。

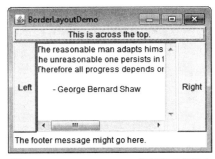

图 26-11　BorderLayoutDemo 程序的示例输出

26.11.3　使用 Insets

有时会希望在容纳控件的容器和包含容器的窗口之间保留少量的空间。为此，重写 Container 类定义的 getInsets()方法，这个方法返回的 Insets 对象包含显示容器时在容器周围插入的上、下、左、右嵌入值。当布局管理器对窗口进行布局时，会使用这些值嵌入控件。Insets 类的构造函数如下所示：

Insets(int *top*, int *left*, int *bottom*, int *right*)

由 *top*、*left*、*bottom* 和 *right* 传递的值，指定了容器与其包含窗口之间的空间大小。

getInsets()方法的一般形式如下所示：

Insets getInsets()

当重写该方法时，必须返回新的包含所期望嵌入空间的 **Insets** 对象。

下面的程序对前面的 **BorderLayout** 示例进行了修改，从而在距离每个边框 10 个像素的位置嵌入控件。背景色被设置成青色，从而使生成的嵌入空间更易于观察。

```
// Demonstrate BorderLayout with insets.
import java.awt.*;
import java.awt.event.*;

public class InsetsDemo extends Frame {

  public InsetsDemo() {
    // Here, BorderLayout is used by default.

    // set background color so insets can be easily seen
    setBackground(Color.cyan);

    setLayout(new BorderLayout());

    add(new Button("This is across the top."),
       BorderLayout.NORTH);
    add(new Label("The footer message might go here."),
       BorderLayout.SOUTH);
    add(new Button("Right"), BorderLayout.EAST);
    add(new Button("Left"), BorderLayout.WEST);

    String msg = "The reasonable man adapts " +
      "himself to the world;\n" +
      "the unreasonable one persists in " +
      "trying to adapt the world to himself.\n" +
      "Therefore all progress depends " +
      "on the unreasonable man.\n\n" +
      "        - George Bernard Shaw\n\n";

    add(new TextArea(msg), BorderLayout.CENTER);

    addWindowListener(new WindowAdapter() {
      public void windowClosing(WindowEvent we) {
        System.exit(0);
      }
    });
  }

  // Override getInsets to add inset values.
  public Insets getInsets() {
    return new Insets(40, 20, 10, 20);
  }

  public static void main(String[] args) {
    InsetsDemo appwin = new InsetsDemo();

    appwin.setSize(new Dimension(300, 220));
    appwin.setTitle("InsetsDemo");
```

```
      appwin.setVisible(true);
  }
}
```

来自 InsetsDemo 程序的示例输出如图 26-12 所示。

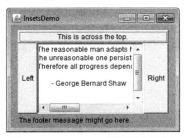

图 26-12　InsetsDemo 程序的示例输出

26.11.4　GridLayout 布局管理器

GridLayout 用于在二维的网格中布局控件。当实例化 GridLayout 对象时，就定义了行和列的数量。GridLayout 类支持的构造函数如下所示：

GridLayout()
GridLayout(int *numRows*, int *numColumns*)
GridLayout(int *numRows*, int *numColumns*, int *horz*, int *vert*)

第 1 种形式创建单列网格布局。第 2 种形式创建具有指定行数和列数的网格布局。第 3 种形式允许分别使用 *horz* 和 *vert* 指定为控件之间保留的水平和垂直空间。*numRows* 和 *numColumns* 可以为 0。将 *numRows* 指定为 0，可以创建长度不限的列。将 *numColumns* 指定为 0，可以创建长度不限的行。

下面的示例程序创建了一个 4×4 网格，并使用 15 个按钮进行填充，每个按钮使用索引作为标签：

```
// Demonstrate GridLayout
import java.awt.*;
import java.awt.event.*;

public class GridLayoutDemo extends Frame {
  static final int n = 4;

  public GridLayoutDemo() {

    // Use GridLayout.
    setLayout(new GridLayout(n, n));

    setFont(new Font("SansSerif", Font.BOLD, 24));

    for(int i = 0; i < n; i++) {
      for(int j = 0; j < n; j++) {
        int k = i * n + j;
        if(k > 0)
          add(new Button("" + k));
      }
    }

    addWindowListener(new WindowAdapter() {
      public void windowClosing(WindowEvent we) {
        System.exit(0);
```

```
    }
  });
}

public static void main(String[] args) {
  GridLayoutDemo appwin = new GridLayoutDemo();

  appwin.setSize(new Dimension(300, 220));
  appwin.setTitle("GridLayoutDemo");
  appwin.setVisible(true);
}
}
```

图 26-13 是 GridLayoutDemo 程序生成的示例输出。

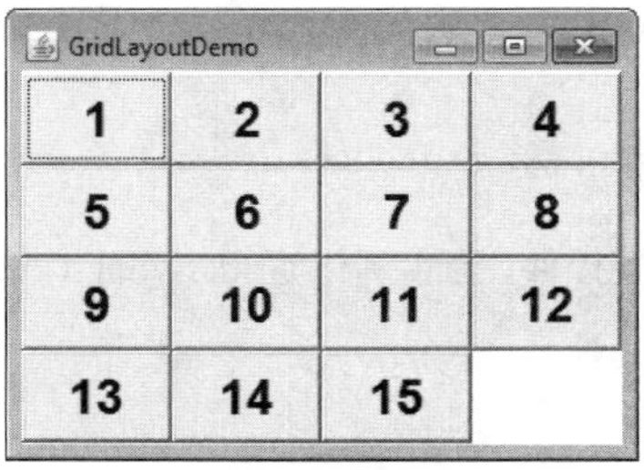

图 26-13　GridLayoutDemo 程序的示例输出

> **提示：**
> 可以尝试以这个例子作为起点，实现 15 方格拼图游戏(15-square puzzle)。

26.11.5　CardLayout 布局管理器

与其他布局管理器相比，CardLayout 类很独特，可以保存一些不同的布局。每个布局可以想象成位于一叠卡片中具有单独索引的卡片上，可以对这叠卡片洗牌，从而在特定的时间，任何一张卡片都可以位于顶部。对于包含能够根据用户输入进行启用和禁用的可选控件的用户界面而言，这可能是有用的。可以准备其他布局并隐藏它们，以便在需要时激活它们。

CareLayout 类提供了下面这两个构造函数：

CardLayout()

CardLayout(int *horz*, int *vert*)

第 1 种形式创建默认的卡片布局。第 2 种形式允许使用 *horz* 和 *vert* 分别指定控件之间保留的水平和垂直空间。

使用卡片布局与使用其他布局相比，需要做的工作要多一些。通常在 Panel 类型的对象中保存卡片。这个面板必须选择 CardLayout 作为布局管理器。形成卡片叠的卡片通常也是 Panel 类型的对象。因此，必须创建包含卡片叠的面板，并为卡片叠中的每个卡片创建面板。接下来，将每个卡片中的控件添加到合适的面板中。然后将这些卡片面板添加到使用 CardLayout 作为布局管理器的面板中。最后，将这个面板添加到窗口中。一旦完成这些步骤，就必须提供一些用于在卡片之间进行选择的方法。常用的一种方法是为卡片叠中的每个卡片提供一个命令按钮。

当将卡片面板添加到某个面板中时，通常会为它们提供名称。因此在大多数情况下，当向面板中添加卡片时，通常使用下面这种形式的 add() 方法：

void add(Component *panelRef*, Object *name*)

其中，*name* 是指定卡片名称的字符串，卡片面板是由 *panelRef* 指定的。

创建完卡片叠之后，程序通过调用 CardLayout 类定义的如下方法之一激活某个卡片：

void first(Container *deck*)

void last(Container *deck*)

void next(Container *deck*)

void previous(Container *deck*)

void show(Container *deck*, String *cardName*)

其中，*deck* 是对容纳卡片的容器(通常是面板)的引用，*cardName* 是卡片的名称。调用 first()方法会显示卡片叠中的第一张卡片。为了显示最后一张卡片，可以调用 last()方法。为了显示下一张卡片，可以调用 next()方法。为了显示前一张卡片，可以调用 previous()方法。next()和 previous()方法会分别自动循环到卡片叠的顶部或底部。show()方法显示其名称由 *cardName* 传递的卡片。

下面的例子创建允许用户选择操作系统的两层卡片叠。在一张卡片中显示基于 Windows 的操作系统，在另外一张卡片中显示 Mac OS、Android 和 Solaris。

```java
// Demonstrate CardLayout.
import java.awt.*;
import java.awt.event.*;

public class CardLayoutDemo extends Frame {

  Checkbox windows10, windows7, windows8, android, solaris, mac;
  Panel osCards;
  CardLayout cardLO;
  Button Win, Other;

  public CardLayoutDemo() {

    // Use a flow layout for the main frame.
    setLayout(new FlowLayout());

    Win = new Button("Windows");
    Other = new Button("Other");
    add(Win);
    add(Other);

    // Set osCards panel to use CardLayout.
    cardLO = new CardLayout();
    osCards = new Panel();
    osCards.setLayout(cardLO);

    windows7 = new Checkbox("Windows 7", true);
    windows8 = new Checkbox("Windows 8");
    windows10 = new Checkbox("Windows 10");
    android = new Checkbox("Android");
    solaris = new Checkbox("Solaris");
    mac = new Checkbox("Mac OS");

    // Add Windows check boxes to a panel.
    Panel winPan = new Panel();
    winPan.add(windows7);
    winPan.add(windows8);
    winPan.add(windows10);
```

```
    // Add other OS check boxes to a panel.
    Panel otherPan = new Panel();
    otherPan.add(android);
    otherPan.add(solaris);
    otherPan.add(mac);

    // Add panels to card deck panel.
    osCards.add(winPan, "Windows");
    osCards.add(otherPan, "Other");

    // Add cards to main frame panel.
    add(osCards);

    // Use lambda expressions to handle button events.
    Win.addActionListener((ae) -> cardLO.show(osCards, "Windows"));
    Other.addActionListener((ae) -> cardLO.show(osCards, "Other"));

    // Register for mouse pressed events.
    addMouseListener(new MouseAdapter() {
      // Cycle through panels.
      public void mousePressed(MouseEvent me) {
        cardLO.next(osCards);
      }
    });

    addWindowListener(new WindowAdapter() {
      public void windowClosing(WindowEvent we) {
        System.exit(0);
      }
    });
  }

  public static void main(String[] args) {
    CardLayoutDemo appwin = new CardLayoutDemo();

    appwin.setSize(new Dimension(300, 220));
    appwin.setTitle("CardLayoutDemo");
    appwin.setVisible(true);
  }
}
```

图 26-14 是 CardLayoutDemo 程序生成的示例输出。每张卡片通过命令按钮激活。可以通过单击鼠标遍历这些卡片。

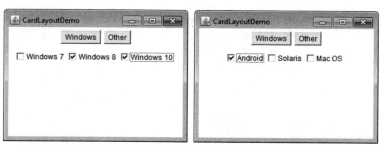

图 26-14　CardLayoutDemo 程序的示例输出

26.11.6 GridBagLayout 布局管理器

尽管对于许多应用来说，前面的布局完全可以接受，但是有些情况仍然需要进一步控制控件的布局方式。完成这一工作的一种好方法是使用网格结构布局，这种布局是由 GridBagLayout 类指定的。在这种布局中，可以通过指定控件在网格单元格中的位置，从而指定控件的相对位置，这使得网格结构布局很有用。网格结构的关键在于每个控件可以拥有不同的尺寸，并且网格中的每一行可以拥有不同的列数。这就是将这种布局称为网格结构的原因，它是连接在一起的小网格的集合。

在网格结构中，每个控件的位置和大小是由一组与之链接的约束决定的。约束包含在 GridBagConstraints 类型的对象中。约束包括单元格的高度和宽度，以及控件的位置、对齐方式及其在单元格中的锚点。

使用网格结构的一般过程是：首先创建一个新的 GridBagLayout 对象，并使之成为当前的布局管理器；然后，为将要添加到网格结构中的每个控件设置约束；最后，将控件添加到布局管理器中。尽管 GridBagLayout 比其他布局管理器更复杂一些，但是一旦理解了工作原理，使用起来就会很容易。

GridBagLayout 类只定义了一个构造函数，如下所示：

GridBagLayout()

GridBagLayout 类定义了一些方法，其中许多方法是受保护的，并且一般不使用。但是有一个方法必须使用——setConstraints()，如下所示：

void setConstraints(Component *comp*, GridBagConstraints *cons*)

其中，*comp* 是要应用约束的控件，约束由 *cons* 指定。这个方法用来设置应用于网格结构中每个控件的约束。

成功使用 GridBagLayout 的关键在于正确地设置约束，约束保存在 GridBagConstraints 对象中。GridBagConstraints 类定义了一些可以提供控件大小、位置和空间的域变量，表 26-4 显示了这些域变量。接下来将进一步详细地描述其中的几个域变量。

表 26-4 GridBagConstraints 类定义的约束域变量

域 变 量	目 的
int anchor	指定控件在单元格中的位置，默认值为 GridBagConstraints.CENTER
int fill	如果控件比单元格小，指定如何调整控件的大小。有效值包括 GridBagConstraints.NONE(默认值)、GridBagConstraints.HORIZONTAL、GridBagConstraints.VERTICAL 和 GridBagConstraints.BOTH
int gridheight	根据单元格指定控件的高度，默认值是 1
int gridwidth	根据单元格指定控件的宽度，默认值是 1
int gridx	指定控件的 X 坐标，将在此坐标位置添加控件。默认值是 GridBagConstraints.RELATIVE
int gridy	指定控件的 Y 坐标，将在此坐标位置添加控件。默认值是 GridBagConstraints.RELATIVE
Insets insets	指定嵌入值，默认的嵌入值全部为 0
int ipadx	指定单元格中包围控件的额外水平空间，默认值是 0
int ipady	指定单元格中包围控件的额外垂直空间，默认值是 0
double weightx	指定权重值，用于决定单元格与容纳它们的容器边沿之间的水平空间，默认值为 0.0。权重值越大，分配的空间就越多。如果所有值都是 0.0，那么附加空间将在窗口的边沿之间平均分配
double weighty	指定权重值，用于决定单元格与容纳它们的容器边沿之间的垂直空间，默认值为 0.0。权重值越大，分配的空间就越多。如果所有值都是 0.0，那么附加空间将在窗口的边沿之间平均分配

GridBagConstraints 还定义了几个包含标准约束值的静态域变量，例如 GridBagConstraints.CENTER 和 GridBagConstraints.VERTICAL。

当控件小于单元格时，可以使用 anchor 域变量指定在单元格中将控件的左上角定位到何处。可以为 anchor 赋予 3 种类型的值。第 1 种是绝对值，如表 26-5 所示。

表 26-5　绝对值

GridBagConstraints.CENTER	GridBagConstraints.SOUTH
GridBagConstraints.EAST	GridBagConstraints.SOUTHEAST
GridBagConstraints.NORTH	GridBagConstraints.SOUTHWEST
GridBagConstraints.NORTHEAST	GridBagConstraints.WEST
GridBagConstraints.NORTHWEST	

顾名思义，这些值使控件被放置到特定的位置。

可以为 anchor 提供的第二种类型的值是相对值，这意味着这些值是相对于容器方向的。对于非西方语言，容器的方向可能不同。相对值如表 26-6 所示。

表 26-6　相对值

GridBagConstraints.FIRST_LINE_END	GridBagConstraints.LINE_END
GridBagConstraints.FIRST_LINE_START	GridBagConstraints.LINE_START
GridBagConstraints.LAST_LINE_END	GridBagConstraints.PAGE_END
GridBagConstraints.LAST_LINE_START	GridBagConstraints.PAGE_START

它们的名称描述了放置控件的位置。

能够赋给 anchor 的第三种类型的值，允许相对于行的基线定位控件。这些值如表 26-7 所示。

表 26-7　赋给 anchor 的第三种类型的值

GridBagConstraints.BASELINE	GridBagConstraints.BASELINE_LEADING
GridBagConstraints.BASELINE_TRAILING	GridBagConstraints.ABOVE_BASELINE
GridBagConstraints.ABOVE_BASELINE_LEADING	GridBagConstraints.ABOVE_BASELINE_TRAILING
GridBagConstraints.BELOW_BASELINE	GridBagConstraints.BELOW_BASELINE_LEADING
GridBagConstraints. BELOW_BASELINE_TRAILING	

水平位置可以根据上边沿(LEADING)或下边沿(TRAILING)居中。

weightx 和 weighty 域变量相当重要，并且乍一看很容易生成困惑。一般来说，它们的值决定了在容器中为每行和每列分配多少额外空间。默认情况下，这些值都是 0。如果行和列中的所有值都是 0，就在窗口的边沿之间平均分配额外的空间。通过增加权重，可以相对于其他行或列增加为行或列分配的空间的比例。要理解这些值的工作原理，最好的方法是对它们进行实验。

gridwidth 变量用于以单元格单位指定单元格的宽度，默认值是 1。为了指定控件使用所在行的剩余空间，可以使用 GridBagConstraints.REMAINDER。为了指定控件使用行中最后一个最近的单元格，可以使用 GridBagConstraints.RELATIVE。gridheight 约束的工作方式与 gridwidth 的相同，但是用于垂直方向。

可以指定用于增加单元格最小尺寸的填充值。要在水平方向上进行填充，可以为 ipadx 赋值。要在垂直方向上进行填充，可以为 ipady 赋值。

下面的例子使用 GridBagLayout 演示了刚才讨论的几个要点：

```
// Use GridBagLayout.
import java.awt.*;
import java.awt.event.*;
```

```java
public class GridBagDemo extends Frame
  implements ItemListener {

  String msg = "";
  Checkbox windows, android, solaris, mac;

  public GridBagDemo() {

    // Use a GridBagLayout
    GridBagLayout gbag = new GridBagLayout();
    GridBagConstraints gbc = new GridBagConstraints();
    setLayout(gbag);

    // Define check boxes.
    windows = new Checkbox("Windows ", true);
    android = new Checkbox("Android");
    solaris = new Checkbox("Solaris");
    mac = new Checkbox("Mac OS");

    // Define the grid bag.

    // Use default row weight of 0 for first row.
    gbc.weightx = 1.0; // use a column weight of 1
    gbc.ipadx = 200; // pad by 200 units
    gbc.insets = new Insets(0, 6, 0, 0); // inset slightly from left

    gbc.anchor = GridBagConstraints.NORTHEAST;

    gbc.gridwidth = GridBagConstraints.RELATIVE;
    gbag.setConstraints(windows, gbc);

    gbc.gridwidth = GridBagConstraints.REMAINDER;
    gbag.setConstraints(android, gbc);

    // Give second row a weight of 1.
    gbc.weighty = 1.0;

    gbc.gridwidth = GridBagConstraints.RELATIVE;
    gbag.setConstraints(solaris, gbc);

    gbc.gridwidth = GridBagConstraints.REMAINDER;
    gbag.setConstraints(mac, gbc);

    // Add the components.
    add(windows);
    add(android);
    add(solaris);
    add(mac);

    // Register to receive item events.
    windows.addItemListener(this);
    android.addItemListener(this);
    solaris.addItemListener(this);
    mac.addItemListener(this);
```

```
    addWindowListener(new WindowAdapter() {
      public void windowClosing(WindowEvent we) {
        System.exit(0);
      }
    });
  }

  // Repaint when status of a check box changes.
  public void itemStateChanged(ItemEvent ie) {
    repaint();
  }

  // Display current state of the check boxes.
  public void paint(Graphics g) {
    msg = "Current state: ";
    g.drawString(msg, 20, 100);
    msg = "  Windows: " + windows.getState();
    g.drawString(msg, 30, 120);
    msg = "  Android: " + android.getState();
    g.drawString(msg, 30, 140);
    msg = "  Solaris: " + solaris.getState();
    g.drawString(msg, 30, 160);
    msg = "  Mac: " + mac.getState();
    g.drawString(msg, 30, 180);
  }

  public static void main(String[] args) {
    GridBagDemo appwin = new GridBagDemo();

    appwin.setSize(new Dimension(250, 200));
    appwin.setTitle("GridBagDemo");
    appwin.setVisible(true);
  }
}
```

GridBagDemo 程序的示例输出如图 26-15 所示。

图 26-15 GridBagDemo 程序的示例输出

在这种布局中，在一个 2×2 的网格中定位操作系统复选框。每个单元格在水平方向上拥有 200 个单位的填充空间。在插入每个控件时，稍微偏离左上角一定距离(6 个单位)。将列的权重设置为 1，这使得多余的所有水平空间在列之间平均分配。第一行使用默认权重 0，第二行的权重为 1。这意味着所有剩余空间被添加到第二行。

GridBagLayout 是一种功能强大的布局管理器，值得花费一些时间进行分析和研究。一旦理解了各种设置的工作方式，就可以使用 GridBagLayout 高度精确地定位控件。

26.12 菜单栏和菜单

顶级窗口一般都有与之关联的菜单栏。菜单栏显示一系列顶级菜单选项，每个选项关联一个下拉菜单。在 AWT 中，这个概念是通过以下类实现的：MenuBar、Menu 和 MenuItem。一般而言，菜单栏包含一个或多个 Menu 对象。每个 Menu 对象包含一系列 MenuItem 对象。每个 MenuItem 对象表示用户可以选择的内容。因为 Menu 是 MenuItem 的子类，所以可以创建嵌入子菜单的层次结构。还可以包含可复选菜单项，它们是 CheckboxMenuItem 类型的菜单选项，并且当选择它们时，在它们的旁边显示有复选标记。

为了创建菜单栏，首先创建 MenuBar 实例。这个类只定义了一个默认构造函数。接下来创建 Menu 实例，这些实例定义了在菜单栏上显示的选项。下面是 Menu 类的构造函数：

Menu() throws HeadlessException
Menu(String *optionName*) throws HeadlessException
Menu(String *optionName*, boolean *removable*) throws HeadlessException

其中，*optionName* 指定了菜单选项的名称。如果 *removable* 是 true，就表示可以移动菜单，并且允许自由浮动。否则，菜单选项将一直附加于菜单栏上(可移动菜单依赖于具体实现)。第一种形式创建空的菜单。

菜单项是 MenuItem 类型的对象，MenuItem 类定义了下面这些构造函数：

MenuItem() throws HeadlessException
MenuItem(String *itemName*) throws HeadlessException
MenuItem(String *itemName*, MenuShortcut *keyAccel*) throws HeadlessException

其中，*itemName* 是在菜单中显示的名称，并且 *keyAccel* 是菜单项的快捷键。

可以通过 setEnabled()方法禁用或启用菜单项，它的形式如下所示：

void setEnabled(boolean *enabledFlag*)

如果参数 *enabledFlag* 为 true，就启用菜单项；如果为 false，就禁用菜单项。

可以通过 isEnabled()方法确定菜单项的状态，这个方法如下所示：

boolean isEnabled()

如果调用该方法的菜单项是启用的，isEnabled()方法将返回 true；否则返回 false。

可以通过 setLabel()方法修改菜单项的名称。可以通过 getLabel()方法检索菜单项的名称。这两个方法如下所示：

void setLabel(String *newName*)
String getLabel()

其中，*newName* 成为调用菜单项的新名称。getLabel()方法返回当前名称。

可以使用 MenuItem 的子类 CheckboxMenuItem 来创建可复选的菜单项，该类具有以下这些构造函数：

CheckboxMenuItem() throws HeadlessException
CheckboxMenuItem(String *itemName*) throws HeadlessException
CheckboxMenuItem(String *itemName*, boolean *on*) throws HeadlessException

其中，*itemName* 是在菜单中显示的名称。可复选菜单项的操作方式就像开关。每当选择一个选项时，状态就会发生变化。在前两种形式中，可复选菜单项是未选中的。在第 3 种形式中，如果 *on* 为 true，那么可复选菜单项初始是选中的；否则就是未选中的。

可以通过 getState()方法获取可复选菜单项的状态，可以通过 setState()方法将其设置为已知状态。这两个方法如下所示：

boolean getState()

void setState(boolean *checked*)

如果可复选菜单项是选中的，getState()方法将返回 true；否则返回 false。为了选中可复选菜单项，向 setState()方法传递 true。为了清除可复选菜单项，则传递 false。

一旦创建菜单项，就必须使用 add()方法将之添加到 Menu 对象中，add()方法的一般形式如下所示：

MenuItem add(MenuItem *item*)

其中，*item* 是将要添加的菜单项。菜单项以调用 add()方法的顺序添加到菜单中。*item* 被返回。

在为 Menu 对象添加所有菜单项之后，可以使用由 MenuBar 类定义的下面这个版本的 add()方法，将 Menu 对象添加到菜单栏中：

Menu add(Menu *menu*)

其中，*menu* 是将要添加的菜单。*menu* 被返回。

只有当选择 MenuItem 或 CheckboxMenuItem 类型的菜单项时，菜单才生成事件。例如，在为了显示下拉菜单而访问菜单栏时，不会生成事件。每次选择菜单项时，都会生成 ActionEvent 事件。默认情况下，动作命令字符串与菜单项的名称相同。但是，可以通过对菜单项调用 setActionCommand()方法，指定不同的动作命令字符串。每次选中或取消选中可复选菜单项时，都会生成 ItemEvent 事件。因此，为了处理这些菜单事件，必须实现 ActionListener 和/或 ItemListener 接口。

ItemEvent 类的 getItem()方法返回对生成事件的菜单项的引用。该方法的一般形式如下所示：

Object getItem()

下面的例子为一个弹出式窗口添加了一系列嵌套菜单。在窗口中显示所选择的菜单项，并且显示两个可复选菜单项的状态。

```
// Illustrate menus.
import java.awt.*;
import java.awt.event.*;

class MenuDemo extends Frame {
  String msg = "";
  CheckboxMenuItem debug, test;

  public MenuDemo() {

    // Create menu bar and add it to frame.
    MenuBar mbar = new MenuBar();
    setMenuBar(mbar);

    // Create the menu items.
    Menu file = new Menu("File");
    MenuItem item1, item2, item3, item4, item5;
    file.add(item1 = new MenuItem("New..."));
    file.add(item2 = new MenuItem("Open..."));
    file.add(item3 = new MenuItem("Close"));
    file.add(item4 = new MenuItem("-"));
    file.add(item5 = new MenuItem("Quit..."));
    mbar.add(file);
```

```java
    Menu edit = new Menu("Edit");
    MenuItem item6, item7, item8, item9;
    edit.add(item6 = new MenuItem("Cut"));
    edit.add(item7 = new MenuItem("Copy"));
    edit.add(item8 = new MenuItem("Paste"));
    edit.add(item9 = new MenuItem("-"));

    Menu sub = new Menu("Special");
    MenuItem item10, item11, item12;
    sub.add(item10 = new MenuItem("First"));
    sub.add(item11 = new MenuItem("Second"));
    sub.add(item12 = new MenuItem("Third"));
    edit.add(sub);

    // These are checkable menu items.
    debug = new CheckboxMenuItem("Debug");
    edit.add(debug);
    test = new CheckboxMenuItem("Testing");
    edit.add(test);

    mbar.add(edit);

    // Create an object to handle action and item events.
    MyMenuHandler handler = new MyMenuHandler();

    // Register to receive those events.
    item1.addActionListener(handler);
    item2.addActionListener(handler);
    item3.addActionListener(handler);
    item4.addActionListener(handler);
    item6.addActionListener(handler);
    item7.addActionListener(handler);
    item8.addActionListener(handler);
    item9.addActionListener(handler);
    item10.addActionListener(handler);
    item11.addActionListener(handler);
    item12.addActionListener(handler);
    debug.addItemListener(handler);
    test.addItemListener(handler);

    // Use a lambda expression to handle the Quit selection.
    item5.addActionListener((ae) -> System.exit(0));

    addWindowListener(new WindowAdapter() {
      public void windowClosing(WindowEvent we) {
        System.exit(0);
      }
    });
  }

  public void paint(Graphics g) {
    g.drawString(msg, 10, 220);

    if(debug.getState())
      g.drawString("Debug is on.", 10, 240);
```

```java
    else
      g.drawString("Debug is off.", 10, 240);

    if(test.getState())
      g.drawString("Testing is on.", 10, 260);
    else
      g.drawString("Testing is off.", 10, 260);
  }

  public static void main(String[] args) {
    MenuDemo appwin = new MenuDemo();

    appwin.setSize(new Dimension(250, 300));
    appwin.setTitle("MenuDemo");
    appwin.setVisible(true);
  }
}

// An inner class for handling action and item events
// for the menu.
class MyMenuHandler implements ActionListener, ItemListener {

  // Handle action events.
  public void actionPerformed(ActionEvent ae) {
      msg = "You selected ";
      String arg = ae.getActionCommand();

      if(arg.equals("New..."))
        msg += "New.";
      else if(arg.equals("Open..."))
        msg += "Open.";
      else if(arg.equals("Close"))
        msg += "Close.";
      else if(arg.equals("Edit"))
        msg += "Edit.";
      else if(arg.equals("Cut"))
        msg += "Cut.";
      else if(arg.equals("Copy"))
        msg += "Copy.";
      else if(arg.equals("Paste"))
        msg += "Paste.";
      else if(arg.equals("First"))
        msg += "First.";
      else if(arg.equals("Second"))
        msg += "Second.";
      else if(arg.equals("Third"))
        msg += "Third.";
      else if(arg.equals("Debug"))
        msg += "Debug.";
      else if(arg.equals("Testing"))
        msg += "Testing.";

      repaint();
  }

  // Handle item events.
  public void itemStateChanged(ItemEvent ie) {
```

```
        repaint();
      }
    }
}
```

来自 MenuDemo 程序的示例输出如图 26-16 所示。

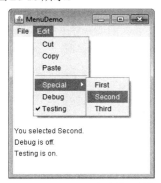

图 26-16　MenuDemo 程序的示例输出

还有另外一个你可能感兴趣的与菜单有关的类，即 PopupMenu 类。这个类的工作方式与 Menu 类似，但可以生成能够在特定位置显示的菜单。PopupMenu 类为某些使用菜单的情况提供了一种灵活、有用的替代方案。

26.13　对话框

通常，你会希望使用对话框来容纳一系列相关控件。对话框主要用于获取用户输入，并且通常是顶级窗口的子窗口。对话框不具有菜单栏，但是在其他方面，对话框的功能与框架窗口类似(例如，可以使用与向框架窗口中添加控件相同的方式，为对话框添加控件)。对话框可以是模态的或非模态的。笼统地讲，当激活模态(modal)对话框时，则在关闭对话框之前，不能访问程序的其他部分(除非是该对话框窗口的子对话框)。当激活非模态对话框时，可以将输入焦点定向到程序的其他窗口中。因此，程序的其他部分仍然保持激活状态，并且仍然可以访问。从 JDK 6 开始，模态对话框可以通过三种不同的模态创建，这些模态用 Dialog.ModalityType 枚举指定。默认为 APPLICATION_MODAL，它禁止使用应用程序中的其他顶级窗口。这是模态的传统类型。其他类型是 DOCUMENT_MODAL 与 TOOLKIT_MODAL，也包含 MODALESS 类型。

在 AWT 中，对话框是 Dialog 类型，Dialog 类的两个常用构造函数如下所示：

Dialog(Frame *parentWindow*, boolean *mode*)

Dialog(Frame *parentWindow*, String *title*, boolean *mode*)

其中，*parentWindow* 是对话框的拥有者。如果 *mode* 为 true，对话框就是模态的；否则就是非模态的。对话框的标题可以通过 *title* 传递。通常，需要派生 Dialog，以添加应用程序所需要的功能。

下面是前面菜单程序的修改版，当选择 New 选项时，显示一个非模态对话框。注意当关闭这个对话框时，会调用 dispose()方法。这个方法是由 Window 类定义的，用来释放与对话框窗口关联的所有系统资源。

```
// Illustrate a dialog box.
import java.awt.*;
import java.awt.event.*;

class DialogDemo extends Frame {
  String msg = "";
  CheckboxMenuItem debug, test;
  SampleDialog myDialog;
```

```java
public DialogDemo() {

  // Create the dialog box.
  myDialog = new SampleDialog(this, "New Dialog Box");

  // Create menu bar and add it to frame.
  MenuBar mbar = new MenuBar();
  setMenuBar(mbar);

  // Create the menu items.
  Menu file = new Menu("File");
  MenuItem item1, item2, item3, item4, item5;
  file.add(item1 = new MenuItem("New..."));
  file.add(item2 = new MenuItem("Open..."));
  file.add(item3 = new MenuItem("Close"));
  file.add(item4 = new MenuItem("-"));
  file.add(item5 = new MenuItem("Quit..."));
  mbar.add(file);

  Menu edit = new Menu("Edit");
  MenuItem item6, item7, item8, item9;
  edit.add(item6 = new MenuItem("Cut"));
  edit.add(item7 = new MenuItem("Copy"));
  edit.add(item8 = new MenuItem("Paste"));
  edit.add(item9 = new MenuItem("-"));

  Menu sub = new Menu("Special");
  MenuItem item10, item11, item12;
  sub.add(item10 = new MenuItem("First"));
  sub.add(item11 = new MenuItem("Second"));
  sub.add(item12 = new MenuItem("Third"));
  edit.add(sub);

  // These are checkable menu items.
  debug = new CheckboxMenuItem("Debug");
  edit.add(debug);
  test = new CheckboxMenuItem("Testing");
  edit.add(test);

  mbar.add(edit);

  // Create an object to handle action and item events.
  MyMenuHandler handler = new MyMenuHandler();

  // Register to receive those events.
  item1.addActionListener(handler);
  item2.addActionListener(handler);
  item3.addActionListener(handler);
  item4.addActionListener(handler);
  item6.addActionListener(handler);
  item7.addActionListener(handler);
  item8.addActionListener(handler);
  item9.addActionListener(handler);
  item10.addActionListener(handler);
  item11.addActionListener(handler);
```

```java
    item12.addActionListener(handler);
    debug.addItemListener(handler);
    test.addItemListener(handler);

    // Use a lambda expression to handle the Quit selection.
    item5.addActionListener((ae) -> System.exit(0));

    addWindowListener(new WindowAdapter() {
      public void windowClosing(WindowEvent we) {
        System.exit(0);
      }
    });
  }

  public void paint(Graphics g) {
    g.drawString(msg, 10, 220);

   if(debug.getState())
      g.drawString("Debug is on.", 10, 240);
    else
      g.drawString("Debug is off.", 10, 240);

    if(test.getState())
      g.drawString("Testing is on.", 10, 260);
    else
      g.drawString("Testing is off.", 10, 260);
  }

  public static void main(String[] args) {
    DialogDemo appwin = new DialogDemo();

    appwin.setSize(new Dimension(250, 300));
    appwin.setTitle("DialogDemo");
    appwin.setVisible(true);
  }

// An inner class for handling action and item events
// for the menu.
class MyMenuHandler implements ActionListener, ItemListener {

  // Handle action events.
  public void actionPerformed(ActionEvent ae) {
      msg = "You selected ";
      String arg = ae.getActionCommand();

    if(arg.equals("New...")) {
       msg += "New.";
       myDialog.setVisible(true);
     }
      else if(arg.equals("Open..."))
        msg += "Open.";
      else if(arg.equals("Close"))
        msg += "Close.";
      else if(arg.equals("Edit"))
        msg += "Edit.";
      else if(arg.equals("Cut"))
```

```
            msg += "Cut.";
        else if(arg.equals("Copy"))
            msg += "Copy.";
        else if(arg.equals("Paste"))
            msg += "Paste.";
        else if(arg.equals("First"))
            msg += "First.";
        else if(arg.equals("Second"))
            msg += "Second.";
        else if(arg.equals("Third"))
            msg += "Third.";
        else if(arg.equals("Debug"))
            msg += "Debug.";
        else if(arg.equals("Testing"))
            msg += "Testing.";

        repaint();
    }

    // Handle item events.
    public void itemStateChanged(ItemEvent ie) {
        repaint();
    }
}

// Create a subclass of Dialog.
class SampleDialog extends Dialog {
    SampleDialog(Frame parent, String title) {
        super(parent, title, false);
        setLayout(new FlowLayout());
        setSize(300, 200);

        add(new Label("Press this button:"));

        Button b;
        add(b = new Button("Cancel"));
        b.addActionListener((ae) -> dispose());

        addWindowListener(new WindowAdapter() {
            public void windowClosing(WindowEvent we) {
                dispose();
            }
        });
    }

    public void paint(Graphics g) {
        g.drawString("This is in the dialog box", 20, 80);
    }
}
```

来自 DialogDemo 程序的示例输出如图 26-17 所示。

提示：
你可以自己尝试为菜单中的其他选项定义对话框。

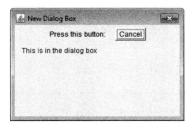

图 26-17　DialogDemo 程序的示例输出

26.14　关于重写 paint()方法

在结束对 AWT 控件的分析之前，应当介绍关于重写 paint()方法的内容。尽管这与本书中显示的简单 AWT 示例无关，但是当重写 paint()方法时，有时需要调用 paint()的超类实现。所以对于某些程序，需要使用下面这个 paint()骨架：

```
public void paint(Graphics g) {

  // code to repaint this window

  // Call superclass paint()
  super.paint(g);
}
```

在 Java 中，有两种通用类型的组件：重量级组件和轻量级组件。重量级组件有自己的本地窗口，称为对等类(peer)。轻量级组件完全由 Java 代码实现，并且使用祖先提供的窗口。在本章描述和使用的 AWT 控件都是重量级组件。但是，如果一个容器能容纳任何轻量级组件(即拥有轻量级子组件)，那么要重写这个容器的 paint()方法，就必须调用 super.paint()。通过调用 super.paint()，可以确保能够正确绘制所有轻量级子组件，例如轻量级控件。如果不能确定子组件的类型，可以调用 Component 类定义的 isLightweight()方法来进行判定。如果组件是轻量级的，该方法将返回 true；否则返回 false。

第 27 章 图 像

本章分析 Image 类和 java.awt.image 包。它们提供了对图像的支持(显示和操作图形图像)。图像只不过是矩形的图形对象。图像是 Web 设计的关键组件。事实上，正是因为在 NCSA(National Center for Supercomputer Applications，美国国家超级计算机应用中心)的 Mosaic 浏览器中包含了<img>标记，才使得 Web 从 1993 年开始得到蓬勃发展。这个标记被用于在超文本流中内联图像。Java 扩展了这一基本概念，允许在程序的控制下管理图像。因为图像非常重要，所以 Java 为图像提供了大量支持。

图像是 Image 类的对象，该类是 java.awt 包的一部分。java.awt.image 包中的类用于操作图像。java.awt.image 定义了大量的类和接口，在本章不可能全部进行分析，这里将集中介绍奠定图像基础的那些类。表 27-1 所示是将在本章讨论的 java.awt.image 包中的类。

表 27-1 java.awt.image 包中的类

CropImageFilter	MemoryImageSource
FilteredImageSource	PixelGrabber
ImageFilter	RGBImageFilter

本章将使用 ImageConsumer 和 ImageProducer 接口。

27.1 文件格式

最初，Web 图像只能是 GIF 格式。GIF 图像格式是由 CompuServe 公司于 1987 年创建的，它允许在线查看图像，因此非常适合于 Internet。GIF 图像最多支持 256 种颜色。这个限制导致主要的浏览器厂商在 1995 年添加了对 JPEG 图像的支持。JPEG 格式是由图像专家组创建的，用于保存全色谱、连续色调的图像。如果创建方法得当，当对相同的源图像进行编码时，这些图像可以得到比 GIF 图像更高的保真度和更大的压缩比率。另外一种文件格式是 PNG，也是用来替换 GIF 格式的。在绝大多数情况下，不会关心或注意在程序中使用的是哪种图像格式。Java 图像类通过一个简明的接口抽象了这些区别。

27.2 图像基础知识：创建、加载与显示

使用图像时有 3 种常见的操作：创建图像、加载图像以及显示图像。在 Java 中，Image 类用于引用内存中的图像，以及引用必须从外部源加载的图像。因此，Java 提供了创建新图像以及加载图像的方法，还提供了显示图

像的方法。下面看一看各种图像操作方法。

27.2.1 创建 Image 对象

你可能期望使用类似下面的代码创建一幅位于内存中的图像：

```
Image test = new Image(200, 100); // Error - won't work
```

然而事实并非如此。为了使图像可见，图像最终必须在窗口上进行绘制，但 Image 类不具备足够的环境信息，不能为屏幕的显示创建正确的数据格式。所以，java.awt 中的 Component 类提供了工厂方法 createImage()，该方法用于创建 Image 对象(请记住，所有 AWT 组件都是 Component 的子类，所以都支持这个方法)。

createImage()方法具有以下两种形式：

Image createImage(ImageProducer *imgProd*)

Image createImage(int *width*, int *height*)

第 1 种形式返回由 *imgProd* 生成的图像，*imgProd* 是实现了 ImageProducer 接口的类的实例(在后面将会看到图像生成器)。第 2 种形式返回一幅具有指定宽度和高度的空白(即空的)图像。下面是一个例子：

```
Canvas c = new Canvas();
Image test = c.createImage(200, 100);
```

上面的代码创建一个 Canvas 实例，然后调用 createImage()方法实际生成一个 Image 对象。这时，图像还是空白的。后面会看到如何向图像写入数据。

27.2.2 加载图像

获取图像的另外一种方式是从本地文件系统中的文件或 URL 中加载图像。加载图像最简单的方法是，使用 ImageIO 类中定义的一个静态方法。ImageIO 提供了读写图像的扩展支持，它封装在 javax.imageio 中，从 JDK 9 开始，javax.imageio 是 java.desktop 模块的一部分。加载图像的方法是 read()，该方法具有以下形式：

Static BufferedImage read(File *imageFile*) throws IOException

其中，*imageFile* 指定包含图像的文件，它以 BufferedImage 的形式返回对图像的引用，BufferedImage 是 Image 的一个子类，其中包含一个缓冲。如果文件不包含有效的图像，就返回 Null。

27.2.3 显示图像

一旦拥有一幅图像，就可以使用 drawImage()方法来显示这幅图像，该方法是 Graphics 类的成员。drawImage()方法有多种形式，在此将使用的一种形式如下所示：

boolean drawImage(Image *imgObj*, int *left*, int *top*, ImageObserver *imgOb*)

这种形式的 drawImage()方法显示 *imgObj* 传递的图像，通过 *left* 和 *top* 指定图像的左上角。*imgOb* 是对实现了 ImageObserver 接口的类的引用。所有 AWT(以及 Swing)组件都实现了这个接口。图像观察器(image observer)是当加载图像时能够监视图像的对象。不需要 ImageObserver 时，*imgOb* 就是 null。

借助 read()和 drawImage()方法，加载和显示图像实际上相当容易。下面是一个加载和显示单幅图像的程序示例。该例加载文件 Lilies.jpg，但是也可以将之替换为你喜欢的任何图像(只需要确保该图像在程序所在的目录下)。示例输出如图 27-1 所示。

```
// Load and display an image.
import java.awt.*;
import java.awt.event.*;
```

```java
import javax.imageio.*;
import java.io.*;

public class SimpleImageLoad extends Frame {
  Image img;

  public SimpleImageLoad() {

    try {
      File imageFile = new File("Lilies.jpg");

      // Load the image.
      img = ImageIO.read(imageFile);
    } catch (IOException exc) {
      System.out.println("Cannot load image file.");
      System.exit(0);
    }

    addWindowListener(new WindowAdapter() {
      public void windowClosing(WindowEvent we) {
        System.exit(0);
      }
    });
  }

  public void paint(Graphics g) {
    g.drawImage(img, getInsets().left, getInsets().top, null);
  }

  public static void main(String[] args) {
    SimpleImageLoad appwin = new SimpleImageLoad();

    appwin.setSize(new Dimension(400, 365));
    appwin.setTitle("SimpleImageLoad");
    appwin.setVisible(true);
  }
}
```

图 27-1 SimpleImageLoad 程序的示例输出

27.3 双缓冲

图像不但对于存储图片是有用的，就像刚才所显示的，也可以使用它们作为离屏绘图表面。这允许将任何图像(包括文本和图形)渲染到之后才显示的离屏缓冲区。这样做的优点是，当渲染操作完成时可以立即看到图像。绘制一幅复杂的图像可能需要几毫秒甚至更长的时间，用户会感到图像在闪烁或晃动。这种闪烁会转移用户的注意力，并且会导致用户感觉渲染的速度比实际速度慢。可以使用离屏图像减少这种晃动，这通常称为双缓冲(double buffering)。因为屏幕被看作像素缓冲区，而离屏图像是第二个缓冲区，所以可以在此准备将要显示的像素。

在本章前面已经介绍了如何创建空的 Image 对象，现在将介绍如何在图像而不是屏幕上绘制内容。回忆前面几章的内容可以知道，为了使用 Java 的渲染方法，需要 Graphics 对象。方便的是，可以通过 getGraphics()方法来获取用于在 Image 对象上绘制内容的 Graphics 对象。下面的代码段创建了一幅新的图像，然后获取这幅图像的图形上下文，并使用红色像素填充整幅图像：

```
Canvas c = new Canvas();
Image test = c.createImage(200, 100);
Graphics gc = test.getGraphics();
gc.setColor(Color.red);
gc.fillRect(0, 0, 200, 100);
```

构造并填充好离屏图像之后，图像仍然不可见。为了实际显示图像，需要调用 drawImage()方法。下面是一个例子，该例绘制一幅显示耗时的图像，以演示在可察觉到的绘制时间内使用双缓冲造成的区别：

```
// Demonstrate the use of an off-screen buffer.
import java.awt.*;
import java.awt.event.*;

public class DoubleBuffer extends Frame {
  int gap = 3;
  int mx, my;
  boolean flicker = true;
  Image buffer = null;
  int w = 400, h = 400;

  public DoubleBuffer() {
    addMouseMotionListener(new MouseMotionAdapter() {
      public void mouseDragged(MouseEvent me) {
        mx = me.getX();
        my = me.getY();
        flicker = false;
        repaint();
      }
      public void mouseMoved(MouseEvent me) {
        mx = me.getX();
        my = me.getY();
        flicker = true;
        repaint();
      }
    });

    addWindowListener(new WindowAdapter() {
      public void windowClosing(WindowEvent we) {
        System.exit(0);
      }
    });
  }

  public void paint(Graphics g) {
    Graphics screengc = null;
```

```java
    if (!flicker) {
      screengc = g;
      g = buffer.getGraphics();
    }

    g.setColor(Color.blue);
    g.fillRect(0, 0, w, h);

    g.setColor(Color.red);
    for (int i=0; i<w; i+=gap)
      g.drawLine(i, 0, w-i, h);
    for (int i=0; i<h; i+=gap)
      g.drawLine(0, i, w, h-i);

    g.setColor(Color.black);
    g.drawString("Press mouse button to double buffer", 10, h/2);

    g.setColor(Color.yellow);
    g.fillOval(mx - gap, my - gap, gap*2+1, gap*2+1);

    if (!flicker) {
      screengc.drawImage(buffer, 0, 0, null);
    }
  }

  public void update(Graphics g) {
    paint(g);
  }

  public static void main(String[] args) {
    DoubleBuffer appwin = new DoubleBuffer();

    appwin.setSize(new Dimension(400, 400));
    appwin.setTitle("DoubleBuffer");
    appwin.setVisible(true);

    // Create an off-screen buffer.
    appwin.buffer = appwin.createImage(appwin.w, appwin.h);
  }
}
```

这个简单的程序具有一个复杂的 paint() 方法。该方法使用蓝色填充背景，然后在背景上绘制红色的波纹图案。在图案上绘制一些黑色文本，然后绘制一个以坐标(mx,my)为中心的黄色的圆。重写 mouseMoved() 和 mouseDragged() 方法以跟踪鼠标位置。除了对布尔变量 flicker 的设置不同外，这两个方法是相同的。mouseMoved() 方法将 flicker 设置为 true，mouseDragged() 方法将 flicker 设置为 false。这样做得到的效果是：当移动鼠标时(但是没有按下鼠标按钮)，在将 flicker 设置为 true 的同时调用 repaint() 方法；当按下任何按钮时，将 flicker 设置为 false，然后调用 repaint() 方法。

如果在将 flicker 设置成 true 的情况下调用 paint() 方法，那么在屏幕上执行绘图操作时可以看到每个操作。当按下鼠标按钮，并且在将 flicker 设置成 false 的情况下调用 paint() 方法时，将会看到完全不同的图片。paint() 方法将 Graphic 引用 g 替换为引用离屏画布 buffer 的图形上下文，离屏画布 buffer 是在 init() 方法中创建的。之后，所有绘制操作都是不可见的。在 paint() 方法的末尾，简单地调用了 drawImage() 方法，以立即显示所有这些绘制操作的结果。

图 27-2 显示了该程序的示例输出。左边的屏幕快照是没有按下鼠标按钮时该程序的运行情况。可以看出，当

抓取这个屏幕快照时，图像正处于重新绘制的过程中；右边的屏幕快照显示了当按下鼠标按钮时该程序的运行情况，由于使用双缓冲，图像总是完整和清晰的。

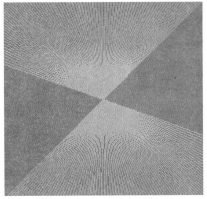 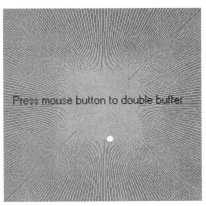

图 27-2　不使用双缓冲(左图)和使用双缓冲(右图)的输出效果对比

27.4　ImageProducer 接口

ImageProducer 是希望为图像生成数据的对象的接口。实现了 ImageProducer 接口的对象将提供整型或字节数组来表示图像数据，并生成 Image 对象。如前所述，createImage()方法的一种形式是采用 ImageProducer 对象作为参数。在 java.awt.image 包中，包含了两个图像生成器：MemoryImageSource 和 FilteredImageSource。下面将分析 MemoryImageSource，并使用程序生成的数据创建新的 Image 对象。

MemoryImageSource 类

MemoryImageSource 是用于从数据数组创建新 Image 对象的类。该类定义了多个构造函数，下面是将在此使用的其中一个构造函数：

MemoryImageSource(int *width,* int *height,* int *pixel*[ ], int *offset,*
　　　　　int *scanLineWidth*)

MemoryImageSource 对象由 pixel 指定的整型数组构造，使用默认的 RGB 颜色模型为 Image 对象生成数据。对于默认的颜色模型，像素是具有 Alpha、红色、绿色和蓝色成分的整数(0xAARRGGBB)。Alpha 值表示像素的透明度。0 表示完全透明，255 表示完全不透明。结果图像的宽度和高度由 *width* 和 *height* 传递。在像素数组中，读取数据的开始位置由 *offset* 指定。扫描线的宽度(通常与图像的宽度相同)由 *scanLineWidth* 传递。

下面的简短例子使用某个简单算法(对每个像素的 x 和 y 地址进行位的异或运算)的变体来生成 MemoryImageSource 对象，这个简单算法来自 Gerard J.Holzmann 撰写的 *Beyond Photography*: *The Digital Darkroom* (Prentice Hall, 1988)一书。

```
// Create an image in memory.
import java.awt.*;
import java.awt.image.*;
import java.awt.event.*;

public class MemoryImageGenerator extends Frame {
  Image img;
  int w = 512;
  int h = 512;
```

```java
public MemoryImageGenerator() {
  int pixels[] = new int[w * h];
  int i = 0;

  for(int y=0; y<h; y++) {
    for(int x=0; x<w; x++) {
      int r = (x^y)&0xff;
      int g = (x*2^y*2)&0xff;
      int b = (x*4^y*4)&0xff;
      pixels[i++] = (255 << 24) | (r << 16) | (g << 8) | b;
    }
  }
  img = createImage(new MemoryImageSource(w, h, pixels, 0, w));

  addWindowListener(new WindowAdapter() {
    public void windowClosing(WindowEvent we) {
      System.exit(0);
    }
  });
}

public void paint(Graphics g) {
  g.drawImage(img, getInsets().left, getInsets().top, null);
}

public static void main(String[] args) {
  MemoryImageGenerator appwin = new MemoryImageGenerator();

  appwin.setSize(new Dimension(400, 400));
  appwin.setTitle("MemoryImageGenerator");
  appwin.setVisible(true);
}
}
```

用于新 **MemoryImageSource** 对象的数据是在构造函数中创建的。创建一个整型数组以容纳像素值；数据是在嵌套的 for 循环中生成的，在循环中，r、g 和 b 的值被转换成 pixels 数组中的像素。最后，使用从原始像素数据创建的一个 MemoryImageSource 新实例作为参数来调用 createImage() 方法。图 27-3 显示了运行该程序时的图像。

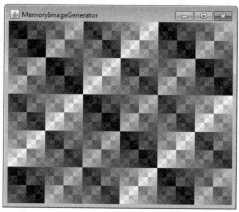

图 27-3　来自 MemoryImageGenerator 程序的示例输出

27.5 ImageConsumer 接口

对于实现了 ImageConsumer 接口的对象来说，可以获取来自图像的像素数据，并作为另外一种类型的数据进行提供。显然，这个接口与前面描述的 ImageProducer 是相对的。实现了 ImageConsumer 接口的对象将创建 int 或 byte 数组，用于表示来自 Image 对象的像素。下面将分析 PixelGrabber 类，该类是 ImageConsumer 接口的一个简单实现。

PixelGrabber 类

PixelGrabber 类是在 java.lang.image 包中定义的。与 MemoryImageSource 类正好相反，PixelGrabber 不是从像素值数组构造图像，而是利用已有图像，从中抓取像素数组。为了使用 PixelGrabber，需要首先创建一个足以容纳像素数据的 int 数组，然后创建一个 PixelGrabber 实例，传入希望抓取的矩形范围。最后，对那个 PixelGrabber 实例调用 grabPixels()方法。

在本章使用的 PixelGrabber 构造函数如下所示：

PixelGrabber(Image *imgObj*, int *left*, int *top*, int *width*, int *height*, int *pixel* [ ],
　　　　int *offset*, int *scanLineWidth*)

其中，*imgObj* 是将要从中抓取像素的图像对象。对于从中获取数据的矩形范围，*left* 和 *top* 指定了矩形的左上角，*width* 和 *height* 指定了矩形的大小。像素将被存储在 *pixel* 数组中，从 *offset* 位置开始存储。扫描线的宽度(通常与图像的宽度相同)是由 *scanLineWidth* 传递的。

grabPixels()方法的定义如下所示：

boolean grabPixels()
　　throws InterruptedException

boolean grabPixels(long *milliseconds*)
　　throws InterruptedException

如果成功，这两个方法都将返回 true；否则返回 false。在第 2 种形式中，*milliseconds* 指定了将为抓取像素等待多长时间。如果执行被另一个线程中断，这两种形式下都会抛出 InterruptedException 异常。

下面的示例从图像抓取像素，然后创建表示像素亮度的直方图。直方图只不过表示具有特定亮度的像素的数量，亮度值都在 0 到 255 之间。在程序绘制完图像后，会在图像的上方绘制直方图。

```
// Demonstrate PixelGraber.
import java.awt.* ;
import java.awt.event.*;
import java.awt.image.* ;
import javax.imageio.*;
import java.io.*;

public class HistoGrab extends Frame {
  Dimension d;
  Image img;
  int iw, ih;
  int pixels[];
  int hist[] = new int[256];
  int max_hist = 0;
  Insets ins;
```

```java
public HistoGrab() {

  try {
    File imageFile = new File("Lilies.jpg");

    // Load the image.
    img = ImageIO.read(imageFile);

    iw = img.getWidth(null);
    ih = img.getHeight(null);
    pixels = new int[iw * ih];
    PixelGrabber pg = new PixelGrabber(img, 0, 0, iw, ih,
                                      pixels, 0, iw);
    pg.grabPixels();
  } catch (InterruptedException e) {
    System.out.println("Interrupted");
    return;
  } catch (IOException exc) {
    System.out.println("Cannot load image file.");
    System.exit(0);
  }

  for (int i=0; i<iw*ih; i++) {
    int p = pixels[i];
    int r = 0xff & (p >> 16);
    int g = 0xff & (p >> 8);
    int b = 0xff & (p);
    int y = (int) (.33 * r + .56 * g + .11 * b);
    hist[y]++;
  }
  for (int i=0; i<256; i++) {
    if (hist[i] > max_hist)
      max_hist = hist[i];
  }

  addWindowListener(new WindowAdapter() {
    public void windowClosing(WindowEvent we) {
      System.exit(0);
    }
  });
}

public void paint(Graphics g) {
  // Get the border/header insets.
  ins = getInsets();

  g.drawImage(img, ins.left, ins.top, null);

  int x = (iw - 256) / 2;
  int lasty = ih - ih * hist[0] / max_hist;

  for (int i=0; i<256; i++, x++) {
    int y = ih - ih * hist[i] / max_hist;
    g.setColor(new Color(i, i, i));
    g.fillRect(x+ins.left, y+ins.top, 1, ih-y);
    g.setColor(Color.red);
```

```
      g.drawLine((x-1)+ins.left,lasty+ins.top,x+ins.left,y+ins.top);
      lasty = y;
    }
  }

  public static void main(String[] args) {
    HistoGrab appwin = new HistoGrab();

    appwin.setSize(new Dimension(400, 380));
    appwin.setTitle("HistoGrab");
    appwin.setVisible(true);
  }
}
```

图 27-4 显示了一幅示例图像及其直方图。

图 27-4　来自 HistoGrab 程序的示例输出

27.6　ImageFilter 类

给定一对 ImageProducer 和 ImageConsumer 接口，以及它们的具体类 MemoryImageSource 和 PixelGrabber，就可以创建任意一组转换过滤器。转换过滤器获取像素源，修改它们并将它们传递给任意使用者。这种机制与从抽象 I/O 类 InputStream、OutputStream、Reader 以及 Writer(参见第 21 章)创建具体类的方式类似。这种针对图像的流模型是通过引入 ImageFilter 类完成的。位于 java.awt.image 包中的 ImageFilter 的几个子类包括 AreaAveragingScaleFilter、CropImageFilter、ReplicateScaleFilter 以及 RGBImageFilter。ImageProducer 还有另外一个实现，名为 FilteredImageSource，该类使用任意 ImageFilter，对 ImageProducer 进行封装以过滤生成的像素。可以使用一个 FilteredImageSource 实例作为 ImageProducer 来调用 createImage()方法，这与将 BufferedInputStream 实例作为 InputStream 进行传递十分相似。

本章将分析两个过滤器：CropImageFilter 和 RGBImageFilter。

27.6.1　CropImageFilter 类

CropImageFilter 类用于过滤图像源以提取矩形区域。对于希望使用一幅较大源图像中的一些小图像的情况，这种过滤器很有价值。加载 20 幅 2KB 的图像所使用的时间，比加载一幅 40KB 的图像所需要的时间长。如果每幅子图像具有相同的大小，那么一旦程序启动，就可以很容易地使用 CropImageFilter 来分解那幅大图像，从而提取这些子图像。下面的示例创建了取自一幅大图像的 16 幅小图像。然后通过随机交换 16 幅图像的位置 32 次，将图像打乱。

```java
// Demonstrate CropImageFilter.
import java.awt.*;
import java.awt.image.*;
import java.awt.event.*;
import javax.imageio.*;
import java.io.*;

public class TileImage extends Frame {
  Image img;
  Image cell[] = new Image[4*4];
  int iw, ih;
  int tw, th;

  public TileImage() {
    try {
      File imageFile = new File("Lilies.jpg");

      // Load the image.
      img = ImageIO.read(imageFile);

      iw = img.getWidth(null);
      ih = img.getHeight(null);
      tw = iw / 4;
      th = ih / 4;

      CropImageFilter f;
      FilteredImageSource fis;

      for (int y=0; y<4; y++) {
        for (int x=0; x<4; x++) {
          f = new CropImageFilter(tw*x, th*y, tw, th);
          fis = new FilteredImageSource(img.getSource(), f);
          int i = y*4+x;
          cell[i] = createImage(fis);
        }
      }

      for (int i=0; i<32; i++) {
        int si = (int)(Math.random() * 16);
        int di = (int)(Math.random() * 16);
        Image tmp = cell[si];
        cell[si] = cell[di];
        cell[di] = tmp;
      }
    } catch (IOException exc) {
      System.out.println("Cannot load image file.");
      System.exit(0);
    }

    addWindowListener(new WindowAdapter() {
      public void windowClosing(WindowEvent we) {
        System.exit(0);
      }
    });
  }
```

```java
  public void paint(Graphics g) {
    for (int y=0; y<4; y++) {
      for (int x=0; x<4; x++) {
        g.drawImage(cell[y*4+x], x * tw + getInsets().left,
                y * th + getInsets().top, null);
      }
    }
  }

  public static void main(String[] args) {
    TileImage appwin = new TileImage();

    appwin.setSize(new Dimension(420, 420));
    appwin.setTitle("TileImage");
    appwin.setVisible(true);
  }
}
```

图 27-5 显示了通过 TileImage 打乱之后的一幅鲜花图像。

图 27-5 来自 TileImage 的示例输出

27.6.2 RGBImageFilter 类

RGBImageFilter 类用于将一幅图像转换成另一幅图像，具体转换方式是逐像素转换颜色。这个过滤器可以用于提高图像的亮度、增加图像的对比度，甚至将图像转换成灰度图。

为了演示 RGBImageFilter，在此开发了一个有些复杂的例子，该例为图像处理过滤器使用动态插件策略。在该例中，创建一个用于常规图像过滤的接口，以便程序可以在运行时简单地加载这些过滤器，而不需要事先知道所有 ImageFilter。这个例子由 ImageFilterDemo 主类、PlugInFilter 接口以及实用工具类 LoadedImage 构成，此外还包含 3 个过滤器——Grayscale、Invert 以及 Contrast，这 3 个过滤器使用 RGBImageFilter 简单地操作源图像的颜色空间。还包含另外两个类——Blur 和 Sharpen——这两个类用于进行更复杂的"卷积"过滤，它们根据像素周围的每个源数据像素对像素数据进行修改。Blur 和 Sharpen 是抽象辅助类 Convolver 的子类。下面分析这个例子的每一部分。

1. ImageFilterDemo.java

ImageFilterDemo 类是用于图像过滤示例的主类。该类使用默认的 BorderLayout 布局管理器，在 *South* 位置使用一个 Panel 对象容纳用于表示各种过滤器的按钮。一个 Label 对象占据了 North 位置，用于显示与过滤器处理有关的信息。Center 位置用于放置图像(图像被封装到 Canvas 子类 LoadedImage 中，该子类将在后面描述)。

actionPerformed()方法很有趣，因为该方法使用来自按钮的标签作为它加载的过滤器类的名称。这个方法是健壮的，并且如果按钮与实现了 PlugInFilter 的正确类不相符合，将会采取适当的动作。

```java
// Demonstrate image filters.
import java.awt.*;
import java.awt.event.*;
import javax.imageio.*;
import java.io.*;
import java.lang.reflect.*;

public class ImageFilterDemo extends Frame implements ActionListener {
  Image img;
  PlugInFilter pif;
  Image fimg;
  Image curImg;
  LoadedImage lim;
  Label lab;
  Button reset;

  // Names of the filters.
  String[] filters = { "Grayscale", "Invert", "Contrast",
                       "Blur", "Sharpen" };

  public ImageFilterDemo() {
    Panel p = new Panel();
    add(p, BorderLayout.SOUTH);

    // Create Reset button.
    reset = new Button("Reset");
    reset.addActionListener(this);
    p.add(reset);

    // Add the filter buttons.
    for(String fstr: filters) {
      Button b = new Button(fstr);
      b.addActionListener(this);
      p.add(b);
    }

    // Create the top label.
    lab = new Label("");
    add(lab, BorderLayout.NORTH);

    // Load the image.
    try {
      File imageFile = new File("Lilies.jpg");

      // Load the image.
      img = ImageIO.read(imageFile);
    } catch (IOException exc) {
      System.out.println("Cannot load image file.");
      System.exit(0);
    }
```

```
    // Get a LoadedImage and add it to the center.
    lim = new LoadedImage(img);
    add(lim, BorderLayout.CENTER);

    addWindowListener(new WindowAdapter() {
      public void windowClosing(WindowEvent we) {
        System.exit(0);
      }
    });
  }

  public void actionPerformed(ActionEvent ae) {
    String a = "";

    try {
      a = ae.getActionCommand();
      if (a.equals("Reset")) {
        lim.set(img);
        lab.setText("Normal");
      }
      else {
        // Get the selected filter.
        pif = (PlugInFilter)
              (Class.forName(a)).getConstructor().newInstance();
        fimg = pif.filter(this, img);
        lim.set(fimg);
        lab.setText("Filtered: " + a);
      }
      repaint();
    } catch (ClassNotFoundException e) {
      lab.setText(a + " not found");
      lim.set(img);
      repaint();
    } catch (InstantiationException e) {
      lab.setText("couldn't new " + a);
    } catch (IllegalAccessException e) {
      lab.setText("no access: " + a);
    } catch (NoSuchMethodException | InvocationTargetException e) {
      lab.setText("Filter creation error: " + e);
    }
  }

  public static void main(String[] args) {
    ImageFilterDemo appwin = new ImageFilterDemo();

    appwin.setSize(new Dimension(420, 420));
    appwin.setTitle("ImageFilterDemo");
    appwin.setVisible(true);
  }
}
```

图 27-6 显示了这个程序第一次加载时的执行效果。

图 27-6　来自 ImageFilterDemo 的正常示例输出

2. PlugInFilter.java

PlugInFilter 是用于抽象图像过滤的简单接口。该接口只有一个方法 filter()，该方法采用框架和源图像作为参数，返回一幅以某种方式进行过滤后的新图像。

```
interface PlugInFilter {
  java.awt.Image filter(java.awt.Frame f, java.awt.Image in);
}
```

3. LoadedImage.java

LoadedImage 是 Canvas 的方便子类，LoadedImage 会在 LayoutManager 控件中正确运行，因为该类重写了 getPreferredSize() 和 getMinimumSize() 方法。此外，LoadedImage 还有一个方法 set()，可以使用该方法为在这个 Canvas 中显示的图像设置新的 Image 对象。这就是在插件完成后显示过滤图像的原理。

```
import java.awt.*;

public class LoadedImage extends Canvas {
  Image img;

  public LoadedImage(Image i) {
    set(i);
  }

  void set(Image i) {
    img = i;
    repaint();
  }

  public void paint(Graphics g) {
    if (img == null) {
      g.drawString("no image", 10, 30);
    } else {
      g.drawImage(img, 0, 0, this);
    }
  }

  public Dimension getPreferredSize() {
    return new Dimension(img.getWidth(this), img.getHeight(this));
```

```
    }
    public Dimension getMinimumSize() {
      return getPreferredSize();
    }
}
```

4. Grayscale.java

Grayscale 过滤器是 **RGBImageFilter** 的子类，这意味着 Grayscale 可以将自身用作 **FilteredImageSource** 构造函数的 **ImageFilter** 参数。然后，Grayscale 需要做的全部工作就是重写 **filterRGB()** 方法，修改输入的颜色值。该方法用于获取红、绿和蓝颜色值，并使用美国国家电视标准委员会(National Television Standards Committee，NTSC)的颜色-亮度转换因子，计算像素的亮度，然后简单地返回与颜色源具有相同亮度的灰度像素。

```
// Grayscale filter.
import java.awt.*;
import java.awt.image.*;

class Grayscale extends RGBImageFilter implements PlugInFilter {
  public Grayscale() {}

  public Image filter(Frame f, Image in) {
    return f.createImage(new FilteredImageSource(in.getSource(), this));
  }

  public int filterRGB(int x, int y, int rgb) {
    int r = (rgb >> 16) & 0xff;
    int g = (rgb >> 8) & 0xff;
    int b = rgb & 0xff;
    int k = (int) (.56 * g + .33 * r + .11 * b);
    return (0xff000000 | k << 16 | k << 8 | k);
  }
}
```

5. Invert.java

Invert 过滤器也相当简单，用来获取红、绿、蓝颜色值，然后用 255 减去它们，从而对它们进行反转。将这些反转后的值打包成像素值并返回。

```
// Invert colors filter.
import java.awt.*;
import java.awt.image.*;

class Invert extends RGBImageFilter implements PlugInFilter {
  public Invert() { }

  public Image filter(Frame f, Image in) {
    return f.createImage(new FilteredImageSource(in.getSource(), this));
  }

  public int filterRGB(int x, int y, int rgb) {
    int r = 0xff - (rgb >> 16) & 0xff;
    int g = 0xff - (rgb >> 8) & 0xff;
    int b = 0xff - rgb & 0xff;
    return (0xff000000 | r << 16 | g << 8 | b);
  }
}
```

图 27-7 显示了通过 Invert 过滤器过滤之后的图像。

图 27-7 在 ImageFilterDemo 中使用 Invert 过滤器

6. Contrast.java

除了对 filterRGB()方法的重写稍微复杂一些外，Contrast 过滤器与 Grayscale 非常类似。该过滤器用来增强图像的对比度，使用的算法为：分别获取红、绿、蓝颜色值，并且，如果它们相比 128 更亮，就将它们乘以 1.2。如果它们低于 128，就将它们除以 1.2。最后，通过 multclamp()方法将修改后的值控制在 255 之内。

```java
// Contrast filter.
import java.awt.*;
import java.awt.image.*;

public class Contrast extends RGBImageFilter implements PlugInFilter {
  public Image filter(Frame f, Image in) {
    return f.createImage(new FilteredImageSource(in.getSource(), this));
  }

  private int multclamp(int in, double factor) {
    in = (int) (in * factor);
    return in > 255 ? 255 : in;
  }

  double gain = 1.2;
  private int cont(int in) {
    return (in < 128) ? (int)(in/gain) : multclamp(in, gain);
  }

  public int filterRGB(int x, int y, int rgb) {
    int r = cont((rgb >> 16) & 0xff);
    int g = cont((rgb >> 8) & 0xff);
    int b = cont(rgb & 0xff);
    return (0xff000000 | r << 16 | g << 8 | b);
  }
}
```

图 27-8 显示了按下 Contrast 按钮之后图像的效果。

图 27-8 在 ImageFilterDemo 中使用 Contrast 过滤器

7. Convolver.java

抽象类 Convolver 通过实现 ImageConsumer 接口来进行卷积过滤器的基础操作，将源像素移动到 imgpixels 数组中，并且还为过滤后的数据创建了第二个数组，名为 newimgpixels。卷积过滤器对图像中每个像素周围某个小矩形范围内的像素进行采样，称为"卷积核"(convolution kernel)。这个区域用于决定如何修改区域的中心像素，在该例中，这个区域的大小为 3×3 像素。

> **注意：**
> 这种过滤器不能修改 imgpixels 数组中某些位置的像素，因为一条扫描线上的下一个像素需要使用前一个像素的原始值，如果这个值刚好被过滤掉，就会出现问题。

后面将介绍 Convolver 抽象类的两个具体子类，它们简单地实现了 convolve()方法，使用 imgpixels 作为源数据，并使用 newimgpixels 存储结果。

```java
// Convolution filter.
import java.awt.*;
import java.awt.image.*;

abstract class Convolver implements ImageConsumer, PlugInFilter {
  int width, height;
  int imgpixels[], newimgpixels[];
  boolean imageReady = false;

  abstract void convolve();   // filter goes here...

  public Image filter(Frame f, Image in) {
    imageReady = false;
    in.getSource().startProduction(this);
    waitForImage();
    newimgpixels = new int[width*height];

    try {
      convolve();
    } catch (Exception e) {
      System.out.println("Convolver failed: " + e);
      e.printStackTrace();
```

```java
      }
      return f.createImage(
        new MemoryImageSource(width, height, newimgpixels, 0, width));
    }

    synchronized void waitForImage() {
      try {
        while(!imageReady)
          wait();
      } catch (Exception e) {
        System.out.println("Interrupted");
      }
    }

    public void setProperties(java.util.Hashtable<?,?> dummy) { }
    public void setColorModel(ColorModel dummy) { }
    public void setHints(int dummy) { }

    public synchronized void imageComplete(int dummy) {
      imageReady = true;
      notifyAll();
    }

    public void setDimensions(int x, int y) {
      width = x;
      height = y;
      imgpixels = new int[x*y];
    }

    public void setPixels(int x1, int y1, int w, int h,
      ColorModel model, byte pixels[], int off, int scansize) {
      int pix, x, y, x2, y2, sx, sy;

      x2 = x1+w;
      y2 = y1+h;
      sy = off;
      for(y=y1; y<y2; y++) {
        sx = sy;
        for(x=x1; x<x2; x++) {
          pix = model.getRGB(pixels[sx++]);
          if((pix & 0xff000000) == 0)
            pix = 0x00ffffff;
          imgpixels[y*width+x] = pix;
        }
        sy += scansize;
      }
    }

    public void setPixels(int x1, int y1, int w, int h,
      ColorModel model, int pixels[], int off, int scansize) {
      int pix, x, y, x2, y2, sx, sy;

      x2 = x1+w;
      y2 = y1+h;
      sy = off;
```

```
      for(y=y1; y<y2; y++) {
        sx = sy;
        for(x=x1; x<x2; x++) {
          pix = model.getRGB(pixels[sx++]);
          if((pix & 0xff000000) == 0)
              pix = 0x00ffffff;
          imgpixels[y*width+x] = pix;
        }
        sy += scansize;
      }
    }
  }
```

> **注意：**
> java.awt.image 提供了一个内置的卷积过滤器 ConvolveOp。你需要自己研究其功能。

8. Blur.java

Blur 过滤器是 Convolver 的子类，可以简单地遍历源图像数组 imgpixels 中的每个像素，并计算周围 3×3 像素区域内所有像素的平均值。在 newimgpixels 中，对应的输出像素就是要计算的平均值。

```
public class Blur extends Convolver {
  public void convolve() {
    for(int y=1; y<height-1; y++) {
      for(int x=1; x<width-1; x++) {
        int rs = 0;
        int gs = 0;
        int bs = 0;

        for(int k=-1; k<=1; k++) {
          for(int j=-1; j<=1; j++) {
            int rgb = imgpixels[(y+k)*width+x+j];
            int r = (rgb >> 16) & 0xff;
            int g = (rgb >> 8) & 0xff;
            int b = rgb & 0xff;
            rs += r;
            gs += g;
            bs += b;
          }
        }

        rs /= 9;
        gs /= 9;
        bs /= 9;

        newimgpixels[y*width+x] = (0xff000000 |
                          rs << 16 | gs << 8 | bs);
      }
    }
  }
}
```

图 27-9 显示了图像使用 Blur 过滤器进行过滤后的效果。

图 27-9　在 ImageFilterDemo 中使用 Blur 过滤器

9. Sharpen.java

Sharpen 过滤器也是 Convolver 的子类，(或多或少)与 Blur 过滤器相对。Sharpen 可以遍历源图像数组 imgpixels 中的每个像素，并计算周围 3×3 像素区域内所有像素的平均值，但是不包括中心像素。在 newimgpixels 中，对应的输出像素添加了中心像素与其周围平均值的差。基本上可以说，如果某个像素的亮度比周围像素的亮度强 30，就使这个像素的亮度增加 30。但是，如果像素的亮度比周围像素低 10，就使这个像素的亮度减少 10。这使得图像边缘更加突出，而平滑区域保持不变。

```java
public class Sharpen extends Convolver {

  private final int clamp(int c) {
    return (c > 255 ? 255 : (c < 0 ? 0 : c));
  }

  public void convolve() {
    int r0=0, g0=0, b0=0;

    for(int y=1; y<height-1; y++) {
      for(int x=1; x<width-1; x++) {
        int rs = 0;
        int gs = 0;
        int bs = 0;

        for(int k=-1; k<=1; k++) {
          for(int j=-1; j<=1; j++) {
            int rgb = imgpixels[(y+k)*width+x+j];
            int r = (rgb >> 16) & 0xff;
            int g = (rgb >> 8) & 0xff;
            int b = rgb & 0xff;
            if (j == 0 && k == 0) {
              r0 = r;
              g0 = g;
              b0 = b;
            } else {
              rs += r;
              gs += g;
              bs += b;
```

```
                    }
                }
            }

            rs >>= 3;
            gs >>= 3;
            bs >>= 3;
            newimgpixels[y*width+x] = (0xff000000 |
                            clamp(r0+r0-rs) << 16 |
                            clamp(g0+g0-gs) << 8  |
                            clamp(b0+b0-bs));
        }
    }
  }
}
```

图 27-10 显示了图像使用 Sharpen 过滤器进行过滤之后的效果。

图 27-10　在 ImageFilterDemo 中使用 Sharpen 过滤器

27.7　其他图像类

除了本章中描述的图像类之外，java.awt.image 还提供了其他一些类，这些类增强了对图像处理过程的控制，并且支持高级的图像处理技术。还可以使用名为 javax.imageio 的图像包，这个包支持图像的读写，并且包含处理各种图像格式的插件。如果对复杂的图形输出特别感兴趣，那么可能会希望研究 java.awt.image 和 javax.imageio 包中的其他类。

第 28 章 并发实用工具

从一开始，Java 就对多线程和同步提供了内置支持。例如，可以通过实现 Runnable 接口或扩展 Thread 类来创建新的线程；可以通过使用 synchronized 关键字来获得同步支持；并且 Object 类定义的 wait()和 notify()方法支持线程间通信。总之，这种对多线程的内置支持是 Java 最重要的革新之一，并且仍然是 Java 的主要优势之一。

但是，因为 Java 对多线程的原始支持在概念上比较简单，所以并不是对所有应用来说都是理想选择，特别是那些大量使用多线程的情况。例如，原始的多线程支持并没有提供一些高级特性，比如信号量、线程池以及执行管理器，这些特性有助于创建强大的并发程序。

在一开始就需要重点解释的是：许多 Java 程序因为使用多线程，所以是"并发的"。但是，本章使用的术语"并发程序"是指广泛而完整地执行多个并发线程的程序。这种程序的一个示例是使用不同的线程同步计算更大型计算的部分结果。另外一个示例是协调多个线程的活动，每个线程都试图访问数据库中的信息。在这种情况下，对只读访问的处理方式可能与那些需要读/写功能访问的处理方式不同。

为了满足处理并发程序的需要，JDK 5 增加了并发实用工具，通常也称为并发 API。最初的并发实用工具集提供了开发并发应用程序的许多特性，这些特性是程序员期望已久的。例如，提供了同步器(比如信号量)、线程池、执行管理器、锁、一些并发集合以及使用线程获取计算结果的流线化方式。

尽管原始的并发 API 也给人们留下了深刻的印象，但是 JDK 7 对其进行了极大扩展。最重要的新增内容是 Fork/Join 框架。Fork/Join 框架使得创建使用多个处理器(例如多核系统中的处理器)的程序更加容易，因而简化了两个或多个程序片段真正同时执行(即真正的并行执行)，而不仅仅是时间切片这类程序的创建过程。很容易想象到，并行执行可以显著提高特定操作的速度。因为多核系统正在普及，所以提供 Fork/Join 框架是很及时的，其功能也很强大。随着 JDK 8 的发布，Fork/Join 框架也得到了进一步增强。

JDK 8 和 JDK 9 还引入了与并发 API 的其他部分相关的一些新特性。因此，并发 API 仍然在演化和扩展，以满足现代计算环境的需求。

原始的并发 API 相当大，新增特性更是显著增加了这一 API 的大小。正如你可能期望的，围绕并发实用工具的许多问题都很复杂。讨论所有方面超出了本书的范围。尽管如此，对于所有程序员而言，大致掌握并发 API 的工作原理是很重要的。即使在没有严重依赖并行处理的程序中，同步器、可调用线程以及执行器这类特性，依然可以广泛应用于各种情况。可能最重要的是，因为多核系统的不断普及，涉及 Fork/Join 框架的解决方案变得更加普遍。由于这些原因，本章简要介绍并发实用工具定义的一些核心特性，并显示使用它们的一些例子。最后以深度分析 Fork/Join 框架结束本章。

28.1 并发 API 包

并发实用工具位于 java.util.concurrent 包及其两个子包中，这两个子包是 java.util.concurrent.atomic 和 java.util.concurrent.locks。从 JDK 9 开始，它们都放在 java.base 模块中。在此简要介绍一下它们的内容。

28.1.1 java.util.concurrent 包

java.util.concurrent 包定义了一些核心特征，用于以其他方式实现同步和线程间通信，而非使用内置方式。定义的关键特征有：
- 同步器
- 执行器
- 并发集合
- Fork/Join 框架

同步器提供了同步多线程间交互的高级方法。java.util.concurrent 包定义的同步器类如表 28-1 所示。

表 28-1 java.util.concurrent 包定义的同步器类

类	描述
Semaphore	实现经典的信号量
CountDownLatch	进行等待，直到发生指定数量的事件为止
CyclicBarrier	使一组线程在预定义的执行点进行等待
Exchanger	在两个线程之间交换数据
Phaser	对向前通过多阶段执行的线程进行同步

注意每个同步器都为特定类型的同步问题提供了一种解决方案，这使得每个同步器对于各自的预期应用都进行过优化。在过去，这些类型的同步对象必须手动创建。并发 API 对它们进行了标准化，使得它们能被所有 Java 程序员使用。

执行器管理线程的执行。在执行器层次的顶部是 Executor 接口，该接口用于启动线程。ExecutorService 扩展了 Executor，并提供了管理执行的方法。ExecutorService 有 3 个实现：ThreadPoolExecutor、ScheduledThreadPoolExecutor 和 ForkJoinPool。java.util.concurrent 包还定义了 Executors 实用工具类，该类包含大量的静态方法，可以简化各种执行器的创建。

与执行器相关的是 Future 和 Callable 接口。Future 包含一个值，该值是由线程在执行后返回的。因此，这个值是"在将来"——线程终止时定义的。Callable 定义返回值的线程。

java.util.concurrent 包定义了几个并发集合类，包括 ConcurrentHashMap、ConcurrentLinkedQueue 和 CopyOnWriteArrayList。这些类提供了由集合框架定义的相关类的并发替代版本。

Fork/Join 框架支持并行编程，包含的主要类有 ForkJoinTask、ForkJoinPool、RecursiveTask 以及 RecursiveAction。为了更好地处理线程计时，java.util.concurrent 包定义了 TimeUnit 枚举。

从 JDk 9 开始，java.util.concurrent 还包括一个子系统，它提供了控制数据流的一种方式。该子系统基于 Flow 类和如下嵌套的接口：Flow.Subscriber、Flow.Publisher、Flow.Processor 和 Flow.Subscription。尽管详细讨论 Flow 子系统超出了本章的范围，但这里给出了简短的描述。Flow 及其嵌套的接口支持反应流(reactive stream)规范，这个规范定义了一种方式，通过该方式，数据使用者可以防止数据生成者在处理数据方面超出数据使用者的能力。在这种方式中，数据由发布者生成，由订阅者使用，并通过实现某种回压(back pressure)形式来实施控制。

28.1.2 java.util.concurrent.atomic 包

java.util.concurrent.atomic 包简化了并发环境中变量的使用，提供了一种能高效更新变量值的方法，而不需要使用锁。这是通过使用一些类和方法完成的，例如 AtomicInteger 和 AtomicLong 类，以及 compareAndSet()、decrementAndGet()和 getAndSet()方法。这些方法执行起来就像单一的、非中断的操作那样。

28.1.3 java.util.concurrent.locks 包

java.util.concurrent.locks 包为同步方法的使用提供了一种替代方案。这种替代方案的核心是 Lock 接口，该接口定义了访问对象和放弃访问对象的基本机制。关键方法是 lock()、tryLock()和 unlock()。使用这些方法的优势是可以对同步进行进一步的控制。

本章的剩余部分将详细分析并发 API 的各个组成部分。

28.2 使用同步对象

同步对象由 Semaphore、CountDownLatch、CyclicBarrier、Exchanger 以及 Phaser 类支持。总的来说，通过它们可以比较容易地处理一些以前比较困难的同步情况。它们也可以被应用于广泛的应用程序中——甚至是那些只包含有限并发的程序。因为几乎所有 Java 程序都对同步对象感兴趣，在此将比较详细地介绍每个同步对象。

28.2.1 Semaphore 类

Semaphore 是许多读者都能够立即识别出来的同步对象，实现了经典的信号量。信号量通过计数器控制对共享资源的访问。如果计数器大于 0，访问是允许的；如果为 0，访问是拒绝的。计数器计数允许访问共享资源的许可证，因此，为了访问资源，线程必须保证获取信号量的许可证。

通常，为了使用信号量，希望访问共享资源的线程会尝试取得许可证。如果信号量的计数大于 0，就表明线程取得了许可证，这会导致信号量的计数减小；否则，线程会被阻塞，直到能够获取许可证为止。当线程不再需要访问共享资源时，释放许可证，从而增大信号量的计数。如果还有另外一个线程正在等待许可证，该线程将在这一刻取得许可证。Java 的 Semaphore 类实现了这种机制。

Semaphore 类具有如下所示的两个构造函数：

Semaphore(int *num*)

Semaphore(int *num*, boolean *how*)

其中，*num* 指定了初始的许可证数量。因此，*num* 指定了任意时刻能够访问共享资源的线程数量。如果 *num* 是 1，那么在任意时刻只有一个线程能够访问资源。默认情况下，等待线程以未定义的顺序获取许可证。通过将 *how* 设置为 true，可以确保等待线程以它们要求访问的顺序获取许可证。

为了得到许可证，可以调用 acquire()方法，该方法具有以下两种形式：

void acquire() throws InterruptedException

void acquire(int *num*) throws InterruptedException

第 1 种形式获得一个许可证，第 2 种形式获得 *num* 个许可证。在绝大多数情况下，使用第 1 种形式。如果在调用时无法取得许可证，就挂起调用线程，直到许可证可以获得为止。

为了释放许可证，可以调用 release()方法，该方法具有以下两种形式：

void release()

void release(int *num*)

第 1 种形式释放一个许可证，第 2 种形式释放的许可证数量由 *num* 指定。

为使用信号量控制对资源的访问，在访问资源之前，希望使用资源的每个线程必须首先调用 acquire()方法。当线程使用完资源时，必须调用 release()方法。下面的例子演示了信号量的使用：

```java
// A simple semaphore example.

import java.util.concurrent.*;

class SemDemo {
  public static void main(String args[]) {
    Semaphore sem = new Semaphore(1);

    new Thread(new IncThread(sem, "A")).start();
    new Thread(new DecThread(sem, "B")).start();

  }
}

// A shared resource.
class Shared {
  static int count = 0;
}

// A thread of execution that increments count.
class IncThread implements Runnable {
  String name;
  Semaphore sem;

  IncThread(Semaphore s, String n) {
    sem = s;
    name = n;
  }

  public void run() {

    System.out.println("Starting " + name);

    try {
      // First, get a permit.
      System.out.println(name + " is waiting for a permit.");
      sem.acquire();
      System.out.println(name + " gets a permit.");

      // Now, access shared resource.
      for(int i=0; i < 5; i++) {
        Shared.count++;
        System.out.println(name + ": " + Shared.count);

        // Now, allow a context switch -- if possible.
        Thread.sleep(10);
      }
    } catch (InterruptedException exc) {
      System.out.println(exc);
    }
```

```java
      // Release the permit.
      System.out.println(name + " releases the permit.");
      sem.release();
   }
}

// A thread of execution that decrements count.
class DecThread implements Runnable {
  String name;
  Semaphore sem;

  DecThread(Semaphore s, String n) {
    sem = s;
    name = n;
  }

  public void run() {

    System.out.println("Starting " + name);

    try {
      // First, get a permit.
      System.out.println(name + " is waiting for a permit.");
      sem.acquire();
      System.out.println(name + " gets a permit.");

      // Now, access shared resource.
      for(int i=0; i < 5; i++) {
        Shared.count--;
        System.out.println(name + ": " + Shared.count);

        // Now, allow a context switch -- if possible.
        Thread.sleep(10);
      }
    } catch (InterruptedException exc) {
      System.out.println(exc);
    }

    // Release the permit.
    System.out.println(name + " releases the permit.");
    sem.release();
  }
}
```

该程序的输出如下所示(线程执行的准确顺序可能与此不同):

```
Starting A
A is waiting for a permit.
A gets a permit.
A: 1
Starting B
B is waiting for a permit.
A: 2
A: 3
A: 4
A: 5
A releases the permit.
```

```
    B gets a permit.
    B: 4
    B: 3
    B: 2
    B: 1
    B: 0
    B releases the permit.
```

该程序使用信号量控制对 count 变量的访问，count 变量是 Shared 类中的静态变量。IncThread 类的 run() 方法将 Shared.count 增加 5 次，DecThread 类则将 Shared.count 减小 5 次。为了防止这两个线程同时访问 Shared.count，只有在从控制信号量取得许可证之后才允许访问。完成访问之后，释放许可证。通过这种方式，每次只允许一个线程访问 Shared.count，如输出所示。

注意，IncThread 和 DecThread 都在 run() 方法中调用了 sleep() 方法。这样做的目的是"证明"对 Shared.count 的访问是通过信号量进行同步的。在 run() 方法中调用 sleep() 方法，会导致调用线程在两次访问 Shared.count 之间暂停一段时间。正常情况下，这会使第二个线程得以运行。但是，因为信号量，第二个线程必须等待，直到第一个线程释放许可证为止，只有当第一个线程完成所有访问后，才会释放许可证。因此，Shared.count 首先被 IncThread 增加 5 次，然后被 DecThread 减小 5 次。增加和减小操作不会交叉进行。

如果不使用信号量，那么两个线程对 Shared.count 的访问可能会同时发生，并且增加和减小操作会同时发生。为了证实这种情况，尝试注释掉对 acquire() 和 release() 方法的调用。当运行该程序时，会发现对 Shared.count 的访问不再是同步的，并且每个线程一旦得到时间片，就立即访问。

尽管对信号量的使用在许多情况下很直观，正如前面的程序所示，但是更令人迷惑的使用也是可能的。下面是一个例子，该例对第 11 章显示的生产者/使用者程序进行了重写，从而使用两个信号量来管理生产者和使用者线程，确保对 put() 方法的每次调用都跟有相应的 get() 调用：

```
// An implementation of a producer and consumer
// that use semaphores to control synchronization.

import java.util.concurrent.Semaphore;

class Q {
  int n;

  // Start with consumer semaphore unavailable.
  static Semaphore semCon = new Semaphore(0);
  static Semaphore semProd = new Semaphore(1);

  void get() {
    try {
      semCon.acquire();
    } catch(InterruptedException e) {
      System.out.println("InterruptedException caught");
    }

    System.out.println("Got: " + n);
    semProd.release();
  }

  void put(int n) {
    try {
      semProd.acquire();
    } catch(InterruptedException e) {
      System.out.println("InterruptedException caught");
```

```java
    }
    this.n = n;
    System.out.println("Put: " + n);
    semCon.release();
  }
}

class Producer implements Runnable {
  Q q;

  Producer(Q q) {
    this.q = q;
  }

  public void run() {
    for(int i=0; i < 20; i++) q.put(i);
  }
}

class Consumer implements Runnable {
  Q q;

  Consumer(Q q) {
    this.q = q;
  }

  public void run() {
    for(int i=0; i < 20; i++) q.get();
  }
}

class ProdCon {
  public static void main(String args[]) {
    Q q = new Q();
    new Thread(new Consumer(q), "Consumer").start();
    new Thread(new Producer(q), "Producer").start();
  }
}
```

程序的部分输出如下所示：

```
Put: 0
Got: 0
Put: 1
Got: 1
Put: 2
Got: 2
Put: 3
Got: 3
Put: 4
Got: 4
Put: 5
Got: 5
  .
  .
  .
```

可以看出，对 put()和 get()方法的调用是同步的。也就是说，对 put()方法的每次调用都跟随相应的 get()调用，没有丢失数值。如果不使用信号量，那么 put()调用可能发生多次，并且没有发生匹配的 get()调用，结果会丢失数值(为了证明这一点，可以删除信号量代码并观察结果)。

put()和 get()方法的调用顺序是通过两个信号量处理的：semProd 和 semCon。put()方法在能够生成数值之前，必须从 semProd 获得许可证。在设置数值之后，释放 semCon。get()方法在能够使用数值之前，必须从 semCon 获得许可证。使用完数值之后，释放 semProd。这种"给予与获取"机制确保对 put()方法的每次调用，后面都跟随相应的 get()调用。

注意，semCon 最初被初始化为没有可用许可证，这样可以保证首先执行 put()。设置初始同步状态的能力是信号量功能更为强大的一个方面。

28.2.2 CountDownLatch 类

有时会希望线程进行等待，直到发生一个或多个事件为止。为了处理这类情况，并发 API 提供了 CountDownLatch 类。CountDownLatch 在初始创建时带有事件数量计数器，在释放锁存器之前，必须发生指定数量的事件。每次发生一个事件时，计数器递减。当计数器达到 0 时，打开锁存器。

CountDownLatch 类具有以下构造函数：

CountDownLatch(int *num*)

其中，*num* 指定了为打开锁存器而必须发生的事件数量。

为了等待锁存器，线程需要调用 await()方法，该方法的形式如下所示：

void await() throws InterruptedException
boolean await(long *wait*, TimeUnit *tu*) throws InterruptedException

对于第 1 种形式，直到与调用 CountDownLatch 对象关联的计数器达到 0 才结束等待。第 2 种形式只等待由 *wait* 指定的特定时间。*wait* 表示的单位由 *tu* 指定，*tu* 是一个 TimeUnit 枚举对象(TimeUnit 将在本章后面介绍)。如果到达时间限制，将返回 false；如果倒计时达到 0，将返回 true。

为了触发事件，可以调用 countDown()方法，该方法如下所示：

void countDown()

对 countDown()方法的每次调用，都会递减与调用对象关联的计数器。

下面的程序演示了 CountDownLatch。该程序创建了一个锁存器，在打开这个锁存器之前，需要发生 5 个事件。

```
// An example of CountDownLatch.

import java.util.concurrent.CountDownLatch;

class CDLDemo {
  public static void main(String args[]) {
    CountDownLatch cdl = new CountDownLatch(5);

    System.out.println("Starting");

    new Thread(new MyThread(cdl)).start();

    try {
      cdl.await();
    } catch (InterruptedException exc) {
      System.out.println(exc);
```

```java
      }
      System.out.println("Done");
    }
  }

  class MyThread implements Runnable {
    CountDownLatch latch;

    MyThread(CountDownLatch c) {
      latch = c;
    }

    public void run() {
      for(int i = 0; i<5; i++) {
        System.out.println(i);
        latch.countDown(); // decrement count
      }
    }
  }
```

该程序的输出如下所示：

```
Starting
0
1
2
3
4
Done
```

在 main() 方法中，创建 CountDownLatch 对象 cd1，并将之初始化为 5。接下来，创建一个 MyThread 实例，该实例开始一个新线程的执行。注意 cd1 被作为参数传递给 MyThread 的构造函数，并保存在 latch 实例变量中。然后，主线程对 cd1 调用 await() 方法，这会暂停主线程的执行，直到 cd1 的计数器被递减 5 次为止。

在 MyThread 的 run() 方法中，创建一个迭代 5 次的循环。每次迭代时，对 latch 调用 countDown() 方法，latch 引用 main() 方法中的 cd1。迭代 5 次后，打开锁存器，从而允许恢复主线程。

CountDownLatch 是功能强大、易于使用的同步对象。无论何时，只要线程必须等待一个或多个事件发生，这个对象就适用。

28.2.3 CyclicBarrier 类

在并发编程中，下面这种情况是很常见的：具有两个或多个线程的线程组必须在预定的执行点进行等待，直到线程组中的所有线程都到达执行点为止。为了处理这种情况，并发 API 提供了 CyclicBarrier 类。使用 CyclicBarrier 类可以定义具有以下特点的同步对象：同步对象会被挂起，直到指定数量的线程都到达界限点为止。

CyclicBarrier 类具有以下两个构造函数：

CyclicBarrier(int *numThreads*)

CyclicBarrier(int *numThreads*, Runnable *action*)

其中，*numThreads* 指定了在继续执行之前必须到达界限点的线程数量。在第 2 种形式中，*action* 指定了当到达界限点时将要执行的线程。

下面是使用 CyclicBarrier 时需要遵循的一般过程。首先，创建一个 CyclicBarrier 对象，指定将进行等待的线程数量。接下来，当每个线程都到达界限点时，对 CyclicBarrier 对象调用 await()方法。这将暂停线程的执行，直到所有其他线程也调用 await()方法为止。一旦指定数量的线程到达界限点，await()方法将返回并恢复执行。此外，如果已经指定某个操作，那么将会执行那个线程。

await()方法具有以下两种形式：

int await() throws InterruptedException, BrokenBarrierException

int await(long *wait*, TimeUnit *tu*)
　　throws InterruptedException, BrokenBarrierException, TimeoutException

第 1 种形式进行等待，直到所有线程到达界限点为止。第 2 种形式只等待由 *wait* 指定的时间，*wait* 使用的单位由 *tu* 指定。这两种形式都返回一个值，用于指示线程到达界限点的顺序。第 1 个线程返回的值等于等待的线程数减 1，最后一个线程返回 0。

下面的例子演示了 CyclicBarrier。该示例等待由 3 个线程组成的线程组到达界限点，当所有线程到达界限点时，执行由 BarAction 指定的线程。

```java
// An example of CyclicBarrier.

import java.util.concurrent.*;

class BarDemo {
  public static void main(String args[]) {
    CyclicBarrier cb = new CyclicBarrier(3, new BarAction() );

    System.out.println("Starting");

    new Thread(new MyThread(cb, "A")).start();
    new Thread(new MyThread(cb, "B")).start();
    new Thread(new MyThread(cb, "C")).start();

  }
}

// A thread of execution that uses a CyclicBarrier.
class MyThread implements Runnable {
  CyclicBarrier cbar;
  String name;

  MyThread(CyclicBarrier c, String n) {
    cbar = c;
    name = n;
  }

  public void run() {

    System.out.println(name);

    try {
      cbar.await();
    } catch (BrokenBarrierException exc) {
      System.out.println(exc);
    } catch (InterruptedException exc) {
```

```
      System.out.println(exc);
    }
  }
}

// An object of this class is called when the
// CyclicBarrier ends.
class BarAction implements Runnable {
  public void run() {
    System.out.println("Barrier Reached!");
  }
}
```

输出如下所示(线程执行的精确顺序可能与此不同)：

```
Starting
A
B
C
Barrier Reached!
```

CyclicBarrier 可以重用，因为每次在指定数量的线程调用 await()方法后，就会释放正在等待的线程。例如，如果修改前面程序中的 main()方法，使其看起来如下所示：

```
public static void main(String args[]) {
CyclicBarrier cb = new CyclicBarrier(3, new BarAction() );

  System.out.println("Starting");

  new Thread(new MyThread(cb, "A")).start();
  new Thread(new MyThread(cb, "B")).start();
  new Thread(new MyThread(cb, "C")).start();
  new Thread(new MyThread(cb, "X")).start();
  new Thread(new MyThread(cb, "Y")).start();
  new Thread(new MyThread(cb, "Z")).start();

}
```

将会生成下面的输出(线程执行的精确顺序可能与此不同)：

```
Starting
A
B
C
Barrier Reached!
X
Y
Z
Barrier Reached!
```

如前面的例子所示，对于之前很复杂的问题，CyclicBarrier 提供了流线化的解决方案。

28.2.4　Exchanger 类

可能最有趣的同步类是 Exchanger，其设计目的是简化两个线程之间的数据交换。Exchanger 对象的操作出奇简单：简单地等待，直到两个独立的线程调用 exchange()方法为止。当发生这种情况时，交换线程提供的数据。这种机制既优雅又易于使用。Exchanger 的用途很容易就能想象出来。例如，一个线程可能为通过网络接收信息准备好一个缓冲区，另一个线程可能使用来自连接的信息填充这个缓冲区。这两个线程可以协同工作，每当需要一个新的缓冲区时，就进行一次数据交换。

Exchanger 是泛型类，其声明如下所示：

Exchanger<V>

其中，V 指定了将要进行交换的数据的类型。

Exchanger 定义的唯一方法是 exchange()，该方法具有如下所示的两种形式：

V exchange(V *objRef*) throws InterruptedException

V exchange(V *objRef*, long *wait*, TimeUnit *tu*)
　　throws InterruptedException, TimeoutException

其中，*objRef* 是对要交换的数据的引用。从另一个线程接收的数据被返回。第 2 种形式的 exchange()方法允许指定超时时间。exchange()方法的关键在于，直到同一个 Exchanger 对象被两个独立的线程分别调用后，该方法才会成功返回。因此，exchange()方法可以同步数据的交换。

下面是一个演示 Exchanger 的例子。该例创建两个线程。其中一个线程创建一个空缓冲区，用于接收数据，另一个线程将数据放入这个空的缓冲区。本例使用的数据是字符串。因此，第一个线程使用空字符串交换满字符串。

```
// An example of Exchanger.

import java.util.concurrent.Exchanger;

class ExgrDemo {
  public static void main(String args[]) {
    Exchanger<String> exgr = new Exchanger<String>();

    new Thread(new UseString(exgr)).start();
    new Thread(new MakeString(exgr)).start();
  }
}

// A Thread that constructs a string.
class MakeString implements Runnable {
  Exchanger<String> ex;
  String str;

  MakeString(Exchanger<String> c) {
    ex = c;
    str = new String();

  }

  public void run() {
    char ch = 'A';

    for(int i = 0; i < 3; i++) {

      // Fill Buffer
      for(int j = 0; j < 5; j++)
        str += ch++;

      try {
        // Exchange a full buffer for an empty one.
```

```java
        str = ex.exchange(str);
      } catch(InterruptedException exc) {
        System.out.println(exc);
      }
    }
  }
}

// A Thread that uses a string.
class UseString implements Runnable {
  Exchanger<String> ex;
  String str;
  UseString(Exchanger<String> c) {
    ex = c;
  }

  public void run() {

    for(int i=0; i < 3; i++) {
      try {
        // Exchange an empty buffer for a full one.
        str = ex.exchange(new String());
        System.out.println("Got: " + str);
      } catch(InterruptedException exc) {
        System.out.println(exc);
      }
    }
  }
}
```

下面是该程序生成的输出：

```
Got: ABCDE
Got: FGHIJ
Got: KLMNO
```

在该程序中，main()方法为字符串创建一个 Exchanger 对象，然后使用这个对象同步 MakeString 和 UseString 类之间的字符串交换。MakeString 类使用数据填充字符串，UseString 类使用空字符串交换满字符串，然后显示新构造的字符串的内容。空缓冲区和满缓冲区之间的交换通过 exchange()方法进行同步，该方法是由这两个类(MakeString 和 UseString)的 run()方法调用的。

28.2.5 Phaser 类

另外一个同步类名为 Phaser。该类的主要目的是允许表示一个或多个活动阶段的线程进行同步。例如，可能有一组线程实现了订单处理应用程序的 3 个阶段。在第 1 阶段，每个线程分别被用于确认客户信息、检查清单和确认定价。当该阶段完成后，第 2 阶段有两个线程，用于计算运输成本以及适用的所有税收。之后，最后一个阶段确定支付并判定大致的运输时间。在过去，为了同步构成这种情况的多个线程，需要做一些工作。在提供 Phaser 类之后，这种处理现在容易多了。

首先，Phaser 类除了支持多个阶段之外，其工作方式与前面描述的 CyclicBarrier 类似，清楚这一点是有帮助的。因此，通过 Phaser 类可以定义等待特定阶段完成的同步对象。然后推进到下一阶段，再次进行等待，直到那一阶段完成为止。Phaser 也可以用于同步只有一个阶段的情况，理解这一点很重要。在这种情况下，Phaser 的行为与 CyclicBarrier 非常相似。但是，Phaser 的主要用途是同步多个阶段。

Phaser 定义了 4 个构造函数，下面是在本节将要使用的两个：

Phaser()

Phaser(int *numParties*)

第 1 个构造函数创建的 Phaser 对象，注册 party 的数量为 0。第 2 个构造函数将注册 party 的数量设置为 *numParties*。术语"party"经常被应用于使用 Phaser 注册的对象，相当于线程的意思。尽管注册 party 的数量和将被同步的线程的数量通常是一致的，但这不是必需的。对于这两个构造函数，当前阶段都是 0。即创建 Phaser 对象时，最初位于阶段 0。

一般来说，使用 Phaser 的方式如下：首先，创建一个新的 Phaser 实例。接下来，为该 Phaser 实例注册一个或多个 party，具体做法是调用 register()方法或者在构造函数中指定 party 的数量。对于每个注册的 party，Phaser 对象会进行等待，直到注册的所有 party 完成该阶段为止。party 通过调用 Phaser 定义的多个方法之一来通知这一情况，例如 arrive()或 arriveAndAwaitAdvance()方法。所有 party 都到达后，该阶段就完成了，并且 Phaser 对象可以推进到下一阶段(如果有下一阶段的话)或终止。后续部分将详细解释这个过程。

构造好 Phaser 对象后，为了注册 party，可以调用 register()方法。该方法如下所示：

int register()

该方法返回注册 party 的阶段编号。

为了通知 party 已经完成某个阶段，必须调用 arrive()或 arrive()方法的一些变体。当到达的任务数量等于注册的 party 数量时，该阶段就完成了，并且 Phaser 推进到下一阶段(如果有的话)。arrive()方法的一般形式如下所示：

int arrive()

这个方法用于通知 party(通常是执行线程)已经完成了某些任务(或任务的一部分)，该方法返回当前阶段编号。如果 Phaser 对象已经终止，就返回一个负值。arrive()方法不会挂起调用线程的执行。这意味着不会等待该阶段完成。这个方法只能通过已经注册的 party 进行调用。

如果希望指示某个阶段已经完成，然后进行等待，直到所有其他注册 party 也完成该阶段为止，那么需要使用 arriveAndAwaitAdvance()方法。该方法如下所示：

int arriveAndAwaitAdvance()

该方法会进行等待，直到所有 party 到达。该方法返回下一阶段的编号；或者如果 Phaser 对象已经终止，就返回一个负值。这个方法只能通过已经注册的 party 进行调用。

通过调用 arriveAndDeregister()方法，线程可以在到达时注销自身。该方法如下所示：

int arriveAndDeregister()

该方法返回当前阶段编号；或者如果 Phaser 对象已经终止，就返回一个负值。它不等待该阶段完成。这个方法只能通过已经注册的 party 进行调用。

为了获取当前阶段编号，可以调用 getPhase()方法，该方法如下所示：

final int getPhase()

当 Phaser 对象创建时，第 1 阶段的编号将是 0，第 2 阶段是 1，第 3 阶段是 2，等等。如果调用 Phaser 对象已经终止，就返回一个负值。

下面的例子显示了 Phaser 的使用。该例创建 3 个线程，每个线程都拥有 3 个阶段。该例使用 Phaser 同步每个阶段。

```
// An example of Phaser.
```

```java
import java.util.concurrent.*;

class PhaserDemo {
  public static void main(String args[]) {
    Phaser phsr = new Phaser(1);
    int curPhase;

    System.out.println("Starting");

    new Thread(new MyThread(phsr, "A")).start();
    new Thread(new MyThread(phsr, "B")).start();
    new Thread(new MyThread(phsr, "C")).start();

    // Wait for all threads to complete phase one.
    curPhase = phsr.getPhase();
    phsr.arriveAndAwaitAdvance();
    System.out.println("Phase " + curPhase + " Complete");

    // Wait for all threads to complete phase two.
    curPhase = phsr.getPhase();
    phsr.arriveAndAwaitAdvance();
    System.out.println("Phase " + curPhase + " Complete");

    curPhase = phsr.getPhase();
    phsr.arriveAndAwaitAdvance();
    System.out.println("Phase " + curPhase + " Complete");

    // Deregister the main thread.
    phsr.arriveAndDeregister();

    if(phsr.isTerminated())
      System.out.println("The Phaser is terminated");
  }
}

// A thread of execution that uses a Phaser.
class MyThread implements Runnable {
  Phaser phsr;
  String name;

  MyThread(Phaser p, String n) {
    phsr = p;
    name = n;
    phsr.register();
  }

  public void run() {

    System.out.println("Thread " + name + " Beginning Phase One");
    phsr.arriveAndAwaitAdvance(); // Signal arrival.

    // Pause a bit to prevent jumbled output. This is for illustration
    // only. It is not required for the proper operation of the phaser.
    try {
      Thread.sleep(100);
    } catch(InterruptedException e) {
```

```
      System.out.println(e);
    }

    System.out.println("Thread " + name + " Beginning Phase Two");
    phsr.arriveAndAwaitAdvance(); // Signal arrival.

    // Pause a bit to prevent jumbled output. This is for illustration
    // only. It is not required for the proper operation of the phaser.
    try {
      Thread.sleep(100);
    } catch(InterruptedException e) {
      System.out.println(e);
    }

    System.out.println("Thread " + name + " Beginning Phase Three");
    phsr.arriveAndDeregister(); // Signal arrival and deregister.
  }
}
```

输出如下所示:

```
Starting
Thread A Beginning Phase One
Thread C Beginning Phase One
Thread B Beginning Phase One
Phase 0 Complete
Thread B Beginning Phase Two
Thread C Beginning Phase Two
Thread A Beginning Phase Two
Phase 1 Complete
Thread C Beginning Phase Three
Thread B Beginning Phase Three
Thread A Beginning Phase Three
Phase 2 Complete
The Phaser is terminated
```

下面详细分析该程序的关键部分。首先，在 main()方法中创建 Phaser 对象 phsr，初始 party 数量为 1(初始 party 对应主线程)。然后通过创建 3 个 MyThread 对象来启动 3 个线程。注意，为 MyThread 对象传递对 phsr(Phaser 对象)的引用。MyThread 对象使用这个 Phaser 对象来同步它们的活动。接下来，在 main()方法中调用 getPhase()方法以获取当前阶段编号(最初为 0)，然后调用 arriveAndAwaitAdvance()方法，这会导致 main()挂起，直到阶段 0 完成为止。在所有 MyThread 对象调用 arriveAndAwaitAdvance()方法之前，阶段 0 不会完成。当阶段 0 完成时，main()恢复执行，这时将显示阶段 0 已经完成，并推进到阶段 1。重复这个过程，直到所有 3 个阶段完成。然后，在 main()方法中调用 arriveAndDeregister()方法。这时，所有 3 个 MyThread 对象将被注销。因为这会造成当 Phaser 推进到下一阶段时生成未注册的 party，所以 Phaser 终止。

现在分析一下 MyThread 类。首先，注意为构造函数传递一个引用，这个引用指向将要使用的 Phaser 对象，然后将新线程作为 party 在那个 Phaser 对象上进行注册。因此，每个新的 MyThread 对象会变成一个 party，它们使用传递的 Phaser 对象进行注册。还要注意，每个线程都有 3 个阶段。在这个例子中，每个阶段由一个占位符构成，占位符显示线程的名称以及正在执行的工作。显然，在真实代码中，线程应当执行更有意义的动作。在前两个阶段之间，线程调用 arriveAndAwaitAdvance()方法。因此，每个线程都会等待，直到所有线程完成那一阶段(并且主线程已经准备好了)为止。所有线程(包括主线程)都到达后，Phaser 推进到下一阶段。第 3 个阶段完成后，每个线程通过调用 arriveAndDeregister()方法注销自身。正如 MyThread 中的注释所解释的，调用 sleep()方法是为了进行演示，以确保输出不会因为多线程而变得杂乱。Phaser 能够正确工作，这与它们无关。如果删除它们，输出看起来可能会有点乱，但是各阶段仍然会正确地同步。

另外一点：尽管前面程序使用的 3 个线程属于相同的类型，但这不是必需的。使用 Phaser 的每个 party 可以是唯一的，每个 party 执行一些独立的任务。

当推进阶段时，可以精确控制所发生的操作。为此，需要重写 onAdvance()方法。这个方法在 Phaser 从一个阶段推进到下一阶段时由运行时调用，该方法的一般形式如下所示：

protected boolean onAdvance(int *phase*, int *numParties*)

其中，*phase* 将包含推进之前的当前阶段编号，*numParties* 将包含已注册 *party* 的数量。为了终止 Phaser，onAdvance()方法必须返回 true。为了保持 Phaser 活跃，onAdvance()方法必须返回 false。当没有注册的 *party* 时，onAdvance()方法的默认版本返回 true(因此会终止 Phaser)。作为通用规则，对这一方法的重写应当遵循上述规则。

重写 onAdvance()方法的一个原因是：使 Phaser 执行指定数量的阶段，然后结束。下例演示了这种用法。该例创建 MyPhaser 类，该类扩展了 Phaser。将运行指定数量的阶段，这是通过重写 onAdvance()方法来完成的。MyPhaser 类的构造函数接收一个参数，这个参数指定要执行的阶段数量。注意，MyPhaser 自动注册了一个 party。在这个例子中，这种行为是有用的，但是不同应用程序的需求可能不同。

```java
// Extend Phaser and override onAdvance() so that only a specific
// number of phases are executed.

import java.util.concurrent.*;

// Extend MyPhaser to allow only a specific number of phases
// to be executed.
class MyPhaser extends Phaser {
  int numPhases;

  MyPhaser(int parties, int phaseCount) {
    super(parties);
    numPhases = phaseCount - 1;
  }

  // Override onAdvance() to execute the specified
  // number of phases.
  protected boolean onAdvance(int p, int regParties) {
    // This println() statement is for illustration only.
    // Normally, onAdvance() will not display output.
    System.out.println("Phase " + p + " completed.\n");

    // If all phases have completed, return true
    if(p == numPhases || regParties == 0) return true;

    // Otherwise, return false.
    return false;
  }
}

class PhaserDemo2 {
  public static void main(String args[]) {

    MyPhaser phsr = new MyPhaser(1, 4);

    System.out.println("Starting\n");

    new Thread(new MyThread(phsr, "A")).start();
    new Thread(new MyThread(phsr, "B")).start();
```

```
    new Thread(new MyThread(phsr, "C")).start();

    // Wait for the specified number of phases to complete.
    while(!phsr.isTerminated()) {
      phsr.arriveAndAwaitAdvance();
    }

    System.out.println("The Phaser is terminated");
  }
}

// A thread of execution that uses a Phaser.
class MyThread implements Runnable {
  Phaser phsr;
  String name;

  MyThread(Phaser p, String n) {
    phsr = p;
    name = n;
    phsr.register();
  }

  public void run() {

    while(!phsr.isTerminated()) {
      System.out.println("Thread " + name + " Beginning Phase " +
                  phsr.getPhase());

      phsr.arriveAndAwaitAdvance();

      // Pause a bit to prevent jumbled output. This is for illustration
      // only. It is not required for the proper operation of the phaser.
      try {
        Thread.sleep(100);
      } catch(InterruptedException e) {
        System.out.println(e);
      }
    }
  }
}
```

该程序的输出如下所示：

```
Starting

Thread B Beginning Phase 0
Thread A Beginning Phase 0
Thread C Beginning Phase 0
Phase 0 completed.

Thread A Beginning Phase 1
Thread B Beginning Phase 1
Thread C Beginning Phase 1
Phase 1 completed.

Thread C Beginning Phase 2
Thread B Beginning Phase 2
Thread A Beginning Phase 2
Phase 2 completed.
```

```
Thread C Beginning Phase 3
Thread B Beginning Phase 3
Thread A Beginning Phase 3
Phase 3 completed.

The Phaser is terminated
```

在 main()方法中，创建了一个 Phaser 实例。传递 4 作为参数，这意味着将执行 4 个阶段，然后停止。接下来，创建 3 个线程，然后进入下面的循环：

```
// Wait for the specified number of phases to complete.
while(!phsr.isTerminated()) {
  phsr.arriveAndAwaitAdvance();
}
```

这个循环简单地调用 arriveAndAwaitAdvance()方法，直到 Phaser 终止为止。只有在执行完指定的阶段数之后，Phaser 才会终止。在这个例子中，循环会继续执行，直到运行完 4 个阶段为止。接下来，注意线程也在循环中调用 arriveAndAwaitAdvance()方法，循环直到 Phaser 终止时才会结束运行。这意味着它们会一直执行，直到已经执行完指定数量的阶段为止。

现在，详细分析 onAdvance()方法的代码。每次调用 onAdvance()方法时，都传递当前阶段和注册的 party 数量。如果当前阶段等于指定阶段，或者如果注册的 party 数量是 0，onAdvance()方法将返回 true，因此停止 Phaser。这是通过下面的代码来完成的：

```
// If all phases have completed, return true
if(p == numPhases || regParties == 0) return true;
```

可以看出，为了得到期望的输出结果，需要的代码非常少。

在继续之前，有必要指出，如果只是为了重写 onAdvance()方法，那么不必显式地扩展 Phaser，就像前面的例子那样。在有些情况下，可以通过使用匿名内部类重写 onAdvacne()方法，从而创建更紧凑的代码。

Phaser 还有一个附加功能，对于你的应用程序可能会有用。可以通过调用 awaitAdvance()方法等待特定的阶段，该方法如下所示：

int awaitAdvance(int *phase*)

其中，*phase* 指示阶段编号，awaitAdvance()方法将在指定阶段进行等待，直到下一阶段发生为止。如果传递给 *phase* 的参数不等于当前阶段，将立即返回；如果 Phaser 已经终止，也将立即返回。但是，如果 *phase* 传递的是当前阶段，那么将会等待，直到阶段推进。注册的 *party* 只能调用该方法一次。这个方法还有一个可中断版本：awaitAdvanceInterruptibly()。

为了注册多个 party，可以调用 bulkRegister()方法。为了获取已注册 party 的数量，可以调用 getRegisteredParties()方法。还可以通过 getArrivedParties()和 getUnarrivedParties()，分别获取已经到达的 party 数量和未到达的 party 数量。为了强制 Phaser 进入终止状态，可以调用 forceTermination()方法。

Phaser 类也允许创建 Phaser 对象树。这是通过两个附加构造函数和 getParent()方法得以实现的，这两个构造函数允许指定父 Phaser 对象。

28.3　使用执行器

并发 API 提供了一种称为执行器的特性，用于启动并控制线程的执行。因此，执行器为通过 Thread 类管理线程提供了一种替代方案。

执行器的核心是 Executor 接口，该接口定义了以下方法：

void execute(Runnable *thread*)

由 thread 指定的线程将被执行。因此，execute()方法可以启动指定的线程。
ExecutorService 接口通过添加用于帮助管理和控制线程执行的方法，对 Executor 接口进行了扩展。例如，ExecutorService 定义了 shutdown()方法，该方法如下所示，用于停止调用 ExecutorService 对象：

void shutdown()

ExecutorService 还定义了一些方法，用来执行能够返回结果的线程、执行一组线程以及确定关闭状态。稍后会分析这些方法中的部分方法。

执行器还定义了 ScheduledExecutorService 接口，该接口扩展了 ExecutorService 以支持线程的调度。

并发 API 预定义了 3 个执行器类：ThreadPoolExecutor、ScheduledThreadPoolExecutor 以及 ForkJoinPool。ThreadPoolExecutor 实现了 Executor 和 ExecutorService 接口，并且对受管理的线程池提供支持。ScheduledThreadPoolExecutor 还实现了 ScheduledExecutorService 接口，以允许调度线程池。ForkJoinPool 实现了 Executor 和 ExecutorService 接口，用于 Fork/Join 框架，在本章后面将对 ForkJoinPool 进行描述。

线程池提供了用于执行各种任务的一组线程。每个任务不是使用自己的线程，而是使用线程池中的线程，从而减轻了创建许多独立线程带来的负担。尽管可以直接使用 ThreadPoolExecutor 和 ScheduledThreadPoolExecutor，但是在绝大多数情况下，会希望通过调用 Executors 实用工具类定义的以下静态工厂方法来获取执行器：

static ExecutorService newCachedThreadPool()
static ExecutorService newFixedThreadPool(int *numThreads*)
static ScheduledExecutorService newScheduledThreadPool(int *numThreads*)

newCachedThreadPool()方法创建的线程池可以根据需要添加线程，但是会尽可能地重用线程。newFixedThreadPool()方法创建包含指定数量线程的线程池。newScheduledThreadPool()方法创建支持线程调度的线程池。每个方法都返回对 ExecutorService 对象的引用，ExecutorService 对象可以用于管理线程池。

28.3.1 一个简单的执行器示例

在继续讨论之前，分析一个使用执行器的简单示例是有帮助的。下面的程序创建了一个固定线程池，该线程池包含两个线程。然后使用线程池执行 4 个任务。因此，4 个任务共享线程池中的两个线程。完成任务后，关闭线程池，程序结束。

```
// A simple example that uses an Executor.

import java.util.concurrent.*;

class SimpExec {
 public static void main(String args[]) {
   CountDownLatch cdl = new CountDownLatch(5);
   CountDownLatch cdl2 = new CountDownLatch(5);
   CountDownLatch cdl3 = new CountDownLatch(5);
   CountDownLatch cdl4 = new CountDownLatch(5);
   ExecutorService es = Executors.newFixedThreadPool(2);

   System.out.println("Starting");

   // Start the threads.
   es.execute(new MyThread(cdl, "A"));
   es.execute(new MyThread(cdl2, "B"));
   es.execute(new MyThread(cdl3, "C"));
```

```java
      es.execute(new MyThread(cdl4, "D"));

      try {
        cdl.await();
        cdl2.await();
        cdl3.await();
        cdl4.await();
      } catch (InterruptedException exc) {
        System.out.println(exc);
      }

      es.shutdown();
      System.out.println("Done");
   }
}

class MyThread implements Runnable {
  String name;
  CountDownLatch latch;

  MyThread(CountDownLatch c, String n) {
    latch = c;
    name = n;
  }

  public void run() {

    for(int i = 0; i < 5; i++) {
      System.out.println(name + ": " + i);
      latch.countDown();
    }
  }
}
```

该程序的输出如下所示(线程执行的精确顺序可能与此不同):

```
Starting
A: 0
A: 1
A: 2
A: 3
A: 4
C: 0
C: 1
C: 2
C: 3
C: 4
D: 0
D: 1
D: 2
D: 3
D: 4
B: 0
B: 1
B: 2
B: 3
```

```
    B: 4
    Done
```

如输出所示，尽管线程池只包含两个线程，但所有 4 个任务仍会全部执行。不过，在同一时刻只能运行两个任务。其他任务必须等待，直到线程池中的某个线程可以使用为止。

对 shutdown()方法的调用很重要。如果在该程序中没有使用这个方法，程序不会终止，因为执行器仍然是活动的。为了自己尝试一下，只需要注释掉对 shutdown()方法的调用并观察结果即可。

28.3.2 使用 Callable 和 Future 接口

并发 API 最有趣的特性之一是 Callable 接口，这个接口表示返回值的线程。应用程序可以使用 Callable 对象计算结果，然后将结果返回给调用线程。这是一种功能强大的机制，因为可以简化对许多类型数值进行计算(其中部分结果需要同步计算)的编码工作。另外，Callable 还可以用于运行那些返回状态码(用于指示线程成功完成)的线程。

Callable 是泛型接口，其定义如下所示：

interface Callable<V>

其中，V 指明了由任务返回的数据的类型。Callable 只定义了一个方法，名为 call()，该方法如下所示：

V call() throws Exception

在 call()方法中定义希望执行的任务，在任务完成后返回结果。如果不能计算结果，那么 call()方法必须抛出异常。

Callable 任务通过对 ExecutorService 对象调用 submit()方法来执行。submit()方法有 3 种形式，但是只有一种用于执行 Callable 任务，如下所示：

<T> Future<T> submit(Callable<T> *task*)

其中，*task* 是将在自己的线程中执行的 Callable 对象，结果通过 Future 类型的对象返回。

Future 是泛型接口，表示将由 Callable 对象返回的值。因为这个值是在将来的某个时间获取的，所以使用 Future 作为名称是合适的。Future 的定义如下所示：

interface Future<V>

其中，V 指定了结果的类型。

为了获得返回值，需要调用 Future 的 get()方法，该方法具有以下两种形式：

V get()
    throws InterruptedException, ExecutionException
V get(long *wait*, TimeUnit *tu*)
    throws InterruptedException, ExecutionException, TimeoutException

第 1 种形式无限期地等待结果。第 2 种形式允许使用 *wait* 指定超时时间。*wait* 的单位是通过 *tu* 传递的，也就是 TimeUnit 枚举对象，TimeUnit 将在本章后面描述。

下面的程序通过创建 3 个执行不同计算的任务，演示了 Callable 和 Future。第 1 个任务返回值的和，第 2 个任务根据直角三角形的两条直角边长度计算斜边长度，第 3 个任务计算阶乘的值。这 3 个计算是同时进行的。

```
// An example that uses a Callable.

import java.util.concurrent.*;
```

```java
class CallableDemo {
  public static void main(String args[]) {
    ExecutorService es = Executors.newFixedThreadPool(3);
    Future<Integer> f;
    Future<Double> f2;
    Future<Integer> f3;

    System.out.println("Starting");

    f = es.submit(new Sum(10));
    f2 = es.submit(new Hypot(3, 4));
    f3 = es.submit(new Factorial(5));

    try {
      System.out.println(f.get());
      System.out.println(f2.get());
      System.out.println(f3.get());
    } catch (InterruptedException exc) {
      System.out.println(exc);
    }
    catch (ExecutionException exc) {
      System.out.println(exc);
    }

    es.shutdown();
    System.out.println("Done");
  }
}

// Following are three computational threads.

class Sum implements Callable<Integer> {
  int stop;

  Sum(int v) { stop = v; }

  public Integer call() {
    int sum = 0;
    for(int i = 1; i <= stop; i++) {
      sum += i;
    }
    return sum;
  }
}

class Hypot implements Callable<Double> {
  double side1, side2;

  Hypot(double s1, double s2) {
    side1 = s1;
    side2 = s2;
  }

  public Double call() {
    return Math.sqrt((side1*side1) + (side2*side2));
  }
```

```
}

class Factorial implements Callable<Integer> {
  int stop;

  Factorial(int v) { stop = v; }

  public Integer call() {
    int fact = 1;
    for(int i = 2; i <= stop; i++) {
      fact *= i;
    }
    return fact;
  }
}
```

输出如下所示:

```
Starting
55
5.0
120
Done
```

28.4　TimeUnit 枚举

并发 API 定义了一些方法，这些方法的参数为 TimeUnit 类型，用于指明超时时间。TimeUnit 是用于指定计时单位(或称粒度)的枚举。TimeUnit 是在 java.util.concurrent 包中定义的，可以是下列值之一:

DAYS
HOURS
MINUTES
SECONDS
MICROSECONDS
MILLISECONDS
NANOSECONDS

尽管在调用接收计时参数的方法时，TimeUnit 允许指定上述任何值，但无法保证系统能够达到指定的粒度。

下面是一个使用 TimeUnit 的例子。该例对前面显示的 CallableDemo 类进行了修改，从而使用第 2 种形式的 get()方法，这种形式带有 TimeUnit 类型参数，如下所示:

```
try {
  System.out.println(f.get(10, TimeUnit.MILLISECONDS));
  System.out.println(f2.get(10, TimeUnit.MILLISECONDS));
  System.out.println(f3.get(10, TimeUnit.MILLISECONDS));
} catch (InterruptedException exc) {
  System.out.println(exc);
}
catch (ExecutionException exc) {
  System.out.println(exc);
} catch (TimeoutException exc) {
  System.out.println(exc);
}
```

在这个版本中，所有对 get() 方法的调用等待的时间都不会超过 10 毫秒。
TimeUnit 枚举定义了在单位之间进行转换的各种方法，这些方法如下所示：

long convert(long *tval*, TimeUnit *tu*)
long toMicros(long *tval*)
long toMillis(long *tval*)
long toNanos(long *tval*)
long toSeconds(long *tval*)
long toDays(long *tval*)
long toHours(long *tval*)
long toMinutes(long *tval*)

convert() 方法将 *tval* 转换为指定的单位并返回结果，to 系列方法执行指定的转换并返回结果。JDK 9 添加了方法 toChronoUnit() 和 of()，它们在 java.time.temporal.ChronoUnit 和 TimeUnit 之间进行转换。JDK 11 添加 convert() 的另外一个版本，该版本可以将 java.time.Duration 对象转换为 long 对象。

TimeUnit 枚举还定义了以下计时方法：

void sleep(long *delay*) throws InterruptedExecution
void timedJoin(Thread *thrd*, long *delay*) throws InterruptedExecution
void timedWait(Object *obj*, long *delay*) throws InterruptedExecution

其中，sleep() 方法暂停执行指定的延迟时间，延迟时间是根据调用枚举常量指定的，sleep() 方法调用会被转换成 Thread.sleep() 调用。timedJoin() 方法是 Thread.join() 的特殊版本，其中，*thrd* 暂停由 *delay* 指定的时间间隔，时间间隔是根据调用时间单位描述的。timedWait() 方法是 Object.wait() 的特殊版本，其中，*obj* 等待由 *delay* 指定的时间间隔，时间间隔是根据调用时间单位描述的。

28.5 并发集合

如前所述，并发 API 定义了一些针对并发操作而设计的集合类，它们包括：

ArrayBlockingQueue
ConcurrentHashMap
ConcurrentLinkedDeque
ConcurrentLinkedQueue
ConcurrentSkipListMap
ConcurrentSkipListSet
CopyOnWriteArrayList
CopyOnWriteArraySet
DelayQueue
LinkedBlockingDeque
LinkedBlockingQueue
LinkedTransferQueue
PriorityBlockingQueue
SynchronousQueue

它们是集合框架定义的相关类的并发替代版本。这些集合除了提供并发支持外，它们的工作方式与其他集合类似。熟悉集合框架的程序员掌握这些并发集合应该不会有什么困难。

28.6 锁

java.util.concurrent.locks 包对锁提供了支持，锁是一些对象，它们为使用 synchronized 控制对共享资源的访问提供了替代技术。大体而言，锁的工作原理如下：在访问共享资源之前，申请用于保护资源的锁；当资源访问完成时，释放锁。当某个线程正在使用锁时，如果另一个线程尝试申请锁，那么后者会被挂起，直到锁被释放为止。通过这种方式，可以防止对共享资源的冲突访问。

当多个线程需要访问共享数据时，锁特别有用。例如，库存应用程序可能具有这样一种线程，这种线程首先确认仓库中的货物，然后在每次销售之后减少货物的数量。当两个或多个这种线程正在运行时，如果不采取某些形式的同步机制，那么当其中一个线程正在进行交易处理时，另一个线程也开始进行交易处理。结果可能是两个线程都认为库存充足，即使当前的库存只能满足一次销售。在这种情况下，锁提供了一种方便的机制来实现所需的同步。

Lock 接口定义了锁。表 28-2 列出了 Lock 接口所定义的方法。一般而言，为申请锁，可以调用 lock()方法。如果锁不可得，lock()方法会等待。为了释放锁，可以调用 unlock()方法。为了查看锁是否可得，并且如果可得的话，就申请锁，可以调用 tryLock()方法。如果锁不可得的话，tryLock()方法不会进行等待。相反，如果申请到锁，就返回 true；否则返回 false。newCondition()方法返回一个与锁关联的 Condition 对象。使用 Condition 对象，可以通过 await()和 signal()这类方法，详细地控制锁，这些方法提供了与 Object.wait()和 Object.notify()方法类似的功能。

表 28-2　Lock 接口定义的方法

方　　法	描　　述
void lock()	进行等待，直到可以获得调用锁为止
void lockInterruptibly() 　　throws InterruptedException	除非被中断，否则进行等待，直到可以获得调用锁为止
Condition newCondition()	返回与调用锁关联的 Condition 对象
boolean tryLock()	尝试获得锁。如果锁不可得，这个方法不会等待；如果已获得锁，就返回 true；如果锁当前正被另一个线程使用，就返回 false
boolean tryLock(long *wait*, TimeUnit *tu*) 　　throws InterruptedException	尝试获得锁。如果锁不可得，该方法等待的时间不会超过由 *wait* 指定的时间长度，时间单位为 *tu*；如果已获得锁，就返回 true；如果在指定的时间内无法获得锁，就返回 false
void unlock()	释放锁

java.util.concurrent.locks 包提供了 Lock 接口的一个实现，名为 ReentrantLock。ReentrantLock 实现了一种可重入锁(reentrant lock)，当前持有锁的线程能够重复进入这种锁。当然，对于线程重入锁的这种情况，所有 lock()调用必须用相同数量的 unlock()调用进行抵消。否则，试图申请锁的线程会被挂起，直到锁不再被使用为止。

下面的程序演示了锁的使用。该程序创建两个访问共享资源 Shared.count 的线程。每个线程在可以访问 Shared.count 之前，必须获得锁。其中一个线程在获得锁之后，递增 Shared.count，然后在释放锁之前，使该线程睡眠。这会导致另一个线程尝试获取锁。但是，因为锁仍然由第一个线程持有，所以第二个线程必须等待，直到第一个线程停止睡眠并释放锁为止。输出显示：对 Shared.count 的访问确实是由锁进行同步的。

```
// A simple lock example.

import java.util.concurrent.locks.*;
```

```java
class LockDemo {

  public static void main(String args[]) {
    ReentrantLock lock = new ReentrantLock();

    new Thread(new LockThread(lock, "A")).start();
    new Thread(new LockThread(lock, "B")).start();
  }
}

// A shared resource.
class Shared {
  static int count = 0;
}

// A thread of execution that increments count.
class LockThread implements Runnable {
  String name;
  ReentrantLock lock;

  LockThread(ReentrantLock lk, String n) {
    lock = lk;
    name = n;
  }

  public void run() {

    System.out.println("Starting " + name);

    try {
      // First, lock count.
      System.out.println(name + " is waiting to lock count.");
      lock.lock();
      System.out.println(name + " is locking count.");

      Shared.count++;
      System.out.println(name + ": " + Shared.count);

      // Now, allow a context switch -- if possible.
      System.out.println(name + " is sleeping.");
      Thread.sleep(1000);
    } catch (InterruptedException exc) {
      System.out.println(exc);
    } finally {
      // Unlock
      System.out.println(name + " is unlocking count.");
      lock.unlock();
    }
  }
}
```

输出如下所示(线程执行的准确顺序可能与此不同)：

```
Starting A
A is waiting to lock count.
A is locking count.
```

```
    A: 1
    A is sleeping.
    Starting B
    B is waiting to lock count.
    A is unlocking count.
    B is locking count.
    B: 2
    B is sleeping.
    B is unlocking count.
```

java.util.concurrent.locks 包还定义了 ReadWriteLock 接口。由这个接口指定的锁，可以为读写访问维护独立的锁。这允许为资源读取者提供多个锁，只要资源不是正在写入即可。ReentrantReadWriteLock 提供了 ReadWriteLock 接口的一个实现。

> **注意：**
> 有一个特殊的锁 StampedLock。它没有实现 Lock 或 ReadWriteLock 接口，却提供了一种机制，让自己在某些地方使用起来与 Lock 或 ReadWriteLock 类似。

28.7 原子操作

当读取或写入某些类型的变量时，java.util.concurrent.atomic 包为其他同步特性提供了替代方案。这个包提供了一些以一种不可中断的操作(即原子操作)，获取、设置以及比较变量值的方法。这意味着不需要锁以及其他同步机制。

原子操作是通过使用一些类以及方法完成的，例如 AtomicInteger 和 AtomicLong 类，以及 get()、set()、compareAndSet()、decrementAndGet()和 getAndSet()这类方法，它们的名称表明了它们将要执行的动作。

下面的例子演示了如何使用 AtomicInteger 同步对共享整数的访问：

```java
// A simple example of Atomic.

import java.util.concurrent.atomic.*;

class AtomicDemo {

  public static void main(String args[]) {
    new Thread(new AtomThread("A")).start();
    new Thread(new AtomThread("B")).start();
    new Thread(new AtomThread("C")).start();
  }
}

class Shared {
  static AtomicInteger ai = new AtomicInteger(0);
}

// A thread of execution that increments count.
class AtomThread implements Runnable {
  String name;

  AtomThread(String n) {
    name = n;
  }

  public void run() {
```

```
    System.out.println("Starting " + name);

    for(int i=1; i <= 3; i++)
      System.out.println(name + " got: " +
          Shared.ai.getAndSet(i));
  }
}
```

在这个程序中，Shared 类创建了一个静态的 AtomicInteger 对象，名为 ai。然后，创建了 3 个 AtomThread 类型的线程。在 run()方法中，调用 getAndSet()方法以修改 Shared.ai。getAndSet()方法将值设置为参数传递的值，并返回之前的值。使用 AtomicInteger 可以防止两个线程同时写入 ai。

一般而言，对于只涉及单个变量的情况，原子操作为其他同步机制提供了一种方便的替代方案(并且有可能更高效)。java.util.concurrent.atomic 还提供了 4 个支持无锁累加操作的类，分别是 DoubleAccumulator、DoubleAdder、LongAccumulator 和 LongAdder。累加器类支持一系列用户定义的操作，加法器类则维护累加和。

28.8 通过 Fork/Join 框架进行并行编程

近些年，在软件开发领域出现了一种新的编程趋势：并行编程。并行编程通常是某种技术的代名词，这种技术可以利用包含两个或更多个处理器(多核)的计算机。大多数读者都知道，多核计算机正在普及。多处理器环境的优势是能够显著提高程序的性能。因此，需要为 Java 程序员提供一种以清晰、可伸缩的方式，简单且高效地利用多处理器的途径，这一需求正在不断增长。为了满足这一需求，JDK 7 增加了一些支持并行编程的类和接口。它们通常被称作 Fork/Join 框架。Fork/Join 框架是在 java.util.concurrent 包中定义的。

Fork/Join 框架通过两种方式增强了多线程编程。首先，Fork/Join 框架简化了多线程的创建和使用；其次，Fork/Join 框架自动使用多处理器。换句话说，通过使用 Fork/Join 框架，应用程序能够自动伸缩，以利用可用数量的处理器。如果期望进行并行编程，这两个特性使得 Fork/Join 框架成为推荐使用的最佳选择。

在继续之前，有必要指出传统的多线程编程与并行编程之间的区别。在过去，大多数计算机只有单个 CPU，多线程编程主要用于利用空闲时间，例如当程序等待用户输入时。使用这种方式，可以在某个线程空闲时执行另一个线程。换句话说，在单核 CPU 系统中，多线程编程用于允许两个或多个任务共享 CPU。这种类型的多线程编程通常是通过 Thread 类型的对象得以支持的(如第 11 章所述)。尽管这种类型的多线程编程总是很有用，但并没有针对可以使用两个或更多个 CPU(多核计算机)的情况进行优化。

当具有多个 CPU 时，需要支持真正并行运行的第二类多线程编程。使用两个或更多个 CPU，可以同时执行程序的各个部分，每一部分在自己的 CPU 上执行，从而可以显著提升某些类型操作的执行速度，例如排序、变换或搜索大型数组。在许多情况下，这些类型的操作可以被分隔成更小的片(每一片操作数据的一部分，并且每片可以在自己的 CPU 上运行)。你可能想到了，得到的效率提升是巨大的。简单来说：并行编程将成为每个程序员的未来，因为并行编程能够显著提高程序的性能。

28.8.1 主要的 Fork/Join 类

Fork/Join 框架位于 java.util.concurrent 包中。Fork/Join 框架中处于核心地位的是以下 4 个类：

- ForkJoinTask<V>：用来定义任务的抽象类。
- ForkJoinPool：管理 ForkJoinTask 的执行。
- RecursiveAction：ForkJoinTask<V>的子类，用于不返回值的任务。
- RecusiveTask<V>：ForkJoinTask<V>的子类，用于返回值的任务。

下面是它们之间的关系：ForkJoinPool 管理 ForkJoinTask 的执行，ForkJoinTask 是抽象类，另外两个抽象类——RecursiveAction 和 RecusiveTask——对 ForkJoinTask 进行了扩展。通常，代码会扩展这些类以创建任务。在详细分析这个过程之前，简要介绍每个类的关键方面是有帮助的。

> **注意：**
> CountedCompleter 类也扩展了 ForkJoinTask。但是，本书不讨论这个类。

1. ForkJoinTask<V>

ForkJoinTask<V>是抽象类，用来定义能够被 ForkJoinPool 管理的任务。类型参数 V 指定了任务的结果类型。ForkJoinTask 与 Thread 不同，ForkJoinTask 表示任务的轻量级抽象，而不是执行线程。ForkJoinTask 通过线程(由 ForkJoinPool 类型的线程池负责管理)来执行。通过这种机制，可以使用少量的实际线程来管理大量的任务。因此与线程相比，ForkJoinTask 非常高效。

ForkJoinTask 定义了许多方法，核心方法是 fork()和 join()，如下所示：

final ForkJoinTask<V> fork()

final V join()

fork()方法为调用任务的异步执行提交调用任务，这意味着调用 fork()方法的线程将持续运行。在调度好的任务执行后，fork()方法返回 this。在 JDK 8 之前，只能从另一个 ForkJoinTask 的计算部分的内部执行 fork()方法(稍后，将会介绍如何创建任务的计算部分)。但是，在 JDK 8 中，如果在 ForkJoinPool 中执行任务时没有调用 fork()方法，则会自动使用一个公共池。join()方法等待调用该方法的任务终止，任务结果被返回。因此，通过使用 fork()和 join()方法，可以开始一个或多个新任务，然后等待它们结束。

ForkJoinTask 的另一个重要方法是 invoke()。该方法将并行(fork)和连接(join)操作合并到单个调用中，因为可以开始一个任务，并等待该任务结束。该方法如下所示：

final V invoke()

该方法返回调用任务的结果。

通过使用 invokeAll()方法可以同时调用多个任务，该方法的两种形式如下所示：

static void invokeAll(ForkJoinTask<?> *taskA*, ForkJoinTask<?> *taskB*)

static void invokeAll(ForkJoinTask<?> ... *taskList*)

在第 1 种形式中，执行 *taskA* 和 *taskB*。在第 2 种形式中，执行所有指定的任务。在两种形式中，调用线程都会等待所有指定任务结束。在 JDK 8 之前，只能从另一个 ForkJoinTask 的计算部分的内部执行 invokeAll()方法，ForkJoinTask 在 ForkJoinPool 中运行。JDK 8 包含的公共池放松了这种要求。

2. RecursiveAction

ForkJoinTask 的其中一个子类是 RecursiveAction，这个类用于封装不返回结果的任务。通常，代码会扩展 RecursiveAction 以创建具有 void 返回类型的任务。RecursiveAction 定义了 4 个方法，但是通常只对其中一个方法感兴趣：抽象方法 compute()。当扩展 RecursiveAction 以创建具体类时，会将定义任务的代码放在 compute()方法中。compute()方法代表任务的计算部分。

RecursiveAction 定义的 compute()方法如下所示：

protected abstract void compute()

注意，compute()是受保护的和抽象的，所以必须被子类实现(除非子类也是抽象的)。

一般来说，RecursiveAction 用于为不返回结果的任务实现递归的、分而治之的策略。

3. RecursiveTask<V>

ForkJoinTask 的另一个子类是 RecursiveTask<V>，这个类用于封装返回结果的任务，结果类型是由 V 指定的。通常，代码会扩展 RecursiveTask<V>以创建返回值的任务。与 RecursiveAction 类似，该类也定义了 4 个方法，但是通常只使用 compute()抽象方法，该方法表示任务的计算部分。当扩展 RecursiveTask<V>以创建具体类时，将定义任务的代码放到 compute()方法中。这些代码还必须返回任务的结果。

RecursiveTask<V>定义的 compute()方法如下所示：

protected abstract V compute()

注意，compute()是受保护的和抽象的，所以必须被子类实现。当实现该方法时，必须返回任务的结果。

一般来说，RecursiveTask 用于为返回结果的任务实现递归的、分而治之的策略。

4. ForkJoinPool

ForkJoinTask 的执行发生在 ForkJoinPool 类中，该类还管理任务的执行。所以，为了执行 ForkJoinTask，首先必须有 ForkJoinPool 对象。从 JDK 8 开始，有两种方式可获得 ForkJoinPool 对象。首先，可以使用 ForkJoinPool 构造函数显式地创建一个。其次，可以使用所谓的公共池。JDK 8 新增的公共池是一个静态的 ForkJoinPool 对象，可供程序员使用。这里将分别介绍这两种方式，首先手动构建一个池。

ForkJoinPool 类定义了几个构造函数，下面是其中两个常用的构造函数：

ForkJoinPool()

ForkJoinPool(int *pLevel*)

第 1 个构造函数创建默认池，支持的并行级别等于系统中可用处理器的数量。第 2 个构造函数可以指定并行级别，值必须大于 0 并且不能超过实现的限制。并行级别决定了能够并行执行的线程的数量。因此，并行级别实际决定了能够同时执行的任务的数量(当然，能够同时执行的任务的数量不可能超过处理器的数量)。但是，并行级别没有限制线程池能够管理的任务的数量，理解这一点很重要。ForkJoinPool 能够管理大大超过其并行级别的任务数。此外，并行级别只是目标，而不是要确保的结果。

创建好 ForkJoinPool 实例后，就可以通过大量不同的方法开始执行任务。第一个任务通常被认为是主任务。通常，由主任务启动由池管理的其他子任务。启动主任务的一种常用方式是对 FrokJoinPool 实例调用 invoke()方法。该方法如下所示：

<T> T invoke(ForkJoinTask<T> *task*)

这个方法启动由 *task* 指定的任务，并且返回任务的结果。这意味着调用代码会进行等待，直到 invoke()方法返回为止。

为了启动不用等待完成的任务，可以使用 execute()方法，下面是该方法的一种形式：

void execute(ForkJoinTask<?> *task*)

对于这个方法，会启动由 *task* 指定的任务，但是调用代码不会等待任务完成。相反，调用代码将继续异步执行。

从 JDK 8 开始，因为有另一个公共池可用，所以没有必要显式地构建 ForkJoinPool 对象。一般来说，如果没有使用显式创建的池，就会自动使用公共池。通过 ForkJoinPool 定义的 commonPool()方法，可以获得对公共池的引用，尽管有时候没有必要这么做。该方法的一般形式如下：

static ForkJoinPool commonPool()

该方法返回对公共池的引用。公共池提供了默认的并行级别。使用系统属性可以设置默认的并行级别(细节请参见 API 文档)。通常，对于许多应用程序来说，默认公共池是很好的选择。当然，总是可以构建自己的池。

使用公共池启动任务有两种基本方法。首先，通过调用 commonPool()方法获得对公共池的引用，然后使用该引用来调用前面描述过的 invoke()或 execute()方法。其次，在计算环境外，对任务调用 ForkJoinTask 方法，如 fork()或 invoke()方法。在这种情况下，将自动使用公共池。换句话说，如果任务没有在 ForkJoinPool 内运行，则 fork()或 invoke()将使用公共池启动任务。

ForkJoinPool 使用一种称为工作挪用(work stealing)的方式来管理线程的执行。每个工作者线程维护一个任务队列。如果某个工作者线程的任务队列是空的，这个工作者线程将从其他工作者线程取得任务。从而可以提高总效率，并且有助于维持负载均衡(因为系统中的其他进程也会占用 CPU 时间，所以即使两个工作者线程在它们各自的队列中具有相同的任务，也不可能在同一时间完成)。

另外一点：ForkJoinPool 使用守护线程(daemon thread)。当所有用户线程都终止时，守护线程自动终止。因此，不需要显式关闭 ForkJoinPool。但是，公共池是例外，可以通过 shutdown()方法关闭 ForkJoinPool。shutdown()方法对公共池不起作用。

28.8.2 分而治之的策略

作为通用规则，使用 Fork/Join 框架会用到基于递归的分而治之的策略。这就是将 ForkJoinTask 的两个子类称为 RecursiveAction 和 RecursiveTask 的原因。当创建自己的并行/连接任务时，可以扩展这些类中的一个。

分而治之的策略基于如下机制：将任务递归地划分成更小的子任务，直到子任务足够小，从而能够被连续地处理为止。例如，对于包含 N 个整数的数组，转换数组中每个元素的任务可以被划分成两个子任务，每个子任务处理数组中的一半元素。也就是说，一个子任务转换 0 到 N/2 的元素，另一个子任务转换 N/2 到 N 的元素。每个子任务又可以依次被划分为另外一组子任务，每个子任务转换剩余元素的一半。这种划分数组的过程一直持续下去，直到达到某个临界点为止，在该临界点，连续的解决方案比进行另一次划分更快。

分而治之策略的优势在于处理过程可以并行发生。所以，不是使用单个线程循环遍历整个数组，而是同时处理数组的多个部分。当然，可以采用分而治之方式的许多情况往往不存在数组(或集合)，但是使用这种方式的最常见情况会涉及某些类型的数组、集合或数据分组。

使用分而治之策略的关键之一在于正确地选择临界点，在临界点使用连续处理(而不是进一步划分)。通常，最佳临界点是通过配置执行特征获得的。但是，即便使用的临界点不是最佳临界点，也能非常显著地提升速度。但是，最好避免使用过大或过小的临界点。在撰写本书时，针对 ForkJoinTask<T>的 Java API 文档指出，根据经验，任务应当在 100 到 10 000 个计算步骤之间的某个位置执行。

计算所需要的时间也会影响最佳临界点，理解这一点很重要。如果每个计算步骤非常长，选择更小的临界点可能更好。相反，如果计算步骤有些短，更大的临界点可能会得到更好的结果。对于将在已知系统中运行的应用程序来说，因为处理器的数量已知，所以可以使用处理器的数量来决定临界点的选取。但是，对于将运行于各种系统中的应用程序来说，因为事先不知道系统的功能，所以不能对执行环境进行假设。

另外一点：尽管在系统中可能有多个处理器可用，但其他任务(以及操作系统自身)将会与应用程序竞争 CPU 资源。因此，不能假定程序会无限制地访问所有 CPU，这一点很重要。此外，因为加载的任务不同，同一程序的不同运行可能会显示不同的运行时特征。

28.8.3 一个简单的 Fork/Join 示例

现在，看一个演示 Fork/Join 框架以及分而治之策略的简单例子是有帮助的。下面的程序将数组中的 double 值转换成它们的平方根。转换是通过 RecursiveAction 的子类完成的。注意该程序创建了自己的 ForkJoinPool。

```
// A simple example of the basic divide-and-conquer strategy.
// In this case, RecursiveAction is used.
import java.util.concurrent.*;
```

```java
import java.util.*;

// A ForkJoinTask (via RecursiveAction) that transforms
// the elements in an array of doubles into their square roots.
class SqrtTransform extends RecursiveAction {
  // The threshold value is arbitrarily set at 1,000 in this example.
  // In real-world code, its optimal value can be determined by
  // profiling and experimentation.
  final int seqThreshold = 1000;

  // Array to be accessed.
  double[] data;

  // Determines what part of data to process.
  int start, end;

  SqrtTransform(double[] vals, int s, int e ) {
    data = vals;
    start = s;
    end = e;
  }

  // This is the method in which parallel computation will occur.
  protected void compute() {

    // If number of elements is below the sequential threshold,
    // then process sequentially.
    if((end - start) < seqThreshold) {
      // Transform each element into its square root.
      for(int i = start; i < end; i++) {
        data[i] = Math.sqrt(data[i]);
      }
    }
    else {
      // Otherwise, continue to break the data into smaller pieces.

      // Find the midpoint.
      int middle = (start + end) / 2;

      // Invoke new tasks, using the subdivided data.
      invokeAll(new SqrtTransform(data, start, middle),
            new SqrtTransform(data, middle, end));
    }
  }
}

// Demonstrate parallel execution.
class ForkJoinDemo {
  public static void main(String args[]) {
    // Create a task pool.
    ForkJoinPool fjp = new ForkJoinPool();

    double[] nums = new double[100000];

    // Give nums some values.
    for(int i = 0; i < nums.length; i++)
```

```
      nums[i] = (double) i;

    System.out.println("A portion of the original sequence:");

    for(int i=0; i < 10; i++)
      System.out.print(nums[i] + " ");
    System.out.println("\n");

    SqrtTransform task = new SqrtTransform(nums, 0, nums.length);

    // Start the main ForkJoinTask.
    fjp.invoke(task);

    System.out.println("A portion of the transformed sequence" +
                       " (to four decimal places):");
    for(int i=0; i < 10; i++)
      System.out.format("%.4f ", nums[i]);
    System.out.println();
  }
}
```

该程序的输出如下所示：

```
A portion of the original sequence:
0.0 1.0 2.0 3.0 4.0 5.0 6.0 7.0 8.0 9.0

A portion of the transformed sequence (to four decimal places):
0.0000 1.0000 1.4142 1.7321 2.0000 2.2361 2.4495 2.6458 2.8284 3.0000
```

可以看出，数组元素的值已经被转换成它们各自的平方根。

下面详细分析这个程序的工作原理。首先，注意 SqrtTransform 扩展了 RecursiveAction。如前所述，RecursiveAction 针对那些不返回结果的任务扩展了 ForkJoinTask。接下来，注意 final 变量 seqThreshold，这是决定何时进行连续处理的临界点的值。这个值被设置为 1000(在某种程度上，这有些随意)。接下来，注意将要处理的对数组的引用保存于 data 中，并且使用 start 和 end 域变量指示将要访问的元素的边界。

程序的主要动作发生于 compute() 方法中。首先检查将要处理的元素数量是否小于连续处理的临界点。如果是，就处理这些元素(在这个例子中，是通过计算它们的平方根来进行处理)。如果还没有达到连续处理的临界点，就通过调用 invokeAll() 方法开始两个新任务。本例中，每个子任务处理一半元素。如前所述，invokeAll() 方法会进行等待，直到这两个任务返回为止。在所有递归调用都展开后，数组中的每个元素就已修改，对数组元素的修改是通过并行发生的许多操作完成的(如果有多个处理器可用的话)。

如前所述，从 JDK 8 开始，由于存在公共池，因此不必显式构建一个 ForkJoinPool，而且使用公共池非常简单。例如，通过调用由 ForkJoinPool 定义的静态 commonPool() 方法，可以获得对公共池的引用。因此，使用 commonPool() 方法调用替换掉对 ForkJoinPool 构造函数的调用，可以把前面的程序改为使用公共池，如下所示：

```
ForkJoinPool fjp = ForkJoinPool.commonPool();
```

另外一种方法是，不需要显式获得对公共池的引用，因为对不在池中的任务调用 ForkJoinTask 的 invoke() 或 fork() 方法将自动使任务在公共池中执行。例如，在前面的程序中，可以完全删除 fjp 变量，而使用下面的语句启动任务：

```
task.invoke();
```

这里的讨论说明，使用公共池比创建自己的池更容易。而且很多时候，公共池就是首选方法。

28.8.4 理解并行级别带来的影响

在继续之前,理解并行级别对并行/连接任务性能的影响,以及并行级别与临界点的交互是很重要的。使用本节的程序,可以试验不同的并行级别和临界值。假定正在使用多核计算机,就可以交互地观察这些值的效果。

在前面的例子中,使用了默认并行级别。但是,可以根据需要修改并行级别。一种方式是,当使用下面这个构造函数创建 ForkJoinPool 对象时指定并行级别:

ForkJoinPool(int *pLevel***)**

在此,*pLevel* 指定了并行级别,必须大于 0 并且小于设备定义的界限。

下面的程序创建了一个转换 double 数组的并行/连接任务。转换是任意的,但是被设计成使用多个 CPU 时钟。这样做的目的是确保能够更加清晰地显示修改临界值或并行级别后得到的效果。为了使用该程序,在命令行中指定临界值和并行级别。然后,程序运行任务。此外,还显示运行任务使用了多长时间。为此,使用 System.nanoTime(),该方法返回 JVM 的高精度计时器的值。

```java
// A simple program that lets you experiment with the effects of
// changing the threshold and parallelism of a ForkJoinTask.
import java.util.concurrent.*;

// A ForkJoinTask (via RecursiveAction) that performs a
// a transform on the elements of an array of doubles.
class Transform extends RecursiveAction {

  // Sequential threshold, which is set by the constructor.
  int seqThreshold;

  // Array to be accessed.
  double[] data;

  // Determines what part of data to process.
  int start, end;

  Transform(double[] vals, int s, int e, int t ) {
    data = vals;
    start = s;
    end = e;
    seqThreshold = t;
  }

  // This is the method in which parallel computation will occur.
  protected void compute() {

    // If number of elements is below the sequential threshold,
    // then process sequentially.
    if((end - start) < seqThreshold) {
      // The following code assigns an element at an even index the
      // square root of its original value. An element at an odd
      // index is assigned its cube root. This code is designed
      // to simply consume CPU time so that the effects of concurrent
      // execution are more readily observable.
      for(int i = start; i < end; i++) {
        if((data[i] % 2) == 0)
          data[i] = Math.sqrt(data[i]);
        else
```

```java
        data[i] = Math.cbrt(data[i]);
      }
    }
    else {
      // Otherwise, continue to break the data into smaller pieces.

      // Find the midpoint.
      int middle = (start + end) / 2;

      // Invoke new tasks, using the subdivided data.
      invokeAll(new Transform(data, start, middle, seqThreshold),
            new Transform(data, middle, end, seqThreshold));
    }
  }
}

// Demonstrate parallel execution.
class FJExperiment {

  public static void main(String args[]) {
    int pLevel;
    int threshold;

    if(args.length != 2) {
      System.out.println("Usage: FJExperiment parallelism threshold ");
      return;
    }

    pLevel = Integer.parseInt(args[0]);
    threshold = Integer.parseInt(args[1]);

    // These variables are used to time the task.
    long beginT, endT;

    // Create a task pool. Notice that the parallelism level is set.
    ForkJoinPool fjp = new ForkJoinPool(pLevel);

    double[] nums = new double[1000000];

    for(int i = 0; i < nums.length; i++)
      nums[i] = (double) i;

    Transform task = new Transform(nums, 0, nums.length, threshold);

    // Starting timing.
    beginT = System.nanoTime();

    // Start the main ForkJoinTask.
    fjp.invoke(task);

    // End timing.
    endT = System.nanoTime();

    System.out.println("Level of parallelism: " + pLevel);
    System.out.println("Sequential threshold: " + threshold);
    System.out.println("Elapsed time: " + (endT - beginT) + " ns");
```

```
    System.out.println();
  }
}
```

为了使用该程序，需要指定并行级别和临界限制。应当为并行级别和临界值使用不同的数值进行试验，并观察结果。请记住，为了得到试验效果，必须在具有至少两个处理器的计算机上运行该程序。此外，还要理解两次不同的运行可能(几乎肯定)会生成不同的结果，因为系统中的其他进程会影响 CPU 时间的使用。

为了通过这个试验认识不同并行级别的区别，首先，像下面这样执行程序：

`java FJExperiment 1 1000`

这个命令要求并行级别为 1(在本质上也就是顺序执行)，临界值为 1000。在双核计算机上运行，生成的一次样本结果如下所示：

```
Level of parallelism: 1
Sequential threshold: 1000
Elapsed time: 259677487 ns
```

现在，像下面这样将并行级别指定为 2：

`java FJExperiment 2 1000`

下面是在相同的双核计算机上运行该程序后生成的一次样本结果：

```
Level of parallelism: 2
Sequential threshold: 1000
Elapsed time: 169254472 ns
```

正如运行结果所证实的，增加并行级别后明显减少了执行时间，因此提高了程序的速度。可以在你自己的计算机上试验不同的临界点和并行级别，结果会让你吃惊的。

当试验并行/连接程序的执行特征时，还有两个方法可能会有用。首先，可以通过调用 getParallelism()方法获取并行级别，该方法是由 ForkJoinPool 定义的，如下所示：

int getParallelism()

该方法返回当前起作用的并行级别。请记住，对于创建的池，默认并行级别等于可用处理器的数量。要获取公共池的并行级别，也可以使用 getCommonPoolParallelism()方法。其次，可以通过调用 availableProcessors()方法来获取系统中可用处理器的数量，该方法是由 Runtime 类定义的，如下所示：

int availableProcessors()

缘于其他系统要求，一次调用的返回值可能与下一次调用的返回值不同。

28.8.5 一个使用 RecursiveTask<V>的例子

前两个例子是基于 RecursiveAction 构建的，这意味着它们可以并行执行不返回结果的任务。为了创建返回结果的任务，需要使用 RecursiveTask。一般来说，设计解决方案的方式与刚才显示的相同。关键区别在于 compute()方法会返回结果。因此，必须累加结果，从而当第一个调用结束时，返回整个结果。另一个区别在于，通常是通过显式地调用 fork()和 join()方法来启动子任务(例如，不是通过调用 invokeAll()方法来隐式地启动子任务)。

下面的程序演示了 RecursiveTask。该程序创建一个名为 Sum 的任务，该任务返回 double 数组中数值的总和。在这个例子中，数组包含 5000 个元素。但是，每隔一个元素是负值。因此在该数组中，前面一部分元素的值是 0、–1、2、–3、4 等(注意这个例子创建了自己的池。作为练习，你可以对其进行修改，使之使用公共池)。

```
// A simple example that uses RecursiveTask<V>.
import java.util.concurrent.*;
```

```java
// A RecursiveTask that computes the summation of an array of doubles.
class Sum extends RecursiveTask<Double> {

  // The sequential threshold value.
  final int seqThresHold = 500;

  // Array to be accessed.
  double[] data;

  // Determines what part of data to process.
  int start, end;

  Sum(double[] vals, int s, int e ) {
    data = vals;
    start = s;
    end = e;
  }

  // Find the summation of an array of doubles.
  protected Double compute() {
    double sum = 0;

    // If number of elements is below the sequential threshold,
    // then process sequentially.
    if((end - start) < seqThresHold) {
      // Sum the elements.
      for(int i = start; i < end; i++) sum += data[i];
    }
    else {
      // Otherwise, continue to break the data into smaller pieces.

      // Find the midpoint.
      int middle = (start + end) / 2;

      // Invoke new tasks, using the subdivided data.
      Sum subTaskA = new Sum(data, start, middle);
      Sum subTaskB = new Sum(data, middle, end);

      // Start each subtask by forking.
      subTaskA.fork();
      subTaskB.fork();

      // Wait for the subtasks to return, and aggregate the results.
      sum = subTaskA.join() + subTaskB.join();
    }
      // Return the final sum.
      return sum;
  }
}

// Demonstrate parallel execution.
class RecurTaskDemo {
  public static void main(String args[]) {
    // Create a task pool.
    ForkJoinPool fjp = new ForkJoinPool();
```

```
    double[] nums = new double[5000];

    // Initialize nums with values that alternate between
    // positive and negative.
    for(int i=0; i < nums.length; i++)
      nums[i] = (double) (((i%2) == 0) ? i : -i) ;

    Sum task = new Sum(nums, 0, nums.length);

    // Start the ForkJoinTasks. Notice that, in this case,
    // invoke() returns a result.
    double summation = fjp.invoke(task);

    System.out.println("Summation " + summation);
  }
}
```

下面是该程序的输出：

```
Summation -2500.0
```

在该程序中，有一些有趣的事情。首先，注意两个子任务是通过调用fork()方法来执行的，如下所示：

subTaskA.fork();

subTaskB.fork();

在这个例子中，之所以使用fork()方法，是因为该方法启动任务却不等待任务结束(因此能够异步地运行任务)。通过调用join()方法可以获取每个任务的结果，如下所示：

```
sum = subTaskA.join() + subTaskB.join();
```

这条语句会进行等待，直到每个任务完成为止。然后将每个任务的结果相加，并将总和赋给sum。因此，每个子任务的总和被加到运行总和。最后，通过返回sum结束compute()方法的运行，sum是第一次调用返回时的最后总和。

还有另外两种方式可以用于处理子任务的异步执行。例如，下面的语句使用fork()方法启动subTaskA，使用invoke()方法启动并等待subTaskB：

```
subTaskA.fork();
sum = subTaskB.invoke() + subTaskA.join();
```

另外一种方式是直接为subTaskB调用compute()方法，如下所示：

```
subTaskA.fork();
sum = subTaskB.compute() + subTaskA.join();
```

28.8.6 异步执行任务

前面的程序在ForkJoinPool中调用invoke()方法以启动任务。当调用线程必须等待任务完成时(这种情况很常见)，通常使用这种方式，因为直到任务终止，invoke()方法才返回。但是，可以异步地开始任务。对于这种方式，调用线程继续执行。因此，调用线程和任务同时执行。为了异步地启动任务，需要使用execute()方法，该方法也是由ForkJoinPool定义的，具有如下所示的两种形式：

void execute(ForkJoinTask<?> *task*)

void execute(Runnable *task*)

在这两种形式中，*task*指定了要运行的任务。注意第2种形式允许指定Runnable对象，而不是ForkJoinTask

任务。因此，这种形式桥接了 Java 传统的多线程编程方式和新的 Fork/Join 框架。ForkJoinPool 使用的线程是守护线程，记住这一点很重要。因此，当主线程结束时，它们也会结束。所以，可能需要保持主线程活跃，直到任务结束。

28.8.7 取消任务

可以通过调用 cancel()方法来取消任务，该方法是由 ForkJoinTask 定义的，一般形式如下所示：

boolean cancel(boolean *interruptOK*)

如果调用该方法的任务被取消，就返回 true；如果任务已经结束或者不能取消，就返回 false。目前，默认实现没有使用 *interruptOK* 参数。通常，是从任务外部的代码调用 cancel()方法，因为任务通过返回可以很容易地取消。

可以通过调用 isCancelled()方法来确定任务是否已经取消，该方法如下所示：

final boolean isCancelled()

如果调用任务在结束之前已经取消，就返回 true；否则返回 false。

28.8.8 确定任务的完成状态

除了刚才描述的 isCancelled()方法外，ForkJoinTask 还包含另外两个方法，可以使用它们来确定任务的完成状态。第 1 个是 isCompletedNormally()方法，该方法如下所示：

final boolean isCompletedNormally()

如果调用任务正常结束，即没有抛出异常，并且也没有通过 cancel()方法调用来取消，就返回 true；否则返回 false。

第 2 个是 isCompletedAbnormally()方法，该方法如下所示：

final boolean isCompletedAbnormally()

如果调用任务是因为取消或是因为抛出异常而完成的，就返回 true；否则返回 false。

28.8.9 重新启动任务

正常情况下，不能重新运行任务。换句话说，任务一旦完成，就不能重新启动。但是，(在任务完成后)可以重新初始化任务的状态，从而使其能够再次运行。这是通过调用 reinitialize()方法完成的，该方法如下所示：

void reinitialize()

这个方法重置调用任务的状态。但是，对于由任务操作的任何永久数据来说，已经做的任何修改都不会被取消。例如，如果任务修改了某个数组，那么调用 reinitialize()方法不会取消那些修改。

28.8.10 深入研究

前面的讨论介绍了 Fork/Join 框架的基础知识，并描述了最常用的方法。但是，Fork/Join 是十分丰富的框架，提供了可以进一步控制并行操作的附加功能。尽管分析所有这些主题，以及分析围绕并行编程和 Fork/Join 框架的细微差别大大超出了本书的讨论范围，但是在此将介绍一些有关 ForkJoinTask 和 ForkJoinPool 提供的其他特性的例子。

1. 其他的 ForkJoinTask 特性举例

有些时候，希望确保 invokeAll()和 fork()这样的方法只在 ForkJoinTask 中被调用。遵守这条规则通常很容易，但是在有些情况下，可能会具有能够在任务内部或外部执行的代码。可以通过调用 inForkJoinPool()方法，确定你的代码是否在任务内部执行。

可以通过 ForkJoinTask 定义的 adapt()方法，将 Runnable 或 Callable 对象转换成 ForkJoinTask 对象。该方法有 3 种形式，一种用于转换 Callable 对象，另一种用于转换不返回结果的 Runnable 对象，最后一种用于转换返回结果的 Runnable 对象。对于 Callable 对象，运行 call()方法；对于 Runnable 对象，运行 run()方法。

可以通过调用 getQueuedTaskCount()方法，获取调用线程的队列中任务的大概数量。可以通过调用 getSurplusQueuedTaskCount()方法，获取调用线程的队列中任务数量超出池中其他线程任务数量的大约数目，其他线程可能会"挪用"多出的这些任务。请记住，在 Fork/Join 框架中，任务挪用是获得高效率的一种方式。尽管这个过程是自动进行的，但在某些情况下，对于优化吞吐量，这一信息可能是有用的。

ForkJoinTask 定义了以 quietly 作为前缀的 join()和 invoke()方法，它们如下所示：

- final void quietlyJoin()：连接任务，但是不返回结果，也不抛出异常。
- final void quietlyInvoke()：调用任务，但是不返回结果，也不抛出异常。

本质上，除了不返回值以及不抛出异常外，这两个方法与它们对应的没有 quiet 前缀的方法相似。

可以通过调用 tryUnfork()方法，尝试"不调用"(换句话说，不调度)任务。

有几个方法，如 getForkJoinTaskTag()和 setForkJoinTaskTag()，支持标记。标记是链接到任务的短整数值。在特殊的应用程序中，它们可能十分有用。

ForkJoinTask 实现了 Serializable 接口，因而能够被串行化。但是，在执行期间不能应用串行化。

2. 其他的 ForkJoinPool 特性举例

当调试并行/连接应用程序时，有一个方法特别有用——ForkJoinPool 的重写方法 toString()。该方法显示"用户友好的"池状态概要信息。为了查看 toString()方法的使用情况，在前面显示的试验程序的 FJExperiment 类中，使用下面的语句启动并等待任务：

```
// Asynchronously start the main ForkJoinTask.
fjp.execute(task);

// Display the state of the pool while waiting.
while(!task.isDone()) {
  System.out.println(fjp);
}
```

当运行程序时，在屏幕上会看到一系列描述池状态的消息。下面是一个例子。当然，根据处理器的数量、临界点的值、任务负载等，你的输出可能会与此不同。

```
java.util.concurrent.ForkJoinPool@141d683[Running, parallelism = 2,
size = 2, active = 0, running = 2, steals = 0, tasks = 0, submissions = 1]
```

通过调用 isQuiescent()方法，可以确定池当前是否空闲。如果池中没有活动的线程，就返回 true；否则返回 false。

通过调用 getPoolSize()方法，可以获得池中当前工作者线程的数量。通过调用 getActiveThreadCount()方法，可以获取池中当前活动线程的大概数量。

为了关闭池，可以调用 shutdown()方法。当前活动的任务仍然会执行，但是不会启动新的任务。为了立即停止池，可以调用 shutdownNow()方法。在这种情况下，会尝试取消当前活动的线程(但是必须注意，这两个方法不会影响公共池)。通过调用 isShutdown()方法，可以确定池是否关闭。如果池已经关闭，就返回 true；否则返回 false。为了确定池是否已经关闭，并且确定所有任务是否已经完成，可以调用 isTerminated()方法。

28.8.11 关于 Fork/Join 框架的一些提示

下面是一些提示，它们有助于避开与使用 Fork/Join 框架相关的一些棘手的陷阱。首先，避免使用过低的连续界限值。一般而言，界限值过高比过低要好一些。如果界限值太低，因生成和切换任务而消耗的时间会比执行任务消耗的时间更长。其次，通常最好使用默认并行级别。如果指定更低的级别，可能会明显降低使用 Fork/Join 框架带来的好处。

一般来说，ForkJoinTask 不应当使用同步方法或同步代码块。此外，通常不希望 compute()方法使用其他类型的同步，例如信号量(但是在适当的时候，可以使用新的 Phaser 类，因为该类与并行/连接机制是兼容的)。请记住，ForkJoinTask 背后的主要思想是分而治之策略。这种方式通常不会让自身处于需要使用外部同步的处境。此外，避免将 I/O 操作划分成许多块。所以，ForkJoinTask 通常不会执行 I/O。简单地说，为了更好地利用 Fork/Join 框架，任务应当执行计算，这些计算在没有外部阻塞或同步时就能运行。

最后一点：除了特殊情况，不要对代码将在其中运行的环境做出假设。这意味着不应当假定可用处理器的某个特定数量，也不能假定程序的执行特征不会受到来自其他同时运行的进程的影响。

28.9 并发实用工具与 Java 传统方式的比较

缘于新的并发实用工具的强大功能和灵活性，自然会思考以下问题：它们取代了 Java 传统的多线程编程和同步方式吗？答案是肯定没有！许多 Java 程序仍然会使用对多线程编程的原始支持以及内置的同步特性。例如，synchronized、wait()以及 notify()，为涉及广泛的问题提供了良好的解决方案。但是，当需要进一步的控制时，可以使用并发工具处理繁杂的工作。此外，Fork/Join 框架为将并行编程技术集成到更复杂的应用程序中提供了很不错的方式。

第 29 章 流 API

在最近新增的许多特性中，有两个可能最为重要，分别是 lambda 表达式和流 API。第 15 章讨论了 lambda 表达式，本章将介绍流 API。你将看到，流 API 的设计考虑到了 lambda 表达式。而且，流 API 有力地展现了 lambda 表达式带给 Java 的强大能力。

虽然与 lambda 表达式的设计兼容性十分惹人注意，但是流 API 的关键一点在于能够执行非常复杂的查找、过滤和映射数据等操作。例如，使用流 API 时，可以构造动作序列，使其在概念上类似于使用 SQL 执行的数据库查询。另外，在很多时候，特别是涉及大数据集时，这类动作可以并行执行，从而提高效率。简单来说，流 API 提供了一种高效且易于使用的处理数据的方式。

在继续讨论之前，有一点需要指出：流 API 使用了 Java 的一些最高级的功能。所以，要想完整地理解和使用流 API，需要牢固地掌握泛型和 lambda 表达式。此外，还需要了解并行执行的基本概念，并知道如何使用集合框架(相关内容在第 14 章、第 15 章、第 19 章和第 28 章中已介绍)。

29.1 流的基础知识

首先定义流 API 中"流"的概念：流是数据的渠道。因此，流代表了一个对象序列。流操作数据源，如数组或集合。流本身不存储数据，而只是移动数据，在移动过程中可能会对数据执行过滤、排序或其他操作。然而，一般来说，流操作本身不修改数据源。例如，对流排序不会修改数据源的顺序。相反，对流排序会创建一个新流，其中包含的是排序后的结果。

> **注意：**
> 必须指出，这里使用的"流"与本书前面讨论 I/O 类时使用的"流"不同。虽然 I/O 类的行为在概念上与 java.util.stream 中定义的流类似，但它们是不同的。因此，本章中使用"流"这个术语时，指的是这里描述的某个流类型的对象。

29.1.1 流接口

流 API 定义了几个流接口，包含在 java.base 模块的 java.util.stream 包中。BaseStream 是基础接口，它定义了所有流都可以使用的基本功能。它是一个泛型接口，其声明如下所示：

interface BaseStream<T, S extends BaseStream<T, S>>

其中，T 指定流中元素的类型，S 指定扩展了 BaseStream 的流的类型。BaseStream 扩展了 AutoCloseable 接口，所以可以使用带资源的 try 语句管理流。但是，一般来说，只有其数据源需要关闭的流 (如连接到文件的流)，才需要关闭。大多数时候，例如数据源是集合的情况，则不需要关闭流。表 29-1 列出了 BaseStream 接口声明的方法。

表 29-1　BaseStream 接口声明的方法

方　　法	描　　述
void close()	调用注册的关闭处理程序，关闭调用流(如前所述，很少有流需要被关闭)
boolean isParallel()	如果调用流是并行流，返回 true；如果调用流是顺序流，返回 false
Iterator<T> iterator()	获得流的一个迭代器，并返回对该迭代器的引用(终端操作)
S onClose(Runnable handler)	返回一个新流，handler 指定了该流的关闭处理程序。当关闭该流时，将调用这个处理程序(中间操作)
S parallel()	基于调用流，返回一个并行流。如果调用流已经是并行流，就返回该流(中间操作)
S sequential()	基于调用流，返回一个顺序流。如果调用流已经是顺序流，就返回该流(中间操作)
Spliterator<T> spliterator()	获得流的 spliterator，并返回其引用(终端操作)
S unordered()	基于调用流，返回一个无序流。如果调用流已经是无序流，就返回该流(中间操作)

BaseStream 接口派生出了几个流接口，其中最具一般性的是 Stream 接口，其声明如下所示：

interface Stream<T>

其中，T 指定流中元素的类型。因为 Stream 是泛型接口，所以可用于所有引用类型。除了继承自 BaseStream 的方法，Stream 接口还定义了几个自己的方法，表 29-2 列出了其中的几个。

表 29-2　Stream 接口声明的方法举例

方　　法	描　　述
<R, A> R collect(Collector<? super T, A, R> collectorFunc)	将元素收集到一个可以修改的容器中，并返回该容器，这称为可变缩减操作。R 指定结果容器的类型，T 指定调用流的元素类型，A 指定内部累加的类型，collectorFunc 指定收集过程的工作方式(终端操作)
long count()	统计流中的元素数，并返回结果(终端操作)
Stream<T> filter(Predicate<? super T> pred)	生成一个流，其中包含调用流中满足 pred 指定的谓词的元素(中间操作)
void forEach(Consumer<? super T> action)	对于调用流中的每个元素，执行由 action 指定的动作(终端操作)
<R> Stream<R> map(Function<? super T, ? extends R> mapFunc)	对调用流中的元素应用 mapFunc，生成包含这些元素的一个新流(中间操作)
DoubleStream mapToDouble(ToDoubleFunction<? super T> mapFunc)	对调用流中的元素应用 mapFunc，生成包含这些元素的一个新的 DoubleStream 流(中间操作)
IntStream mapToInt(ToIntFunction<? super T> mapFunc)	对调用流中的元素应用 mapFunc，生成包含这些元素的一个新的 IntStream 流(中间操作)
LongStream mapToLong(ToLongFunction<? super T> mapFunc)	对调用流中的元素应用 mapFunc，生成包含这些元素的一个新的 LongStream 流(中间操作)
Optional<T> max(Comparator<? super T> comp)	使用由 comp 指定的排序，找出并返回调用流中的最大元素(终端操作)
Optional<T> min(Comparator<? super T> comp)	使用由 comp 指定的排序，找出并返回调用流中的最小元素(终端操作)
T reduce(T identityVal, BinaryOperator<T> accumulator)	基于调用流中的元素返回结果，这称为缩减操作(终端操作)
Stream<T> sorted()	生成一个新流，其中包含按自然顺序排序的调用流的元素(中间操作)
Object[] toArray()	使用调用流的元素创建数组(终端操作)

在表 29-1 和表 29-2 中，注意许多方法都被标注为"终端操作"或"中间操作"。二者的区别非常重要。终端操作会消费流。这种操作用于生成结果，例如找出流中最小的值，或者执行某种操作，比如 forEach()方法。一个流被消费以后，就不能被重用。中间操作会生成另一个流。因此，中间操作可以用来创建执行一系列动作的管道。另外一点：中间操作不是立即发生的。相反，当在中间操作创建的新流上执行完终端操作后，中间操作指定的操作才会发生。这种机制称为延迟行为，所以称中间操作为"延迟"。延迟行为让流 API 能够更加高效地执行。

流的另外一个关键点是，一些中间操作是无状态的，另外一些是有状态的。在无状态操作中，独立于其他元素处理每个元素。在有状态操作中，某个元素的处理可能依赖于其他元素。例如，排序是有状态操作，因为元素的顺序依赖于其他元素的值。因此，sorted()方法是有状态的。然而，基于无状态谓词的元素过滤是无状态的，因为每个元素都是被单独处理的。因此，filter()方法是(并且应该是)无状态的。当需要并行处理流时，无状态与有状态的区别尤为重要，因为有状态操作可能需要几次处理才能完成。

因为 Stream 操作的是对象引用，所以不能直接操作基本类型。为了处理基本类型流，流 API 定义了以下接口：

DoubleStream

IntStream

LongStream

这些流都扩展了 BaseStream，并且具有类似于 Stream 的功能，只不过它们操作的是基本类型，而不是引用类型。它们也提供了一些便捷方法，例如 boxed()，使得使用它们更加方便。因为对象流最为常见，所以本章重点关注 Stream，但是基本类型流的处理基本上是相同的。

29.1.2 如何获得流

获得流的方式有多种。可能最常见的是获得集合流。从 JDK 8 开始，Collection 接口已被扩展，包含了两个可以获得集合流的方法。第一个方法是 stream()，如下所示：

default Stream<E> stream()

该方法的默认实现返回一个顺序流。第二个方法是 parallelStream()，如下所示：

default Stream<E> parallelStream()

该方法的默认实现返回一个并行流(但是，如果无法获得并行流，也可能返回一个顺序流)。并行流支持流操作的并行执行。因为每个集合都实现了 Collection 接口，所以可以使用这两个方法从任意集合类获得流，例如 ArrayList 或 HashSet。

通过使用静态的 stream()方法，也可以获得数组流。该方法的一种形式如下所示：

static <T> Stream<T> stream(T[ ] *array*)

该方法返回 *array* 中元素的一个顺序流。例如，给定类型为 Address 的 addresses 数组，下面的代码将获得该数组的流：

```
Stream<Address> addrStrm = Arrays.stream(addresses);
```

stream()方法还有几个重载形式，例如有的形式能够处理基本类型的数组，它们返回 IntStream、DoubleStream 或 LongStream 类型的流。

还可以通过另外一些方式获得流。例如，许多流操作会返回新流，而且通过对 BufferedReader 调用 lines()方法，可以获得 I/O 源的流。不管流是如何获得的，使用方式都与其他流一样。

29.1.3 一个简单的流示例

在继续深入讨论前，首先看一个使用流的例子。下面的程序创建了一个称为 myList 的 ArrayList，用于存储整数集合(这些整数被自动装箱为 Integer 引用类型)。然后，获得一个将 myList 用作源的流。最后，程序演示了各种流操作。

```java
// Demonstrate several stream operations.

import java.util.*;
import java.util.stream.*;

class StreamDemo {

  public static void main(String[] args) {

    // Create a list of Integer values.
    ArrayList<Integer> myList = new ArrayList<>( );
    myList.add(7);
    myList.add(18);
    myList.add(10);
    myList.add(24);
    myList.add(17);
    myList.add(5);

    System.out.println("Original list: " + myList);

    // Obtain a Stream to the array list.
    Stream<Integer> myStream = myList.stream();

    // Obtain the minimum and maximum value by use of min(),
    // max(), isPresent(), and get().
    Optional<Integer> minVal = myStream.min(Integer::compare);
    if(minVal.isPresent()) System.out.println("Minimum value: " +
                                      minVal.get());

    // Must obtain a new stream because previous call to min()
    // is a terminal operation that consumed the stream.
    myStream = myList.stream();
    Optional<Integer> maxVal = myStream.max(Integer::compare);
    if(maxVal.isPresent()) System.out.println("Maximum value: " +
                                      maxVal.get());

    // Sort the stream by use of sorted().
    Stream<Integer> sortedStream = myList.stream().sorted();

    // Display the sorted stream by use of forEach().
    System.out.print("Sorted stream: ");
    sortedStream.forEach((n) -> System.out.print(n + " "));
    System.out.println();

    // Display only the odd values by use of filter().
    Stream<Integer> oddVals =
        myList.stream().sorted().filter((n) -> (n % 2) == 1);
    System.out.print("Odd values: ");
    oddVals.forEach((n) -> System.out.print(n + " "));
    System.out.println();
```

```
    // Display only the odd values that are greater than 5. Notice that
    // two filter operations are pipelined.
    oddVals = myList.stream().filter( (n) -> (n % 2) == 1)
                             .filter((n) -> n > 5);
    System.out.print("Odd values greater than 5: ");
    oddVals.forEach((n) -> System.out.print(n + " ") );
    System.out.println();
  }
}
```

输出如下所示：

```
Original list: [7, 18, 10, 24, 17, 5]
Minimum value: 5
Maximum value: 24
Sorted stream: 5 7 10 17 18 24
Odd values: 5 7 17
Odd values greater than 5: 7 17
```

下面仔细看看每个流操作。创建 ArrayList 以后，程序通过调用 stream()方法获得此列表的流，如下所示：

```
Stream<Integer> myStream = myList.stream();
```

如前所述，现在 Collection 接口定义了 stream()方法，可从调用集合获得一个流。因为每个集合流都实现了 Collection 接口，所以可以使用 stream()方法来获得任意类型的集合的流，包括这里使用的 ArrayList 集合。这里将对流的引用赋给了 myStream。

接下来，程序获得了流中的最小值(当然，也是数据源中的最小值)，并显示出该值，如下所示：

```
Optional<Integer> minVal = myStream.min(Integer::compare);
if(minVal.isPresent()) System.out.println("Minimum value: " +
                                    minVal.get());
```

回忆一下表 29-2，min()方法的声明如下所示：

Optional<T> min(Comparator<? super T> *comp***)**

首先注意，min()方法的参数类型是 Comparator。该比较器用于比较流中的两个元素。本例中，将对 Integer 的 compare()方法的引用传递给 min()方法，compare()方法用于实现比较两个 Integer 元素的比较器。接下来，注意 min()方法的返回类型是 Optional。第 20 章简要介绍了 Optional 类，现在看看其原理。Optional 是 java.util 包中的一个泛型类，其声明如下所示：

class Optional<T>

其中，T 指定了元素类型。Optional 接口可以包含 T 类型的值，也可以为空。使用 isPresent()方法可以判断是否存在值。假设存在值，那么可以调用 get()方法以获取该值。在示例中，返回的对象将以 Integer 对象的形式包含流中的最小值。

关于前面的代码，还有一点需要注意：min()是消费流的终端操作。因此，在 min()方法执行后，不能再使用 myStream。

下面的代码获得并显示流中的最大值：

```
myStream = myList.stream();
Optional<Integer> maxVal = myStream.max(Integer::compare);
if(maxVal.isPresent()) System.out.println("Maximum value: " +
                                    maxVal.get());
```

首先，再次将 myList.stream()方法返回的流赋给 myStream。如刚才所述，这么做是有必要的，因为刚才调用的 min()方法消费了前一个流。所以，需要一个新的流。接下来，调用 max()方法来获得最大值。与 min()一样，max()返回一个 Optional 对象。其值是通过调用 get()方法获得的。

然后，程序通过下面的代码行获得一个排序后的流：

```
Stream<Integer> sortedStream = myList.stream().sorted();
```

这里对 myList.stream()返回的流调用 sorted()方法。因为 sorted()是中间操作，所以其结果是一个新流，也就是赋给 sortedStream 的流。排序流的内容通过 forEach()方法显示出来：

```
sortedStream.forEach((n) -> System.out.print(n + " "));
```

其中，forEach()方法对流中的每个元素执行了操作。在本例中，它简单地为 sortedStream 中的每个元素调用了 System.out.print()方法。这是通过使用一个 lambda 表达式完成的。forEach()方法的一般形式如下所示：

void forEach(Consumer<? super T> *action*)

Consumer 是 java.util.function 包中声明的一个泛型函数式接口，其抽象方法为 accept()，如下所示：

void accept(T *objRef*)

forEach()调用中使用的 lambda 表达式提供了 accept()方法的实现。forEach()方法是终端操作，因此，在该方法执行后，流就被消费掉了。

接下来，使用 filter()方法过滤排序后的流，使其只包含奇数值：

```
Stream<Integer> oddVals =
    myList.stream().sorted().filter((n) -> (n % 2) == 1);
```

filter()方法基于一个谓词来过滤流，它返回一个只包含满足谓词的元素的新流。该方法如下所示：

Stream<T> filter(Predicate<? super T> *pred*)

Predicate 是 java.util.function 包中定义的一个泛型函数式接口，其抽象方法为 test()，如下所示：

boolean test(T *objRef*)

如果 *objRef* 引用的对象满足谓词，该方法返回 true，否则返回 false。传递给 filter()方法的 lambda 表达式实现了这个方法。因为 filter()是中间操作，所以返回一个包含过滤后的值的新流，在本例中，过滤后的值就是奇数值。然后，像前面一样，使用 forEach()方法显示这些元素。

因为 filter()方法或其他任何中间操作会返回一个新流，所以可以对过滤后的流再次执行过滤操作。下面的代码演示了这一点，得到了一个只包含大于 5 的奇数的流：

```
oddVals = myList.stream().filter((n) -> (n % 2) == 1)
                         .filter((n) -> n > 5);
```

注意，为两个过滤器都传递了 lambda 表达式。

29.2 缩减操作

考虑前面示例程序中的 min()和 max()方法。这两个都是终端方法，基于流中的元素返回结果。用流 API 的术语来说，它们代表了缩减操作，因为每个操作都将一个流缩减为一个值——对于这两种操作，就是最小值和最大值。流 API 将这两种操作称为特例缩减，因为它们执行了具体的操作。除了 min()和 max()，还存在其他特例缩减操作，如统计流中元素个数的 count()方法。然而，流 API 泛化了这种概念，提供了 reduce()方法。通过使用 reduce()方法，可以基于任意条件，从流中返回一个值。根据定义，所有缩减操作都是终端操作。

Stream 定义了三个版本的 reduce()方法。我们首先使用的两个版本如下所示：

Optional<T> reduce(BinaryOperator<T> *accumulator*)
T reduce(T *identityVal*, BinaryOperator<T> *accumulator*)

第一个版本返回 Optional 类型的对象，该对象包含了结果。第二个版本返回 T 类型的对象(T 类型是流中元素的类型)。在这两种形式中，*accumulator* 是一个操作两个值并得到结果的函数。在第二种形式中，*identityVal* 是这样一个值：对于涉及 *identityVal* 和流中任意元素的累积操作，得到的结果就是元素自身，没有改变。例如，如果操作是加法，*identityVal* 是 0，因为 0+x 是 x。对于乘法操作，*identiyVal* 是 1，因为 1*x 是 x。

BinaryOperator 是 java.util.function 包中声明的一个函数式接口，它扩展了 BiFunction 函数式接口。BiFunction 定义了如下抽象方法：

R apply(T *val*, U *val2*)

其中，R 指定了结果类型，T 是第一个操作数的类型，U 是第二个操作数的类型。因此，apply()对其两个操作数(*val* 和 *val2*)应用一个函数，并返回结果。BinaryOperator 扩展 BiFunction 时，为所有类型参数指定了相同的类型。因此，对于 BinaryOperator 来说，apply()如下所示：

T apply(T *val*, T *val2*)

此外，在用到 reduce()中时，*val* 将包含前一个结果，*val2* 将包含下一个元素。在第一次调用时，取决于所使用的 reduce()版本，val 将包含单位值或第一个元素。

需要理解的是，累加器操作必须满足以下三个约束：
- 无状态
- 不干预
- 关联性

如前所述，无状态意味着操作不依赖于任何状态信息。因此，每个元素都被单独处理。不干预是指操作不会改变数据源。最后，操作必须具有关联性。这里的关联性使用的是其标准的数学含义，即，给定一个关联运算符，在一系列操作中使用该运算符时，先处理哪一对操作数无关紧要。例如：

```
(10*2)*7
```

得到的结果与下面的运算相同：

```
10*(2*7)
```

对于下一节将讨论的并行流上执行的缩减操作，关联性特别重要。

下面的程序演示了刚才描述的 reduce()版本：

```
// Demonstrate the reduce() method.

import java.util.*;
import java.util.stream.*;

class StreamDemo2 {
  public static void main(String[] args) {

    // Create a list of Integer values.
    ArrayList<Integer> myList = new ArrayList<>( );

    myList.add(7);
    myList.add(18);
    myList.add(10);
```

```
    myList.add(24);
    myList.add(17);
    myList.add(5);

    // Two ways to obtain the integer product of the elements
    // in myList by use of reduce().
    Optional<Integer> productObj = myList.stream().reduce((a,b) -> a*b);
    if(productObj.isPresent())
      System.out.println("Product as Optional: " + productObj.get());

    int product = myList.stream().reduce(1, (a,b) -> a*b);
    System.out.println("Product as int: " + product);
  }
}
```

输出如下所示。可以看出，reduce()方法的两次使用得到了相同的结果：

```
Product as Optional: 2570400
Product as int: 2570400
```

在程序中，第一个版本的 reduce()方法使用 lambda 表达式来计算两个值的乘积。在本例中，因为流中包含 Integer 值，所以在乘法计算中会自动拆箱 Integer 对象，然后在返回结果时会自动重新装箱。两个值分别代表累积结果中的当前值和流中的下一个元素。最终结果放在一个 Optional 类型的对象中并被返回。通过对返回的对象调用 get()方法，可以获得这个值。

在第二个版本中，显式地指定了单位值，对于乘法而言就是 1。注意，结果作为元素类型的对象返回，在本例中就是一个 Integer 对象。

虽然对于示例而言，简单的缩减操作很有用，如乘法操作，但是缩减操作不限于此。例如，对于前面的程序，下面的代码可以获得偶数值的乘积：

```
int evenProduct = myList.stream().reduce(1, (a,b) -> {
                    if(b%2 == 0) return a*b; else return a;
                  });
```

特别注意 lambda 表达式。如果 b 是偶数，就返回 a*b；否则，返回 a。前面已经介绍过，之所以可以这么做，是因为 a 保存了当前结果，而 b 保存了下一个元素。

29.3 使用并行流

在继续深入探讨流 API 之前，讨论并行流会有帮助。在本书前面曾指出，借助多核处理器并行执行代码可以显著提高性能。因此，并行编程已经成为现代程序员工作的重要部分。然而，并行编程可能十分复杂且容易出错。流库提供的好处之一是能够轻松可靠地并行执行一些操作。

请求并行处理流十分简单：只需要使用一个并行流即可。如前所述，获得并行流的一种方法是使用 Collection 定义的 parallelStream()方法。另一种方法是对顺序流调用 parallel()方法。parallel()方法由 BaseStream 定义，如下所示：

S parallel()

该方法基于调用它的顺序流，返回一个并行流(如果调用该方法的流已经是一个并行流，就返回该调用流)。当然，需要理解的是，即使对于并行流，也只有在环境支持的情况下才可以实现并行处理。

获得并行流后，如果环境支持并行处理，那么在该流上发生的操作就可以并行执行。例如，在前面的程序中，如果把 stream()调用替换为 parallelStream()，第一个 reduce()操作就可以并行进行：

```
Optional<Integer> productObj = myList.parallelStream().reduce((a,b) -> a*b);
```

结果是一样的，但是乘法操作可以发生在不同的线程上。

一般来说，应用到并行流的任何操作都必须是无状态的。另外，还必须是不干预的，并且具有关联性。这确保在并行流上执行操作得到的结果，与在顺序流上执行相同操作得到的结果相同。

使用并行流时，可能会发现下面这个版本的 reduce() 方法十分有用。该版本可以指定如何合并部分结果：

<U> U reduce(U *identityVal*, BiFunction<U, ? super T, U> *accumulator*
        BinaryOperator<U> *combiner*)

在这个版本中，*combiner* 定义的函数将 *accumulator* 函数得到的两个值合并起来。对于前面的程序，下面的语句通过使用并行流，计算出 myList 中元素的积：

```
int parallelProduct = myList.parallelStream().reduce(1, (a,b) -> a*b,
                                                        (a,b) -> a*b);
```

可以看到，在这个例子中，*accumulator* 和 *combiner* 执行的是相同的操作。但是，在有些情况下，*accumulator* 的操作与 *combiner* 的操作必须不同。例如，分析下面的程序。这里，myList 包含一个 double 值的列表。它使用 reduce() 方法的合并器版本，计算列表中每个元素的平方根的积。

```
// Demonstrate the use of a combiner with reduce()

import java.util.*;
import java.util.stream.*;

class StreamDemo3 {

  public static void main(String[] args) {

    // This is now a list of double values.
    ArrayList<Double> myList = new ArrayList<>( );

    myList.add(7.0);
    myList.add(18.0);
    myList.add(10.0);
    myList.add(24.0);
    myList.add(17.0);
    myList.add(5.0);

    double productOfSqrRoots = myList.parallelStream().reduce(
                        1.0,
                        (a,b) -> a * Math.sqrt(b),
                        (a,b) -> a * b
                      );

    System.out.println("Product of square roots: " + productOfSqrRoots);
  }
}
```

注意，*accumulator* 函数将两个元素的平方根相乘，但是 *combiner* 函数则将部分结果相乘。因此，这两个函数是不同的。不仅如此，对于这种计算，这两个函数必须不同，结果才会正确。例如，如果尝试使用下面的语句来获得元素的平方根的乘积，将会发生错误：

```
// This won't work.
double productOfSqrRoots2 = myList.parallelStream().reduce(
                        1.0,
                        (a,b) -> a * Math.sqrt(b));
```

在这个版本的reduce()方法中，accumulator函数和combiner函数是同一个函数。这将导致错误，因为当合并两个部分结果时，相乘的是它们的平方根，而不是部分结果自身。

值得注意的是，上面对reduce()方法的调用中，如果将流改为顺序流，那么操作将得到正确的结果，因为此时将不需要合并两个部分结果。当使用并行流时，才会发生问题。

通过调用BaseStream定义的sequential()方法，可以把并行流转换为顺序流。该方法如下所示：

S sequential()

一般来说，可以根据需要，使流在并行流和顺序流之间切换。

使用并行执行时，关于流还有一点需要记住：元素的顺序。流可以是有序的，也可以是无序的。一般来说，如果数据源是有序的，那么流也将是有序的。但是，在使用并行流的时候，有时允许流是无序的可以获得性能上的提升。当并行流无序时，流的每个部分都可以被单独操作，而不需要与其他部分协调。当操作的顺序不重要时，可以调用如下所示的unordered()方法来指定无序行为：

S unordered()

另外一点：forEach()方法不一定保留并行流的顺序。如果在对并行流的每个元素执行操作时，也希望保留顺序，可以考虑使用forEachOrdered()方法。它的用法与forEach()一样。

29.4 映射

很多时候，将一个流的元素映射到另一个流很有帮助。例如，对于一个包含由姓名、电话号码和电子邮件地址构成的数据库的流，可能只映射到另一个流的姓名和电子邮件地址部分。另一个例子是，希望对流中的元素应用一些转换。为此，可以把转换后的元素映射到一个新流。因为映射操作十分常用，所以流API为它们提供了内置支持。最具一般性的映射方法是map()，如下所示：

<R> Stream<R> map(Function<? super T, ? extends R> *mapFunc*)

其中，R指定新流的元素类型，T指定调用流的元素类型，*mapFunc*是完成映射的Function实例。映射函数必须是无状态和不干预的。因为map()方法会返回一个新流，所以它是中间方法。

Function是java.util.function包中声明的一个函数式接口，其声明如下所示：

Function<T, R>

在map()中使用时，T是元素类型，R是映射的结果。Function定义的抽象方法如下所示：

R apply(T *val*)

其中，*val*是对被映射对象的引用。映射的结果将被返回。

下面是使用map()方法的一个简单的例子。这是前一个示例程序的变体。与前例一样，这个程序计算ArrayList中值的平方根的乘积。但在这个版本中，元素的平方根首先被映射到一个新流。然后，使用reduce()方法来计算乘积。

```java
// Map one stream to another.

import java.util.*;
import java.util.stream.*;

class StreamDemo4 {
  public static void main(String[] args) {
```

```
    // A list of double values.
    ArrayList<Double> myList = new ArrayList<>( );

    myList.add(7.0);
    myList.add(18.0);
    myList.add(10.0);
    myList.add(24.0);
    myList.add(17.0);
    myList.add(5.0);

    // Map the square root of the elements in myList to a new stream.
    Stream<Double> sqrtRootStrm = myList.stream().map((a) -> Math.sqrt(a));

    // Find the product of the square roots.
    double productOfSqrRoots = sqrtRootStrm.reduce(1.0, (a,b) -> a*b);

    System.out.println("Product of square roots is " + productOfSqrRoots);
  }
}
```

输出与前面的相同。这个版本与前一个版本的区别在于，转换(即计算平方根)发生在映射过程而不是缩减过程中。因此，可以使用带两个参数的reduce()版本来计算乘积，因为这里不需要提供单独的combiner函数。

下面这个例子使用 map()创建一个新流，其中只包含从原始流中选定的字段。在本例中，原始流包含NamePhoneEmail 类型的对象，这类对象包含姓名、电话号码和电子邮件地址。然后，程序只将姓名和电话号码映射到NamePhone 对象的新流中。电子邮件地址将被丢弃。

```
// Use map() to create a new stream that contains only
// selected aspects of the original stream.

import java.util.*;
import java.util.stream.*;

class NamePhoneEmail {
  String name;
  String phonenum;
  String email;

  NamePhoneEmail(String n, String p, String e) {
    name = n;
    phonenum = p;
    email = e;
  }
}

class NamePhone {
  String name;
  String phonenum;

  NamePhone(String n, String p) {
    name = n;
    phonenum = p;
  }
}

class StreamDemo5 {
```

```
public static void main(String[] args) {

  // A list of names, phone numbers, and e-mail addresses.
  ArrayList<NamePhoneEmail> myList = new ArrayList<>( );

  myList.add(new NamePhoneEmail("Larry", "555-5555",
                     "Larry@HerbSchildt.com"));
  myList.add(new NamePhoneEmail("James", "555-4444",
                     "James@HerbSchildt.com"));
  myList.add(new NamePhoneEmail("Mary", "555-3333",
                     "Mary@HerbSchildt.com"));

  System.out.println("Original values in myList: ");
  myList.stream().forEach( (a) -> {
    System.out.println(a.name + " " + a.phonenum + " " + a.email);
  });
  System.out.println();

  // Map just the names and phone numbers to a new stream.
  Stream<NamePhone> nameAndPhone = myList.stream().map(
                       (a) -> new NamePhone(a.name,a.phonenum)
                     );

  System.out.println("List of names and phone numbers: ");
  nameAndPhone.forEach( (a) -> {
    System.out.println(a.name + " " + a.phonenum);
  });
 }
}
```

输出如下所示：

```
Original values in myList:
Larry 555-5555 Larry@HerbSchildt.com
James 555-4444 James@HerbSchildt.com
Mary 555-3333 Mary@HerbSchildt.com

List of names and phone numbers:
Larry 555-5555
James 555-4444
Mary 555-3333
```

因为可以把多个中间操作放到管道中，所以很容易创建非常强大的操作。例如，下面的语句使用 filter() 和 map() 方法生成了一个新流，其中只包含名为 "James" 的元素的姓名和电话号码：

```
Stream<NamePhone> nameAndPhone = myList.stream().
                   filter((a) -> a.name.equals("James")).
                   map((a) -> new NamePhone(a.name,a.phonenum));
```

在创建数据库风格的查询时，这种过滤操作十分常见。随着使用流 API 的经验增多，你将发现，这种链式操作可以用来在数据流上创建非常复杂的查询、合并和选择操作。

除了刚才描述的版本，map() 方法还有另外三种版本，它们返回基本类型的流，如下所示：

IntStream mapToInt(ToIntFunction<? super T> *mapFunc*)
LongStream mapToLong(ToLongFunction<? super T> *mapFunc*)
DoubleStream mapToDouble(ToDoubleFunction<? super T> *mapFunc*)

每个 *mapFunc* 必须实现由指定接口定义的抽象方法,并返回指定类型的值。例如,ToDoubleFunction 指定了 applyAsDouble(T *val*)方法,该方法必须将其参数的值作为 double 类型返回。

下面展示了一个使用基本类型流的例子。首先创建一个 double 值的 ArrayList,然后使用 stream()和 mapToInt() 方法创建一个 IntStream,使其包含不小于每个 double 值的最小整数。

```
// Map a Stream to an IntStream.

import java.util.*;
import java.util.stream.*;

class StreamDemo6 {
  public static void main(String[] args) {

    // A list of double values.
    ArrayList<Double> myList = new ArrayList<>( );

    myList.add(1.1);
    myList.add(3.6);
    myList.add(9.2);
    myList.add(4.7);
    myList.add(12.1);
    myList.add(5.0);

    System.out.print("Original values in myList: ");
    myList.stream().forEach( (a) -> {
      System.out.print(a + " ");
    });
    System.out.println();

    // Map the ceiling of the elements in myList to an IntStream.
    IntStream cStrm = myList.stream().mapToInt((a) -> (int) Math.ceil(a));

    System.out.print("The ceilings of the values in myList: ");
    cStrm.forEach( (a) -> {
      System.out.print(a + " ");
    });

  }
}
```

输出如下所示:

```
Original values in myList: 1.1 3.6 9.2 4.7 12.1 5.0
The ceilings of the values in myList: 2 4 10 5 13 5
```

mapToInt()方法生成的流包含不小于 myList 中原始元素的最小整数。

在结束映射这个主题之前,有必要指出:流 API 还提供了支持 *flat map* 的方法,包括 flatMap()、flatMapToInt()、flatMapToLong()和 flatMapToDouble()。设计 flat map 方法,是为了处理原始流中的每个元素映射到结果流中的多个元素的情况。

29.5 收集

如前面的例子所示,可以从集合中获得流,并且这种做法十分常见。但是,有时需要执行反操作:从流中获

得集合。为了执行这种操作,流 API 提供了 collect()方法。它有两种形式,我们首先将使用如下形式:

<R, A> R collect(Collector<? super T, A, R> *collectorFunc*)

其中,R 指定结果的类型,T 指定调用流的元素类型。内部累积类型由 A 指定。*collectorFunc* 指定收集过程如何执行。collect()方法是一个终端方法。

Collector 接口是在 java.util.stream 包中声明的,如下所示:

interface Collector<T, A, R>

T、A 和 R 的含义与上述相同。Collector 指定了几个方法,但是在本章中,我们不需要实现它们。相反,我们将使用 Collectors 类提供的两个预定义收集器。Collectors 类包含在 java.util.stream 包中。

Collectors 类定义了许多可以直接使用的静态收集器方法。我们将使用的两个是 toList()和 toSet(),如下所示:

static <T> Collector<T, ?, List<T>> toList()
static <T> Collector<T, ?, Set<T>> toSet()

toList()方法返回的收集器可用于将元素收集到一个 List 中,toSet()方法返回的收集器可用于将元素收集到一个 Set 中。例如,要把元素收集到 List 中,可以像下面这样调用 collect()方法:

```
collect(Collectors.toList())
```

下面的程序演示了前面介绍的内容。它修改了前一节的示例,将姓名和电话号码分别收集到一个 List 中和一个 Set 中。

```
// Use collect() to create a List and a Set from a stream.

import java.util.*;
import java.util.stream.*;

class NamePhoneEmail {
  String name;
  String phonenum;
  String email;

  NamePhoneEmail(String n, String p, String e) {
    name = n;
    phonenum = p;
    email = e;
  }
}

class NamePhone {
  String name;
  String phonenum;

  NamePhone(String n, String p) {
    name = n;
    phonenum = p;
  }
}

class StreamDemo7 {

  public static void main(String[] args) {
```

```
    // A list of names, phone numbers, and e-mail addresses.
    ArrayList<NamePhoneEmail> myList = new ArrayList<>( );

    myList.add(new NamePhoneEmail("Larry", "555-5555",
                       "Larry@HerbSchildt.com"));
    myList.add(new NamePhoneEmail("James", "555-4444",
                       "James@HerbSchildt.com"));
    myList.add(new NamePhoneEmail("Mary", "555-3333",
                       "Mary@HerbSchildt.com"));

    // Map just the names and phone numbers to a new stream.
    Stream<NamePhone> nameAndPhone = myList.stream().map(
                              (a) -> new NamePhone(a.name,a.phonenum)
                            );

    // Use collect to create a List of the names and phone numbers.
    List<NamePhone> npList = nameAndPhone.collect(Collectors.toList());

    System.out.println("Names and phone numbers in a List:");
    for(NamePhone e : npList)
      System.out.println(e.name + ": " + e.phonenum);

    // Obtain another mapping of the names and phone numbers.
    nameAndPhone = myList.stream().map(
                              (a) -> new NamePhone(a.name,a.phonenum)
                            );

    // Now, create a Set by use of collect().
    Set<NamePhone> npSet = nameAndPhone.collect(Collectors.toSet());

    System.out.println("\nNames and phone numbers in a Set:");
    for(NamePhone e : npSet)
      System.out.println(e.name + ": " + e.phonenum);
  }
}
```

输出如下所示：

```
Names and phone numbers in a List:
Larry: 555-5555
James: 555-4444
Mary: 555-3333

Names and phone numbers in a Set:
James: 555-4444
Larry: 555-5555
Mary: 555-3333
```

在程序中，下面的一行代码通过使用 toList()，将姓名和电话号码收集到一个 List 中：

```
List<NamePhone> npList = nameAndPhone.collect(Collectors.toList());
```

执行完这行代码后，npList 引用的集合可以像其他任何 List 集合一样使用。例如，可以使用 for-each 风格的 for 循环遍历该集合，如下面的代码所示：

```
for(NamePhone e : npList)
  System.out.println(e.name + ": " + e.phonenum);
```

通过 collect(Collectors.toSet())创建 Set 的方法与此相同。将数据从集合移到流中，以及将数据从流移回集合的能力,是流 API 的一个强大特性。这允许通过流来操作集合,然后把流重新打包成集合。此外,条件合适的时候,流操作可以并行发生。

前面例子中使用的 collect()版本非常方便,也是非常常用的一个版本,但是还有另一个版本,可以对收集过程施加更多控制。该版本如下所示:

<R> R collect(Supplier<R> *target*, BiConsumer<R, ? super T> *accumulator*,
　　　　　　BiConsumer <R, R> *combiner*)

这里,*target* 指定如何创建用于保存结果的对象。例如,要使用一个 LinkedList 作为结果集合,需要指定其构造函数。*accumulator* 函数将一个元素添加到结果中,而 *combiner* 函数合并两个部分结果。因此,这些函数的工作方式与在 reduce()中类似。它们都必须是无状态和不干预的,并且必须具有关联性。

注意,*target* 参数的类型是 Supplier。Supplier 是 java.util.function 包中声明的一个函数式接口,只定义了 get()方法。get()方法没有参数,在这里返回一个类型为 R 的对象。因此,在 collect()方法中使用时,get()方法返回一个对可变存储对象(比如集合)的引用。

还要注意,*accumulator* 和 *combiner* 的类型是 BiConsumer。BiConsumer 是 java.util.function 包中定义的一个函数式接口,指定了如下所示的抽象方法 accept():

void accept(T *obj*, U *obj2*)

这个方法对 *obj* 和 *obj2* 执行某种类型的操作。对于 *accumulator*,*obj* 指定目标集合,*obj2* 指定要添加到该集合的元素。对于 *combiner*,*obj* 和 *obj2* 指定两个将被合并的集合。

使用这个版本的 collect()方法时,在前面的程序中,可以使用一个 LinkedList 作为目标,如下所示:

```
LinkedList<NamePhone> npList = nameAndPhone.collect(
                    () -> new LinkedList<>(),
                    (list, element) -> list.add(element),
                    (listA,listB ) -> listA.addAll(listB));
```

注意,collect()的第一个参数是一个 lambda 表达式,它返回一个新的 LinkedList。第二个参数使用标准的集合方法 add(),将一个元素添加到链表中。第三个参数使用 addAll()方法,将两个链表合并起来。注意,可以使用 LinkedList 中定义的任何方法将一个元素添加到链表中。例如,可以使用 addFirst()方法,将元素添加到链表的开头,如下所示:

```
(list, element) -> list.addFirst(element)
```

你可能已经猜到了,并不总是需要为 collect()方法的参数指定一个 lambda 表达式。通常,方法和/或构造函数引用就足够了。例如,对于前面的程序,下面的语句会创建一个包含 nameAndPhone 流中所有元素的 HashSet:

```
HashSet<NamePhone> npSet = nameAndPhone.collect(HashSet::new,
                                    HashSet::add,
                                    HashSet::addAll);
```

注意,第一个参数指定了 HashSet 构造函数引用,第二个和第三个参数指定了对 HashSet 的 add()和 addAll()方法的方法引用。

最后一点:用流 API 的术语来说,collect()方法执行所谓的可变缩减操作。这是因为,这个缩减操作的结果是一个可变(即可以修改)的存储对象,例如集合。

29.6　迭代器和流

虽然流不是数据存储对象,但是仍然可以使用迭代器来遍历其元素,就如同使用迭代器遍历集合中的元素一样。流 API 支持两类迭代器。一类是传统的 Iterator，另一类是 JDK 8 新增的 Spliterator。在使用并行流的一些场合中，Spliterator 提供了极大便利。

29.6.1 对流使用迭代器

如前所述，可以对流使用迭代器，正如对集合使用迭代器一样。第 19 章讨论过迭代器，这里适当加以回顾。迭代器是实现了 java.util 包中声明的 Iterator 接口的对象。它的两个关键方法是 hasNext() 和 next()。如果还有要迭代的元素，hasNext() 方法返回 true，否则返回 false。next() 方法返回迭代中的下一个元素。

> **注意：**
> 处理基本类型流的其他迭代器类型有：PrimitiveIterator、PrimitiveIterator.OfDouble、PrimitiveIterator.OfLong 和 PrimitiveIterator.OfInt。这些迭代器都扩展了 Iterator 接口，并且使用方式与直接基于 Iterator 的那些迭代器相同。

要获得流的迭代器，需要对流调用 iterator() 方法。Stream 使用的 iterator() 版本如下所示：

Iterator<T> iterator()

其中，T 指定了元素类型(基本类型流返回对应基本类型的迭代器)。

下面的程序演示了如何遍历一个流的元素。这里遍历了 ArrayList 中的字符串，但是过程对于其他类型的流来说是相同的。

```java
// Use an iterator with a stream.

import java.util.*;
import java.util.stream.*;

class StreamDemo8 {

  public static void main(String[] args) {

    // Create a list of Strings.
    ArrayList<String> myList = new ArrayList<>();
    myList.add("Alpha");
    myList.add("Beta");
    myList.add("Gamma");
    myList.add("Delta");
    myList.add("Phi");
    myList.add("Omega");

    // Obtain a Stream to the array list.
    Stream<String> myStream = myList.stream();

    // Obtain an iterator to the stream.
    Iterator<String> itr = myStream.iterator();

    // Iterate the elements in the stream.
    while(itr.hasNext())
      System.out.println(itr.next());
  }
}
```

输出如下所示：

```
Alpha
Beta
```

```
Gamma
Delta
Phi
Omega
```

29.6.2 使用 Spliterator

Spliterator 可以代替 Iterator，在涉及并行处理时更加方便。一般来说，Spliterator 要比 Iterator 更复杂，在第 19 章曾讨论过。但是，在这里回顾一下它的关键特性会很有帮助。Spliterator 定义了几个方法，但是我们只需要使用其中的三个。第一个是 tryAdvance()，它对下一个元素执行操作，然后推进迭代器，如下所示：

boolean tryAdvance(Consumer<? super T> *action*)

其中，*action* 指定了在迭代中的下一个元素上执行的操作。如果有下一个元素，tryAdvance()方法会返回 true，否则返回 false。如本章前面所述，Consumer 声明了一个称为 accept()的方法，它接受一个类型为 T 的元素作为参数，并返回 void。

当没有更多元素需要处理时，tryAdvance()方法返回 false，所以迭代循环结构变得非常简单，例如：

```
while(splitItr.tryAdvance( // perform action here );
```

只要 tryAdvance()返回 true，就对下一个元素执行操作。当 tryAdvance()返回 false 时，迭代就完成了。可以看到，tryAdvance()方法将 Iterator 提供的 hasNext()和 next()方法的作用合并到了一个方法中，所以提高了迭代过程的效率。

下面对前面的程序进行修改，使用 Spliterator 代替 Iterator：

```
// Use a Spliterator.

import java.util.*;
import java.util.stream.*;

class StreamDemo9 {

  public static void main(String[] args) {

    // Create a list of Strings.
    ArrayList<String> myList = new ArrayList<>( );
    myList.add("Alpha");
    myList.add("Beta");
    myList.add("Gamma");
    myList.add("Delta");
    myList.add("Phi");
    myList.add("Omega");

    // Obtain a Stream to the array list.
    Stream<String> myStream = myList.stream();

    // Obtain a Spliterator.
    Spliterator<String> splitItr = myStream.spliterator();

    // Iterate the elements of the stream.
    while(splitItr.tryAdvance((n) -> System.out.println(n)));
  }
}
```

该程序的输出与前面相同。

有些时候,可以将各个元素作为一个整体来应用操作,而不是一次处理一个元素。对于这种情况,Spliterator 提供了 forEachRemaining() 方法,如下所示:

default void forEachRemaining(Consumer<? super T> *action*)

这个方法对每个未处理的元素应用 *action*,然后返回。例如,对于前面的程序,下面的语句将显示流中剩余的字符串:

```
splitItr.forEachRemaining((n) -> System.out.println(n));
```

注意,使用这个方法时,不需要提供一个循环来一次处理一个元素。这是 Spliterator 的又一个优势。

Spliterator 的另一个值得注意的方法是 trySplit()。它将被迭代的元素划分成两部分,返回其中一部分的新 Spliterator,另一部分则通过原来的 Spliterator 访问。该方法如下所示:

Spliterator<T> trySplit()

如果无法拆分调用 Spliterator,则返回 null。否则,返回对拆分后的部分的引用。例如,下面对前面的程序进行了修改,以演示 trySplit() 方法:

```java
// Demonstrate trySplit().

import java.util.*;
import java.util.stream.*;

class StreamDemo10 {

  public static void main(String[] args) {

    // Create a list of Strings.
    ArrayList<String> myList = new ArrayList<>( );
    myList.add("Alpha");
    myList.add("Beta");
    myList.add("Gamma");
    myList.add("Delta");
    myList.add("Phi");
    myList.add("Omega");

    // Obtain a Stream to the array list.
    Stream<String> myStream = myList.stream();

    // Obtain a Spliterator.
    Spliterator<String> splitItr = myStream.spliterator();

    // Now, split the first iterator.
    Spliterator<String> splitItr2 = splitItr.trySplit();

     // If splitItr could be split, use splitItr2 first.
    if(splitItr2 != null) {
      System.out.println("Output from splitItr2: ");
      splitItr2.forEachRemaining((n) -> System.out.println(n));
    }

    // Now, use the splitItr.
    System.out.println("\nOutput from splitItr: ");
    splitItr.forEachRemaining((n) -> System.out.println(n));
  }
}
```

该程序的输出如下所示：

```
Output from splitItr2:
Alpha
Beta
Gamma

Output from splitItr:
Delta
Phi
Omega
```

虽然在这个简单的演示中，拆分 Spliterator 没有实际价值，但是当对大数据集执行并行处理时，拆分可能极有帮助。但是很多时候，在操作并行流时，使用其他某个 Stream 方法更好，而不必手动处理 Spliterator 的这些细节。Spliterator 主要用于所有预定义方法都不合适的场合。

29.7 流 API 中更多值得探究的地方

本章讨论了流 API 的几个关键方面，并且介绍了使用它们的方法，但是流 API 提供的功能远不止这些。例如，下面列出了 Stream 提供的其他一些方法，你可能会发现它们很有帮助：

- 要判断流中的一个或多个元素是否满足指定谓词，可使用 allMatch()、anyMatch()或 noneMatch()方法。
- 要获得流中元素的数量，可使用 count()方法。
- 要获得只包含独特元素的流，可使用 distinct()方法。
- 要创建包含指定元素集合的流，可使用 of()方法。

最后一点：流 API 是 Java 中增加的一个强大特性。读者可能希望探究 java.util.stream 包提供的所有功能。

第 30 章　正则表达式和其他包

Java 在最初发布时，包含 8 个包，称为"核心 API"。Java 的每个后续版本都为核心 API 添加了新的内容。今天，Java API 包含了大量的包。许多包支持的专业领域超出了本书的讨论范围。但是，在此将分析 4 个包：java.util.regex、java.lang.reflect、java.rmi 和 java.text。它们分别支持正则表达式处理、反射、远程方法调用(Remote Method Invocation，RMI)以及文本格式化。本章最后将介绍 java.time 及其子包中包含的新的日期和时间 API。

java.util.regex 包支持执行复杂的模式匹配操作。本章将对这个包进行深入分析，并提供大量的示例。反射是软件分析自身的能力，是 Java Bean 技术的基本内容，Java Bean 将在第 37 章介绍。通过远程方法调用，可以构建分布于多台计算机中的 Java 应用程序。本章提供了一个简单使用 RMI 的客户端/服务器示例。java.text 包的文本格式化功能有许多用途，在此分析的用途是格式化日期和时间字符串。日期和时间 API 提供了处理日期和时间的最新方法。

30.1　正则表达式处理

java.util.regex 包支持正则表达式处理。从 JDK 9 开始，java.util.regex 包放在 java.base 模块中。作为在此处使用的术语，正则表达式是描述字符序列的一串字符。这种通用描述被称为模式，可以用于在其他字符序列中查找匹配。正则表达式可以指定通配符、一组字符和各种量词。因此，可以指定一种通用形式的正则表达式，以匹配多种不同的特定字符序列。

正则表达式处理由两个类支持：Pattern 和 Matcher。这两个类协同工作：使用 Pattern 类定义正则表达式，使用 Matcher 类在其他序列中匹配模式。

30.1.1　Pattern 类

Pattern 类没有定义构造函数。相反，模式是通过调用 compile()工厂方法创建的。该方法的一种形式如下所示：

static Pattern compile(String *pattern*)

其中，*pattern* 是希望使用的正则表达式。compile()方法将 *pattern* 中的字符串转换成一种模式，Matcher 可以使用这种模式进行模式匹配。该方法返回包含模式的 Pattern 对象。

一旦创建 Pattern 对象，就可以使用 Pattern 对象来创建 Matcher 对象。这是通过 Pattern 类定义的 matcher()工厂方法来完成的，该方法如下所示：

Matcher matcher(CharSequence *str*)

其中，*str* 是将要用于匹配模式的字符序列，又称为输入序列。CharSequence 是接口，定义了一组只读字符。String 以及其他类实现了该接口，因此可以向 matcher()方法传递字符串。

30.1.2 Matcher 类

Matcher 类没有构造函数。相反，正如刚才所解释的，通过调用 Pattern 类定义的 matcher()工厂方法来创建 Matcher 对象。一旦创建 Matcher 对象，就可以使用 Matcher 对象的方法来执行各种模式匹配操作。

最简单的模式匹配方法是 matches()，该方法简单地确定字符序列是否与模式匹配，如下所示：

boolean matches()

如果字符序列与模式相匹配，就返回 true；否则返回 false。需要理解的是，整个序列必须与模式相匹配，而不仅仅是子序列与模式相匹配。

为了确定输入序列的子序列是否与模式相匹配，需要使用 find()方法，该方法的一个版本如下所示：

boolean find()

如果存在匹配的子序列，就返回 true；否则返回 false。可以重复调用这个方法，以查找所有匹配的子序列。对 find()方法的每次调用，都是从上一次离开的位置开始。

可以调用 group()方法来获得包含最后一个匹配序列的字符串，该方法的一种形式如下所示：

String group()

该方法返回匹配的字符串。如果不存在匹配，就抛出 IllegalStateException 异常。

可以通过调用 start()方法，获得输入序列中当前匹配的索引。通过 end()方法，可以获得当前匹配序列末尾之后下一个字符的索引。这两个方法如下所示：

int start()

int end()

如果不存在匹配序列，这两个方法都会抛出 IllegalStateException 异常。

可以通过调用 replaceAll()方法，使用另一个序列替换所有匹配的序列，该方法如下所示：

String replaceAll(String *newStr*)

其中，*newStr* 指定了新的字符序列，该序列将用于替换与模式相匹配的序列。更新后的输入序列作为字符串返回。

30.1.3 正则表达式的语法

在演示 Pattern 和 Matcher 类之前，有必要解释如何构造正则表达式。尽管所有规则本身都不复杂，但是规则有很多，完整讨论这些规则超出了本书的范围。不过，在此会描述一些常用的构造方法。

一般而言，正则表达式是由常规字符、字符类(一组字符)、通配符以及量词构成的。常规字符根据自身进行匹配。因此，如果模式由"xy"构造而成，那么匹配该模式的唯一输入序列是"xy"。诸如换行符、制表符这类字符，使用标准的转义序列指定，标准转义序列以"\"开头。例如，换行符通过"\n"来指定。在正则表达式语言中，常规字符也称为字面值。

字符类是一组字符。通过在方括号之间放置字符，可以指定字符类。例如，类[wxyz]匹配 w、x、y 或 z。为了指定一组排除性字符，可以在字符前使用"^"。例如，类[^wxyz]匹配除 w、x、y 以及 z 之外的字符。可以使用连字符指定字符范围。例如，为了指定匹配数字 1 到 9 的字符类，可以使用[1-9]。

通配符是点(.)，可以匹配任意字符。因此，由"."构成的模式将匹配以下(以及其他)输入序列："A"、"a"、

"x"等。

量词决定表达式将被匹配的次数。基本量词如下所示：
- +：匹配一次或多次。
- *：匹配零次或多次。
- ?：匹配零次或一次。

例如，模式"x+"将与"x""xx"以及"xxx"等匹配。如后面所述，还可以使用影响匹配执行方式的变体。

另外一点：一般来说，如果指定的表达式无效，将会抛出 PatternSyntaxException 异常。

30.1.4 演示模式匹配

要理解正则表达式模式匹配操作的原理，最好的方法是举一些例子。第一个例子如下所示，使用字面值模式查找匹配：

```java
// A simple pattern matching demo.
import java.util.regex.*;

class RegExpr {
  public static void main(String args[]) {
    Pattern pat;
    Matcher mat;
    boolean found;

    pat = Pattern.compile("Java");
    mat = pat.matcher("Java");
    found = mat.matches(); // check for a match

    System.out.println("Testing Java against Java.");
    if(found) System.out.println("Matches");
    else System.out.println("No Match");

    System.out.println();

    System.out.println("Testing Java against Java SE.");
    mat = pat.matcher("Java SE"); // create a new matcher

    found = mat.matches(); // check for a match

    if(found) System.out.println("Matches");
    else System.out.println("No Match");
  }
}
```

该程序的输出如下所示：

```
Testing Java against Java.
Matches

Testing Java against Java SE.
No Match
```

下面详细分析这个程序。程序首先创建包含序列"Java"的模式。接下来，为该模式创建 Matcher 对象，该对象具有输入序列"Java"。然后，调用 matches()方法来确定输入序列是否与模式匹配。因为输入序列和模式相同，所以 matches()方法返回 true。接下来，使用输入序列"Java SE"创建新的 Matcher 对象，并再次调用 matches()方法。对于这种情况，模式和输入序列不同，没有发现匹配。请记住，只有当输入序列与模式精确匹配时，matches()

方法才返回 true；只有子序列匹配时，不会返回 true。

可以使用 find()方法来确定输入序列是否包含与模式匹配的子序列。分析下面的程序：

```java
// Use find() to find a subsequence.
import java.util.regex.*;

class RegExpr2 {
  public static void main(String args[]) {
    Pattern pat = Pattern.compile("Java");
    Matcher mat = pat.matcher("Java SE");

    System.out.println("Looking for Java in Java SE.");

    if(mat.find()) System.out.println("subsequence found");
    else System.out.println("No Match");
  }
}
```

输出如下所示：

```
Looking for Java in Java SE.
subsequence found
```

在这个例子中，find()方法找到了子序列"Java"。

可以使用 find()方法查找输入序列中模式重复出现的次数，因为每次 find()调用都是从上一次离开的地方开始查找。例如，下面的程序可以找出与模式"test"的两次匹配：

```java
// Use find() to find multiple subsequences.
import java.util.regex.*;

class RegExpr3 {
  public static void main(String args[]) {
    Pattern pat = Pattern.compile("test");
    Matcher mat = pat.matcher("test 1 2 3 test");

    while(mat.find()) {
      System.out.println("test found at index " +
                     mat.start());
    }
  }
}
```

输出如下所示：

```
test found at index 0
test found at index 11
```

如输出所示，找到了两个匹配。程序使用 start()方法获取每个匹配的索引。

1. 使用通配符与量词

尽管前面的程序显示了使用 Pattern 和 Matcher 类的通用技术，但是这些程序没有展示出它们的强大功能。只有在用到通配符和量词时，才能真正发现正则表达式处理带来的好处。作为开始，分析下面的例子，该例使用量词"+"来匹配任意长度的"W"序列：

```java
// Use a quantifier.
import java.util.regex.*;
```

```java
class RegExpr4 {
  public static void main(String args[]) {
    Pattern pat = Pattern.compile("W+");
    Matcher mat = pat.matcher("W WW WWW");

    while(mat.find())
      System.out.println("Match: " + mat.group());
  }
}
```

该程序的输出如下所示：

```
Match: W
Match: WW
Match: WWW
```

如输出所示，正则表达式模式"W+"能匹配任意长度的 W 序列。

下一个程序使用通配符创建了一个模式，该模式将匹配以 e 开始并以 d 结束的任意序列。为了达到这一目的，使用点通配符和"+"量词：

```java
// Use wildcard and quantifier.
import java.util.regex.*;

class RegExpr5 {
  public static void main(String args[]) {
    Pattern pat = Pattern.compile("e.+d");
    Matcher mat = pat.matcher("extend cup end table");

    while(mat.find())
      System.out.println("Match: " + mat.group());
  }
}
```

你可能会对该程序生成的输出感到惊讶，输出如下所示：

```
Match: extend cup end
```

只发现一个匹配，并且是以 e 开头、以 d 结尾的最长序列。你可能会期望得到两个匹配："extend"和"end"。得到更长序列的原因是，默认情况下，find()方法会匹配适合模式的最长序列，这被称为"贪婪行为"。可以通过为模式添加"?"量词来指定"胁迫行为"，如下面的版本所示，这将导致获得最短的匹配模式：

```java
// Use a reluctant quantifier.
import java.util.regex.*;

class RegExpr6 {
  public static void main(String args[]) {
    // Use reluctant matching behavior.
    Pattern pat = Pattern.compile("e.+?d");
    Matcher mat = pat.matcher("extend cup end table");

    while(mat.find())
      System.out.println("Match: " + mat.group());
  }
}
```

该程序的输出如下所示：

```
Match: extend
Match: end
```

如输出所示，模式"e.+?d"将会匹配以 e 开始并且以 d 结尾的最短序列。因此，找到了两个匹配。

一般而言，为了把贪婪量词转化为胁迫量词，应添加一个"？"，追加"+"也可以指定"拥有行为"，比如可以使用模式"e.+?d"得到上述结果，也可以使用{min, limit}指定要匹配的次数，它匹配 min 次到 limit 次。还可以使用{min}和{min,}，{min}匹配 min 次，{min,} 匹配至少 min 次。

2. 使用字符类

有时会希望匹配以任意顺序包含一个或多个字符的任意序列。例如，为了匹配整个单词，希望匹配字母表中字母的任意序列。实现这一目的的最简单方法是使用字符类，字符类定义了一组字符。回顾一下，字符类是通过在方括号中放置希望匹配的字符来创建的。例如，为了匹配从 a 到 z 的小写字母，可以使用[a-z]。下面的程序演示了这种技术：

```java
// Use a character class.
import java.util.regex.*;

class RegExpr7 {
  public static void main(String args[]) {
    // Match lowercase words.
    Pattern pat = Pattern.compile("[a-z]+");
    Matcher mat = pat.matcher("this is a test.");

    while(mat.find())
      System.out.println("Match: " + mat.group());
  }
}
```

输出如下所示：

```
Match: this
Match: is
Match: a
Match: test
```

3. 使用 replaceAll()方法

Matcher 类提供的 replaceAll()方法用于使用正则表达式执行强大的搜索和替换操作。例如，下面的程序使用"Eric"替换所有以"Jon"开头的序列：

```java
// Use replaceAll().
import java.util.regex.*;

class RegExpr8 {
  public static void main(String args[]) {
    String str = "Jon Jonathan Frank Ken Todd";

    Pattern pat = Pattern.compile("Jon.*? ");
    Matcher mat = pat.matcher(str);

    System.out.println("Original sequence: " + str);

    str = mat.replaceAll("Eric ");

    System.out.println("Modified sequence: " + str);

  }
}
```

输出如下所示:

```
Original sequence: Jon Jonathan Frank Ken Todd
Modified sequence: Eric Eric Frank Ken Todd
```

因为正则表达式"Jon.*?"匹配以 Jon 开头、后跟零个或多个字符并以空格结尾的任意字符串,所以可以用于匹配 Jon 和 Jonathan,并使用名称 Eric 替换它们。如果不使用模式匹配功能,这种替换很难实现。

4. 使用 split()方法

使用 Pattern 类定义的 split()方法,可以将输入序列简化成单个标记。split()方法的一种形式如下所示:

String[ ] split(CharSequence *str*)

该方法处理由 *str* 传入的输入序列,根据模式指定的定界符将输入序列简化成标记。

例如,下面的程序查找由空格、逗号、句点以及感叹号分隔的标记:

```java
// Use split().
import java.util.regex.*;

class RegExpr9 {
  public static void main(String args[]) {

    // Match lowercase words.
    Pattern pat = Pattern.compile("[ ,.!]");

    String strs[] = pat.split("one two,alpha9 12!done.");

    for(int i=0; i < strs.length; i++)
      System.out.println("Next token: " + strs[i]);

  }
}
```

输出如下所示:

```
Next token: one
Next token: two
Next token: alpha9
Next token: 12
Next token: done
```

如输出所示,这个输入序列被简化成单个标记。注意不包含定界符。

30.1.5 模式匹配的两个选项

尽管前面描述的模式匹配技术提供了最强大的灵活性和功能,但是还有另外两种技术在某些环境下可能会有用。如果只需要进行一次模式匹配,那么可以使用 Pattern 类定义的 matches()方法。该方法如下所示:

static boolean matches(String *pattern*, CharSequence *str*)

如果 pattern 与 str 匹配,就返回 true;否则返回 false。这个方法自动编译 pattern,然后查找匹配。如果需要重复使用相同的模式,那么相对于前面描述的先编译模式、后使用 Matcher 类定义的方法进行匹配,使用 matches()方法的效率更低。

也可以使用 String 类实现的 matches()方法执行模式匹配,该方法如下所示:

boolean matches(String *pattern*)

如果调用字符串与 *pattern* 中的正则表达式相匹配，matches()方法就返回 true；否则返回 false。

30.1.6 探究正则表达式

这里介绍的正则表达式的功能只是冰山一角。因为文本解析、操作、标记化是编程中的主要工作，你可能会发现 Java 的正则表达式子系统是一个可以充分利用的功能强大的工具。所以，研究正则表达式的功能是明智的。试验一些不同类型的模式和输入序列。一旦理解正则表达式模式匹配的工作原理，就会发现在许多编程工作中，正则表达式都是有用的。

30.2 反射

反射是软件分析自身的功能，这个功能是由 java.lang.reflect 包和 Class 中的元素提供的。从 JDK 9 开始，java.lang.reflect 放在 java.base 模块中。反射是重要的功能，特别是当使用调用了 Java Bean 的组件时。通过反射可以在运行时而不是在编译时动态地分析软件组件并描述组件的功能。例如，使用反射可以确定类提供的方法、构造函数以及域变量。第 12 章介绍过反射，这里将进一步进行分析。

java.lang.reflect 包提供了一些接口，其中特别有趣的接口是 Member。使用该接口定义的方法，可以获取与类的域变量、构造函数或方法相关的信息。在这个包中还有另外 10 个类，表 30-1 列出了这些类。

表 30-1 在 java.lang.reflect 包中定义的类

类	主要功能
AccessibleObject	允许绕过默认的访问控制检查
Array	允许动态地创建和处理数组
Constructor	提供有关构造函数的信息
Executable	由 Method 和 Constructor 扩展的抽象超类
Field	提供有关域变量的信息
Method	提供有关方法的信息
Modifier	提供有关类和成员访问修饰符的信息
Parameter	提供有关参数的信息
Proxy	支持动态的代理类
ReflectPermission	允许反射类的私有成员或受保护成员

下面的应用程序演示了 Java 反射功能的一个简单应用，打印输出 java.awt.Dimension 类的构造函数、域变量以及方法。该程序首先使用 Class 类的 forName()方法来获取一个 java.awt.Dimension 类对象。一旦获取这个类对象，就使用 getConstructors()、getFields()以及 getMethods()方法分析这个类对象。它们返回一些数组，元素分别由 Constructor、Field 以及 Method 对象组成，这些对象提供了关于这个类对象的信息。Constructor、Field 以及 Method 类定义了一些方法，用于获取与对象相关的信息。你可能想要自己研究这些内容。但是，每个类都提供了 toString()方法。所以，使用 Constructor、Field 以及 Method 对象作为 println()方法的参数是很直观的，如以下程序所示：

```java
// Demonstrate reflection.
import java.lang.reflect.*;
public class ReflectionDemo1 {
  public static void main(String args[]) {
    try {
      Class<?> c = Class.forName("java.awt.Dimension");
      System.out.println("Constructors:");
      Constructor<?> constructors[] = c.getConstructors();
```

```
      for(int i = 0; i < constructors.length; i++) {
        System.out.println("  " + constructors[i]);
      }

      System.out.println("Fields:");
      Field fields[] = c.getFields();
      for(int i = 0; i < fields.length; i++) {
        System.out.println("  " + fields[i]);
      }

      System.out.println("Methods:");
      Method methods[] = c.getMethods();
      for(int i = 0; i < methods.length; i++) {
        System.out.println("  " + methods[i]);
      }
    }
    catch(Exception e) {
      System.out.println("Exception: " + e);
    }
  }
}
```

下面是该程序的输出(精确顺序可能会与下面显示的稍有不同):

```
Constructors:
 public java.awt.Dimension(int,int)
 public java.awt.Dimension()
 public java.awt.Dimension(java.awt.Dimension)
Fields:
 public int java.awt.Dimension.width
 public int java.awt.Dimension.height
Methods:
 public int java.awt.Dimension.hashCode()
 public boolean java.awt.Dimension.equals(java.lang.Object)
 public java.lang.String java.awt.Dimension.toString()
 public java.awt.Dimension java.awt.Dimension.getSize()
 public void java.awt.Dimension.setSize(double,double)
 public void java.awt.Dimension.setSize(java.awt.Dimension)
 public void java.awt.Dimension.setSize(int,int)
 public double java.awt.Dimension.getHeight()
 public double java.awt.Dimension.getWidth()
 public java.lang.Object java.awt.geom.Dimension2D.clone()
 public void java.awt.geom.
         Dimension2D.setSize(java.awt.geom.Dimension2D)
 public final native java.lang.Class java.lang.Object.getClass()
 public final native void java.lang.Object.wait(long)
   throws java.lang.InterruptedException
 public final void java.lang.Object.wait()
   throws java.lang.InterruptedException
 public final void java.lang.Object.wait(long,int)
   throws java.lang.InterruptedException
 public final native void java.lang.Object.notify()
 public final native void java.lang.Object.notifyAll()
```

下一个例子使用 Java 的反射功能来获取类的公有方法。程序首先实例化类 A。为这个对象引用应用 getClass() 方法,该方法返回类 A 的 Class 对象。getDeclaredMethods()方法返回一个 Method 对象数组,该数组只描述这个类声明的方法,不包含从超类(如 Object)继承的方法。

然后处理 methods 数组中的每个元素。getModifiers()方法返回一个包含标志的 int 值，标志描述了为数组元素应用了哪个修饰符。Modifier 类提供了一套"is"方法，如表 30-2 所示，可以使用这套方法分析这个 int 值。例如，如果参数包含"public"修饰符，静态方法 isPublic()就返回 true；否则返回 false。在下面的程序中，如果某个方法支持公有访问，那么可以通过 getName()方法获取这个方法的名称，然后打印输出：

```
// Show public methods.
import java.lang.reflect.*;
public class ReflectionDemo2 {
  public static void main(String args[]) {

    try {
      A a = new A();
      Class<?> c = a.getClass();
      System.out.println("Public Methods:");
      Method methods[] = c.getDeclaredMethods();
      for(int i = 0; i < methods.length; i++) {
        int modifiers = methods[i].getModifiers();
        if(Modifier.isPublic(modifiers)) {
          System.out.println("  " + methods[i].getName());
        }
      }
    }
    catch(Exception e) {
      System.out.println("Exception: " + e);
    }
  }
}

class A {
  public void a1() {
  }
  public void a2() {
  }
  protected void a3() {
  }
  private void a4() {
  }
}
```

下面是这个程序的输出：

```
Public Methods:
  a1
  a2
```

表 30-2 Modifier 类定义的用于确定访问修饰符的"is"方法

方　　法	描　　述
static boolean isAbstract(int *val*)	如果 *val* 中设置了 abstract 标志，就返回 true；否则返回 false
static boolean isFinal(int *val*)	如果 *val* 中设置了 final 标志，就返回 true；否则返回 false
static boolean isInterface(int *val*)	如果 *val* 中设置了 interface 标志，就返回 true；否则返回 false
static boolean isNative(int *val*)	如果 *val* 中设置了 native 标志，就返回 true；否则返回 false
static boolean isPrivate(int *val*)	如果 *val* 中设置了 private 标志，就返回 true；否则返回 false
static boolean isProtected(int *val*)	如果 *val* 中设置了 protected 标志，就返回 true；否则返回 false

(续表)

方法	描述
static boolean isPublic(int val)	如果 val 中设置了 public 标志，就返回 true；否则返回 false
static boolean isStatic(int val)	如果 val 中设置了 static 标志，就返回 true；否则返回 false
static boolean isStrict(int val)	如果 val 中设置了 strict 标志，就返回 true；否则返回 false
static boolean isSynchronized(int val)	如果 val 中设置了 synchronized 标志，就返回 true；否则返回 false
static boolean isTransient(int val)	如果 val 中设置了 transient 标志，就返回 true；否则返回 false
static boolean isVolatile(int val)	如果 val 中设置了 volatile 标志，就返回 true；否则返回 false

Modifier 类还提供了一套静态方法，这套方法返回一些访问修饰符的类型，这些访问修饰符能够应用于特定类型的程序元素。这套方法是：

static int classModifiers()
static int constructorModifiers()
static int fieldModifiers()
static int interfaceModifiers()
static int methodModifiers()
static int parameterModifiers()

例如，methodModifiers()方法返回能够应用于方法的修饰符。每个方法返回的标志用来指示哪个修饰符是合法的，这些标志被打包到一个 int 值中。修饰符的值是通过 Modifier 类中的常量定义的，包括 PROTECTED、PUBLIC、PRIVATE、STATIC、FINAL 等。

30.3 远程方法调用

远程方法调用(RMI)支持在一台计算机上执行的 Java 对象调用在另一台计算机上执行的 Java 对象的方法。这是一个重要的特性，因为通过这一特性可以构建分布式应用程序。虽然完整讨论 RMI 超出了本书的范围，但是下面的简单示例描述了 RMI 涉及的基本原则。RMI 由 java.rmi 包支持。从 JDK 9 开始，java.rmi 包放在 java.rmi 模块中。

一个简单使用 RMI 的客户端/服务器应用程序

下面一步一步地指导你使用 RMI 构建一个简单的客户端/服务器应用程序。服务器接收来自客户端的请求，对请求进行处理并返回结果。在这个例子中，请求指定了两个数字。服务器将它们相加并返回得到的结果。

步骤 1：输入并编译源代码

这个应用程序使用 4 个源文件。第 1 个源文件是 AddServerIntf.java，该文件定义了服务器提供的远程接口。该接口包含一个方法，这个方法接收两个 double 参数并返回它们的和。所有远程接口都必须扩展 Remote 接口，Remote 接口是 java.rmi 包的一部分，没有定义任何成员。Remote 接口的目的只是简单地指示接口使用远程方法，所有远程方法都可能抛出 RemoteException 异常。

```
import java.rmi.*;

public interface AddServerIntf extends Remote {
  double add(double d1, double d2) throws RemoteException;
}
```

第 2 个源文件是 AddServerImpl.java，该文件实现远程接口。add()方法的实现很直观。远程对象通常会扩展 UnicastRemoteObject，UnicastRemoteObject 提供了一些功能，用于从远程机器获得对象。

```java
import java.rmi.*;
import java.rmi.server.*;

public class AddServerImpl extends UnicastRemoteObject
  implements AddServerIntf {

  public AddServerImpl() throws RemoteException {
  }
  public double add(double d1, double d2) throws RemoteException {
    return d1 + d2;
  }
}
```

第 3 个源文件是 AddServer.java，该文件包含用于服务器机器的主程序，主要功能是更新机器上的 RMI 注册表。这是通过 Naming 类(该类位于 java.rmi 包中)的 rebind()方法完成的，该方法将名称与对象引用关联起来。rebind()方法的第一个参数是将服务器命名为"AddServer"的字符串，第二个参数是指向 AddServerImpl 实例的引用。

```java
import java.net.*;
import java.rmi.*;

public class AddServer {
  public static void main(String args[]) {

    try {
      AddServerImpl addServerImpl = new AddServerImpl();
      Naming.rebind("AddServer", addServerImpl);
    }
    catch(Exception e) {
      System.out.println("Exception: " + e);
    }
  }
}
```

第 4 个源文件是 AddClient.java，该文件用于实现这个分布式应用程序的客户端。AddClient.java 需要 3 个命令行参数，第 1 个参数是服务器机器的 IP 地址或名称，第 2 个和第 3 个参数是用于求和的两个数字。

应用程序首先形成一个遵循 URL 语法的字符串，这个 URL 使用 rmi 协议。字符串包含服务器的 IP 地址或名称，以及字符串"AddServer"。然后，程序调用 Naming 类的 lookup()方法。这个方法接受一个参数，即 rmi URL，并返回指向 AddServerIntf 类型对象的引用。随后，所有远程方法调用都被定向到这个对象。

接下来，程序显示 AddClient.java 的参数，然后调用远程的 add()方法。求和结果从这个方法返回，然后打印输出。

```java
import java.rmi.*;

public class AddClient {
  public static void main(String args[]) {
    try {
      String addServerURL = "rmi://" + args[0] + "/AddServer";
      AddServerIntf addServerIntf =
              (AddServerIntf)Naming.lookup(addServerURL);
      System.out.println("The first number is: " + args[1]);
      double d1 = Double.valueOf(args[1]).doubleValue();
      System.out.println("The second number is: " + args[2]);

      double d2 = Double.valueOf(args[2]).doubleValue();
```

```
      System.out.println("The sum is: " + addServerIntf.add(d1, d2));
    }
    catch(Exception e) {
      System.out.println("Exception: " + e);
    }
  }
}
```

输入完所有代码后，使用 javac 编译所创建的 4 个源文件。

步骤 2：如果需要的话，手动生成桩

在 RMI 的上下文中，桩(stub)是位于客户机上的 Java 对象，功能是提供与远程服务器相同的接口。由客户端发起的远程方法调用实际上被定向到桩。桩使用 RMI 系统的其他部分来配制将要发送到远程机器的请求。

远程方法可以接收简单类型或对象类型的参数。对于后者，对象可能具有指向其他对象的引用。所有这些信息都必须发送到远程机器。也就是说，作为参数传递给远程方法的对象，必须被串行化并发送到远程机器。回顾第 21 章，串行化工具也能递归处理所有引用对象。

如果响应必须返回到客户端，处理过程是相反的。注意，即便对象被返回到客户端，也同样要使用串行化与反串行化工具。

在 Java 5 之前，桩需要使用 rmic 手动创建。对于现代版本的 Java，这个步骤不再需要。但是，如果在遗留的环境中工作，那么需要使用 rmic 编译器构建桩，如下所示：

rmic AddServerImpl

这个命令生成文件 AddServerImpl_Stub.class。当使用 rmic 时，确保将 CLASSPATH 设置成包含当前目录。

步骤 3：在客户机和服务器上安装文件

将 AddClient.class、AddServerImpl_Stub.class(如果需要的话)和 AddServerIntf.class 复制到客户机的某个目录下。将 AddServerIntf.class、AddServerImpl.class、AddServerImp_Stub.class (如果需要的话)和 AddServer.class 复制到服务器的某个目录下。

> **注意：**
> RMI 支持一系列动态类加载技术，但是这个例子没有使用它们。相反，客户端和服务器应用程序使用的所有文件都是手动安装到那些机器上的。

步骤 4：在服务器上启动 RMI 注册表

JDK 提供了名为 rmiregistry 的程序，该程序在服务器上执行，用于将名称映射到对象引用。首先，检查 CLASSPATH 环境变量是否包含文件所在的目录。然后，从命令行启动 RMI 注册表，如下所示：

start rmiregistry

当这个命令返回时，会看到创建了一个新的窗口。需要保持这个窗口处于打开状态，直到体验完这个 RMI 例子为止。

步骤 5：启动服务器

服务器代码是从命令行启动的，如下所示：

java AddServer

回顾一下，AddServer 代码实例化 AddServerImpl，并使用名称"AddServer"注册这一对象。

步骤 6：启动客户端

AddClient 软件需要 3 个参数：服务器的名称或 IP 地址，以及两个用于求和的数字。可以使用如下所示的两

种格式之一，从命令行调用 AddClient：

　　java AddClient server1 8 9

　　java AddClient 11.12.13.14 8 9

在第 1 行中，提供了服务器的名称。第 2 行使用服务器的 IP 地址(11.12.13.14)。

实际上，即使没有远程服务器，也可以尝试这个例子。为此，简单地将所有程序安装到同一台机器上，启动 rmiregistry 和 AddServer，然后使用下面这个命令行执行 AddClient：

　　java AddClient 127.0.0.1 8 9

在此，地址 127.0.0.1 是本地计算机的"回送"地址。使用这个地址，即使实际上没有在远程计算机上安装服务器，也可以体验整个 RMI 机制(如果使用了防火墙，那么这种方法可能无法工作)。

对于这两种情况，这个程序的输出都将如下所示：

```
The first number is: 8
The second number is: 9
The sum is: 17.0
```

> **注意：**
> 当实际使用 RMI 时，可能需要为服务器安装安全管理器。

30.4　使用 java.text 格式化日期和时间

java.text 包提供了格式化、解析、查找以及操作文本的功能。从 JDK 9 开始，java.text 包放在 java.base 模块中。本节分析 java.text 包中另外两个常用的类，它们分别用于格式化日期和时间信息。但是必须指出，本章稍后介绍的新的日期和时间 API 提供了一种现代的方式来处理日期和时间，并且也支持格式化。当然，在未来一段时间内，遗留代码仍将使用本节讨论的类。

30.4.1　DateFormat 类

DateFormat 是抽象类，提供了格式化和解析日期与时间的能力。getDateInstance()方法返回 DateFormat 实例，这种实例可以格式化日期信息。该方法具有以下这些形式：

　　static final DateFormat getDateInstance()

　　static final DateFormat getDateInstance(int *style*)

　　static final DateFormat getDateInstance(int *style*, Locale *locale*)

参数 *style* 是下列值之一：DEFAULT、SHORT、MEDIUM、LONG 或 FULL。这些值是由 DateFormat 定义的 int 型常量，它们使得日期显示的相关细节有所不同。参数 *locale* 指定地区(详细内容请参见第 20 章)。如果没有指定参数 *style* 和/或 *locale* 的值，它们将使用默认值。

DateFormat 类中最常用的方法之一是 format()，该方法具有多种重载形式，其中一种如下所示：

　　final String format(Date *d*)

参数 *d* 是将要显示的 Date 对象。该方法返回的字符串包含格式化之后的信息。

下面的代码清单演示了如何格式化日期信息。该例首先创建一个 Date 对象，捕获当前的日期和时间信息，然后使用不同的风格和地区输出日期信息。

```
// Demonstrate date formats.
import java.text.*;
```

```
import java.util.*;

public class DateFormatDemo {
  public static void main(String args[]) {
    Date date = new Date();
    DateFormat df;

    df = DateFormat.getDateInstance(DateFormat.SHORT, Locale.JAPAN);
    System.out.println("Japan: " + df.format(date));

    df = DateFormat.getDateInstance(DateFormat.MEDIUM, Locale.KOREA);
    System.out.println("Korea: " + df.format(date));

    df = DateFormat.getDateInstance(DateFormat.LONG, Locale.UK);
    System.out.println("United Kingdom: " + df.format(date));

    df = DateFormat.getDateInstance(DateFormat.FULL, Locale.US);
    System.out.println("United States: " + df.format(date));
  }
}
```

这个程序的样本输出如下所示：

```
Japan: 2018/06/20
Korea: 2018. 6. 20.
United Kingdom: 20 June 2018
United States: Wednesday, June 20, 2018
```

getTimeInstance()方法返回 DateFormat 实例，这种实例能够格式化时间信息。该方法具有下面这些版本：

static final DateFormat getTimeInstance()

static final DateFormat getTimeInstance(int *style*)

static final DateFormat getTimeInstance(int *style*, Locale *locale*)

参数 *style* 是下列值之一：DEFAULT、SHORT、MEDIUM、LONG 或 FULL。这些值是由 DateFormat 类定义的 int 型常量，它们使得时间显示的相关细节有所不同。参数 *locale* 指定地区。如果没有指定参数 *style* 和/或 *locale* 的值，它们将使用默认值。

下面的代码清单演示了如何格式化时间信息。该例首先创建一个 Date 对象，捕获当前的日期和时间信息，然后使用不同的风格和地区输出时间信息。

```
// Demonstrate time formats.
import java.text.*;
import java.util.*;
public class TimeFormatDemo {
  public static void main(String args[]) {
    Date date = new Date();
    DateFormat df;

    df = DateFormat.getTimeInstance(DateFormat.SHORT, Locale.JAPAN);
    System.out.println("Japan: " + df.format(date));

    df = DateFormat.getTimeInstance(DateFormat.LONG, Locale.UK);
    System.out.println("United Kingdom: " + df.format(date));

    df = DateFormat.getTimeInstance(DateFormat.FULL, Locale.CANADA);
    System.out.println("Canada: " + df.format(date));
  }
}
```

这个程序的示例输出如下所示：

```
Japan: 13:03
United Kingdom: 13:03:31 GMT-06:00
Canada: 1:03:31 PM Central Daylight Time
```

DateFormat 类还有一个 getDateTimeInstance()方法，该方法可以同时格式化日期和时间信息。你可能希望自己体验一下。

30.4.2 SimpleDateFormat 类

SimpleDateFormat 是 DateFormat 的一个具体子类，该类允许用户定义自己的格式化模式，用于显示日期和时间信息。

SimpleDateFormat 类的其中一个构造函数如下所示：

SimpleDateFormat(String *formatString*)

参数 *formatString* 描述了如何显示日期和时间信息。下面是一个例子：

```
SimpleDateFormat sdf = SimpleDateFormat("dd MMM yyyy hh:mm:ss zzz");
```

在格式化字符串中所使用的符号决定了显示的信息。表 30-3 列出了这些符号，并提供了对每个符号的描述。

表 30-3 用于 SimpleDateFormat 的格式化字符串符号

符 号	描 述
a	AM 或 PM(上午或下午)
d	某月中的某天(1~31)
h	AM/PM 中的某个小时(1~12)
k	一天中的某个小时(1~24)
m	小时中的某分钟(0~59)
s	分钟中的某秒(0~59)
u	一星期中的某天，星期一是 1
w	一年中的某个星期(1~52)
y	年份
z	时区
D	一年中的某天(1~366)
E	一星期中的某天(如星期四)
F	一月中的第几个星期几
G	纪元(例如 AD 或 BC，分别表示公元后或公元前)
H	一天中的某个小时(0~23)
K	AM/PM 中的某个小时(0~11)
L	月份
M	月份
S	毫秒
W	某月中的某个星期数(1~5)
X	ISO 8061 格式的时区
Y	一年中的某个星期
Z	RFC 822 格式的时区

在大多数情况下，符号重复的次数决定了数据显示的方式。如果模式字符的重复次数小于 4，文本信息将使用简写形式显示，否则，使用非简写形式显示。例如，模式 "zzzz" 可以显示 "Pacific Daylight Time"，而模式 "zzz" 可以显示 PDT。

对于数字，模式字符重复的次数决定了显示多少个数字。例如，"hh:mm:ss" 可以显示 01:51:15，而 "h:m:s" 将相同的时间显示为 1:51:15。

最后，M 或 MM 导致月份显示一位还是两位数字。但是，如果 M 重复 3 次或更多次，将导致月份被作为文本字符串显示。

下面的程序显示了如何使用 SimpleDateFormat 类：

```java
// Demonstrate SimpleDateFormat.
import java.text.*;
import java.util.*;

public class SimpleDateFormatDemo {
  public static void main(String args[]) {
    Date date = new Date();
    SimpleDateFormat sdf;
    sdf = new SimpleDateFormat("hh:mm:ss");
    System.out.println(sdf.format(date));
    sdf = new SimpleDateFormat("dd MMM yyyy hh:mm:ss zzz");
    System.out.println(sdf.format(date));
    sdf = new SimpleDateFormat("E MMM dd yyyy");
    System.out.println(sdf.format(date));
  }
}
```

这个程序的示例输出如下所示：

```
01:30:51
20 Jun 2018 01:30:51 CDT
Wed Jun 20 2018
```

30.5 java.time 的时间和日期 API

第 20 章讨论了 Java 长久以来使用 Calendar 和 GregorianCalendar 等类处理日期和时间的方式。在撰写本书时，这种传统方式仍然被广泛使用，所有 Java 程序员也都必须熟悉这种方式。但是，随着 JDK 8 的发布，Java 提供了另外一种处理时间和日期的方式。这种新方式由表 30-4 中显示的包定义。

表 30-4　支持 JDK 8 新增的时间和日期 API 的包

包	描　　述
java.time	提供了支持时间和日期的顶级类
java.time.chrono	支持不同于 Gregorian 日历的另一种日历
java.time.format	支持时间和日期格式化
java.time.temporal	支持扩展的日期和时间功能
java.time.zone	支持时区

这些新包定义了大量的类、接口和枚举，为时间和日期操作提供了广泛且细粒度的支持。新的时间和日期 API 包含大量的元素，一开始可能让人望而生畏。但是，这个 API 具有良好的组织，结构十分符合逻辑。它的规模恰恰反映了它所提供的控制能力和灵活性。本书无法全面介绍这个庞大的 API 中的每个元素，所以将重点讨论该 API 中的主要类。你将看到，这些类足以满足许多用途。从 JDK 9 开始，这些包位于 java.base 模块中。

30.5.1 时间和日期的基础知识

java.time 包中定义了几个顶级类，可以方便地访问时间和日期。LocalDate、LocalTime 和 LocalDateTime 是其中三个类。顾名思义，它们分别封装了本地日期、本地时间以及本地的日期和时间。使用这些类很容易执行许多操作，如获取当前日期和时间、格式化日期和时间以及比较日期和时间。

LocalDate 封装的日期使用默认的由 ISO 8601 指定的 Gregorian 日历。LocalTime 封装了由 ISO 8601 指定的时间。LocalDateTime 封装了日期和时间。这些类包含了大量的方法，可用于访问日期和时间分量、比较日期和时间、加减日期或时间分量等。由于为方法采用了常用的命名约定，因此一旦理解如何使用其中一个类，其他类就很容易掌握。

LocalDate、LocalTime 和 LocalDateTime 没有定义公共构造函数。为了获得它们的实例，需要使用工厂方法。now()是一个非常方便的方法，这三个类都定义了该方法。该方法返回系统的当前日期和/或时间。每个类都定义了 now()方法的几个版本，这里将使用其最简单的版本。LocalDate 定义的 now()方法如下：

static LocalDate now()

LocalTime 定义的 now()方法如下：

static LocalTime now()

LocalDateTime 定义的 now()方法如下：

static LocalDateTime now()

可以看到，这几个 now()方法都返回合适的对象。通过使用 println()方法，可以用默认的人类可读的方式显示 now()方法返回的对象。但是，也可以完全接管日期和时间的格式化。

下面的程序使用 LocalDate 和 LocalTime 来获取当前的日期和时间，然后显示它们。注意如何调用 now()方法来获取当前日期和时间。

```java
// A simple example of LocalDate and LocalTime.
import java.time.*;

class DateTimeDemo {
  public static void main(String args[]) {

    LocalDate curDate = LocalDate.now();
    System.out.println(curDate);

    LocalTime curTime = LocalTime.now();
    System.out.println(curTime);
  }
}
```

样本输出如下所示：

```
2018-06-20
17:31:15.274937600
```

输出反映了日期和时间的默认格式。下一节将介绍如何指定不同的格式。

因为上面的程序同时显示了当前日期和时间，所以其实是有 LocalDateTime 类会更方便。对于这种方法，只需要创建一个实例，并调用一次 now()方法，如下所示：

```java
LocalDateTime curDateTime = LocalDateTime.now();
System.out.println(curDateTime);
```

使用这种方法时，默认输出同时包含了日期和时间。下面是一个示例输出：

```
2018-06-20T17:34:18.991974600
```

另外一点：在 LocalDateTime 实例中，通过使用 toLocalDate()和 toLocalTime()方法，可以获得对日期或时间分量的引用。这两个方法如下所示：

LocalDate toLocalDate()

LocalTime toLocalTime()

每个方法都返回对相应元素的引用。

30.5.2 格式化日期和时间

虽然前面示例中显示的默认格式对于一些情况来说够用了，但是通常需要指定不同的格式。幸好，这很容易实现，因为 LocalDate、LocalTime 和 LocalDateTime 类都提供了 format()方法，如下所示：

String format(DateTimeFormatter *fmtr*)

其中，*fmtr* 指定了用于提供格式的 DateTimeFormatter 实例。

DateTimeFormatter 包含在 java.time.format 包中。要获得一个 DateTimeFormatter 实例，通常需要使用它的一个工厂方法。下面显示了它的三个工厂方法：

static DateTimeFormatter ofLocalizedDate(FormatStyle *fmtDate*)

static DateTimeFormatter ofLocalizedTime(FormatStyle *fmtTime*)

static DateTimeFormatter ofLocalizedDateTime(FormatStyle *fmtDate*,
　　　　　　　　　　　　　　　　　　　　　　FormatStyle *fmtTime*)

当然，需要根据要操作的对象类型来创建 DateTimeFormatter 实例。例如，如果想要格式化 LocalDate 实例中的日期，就需要使用 ofLocalizedDate()方法。具体的格式是由 FormatStyle 参数指定的。

FormatStyle 是一个枚举，包含在 java.time.format 包中。它定义了以下常量：

FULL

LONG

MEDIUM

SHORT

这些常量指定了要显示的细节级别。因此，DateTimeFormatter 的这种形式的工作方式与本章前面介绍的 java.text.DateFormat 类似。

下面这个例子使用 DateTimeFormatter 来显示当前日期和时间：

```java
// Demonstrate DateTimeFormatter.
import java.time.*;
import java.time.format.*;

class DateTimeDemo2 {
  public static void main(String args[]) {

    LocalDate curDate = LocalDate.now();
    System.out.println(curDate.format(
        DateTimeFormatter.ofLocalizedDate(FormatStyle.FULL)));

    LocalTime curTime = LocalTime.now();
```

```
    System.out.println(curTime.format(
        DateTimeFormatter.ofLocalizedTime(FormatStyle.SHORT)));
  }
}
```

示例输出如下所示:

```
Wednesday, June 20, 2018
2:16 PM
```

有些时候,希望使用的格式与 FormatStyle 能够指定的那些格式不同。为此,一种方法是使用由 DateTimeFormatter 提供的预定义的格式化器,如 ISO_DATE 或 ISO_TIME。另一种方法是通过指定模式,创建自定义的格式。为此,需要使用 DateTimeFormatter 类定义的 ofPattern()工厂方法。下面显示了该方法的一个版本:

static DateTimeFormatter ofPattern(String *fmtPattern*)

其中,*fmtPattern* 指定一个字符串,其中包含了想要使用的日期和时间格式。该方法返回一个 DateTimeFormatter 对象,该对象根据指定的模式应用格式化。该方法使用默认地区。

一般来说,模式中包含的格式说明符称为模式字符。模式字符将由它指定的日期或时间分量取代。ofPattern() 的 API 文档中给出了模式字符的完整列表。表 30-5 显示了一部分模式字符。注意,模式字符区分大小写。

表 30-5　部分模式字符

模 式 字 符	描　　述
a	AM/PM 指示器
d	某个月份中的某天
E	一星期中的某天
h	采用 12 小时形式表示的小时
H	采用 24 小时形式表示的小时
M	月份
m	分钟
s	秒钟
y	年份

一般来说,所看到的精确输出由模式字符的重复次数决定(因此,DateTimeFormatter 的工作方式与本章前面介绍的 java.text.SimpleDateFormat 有些类似)。例如,假定月份是 4 月,下面的模式:

```
M MM MMM MMMM
```

生成的格式化输出如下所示:

```
4 04 Apr April
```

坦白说,只有通过试验,才能更好地理解每个模式字符的作用,以及不同的重复次数对输出会造成什么样的影响。

想要将模式字符作为文本输出时,需要将文本放在单引号内。一般来说,将所有非模式字符放到单引号内是一个好主意,这样,当将来的 Java 版本改变模式字符集时,代码不会发生问题。

下面的程序演示了如何使用日期和时间模式:

```
// Create a custom date and time format.
import java.time.*;
import java.time.format.*;
```

```
class DateTimeDemo3 {
  public static void main(String args[]) {

    LocalDateTime curDateTime = LocalDateTime.now();
    System.out.println(curDateTime.format(
            DateTimeFormatter.ofPattern("MMMM d',' yyyy h':'mm a")));
  }
}
```

示例输出如下所示:

```
June 20, 2018 2:22 PM
```

关于创建自定义日期和时间输出,还有另外一点需要注意:LocalDate、LocalTime 和 LocalDateTime 定义了允许获得各种日期和时间分量的方法。例如,getHour()方法返回 int 类型的小时;getMonth()返回 Month 枚举值格式的月份;getYear()返回 int 类型的年份。使用这些方法和其他一些方法,可以手动构造输出,也可以把这些值用于其他目的,例如创建特殊的计时器。

30.5.3 解析日期和时间字符串

LocalDate、LocalTime 和 LocalDateTime 类提供了解析日期和/或时间字符串的能力。为此,需要对这些类的实例调用 parse()方法。parse()方法有两种形式。第一种形式使用默认的格式化器,解析采用标准 ISO 格式的日期和/或时间,例如表示时间的 03:31,以及表示日期的 2020-08-02。LocalDateTime 定义的 parse()方法的这个版本如下所示(其他类定义的版本与此类似,只不过返回的对象类型不同)。

static LocalDateTime parse(CharSequence *dateTimeStr*)

其中,*dateTimeStr* 是一个字符串,包含恰当格式的日期和时间。如果格式无效,会抛出异常。

如果希望解析的日期和/或时间字符串没有采用 ISO 格式,就可以使用 parse()方法的第二种形式,指定自己的格式化器。LocalDateTime 定义的这个版本如下所示(其他类提供的版本类似,只是返回类型不同)。

static LocalDateTime parse(CharSequence *dateTimeStr*,
                    DateTimeFormatter *dateTimeFmtr*)

其中,*dateTimeFmtr* 指定了想要使用的格式化器。

下面这个简单的例子使用自定义格式化器来解析日期和时间字符串:

```
// Parse a date and time.
import java.time.*;
import java.time.format.*;

class DateTimeDemo4 {
  public static void main(String args[]) {

    // Obtain a LocalDateTime object by parsing a date and time string.
    LocalDateTime curDateTime =
        LocalDateTime.parse("June 21, 2018 12:01 AM",
              DateTimeFormatter.ofPattern("MMMM d',' yyyy hh':'mm a"));

    // Now, display the parsed date and time.
    System.out.println(curDateTime.format(
            DateTimeFormatter.ofPattern("MMMM d',' yyyy h':'mm a")));
  }
}
```

示例输出如下所示：

```
June 21, 2018 12:01 AM
```

30.5.4　探究 java.time 包的其他方面

若希望探究所有的日期和时间包，java.time是一个不错的起点。它包含大量实用的功能。首先看看LocalDate、LocalTime和LocalDateTime定义的方法。这些类提供的方法可以用来加减日期和/或时间、使用给定分量调整日期和/或时间、比较日期和/或时间，以及基于日期和/或时间分量创建实例等。java.time包中的其他一些有用的类包括Instant、Duration和Period。Instant封装了时间上的一瞬间，Duration封装了一段时间，Period封装了一段日期。

第 III 部分 使用 Swing 进行 GUI 编程

第 31 章
Swing 简介
第 32 章
探索 Swing
第 33 章
Swing 菜单简介

第 31 章 Swing 简介

在本书第 II 部分，你已经学习了如何使用 AWT 类构建非常简单的用户界面。尽管 AWT 仍然是 Java 的关键部分，但是 AWT 组件已不再广泛用于创建图形用户界面。今天，大部分程序员使用 Swing 来实现这一目的。与 AWT 相比，Swing 框架提供了功能更强大并且更灵活的 GUI 组件。因此，十多年来，它一直是 Java 程序员广泛使用的 GUI 构建工具。

本书将对 Swing 的讨论分成三章进行。本章介绍 Swing。首先描述 Swing 的核心概念，然后用一个简单示例显示 Swing 程序的一般形式，接着介绍一个使用事件处理的示例，最后以讲解如何使用 Swing 进行绘图结束本章。在第 32 章中，将讨论几个常用的 Swing 组件。第 33 章将介绍基于 Swing 的菜单。需要着重指出的是，Swing 包中类和接口的数量十分庞大，不可能在本书中全部涵盖它们，了解这一点很重要(实际上，完整介绍 Swing 本身就需要一整本书的篇幅)。不过，这三章将使读者对这个重要主题有个基本了解。

> **注意：**
> 关于 Swing 的全面介绍，请参阅我撰写的书籍 *Swing: A Beginner's Guide*(McGraw-Hill Professional，2007)。

31.1 Swing 的起源

在 Java 的早期版本中不存在 Swing。Swing 的出现是为了弥补 Java 的原始 GUI 子系统(即 Abstract Window Toolkit，AWT)存在的不足。AWT 定义了一套基本的控件、窗口以及对话框，支持可用但有限的图形界面。AWT 功能有限的一个原因是，AWT 将各种可视化组件转换成与它们对应的、特定于平台的等价物，即对等物(peer)。这意味着组件的外观是由平台定义的，而不是由 Java 定义的。因为 AWT 组件使用本地代码资源，所以它们被认为是重量级组件。

使用本地对等物会导致几个问题。首先，因为操作系统之间的差别，在不同的平台上，组件的外观甚至行为可能会不同。这种潜在的变化会威胁 Java 的基本原则：一次编写，到处运行。其次，每个组件的外观是固定的(因为是由平台定义的)，并且不能(容易地)进行修改。最后，使用重量级组件会导致某些令人沮丧的限制。例如，重量级组件总是不透明的。

在 Java 首次发布后不久，就发现 AWT 中存在的限制和约束十分严重，以至于需要有一种更好的方法，解决方案是提供 Swing。当 1997 年推出时，Swing 就是 JFC(Java Foundation Class)的一部分。在 Java 1.1 中，Swing 最初是作为独立的库使用的。但是从 Java 1.2 开始，Swing(以及 JFC 的其他部分)已经被完全集成到 Java 中了。

31.2 Swing 的构建以 AWT 为基础

在继续之前,有必要明确的重要一点是:尽管 Swing 消除了 AWT 固有的大量限制,但 Swing 并不是用来代替 AWT 的。相反,Swing 是基于 AWT 而构建的。这就是为什么 AWT 仍然是 Java 的关键部分的原因。Swing 还使用与 AWT 相同的事件处理机制。所以,当使用 Swing 时,要求对 AWT 以及事件处理有一个基本理解(AWT 已在第 25 章和第 26 章介绍过。事件处理已在第 24 章介绍过)。

31.3 两个关键的 Swing 特性

如前所述,创建 Swing 的目的是解决 AWT 存在的局限。Swing 通过两个关键特性来解决 AWT 存在的局限:轻量级组件和可插入外观。它们一起为 AWT 存在的问题提供了一种优雅的、易于使用的解决方案。与任何其他 Swing 特性相比,正是这两个特性定义了 Swing 的本质。下面分析这两个特性。

31.3.1 Swing 组件是轻量级的

除了很少的几个组件之外,Swing 组件都是轻量级的。这意味着它们完全是由 Java 编写的,并且不是直接映射到特定于平台的对等物。因此,轻量级组件更加高效,并且更灵活。此外,因为轻量级组件不会被转换成本地对等物,所以每个组件的外观是由 Swing 而不是底层的操作系统定义的。这意味着在各种平台上,每个组件都以相同的方式工作。

31.3.2 Swing 支持可插入外观

Swing 支持可插入外观,因为 Swing 组件是通过 Java 代码而不是本地对等物渲染的,所以组件的外观是由 Swing 控制的。实际上,这意味着可以将组件的逻辑和外观分离开,并且 Swing 也正是这么做的。分离出外观提供了如下显著优势:可以改变组件的渲染方式,而不会影响组件的其他方面。换句话说,可以为给定的组件"插入"新的外观,而不会对使用组件的代码造成任何负面影响。而且,这使得为表示不同的 GUI 风格定义整套外观成为可能。为了使用特定的风格,只需要简单地"插入"其外观即可。一旦插入新的外观,所有组件都会自动使用这种风格进行渲染。

可插入外观提供了一些重要的优点。可以定义在各种平台上都能保持一致的外观。反过来,也可以创建类似特定平台的外观。例如,如果知道应用程序将只运行于 Windows 环境中,则可以指定 Windows 外观,也可以设计定制的外观。最后,还可以在运行时动态地修改外观。

Java 提供了一些所有 Swing 用户都可以使用的外观,例如 metal 和 Nimbus。metal 外观也被称为 Java 外观,是平台独立的,并且在所有 Java 执行环境中都可以使用。metal 也是默认外观。本书使用默认外观 metal,因为它是平台独立的。

31.4 MVC 连接

一般而言,可视组件是由 3 个方面构成的:
- 在屏幕上渲染时组件的呈现方式。
- 组件响应用户的方式。
- 与组件关联的状态信息。

不管使用什么架构实现组件,都必须包含这三个方面。经过多年验证,有一种组件架构已经被证明是特别有效的,即模型-视图-控制器(Model-View-Controller)架构,简称为 MVC。

MVC 架构是成功的，因为这种架构设计的每个部分都与组件的某个方面相对应。在 MVC 术语中，模型对应于组件关联的状态信息。例如，对于复选框，模型包含用于指示复选框是被选中还是取消选中的域变量。视图决定了如何在屏幕上显示组件，包括可能受模型当前状态影响的视图的任何方面。控制器决定了组件如何响应用户。例如，当用户单击复选框时，控制器通过改变模型来响应用户的选择(选中或取消选中)。然后，这会导致视图被更新。通过将组件划分成模型、视图和控制器，可以修改每一部分的特定实现，而不会影响另外两部分。例如，不同的视图实现可以使用不同的方式渲染同一个组件，而不会影响模型或控制器。

尽管 MVC 架构及其背后的原则在概念上听起来很好，但是对于 Swing 组件，视图和控制器之间的高度分离却不是有益的。相反，Swing 使用 MVC 的修改版，将视图和控制器联合成单个逻辑实体，称为 UI 委托。因此，Swing 采用的方式也被称为模型-委托(Model-Delegate)架构，或者称为可分模型(Separable Model)架构。所以，尽管 Swing 的组件架构是基于 MVC 的，但是 Swing 并没有使用 MVC 的传统实现方式。

Swing 通过自己的模型-委托架构，使可插入外观成为可能。因为视图(外表)和控制器(感觉)与模型是相互分离的，所以可以修改外观而不会影响在程序中使用组件的方式。反过来，可以定制模型，而不会影响组件在屏幕上的显示方式，也不会影响组件响应用户输入的方式。

为了支持模型-委托架构，大部分 Swing 组件包含两个对象。其中一个对象表示模型，另一个对象表示 UI 委托。模型是通过接口定义的。例如，按钮的模型是通过 ButtonModel 接口定义的。UI 委托是派生自 ComponentUI 的类。例如，按钮的 UI 委托是 ButtonUI。通常，程序不会直接使用 UI 委托。

31.5 组件与容器

Swing GUI 是由两个关键部分构成的：组件和容器。但是，这一区别仅仅是概念上的，因为所有容器也是组件。两者之间的区别在于它们的目的不同：正如术语本身表明的含义，组件是独立的可视控件，例如命令按钮或滑块。容器容纳一组组件。因此，容器是特殊类型的组件，设计目标是容纳其他组件。而且，组件要想显示出来，必须被放到容器中。因此，所有 Swing GUI 至少有一个容器。因为容器是组件，所以容器也可以容纳其他容器。这使得 Swing 可以定义所谓的包含层次，位于包含层次顶部的容器必须是顶级容器。

下面进一步对组件和容器进行分析。

31.5.1 组件

一般而言，Swing 组件都派生自 JComponent 类(唯一的例外是在后面描述的 4 个顶级容器)。JComponent 类提供对所有组件都十分常用的功能。例如，JComponent 类支持可插入外观。JComponent 类继承了 AWT 类 Container 和 Component。因此，Swing 组件是以 AWT 组件为基础构建的，并且与 AWT 组件是兼容的。

所有 Swing 组件都由 javax.swing 包中的类来表示。表 31-1 显示了 Swing 组件(包括那些用作容器的组件)的类名。

表 31-1 Swing 组件的类名

JApplet(已废弃)	JButton	JCheckBox	JCheckBoxMenuItem
JColorChooser	JComboBox	JComponent	JDesktopPane
JDialog	JEditorPane	JFileChooser	JFormattedTextField
JFrame	JInternalFrame	JLabel	JLayer
JLayeredPane	JList	JMenu	JMenuBar
JMenuItem	JOptionPane	JPanel	JPasswordField
JPopupMenu	JProgressBar	JRadioButton	JRadioButtonMenuItem
JRootPane	JScrollBar	JScrollPane	JSeparator

JSlider	JSpinner	JSplitPane	JTabbedPane
JTable	JTextArea	JTextField	JTextPane
JTogglebutton	JToolBar	JToolTip	JTree
JViewport	JWindow		

注意，所有组件类都以字母 J 开头。例如，用于标签的类是 JLabel；用于命令按钮的类是 JButton；用于滚动条的类是 JScrollBar。

31.5.2 容器

Swing 定义了两种类型的容器。第一种是顶级容器：JFrame、JApplet、JWindow 和 JDialog。这些容器并非派生自 JComponent，相反它们派生自 AWT 类 Component 和 Container。与其他 Swing 组件不同，其他 Swing 组件是轻量级的，而顶级容器是重量级的。这使得顶级容器成为 Swing 组件库中的特例。

顾名思义，顶级容器必须位于包含层次的顶部。顶级容器不能包含于其他容器中。而且，每个包含层次必须以顶级容器开始。应用程序最常用的顶级容器是 JFrame。过去，用于 applet 的顶级容器是 JApplet。如第 1 章所述，从 JDK 9 开始，applet 已废弃，这导致 JApplet 也被废弃。而且，从 JDK 11 开始，已经不再提供对 applet 的支持。

Swing 支持的第二种类型的容器是轻量级的。轻量级容器派生自 JComponent。轻量级容器的一个例子是 JPanel，用于通用目的。轻量级容器通常用于组织和管理一组相关的组件，因为轻量级容器可以包含于其他容器中。因此，可以使用 JPanel 这类轻量级容器在外层容器中创建相关组件的子组。

31.5.3 顶级容器窗格

每个顶级容器都定义了一组窗格。在层次结构的顶部，是一个 JRootPane 实例。JRootPane 是轻量级容器，目的是管理其他窗格，此外还可用于帮助管理可选的菜单栏。构成根窗格的窗格被称为玻璃窗格、内容窗格和分层窗格。

玻璃窗格是顶级窗格，位于最上面，并且完全覆盖其他窗格。在默认情况下，玻璃窗格是 JPanel 的透明实例。例如，可以使用玻璃窗格来管理影响整个容器(而不是单个控件)的鼠标事件，或者在所有其他组件上绘图。在大多数情况下，不需要直接使用玻璃窗格，但如果需要的话，也可以使用。

分层窗格是 JLayeredPane 实例。使用分层窗格可以为组件提供深度值。这个值决定了哪个组件位于其他组件的上面(因此，使用分层窗格可以为组件指定 Z 次序，尽管通常不需要做这些工作)。分层窗格容纳内容窗格和(可选的)菜单栏。

尽管玻璃窗格和分层窗格对于顶级容器操作是完整的，并且实现了顶级容器的主要目的，但是它们所提供的操作发生在幕后。与应用程序进行大部分交互的窗格是内容窗格，因为内容窗格用于添加可视组件。换句话说，当向顶级容器添加组件(如按钮)时，会将组件添加到内容窗格中。默认情况下，内容窗格是 JPanel 的不透明实例。

31.6 Swing 包

Swing 是一个非常大的子系统，利用了许多包。在编写本书时，Swing 定义的包如表 31-2 所示。

表 31-2 Swing 定义的包

javax.swing	javax.swing.plaf.basic	javax.swing.text
javax.swing.border	javax.swing.plaf.metal	javax.swing.text.html
javax.swing.colorchooser	javax.swing.plaf.multi	javax.swing.text.html.parser

(续表)

javax.swing.event	javax.swing.plaf.nimbus	javax.swing.text.rtf
javax.swing.filechooser	javax.swing.plaf.synth	javax.swing.tree
javax.swing.plaf	javax.swing.table	javax.swing.undo

从 JDK9 开始，Swing 包放在 java.desktop 模块中。

主要的包是 javax.swing。使用 Swing 的所有程序都必须导入这个包，其中包含了实现基本 Swing 组件的类，例如命令按钮、标签和复选框。

31.7 一个简单的 Swing 应用程序

Swing 程序与本书前面显示的基于控制台和基于 AWT 的程序不同。例如，Swing 程序使用的组件和容器层次与 AWT 程序使用的不同。Swing 程序还有与线程相关的特殊要求。理解 Swing 程序结构的最好方式是通过例子进行分析。在开始之前，有必要指出，有两种类型的 Java 程序通常使用 Swing：第一种是应用广泛的桌面应用程序，即这里描述的 Swing 程序类型；第二种是 applet。因为 applet 现在已废弃，新代码不推荐使用它，所以本书不讨论它。

尽管下面的程序非常短，但它显示了编写 Swing 应用程序的一种方式。在这个过程中，演示了 Swing 的一些关键特性。该程序使用两个 Swing 组件：JFrame 和 JLabel。JFrame 是 Swing 应用程序通常使用的顶级容器。JLabel 是用于创建标签的 Swing 组件，用于显示信息。标签是最简单的 Swing 组件，因为它是被动组件。也就是说，标签不响应用户输入，只显示输出。该程序使用 JFrame 容器来容纳 JLabel 实例。标签显示一条短文本消息。

```
// A simple Swing application.

import javax.swing.*;

class SwingDemo {

  SwingDemo() {

    // Create a new JFrame container.
    JFrame jfrm = new JFrame("A Simple Swing Application");

    // Give the frame an initial size.
    jfrm.setSize(275, 100);

    // Terminate the program when the user closes the application.
    jfrm.setDefaultCloseOperation(JFrame.EXIT_ON_CLOSE);

    // Create a text-based label.
    JLabel jlab = new JLabel(" Swing means powerful GUIs.");

    // Add the label to the content pane.
    jfrm.add(jlab);

    // Display the frame.
    jfrm.setVisible(true);
  }

  public static void main(String args[]) {
    // Create the frame on the event dispatching thread.
```

```
      SwingUtilities.invokeLater(new Runnable() {
        public void run() {
          new SwingDemo();
        }
      });
   }
}
```

Swing 程序的编译和运行方式与其他 Java 应用程序相同。因此，要编译这个程序，可以使用下面这个命令行：

`javac SwingDemo.java`

要运行该程序，可使用下面这个命令行：

`java SwingDemo`

当该程序运行时，会生成如图 31-1 所示的窗口。

图 31-1 SwingDemo 程序生成的窗口

因为 SwingDemo 程序演示了几个核心的 Swing 概念，所以下面将仔细地逐行进行分析。该程序首先导入 javax.swing。如前所述，这个包包含 Swing 定义的组件和模型。例如，javax.swing 定义了实现标签、按钮、文本控件以及菜单的类。使用 Swing 的所有程序都将包含这个包。

接下来，该程序声明了 SwingDemo 类，并为该类声明了一个构造函数。该程序的大部分工作都是在构造函数中进行的。首先使用下面这行代码创建一个 JFrame 对象：

`JFrame jfrm = new JFrame("A Simple Swing Application");`

这会创建名为 jfrm 的容器，该容器定义了一个具有标题栏、关闭按钮、最小化按钮、最大化按钮以及恢复按钮的矩形窗口；另外还定义了一个系统菜单。因此，该程序创建了一个标准的顶级窗口。窗口的标题被传递给构造函数。

接下来，使用下面这条语句设置窗口的大小：

`jfrm.setSize(275, 100);`

setSize()方法(由 JFrame 从 AWT 类 Component 继承而来)设置窗口的尺寸，单位为像素。该方法的一般形式如下所示：

`void setSize(int width, int height)`

在这个例子中，窗口的宽度被设置为 275 像素，高度被设置为 100 像素。

默认情况下，当关闭顶级窗口时(例如当用户单击关闭按钮时)，会从屏幕上移除顶级窗口，但是应用程序并没有终止。虽然在某些情况下，这种默认行为是有用的，但是大多数应用程序不需要这一行为。相反，当顶级窗口关闭时，通常会希望终止整个应用程序。有两种方式可以实现这一目的。最简单的方式是调用 **setDefaultCloseOperation()**方法，就像下面这样：

`jfrm.setDefaultCloseOperation(JFrame.EXIT_ON_CLOSE);`

执行这个调用后，关闭窗口会导致整个应用程序终止。setDefaultCloseOperation()方法的一般形式如下所示：

`void setDefaultCloseOperation(int what)`

传递给 what 的值决定了关闭窗口时发生的操作。除了 JFrame.EXIT_ON_CLOSE 之外，还有其他一些选项。

这些选项如下所示：

```
DISPOSE_ON_CLOSE
HIDE_ON_CLOSE
DO_NOTHING_ON_CLOSE
```

它们的名称反映了各自的动作。这些常量是在 WindowConstants 中声明的，WindowConstants 是在 javax.swing 中声明的一个接口，JFrame 实现了该接口。

下一行代码创建了一个 JLabel Swing 组件：

```
JLabel jlab = new JLabel(" Swing means powerful GUIs.");
```

JLabel 是最简单并且最容易使用的组件，因为 JLabel 不接收用户输入，只是简单地显示信息，信息可以包含文本、图标或它们两者的组合。该程序创建的标签只包含被传递给构造函数的文本。

下面这行代码将该标签添加到框架的内容窗格中：

```
jfrm.add(jlab);
```

如前所述，所有顶级容器都有内容窗格，组件存储于内容窗格中。因此，为了向框架中添加组件，必须将组件添加到框架的内容窗格中。这是通过对 JFrame 引用(在这个例子中是 jfrm)调用 add()方法来完成的。add()方法的一般形式如下所示：

```
Component add(Component comp)
```

add()方法由 JFrame 从 AWT 类 Container 继承而来。

默认情况下，与 JFrame 关联的内容窗格使用边界布局。刚才显示的 add()版本，将标签添加到中心位置。其他版本的 add()方法允许指定边界区域。当组件被添加到中心位置时，会自动调整组件的尺寸以适应中心区域的大小。

在继续分析之前，需要介绍一个重要的历史情况。在 JDK 5 之前，在向内容窗格中添加组件时，不能直接对 JFrame 实例调用 add()方法。相反，需要对 JFrame 对象的内容窗格调用 add()方法。可以通过对 JFrame 实例调用 getContentPane()方法来获取内容窗格。getContentPane()方法如下所示：

```
Container getContentPane()
```

该方法返回指向内容窗格的 Container 引用。然后对 Container 引用调用 add()方法，将组件添加到内容窗格中。因此在过去，需要使用下面的语句将 jlab 添加到 jfrm 中：

```
jfrm.getContentPane().add(jlab); // old-style
```

其中，getContentPane()方法首先获取指向内容窗格的引用，然后 add()方法将组件添加到与这个窗格关联的容器中。调用 remove()方法来移除组件，调用 setLayout()方法为内容窗格设置布局管理器，也都需要相同的过程。在 Java 5.0 之前的代码中，会经常看到显式调用 getContentPane()方法的情况。现在，已经不再需要使用 getContentPane()方法。可以直接对 JFrame 调用 add()、remove()以及 setLayout()方法，因为已经对这些方法进行了修改，从而使它们能自动操作内容窗格。

在 SwingDemo 构造函数中，最后一条语句使窗口变得可见：

```
jfrm.setVisible(true);
```

setVisible()方法继承自 AWT 类 Component。如果参数是 true，就显示窗口；否则隐藏窗口。默认情况下，JFrame 是不可见的，所以在显示之前必须调用 setVisible(true)。

在 main()方法中，创建了一个 SwingDemo 对象，这会导致显示窗口和标签。注意，SwingDemo 构造函数是使用下面的代码调用的：

```
SwingUtilities.invokeLater(new Runnable() {
```

```
public void run() {
  new SwingDemo();
}
});
```

这条语句会导致在事件分派线程上而不是在应用程序的主线程上创建 SwingDemo 对象。下面是这么做的原因。一般而言，Swing 程序是事件驱动型的。例如，当用户与组件交互时会生成事件。通过调用应用程序定义的事件处理程序，事件被传递到应用程序。但是，事件处理程序是在 Swing 提供的事件分派线程上执行的，而不是在应用程序的主线程上执行的。因此，尽管事件处理程序由用户程序定义，但是调用它们的线程却不是由用户程序创建的。

为了避免出现问题(包括潜在的死锁)，所有 Swing GUI 组件都必须从事件分派线程进行创建和更新，而不是从应用程序的主线程进行创建和更新。但是，main()方法是在主线程上执行的。因此，main()方法不能直接实例化 SwingDemo 对象。相反，必须创建一个 Runnable 对象，该对象在事件分派线程上执行，并且使用这个对象创建 GUI。

为了能够在事件分派线程上创建 GUI 代码，必须使用 SwingUtilities 类定义的两个方法之一。这两个方法是 invokeLater()和 invokeAndWait()，它们如下所示：

```
static void invokeLater(Runnable obj)
```

```
static void invokeAndWait(Runnable obj)
    throws InterruptedException, InvocationTargetException
```

其中，*obj* 是 Runnable 对象，该对象的 run()方法通过事件分派线程进行调用。这两个方法之间的区别是：invokeLater()方法会立即返回，而 invokeAndWait()方法会进行等待，直到 obj.run()返回为止。可以使用这两个方法之一调用为 Swing 应用程序构建 GUI 的方法，当需要从不是由事件分派线程执行的代码修改 GUI 的状态时，也可以使用这两个方法。通常会希望使用 invokeLater()方法，就像前面的程序那样。但是，当为 applet 构造初始 GUI 时，需要使用 invokeAndWait()方法。因此，在旧的 applet 代码中会看到它。

31.8 事件处理

前面的程序显示了 Swing 程序的基本形式，但遗漏了一个重要部分：事件处理。因为 JLabel 不从用户获取输入，所以不会生成事件，从而不需要事件处理。但是，其他 Swing 组件会响应用户输入，并且需要处理那些由交互生成的事件。也可以通过并非直接与用户输入相关的方式生成事件。例如，当计时器"响铃"时会生成事件。不管是什么情况，事件处理都是所有基于 Swing 的应用程序中很重要的组成部分。

Swing 使用的事件处理机制与 AWT 使用的事件处理机制相同。这种方式被称为委托事件模型，第 24 章描述了这一机制。在许多情况下，Swing 使用的事件与 AWT 相同，并且这些事件被打包到 java.awt.event 包中。特定于 Swing 的事件存储在 javax.swing.event 包中。

虽然 Swing 使用的事件处理方式与 AWT 相同，但是通过一个简单的例子进行分析还是有用的。下面的程序处理由 Swing 命令按钮生成的事件。示例输出如图 31-2 所示。

图 31-2 EventDemo 程序的输出

```
// Handle an event in a Swing program.

import java.awt.*;
```

```java
import java.awt.event.*;
import javax.swing.*;

class EventDemo {

  JLabel jlab;

  EventDemo() {

    // Create a new JFrame container.
    JFrame jfrm = new JFrame("An Event Example");

    // Specify FlowLayout for the layout manager.
    jfrm.setLayout(new FlowLayout());

    // Give the frame an initial size.
    jfrm.setSize(220, 90);

    // Terminate the program when the user closes the application.
    jfrm.setDefaultCloseOperation(JFrame.EXIT_ON_CLOSE);

    // Make two buttons.
    JButton jbtnAlpha = new JButton("Alpha");
    JButton jbtnBeta = new JButton("Beta");

    // Add action listener for Alpha.
    jbtnAlpha.addActionListener(new ActionListener() {
      public void actionPerformed(ActionEvent ae) {
        jlab.setText("Alpha was pressed.");
      }
    });

    // Add action listener for Beta.
    jbtnBeta.addActionListener(new ActionListener() {
      public void actionPerformed(ActionEvent ae) {
        jlab.setText("Beta was pressed.");
      }
    });

    // Add the buttons to the content pane.
    jfrm.add(jbtnAlpha);
    jfrm.add(jbtnBeta);

    // Create a text-based label.
    jlab = new JLabel("Press a button.");

    // Add the label to the content pane.
    jfrm.add(jlab);

    // Display the frame.
    jfrm.setVisible(true);
  }

  public static void main(String args[]) {
    // Create the frame on the event dispatching thread.
    SwingUtilities.invokeLater(new Runnable() {
```

```
      public void run() {
        new EventDemo();
      }
    });
  }
}
```

首先，注意该程序现在导入了 java.awt 和 java.awt.event 这两个包。之所以需要 java.awt 包，是因为 FlowLayout 类位于这个包中，FlowLayout 类支持用于在框架中布局组件的标准流式布局管理器(关于布局管理器的内容，请查看第 26 章)。之所以需要 java.awt.event 包，是因为这个包定义了 ActionListener 接口和 ActionEvent 类。

EventDemo 构造函数首先创建 JFrame 对象 jfrm，然后将 jfrm 中内容窗格的布局管理器设置为 FlowLayout。回顾一下，默认情况下，内容窗格使用 BorderLayout 作为布局管理器。但是，对于这个例子，使用 FlowLayout 更方便。

在设置好窗口大小和默认关闭操作之后，EventDemo()构造函数创建了两个命令按钮，如下所示：

```
JButton jbtnAlpha = new JButton("Alpha");
JButton jbtnBeta = new JButton("Beta");
```

第 1 个按钮包含文本"Alpha"，第 2 个按钮包含文本"Beta"。Swing 命令按钮是 JButton 类的实例。JButton 类提供了多个构造函数，在此使用的构造函数如下所示：

```
JButton(String msg)
```

其中，参数 *msg* 指定了将在按钮中显示的字符串。

当按下命令按钮时，会生成 ActionEvent 事件。因此，JButton 提供了 addActionListener()方法，该方法用于添加动作监听器(JButton 还提供了 removeActionListener()方法，用于移除监听器，但是这个程序没有使用该方法)。如第 24 章所述，ActionListener 接口只定义了方法 actionPerformed()。为了方便起见，下面再次给出这一方法：

```
void actionPerformed(ActionEvent ae)
```

当按下按钮时，会调用这个方法。换句话说，这个方法是当按钮按下事件发生时调用的事件处理程序。

接下来，使用如下所示的代码为按钮的动作事件添加事件监听器：

```
// Add action listener for Alpha.
jbtnAlpha.addActionListener(new ActionListener() {
  public void actionPerformed(ActionEvent ae) {
    jlab.setText("Alpha was pressed.");
  }
});

// Add action listener for Beta.
jbtnBeta.addActionListener(new ActionListener() {
  public void actionPerformed(ActionEvent ae) {
    jlab.setText("Beta was pressed.");
  }
});
```

在此，使用匿名内部类为这两个按钮提供事件处理程序。每次按下按钮时，会修改在 jlab 中显示的字符串以反映哪个按钮被按下了。

从 JDK 8 开始，也可以使用 lambda 表达式来实现事件处理程序。例如，可以将 Alpha 按钮的事件处理程序进行重写，如下所示：

```
jbtnAlpha.addActionListener( (ae) -> jlab.setText("Alpha was pressed."));
```

可以看到，代码变得更短。当然，选择什么方式取决于具体的情形和自己的喜好。

接下来，将按钮添加到 jfrm 的内容窗格中：

```
jfrm.add(jbtnAlpha);
jfrm.add(jbtnBeta);
```

最后，将 jlab 添加到内容窗格中，并使窗口可见。当运行该程序时，每次按下一个按钮，就会在标签中显示一条消息，指示哪个按钮被按下了。

最后一点：请记住，所有事件处理程序——例如 actionPerformed()，都是在事件分派线程上调用的。所以，为了避免拖慢应用程序，事件处理程序必须快速返回。如果发生的事件需要应用程序进行某些耗时的工作，就必须使用单独的线程。

31.9 在 Swing 中绘图

尽管 Swing 组件集的功能很强大，但是对 Swing 的使用并没有限制，因为 Swing 也允许直接向框架、面板或其他 Swing 组件(例如 JLabel)的显示区域写入内容。尽管许多(可能是大多数)Swing 应用不会涉及直接在组件的表面上绘图，但是需要这一功能的应用程序可以这么做。为了将输出直接写到组件的表面上，需要使用 AWT 定义的一个或多个绘图方法，例如 drawLine()或 drawRect()。因此，在第 25 章中描述的大多数技术和方法也可以应用于 Swing。但是有一些重要的区别，下面将详细讨论这个过程。

31.9.1 绘图的基础知识

Swing 的绘图方式以原始的基于 AWT 的绘图机制为基础，但是 Swing 的实现提供了更为精细的控制。在分析基于 Swing 的绘图特性之前，回顾一下原始的基于 AWT 的绘图机制是有帮助的。

AWT 类 Component 定义了 paint()方法，该方法用于直接向组件的表面绘制输出。对于大多数情况，paint()方法并不是由用户程序调用(实际上，只有在极为特殊的情况下，才应当由用户程序调用)。相反，paint()方法是由运行时系统在必须渲染组件时才调用的。这种情况可能由于多种原因而发生。例如，在其中显示组件的窗口可能会被其他窗口覆盖，然后覆盖它的窗口又被移开；或者，窗口可能被最小化，然后又恢复。当程序开始运行时，也会调用paint()方法。当编写基于 AWT 的代码时，如果需要直接向组件的表面绘制输出，那么应用程序应当重写 paint()方法。

因为 JComponent 派生自 Component，所以 Swing 的所有轻量级组件都继承了 paint()方法。但是，不会重写该方法以直接在组件的表面上绘图。原因是 Swing 使用更为复杂的方式进行绘图，这种方式涉及 3 个不同的方法：paintComponent()、paintBorder()和 paintChildren()。这些方法绘制组件的指定部分，并将绘制过程划分成 3 个明显不同的逻辑动作。在轻量级组件中，原始的 AWT 方法 paint()只是按照刚才显示的顺序调用这些方法。

为了绘制 Swing 组件的表面，需要创建组件的子类，然后重写 paintComponent()方法。这是用于绘制组件内部的方法。常规情况下，不需要重写另外两个绘图方法。当重写 paintComponent()方法时，必须做的第一件事情是调用 super.paintComponent()方法，从而绘制组件的超类部分(唯一不需要这么做的情况是，当完全、手动控制组件的显示方式时)。然后，写入希望显示的输出。paintComponent()方法如下所示：

```
protected void paintComponent(Graphics g)
```

参数 g 是要向其中写入输出的图形上下文。

为了绘制由程序控制的组件，可以调用 repaint()方法。该方法在 Swing 中的工作方式与在 AWT 中的相同。repaint()方法是由 Component 定义的。一旦有可能，调用 repaint()就会导致系统调用 paint()。因为绘图是相当耗时的工作，这种机制允许运行时系统延迟绘图片刻，先完成一些高优先级的任务。当然，在 Swing 中，调用 paint()方法会导致调用 paintComponent()方法。所以，为了向组件表面输出内容，程序需要存储输出，直到调用 paintComponent()方法为止。在重写的 paintComponent()方法中，将绘制之前保存的输出。

31.9.2 计算可绘制区域

当向组件的表面绘制内容时，必须小心地将输出限制在边界内。尽管 Swing 会自动裁剪超出组件边界的所有输出，但是仍然有可能将内容绘制到边界之外，当绘制边界时，这会导致覆盖边界。为了避免这种情况，必须计算组件的可绘制区域。这个区域被定义为组件的当前大小减去边界占用的空间。所以，在向组件绘制内容之前，必须获取组件边界的宽度，然后相应地调整绘图操作。

为了获取组件边界的宽度，可以调用 getInsets()方法，该方法如下所示：

```
Insets getInsets()
```

这个方法是由 Container 定义的，并且 JComponent 对其进行了重写。该方法返回包含组件边界尺寸的 Insets 对象。可以使用下面这些域变量来获取嵌入值：

```
int top;
int bottom;
int left;
int right;
```

然后使用这些值，根据组件的宽度和高度计算可绘制区域。可以通过对组件调用 getWidth()和 getHeight()方法来获取组件的宽度和高度，这两个方法如下所示：

```
int getWidth()
int getHeight()
```

通过减去组件边界的嵌入值，可以计算出组件的可用宽度和高度。

31.9.3 一个绘图示例

下面的程序将前面讨论的内容应用到实战中。该程序创建了一个名为 PaintPanel 的类，该类扩展了 JPanel。然后使用 PaintPanel 对象显示线条，线条的端点是随机生成的。示例输出如图 31-3 所示。

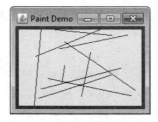

图 31-3　来自 PaintPanel 程序的示例输出

```
// Paint lines to a panel.

import java.awt.*;
import java.awt.event.*;
import javax.swing.*;
import java.util.*;

// This class extends JPanel. It overrides
// the paintComponent() method so that random
// lines are plotted in the panel.
class PaintPanel extends JPanel {
  Insets ins; // holds the panel's insets

  Random rand; // used to generate random numbers
```

```java
    // Construct a panel.
    PaintPanel() {

      // Put a border around the panel.
      setBorder(
        BorderFactory.createLineBorder(Color.RED, 5));

      rand = new Random();
    }

    // Override the paintComponent() method.
    protected void paintComponent(Graphics g) {
      // Always call the superclass method first.
      super.paintComponent(g);

      int x, y, x2, y2;

      // Get the height and width of the component.
      int height = getHeight();
      int width = getWidth();

      // Get the insets.
      ins = getInsets();

      // Draw ten lines whose endpoints are randomly generated.
      for(int i=0; i < 10; i++) {
        // Obtain random coordinates that define
        // the endpoints of each line.
        x = rand.nextInt(width-ins.left);
        y = rand.nextInt(height-ins.bottom);
        x2 = rand.nextInt(width-ins.left);
        y2 = rand.nextInt(height-ins.bottom);

        // Draw the line.
        g.drawLine(x, y, x2, y2);
      }
    }
}

// Demonstrate painting directly onto a panel.
class PaintDemo {

  JLabel jlab;
  PaintPanel pp;

  PaintDemo() {

    // Create a new JFrame container.
    JFrame jfrm = new JFrame("Paint Demo");

    // Give the frame an initial size.
    jfrm.setSize(200, 150);

    // Terminate the program when the user closes the application.
    jfrm.setDefaultCloseOperation(JFrame.EXIT_ON_CLOSE);
```

```
      // Create the panel that will be painted.
      pp = new PaintPanel();

      // Add the panel to the content pane. Because the default
      // border layout is used, the panel will automatically be
      // sized to fit the center region.
      jfrm.add(pp);

      // Display the frame.
      jfrm.setVisible(true);
   }

   public static void main(String args[]) {
      // Create the frame on the event dispatching thread.
      SwingUtilities.invokeLater(new Runnable() {
         public void run() {
            new PaintDemo();
         }
      });
   }
}
```

下面详细分析这个程序。PaintPanel 类扩展了 JPanel。JPanel 是一个轻量级的 Swing 容器，这意味着 JPanel 组件能够被添加到 JFrame 对象的内容窗格中。为了处理绘图操作，PaintPanel 重写了 paintComponent()方法。从而当绘图事件发生时，PaintPanel 能够直接向组件的表面写入内容。面板的大小没有指定，因为该程序使用默认的边界布局，并且面板被添加到中心位置。这会导致改变面板的大小以填满中心区域。如果改变窗口的大小，面板的大小也会相应地进行调整。

注意，构造函数还指定了 5 像素宽的红色边界。这是通过使用 setBorder()方法设置边界来完成的，该方法如下所示：

`void setBorder(Border border)`

Border 是用于封装边界的 Swing 接口。可以通过调用 BorderFactory 类定义的工厂方法之一来获取边界。该程序使用的工厂方法是 createLineBorder()，该方法可以创建简单的线条边界，如下所示：

`static Border createLineBorder(Color clr, int width)`

其中，*clr* 指定了边界的颜色，*width* 以像素为单位指定了边界的宽度。

在重写的 paintComponent()方法中，注意首先调用了 super.paintComponent()。如前所述，为了确保正确地绘制组件，这是必需的。接下来，获取面板的宽度和高度以及嵌入值。这些值用于确保线条位于面板的可绘制区域内。可绘制区域是组件的整个宽度和高度减去边界的宽度后剩余的整个区域。这一计算被设计成可以针对不同大小的 PaintPanel 和边界进行工作。为了证明这一点，尝试改变窗口的大小，线条仍然位于面板的边界内部。

PaintDemo 类创建了 PaintPanel 对象，然后将面板添加到内容窗格中。当应用程序第一次显示时，会调用重写的 paintComponent()方法，并且将绘制线条。每次改变窗口的大小或隐藏并显示窗口时，会绘制一组新的线条。对于所有这些情况，线条都位于可绘制区域内。

第 32 章 探索 Swing

第 31 章介绍了与 Swing 相关的几个核心概念,并展示了 Swing 应用程序的一般形式。本章将继续讨论 Swing,介绍一些 Swing 组件,如按钮、复选框、树以及表格。Swing 组件提供了丰富的功能,并且支持高级定制。因为篇幅有限,不可能描述它们的所有特征和特性。在这里,介绍它们的目的是让你对 Swing 组件集的功能有所了解。

本章描述的 Swing 组件类如表 32-1 所示。

表 32-1 Swing 组件类

JButton	JCheckBox	JComboBox	JLabel
JList	JRadioButton	JScrollPane	JTabbedPane
JTable	JTextField	JToggleButton	JTree

这些组件都是轻量级的,这意味着它们都派生自 JComponent。

在本章还将讨论 ButtonGroup 和 ImageIcon 类,前者封装了互斥的一组 Swing 按钮,后者封装了图形图像。这两个类都是由 Swing 定义的,并且都位于 javax.swing 包中。

32.1 JLabel 与 ImageIcon

JLabel 是最容易使用的 Swing 组件,用来创建标签,在上一章就已经介绍过。在此,将更详细地对 JLabel 组件进行分析。可以使用 JLabel 显示文本和/或图标。JLabel 是被动组件,不响应用户输入。JLabel 定义了多个构造函数,下面是其中的 3 个:

JLabel(Icon *icon*)
JLabel(String *str*)
JLabel(String *str*, Icon *icon*, int *align*)

其中,*str* 和 *icon* 是用于标签的文本和图标。参数 *align* 指定文本和/或图标在标签范围内的水平对齐方式,它必须是下列值之一:LEFT、RIGHT、CENTER、LEADING 和 TRAILING。这些常量是由 SwingConstants 接口定义的,该接口还定义了由 Swing 类使用的其他一些常量。

注意,图标被指定为 Icon 类型的对象,Icon 是 Swing 定义的一个接口。获得图标最容易的方式是使用 ImageIcon 类。ImageIcon 实现了 Icon,并封装了一幅图像。因此,可以将 ImageIcon 类型的对象作为参数传递给 JLabel 构造函数的 Icon 参数。有多种方式可以提供图像,包括从文件读取或从 URL 下载。下面是本节示例使用的 ImageIcon 构造函数:

ImageIcon(String *filename*)

该构造函数获取文件中的图像,文件名为 *filename*。

可以通过以下方法,获取与标签关联的图标和文本:

Icon getIcon()

String getText()

通过下面这些方法,可以设置与标签关联的图标和文本:

void setIcon(Icon *icon*)

void setText(String *str*)

其中,*icon* 和 *str* 分别是图标和文本。所以在程序执行期间,可以使用 setText()方法改变标签中的文本。

下面的程序演示了如何创建和显示同时包含图标和字符串的标签。首先为 hourglass.png 文件创建一个 ImageIcon 对象,该对象描绘了沙漏。它被用作 JLabel 构造函数的第二个参数。JLabel 构造函数的第一个和最后一个参数分别是标签文本和对齐方式。最后,将标签添加到内容窗格中。

```java
import java.awt.*;
import javax.swing.*;

public class JLabelDemo {

  public JLabelDemo() {

    // Set up the JFrame.
    JFrame jfrm = new JFrame("JLabelDemo");
    jfrm.setLayout(new FlowLayout());
    jfrm.setDefaultCloseOperation(JFrame.EXIT_ON_CLOSE);
    jfrm.setSize(260, 210);

    // Create an icon.
    ImageIcon ii = new ImageIcon("hourglass.png");

    // Create a label.
    JLabel jl = new JLabel("Hourglass", ii, JLabel.CENTER);

    // Add the label to the content pane.
    jfrm.add(jl);

    // Display the frame.
    jfrm.setVisible(true);
  }

  public static void main(String[] args) {
    // Create the frame on the event dispatching thread.

    SwingUtilities.invokeLater(
      new Runnable() {
        public void run() {
          new JLabelDemo();
        }
      }
    );

  }
}
```

这个标签示例的输出如图 32-1 所示。

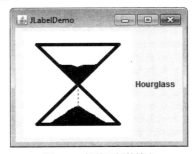

图 32-1 标签示例的输出

32.2 JTextField

JTextField 是最简单的 Swing 文本组件，并且可能还是使用最广泛的文本组件。通过 JTextField 可以编辑一行文本。JTextField 派生自 JTextComponent，JTextComponent 提供了 Swing 文本组件通常使用的基本功能。JTextField 为其模型使用 Document 接口。

JTextField 的 3 个构造函数如下所示：

JTextField(int *cols*)

JTextField(String *str*, int *cols*)

JTextField(String *str*)

其中，*str* 是最初显示的字符串，*cols* 是文本域中的列数。如果没有指定字符串，那么文本域最初为空。如果没有指定列数，那么文本域的尺寸刚好适合指定的字符串。

JTextField 会生成事件以响应用户交互。例如，当用户按下 Enter 键时会生成 ActionEvent 事件；每次改变插入符(比如光标)的位置时，都会生成 CaretEvent 事件(CaretEvent 位于 javax.swing.event 包中)。此外，还可以生成其他事件。在许多情况下，程序不需要处理这些事件。相反，当需要时，可以简单地获取文本域中的当前字符串。为了获取文本域中的当前文本，可以调用 getText()方法。

下面的例子演示了 JTextField。该例创建了一个 JTextField 组件，并将其添加到内容窗格中。当用户按下 Enter 键时生成一个动作事件，通过在状态窗口中显示文本来处理这个事件。

```
// Demonstrate JTextField.
import java.awt.*;
import java.awt.event.*;
import javax.swing.*;

public class JTextFieldDemo {

  public JTextFieldDemo() {

    // Set up the JFrame.
    JFrame jfrm = new JFrame("JTextFieldDemo");
    jfrm.setLayout(new FlowLayout());
    jfrm.setDefaultCloseOperation(JFrame.EXIT_ON_CLOSE);
    jfrm.setSize(260, 120);

    // Add a text field to content pane.
    JTextField jtf = new JTextField(15);
    jfrm.add(jtf);
```

```
    // Add a label.
    JLabel jlab = new JLabel();
    jfrm.add(jlab);

    // Handle action events.
    jtf.addActionListener(new ActionListener() {
      public void actionPerformed(ActionEvent ae) {
        // Show text when user presses ENTER.
        jlab.setText(jtf.getText());
      }
    });

    // Display the frame.
    jfrm.setVisible(true);
  }

  public static void main(String[] args) {
    // Create the frame on the event dispatching thread.
    SwingUtilities.invokeLater(
      new Runnable() {
        public void run() {
          new JTextFieldDemo();
        }
      }
    );

  }
}
```

文本域示例的输出如图 32-2 所示。

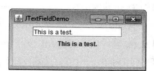

图 32-2　文本域示例的输出

32.3　Swing 按钮

Swing 定义了 4 种按钮：JButton、JToggleButton、JCheckBox 和 JRadioButton。所有这些都是 AbstractButton 类的子类，而 AbstractButton 类又扩展了 JComponent 类。因此，所有按钮共享一组通用特征。

AbstractButton 类包含许多用于控制按钮行为的方法。例如，可以定义不同的图标，当按钮被禁用、按下或选择时显示这些不同的图标。还可以使用悬停图标，当鼠标滑过按钮时，显示这种图标。下面的方法用于设置这些图标：

void setDisabledIcon(Icon *di*)

void setPressedIcon(Icon *pi*)

void setSelectedIcon(Icon *si*)

void setRolloverIcon(Icon *ri*)

其中，*di*、*pi*、*si* 和 *ri* 是用于指示目的的图标。

可以通过以下方法读取和写入与按钮相关联的文本：

String getText()
void setText(String *str*)

其中，*str* 是被关联到按钮的文本。

所有按钮使用的模型是由 ButtonModel 接口定义的。当按下按钮时，会生成动作事件。按钮也可以生成其他事件。下面分析每个具体的按钮类。

32.3.1　JButton

JButton 类提供按钮的功能。在前一章，你已经看到了 JButton 的一种简单形式。JButton 允许将图标、字符串或它们两者的组合与按钮关联到一起。JButton 类的 3 个构造函数如下所示：

JButton(Icon *icon*)
JButton(String *str*)
JButton(String *str*, Icon *icon*)

其中，*str* 和 *icon* 是用于按钮的字符串和图标。

当按下按钮时，生成 ActionEvent 事件。通过 ActionEvent 对象(已被传递给已注册 ActionListener 对象的 actionPerformed()方法)，可以获取与按钮关联的动作命令字符串。默认情况下，这是在按钮中显示的字符串。但是，可以通过调用 setActionCommand()方法来设置动作命令，通过对事件对象调用 getActionCommand()方法来获取动作命令。getActionCommand()方法如下所示：

String getActionCommand()

动作命令标识了按钮。因此，当在同一应用程序中使用两个或多个按钮时，动作命令为判定按下了哪个按钮提供了一种容易的手段。

在上一章中介绍了一个基于文本的按钮例子。下面的例子演示了基于图标的按钮。显示了 4 个按钮和 1 个标签。每个按钮上显示代表某个时钟的图标。当按下某个按钮时，在标签中显示时钟的名称。

```java
// Demonstrate an icon-based JButton.
import java.awt.*;
import java.awt.event.*;
import javax.swing.*;

public class JButtonDemo implements ActionListener {
  JLabel jlab;

  public JButtonDemo() {

    // Set up the JFrame.
    JFrame jfrm = new JFrame("JButtonDemo");
    jfrm.setLayout(new FlowLayout());
    jfrm.setDefaultCloseOperation(JFrame.EXIT_ON_CLOSE);
    jfrm.setSize(500, 450);

    // Add buttons to content pane.
    ImageIcon hourglass = new ImageIcon("hourglass.png");
    JButton jb = new JButton(hourglass);
    jb.setActionCommand("Hourglass");
    jb.addActionListener(this);
    jfrm.add(jb);

    ImageIcon analog = new ImageIcon("analog.png");
    jb = new JButton(analog);
```

```
    jb.setActionCommand("Analog Clock");
    jb.addActionListener(this);
    jfrm.add(jb);

    ImageIcon digital = new ImageIcon("digital.png");
    jb = new JButton(digital);
    jb.setActionCommand("Digital Clock");
    jb.addActionListener(this);
    jfrm.add(jb);

    ImageIcon stopwatch = new ImageIcon("stopwatch.png");
    jb = new JButton(stopwatch);
    jb.setActionCommand("Stopwatch");
    jb.addActionListener(this);
    jfrm.add(jb);

    // Create and add the label to content pane.
    jlab = new JLabel("Choose a Timepiece");
    jfrm.add(jlab);

    // Display the frame.
    jfrm.setVisible(true);
  }

  // Handle button events.
  public void actionPerformed(ActionEvent ae) {
    jlab.setText("You selected " + ae.getActionCommand());
  }

  public static void main(String[] args) {
    // Create the frame on the event dispatching thread.

    SwingUtilities.invokeLater(
      new Runnable() {
        public void run() {
          new JButtonDemo();
        }
      }
    );

  }
}
```

该按钮示例的输出如图 32-3 所示。

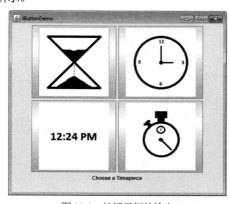

图 32-3　按钮示例的输出

32.3.2 JToggleButton

按钮有一种特殊类型，也就是所谓的开关按钮。开关按钮看起来就像普通按钮，但是行为不同，因为开关按钮有两个状态：按下和释放。当按下开关按钮时，开关按钮将保持按下状态，而不像普通按钮那样会弹回来。当再次按下开关按钮时，开关按钮会释放(弹起)。所以，在每次按下时，开关按钮会在两个状态之间切换。

开关按钮是 JToggleButton 类的对象。JToggleButton 实现了 AbstractButton。除了创建标准的开关按钮外，JToggleButton 还是另外两个 Swing 组件的超类，这两个 Swing 组件也表示具有两个状态的控件。这两个 Swing 组件是 JCheckBox 和 JRadioButton，它们将在本章后面描述。因此，JToggleButton 定义了所有两状态组件的基本功能。

JToggleButton 定义了多个构造函数。本节示例使用的构造函数如下所示：

JToggleButton(String *str*)

这个构造函数创建的开关按钮包含由 *str* 传递过来的文本。默认情况下，按钮处于关的位置。其他构造函数允许创建包含图像或同时包含图像和文本的开关按钮。

JToggleButton 使用由嵌套类 JToggleButton.ToggleButtonModel 定义的模型。通常，为了使用标准开关按钮，不需要直接与模型进行交互。

与 JButton 类似，每次按下 JToggleButton 时，也会生成动作事件。然而，与 JButton 不同的是，JToggleButton 还会生成条目事件。条目事件由那些支持选择概念的组件使用。当 JToggleButton 处于按下状态时，开关按钮是被选中的。当弹起时，开关按钮是取消选中的。

为了处理条目事件，必须实现 ItemListener 接口。回顾第 24 章，每次生成条目事件时，条目事件被传递给 ItemListener 定义的 itemStateChanged()方法。在 itemStateChanged()方法内部，可以对 ItemEvent 对象调用 getItem()方法，获取指向生成条目事件的 JToggleButton 实例的引用。该方法如下所示：

```
Object getItem()
```

该方法返回指向按钮的引用，需要将这个引用转换成 JToggleButton 类型。

判定开关按钮状态的最简单方式是对生成事件的按钮调用 isSelected()方法(继承自 AbstractButton)。该方法如下所示：

boolean isSelected()

如果按钮是被选中的，该方法就返回 true；否则返回 false。

下面是一个使用开关按钮的例子。注意条目监听器的工作方式，它简单地调用 isSelected()方法来判定按钮的状态。

```
// Demonstrate JToggleButton.
import java.awt.*;
import java.awt.event.*;
import javax.swing.*;

public class JToggleButtonDemo {

  public JToggleButtonDemo() {

    // Set up the JFrame.
    JFrame jfrm = new JFrame("JToggleButtonDemo");
    jfrm.setLayout(new FlowLayout());
    jfrm.setDefaultCloseOperation(JFrame.EXIT_ON_CLOSE);
    jfrm.setSize(200, 100);
```

```
    // Create a label.
    JLabel jlab = new JLabel("Button is off.");

    // Make a toggle button.
    JToggleButton jtbn =  new JToggleButton("On/Off");

    // Add an item listener for the toggle button.
    jtbn.addItemListener(new ItemListener() {
      public void itemStateChanged(ItemEvent ie) {
        if(jtbn.isSelected())
          jlab.setText("Button is on.");
        else
          jlab.setText("Button is off.");
      }
    });

    // Add the toggle button and label to the content pane.
    jfrm.add(jtbn);
    jfrm.add(jlab);

    // Display the frame.
    jfrm.setVisible(true);
  }

  public static void main(String[] args) {
    // Create the frame on the event dispatching thread.
    SwingUtilities.invokeLater(
      new Runnable() {
        public void run() {
          new JToggleButtonDemo();
        }
      }
    );

  }
}
```

这个开关按钮示例的输出如图 32-4 所示。

图 32-4　开关按钮示例的输出

32.3.3　复选框

JCheckBox 类提供了复选框的功能，是 JToggleButton 的直接超类，正如刚才所描述的，JToggleButton 为两状态按钮提供了支持。JCheckBox 定义了多个构造函数，在此使用的构造函数如下所示：

JCheckBox(String *str*)

此构造函数创建的复选框使用 *str* 指定的文本作为标签。其他构造函数允许指定按钮的初始选择状态，并且允许指定图标。

当用户选中或取消选中复选框时，会生成 ItemEvent 事件。通过对 ItemEvent 对象(已被传递给 ItemListener 定义的 itemStateChanged()方法)调用 getItem()方法，可以获取指向生成条目事件的 JCheckBox 对象的引用。判定复选框选择状态的最简单方式是对 JCheckBox 实例调用 isSelected()方法。

下面的例子演示了复选框。它显示了 4 个复选框和 1 个标签。当用户单击某个复选框时，会生成 ItemEvent 事件。在 itemStateChanged()方法内部，调用 getItem()方法以获取指向生成条目事件的 JCheckBox 对象的引用。接下来调用 isSelected()方法以判定复选框是否被选中或清除。使用 getText()方法可以获取复选框的文本，并将其用于设置标签中的文本。

```java
// Demonstrate JCheckbox.
import java.awt.*;
import java.awt.event.*;
import javax.swing.*;

public class JCheckBoxDemo implements ItemListener {
  JLabel jlab;

  public JCheckBoxDemo() {

    // Set up the JFrame.
    JFrame jfrm = new JFrame("JCheckBoxDemo");
    jfrm.setLayout(new FlowLayout());
    jfrm.setDefaultCloseOperation(JFrame.EXIT_ON_CLOSE);
    jfrm.setSize(250, 100);

    // Add check boxes to the content pane.
    JCheckBox cb = new JCheckBox("C");
    cb.addItemListener(this);
    jfrm.add(cb);

    cb = new JCheckBox("C++");
    cb.addItemListener(this);
    jfrm.add(cb);

    cb = new JCheckBox("Java");
    cb.addItemListener(this);
    jfrm.add(cb);

    cb = new JCheckBox("Perl");
    cb.addItemListener(this);
    jfrm.add(cb);

    // Create the label and add it to the content pane.
    jlab = new JLabel("Select languages");
    jfrm.add(jlab);

    // Display the frame.
    jfrm.setVisible(true);
  }

  // Handle item events for the check boxes.
  public void itemStateChanged(ItemEvent ie) {
    JCheckBox cb = (JCheckBox)ie.getItem();

    if(cb.isSelected())
      jlab.setText(cb.getText() + " is selected");
```

```
    else
      jlab.setText(cb.getText() + " is cleared");
  }

  public static void main(String[] args) {
    // Create the frame on the event dispatching thread.

    SwingUtilities.invokeLater(
      new Runnable() {
        public void run() {
          new JCheckBoxDemo();
        }
      }
    );

  }
}
```

这个例子的输出如图 32-5 所示。

图 32-5　以上例子的输出

32.3.4　单选按钮

单选按钮是一组互斥的按钮，每次只能选择其中一个按钮。它们是由 JRadioButton 类支持的，该类扩展了 JToggleButton。JRadioButton 提供了多个构造函数，在本节示例中使用的构造函数如下所示：

JRadioButton(String *str*)

其中，*str* 是按钮的标签。其他构造函数允许指定按钮的初始选择状态，并且允许指定图标。

为了激活它们的互斥本性，单选按钮必须在组中进行配置。在组中，每次只能选中一个单选按钮。例如，如果用户选中了组中的某个单选按钮，那么组中之前选中的任何其他单选按钮都会自动取消选中。按钮组是通过 ButtonGroup 类创建的。可以调用 ButtonGroup 类的默认构造函数来创建按钮组。然后通过以下方法将元素添加到按钮组中：

void add(AbstractButton *ab*)

其中，*ab* 是指向要添加到组中的按钮的引用。

每当单选按钮的选中状态发生变化时，JRadioButton 都会生成动作事件、条目事件以及变化事件。最常见的情况是处理动作事件，这意味着通常要实现 ActionListener 接口。回顾一下，ActionListener 定义的唯一方法是 actionPerformed()。在这个方法中，可以使用各种不同的方式来判定哪个按钮被按下。首先，可以通过 getActionCommand()方法来检查动作命令。默认情况下，动作命令与按钮的标签相同，但是可以通过对单选按钮调用 setActionCommand()方法来将动作命令设置成其他内容。其次，可以对 ActionEvent 对象调用 getSource()方法，并根据按钮检查返回的引用。最后，可以简单地检查每个单选按钮，通过对每个按钮调用 isSelected()方法来检查哪个按钮当前被选中。最后，每个单选按钮都可以使用自己的动作事件处理程序，这些事件处理程序被实现为匿名内部类或 lambda 表达式。请记住，每当发生动作事件时，就意味着选中的按钮发生了变化，并且一个按钮(也只有一个按钮)将被选中。

下面的例子演示了如何使用单选按钮。该例创建了 3 个单选按钮。然后将这些单选按钮添加到按钮组中。如前所述，为了激活它们的互斥行为，这是必需的。按下某个单选按钮会生成动作事件，可以通过 actionPerformed()方法来处理动作事件。在处理程序中，使用 getActionCommand()方法获取与单选按钮相关联的文本，并用该文本设置标签的文本。

```java
// Demonstrate JRadioButton
import java.awt.*;
import java.awt.event.*;
import javax.swing.*;

public class JRadioButtonDemo implements ActionListener {
  JLabel jlab;

  public JRadioButtonDemo() {

    // Set up the JFrame.
    JFrame jfrm = new JFrame("JRadioButtonDemo");
    jfrm.setLayout(new FlowLayout());
    jfrm.setDefaultCloseOperation(JFrame.EXIT_ON_CLOSE);
    jfrm.setSize(250, 100);

    // Create radio buttons and add them to content pane.
    JRadioButton b1 = new JRadioButton("A");
    b1.addActionListener(this);
    jfrm.add(b1);

    JRadioButton b2 = new JRadioButton("B");
    b2.addActionListener(this);
    jfrm.add(b2);

    JRadioButton b3 = new JRadioButton("C");
    b3.addActionListener(this);
    jfrm.add(b3);

    // Define a button group.
    ButtonGroup bg = new ButtonGroup();
    bg.add(b1);
    bg.add(b2);
    bg.add(b3);

    // Create a label and add it to the content pane.
    jlab = new JLabel("Select One");
    jfrm.add(jlab);

    // Display the frame.
    jfrm.setVisible(true);
  }

  // Handle button selection.
  public void actionPerformed(ActionEvent ae) {
    jlab.setText("You selected " + ae.getActionCommand());
  }

  public static void main(String[] args) {
    // Create the frame on the event dispatching thread.
```

```
      SwingUtilities.invokeLater(
        new Runnable() {
          public void run() {
            new JRadioButtonDemo();
          }
        }
      );

  }
}
```

这个单选按钮示例的输出如图 32-6 所示。

图 32-6　单选按钮示例的输出

32.4　JTabbedPane

JTabbedPane 封装了选项卡窗格，负责管理一套组件，并将它们与选项卡链接起来。选择一个选项卡会导致与该选项卡关联的组件也显示出来。在现代 GUI 中经常使用选项卡窗格，并且毫无疑问你已经使用过它们多次。虽然选项卡窗格具有复杂的本性，但是它们的创建和使用却很容易。

JTabbedPane 定义了 3 个构造函数。下面将使用默认构造函数，默认构造函数可以创建空的控件，其选项卡横跨窗格的顶部。其他两个构造函数允许指定选项卡的位置，可以沿着窗格的四周放置选项卡。JTabbedPane 使用 SingleSelectionModel 模型。

通过调用 addTab()方法可以添加选项卡。下面是该方法的一种形式：

void addTab(String *name*, Component *comp*)

其中，*name* 是选项卡的名称，*comp* 是将要添加到选项卡中的组件。通常，添加到选项卡中的组件是包含一组相关组件的 JPanel。这种技术允许选项卡容纳一套组件。

使用选项卡窗格的一般步骤总结如下：

(1) 创建 JTabbedPane 实例。
(2) 通过调用 addTab()方法来添加每个选项卡。
(3) 将选项卡窗格添加到内容窗格中。

下面的例子演示了选项卡窗格。第 1 个选项卡的标题是"Cities"，包含 4 个按钮，每个按钮显示一座城市的名称。第 2 个选项卡的标题是"Colors"，包含 3 个复选框，每个复选框显示一种颜色的名称。第 3 个选项卡的标题是"Flavors"，包含一个下拉列表框，允许用户从 3 种口味中选择一种。

```
// Demonstrate JTabbedPane.
import javax.swing.*;
import java.awt.*;

public class JTabbedPaneDemo {

  public JTabbedPaneDemo() {

    // Set up the JFrame.
    JFrame jfrm = new JFrame("JTabbedPaneDemo");
```

```
    jfrm.setLayout(new FlowLayout());
    jfrm.setDefaultCloseOperation(JFrame.EXIT_ON_CLOSE);
    jfrm.setSize(400, 200);

    // Create the tabbed pane.
    JTabbedPane jtp = new JTabbedPane();
    jtp.addTab("Cities", new CitiesPanel());
    jtp.addTab("Colors", new ColorsPanel());
    jtp.addTab("Flavors", new FlavorsPanel());
    jfrm.add(jtp);

    // Display the frame.
    jfrm.setVisible(true);
  }

  public static void main(String[] args) {
    // Create the frame on the event dispatching thread.

    SwingUtilities.invokeLater(
      new Runnable() {
        public void run() {
          new JTabbedPaneDemo();
        }
      }
    );

  }
}

// Make the panels that will be added to the tabbed pane.
class CitiesPanel extends JPanel {

  public CitiesPanel() {
    JButton b1 = new JButton("New York");
    add(b1);
    JButton b2 = new JButton("London");
    add(b2);
    JButton b3 = new JButton("Hong Kong");
    add(b3);
    JButton b4 = new JButton("Tokyo");
    add(b4);
  }
}

class ColorsPanel extends JPanel {

  public ColorsPanel() {
    JCheckBox cb1 = new JCheckBox("Red");
    add(cb1);
    JCheckBox cb2 = new JCheckBox("Green");
    add(cb2);
    JCheckBox cb3 = new JCheckBox("Blue");
    add(cb3);
  }
}
```

```
class FlavorsPanel extends JPanel {

  public FlavorsPanel() {
    JComboBox<String> jcb = new JComboBox<String>();
    jcb.addItem("Vanilla");
    jcb.addItem("Chocolate");
    jcb.addItem("Strawberry");
    add(jcb);
  }
}
```

图 32-7 所示的 3 幅插图显示了选项卡窗格示例的输出。

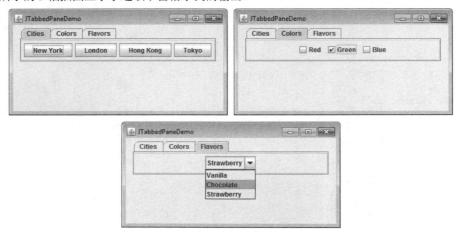

图 32-7　选项卡窗格示例的输出

32.5　JScrollPane

JScrollPane 是轻量级容器，能自动处理其他组件的滚动。被滚动的组件既可以是单个组件，如表格，也可以是一组包含于另一个轻量级容器中的组件，如 JPanel。对于这两种情况，如果被滚动的对象大于可视区域，会自动提供水平和/或垂直滚动条，并且可以在窗格中滚动组件。因为 JScrollPane 能自动滚动，所以通常不需要管理单个滚动条。

滚动窗格的可视区域被称为"视口"，视口是窗口，被滚动的组件在其中显示。因此，视口显示了被滚动组件的可见部分。滚动条在视口中滚动组件。在默认情况下，JScrollPane 会自动地根据需要添加和删除滚动条。例如，如果组件比视口高，就添加垂直滚动条；如果组件完全适合视口的大小，就删除滚动条。

JScrollPane 定义了多个构造函数，在本章中使用的构造函数如下所示：

JScrollPane(Component *comp*)

被滚动的组件是由 *comp* 指定的。当窗格的内容超出视口的范围时，自动显示滚动条。

下面是使用滚动窗格时需要遵循的步骤：

(1) 创建被滚动的组件。
(2) 创建 JScrollPane 实例，为之传递将要滚动的对象。
(3) 将滚动窗格添加到内容窗格中。

下面的例子演示了滚动窗格。首先，创建 JPanel 对象，并为之添加 400 个按钮，这些按钮被安排到 20 列中。然后将这个面板添加到滚动窗格中，并将滚动窗格添加到内容窗格中。因为面板比视口大，所以自动显示垂直滚动条和水平滚动条。可以使用滚动条将按钮滚动到视图中。

```java
// Demonstrate JScrollPane.
import java.awt.*;
import javax.swing.*;

public class JScrollPaneDemo {

  public JScrollPaneDemo() {

    // Set up the JFrame. Use the default BorderLayot.
    JFrame jfrm = new JFrame("JScrollPaneDemo");
    jfrm.setDefaultCloseOperation(JFrame.EXIT_ON_CLOSE);
    jfrm.setSize(400, 400);

    // Create a panel and add 400 buttons to it.
    JPanel jp = new JPanel();
    jp.setLayout(new GridLayout(20, 20));

    int b = 0;
    for(int i = 0; i < 20; i++) {
      for(int j = 0; j < 20; j++) {
        jp.add(new JButton("Button " + b));
        ++b;
      }
    }

    // Create the scroll pane.
    JScrollPane jsp = new JScrollPane(jp);

    // Add the scroll pane to the content pane.
    // Because the default border layout is used,
    // the scroll pane will be added to the center.
    jfrm.add(jsp, BorderLayout.CENTER);

    // Display the frame.
    jfrm.setVisible(true);
  }

  public static void main(String[] args) {
    // Create the frame on the event dispatching thread.

    SwingUtilities.invokeLater(
      new Runnable() {
        public void run() {
          new JScrollPaneDemo();
        }
      }
    );

  }
}
```

这个滚动窗格示例的输出如图 32-8 所示。

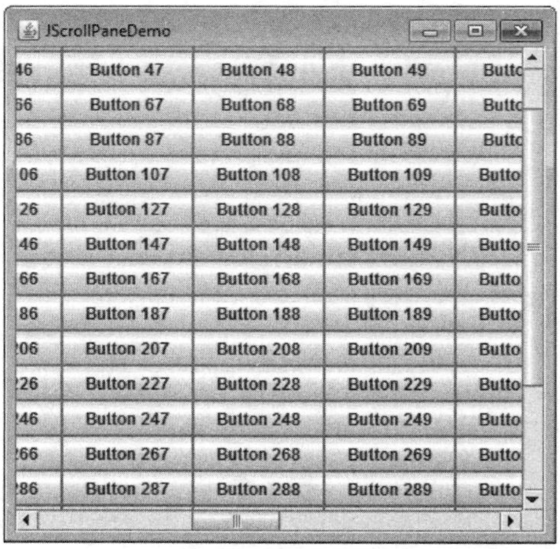

图 32-8　滚动窗格示例的输出

32.6　JList

在 Swing 中，基本列表类是 JList，用于支持从列表中选择一个或多个条目。尽管列表通常包含字符串，但是也可以创建能显示任何对象的列表。JList 在 Java 中的使用如此广泛，以至于你以前不可能没有见过它。

在过去，JList 中的条目被表示为 Object 引用。然而，从 JDK 7 开始，JList 被设计成泛型类。现在，JList 的声明如下所示：

class JList<E>

其中，E 表示列表中条目的类型。

JList 提供了多个构造函数，在此使用的构造函数如下所示：

JList(E[ ] *items*)

这个构造函数创建一个 JList 对象，其中包含由 *items* 指定的数组中的元素。

JList 基于两个模型。第一个模型是 ListModel，这个接口定义了对列表数据进行访问的方式；第二个模型是 ListSelectionModel，这个接口定义了一些方法，用于确定选择了哪个或哪些列表条目。

尽管 JList 通过自身也能正确工作，但是在大多数情况下，会在 JScrollPane 中封装 JList。通过这种方式，长列表可以自动滚动，从而简化了 GUI 设计。另外，还使得修改列表中条目的数量变得更加容易，而不必改变 JList 组件的大小。

当用户做出选择或改变选择时，JList 会生成 ListSelectionEvent 事件。当用户取消选择某个条目时，也会生成该事件。该事件可以通过实现 ListSelectionListener 来进行处理。这个监听器只指定了方法 valueChanged()，该方法如下所示：

void valueChanged(ListSelectionEvent *le*)

其中，*le* 是引用，指向生成 ListSelectionEvent 事件的对象。尽管 ListSelectionEvent 确实提供自己的一些方法，但是通常会询问 JList 对象本身以确定发生了什么操作。ListSelectionEvent 和 ListSelectionListener 都位于 javax.swing.event 包中。

默认情况下，JList 允许用户选择列表中多个范围内的条目，但是可以通过调用 setSelectionMode()方法来改变这种行为，该方法是由 JList 定义的，如下所示：

void setSelectionMode(int *mode*)

其中，*mode* 指定了选择模式，必须是以下由 ListSelectionModel 定义的这些值之一：

SINGLE_SELECTION
SINGLE_INTERVAL_SELECTION
MULTIPLE_INTERVAL_SELECTION

默认情况下，使用多间隔选择模式，这种模式允许用户在列表中选择多个范围内的条目；对于单间隔选择模式，用户只能选择一个范围内的条目；对于单一选择模式，用户只能选择一个条目。当然，在另外两种模式中，也可以只选择一个条目，只不过它们也允许选择一个范围而已。

可以通过 getSelectedIndex()方法获取选择的第一个条目的索引，并且这也是当使用单一选择模式时选择的唯一条目的索引，该方法如下所示：

int getSelectedIndex()

索引从 0 开始。因此，如果第一个条目被选择，该方法会返回 0；如果没有条目被选择，就返回–1。

除了可以获取选项的索引外，也可以通过 getSelectedValue()方法获取与选项关联的值，该方法如下所示：

E getSelectedValue()

该方法返回对第一个选项值的引用。如果没有值被选择，就返回 null。

下面的程序演示了一个简单的 JList 对象，其中包含一个城市列表。每当在列表中选择一个城市时，会生成 ListSelectionEvent 事件，该事件通过 ListSelectionListener 定义的 valueChanged()方法进行处理。响应是通过获取选择的条目的索引并在标签中显示选中城市的名称进行的。

```java
// Demonstrate JList.
import javax.swing.*;
import javax.swing.event.*;
import java.awt.*;
import java.awt.event.*;

public class JListDemo {

  // Create an array of cities.
  String Cities[] = { "New York", "Chicago", "Houston",
                      "Denver", "Los Angeles", "Seattle",
                      "London", "Paris", "New Delhi",
                      "Hong Kong", "Tokyo", "Sydney" };

  public JListDemo() {

    // Set up the JFrame.
    JFrame jfrm = new JFrame("JListDemo");
    jfrm.setLayout(new FlowLayout());
    jfrm.setDefaultCloseOperation(JFrame.EXIT_ON_CLOSE);
    jfrm.setSize(200, 200);

    // Create a JList.
    JList<String> jlst = new JList<String>(Cities);

    // Set the list selection mode to single-selection.
    jlst.setSelectionMode(ListSelectionModel.SINGLE_SELECTION);

    // Add the list to a scroll pane.
    JScrollPane jscrlp = new JScrollPane(jlst);
```

```java
      // Set the preferred size of the scroll pane.
      jscrlp.setPreferredSize(new Dimension(120, 90));

      // Make a label that displays the selection.
      JLabel jlab = new JLabel("Choose a City");

      // Add selection listener for the list.
      jlst.addListSelectionListener(new ListSelectionListener() {
        public void valueChanged(ListSelectionEvent le) {
          // Get the index of the changed item.
          int idx = jlst.getSelectedIndex();

          // Display selection, if item was selected.
          if(idx != -1)
            jlab.setText("Current selection: " + Cities[idx]);
          else // Otherwise, reprompt.
            jlab.setText("Choose a City");
        }
      });

      // Add the list and label to the content pane.
      jfrm.add(jscrlp);
      jfrm.add(jlab);

      // Display the frame.
      jfrm.setVisible(true);
    }

    public static void main(String[] args) {
      // Create the frame on the event dispatching thread.

      SwingUtilities.invokeLater(
        new Runnable() {
          public void run() {
            new JListDemo();
          }
        }
      );

    }
  }
```

这个列表示例的输出如图 32-9 所示。

图 32-9　列表示例的输出

32.7　JComboBox

　　Swing 通过 JComboBox 类来提供组合框(文本域与下拉列表的组合)。组合框通常显示一个条目，但是也可以显示一个允许用户从中选择不同条目的下拉列表。此外，还可以创建允许用户在文本域中输入选项的组合框。

在过去，JComboBox 中的条目被表示为 Object 引用。然而，从 JDK 7 开始，JComboBox 被设计成泛型类。现在，JComboBox 的声明如下所示：

class JComboBox<E>

其中，E 表示组合框中条目的类型。

本节中示例使用的 JComboBox 构造函数如下所示：

JComboBox(E[ ] *items*)

其中，*items* 是初始化组合框的数组。也可以使用其他构造函数。

JComboBox 使用 ComboBoxModel 模型。可变组合框(其中的条目可能会发生变化的那些组合框)使用 MutableComboBoxModel 模型。

除了传递将在下拉列表中显示的条目的数组外，也可以通过 addItem()方法动态地将条目添加到选择列表中，该方法如下所示：

void addItem(E *obj*)

其中，*obj* 是将要添加到组合框中的对象。这个方法只能由可变组合框使用。

当用户从列表中选择一个条目时，JComboBox 会生成动作事件。当选项的状态发生变化时，JComboBox 还会生成条目事件。当条目被选中或取消选中时，选项状态会发生变化。因此，改变选项意味着会发生两个条目事件：一个描述取消选中的条目，另一个描述选中的条目。通常，简单地监听动作事件就已经足够了，但是这两种类型的事件都是可用的。

要获取在列表中选择的条目，其中一种方式是对组合框调用 getSelectedItem()方法，该方法如下所示：

Object getSelectedItem()

需要将返回值转换为在列表中存储的对象的类型。

下面的例子演示了组合框。组合框包含的条目为"Hourglass""Analog""Digital"和"Stopwatch"。当选中某个时钟时，会更新基于图标的标签，显示这个时钟。可以看出，使用这个功能强大的组件，需要编写的代码是多么少。

```
// Demonstrate JComboBox.
import java.awt.*;
import java.awt.event.*;
import javax.swing.*;

public class JComboBoxDemo {

  String timepieces[] = { "Hourglass", "Analog", "Digital", "Stopwatch" };

  public JComboBoxDemo() {

    // Set up the JFrame.
    JFrame jfrm = new JFrame("JCombBoxDemo");
    jfrm.setLayout(new FlowLayout());
    jfrm.setDefaultCloseOperation(JFrame.EXIT_ON_CLOSE);
    jfrm.setSize(400, 250);

    // Instantiate a combo box and add it to the content pane.
    JComboBox<String> jcb = new JComboBox<String>(timepieces);
    jfrm.add(jcb);
```

```
      // Create a label and add it to the content pane.
      JLabel jlab = new JLabel(new ImageIcon("hourglass.png"));
      jfrm.add(jlab);

      // Handle selections.
      jcb.addActionListener(new ActionListener() {
        public void actionPerformed(ActionEvent ae) {
          String s = (String) jcb.getSelectedItem();
          jlab.setIcon(new ImageIcon(s + ".png"));
        }
      });

      // Display the frame.
      jfrm.setVisible(true);
    }

    public static void main(String[] args) {
      // Create the frame on the event dispatching thread.

      SwingUtilities.invokeLater(
        new Runnable() {
          public void run() {
            new JComboBoxDemo();
          }
        }
      );

    }
  }
```

这个组合框示例的输出如图 32-10 所示。

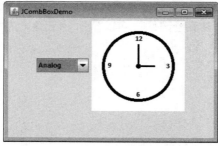

图 32-10　组合框示例的输出

32.8　树

树是组件,用于表示数据的层次视图。在显示时,用户可以展开或折叠单个子树。在 Swing 中,树是通过 JTree 类实现的。JTree 类提供了多个构造函数,以下是其中的几个:

JTree(Object *obj*[ ])

JTree(Vector<?> *v*)

JTree(TreeNode *tn*)

在第 1 种形式中,根据数组 *obj* 中的元素构造树。在第 2 种形式中,根据向量 *v* 中的元素构造树。在第 3 种形式中,*tn* 指定了树的根节点。

尽管 JTree 位于 javax.swing 包中，但是 JTree 的支持类和接口却位于 javax.swing.tree 包中。这是因为，用于支持 JTree 的类和接口的数量相当大。

JTree 依赖于两个模型：TreeModel 和 TreeSelectionModel。JTree 会生成各种事件，但是有 3 种事件是特定于树的：TreeExpansionEvent、TreeSelectionEvent 和 TreeModelEvent。当展开或折叠节点时，会生成 TreeExpansionEvent 事件；当用户在树中选择或取消选择节点时，会生成 TreeSelectionEvent 事件；当数据或树的结构发生变化时，会触发 TreeModelEvent 事件。这些事件的监听器分别是 TreeExpansionListener、TreeSelectionListener 和 TreeModelListener。树的事件类和监听器接口位于 javax.swing.event 包中。

在本节显示的示例程序中，处理的事件类型是 TreeSelectionEvent。为了监听这种事件，需要实现 TreeSelectionListener 接口。该接口只定义了方法 valueChanged()，该方法接收 TreeSelectionEvent 对象。可以通过对事件对象调用 getPath()方法来获取所选择对象的路径，该方法如下所示：

TreePath getPath()

返回的 TreePath 对象描述了发生变化的节点的路径。TreePath 类封装了与路径(特定于树中的某个节点)相关的信息。另外，还提供了一些构造函数和方法。在本书中，只使用 toString()方法，该方法返回描述路径的字符串。

TreeNode 接口声明了一些方法，用于获取与树节点相关的信息。例如，可以获取指向父节点的引用或者枚举子节点。MutableTreeNode 接口扩展了 TreeNode，并且声明了一些方法，用于插入、删除子节点或修改父节点。

DefaultMutableTreeNode 类实现了 MutalbeTreeNode 接口，用于封装树中的节点。它的一个构造函数如下所示：

DefaultMutableTreeNode(Object *obj*)

其中，*obj* 是要封装到这个树节点中的对象。新的树节点没有父节点或子节点。

为了创建树节点的层次结构，可以使用 DefaultMutableTreeNode 的 add()方法。该方法的签名如下所示：

void add(MutableTreeNode *child*)

其中，*child* 是一个可变树节点，它作为子节点添加到当前节点。

JTree 不提供任何滚动功能。相反，JTree 通常被放置到 JScrollPane 中。通过这种方式，可以在较小的视口中滚动大的树结构。

下面是使用树时需要遵循的步骤：

(1) 创建 JTree 实例。
(2) 创建 JScrollPane 对象，并指定树作为要滚动的对象。
(3) 将树添加到滚动窗格中。
(4) 将滚动窗格添加到内容窗格中。

下面的例子演示了如何创建树，以及如何处理树节点选项。该程序创建了一个 DefaultMutableTreeNode 实例，这个实例的标签为 "Options"，是树层次的顶节点。然后创建了另外 3 个树节点，并调用 add()方法将这些节点连接到树。作为参数，将指向树中顶节点的引用提供给 JTree 的构造函数。然后作为参数将树提供给 JScrollPane 的构造函数。将这个滚动窗格添加到内容窗格中。接下来，创建一个标签并将之添加到内容窗格中。在这个标签中显示选择的树节点。为了从树接收选项事件，为树注册一个 TreeSelectionListener 对象。在 valueChanged()方法中，获取并显示当前选项的路径。

```
// Demonstrate JTree.
import java.awt.*;
import javax.swing.event.*;
import javax.swing.*;
import javax.swing.tree.*;

public class JTreeDemo {
```

```java
public JTreeDemo() {

    // Set up the JFrame. Use default BorderLayout.
    JFrame jfrm = new JFrame("JTreeDemo");
    jfrm.setDefaultCloseOperation(JFrame.EXIT_ON_CLOSE);
    jfrm.setSize(200, 250);

    // Create top node of tree.
    DefaultMutableTreeNode top = new DefaultMutableTreeNode("Options");

    // Create subtree of "A".
    DefaultMutableTreeNode a = new DefaultMutableTreeNode("A");
    top.add(a);
    DefaultMutableTreeNode a1 = new DefaultMutableTreeNode("A1");
    a.add(a1);
    DefaultMutableTreeNode a2 = new DefaultMutableTreeNode("A2");
    a.add(a2);

    // Create subtree of "B".
    DefaultMutableTreeNode b = new DefaultMutableTreeNode("B");
    top.add(b);
    DefaultMutableTreeNode b1 = new DefaultMutableTreeNode("B1");
    b.add(b1);
    DefaultMutableTreeNode b2 = new DefaultMutableTreeNode("B2");
    b.add(b2);
    DefaultMutableTreeNode b3 = new DefaultMutableTreeNode("B3");
    b.add(b3);

    // Create the tree.
    JTree tree = new JTree(top);

    // Add the tree to a scroll pane.
    JScrollPane jsp = new JScrollPane(tree);

    // Add the scroll pane to the content pane.
    jfrm.add(jsp);

    // Add the label to the content pane.
    JLabel jlab = new JLabel();
    jfrm.add(jlab, BorderLayout.SOUTH);

    // Handle tree selection events.
    tree.addTreeSelectionListener(new TreeSelectionListener() {
      public void valueChanged(TreeSelectionEvent tse) {
        jlab.setText("Selection is " + tse.getPath());
      }
    });

    // Display the frame.
    jfrm.setVisible(true);
}

public static void main(String[] args) {
    // Create the frame on the event dispatching thread.
```

```
      SwingUtilities.invokeLater(
        new Runnable() {
          public void run() {
            new JTreeDemo();
          }
        }
      );

  }
}
```

这个树示例的输出如图 32-11 所示。

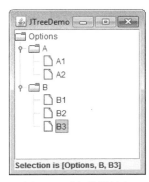

图 32-11 树示例的输出

在文本域中显示的字符串描述了从树的顶节点到选择节点的路径。

32.9 JTable

JTable 是以表格形式显示数据的组件。可以在列边界上拖动鼠标以改变列的大小，还可以将列拖动到新的位置。根据配置，可以在表格中选择行、列或单元格，以及修改单元格中的数据。JTable 组件较为复杂，提供的选项和特征比在此处讨论的多得多(JTable 可能是最复杂的 Swing 组件)。然而在默认配置中，JTable 仍然提供了容易使用的丰富功能——尤其是当希望使用表格以行列格式展示数据时。在此简要介绍 JTable，从而使你对这个功能强大的组件有一个基本了解。

与 JTree 类似，JTable 具有许多与之关联的类和接口，它们位于 javax.swing.table 包中。

JTable 的核心概念很简单，JTable 是包含一列或多列信息的组件。在每一列的顶部是标题。除了描述列中的数据外，标题还提供了一种机制，用户可以通过标题改变列的大小或改变列在表格中的位置。JTable 没有提供滚动功能，但是通常会在 JScrollPane 中封装 JTable。

JTable 提供了多个构造函数，在此使用的构造函数如下所示：

JTable(Object *data*[ ][ ], Object *colHeads*[ ])

其中，*data* 是包含将要展示的信息的二维数组，*colHeads* 是包含列标题的一维数组。

JTable 依赖于 3 个模型。第 1 个模型是表格模型，表格模型是通过 TableModel 接口定义的，这个模型定义了与使用二维格式显示数据相关的那些内容。第 2 个模型是表格列模型，是通过 TableColumnModel 接口定义的。JTable 基于列定义，TableColumnModel 指定了列的特征。上面这两个模型位于 javax.swing.table 包中。第 3 个模型决定条目的选择方式，是通过 ListSelectionModel 接口指定的，在讨论 JList 时已经介绍了这一模型。

JTable 可以生成多种不同的事件。对于表格操作，最基础的两种事件是 ListSelectionEvent 和 TableModelEvent。

当用户在表格中选择某些内容时，会生成 ListSelectionEvent 事件。默认情况下，JTable 允许用户选择完整的一行或多行，但是可以修改这个行为，以允许用户选择一列或多列，或选择一个或多个单元格。当表格中的数据以某种方式改变时，会触发 TableModelEvent 事件。处理这些事件，相比处理由前面描述的组件生成的事件，需要做的工作更多一些，并且超出了本书的讨论范围。然而，如果只是希望使用 JTable 显示数据(就像下面的例子那样)，那么不需要处理任何事件。

下面是创建简单的 JTable 并将之用于显示数据所需要的步骤：
(1) 创建 JTable 实例。
(2) 创建 JScrollPane 对象，指定表格作为要滚动的对象。
(3) 将表格添加到滚动窗格中。
(4) 将滚动窗格添加到内容窗格中。

下面的例子演示了如何创建和使用简单的表格。针对列标题创建一维字符串数组 colHeads，针对表格的单元格创建二维字符串数组 data。可以看出，数组中的每个元素都是包含 3 个字符串的数组。这些数组被传递给 JTable 的构造函数。表格被添加到滚动窗格中，然后将滚动窗格添加到内容窗格中。表格显示 data 数组中的数据。默认表格配置还允许编辑单元格中的数据。对单元格中数据的修改会影响底层数组，在这个例子中，底层数组是 data。

```java
// Demonstrate JTable.
import java.awt.*;
import javax.swing.*;

public class JTableDemo {

  // Initialize column headings.
  String[] colHeads = { "Name", "Extension", "ID#" };

  // Initialize data.
  Object[][] data = {
    { "Gail", "4567", "865" },
    { "Ken", "7566", "555" },
    { "Viviane", "5634", "587" },
    { "Melanie", "7345", "922" },
    { "Anne", "1237", "333" },
    { "John", "5656", "314" },
    { "Matt", "5672", "217" },
    { "Claire", "6741", "444" },
    { "Erwin", "9023", "519" },
    { "Ellen", "1134", "532" },
    { "Jennifer", "5689", "112" },
    { "Ed", "9030", "133" },
    { "Helen", "6751", "145" }
  };

  public JTableDemo() {

    // Set up the JFrame. Use default BorderLayout.
    JFrame jfrm = new JFrame("JTableDemo");
    jfrm.setDefaultCloseOperation(JFrame.EXIT_ON_CLOSE);
    jfrm.setSize(300, 300);

    // Create the table.
    JTable table = new JTable(data, colHeads);
```

```
    // Add the table to a scroll pane.
    JScrollPane jsp = new JScrollPane(table);

    // Add the scroll pane to the content pane.
    jfrm.add(jsp);

    // Display the frame.
    jfrm.setVisible(true);
  }

  public static void main(String[] args) {
    // Create the frame on the event dispatching thread.

    SwingUtilities.invokeLater(
      new Runnable() {
        public void run() {
          new JTableDemo();
        }
      }
    );

  }
}
```

这个例子的输出如图 32-12 所示。

图 32-12　使用表格显示数据

第 33 章 Swing 菜单简介

本章将介绍 Swing GUI 环境的另外一个基础方面：菜单。菜单是许多应用程序的必要组成部分，因为它们把程序的功能呈现给了用户。由于菜单十分重要，因此 Swing 为它们提供了广泛的支持。在这个方面，Swing 的强大功能显而易见。

Swing 的菜单系统支持几个关键元素，包括：
- 菜单栏，这是应用程序的主菜单。
- 标准菜单，可以包含待选择的菜单项或其他菜单(子菜单)。
- 弹出菜单，通常通过右击鼠标激活。
- 工具栏，提供了快速访问程序功能的方法，常常与菜单项同时存在。
- 动作，允许两个或更多个不同的组件被一个对象管理。动作通常与菜单和工具栏一起使用。

Swing 菜单还支持加速键和助记符，前者允许在没有激活菜单的情况下选择菜单项，后者允许在菜单选项已显示的情况下，使用键盘选择菜单项。

33.1 菜单的基础知识

Swing 菜单系统由一组相关的类支持。本章用到的类如表 33-1 所示，它们是菜单系统的核心。虽然一开始看起来 Swing 菜单可能有些让人困惑，但是它们十分容易使用。Swing 允许高度定制，但通常只是直接使用它提供的菜单类，因为这些类支持所有最常用的选项。例如，很容易向菜单添加图像和键盘快捷键。

表 33-1　Swing 的核心菜单类

类	描 述
JMenuBar	保存应用程序的顶级菜单的对象
JMenu	标准菜单。一个菜单由一个或多个 JMenuItem 对象组成
JMenuItem	填充菜单的对象
JCheckBoxMenuItem	复选框菜单项
JRadioButtonMenuItem	单选按钮菜单项
JSeparator	菜单项之间的可视分隔线
JPopupMenu	通常通过右击鼠标激活的菜单

现在简单地介绍这些类如何相辅相成。要创建应用程序的顶级菜单，首先需要创建一个 JMenuBar 对象。简

单来说，这个类是菜单的容器。在 JMenubar 实例中，将添加 JMenu 实例。每个 JMenu 对象定义了一个菜单。也就是说，每个 JMenu 对象包含了一个或多个可以选择的菜单项。JMenu 显示的菜单项是 JMenItem 对象。因此，JMenuItem 定义了用户可以选择的选项。

作为菜单的一种替代或附属功能，同样派生自菜单栏的还有独立的弹出菜单。要创建弹出菜单，首先创建一个 JPopupMenu 类型的对象。然后，在其中添加 JMenuItem。通常，当把鼠标光标移到某个组件上且为该组件定义了弹出菜单时，可右击鼠标激活该弹出菜单。

除了"标准"菜单项，还可以在菜单中包含复选框和单选按钮。复选框菜单项使用 JCheckBoxMenuItem 创建，单选按钮菜单项使用 JRadioButtonMenuItem 创建。这两个类都扩展了 JMenuItem，并且都可以用在标准菜单或弹出菜单中。

JToolBar 创建与菜单相关的独立组件，通常用于快速访问应用程序菜单中包含的功能。例如，工具栏可能提供了快速访问字处理程序的格式化命令的方法。

JSeparator 是一个方便类，可在菜单中创建一条分隔线。

理解 Swing 菜单的一个关键点是每个菜单项都扩展了 AbstractButton。回忆一下，AbstractButton 也是 Swing 按钮组件的超类，例如 JButton。因此，所有菜单项本质上都是按钮。显然，在菜单中使用时，它们看起来不像按钮。但是，在很多方面，它们表现得和按钮一样。例如，选择一个菜单项会生成动作事件，就像按下按钮时一样。

另外一个关键点是，JMenuItem 是 JMenu 的超类。这就允许创建子菜单，也就是菜单中的菜单。要创建子菜单，首先创建并填充一个 JMenu 对象，然后把它添加到另一个 JMenu 对象中。在下一节将介绍具体过程。

刚才提过，选择菜单项时，会生成动作事件。默认情况下，与动作事件关联的动作命令字符串将是菜单项的名称。因此，通过检查动作命令，可以确定选择了哪个菜单项。当然，也可以使用单独的匿名内部类或 lambda 表达式来处理每个菜单项的动作事件。此时，菜单选项已知，没有必要检查动作命令字符串来判断选择了哪个选项。

菜单也可生成其他类型的事件。例如，每次激活、选择或取消一个菜单时，会生成一个 MenuEvent，可通过 MenuListener 进行监听。其他与菜单相关的事件包括 MenuKeyEvent、MenuDragMouseEvent 和 PopupMenuEvent。但在很多时候，只需要关注动作事件，并且在本章中，我们也将只使用动作事件。

33.2 JMenuBar、JMenu 和 JMenuItem 概述

在创建菜单之前，需要了解三个核心菜单类：JMenuBar、JMenu 和 JMenuItem。构建应用程序的主菜单时，最起码需要有这三个类。JMenu 和 JMenuItem 还被用到了弹出菜单中。因此，这些类构成了菜单系统的基础。

33.2.1 JMenuBar

如前所述，JMenuBar 本质上就是菜单的容器。与所有组件一样，它继承了 JComponent (JComponent 继承了 Container 和 Component)。JMenuBar 只有一个构造函数，即默认构造函数。因此，菜单栏一开始将为空，在使用之前需要先在其中填充菜单。每个应用程序有且只有一个菜单栏。

JMenuBar 定义了一些方法，但是一般只需要使用一个方法：add()。add()方法将一个 JMenu 添加到菜单栏中，如下所示：

JMenu add(JMenu *menu*)

其中，*menu* 是一个 JMenu 实例，被添加到菜单栏中。该方法返回对菜单的引用。菜单按照添加顺序，从左到右排列在菜单栏中。如果希望在特定位置添加菜单，需要使用下面这个版本的 add()方法，它继承自 Container：

Component add(Component *menu*, int *idx*)

其中，*menu* 被添加到 *idx* 指定的索引位置。索引从 0 开始，0 代表最左边的菜单。

有些时候，需要删除不再需要的菜单。这可以使用 remove()方法实现，它继承自 Container，具有以下两种形式：

void remove(Component *menu*)

void remove(int *idx*)

其中，*menu* 是对要删除的菜单的引用，*idx* 是要删除的菜单的索引。索引从 0 开始。

另外，还有一个方法有时也很有用，即 getMenuCount()，如下所示：

int getMenuCount()

它返回菜单栏中包含的元素数。

JMenuBar 还定义了其他一些方法，这些方法在特殊的应用程序中可能十分有用。例如，通过调用 getSubElements()方法，可以获得菜单栏中菜单的引用数组。通过调用 isSelected()方法，可以判断菜单是否被选择。

创建并填充菜单后，需要对 JFrame 实例调用 setJMenuBar()方法，以将菜单添加到 JFrame 中（菜单栏不添加到内容窗格）。setJMenuBar()方法如下所示：

void setJMenuBar(JMenuBar *mb*)

其中，*mb* 是对菜单栏的引用。菜单栏的显示位置将根据外观决定，通常显示在窗口顶部。

33.2.2 JMenu

JMenu 封装使用 JMenuItem 填充的菜单。如前所述，它派生自 JMenuItem。这意味着一个 JMenu 可以是另一个 JMenu 的选项。因而，一个菜单可以是另一个菜单的子菜单。JMenu 定义了许多构造函数，例如，下面是本章示例中使用的一个：

JMenu(String *name*)

这个构造函数创建的菜单具有 *name* 指定的名称。当然，并不是必须给菜单指定名称。要创建未命名菜单，可以使用默认构造函数：

JMenu()

还有另外一些构造函数。对于每个构造函数，菜单一开始都是空的，直到为它添加菜单项为止。

JMenu 定义了许多方法，下面简要描述常用的一些方法。为在菜单中添加菜单项，需要使用 add()方法。它有许多形式，包括如下所示的两种：

JMenuItem add(JMenuItem *item*)

Component add(Component *item*, int *idx*)

其中，*item* 是要添加的菜单项。第一种形式将菜单项添加到菜单的末尾。第二种形式将菜单项添加到 *idx* 指定的索引位置。索引从 0 开始。两种形式都返回对所添加菜单项的引用。另外，也可以使用 insert()方法把菜单项添加到菜单中。

通过调用如下所示的 addSeparator()，可以在菜单中添加分隔线（JSeparator 类型的对象）：

void addSeparator()

这个分隔线被添加到菜单的末尾。也可以通过调用 insertSeparator()方法，在菜单中插入分隔线，如下所示：

void insertSeparator(int *idx*)

其中，*idx* 指定了添加分隔线的索引位置。索引从 0 开始。

通过调用 remove()方法，可以从菜单中删除菜单项。remove()方法的两种形式如下所示：

```
void remove(JMenuItem menu)
void remove(int idx)
```

这里，*menu* 是对要删除的菜单项的引用，*idx* 是要删除的菜单项的索引。

通过调用 getMenuComponentCount()方法，可以获得菜单中菜单项的数量，如下所示：

```
int getMenuComponentCount()
```

通过调用 getMenuComponents()方法，可以获得菜单中菜单项的数组，如下所示：

```
Component[ ] getMenuComponents()
```

该方法返回一个包含菜单项的数组。

33.2.3 JMenuItem

JMenuItem 封装了菜单中的一个元素。这个元素可以是链接到某种程序动作的选项，如保存或关闭，也可以导致一个子菜单显示出来。如前所述，JMenuItem 派生自 AbstractButton，所以菜单中的每个菜单项可被视为一种特殊的按钮。当菜单项被选择时，会生成动作事件(正如 JButton 被按下时会生成动作事件一样)。JMenuItem 定义了许多构造函数，本章用到的构造函数如下所示：

```
JMenuItem(String name)
JMenuItem(Icon image)
JMenuItem(String name, Icon image)
JMenuItem(String name, int mnem)
JMenuItem(Action action)
```

第 1 个构造函数创建了一个菜单项，其名称由 *name* 指定。第 2 个构造函数创建了一个菜单项，它显示由 *image* 指定的图片。第 3 个构造函数创建了一个菜单项，其名称由 *name* 指定，并且它会显示由 *image* 指定的图片。第 4 个构造函数创建了一个菜单项，其名称由 *name* 指定，并使用由 *mnem* 指定的键盘助记符。这个助记符允许通过按下特定按键，从菜单中选择该菜单项。最后一个构造函数使用 *action* 指定的信息创建一个菜单项。除此之外，还有一个默认构造函数。

因为菜单项继承了 AbstractButton，所以可以使用 AbstractButton 提供的功能。其中一个对于菜单十分有用的方法是 setEnabled()，可用于启用或禁用菜单项。该方法如下所示：

```
void setEnabled(boolean enable)
```

如果 *enable* 为 true，那么菜单项被启用。如果是 false，那么菜单项被禁用，不能选择。

33.3 创建主菜单

传统上，最常用的菜单是主菜单。主菜单是由菜单栏定义的菜单，并且定义了应用程序的全部(或几乎全部)功能。Swing 使创建和管理主菜单变得很容易。本节将显示如何构造一个基本的主菜单。后续小节将演示如何在主菜单中添加选项。

构造主菜单需要完成几个步骤。首先，创建用于容纳菜单的 JMenuBar 对象。然后，创建包含在菜单栏中的每个菜单。一般来说，构造菜单时，首先创建一个 JMenu 对象，然后在其中添加 JMenuItem。在创建菜单以后，把它们添加到菜单栏中。菜单栏本身必须通过调用 setJMenuBar()添加到框架中。最后，对于每个菜单项，必须添加一个动作监听器，以处理菜单项被选择时生成的动作事件。

通过例子，可以清晰地理解创建和管理菜单的过程。下面这个程序创建一个简单的菜单栏，其中包含三个菜单。第一个菜单是标准的 File 菜单，包含 Open、Close、Save 和 Exit 选项。第二个菜单是 Options 菜单，包含两个子菜单：Colors 和 Priority。第三个菜单是 Help 菜单，它只包含一项：About。选择菜单项时，将在内容窗格的一个标签中显示选中菜单项的名称。示例输出如图 33-1 所示。

```java
// Demonstrate a simple main menu.

import java.awt.*;
import java.awt.event.*;
import javax.swing.*;

class MenuDemo implements ActionListener {

  JLabel jlab;

  MenuDemo() {
    // Create a new JFrame container.
    JFrame jfrm = new JFrame("Menu Demo");

    // Specify FlowLayout for the layout manager.
    jfrm.setLayout(new FlowLayout());

    // Give the frame an initial size.
    jfrm.setSize(220, 200);

    // Terminate the program when the user closes the application.
    jfrm.setDefaultCloseOperation(JFrame.EXIT_ON_CLOSE);

    // Create a label that will display the menu selection.
    jlab = new JLabel();

    // Create the menu bar.
    JMenuBar jmb = new JMenuBar();

    // Create the File menu.
    JMenu jmFile = new JMenu("File");
    JMenuItem jmiOpen = new JMenuItem("Open");
    JMenuItem jmiClose = new JMenuItem("Close");
    JMenuItem jmiSave = new JMenuItem("Save");
    JMenuItem jmiExit = new JMenuItem("Exit");
    jmFile.add(jmiOpen);
    jmFile.add(jmiClose);
    jmFile.add(jmiSave);
    jmFile.addSeparator();
    jmFile.add(jmiExit);
    jmb.add(jmFile);

    // Create the Options menu.
    JMenu jmOptions = new JMenu("Options");

    // Create the Colors submenu.
    JMenu jmColors = new JMenu("Colors");
    JMenuItem jmiRed = new JMenuItem("Red");
    JMenuItem jmiGreen = new JMenuItem("Green");
    JMenuItem jmiBlue = new JMenuItem("Blue");
    jmColors.add(jmiRed);
    jmColors.add(jmiGreen);
    jmColors.add(jmiBlue);
    jmOptions.add(jmColors);
```

```java
    // Create the Priority submenu.
    JMenu jmPriority = new JMenu("Priority");
    JMenuItem jmiHigh = new JMenuItem("High");
    JMenuItem jmiLow = new JMenuItem("Low");
    jmPriority.add(jmiHigh);
    jmPriority.add(jmiLow);
    jmOptions.add(jmPriority);

    // Create the Reset menu item.
    JMenuItem jmiReset = new JMenuItem("Reset");
    jmOptions.addSeparator();
    jmOptions.add(jmiReset);

    // Finally, add the entire options menu to
    // the menu bar
    jmb.add(jmOptions);

    // Create the Help menu.
    JMenu jmHelp = new JMenu("Help");
    JMenuItem jmiAbout = new JMenuItem("About");
    jmHelp.add(jmiAbout);
    jmb.add(jmHelp);

    // Add action listeners for the menu items.
    jmiOpen.addActionListener(this);
    jmiClose.addActionListener(this);
    jmiSave.addActionListener(this);
    jmiExit.addActionListener(this);
    jmiRed.addActionListener(this);
    jmiGreen.addActionListener(this);
    jmiBlue.addActionListener(this);
    jmiHigh.addActionListener(this);
    jmiLow.addActionListener(this);
    jmiReset.addActionListener(this);
    jmiAbout.addActionListener(this);

    // Add the label to the content pane.
    jfrm.add(jlab);

    // Add the menu bar to the frame.
    jfrm.setJMenuBar(jmb);

    // Display the frame.
    jfrm.setVisible(true);
}

// Handle menu item action events.
public void actionPerformed(ActionEvent ae) {
    // Get the action command from the menu selection.
    String comStr = ae.getActionCommand();

    // If user chooses Exit, then exit the program.
    if(comStr.equals("Exit")) System.exit(0);

    // Otherwise, display the selection.
    jlab.setText(comStr + " Selected");
}
```

```
public static void main(String args[]) {
  // Create the frame on the event dispatching thread.
  SwingUtilities.invokeLater(new Runnable() {
    public void run() {
      new MenuDemo();
    }
  });
}
}
```

图 33-1 MenuDemo 程序的示例输出

下面仔细分析这个程序创建菜单的过程。首先查看 MenuDemo 构造函数，它首先创建了一个 JFrame，并设置其布局管理器、尺寸和默认关闭操作(第 31 章讨论了这些操作)。然后构造了一个 JLabel，它用于显示菜单选项。接下来，构造了菜单栏，并将其引用赋给了 jmb，如下所示：

```
// Create the menu bar.
JMenuBar jmb = new JMenuBar();
```

然后，使用下面的代码创建 File 菜单 jmFile 及其菜单项：

```
// Create the File menu.
JMenu jmFile = new JMenu("File");
JMenuItem jmiOpen = new JMenuItem("Open");
JMenuItem jmiClose = new JMenuItem("Close");
JMenuItem jmiSave = new JMenuItem("Save");
JMenuItem jmiExit = new JMenuItem("Exit");
```

名称 Open、Close、Save 和 Exit 将显示为菜单中的选项。接下来，使用下面的代码将菜单项添加到 File 菜单中：

```
jmFile.add(jmiOpen);
jmFile.add(jmiClose);
jmFile.add(jmiSave);
jmFile.addSeparator();
jmFile.add(jmiExit);
```

最后，使用下面一行代码将 File 菜单添加到菜单栏中：

```
jmb.add(jmFile);
```

执行完这些代码后，菜单栏中将包含一项：File。File 菜单按如下顺序包含 4 个选项：Open、Close、Save 和 Exit。但注意在 Exit 的前面添加了一条分隔线，这在视觉上将 Exit 与前面三个选项分隔开了。

Options 菜单使用相同的基本过程构建。但是，Options 菜单包含两个子菜单：Colors 和 Priority。另外，还有一个 Reset 菜单项。子菜单首先单独构造，然后被添加到 Options 菜单中。最后，添加 Reset 菜单项。然后把 Options 菜单添加到菜单栏中。Help 菜单是使用相同的过程构造的。

注意，MenuDemo 实现了 ActionListener 接口，菜单选项生成的动作事件由 MenuDemo 定义的 actionPerformed() 方法处理。因此，程序添加 this 作为菜单项的动作监听器。注意，没有为 Colors 和 Priority 菜单项添加监听器，因为它们实际上不是选项，而只是用于激活子菜单。

最后，使用下面一行代码把菜单栏添加到框架中：

```
jfrm.setJMenuBar(jmb);
```

如前所述，菜单栏没有被添加到内容窗格中，而是直接被添加到 JFrame 中。

actionPerformed()方法处理菜单生成的动作事件。它通过对事件调用 getActionCommand()方法来获得与选项关联的动作命令字符串，并把对该字符串的引用存储到 comStr 中。然后，测试动作命令是不是"Exit"，如下所示：

```
if(comStr.equals("Exit")) System.exit(0);
```

如果动作命令是"Exit"，那么调用 System.exit()方法，程序终止。该方法会立即终止程序，并将其参数作为状态码传递给调用进程，通常是操作系统或浏览器。按照约定，状态码 0 表示正常终止。其他状态码表示程序异常终止。对于其他菜单选项，只是把选项显示出来。

现在，你可以自由尝试 MenuDemo 程序。试着添加另一个菜单，或者在已有菜单中添加新菜单项。在继续学习之前，掌握菜单的基本概念十分重要，因为本章将逐渐改进这个程序。

33.4 向菜单项添加助记符和加速键

前面的菜单示例可以工作，但是可以使它变得更好。在真实的应用程序中，菜单通常支持键盘快捷键，因为这可以让有经验的用户快速选择菜单项。键盘快捷键分为两种形式：助记符和加速键。对于菜单，助记符定义了一个按键，按下该键时，可从活动的菜单中选择一个菜单项。因此，助记符允许使用键盘从已经显示的菜单中选择菜单项。加速键则允许在不首先激活菜单的情况下选择一个菜单项。

对 JMenuItem 和 JMenu 对象可以指定助记符。有两种方式可为 JMenuItem 指定助记符。首先，可以使用下面这个构造函数，在构造对象时指定：

JMenuItem(String *name*, int *mnem*)

其中，*name* 指定了菜单项的名称，*mnem* 指定了助记符。另一种为 JMenuItem 指定助记符的方式是调用 setMnemonic()方法。要为 JMenu 指定助记符，必须调用 setMnemonic()方法。两个类都从 AbstractButton 继承了该方法，如下所示：

void setMnemonic(int *mnem*)

其中，*mnem* 指定了助记符。助记符应该是 java.awt.event.KeyEvent 包中定义的某个常量，例如 KeyEvent.VK_F 或 KeyEvent.VK_Z(setMnemonic()还有另外一个版本，可以使用 char 参数，但是该版本已经过时)。助记符不区分大小写，所以对于 VK_A，按下 a 或 A 都可以。

默认情况下，菜单项中第一个匹配的字符带有下画线。如果想要把下画线添加到另一个字符的下面，需要把该字符的索引作为参数传递给 setDisplayedMnemonicIndex()。JMenu 和 JMenuItem 都从 AbstractButton 继承了该方法，如下所示：

void setDisplayedMnemonicIndex(int *idx*)

要添加下画线的字符的索引由 *idx* 指定。

加速键可以与 JMenuItem 对象关联起来。它是通过调用 setAccelerator()方法指定的，如下所示：

void setAccelerator(KeyStroke *ks*)

其中，*ks* 是选择菜单项时按下的键组合。KeyStroke 类包含几个工厂方法，可以构造各种类型的加速键。下面是三个例子：

static KeyStroke getKeyStroke(char *ch*)

```
static KeyStroke getKeyStroke(Character ch, int modifier)
static KeyStroke getKeyStroke(int ch, int modifier)
```

其中，*ch* 指定了加速键字符。在第一个版本中，字符作为 char 值指定。在第二个版本中，作为 Character 类型的对象指定。在第三个版本中，作为 KeyEvent 类型的值指定。刚才已经介绍过 KeyEvent。*modifier* 必须是表 33-2 中列出的一个或多个常量，它们都由 java.awt.event.InputEvent 类定义。

表 33-2 java.awt.event.InputEvent 类定义的常量

InputEvent.ALT_DOWN_MASK	InputEvent.ALT_GRAPH_DOWN_MASK
InputEvent.CTRL_DOWN_MASK	InputEvent.META_DOWN_MASK
InputEvent.SHIFT_DOWN_MASK	

因此，如果传递 VK_A 作为按键字符，传递 InputEvent.CTRL_DOWN_MASK 作为修饰符，那么加速键组合就是 Ctrl+A。

下面的代码段向前一节的 MenuDemo 程序创建的 File 菜单添加了助记符和加速键。然后，就可以按下 Alt+F 加速键组合来选择 File 菜单。再接下来，可以使用助记符 O、C、S 或 E 来选择对应选项。或者，也可以按下 Ctrl+O、Ctrl+C、Ctrl+S 或 Ctrl+E 来直接选择 File 菜单中的菜单项。图 33-2 显示了激活后的 File 菜单。

```java
// Create the File menu with mnemonics and accelerators.
JMenu jmFile = new JMenu("File");
jmFile.setMnemonic(KeyEvent.VK_F);

JMenuItem jmiOpen = new JMenuItem("Open",
                         KeyEvent.VK_O);
jmiOpen.setAccelerator(
        KeyStroke.getKeyStroke(KeyEvent.VK_O,
                         InputEvent.CTRL_DOWN_MASK));

JMenuItem jmiClose = new JMenuItem("Close",
                         KeyEvent.VK_C);
jmiClose.setAccelerator(
        KeyStroke.getKeyStroke(KeyEvent.VK_C,
                         InputEvent.CTRL_DOWN_MASK));

JMenuItem jmiSave = new JMenuItem("Save",
                         KeyEvent.VK_S);
jmiSave.setAccelerator(
        KeyStroke.getKeyStroke(KeyEvent.VK_S,
                         InputEvent.CTRL_DOWN_MASK));

JMenuItem jmiExit = new JMenuItem("Exit",
                         KeyEvent.VK_E);
jmiExit.setAccelerator(
        KeyStroke.getKeyStroke(KeyEvent.VK_E,
                         InputEvent.CTRL_DOWN_MASK));
```

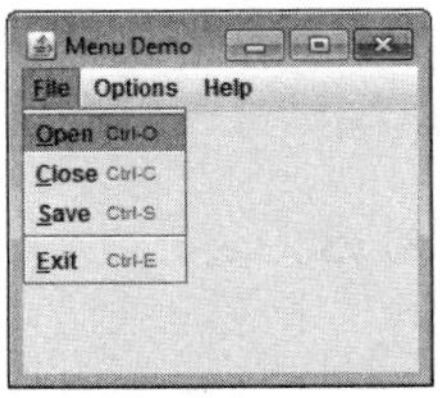

图 33-2 添加助记符和加速键后的 File 菜单

33.5 向菜单项添加图片和工具提示

可以向菜单项添加图片，或者使用图片代替文本。添加图片最简单的方法是在使用下面的构造函数构造菜单项时指定图片：

JMenuItem(Icon *image*)

JMenuItem(String *name*, Icon *image*)

第一个构造函数创建的菜单项显示 *image* 指定的图片。第二个构造函数创建的菜单项具有 *name* 指定的名称，并显示 *image* 指定的图片。例如，下面这个 About 菜单项在创建时与一幅图片关联了起来：

```
ImageIcon icon = new ImageIcon("AboutIcon.gif");
JMenuItem jmiAbout = new JMenuItem("About", icon);
```

现在，显示 Help 菜单时，文本"About"的旁边将显示 icon 指定的图标，如图 33-3 所示。菜单项创建完之后，可以调用继承自 AbstractButton 的 setIcon()方法向菜单项添加图标。通过调用 setHorizontalTextPosition()方法，可以指定图片相对于文本的水平对齐。

图 33-3　添加图标后的 About 菜单项

通过调用 setDisabledIcon()，可以指定禁用图标，当菜单项被禁用时显示。通常，当禁用菜单项时，将以灰色显示默认图标。如果指定了禁用图标，那么当禁用菜单项时，将显示禁用图标。

工具提示是描述菜单项的小消息。鼠标在菜单项上停留一段时间时，它会自动显示出来。通过菜单项调用 setToolTipText()方法并指定希望显示的文本，可以向菜单项添加工具提示。该方法如下所示：

void setToolTipText(String *msg*)

在这里，*msg* 是激活工具提示时显示的字符串。例如，下面的代码为 About 菜单项创建了工具提示：

```
jmiAbout.setToolTipText("Info about the MenuDemo program.");
```

需要指出的是，JMenuItem 是从 JComponent 继承 setToolTipText()方法。这意味着可以为其他类型的组件添加工具提示，例如命令按钮。这一点你需要自己尝试。

33.6 使用 JRadioButtonMenuItem 和 JCheckBoxMenuItem

前面例子使用的是最常用的菜单项类型，不过 Swing 还定义了另外两种菜单项类型：复选框菜单项和单选按钮菜单项。这些菜单项能够简化 GUI，使菜单提供原本需要额外的独立组件才能提供的功能。而且，有时在菜单中包含复选框或单选按钮看上去是提供一组特定功能最自然的位置。不管原因是什么，Swing 使得在菜单中使用复选框和单选按钮十分容易。下面将分别进行讨论。

要向菜单添加复选框，需要创建一个 JCheckBoxMenuItem 对象。它定义了几个构造函数，本章将使用的一个如下所示：

JCheckBoxMenuItem(String *name*)

其中，*name* 指定了菜单项的名称。复选框的初始状态为未选中。如果想指定复选框的初始状态，可以使用下面这个构造函数：

JCheckBoxMenuItem(String *name*, boolean *state*)

这里，如果 *state* 为 true，则复选框的初始状态为选中，否则为未选中。JCheckBoxMenuItem 还提供了允许指定图标的构造函数。下面是一个例子：

JCheckBoxMenuItem(String *name*, Icon *icon*)

这里，*name* 指定了菜单项的名称，与该菜单项关联的图片通过 *icon* 传入。该菜单项的初始状态为未选中。另外，还有其他一些构造函数可用。

菜单中的复选框的工作方式与独立的复选框类似。例如，它们的状态发生变化时，会生成动作事件和条目事件。当菜单选项可被选中，并且希望显示它们的选中/未选中状态时，在菜单中使用复选框十分有用。

通过创建 JRadioButtonMenuItem 类型的对象，可以在菜单中添加单选按钮。JRadioButtonMenuItem 继承了 JMenuItem。它提供了丰富的构造函数，本章用到的如下所示：

JRadioButtonMenuItem(String *name*)

JRadioButtonMenuItem(String *name*, boolean *state*)

第一个构造函数创建一个未选中的单选按钮菜单项，它与 *name* 传递的名称关联在一起。第二个构造函数允许指定单选按钮的初始状态。如果 *state* 为 true，那么按钮的初始状态为选中，否则为未选中。其他构造函数允许指定图标，例如：

```
JRadioButtonMenuItem(String name, Icon icon, boolean state)
```

这会创建一个单选按钮菜单项，它与 *name* 传递的名称和 *icon* 传递的图片关联在一起。如果 *state* 为 true，单选按钮的初始状态为选中，否则为未选中。另外，还有其他一些构造函数可用。

JRadioButtonMenuItem 的工作方式类似于独立的单选按钮，可以生成条目事件和动作事件。与独立的单选按钮一样，必须把基于菜单的单选按钮放到按钮组中，才能让它们展现出互斥选择行为。

因为 JCheckBoxMenuItem 和 JRadioButtonMenuItem 都继承了 JMenuItem，所以都具有 JMenuItem 提供的所有功能。除了具有额外的复选框和单选按钮功能以外，它们的行为与使用方式与其他菜单项相似。

为了尝试复选框和单选按钮菜单项，首先在 MenuDemo 示例程序中删除创建 Options 菜单的代码。然后，加入下面的代码段，为 Colors 子菜单使用复选框，为 Priority 子菜单使用单选按钮。完成替换后，Options 菜单如图 33-4 所示。

(a)

(b)

图 33-4　Options 菜单

```
// Create the Options menu.
JMenu jmOptions = new JMenu("Options");
```

```java
// Create the Colors submenu.
JMenu jmColors = new JMenu("Colors");

// Use check boxes for colors. This allows
// the user to select more than one color.
JCheckBoxMenuItem jmiRed = new JCheckBoxMenuItem("Red");
JCheckBoxMenuItem jmiGreen = new JCheckBoxMenuItem("Green");
JCheckBoxMenuItem jmiBlue = new JCheckBoxMenuItem("Blue");

jmColors.add(jmiRed);
jmColors.add(jmiGreen);
jmColors.add(jmiBlue);
jmOptions.add(jmColors);

// Create the Priority submenu.
JMenu jmPriority = new JMenu("Priority");

// Use radio buttons for the priority setting.
// This lets the menu show which priority is used
// but also ensures that one and only one priority
// can be selected at any one time. Notice that
// the High radio button is initially selected.
JRadioButtonMenuItem jmiHigh =
  new JRadioButtonMenuItem("High", true);
JRadioButtonMenuItem jmiLow =
  new JRadioButtonMenuItem("Low");

jmPriority.add(jmiHigh);
jmPriority.add(jmiLow);
jmOptions.add(jmPriority);

// Create button group for the radio button menu items.
ButtonGroup bg = new ButtonGroup();
bg.add(jmiHigh);
bg.add(jmiLow);

// Create the Reset menu item.
JMenuItem jmiReset = new JMenuItem("Reset");
jmOptions.addSeparator();
jmOptions.add(jmiReset);

// Finally, add the entire options menu to
// the menu bar
jmb.add(jmOptions);
```

33.7 创建弹出菜单

弹出菜单是菜单栏的一个流行的替代或附属功能。通常，通过在组件上右击鼠标可激活弹出菜单。Swing 通过 JPopupMenu 类支持弹出菜单。JPopupMenu 有两个构造函数，本章只使用如下所示的默认构造函数：

JPopupMenu()

这会创建默认的弹出菜单。另一个构造函数允许指定菜单的标题。这个标题是否显示取决于菜单的外观。

一般来说，构造弹出菜单的方式与构造普通菜单类似。首先创建一个 JPopupMenu 对象，然后在其中添加菜单项。处理菜单项选择的方式也一样：监听动作事件。弹出菜单与普通菜单的主要区别在于激活过程。

激活弹出菜单需要三个步骤：
(1) 必须注册鼠标事件的监听器。
(2) 在鼠标事件处理程序中，必须监视弹出菜单触发器。
(3) 收到弹出菜单触发器后，必须调用 show()方法显示弹出菜单。

下面仔细分析每个步骤。

通常，当鼠标指针位于一个定义了弹出菜单的组件上时，右击鼠标可激活弹出菜单。因此，弹出菜单触发器通常由在支持弹出菜单的组件上右击鼠标引发。为监听弹出菜单触发器，需要实现 MouseListener 接口，然后调用 addMouseListener()方法注册监听器。如第 24 章所述，MouseListener 定义了如下所示的方法：

void mouseClicked(MouseEvent *me*)

void mouseEntered(MouseEvent *me*)

void mouseExited(MouseEvent *me*)

void mousePressed(MouseEvent *me*)

void mouseReleased(MouseEvent *me*)

其中有两个方法对于弹出菜单十分重要：mousePressed()和 mouseReleased()。根据设计方式，这两个事件都可以触发弹出菜单。因此，比较简单的方法通常是使用 MouseAdapter 实现 MouseListener 接口，并重写 mousePressed()和 mouseReleased()方法。

MouseEvent 类定义了一些方法，但是在激活弹出菜单时，通常只需要使用如下 4 个方法：

int getX()

int getY()

boolean isPopupTrigger()

Component getComponent()

调用 getX()和 getY()方法可得到鼠标相对于事件源的当前的(X, Y)位置。这个位置用于指定显示弹出菜单时，弹出菜单的左上角所在的位置。如果鼠标事件代表弹出菜单触发器，那么 isPopupTrigger()方法返回 true，否则返回 false。这个方法用于确定何时弹出菜单。为了获得对生成鼠标事件的组件的引用，需要调用 getComponent()方法。

为了实际显示弹出菜单，需要调用 JPopupMenu 定义的 show()方法，如下所示：

void show(Component *invoker*, int *upperX*, int *upperY*)

其中，*invoker* 是将显示弹出菜单的组件。*upperX* 和 *upperY* 定义了相对于 invoker，弹出菜单的左上角的(X, Y)位置。获得调用组件的一种常见方式是，对传递给鼠标事件处理程序的事件对象调用 getComponent()方法。

为了实践前面的理论，可以在本章一开始的 MenuDemo 程序中添加一个弹出 Edit 菜单。该菜单将包含三个菜单项：Cut、Copy 和 Paste。首先，在 MenuDemo 中添加下面的实例变量：

```
JPopupMenu jpu;
```

jpu 变量用于保存对弹出菜单的引用。

接下来，在 MenuDemo 构造函数中添加下面的代码段：

```
// Create an Edit popup menu.
jpu = new JPopupMenu();

// Create the popup menu items.
JMenuItem jmiCut = new JMenuItem("Cut");
JMenuItem jmiCopy = new JMenuItem("Copy");
```

```
    JMenuItem jmiPaste = new JMenuItem("Paste");

    // Add the menu items to the popup menu.
    jpu.add(jmiCut);
    jpu.add(jmiCopy);
    jpu.add(jmiPaste);

    // Add a listener for the popup trigger.
    jfrm.addMouseListener(new MouseAdapter() {
      public void mousePressed(MouseEvent me) {
        if(me.isPopupTrigger())
          jpu.show(me.getComponent(), me.getX(), me.getY());
      }
      public void mouseReleased(MouseEvent me) {
        if(me.isPopupTrigger())
          jpu.show(me.getComponent(), me.getX(), me.getY());
      }
    });
```

这段代码首先构造了一个 JPopupMenu 实例,并把它保存到 jpu 中。然后,使用常规方法创建了三个菜单项——Cut、Copy 和 Paste,并把它们添加到 jpu 中。这就完成了构造弹出 Edit 菜单的工作。弹出菜单不需要添加到菜单栏或其他对象中。

接下来,通过创建一个匿名内部类来添加 MouseListener。该类基于 MouseAdapter 类,这意味着监听器只需要重写与弹出菜单相关的方法:mousePressed()和 mouseReleased()。适配器为其他 MouseListener 方法提供了默认实现。注意,鼠标监听器被添加到 jfrm 中。这意味着在内容窗格的任何部分右击鼠标都会触发弹出菜单。

mousePressed()和 mouseReleased()方法调用 isPopupTrigger()来判断鼠标事件是不是弹出菜单触发器事件。如果是,就调用 show()方法显示弹出菜单。通过对鼠标事件调用 getCompoment()方法来获得调用组件。在本例中,调用组件就是内容窗格。弹出菜单左上角的(X, Y)坐标通过调用 getX()和 getY()方法获得,这将使弹出菜单直接在鼠标指针位置显示。

最后,还需要为程序添加下面的动作监听器。它们处理当用户选择弹出菜单的菜单项时生成的动作事件:

```
jmiCut.addActionListener(this);
jmiCopy.addActionListener(this);
jmiPaste.addActionListener(this);
```

添加这些代码后,就可以在应用程序的内容窗格的任意部分右击鼠标来激活弹出菜单。结果如图 33-5 所示。

图 33-5 弹出编辑菜单

关于这个例子,还有另外一点需要知道。因为在本例中弹出菜单的调用组件始终是 jfrm,所以可以显式传递它,而不需要调用 getComponent()方法。为此,需要让 jfrm 成为 MenuDemo 类的实例变量(而不是局部变量),以便内部类可以访问它。然后,可以使用下面的代码显示弹出菜单:

```
jpu.show(jfrm, me.getX(), me.getY());
```

虽然在本例中可以这样做，但是使用 getComponent()方法的优势在于，弹出菜单总会相对于调用组件自动弹出。因此，可以使用相同的代码，相对于调用对象显示任何弹出菜单。

33.8 创建工具栏

工具栏是一种组件，既可以代替菜单，又可以辅助菜单。工具栏包含一个按钮(或其他组件)列表，使用户能够立即访问各种程序选项。例如，工具栏上可能包含选择各种字体选项的按钮，如加粗、斜体、高亮或下画线。使用这些选项时不需要打开菜单。通常，工具栏按钮显示图标而不是文本，不过二者都是可以的。此外，基于图标的工具栏按钮通常会关联工具提示。通过拖动工具栏，可以把它们放到窗口中的任意一条边上，也可以完全拖出窗口，此时它们将自由浮动。

在 Swing 中，工具栏是 JToolBar 类的实例。它的构造函数允许创建带标题或不带标题的工具栏。还可以指定工具栏的布局，或者为水平方向，或者为垂直方向。JToolBar 的构造函数如下所示：

```
JToolBar()
JToolBar(String title)
JToolBar(int how)
JToolBar(String title, int how)
```

第 1 个构造函数创建一个水平工具栏，不带标题。第 2 个构造函数创建一个水平工具栏，其标题由 *title* 指定。只有当工具栏被拖动到自己的窗口以外时，标题才会显示。第 3 个构造函数创建一个工具栏，其方向由 *how* 指定。*how* 的值必须是 JToolBar.VERTICAL 或 JToolBar.HORINZONTAL。第 4 个构造函数创建一个工具栏，其标题由 *title* 指定，方向由 *how* 指定。

工具栏通常用在使用边界布局的窗口中。这有两个原因。首先，这种窗口允许工具栏的初始位置沿着 4 个边界中的某一个。通常使用顶部位置。其次，这种窗口允许工具栏被拖动到窗口的任意一边。

除了将工具栏拖动到窗口中的不同位置外，还可以将工具栏拖出窗口。这会创建一个浮动工具栏。如果在创建工具栏时指定了标题，那么当工具栏处于浮动状态时，标题就会显示出来。

向工具栏添加按钮(或其他组件)的方式与把它们添加到菜单栏中一样，只需要调用 add()方法。组件按照添加顺序显示在工具栏中。

创建了工具栏后，并不把它添加到菜单栏(如果存在菜单栏的话)中。相反，需要把工具栏添加到窗口容器中。如前所述，通常把工具栏添加到边界布局的顶部(即北方)，使用水平方向。将被影响的组件添加到边界布局的中央部分。如果使用这种方法，程序运行的时候，工具栏将处在期望的位置。但是，可以把工具栏拖动到其他任何位置。当然，也可以把工具栏拖出窗口。

为了进行演示，我们将在 MenuDemo 程序中添加一个工具栏。该工具栏将显示三个调试选项：设置断点、清除断点和恢复程序执行。添加这个工具栏需要三个步骤。

首先，从程序中删除下面这行代码：

```
jfrm.setLayout(new FlowLayout());
```

删除之后，JFrame 会自动使用边界布局。

其次，因为使用了 BorderLayout，所以需要修改将标签 jlab 添加到框架中的那行代码，如下所示：

```
jfrm.add(jlab, BorderLayout.CENTER);
```

这行代码显式地将 jlab 添加到边界布局的中央位置(从技术上说，不需要显式指定中央位置，因为默认情况下，使用边界布局时，会把组件添加到中央位置。但是，显式指定中央位置，可以让阅读代码的人明白，代码中使用了边界布局，并且 jlab 将在中央位置显示)。

接下来添加创建 Debug 工具栏的代码，如下所示：

```
// Create a Debug toolbar.
JToolBar jtb = new JToolBar("Debug");

// Load the images.
ImageIcon set = new ImageIcon("setBP.gif");
ImageIcon clear = new ImageIcon("clearBP.gif");
ImageIcon resume = new ImageIcon("resume.gif");

// Create the toolbar buttons.
JButton jbtnSet = new JButton(set);
jbtnSet.setActionCommand("Set Breakpoint");
jbtnSet.setToolTipText("Set Breakpoint");

JButton jbtnClear = new JButton(clear);
jbtnClear.setActionCommand("Clear Breakpoint");
jbtnClear.setToolTipText("Clear Breakpoint");

JButton jbtnResume = new JButton(resume);
jbtnResume.setActionCommand("Resume");
jbtnResume.setToolTipText("Resume");

// Add the buttons to the toolbar.
jtb.add(jbtnSet);
jtb.add(jbtnClear);
jtb.add(jbtnResume);

// Add the toolbar to the north position of
// the content pane.
jfrm.add(jtb, BorderLayout.NORTH);
```

下面仔细分析这段代码。首先，代码创建了一个 JToolBar，并为其添加标题"Debug"。然后，创建了一组 ImageIcon 对象，用于保存工具栏按钮的图像。接下来，创建了三个工具栏按钮。注意，每个按钮都有一幅图像，但是没有文本。另外，还显式地为每个按钮指定了动作命令和工具提示。设置动作命令是因为在构造按钮时没有指定名称。对于基于图标的工具栏组件，工具提示特别有用，因为有时很难设计对所有人都直观的图像。之后，按钮被添加到工具栏中，而工具栏被添加到框架边界布局的上方。

最后，添加工具栏的动作监听器，如下所示：

```
// Add the toolbar action listeners.
jbtnSet.addActionListener(this);
jbtnClear.addActionListener(this);
jbtnResume.addActionListener(this);
```

每当用户按下工具栏按钮时，就会触发动作事件，其处理方式与处理其他菜单相关的事件相同。图 33-6 显示了这个工具栏。

图 33-6　Debug 工具栏

33.9 使用动作

很多时候，工具栏和菜单项包含相同的选项。例如，前例中 Debug 工具栏提供的功能可能也会通过菜单项提供。此时，不管使用的是菜单项还是工具栏，选择选项(例如设置断点)都会引发相同的动作。另外，工具栏按钮和菜单项很可能会使用相同的图标。并且，禁用某个工具栏按钮时，也需要禁用对应的菜单项。这种情况通常会导致大量重复的、彼此依赖的代码，显然不是理想的情况。幸好，Swing 对此提供了一种解决办法：使用动作。

动作是 Action 接口的实例。Action 扩展了 ActionListener 接口，提供了将状态信息与 actionPerformed()事件处理程序结合起来的方法。这种结合允许一个动作管理两个或更多个组件。例如，动作允许将对工具栏按钮和菜单项的控制与处理集中到一个地方。程序不需要重复代码，而只需要创建动作来自动处理两个组件。

因为 Action 扩展了 ActionListener，所以动作必须提供 actionPerformed()方法的实现。这个处理程序将处理链接到动作的对象生成的动作事件。

除了继承的 actionPerformed()方法以外，Action 还定义了几个自己的方法。特别需要注意的是 putValue()方法，它设置与动作关联的各种属性的值，如下所示：

```
void putValue(String key, Object val)
```

该方法将 val 赋值给 key 指定的属性，key 代表期望的属性。还要注意，虽然 Action 还提供了 getValue()方法，用于获取指定的属性，但后面的示例没有使用它。getValue()方法如下所示：

```
Object getValue(String key)
```

它返回对 key 指定的属性的引用。

表 33-3 列出了 putValue()和 getValue()方法使用的键值。

表 33-3 putValue()和 getValue()方法使用的键值

键 值	描 述
static final String ACCELERATOR_KEY	代表加速键属性。加速键作为 KeyStroke 对象指定
static final String ACTION_COMMAND_KEY	代表动作命令属性。动作命令作为字符串指定
static final String DISPLAYED_MNEMONIC_INDEX_KEY	代表显示为助记符的字符的索引。这是一个 Integer 值
static final String LARGE_ICON_KEY	代表与动作关联的大图标。图标作为 Icon 类型的对象指定
static final String LONG_DESCRIPTION	代表动作的长描述。这个描述作为字符串指定
static final String MNEMONIC_KEY	代表助记符属性。助记符作为 KeyEvent 常量指定
static final String NAME	代表动作的名称(也成为链接到动作的按钮或菜单项的名称)。这个名称作为字符串指定
static final String SELECTED_KEY	代表选择状态。如果设置，表示选择了条目。这个状态表示为布尔值
static final String SHORT_DESCRIPTION	代表与动作关联的工具提示文本。这个工具提示文本作为字符串指定
static final String SMALL_ICON	代表与动作关联的图标。这个图标作为 Icon 类型的对象指定

例如，要将助记符设为字母 X，需要像下面这样调用 putValue()：

```
actionOb.putValue(MNEMONIC_KEY, KeyEvent.VK_X);
```

有一个 Action 属性无法通过 putValue()和 getValue()访问，这个属性是启用/禁用状态。为访问该属性，需要使用 setEnabled()和 isEnabled()方法，如下所示：

```
void setEnabled(boolean enabled)
boolean isEnabled()
```

对于 setEnabled()，如果 *enabled* 为 true，那么动作启用，否则禁用。如果动作启用，则 isEnabled()方法返回 true，否则返回 false。

尽管可以自己完全实现 Action 接口，但是通常不需要这么做。Swing 提供了可供扩展的部分实现，称为 AbstractAction。通过扩展 AbstractAction，只需要实现方法 actionPerformed()。其他 Action 方法的实现已被提供。AbstractAction 提供了三个构造函数，本章用到的一个如下所示：

AbstractAction(String *name*, Icon *image*)

该构造函数构造一个 AbstractAction，其名称由 *name* 指定，图标由 *image* 指定。

创建一个动作后，可以把它添加到 JToolBar 中，也可以使用它创建一个 JMenuItem。要向 JToolBar 添加动作，需要使用如下版本的 add()方法：

JButton add(Action *actObj*)

其中，*actObj* 是要添加到工具栏的动作。*actObj* 定义的属性用于创建工具栏按钮。要使用动作创建菜单项，需要使用如下所示的 JMenuItem 构造函数：

JMenuItem(Action *actObj*)

其中，*actObj* 是用于构造菜单项的动作，其属性决定了如何构造菜单项。

> **注意：**
> 除了 JToolBar 和 JMenuItem，还有其他几个 Swing 组件也支持动作，例如 JPopupMenu、JButton、JRadioButton 和 JCheckBox。JRadioButtonMenuItem 和 JCheckBoxMenuItem 也支持动作。

为了演示动作的优点，我们将使用动作来管理前一节创建的 Debug 工具栏。我们还将在 Options 主菜单的下面添加 Debug 子菜单。Debug 子菜单将包含与 Debug 工具栏相同的选项：Set Breakpoint、Clear Breakpoint 和 Resume。支持工具栏中的这些选项的动作也将支持菜单中的这些选项。因此，不必创建重复代码来分别处理工具栏和菜单，而是可以使用动作同时处理它们。

首先创建内部类 DebugAction，使其扩展 AbstractAction，如下所示：

```
// A class to create an action for the Debug menu
// and toolbar.
class DebugAction extends AbstractAction {
  public DebugAction(String name, Icon image, int mnem,
                 int accel, String tTip) {
    super(name, image);
    putValue(ACCELERATOR_KEY,
          KeyStroke.getKeyStroke(accel,
                          InputEvent.CTRL_DOWN_MASK));
    putValue(MNEMONIC_KEY, mnem);
    putValue(SHORT_DESCRIPTION, tTip);
  }

  // Handle events for both the toolbar and the
  // Debug menu.
  public void actionPerformed(ActionEvent ae) {
    String comStr = ae.getActionCommand();

    jlab.setText(comStr + " Selected");

    // Toggle the enabled status of the
    // Set and Clear Breakpoint options.
```

```
      if(comStr.equals("Set Breakpoint")) {
        clearAct.setEnabled(true);
        setAct.setEnabled(false);
      } else if(comStr.equals("Clear Breakpoint")) {
        clearAct.setEnabled(false);
        setAct.setEnabled(true);
      }
    }
  }
```

DebugAction 扩展了 AbstractAction。它创建了一个动作类，用于定义与 Debug 菜单和工具栏关联的属性。其构造函数有 5 个参数，分别用于指定以下项：

- 名称
- 图标
- 助记符
- 加速键
- 工具提示

前两个属性通过 super 传递给 AbstractAction 的构造函数。其他三个属性通过调用 putValue()进行设置。

DebugAction 的 actionPerformed()方法处理动作的事件。这意味着当 DebugAction 的一个实例用于创建工具栏按钮和菜单项时，这两种组件生成的事件都由 DebugAction 的 actionPerformed()方法处理。还要注意，这个处理程序在 jlab 中显示所选项。此外，如果 Set Breakpoint 选项被选中，那么 Clear Breakpoint 选项将启用，Set Breakpoint 选项将禁用。如果 Clear Breakpoint 选项被选中，那么 Set Breakpoint 选项被启用，Clear Breakpoint 选项被禁用。这说明动作可以用来启用或禁用组件。当动作被禁用时，所有使用该动作的组件都被禁用。在本例中，如果禁用 Set Breakpoint，那么工具栏和菜单中的对应选项都被禁用。

接下来，在 MenuDemo 中添加下面的 DebugAction 实例变量：

```
DebugAction setAct;
DebugAction clearAct;
DebugAction resumeAct;
```

然后，创建代表 Debug 选项的三个 ImageIcon，如下所示：

```
// Load the images for the actions.
ImageIcon setIcon = new ImageIcon("setBP.gif");
ImageIcon clearIcon = new ImageIcon("clearBP.gif");
ImageIcon resumeIcon = new ImageIcon("resume.gif");
```

现在，创建管理 Debug 选项的动作，如下所示：

```
// Create actions.
setAct =
  new DebugAction("Set Breakpoint",
                  setIcon,
                  KeyEvent.VK_S,
                  KeyEvent.VK_B,
                  "Set a break point.");

clearAct =
  new DebugAction("Clear Breakpoint",
                  clearIcon,
                  KeyEvent.VK_C,
                  KeyEvent.VK_L,
                  "Clear a break point.");
```

```
resumeAct =
  new DebugAction("Resume",
                  resumeIcon,
                  KeyEvent.VK_R,
                  KeyEvent.VK_R,
                  "Resume execution after breakpoint.");

// Initially disable the Clear Breakpoint option.
clearAct.setEnabled(false);
```

注意，Set Breakpoint 的加速键是 B，Clear Breakpoint 的加速键是 L。之所以使用这两个键，而不是 S 和 C，是因为 File 菜单已经将 S 和 C 分配给了 Save 和 Close 选项。不过，它们仍然可以用作助记符，因为每个助记符只属于各自的菜单。还要注意，代表 Clear Breakpoint 的动作一开始是禁用的。只有设置了断点后，它才会启用。

接下来，使用动作创建工具栏按钮，并把按钮添加到工具栏上，如下所示：

```
// Create the toolbar buttons by using the actions.
JButton jbtnSet = new JButton(setAct);
JButton jbtnClear = new JButton(clearAct);
JButton jbtnResume = new JButton(resumeAct);

// Create a Debug toolbar.
JToolBar jtb = new JToolBar("Breakpoints");

// Add the buttons to the toolbar.
jtb.add(jbtnSet);
jtb.add(jbtnClear);
jtb.add(jbtnResume);

// Add the toolbar to the north position of
// the content pane.
jfrm.add(jtb, BorderLayout.NORTH);
```

最后，创建 Debug 菜单，如下所示：

```
// Now, create a Debug menu that goes under the Options
// menu bar item. Use the actions to create the items.
JMenu jmDebug = new JMenu("Debug");
JMenuItem jmiSetBP = new JMenuItem(setAct);
JMenuItem jmiClearBP = new JMenuItem(clearAct);
JMenuItem jmiResume = new JMenuItem(resumeAct);
jmDebug.add(jmiSetBP);
jmDebug.add(jmiClearBP);
jmDebug.add(jmiResume);
jmOptions.add(jmDebug);
```

做了这些改动后，所创建的动作将用于同时管理 Debug 菜单和工具栏。因此，修改动作的一个属性(如禁用它)将影响所有使用该动作的地方。程序如图 33-7 所示。

图 33-7　使用动作管理 Debug 工具栏和菜单

33.10 完整演示 MenuDemo 程序

在本章的讨论中，一直在不断地修改一开始演示的 MenuDemo 程序，或为其添加新功能。在结束本章之前，把所有修改汇总到一起会很有帮助。这不只有助于看清楚各个部分如何搭配使用，还提供了一个完整的菜单演示程序，供你随意试验。

下面这个版本的 MenuDemo 包含了本章描述的所有修改和增强。为清晰起见，这里重新组织了程序，使用单独的方法来构造各个菜单和工具栏。注意，几个与菜单相关的变量被改成实例变量，如 jmb、jmFile 和 jtb。

```java
// The complete MenuDemo program.

import java.awt.*;
import java.awt.event.*;
import javax.swing.*;

class MenuDemo implements ActionListener {

  JLabel jlab;

  JMenuBar jmb;

  JToolBar jtb;

  JPopupMenu jpu;

  DebugAction setAct;
  DebugAction clearAct;
  DebugAction resumeAct;

  MenuDemo() {
    // Create a new JFrame container.
    JFrame jfrm = new JFrame("Complete Menu Demo");

    // Use default border layout.

    // Give the frame an initial size.
    jfrm.setSize(360, 200);

    // Terminate the program when the user closes the application.
    jfrm.setDefaultCloseOperation(JFrame.EXIT_ON_CLOSE);

    // Create a label that will display the menu selection.
    jlab = new JLabel();

    // Create the menu bar.
    jmb = new JMenuBar();

    // Make the File menu.
    makeFileMenu();

    // Construct the Debug actions.
    makeActions();

    // Make the toolbar.
    makeToolBar();
```

```java
    // Make the Options menu.
    makeOptionsMenu();

    // Make the Help menu.
    makeHelpMenu();

    // Make the Edit popup menu.
    makeEditPUMenu();

    // Add a listener for the popup trigger.
    jfrm.addMouseListener(new MouseAdapter() {
      public void mousePressed(MouseEvent me) {
        if(me.isPopupTrigger())
          jpu.show(me.getComponent(), me.getX(), me.getY());
      }
      public void mouseReleased(MouseEvent me) {
        if(me.isPopupTrigger())
          jpu.show(me.getComponent(), me.getX(), me.getY());
      }
    });

    // Add the label to the center of the content pane.
    jfrm.add(jlab, SwingConstants.CENTER);

    // Add the toolbar to the north position of
    // the content pane.
    jfrm.add(jtb, BorderLayout.NORTH);

    // Add the menu bar to the frame.
    jfrm.setJMenuBar(jmb);

    // Display the frame.
    jfrm.setVisible(true);
  }

  // Handle menu item action events.
  // This does NOT handle events generated
  // by the Debug options.
  public void actionPerformed(ActionEvent ae) {
    // Get the action command from the menu selection.
    String comStr = ae.getActionCommand();

    // If user chooses Exit, then exit the program.
    if(comStr.equals("Exit")) System.exit(0);

    // Otherwise, display the selection.
    jlab.setText(comStr + " Selected");
  }

  // An action class for the Debug menu
  // and toolbar.
  class DebugAction extends AbstractAction {
    public DebugAction(String name, Icon image, int mnem,
                       int accel, String tTip) {
      super(name, image);
```

```
      putValue(ACCELERATOR_KEY,
            KeyStroke.getKeyStroke(accel,
                          InputEvent.CTRL_DOWN_MASK));
      putValue(MNEMONIC_KEY, mnem);
      putValue(SHORT_DESCRIPTION, tTip);
    }

    // Handle events for both the toolbar and the
    // Debug menu.
    public void actionPerformed(ActionEvent ae) {
      String comStr = ae.getActionCommand();

      jlab.setText(comStr + " Selected");

      // Toggle the enabled status of the
      // Set and Clear Breakpoint options.
      if(comStr.equals("Set Breakpoint")) {
        clearAct.setEnabled(true);
        setAct.setEnabled(false);
      } else if(comStr.equals("Clear Breakpoint")) {
        clearAct.setEnabled(false);
        setAct.setEnabled(true);
      }
    }
  }

  // Create the File menu with mnemonics and accelerators.
  void makeFileMenu() {
    JMenu jmFile = new JMenu("File");
    jmFile.setMnemonic(KeyEvent.VK_F);

    JMenuItem jmiOpen = new JMenuItem("Open",
                            KeyEvent.VK_O);
    jmiOpen.setAccelerator(
        KeyStroke.getKeyStroke(KeyEvent.VK_O,
                          InputEvent.CTRL_DOWN_MASK));

    JMenuItem jmiClose = new JMenuItem("Close",
                            KeyEvent.VK_C);
    jmiClose.setAccelerator(
        KeyStroke.getKeyStroke(KeyEvent.VK_C,
                          InputEvent.CTRL_DOWN_MASK));

    JMenuItem jmiSave = new JMenuItem("Save",
                            KeyEvent.VK_S);
    jmiSave.setAccelerator(
        KeyStroke.getKeyStroke(KeyEvent.VK_S,
                          InputEvent.CTRL_DOWN_MASK));

    JMenuItem jmiExit = new JMenuItem("Exit",
                            KeyEvent.VK_E);
    jmiExit.setAccelerator(
        KeyStroke.getKeyStroke(KeyEvent.VK_E,
                          InputEvent.CTRL_DOWN_MASK));

    jmFile.add(jmiOpen);
```

```java
    jmFile.add(jmiClose);
    jmFile.add(jmiSave);
    jmFile.addSeparator();
    jmFile.add(jmiExit);
    jmb.add(jmFile);

    // Add the action listeners for the File menu.
    jmiOpen.addActionListener(this);
    jmiClose.addActionListener(this);
    jmiSave.addActionListener(this);
    jmiExit.addActionListener(this);
}

// Create the Options menu.
void makeOptionsMenu() {
    JMenu jmOptions = new JMenu("Options");

    // Create the Colors submenu.
    JMenu jmColors = new JMenu("Colors");

    // Use check boxes for colors. This allows
    // the user to select more than one color.
    JCheckBoxMenuItem jmiRed = new JCheckBoxMenuItem("Red");
    JCheckBoxMenuItem jmiGreen = new JCheckBoxMenuItem("Green");
    JCheckBoxMenuItem jmiBlue = new JCheckBoxMenuItem("Blue");

    // Add the items to the Colors menu.
    jmColors.add(jmiRed);
    jmColors.add(jmiGreen);
    jmColors.add(jmiBlue);
    jmOptions.add(jmColors);

    // Create the Priority submenu.
    JMenu jmPriority = new JMenu("Priority");

    // Use radio buttons for the priority setting.
    // This lets the menu show which priority is used
    // but also ensures that one and only one priority
    // can be selected at any one time. Notice that
    // the High radio button is initially selected.
    JRadioButtonMenuItem jmiHigh =
      new JRadioButtonMenuItem("High", true);
    JRadioButtonMenuItem jmiLow =
      new JRadioButtonMenuItem("Low");

    // Add the items to the Priority menu.
    jmPriority.add(jmiHigh);
    jmPriority.add(jmiLow);
    jmOptions.add(jmPriority);

    // Create a button group for the radio button
    //  menu items.
    ButtonGroup bg = new ButtonGroup();
    bg.add(jmiHigh);
    bg.add(jmiLow);
```

```java
    // Now, create a Debug submenu that goes under
    // the Options menu bar item. Use actions to
    // create the items.
    JMenu jmDebug = new JMenu("Debug");
    JMenuItem jmiSetBP = new JMenuItem(setAct);
    JMenuItem jmiClearBP = new JMenuItem(clearAct);
    JMenuItem jmiResume = new JMenuItem(resumeAct);

    // Add the items to the Debug menu.
    jmDebug.add(jmiSetBP);
    jmDebug.add(jmiClearBP);
    jmDebug.add(jmiResume);
    jmOptions.add(jmDebug);

    // Create the Reset menu item.
    JMenuItem jmiReset = new JMenuItem("Reset");
    jmOptions.addSeparator();
    jmOptions.add(jmiReset);

    // Finally, add the entire options menu to
    // the menu bar
    jmb.add(jmOptions);

    // Add the action listeners for the Options menu,
    // except for those supported by the Debug menu.
    jmiRed.addActionListener(this);
    jmiGreen.addActionListener(this);
    jmiBlue.addActionListener(this);
    jmiHigh.addActionListener(this);
    jmiLow.addActionListener(this);
    jmiReset.addActionListener(this);
}

// Create the Help menu.
void makeHelpMenu() {
    JMenu jmHelp = new JMenu("Help");

    // Add an icon to the About menu item.
    ImageIcon icon = new ImageIcon("AboutIcon.gif");

    JMenuItem jmiAbout = new JMenuItem("About", icon);
    jmiAbout.setToolTipText("Info about the MenuDemo program.");
    jmHelp.add(jmiAbout);
    jmb.add(jmHelp);

    // Add action listener for About.
    jmiAbout.addActionListener(this);
}

// Construct the actions needed by the Debug menu
// and toolbar.
void makeActions() {
    // Load the images for the actions.
    ImageIcon setIcon = new ImageIcon("setBP.gif");
    ImageIcon clearIcon = new ImageIcon("clearBP.gif");
    ImageIcon resumeIcon = new ImageIcon("resume.gif");
```

```
    // Create actions.
    setAct =
      new DebugAction("Set Breakpoint",
                  setIcon,
                  KeyEvent.VK_S,
                  KeyEvent.VK_B,
                  "Set a break point.");

    clearAct =
      new DebugAction("Clear Breakpoint",
                  clearIcon,
                  KeyEvent.VK_C,
                  KeyEvent.VK_L,
                  "Clear a break point.");

    resumeAct =
      new DebugAction("Resume",
                  resumeIcon,
                  KeyEvent.VK_R,
                  KeyEvent.VK_R,
                  "Resume execution after breakpoint.");

    // Initially disable the Clear Breakpoint option.
    clearAct.setEnabled(false);
  }

  // Create the Debug toolbar.
  void makeToolBar() {
    // Create the toolbar buttons by using the actions.
    JButton jbtnSet = new JButton(setAct);
    JButton jbtnClear = new JButton(clearAct);
    JButton jbtnResume = new JButton(resumeAct);

    // Create the Debug toolbar.
    jtb = new JToolBar("Breakpoints");

    // Add the buttons to the toolbar.
    jtb.add(jbtnSet);
    jtb.add(jbtnClear);
    jtb.add(jbtnResume);
  }

  // Create the Edit popup menu.
  void makeEditPUMenu() {
    jpu = new JPopupMenu();

    // Create the popup menu items
    JMenuItem jmiCut = new JMenuItem("Cut");
    JMenuItem jmiCopy = new JMenuItem("Copy");
    JMenuItem jmiPaste = new JMenuItem("Paste");

    // Add the menu items to the popup menu.
    jpu.add(jmiCut);
    jpu.add(jmiCopy);
    jpu.add(jmiPaste);
```

```
    // Add the Edit popup menu action listeners.
    jmiCut.addActionListener(this);
    jmiCopy.addActionListener(this);
    jmiPaste.addActionListener(this);
  }

  public static void main(String args[]) {
    // Create the frame on the event dispatching thread.
    SwingUtilities.invokeLater(new Runnable() {
      public void run() {
        new MenuDemo();
      }
    });
  }
}
```

33.11 继续探究 Swing

Swing 定义了一个庞大的 GUI 工具包。它还包含众多的特性，需要你自己去探究。例如，它提供了对话框类，如 JOptionPane 和 JDialog，可用于简化对话框窗口的创建。而且，除了第 31 章介绍的那些控件外，它还提供了其他控件。你需要探究的两个控件是 JSpinner(用于创建微调控件)和 JFormattedTextField(支持格式化文本)。你还需要尝试为不同的组件定义自己的模型。坦白说，熟悉 Swing 功能最好的方法就是试验其功能。

第 IV 部分　应用 Java

第 34 章
Java Bean

第 35 章
servlet

第34章 Java Bean

本章概述 Java Bean。Bean 非常重要，因为通过它们可以使用软件组件构建复杂的系统。这些组件可以由你提供，也可以由一个或多个厂商提供。Java Bean 定义了一种架构，这种架构指定了这些构造块能够协同操作的方式。

为了更好地理解 Bean 的价值，分析下面的情况：硬件设计者拥有大量可以集成到一起，从而构建系统的元件。电阻器、电容器和感应器是简单构造块的例子。集成电路提供了更高级的功能，所有这些不同元件都可以重用。每当需要新的系统时，不需要、也不可能重新构造这些元件。此外，相同的元件可以用于不同类型的电路中。这是可行的，因为这些元件的行为是已知的，并且已经被文档化。

软件行业也一直在摸索，以实现基于组件方式的可重用性和互操作性。为了实现这一目标，需要一种组件架构，允许程序员装配可能是由不同厂商提供的软件构造块。对于设计者而言，还必须能够选择组件，理解它们的功能，并把它们集成到应用程序中。当可以得到组件的新版本时，应当能够很容易将这一功能融入已经存在的代码。幸运的是，Java Bean 提供的就是这样一种架构。

34.1 Java Bean 是什么

Java Bean 是软件组件，被设计成能够在各种不同的环境中重用。对 Bean 的功能没有限制，Bean 可以执行简单的功能，例如获取库存值；也可以执行复杂的功能，例如预测股票的走势。对于最终用户，Bean 也许是可见的，这种情况的一个例子是图形用户界面上的按钮。Bean 也可以对用户不可见，实时解码多媒体流的软件是这种类型构造块的一个例子。最后，Bean 可以被设计成在用户的工作站上自主工作，或与其他分布式组件协同工作。从一组数据点生成饼图的软件，就是能够在本地执行的 Bean 示例。但是，为股票或期货交易提供实时价格信息的 Bean，需要与其他分布式软件协同工作以获取数据。

34.2 Java Bean 的优势

下面列出了 Java Bean 技术为组件开发者提供的一些优势：
- Bean 具有 Java "一次编写，到处运行" 范式的所有优点。
- Bean 向其他应用程序暴露的属性、事件和方法都是可控的。
- 可以提供用于帮助配置 Bean 的辅助软件。只有在设置组件的设计时(design-time)参数时，才需要这种软件。在运行时环境中，不需要提供这种软件。
- Bean 的配置设置可以保存于永久存储介质中，并且可以在以后恢复。

- 可以注册 Bean 以接收来自其他对象的事件，并且可以生成发送到其他对象的事件。

34.3 内省

Java Bean 的核心是内省(introspection)，内省是分析 Bean 的过程，用于确定 Bean 的功能。这是 Java Bean API 的本质特征，因为允许其他应用程序(例如设计工具)获取关于组件的信息。没有内省机制，Java Bean 技术就不可能起作用。

Bean 的开发者可以使用两种方式，指示 Bean 应当暴露哪些属性、事件和方法。在第一种方式中，使用简单的命名约定，这些约定使内省机制能够推断出与 Bean 相关的信息。在第二种方式中，提供一个扩展了 BeanInfo 接口的附加类，该类显式地提供这些信息。这两种方式都会在此进行分析。

34.3.1 属性的设计模式

属性是 Bean 状态的子集。赋给属性的值决定了组件的行为和外观。属性是通过 setter 方法设置的，并通过 getter 方法获取。有两种类型的属性：简单属性和索引属性。

1. 简单属性

简单属性具有单一值。可以通过以下设计模式识别简单属性，其中，N 是属性的名称，T 是属性的类型：

```
public T getN( )
public void setN(T arg)
```

读/写属性同时具有这两个方法，以访问属性的值。只读属性只有 get 方法，只写属性只有 set 方法。

下面是 3 个简单的读/写属性，以及它们的 getter 和 setter 方法：

```
private double depth, height, width;

public double getDepth( ) {
  return depth;
}
public void setDepth(double d) {
  depth = d;
}

public double getHeight( ) {
  return height;
}
public void setHeight(double h) {
  height = h;
}

public double getWidth( ) {
  return width;
}
public void setWidth(double w) {
  width = w;
}
```

> **注意**：
> 对于 boolean 属性，也可以使用诸如 isPropertyName()的方法作为访问器。

2. 索引属性

索引属性包含多个值。可以通过下面的设计模式识别索引属性，其中，N 是属性的名称，T 是属性的类型：

```
public T getN(int index);
public void setN(int index, T value);
public T[ ] getN();
public void setN(T values[ ]);
```

下面是索引属性 data 及其 getter 和 setter 方法：

```
private double data[];

public double getData(int index) {
  return data[index];
}
public void setData(int index, double value) {
  data[index] = value;
}
public double[ ] getData( ) {
  return data;
}
public void setData(double[ ] values) {
  data = new double[values.length];
  System.arraycopy(values, 0, data, 0, values.length);
}
```

34.3.2 事件的设计模式

Bean 使用在本书前面讨论的委托事件模型。Bean 可以生成事件并将它们发送到其他对象。可以通过下面的设计模式识别它们，其中，T 是事件的类型：

public void add*T*Listener(*T*Listener *eventListener*)

public void add*T*Listener(*T*Listener *eventListener*)
                  throws java.util.TooManyListenersException

public void remove*T*Listener(*T*Listener *eventListener*)

这些方法用于为特定事件添加或移除监听器。不抛出异常的 addTListener()版本，可以用于多播事件，这意味着可以为多播事件通知注册多个监听器。抛出 TooManyListenersException 异常的 addTListener()版本，用于单播事件，这意味着监听器的数量被限制为 1。另一方面，removeTListener()方法用于移除监听器。例如，假设有一个名为 TemperatureListener 的事件接口类型，监视温度的 Bean 可能会提供以下方法：

```
public void addTemperatureListener(TemperatureListener tl) {
  ...
}
public void removeTemperatureListener(TemperatureListener tl) {
  ...
}
```

34.3.3 方法与设计模式

设计模式不能用于命名非属性方法。内省机制能够发现 Bean 的所有公有方法，但是不能显示受保护方法和私有方法。

34.3.4 使用 BeanInfo 接口

如前面所述，设计模式隐式决定了 Bean 的用户能够得到哪些信息。BeanInfo 接口允许显式地控制哪些信息是可得的。BeanInfo 接口定义了几个方法，包括下面这些方法：

PropertyDescriptor[ ] getPropertyDescriptors( )
EventSetDescriptor[ ] getEventSetDescriptors( )
MethodDescriptor[ ] getMethodDescriptors( )

它们返回一些对象数组，这些对象提供了与 Bean 的属性、事件以及方法相关的信息。PropertyDescriptor、EventSetDescriptor 以及 MethodDescriptor 类是在 java.beans 包中定义的，它们描述了各自名称所表明的元素。通过实现这些方法，开发者可以准确地指定哪些内容将提供给用户，并忽略基于设计模式的内省。

当创建实现了 BeanInfo 接口的类时，必须将类命名为 *bname*BeanInfo，其中，*bname* 是 Bean 的名称。例如，如果 Bean 被称为 MyBean，那么信息类必须称为 MyBeanBeanInfo。

为了简化 BeanInfo 接口的使用，JavaBeans 提供了 SimpleBeanInfo 类。该类提供了 BeanInfo 接口的默认实现，包括刚才显示的 3 个方法。可以扩展这个类并重写一个或多个方法，以显式地控制暴露 Bean 的哪些方面。如果没有重写方法，将使用设计模式内省。例如，如果没有重写 getPropertyDescriptors()方法，就使用设计模式来发现 Bean 的属性。在本章的后面将会演示 SimpleBeanInfo 的使用。

34.4 绑定属性与约束属性

具有绑定属性的 Bean，当属性发生变化时会生成事件。事件的类型是 PropertyChangeEvent，并且事件将被发送到之前注册的对接收这种通知感兴趣的对象。处理这个事件的类必须实现 PropertyChangeListener 接口。

具有约束属性的 Bean，当尝试修改约束属性的值时会生成事件。事件的类型也是 PropertyChangeEvent，也被发送到之前注册的对接收这种通知感兴趣的对象。但是，其他对象可以通过抛出 PropertyVetoException 异常来否决建议的修改。这种能力使得 Bean 可以根据运行时环境进行不同的操作。处理这种事件的类必须实现 VetoableChangeListener 接口。

34.5 持久性

持久性是保存 Bean 当前状态到非易失性存储器的能力，以及之后检索它们的能力，包括 Bean 的属性值和实例变量的值。Java 类库提供的对象串行化能力，可以用于为 Bean 提供持久性。

串行化 Bean 最简单的方法是，让 Bean 实现 java.io.Serializable 接口，这只是一个简单的标记接口。实现 java.io.Serializable 接口使得串行化可以自动完成，Bean 不需要采取其他操作。自动串行化还可以被继承。因此，如果 Bean 的任何超类实现了 java.io.Serializable 接口，那么 Bean 可以实现自动串行化。

当使用自动串行化时，可以通过使用 transient 关键字来有选择性地阻止保存某个域变量。因此，指定为 transient 的 Bean 数据成员不会被串行化。

如果 Bean 没有实现 java.io.Serializable 接口，必须自己提供串行化，例如通过实现 java.io.Externalizable。否则，容器不能保存组件的配置信息。

34.6 定制器

Bean 开发者可以提供定制器，用于帮助其他开发者配置 Bean。定制器可以提供一步步的指导，以完成在特定上下文中使用组件时必须遵循的步骤。还可以提供在线文档。对于开发定制器，Bean 开发者拥有很大的灵活性，可以根据市场对产品进行微调。

34.7 Java Bean API

Java Bean 功能是由 java.beans 包中的一组类和接口提供的。从 JDK 9 开始，这个包放在 java.desktop 模块中。下面简要介绍这个包中的内容。表 34-1 列出了 java.beans 包中的接口，并对这些接口的功能进行了简要描述。表 34-2 列出了 java.beans 包中的类。

表 34-1 java.beans 包中的接口

接口	描述
AppletInitializer	这个接口中的方法用于初始化同样也是 applet 的 Bean(在 JDK 9 中被废弃)
BeanInfo	这个接口允许设计者指定与 Bean 的属性、事件和方法相关的信息
Customizer	这个接口允许设计者提供用于配置 Bean 的图形用户界面
DesignMode	这个接口中的方法用于确定 Bean 是否正在设计模式下执行
ExceptionListener	当发生异常时，调用这个接口中的方法
PropertyChangeListener	当绑定属性发生变化时，调用这个接口中的方法
PropertyEditor	实现了这个接口的对象允许设计者修改和显示属性值
VetoableChangeListener	当约束属性发生变化时，调用这个接口中的方法
Visibility	这个接口中的方法允许在图形用户界面不可用的环境中执行 Bean

表 34-2 java.beans 包中的类

类	描述
BeanDescriptor	提供了关于 Bean 的信息，通过该类还可以为 Bean 关联定制器
Beans	用于获取关于 Bean 的信息
DefaultPersistenceDelegate	PersistenceDelegate 的一个具体子类
Encoder	对一组 Bean 的状态进行编码，可将这一信息写入流中
EventHandler	支持创建动态事件监听器
EventSetDescriptor	这个类的实例描述了能够由 Bean 生成的事件
Expression	封装对返回结果的方法的调用
FeatureDescriptor	该类是 PropertyDescriptor、EventSetDescriptor 和 MethodDescriptor 类的超类
IndexedPropertyChangeEvent	PropertyChangEvent 的一个子类，代表索引属性的某个变化
IndexedPropertyDescriptor	这个类的实例描述了 Bean 的索引属性
IntrospectionException	分析 Bean 时如果发生问题，就会生成这种类型的异常
Introspector	分析 Bean，并构造用于描述这一组件的 BeanInfo 对象
MethodDescriptor	这个类的实例描述了 Bean 的方法
ParameterDescriptor	这个类的实例描述了方法参数
PersistenceDelegate	处理对象的状态信息
PropertyChangeEvent	当绑定属性或约束属性发生变化时，生成这种事件。事件被发送到已经注册过的对这些事件感兴趣并且实现了 PropertyChangeListener 或 VetoableChangeListener 接口的对象
PropertyChangeListenerProxy	扩展 EventListenerProxy 类并实现了 PropertyChangeListener 接口
PropertyChangeSupport	支持绑定属性的 Bean 可以使用这个类通知 PropertyChangeListener 对象
PropertyDescriptor	这个类的实例描述了 Bean 的属性
PropertyEditorManager	这个类为给定的类型定位 PropertyEditor 对象

(续表)

类	描 述
PropertyEditorSupport	这个类提供写入属性编辑器时可以使用的功能
PropertyVetoException	如果对约束属性所做的修改被拒绝，就会生成这种类型的异常
SimpleBeanInfo	当写入 BeanInfo 类时，可以使用这个类提供的功能
Statement	封装对方法的调用
VetoableChangeListenerProxy	扩展 EventListenerProxy 类并实现了 VetoableChangeListener 接口
VetoableChangeSupport	支持约束属性的 Bean 可以使用这个类通知 VetoableChangeListener 对象
XMLDecoder	用于从 XML 文档读取 Bean
XMLEncoder	用于将 Bean 写入 XML 文档中

尽管讨论所有这些类超出了本章的范围，但是有 4 个类特别有趣：Introspector、PropertyDescriptor、EventSetDescriptor 和 MethodDescriptor。下面分别简要分析这 4 个类。

34.7.1 Introspector 类

Introspector 类提供了一些支持内省的静态方法。其中最有趣的方法是 getBeanInfo()，这个方法返回 BeanInfo 对象，可以使用这种对象获取关于 Bean 的信息。getBeanInfo()方法具有多种形式，包括如下所示的这种形式：

static BeanInfo getBeanInfo(Class<?> *bean*) throws IntrospectionException

返回的对象包含与 *bean* 指定的 Bean 对象相关的信息。

34.7.2 PropertyDescriptor 类

PropertyDescriptor 类用于描述 Bean 属性，提供了一些管理和描述属性的方法。例如，可以通过 isBound()方法，确定属性是否是绑定属性。要确定属性是否是约束属性，可以调用 isConstrained()方法。可以通过调用 getName()方法来获取属性的名称。

34.7.3 EventSetDescriptor 类

EventSetDescriptor 类表示 Bean 事件，提供了一些用于添加或移除事件监听器的方法，以及一些用于管理事件的方法。例如，为了获取用于添加监听器的方法，可以调用 getAddListenerMethod()方法。为了获取用于移除监听器的方法，可以调用 getRemoveListenerMethod()方法。为了获取监听器的类型，可以调用 getListenerType()方法。可以通过调用 getName()方法来获取事件的名称。

34.7.4 MethodDescriptor 类

MethodDescriptor 类表示 Bean 方法。为了获取方法的名称，可以调用 getName()方法，也可以通过调用 getMethod()方法，获取与方法相关的信息，该方法如下所示：

Method getMethod( )

该方法返回描述方法的 Method 对象。

34.8 一个 Bean 示例

本章以一个例子结束，该例演示了 Bean 编程的各个方面，包括内省以及 BeanInfo 类的使用。该例还将使用

Introspector、PropertyDescriptor 和 EventSetDescriptor 类。例子中用到 3 个类，第 1 个是名为 Colors 的 Bean，如下所示：

```
// A simple Bean.
import java.awt.*;
import java.awt.event.*;
import java.io.Serializable;

public class Colors extends Canvas implements Serializable {
  transient private Color color; // not persistent
  private boolean rectangular; // is persistent

  public Colors() {
    addMouseListener(new MouseAdapter() {
      public void mousePressed(MouseEvent me) {
        change();
      }
    });
    rectangular = false;
    setSize(200, 100);
    change();
  }

  public boolean getRectangular() {
    return rectangular;
  }

  public void setRectangular(boolean flag) {
    this.rectangular = flag;
    repaint();
  }

  public void change() {
    color = randomColor();
    repaint();
  }

  private Color randomColor() {
    int r = (int)(255*Math.random());
    int g = (int)(255*Math.random());
    int b = (int)(255*Math.random());
    return new Color(r, g, b);
  }

  public void paint(Graphics g) {
    Dimension d = getSize();
    int h = d.height;
    int w = d.width;
    g.setColor(color);
    if(rectangular) {
      g.fillRect(0, 0, w-1, h-1);
    }
    else {
      g.fillOval(0, 0, w-1, h-1);
    }
  }
}
```

Colors Bean 在某个矩形区域内显示有颜色的对象。组件的颜色由私有 Color 变量 color 决定，并且形状由私有 boolean 变量 rectangular 决定。构造函数定义了一个匿名内部类，该类扩展了 MouseAdapter 类并重写了 mousePressed()方法。调用 change()方法以响应鼠标按下事件。选择一种随机颜色，然后重画组件。通过 getRectangular()和 setRectangular()方法可以访问这个 Bean 的属性。change()方法通过调用 randomColor()方法来选择颜色，然后调用 repaint()方法，使得对颜色的修改可见。注意，paint()方法使用 rectangular 和 color 变量来决定如何显示 Bean。

下一个类是 ColorsBeanInfo。它是 SimpleBeanInfo 的子类，用于显式提供关于 Colors 的信息。为了标出为 Bean 用户提供了哪些属性，该类重写了 getPropertyDescriptors()方法。在这个例子中，暴露的唯一属性是 rectangular。该方法为 rectangular 属性创建并返回 PropertyDescriptor 对象。使用的 PropertyDescriptor 构造函数如下所示：

PropertyDescriptor(String *property*, Class<?> *beanCls*)
      throws IntrospectionException

其中，第一个参数是属性的名称，第二个参数是 Bean 的类。

```
// A Bean information class.
import java.beans.*;
public class ColorsBeanInfo extends SimpleBeanInfo {
  public PropertyDescriptor[] getPropertyDescriptors() {
    try {
      PropertyDescriptor rectangular = new
        PropertyDescriptor("rectangular", Colors.class);
      PropertyDescriptor pd[] = {rectangular};
      return pd;
    }
    catch(Exception e) {
      System.out.println("Exception caught. " + e);
    }
    return null;
  }
}
```

最后一个类是 IntrospectorDemo。该类使用内省显示 Colors Bean 中可用的属性和事件。

```
// Show properties and events.
import java.awt.*;
import java.beans.*;

public class IntrospectorDemo {
  public static void main(String args[]) {
    try {
      Class<?> c = Class.forName("Colors");
      BeanInfo beanInfo = Introspector.getBeanInfo(c);

      System.out.println("Properties:");
      PropertyDescriptor propertyDescriptor[] =
        beanInfo.getPropertyDescriptors();
      for(int i = 0; i < propertyDescriptor.length; i++) {
        System.out.println("\t" + propertyDescriptor[i].getName());
      }

      System.out.println("Events:");
      EventSetDescriptor eventSetDescriptor[] =
        beanInfo.getEventSetDescriptors();
      for(int i = 0; i < eventSetDescriptor.length; i++) {
```

```
            System.out.println("\t" + eventSetDescriptor[i].getName());
        }
    }
    catch(Exception e) {
      System.out.println("Exception caught. " + e);
    }
  }
}
```

这个程序的输出如下所示：

```
Properties:
        rectangular
Events:
        mouseWheel
        mouse
        mouseMotion
        component
        hierarchyBounds
        focus
        hierarchy
        propertyChange
        inputMethod
        key
```

输出中有两点需要注意。首先，因为 ColorsBeanInfo 类重写了 getPropertyDescriptors()方法，所以返回的唯一属性是 rectangular，从而只显示 rectangular 属性。但是，因为 ColorsBeanInfo 类没有重写 getEventSetDescriptors() 方法，所以使用设计模式内省，从而找到了所有事件，包括那些在 Colors 超类 Canvas 中的事件。请记住，如果没有重写 SimpleBeanInfo 类定义的某个"get"方法，将默认使用设计模式内省。为了观察由 ColorsBeanInfo 类生成的区别，删除其类文件，然后再次运行 IntrospectorDemo。这次运行会报告更多的属性。

第 35 章 servlet

本章概述 servlet。servlet 是在 Web 连接的服务器端执行的小程序。servlet 主题非常大，完全介绍它超出了本章的范围。本章着重介绍 servlet 的核心概念、接口和类，并开发几个示例。

35.1 背景

为了理解 servlet 的优势，必须对 Web 浏览器和服务器之间如何进行协作，进而为用户提供内容有一个基本的了解。下面分析对静态 Web 页面的请求。用户在浏览器中输入 URL(Uniform Resource Locator，统一资源定位符)地址。浏览器生成到适当 Web 服务器的 HTTP 请求，Web 服务器将 HTTP 请求映射到特定的文件。在 HTTP 响应中，将这种文件返回到浏览器。响应中的 HTTP 头指明了内容的类型。MIME(Multipurpose Internet Mail Extension，多用途 Internet 邮件扩展)用于这一目的。例如，普通 ASCII 文本的 MIME 类型是 text/plain，Web 页面的 HTML 源代码的 MIMI 类型是 text/html。

现在分析动态内容。假设在线商店使用数据库存储与商品相关的信息。这些信息可能包括要销售的商品、价格、库存量、订单等。客户希望可以通过 Web 页面访问这些信息。这些 Web 页面的内容必须动态生成，以反映数据库中的最新信息。

在 Web 早期，服务器可以通过创建单独的进程处理每个客户端请求来动态构造页面。为了获取必需的信息，这个过程必须打开一个或多个数据库连接，通过公共网关接口(Common Gateway Interface，CGI)与 Web 服务器通信。CGI 允许单独的进程从 HTTP 请求读取数据，并将数据写入 HTTP 响应。可以使用各种语言构建 CGI 程序，包括 C、C++以及 Perl。

但是，CGI 存在严重的性能问题。为每个客户端请求创建单独的进程需要占用大量的处理器和内存资源。为每个客户端请求打开和关闭数据库连接的代价也是很昂贵的。此外，CGI 程序不是平台独立的。所以，出现了其他技术，servlet 就是其中之一。

相对于 CGI，servlet 拥有很多优势。首先，性能明显更好。servlet 在 Web 服务器的地址空间内执行，不需要创建单独的进程来处理每个客户端请求。其次，servlet 是平台独立的，因为它们是使用 Java 编写的。再次，服务器上的 Java 安全管理器强制执行一套限制，以保护服务器上的资源。最后，servlet 可以使用 Java 类库的全部功能。通过前面讨论的套接字和 RMI 机制，servlet 可以与其他软件进行通信。

35.2 servlet 的生命周期

有 3 个方法用来控制 servlet 的生命周期，它们是 init()、service()和 destroy()。每个 servlet 都需要实现它们，在特定的时间由服务器调用它们。为了理解这些方法的调用时机，下面分析一下典型的用户场景。

首先，假设用户在 Web 浏览器中输入了 URL 地址，然后浏览器为这个 URL 生成 HTTP 请求。接下来，HTTP 请求被发送到适当的服务器。

然后，这个 HTTP 请求被 Web 服务器接收。服务器将这个请求映射到特定的 servlet，servlet 被动态地检索并加载到服务器的地址空间中。

接下来，服务器调用 servlet 的 init()方法。只有当 servlet 第一次被加载到内存中时，才会调用该方法。可以向 servlet 传递初始化参数，以便 servlet 配置自身。

之后，服务器调用 servlet 的 service()方法，调用这个方法是为了处理 HTTP 请求。将会看到，servlet 能够读取在 HTTP 请求中提供的数据，另外还可以为客户端定制 HTTP 响应。

servlet 会保留在服务器的地址空间中，并且可以用于处理从客户端接收到的其他 HTTP 请求。为每个 HTTP 请求调用 service()方法。

最后，服务器可以决定从内存卸载 servlet。做出这个决定的算法取决于每个服务器。服务器调用 destroy()方法，交出所有资源，如为 servlet 分配的文件句柄。重要的数据可能被保存到永久存储介质中。为 servlet 分配的内存及对象可以被垃圾回收器回收。

35.3 servlet 开发选项

为了创建 servlet，需要访问 servlet 容器/服务器。两个常用的服务器是 Glassfish 和 Apache Tomcat。Glassfish 是 Oracle 赞助的开源项目，是由 Java EE SDK 提供的，并且由 NetBeans 支持。Apache Tomcat 是开源产品，由 Apache 软件基金会(Apache Software Foundation)维护，也受 NetBeans 支持。Tomcat 和 Glassfish 都可以用于其他 IDE，如 Eclipse。

尽管 IDE(例如 NetBeans 和 Eclipse)非常有用，可以流线化 servlet 的创建，但是在本章不使用它们。不同的 IDE，开发和部署 servlet 的方式不同，本书不可能介绍各种环境。此外，许多读者会使用命令行工具，而不是 IDE。所以，如果使用 IDE，为了了解关心的 servlet 开发和部署信息，就必须参考所使用开发环境的说明手册。因此，在此处以及本章其他地方给出的指导，都假定只使用命令行工具。几乎对于所有读者，它们都可以工作。

本章的示例使用 Tomcat，是因为 Tomcat 提供了一种简单而高效的方式，可以只使用命令行工具实验 servlet，并且 Tomcat 在各种编程环境中都可以使用。此外，因为只使用命令行工具，所以不需要仅仅为了实验 servlet 而下载和安装 IDE。但是，即使在使用另一个 servlet 容器的环境中进行开发，此处提供的概念也仍然是适用的。只是准备 servlet 以进行测试的技巧稍微有些区别。

> **请记住：**
> 本章中的 servlet 开发和部署指令是基于 Tomcat 的，并且只使用命令行工具。如果使用某个 IDE 以及不同的 servlet 容器/服务器，请查阅所用开发环境的说明文档。

35.4 使用 Tomcat

Tomcat 包含了创建和测试 servlet 所需要的类库、文档以及运行时支持。在撰写本书时，可以使用 Tomcat 的多个版本。本章中的说明针对 8.5.31 版本。使用 Tomcat 的这个版本，是因为它适用于大量的读者。可以从 tomcat.apache.org 下载 Tomcat。应当为自己的环境选择合适的版本。

本章示例假定使用 64 位的 Windows 环境。假定直接从根目录打开 64 位版本的 Tomcat 8.5.31，默认位置是：

```
C:\apache-tomcat-8.5.31-windows-x64\apache-tomcat-8.5.31\
```

这是本书示例假定的位置。如果在不同的位置加载 Tomcat(或使用不同版本的 Tomcat)，那么需要对例子进行适当的修改。可能需要将环境变量 JAVA_HOME 设置成安装 Java 开发包的顶级目录。

> **注意：**
> 在本节中，显示的所有目录都假定使用 Tomcat 8.5.31。如果安装了不同版本的 Tomcat，则需要调整目录名称和路径，以便与安装版本使用的目录名称和路径匹配。

安装好 Tomcat 后，可以通过从 bin 目录中选择 startup.bat 来启动 Tomcat，bin 目录位于 apache-tomcat-8.5.31 目录下。为了停止 Tomcat，可以执行 shutdown.bat，这个文件也位于 bin 目录中。

构建 servlet 需要的类和接口位于 servlet-api.jar 包中，这个包位于下面的目录中：

```
C:\apache-tomcat-8.5.31-windows-x64\apache-tomcat-8.5.31\lib
```

为了能够访问 servlet-api.jar，需要更新 CLASSPATH 环境变量，使其包含：

```
C:\apache-tomcat-8.5.31-windows-x64\apache-tomcat-8.5.31\lib\servlet-api.jar
```

此外，也可以在编译 servlet 时指定这个文件。例如，下面的命令行编译第一个 servlet 例子：

```
javac HelloServlet.java -classpath "C:\apache-tomcat-8.5.31-windows-x64\apache-tomcat-8.5.31\lib\servlet-api.jar"
```

servlet 在编译完成之后，必须使 Tomcat 能够找到。对于这一目的，这意味着需要将 servlet 放到 Tomcat 中 webapps 目录的某个子目录下，并且将 servlet 的名称输入到 web.xml 文件中。为了简化问题，本章示例使用 Tomcat 为自己的 servlet 示例提供目录和 web.xml 文件。通过这种方式，不需要为了试验示例 servlet 而创建任何文件和目录。下面是需要遵循的步骤。

首先，将 servlet 的类文件复制到以下目录：

```
C:\apache-tomcat-8.5.31-windows-x64\apache-tomcat-8.5.31\webapps\examples\WEB-INF\classes
```

接下来，添加 servlet 的名称和映射到以下目录中的 web.xml 文件：

```
C:\apache-tomcat-8.5.31-windows-x64\apache-tomcat-8.5.31\webapps\examples\WEB-INF
```

例如，假设使用第一个例子 HelloServlet，需要在定义该 servlet 的部分添加以下代码行：

```
<servlet>
  <servlet-name>HelloServlet</servlet-name>
  <servlet-class>HelloServlet</servlet-class>
</servlet>
```

接下来，需要将以下代码行添加到定义 servlet 映射的部分：

```
<servlet-mapping>
  <servlet-name>HelloServlet</servlet-name>
  <url-pattern>/servlets/servlet/HelloServlet</url-pattern>
</servlet-mapping>
```

所有例子都遵循上述通用步骤。

35.5 一个简单的 servlet

为了熟悉 servlet 的关键概念，下面将构建并测试一个简单的 servlet。基本步骤如下：

(1) 创建并编译 servlet 源代码，然后将 servlet 的类文件复制到正确的目录中，添加 servlet 的名称和映射到正确的 web.xml 文件中。

(2) 启动 Tomcat。

(3) 启动 Web 浏览器，请求这个 servlet。

下面详细分析每个步骤。

35.5.1 创建和编译 servlet 源代码

首先，创建文件 HelloServlet.java，该文件包含以下程序：

```java
import java.io.*;
import javax.servlet.*;

public class HelloServlet extends GenericServlet {

  public void service(ServletRequest request,
    ServletResponse response)
  throws ServletException, IOException {
    response.setContentType("text/html");
    PrintWriter pw = response.getWriter();
    pw.println("<B>Hello!");
    pw.close();
  }
}
```

下面详细分析这个程序。首先，注意程序导入了 javax.servlet 包。这个包包含构建 servlet 所需要的类和接口。在本章后面会学习更多相关内容。接下来，程序定义了作为 GenericServlet 子类的 HelloServlet 类。GenericServlet 类提供了能简化 servlet 创建的功能。例如，GenericServlet 类提供的 init()和 destroy()版本可以直接使用。这里只需要提供 service()方法。

在 HelloServlet 内部，重写 service()方法(该方法继承自 GenericServlet)。这个方法处理来自客户端的请求。注意，第一个参数是 ServletRequest 对象，这使 servlet 能够读取通过客户端请求提供的数据。第二个参数是 ServletResponse 对象，这使 servlet 能够为客户端定制响应。

setContentType()调用建立了 HTTP 响应的 MIME 类型。在这个程序中，MIME 类型是 text/html，这表明浏览器应当将内容解释为 HTML 源代码。

接下来，使用 getWriter()方法获取 PrintWriter 对象。写入这个流的任何内容都将被作为 HTTP 响应的一部分发送到客户端。然后使用 println()方法写入一些简单的 HTML 源代码作为 HTTP 响应。

编译这个源代码，并将 HelloServlet.class 文件放到正确的 Tomcat 目录中，就像在上一节中描述的那样。此外，像前面描述的那样，将 HelloServlet 添加到 web.xml 文件中。

35.5.2 启动 Tomcat

像前面解释的那样启动 Tomcat。在尝试执行 servlet 之前，Tomcat 必须已经运行。

35.5.3 启动 Web 浏览器并请求 servlet

启动 Web 浏览器，并输入如下所示的 URL：

http://localhost:8080/examples/servlets/servlet/HelloServlet

此外，也可以输入如下所示的 URL：

http://127.0.0.1:8080/examples/servlets/servlet/HelloServlet

这个 URL 可以工作，因为 127.0.0.1 被定义为本地机器的 IP 地址。

在浏览器的显示区域观察这个 servlet 的输出，它包含以粗体显示的字符串"Hello！"。

35.6 Servlet API

构建本章描述的 servlet 时，需要的类和接口位于两个包中，这两个包是 javax.servlet 和 javax.servlet.http，它们构成了 Servlet API 的核心。请牢记，这些包不是 Java 核心包的组成部分。所以，Java SE 没有提供它们。相反，它们是由 Tomcat 提供的。Java EE 也提供了它们。

Servlet API 一直处于不断发展和增强的过程中。Tomcat 8.5.31 支持的当前 servlet 规范版本是 3.1（Tomcat 9 可能支持 servlet 规范版本 4）。本章讨论 Servlet API 的核心内容，它们对于大多数读者都是可用的，也适用于所有现代版本的 servlet 规范。

35.7 javax.servlet 包

在 javax.servlet 包中，包含大量的接口和类，它们构成了 servlet 操作的框架。表 35-1 汇总了在这个包中提供的核心接口。在这些接口中，最重要的一个接口是 Servlet。所有 servlet 都必须实现这个接口或扩展实现了这个接口的类。ServletRequest 和 ServletResponse 接口也非常重要。

表 35-1 javax.servlet 包中的接口

接口	描述
Servlet	声明 servlet 的生命周期方法
ServletConfig	通过该接口，servlet 可以获取初始化参数
ServletContext	通过该接口，servlet 可以记录与它们的环境相关的事件和访问信息
ServletRequest	用于读取来自客户端请求的数据
ServletResponse	用于向客户端响应写入数据

表 35-2 汇总了在 javax.servlet 包中提供的核心类。

表 35-2 javax.servlet 包中的核心类

类	描述
GenericServlet	实现了 Servlet 和 ServletConfig 接口
ServletInputStream	为读取来自客户端的请求，提供输入流
ServletOutputStream	为向客户端写入响应，提供输出流
ServletException	指示发生了 servlet 错误
UnavailableException	指示 servlet 不可用

下面更加详细地分析这些接口和类。

35.7.1 Servlet 接口

所有 servlet 都必须实现 Servlet 接口。Servlet 接口声明了 init()、service()以及 destroy()方法，这些方法由服务器在 servlet 生命周期内调用。此外，Servlet 接口还提供了一个可用于获取任意初始化参数的方法。表 35-3 显示了 Servlet 接口定义的方法。

表 35-3　Servlet 接口定义的方法

方　　法	描　　述
void destroy( )	当卸载 servlet 时调用
ServletConfig getServletConfig( )	返回的 ServletConfig 对象包含所有初始化参数
String getServletInfo( )	返回描述 servlet 的字符串
void init(ServletConfig *sc*) 　　throws ServletException	当初始化 servlet 时调用。可以从 *sc* 获取用于 servlet 的初始化参数。如果不能初始化 servlet，就应该抛出 ServletException 异常
void service(ServletRequest *req*, 　　ServletResponse *res*) 　　throws ServletException, 　　IOException	用于处理来自客户端的请求。可以从 *req* 读取来自客户端的请求。对客户端的响应被写入 *res*。如果 servlet 或 I/O 出现问题，就生成异常

init()、service()和 destroy()方法是 servlet 的生命周期方法，它们由服务器调用。为了获取初始化参数，servlet 可以调用 getServletConfig()方法。为了提供包含有用信息(例如版本号)的字符串，servlet 开发者需要重写 getServletInfo()方法，这个方法也是由服务器调用的。

35.7.2　ServletConfig 接口

通过 ServletConfig 接口，当 servlet 加载时可以获取配置数据。这个接口声明的方法如表 35-4 所示。

表 35-4　ServletConfig 接口定义的方法

方　　法	描　　述
ServletContext getServletContext( )	返回 servlet 的上下文
String getInitParameter(String *param*)	返回名为 *param* 的初始化参数的值
Enumeration<String> 　　getInitParameterNames( )	返回所有初始化参数名称的枚举
String getServletName( )	返回调用 servlet 的名称

35.7.3　ServletContext 接口

通过 ServletContext 接口，servlet 可以获取与它们的环境相关的信息。表 35-5 汇总了 ServletContext 接口的一些方法。

表 35-5　ServletContext 接口定义的一些方法

方　　法	描　　述
Object getAttribute(String *attr*)	返回名为 *attr* 的服务器特性的值
String getMimeType(String *file*)	返回 *file* 的 MIME 类型
String getRealPath(String *vpath*)	返回与相对路径 *vpath* 对应的实际(即绝对)路径
String getServerInfo( )	返回有关服务器的信息
void log(String *s*)	将 *s* 写入 servlet 日志
void log(String *s*, Throwable *e*)	将 *e* 的堆栈跟踪和 *s* 写入 servlet 日志
void setAttribute(String *attr*, Object *val*)	将 *attr* 指定的特性设置为 *val* 传递的值

35.7.4 ServletRequest 接口

通过 ServletRequest 接口，servlet 能够获取与客户端请求相关的信息。表 35-6 汇总了 ServletRequest 接口的一些方法。

表 35-6 ServletRequest 接口定义的一些方法

方 法	描 述
Object getAttribute(String *attr*)	返回名为 *attr* 的特性的值
String getCharacterEncoding( )	返回请求的字符编码
int getContentLength( )	返回请求内容的大小。如果无法获得，就返回 –1
String getContentType( )	返回请求内容的类型。如果不能确定请求的类型，就返回 null
ServletInputStream getInputStream( ) throws IOException	返回可用于从请求读取二进制数据的 ServletInputStream 对象。如果已经为这个请求调用过 getReader()方法，将抛出 IllegalStateException 异常
String getParameter(String *pname*)	返回名为 *pname* 的参数的值
Enumeration<String> getParameterNames( )	返回这个请求的参数名称枚举
String[] getParameterValues(String *name*)	返回的数组包含与 *name* 指定的参数关联的值
String getProtocol( )	返回协议的描述
BufferedReader getReader( ) throws IOException	返回可用于从请求读取文本的缓冲读取器。如果已经为这个请求调用过 getInputStream()方法，将抛出 IllegalStateException 异常
String getRemoteAddr( )	返回与客户端 IP 地址等价的字符串
String getRemoteHost( )	返回与客户端主机名等价的字符串
String getScheme( )	返回请求使用的 URL 的传输模式(例如"http" "ftp")
String getServerName( )	返回服务器的名称
int getServerPort( )	返回端口号

35.7.5 ServletResponse 接口

通过 ServletResponse 接口，servlet 可以为客户端定制响应。表 35-7 汇总了 ServletResponse 接口定义的一些方法。

表 35-7 ServletResponse 接口定义的一些方法

方 法	描 述
String getCharacterEncoding( )	返回响应的字符编码
ServletOutputStream getOutputStream( ) throws IOException	返回能够用于将二进制数据写入响应的 ServletOutputStream 对象。如果已经为这个请求调用过 getWriter()方法，将抛出 IllegalStateException 异常
PrintWriter getWriter( ) throws IOException	返回能够用于将字符数据写入响应的 PrintWriter 对象。如果已经为这个请求调用过 getOutputStream()方法，将抛出 IllegalStateException 异常
void setContentLength(int *size*)	将响应的内容长度设置为 *size*
void setContentType(String *type*)	将响应的内容类型设置为 *type*

35.7.6 GenericServlet 类

GenericServlet 类提供了 servlet 基本生命周期方法的实现。GenericServlet 实现了 Servlet 和 ServletConfig 接口。

此外，GenericServlet 还提供了一个向服务器日志文件追加字符串的方法。这个方法的签名如下所示：

```
void log(String s)
void log(String s, Throwable e)
```

其中，s 是将被追加到日志文件的字符串，e 是发生的异常。

35.7.7 ServletInputStream 类

ServletInputStream 类扩展了 InputStream，由 servlet 容器实现，并且提供了输入流，servlet 开发者可以使用输入流从客户端请求读取数据。除了继承自 InputStream 的输入方法，ServletInputStream 还提供了一个从输入流读取字节的方法。该方法如下所示：

```
int readLine(byte[ ] buffer, int offset, int size) throws IOException
```

其中，buffer 是数组，从 offset 开始将 size 个字节放到这个数组中。该方法返回实际读取的字节数量，如果到达流的末尾，就返回-1。

35.7.8 ServletOutputStream 类

ServletOutputStream 类扩展了 OutputStream，由 servlet 容器实现，并且提供了输出流，servlet 开发者可以使用输出流向客户端响应写入数据。除了继承自 OutputStream 的输出方法，ServletOutputStream 还定义了 print()和 println()方法，这两个方法向流输出数据。

35.7.9 servlet 异常类

javax.servlet 定义了两种异常。第一种是 ServletException，这种异常指示 servlet 存在问题；第二种是 UnavailableException，这种异常扩展了 ServletException，指示 servlet 不可用。

35.8 读取 servlet 参数

ServletRequest 接口提供了一些方法，用于读取在客户端请求中包含的参数的名称和值。下面开发一个演示使用这些方法的 servlet。该例包含两个文件。在 PostParameters.html 文件中定义了一个 Web 页面，在 PostParametersServlet.java 文件中定义了一个 servlet。

在下面的程序清单中，显示了 PostParameters.html 的 HTML 源代码。它定义了一个表格，其中包含两个标签和两个文本域，其中一个标签是 Employee，另一个是 Phone，此外还有一个提交按钮。注意，form 标记的 action 参数指定了一个 URL，这个 URL 标识处理 HTTP POST 请求的 servlet。

```html
<html>
<body>
<center>
<form name="Form1"
  method="post"
  action="http://localhost:8080/examples/servlets/
        servlet/PostParametersServlet">
<table>
<tr>
  <td><B>Employee</td>
    <td><input type=textbox name="e" size="25" value=""></td>
</tr>
<tr>
  <td><B>Phone</td>
```

```
    <td><input type=textbox name="p" size="25" value=""></td>
  </tr>
</table>
<input type=submit value="Submit">
</body>
</html>
```

在下面的程序清单中，显示了 PostParametersServlet.java 的源代码。对 service()方法进行重写以处理客户端请求，getParameterNames()方法返回参数名称的枚举。这些名称是通过循环来处理的。可以看出，参数名和参数值都被输出到客户端。参数值是通过 getParameter()方法获取的。

```java
import java.io.*;
import java.util.*;
import javax.servlet.*;

public class PostParametersServlet
  extends GenericServlet {

  public void service(ServletRequest request,
    ServletResponse response)
  throws ServletException, IOException {

    // Get print writer.
    PrintWriter pw = response.getWriter();

    // Get enumeration of parameter names.
    Enumeration<String> e = request.getParameterNames();

    // Display parameter names and values.
    while(e.hasMoreElements()) {
      String pname = e.nextElement();
      pw.print(pname + " = ");
      String pvalue = request.getParameter(pname);
      pw.println(pvalue);
    }
    pw.close();
  }
}
```

编译这个 servlet。接下来，像前面描述的那样将 servlet 复制到合适的目录中，并更新 web.xml 文件。然后执行下面这些步骤，测试这个例子：

(1) 启动 Tomcat(如果还没有运行的话)。
(2) 在浏览器中显示 Web 页面。
(3) 在文本域中输入雇员的姓名和电话。
(4) 提交 Web 页面。

执行完上述步骤后，浏览器会显示由 servlet 动态生成的响应。

35.9　javax.servlet.http 包

为了演示 servlet 的基本功能，前面的例子用到了在 javax.servlet 包中定义的类和接口，如 ServletRequest、ServletResponse 和 GenericServlet。但是，当操作 HTTP 时，通常会使用 javax.servlet.http 包中的类和接口。正如将会看到的，这个包提供的功能简化了构建操作 HTTP 请求和响应的 servlet。

表 35-8 汇总了在这个包中提供的本章将会用到的接口。

表 35-8　javax.servlet.http 包提供的核心接口

接口	描述
HttpServletRequest	使 servlet 能够从 HTTP 请求读取数据
HttpServletResponse	使 servlet 能够向 HTTP 响应写入数据
HttpSession	允许读取和写入会话数据

表 35-9 汇总了在这个包中提供的本章将会用到的类。在这些类中，最重要的类是 HttpServlet。为了处理 HTTP 请求，servlet 开发者通常会扩展这个类。

表 35-9　javax.servlet.http 包提供的核心类

类	描述
Cookie	允许在客户机上保存状态信息
HttpServlet	提供处理 HTTP 请求和响应的方法

35.9.1　HttpServletRequest 接口

HttpServletRequest 接口使 servlet 可以获取关于客户端请求的信息。表 35-10 显示了该接口的一些方法。

表 35-10　HttpServletRequest 接口定义的一些方法

方法	描述
String getAuthType( )	返回验证模式
Cookie[ ] getCookies( )	返回这一请求中的 cookie 数组
long getDateHeader(String *field*)	返回名为 *field* 的日期标题字段的值
String getHeader(String *field*)	返回名为 *field* 的标题字段的值
Enumeration<String> getHeaderNames( )	返回标题名称的枚举
int getIntHeader(String *field*)	返回与名为 field 的标题字段等价的 int 值
String getMethod( )	返回这一请求的 HTTP 方法
String getPathInfo( )	返回位于 servlet 路径之后，URL 查询字符串之前的所有路径信息
String getPathTranslated( )	返回位于 servlet 路径之后、URL 查询字符串之前，并且已经转换为真实路径的所有路径信息
String getQueryString( )	返回 URL 中的查询字符串
String getRemoteUser( )	返回提出请求的用户名
String getRequestedSessionId( )	返回会话的 ID
String getRequestURI( )	返回 URL
StringBuffer getRequestURL( )	返回 URL
String getServletPath( )	返回 URL 中标识 servlet 的那一部分
HttpSession getSession( )	返回这一请求的会话。如果不存在会话，就创建会话并返回
HttpSession getSession(boolean *new*)	如果 *new* 为 true，并且会话不存在，就创建并返回这个请求的会话；否则，返回这一请求的已经存在的会话

(续表)

方　法	描　述
boolean isRequestedSessionIdFromCookie( )	如果 cookie 包含会话 ID，就返回 true；否则返回 false
boolean isRequestedSessionIdFromURL( )	如果 URL 包含会话 ID，就返回 true；否则返回 false
boolean isRequestedSessionIdValid( )	在当前的会话上下文中，如果请求的会话 ID 有效，就返回 true

35.9.2　HttpServletResponse 接口

HttpServletResponse 接口使 servlet 可以定制对客户端的 HTTP 响应。该接口定义了一些常量，这些常量对应可以指派给 HTTP 响应的不同状态码。例如，SC_OK 指示 HTTP 请求成功，SC_NOT_FOUND 指示请求的资源不可得。表 35-11 汇总了 HttpServletResponse 接口的一些方法。

表 35-11　HttpServletResponse 接口定义的一些方法

方　法	描　述
void addCookie(Cookie *cookie*)	将 *cookie* 添加到 HTTP 响应中
boolean containsHeader(String *field*)	如果 HTTP 响应标题包含名为 *field* 的字段，就返回 true
String encodeURL(String *url*)	判定会话 ID 是否必须被编码到 *url* 标识的 URL 中。如果是，就返回修改后的 *url* 版本；否则返回 *url*。由 servlet 生成的所有 URL，都应当由这个方法进行处理
String encodeRedirectURL(String *url*)	判定会话 ID 是否必须被编码到 *url* 标识的 URL 中。如果是，就返回修改过的 *url* 版本；否则返回 *url*。传递给 sendRedirect()方法的所有 URL 都应当由这个方法进行处理
void sendError(int *c*) throws IOException	将错误代码 *c* 发送到客户端
void sendError(int *c*, String *s*) throws IOException	将错误代码 *c* 和消息 *s* 发送到客户端
void sendRedirect(String *url*) throws IOException	将客户端重定向到 *url*
void setDateHeader(String *field*, long *msec*)	将 *field* 添加到标题中，并且字段的值等于 *msec*(自 GMT 时间 1970 年 1 月 1 日午夜以来经历的毫秒数)
void setHeader(String *field*, String *value*)	将 *field* 添加到标题中，并且字段的值等于 *value*
void setIntHeader(String *field*, int *value*)	将 *field* 添加到标题中，并且字段的值等于 *value*
void setStatus(int *code*)	将这个响应的状态码设置为 *code*

35.9.3　HttpSession 接口

HttpSession 接口使 servlet 能够读取并且写入与 HTTP 会话关联的状态信息。表 35-12 汇总了该接口的一些方法。如果会话已经无效，那么所有这些方法都会抛出 IllegalStateException 异常。

表 35-12 HttpSession 接口定义的一些方法

方 法	描 述
Object getAttribute(String *attr*)	返回与 *attr* 传递的名称相关联的值。如果没有找到 *attr*，就返回 null
Enumeration<String> getAttributeNames( )	返回与会话关联的特性名称的枚举
long getCreationTime( )	返回这个会话的创建时间(自 GMT 时间 1970 年 1 月 1 日午夜以来经历的毫秒数)
String getId( )	返回会话 ID
long getLastAccessedTime( )	返回客户端最后一次请求会话的时间(自 GMT 时间 1970 年 1 月 1 日午夜以来经历的毫秒数)
void invalidate( )	使会话无效，并将之从上下文中移除
boolean isNew( )	如果服务器创建了会话，并且客户端还没有访问，就返回 true
void removeAttribute(String *attr*)	从会话中移除 *attr* 指定的特性
void setAttribute(String *attr*, Object *val*)	将 *val* 传递的值与 *attr* 传递的特性关联到一起

35.9.4 Cookie 类

Cookie 类封装了 cookie。cookie 保存在客户端，包含状态信息。对于跟踪用户活动，cookie 很有价值。例如，假定用户正在浏览在线商店，cookie 可以保存用户的姓名、地址以及其他信息。用户不需要在每次浏览商店时输入这些数据。

通过 HttpServletResponse 接口的 addCookie()方法，servlet 可以向用户机器写入 cookie。随后，用于 cookie 的数据将被包含到 HTTP 响应的头中，HTTP 响应被发送到浏览器。

cookie 的名称和值存储在用户机器上。有些信息每个 cookie 都会保存，包括：
- cookie 的名称
- cookie 的值
- cookie 的截止日期
- cookie 的域和路径

截止日期决定了何时从用户机器上删除 cookie。如果没有为 cookie 明确指定截止日期，那么 cookie 在当前浏览器会话结束时删除。

cookie 的域和路径决定了何时将 cookie 包含于 HTTP 请求的头中。如果用户输入了域和路径与这些值相匹配的 URL，那么 cookie 会被提供给浏览器；否则不会提供。

Cookie 有一个构造函数，签名如下所示：

```
Cookie(String name, String value)
```

在此，提供 cookie 的名称和值作为构造函数的参数。表 35-13 汇总了 Cookie 类的方法。

表 35-13 Cookie 类定义的方法

方 法	描 述
Object clone( )	返回这个对象的副本
String getComment( )	返回注释
String getDomain( )	返回域
int getMaxAge( )	返回最大年龄(以秒为单位)
String getName( )	返回名称

(续表)

方法	描述
String getPath( )	返回路径
boolean getSecure( )	如果 cookie 是安全的,就返回 true;否则返回 false
String getValue( )	返回值
int getVersion( )	返回版本
boolean isHttpOnly( )	如果 cookie 具有 HttpOnly 特性,就返回 true
void setComment(String *c*)	将注释设置成 *c*
void setDomain(String *d*)	将域设置成 *d*
void setHttpOnly(boolean *httpOnly*)	如果 *httpOnly* 是 true,就将 HttpOnly 特性添加到 cookie;如果 *httpOnly* 是 false,就删除 HttpOnly 特性
void setMaxAge(int *secs*)	将 cookie 的最大年龄设置为 *secs*,这是指在多少秒之后删除 cookie
void setPath(String *p*)	将路径设置成 *p*
void setSecure(boolean *secure*)	将安全标志设置成 *secure*
void setValue(String *v*)	将值设置成 *v*
void setVersion(int *v*)	将版本设置成 *v*

35.9.5 HttpServlet 类

HttpServlet 类扩展了 GenericServlet。当开发接收并处理 HTTP 请求的 servlet 时,通常使用该类。表 35-14 汇总了 HttpServlet 类定义的方法。

表 35-14 HttpServlet 类定义的方法

方法	描述
void doDelete(HttpServletRequest *req*, HttpServletResponse *res*) throws IOException, ServletException	处理 HTTP DELETE 请求
void doGet(HttpServletRequest *req*, HttpServletResponse *res*) throws IOException, ServletException	处理 HTTP GET 请求
void doHead(HttpServletRequest *req*, HttpServletResponse *res*) throws IOException, ServletException	处理 HTTP HEAD 请求
void doOptions(HttpServletRequest *req*, HttpServletResponse *res*) throws IOException, ServletException	处理 HTTP OPTIONS 请求
void doPost(HttpServletRequest *req*, HttpServletResponse *res*) throws IOException, ServletException	处理 HTTP POST 请求
void doPut(HttpServletRequest *req*, HttpServletResponse *res*) throws IOException, ServletException	处理 HTTP PUT 请求

(续表)

方　　法	描　　述
void doTrace(HttpServletRequest *req*, HttpServletResponse *res*) throws IOException, ServletException	处理 HTTP TRACE 请求
long getLastModified(HttpServletRequest *req*)	返回请求资源的最后一次修改时间(自 GMT 时间 1970 年 1 月 1 日午夜以来经历的毫秒数)
void service(HttpServletRequest *req*, HttpServletResponse *res*) throws IOException, ServletException	当这个 servlet 的 HTTP 请求到达时，服务器调用这个方法。参数分别提供对 HTTP 请求和响应的访问

35.10　处理 HTTP 请求和响应

HttpServlet 类提供了用于处理各种类型 HTTP 请求的特定方法。servlet 开发者通常重写这些方法中的某个。这些方法是 doDelete()、doGet()、doHead()、doOptions()、doPost()、doPut()和 doTrace()。完整描述 HTTP 请求的不同类型超出了本书的范围。但是，当处理表单输入时，通常需要处理 GET 和 POST 请求。所以，本节将提供这方面的一些示例。

35.10.1　处理 HTTP GET 请求

下面开发一个处理 HTTP GET 请求的 servlet。当提交 Web 页面上的表单时，调用这个 servlet。该例包含两个文件。Web 页面是在 ColorGet.html 文件中定义的，servlet 是在 ColorGetServlet.java 文件中定义的。在下面的程序清单中，显示了 ColorGet.html 的 HTML 源代码。它定义了包含一个选择元素和一个提交按钮的表单。注意，form 标记的 action 参数指定了一个 URL。这个 URL 标识了处理 HTTP GET 请求的 servlet。

```html
<html>
<body>
<center>
<form name="Form1"
  action="http://localhost:8080/examples/servlets/servlet/ColorGetServlet">
<B>Color:</B>
<select name="color" size="1">
<option value="Red">Red</option>
<option value="Green">Green</option>
<option value="Blue">Blue</option>
</select>
<br><br>
<input type=submit value="Submit">
</form>
</body>
</html>
```

在下面的程序清单中，显示了 ColorGetServlet.java 的源代码。在此处，对 doGet()方法进行了重写，以处理发送到这个 servlet 的所有 HTTP GET 请求。使用 HttpServletRequest 的 getParameter()方法来获取用户做出的选择，然后定制响应。

```java
import java.io.*;
import javax.servlet.*;
import javax.servlet.http.*;
```

```java
public class ColorGetServlet extends HttpServlet {

  public void doGet(HttpServletRequest request,
    HttpServletResponse response)
    throws ServletException, IOException {

    String color = request.getParameter("color");
    response.setContentType("text/html");
    PrintWriter pw = response.getWriter();
    pw.println("<B>The selected color is: ");
    pw.println(color);
    pw.close();
  }
}
```

编译这个 servlet。接下来，像前面描述的那样，将这个 servlet 复制到合适的目录中，并更新 web.xml 文件。然后，执行下面这些步骤以测试这个例子：

(1) 如果 Tomcat 还没有运行的话，启动 Tomcat。
(2) 在浏览器中显示 Web 页面。
(3) 选择一种颜色。
(4) 提交 Web 页面。

完成这些步骤后，浏览器会显示由 servlet 动态生成的响应。

另外一点，HTTP GET 请求的参数是作为发送到 Web 服务器的 URL 的一部分提供的。假定用户选择了 Red 选项，提交表单后，从浏览器发送到服务器的 URL 是：

```
http://localhost:8080/examples/servlets/servlet/ColorGetServlet?color=Red
```

问号右边的字符称为查询字符串。

35.10.2 处理 HTTP POST 请求

下面开发一个处理 HTTP POST 请求的 servlet。当提交 Web 页面上的表单时，调用这个 servlet。该例包含两个文件。Web 页面是在 ColorPost.html 文件中定义的，servlet 是在 ColorPostServlet.java 文件中定义的。

在下面的程序清单中，显示了 ColorPost.html 文件的源代码。源代码与 ColorGet.html 文件相同，只是 form 标记的 method 参数显式指定应当使用 POST 方法，action 参数指定了一个不同的 servlet。

```html
<html>
<body>
<center>
<form name="Form1"
  method="post"
  action="http://localhost:8080/examples/servlets/servlet/ColorPostServlet">
<B>Color:</B>
<select name="color" size="1">
<option value="Red">Red</option>
<option value="Green">Green</option>
<option value="Blue">Blue</option>
</select>
<br><br>
<input type=submit value="Submit">
</form>
</body>
</html>
```

在下面的程序清单中，显示了 ColorPostServlet.java 文件的源代码。在此处，对 doPost()方法进行了重写，以处理被发送到 servlet 的所有 HTTP POST 请求。使用 HttpServletRequest 的 getParameter()方法来获取用户做出的选择，然后定制响应。

```java
import java.io.*;
import javax.servlet.*;
import javax.servlet.http.*;

public class ColorPostServlet extends HttpServlet {

  public void doPost(HttpServletRequest request,
    HttpServletResponse response)
  throws ServletException, IOException {

    String color = request.getParameter("color");
    response.setContentType("text/html");
    PrintWriter pw = response.getWriter();
    pw.println("<B>The selected color is: ");
    pw.println(color);
    pw.close();
  }
}
```

编译这个 servlet，并采用 35.10.1 节描述的步骤对它进行测试。

> **注意：**
> HTTP POST 请求的参数不是作为被发送到 Web 服务器的 URL 的一部分提供的。在这个例子中，从浏览器发送到服务器的 URL 是 http://localhost:8080/examples/servlets/servlet/ ColorPostServlet。参数名和参数值是在 HTTP 请求的请求体中发送的。

35.11 使用 cookie

现在，开发一个演示如何使用 cookie 的 servlet。当提交 Web 页面上的表单时，调用这个 servlet。这个例子包含 3 个文件，如表 35-15 所示。

表 35-15 本例包含的文件

文　　件	描　　述
AddCookie.html	允许用户为名为 MyCookie 的 cookie 指定值
AddCookieServlet.java	处理 AddCookie.html 的提交
GetCookiesServlet.java	显示 cookie 的值

在下面的程序清单中，显示了 AddCookie.html 文件的 HTML 源代码。这个页面包含一个文本域，可以在其中输入值。此外，页面上还有一个提交按钮。当单击提交按钮时，通过 HTTP POST 请求将文本域中的值发送到 AddCookieServlet。

```html
<html>
<body>
<center>
<form name="Form1"
  method="post"
  action="http://localhost:8080/examples/servlets/servlet/AddCookieServlet">
```

```
<B>Enter a value for MyCookie:</B>
<input type=textbox name="data" size=25 value="">
<input type=submit value="Submit">
</form>
</body>
</html>
```

在下面的程序清单中，显示了 AddCookieServlet.java 文件的源代码。获取名为"data"的参数的值。然后创建一个 Cookie 对象，对象的名称为"MyCookie"，它包含"data"参数的值。接下来，通过 addCookie()方法将 cookie 添加到 HTTP 响应的头中。最后，将一条反馈消息输出到浏览器进行显示。

```java
import java.io.*;
import javax.servlet.*;
import javax.servlet.http.*;

public class AddCookieServlet extends HttpServlet {

  public void doPost(HttpServletRequest request,
    HttpServletResponse response)
  throws ServletException, IOException {

    // Get parameter from HTTP request.
    String data = request.getParameter("data");

    // Create cookie.
    Cookie cookie = new Cookie("MyCookie", data);

    // Add cookie to HTTP response.
    response.addCookie(cookie);

    // Write output to browser.
    response.setContentType("text/html");
    PrintWriter pw = response.getWriter();
    pw.println("<B>MyCookie has been set to");
    pw.println(data);
    pw.close();
  }
}
```

在下面的程序清单中，显示了 GetCookiesServlet.java 文件的源代码。调用 getCookies()方法以读取在 HTTP GET 请求中包含的所有 cookie，然后将这些 cookie 的名称和值写入 HTTP 响应。注意，这一信息是通过调用 getName() 和 getValue()方法获取的。

```java
import java.io.*;
import javax.servlet.*;
import javax.servlet.http.*;

public class GetCookiesServlet extends HttpServlet {

  public void doGet(HttpServletRequest request,
    HttpServletResponse response)
  throws ServletException, IOException {

    // Get cookies from header of HTTP request.
    Cookie[] cookies = request.getCookies();

    // Display these cookies.
```

```
      response.setContentType("text/html");
      PrintWriter pw = response.getWriter();
      pw.println("<B>");
      for(int i = 0; i < cookies.length; i++) {
        String name = cookies[i].getName();
        String value = cookies[i].getValue();
        pw.println("name = " + name +
          "; value = " + value);
      }
      pw.close();
    }
  }
```

编译这个 servlet。接下来，像前面描述的那样将它们复制到适当的目录中，并更新 web.xml 文件。然后，执行下面这些步骤以测试这个例子：

(1) 如果 Tomcat 还没有运行的话，启动 Tomcat。
(2) 在浏览器中显示 AddCookie.html。
(3) 为 MyCookie 输入值。
(4) 提交 Web 页面。

完成这些步骤后，就会看到在浏览器中显示了一条反馈消息。

接下来，通过浏览器请求下面的 URL：

http://localhost:8080/examples/servlets/servlet/GetCookiesServlet

观察在浏览器中显示的 cookie 的名称和值。

在这个例子中，没有通过 Cookie 的 setMaxAge()方法来显式地为 cookie 指派截止日期。所以，当浏览器会话结束时，cookie 就到期了。可以通过使用 setMaxAge()方法进行实验，并且会看到，cookie 将被保存到客户机的磁盘中。

35.12 会话跟踪

HTTP 是无状态协议，请求是相互独立的。然而在有些应用程序中，需要保存状态信息，以便可以从浏览器与服务器的交互中收集信息。会话提供了这样一种机制。

可以通过 HttpServletRequest 的 getSession()方法创建会话，该方法返回的 HttpSession 对象可以存储一组将名称关联到对象的绑定。HttpSession 的 setAttribute()、getAttribute()、getAttributeNames()以及 removeAttribute()方法负责管理这些绑定。会话状态由与客户端关联的所有 servlet 共享。

下面的 servlet 演示了如何使用会话状态。getSession()方法获取当前会话。如果还没有会话存在，就创建新的会话。调用 getAttribute()方法来获取绑定到名称"date"的对象，也就是 Date 对象，其中封装了最后一次访问页面时的日期和时间(当然，当第一次访问页面时，还没有这个绑定)。然后创建用来封装当前日期和时间的 Date 对象。调用 setAttribute()方法，将名称"date"绑定到这个对象。

```
import java.io.*;
import java.util.*;
import javax.servlet.*;
import javax.servlet.http.*;

public class DateServlet extends HttpServlet {

  public void doGet(HttpServletRequest request,
    HttpServletResponse response)
```

```
    throws ServletException, IOException {

      // Get the HttpSession object.
      HttpSession hs = request.getSession(true);

      // Get writer.
      response.setContentType("text/html");
      PrintWriter pw = response.getWriter();
      pw.print("<B>");

      // Display date/time of last access.
      Date date = (Date)hs.getAttribute("date");
      if(date != null) {
        pw.print("Last access: " + date + "<br>");
      }

      // Display current date/time.
      date = new Date();
      hs.setAttribute("date", date);
      pw.println("Current date: " + date);
    }
  }
```

当第一次请求这个 servlet 时，浏览器显示具有当前日期和时间信息的一行文本。在后续调用中，显示两行文本。第一行显示最后一次访问 servlet 时的日期和时间，第二行显示当前日期和时间。

第 V 部分 附 录

附录 A
使用 Java 的文档注释

附录 B
JShell 简介

附录 C
在一个步骤中编译和运行简单的单文件程序

附录 A 使用 Java 的文档注释

正如本书第 I 部分解释的，Java 支持 3 种类型的注释。前两种是"//"和"/**/"。第 3 种称为文档注释，以字符序列"/**"开始，并以"*/"结束。使用文档注释可以将关于程序的信息嵌入程序自身。然后可以使用 javadoc 实用程序(由 JDK 提供)提取这些信息，并将它们放入 HTML 文件。文档注释方便了程序的文档化。几乎可以肯定，你以前看到过由 javadoc 生成的文档，因为这就是文档化 Java API 库的方式。从 JDK 9 开始，javadoc 包含对模块的支持。

A.1 javadoc 标签

javadoc 实用工具能够识别表 A-1 中的标签。

表 A-1 javadoc 实用工具能够识别的标签

标 签	含 义
@author	标识作者
{@code}	以代码字体原样显示信息，但不转换成 HTML 样式
@deprecated	指定程序元素已经过时
{@docRoot}	指定当前文档的根目录路径
@exception	标识某个方法或构造函数抛出的异常
@hidden	禁止某元素显示在文档中
{@index}	给索引指定术语
{@inheritDoc}	从直接超类中继承注释
{@link}	插入指向另一个主题的内部链接
{@linkplain}	插入指向另一个主题的内部链接，但是以纯文本字体显示链接
{@literal}	原样显示信息，但是不转换成 HTML 样式
@param	文档化形参
@provides	文档化模块提供的服务
@return	文档化方法的返回值
@see	指定对另一个主题的链接
@serial	文档化默认的可序列化域
@serialData	文档化 writeObject( )或 writeExternal( )方法写入的数据

(续表)

标签	含义
@serialField	文档化 ObjectStreamField 组件
@since	声明引入特定更改的版本号
{@summary}	文档化某条目的汇总(JDK 10 新增)
@throws	与 @exception 相同
@uses	文档化模块需要的服务
{@value}	显示一个常量的值，该常量必须是静态域
@version	指定程序元素的版本

以@符号开始的标记称为单行标记(也称为块标记)，它们必须单独占一行。以花括号开始的标记，例如{@code}，称为内联标记，它们必须在更大的描述中使用。在文档注释中，也可以使用其他标准的 HTML 标记。但是，有些标记不应当使用，例如标题，因为它们会破坏由 javadoc 生成的 HTML 文件的外观。

因为与文档化源代码有关，所以可以使用文档注释文档化类、接口、域变量、构造函数、方法以及模块。对于所有情况，文档注释必须位于被文档化的条目之前。有些标记，例如@see、@since 以及@deprecated，可以用于文档化所有元素。其他标记只能应用于相关元素。下面分析每个标记。

> **注意：**
> 文档注释也可以用于文档化包以及准备概述信息，但是具体过程与应用于文档化源代码的过程不同。关于这些应用的细节请查看 javadoc 文档。从 JDK 9 开始，javadoc 也可以文档化 module-info.java 文件。

@author

@author 标记文档化程序元素的作者，语法如下所示：

@author *description*

其中，*description* 通常是作者的姓名。为了将@author 域变量包含到 HTML 文档中，在执行 javadoc 时需要指定-author 选项。

{@code}

通过{@code}标记可以将文本(例如代码片段)嵌入注释中。然后使用代码字体显示文本，而不进行任何进一步的处理，例如使用 HTML 渲染。语法如下所示：

{@code *code-snippet*}

@deprecated

@deprecated 标记指示程序元素已经过时。推荐包含@see 或{@link}标记，以告诉程序员有关替代方式的信息。语法如下所示：

@deprecated *description*

其中，*description* 是描述过时元素的消息。可以使用@deprecated 标记文档化域变量、方法、构造函数、类、模块以及接口。

{@docRoot}

{@docRoot}指定了指向当前文档根目录的路径。

@exception

@exception 标记描述方法的异常，语法如下所示：

@exception *exception-name explanation*

其中，*exception-name* 指定异常的完整限定名，*explanation* 是描述异常发生方式的字符串。@exception 标记只能用于文档化方法或构造函数。

@hidden

@hidden 标记禁止元素显示在文档中。

{@index}

{@index}标记指定要索引的项，然后确定何时使用搜索功能，其语法如下：

{@index *term usage-str*}

其中 *term* 是要索引的项(可以是带引号的字符串)，*usage-str* 是可选的。因此，在下面的@exception 标记中，会把术语 error 添加到索引中：

@exception Ioexception On input {@index error}

注意 error 仍显示为描述的一部分，只是现在它被索引了。如果包含了可选的 *usage-str*，该描述就显示在索引和搜索框中，指出如何使用该术语。例如{@index error Serious execution failure}会在索引的"error"下和搜索框中显示 Serious execution failure。

{@inheritDoc}

这个标记用于从直接超类继承注释。

{@link}

{@link}标记提供指向附加信息的内联链接，语法如下所示：

{@link *pkg.class#member text*}

其中，*pkg.class#member* 指定为其添加链接的类或方法的名称，*text* 是链接显示的字符串。

{@linkplain}

使用{@linkplain}标记可以插入指向另一个主题的内联链接,链接使用明文显示。除此之外,这个标记与{@link}类似。

{@literal}

使用{@literal}标记可以将文本嵌入注释中。文本以原样显示，不进行进一步的处理，例如使用 HTML 渲染。语法如下所示：

{@literal *description*}

其中，*description* 是嵌入的文本。

@param

@param 标记用于文档化参数，语法如下所示：

@param *parameter-name explanation*

其中，*parameter-name* 指定参数的名称。参数的含义是由 *explanation* 描述的。@param 标记只能用于文档化方法或构造函数，或者泛型类或接口。

@provides

@provides 标记文档化模块提供的服务。语法如下：

@provides *type explanation*

其中 *type* 指定服务提供程序的类型，*explanation* 描述了服务提供程序。

@return

@return 标记描述方法的返回值，语法如下所示：

@return *explanation*

其中，*explanation* 描述方法返回值的类型和含义。@return 标记只能用于文档化方法。

@see

@see 标记提供指向附加信息的引用，最常用的形式如下所示：

@see *anchor*
@see *pkg.class#member text*

在第 1 种形式中，*anchor* 是指向绝对或相对 URL 的链接。在第 2 种形式中，*pkg.class#member* 指定条目的名称，*text* 是显示条目的文本。*text* 参数是可选的，如果没有使用 *text* 参数，将显示 *pkg.class#member* 指定的条目。成员名称也是可选的。因此，除了指向特定方法或域变量的引用，也可以指定指向包、类或接口的引用。名称可以是完全限定的，也可以是部分限定的。但是，成员名称前面的点(如果存在的话)必须替换成散列字符。

@serial

@serial 标记为默认的可串行化域变量定义注释，语法如下所示：

@serial *description*

其中，*description* 是关于域变量的注释。

@serialData

@serialData 标记文档化由 writeObject()和 writeExternal()方法写入的数据，语法如下所示：

@serialData *description*

其中，*description* 是数据的注释。

@serialField

对于实现了 Serializable 接口的类来说，@serialField 标记为 ObjectStreamField 组件提供注释。语法如下所示：

@serialField *name type description*

其中，*name* 是域变量的名称，*type* 是类型，*description* 是关于域变量的注释。

@since

@since 标记指明元素是在哪个特定的发布版本中引入的，语法如下所示：

@since *release*

其中，*release* 是指定从哪个发布版本开始可以使用这个特性的字符串。

{@summary}

{@summary}标记显式地指定将用于条目的摘要文本。它必须是该条目文档中的第一个标记。它的语法如下：

@summary *explanation*

其中，*explanation* 提供了标记项的摘要，它可以跨多行。这个标签是由 JDK 10 添加的。在不使用{@summary}的情况下，项目文档注释中的第一行被用作摘要。

@throws

@throws 标记与@exception 标记具有相同的含义。

@uses

@uses 标记文档化模块需要的服务。语法如下：

@uses *type explanation*

其中 *type* 指定服务提供程序的类型，*explanation* 描述了服务提供程序。

{@value}

{@value}标记具有两种形式。第 1 种形式显示{@value}标记后面的常量的值，常量必须是 static 类型。这种形式如下所示：

{@value}

第 2 种形式显示指定的 static 域变量的值。这种形式如下所示：

{@value *pkg.class#field*}

其中，*pkg.class#field* 指定 static 域变量的名称。

@version

@version 标记指定程序元素的版本，语法如下所示：

@version *info*

其中，*info* 是包含版本信息的字符串，通常是版本号，例如 2.2。为了将@version 域变量包含到 HTML 文档中，在执行 javadoc 时需要指定-version 选项。

A.2 文档注释的一般形式

在以/**开头之后，第一行或头几行就变成了类、接口、域变量、构造函数、方法或模块的主描述信息。之后，可以包含一个或多个@标记。每个@标记必须位于一个新行的开头，或者跟随在行首的一个或多个星号(*)后面。相同类型的多个标记应当组合到一起。例如，如果有 3 个@see 标记，那么应当使它们一个接着一个。内联标记(以花括号开头的标记)可以用于任何描述的内部。

下面是用于类的文档注释的一个例子：

```
/**
 * This class draws a bar chart.
 * @author Herbert Schildt
 * @version 3.2
 */
```

A.3 javadoc 的输出内容

javadoc 程序采用 Java 程序的源代码文件作为输入，并输出一些包含程序文档的 HTML 文件。关于每个类的信息，将位于类自己的 HTML 文件中。javadoc 还会输出索引树和层次树，也可能生成其他 HTML 文件。从 JDK 9 开始，还包含一个搜索框功能。

A.4 使用文档注释的示例

下面是一个使用文档注释的示例程序。注意，每个注释直接位于各自所描述条目的前面。经过 javadoc 处理之后，可在 SquareNum.html 中找到关于 SquareNum 类的文档。

```java
import java.io.*;
/**
 * This class demonstrates documentation comments.
 * @author Herbert Schildt
 * @version 1.2
 */
public class SquareNum {
  /**
   * This method returns the square of num.
   * This is a multiline description. You can use
   * as many lines as you like.
   * @param num The value to be squared.
   * @return num squared.
   */
  public double square(double num) {
    return num * num;
  }
  /**
   * This method inputs a number from the user.
   * @return The value input as a double.
   * @exception IOException On input error.
   * @see IOException
   */
  public double getNumber() throws IOException {
    // create a BufferedReader using System.in
    InputStreamReader isr = new InputStreamReader(System.in);
```

```
    BufferedReader inData = new BufferedReader(isr);
    String str;
    str = inData.readLine();
    return (new Double(str)).doubleValue();
  }
  /**
   * This method demonstrates square().
   * @param args Unused.
   * @exception IOException On input error.
   * @see IOException
   */
  public static void main(String args[])
    throws IOException
  {
    SquareNum ob = new SquareNum();
    double val;
    System.out.println("Enter value to be squared: ");
    val = ob.getNumber();
    val = ob.square(val);
    System.out.println("Squared value is " + val);
  }
}
```

附录 B　JShell 简介

从 JDK 9 开始，Java 就包含 JShell 工具，它提供了一个交互式环境，允许快速、方便地实验 Java 代码。JShell 实现了所谓的读取-执行-打印循环(REPL)。使用这个机制，会提示用户输入一段代码，接着读取并执行它。然后 JShell 显示与代码相关的结果，例如 println()语句生成的输出、表达式的结果或变量的当前值。接着 JShell 提示输入下一段代码，继续处理(例如循环)。在 JShell 中，输入的每个代码段都称为片段。

理解 JShell 的关键是使用它不需要输入完整的 Java 程序。每个输入的代码片段都在输入的同时执行，这是可能的，因为 JShell 会自动处理与 Java 程序相关的许多信息，这允许用户只考虑具体的功能，而不需要编写完整的程序，所以刚开始学习 Java 时，JShell 会非常有用。

显然，JShell 也可以用于有经验的程序员。因为 JShell 存储了状态信息，所以可以在 JShell 中输入多行代码段，并运行它们。因此需要对某个概念建立原型时，JShell 是非常有用的，因为它允许交互式地实验代码，而不需要开发、编译完整的程序。

本附录介绍 JShell，探讨它的几个重要特性，主要关注对 Java 开发新手最有用的特性。

B.1　JShell 基础

JShell 是一个命令行工具，因此它运行在命令提示窗口中。要启动 JShell 会话，可以在命令行上执行 jshell。之后，就会看到 JShell 提示：

```
jshell>
```

显示了这个提示时，就可以输入代码片段或 JShell 命令。

在最简单的形式上，JShell 允许输入单个语句，并立即显示结果。首先考虑本书的第一个 Java 程序示例，如下所示：

```
class Example {
  // Your program begins with a call to main().
  public static void main(String args[]) {
    System.out.println("This is a simple Java program.");
  }
}
```

在这个程序中，只有 println()语句实际执行动作，即在屏幕上显示一个消息。其余代码只是提供必要的类和方法声明。在 JShell 中，不一定要显式指定类或方法才能执行 println()语句。JShell 可以直接执行它。为了说明用法，在 JShell 提示下输入如下代码：

```
System.out.println("This is a simple Java program.");
```

接着按下回车键，显示如下输出：

```
This is a simple Java program.

jshell>
```

可以看出，执行了对 println() 的调用，输出了其字符串参数。接着重新显示提示。

在继续之前，需要解释一下为什么 JShell 可以执行单个语句，例如对 println() 的调用，而 Java 编译器 javac 需要完整的程序。JShell 可以执行单个语句，是因为 JShell 自动在后台提供了必要的程序框架，这包括一个合成的类和一个合成的方法。因此在这里，println() 语句嵌入到一个合成的方法中，该方法是合成类的一部分。结果，前面的代码仍是有效 Java 程序的一部分，只是我们看不到所有细节而已。这为实验 Java 代码提供了一种非常快速而方便的方式。

接下来看看如何支持变量。在 JShell 中，可以声明变量，给变量赋值，在任何有效的表达式中使用它。例如，在提示下输入如下代码：

```
int count;
```

之后会看到如下响应：

```
count ==> 0
```

这表示 count 添加到合成类中，并初始化为 0。而且，它添加为合成类的 static 变量。

接着输入如下语句，给 count 指定值 10：

```
count = 10;
```

响应如下：

```
count ==> 10
```

可以看出，count 的值是 10。因为 count 是 static，所以使用它时不需要引用对象。

现在声明了 count，就可以在表达式中使用它。例如，输入如下 println() 语句：

```
System.out.println("Reciprocal of count: " + 1.0 / count);
```

JShell 的响应如下：

```
Reciprocal of count: 0.1
```

表达式 1.0/count 的结果是 0.1，因为 count 以前赋值为 10。

除了演示变量的用法之外，前面的示例还演示了 JShell 的另一个重要方面：它维护状态信息。在本例中，count 在一个语句中赋值为 10，接着在第二个语句的 println() 调用中，在表达式 1.0/count 中使用这个值。JShell 在这两个语句之间存储了 count 的值。JShell 一般会维护当前状态和用户所输入的代码段的结果。这就允许我们实验跨多行的大型代码段。

在继续之前，尝试另一个示例。在这个示例中，创建一个使用 count 变量的 for 循环。首先在提示下输入如下代码：

```
for(count = 0; count < 5; count++)
```

现在，JShell 用如下提示作为响应：

```
...>
```

这表示需要额外的代码才能完成该语句。在本例中，必须提供 for 循环的目标。输入如下代码：

```
System.out.println(count);
```

输入代码后，for 语句就完成了，并执行两个代码行。输出如下：

```
0
1
2
3
4
```

除了语句和变量声明之外，JShell 还允许声明类、方法，使用导入语句。下面各节列出了示例。另一个要点是：假定提供了必要的框架来创建完整的程序，则对 JShell 有效的任何代码，对 javac 的编译而言也是有效的。因此，如果 JShell 可以执行某个代码段，该代码段就是有效的 Java 代码。换言之，JShell 代码就是 Java 代码。

B.2 列出、编辑和重新运行代码

JShell 支持大量的命令，以允许控制 JShell 的运转。目前有 3 个命令非常有用，因为它们允许列出已输入的代码，编辑代码行，重新运行代码段。后面的示例比较长，所以这些命令会非常有用。

在 JShell 中，所有命令都用/开头，后跟命令。最常用的命令是/list，它会列出已输入的代码。假定完成了上一节列出了所有示例，就可以现在输入/list，列出代码。JShell 会话会用前面输入的编号的代码段作为响应。特别注意显示 for 循环的项。尽管它由两行代码组成，但其实是一个语句。因此只使用了一个编号。

在 JShell 语言中，代码片段的编号为代码片段 ID。除了刚才所示的/list 的基本形式外，还支持其他形式，包括允许按名称或编号列出特定代码段的形式。例如，可以使用/list count 列出 count 声明。

使用/edit 命令可以编辑代码段。这个命令会打开一个编辑窗口，在其中可以修改代码。/edit 命令有三种形式。第一，如果指定/edit 本身，编辑窗口就包含前面输入的所有代码，并允许编辑其中的任意部分。第二，使用/edit n 可以指定要编辑的特定代码段，其中 n 指定了该代码段的编号。例如，要编辑代码段 3，就使用/edit 3。最后，可以指定命名的元素，例如变量。如要修改 count 的值，就使用/edit count。

如前所述，JShell 在输入代码的同时执行它。但也可以重新运行以前输入的代码。要重新运行刚才输入的代码段，可以使用/!。要重新运行指定的代码段，可以使用如下形式指定其编号：/n，其中 n 指定了要运行的代码段。例如，要重新运行第 4 个代码段，就输入/4。要重新运行一个代码段，也可以使用负偏移值指定该代码段相对于当前代码段的位置。例如，要重新运行当前代码段前面的第 3 个代码段，就输入/-3。

在继续之前，有必要指出几个命令，包括刚才所述的命令，它们允许指定名称或数字列表。例如，要编辑第 2 行和第 4 行，可以使用/edit 24。对于 JShell 的最新版本，有几个命令允许指定一系列代码片段。这些命令包括刚才描述的/list、/edit 和/n 命令。例如，要列出代码段 4~6，可以使用/list 4-6。

还有一个现在就需要知道的重要命令：/exit，它会终止 JShell。

B.3 添加方法

如第 6 章所述，方法放在类中。但是，使用 JShell 时，实验方法可以不在类中显式声明它。如前所述，这是因为 JShell 会自动把代码段放在合成类中。因此，可以轻松、快速地编写方法，而不需要提供类框架。也可以在不创建对象的情况下调用方法。在学习 Java 的方法基础知识或对新代码建立原型时，JShell 的这个特性尤其有益。为了理解这个过程，下面举例说明。

首先开始一个新的 JShell 会话，在提示下输入如下方法：

```
double reciprocal(double val) {
  return 1.0/val;
}
```

这会创建一个方法，它返回其参数的倒数。输入这行代码后，JShell 的响应如下：

```
|  created method reciprocal(double)
```

这表示该方法已添加到 JShell 的合成类中，准备好使用了。

要调用 reciprocal()，只需要指定其名称，不需要任何对象或类引用。例如尝试如下代码：

```
System.out.println(reciprocal(4.0));
```

JShell 的响应是显示 0.25。

为什么可以不使用句点操作符和对象引用来调用 reciprocal()？答案是，在 JShell 中创建独立的方法，如 reciprocal()时，JShell 会自动把这个方法设置为合成类的一个静态成员。如第 7 章所述，静态方法是相对于其类来调用，而不是在特定的对象上调用，所以不需要任何对象。这类似于前面所述的独立变量变成合成类的静态变量。

JShell 的另一个重要方面是支持方法中的前向引用。这个特性允许一个方法调用另一个方法，即使第二个方法还没有定义，也可以调用它。这就允许输入一个方法，而该方法依赖另一个方法，但不需要担心先输入哪个方法。下面是一个简单的示例。在 JShell 中输入如下代码：

```
void myMeth() { myMeth2(); }
```

JShell 的响应如下：

```
|  created method myMeth(), however, it cannot be invoked until myMeth2()
    is declared
```

可以看出，JShell 知道，myMeth2()还没有声明，但它仍允许定义 myMeth()。显然，如果现在就尝试调用 myMeth()，就会显示一个错误消息，因为 myMeth2()还没有定义，但仍可以输入 myMeth()的代码。

接着定义 myMeth2()：

```
void myMeth2() { System.out.println("JShell is powerful."); }
```

定义了 myMeth2()后，就可以调用 myMeth()。

除了在方法中使用前向引用之外，还可以在类的字段初始化器中使用前向引用。

B.4 创建类

尽管 JShell 会自动提供一个合成类来封装代码段，但也可以在 JShell 中创建自己的类。而且，还可以实例化类的对象。这就允许在 JShell 的交互式环境中实验这些类。下面的示例演示了这个过程。

启动新的 JShell 会话，逐行输入如下类：

```
class MyClass {
  double v;

  MyClass(double d) { v = d; }

  // Return the reciprocal of v.
  double reciprocal() { return 1.0 / v; }
}
```

输入完代码后，JShell 的响应如下：

```
|  created class MyClass
```

添加了 MyClass 后，就可以使用它。例如，可以使用如下代码创建 MyClass 对象：

```
MyClass ob = new MyClass(10.0);
```

JShell 的响应是指出它添加了 ob 作为 MyClass 类型的变量。接着尝试下面的代码:

```
System.out.println(ob.reciprocal());
```

JShell 的响应是显示值 0.1。

有趣的是,给 JShell 添加类时,它会成为合成类的一个静态嵌套成员。

B.5 使用接口

JShell 支持接口的方式与支持类相同。因此,可以在 JShell 中声明一个接口,通过类实现它。下面完成一个简单的示例。开始之前,启动一个新的 JShell 会话。

我们要使用的接口声明了一个方法 isLegalVal(),它用于确定某个值对于某个用途而言是否有效。如果该值是合法的,就返回 true,否则返回 false。当然,值是否合法由实现接口的某个类确定。下面把如下接口输入到 JShell 中:

```
interface MyIF {
  boolean isLegalVal(double v);
}
```

JShell 的响应如下:

```
|  created interface MyIf
```

接着输入下面的类,它实现了 **MyIF**:

```
class MyClass implements MyIF {
  double start;
  double end;

  MyClass(double a, double b) { start = a; end = b; }

  // Determine if v is within the range start to end, inclusive.
  public boolean isLegalVal(double v) {
    if((v >= start) && (v <= end)) return true;
    return false;
  }

}
```

JShell 的响应如下:

```
|  created class MyClass
```

注意 MyClass 实现了 isLegalVal(),确定值 v 是否在 MyClass 实例变量 start 和 end 表示的值范围内。

添加了 MyIF 和 MyClass 后,就可以创建一个 MyClass 对象,对它调用 isLegalVal(),如下所示:

```
MyClass ob = new MyClass(0.0, 10.0);

System.out.println(ob.isLegalVal(5.0));
```

在这个例子中,会显示值 true,因为 5 在 0 到 10 内。

因为 MyIF 已添加到 JShell 中,所以也可以创建对 MyIF 类型的对象引用。例如,下面的代码也是有效的:

```
MyIF ob2 = new MyClass(1.0, 3.0);
boolean result = ob2.isLegalVal(1.1);
```

在这个例子中，result 的值是 true，由 JShell 报告给用户。

另外一个要点是，JShell 支持枚举和注释的方式与它支持类和接口的方式相同。

B.6 计算表达式和使用内置变量

JShell 可以直接执行表达式，而不需要使表达式成为完整 Java 语句的一部分。实验代码时这是非常有用的，且不需要执行较大代码段中的表达式。下面是一个简单的示例。使用一个新的 JShell 会话，在提示下输入如下代码：

```
3.0 / 16.0
```

JShell 的响应如下：

```
$1 ==> 0.1875
```

可以看出，JShell 计算并显示了表达式的结果。但是注意，这个值也赋予一个临时变量$1。一般情况下，每次直接计算表达式时，其结果都会存储在适当类型的临时变量中。临时变量名都用$开头，后跟一个数字，每次需要新的临时变量时，该数字都会递增。还可以像其他变量那样使用临时变量。例如，下面的代码显示了$1 的值，在本例中是 0.1875：

```
System.out.println($1);
```

下面是另一个示例：

```
double v = $1 * 2;
```

这里$1 的值乘以 2，再赋予 v。因此 v 包含 0.375。

还可以修改临时变量的值。例如，下面的代码会反转$1 的符号：

```
$1 = -$1
```

JShell 的响应如下：

```
$1 ==> -0.1875
```

表达式不限于数值。例如，下面的代码把一个字符串与 Math.abs($1)返回的值连接在一起：

```
"The absolute value of $1 is " + Math.abs($1)
```

结果，临时变量包含如下字符串：

```
The absolute value of $1 is 0.1875
```

B.7 导入包

如第 9 章所述，import 语句用于导入包的成员。而且，只要使用的包不是 java.base，就必须导入它。在 JShell 中也是这样，但默认情况下，JShell 会自动导入几个常用的包，包括 java.io 和 java.util。因为这些包已经导入，所以不需要使用显式的 import 语句导入它们。

例如，因为 java.io 是自动导入的，所以可以输入下面的语句：

```
FileInputStream fin = new FileInputStream("myfile.txt");
```

FileInputStream 打包到 java.io 中。因为 java.io 是自动导入的，所以可以使用它，而不需要包含显式的 import 语句。假定在当前目录下有一个文件 myfile.txt，JShell 就会添加变量 fin，打开该文件。接着就可以输入下面的语句，读取、显示文件：

```
int i;
do {
  i = fin.read();
  if(i != -1) System.out.print((char) i);
} while(i != -1);
```

这与第 13 章讨论的基本代码相同,但不需要显式的 import java.io 语句。

记住 JShell 只自动导入几个包。如果希望使用 JShell 没有自动导入的包,就必须像正常的 Java 程序那样显式导入它。另外一个要点是,使用/imports 命令可以列出当前导入的包列表。

B.8 异常

在上一节有关导入的 I/O 示例中,代码段还演示了 JShell 的另一个重要方面。注意没有处理 I/O 异常的 try/catch 块。如果翻看第 13 章中的类似代码,则其中打开文件的代码会捕获 FileNotFoundException 异常,读取文件的代码会检测 IOException 异常。在前面所述的代码段中不需要捕获这些异常,因为 JShell 会自动处理它们。一般的情况是,JShell 会自动处理许多情况下的检查异常。

B.9 更多的 JShell 命令

除了前面讨论的命令之外,JShell 还支持其他几个命令。一个希望立即试用的命令是/help,它会列出许多命令。还可以使用/?获得帮助。下面解释其他几个常用的命令。

可以使用/reset 命令重置 JShell。希望修改新项目时,它是非常有用的。使用/reset 就不需要退出,再重启动 JShell。但要注意,/reset 会重置整个 JShell 环境,所以会丢失所有状态信息。

使用/save 可以保存会话。其最简单的形式如下:

`/save filename`

其中,*filename* 指定要保存到的文件名。默认情况下,/save 会保存当前的源代码,但它支持 3 个选项,其中两个比较有趣。指定-all 会保存输入的所有代码行,包括输入不正确的代码。使用-history 选项可以保存会话历史(例如输入的命令列表)。

使用/open 可以加载保存过的会话。其形式如下:

`/open filename`

其中 *filename* 是要加载的文件名。

JShell 提供的几个命令可以列出各个工作元素,如表 B-1 所示。

表 B-1 JShell 提供的命令

命 令	作 用
/types	显示类、接口和枚举
/imports	显示导入语句
/methods	显示方法
/vars	显示变量

例如,如果输入如下代码:

```
int start = 0;
int end = 10;
int count = 5;
```

接着输入/vars 命令，就得到：

```
|    int start = 0;
|    int end = 10;
|    int count = 5;
```

另一个有用的命令是/history，它允许显示当前会话的历史。该历史包含了在命令提示下输入的所有内容。

B.10 继续探索 JShell

熟悉 JShell 的最佳方式是使用它。尝试输入几个不同的 Java 结构，观察 JShell 的响应。在使用 JShell 的过程中，可以找到最适合自己的用法模式。这样就可以找到把 JShell 集成到学习或开发过程的有效方式。另外，JShell 并不只适用于初学者，它还擅长给代码建立原型。因此在学习 Java 的高级技巧时，仍会发现只要探索新领域，JShell 总会有帮助。

简言之，JShell 是一个重要的工具，进一步增强了 Java 总开发体验。

附录 C　在一个步骤中编译和运行简单的单文件程序

第 2 章展示了如何使用 javac 编译器将 Java 程序编译成字节码，然后使用 Java 启动器 java 运行生成的.class 文件。这是自 Java 诞生以来编译和运行 Java 程序的方式，也是我们在开发应用程序时使用的方法。但是，从 JDK 11 开始，可以直接从源文件编译和运行某些类型的简单 Java 程序，而不必首先调用 javac。为此，使用.java 文件扩展名将源文件的名称传递给 java。这将导致 java 自动调用编译器，并执行程序。

例如，下面自动编译并运行本书中的第一个例子：

```
java Example.java
```

在本例中，在单个步骤中编译然后运行示例类。没有必要使用 javac。但是要注意，没有创建.class 文件。相反，编译是在幕后完成的。因此，要重新运行程序，必须再次执行源文件。不能执行.class 文件，因为该文件没有创建。另一要点是：如果已经使用 javac 编译了示例，在尝试源文件启动特性之前，必须删除生成的.class 文件 Example.class。当运行源文件时，源文件中包含 main()的类不能与已有的.class 文件同名。

源代码文件启动功能的一个用途是方便在脚本文件中使用 Java 程序。它也可以用于短期的一次性使用程序。在某些情况下，在试验 Java 时，它使运行简单的示例程序变得更容易。但是，它不是 Java 正常编译/执行过程的通用替代品。

虽然这种直接从源文件启动 Java 程序的新功能很吸引人，但它有几个限制。首先，整个程序必须包含在一个源文件中。然而，大多数实际程序使用多个源文件。其次，它总是执行它在文件中找到的第一个类，这个类必须包含 main()方法。如果文件中的第一个类不包含 main()方法，则启动将失败。

这意味着代码必须遵循严格的组织格式，不能以其他方式组织代码。第三，因为没有创建.class 文件，所以使用 java 运行单文件程序不会产生可重用的类文件，由其他程序重用。最后，作为一般规则，如果已经有一个.class 文件与源文件中的类同名，那么单文件启动将失败。由于这些限制，使用 java 运行单文件源程序可能很有用，但它实际上是一种特殊情况下的技术。

由于与本书相关，可以使用单个源文件启动特性来尝试许多示例；只要确保 main()方法所在的类是文件中的第一个类即可。尽管如此，它并不是在所有情况下都适用或适当。此外，本书中的讨论(以及许多示例)假定使用调用 javac 的正常编译过程将源文件编译为字节码，然后使用 java 运行该字节码。这是用于实际开发的机制，理解这个过程是学习 Java 的一个重要部分。必须完全熟悉它。因此，在尝试本书中的示例时，强烈建议在所有情况下都使用常规方法编译和运行 Java 程序。这样做可以确保扎实地掌握 Java 的工作方式。当然，尝试使用单一源文件启动选项可能会很有趣！